空气和废气监测分析方法

（第四版增补版）

国　家　环　境　保　护　总　局
空气和废气监测分析方法编委会　编

中国环境出版集团·北京

图书在版编目（CIP）数据

空气和废气监测分析方法/《空气和废气监测分析方法》编委会编. —4版. —北京：中国环境出版集团，2003.9（2018.5 重印）

ISBN 978-7-80163-452-8

Ⅰ. 空…　Ⅱ. 空…　Ⅲ. 空气污染监测–分析–方法　Ⅳ. X831.2

中国版本图书馆 CIP 数据核字（2003）第 015657 号

出 版 人　武德凯
责任编辑　丁　枚　孟亚莉
责任校对　任　丽
封面设计　马　晓

更多信息，请关注
中国环境出版集
团第一分社

出版发行　中国环境出版集团
（100062　北京东城区广渠门内大街 16 号）
网　　址：http://www.cesp.com.cn
电子邮箱：bjgl@cesp.com.cn
联系电话：010-67112765（编辑管理部）
010-67112735（第一分社）
发行热线：010-67125803，010-67113405（传真）
印装质量热线：010-67113404

印　　刷　北京市联华印刷厂
经　　销　各地新华书店
版　　次　2003 年 9 月第 4 版　2003 年 9 月第一次印刷
印　　次　2018 年 5 月第十一次印刷
开　　本　787×1092　1/16
印　　张　50.5
字　　数　1226 千字
定　　价　98.00 元

第四版增补版编者的话

2003年出版的《空气和废气监测分析方法》（第四版）已经在全国广泛使用了四年，获得读者的一致好评。虽然在这些年中，我国的环境保护工作取得了重大进展，但是环境形势依然很严峻，尤其是在“十一五”期间，环境与发展的矛盾将会更为突出，因此，环境保护事业越发受到全社会的关注。而环境监测作为环境保护工作中的重要组成部分，为制定科学严格的环境标准及规范，全面反映环境质量状况和变化趋势，提高环境保护的科学执法水平，提供了重要的保障。

建立先进的空气和废气环境监测体系要做到数据准确、代表性强、方法科学、传输及时，能够及时跟踪污染源及污染物排放的变化情况，准确预警和及时响应各类环境突发事件。在此，本书编委会组织力量对第四版的部分内容进行了修订和增补，出版《空气和废气监测分析方法》（第四版增补版），以适应我国环境保护工作快速发展的需要。

本书主要修订和增补的内容为：

1. 对第三篇“空气质量监测”的内容进行了修订。编写者为天津环境监测站冯剑秋。

2. 第五篇增加了第七章“空气污染应急监测技术”。编写者为重庆环境监测站张卫东、龚宇、李新宇、吴莉萍、高飞。

3. 增加了第七篇“化学质量平衡(CMB)受体模型及其在环境空气颗粒物源解析分析中的应用”。编写者南开大学环境科学与工程学院，国家环境保护城市空气颗粒物污染防治重点实验室白志鹏、冯银厂、郭光焕、韩斌。

环境监测工作是不断发展的，建立和完善环境监测分析方法及其体系，需要广大环境监测工作人员的不断实践和积累。我们希望环境保护与监测部门的广大工作者结合自己的实际工作，对本次增补版提出宝贵的修改意见，以便再版时更趋完善和充实。

《空气和废气监测分析方法》（第四版）编委会

2007年10月

第四版出版说明

1990年出版的《空气和废气监测分析方法》相当于第三版已在全国广泛应用13年，现在已经不能满足环保工作深入发展的需要。环境保护工作对空气、废气监测的领域、监测的因子更加扩大，要求监测的频次和自动化程度更高。加之近年各级监测站仪器设备不断更新，全国监测科研积累了许多新经验。因此，修订、再版《空气和废气监测分析方法》不仅急需，而且也有可能，也是全国广大环境监测科技工作者的迫切愿望。国家环保总局规划司和科技司下达计划任务，要求中国环境监测总站组织全国监测技术力量对《空气和废气监测分析方法》第三版进行修订再版。经领导的精心组织和全国100多位监测科技人员三年多的努力，现在正式和广大读者见面了。

在第三版的基础上，充分吸收和采用国内外环境监测分析的新成果，为第四版补充和增加了空气和废气监测中的许多新领域、新项目、新技术、新方法。在本版中的监测分析方法分为三类：A类方法为国家或环境保护行业的标准分析方法（或与标准分析方法等效）；B类方法经过国内较深入研究、多个实验室验证，证明是较成熟的统一方法；C类方法国内仅较少单位应用与研究过，或直接从发达国家引用的方法，尚未经国内多个实验室验证，宜作为试用方法。

环境监测分析方法的编制是一项长期的任务，需要有科学研究的支持和广大监测技术人员实践工作经验的积累，逐步完善监测分析方法体系，使这些方法既先进又实用，以实现监测方法的标准化和规范化。我国的环境监测技术水平与发达国家相比还存在较大的差距，与我国环境保护工作深入发展的需要也存在一定的距离。我们希望环境保护与监测部门的广大科技监测人员结合自己的工作，对本版提出宝贵的修改意见，以便再版时能更趋完善，并逐步做到和国际的先进标准方法接轨。

国家环境保护总局

2003年4月

第四版编者的话

为适应环境监督管理与执法力度不断加大的需要，新颁布的环境空气质量标准和污染源废气排放标准增加了许多新项目。另外，十多年来环境监测科研有许多新成果，并积累了丰富的监测经验，监测仪器设备得到了更新，监测技术不断进步，在此形势下出版了《空气和废气监测分析方法（第四版)》。与第三版相比较，本版增加了以下内容：

1．增加了大气环境化学和监测的基本知识，以便监测技术人员能更好地理解空气和废气监测的目的和意义。

2．增加了质量保证和质量控制有关内容，尤其对采样技术与设备、标准气体的配置和仪器的校准进行较系统的介绍。

3．增加了空气地面自动监测系统、污染源连续在线监测系统、主要控制污染物的总量监测技术与方法。

4．在监测项目方面，增加了对人类健康以及环境影响较大的污染物，尤其是有机污染物的监测。

5.对无机污染物的监测，增加了原子荧光分光光度、离子色谱以及ICP-AES等高灵敏度、多元素同时分析技术与方法。

6.对有机污染物的监测，增加了毛细管分离的气相色谱、液相色谱、GC-MS等高分辨率、高灵敏度和多种污染物同时分析技术与方法。

7．与第三版比较，新增无机和物理监测项目20多种，新增有机污染物300余种，新增监测分析方法62个。

本版所列方法分为三类：A 类方法为国家或环境保护行业的标准分析方法（或与标准分析方法等效)；B类方法为经过国内较深入研究和多个实验室验证证明是较成熟的统一方法；C 类方法为国内仅较少单位应用与研究过，或直接从发达国家引用的方法，尚未经国内多个实验室验证，宜作为试用方法。这些方法同时提供给全国广大的监测技术人员使用，希望大家结合自己的工作，不断研究、改进和完善，并把你们的新技术、好方法、好经验反馈给中国环境监测总站，或在有关刊物上发表，为下一版的修订提供技术支持。

本版的编写、出版是在国家环境保护总局的亲切关怀和支持下，在中国环境监测总站领导的精心组织与安排下，在全国 100 多位参加编写的技术人员共同努力下完成的。在编写过程中也得到了各级监测站领导的关心和支持，在此编委会特向他们表示最诚挚的感谢。

由于条件和实践经验所限，对有的新项目、新技术、新方法尚缺乏充分的研究和实验验证，也由于编委会水平所限，本书还存在许多不足，甚至错误，恳请广大读者批评指正。

《空气和废气监测分析方法》（第四版）编委会

2003 年 3 月

第三版出版说明

为了使监测分析方法适应环境监督管理工作的需要，1985 年我局决定对原《环境监测分析方法》和《污染源统一监测分析方法》进行补充、修订，并分别以《水和废水监测分析方法》、《空气和废气监测分析方法》为书名出版。

《空气和废气监测分析方法》一书是由中国环境监测总站牵头、组织环保部门及有关部门的环境监测和科研机构等 30 个单位，百余名科技人员参加，经过四年多的努力共同完成的。本书出版前，《环境监测分析方法》（试行）是由原国务院环境保护领导小组办公室委托中国科学院环境化学研究所、北京市环境保护监测中心等单位组织编写，于 1980 年 5 月出版；第二次是由城乡建设环境保护部环境保护局委托北京市环境保护监测中心、中国科学院环境化学研究所等单位组织编写，于 1983 年 8 月以《环境监测分析方法》名称出的。本书是在《环境监测分析方法》（大气部分）和《污染源统一监测分析方法》（废气部分）的基础上编写成的。本书和以前有关监测分析方法图书的出版都是全国各有关方面广大科技人员共同协作、集体劳动的成果。

环境监测分析方法需要统一和规范化，在统一和规范化过程中应注意吸收国际标准化组织公布的有关分析方法。本书在原有基础上，把几年来经过实践证明是适用的方法保留下来，加以补充修改，还新增加了 39 个项目，82 个监测分析方法，补充了不少新技术，有了较大的进步。

环境监测工作是不断发展的，建立和完善环境监测分析方法及其体系，需要在前人工作的基础上，依靠广大监测科技人员长期不懈地努力。经过不断的监测实践和研究的积累以后，就要增加新方法，淘汰旧方法。因此，我们设想大约经过五年或再长一些时间，对本书进行修订再版。希望环境监测以及有关部门、单位的广大科技人员对本书提出宝贵意见，使再版时能更加充实和完善。

国家环境保护局

1990 年 4 月

第三版前言

加强空气质量监测和控制废气排放的监测是适应环境管理的迫切需要，为此，国家环境保护局委托中国环境监测总站牵头，组织全国的监测力量，对《环境监测分析方法》、《污染源统一监测分析方法》进行修订。我们认为按照环境要素来建立监测分析方法体系比较合理，而且便于监测技术的管理。因此，相继在全国组织了“水和废水监测分析方法”、“空气和废气监测分析方法”及“固体废弃物监测分析方法”的研究与协作实验验证工作。

根据国家环境保护局的要求，于1985年11月在杭州召开了“空气和废气监测分析方法”科研协作组第一次会议。会上确定了以中国环境监测总站为组长单位，中国预防医学科学院环境卫生与卫生工程研究所、北京市环境保护监测中心、上海市环境监测中心为副组长单位的技术核心组。与会的17个科研、监测单位参加了协作组，分工落实了新增加项目及一些改进项目的科研任务。

各协作单位经过两年多的辛勤工作，积累了许多新的经验，提出研究报告60余篇。协作组于1987年12月在北京召开了第二次会议，交流和讨论了这些科研成果。经技术核心组审核，筛选出50篇论文，出版了“大气、废气监测分析方法研究报告集”（刊载于《中国环境监测》1988年第3期）。会议还通过了《空气和废气监测分析方法》编写大纲，成立了编委会。此后，编委会对稿件进行了编审和修改，并于1988年5月在浙江建德县召开编委会议，对书中重要的监测技术进行了认真的讨论和审定。1989年3月在北京又召开部分编委参加的会议，按无机、有机污染物、降水几部分再次整理和审核各监测方法的稿件，最后由中国环境监测总站对书稿进行了技术整理和编排，现在正式和广大读者见面。

本书在编写过程中考虑了以下几个方面。

1．本书是《环境监测分析方法》（大气部分）和《污染源统一监测分析方法》（废气部分）的继续和发展，可以说是新的版本。因此，将前两书中实用的、可靠的监测分析方法保留下来，充分吸取了国内各有关部门和国外的先进经验，对其中部分方法进行了修改。

2．本书将1985年由中国环境监测总站组织全国18个监测科研单位编制、验证的《降水化学成分监测分析方法》（计11个项目21个方法）编在第二篇，作为全国降水监测统一方法。

3.本书包括了80个项目149个监测分析方法。比《环境监测分析方法》（大气部分）和《污染源统一监测分析方法》（废气部分），在项目、监测方法和篇幅方面约增加一倍多。特别增加了过去比较薄弱的有机污染物的监测分析方法。在新仪器、新技术如高效液相色谱、离子色谱、石墨炉原子吸收、新的光度法等方面，均得到了较广泛的应用。

《空气和废气监测分析方法》一书的出版是在国家环境保护局关怀支持下完成的。本书的出版也是各单位领导的积极支持和广大监测科研人员辛勤劳动的成果。在此，我们向有关人员表示崇高的敬意和衷心的感谢！

由于时间和经费所限，在空气和废气采样的新技术与设备方面、监测质量保证方面的工作还比较薄弱，经验不多。流动源监测、环境恶臭监测、大气生物监测尚未纳入本书，这些方面的监测技术国内已开始进行研究，我们将在本书的修订版中充实上述内容。

本书所述的有关项目的监测分析方法，尚有许多不完善之处，我们希望各行各业的科研监测人员在工作实践中对这些方法进行不断的研究和改进，积累新的经验，争取在今后几年把一些成熟的方法，经过必要的验证程序，上升为国家环境标准分析方法。同时我们希望大家结合实际工作，开拓新的监测项目，开发新的监测方法。将新的项目与方法推荐给中国环境监测总站，使本书再版时更加充实完善。

中国环境监测总站

1990年1月

第四版编委会成员

领导小组组长　王心芳

小 组 成 员　尹　改　刘启凤　万本太　丁中元　胥树凡

主　　　编　魏复盛

副　主　编　滕恩江

常 务 编 委（以负责章节顺序排列）

池　靖　吴国平　易　江　赵淑莉　谭培功

第一篇

负责人和编写人　魏复盛

审　　稿　毕　彤　滕恩江

第二篇

负 责 人　滕恩江

编写人员　滕恩江　李亚卿　崔九思　贾建和　闫　宁　孙志强　席俊清

审　　稿　梁熙彦　魏复盛

第三篇

负 责 人　池　靖

编写人员　刘　伟　岳爱民　杨允彤　张玉惠　胡厚钧　池　靖　石金宝
王玉平　陈　涛　王　娟　张玉坤　梁秋刚　于水涛　孙悦凤
籍静钰　包一凡　李朝晖　喇国静　叶旭红　韩瑞梅　包农建
何雁英　李铁锁　杨　海　张丽君　魏长江　张　宇　宝　荣
肖秀芳　王启秀　田　伟　陈守福　奚旦立　姜佩华　谢玉祥
张国莹　吴岳英　应太林　邓慧红　陈季华　刘砚华　周侣艳
刘劲松　马荻荻　许行义　傅　军　庞晓露　樊颖果　俞　杰
多克辛　徐晓力　朱叙超　邢梦林　吴　辉　李迎芳　洪世杰
谢跃欣　王大伟　孙腊梅　康清容　潘光伟　杨三明　张元茂
翁燕波

审　　稿　滕恩江　程秉珂　虞　统　郑晓红

第四篇

负责人和编写人　吴国平

审　　稿　　　魏复盛　王瑞斌

第五篇

负 责 人　易　江

编写人员　易　江　孙　蕾　王同健　石金宝　胡　敏　王晓慧　王晓利

孙海林　曹　勤　舒　兰　杨三明　陈守福　王启秀　田秀华

刘德全　韩瑞梅　丁广德　谭晓风　王桂琼　刘　伟　黄　文

山祖慈　周　勤　滕恩江

审　　稿　魏复盛　常德华

第六篇

负 责 人　赵淑莉　谭培功

编写人员　赵淑莉　谭培功　王玉平　田洪海　于彦彬　戴天有　易　江

池　靖　段小丽　王　兵　刘　方　曲　健　骆　红　曹　堃

苏　娜

审　　稿　黄业茹　郑明辉

第三版编委会成员

主　　编　程秉珂

副 主 编　曹守仁　单嫣娜　田仪芳

编　　委　魏复盛　陈禹方　常德华　胡望钧　杨光壁　胡厚钧
孙文舜　孙新熙　林大泉　柴树琴　滕恩江　吴国平
池　靖　魏海萍

组织协调　柴文琦　陈子久　刘全义　于正然

参加本书编写的还有（以所写稿件在书中的先后为序）：

李宝成　赵炳成　高素琴　杨郁枝　芮葵生　娄人俊　王玉平
吉荣娣　胡强宁　武夏萍　王根娣　王丽文　刘平波　王鸿志
王延吉　高玲玲　韦利杭　马小杰　纪爱民　杨　超　藉　伟
傅　军　孙　辰　郭家珍　张建春　刘笑梅　申开莲　刘承轩
吴黎丽　陈景贤　曹　堃　励玉贞　卢振龙　陶大钧　史宝成
龚淑贤　贾玉霞　罗启章　王建英　阮　虹　权桂香　朱明生
崔广文　崔慧纯　李竹萼　冷文宣　乔立明　文德振　朱小丹
何公理　周　怡　顾小珍　藉静玉　陈兰英　张　宾　黄丽影
邱名琦　刘嘉琪　李柱国　陈乐恬　邱星初　曾向东　李桂兰
徐淑芹　金　鑫　董丽洁　尹爱群　孙永琳　喇国静　陆凤家
魏　迅　姚认宇　尹　洧　汪关鑫

参加第三版方法研究、编写的单位

1. 中国环境监测总站
2. 中国预防医学科学院环境卫生与卫生工程研究所
3. 上海市环境监测中心
4. 北京市环境保护监测中心
5. 浙江省环境监测中心站
6. 中国科学院环境化学研究所
7. 中国气象科学研究院
8. 中国石油化工总公司抚顺石油化工研究院环境保护科学研究所
9. 北京市环境保护科学研究所
10. 航天部一〇一所
11. 湖南省环境保护局
12. 辽宁省环境监测中心站
13. 沈阳市环境监测中心站
14. 贵州省环境保护研究所
15. 包头市环境监测中心站
16. 北京市机电研究院环境保护研究所
17. 武汉市环境监测中心站
18. 江苏省环境监测中心站
19. 郑州市环境监测中心站
20. 冶金部冶金建筑研究总院环境保护研究所
21. 化工部北京市化工研究院环境保护研究所
22. 甘肃省环境监测中心站
23. 重庆市环境保护科研监测所
24. 无锡市环境监测中心站
25. 吉林省环境监测中心站
26. 北京市化工研究院环境保护研究所
27. 黑龙江省环境监测中心站
28. 云南省环境监测站
29. 江西省赣州地区环境监测站
30. 上海医科大学

目　录

第一篇　空气污染及监测概论

第一章　空气污染……2
一、气体成分……2
（一）概述……2
（二）无机气体污染……3
（三）有机气体污染……3
二、颗粒物污染……4
（一）概述……4
（二）悬浮颗粒物的特性……5
（三）颗粒物的化学组成……6
（四）半挥发性有机物的污染……8
三、二次污染物……9
（一）概述……9
（二）空气中氧化剂和自由基的形成……9
（三）二次污染物的生成……10
四、室内空气污染……12

第二章　空气污染的危害……13
一、对人体健康的危害……13
（一）煤烟型污染……13
（二）光化学烟雾污染……14
（三）颗粒物污染危害……14
（四）其它污染物质的危害……16
二、对动植物的危害……17
（一）对动物的危害……17
（二）对植物的危害……17
三、对建筑物和文物古迹的危害……18

第三章　空气污染监测技术的发展……19
一、空气污染防治与监测技术进展……19
（一）消烟除尘阶段……19
（二）污染物总量控制和“双达标”阶段……19
（三）防治痕量有毒有害化学物质污染的阶段……20
二、空气污染监测的发展趋势……20
（一）从无机污染物向有机污染物监测发展……20
（二）从化学分析向仪器分析发展……20
（三）从手工采样—实验室分析向自动监测系统发展……21
（四）从单一的监测分析技术向多种监测分析技术联用发展……21
（五）从粗粒子监测向细颗粒物监测发展，并开展源解析研究……21
（六）发展突发性污染事故的监测技术……22

第四章　空气污染监测……23
一、概述……23
二、空气质量监测……23
（一）瞬时采样法……23
（二）24 h 连续采样—实验室分析法……23
（三）空气质量自动监测系统……24
三、酸沉降监测……24
四、污染源监测……24
（一）固定源……25
（二）无组织排放源……25
（三）流动源……25
（四）恶臭……25
五、污染事故监测……26
六、室内空气监测……26
七、遥感遥测……26
（一）车载式的遥感监测……26
（二）航空遥感监测……26
（三）资源环境卫星监测……27

第二篇　质量保证与质量控制

第一章　工作任务与目标 30
一、监测数据质量目标的确定 30
二、工作计划的制订 31
三、质量控制指标体系 32

第二章　实验室管理与人员培训 33
一、实验室的基本要求 33
（一）分析实验室 33
（二）实验用水的纯化 33
（三）实验容器材质的选择 35
二、实验室的管理 35
（一）信息资料的管理 35
（二）实验室的管理 36
三、监测技术人员的培训 38

第三章　布点与采样 39
一、监测网络的设计与布点 39
（一）设置环境空气监测网的目的 39
（二）监测网络设计的一般原则 39
（三）网络点位设计的基本方法 40
（四）环境空气质量监测点位布设的基本要求 40
二、样品的采集 41
（一）气态污染物的采样方法 42
（二）颗粒物的采样 47
（三）两种状态共存的污染物的采样方法 48
三、采样体积的计算 48
四、采样效率评价方法 50
（一）采样效率的评价方法 50
（二）影响采样效率的主要因素 51

第四章　仪器的校准及检定 53
一、标准物质 53
（一）标准物质的定义与分级 53
（二）环境气体标准 54
（三）气体标准的传递与追踪 54
二、标准气体的配制 55
（一）静态配气法 55
（二）动态配气法 63
三、玻璃器皿的校准 76
四、流量计及其校准 79
（一）流量计的种类 79
（二）流量计校准 82
（三）压力和温度对流量计读数的影响 91
五、颗粒物采样器流量的校准 92
六、空气质量自动监测系统的校准 93

第五章　实验室分析测试 94
一、概念 94
二、校准曲线 96

第六章　数据的处理及表示方法 98
一、误差 98
二、准确度 100
三、精密度 101
四、工作曲线中可疑值的检验 101
五、协作试验的数据处理 102
（一）Dixon 检验法 102
（二）Cochran 检验法 103
（三）Grubbs 检验法 105
六、数据剔除时应注意的问题 106
七、空气中污染物浓度的表示方法 108

第三篇　空气质量监测

第一章　气态无机污染物 112
一、二氧化硫 112
（一）甲醛缓冲溶液吸收-盐酸副玫瑰苯胺分光光度法（A） 112
（二）四氯汞钾溶液吸收-盐酸副玫瑰苯胺分光光度法（A） 118
（三）紫外荧光法（B） 121
（四）定电位电解法（C） 121
二、氮氧化物 123
（一）盐酸萘乙二胺分光光度法（A） 123

（二）化学发光法（B）........................127
三、二氧化氮........................127
（一）盐酸萘乙二胺分光光度法（A）........................127
（二）化学发光法（B）........................128
（三）定电位电解法（C）........................128
四、臭氧........................129
（一）靛蓝二磺酸钠分光光度法（A）........................129
（二）紫外光度法（A）........................132
（三）硼酸碘化钾分光光度法（C）........................135
五、一氧化碳........................138
（一）非分散红外吸收法（A）........................138
（二）气体滤波相关红外吸收法（B）........................139
（三）定电位电解法（B）........................139
（四）汞置换法（B）........................140
六、氟化物........................142
（一）滤膜-氟离子选择电极法（A）........................143
（二）石灰滤纸-氟离子选择电极法（A）........................145
七、硫酸盐化速率........................148
（一）碱片-重量法（B）........................148
（二）碱片-铬酸钡分光光度法（B）........................150
（三）碱片-离子色谱法（B）........................152
八、氨........................154
（一）次氯酸钠-水杨酸分光光度法（A）........................155
（二）纳氏试剂分光光度法（A）........................158
（三）氨气敏电极法（A）........................160
（四）离子色谱法（B）........................163
九、氰化氢........................164
异烟酸-吡唑啉酮分光光度法（A）........................164
十、五氧化二磷........................169
抗坏血酸还原-钼蓝分光光度法（B）........................169
十一、硫化氢........................171
（一）气相色谱法（A）........................171
（二）亚甲基蓝分光光度法（B）........................171
（三）直接显色分光光度法（B）........................174
十二、氯气........................178
甲基橙分光光度法（A）........................178
十三、氯化氢........................179
（一）硫氰酸汞分光光度法（A）........................180
（二）离子色谱法（B）........................182

第二章　颗粒物及其元素........................185
一、TSP........................185
（一）大流量采样　重量法（A）........................185
（二）中流量采样　重量法（A）........................188
二、PM_{10}........................189
（一）大流量采样　重量法（B）........................190
（二）中流量采样　重量法（B）........................191
（三）TEOM 微量振荡天平法（B）........................192
（四）Beta 射线衰减法（B）........................192
三、降尘........................192
重量法（A）........................192
四、汞........................195
（一）巯基棉富集-冷原子荧光分光光度法（B）........................195
（二）金膜富集-冷原子吸收分光光度法（B）........................197
五、铅........................200
（一）火焰原子吸收分光光度法（A）........................200
（二）石墨炉原子吸收分光光度法（C）........................202
六、砷........................204
（一）二乙基二硫代氨基甲酸银分光光度法（B）........................204
（二）新银盐分光光度法（B）........................206
（三）原子吸收分光光度法（B）........................209
（四）原子荧光法（B）........................211
七、硒........................214
原子荧光法（B）........................214
八、铬（六价）........................217
二苯碳酰二肼分光光度法（B）........................217
九、锑........................218
5-Br-PADAP 分光光度法（B）........................218
十、铍........................221
（一）原子吸收分光光度法（B）........................221
（二）桑色素荧光分光光度法（B）........................223
十一、铁........................225
（一）4，7-二苯基-1，10-菲啰啉分光光度法（B）........................225

（二）原子吸收分光光度法（B）......227
十二、铜、锌、镉、铬、锰及镍......229
原子吸收分光光度法（B）......229
十三、电感耦合等离子体原子发射光谱法（ICP-AES）（C）......231

第三章　大气水平能见度......237
一、目测法（B）......237
（一）目标物的选择......237
（二）目标物的测绘......237
（三）观测和记录......239
二、仪器法（B）......240

第四章　空气质量连续自动监测系统（B）......242
一、空气质量连续自动监测系统概述......242
（一）系统用途......242
（二）系统基本结构......242
二、空气质量连续自动监测仪工作原理......244
（一）紫外荧光仪测定 SO_2......244
（二）化学发光仪测定 NO、NO_2、NO_x......245
（三）气体滤波相关红外吸收仪测定 CO......245
（四）紫外光度仪测定 O_3......246
（五）长光程差分吸收光谱仪测定多种成分......246
（六）PM_{10} 监测仪......247
（七）校准系统工作原理......248
三、空气质量连续自动监测系统组成......248
（一）监测点位......249
（二）监测子站......249
（三）中心站......250
四、空气质量连续自动监测系统质量保证和质量控制......252
（一）概述......252
（二）标准的追踪与传递......252
（三）监测仪器校准......261
（四）修正......269
（五）空气质量连续自动监测系统例行质量控制......271
（六）作业指导书......272
五、空气质量连续自动监测系统的性能审核......272
（一）性能审核的目的和要求......272
（二）审核项目和工作原理......272
（三）审核方法和周期......272
（四）审核设备......273
（五）审核程序......273
（六）数据的处理和分析......274
六、空气质量连续自动监测系统的管理......276
（一）系统的设施管理......276
（二）系统仪器设备器材管理......278
（三）系统维护......278
（四）系统文件档案的管理......280

第四篇　降水监测

第一章　布点、采样及质量保证......284
一、概述......284
二、采样点位设置......284
三、降水采样......285
四、降水样品的保存与处理......286
五、数据处理......287
六、质量保证......288

第二章　降水监测分析方法......290
一、电导率......290
电极法（A）......290
二、pH 值......291
电极法（A）......292
三、硫酸根......293
（一）离子色谱法（A）......293
（二）铬酸钡-二苯碳酰二肼分光光度法（A）......296
（三）改良硫酸钡比浊法（A）......297

四、硝酸根 298
（一）离子色谱法（A） 299
（二）紫外分光光度法（A） 299
五、亚硝酸根 300
（一）离子色谱法（A） 300
（二）盐酸萘乙二胺分光光度法（A） 300
六、氯离子 301
（一）离子色谱法（A） 302
（二）硫氰酸汞分光光度法（A） 302
七、氟离子 303
（一）离子色谱法（A） 303
（二）氟试剂分光光度法（A） 304
八、铵离子 305
（一）纳氏试剂分光光度法（A） 305
（二）次氯酸钠-水杨酸分光光度法（A） 307
（三）离子色谱法（C） 308
九、钾、钠离子 310
（一）原子吸收分光光度法（A） 310
（二）离子色谱法（C） 312
十、钙、镁离子 312
（一）原子吸收分光光度法（A） 312
（二）偶氮氯膦III分光光度法测定钙（B） 313
（三）离子色谱法（B） 315
十一、甲酸、乙酸 315
离子色谱法（C） 315

第五篇　污染源监测

第一章　采样 318
一、采样位置与采样点 318
（一）采样位置 318
（二）采样孔和采样点 318
（三）无组织排放源的采样原则 321
（四）恶臭污染物的采样原则 322
二、烟气采样方法 322
（一）采样原则 322
（二）采样系统与装置 323
（三）采样步骤 328
（四）采样体积的计算 331
三、颗粒物采样方法 332
（一）采样原则 332
（二）采样系统与装置 334
（三）采样步骤 340
（四）采样体积的计算 343
四、排放浓度、排放量的计算 343
（一）排放浓度的计算 343
（二）排放量的计算 344
第二章　烟气参数的测定 345
一、温度 345
（一）玻璃水银温度计（A） 345
（二）热电偶温度计（A） 345
（三）电阻温度计（A） 346
二、含湿量 346
（一）重量法（A） 346
（二）冷凝法（A） 347
（三）干湿球法（A） 349
三、压力（A） 350
四、流速（A） 354
五、流量（A） 356
六、烟气成分 357
（一）非分散红外吸收法与定电位电解法测定一氧化碳 357
（二）奥氏气体分析器法测定氧、一氧化碳、二氧化碳（A） 358
（三）电化学法测定氧（B） 358
（四）氧化锆氧分仪法测定氧（B） 358
（五）热磁式氧分仪法测定氧（B） 359
（六）磁力机械式氧分仪法测定氧（B） 360
第三章　颗粒物及金属化合物测定 362
一、颗粒物 362
重量法（A） 362

二、尘粒分散度......................................364
惯性冲击仪法（B）......................................364
三、烟气黑度......................................367
（一）林格曼黑度图法（B）......................................367
（二）测烟望远镜法（B）......................................368
（三）光电测烟仪法（B）......................................369
四、石棉尘的测定......................................370
镜检法（A）......................................370
五、饮食业油烟......................................374
红外分光光度法（A）......................................374
六、铅及其化合物......................................376
（一）火焰原子吸收分光光度法（B）......................................376
（二）石墨炉原子吸收分光光度法（B）......................................378
（三）络合滴定法（B）......................................381
七、汞及其化合物......................................383
（一）冷原子吸收分光光度法（B）......................................383
（二）原子荧光分光光度法（B）......................................385
八、镉及其化合物......................................387
（一）火焰原子吸收分光光度法（A）......................................387
（二）石墨炉原子吸收分光光度法（A）......................................389
（三）对-偶氮苯重氮氨基偶氮苯磺酸分光光度法（A）......................................391
九、铍及其化合物......................................394
（一）石墨炉原子吸收分光光度法（B）......................................394
（二）羊毛铬花菁R分光光度法（B）......................................397
十、镍及其化合物......................................399
（一）火焰原子吸收分光光度法（A）......................................399
（二）石墨炉原子吸收分光光度法（A）......................................401
（三）丁二酮肟-正丁醇萃取分光光度法（A）......................................403
十一、锡及其化合物......................................406
石墨炉原子吸收分光光度法（A）......................................406
十二、铬酸雾......................................408
二苯基碳酰二肼分光光度法（A）......................................408
十三、砷及其化合物......................................411
（一）新银盐分光光度法（B）......................................411
（二）二乙氨基二硫代甲酸银光度法（B）......................................413
（三）氢化物发生 原子荧光分光光度法（B）......................................416
十四、硒及其化合物......................................418
（一）氢化物发生 原子荧光分光光度法（B）......................................418
（二）石墨炉原子吸收分光光度法（B）......................................418

第四章 气态污染物的测定......................................421
一、二氧化硫......................................421
（一）碘量法（A）......................................421
（二）定电位电解法（A）......................................423
（三）自动滴定 碘量法（B）......................................426
（四）非分散红外吸收法（B）......................................428
（五）甲醛缓冲溶液吸收-盐酸副玫瑰苯胺分光光度法（B）......................................429
（六）溶液电导率法（C）......................................431
二、氮氧化物......................................432
（一）盐酸萘乙二胺分光光度法（A）......................................433
（二）紫外分光光度法（A）......................................436
（三）定电位电解法（B）......................................438
（四）非分散红外吸收法（B）......................................440
三、氯化氢......................................441
（一）硫氰酸汞分光光度法（A）......................................441
（二）硝酸银容量法（B）......................................445
（三）离子色谱法（B）......................................446
四、硫酸雾......................................448
（一）铬酸钡分光光度法（B）......................................448
（二）离子色谱法（B）......................................451
五、氟化物......................................453
（一）离子选择电极法（A）......................................453
（二）氟试剂分光光度法（B）......................................456
六、氯气......................................459
（一）甲基橙分光光度法（A）......................................459
（二）碘量法（B）......................................461
七、氰化氢......................................463
异烟酸-吡唑啉酮分光光度法（A）......................................463
八、光气......................................467
（一）苯胺紫外分光光度法（A）......................................467
（二）碘量法（B）......................................470

九、沥青烟 472
重量法（A） 472
十、硫化氢 475
（一）气相色谱法（A） 475
（二）碘量法（B） 475
（三）亚甲基蓝分光光度法（B） 476
十一、一氧化碳 477
（一）非分散红外吸收法（A） 477
（二）定电位电解法（B） 479
（三）奥氏气体分析器法（A） 480
（四）检气管法（B） 483
十二、氨 484
（一）次氯酸钠-水杨酸分光光度法（B） 484
（二）氨气敏电极法（B） 484

第五章　烟气污染物排放连续监测 487
一、概述 487
二、安装要求 488
三、烟气参数的测定 489
（一）烟气温度测定 489
（二）烟气含湿量测定 489
（三）烟气成分测定 489
（四）烟气压力测定 490
（五）烟气流速和流量的测定 490
四、烟尘的测定 493
（一）不透明度法 493
（二）后向散射法 496
（三）β射线法 497
五、二氧化硫测定 497
六、氮氧化物测定 501
七、排放浓度和排放总量计算 503
八、质量保证与质量控制 503
（一）安装的质量保证 503
（二）校准时质量保证 505
（三）运行质量保证 505

第六章　机动车尾气监测 514
一、烟度 515
（一）柴油车自由加速烟度的测量　滤纸烟度法（A） 515
二、一氧化碳、碳氢化合物 521
汽油车排气污染物的测量　怠速法（A） 521
附　录 524

第七章　空气污染应急监测技术 526
一、氯气 526
（一）联苯胺指示纸法 526
（二）检测管法 527
（三）电化学传感器法 530
（四）紫外光度法 531
二、硫化氢 532
（一）醋酸铅指示纸法 533
（二）检测管法 533
（三）电化学传感器法 535
（四）紫外荧光法 536
三、氯化氢 537
（一）检测管法 537
（二）电化学传感器法 538
（三）便携式分光光度法 539
（四）傅立叶变换红外光谱法 541
四、一氧化碳 542
（一）检测管法 542
（二）传感器法 543
（三）非色散红外线检测法 544
（四）傅立叶变换红外光谱法 545
五、可燃气体 546
传感器法 546
六、氰化氢 548
（一）指示笔法 549
（二）检测管法 549
（三）电化学传感器法 551
（四）傅立叶变换红外光谱法 552
（五）便携式分光光度法 553
七、光气 554
（一）二甲基苯胺指示纸法 554
（二）检测管法 555
（三）电化学传感器法 556
八、挥发性有机物（VOC） 557
（一）目视比色法 557
（二）传感器法 558

（三）便携式GC法......559
九、氟化氢......560
（一）检测管法......561
（二）傅立叶变换红外光谱法......562
（三）电化学传感器法......562
十、氨气......563
（一）检测管法......564
（二）传感器法......565
（三）傅立叶变换红外光谱法......566
（四）化学发光法......566

第六篇　有机污染物分析

第一章　挥发性有机物......570
一、挥发性有机物（VOCs）......570
（一）固体吸附　热脱附气相色谱-质谱法（C）......570
（二）用采样罐采样气相色谱-质谱法（C）......576
二、挥发性卤代烃......580
气相色谱法（C）......581
三、氯丁二烯（B）......584
气相色谱法......584
四、氯乙烯......585
气相色谱法......585
五、总烃和非甲烷烃......587
（一）总烃和非甲烷烃测定方法一（B）......587
（二）总烃和非甲烷烃测定方法二（B）......589
（三）气相色谱法测定非甲烷烃（B）......591
六、甲醇......595
（一）气相色谱法（B）......595
（二）变色酸比色法（B）......596

第二章　芳烃类化合物......599
一、苯系物......599
（一）活性炭吸附二硫化碳解吸气相色谱法（B）......599
（二）热脱附进样气相色谱法（B）......602
二、氯苯类化合物......603
气相色谱法（C）......603
三、硝基苯类化合物......605
（一）锌还原-盐酸奈乙二胺分光光度法（A）......605
（二）苯吸收填充柱气相色谱法（B）......608
（三）固体吸附气相色谱（C）......609
四、苯酚类化合物......611
（一）4-氨基安替比林分光光度法（B）......611
（二）气相色谱法（B）......614
（三）氢氧化钠溶液吸收高效液相色谱法（C）......616
五、苯胺类化合物......619
（一）盐酸萘乙二胺分光光度法......619
（二）高效液相色谱法（C）......620
六、酞酸酯类化合物......622
高效液相色谱法（C）......622
七、多环芳烃类化合物......625
（一）气相色谱-质谱法（C）......626
（二）超声波萃取高效液相色谱法（C）......629
八、苯并[a]芘......633
（一）乙酰化滤纸层析-荧光分光光度法（A）......633
（二）高效液相色谱法（A）......636
（三）高效液相色谱法（A）......638
九、二噁英......642

第三章　农药类化合物......659
一、有机氯农药和多氯联苯......659
气相色谱法（C）......659
二、甲基对硫磷......662
（一）气相色谱法（B）......662
（二）盐酸萘乙二胺分光光度法（B）......664
三、敌百虫......666
硫氰酸汞分光光度法（B）......666
四、敌百虫和敌敌畏......668
间苯二酚荧光法（C）......668

五、有机磷农药 669
气相色谱法（C） 669

第四章 醛酮类化合物 674
一、醛酮类化合物 674
2,4-DNPH 吸附管吸附高效液相色谱法（C） 674
二、甲醛 677
（一）酚试剂分光光度法（B） 677
（二）乙酰丙酮分光光度法（A） 679
（三）离子色谱法（B） 681
三、乙醛 683
气相色谱法（A） 683
四、丙烯醛 689
（一）气相色谱法（A） 689
（二）4-己基间苯二酚分光光度法（B） 692
五、低分子醛 694
气相色谱法（B） 694
六、丙酮 696
（一）气相色谱法（B） 696
（二）糠醛比色法（B） 696

第五章 其它有机化合物 698
一、环氧氯丙烷 698
（一）气相色谱法（B） 698
（二）乙酰丙酮分光光度法（B） 700
二、丙烯腈 701
气相色谱法（B） 701
三、三甲胺 703
气相色谱法（A） 703
四、吡啶 707
（一）巴比妥酸分光光度法（B） 707
（二）气相色谱法（B） 709
五、异氰酸甲酯 710
2,4-二硝基氟苯分光光度法（B） 710
六、肼和偏二甲基肼 712
（一）分光光度法（肼）（B） 712
（二）分光光度法（偏二甲基肼）（B） 715
（三）气相色谱法（肼和偏二甲基肼）（B） 717
七、有机硫化合物 720
气相色谱法（A） 720
八、苯可溶物 725
重量法（A） 725
九、臭气 726
三点比较式臭袋法（A） 726

第七篇 化学质量平衡（CMB）受体模型及其在环境空气颗粒物源解析中的应用

第一章 化学质量平衡（CMB）受体模型基本理论 734
一、CMB 受体模型原理 734
（一）CMB 受体模型及其算法 734
（二）CMB 受体模型模拟优度的诊断技术 735
二、二重源解析技术基本原理 737

第二章 大气颗粒物排放源样品采集 738
一、颗粒物污染源的分类 738
（一）天然源 739
（二）人为源 739
（三）二次颗粒物 740
（四）混合尘源——扬尘和道路尘 740
二、其他分类方法 740
三、源样品采集方法 741
四、源样品处理方法 743
（一）粉末状源样品的处理方法 743
（二）滤膜源样品的处理程序 743
（三）源样品采集和处理注意事项 744

第三章 环境受体样品采集 745
一、点位布设原则 745
二、采样仪器选择 746
三、滤膜选择 746

四、采样时间、采样周期以及采样要求....746
（一）采样时间和采样周期....746
（二）采样期间的环境气象参数的测定...747
（三）样品采集步骤和要求....747
五、样品保存和运输....747
（一）样品的编号规则....747
（二）样品的保存和运输....748

第四章　源与受体样品的分析方法......749
一、滤膜的称量....749
（一）滤膜预处理....749
（二）滤膜的平衡及称重....749
二、源与受体样品的分析技术....749
（一）元素分析....750
（二）碳分析....752
（三）离子分析....752

第五章　颗粒物成分谱的建立....753
一、源成分谱的建立....753
（一）一次颗粒物源成分谱的建立....753
（二）二次颗粒物源成分谱的建立....754
（三）源成分谱举例....754
二、受体成分谱的建立....755
三、源和受体化学组成范围....755
（一）源成分谱化学组成范围....755
（二）受体成分谱化学组成范围....758
四、源和受体成分谱数据评估....759

第六章　NKCMB 软件使用方法....760
一、NKCMB2.0 软件简介....760
二、NKCMB2.1 使用方法简介....760
（一）模型输入数据文件处理....760
（二）模型输入文件的建立....760
（三）文件读取....762
（四）模型计算....762
（五）结果显示....765
三、模型新增功能——穷举法....768
（一）综合筛选法介绍....768
（二）模型应用综合筛选法向导....768
（三）结果输出与保存....770

结语....771

选用仪器设备名录表....774

第一篇　空气污染及监测概论

第一章 空气污染

一、气体成分

（一）概述

在地球表面之上约 80km 的空间为均匀混合的空气层，称为大气层。与人类活动关系最密切的地球表面上空的 12km 范围，叫对流层，特别是地球表面上空 2km 的大气层受人类活动及地形影响很大。对流层干燥清洁空气的化学元素及其化合物的组成见表 1-1-1。这是未受到人为源污染，而仅是自然源产生的、在空气中充分混合均匀后的自然组成，即背景值浓度。

表 1-1-1 清洁干燥空气的组成*

成分	化学式	体积浓度	成分	化学式	体积浓度
氮	N_2	98.08%±0.004%	氢	H_2	0.5ppm
氧	O_2	20.948%±0.002%	氧化亚氮	N_2O	0.3ppm
氩	Ar	0.934%±0.001%	一氧化碳	CO	0.05～0.2ppm
二氧化碳	CO_2	325ppm	臭氧	O_3	0.02～10ppm
氖	Ne	18ppm	氨	NH_3	4ppb
氦	He	5ppm	二氧化氮	NO_2	1ppb
氪	Kr	1ppm	二氧化硫	SO_2	1ppb
氙	Xe	0.08ppm	硫化氢	H_2S	0.05ppb
甲烷	CH_4	2ppm			

*见文献 3.空气中各成分为体积比浓度，原文如此，未作换算。

空气中 N_2 为 78.08%，O_2 为 20.948%，Ar 为 0.934%，这三种气体是空气的主要成分，约占空气体积的 99.94%。其余气体属微量成分，仅占空气的 0.06%。由于人类的活动，排放大量的污染物质，使空气中有关物质的浓度超过了背景浓度，当这些物质的浓度达到了对人类健康和自然生态环境产生不利影响时，我们就说空气受到了污染。

在地球上空 12km 以上的空气层叫平流层，有一层厚厚的臭氧（O_3）层，它吸收了太阳照射到地球上大部分紫外线，使地球上的众多动植物和人类免遭强烈紫外线的伤害。由于工业革命之后，世界上大量使用能消耗（破坏）O_3 的物质（如氟氯烃、哈龙—氟溴烃类），这些物质排放到空气中，挥发上升进入 O_3 层而消耗 O_3，致使在地球南极上空出现 O_3 空洞。由此可见平流层的 O_3 对保护地球生态系统是有好处的。在后面将进一步谈到近地面的 O_3 是光化学烟雾污染的最重要氧化剂，是二次污染物的重要成分，近地面空气中高浓度的 O_3 对人体健康和生态系统则是有害的。

（二）无机气体污染

化石燃料——煤、石油、天然气以及生物质能源在燃烧过程中（焚化炉、工业锅炉、窑炉）、冶金、石油化工、建材生产（砖瓦、水泥）、生活取暖、烹调等人类活动都会排放出大量有害的无机气态污染物，如 SO_2、SO_3、NO、NO_2、CO、CO_2、H_2S、HCl、Cl_2、HCN、NH_3 等，其主要来源见表 1-1-2。

表 1-1-2　无机气体污染物的主要来源

类别	污染源	排放无机气态污染物
人为源	燃煤：电厂、锅炉、窑炉	SO_2、NO、NO_2、CO_2、CO
	燃油：机动车、电厂、石油工业	NO、NO_2、CO、CO_2、SO_2
	冶金、化工、化肥	SO_2、H_2S、HCl、Cl_2、NH_3、SO_3、HCN
天然源	火山爆发	SO_2
	森林、草原火灾	SO_2、NO、CO、CO_2
	动植物残体分解	H_2S、NH_3

（三）有机气体污染

进入空气中的有机污染物种类很多，比无机物要多得多。大体上可分为挥发性有机物（以 VOCs 表示）和半挥发性有机物（以 S－VOCs 表示）。挥发性有机物是指那些沸点在 260℃以下的有机物，它们在空气中有较高的蒸气压，容易挥发，以气态形式存在于环境空气中。按照化合物种类可分为以下若干种。

烷烃类：甲烷（CH_4）、乙烷、丙烷、正丁烷、异丁烷、正戊烷、3-甲基戊烷、正己烷、甲基环己烷、正庚烷、正辛烷、正壬烷、正癸烷、2-甲基癸烷等，在城市环境空气中多有检出。

烯烃类：乙烯、丙烯、丁二烯、戊二烯、异戊烯、苯乙烯等，在城市环境空气中多有检出。它们是一些较活泼的有机物，是形成光化学烟雾的重要前体物。

苯系物：苯、甲苯、二甲苯、三甲苯、乙苯、4－乙基甲苯等。在淘汰了含铅汽油后，为了保持汽油的辛烷值，在汽油中加有大量芳烃化合物（30%～50%体积比，其中对苯的限制为 1%～5%）。空气中苯系物重要来源有：汽油车的尾气排放、加气加油站的泄漏、石油化工电线电缆等生产过程的排放及建筑装饰材料使用含苯系物溶剂的涂料等。

卤代烃类：氟里昂（氟氯烃类）、哈龙（氟溴烃类，作灭火剂用）均是消耗 O_3 的物质，是禁止生产和淘汰使用的有机化合物。此外，在化工生产中大量使用三氯甲烷、四氯化碳、三氯乙烷、1, 2-二氯乙烷、三氯乙烯、四氯乙烯、氯苯、一氯甲烷、二氯甲烷、一氯二溴甲烷、三溴甲烷、三氯氟甲烷、六氯-1, 3-丁二烯等。

醛类：低分子醛有甲醛、乙醛、丙烯醛、丙醛、丁醛、丁烯醛、戊醛、异戊醇、正己醛、苯甲醛、甲基苯甲醛、2, 5-二甲基苯甲醛等。环境空气中的低分子醛类污染一部分来源于人为污染源排放；另外一部分来源于光化学烟雾过程中生成的二次污染物。

酮类：常在空气中检出的低分子酮类化合物有丙酮、甲基乙基酮、甲基异丁基酮、甲基丁酮、苯乙酮等。与醛类相同，低分子酮部分来自人为污染源排放，部分来自空气光化学反应，是由 O_3 等氧化剂和氧化自由基，将烃和烯烃通过复杂氧化过程而生成的。

醇、酸、酯类：甲醇、乙醇、异丙醇、甲酸、乙酸、丙烯酸、乙酸乙酯、乙烯基乙酸酯、过氧乙酰硝酸酯等在环境空气中均有检出。

有机胺：一甲胺、二甲胺、三甲胺、三乙胺、乙二胺、二甲基甲酰胺、苯胺等，加上无机气态 NH_3，有强烈的氨味，或恶臭味，是重要的恶臭污染物质。

有机硫化合物：甲硫醇、甲硫醚、二甲二硫、二硫化碳，加上无机气体硫化氢等，有强烈的腐蛋臭气味，也是重要的恶臭污染物质。

二、颗粒物污染

（一）概述

颗粒物污染是空气中最重要的污染物之一，在我国大多数地区空气首要污染物就是颗粒物。在全国 300 多个城市中 TSP 年均值超过国家二级标准的约占 2/3。根据颗粒物粒径大小通常可分为降尘、总悬浮颗粒物、可吸入颗粒物、粗颗粒物和细颗粒物。颗粒物来源有人为源和自然源之分。人为源主要是燃煤、燃油、工业生产过程等人为活动排放出来的。自然源主要有土壤、扬尘、沙尘经风力的作用输送到空气中而形成的。

1. 颗粒物的当量直径和空气动力学直径

空气中颗粒物并不都是几何球体，而大多数呈不规则的形态，因此，需将其换算成球体的直径，这就是当量直径（d_e）。

$$d_e = \left(\frac{6V}{\pi}\right)^{1/3}$$

式中：V——颗粒物的体积；

d_e——颗粒物的当量直径。

空气中颗粒物的真实直径为 D_ρ，由于颗粒物来源不同，其密度 ρ（或比重）不同，即使直径 D_ρ 相同，它们在空气中的动力学特征也是不同的，也就是在空气中沉降的速度不同。因此引入了空气动力学直径 D_a 的概念。

$$D_a = D_\rho \sqrt{\rho}$$

如果 $\rho > 1$，即密度较大，其空气动力学直径 D_a 就比它的真实直径 D_ρ 大，反之则小。换算成空气动力学直径以后就将颗粒物在空气中的沉降速度拉在了同一水平上。

2. 不同粒径颗粒物的定义

降尘（dust fall）：较粗的粒子，靠自生的重量即可较快沉降到地面上的颗粒物，叫降尘。它的粒径范围大约为 100～1000μm，其实小于 100μm 的颗粒物时间长一点也可以沉降下来，其界限并不很严格。

TSP（total suspended particulate）：指空气动力学直径小于 100μm 颗粒物的总称，叫总悬浮颗粒物，以 TSP 表示。

PM_{10}（inhalable particulate matter）：指空气动力学直径小于 10μm 的颗粒物，以 PM_{10} 表示。它可以通过呼吸进入人体的上、下呼吸道，故又名可吸入颗粒物。

$PM_{2.5\sim10}$（coarse particulate）：指空气动力学直径小于 10μm，大于和等于 2.5μm 的颗粒物，以 $PM_{2.5\sim10}$ 表示，俗称粗颗粒物。

$PM_{2.5}$（fine particulate）：指空气动力学直径小于 2.5μm 的颗粒物，以 $PM_{2.5}$ 表示。通常又叫细颗粒物。

其实粗、细颗粒物的叫法不很准确，因为有人把 10～100μm 的颗粒物称为粗颗粒物，把小于 10μm 的颗粒物（PM_{10}）叫细颗粒物，这样容易产生混淆。因此，我们认为以 TSP、PM_{10}、$PM_{2.5\sim10}$、$PM_{2.5}$ 来表示不同粒径的颗粒物更为科学和准确。

3. 颗粒物采样器的切割粒径

采集空气中不同粒径的颗粒物，主要依靠采样器的切割头，如 TSP 采样器是将大于 100μm 的颗粒物切割除去，使它不进入采样器。PM_{10} 采样器是将大于 10μm 的颗粒物切割除去，但这不是说它将 10μm 的颗粒物能全部采集下来。PM_{10} 采样器的切割点是 10μm，它保证 10μm 的颗粒物的捕集效率在 50%以上即可，因为这是一个采样的概率，并非“一刀切”。

（二）悬浮颗粒物的特性

1. SPM 的质量谱及相对比例

空气中悬浮颗粒物（suspended particulate matter，简称 SPM）粒径范围为 0.1～100μm，其质量谱如图 1-1-1 所示。

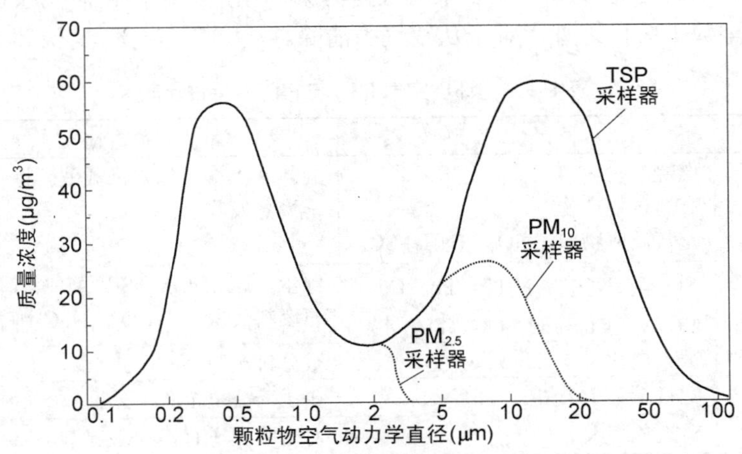

图 1-1-1　颗粒物不同粒径的质量分布示意图

从图 1-1-1 可见，SPM 质量谱出现两个峰值，第一个峰的动力学直径在 0.4～0.5μm，第二个峰的动力学直径在 10～15μm；此外不同质量浓度的悬浮颗粒物，其不同粒径颗粒物之间的比例是不同的。一般说来，PM_{10} 与 TSP 的比例随不同城市、不同季节、不同气象条件而有较大变化。如北京 PM_{10}/TSP 质量浓度比值范围为 0.37～0.61，年均比值约为 0.523。

北方沙尘暴天气下，SPM 中大颗粒物多，小颗粒物少，PM_{10}与 TSP 的比值可低达 0.10。而我国南方气候湿润，扬尘少，相对大颗粒物较少，小颗粒物较多，PM_{10}占 TSP 的比例高达 60%～70%。工业除尘器容易除去大颗粒物，而小颗粒物较难除去。因此，消烟除尘工作的进展，使环境空气中 TSP 浓度有逐年下降的趋势，但 PM_{10}与 TSP 的比值相对则有所上升。

表 1-1-3 列出了广州、武汉、兰州、重庆市两年颗粒物监测的结果。由表可见 $PM_{2.5}$与 PM_{10}的比值约为 0.50～0.75，干旱地区的兰州市，$PM_{2.5}$与 PM_{10}的比例较低；同时还可看出郊区的颗粒物 $PM_{2.5}$与 PM_{10}的比值较同一城市城区高，这是因为 $PM_{2.5}$可以长期漂浮在空气中，并且可以远距离输送。

表 1-1-3 $PM_{2.5}/PM_{10}$平均比值（1995、1996 年）

城市	年分	城区点		近郊点	
		N	$PM_{2.5}/PM_{10}$	N	$PM_{2.5}/PM_{10}$
广州	1995	57	0.647	55	0.751
	1996	61	0.661	57	0.701
武汉	1995	46	0.526	46	0.606
	1996	48	0.605	50	0.676
兰州	1995	51	0.516	52	0.614
	1996	62	0.519	60	0.571
重庆	1995	49	0.618	51	0.585
	1996	70	0.651	74	0.655

2. $PM_{2.5}$与 $PM_{2.5\sim10}$特性比较

表 1-1-4 列出了环境空气中 $PM_{2.5}$、$PM_{2.5\sim10}$的来源、组成，在空气中存在的寿命及输送距离的比较。由表可见 $PM_{2.5}$主要来自人为污染，在空气中停留时间长达数天至数月，可输送到数百至数千公里之外，难于从空气中清除。

表 1-1-4 环境空气 $PM_{2.5}$与 $PM_{2.5\sim10}$特性比较

性质	$PM_{2.5}$	$PM_{2.5\sim10}$
来源	燃烧产物 高温过程产物 空气反应物 NH_4NO_3、$(NH_4)_2SO_4$	固体（土壤、尘）机械破碎物 雾滴蒸发物
组成	SO_4^{2-}、NO_3^-、NH_4^+、Pb、Cd、Ni、V、Cu、EC、OC、键合水	浮尘、地壳元素（Si、Al、Ti、Fe）氧化物、化石燃料飞灰、$CaCO_3$、NaCl 海盐、动植物碎屑
在空气中寿命	数天至数月	数分钟至数小时
输送距离	数百至数千公里	少于一公里至数十公里
危害	对人危害大	对上呼吸道有不利影响

（三）颗粒物的化学组成

颗粒物粒径不同其化学组成是不同的。一般说来，土壤、风沙、扬尘等对较粗颗粒物的贡献较大；化石燃料燃烧产生的烟尘及工业粉尘，特别在经过除尘器之后排放到环境空气中的尘对较细颗粒物的贡献较大。

1. 颗粒物的来源分析

北京市监测中心对 TSP 来源解析表明，在不同季节和污染条件下，各种来源的贡献率是不同的，见图 1-1-2。

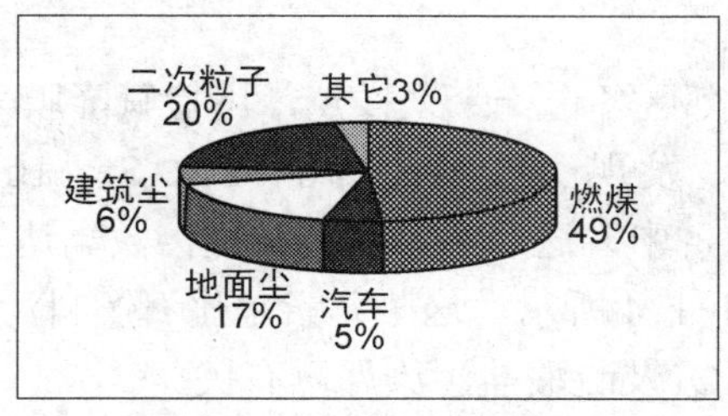

前门重污染日(1992.01.11)　　前门尘暴日(1992.04.17)

图 1-1-2　北京前门不同环境条件下 TSP 不同源的贡献率

图 1-1-3 列示了美国东西部地区 $PM_{2.5}$ 的主要成分。由图可见，$PM_{2.5}$ 中含有化石燃料燃烧不完全的元素碳（EC）、有机碳（OC）及二次污染物 NH_4^+、NO_3^-、SO_4^{2-} 等，约占总重量的 70%～85%，而矿物元素仅占 15%～30%，说明 $PM_{2.5}$ 主要来自人为污染源。颗粒物越小，它的比表面积越大。因此越容易吸附各种污染物。

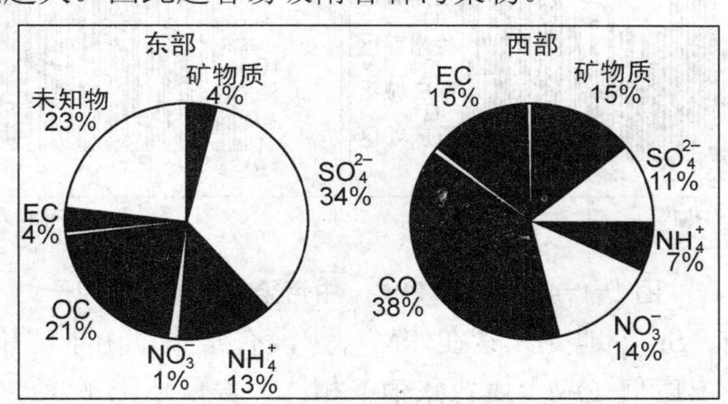

图 1-1-3　美国东西部地区 $PM_{2.5}$ 的主要成分

2. 颗粒物中元素的富集因子

空气颗粒物中的元素组成相对于土壤背景值或地壳元素的丰度值比较而言，有些元素由于污染而产生了富集，为此引入了元素的富集因子（enrichment factor of element），K_i 定义为：

$$K_i = \frac{(C_i / C_R)_{颗粒物}}{(C_i / C_R)_{土壤背景}}$$

式中：C_i——研究的元素；

C_R——参比元素，一般选难于流失或迁移的元素如 Ti、Zr 等；

$(C_i/C_R)_{颗粒物}$——代表颗粒物中研究元素与参比元素浓度之比；

$(C_i/C_R)_{土壤背景}$——代表土壤中研究元素 i 与参比元素 R 背景值浓度之比。

若 $K_i \geq 10$，则说明该元素在颗粒物中有明显的富集；$K_i < 10$ 则说明该元素没有富集；若 $K_i < 1$，则说明该元素可能有流失，其相对含量明显下降。

3. TSP 中富集的元素

由于 TSP 有相当一部分来源于燃煤、燃油烟尘及冶金、石化、建筑等工业粉尘，因此一些重金属元素相对于土壤扬尘则有所富集。如北京市环境中心的监测结果表明污染元素富集倍数分别是：As 10～40 倍；Cd 150～400 倍；Cu 30～100 倍；Se 40～350 倍；Zn 10～50 倍。

4. $PM_{2.5}$ 与 $PM_{2.5\sim10}$ 富集的元素

在广州、武汉、兰州和重庆市的城区和郊区各选一个采样点，用特氟隆膜采集 $PM_{2.5}$、$PM_{2.5\sim10}$，用 X－荧光光谱分析 42 个元素，发现 As、Cu、Pb、Zn、Se、Br、Cl、S 在 $PM_{2.5\sim10}$ 和 $PM_{2.5}$ 中有明显富集，特别在 $PM_{2.5}$ 中，这些污染元素富集倍数高达数百倍至数千倍，而 Se 的富集系数超过了万倍，如图 1-1-4 所示。这些元素是化石燃料污染造成的，硫在 $PM_{2.5}$ 中富集因子很高，与我国 SO_2、SO_3 及硫酸盐污染严重有关。

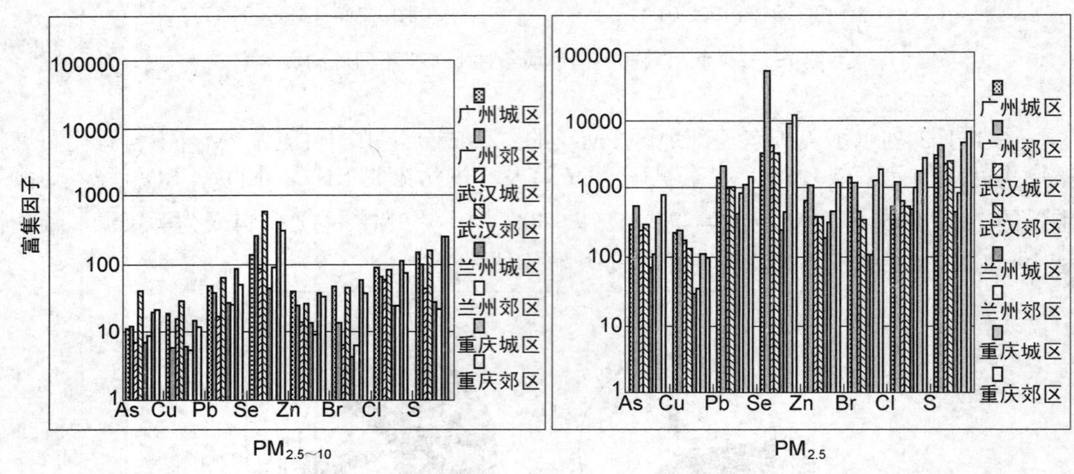

图 1-1-4 $PM_{2.5}$ 和 $PM_{2.5\sim10}$ 中污染元素的富集因子

Si、Al、Fe、Ca、Sr 等地壳元素在 $PM_{2.5}$ 中没有富集。由于污染元素含量相对较高，所以这些元素与地壳丰度值（或土壤背景值）相比，含量下降了。如 Si 和 Al 在 $PM_{2.5}$ 中的富集因子多小于 1，见图 1-1-5。

（四）半挥发性有机物的污染

一般说来，半挥发性有机化合物多吸附在颗粒物上。从颗粒物上提取并检测出的有机污染物种类繁多，而且多数对人体健康有害。另外还发现这些化合物大部分集中在细颗粒物上，例如空气中多环芳烃有 70%～90% 都吸附在 PM_{10} 的颗粒物上，其危害就更大了。从城市环境空气中检出的半挥发性有机污染物主要有以下几类：

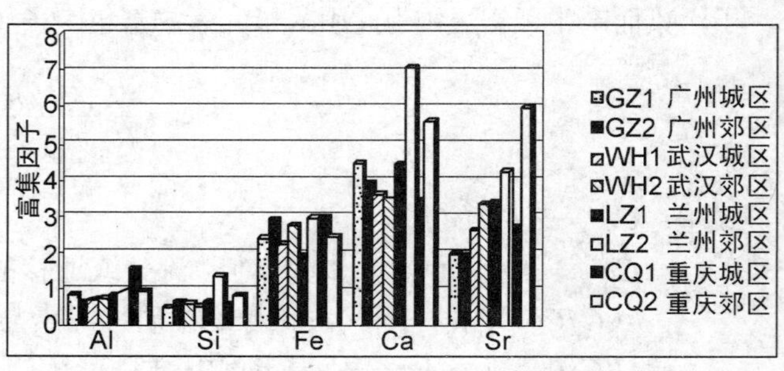

图 1-1-5 $PM_{2.5}$ 中地壳元素的富集因子

多环芳烃类：苯并（a）芘、苯并[b]荧蒽、苯并[k]荧蒽、苯并[ghi]芘、二苯并（ah）蒽等均为致癌物。此外还有萘、菲、蒽、芘、苊、䓛、苝、晕苯等二、三、四、五、六、七环的多环芳烃化合物。还含有氯取代和硝基取代的多环芳烃化合物，硝基多环芳烃是强致癌物。在环境中检出的多环芳烃多达 80 余种。研究发现这些多环芳烃是煤炭、石油、木柴燃烧及垃圾焚烧过程中产生的副产物。汽油车、柴油车尾气也排放出一定数量的多环芳烃。在炼焦车间、煤气厂、散烧烟煤的小炉灶旁及公路隧道内都检测出高浓度的多环芳烃。例如在炼焦炉顶和炉旁的 BaP 为 4.0～200μg/m^3。宣威地区农民家散烧烟煤，居室内受到颗粒物和 BaP 的严重污染，检出的 BaP 浓度也高达 6.0μg/m^3。在公路隧道内由于机动车排放尾气得不到扩散，检出的 BaP 浓度也达到 0.4～2.1μg/m^3，大大超过了我国环境空气质量标准（0.01μg/m^3）。

有机氯农药和多氯联苯类：在环境空气颗粒物中检出的有机氯污染物有六六六（BHC）、DDT、艾氏剂、狄氏剂、异狄氏剂、氯丹、七氯、多氯联苯等。其中有许多是属于难降解的持久性有机污染物（POPs），是要禁止生产、禁止使用或限期淘汰的有毒有害化学物质。

酞酸酯类：酞酸酯类用作塑料的增塑剂，已造成对各环境介质的普遍污染。实验研究显示这些物质是环境激素类污染物。在环境中检出的酞酸酯类主要有：邻苯二甲酸二甲酯、邻苯二甲酸二乙酯、邻苯二甲酸二丁酯、邻苯二甲酸二辛酯、邻苯二甲酸二异丁酯等。

三、二次污染物

（一）概述

一次污染物：由污染源直接排放到空气中，且未发生化学变化的污染物质叫一次污染物，如燃煤燃油排放出的 SO_2、NO、CO、CO_2 等均是一次污染物，由化工生产过程排放出的 SO_3、NO_2 也是一次污染物。

二次污染物：由污染源排放出的一次污染物进入空气中，在物理、化学作用下，发生一系列化学反应，形成了另一种污染物质，叫二次污染物。例如 SO_2 进入空气中，被氧化生成 SO_3，SO_3 与 H_2O 反应生成 H_2SO_4，H_2SO_4 再与空气中 NH_3 反应生成$(NH_4)_2SO_4$粒子等。在这里生成的 SO_3、H_2SO_4、$(NH_4)_2SO_4$ 等均是二次污染物。

（二）空气中氧化剂和自由基的形成

在环境空气中形成二次污染物的化学反应十分复杂，有些问题还有待进一步研究。但是有一点是明确的，即一次污染物在阳光紫外线照射下，形成了重要的氧化剂和自由基，如臭氧（O_3）、氧基（O·）、氢氧基（·OH）、过氧碳氢基（RO·）、过氧氢基（HO_2·）、过氧化氢（H_2O_2）等。由于这些氧化剂和自由基的反应活性很强，可使空气中光化学反应异常活跃，是形成光化学烟雾的引发剂。

例如，SO_2 吸收太阳光紫外线而成激发态分子 SO_2·，发生下述反应形成 SO_3 和 O_3。

$$SO_2 + hr \longrightarrow SO_2 \cdot$$

$$SO_2 + O_2 + M \longrightarrow SO_4 \cdot + M$$

$$SO_4 \cdot + SO_2 \longrightarrow 2SO_3$$

$$SO_4 \cdot + O_2 \longrightarrow SO_3 + O_3$$

其中 M 为保护性惰性气体（以下同）。

又如，NO_2 吸收太阳光紫外线，产生光分解，形成 NO 和氧基（O·），再进一步反应

形成 O_3，其反应式如下：

$$NO_2 + hr \longrightarrow NO + O\cdot$$

$$O\cdot + O_2 \longrightarrow O_3$$

在空气中存在的 OH·自由基非常活泼，它与 CO 反应可形成一系列的自由基，这些自由基在光化学反应中起着十分重要的作用。

$$\cdot OH + CO \longrightarrow CO_2 + H\cdot$$

$$H\cdot + O_2 + M \longrightarrow HO_2\cdot + M$$

$$HO_2\cdot + HO_2\cdot \longrightarrow H_2O_2 + O_2$$

$$H_2O_2 + hr \longrightarrow 2\cdot OH$$

由此可见，在阳光紫外线的作用下，NO_2、SO_2、CO、挥发性有机物参与了一系列光化学反应。形成的氧化剂和自由基，是形成光化学烟雾的重要条件。

（三）二次污染物的生成

1. 酸性氧化物及酸的形成

前已述及，在太阳紫外线照射下，可使 SO_2 生成 SO_3。此外，SO_2 在 Fe_2O_3 催化作用下，可生成 H_2SO_4：

$$SO_2 + H_2O \longrightarrow H_2SO_3$$

$$2H_2SO_3 + O_2 \xrightarrow{Fe_2O_3} 2H_2SO_4$$

臭氧、氧基、H_2O_2 等氧化剂也可使 SO_2 转化生成 SO_3。

一氧化氮在 O_3 作用下，经过下列反应生成 NO_2、N_2O_5 及硝酸和亚硝酸。

$$NO + O_3 \longrightarrow NO_2 + O_2$$

$$NO_2 + O_3 \longrightarrow NO_3 + O_2$$

$$NO_2 + NO_3 \longrightarrow N_2O_5$$

$$N_2O_5 + H_2O \longrightarrow 2HNO_3$$

$$2NO_2 + H_2O \longrightarrow HNO_3 + HNO_2$$

排放到空气中的一次污染物 SO_2、NO 经过这些反应生成酸性更强的氧化物 SO_3、NO_2、N_2O_5。它们与空气中 H_2O 作用生成 H_2SO_4、HNO_3、HNO_2，是形成地区性酸雨的主要原因。

这些酸性物质与 H_2O 结合，易形成酸雾，并被吸附在颗粒物（尤其是细粒子）上，硫酸、硝酸与空气中的氨气反应，生成相应的铵盐，这些铵盐是细粒子（如 $PM_{2.5}$）的主要组成部分。

2. 光化学烟雾成分

光化学烟雾的主要成分有 O_3、甲醛、过氧乙酰硝酸酯（PAN），酸性氧化物及含氧酸盐、气溶胶粒子等。前已介绍由 NO_2 的光分解及 SO_4 的分解均可生成 O_3。关于酸性氧化物及含氧酸盐气溶胶的生成已作过介绍。

机动车辆、石油化工排放出的挥发性有机污染物，在空气中氧化剂、自由基和阳光紫外线作用下，发生一系列复杂的化学反应，形成醛类、过氧乙酰硝酸酯（PAN）及某些自由基，下面以丙烯为例说明这些反应：

$$CH_3CH{=}CH_2 \xrightarrow{OH^\cdot} CH_3\underset{OH}{C}HCH_2 \xrightarrow{O_2} CH_3\underset{OH}{C}HCH_2OO\cdot$$

$$CH_3\underset{OH}{C}HCH_2OO\cdot \xrightarrow{NO} CH_3\underset{OH}{C}HCH_2O\cdot + NO_2$$

$$\longrightarrow CH_3CHOH\cdot + \boxed{HCHO}\text{（甲醛）}$$

$$CH_3CHOH\cdot \xrightarrow{O_2} CH_3CHOH(O\dot{O}) \xrightarrow{NO} CH_3CHOH(\dot{O}) + NO_2 \longrightarrow \boxed{HCOOH}\text{（甲酸）}$$

$$CH_3CHOH\cdot \xrightarrow{+NO_2\text{或}O} \boxed{CH_3CHO}\text{（乙醛）} \xrightarrow{OH^\cdot\text{或}NO_2^\cdot} CH_3CO^\cdot + H_2O$$

$$CH_3CO^\cdot \xrightarrow{O_2} CH_3CO{-}OO^* \xrightarrow{NO_2} \boxed{CH_3CO{-}OO{-}NO_2}\text{(PAN)}$$

$$CH_3\cdot \xrightarrow{O_2} CH_3OO^\cdot \xrightarrow{+NO} CH_3NO_3 \text{ 或 } CH_3O + NO_2$$

$$CH_3O + NO_2 \xrightarrow{NO_2} CH_3NO_3$$

$$CH_3O \xrightarrow{O_2} \boxed{HCHO} + NO_2\cdot$$

甲醛

与此反应相似还可生成过氧化苯甲酰硝酸酯（$C_6H_5{-}\overset{O}{\overset{\|}{C}}{-}OO{-}NO_2$）。

3. 光化学烟雾形成的条件和特点

光化学烟雾形成不仅和排放到空气中的污染物的种类和数量有关，还和当时的气象条件有密切的关系。一般说来，在晴朗夏季的天气条件下，风速小，污染物难以扩散，有利于光化学反应生成 O_3。在太阳出来后早晨的 8 点至 9 点钟，O_3 开始形成，其浓度也逐渐增加，在中午至下午 3 点钟左右，O_3 浓度达到最高。当阳光变弱时 O_3 浓度开始下降，到夜里 O_3 即被 NO 消耗殆尽。

机动车尾气排放是城市光化学烟雾的主要污染源。例如洛杉矶光化学烟雾就是以尾气排放 NO、CO、挥发性有机物为主形成的。机动车排放出的 NO_x 中，NO 占 90%，NO_2 约占 10%。NO 与 O_3 快速反应生成 NO_2。大城市中心道路拥挤，流动源又多，排放出的 NO 将把空气中大部分 O_3 反应掉，在市中心常出现 O_3 浓度较低的情况。

石油、化工行业低架污染源排放出的 NO_x、挥发性有机物，对城市光化学烟雾的形成也有重要贡献，而火电厂等高架源排放出的 NO_x、挥发性有机物，由于在高空扩散，到达近地面的浓度低，相对影响较小，但对于区域酸雨的形成则有较大贡献。

四、室内空气污染

由于做饭、通风不良，因燃烧产生的SO_2、NO、CO、颗粒物、VOCs和油烟等是室内主要的污染物。在室内吸烟也会产生烟雾污染及数百种微量有害成分如 CO、NO、CO_2、重金属氧化物（如CdO）、焦油、尼古丁、多环芳烃、甲醛的污染。现在流行室内装修，建材质量良莠不齐，其中的涂料、粘胶使用有毒的有机溶剂及甲醛。因此在新装修的室内检出超过居民空气质量标准几倍至数百倍的有害污染物。如有致癌活性的甲醛和致白血病的苯，普遍都有检出。此外还检出有乙醛、甲苯、二甲苯、三甲苯、四氯乙烯（洗衣店用作干洗溶剂）等。装修后经过一年至数年，这些有害物质释放量逐渐减少。

北方冬季建筑施工，在水泥中加入尿素$[CO(NH_2)_2]$作防冻剂。在墙壁或地面中的尿素会逐渐分解，释放出刺人眼睛并有强烈难闻的NH_3气臭味。

室内除了化学物质污染之外，由于人们和生物的活动，还存在生物污染。如螨虫使人过敏，真菌、细菌、病毒往往是吸附在颗粒物上并悬浮在空气中，人们通过呼吸而受到感染。

建筑物使用的石材等，若含有较高背景浓度的铀放射性核素，由于自然蜕变过程中释放出放射性氡，引起室内氡的污染。因此，要选好建筑装修材料、使用清洁燃料，从根本上消除污染源；另外要经常通风换气，以保持室内有良好的空气质量。

第二章　空气污染的危害

一、对人体健康的危害

（一）煤烟型污染

著名的伦敦烟雾污染公害事件就是由于煤烟污染在稳定的天气条件下形成的。在 1952 年 12 月 5 日至 8 日，全英国上空大雾弥漫，并出现逆温，逆温在 40～150m 低空，使燃煤排放的烟尘、SO_2 等酸性物积聚在近地面，像一个锅盖一样笼罩在城市上空很难扩散出去。空气中 SO_2 浓度高达 3500μg/m^3，烟尘达 4500μg/m^3。伦敦市区在烟雾笼罩的一周内死亡人数从 945 人增至 2484 人。死亡人员中多数是老人和婴幼儿，以慢性支气管炎、哮喘、肺炎和心脏病患者死亡率最高。1962 年 12 月 3 日至 7 日伦敦又发生一次烟雾事件，烟尘和 SO_2 虽有所下降，但污染仍处于非常高的水平。伦敦市日死亡人数与污染物浓度变化有很明显的相关性，见图 1-2-1。

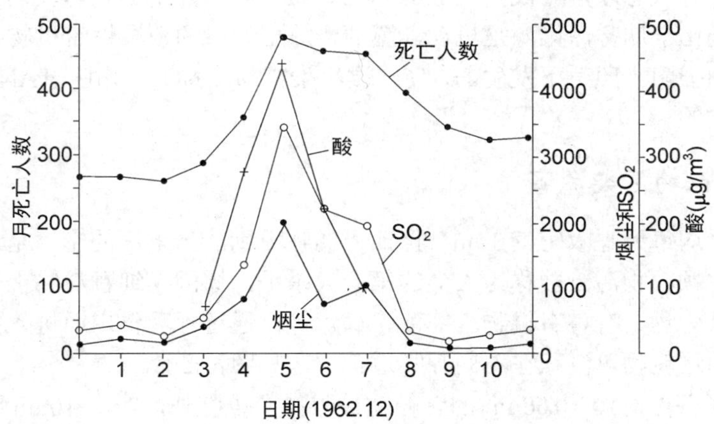

图 1-2-1　1962 年 12 月伦敦烟雾事件

由图 1-2-1 可见，在烟雾过去之后，日死亡率虽有下降，但仍然相当高，这主要是因为污染对人的危害有一个持续的过程。与伦敦烟雾事件类似的大气污染还在苏格兰的格拉斯哥、爱尔兰的都柏林和美国的匹兹堡发生过。这类污染事件多发生在冬季，天气稳定并形成逆温，同时产生大雾的气象条件下，由于排放出大量的烟尘、SO_2 等酸性物质无法扩散开而造成污染地区死亡人数成倍增加，这是煤烟型严重污染的急性中毒。

此外，煤烟型 SO_2、烟尘污染会影响到人体呼吸系统的健康，如人们哮喘发病率随空气中 SO_2 浓度的增加呈显著的线性增加，见图 1-2-2。

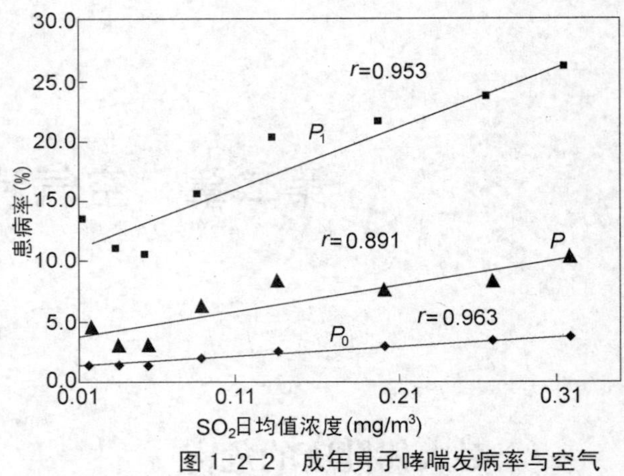

图 1-2-2 成年男子哮喘发病率与空气 SO_2 浓度的线性相关

P、P_0、P_1 分别代表实际的，各种混杂因子都取最低暴露和最高暴露水平计算的患病率

（二）光化学烟雾污染

美国洛杉矶市依山临海，分布在狭长 50km 的盆地内，空气污染物不易扩散。在 1943 年该市拥有 250 多万辆汽车，每天耗油量大，排放出大量碳氢化合物、CO 和氧化剂 NO_x，在夏天强烈紫外光照射下发生一系列光化学反应，形成臭氧、甲醛、过氧乙酰硝酸酯（PAN）。这些反应产物随着光化学反应不断积累，其浓度不断升高，至中午时分，O_3 浓度高达 2000μg/m^3。在低空可见到一层淡紫色的烟雾，这就是著名的洛杉矶烟雾。到 1988 年洛杉矶机动车已达 900 万辆，一年中有 225 天超过政府规定的空气质量标准（其中有 165 天是由于 O_3 超标造成的）。这些污染会造成健康人眼睛刺痛、流鼻涕、咳嗽、头痛、胸痛、恶心和气促。臭氧浓度高时哮喘病人可能会出现严重的呼吸问题，长期接触高浓度臭氧可能会损伤人的免疫系统。

光化学烟雾污染在美国许多城市都发生过。另外，1970 年东京的光化学烟雾污染持续一个夏季，使 2 万人患眼病。澳大利亚的悉尼、意大利的热那亚、印度的孟买也出现过这类烟雾事件。光化学烟雾污染源是机动车燃油排放出大量的挥发性有机物、CO、NO_x，在夏季中午前后的强阳光照射下发生的，使二次污染物 O_3、NO_2、甲醛、PAN 浓度不断积累，迅速增加而形成的。

（三）颗粒物污染危害

每个成人平均每天呼吸空气 15m^3。保证人们呼吸到清洁干净的空气是最重要的环保任务之一。空气中颗粒物污染被称为人类的第一大杀手，原因是细颗粒物上聚集了大量有害重金属、酸性氧化物、有害有机物、细菌、病毒等，通过呼吸作用而进入人体的上下呼吸道。不同粒径的颗粒物可沉积在不同呼吸道部位，见图 1-2-3。

由图 1-2-3 可见，10～100μm 的颗粒物被阻挡在鼻腔外，2.5～10μm 颗粒物大部分被鼻咽区截留，0.01～2.5μm 颗粒物主要沉积在支气管和肺部，特别是 0.1μm 左右的颗粒沉积在肺部，甚至可穿过肺泡进入血液之中，对人体健康危害最大。

空气中 PM_{10} 携带着重金属、酸性氧化物、多环芳烃等有毒有害的污染物，对人体呼吸健康有显著影响，见表 1-2-1。由表可见，PM_{10} 浓度每增加 10μg/m^3，死亡率、去医院就诊看病、哮喘病加重以及呼吸病症发生率均有增加的趋势，而肺功能则有所降低。

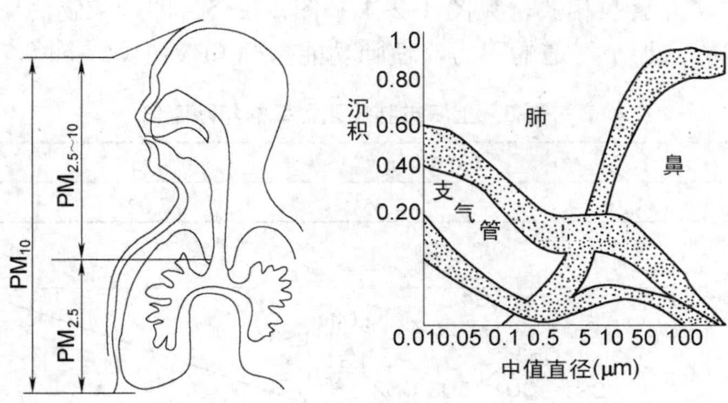

图 1-2-3　颗粒物在人体呼吸道不同部位的沉积或阻留

表 1-2-1　空气中 PM_{10} 每增加 $10\mu g/m^3$ 对人体健康的影响[注]

健康影响	增加百分数(%)	健康影响	增加百分数(%)
死亡率	1.0～3.4	呼吸病症	0.7～3.0
去医院看病	0.9～1.4	肺功能	−0.08～ −0.15
哮喘病加重	1.9～12.2		

[注]来自美国的研究报告。

吸附在细粒子上的多环芳烃污染是肺癌重要致癌因子之一。长期研究结果显示，云南宣威地区的农民家庭烧烟煤，造成居室内 TSP、有机物和多环芳烃，特别是苯并[a]芘的严重污染，导致肺癌死亡率比对照区高约 60 余倍（见表 1-2-2）。烧烟煤致肺癌的风险因子高达 26.5。

表 1-2-2　宣威烧烟煤室内污染与肺癌死亡率

燃料	TSP(mg/m^3)	<1.0μm 在 TSP 中比例(%)	有机物占 TSP 的比例(%)	BaP(ng/m^3)	肺癌死亡率(1/10 万)
烟煤	5.64	51.0	72.5	6269	128.3
木柴或无烟煤	1.50	6.0	55.0	457	2.08

另据报导，上海市 1949 年后随着工业的不断发展，在近 20 年中肺癌死亡率约增加了 5.8 倍，也是全国肺癌平均死亡率（4.97/10 万）的 7 倍多，见表 1-2-3。

儿童正处于生长发育期，对外界空气污染最为敏感，受到的影响和危害也较大。例如，颗粒物浓度与儿童呼吸系统疾病的发生率呈显著正相关，与儿童肺功

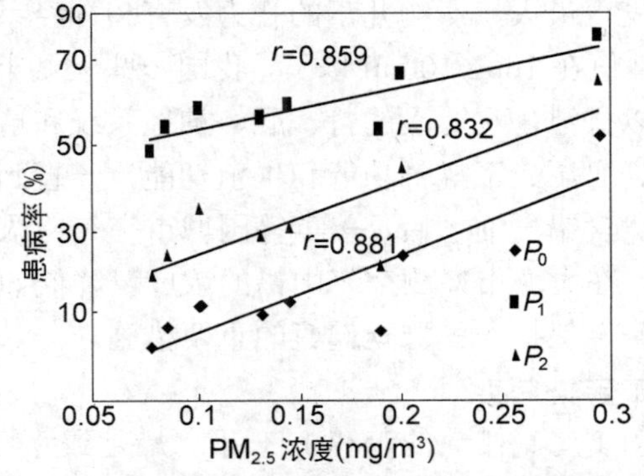

图 1-2-4　儿童感冒咳嗽患病率与空气 $PM_{2.5}$ 浓度的线性相关

P_2—实际患病率；P_0—各种混因子取最低暴露水平；

P_1—各种混杂因子取最高暴露水平计算的患病率

能指标 FEV_1/FVC 呈显著负相关，见图 1-2-4 和图 1-2-5。即颗粒物污染越重，对儿童呼吸健康越不利，并能增加小气道的阻力，使肺功能指标 FEV_1/FVC 下降。

表 1-2-3 上海市肺癌死亡率的年际变化

年份	1960	1965	1974	1976～1979
死亡率，1/10 万	5.25	15.75	27.02	35.78

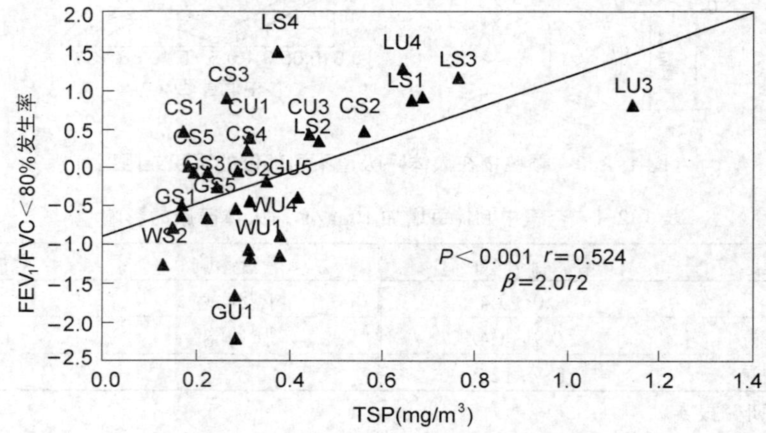

图 1-2-5 FEV1/FVC 调整均值与 TSP 的线性关系

GU、GS—广州城区、郊区　　WU、WS—武汉城区、郊区

LU、LS—兰州城区、郊区　　CU、CS—重庆城区、郊区

（四）其它污染物质的危害

其它污染物质种类很多，其危害作用不仅取决污染物的物理、化学性质及生物毒性，而且还取决于人们暴露的剂量和暴露的时间，下面仅举两个例子加以说明。

1. 铅污染危害

汽油中的四乙基铅在燃烧后生成氧化铅气溶胶细粒子，其比重大，长期漂浮在近地面，使儿童受害最大，影响儿童的智力发育和神经系统。血铅是反映人体接触铅多少的一项指标，正常值在 10μg/100ml 以下，我国一些大城市调查结果多数超过 10μg/100ml。进入体内的铅难以排泄，它对人的肾、肝、神经系统和造血器官有不利影响。铅对人体健康的影响从增加高血压、干扰肾功能和生殖功能，一直到不可逆转的大脑损伤。自 20 世纪 80 年代以来淘汰含铅汽油之后，美英等国城市空气铅浓度已降低 90%。我国仅在最近几年不用含铅汽油，在大城市检测空气中铅的浓度已降低 60%以上。这说明淘汰含铅汽油是解决铅的空气污染，保护人民群众健康的重要措施。

2. 苯污染危害

机动车尾气排放的苯和 1, 3-丁二烯是致癌物质，可引起白血病。在淘汰含铅汽油之后，为了保持汽油的辛烷值，在汽油中加入芳香烃化合物，增加了空气中苯的污染。世界卫生组织和美国 EPA 认为人在一生中接触 1μg/m^3 的苯可使每百万人中有 4～8 人有患白血病的危险，而且这种危险性是与空气苯浓度增加成正比例增加。洛杉矶地区汽车尾气污染重，每百万接触苯的人中可能患白血病的高达 100～780 人。另据报导，在接触苯环境中工作10年以上的748名橡胶工人的调查表明，这些人患白血病统计数和患白血病的机会是一般人的 5.6 倍。荷兰、德国制订空气中苯浓度标准为 $10\mu g/m^3$，英国专家顾问组建议暂定为 $16\mu g/m^3$，并建议最后限定标准为 $3\mu g/m^3$。因此，防治环境空气中苯等挥发性有机物污染是我们面临的重要任务之一。

20 世纪 90 年代中期我国 300 多个城市空气 TSP、SO_2、NO_x 三项污染物监测结果表明，约有 2/3 的城市空气质量仍未达到国家二级质量标准，大部分城市首要污染物是颗粒物，部分城市首要污染物是 SO_2，一些大城市由于机动车快速增加，NO_x 已上升为首要污染物。可见我国空气污染防治任务仍很艰巨。

二、对动植物的危害

（一）对动物的危害

空气污染对动物的危害和影响与对人的情况相似。凡是对人造成了危害的空气污染物，都同时对动物产生一定的危害和影响，使不少动物患病或死亡。既有急性中毒，也有慢性中毒；既有直接摄入空气污染物引起的，也有通过食物链间接摄入的。

美国蒙大拿州某铜冶炼厂排放出大量 SO_2、As_2O_3 污染了周围的牧草，草中含砷高达400mg/kg，使 $24km^2$ 范围内 3500 只羊中毒，死亡 625 只。蒙大拿州一磷肥厂，排放出大量氟化氢，严重污染了周围环境，牧草饲料中氟含量高达 1000mg/kg。致使牛患氟骨病，产奶减少，生殖率降低。

我国内蒙古包头钢铁厂，所用矿石含氟量很高，排放大量含氟烟气，污染了空气和牧草及水源，致使牛、羊、马等牲畜骨骼变形及骨折等。在兰州、抚顺及其它一些地方的电解铝厂因排放出高浓度的氟化氢，使食草牲畜中毒，对动物的生殖、发育均有不利影响。

（二）对植物的危害

污染物对植物的危害可分为急性、慢性和不可见三种。急性危害是在污染物浓度很高的情况下，短时间内所造成的危害。例如在铜冶炼厂周围，在水稻扬花和灌浆季节，由于高浓度 SO_2 污染使水稻不能授粉和灌浆，可使水稻绝收。因此，在这个期间铜冶炼厂要停产检修以减少农业损失。又如美国田纳西州戈斯特在几十年前有一家工厂排放高浓度 SO_2，将附近的树木和植物全部“烧死”。也有一些地方由于 SO_3 污染、Cl_2 泄漏将附近树木烧死的报导，均是急性中毒危害。慢性危害是指植物在低浓度污染物的长期暴露下所造成的危害，可影响植物的生长、发育。例如一些砖瓦厂燃煤烟气中含硫、氟高而污染环境，影响果树挂果，使产量明显降低。例如美国加利福尼亚州由于空气污染使葡萄减产超过 60%。洛杉矶的光化学烟雾，使该州 1970 年农作物损失 2500 万美元。我国西南、华中、华南、华东地区由于酸雨污染，有局部地区的降水 pH 值低至 4.0～4.5，对森林生态系统和水生生态系统有不良影响，危害某些物种的生存。不可见危害只造成植物生理障碍，在某种程度上抑制了植物的生长，但在外观上不易看出。

三、对建筑物和文物古迹的危害

空气中的一次污染物如 SO_2、NO，二次污染物如 SO_3、NO_2、自由基、过氧化物（如 H_2O_2）、O_3 等对金属制品、建筑物、桥梁等有氧化腐蚀作用，减少这些物品的使用寿命。此外，这些污染物也使车辆、衣物、家具等受到腐蚀的损害。许多珍贵的古建筑、历史文化遗产被煤烟熏黑，使之面目全非。一些大理石的雕像，由于酸性污染及酸雨的侵蚀而出现百孔千疮，造成严重损失。一些碑刻受到腐蚀后，已难于辨认。因此，各国都面临空气污染而需要对文物古迹进行抢救性的保护。

第三章　空气污染监测技术的发展

一、空气污染防治与监测技术进展

空气质量及污染源监测技术是随着国家环境污染防治工作的发展而发展起来的。回顾国际上和我国的空气污染防治与监测发展，大体上可分为以下三个阶段。

（一）消烟除尘阶段

我国空气污染防治是从消烟除尘开始的，即不准燃煤锅炉冒黑烟，要求锅炉燃烧较完全，并要求安装除尘设备。此时开始对锅炉冒烟进行林格曼黑度监测。还研究了烟尘滤膜等速采样——称重法测定烟尘和工业粉尘。环境空气质量开始监测自然降尘量，即每月每平方公里降尘的吨位数，同时研究悬浮颗粒物、SO_2、NO_x瞬时采样监测和降水 pH 值监测。这就是第一个阶段的空气污染防治以及和它相适应的监测技术。

（二）污染物总量控制和“双达标”阶段

20 世纪 90 年代中期我们约有 2/3 的城市空气质量达不到国家二级标准，西南、华南、华中、华东形成四片酸雨区，因此，我国的空气污染防治进入了大规模工程治理和产业结构调整期。提出了酸雨控制区和 SO_2 控制区，主要污染物总量削减计划及污染源排放浓度和环境质量浓度达标的奋斗目标。为了检查这些政策措施的效果及强化监督管理，以遏制环境质量恶化趋势，并使一些地区的环境质量得到改善，因此开发了污染源 SO_2、烟尘、粉尘的总量控制关键监测技术，如重点源烟尘、工业粉尘、SO_2、NO_x、CO 浓度和流速、流量的在线连续监测技术。也开发了污染源排放达标监测和核实排放总量的监测技术。为了反映重点城市空气质量实时变化趋势，发展了空气质量周报、日报和预报，因而大大推进了重点城市空气质量自动监测系统的建设。

为了控制重点城市由于机动车尾气污染导致城市空气 NO_x 浓度上升的势头，全国加强了机动车的监督管理和监测，不仅发展了汽车尾气怠速状况下的监测技术，也发展了简易工况法的监测技术。为了控制和减轻酸雨污染的危害，在全国建成酸雨监测网络，全面开展了降水 pH 值、电导及化学成分的监测。形成与第二阶段空气污染治理相配套的监测技术体系。

烟尘、工业粉尘、SO_2 排放总量还要继续削减，汽车尾气排放浓度还要继续降低，各区域排放总量必须在该区域环境容量允许范围之内，环境质量才能得到根本改善，这仍然需要经过多年坚持不懈的努力，我们才能像许多发达国家那样，完成这个阶段的污染防治任务。

（三）防治痕量有毒有害化学物质污染的阶段

这是许多发达国家现在面临的任务。美国在 1990 年颁布的新清洁空气法，提出要控制和削减 187 种有害物质的污染，其中的一些污染物浓度虽然很低，也许污染仅是局地的，但它们关系人们的生存和健康，必须花很大代价和相当长的时间去解决。美国提出要开发最佳生产工艺和处理技术，其目的是使目前有毒有害污染物排放总量要在当时的基础上减少 90%。因此，他们开发了系统的超痕量有害有机污染物的采样、分离富集和分析技术。开展了大规模空气中挥发性有机物（VOCs）、半挥发性有机物（S－VOCs）调查监测，对苯系物、烯烃类、卤代烃类、醛酮类、多环芳烃类、PCBs 类、二噁英类、酞酸酯类、有机氯杀虫剂农药等进行调查研究，因此发展了气相色谱、液相色谱、色谱－质谱联用、高分辨色谱－高分辨质谱联用、液相色谱-质谱联用技术等。

为了解决对人体健康危害较大的 PM_{10}、$PM_{2.5}$ 的监测及其来源解析，还发展了空气颗粒物不同粒径采样器；发展了 X-荧光光谱、等离子体发射光谱等多元素的分析技术；发展了颗粒物中元素碳（EC）、有机碳（OC）及二次污染物 NH_4^+、NO_3^-、SO_4^{2-} 的分析技术。

我国正在努力完成空气污染防治第二阶段的任务，同时也迎接第三阶段防治任务的挑战。我们正在研究建立超痕量系统的有机污染物的监测分析方法，并进行摸底调查研究。监测技术发展应走在环保工作的前面，才能为环保工作的重大决策提供技术支持和依据，否则监测工作就会是被动的，就会影响环保工作的顺利进展。

二、空气污染监测的发展趋势

根据发达国家空气污染监测技术发展的道路和我国空气污染监测项目、方法和技术的发展历程，以下几个发展动向值得我们注意。

（一）从无机污染物向有机污染物监测发展

从美国近几年空气污染监测看，有机污染物监测占 70%～80%的工作量。主要集中在有机污染物监测技术的开发和有机污染物的监测与调查，如广谱性的 VOCs 和 S－VOCs 的监测，以及和光化学污染有关的前体物（如 VOCs、烯烃、NO_x、NO）及其产物（O_3、甲醛、PAN 等）的监测。监测的有机污染物有 300～400 种之多，而且在一些地区的空气地面自动监测站还有 VOCs 的气相色谱自动监测系统和 GC-MS 自动监测系统，并纳入常规监测工作中。

（二）从化学分析向仪器分析发展

用化学法监测空气污染物是经典的方法，由于灵敏度不高，操作烦琐，需要长时间采样和实验室分析，因此化学法（包括分光光度法）所占的比重在逐渐减少，并被仪器方法所取代，如阴离子的分析多用离子色谱法；金属多用原子吸收，X-荧光光谱和 ICP-AES

法等；有机化合物多用气相、液相色谱和 GC-MS 联用技术等。

（三）从手工采样—实验室分析向自动监测系统发展

无论空气质量监测还是排放源的监测，多采用现场采样，然后将样品带回实验室进行分析，这种方式仍然会保留。但是空气中或污染源排放污染物浓度随气象条件和工况条件随时在变，那种手工采样—实验室分析方式的监测频率低，时间代表性差，不能很好反映污染物实时的变化。因此发展了空气质量自动监测系统，一个月或一年时间内可获得 90%～95%有效数据。也发展了固定污染源烟尘、工业粉尘、烟气 SO_2、NO_x、CO、工艺尾气及烟气参数的在线连续监测系统，可随时监测工业生产过程及排放污染物的浓度，并计算出日、月、年污染物的排放量。这种监测技术可同时对污染企业的总量控制及总量削减计划实施效果进行评价。

（四）从单一的监测分析技术向多种监测分析技术联用发展

任何一种监测分析技术都有它的突出优点，也都有它的局限性和不足，没有能“包打天下”的方法。只要我们能联合应用各种现代监测分析技术，扬长避短，去达到我们的监测目的，则会事半功倍。

例如用 GC－MS 联用技术作空气中 VOCs 和 S－VOCs 的广谱分析最为常见。对于一些特异有机物的准确分离和定量，如醛酮类与 2,4-二硝基苯肼衍生化生成 2,4-二硝基苯腙，用高压液相色谱测定，选择性和灵敏度都很高。很多沸点较低的有机物，用气相色谱分离，用有不同选择性和灵敏度的检测器定量就是一种最佳的选择，例如含卤素取代基的，含硝基$-NO_2$：$>C=O$ 等具有电负性强的基团，用电子捕获检测器测定就具有很高的灵敏度（测量六六六最低检测限可达 10^{-14}g）。表 1-3-1 列出各种有机分析仪器方法的一些特点和实用对象，可供参考。

（五）从粗粒子监测向细颗粒物监测发展，并开展源解析研究

我们进行空气质量监测是从自然降尘开始的，表示为 t /（月·km^2），后来开展了 TSP 监测。研究发现 PM_{10} 可进入人的上、下呼吸道，对健康影响很大，因此又转向 PM_{10} 的监测。研究又进一步发现更小的颗粒物 $PM_{2.5}$ 主要是人为污染造成，且危害更大，故又开发了 $PM_{2.5}$ 采样器及其监测技术。颗粒物从粗到细的监测技术发展是和人为污染、人体健康影响密切相关的。

颗粒物中的元素组成如何？有哪些污染物质？是从什么地方来的？各国的科学家为此作了大量的研究：一是组分分析，二是源的解析。颗粒物元素成分谱的分析，首选 X 射线荧光光谱分析技术，它是一种非破坏性分析（颗粒物采集在特氟隆膜上），可准确同时定量 40～50 种元素（地壳元素、金属元素、非金属元素，即原子序数大于 8 的）。其次也可选用 ICP-AES 方法，需要将样品用强酸、强氧化剂分解，制成分析溶液，可作多元素的同时定量。此外还由于化石燃料产生的元素碳（EC）、有机碳（OC）、二次污染粒子（NH_4^+、NO_3^-、SO_4^{2-}）也吸附在颗粒物上，因此需单独用石英纤维滤膜采样，用碳分析仪测 EC、OC，用离子色谱测 NH_4^+、NO_3^-、SO_4^{2-}。

表 1-3-1 空气有机污染物监测分析方法一览表

序号	采样方法	分离测定方法	分析化合物种类
1	液氮或液氩低温捕集采样——热解析	GC/FID 或 GC/ECD	沸点-10～200℃有机化合物
2	SUMMA 罐采样，吸附富集——热解析	GC-MS 或 GC/ECD 或 GC/FID	挥发性有机物
3	Tenax 管吸附采样——热解析	玻璃或融熔石英毛细管柱 GC-MS	沸点 80～200℃挥发性有机物
4	碳分子筛吸附采样——热解析	玻璃或融熔石英毛细管柱 GC-MS	易挥发性有机物（沸点 15～120℃）
5	玻璃纤维＋PUF 采样	索氏提取，K-D 浓缩 GC/ECD	有机氯杀虫剂、PCBs
6	PUF＋XAD-2 吸附采样	索氏提取，K-D 浓缩、纯化 HPLC/UV 或 HPLC/RFD	多环芳烃类（16 种）
7	PUF＋XAD-2 吸附采样	索氏提取，K-D 浓缩、纯化、融熔石英毛细管柱 GC-MS	多环芳烃类（16 种）
8	0.005%DAPH-2mol/L HCl 吸附采样	萃取浓缩、HPLC/UV(370nm)	醛酮类（14 种）
9	0.1mol/L NaOH 吸收采样	萃取浓缩 HPLC/UV(274nm)或化学检测，或荧光检测	苯酚、甲酚等
10	液氮或液氩低温捕集采样热脱捕	GC/FPD	H_2S、硫醇、硫醚、二硫二甲
11	多孔玻板苯吸收采样	GC/ECD	硝基苯类
12	环境纤维膜＋PUF 大流量吸附采样，用苯萃取，经纯化	高分辨 GC-高分辨 MS	多氯二苯并对二噁英类

获得各种污染源的标准粒子成分谱（电厂锅炉粒子、汽油车尾气粒子、建筑尘粒子、钢厂粒子等）及环境样品颗粒物的成分谱，可用化学质量平衡模型，污染源—授体模型等进行源解析，确定这类颗粒物来自各种污染源的贡献率，以便采取有针对性的措施加以防治。开始时进行了 TSP 源解析，现在已作得少了。现在主要是 PM_{10}、$PM_{2.5}$ 的源解析，因为这是我们最需要解决的污染问题。

（六）发展突发性污染事故的监测技术

突发环境污染事故频繁出现，因此要求开发选择性好、快速，但不要求太灵敏的仪器和方法。因此现在开发许多专用的便携式快速检测仪，如电化学传感器一类的 SO_2、NO_x、Cl_2、H_2S、CO 检测仪；不分离的以 FID 或 PID 作检测器的 VOCs 现场监测仪。还开发了各种污染物的快速检测管。用作有机污染物分析的便携式气相色谱仪，配有不同色谱柱和 PID、ECD、AID、FID 等检测器，可测定空气中数十种至百余种有机污染物。

第四章 空气污染监测

一、概述

不同的监测目的有不同的监测设计方案。我们要研究一个地区或全国环境空气质量的长期变化趋势，检验我们采取的政策措施的效果，就需要在相应地区设立常规监测网，开展空气质量监测。为了在重点城市开展空气质量日报和预报，要保证监测数据的代表性和时效性，就必须建立空气质量自动监测系统，开展对 PM_{10}、SO_2、NO_2、O_3、CO、气象参数的监测。要进行污染源调查研究，或污染源排放浓度达标监测，或对空气中 PM_{10} 的来源解析，则要根据监测目的来进行布点、采样、选择监测的项目、方法和频次，以及监测数据要达到的质量目标。

二、空气质量监测

现在有三种技术路线在进行空气质量监测。

（一）瞬时采样法

在全国开始空气质量监测时，由于缺乏必要的装备和条件，每个季度只开展 5 日采样监测，项目主要为 SO_2、NO_x 和 TSP。每日分早、中、晚各采 30min 或 1h。后来发现这种方法时间代表性太差，不能全面反映空气质量变化规律，已被淘汰。现在一些欠发达地区仍有使用的，应创造条件用 24h 连续采样方法代替。

（二）24h 连续采样—实验室分析法

24h 连续采样才能真实代表日均值浓度。根据项目的不同，在均匀间隔的日期进行采样 TSP、PM_{10}、Pb，至少一年有分布均匀的 60 个日均值，每月有分布均匀的 5 个日均值。SO_2、NO_x、NO_2 至少有分布均匀的 144 个日均值，每个月有分布均匀的 12 个日均值。经过多年研究这样测得一个监测点污染物的年日均值，与自动站的年日均值相比，其相对偏差在 10%以内。

测定方法：颗粒物用滤膜采样称重法。SO_2、NO_2、NO_x 用吸收液采样和分光光度测定法。

（三）空气质量自动监测系统

1. 监测项目

PM_{10}、SO_2、NO_2、NO、O_3、CO、湿度、温度、风向、风速等。有的还配有挥发性有机物自动监测仪、降水自动采样器或监测仪。

2. 监测技术路线

湿化学法：如 SO_2 经 H_2O_2 溶液吸收后测定电导率变化来间接测定 SO_2，这类方法的装置较便宜，但故障率高，维护工作量大，现已很少使用。

传统的光学方法：指那些用得较早较成熟的光学方法，即 SO_2 用紫外荧光法、NO_x（NO、NO_2）用化学发光法、CO 用非分散红外吸收法（NDIR）、O_3 用紫外吸收法等，我国大多数城市采用了这种方法。

DOAS 系统方法：即长光程差分光谱法。在大约 100～1000m 距离范围内测定在一条线上污染物的浓度。光谱扫描范围 180～600nm，用计算机对在这个范围内有特征吸收的污染物进行定量，并对干扰物的干扰进行计算校正，可同时测定多种成分：SO_2、NO、NO_2、O_3、NH_3、苯、甲苯、二甲苯、甲醛等。

PM_{10}：多用 β 射线吸收法或石英振荡天平法进行自动监测。

要进行城市空气质量的预测、预报就必须建立空气质量自动监测系统，根据气象条件变化趋势，对城市空气污染物浓度进行预报。

三、酸沉降监测

酸沉降监测包括湿沉降、干沉降、土壤、植被和内陆水环境监测。

湿沉降监测，即我们通常所说的降水监测。监测项目有电导率、pH、SO_4^{2-}、NO_3^-、Cl^-、NH_4^+、Na^+、K^+、Ca^{2+}、Mg^{2+}等。若在计算阴、阳离子平衡时发现有较大误差，应加测 NO_2^-、PO_4^{3-}、F^-、甲酸根、乙酸根。如果降水 pH 值较高，应实测 CO_2 浓度，并根据 H_2CO_3 的离解常数，计算 HCO_3^-、CO_3^{2-} 的浓度。

干沉降的采样和监测尚不成熟，正在探讨之中。目前，主要是直接采样测定空气中 SO_2、NO、NO_2、SPM 的浓度，但沉降量的计算还比较困难。

土壤和植被监测的目的是评价酸沉降对陆地生态系统的影响。一般需监测土壤的理化指标，如土壤含湿量、pH 值、可交换阳离子量、可交换 Al^{3+}、碳酸盐含量、总碳、总氮、有效磷酸盐、SO_4^{2-} 等。对森林监测主要是定期观察比较，并作详细描述，如树林的生长状态、老化情况等。

内陆水环境监测，应选择封闭水域，如清洁的淡水湖泊作监测对象。监测项目包括水温、pH、电导率、酸碱度、NH_4^+、Ca^{2+}、Mg^{2+}、Na^+、K^+、NO_3^-、SO_4^{2-}、Cl^-、总铝、溶解性有机碳、透明度、色度、COD、NO_2^-、PO_4^{3-} 等。

四、污染源监测

根据污染源特点不同可分为以下几种。

（一）固定源

燃煤燃油的锅炉、窑炉以及石油化工、冶金、建材等生产过程中产生的废气通过排气筒向空气中排放的污染源叫固定源。

❖ 常规监测项目：烟尘、粉尘、SO_2、NO_x、CO 以及过剩空气系数、压力、流速、烟气含湿量、温度等参数。

❖ 特殊监测项目：要针对固定源排放的特殊污染物进行监测，如石化行业排放的 VOCs、苯、丙酮等，又如化工生产排放 H_2SO_4 雾、HCl、Cl_2 等。

❖ 监测方法与频次：根据需要而定，一般污染源可采用年审监测或抽测的方式，即一年不定期抽测几次。对于一些大型固定源可以安装在线连续监测系统，各项目采用方法是：
  - 烟尘：非色散红外（或激光）后向散射法；光吸收法；
  - SO_2：稀释—紫外荧光法；非色散红外吸收法；紫外吸收法；
  - NO_x：稀释—化学发光法；非色散红外吸收法；紫外吸收法；
  - O_2：经典的方法是奥氏气体分析法；近年多用 O_2 电化学传感器的方法，更加方便快速；
  - 烟气参数：温度、压力、流速、流量等可参照有关方法进行。

用在线连续监测数据计算出各种污染物的实时浓度及某一时段的排放量。这些数据可随时传输到行政主管部门。

（二）无组织排放源

生产装置在生产过程中产生的废气和污染物直接向外排放，即不通过排气筒无规则排放的污染源，叫无组织排放源。应在车间或厂房外的上风向设对照点，在下风向，按扇形面布设采样点，进行监测，以监测到的最高浓度作为评价依据，可采用空气质量和固定源相应的方法进行监测。

（三）流动源

机动车辆、轮船和飞机等属于流动污染源。目前机动车尾气监测开展得较多。机动车包括：汽油车、柴油车、摩托车。其监测项目有：

❖ 汽油车：怠速法 CO 用非色散红外仪、HC 用氢火焰离子化气相色谱仪、NO_x 用化学发光法或紫外吸收法测定。

❖ 柴油车：烟度用滤纸烟度法测定。

（四）恶臭

恶臭气体排放标准规定有八种物质：氨气、三甲胺、CS_2、硫化氢、硫醇、硫醚、二硫二甲、苯乙烯。是由一些工业企业、城市垃圾、畜禽养殖场粪便、下水道的厌氧分解产生的。恶臭气体既有无组织排放，也有固定源排放。恶臭气体的监测有：

❖ 三点比较式臭袋法：是通过人的鼻子（标准鼻子用标准臭袋检查）嗅臭。按照臭气浓度分为五级：0 级：无臭味；一级：勉强感到气味；二级：感觉到较弱的气味；

三级：感觉到明显气味；四级：较强烈的气味；五级：强烈的气味。

❖ 化学分析方法：苯乙烯、三甲胺用气相色谱法（FID 检测），硫化物用 GC/FPD 法，NH_3 和 H_2S、CS_2 也可用采样吸收显色，用分光光度完成测定。

五、污染事故监测

污染事故的防治应以“预防为主”的原则，对那些有污染事故隐患的地方进行检漏监测，如对 Cl_2、CO、H_2S、煤气、石油天然气泄漏进行监测或在相应位置安装报警检测器。一旦发现泄漏，立刻采取措施以避免事故的发生。如果事故发生了，即要对污染物种类、浓度、污染范围进行监测，以便为事故处理提供依据。一般来说，事故前、事故中的监测可采用便携式快速监测仪（如 SO_2 检测仪、CO 检测仪、H_2S 检测仪、Cl_2 检测仪、可燃气体检测仪等）和快速检测管（如 CO、Cl_2、SO_2、H_2S、苯等）进行监测，因此不需要高灵敏度的仪器。对一些复杂的成分也要用现场采样、实验室分析的方法相配合。对于事故之后的观测或评价，主要用现场采样实验室分析的方法。

六、室内空气监测

室内空气污染已如前述。有两类室内空气污染问题：一类是人们居室的污染；另一类是工作场所、生产车间内产生的有害物质污染。居室内的污染物主要有颗粒物、SO_2、NO_2、CO、CO_2、挥发性有机物如苯系物、甲醛及醛酮类的污染，可用环境空气监测方法进行采样分析，也可采用被动式采样器进行监测，对于生产车间可根据车间内可能存在的污染物进行监测。

七、遥感遥测

遥感遥测技术用于环境空气的监测有以下三种方法。

（一）车载式的遥感监测

在监测车上装有激光光谱监测仪，或多光谱监测仪，可对该点位几公里至数十公里范围内空气中颗粒物、SO_2、NO_2、O_3 等作水平方向和垂直高度的监测，可获得污染物三维空间上的分布状况及随时间变化的趋势。也可以将遥感遥测仪器安装在一固定的监测点位上，完成同样的任务。目前国外已有一些遥感监测车或监测站在运行，国内正在进行研究试验。

（二）航空遥感监测

航空遥感监测是将高光谱仪、高分辨数字照像机、激光测污测距雷达装载在飞机或直升机上，在数百米至 3000m 高度进行飞行监测。比地面车载或遥感监测具有站得高、看得远、看得更全面的优点。可以监测一个城市、一个区域的空气污染状况及主要污染源的分布。

（三）资源环境卫星监测

将遥感遥测的仪器装在卫星上进行监测，它的优点是站得更高，看得更宽。我国开始沙尘暴、扬尘、浮尘天气预测预报，就是利用风云卫星资料作预报的。我国还计划发射一组小卫星星座对地面空气、水质、生态及自然灾害进行监测。要使遥感遥测的数据准确可靠，必须要星地监测结合，在地面选一些参照点进行实测，以便对遥感遥测的数据进行校正。

主要参考文献

1. 国家环境保护局，空气和废气监测分析方法编委会. 空气和废气监测分析方法. 北京：中国环境科学出版社，1990.
2. 中国预防医学中心卫生研究所. 大气污染监测方法. 北京：化学工业出版社，1984.
3. 吴鹏鸣，等. 环境空气监测质量保证手册. 北京：中国环境科学出版社，1989.
4. [英]德利克・埃尔森著. 田学文等译. 烟雾警报——城市空气质量管理. 北京：科学出版社，1999.
5. 魏复盛，等. 空气污染对呼吸健康影响研究. 北京：中国环境科学出版社，2001.
6. 曹守仁. 煤烟污染与健康. 北京：中国环境科学出版社，1982.
7. [日]齐藤和雄编. 刘仁平等译. 健康与环境. 北京：中国环境科学出版社，1988.
8. 国家环保总局科技标准司. 大气环境标准工作手册，1996.
9. 国家环保总局科技司. 大气环境分析方法标准工作手册，1998.
10. 中国大百科全书——环境科学编委会. 中国大百科全书——环境科学. 北京：中国大百科全书出版社，1983.
11. 何兴舟，蓝青，杨儒道，李荣发，黄朝富. 宣威肺癌危险因素研究概述. 卫生研究，1996，24（4）：263.
12. 朱利中，刘勇建，沈红心，等. 公路隧道空气中多环芳烃的污染现状及影响因素分析. 中国环境科学，1999，19（3）：201.
13. 戴树桂. 环境化学. 北京：高等教育出版社，1997.

第二篇　质量保证与质量控制

第一章 工作任务与目标

环境监测不仅对象成分复杂，且浓度在时间、空间以及量级上分布范围广，变化快，难于准确测量。而且，在区域性、大规模的环境调查监测中，常常是由许多实验室，在不同的时间、地点，采用不同的仪器、分析方法共同完成的。为了保证环境监测数据具有完整性、代表性、精密性、准确性和可比性，必须实施全程序的质量保证和质量控制，各个实验室从采样和布点、样品的运贮和预处理、仪器设备的校准、实验室分析测试、数据处理和评价等方面采用一套科学合理的环境监测质量保证程序。

环境监测质量保证和质量控制贯穿于整个环境监测过程中，也是环境监测中十分重要和关键的技术工作和管理工作，涉及获得环境监测数据和评价的全部活动和措施。质量保证的主要内容包括：制订监测工作计划；根据经济和技术上的可行性，确定监测数据的质量要求和控制目标；规定样品的采集、预处理以及实验室分析测试方法；统一数据处理和评价的要求、方法等。质量控制是对于分析测试全过程的具体控制措施和方法，它是质量保证的一部分。

一、监测数据质量目标的确定

质量保证的目标通常确定为：精密度、准确度、代表性、可比性和完整性。一般而言，准确性表示测量值与实际值的一致程度；精密性表示多次重复测定同一样品的分散程度；代表性表示在空间和时间分布上，所采样品反映总体真实状况的程度；可比性表示在环境条件、监测方法、资料表达方式等可比条件下所获资料的一致程度。不仅要求各实验室之间对同一样品的监测结果相互可比，也要求同一实验室分析相同样品的监测结果可比，实现时间、空间上的可比性，并实现国际间、行业间数据的一致性；完整性表示取得有效监测资料的总量满足预期要求的程度或表示相关资料收集的完整性。

实际上，环境监测质量保证体系是一个复杂的系统工程，各环节相对独立，且相互联系和制约。因此，不能将监测全过程进行简单的分解，将因果关系的相互影响进行简单的加和来做质量保证工作。必须根据外部条件和内部条件、当前利益和长期效益的原则来确定某一监测工作的质量目标。所谓的外部和内部条件，也就是人力、财力、物力、监测技术和方法。另外，在监测工作中强调的“全程序质量保证和质量控制”，简单地说，质量保证贯穿环境监测全过程，即布点与采样、样品分析与预处理、数据处理、监测结果的综合分析与评价等环节。表 2-1-1 描述了各环节与监测数据质量目标的影响关系。

表 2-1-1　各环节对监测数据质量目标的影响

监测环节	主要控制因素	主要影响的目标
布点系统	监测目标	代表性、可比性、完整性
	监测点位、点数	
采样系统	采样次数或采样频率	准确度、代表性、可比性、完整性
	采样仪器技术、方法	
运贮系统	样品的运输	准确度
	样品保存	
分析测试系统	样品的预处理	精密度、准确度、可比性、完整性
	分析方法准确度、精密度、检测范围控制	
	分析人员素质及实验室的质量控制	
数据处理系统	资料整理、处理及精度检验	准确度、可比性、完整性
	资料分布、分类管理制度的控制	
综合评价系统	信息量的控制	准确度、代表性、可比性、完整性
	结果的表述及原因分析、对策	

二、工作计划的制订

监测数据的质量目标一旦确定后，便可编写详细的工作计划，该计划中应针对下列问题给予明确的规定：

1. 实验设计

根据监测工作的要求和目的，明确时间和空间上所需测试项目的种类、频次、监测点位及其布设等。对于关键问题或操作步骤、应注意的事项等作出明确的规定或对主要影响因素给予适当的解释和说明。

2. 组织机构

确定监测点位的布点及野外采样、实验室分析测试、数据管理及分析评价、质量控制和质量保证等工作的技术负责人，并明确详细的分工。

3. 实验器材的准备

详细列出完成监测工作所需要的器材和试剂等，并规定其规格要求等，包括一些专用仪器和测量装置所需要的辅助设备等。

4. 分析测试

指定使用的分析方法和操作步骤，包括仪器的校准及频次、特殊情况或数据的处理方法以及实验室分析测试的质量控制指标体系。

5. 数据的处理和分析评价

描述每个测试项目的数据有效数字的位数、异常值的剔除、统计分析方法、结果或结论的表述与评价以及报告的格式等。

6．数据质量的评价

对整个监测工作的全过程和实施计划有关的质量保证活动进行总结，尤其是与原设计不同的活动要进行详细说明，对反映采样、样品的预处理及实验室分析测试等的质控指标进行汇总和评价，并编写质量保证和质量控制专项报告。

三、质量控制指标体系

我国环境监测系统的质量保证和质量控制工作虽起步较晚，但却随着监测工作的发展而逐渐成熟。从1980年以来，逐步开展了统一分析方法的编写和验证、质控样品和标准样品的研制、标准分析方法和监测技术规范的制订、环境空气质量保证手册的出版、举办各种监测技术培训班、实验室的质控考核和上岗证的考核、监测仪器适用性的认定检测等等，为环境监测获得“五性”数据提供了保障和基础。

随着监测技术的不断发展，环境保护管理目标的进一步量化，全程序质量保证和质量控制的重要性已逐渐被人们认识。为适应环境管理和环境执法工作的要求，质量保证和质量控制的不适应性也越来越明显，主要表现在：全程序质量保证和质量控制的体系和制度的不完善，缺乏操作性、科学的质量控制指标体系等。所谓质量控制指标体系主要是指评价室内和室间质控效果的量化指标，例如，工作曲线质控指标及评价方法、空白试验质控指标及评价方法、平行双样质控指标及评价方法、标准样品和质控样品质控指标及评价方法、加标回收试验质控指标及评价方法等。

第二章　实验室管理与人员培训

一、实验室的基本要求

实验室的质量控制是保证监测数据准确、可靠的基本条件，尤其是痕量物质的分析。有文献报导，在洁净间里每立方米空气含有 1ngFe、2ngCu 和 0.2ngPb，而在一般化学实验室每立方米空气则含有 200ngFe、20ngCu 和 400ngPb。空气中污染物的种类和含量在各实验室中是不同的，而且，随时间变化也不相同。根据所在地区、实验室的装修、使用时间和操作条件的不同，在暴露条件下进行分析操作时，几乎所有的元素和一些有机物，都将引起纳克级，有时甚至微克级、毫克级的污染。

（一）分析实验室

建设洁净分析实验室的目的是为了减少污染，降低空白，由于这种空白可能来自大气、实验室、仪器、试剂和分析人员（头发、皮肤、衣物和化妆品，见表 2-2-1）等。因此，在实验室设计、建设和使用上，主要是考虑控制和消除污染源。加强管理、规范操作是控制人为过失污染的主要手段和措施，如，为了减少室内的尘埃，应避免无意义的进出和走动，分析人员穿戴合适的工作服，与分析无关的物品不带入实验室等等。选择合适的实验室装修材料和家具等，可有效地减少污染。如，地板、墙壁、天花板、室内装置和器具应是非多孔性的，并能抗氧化、腐蚀、磨损和剥落，尘埃附着力低并易清除等。另外，明确实验室的用途，避免相互之间的交叉污染等。

（二）实验用水的纯化

水是实验室中用量最大的试剂，也是影响试剂空白的主要因素之一。目前，实验室纯化水的方法较多，最常用的有以下几种。

1．去离子水

自来水通过阴、阳离子交换树脂混合柱，除去水中的离子杂质，出水管采用聚乙烯管，但水中胶态物质及微粒不能除去，还会从树脂中溶出少量有机物。

2．去离子、再蒸馏水

将去离子水用硬质玻璃蒸馏器再蒸馏纯化，蒸馏速度一般为 4L/h。这种纯水制备方法是目前实验室中最常用的，但蒸馏不是除去水中有机物质的有效方法。因此，蒸馏水中仍含有少量有机物质。

3．二次蒸馏水（石英器皿）

自来水直接进入石英蒸馏器，经两次蒸馏。不通过去离子水装置，避免了离子交换树脂带来有机物的沾污，但两次蒸馏效率较低，一般为 2L/h。

4．实验室用水规格

实验室用水的纯度一般用电导率或电阻率的大小来表示，各种方法获得的蒸馏水的电导率如表 2-2-2 所示。二次蒸馏水（玻璃）和混合树脂柱纯化的去离子水，都达到了试剂水的规格要求。但电阻率仅表示水中存在的带电离子，而不能测出水中的微粒物质、不电离的有机物质等。

表 2-2-1　分析工作者可能引入的沾污

沾污元素	含量(ppm)								
	手	干皮肤	头发	手表和金银戒指	染发剂	涂眉剂	口红	脸粉	香烟
Hg						√			
Pb	√		12.2		√				√
Zn		6	108.5				√	√	
Cu		0.7	18.2	√					
Cr				√					
Fe			22.3	√					√
Bi							√		
Ag				√					
Au				√					
Pt				√					
Na	√								
K	√								√
Ca	√								
Mg	√								
B									
Cl^-	√								√
SO_4^{2-}	√								
PO_4^{3-}	√								
NH_4^+	√								

“√”：能引入该元素的沾污。

表 2-2-2　各种水的电阻率（25℃）

水质类型	电阻率(Ω·cm)	水质类型	电阻率(Ω·cm)
自来水	1900	阴、阳离子交换树脂纯化水	0.25×10^6
一次蒸馏水（玻璃）	0.35×10^6	混合树脂纯化水	12.5×10^6
二次蒸馏水（玻璃）	1.0×10^6	试剂级水（美国化学会规定）	$\geqslant0.5\times10^6$
三次蒸馏水（石英）	1.5×10^6	绝对纯水（理论最大电阻率）	18.3×10^6
28 次蒸馏水（石英）	16×10^6		

（三）实验容器材质的选择

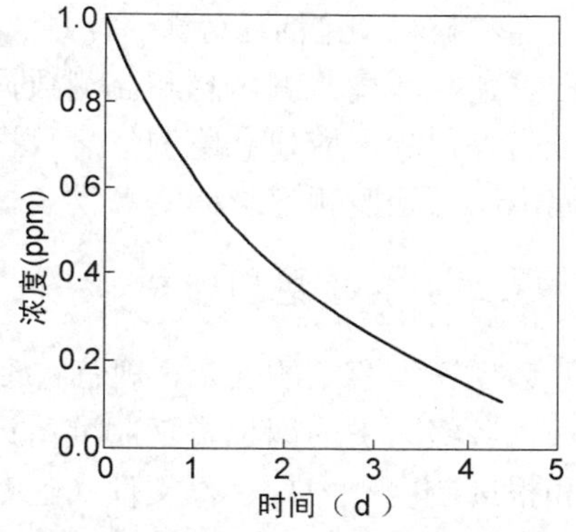

图 2-2-1　SO_2在 Mylar 袋中的渗透损失

因实验器材不纯或不洁净，对监测数据产生影响，甚至结果不能使用往往难于避免；因采样容器等器皿的表面吸附引起的损失同样不可忽视；直接采集和运输气体样品，如何有效地防止气体样品的渗透、泄漏所造成的损失，也是实验室质量控制的关键环节。这些都是导致分析误差，影响结果准确度的主要原因之一。

最简单的采样方法是将气体直接吸入或泵入一定的容器（瓶、袋等）中，无论是用玻璃瓶或塑料袋采样，关键是尽量避免样品在分析前的损失。用塑料袋采集和存放空气样品，有两种损失比较明显，一是样品通过袋壁的渗透，二是袋壁的吸附。例如，使用 Mylar 和聚乙烯制成的塑料袋采样，结果发现渗透损失较为明显（图 2-2-1）。改用高密度聚乙烯、铝箔、特氟隆三合一薄膜制成的采样袋采集气体样品时，虽然可以有效地防止因气体样品渗透造成的损失，但却无法克服因采样袋的表面吸附造成的损失。对吸附损失而言，惟一可取的解决办法是进行校正，即用已知浓度的待测物在与样品相同的条件下进行试验，计算出吸附损失后，对分析结果进行校正（表 2-2-3）。

对于贮存溶液试样时，应遵循以下的一般原则：

❖ 贮存周期长的溶液应为浓度较大的贮备液（一般为 mg/ml）；痕量组分的溶液不宜长期放置，最好现用现制备。

❖ 用作贮存的容器，在贮存前应该用少量贮存液冲洗数次，然后再注入贮存液，密封保存。

❖ 需长期保存的溶液，应保存在低温和暗处。

❖ 用作贮存的容器应按要求彻底清洗，一般可用 10%HNO_3（V/V）浸泡 48h 后，再用去离子水漂洗，备用。

表 2-2-3　Lamofoil 袋（容积 64L）中存放 24h 的损失

化合物	浓度（mg/m^3）		化合物	浓度（mg/m^3）	
	初始值	24h 后		初始值	24h 后
四氯化碳	0.7	0.55	氟里昂 12	1.6	1.6
三氯甲烷	0.8	0.4	氟里昂 13	0.8	0.65
乙醇	4.5	1.4	氧化亚氮	1.3	1.3
卤代乙烷	0.2	0.15	甲苯	0.6	0.5

二、实验室的管理

（一）信息资料的管理

为了保证环境监测的质量以及信息、资料的完整性和可追溯性，应对监测全过程的一切文件和材料（包括任务源、计划、布点、采样、分析数据处理等环节），按要求进行记录、存档，建立环境监测信息和监测数据库，并形成制度。这一点已越来越受到管理人员的重视。另外，除了应建立监测信息数据库外，还应建立：仪器设备档案；质量保证和质量控制档案；原始监测记录档案等。

（二）实验室的管理

为保证实验室的安全，规范管理，应制订各种规章制度，并定期进行实验室计量认证。例如，各级人员的岗位责任制度；计量标准、标准物质及检测仪器设备的使用、保管、降级和报废制度；内部工作文件（包括质量管理手册、规章制度、检测实施细则或操作规程等）的制订、颁发、修改制度；检测事故分析报告制度；检定证书、检验报告及原始记录、受检产品的图纸、资料等技术文件的管理制度；检测样品的管理制度；实验室管理制度；对用户关于检测工作质量申述的收集和处理制度；质量管理手册执行情况的检查制度等。

（1）实验室安全与管理制度主要应包括以下内容

- ❖ 实验室内需设各种必备的安全设施（通风橱、防尘罩、排气管道及消防灭火器材等），并应定期检查，保证随时可供使用。使用电、气、水、火时，应按有关使用规则进行操作，保证安全。
- ❖ 实验室内各种仪器、器皿应有规定的放置处所，不得任意堆放，以免错拿错用，造成事故。
- ❖ 进入实验室应严格遵守实验室规章制度，尤其是使用易燃、易爆和剧毒试剂时，必须遵照有关规定进行操作。实验室内不得吸烟、会客、喧哗、吃零食或私用电器等。
- ❖ 下班时要有专人负责检查实验室的门、窗、水、电、煤气等，切实关好，不得疏忽大意。
- ❖ 实验室的消防器材应定期检查，妥善保管，不得随意挪用。一旦实验室发生意外事故时，应迅速切断电源，立即采取有效措施，随时处理，并上报有关领导。

（2）化学药品使用管理制度主要应包括以下内容

- ❖ 实验室使用的化学试剂应有专人负责，分类存放，定期检查使用和管理情况。
- ❖ 易燃、易爆物品应存放在阴凉通风的地方，并有相应安全保障措施。易燃、易爆试剂要随用随领，不得在实验室内大量积存。保存在实验室内的少量易燃品和危险品应严格控制、加强管理。
- ❖ 剧毒试剂应由两个人负责管理，加双锁存放，共同称量，登记用量。
- ❖ 取用化学试剂的器皿（如药匙、量杯等）必须分开，每种试剂用一件器皿，洗净后再用，不得混用。
- ❖ 使用氰化物等剧毒药品时，要切实注意安全，必须遵守安全使用规定，严防溅洒。废液必须经处理再倒入下水道，并用大量流水冲稀或集中处理。
- ❖ 使用有机溶剂和挥发性强的试剂的操作应在通风橱内或在通风良好的地方进行。任何情况下都不允许用明火直接加热有机溶剂。

（3）仪器使用管理制度

- ❖ 各种精密仪器以及贵重器皿（如铂器皿和玛瑙研钵等）要有专人管理，分别登记造册、建卡立档。仪器档案应包括仪器说明书、验收和调试记录、仪器的各种初始参数，定期保养、维修、检定、校准以及使用情况的登记记录等。

❖ 精密仪器的安装、调试、使用和保养维修均应严格遵照仪器说明书的要求。上机人员应经考核，考核合格方可上机操作。

❖ 使用仪器前应先检查仪器是否正常。仪器发生故障时，应立即查清原因，排除故障后方可继续使用，严禁仪器带病运转。

❖ 仪器用完之后，应将各部件恢复到所要求的位置，及时做好清理工作，盖好防尘罩等。

❖ 仪器的附属设备应妥善安放，并经常进行安全检查。

❖ 计量仪器、器皿（如天平、砝码、滴定管、容量瓶、定量移液管、流量计、采样器等）要定期校验、标定，以保证量值的准确度。

（4）样品管理制度

❖ 由于环境样品的特殊性，要求样品的采集、运送和保存等各环节都必须严格遵守有关规定，以保证其真实性和代表性。

❖ 监测站的技术负责人应和采样人员、测试人员共同拟定详细的工作计划，周密地安排采样和实验室测试间的衔接、协调，以保证自采样开始至结果报出的全过程中，样品都具有合格的代表性。

❖ 样品容器除一般情况外的特殊处理，应由实验室负责进行。对于需在现场进行处理的样品，应注明处理方法和注意事项，所需试剂和仪器应准备好，同时提供给采样人员。对采样有特殊要求时应对采样人员进行培训。

❖ 样品容器的材质要符合监测分析的要求，容器应密塞、不渗不漏。

❖ 样品的登记、验收和保存要按以下规定执行：

- 采集样品时应及时贴好标签，填写好采样记录。将样品连同采样登记表、送样单在规定的时间内送交指定的实验室。填写样品标签和采样记录需使用防水墨汁或用签字笔填写。
- 如需对采集的样品进行分装，分样的容器应和原样品容器材质相同，并填写同样的样品标签，注明“分样”字样。同时对“空白”和“副样”也都要分别注明。
- 实验室应有专人负责样品的登记、验收，其内容如下：样品名称和编号；样品采集点的详细地址和现场特征；样品的采集方式，是定时样、不定时样还是混合样；监测分析项目；样品保存所用的保存剂的名称、浓度和用量；样品的包装、保管状况；采样日期和时间；采样人、送样人及登记验收人签名。
- 样品验收过程中，如发现编号错乱、标签缺损、字迹不清、监测项目不明、规格不符、数量不足等，验收人员可拒收并建议补采样品。如无法补采，应经有关领导批准后，方可收样。完成测试后，应在报告中注明。
- 样品应按规定方法妥善保存，并在规定时间内安排测试，不得无故拖延。
- 采样记录，样品登记表，送样单和现场测试的原始记录应完整、齐全、清晰，并与实验室测试记录等一同存档。

三、监测技术人员的培训

环境监测人员应了解国家有关环境保护方面的政策、法规，具备所从事专业的基础理论知识和实际操作技能，具备计量法与计量学的基本知识。按照《环境监测人员合格证制度》等有关规定，对承担监测工作的人员进行岗前培训，经上级主管部门考核合格，颁发合格证后，持证上岗。无合格证者，不得独立对外发出测试结果。环境监测人员考核的内容包括：基础理论知识、基本操作技能和实际样品分析，以及有关计量法规、计量学方面的基本知识。

各环境监测中心应定期制订系统的业务培训计划，对有关人员进行环境监测和计量学的基本理论、分析测试方法原理、质量保证技术、数理统计知识等方面的培训和实际样品的分析考核。

第三章 布点与采样

一、监测网络的设计与布点

监测任务或计划的目标是通过监测数据实现的，而监测数据的代表性主要取决于监测网点的密度，监测点位越多，获得的监测信息量就大，或者说监测网络区域内的环境质量状况越接近于实际情况。因此，监测网络设计的目的就是确定完成监测任务的最优化监测点位布设方案，力求用最少的点位，获得最有代表性的、能说明环境质量状况的监测数据。但监测网站的密度设计不仅应考虑任务目标，还受区域气候条件的变化、地形地貌以及监测经费等因素的制约。

（一）设置环境空气监测网的目的

国家环境空气监测网是指由国家根据环境管理的需要，为开展环境空气质量监测而设置的监测网。其监测目的主要是：

- ❖ 确定全国的环境空气质量变化趋势。
- ❖ 确定空气污染物在全国范围内的水平。
- ❖ 确定全国及各地方的环境空气质量是否满足环境空气质量标准的要求。
- ❖ 为制定全国大气污染控制规划提供依据。

区域环境空气监测网是指根据环境管理的需要，为开展区域或特定目的的环境空气质量监测而设置的监测网，其监测目的主要是：

- ❖ 确定监测网所覆盖区域内可能出现的空气污染物高浓度值。
- ❖ 确定监测网所覆盖区域内各环境质量功能区的代表性浓度，判定其环境空气质量是否满足环境空气质量标准的要求。
- ❖ 确定监测网所覆盖区域内重要的污染源（类）对环境空气质量的影响。
- ❖ 确定监测网所覆盖区域内环境空气污染物的背景水平。
- ❖ 确定监测网所覆盖区域内环境空气质量的变化趋势。
- ❖ 为制定地方大气污染控制规划提供依据。

（二）监测网络设计的一般原则

适用于各种监测任务或所有污染物监测的最佳网络事实上是不存在的，永久性的、一劳永逸的监测网络也是不存在的。但在进行网络设计时，应遵循如下的原则：

（1）在监测范围内，必须能提供足够的、有代表性的环境质量信息

代表性指能代表一定空间范围内的环境污染水平、规律及变化趋势，污染物的污染特征及分布规律；足够的信息量指获得的数据，在空间分布上重复性和代表性最好。

（2）监测网络应考虑获得信息的完整性

所设计的监测网络不仅应该掌握污染水平，还应该能掌握监测范围内的污染源状况、区域环境污染特征以及影响环境质量的自然环境的背景信息，不仅可以获得环境污染的共性信息，还能获得范围内典型污染的个性信息，便于对污染水平进行综合分析评价。一般称此为信息的全面性或完整性原则。

（3）以社会经济和技术水平为基础，根据监测的目的进行经济效益分析

监测任务由于受人力、财力、物力和监测技术等方面条件的限制，应根据需要和可能，运用系统理论的观点和方法，寻求优化的、可操作性强的监测方案。

（4）影响监测点位的其他因素

在决定监测点位时，还必须根据现场的实际情况，考虑其他一些具体的问题，比如：监测地点有无易获得的电源，是否会因为设置测点而损坏文物古迹，交通是否便利，监测点位的微气候环境是否干扰采样等。

（三）网络点位设计的基本方法

在进行监测网点位的布设时，首先应考虑所设监测点位的代表性。根据网络范围内多年的污染状况及发展趋势，工业、能源开发和经济建设的发展、人口分布、地形和气象条件的影响等因素，并与代表性相结合，以能客观反映大气污染对人群和生活环境的影响为原则，根据监测任务的目的，综合考虑监测的布点问题。另外，在布点设计中，确定监测点数量与系统资金投入有直接关系。因此，需对监测点位进行合理优化。

在中小城市进行空气质量监测时，采用功能区布点法布设三或四个测点是最为简单的方法。因为可以选用工业区、商业区、居民区等概念进行布点。但对于大多数拟监测的环境要素来讲，按功能区的划分实际上很困难。而且，随着城市规模的扩大或功能区的变化等，功能区代表点的选择，城市间功能区的统一性和可比性均难保证，这些问题始终存在异议。更为客观、合理和科学的监测网络设计方法，主要有：统计学的方法；模拟技术的方法；经验和统计模型技术相结合的综合技术方法。

（四）环境空气质量监测点位布设的基本要求

环境监测网络及其任务不同，空气质量监测点位的布点要求、点位数量等也不相同。环境空气质量监测的目的是为了了解污染物的含量水平及特征，并根据污染源的分布及其特征、气象条件和地理地貌特征等因素，分析评价污染物的现状及其变化规律。现以城市空气质量监测点位的布设为例简述如下。

1. 监测点位布设的一般原则

❖ 监测点位的布设应具有较好的代表性，应能客观反映一定空间范围内的空气污染水平和变化规律。

❖ 应考虑各监测点之间设置条件尽可能一致，使各个监测点取得的监测资料具有可比性。

❖ 为了大致反映城市各行政区空气污染水平及规律，在监测点位的布局上尽可能分布

均匀。同时，在布局上还应考虑能大致反映城市主要功能区和主要空气污染源的污染现状及变化趋势。

❖ 应结合城市规划考虑环境空气监测点位的布设，使确定的监测点位能兼顾城市未来发展的需要。

2. 监测点位数目的确定

世界卫生组织（WHO）和美国环保局等对城市环境空气质量监测点数的确定均进行了详细的描述，主要采用以人口数量为基础的经验法，以污染程度和面积为基础的经验法，按人口和功能区的布点法。1987年国家环保（总）局颁布实施《环境监测技术规范（大气和废气部分）》也是以人口为基础，根据不同污染物确定监测点位数。

3. 监测点位具体位置的要求

根据《环境监测技术规范》的要求，在确定环境空气监测点具体位置时，必须满足以下要求：

❖ 监测点位置的确定应首先进行周密的调查研究，采用间断性的监测，对本地区空气污染状况有粗略的概念后再选择设置监测点的位置。监测点的位置一经确定之后，不宜轻易变动，以保证监测资料的连续性和可比性。

❖ 在监测点50m范围内不能有明显的污染源，不能靠近炉、窑和锅炉烟囱。

❖ 监测点周围建设情况相对稳定，在相当长的时间内不能有新的建筑工地出现。监测点应建在能长期使用，且不会改动的地方。

❖ 监测点应地处相对安全和防火措施有保障的地方。

❖ 监测点位附近无强大的电磁波干扰，周围容易获得稳定可靠的电源供给，电话线容易安装和检修。

❖ 为了方便进出监测点位进行维修，应有便于出入监测点位的车辆通道。

❖ 在监测点采样口周围270°捕集空间，环境空气流动不受任何影响。如果采样管的一边靠近建筑物，至少在采样口周围要有180°弧形范围的自由空间。

❖ 点式监测仪器（每个监测项目对应一台监测仪器）采样口周围，或长光程监测仪器（用差分吸收光谱分析多个监测项目）发射光源到监测光束接收端之间90%光程附近，不能有高大建筑物、树木或其他障碍物阻碍环境空气流通。从采样口或监测光束到附近最高障碍物之间的距离，至少是该障碍物高出采样口或监测光束的两倍以上。

二、样品的采集

如果采样方法不正确或不规范，即使操作者再细心、实验室分析再精确、实验室的质量保证和质量控制再严格，也不会得出准确的测定结果。因此，监测点位确定之后，采样人员一定要严格按照采样的操作步骤及质量保证和质量控制技术规定进行采样。这要求采样人员不仅要有一定的理论基础知识，而且，工作经验非常重要，尤其是应具有责任心。

根据被测污染物在空气和废气中存在的状态和浓度水平以及所用的分析方法，按气态、颗粒态和两种状态共存的污染物，下面简单介绍不同原理的采样方法和应注意的问题。

（一）气态污染物的采样方法

1. 直接采样法

当空气中被测组分浓度较高，或所用的分析方法灵敏度很高时，可选用直接采取少量气体样品的采样法。用该方法测得的结果是瞬时或者短时间内的平均浓度，而且可以比较快的得到分析结果。直接采样法常用的容器有以下几种。

（1）注射器采样

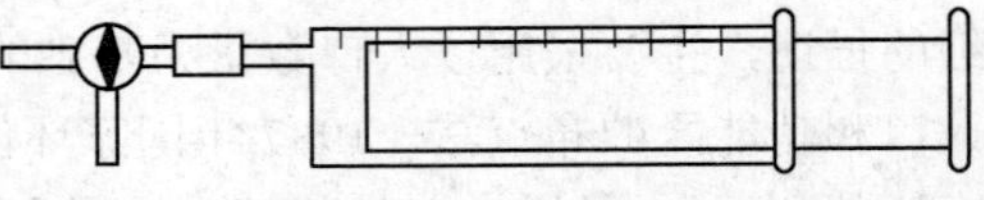

图 2-3-1 玻璃注射器

用 100ml 的注射器直接连接一个三通活塞（见图 2-3-1）。采样时，先用现场空气或废气抽洗注射器 3～5 次，然后抽样，密封进样口，将注射器进气口朝下，垂直放置，使注射器的内压略大于大气压。要注意样品存放时间不宜太长，一般要当天分析完。此外，所用的注射器要作磨口密封性的检查，有时需要对注射器的刻度进行校准。

（2）塑料袋采样

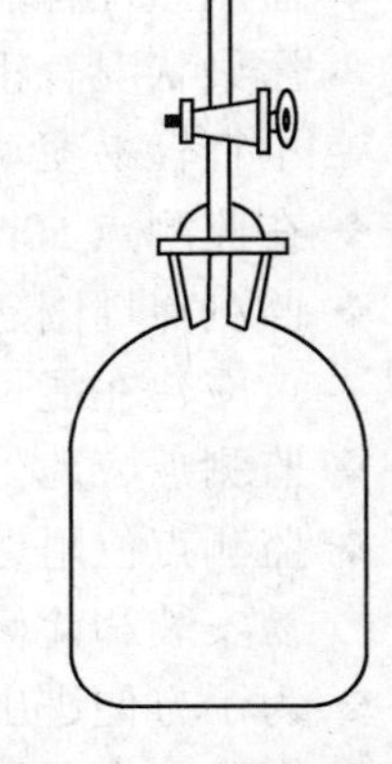

图 2-3-2 真空采气瓶

常用的塑料袋有聚乙烯、聚氯乙烯和聚四氟乙烯袋等，用金属衬里（铝箔等）的袋子采样，能防止样品的渗透。为了检验对样品的吸附或渗透，建议事先对塑料袋进行样品稳定性实验。稳定性较差的，用已知浓度的待测物在与样品相同的条件下保存，计算出吸附损失后，对分析结果进行校正。

使用前要作气密性检查：充足气后，密封进气口，将其置于水中，不应冒气泡。使用时用现场气样冲洗 3～5 次后，再充进样品，夹封袋口，带回实验室分析。

（3）固定容器法采样

固定容器法也是采集小量气体样品的方法，常用的设备有两类（见图 2-3-2、图 2-3-3）。一是用耐压的玻璃瓶或不锈钢瓶，采样前抽至真空。采样时打开瓶塞，被测空气自行充进瓶中。真空采样瓶要注意的是必须要进行严格的漏气检查和清洗（按说明书进行操作）。另一种是以置换法充进被测空气的采样管，采样管的两端有活塞。在现场用二联球打气，使通过采气管的被测气体量至少为管体积的 6～10 倍，充分置换掉原有的空气，然后封闭两端管口。采样体积即为采气管的容积。

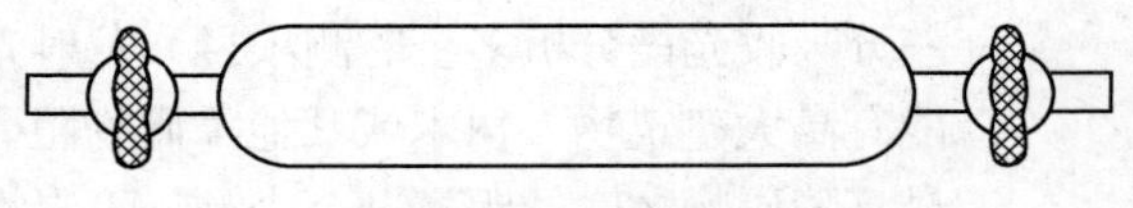

图 2-3-3 真空采气管

2. 有动力采样法

有动力采样法是用一个抽气泵，将空气样品通过吸收瓶（管）中的吸收介质，使空气样品中的待测污染物浓缩在吸收介质中。吸收介质通常是液体和多孔状的固体颗粒物，其目的不仅浓缩了待测污染物，提高了分析灵敏度，并有利于去除干扰物质和选择不同原理的分析方法。有动力浓缩采样法有溶液吸收法、填充柱采样法和低温冷凝法。

（1）溶液吸收法

该方法主要是用于采集气态和蒸气态的污染物，是最常用的气体污染物样品的浓缩采样法。根据需要，吸收管分别设计为：气泡吸收管（见图 2-3-4）、多孔玻板吸收管（见图

2-3-5)、多孔玻柱吸收管（见图 2-3-6)、多孔玻板吸收瓶（见图 2-3-7）和冲击式吸收管（见图 2-3-8）等。由于溶液吸收法的吸收效率受气泡直径、吸收液体高度、尖嘴部的气泡速度等因素的影响，为了提高吸收效率，尤其是对雾状气溶胶，目前只有两种方法：

第一种，让气体样品以很快的速度冲击到盛有吸收液的瓶底部，使雾状气溶胶颗粒因惯性作用被冲撞到瓶底部，再被瓶中吸收液阻留。冲击式吸收管是根据此原理设计制成的。冲击式吸收管不适宜用于采集气态污染物，这是因为气体分子的惯性很小，在快速抽气的情况下，容易随空气一起跑掉。只有在吸收液中溶解度很大或与吸收液反应速度很快的气体分子，才能被吸收完全。

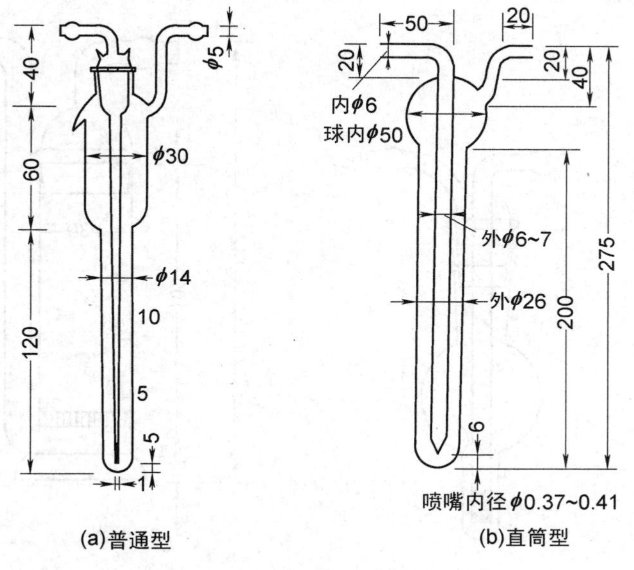

图 2-3-4　气泡吸收管

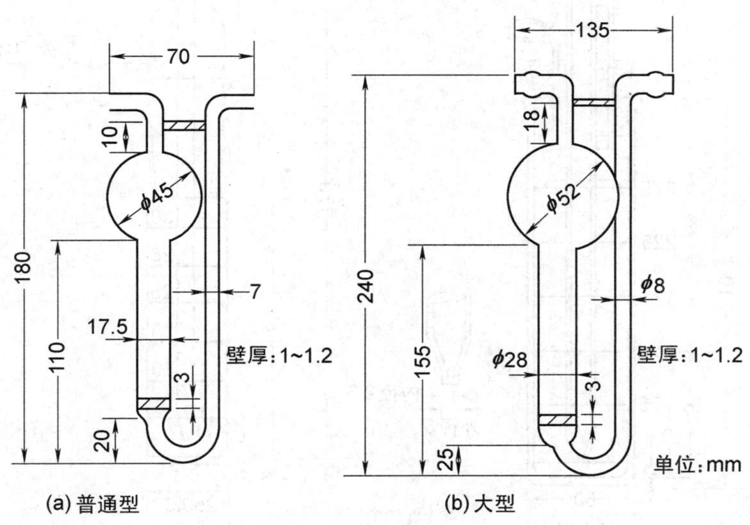

图 2-3-5　多孔玻板吸收管

第二种，让气体样品通过多孔玻板，使其分散成极细的小气泡进入吸收液中，使雾状气溶胶一部分在通过多孔玻板时，被弯曲的孔道所阻留，然后被洗入吸收液中；一部分在通过多孔玻板后，形成很细小的气泡，被吸收液吸收。所以多孔玻板吸收管不仅对气态和蒸气态污染物的吸收效率较高，而且对与其共存的气溶胶也有很高的采样效率。

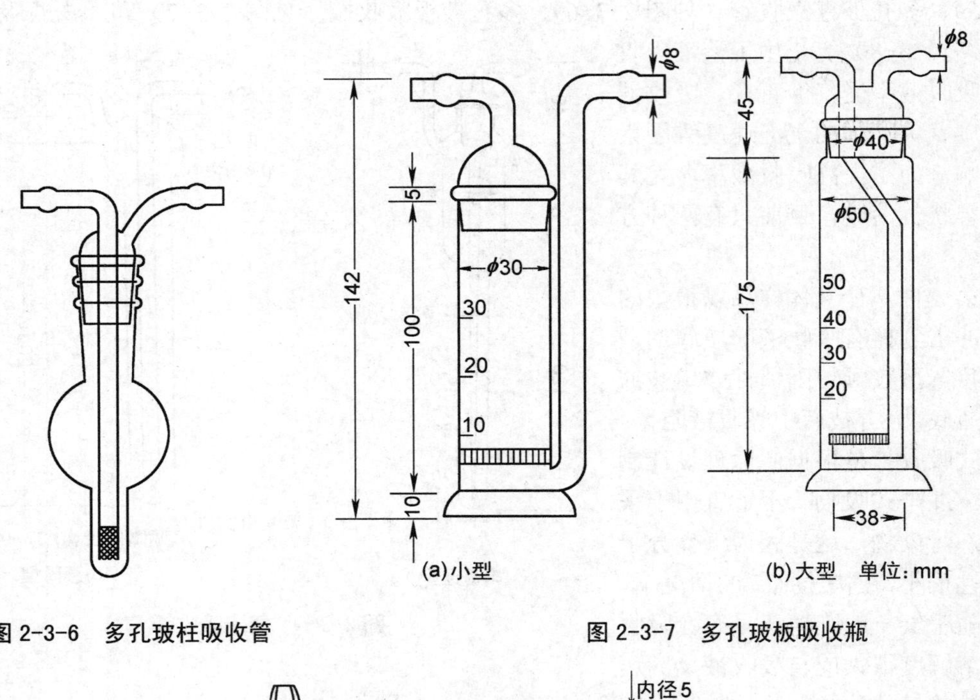

图 2-3-6 多孔玻柱吸收管

图 2-3-7 多孔玻板吸收瓶

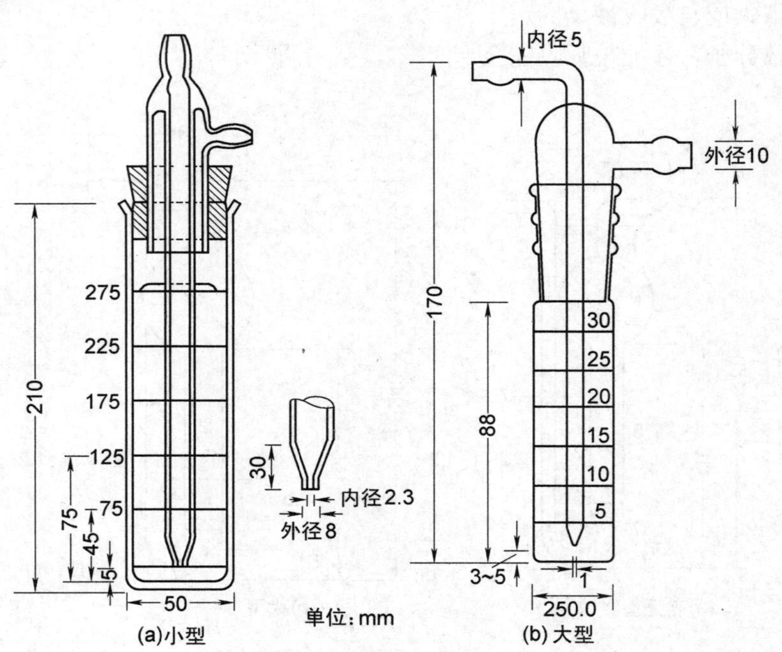

图 2-3-8 冲击式吸收管

在使用溶液吸收法时，应注意以下几个问题：

❖ 选择吸收率。当采气流量一定时，为使气液接触面积增大，提高吸收效率，应尽可能的使气泡直径变小，液体高度加大，尖嘴部的气泡速度减慢。但不宜过度，否则管路内压增加，无法采样。建议通过实验测定实际吸收效率来进行选择。

- ❖ 吸收管：1）由于加工工艺等问题，应对吸收管的吸收效率进行检查，选择吸收效率为 90%以上的吸收管，尤其是使用气泡吸收管和冲击式吸收管时。2）新购置的吸收管要进行气密性检查：将吸收管内装适量的水，接至水抽气瓶上，两个水瓶的水面差为 1m，密封进气口，抽气至吸收管内无气泡出现，待抽气瓶水面稳定后，静置 10 min，抽气瓶水面应无明显降低。3）吸收管路的内压不宜过大或过小，可能的话要进行阻力测试。采样时，吸收管要垂直放置，进气内管要置于中心的位置。
- ❖ 稳定性。部分方法的吸收液或吸收待测污染物后的溶液稳定性较差，易受空气氧化、日光照射而分解或随现场温度的变化而分解等，应严格按操作规程采取密封、避光或恒温采样等措施，并尽快分析。
- ❖ 其它。现场采样时，要注意观察不能有泡沫抽出。采样后，用样品溶液洗涤进气口内壁三次，再倒出分析。

（2）填充柱采样法

用一个内径约 3～5mm，长 5～10cm 的玻璃管，内装颗粒状的或纤维状的固体填充剂（见图 2-3-9）。填充剂可以用吸附剂，或在颗粒状的或纤维状的担体上涂渍某种化学试剂。当空气样品以 0.1～0.5L/min 或 2～5L/min 的流速被抽过填充柱时，气体中被测组分因吸附、溶解或化学反应等作用而被阻留在填充剂上。

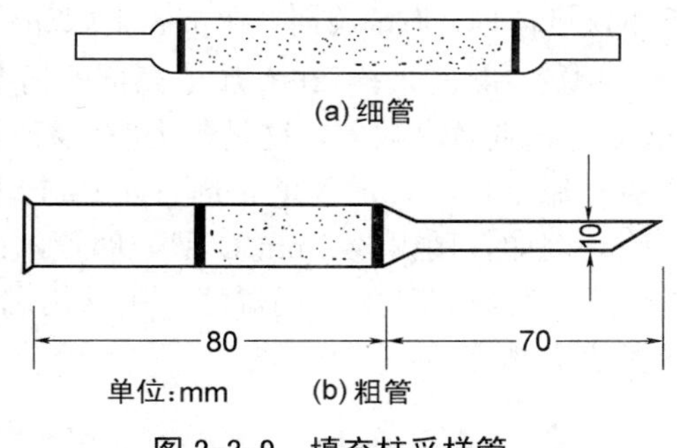

图 2-3-9 填充柱采样管

填充柱的浓缩作用与气相色谱柱类似，若把空气样品看成是一个混合样品，通过填充柱时，空气中含量最高的氧和氮气等首先流出，而被测组分阻留在柱中。在开始采样时，被测组分阻留在填充柱的进气口部位，继续采样，被测组分阻留区逐渐向前推进，直至整个柱管达到饱和状态，被测组分才开始从柱中流漏出来。若在柱后流出气中发现被测组分浓度等于进气浓度的 5%时，通过采样管的总体积称为填充柱的最大采样体积。它反映了该填充柱对某个化合物的采样效率（或浓缩效率），最大采样体积越大，浓缩效率越高。若要浓缩多个组分，则实际采样体积不能超过阻留最弱的那个化合物的最大采样体积。

实际上，由于进入填充柱采样管的气体浓度比较低，从流出气体中检出被测组分的流出量是很困难的。所以确定一个化合物的最大采样体积，一般常用间接的方法。即采样后，将填充柱分成三等份，分别测定各部分的浓缩量。如果后面的 1/3 部分的浓缩量占整个采样管总浓缩量的 10%以下，可以认为没有漏出；如果大于 25%，则可能有漏出损失。

填充柱采样法的特点与应注意的问题：

- ❖ 时间。可以长时间采样，可用于空气中污染物日平均浓度的测定。而溶液吸收法因吸收液在采气过程中有液体蒸发损失，一般情况下，不适宜进行长时间的采样。
- ❖ 固体填充剂。选择合适的固体填充剂对于蒸气和气溶胶都有较好的采样效率。而溶液吸收法对气溶胶往往采样效率不高。
- ❖ 稳定性。1）污染物浓缩在填充剂上的稳定性，一般都比吸收在溶液中要长得多，有时可放几天，甚至几周不变。2）在现场填充柱采样比溶液吸收管方便得多，样品发生再污染、洒漏的机会要少得多。

❖ 吸附效率。填充柱的吸附效率受温度等因素的影响较大，一般而言，温度升高，最大采样体积将会减少。水分和二氧化碳的浓度较待测组分大得多，用填充柱采样时对它们的影响要特别留意，尤其对湿度（含水量）。由于气候等条件的变化，湿度对最大采样体积的影响更为严重，必要时，可在采样管前接一个干燥管。

❖ 采样效率。实际上，为了检查填充柱采样管的采样效率，可在一根管内分前、后段填装滤料，如前段装 100 mg，后段装 50 mg，中间用玻璃棉相隔。但前段采样管的采样效率应在 90%以上。

（3）低温冷凝浓缩法

空气中某些沸点比较低的气态物质，在常温下用固体吸附剂很难完全被阻留，用制冷剂将其冷凝下来，浓缩效果较好。常用的制冷剂有：冰-盐水、干冰-乙醇以及半导体制冷器（0～-40℃）等（见表 2-3-1）。经低温采样，被测组分冷凝在采样管中，然后接到气相色谱仪进样口，撤离冷阱，在常温下或加热气化，通入载气，吹入色谱柱中进行分离和测定。

低温冷凝法采样，在不加填充剂的情况下，制冷温度至少要低于被浓缩组分的沸点 80～100℃，否则效率很差。这是因为空气样品在冷却时凝结形成很多小雾滴，含有一部分被测物随气流带走。若加入填充剂可起到过滤雾滴的作用。因此，这时对温差的要求可以降低一些。例如，用内径 2mm U 型玻璃管，内装 10cm 6201 担体，在冰-盐水中低温采集空气中醛类化合物（乙醛、丙烯醛、甲基丙烯醛、丁烯醛等），采样后，加热至 140℃解吸，用气相色谱测定。

表 2-3-1 常用制冷剂

制冷剂名称	制冷温度（℃）	制冷剂名称	制冷温度（℃）
冰	0	干冰-丙酮	-78.5
冰-食盐	-4	干冰	-78.5
干冰-二氯乙烯	-60	液氮-乙醇	-117
干冰-乙醇	-72	液氧	-183
干冰-乙醚	-77	液氮	-196

用低温冷凝采集空气样品，比在常温下填充柱法的采气量大得多，浓缩效果较好，对样品的稳定性更有利。但是用低温冷凝采样时，空气中水分和二氧化碳等也会同时被冷凝，若用液氮或液体空气作制冷剂时，空气中氧也有可能被冷凝阻塞气路。另外，在气化时，水分和二氧化碳也随被测组分同时气化，增大了气化体积，降低了浓缩效果，有时还会给下一步的气相色谱分析带来困难。所以，在应用低温冷凝法浓缩空气样品时，在进样口需接某种干燥管（如内填过氯酸镁、烧碱石棉、氢氧化钾或氯化钙等的干燥管），以除去空气中水分和二氧化碳（见图 2-3-10）。

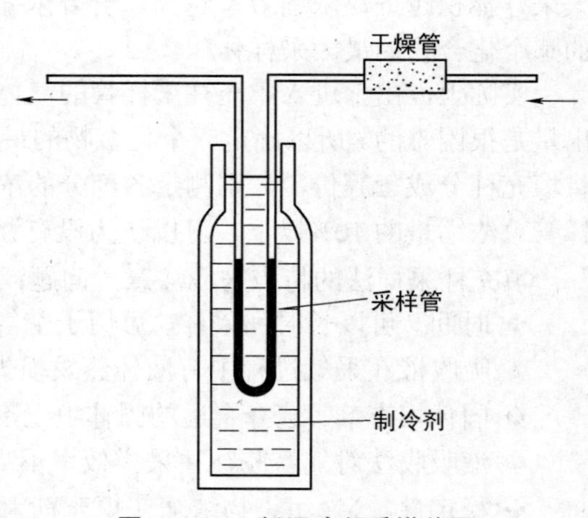

图 2-3-10 低温冷凝采样装置

3. 被动式采样法

被动式采样器是基于气体分子扩散或渗透原理采集空气中气态或蒸气态污染物的一种采样方法，由于它不用任何电源或抽气动力，所以又称无泵采样器。这种采样器体积小，非常轻便，可制成一只钢笔或一枚徽章大小，用作个体接触剂量评价的监测；也可放在欲测场所，连续采样，间接用作环境空气质量评价的监测。目前，常用于室内空气污染和个体接触量的评价监测。

（二）颗粒物的采样

空气中颗粒物质的采样方法主要有滤料法和自然沉降法。自然沉降法主要用于采集颗粒物粒径大于 30μm 的尘粒；滤料法根据粒子切割器和采样流速等的不同，分别用于采集空气中不同粒径的颗粒物，或利用等速跟踪排气流速的原理，采集烟尘和粉尘。

1. 常用滤纸（膜）及其特性

常用的滤料有定量滤纸、玻璃纤维滤膜、过氯乙烯纤维滤膜、微孔滤膜和浸渍试剂滤纸（膜）等。

（1）实验室分析用的定量滤纸（中速和慢速）

价格便宜、灰分低、纯度高、机械强度大，对一些金属尘粒采样效果很好，且易于消解处理，空白值低。但抽气阻力大，有时孔隙不均匀，且吸水性较强，不宜用作重量法测定悬浮颗粒物。

（2）玻璃纤维滤膜

机械强度差，但耐高温、阻力小、不易吸水，可用于采集大气中总悬浮颗粒物和可吸入颗粒物。样品可以用酸和有机溶剂提取，用于分析颗粒物中的其他污染物。但由于所用玻璃原料含有杂质，致使某些元素的本底含量较高，限制了它的使用。用石英为原料的石英玻璃纤维滤膜，克服了玻璃纤维滤膜空白值高的问题，常用于颗粒物中元素的分析。

（3）过氯乙烯纤维滤膜

不易吸水、阻力小，由于带静电，采样效率高，广泛用于悬浮颗粒物的采集。由于滤膜易溶于乙酸丁酯等有机溶剂，且空白值较低，可用于颗粒物中元素的分析。缺点是机械强度差，需用带筛网的采样夹托住。

（4）有机滤膜

主要有由硝酸纤维素或乙酸纤维素制成的微孔滤膜和由聚碳酸酯制成的直孔滤膜。重量轻、灰分和杂质含量极低，带静电、采样效率高，并可溶于多种有机溶剂，便于分析颗粒物中的元素。由于颗粒物沉积在膜表面后，阻力迅速增加，采样量受到限制。若经丙酮蒸熏使之透明后，可直接在显微镜下观察颗粒物的特性。

2. 选择滤纸（膜）应考虑的几个问题

- 应保证有足够高的采样效率。用于大流量采样器的滤膜，在线速度为 60cm/s 时，一张干净滤膜的采样效率应达到 97%以上。
- 滤膜中待测元素的本底值要低，稳定，且滤膜易处理。通常情况下，做颗粒物中的元素分析时，有机滤膜的空白值是最低的，而玻璃纤维滤膜的本底含量较高。测定颗粒物中的多环芳烃等有机污染物时，不宜用有机材料的滤膜，可选用玻璃纤维滤膜，但要在 500℃高温下灼烧处理。一般在使用之前，要做本底值实验，并从分析结果中扣除本底值。

❖ 玻璃纤维滤膜和合成纤维滤膜（过氯乙烯纤维滤膜等）的阻力较小，适用于大流量采样。另外，在采样过程中，由于滤膜孔隙不断被颗粒物阻塞，阻力将逐渐增加。当采气流量明显减少时，采气量的计算可用开始流量和结束时流量的平均值作近似计算，比较准确的方法是用流量自动记录仪，连续记录采样流量的变化。

❖ 用于大流量、长时间采样的滤膜，应尽量选吸水性小、机械强度高的滤膜，价格也是经常要考虑的一个因素。

（三）两种状态共存的污染物的采样方法

实际上，空气中的污染物大多数都不是以单一状态存在的，往往同时存在于气态和颗粒物中，尤其是部分无机污染物和有机污染物。所谓综合采样法就是针对这种情况提出来的。选择好合适的固体填充剂的填充柱采样管对某些存在于气态和颗粒物中的污染物也有较好的采样效率。若用滤膜采样器后接液体吸收管的方法，可实现同时采样。但这两种方法的主要缺陷是采样流量受到限制，而颗粒物需要在一定的速度下，才能被采集下来。

所谓浸渍试剂滤料法，是将某种化学试剂浸渍在滤纸或滤膜上。这种滤纸适宜采集气态与气溶胶共存的污染物。采样中，气态污染物与滤纸上的试剂迅速反应，从而被固定在滤纸上。所以，它具有物理（吸附和过滤）和化学两种作用，能同时将气态和气溶胶污染物采集下来。浸渍试剂使用较广，尤其是对于以蒸气和气溶胶状态共存的污染物是一个较好的采样方法。如用磷酸二氢钾浸渍过的玻璃纤维滤膜采集大气中的氟化物；用聚乙烯氧化吡啶及甘油浸渍的滤纸采集大气中的砷化物；用碳酸钾浸渍的玻璃纤维滤膜采集大气中的含硫化合物；用稀硝酸浸渍的滤纸采集铅烟和铅蒸气等。

三、采样体积的计算

为了计算空气中污染物的浓度，必须正确地测量空气采样的体积，它直接关系到监测数据的质量。采样方法不同，采样体积的测量方法也有所不同。

1. 直接采样法

用注射器、塑料袋和固定容器直接取样时，当压力达到平衡，并稳定后，这些采样器具的容积即为空气采样体积。只要校准了这些器具的容积，就可知道准确的采样体积。

2. 有动力采样法

常用四种方法测量空气采样体积。

方法一：用转子流量计和孔口流量计测定采样系统的空气流量（图 2-3-11（a））。采样时，气体流量计连接在采样泵之前，采样泵选用恒流抽气泵。采样前需对采样系统中的气体流量计的流量刻度进行校准。当采样流量稳定时，用流量乘以采样时间计算空气采样体积。

方法二：用气体体积计量器以累积的方式，直接测量进入采样系统中的空气体积（图 2-3-11（b））。如湿式流量计或煤气表，可以准确地记录在一定流量下累积的气体采样体积。气体体积计量器应连接在采样泵后面，采样泵和两者连结不应漏气。使用前需对气体体积计量器的刻度进行校准。

方法三：用质量流量计测量进入采样系统中的空气质量，换算成标准采样体积（图

2-3-11（c））。由于质量流量计测定的是空气质量流量，所以不需要对温度和大气压力校准。

方法四：用类似毛细管或限流的临界孔稳流器来稳定和测定采样的流量（图 2-3-11（c））。根据事先对毛细管或限流临界孔所控制的流量校准值乘以采样时间计算空气采样体积。在采样系统中，临界孔稳流器应连接在采样泵之前，要求采样泵真空度应维持至 66.7kPa 左右，否则不能保证恒流。由于环境温度会引起临界孔径的改变，使通过的气体体积的流量发生变化，所以应将临界孔处于恒温状态，这对长时间采样（如 24h 采样）尤为重要。在采样开始前和结束后，应用皂膜计测量采样的流量，采样过程中观察采样泵上真空表的变化，以检查临界孔是否被堵塞或其他原因引起流量改变。

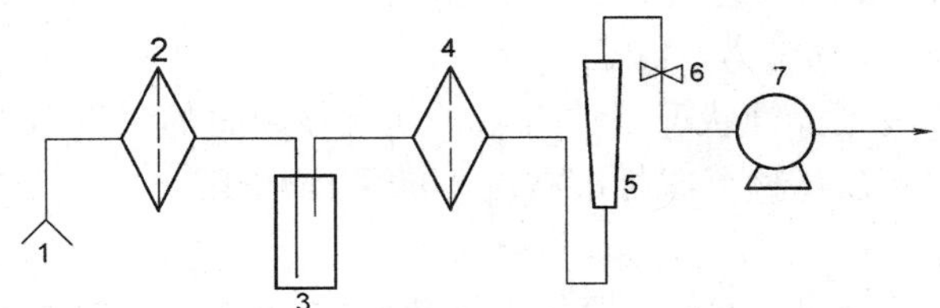

(a) 用转子流量计或孔口流量计测定空气采样体积

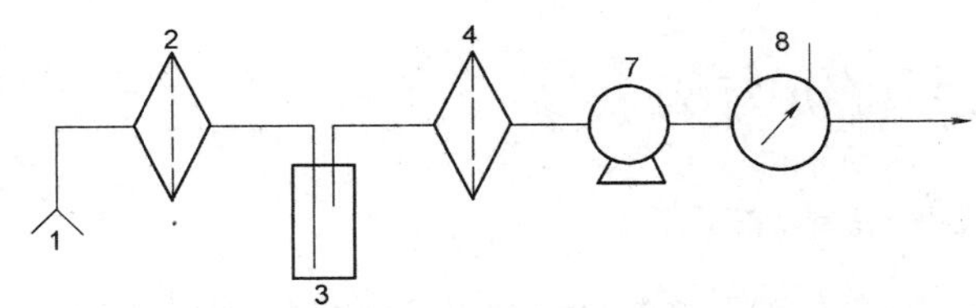

(b) 用气体体积计量器（如湿式流量计或煤气表）测定空气采样体积

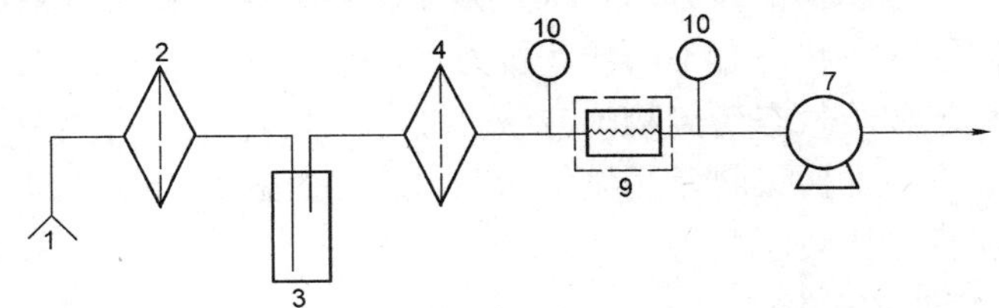

(c)用临界孔稳定器或质量流量计测定空气采样体积

图 2-3-11　空气采样系统示意图

1—气样入口；2—颗粒物预过滤器；3—收集器（吸收管或滤膜夹）；4—保护性过滤器（保护后面的流量计和采样泵）；5—转子流量计或孔口流量计；6—流量调节阀；7—采样泵；8—气体体积计量器（如湿式流量计或煤气表，装有温度计和气压计）；9—临界孔稳流控制器（恒温）；10—真空表

注： 颗粒物预过滤器滤膜是化学惰性材料，如聚四氟乙烯或聚乙烯、聚丙烯等有机纤维滤膜，对 0.3μm 颗粒物的捕集效率 90%以上。必要时（如空气温度较大），加热略高于气温 20℃左右，以防某些活泼性气体污染物被沉积在滤膜上的颗粒物质所吸附造成损失。滤膜需经常定期更换。对于短时间采样或空气中颗粒浓度很低，可不用这种颗粒物预过滤器，用滤膜采样夹采集气溶胶时，也可省去这种预过滤器。

应该指出，在有动力的采样中，所用流量计，除质量流量计外，大多数为体积流量计。体积流量计受采样系统中各种装置（如收集器、吸收管、滤膜采样夹、保护性过滤器和流量调节阀等）所产生的气阻和测定环境条件（如气温和大气压力）的影响。为此，校准流量计必须尽可能在使用状况下，按照实际采样方式进行。采样时，要记录采样时温度和大气压力，将采样体积换算成标准状况下采样体积。计算公式如下：

$$V_0 = V_t \times \frac{T_0}{T} \times \frac{P}{P_0} = V_t \times \frac{273}{273+t} \times \frac{P}{101.325}$$

式中：V_0——标准状况下的采样体积，L 或 m^3；

T_0——标准状况的绝对温度，273K；

T——采样时的绝对温度（273+t），K；

t——采样时的温度，℃；

P_0——标准状况的大气压力，101.325kPa；

P——采样时的大气压力，kPa。

如果流量计的刻度是标准状况下的流量，而且使用时的大气压力和温度与流量计校正时状况差别不大时，无需再换算成标准状况下的采样体积。

3. 被动式采样法

用被动式采样器采样时，以采样器的采样速率 K 乘暴露采样时间，计算空气采样体积。K 值是事先在实验室校准测得的，并对环境影响因素进行修正。

四、采样效率评价方法

（一）采样效率的评价方法

一个采样方法的采样效率是指在规定的采样条件（如采样流量，气体浓度，采样时间等）下所采集到的量占总量的百分数。采样效率评价方法一般与污染物在大气中存在状态有很大关系，不同的存在状态有不同的评价方法。

1. 评价采集气态和蒸气态污染物的方法

采集气态和蒸气态的污染物常用溶液吸收法和填充柱采样法。评价这些采样方法的效率有绝对比较法和相对比较法两种。

（1）绝对比较法

精确配制一个已知浓度的标准气体，然后用所选用的采样方法采集标准气体，测定其浓度，比较实测浓度 C_1 和配气浓度 C_s，采样效率 K 为：

$$K = \frac{C_1}{C_s} \times 100\%$$

用这种方法评价采样效率虽然比较理想，但是，由于配制已知浓度标准气体有一定困难，往往在实际应用时受到限制。

（2）相对比较法

配制一个恒定浓度的气体，而其浓度不一定要求已知。然后用两个或三个采样管串联起来采样，分别分析各管的含量，计算第一管含量占各管总量的百分数，采样效率 K 为：

$$K = \frac{C_1}{C_1 + C_2 + C_3} \times 100\%$$

式中的 C_1、C_2 和 C_3 分别为第一管、第二管和第三管中分析测得的浓度。用此法计算采样效率时，要求第二管和第三管的含量与第一管比较是极小的，这样三个管含量相加之和就近似于所配制的气体浓度。有时还需串联更多的吸收管采样，以期求得与所配制的气体浓度更加接近。用这种方法评价采样效率也只适用于一定浓度范围的气体，如果气体浓度太低，由于分析方法灵敏度所限，测定结果误差较大，采样效率只是一个估计值。

2. 评价采集气溶胶的方法

采集气溶胶的效率有两种表示方法。一种是颗粒采样效率，就是所采集到的气溶胶颗粒数目占总的颗粒数目的百分数。另一种是质量采样效率，就是所采集到的气溶胶质量数占总的质量的百分数。只有当气溶胶全部颗粒大小完全相同时，这两种表示方法才能一致起来。但是，实际上这种情况是不存在的。微米以下的极小颗粒在颗粒数上总是占绝大部分，而按质量计算却只占很小部分，即一个大的颗粒的质量可以相当成千成万个小的颗粒。所以质量采样效率总是大于颗粒采样效率。由于 10μm 以下的颗粒对人体健康影响较大，所以颗粒采样效率很有实际意义。当要了解大气中气溶胶质量浓度或气溶胶中某成分的质量浓度时，质量采样效率是有用处的。目前在大气监测中，评价采集气溶胶方法的采样效率，一般是以质量采样效率表示，只是在特殊目的时，才用颗粒采样效率表示。

评价采集气溶胶方法的效率与评价气态和蒸气态的采样方法有很大的不同。一方面是由于配制已知浓度标准气溶胶在技术上比配制标准气体要复杂得多，而且气溶胶粒度范围也很大，所以很难在实验室模拟现场存在的气溶胶各种状态。另一方面用滤膜采样像一个滤筛一样，能漏过第一张滤膜的更小的颗粒物质，也有可能会漏过第二张或第三张滤膜，所以用相对比较法评价气溶胶的采样效率就有困难了。评价滤纸和滤膜的采样效率要用另外一个已知采样效率高的方法同时采样，或串联在其后面进行比较得出。颗粒采样效率常用一个灵敏度很高的颗粒计数器测量进入滤膜前和通过滤膜后的空气中的颗粒数来计算。

3. 评价采集气态和气溶胶共存状态物质的方法

对于气态和气溶胶共存的物质的采样更为复杂，评价其采样效率时，这两种状态都应加以考虑，以求其总的采样效率。

（二）影响采样效率的主要因素

一般认为采样效率 90%以上为宜。采样效率太低的方法和仪器不能选用。关于如何获得较高的采样效率已有详细介绍，这里简要归纳几条影响采样效率的因素，以便正确选择采样方法和仪器。

1. 根据污染物存在状态选择合适的采样方法和仪器

每种采样方法和仪器都是针对污染物的一个特定的存在状态而选定的。如以气态或蒸气态存在的污染物是以分子状态分散于空气中，用滤纸和滤膜采集效率很低。而用液体吸收管或填充柱采样，则可得到较高的采样效率。以气溶胶状存在的污染物，不易被气泡吸收管中的吸收液吸收，宜用滤膜（纸）法采样。例如用装有稀硝酸的气泡吸收管采集铅烟，采样效率很低，而选用滤纸采样，则可得到较好的采样效率。对于以气溶胶和蒸气状态共存的污染物，要应用对于两种状态都有效的采样方法，如浸渍试剂的滤膜（纸）采样法等。因此，在选择采样方法和仪器之前，首先要对污染物作具体分析，分析它在大气中可能以什么状态存在，根据存在状态选择合适的采样方法和仪器。

2. 根据污染物的理化性质选择吸收液、填充剂或各种滤料

用溶液吸收法采样时，要选用对污染物溶解度大的，或者与污染物能迅速起化学反应的溶液作吸收液。用填充柱或滤料采样时，要选择阻留率大的，并容易解吸下来的填充剂或滤料。在选择吸收液、填充柱中滤料时，还必须考虑采样后所应用的分析方法。

3. 确定合适的抽气速度

每一种采样方法和仪器都要求一定的抽气速度，不在规定的速度范围，采样效率将不理想。各种气体吸收管和填充柱的抽气速度一般不宜过大，而滤料采样则应在较高抽气速度下进行。

4. 确定适当的采气量和采样时间

每个采样方法都有一定采样量的限制。如果现场浓度高于采样方法和仪器的最大承受量时，采样效率就不理想。如吸收液和填充剂都有饱和吸收量，达到饱和后，吸收效率立即降低。滤膜（纸）上的沉积物太多，阻力显著增加，无法维持原有的采样速度，此时，应适当地减小采气量或缩短采样时间。反之，如果现场浓度太低，要达到分析方法灵敏度要求，则要适当增加采气量或延长采样时间。采样时间过长也会伴随着其他不利因素发生，而影响采样效率。例如长时间采样，吸收液中水分蒸发，造成吸收液成分和体积变化。长时间采样，大气中水分和二氧化碳的量也会被大量采集，影响填充剂的性能。长时间采样，其他干扰成分也会大量地被浓缩，影响以后的分析结果。此外，长时间采样，滤膜（纸）的机械性能减弱，有时还会破裂等。因此，应在保证足够的采样效率的前提下，适当地增加采气量或延长采样时间。如果现场浓度不清楚时，采气量或采样时间应根据标准规定的浓度和分析方法的测定下限来确定。最小的采气量是保证能够测出最高容许浓度范围所需的采样体积，这个最小采气量用下式初步估算。

$$V = \frac{2a}{A}$$

式中：V——最小采气体积，L；

a——分析方法的测定下限，μg；

A——标准限值浓度，mg/m^3。

5. 气象参数对采样的影响

空气中污染物的浓度以及存在形态等不仅与污染源的排放、采样点位置和采样技术有关，空气气象参数的影响也是非常重要的。大量扩散试验等研究结果表明，在不同的气象条件下，同一污染源的排放对地面污染物浓度的分布等影响，可使污染物的浓度相差几倍，甚至几百倍，这主要是由于气象条件对空气污染物的扩散、稀释等的影响所致。影响空气中污染物浓度分布和存在形态的气象参数主要有风速、风向、湿度、温度、压力、降水以及太阳辐射等。因此，监测空气中的污染物，必须同时测定气象参数。目前，空气地面自动监测系统主要测定风速、风向、湿度、环境温度和大气压力等五项气象参数。另外，由于气体体积的易变性，在描述空气中污染物的浓度时，必须用环境温度和大气压力等进行校正。

第四章　仪器的校准及检定

一、标准物质

（一）标准物质的定义与分级

标准物质（Reference Material，又称标准样品、参考物质等）是指具有足够均匀的一种或多种化学、物理、生物、工程技术或感官等的特性量值经过充分确定了的材料或样品，主要用于校准测量装置、评价测量方法、进行量值传递和开展质量管理。标准物质可以是纯的或混合的气体、液体或固体，也可以是一件制品或图像。有证标准物质（Certified Reference Material）是经权威部门认证的标准物质，其一种或多种特性量值通过建立了溯源性的程序确定，并可溯源到准确复现表示该特性量值的计量单位。我国有证标准物质由国家标准计量主管部门批准、颁布并授权生产，以“GSB”、“GBW”等编号。

为了合理使用标准物质，根据标准物质特性量值定值准确度的差别，我国把标准物质分为两级，即一级标准物质和二级标准物质。

1. 一级标准物质

一级标准物质是用绝对测量法或两种以上不同原理的准确可靠的方法定值，若只有一种方法，可采取多个实验室合作定值。其不确定度具有国内最高水平，均匀性良好，在不确定度范围内，稳定性在一年以上，具有符合标准物质技术规范要求的包装形式。一级标准物质主要用于评价测量方法，进行仲裁分析和对二级标准物质定值，是量值传递的依据。我国一级标准物质应具备的基本条件如下：

- ❖ 用绝对测量方法或两种以上不同原理的准确可靠的方法进行定值，也可以由多个实验室准确可靠的方法协作定值。
- ❖ 定值的准确度具有国内最高水平。
- ❖ 具有国家统一编号的标准物质证书。
- ❖ 稳定时间在一年以上。
- ❖ 均匀性保证在定值的精度内。
- ❖ 具有规定合格的包装形式。

2. 二级标准物质

二级标准物质是用与一级标准物质进行比较测量的方法或一级标准物质定值方法定值，其不确定度和均匀性未达到一级标准物质的水平，稳定性在半年以上，能满足一般测量的要求，包装形式符合标准物质技术规范的要求。二级标准物质主要用于基层实验室常规分析。

（二）环境气体标准

环境气体标准样品主要用于环境空气监测仪器的校准和分析方法的标定等。经常使用的环境气体标准样品有 SO_2、NO、NO_2、H_2S、CO、CO_2、O_3、CH_4、C_3H_8 及 VOCs 等，其中的 SO_2、NO、CO、CO_2、CH_4、C_3H_8 等常为高压气瓶装标准气体，NO_2、H_2S 等多为渗透管，O_3 则为标准 O_3 气体发生器。这些环境气体标准样品目前国内均有供应。表 2-4-1 列出了我国标准计量部门已颁布的部分国家环境气体标准样品。

表 2-4-1 部分国家环境气体标准样品

名称		国家标准编号	量值范围浓度（mol/mol）	不确定度
标准气体	氮气中二氧化硫	GSB 07—1405—2001	20ppm～2000ppm	1%
	氮气中一氧化氮	GSB 07—1406—2001	20ppm～2000ppm	1%
	氮气中一氧化碳	GSB 07—1407—2001	10ppm～2%	1%
	氮气中二氧化碳	GSB 07—1408—2001	300ppm～10%	1%
	氮气中甲烷	GSB 07—1409—2001	10ppm～2%	1%
	氮气中丙烷	GSB 07—1410—2001	5ppm～2%	1%
	空气中甲烷	GSB 07—1411—2001	10ppm～2%	1%
	氮气中苯系物	GSB 07—1412—2001	5ppm～50ppm	5%
	氮气中丙烷和一氧化碳（混合气）	GSB 07—1413—2001	10ppm～2%	1%
			渗透率(μg/min)	
渗透管	二氧化硫	GBW 08201	0.37～1.4	1%
	二氧化氮	GBW 08202	0.6～2.0	1%
	硫化氢	GBW 08203	0.1～1.0	2%
	氨	GBW 08204	0.1～1.0	2%
	氯	GBW 08205	0.2～2.0	2%

（三）气体标准的传递与追踪

国家一级气体标准样品价格昂贵，在空气质量监测系统例行运行过程中通常使用工作标准级的气体标准。为了保证监测获取的资料准确可靠，且在系统内部、国内各系统之间以及与国外系统之间具有可比性，要求所用的标准样品量值的准确度必须具有可追踪性，即所用标准必须是逐级传递下来的。

气体标准的传递是指将国家一级标准气体的准确时值传递到例行工作所用的标准气体上的过程，例如一级标准传递到工作标准。传递的手段通常使用一套起传递作用的分析仪器及配气稀释装置，具体的传递方法及传递过程的质量控制参见本章标准气体的配制。

标准传递的逆过程称为标准的追踪，当进行系统误差分析时，可逆向逐级检查各步骤对误差的贡献，追踪出原因，从而保证监测数据的质量。在空气质量监测系统中，用户除购置商品气体标准样品作为例行工作标准外，最好同时备有相应的一级标准，由使用者自己完成气体标准的传递和追踪工作。如果商品气体标准样品的生产厂家已经完成国家一级标准的传递过程且出具证书，可直接作为工作标准使用。

二、标准气体的配制

静态配气法是把一定量的气态或蒸气态的原料气，加到已知体积的容器中，然后再加入稀释气体，混合均匀。根据加入的原料气、稀释气的量以及容器的体积，即可计算气体的浓度。

静态配气所用原料气可以是纯气，也可以是已知浓度的混合气，气体的纯度或浓度需用物理法或化学法测定。

静态配气法最大的优点是所用设备简单，操作容易。小量的可以用一个注射器和玻璃瓶，大量的可用塑料袋和高压钢瓶等。但是由于大气中污染物化学性质比较活泼，长期与容器壁接触可能发生反应。同时，实际上容器壁的材料或多或少的都有些吸附现象。这些因素造成配气浓度不准或浓度随放置时间而改变，特别是在配制很低浓度气体时，常会引起很大的误差。因此，该方法的应用受到一定限制，一般对于某些活泼性较差的气体，在用气量不多时，为操作简便，经常使用此方法。

（一）静态配气法

1. 大瓶子配气法

取 20L 玻璃瓶或聚乙烯塑料瓶，洗净烘干，精确标定体积。然后将瓶内抽成负压，用净化的空气冲洗几次，排除瓶中原有的全部空气。再抽成负压（如瓶中剩余压力约 50kPa），然后加入一定量的原料气，并充进净化空气至大气压力。摇动瓶中翼形搅拌片，使瓶中气体混合均匀，即可使用。根据瓶子的容积和加入原料气的量计算瓶中气体的浓度。

若加入的原料气在常温下是气体，可用气体定量管量取已知纯度的原料气。气体定量管体积事先应精确标定好，量取气体时应考虑到定量管的活塞死体积，并进行修正。图 2-4-1 是从钢瓶中取气的方法：将气体定量管与钢瓶喷嘴相连，打开钢瓶气门，先让钢瓶气通过气体定量管放空一部分，冲洗定量管，再关闭钢瓶气门和气体定量管的两端活塞。然后按图 2-4-2 将气体定量管接到已抽成负压的大配气瓶的长管端，另一端与净化空气相连通，打开活塞，净化空气将定量管中气体全部冲入大瓶中，待瓶内压力与大气压力相等，配气结束。瓶中气体的浓度按下面公式计算：

$$C=\frac{a\cdot b\cdot M}{V_{\mathrm{mol}}\cdot V}\times 10^{3}$$

式中：C——瓶中气体浓度，mg/m^3；

M——分子量，g/mol；

V_{mol}——摩尔体积，L/mol；

a——加入原料气的体积，即气体定量管的体积，ml；

b——原料气的纯度；

V——大瓶子的体积，L。

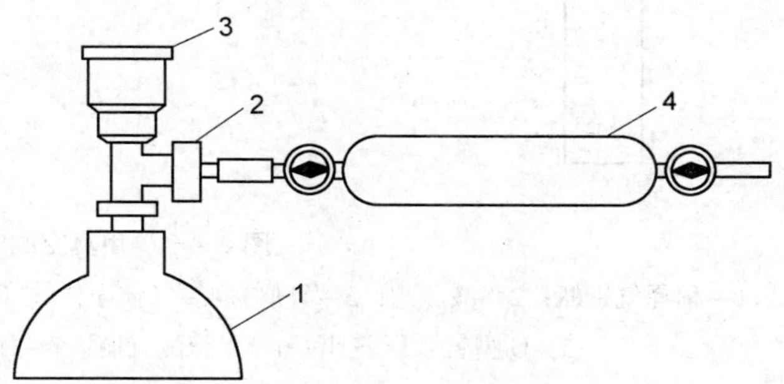

图 2-4-1　用气体定量管从钢瓶中取气

1—钢瓶；2—钢瓶喷嘴；3—气门开关；4—气体定量管

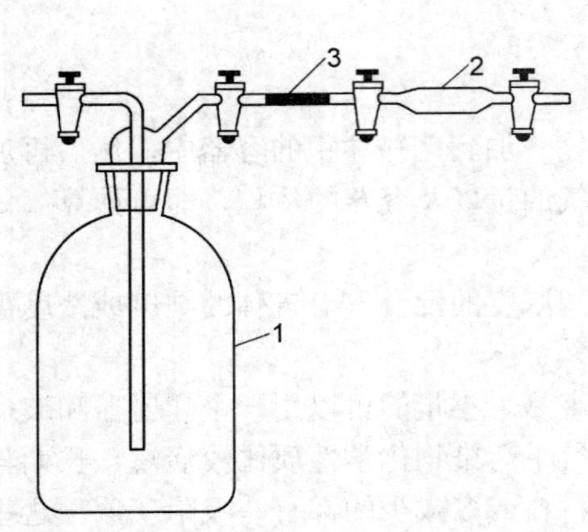

图 2-4-2 大瓶子配气装置

1—配气瓶； 2—气体定量管； 3—联接管

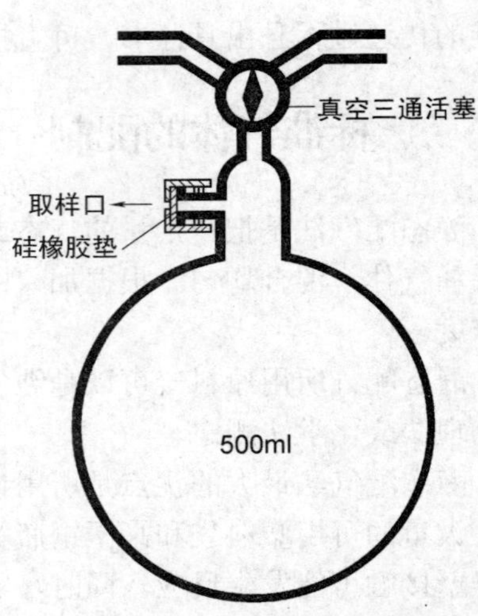

图 2-4-3 真空配气瓶

图 2-4-3 是一种常用的配气瓶，它有一个样气注入口，注射针通过硅橡胶垫，从此口插入。配气瓶是约 5L 的耐压玻璃瓶，容积事先用称水重的方法精确测量。配气装置如图 2-4-4 所示，将配气瓶抽空再充入净化的稀释气，再抽空，再充气，连续用稀释气冲洗三次，最后一次充入接近于大气压。用注射器，从样气注入口注入所需体积的原料气，继续向配气瓶内充入稀释气至瓶内压力达一定正压（如 85kPa），放置 1h 后，瓶中混合气即可使用。标准气浓度用下式计算。

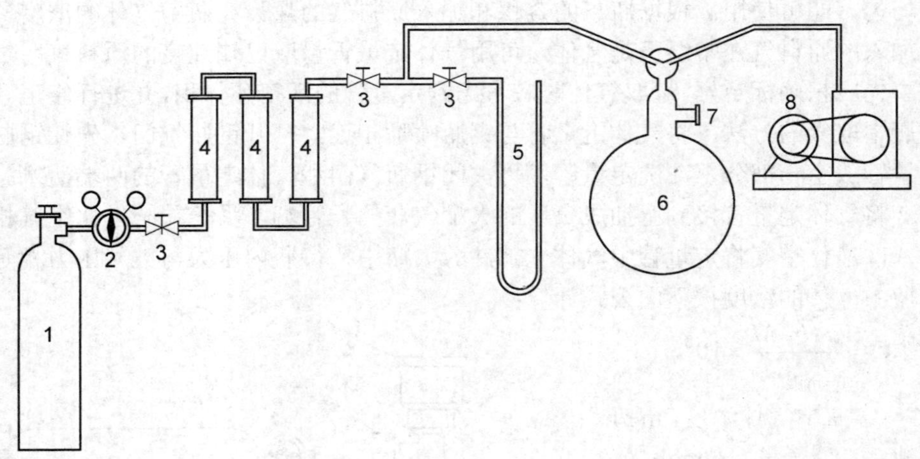

图 2-4-4 用真空配气装置

1—稀释气钢瓶；2—减压阀；3—针阀；4—气体净化管（内装分子筛、硅胶和活性炭、烧碱石棉）；5—U 型管汞压差计；6—真空配气瓶；7—配气瓶样气注入口；8—真空泵

$$C = \frac{P_0 \cdot a \cdot bM}{(P_0 + P') \cdot V_{\text{mol}} \cdot V} \times 10^3$$

式中：C——配气瓶气体浓度，mg/m^3；

a——注入原料气的体积，ml；

b——原料气的纯度；

M——分子量，g/mol；

V_{mol}——摩尔体积，L/mol；

P_0——大气压力，kPa；

P'——U 型管汞压差计读数，kPa（1mmHg 柱=0.1333kPa）；

V——配气瓶体积，L。

若向大瓶中加入的是易挥发的液体，则配气方法见图 2-4-5。取一个带细长毛细管的薄壁玻璃小安瓿瓶（直径 10～15mm），洗净烘干，置于干燥器中，冷却后，在天平上精确称空安瓿瓶质量为 W_1。再将安瓿瓶稍微加热，立即将安瓿瓶毛细管尖端插入易挥发的液体中，随安瓿瓶冷却，液体被虹吸入安瓿瓶中，掌握抽液速度，可控制吸入液体的量。如吸入的量过多，再将安瓿瓶温热。因安瓿瓶中气体受热膨胀，将其中液体挤出，用一张干净滤纸接取流出的液体。将安瓿瓶放正，待毛细管口不再留有液体，在火焰上快速熔封安瓿瓶毛细管口，放在干燥器中，冷却后，在天平上精确称量，即为安瓿瓶加液体的总质量 W_2。两次称重之差为装入安瓿瓶中的液体的质量。将安瓿瓶放进大配气瓶中，按上述方法抽成负压，再摇动配气瓶，使安瓿瓶撞击在瓶壁上破裂，液体逸出挥发。向配气瓶中充净化空气，使瓶内压力与大气压力相等。混合后，大瓶中的配气浓度可由下式计算。

$$C = \frac{a \cdot b}{V} \times 10^6$$

式中：C——瓶中气体浓度，mg/m^3；

a——加入液体的量=W_2-W_1，g；

b——液体纯度；

V——大瓶子体积，L。

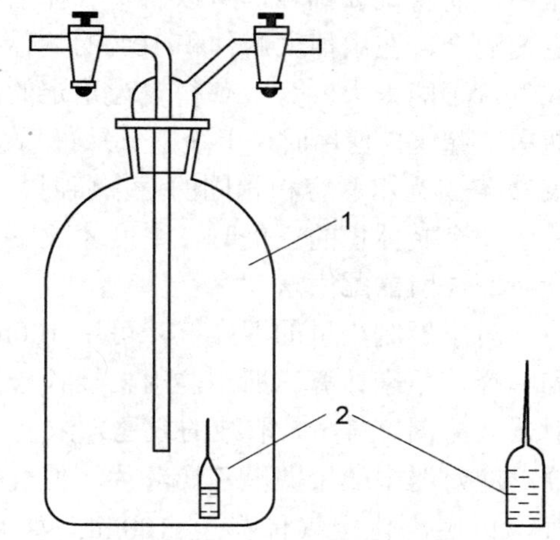

图 2-4-5　用小安瓿瓶装挥发性液体的配气

1—配气瓶；　2—小安瓿瓶（内装挥发性液体）

若已知液体的密度，也可用微量注射器精确量取定量的液体，注入图 2-4-3 所示的真空配气瓶中。瓶子事先抽成真空，注入的液体挥发后，再充进干净空气。根据液体在室温下的密度和加入的体积，即可计算加入的液体的量。配气浓度的计算同上式，式中 a=液体的密度×所取液体的体积。

在常温下是液体物质，用大瓶子配气，不像气体物质那样好配，常因液体蒸发不完全，而使配气发生困难。如果将配气瓶抽成更低的真空度（如 2.7kPa），蒸发效果可能会好一些。但是，在这种情况下，用注射器注入液体时，注射器死体积中的液体也会进入瓶中，造成正误差。这种误差因瓶中真空度和注射器死体积大小而异。因此在规定的条件下，浓度计算值需要对注射器死体积的影响进行修正。表 2-4-2 是几种有机化合物用真空瓶配气的回收率。从结果看出，有的效果好，有的效果不好。这说明有些液体在蒸发过程中还可能有其他转变伴随发生，如聚合反应等。因此，对于某种液体能否用此法配气，仍需作具体深入地研究。

表 2-4-2 真空瓶法配气的回收率

化合物	沸点(℃)	蒸气压(20℃)，p/kPa	真空度(kPa)	回收率(%)
氯丙烯	44.6	45.3	2.7	88
环氧氯丙烷	118	2.1	(水泵)	101
1，2-二氯乙烷	83.5	8.8	2.7	100
丙醛	48	—	4.7	不好

用大瓶子配气，浓度往往由于瓶壁的吸附而比计算值低，有时可损失 50%。针对这种情况，可将经一次配的气，放置一段时间后再抽空，然后进行第二次配气。这样瓶壁吸附已接近饱和，第二次配气吸附的影响就可减少。如需浓度更低的气体，在大瓶中配气后，用抽真空法稀释。例如，将大瓶中气体压力抽至 50.6kPa，然后再放入干净空气至与大气压相等，可得到浓度为原来浓度一半的气体。

用一个大瓶子配完气后，当从大瓶的短支管取气时，瓶外的清洁空气即由长支管进入瓶中，而将气体稀释，所以瓶中气体浓度逐渐降低。假设进入瓶中的空气能与原有的气体迅速混合，在用掉大瓶体积 10%的气体后，剩余气体浓度将改变约 5%。所以用大瓶配气，取气量不能太大。为了获得较为稳定的大量标准气体，可以将配成相同浓度气体的几个大瓶串联起来，使用时，干净空气从最后一个瓶进入，而第一个瓶中气体浓度可基本上不变。表 2-4-3 为串联容积相同的五个瓶时，用气体积与气体的平均浓度和剩余浓度。当取气量等于一个瓶体积的三倍时，浓度才改变 5%，这样可供使用的气样量就大大增加了。

2. 注射器配气法

对于配制少量的混合气，可用 100ml 注射器多次稀释制得。气体浓度根据原料的浓度和稀释倍数来计算。所用注射器要检查是否不漏气，刻度需校准。如配一氧化碳气，用注射器（见图 2-4-6）取纯的或已知浓度的一氧化碳气体 10ml，用净化空气稀释至 100ml，摇动注射器中的聚四氟乙烯薄片，使气体混合均匀。打出 90ml 所配气体，剩余 10ml 混合气，再用净化空气稀释至 100ml，如此连续稀释 6 次，最后混合气体一氧化碳浓度为 1μmol/m^3。用注射器配气，也可按图 2-4-7，两个注射器通过注射针相互连通，来回推动，使气体混合均匀。

注射器配气对于多种有机化合物都不理想，回收率都比较低。这种现象除与注射器内壁吸附和在磨口处扩散损失有关以外，还与上面所说的液体蒸发为气体分子的完全程度有关。所以，对于某些液体用注射器在室温下自然挥发配气的方法，需要通过验证，决定能否采用。

3. 塑料袋配气法

向塑料袋内注入一定量的原料气，并充进一定体积的干净空气（见图 2-4-8）。然后挤压塑料袋，使其混合均匀，根据加入的原料气的量和塑料袋充气的体积，计算袋内气体的浓度。使用塑料袋配气时，要注意气体组分是否会被吸附、与塑料袋起反应以及渗透出来等问题。聚乙烯膜铝箔夹层袋可用于配气。

表 2-4-3　静态配气串联五个瓶时的浓度变化（%）

气体抽取量/(%)(占一瓶容量的)	第一瓶		第二瓶		第三瓶		第四瓶		第五瓶	
	剩余	平均	剩余	平均	剩余	平均	剩余	平均	剩余	平均
0	100.0	100.0	100.0	100.0	100.0	100.0	100.0	100.0	100.0	100.0
10	90.5	95.2	99.5	99.8	100.0	100.0	100.0	100.0	100.0	100.0
20	81.9	90.8	98.3	99.3	99.9	100.0	100.0	100.0	100.0	100.0
40	67.0	82.7	93.9	97.6	99.2	99.7	99.9	100.0	100.0	100.0
60	54.9	75.6	87.8	95.2	97.7	99.3	99.7	99.9	100.0	100.0
80	44.9	69.3	80.9	92.5	95.3	98.2	99.1	99.8	99.9	100.0
100	36.8	63.7	73.6	89.4	92.0	97.2	98.1	99.5	99.6	99.9
120	30.1	58.8	66.3	86.1	88.0	96.0	96.6	99.1	99.2	99.8
140	24.7	54.4	59.2	82.7	83.4	94.4	94.6	98.6	98.6	99.7
160	20.2	50.5	52.5	79.4	78.3	92.7	92.1	97.9	97.4	99.4
180	16.5	47.0	46.3	76.0	73.1	90.8	89.1	97.1	96.4	99.2
200	13.5	43.9	40.6	72.8	67.7	88.8	85.6	96.1	94.7	98.8
220	11.1	41.1	35.5	69.7	62.3	86.5	81.9	94.9	92.7	98.3
240	9.1	38.6	30.8	66.6	57.0	84.3	77.9	93.6	90.4	97.7
260	7.4	36.3	26.8	63.8	51.9	82.0	73.7	92.2	87.8	97.0
280	6.1	34.2	23.1	61.0	46.9	79.6	69.2	90.7	84.8	96.2
300	5.0	32.4	19.9	58.4	42.3	77.4	64.7	89.1	81.6	95.4
320	4.1	30.7	17.1	56.0	38.0	75.1	60.3	85.7	78.1	94.4
340	3.3	29.1	14.7	53.6	34.0	72.8	55.9	84.4	74.5	93.3
360	2.7	27.7	12.6	51.4	30.3	70.5	51.5	83.9	70.6	92.1
380	2.2	26.4	10.7	49.4	26.9	68.3	47.4	82.1	66.9	90.9
400	1.8	25.2	9.2	47.4	23.8	66.2	43.4	80.2	62.8	89.5
420	1.5	24.1	7.8	45.6	21.0	64.1	39.6	78.4	59.0	88.2
440	1.2	23.1	6.6	44.0	18.6	62.1	36.0	76.5	55.2	86.7
460	1.0	22.2	5.6	42.3	16.3	60.2	32.6	74.7	51.3	85.3
480	0.8	21.3	4.8	40.8	14.2	58.3	29.3	72.9	47.5	83.8
500	0.7	20.5	4.0	39.9	12.4	56.6	26.4	71.1	43.8	82.2

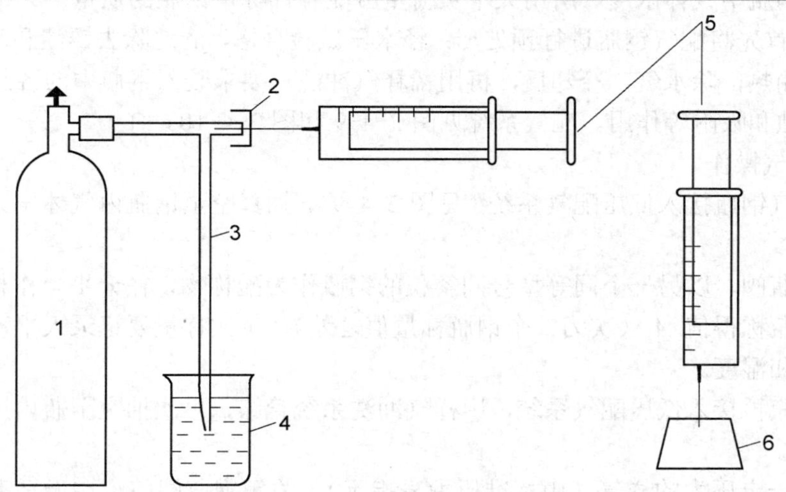

图 2-4-6　用注射器从钢瓶中取气

1—钢瓶（原料气）；　2—硅橡胶垫片；　3—三通管；

4—烧杯（内装液体，如水）；　5—注射器；　6—硅橡胶块（封针头用）

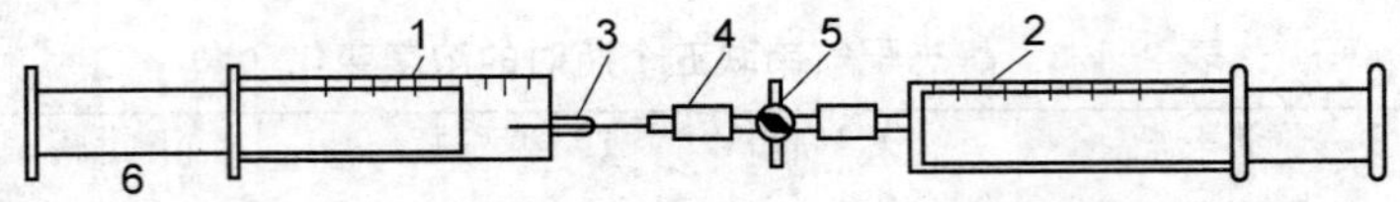

图 2-4-7　注射器中气体的混合

1、2—注射器；　3—滴眼药瓶小橡胶帽；　4—注射针头；　5—金属小三通

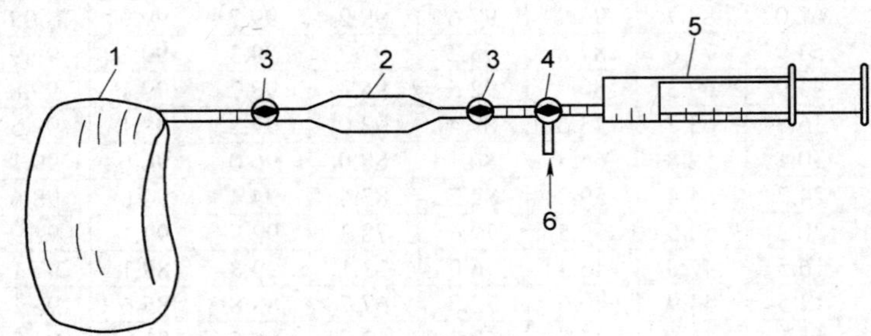

图 2-4-8 塑料袋配气

1—塑料袋；2—气体定量管；3—二通活塞；　4—三通活塞；5—注射器；6—净化空气入口

4. 高压钢瓶配气法

高压配气是用高压容器（如钢瓶）作为容器，配成有较高压力的混合气的方法。由于高压容器常用的是钢瓶，所以又称钢瓶配气法。使用时，混合气经过减压阀从钢瓶中放出来，气体的浓度即为钢瓶中混合气的浓度。高压配气按配气计量方法可分为压力法、流量法、容量法和重量法四种，其中以重量法最精确。已把重量法作为配制标准气的基准方法，广泛用于配制 CO、CH_4 和 NO 等标准气中。

重量法配气是应用高载荷的精密天平称量装入钢瓶中的各气体组分，依据各组分的质量比，计算钢瓶中气体浓度。所用天平负荷量应能容许称量钢瓶的质量。天平分度值应为每格 10mg。首先将配气钢瓶进行预处理：经水压试验合格，清洗除去锈渍和污垢，然后在烘箱中减压加热，除水气，冷却后，再用稀释气冲洗。要求装入钢瓶中的各组分气体对钢瓶材料无腐蚀和吸附等作用。配气系统见图 2-4-9 和图 2-4-10。

（1）配气操作

❖ 将配气钢瓶接入低压配气系统（见图 2-4-9），抽真空至钢瓶内气体压力约为 13.3～1.3Pa。

❖ 关闭瓶阀。以另一个同等型号同容积的钢瓶作为配称物，在天平上作相对称量，得空钢瓶称得值 A_1（实为二个钢瓶称量值之差），每次称量要记录天平室温度、大气压力和湿度。

❖ 将钢瓶再接入低压配气系统，用样气冲洗系统管路，再次抽空至瓶内压力为 13.3～1.3Pa。

❖ 加入一定压力的样气（由标准压力表指示）。关闭钢瓶阀门。在天平上作相对称量得到充有样气的钢瓶称量值 A_2。如果样气压入配气钢瓶压力超出低压系统所能承受的压力时，则这一步骤应在高压配气系统（见图 2-4-10）中进行。

❖ 将钢瓶接入高压配气系统，用稀释气冲洗系统管路，再向钢瓶内压入稀释气（由精密压力表指示），关闭钢瓶阀门。

❖ 待钢瓶冷却至天平室温度时，在天平上相对称量充有样气和稀释气钢瓶质量 A_3。

❖ 钢瓶放置一段时间，待组分气体扩散混合均匀后，提供使用。

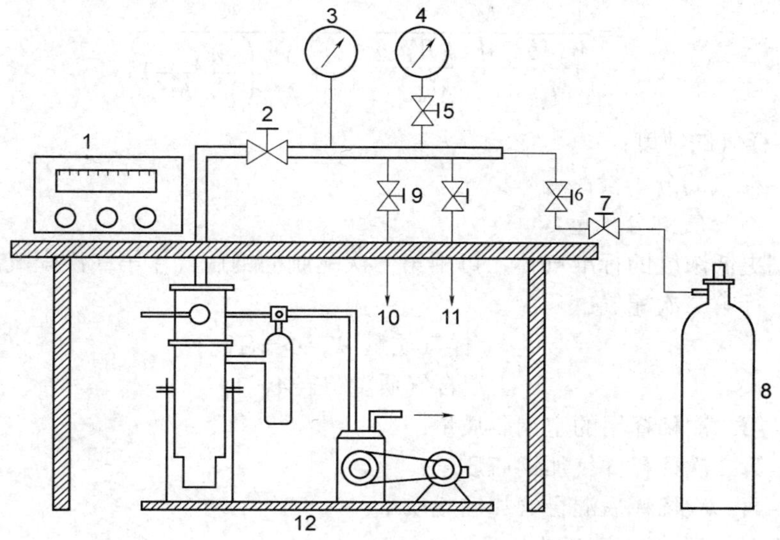

图 2-4-9 低压配气系统

1—电离真空计； 2—隔膜真空阀； 3—真空压力表（-74.5～0.6MPa）；
4—标准压力表（-74.5～0MPa）；5—针形阀； 6—针形阀（调气用）；
7—减压阀； 8—样气钢瓶； 9—真空阀； 10、11—接配气钢瓶；12—真空泵

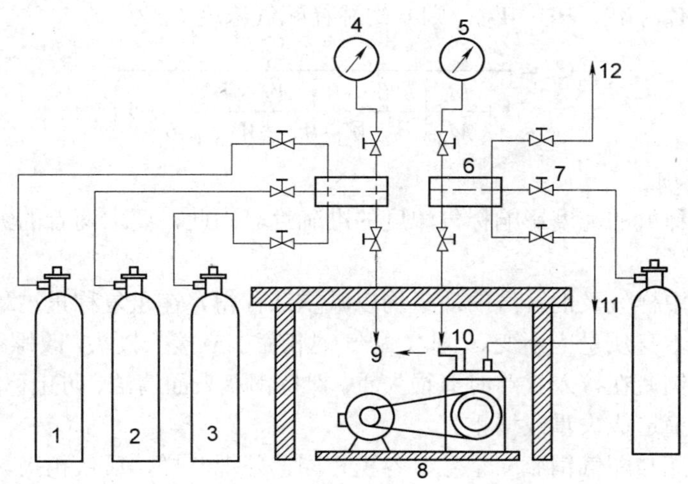

图 2-4-10 高压配气系统

1、2、3—稀释气钢瓶； 4—精密压力表（0～16MPa）； 5—标准压力表（0～4MPa）；6—六通接头；
7—耐压针形阀； 8—真空泵； 9、10—接配气钢瓶的管路； 11—抽气管； 12—放空管

（2）浓度计算

$$样气质量\ W_1=A_2-A_1$$

混合气质量 $W_2=A_3-A_1$

钢瓶中气体浓度 C_1（体积比）：

$$C_1=\frac{\frac{W_1\cdot b}{M_s}}{\frac{W_1\cdot b}{M_s}+\frac{W_2-W_1\cdot b}{M_d}}=\frac{1}{1+\frac{M_s}{M_d}\left(\frac{W_2}{W_1\cdot b}-1\right)}$$

式中*：b——样气的纯度；

M_s——样气的分子量；

M_d——稀释气的分子量。

若要配制更低浓度的标准气体，可用第一次配制的钢瓶气作第二次配气的样气，重复上述操作，进行第二次配气：

样气质量 $W_3=A_5-A_4$

混合气质量 $W_4=A_6-A_4$

式中：A_4——第二次稀释用的空钢瓶质量；

A_5——第二次稀释样气加钢瓶质量；

A_6——第二次稀释后混合气加钢瓶质量。

这样，第二次配气浓度 C_2 为：

$$C_2=\frac{1}{1+\frac{M_s}{M_d}\left(\frac{W_2\cdot W_4}{W_1\cdot W_3\cdot b}-1\right)}$$

同样，还可进行多次稀释，各次样气质量：W_5，W_7，…，W_{2n-1}（n 为稀释次数）；各次混合气质量：W_6，W_8，…，W_{2n}；则 n 次稀释配气浓度 C_n 为：

$$C_n=\frac{1}{1+\frac{M_s}{M_d}\left(\frac{W_2\cdot W_4\cdot W_6\cdots W_{2n}}{W_1\cdot W_3\cdot W_5\cdots W_{2n-1}\cdot b}-1\right)}$$

（3）注意事项

- ❖ 样气及稀释气的纯度影响标气浓度的准确性。因此，要求两者的纯度高，否则需要净化。
- ❖ 配气过程中样气及混合气的质量均以减重法称得，在重复称量过程中，配气钢瓶及配重钢瓶本身质量应不变。为此，配气钢瓶嘴上应接一接头，改螺纹连接为“压接”，以防配气钢瓶在接入气路时磨损失重。保持钢瓶表面清洁，防止称重过程中有剥落、沾污和碰撞造成失重或增重。
- ❖ 配称体钢瓶与配气钢瓶应型号、容积相同，外观一样，质量相当。在配气过程中不要更换，亦不能有失重或增重。
- ❖ 配气室、天平室最好恒温，若无恒温设备，应待配气钢瓶温度与天平室的温度一致时称重。

质量法高压配气的精度除决定天平的精度和最大称量之外，对钢瓶的质量有较高的要

*此式系将样气中的杂质气均作为稀释气。

求。特别是那些活泼气体如 NO、NO_2、SO_2 等对钢瓶有腐蚀性，并能被瓶壁吸附，会使浓度降低或产生痕量杂质气体，因此，钢瓶要用不锈钢或其他特种材料制成，有时还要对钢瓶内壁作特别处理，电镀或加涂层（如石蜡聚砜等）。合金铝质钢瓶是一种值得推荐的容器，它对多种气体稳定性较好。有些气体，如 NO，在空气中会发生氧化等作用，需要用高纯氮作为稀释气。对稀释气要经过严格的净化处理，以保证钢瓶中气体浓度精确和稳定。钢瓶气在放置和使用期间还要作定期校准。

（二）动态配气法

动态配气是将已知浓度的原料气，以较小的流量，恒定不变地送入气体混合器中（见图 2-4-11），净化过的稀释气体以较大的流量恒定不变地通过混合室，与原料气混合并将其稀释，稀释后的混合气连续不断地从混合室中流出，供给使用。准确测量这两个气流之比就是稀释倍数，混合气的浓度可简单地从这个稀释倍数计算出来，调节气流比可以得到所需浓度的标准气体。标准气浓度计算如下：

$$C = \frac{Q_0}{Q_0 + Q} \times C_0$$

式中：C——混合气浓度；

C_0——原料气浓度；

Q_0——原料气流量；

Q——稀释气流量。

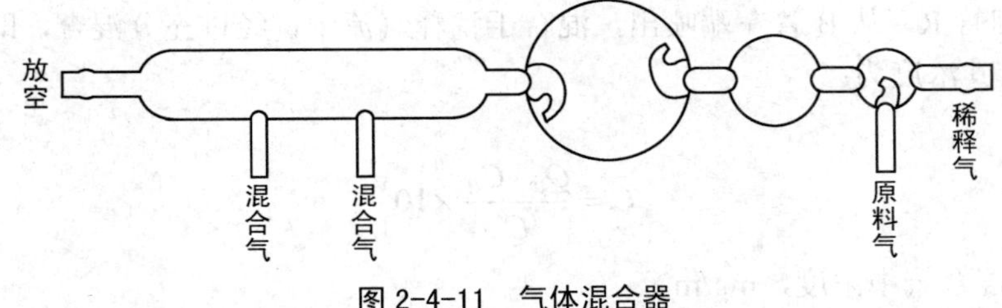

图 2-4-11 气体混合器

一般原料气的浓度是已知的标气，最简单的方法是从钢瓶中控制一定流量放出来。如果有标准气源，可以由标准气源发生，也可以用纯气或者用静态法配制一定浓度的气体，然后用一个同步马达减速器驱动一个注射器的装置，以一定的速度注入到稀释气流中。为了配制更低浓度的气体，可以用第一次稀释后的混合气体，作为第二次稀释用的原料气，逐级稀释得到所需浓度的标准气体（见图 2-4-12）。用这种连续逐级稀释的方法，配气浓度的精确度主要决定于原料气和稀释气两个流量的稳定程度和测量精度。

动态法虽然在配气设备上要比静态法复杂得多，但是配气方法和设备一经建立，就可以很方便地获得大量的恒定浓度的标准气体。若几种气体不相互作用，还可以很方便地配制多组分的混合气体。由于连续流动，终能达到平衡，避免了在静态配气中因对微量组分被吸附和发生反应等造成的浓度不稳定的缺点。用动态法配气只要稀释气体经过严格的净化处理，空白值可达到很低或为零。采用多级稀释方法，原则上可以配制很低浓度的标准气体。此外用同一套配气装置，根据工作需要，不但可以随时变更配气浓度，而且还可以很方便地改变标准气成分，这些都是静态法不可比的。因此动态法配气在大气污染物分析中应用很广泛。

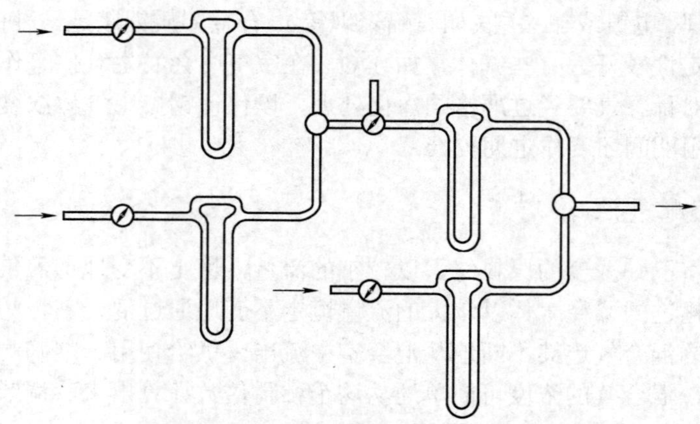

图 2-4-12 逐级稀释配气示意图

1. 负压喷射法

方法原理见图 2-4-13。当稀释气以 Q（L/min）的速度进入固定喷管 A，再从狭窄的喷口处向外放空时，造成细管 B 的左端产生一个低于大气压力 P_0 的压力 P'，也就是说 B 管处于负压状态。容器 D 内压力为大气压，内装被检测的原料气，其浓度为 C_0，容器 D 通过毛细管 R 和 B 管相连。由于 B 管两端有压力差 P_0-P'，使原料气以速度 Q_1（ml/min）从容器 D 经毛细管 R，从 B 管左端喷出，混合于稀释气流中，经过充分混合，即配成一定浓度的混合气，其浓度为：

$$C=\frac{Q_0\cdot C_0}{Q}\times10^3$$

式中：C——混合气中浓度，mg/m³；

C_0——原料气浓度，mg/ml；

Q_0——原料气流速，ml/min；

Q——稀释气流速，L/min。

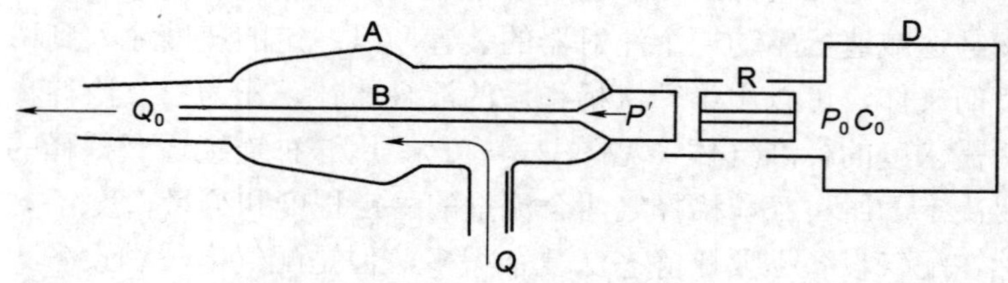

图 2-4-13 负压喷射法配气原理图

从上式可知，欲配制一定浓度的混合气，可通过改变 Q、C_0 和 Q_0 而获得。实际上，常常是固定 Q，改变 Q_0 或 C_0，Q_0 可用阻力毛细管来控制。通常是将阻力毛细管 R 放在原料气的后面，用微型皂膜计（可用微量吸液管尖嘴切成平口代替用）测量 Q_0。如 Q=20L/min，

Q_0=0.2ml/min，C_0=1mg/L，则混合气的浓度 C=0.01mg/m^3。由于测定更小的流量有困难，因此若要配制更低浓度的混合气，采用在旁路再加稀释气流的办法。其所需已知浓度的原料气，可采用前述的静态法获得。配制的原料气放在一个互通的六联玻璃球内。清洁空气从最后一个球进入，不影响前面几个球内浓度。原料气由第一个小球进入喷管 A 与稀释气混合。当用去前三个球中的原料气以后，就需要重新装入原料气。这种方法配气误差在 10%左右。

2. 渗透膜法

渗透膜法是动态配件中最常用的方法。其原理是物质的分子通过惰性塑料膜渗透进入到稀释气流中。根据渗透量和稀释气的流量就可计算气体浓度。利用分子渗透作用原理配制低浓度混合气的方式很多，根据渗透物质的物理状态可分为两类：一类是渗透物质是气体的，称为气体分子渗透；另一类是渗透物质是液体的，称为液体分子渗透。由于渗透管应用最为普遍，下面仅就渗透管法作详细介绍。

渗透管法是 1966 年以后发展起来的一种制备恒定低浓度混合标准气体的方法，现在已被广泛地应用于大气污染物的监测方面。经过校准后的渗透管，可以作为一个计量标准气源来传递。

（1）渗透管的结构和原理

渗透管的结构主要是由一个盛有液体的小容器和渗透膜所组成。容器是用耐腐蚀的和耐一定压力的惰性材料（如硬质玻璃、不锈钢、硬质材料等）做成，内装易挥发的纯液体。如果此液体在常温下是气体物质，可用冷冻或压缩的方法制成液体，然后灌至容器中。渗透管膜是用惰性塑料膜（如聚四氟乙烯等）制成的，厚度 1mm 以下。所选用渗透膜经长期使用不变质。整个渗透管的称重不超过 10g。

图 2-4-14 是二氧化硫渗透管的结构，它是由一个玻璃小安瓿瓶和套在安瓿瓶部的聚四氟乙烯塑料帽构成。玻璃安瓿瓶可装纯 SO_2 1ml 左右。在安瓿瓶颈部有一凸纹，其外径比塑料帽内径稍大一点，塑料帽压套在安瓿瓶颈部直至凸纹以下，并在凸纹处紧紧地捆扎几圈不锈钢丝，密封瓶内气体，使安瓿瓶可耐受几个大气压力而不漏气。塑料帽是用聚四氟乙烯棒加工制成的。上部壁较薄，作为渗透面。对于一些在常温下蒸气压比较大的液体，不能用玻璃安瓿，而要用一些耐高压的材料做成。

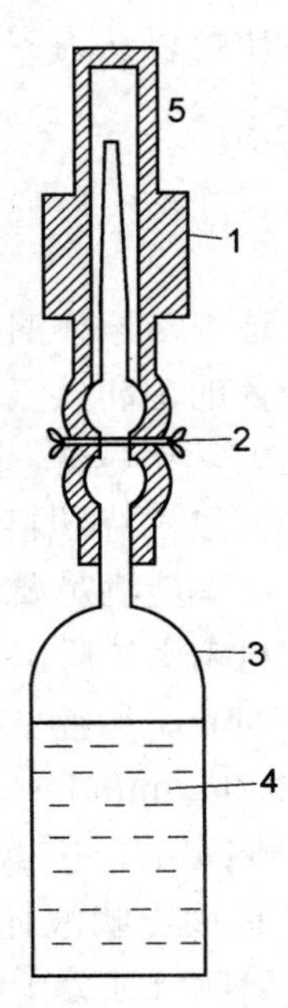

图 2-4-14　SO_2 渗透管结构

1—聚四氟乙烯塑料帽；
2—加固环（不锈钢丝）；
3—玻璃小安瓿瓶；
4—SO_2 液体；
5—薄壁部分

图 2-4-15 是硫化氢渗透管结构示意图，管子是用钛钢加工制成的。钛钢硬度大，而且很轻，很适合做耐高压渗透管的材料。管子下端焊封堵死，上方外沿有螺纹口，灌好硫化氢液体后，立即在管口上压一块聚四氟乙烯塑料膜片，再盖上用钛钢制成的、带内螺纹的盖子，旋紧螺纹盖子，压封塑料膜片而使其不漏气。在盖子上有一个小孔，此处塑料膜片暴露在外，作为

渗透面。

瓶内气体分子通过塑料膜向外渗透，单位时间内的渗透量称为渗透率。

$$q=-D\cdot A\times\frac{\mathrm{d}P}{\mathrm{d}x}$$

式中：q——渗透率；

A——渗透面积；

D——气体分子的渗透系数；

$\frac{\mathrm{d}P}{\mathrm{d}x}$——渗透管内外气体分子压力梯度。

上式中：$-\frac{\mathrm{d}P}{\mathrm{d}x}$中的负号表示压力从管内到管外是减小的。管内压力就是瓶中液体在一定温度下的饱和蒸气压力 P。渗出来的气体分子，由于在管外很快地扩展开来，立即被稀释气体带走，或不断被吸收剂吸收，所以浓度很小，一般在 1mg/m³ 以下。因此，管外渗透出来的气体分子的分压可以认为零。若渗透膜厚度为 l，则 $\frac{\mathrm{d}P}{\mathrm{d}x}=\frac{P}{l}$，上式可写成：

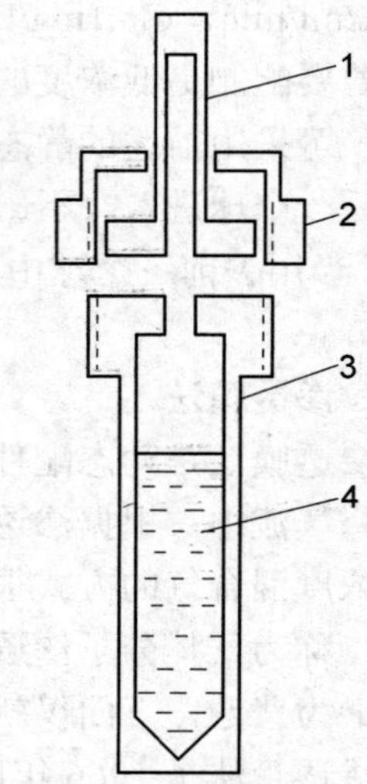

图 2-4-15 H_2S 渗透管的结构

1—渗透膜； 2—压盖；
3—小容器（钛钢）；
4—H_2S 液体

$$q=-D\cdot A\frac{P}{l}$$

渗透率与液体的饱和蒸气压力 P 和渗透面积 A 成正比，而与渗透膜壁厚度 l 成反比。由于液体的饱和蒸气压力在一定温度下是一个常数，所以，在确定的温度下，渗透管的渗透面越大，壁越薄，渗透率就越大。因此，可将聚四氟乙烯塑料制成渗透面积和壁厚合适、渗透率能满足要求的管子。如 SO_2 渗透管的塑料帽渗透膜部分，内径约 3.8mm，长为 12～5mm，壁厚 0.5～1.2mm，其渗透率约为 1～0.2μg/min。对于一个特定的渗透管，A 和 l 是固定的，所以渗透率仅与温度有关。温度除直接影响液体的饱和蒸气压力 P 以外，也影响气体分子渗透系数 D。图 2-4-16 是温度对 SO_2 管渗透率的影响，从图中曲线可看出，渗透率的自然对数与温度呈线性关系。在 25℃时，温度变化 0.1℃，引起渗透率测定误差 0.6%，所以渗透管的温度必须严格控制恒定，精度应在±0.1℃之内。当温度恒定时，瓶内液体饱和蒸气压力也是恒定的，因此单位时间内的渗透量也就恒定不变。用稀释气体将渗透出来的气体分子带走。所配

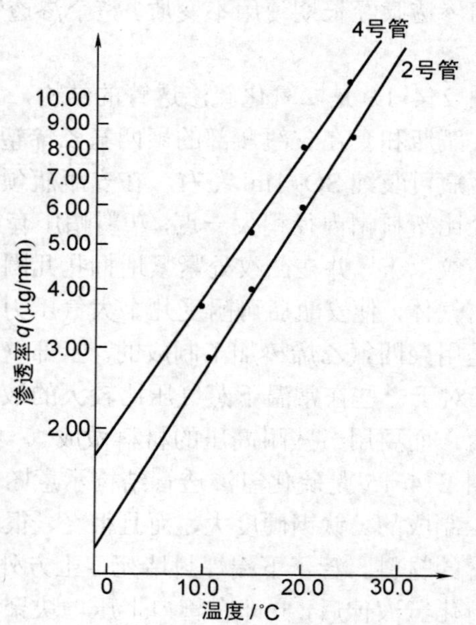

图 2-4-16 温度对二氧化硫管渗透率的影响

得的气体的浓度可直接由下面公式计算出来。

$$C=\frac{q}{Q}$$

式中：C——气体浓度，mg/m^3；

q——渗透率，μg/min；

Q——稀释气流量，L/min。

当稀释气体流量恒定时，气体的浓度稳定不变，改变稀释气的流量，可以获得各个不同浓度的标准气体。

渗透管法对于配制恒定的低浓度的混合气体是比较精确的方法，应用范围很广，从易挥发的有机溶剂（如苯、丙烷、三氯甲烷等），到一些在常温下是气体污染物（如 SO_2、NO_2、H_2S、NH_3、Cl_2 和氯乙烯等）都可用渗透管法配制标准气体。另外，将不相互反应的几种气体的渗透管放在一起，可以制得多组分的混合标准气体。

（2）灌管操作

在常温下是液体的物质，在渗透管内直接装入纯的液体即成。对于气体物质需要先制备纯气体，或者购买压缩钢瓶装的纯气体或液体，然后在冷冻的条件下灌注管内。表 2-4-4 列出了几种常见污染物纯气体的制备方法。关于气体制备和提纯的详细步骤可参见有关的化学制备手册。

灌管操作见图 2-4-17。纯气体经减压阀控制合适流量，经过不锈钢注射针头，进入安瓿瓶中，再由注射器抽气排出。先用纯气体冲洗管路和安瓿瓶多次，然后将安瓿瓶放在冷阱（干冰-乙醇或丙酮）中冷却，使气体液化在安瓿瓶中，当灌注至适量（约安瓿瓶 1/2～2/3）时，关闭气路，取下安瓿瓶，在冷却的情况下，迅速套上渗透帽，用不锈钢丝扎紧，编号后，放在盛有吸收剂和硅胶的保干器中避光保存。所有操作需在通风柜中进行。新制备的渗透管先放在（35～40℃）（即高于校准和使用温度 5℃左右）放置 2～3d，进行预处理，然后在校准温度下恒温 1～2d，使渗透率稳定后，再进行渗透率的测定。已经预处理过的渗透管，以后进行测定时，无需再进行升温处理了。

表 2-4-4 常见污染物纯气体制备方法

化合物	沸点(℃)	熔点(℃)	蒸气压力/温度(kPa/℃)	制备方法	提纯方法
SO_2	−10	−76.1	506/32.1	钢瓶 SO_2，或用浓盐酸滴加于亚硫酸钠溶液中发生 SO_2	通过浓硫酸酸洗
NO_2	22.4	−11.2	101.325/21.0	硝酸铅在氧气流中加热 360～370℃分解产生 NO_2	通过 PbO_2 和 P_2O_5 管过滤和干燥，冷阱收集，成纯白色固体
H_2S	−59	−83	2026/25.5	20%～30%磷酸滴加于硫化钠饱和溶液中发生 H_2S	通过 $CaCl_2$ 和 P_2O_5 干燥，冷阱收集
NH_3	−33.4	−77.7	101.325/25.7	钢瓶氨或浓氨水挥发	通过活性炭过滤，并用碱石灰和金属钠脱水，冷阱收集
Cl_2	−34	−10.1	101.325/35.6	钢瓶氯气或用浓盐酸滴加于含水的二氧化锰沉淀中发生 Cl_2	通过浓硫酸和 CaO、P_2O_5 管去 HCl 和水

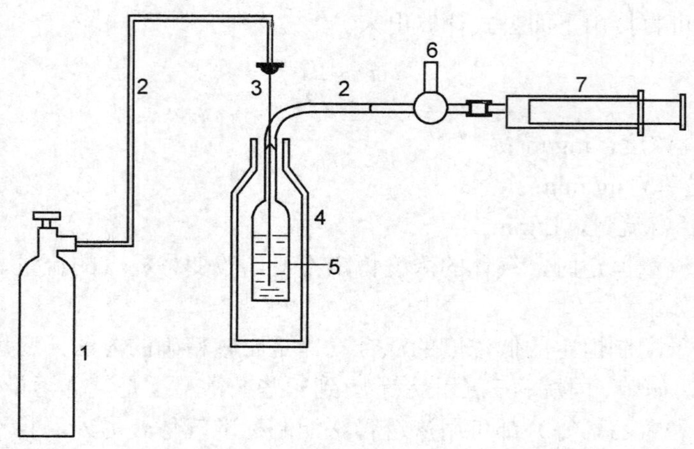

图 2-4-17 灌渗透管操作

1—钢瓶纯气；2—导管； 3—注射针头； 4—冷阱； 5—小安瓿瓶；
6—三通活塞； 7—注射器

（3）渗透率的测定

用渗透管配制标准气体主要是建立在测定渗透率的基础上。对于一个特定的渗透管，在恒温下，其渗透率是不变的。所以测定渗透率都是要在一个恒定温度下进行。测定渗透率的常用方法有称重法、化学分析法和电量法等。

称重法：将渗透管放在一个干燥瓶中，瓶中装有去湿的干燥剂和吸收渗透出来气体的吸收剂。可用硅胶、氯化钙或过氯酸镁等固体颗粒作干燥剂。吸收剂是根据气体的化学性质来选择，如酸性气体可选用颗粒状氢氧化钠等碱性固体试剂，碱性气体可选用硼酸等酸性固体试剂。渗透管与干燥剂和吸收剂不要直接接触，中间隔有一多孔隔板。所用干燥剂和吸收剂不能产生任何挥发性的物质，并要经常更换。有些渗透管还需要在惰性气体中保存。如硫化氢渗透管，由于 H_2S 在空气中易氧化生成单质硫，沉积在渗透膜中，影响到渗透膜结构和性能，所以硫化氢管子需要放在纯氮或纯氩气中保存和使用。

重量法测定渗透率的装置如图 2-4-18。干燥瓶中插有一根精密温度计，放在恒温水浴中，温度控制在 25℃±0.1℃或 30℃±0.1℃；经过一定时间间隔，周期地用精密天平（感量 1/10 万）快速称量渗透管的质量。两次称量结果之差为渗透量。渗透率用下式计算：

$$q = \frac{W_1 - W_2}{t_1 - t_2} \times 10^3$$

式中：q——渗透率，μg/min；

W_1——时间 t_1 时的渗透管的质量，mg；

W_2——时间 t_2 时的渗透管的质量，mg。

记录一系列时间周期的称量值，用上式计算渗透率，求其平均值，作为这个渗透管在这个特定温度下的渗透率。表 2-4-5 为 SO_2 管用重量法测定渗透率的结果。若以所称得重量为纵坐标，时间为横坐标，将记录的称量数据点在坐标纸上，绘制成曲线，称此曲线为渗透管的特性曲线，图 2-4-19 为 NO_2 渗透管特性曲线。若渗透率已达到平衡状态，应为直线，直线斜率为渗透率。

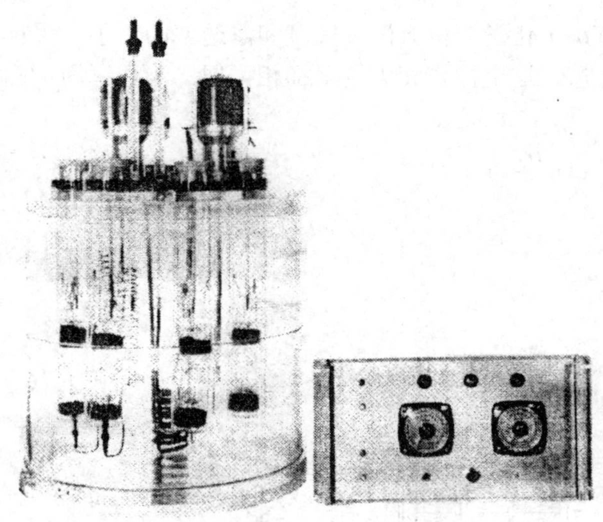

图 2-4-18 称重法测定渗透率的装置

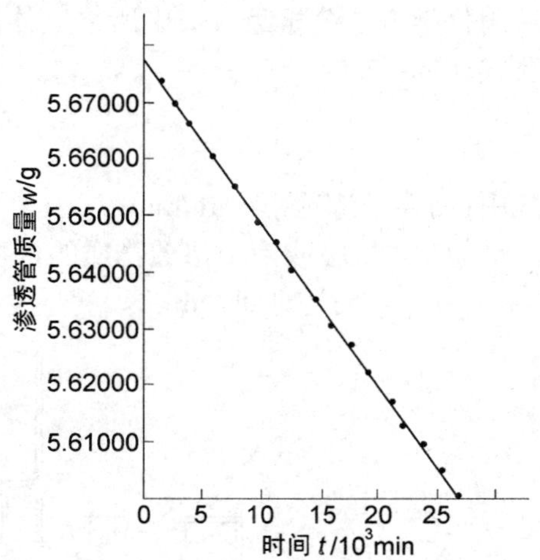

图 2-4-19 NO_2渗透管特性曲线

表 2-4-5 重量法测定 SO_2管的渗透率

称量次数	称量日期		时间间隔 (min)	渗透管质量 (*W*/g)	渗透量 (m/mg)	渗透率 (μg/min)
	日/月	时：分				
0	20/5	14:10	—	6.49606	—	—
1	23/5	14:09	4321	6.49384	2.22	0.514
2	26/5	14:09	4320	6.49156	2.28	0.528
3	29/5	8:20	3971	6.48950	2.06	0.519
4	31/5	13:42	3202	6.48778	1.72	0.536
5	3/6	14:10	4348	6.48549	2.29	0.527
6	6/6	14:06	4316	6.48327	2.22	0.513
7	9/6	14:12	4326	6.48095	2.32	0.537
8	12/6	14:30	4338	6.47867	2.28	0.527
平均值	—	—	—	—	—	0.525±0.009
CV	—	—	—	—	—	1.7%

称量周期主要取决于天平的最小感量和渗透率大小。若用感量为 1/10 万的精密天平称量，渗透率为 0.5μg/min 的管子，则一个称重周期至少 24h，才能获得足够的精确度。称量时，动作要快速，以尽量减少因将渗透管从恒温中取出而影响渗透量。一般在 3min 之内完成称量，所引起的误差可忽略不计。称量时要用镊子拿取渗透管，不可用手或带上手套直接接触渗透管，以免沾污渗透管，引起误差。重量法主要误差来源，除控制恒温精度外，天平的精度是很重要的，砝码要进行校正。重量法测定渗透率的相对误差一般为 1%～2%。

化学法：校准装置与配气装置（图 2-4-20）相同，只用图中一个气路 A。渗透管放在气体发生瓶中恒温。净化干燥的空气，以 300～500ml/min 流速经预热，吹进气体发生瓶中，将渗透出来的气体带出。在渗透管达到稳定以后（至少 24h），在气体发生瓶出气口处，接上一个气体吸收管，管内装有吸收液，气体通过吸收管时，将渗透出来的气体采集在吸收液中。用秒表记录采气时间。采气时间取决于化学分析方法灵敏度和渗透率的大小。采样后用化学方法分析吸收液中所采气体的含量。这个操作和大气采样相类似。渗透率用下面公式计算：

$$q=\frac{W}{t}$$

式中：q——渗透率，μg/min；

W——吸收液中渗透物质的含量，μg；

t——采气时间，min。

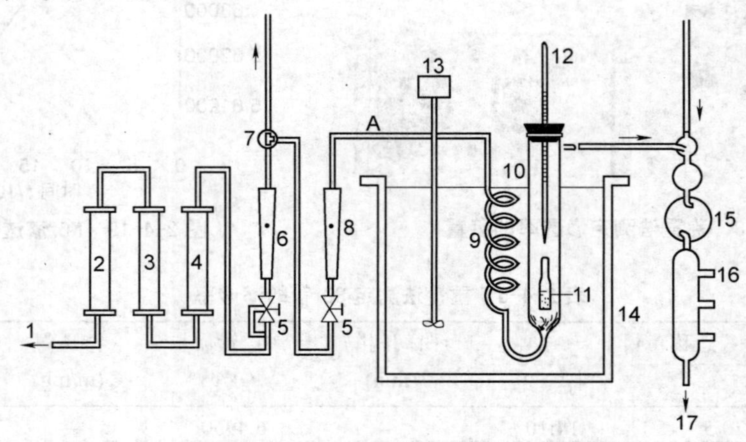

图 2-4-20 渗透管法配气装置

1—稀释气入口；2—硅胶过滤管；3—活性炭过滤管；4—分子筛过滤管；5—流量调节阀；6—流量计；7—分流阀；8—流量计；9—气体预热管；10—气体发生瓶；11—渗透管；12—精密温度计；13—搅拌器；14—恒温水浴；15—气体混合室；16—标准气体出口；17—放空口

用化学法测定渗透率，采样和分析要进行多次，取其平均值。表 2-4-6 为 SO_2 渗透管用盐酸副玫瑰苯胺方法测定渗透率的结果。这支管子称重法测定值为 0.503μg/min，从表 2-4-6 看出化学法测定结果与称重法接近，只是略低于称重法数据，这可能与气体采样效率有关。

表 2-4-6 用盐酸副玫瑰苯胺法测定 SO_2 管的渗透率

样品号	通气流量(ml/min)	采气时间(min)	吸收液中 SO_2 含量(μg)	渗透率(μg/min)
1	300	4	1.93	0.182
2	300	4	2.10	0.525
3	300	4	2.02	0.505
4	300	4	2.03	0.507
5	300	4	1.95	0.437
6	300	4	1.93	0.432
7	300	4	2.10	0.525
8	300	4	2.12	0.530
9	300	4	2.05	0.510
10	300	4	2.00	0.500
平均值	—	—	—	0.495

化学法测定渗透率较重量法方便得多，而且也快得多。用重量法测定，一般需要十多天，甚至一个月连续恒温。而化学法测定只要达到渗透率稳定后，一般1～2d就可完成。但是化学法测定渗透率的准确度受采样效率和分析方法准确度的影响很大。相对误差一般在5%左右。要求所选用的采样方法和化学分析方法都要经过验证，证明是可靠的方法，否则测定误差很大。所以化学法测定值一般只是作为重量法结果的一个参考。

电量法：对于某些氧化性气体（如 NO_2）或还原性气体（如 SO_2、H_2S 等）的渗透管也可利用电量法进行测定。在电流效率100%的条件下，根据法拉第电解定律可以计算渗透率。另外一些酸性气体或碱性气体也可用容量滴定法测定。所有这些测定结果都可作为重量法结果的参考。渗透率校准以后，稳定期一般比较长，如 SO_2 管渗透率1至2年都没有变化。但是，有些渗透管稳定期限比较短，如 NO_2 管，随着时间延长，其渗透率会增大。这可能是 NO_2 与空气中水分在渗透膜壁内形成硝酸气泡造成的。又如氯乙烯管，由于空气中 O_2 渗透入管内，使氯乙烯缓慢聚合，引起渗透率下降。像这样的管子，需要对其渗透率作定期校准。很严格的保存和使用条件，如充氮、干燥以及放在低温阴暗处等，都有利于延长渗透率稳定期限。

（4）配气装置和操作

配气装置见图2-4-20。将已知渗透率的渗透管放在气体发生瓶中，在恒温水浴中控制在测定渗透率时的温度（精确到±0.1℃）。稀释气（空气）经三个过滤器，净化除去水分和杂质后，用稳流阀和针形阀调节一定流量，再分成两路。其中A一路，流量较小（500ml/min以下），气流经蛇形预热管，进入气体发生瓶中，将渗透出来的气体带走。因为流量小，不会影响渗透管的恒温。另一气路B，是稀释气路，流量可根据配气浓度的需要进行调节。两路气流在气体混合室混合均匀后，即为所需浓度的标准气体。气体浓度用下面公式计算。

$$C = \frac{q}{Q_1 + Q_2}$$

式中：C——配气浓度，mg/m^3；

q——渗透率，μg/min；

Q_1——A气路中气体的流量，L/min；

Q_2——B气路中气体的流量，L/min。

有些渗透管，如 H_2S，要求在惰性气体中使用，A路气体可用纯氮或纯氩。改变流量 Q_2，可以很方便地获得所需浓度的标准气体。对于稀释气体，要求纯度较高，必须经过严格的净化和干燥处理，否则影响配气浓度。另外配气用的管路材料也要选择，特别是对于那些活泼性气体，SO_2、NO_2、H_2S 等，只能用聚四氟乙烯管或玻璃管，管与管之间采用头对头的连接。除上述影响渗透管法配气准确度的因素外，流量控制和流量计的准确度也有很大影响，流量计的读数要进行校正，否则配气浓度误差很大。

（5）渗透管法在大气污染物监测中几个应用实例

①标定连续自动分析仪器的读数：有些仪器如化学发光法测定氮氧化物的仪器具有灵敏度高、特异性好、反应速度快、线性范围宽等优点，现在已被选为测定氮氧化物的标准方法。但是其读数需要用标准气来标定。所以这种商品常备有标准气校准装置，装置中有放 NO_2 渗透管的精密恒温槽和配气气路，仪器每24h自动调零和校准一次。有些分析仪器长期工作以后，精度会发生变化，也需要定期用标准气来进行校正，使测定值建立在可靠

的基础上。

②制备模拟现场采样的标准曲线：这种标准曲线是用标准气体来制备的。以 SO_2 测定为例，用 SO_2 渗透管配制 0.1～0.5mg/m^3 的一系列浓度的标准气体（一般为 4～6 个），每个浓度标准气体，用与现场采样相同的吸收管和抽气流量采样，所采标准气体的体积与大气采样所要求的体积完全一样。采样后，吸收液按盐酸副玫瑰苯胺比色法测定二氧化硫的操作步骤，测定各管的吸光度，以标准气体的浓度（mg/m^3）对吸光度，绘制标准曲线。大气样品结果按下式计算：

$$SO_2(\mathrm{mg/m^3}) = (A - A_0) \cdot B$$

式中：A——样品的吸光度；

A_0——空白的吸光度；

B——校正系数，即标准曲线的斜率倒数，mg/m^3。

用标准气制备的标准曲线，完全模拟了现场采样。这个标准曲线比用标准溶液得到的标准曲线更能代表实际操作，包括对采样效率等因素的修正，所得结果更为可靠。

③作为气相色谱定量标准：用气相色谱法分析大气中污染物，常因标准气样配制不准，使定量发生很大的困难。例如气相色谱法测定大气中氯乙烯，用注射器稀释配气，由于多次稀释引起的误差，使配气浓度重现性很差，同一天做的标准曲线的斜率就有变化。用配气瓶配气，对于配制低浓度标准气，由于器壁吸附等原因，浓度也不稳定，用已知渗透率的氯乙烯管，可以连续不断地获得稳定的标准气体，通过六通阀和气体定量管，进入色谱柱，测量峰高，作为样品分析的定量标准。在实际操作时，进入样品气后，相继就进入标准气，根据样气中氯乙烯峰高和标准气峰高，以及标气浓度，就可计算出大气中氯乙烯浓度。

此外，在大气分析方法和仪器的研究工作中，测定一个采样方法的浓缩效率，确定一个反应的转换系数，寻找选择性合适的过滤器，以及测定仪器的各种参数等，用渗透管配制标准气体也是方便的。

3. 气体扩散法

气体扩散法基本原理是气体分子从液相中扩散至气相中，然后被稀释气流带走。根据扩散速度和稀释气流量即可计算出所配标准气体的浓度。控制扩散速度和调节稀释气的流量，就可以得到各种不同浓度的稳定的标准气体。气体扩散法配气方式很多，根据液相的组成可分为两类：一类是液相为纯溶剂的，如毛细管扩散法，气体分子直接从液面上扩散出来；另一类是液相为溶液的，气体分子是从溶液化学反应产生，然后再从溶液内部扩散至表面，继续扩散至气相中。后一种扩散实际上包括了液相扩散和气相扩散两个过程。

（1）毛细管扩散法

扩散装置见图 2-4-21。毛细管内装纯溶剂，并保持恒温。稀释气以一定流速通过混合管，将从毛细管中扩散出来的蒸气带出。稀释气中蒸气浓度可用化学法或物理法测定，也可从精确测量经过一定扩散时间后毛细管液面的降低或称量液体的失重，来计算每秒钟被稀释气体带走的物质量，从而得到稀释气中被测物质的浓度。由于液面高度变化很小，对其扩散速度的影响可忽略不计，因此可以认为这一段扩散时间内扩散速度不变。图 2-4-22 是一种获得恒定的低浓度的扩散瓶。两个圆底瓶用一个毛细管相联通，下瓶装入纯溶剂，置于恒温水浴中，温度控制精度为±0.1℃，饱和蒸气从下瓶沿毛细管向上瓶扩散，再与通入上瓶中的稀释气流混合而被带走。已知蒸气的扩散速度和稀释气流量，就可计算气体浓度。

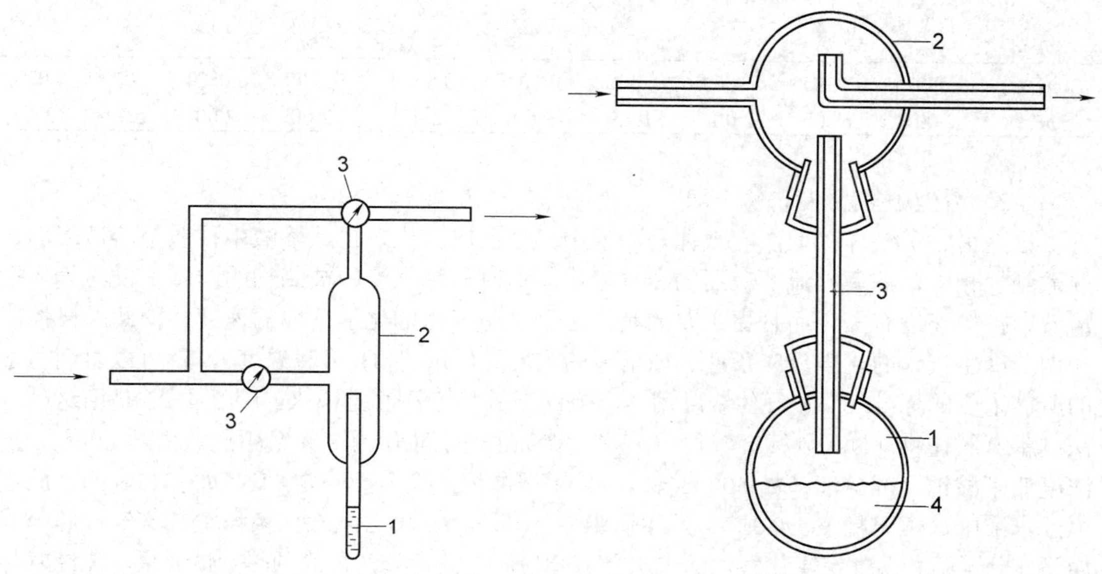

图 2-4-21　毛细管扩散法配气示意图

1—毛细管(内装液体)；2—混合室；3—三通活塞

图 2-4-22　蒸气扩散瓶

1—扩散瓶；2—混合瓶；3—毛细管；4—液体

蒸气扩散速度与物质的扩散系数，管的直径和长度以及温度有关。已知液体的蒸气压和温度的曲线和扩散系数，可以用下式计算扩散速度。

$$q=\frac{D\cdot M\cdot P\cdot A}{R\cdot T\cdot l}\times \ln\frac{P}{P-P'}$$

式中：q——扩散速度，g/s；

l——扩散管长度，cm；

M——液体成分的摩尔分子量；

A——扩散管截面积，cm^2；

T——绝对温度，K；

R——气体常数，8.3145J/（mol・K）；

P——上瓶内气体总压力，Pa；

P'——下瓶内液体的蒸气压力，Pa；

D——温度为 T（K）时的气体扩散系数，cm^2/s。

由理化手册上查得标准状况下物质扩散系数 D_0，用下式计算在一定绝对温度和大气压力下的扩散系数。

$$D_{T\cdot P}=D_0(T/273)^m\times 101.325/P$$

表 2-4-7 中列有几种有机蒸气的 D_0 和系数 m 值。将 $D_{T,P}$ 计算值代入上式即可计算在一个特定的扩散管中蒸气扩散速度。

表 2-4-7 各种有机蒸气向空气中扩散的系数

	二硫化碳	甲醇	乙酸	甲酸甲酯	乙醇	乙酸乙酯	乙醚	丁胺	苯	甲苯
$D_0(cm^2/s)$	0.0892	0.1325	0.1064	0.0872	0.102	0.0715	0.0778	0.0821	0.077	0.0709
m	2.00	2.00	2.00	1.75	2.00	2.00	2.00	2.00	2.00	2.00

（2）溶液中扩散法

这是另一种气体扩散法。气体是溶液中化学反应产生，再从溶液中扩散至溶液表面，逸散到气相中，然后被流过液面的空气带出。这时稀释气流中被测物的浓度不仅与气体在溶液中扩散速度有关，而且更主要的是决定于产生气体的化学反应的速度。因此严格控制和调节产生气体的化学反应条件（如溶液的浓度、组成、pH 值和温度），就可以得到稳定的所需浓度的标准气体。气体浓度用化学方法或其他方法测定出来。图 2-4-23 是用这种方法制备氮氧化物（NO_x）标准气体的装置。100ml 玻璃瓶作为气体发生瓶，内装 60ml 一定浓度亚硝酸钠标准溶液（如 500μg/ml），并用缓冲溶液调节至一定 pH（如 pH5～9），放在恒温水浴中，恒温精度±0.3℃。发生瓶中气体导管离液面 30mm。稀释空气流经过硅胶干燥管、分子筛和活性炭净化管，除去水分和杂质。经流量计，再经预热管恒温后，流经气体发生瓶中的液面，将那里产生的 NO_x 气体带出来。NO_x 浓度用化学发光法或其他方法测定。

亚硝酸钠溶液产生 NO_x 的化学反应如下：

$$NaNO_2 \rightleftharpoons Na^+ + NO_2^-$$

$$NO_2^- + H^+ \rightleftharpoons HNO_2$$

$$3HNO_2 \rightleftharpoons HNO_3 + 2NO\uparrow + H_2O$$

$$2HNO_3 + NO \rightleftharpoons H_2O + 3NO_2\uparrow$$

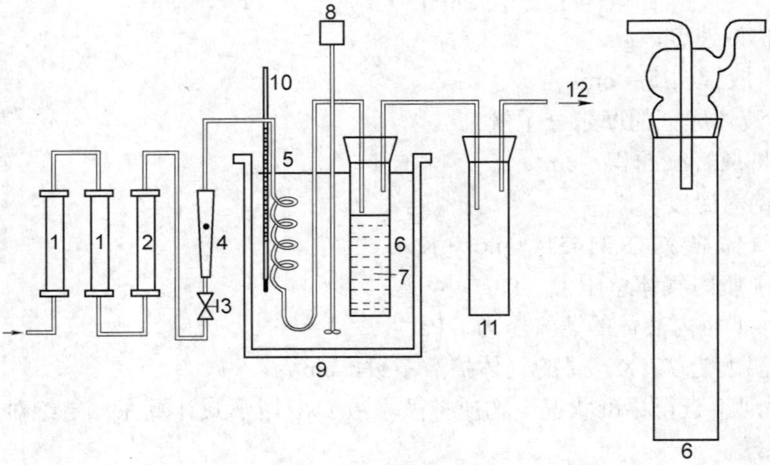

图 2-4-23 用亚硝酸溶液发生 NO_x 标准气体的装置

1—硅胶和分子筛干燥管；2—活性炭过滤管；3、4—流量计；5—预热管；6—NO_x 发生瓶；7—亚硝酸钠溶液；8—搅拌器；9—恒温水浴；10—温度计；11—冷阱；12—NO_x 标准气体

当亚硝酸钠溶液的 pH 降低，即 H^+ 浓度增加时，就生成亚硝酸，亚硝酸在水溶液中不

稳定，分解生成 NO 和硝酸，NO 和硝酸进一步反应生成 NO_2。因此调节溶液至一定 pH 值时，就同时有 NO 和 NO_2 气体产生。影响产生 NO_x 气体的主要因素有溶液的 pH 值、亚硝酸钠浓度、溶液温度以及稀释气体的流量。所以，只要严格控制这些因素，就可得到稳定浓度的 NO_x 标准气体。如，当亚硝酸钠溶液浓度为 500μg/ml，pH=5.0、温度 25℃，以 0.9L/min 空气流量通气 60min，就可产生 0.72mg/m³ NO_x，在数小时内浓度波动在 2%以下。这个方法设备比较简单，只要改变溶液浓度、pH 值或温度就可得到所需浓度的标准气体。缺点是由于长时间通入干燥气体带走溶液中水分，造成溶液浓度增加和气体中含有水分。在较低的温度下操作，湿度小，其影响可以大大地减小。应用这种方法还可制备 SO_2、H_2S、HCN 等多种标准气体。

4. 饱和蒸气法

饱和蒸气法是利用在恒定温度下液体饱和蒸气作原料气的一种配气方法。从有关的理化手册上查得一定温度下液体的饱和蒸气压力，饱和蒸气浓度可用下式计算出来：

$$d_t = \frac{P_t \cdot M}{RT} \times 10^6$$

式中：d_t——饱和蒸气浓度，μg/ml；

P_t——在温度 t℃时的饱和蒸气压力，Pa；

M——化合物摩尔质量，g/mol；

R——气体常数 8314510，ml・Pa/（mol・K）；

T——绝对温度，K（T=273+t，t 为恒温温度，℃）。

有时可以取一定体积的饱和蒸气，用化学法或其他方法测定饱和蒸气浓度。饱和蒸气法配气装置见图 2-4-24。

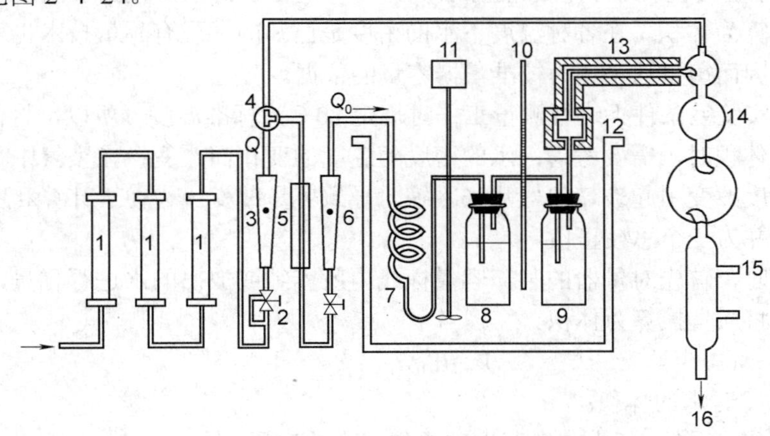

图 2-4-24 饱和蒸气法配气装置

1—净化管；2—稳流器；3—流量计；4—分流阀；5—阻力毛细管；6—小流量计；7—气体预热管；8、9—饱和蒸气发生瓶；10—温度计（±0.1℃）；11—搅拌器；12—雾滴过滤器；13—加热器；14—气体混合室；15—标准气体取样口；16—放空

稀释空气经过净化后，用稳流阀控制流量 Q（L/min），由分流阀分成两路：一路气流经过阻力毛细管控制成很小流量 Q_0（ml/min），进入恒温水浴中的气体预热管和两个饱和蒸气发生瓶，将瓶中饱和蒸气吹出，进入雾滴过滤器后，在气体混合室中与另一路气体混

合。配气浓度由下面公式计算出，也可用化学方法或其他方法实际测定。

$$C=\frac{d_t \cdot Q_0}{Q}$$

式中：C——配气浓度，mg/m^3；

d_t——在温度 t 时的饱和蒸气浓度，μg/ml；

Q_0——流经饱和蒸气发生瓶中稀释气的流量，ml/min；

Q——稀释气的总流量，L/min。

Q_0必须控制足够小，以使其流经每个饱和蒸气发生瓶时，有足够的时间被蒸气所饱和。液体蒸发面越大，对快速建立气-液相平衡越有利。利用两个饱和瓶（最好第一个饱和瓶温度比第二个饱和瓶温度稍微高一点）是为了保证在第二个瓶中出来的气体浓度，近似于该液体在恒定温度下的饱和蒸气浓度。为了防止饱和蒸气进入混合室之前发生冷凝，应将从饱和蒸气发生瓶至混合室的这段气路用加热器保温，使其温度略大于（或至少等于）液体恒温温度。饱和蒸气压法对于一些易挥发的液体，只要造成稳定饱和蒸气流，就可以很方便的获得低温度的混合气体。

三、玻璃器皿的校准

1. 玻璃量器校准

实验室内对玻璃量器进行容量检定时通常使用称量法。

量器容量的基本单位是升，即在真空中质量为 1000g 的纯水在其密度为最大值时的温度（3.98℃）下所占的体积。校准的方法是称量一定体积的水，根据该温度下水的密度，将水的质量换算为体积。在各种温度下水的密度是已知的，现有称量技术也可满足所需准确度的要求，因而衡量法可作为校准量器容量的依据。

通常，在实验室条件下进行测量工作时规定 20℃为标准温度。所以，将任意温度下水的质量换算成体积时，需要考虑：水的密度随温度的变化而改变；在空气中称时空气浮力的校正值；温度改变引起玻璃仪器热胀冷缩，导致容量改变。为便于计算和应用，可将此三项校正值合并为一个总校正值。

校准容量时，首先对量器的某一容量标线内所容纳或放出的水进行称量，再查出该温度下水的密度将质量换算为体积。

$$V_1=W_1/d_1 \tag{1}$$

式中：V_1——t℃时水的体积；

W_1——在 t℃的空气中，以黄铜砝码称得水的质量；

d_1——在 t℃的空气中水的密度。

量器的标称容量通常是指在 20℃时的容量，温度变化引起的容量变化是对 20℃时量器容量相比较而言的。此变化可用下式计算：

$$V_1=V_{20}+V_{20}(t-20)\times 0.000026 \tag{2}$$

式中：0.000026——钠钙玻璃的温度膨胀系数（1/℃）。

将式（2）代入（1）得：

$$V_{20}+V_{20}(t-20)\times 0.000026=W_1/d_1$$

$$V_{20}=W_1/d_1（1+（t-20）\times 0.000026）$$

$$令\ r=d_1（1+（t-20）\times 0.000026）$$

$$V_{20}=W_1/r \qquad (3)$$

式（3）中的 r 为 20℃时将充满容量为 1L 的玻璃量器的水在空气中于不同温度下用黄铜砝码称得的质量。表 2-4-8 为水在 10～40℃间的 r 值。因此，在任何温度下校准量器的容量时，均可按式（3）进行换算。

例：在 21℃校准容量为 1L 的量瓶，称得水的质量为 998.06g，从表 2-4-8 查得 21℃时的 r 值为 996.99g，则该量瓶在 20℃时的真实容量为：

$$V_{20}=W_1/r=（998.06/996.99）\times 1000=1001.07\text{ml}$$

校正值为 1001.07-1000=+1.07ml。

表 2-4-8　水在 10～40℃间的 r 值

t(℃)	r(g)	t(℃)	r(g)	t(℃)	r(g)	t(℃)	r(g)
10	998.41	18	997.51	26	995.91	34	993.71
11	998.34	19	997.35	27	995.66	35	993.67
12	998.26	20	997.17	28	995.41	36	993.40
13	998.17	21	996.99	29	995.15	37	992.74
14	998.06	22	996.79	30	994.88	38	992.41
15	997.94	23	996.59	31	994.60	39	992.06
16	997.81	24	996.37	32	994.31	40	991.71
17	997.67	25	996.14	33	994.01		

上述方法考虑了影响玻璃量器容量改变的三个因素，校准结果精密而准确，适用于准确度要求较高的分析工作。一般情况下，对玻璃量器的膨胀因素常常可忽略不计，这就可以直接根据式（1）进行玻璃量器校准。表 2-4-9 为温度在 15～30℃时水的密度。

表 2-4-9　15～30℃时水的密度

温度(℃)	1L 水在真空中的质量(g)	玻璃量器中 1L 水在空气中用黄铜砝码测得的质量(g)	温度(℃)	1L 水在真空中的质量(g)	玻璃量器中 1L 水在空气中用黄铜法码测得的质量(g)
15	999.13	997.93	23	997.67	996.60
16	998.97	997.80	24	997.32	996.38
17	998.80	997.66	25	997.07	996.17
18	998.62	997.51	26	996.81	995.93
19	998.43	997.35	27	996.54	995.67
20	998.23	997.18	28	996.26	995.44
21	998.02	997.00	29	995.97	995.18
22	997.80	996.80	30	995.67	994.91

例：在 18℃时由滴定管中放出 10.00ml 水，质量为 9.97g。由表 2-4-9 查得 18℃时水的质量为 0.99751g/ml，则其体积为：

$$V_1=W_t/d_t=9.97/0.99751=0.99\text{ml}$$

即滴定管的 0～10ml 刻度这一段容量的校正值为 9.99-10.00=-0.01ml。即在 18℃时使用 0～10ml 这一段滴定管量得的体积标称值比真值少 0.01ml。

2. 滴定管的校准

（1）活塞密合性检查

在活塞不涂凡士林的清洁滴定管中加蒸馏水至零标线处，放置 15min，液面下降不超过 1 个最小分度者为合格。

（2）液面观察

判读滴定数据时，观察者的视线应和相应分度线在同一水平面上，使液体最下层弯月面的最低点与分度线的上缘水平相切。观察环形线滴定管的液面时，应使同一分度的前后线重合，此时观察者的视线即与分度线位于同一水平上，按液体弯月面的最低点读取数据。

为使弯月面最低点的轮廓能清晰地呈现出来，可在量器的背面衬以黑白纸板，使黑色在下，白色在上。当纸板的黑色上缘（即白色下缘）低于弯月面最低点约 1mm 时，即可清晰地反衬出弯月面轮廓。读取乳白背蓝线量器数据时，则应取蓝线尖端所在位置的数据。

将滴定管洗净，活塞两端涂好凡士林（以能达到润滑的目的为准，**万勿沾污塞孔!!**），加蒸馏水到零标线处，记录水温。以滴定的速度放出 0～10ml 水（相差不要超过±0.1ml）于已称量的 50ml 具磨口玻璃塞的锥形瓶中，再准确称量至 0.01g。两次称量之差即为放出水的质量。

同法，依次称出 0～20、0～30…ml 等分度线间水的质量。按实验水温查表 2-4-8 中相应的 r 值，用式（3）计算出滴定管各分度线间的真实容量及其校正值；也可将实验温度下水的密度（表 2-4-9）按式（1）计算出各分度线间的真实容量及其校正值。

表 2-4-10 为 21℃时校准一支 50ml 滴定管的实例数据（按式（1）计算）。根据各点的校正值在坐标纸上画出校准曲线，连接更多的校准点，就能得到一条平滑的曲线。使用滴定管时，可从曲线查得所有滴定体积数的校正值。

表 2-4-10 滴定管校正值实例[注]

滴定管读数 (ml)	标称容量 (ml)	瓶加水(g) (空瓶 29.20g)	水质量 (g)	实际容量 (ml)	校正值 (ml)
Ⅰ	Ⅱ	Ⅲ	Ⅳ=Ⅲ-空瓶	Ⅴ=Ⅳ $/d_{21}$	Ⅳ=Ⅴ-Ⅱ
10.13	10.10	39.28	10.08	10.11	+0.01
20.10	20.07	49.19	19.99	20.05	-0.02
30.17	30.14	59.27	30.07	30.16	+0.02
40.20	40.17	69.24	40.04	40.16	-0.01
49.99	49.96	79.07	49.87	50.02	+0.06

[注]：水温 21℃，1ml 水=0.99700g。

3. 移液管的校准

分度移液管的校准方法和滴定管的校准方法相同，无分度移液管只需校准容量即可。

4. 量瓶的校准

将清洁干燥的具塞空量瓶在天平上准确称量，要求的准确度应与量瓶的大小相称。例如，校准 250ml 量瓶应称至 0.01g，而校准 1000ml 量瓶则称至 0.05g（使用荷载容量为 2000g 的天平）。向已称量的空量瓶注入蒸馏水到标线，记录水温。用滤纸吸干瓶颈内壁和瓶外的水滴，盖上瓶塞称量。两次称量之差为量瓶容纳水的质量。按式（1）计算出量瓶的真实容量，求出校正值。也可用已校准的移液管加入校正值体积的水，重新刻划一标线记号。

四、流量计及其校准

（一）流量计的种类

流量计种类很多，用于空气采样的流量计常见的有皂膜流量计、孔口流量计、转子流量计、湿式流量计以及临界孔稳流器和质量流量计。

1. 皂膜流量计

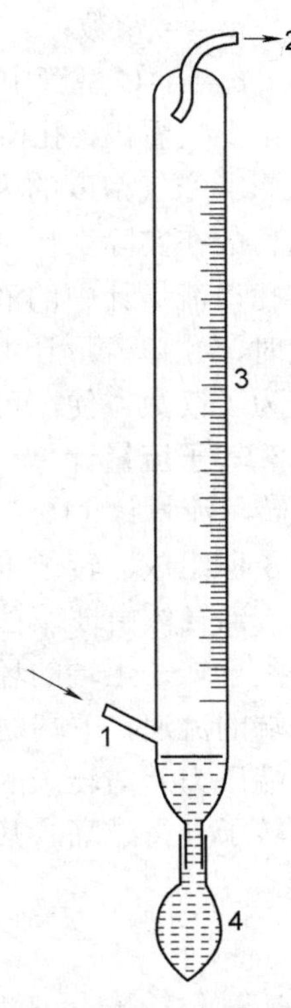

图 2-4-25　皂膜流量计

1—进气口；2—出气口；3—带刻度的玻璃管；4—橡皮球囊

皂膜流量计（图 2-4-25）是由一根标有体积刻度的玻璃管和橡皮球组成，玻璃管下端处有一支管，橡皮球内装满肥皂水，当用手挤压橡皮球时，使肥皂水液面上升，由支管进来的气体吹起皂膜，并在玻璃管内缓慢上升。用秒表准确记录通过一定体积时所需时间。由于皂膜本身重量轻，当其在沿管壁移动时摩擦力极小（20～30Pa 的阻力），并有很好的气密性，再加上体积和时间可以准确测量，所以皂膜流量计是一种测量气体流量较为准确的量具。用它来作流量计的校准，是一个最简单和可靠的方法，在很宽的流量范围内，误差皆小于 1%。

皂膜流量计测定范围可以每分钟几毫升到几十升，测定小流量时，管径可细一些，内径 1cm，长 25cm；测定大流量时，管径可以粗一些，内径 10cm，长 100～150cm。

皂膜流量计主要误差来源是时间的测量，因此要求皂膜有足够长的时间通过刻度区。皂膜上升速度不宜超过 4cm/s，气流必须稳定。用称量水重的方法测量体积，可以得到很精确的结果。如果作精密测量，还应考虑水蒸气压的修正。用光电测量技术，可使测量皂膜通过刻度线的时间更加准确。

2. 孔口流量计

孔口流量计（图 2-4-26）有隔板式及毛细管式两种。当气体通过隔板或毛细管小孔时，因阻力而产生压力差。气体的流量越大，阻力越大，产生的压力差也越大；由孔口流量计下部的 U 型管两侧的液柱差，可直接读出气体的流量。

孔口流量计流量的计算公式如下：

$$Q = K\sqrt{\frac{h \cdot \rho_e}{\rho_g}}$$

式中：Q——流量；

h——流量计的液柱差；

ρ_g——空气的密度；

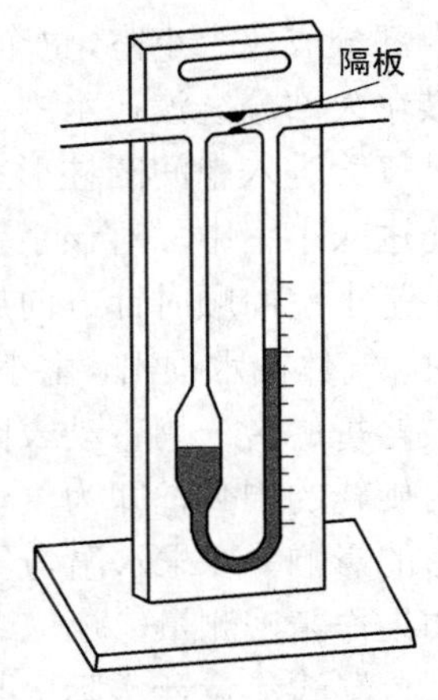

图 2-4-26　孔口流量计

K——常数；

ρ_e——U 型管中液体的密度。

由上式看出，孔口流量计的流量和液柱差的平方根成正比，和空气密度平方根成反比，所以影响空气密度的因素，都要影响空气的流量。空气的密度与压力成正比与绝对温度成反比。故在实际工作中，应考虑压力和温度对流量计读数的影响。

孔口流量计中的液体，可用水、酒精、硫酸等。由于各种液体相对密度不同，在同一流量时，孔口流量计上所示液柱差也不一样，相对密度小的液柱差最大。通常所用液体是水，为了读数方便，可向液体中加入几滴红墨水。

3. 转子流量计

转子流量计（图 2-4-27）是由一个上粗下细的锥形玻璃管和一个转子所组成。转子可以用不锈钢、玻璃球，也可以用塑料、玛瑙制成。当气体由玻璃管的下端进入时，由于转子下端的环形孔隙截面积大于转子上端的环形孔隙截面积，所以转子下端气体的流速小于上端的流速，下端的压力大于上端的压力，使转子上升，直到上下两端压力差与转子的重量相等时，转子就停止不动。气体流量越大，转子升得越高。其流量计算公式如下：

$$Q = K\sqrt{\frac{\Delta P}{\rho_g}}$$

流量与转子上下两端压力差（ΔP）的平方根成正比，与空气密度（ρ_g）的平方根成反比。其影响因素与校正方法均与孔口流量计相同。

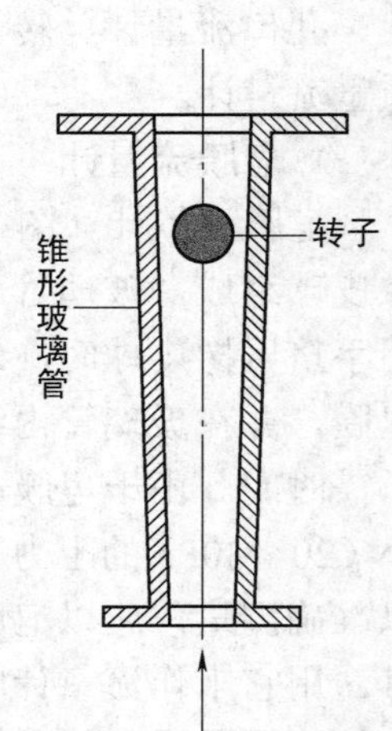

图 2-4-27 转子流量计

在使用转子流量计时，若空气中湿度太大，需在转子流量计进气口前连一干燥管。否则，转子吸收水分后增重，影响测量结果。

4. 湿式流量计

湿式流量计（图 2-4-28）是一个密封的圆筒，内装水，在圆筒内轴上装着一个鼓轮，其内部分成四个小室，每个小室有孔与内外相通。鼓轮大部分浸没在水中。测量时，气流由中部进气管进入中间圆柱形室，通过一个小室的内孔进入小室中，对该小室壁产生一定的压力，于是小室向顺时针方向旋转。当小室转入水面时，气体被水顶出，由小室外孔经出气管排出。鼓轮每旋转一周带动表面的指针转一周，排出相当于四个小室体积的气体。记下一定时间内旋转的周数，即为气体的流量。湿式流量计测量气体流量受流量计中水温及流量计内压力的影响。要求水温与气温不差 2℃，压力则根据流量计上方开管压力计的读数进行校正。如果作精密测量，还应考虑水蒸气压力的修正。

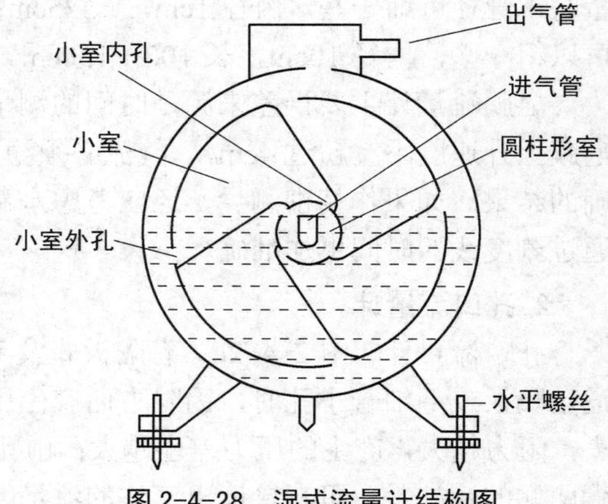

图 2-4-28 湿式流量计结构图

湿式流量计实际上是一种气体计量表，它可直接用来测量空气采样体积。当湿式流量计精确装配并正确地灌水时，测量误差不超过 5%。湿式流量计安装得不正确，水的蒸发与漏失以及表内水中有气泡和仪表漏气等，均使读数误差增大。因此，在使用湿式流量计前，首先观察水平仪是否在水平位置，检查是否漏气、漏水。检查漏气的方法是：先将出气管夹紧，让进来的气体造成一定的压力，然后再将进气管夹紧，观察湿式流量计上的开管压力计读数在 10min 内是否下降；如下降则表示漏气，找出漏气处，修好后再使用。

5. 临界孔稳流器

临界孔是一根很细的毛细管，当空气流通过毛细小孔时，如果两端维持足够的压力差（即下游压力 $P_d \leqslant 0.5$ 上游压力 P_u），则通过小孔的气流就能保持恒定。其流量取决于毛细孔的孔径大小，而与压力无关，此时气流保持临界状态。实质上它是一种流量控制装置。在气路中接上不同孔径的毛细管，可得到不同流量。这种流量控制装置的流量值需事前校准好。临界孔稳流器被广泛地用于大气采样和一些自动监测仪器上控制流量。临界孔也可用医用皮下注射针代替，其孔径与流量见表 2-4-11。由于流量完全取决于孔径大小，所以保护孔径不被污染或阻塞，是获得正确流量的关键。使用临界孔作流量计量时，前面要加一个过滤装置。这个过滤装置可用微孔滤膜或玻璃纤维滤纸等滤料装在合适的夹子上组成，以除去气流中的尘粒，保护这个精密临界孔，装置见图 2-4-29。如果是用液体吸收管采样时，最好在临界孔前面再加一个干燥管或预过滤器，以除去水雾滴或腐蚀性的蒸气。

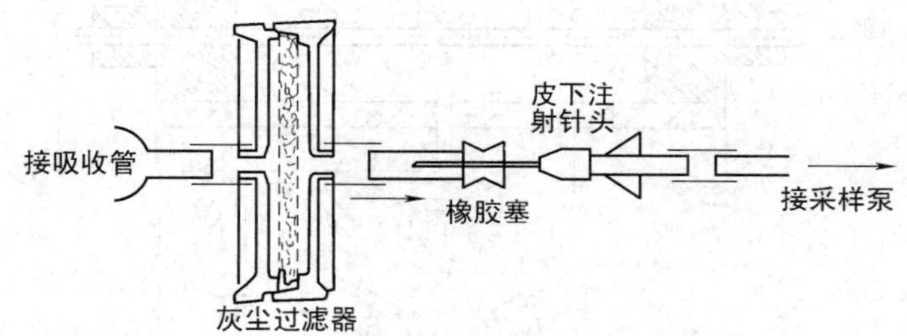

图 2-4-29　临界孔稳流器

表 2-4-11　选用注射针孔径和流量值参考表

注射针型号	孔径(mm)	温度(℃)	真空度(kPa)	流量(L/min)
4	0.20	30	66.5	0.20
5	0.25	30	66.5	0.30
6	0.28	30	66.5	0.37
6½	0.32	30	66.5	0.56
7	0.38	30	66.5	0.75
8	0.48	30	66.5	0.98

6. 质量流量计

质量流量计是测量单位时间通过气体的质量的仪器，用 mg/min 或 kg/h 表示。质量流量与体积流量可用下式互相换算：

$$M = Q \cdot \rho = A \cdot V \cdot \rho_g$$

式中：M——质量流量，mg/min；

Q——体积流量，ml/min；

ρ_g——气体密度，mg/ml；

V——通过截面 A 处气体的平均流速，cm/min。

图 2-4-30 为电热式质量流量计的结构示意图，是外热电源加热被测气体。因气体流动造成加热器两端的温度的变化（Δt），可用电桥平衡电路中检流计测量。质量流量（M）与 Δt 关系式如下：

$$M=\frac{W}{J\cdot C_{\mathrm{p}}\cdot \Delta t}$$

式中：M——气体的质量流量；

W——加热器的功率；

J——热功当量；

C_{p}——气体的定压热容；

Δt——加热器前后端的温差。

当加热器的功率恒定时，气体的质量流量与 Δt 成反比，热电式质量流量计就是根据这一原理设计的。

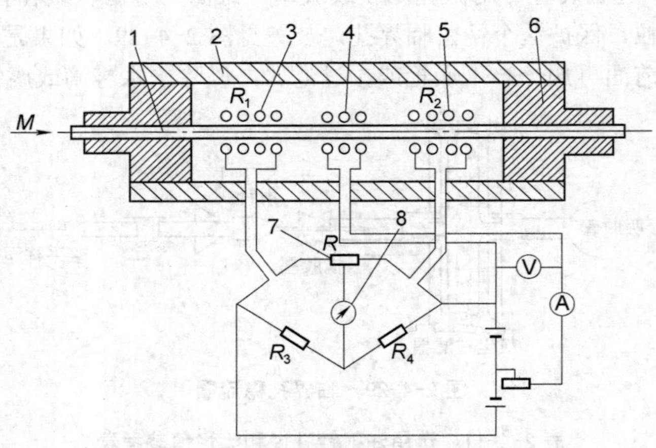

图 2-4-30 热电式质量流量计的结构

1—测量导管；2—等温外壳；3、5—测温线圈；4—加热线圈；6—铜接管；7—调零电阻；8—检流计

以上各种气体流量计，可用体积刻度校准过的皂膜流量计校准，也可用校准过的湿式流量计校准。校准时，将被校流量计连接在采样系统中，按实际现场采样方式和状态进行流量计刻度的校准，以减小采样流量和体积的测量误差。

（二）流量计校准

1. 皂膜流量计体积刻度校准

（1）仪器

①皂膜流量计：标称体积为 250ml、500ml 或 1000ml 的皂膜流量计。

②容量瓶：250ml、500ml 或 1000ml。体积应校准。

③秒表：分度值为 0.1s。

④天平：最大称量 1000g，感量 0.05g。

（2）校正步骤

①将皂膜计管固定在一个支架上，下端橡胶管接一活塞，注水后排除管内的气泡，见图 2-4-31。

②称量一个与皂膜计标称体积相同的空容量瓶，称量精确度 0.05g。

③将皂膜流量计内装满蒸馏水静置 1h，使水温与室温相一致，控制活塞放水，使弯月面底部恰好与上刻度线相切，记录当时水温。根据表 2-4-9 查出该温度下水的密度。

④将皂膜计内两刻度线间的水放入已称重的容量瓶中，立即盖塞再称重。

⑤重复前三项步骤三次，将结果记录在表 2-4-12 中。

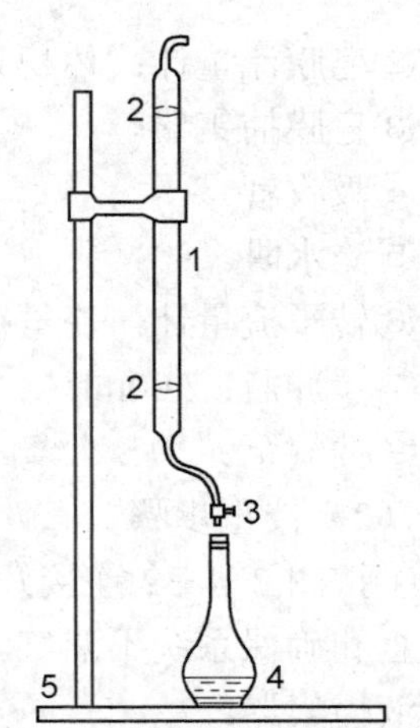

图 2-4-31　皂膜流量计体积校准

1—皂膜流量计；2—刻度线；3—活塞；4—容量瓶；5—支架

表 2-4-12　皂膜流量计体积校正记录表

皂膜计号________　校正日期________　标准体积________ml　校正者________

皂膜流量计刻度	水温 t(℃)	容量瓶质量 W_1(g)	容量瓶+水质量 W_2(g)	体积 $V_d=\frac{W_2-W_1}{D_t}$(ml)

（3）计算

①皂膜流量计的体积 V_d 用下式计算：

$$V_d=\frac{W_2-W_1}{D_t}$$

式中：V_d——皂膜流量计体积，ml；

W_2——水+容量瓶质量，g；

W_1——容量瓶质量，g；

D_t——在校准温度时水的密度（查表 2-4-9），g/ml。

②按下式计算三次测定体积的平均值（V_m，ml）。将平均体积（V_m，ml）和校准时温度标记在皂膜流量计管壁上。

$$V_m=\frac{V_{d_1}+V_{d_2}+V_{d_3}}{3}$$

2. 采样系统中转子流量计的校准

（1）仪器

①秒表：分度值为 0.1s。

②皂膜流量计：体积为250ml、500ml或1000ml的皂膜流量计。

③皂膜捕集器。

④吸收管。

⑤滤水阱。

⑥转子流量计：流量范围0～2L/min。

⑦缓冲瓶：500ml。

⑧抽气泵。

（2）校正步骤

①按图2-4-32连接好采样系统，皂膜流量计连接在装有吸收液的吸收管进气口前面，并检查和确保系统不漏气。为避免皂液进入吸收管中，在皂膜流量计及吸收管中间连接一个皂液捕集器。

②启动抽气泵，调节转子流量计的浮子在满量程的约20%位置。记录室温和大气压力。

③捏一下皂膜流量计下面橡皮球，使皂膜流量计进气口与皂液面接触，形成皂膜。气体推动皂膜缓缓上升，重复多次，使一个皂膜能通过整个皂膜计管而不破裂，用秒表记录通过皂膜流量计上下刻度线间的时间。重复操作三次，计时误差小于±0.2s，并将结果记录在表2-4-13中。

④重复前二项步骤，校准转子流量计五个刻度点，从低流量到高流量，将结果记录在表2-4-13中。

⑤以流量计五个点读数对应校准所得流量，绘制校准曲线，并用曲线尺描出通过各点的一条平滑曲线。使全部数据点都在最佳曲线±5%以内。

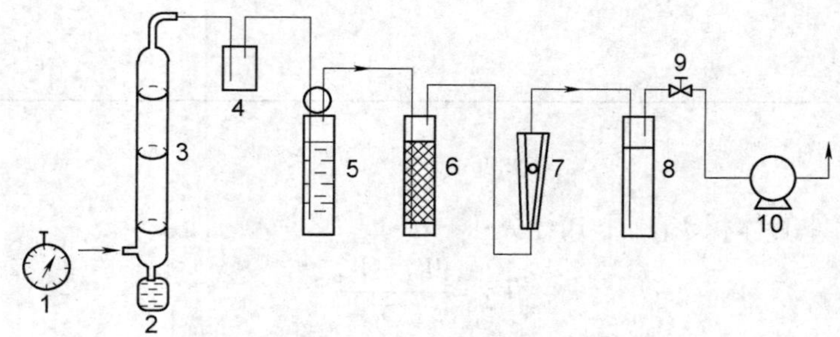

图2-4-32 用皂膜计校准采样系统中转子流量计

1—秒表；2—装皂液的橡皮球；3—皂膜计；4—皂膜捕集器；5—吸收管；6—干燥器；7—转子流量计；8—缓冲瓶（500ml）；9—针阀；10—抽气泵

表2-4-13 校准采样系统中转子流量计的流量记录表

转子流量计型号________ 皂膜计号______

校准者_____ 校准日期_____ 校正地点_____

转子流量计读数	皂膜通过两刻度线的时间 $\tau(s)$	平均时间 $\bar{\tau}/(s)$	皂膜计的体积 V_m(ml)	标准体积 V_s(ml)	流量 Q_s(ml/min)

校准时大气压力（P_b）____kPa；室温（t）____℃；绝对温度（T_m）=____K；水的饱和蒸气压（P_v）____kPa。

（3）计算

①用下式将皂膜流量计的体积换算成标准状况下的空气体积。

$$V_s = V_m\left(\frac{P_b - P_v}{P_s}\right)\times\left(\frac{T_s}{T_m}\right)$$

式中：V_s——标准状况下的空气体积，ml；

V_m——皂膜流量计两刻度线间的体积，ml；

P_b——校准时大气压力，kPa；

P_v——校准温度时水的饱和蒸气压（见表2-4-15），kPa；

P_s——标准状况大气压力，101.325kPa；

T_s——标准状况绝对温度，273K；

T_m——校准时的绝对温度，K；

t——校准时的温度，℃。

②用下式计算标准状况下的流量。

$$Q_s(\text{ml/min}) = \frac{V_s}{\bar{\tau}}\times 60$$

式中：Q_s——标准状况下的空气流量，ml/min；

V_s——标准状况下的空气体积，ml；

$\bar{\tau}$——3次测定的时间均值，s。

③如果流量计使用时的温度和大气压力与校准时的不同，应用下式将流量值换算成标准状况的流量。

$$Q_s = Q_2\left(\frac{P_2}{P_s}\times\frac{T_s}{T_2}\right)^{1/2}$$

式中：Q_s——换算成标准状况下的流量，ml/min；

Q_2——在使用状况下从校准曲线上查得的流量，ml/min；

P_2——使用时大气压力，kPa；

P_s——标准状况大气压力，101.325kPa；

T_s——标准状况绝对温度，273K；

T_2——使用时的绝对温度，K。

3. 采样系统中临界孔稳流器流量的校准

（1）仪器

①皂膜流量计：体积250ml、500ml或1000ml。

②皂膜捕集器。

③吸收管。

④滤水阱。

⑤干燥器。

⑥恒温装置：恒流控制±1℃。

⑦临界孔：流量范围0.2～0.9L/min。

⑧真空表：0～101.3kPa。

⑨抽气泵：使用时真空度值应大于68kPa。

（2）校正步骤

①将临界孔按图 2-4-33 连接到采样系统中，并检查所有连接处应密封不漏气。

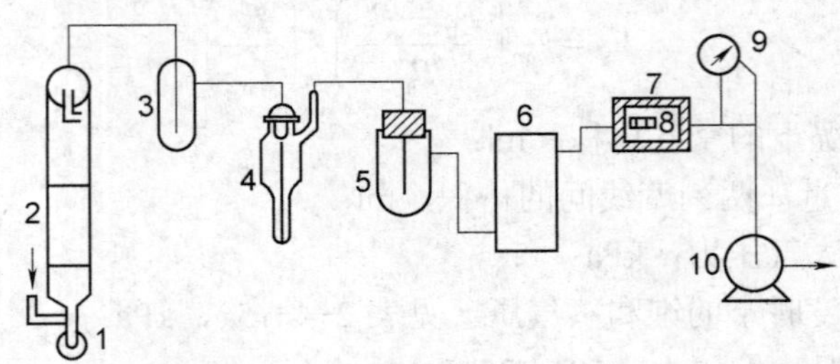

图 2-4-33 临界孔稳流器流量的校准

1—皂液球；2—皂膜流量计；3—皂膜捕集器；4—吸收管；5—滤水阱；6—干燥器；7—恒温装置；8—临界孔；9—真空表；10—抽气泵

②启动抽气泵，用手指按在吸收管的进气口，以检查泵的真空度，要求在一个大气压（101.325kPa）的情况下，真空表所示真空度不少于 68kPa。关闭抽气泵。

③将皂膜流量计连接于采样系统之前，并在吸收管和皂膜流量计之间连接一个皂膜捕集器，以防皂液进入吸收管中。

④启动抽气泵，将皂膜流量计进气口端与皂液面接触，吹气形成向上移动皂膜泡，重复多次，使一个膜泡能通过整个皂膜流量计管壁而不破裂。

⑤用秒表准确记录皂膜通过两个刻度线之间体积的时间。重复三次，计时误差小于 ±0.2s。求出时间的平均值，将结果记录于表 2-4-14 中。

表 2-4-14 校准采样系统中临界孔稳流器的流量记录表

校准者_____校准日期_____校正地点_____

临界孔编号	皂膜通过两刻度线的时间 τ/(s)	平均时间 $\bar{\tau}$ / s	皂膜流量计的体积 V_m(ml)	标准体积 V_s(ml)	流量 Q_s(ml/min)

校准时大气压力（P_b）_______kPa；校准时室温（t）_________℃；绝对温度（Tm）t℃+273=_______K；水的饱和蒸气压（P_v）_______kPa。

（3）计算

①用下式将皂膜流量计的体积换算成标准状况下的空气体积：

$$V_s = V_m\left(\frac{P_b - P_v}{P_s}\right)\times\left(\frac{T_s}{T_m}\right)$$

式中：V_s——标准状况下的空气体积，ml；

V_m——皂膜流量计两刻度线间的体积，ml；

P_b——校准时大气压力，kPa；

P_v——校准温度 t℃时水的饱和蒸气压（见表 2-4-15），kPa；

P_s——标准状况大气压力，101.325kPa；

T_s——标准状况绝对温度，273K；

T_m——校准时的绝对温度（273+t），K；

t——校准时的温度，℃。

②用下式计算标准状况下的流量（Q_s）。

$$Q_s = \frac{V_s}{\bar{\tau}} \times 60$$

式中：Q_s——标准状况下的空气流量，ml/min；

V_s——标准状况下的空气体积，ml；

$\bar{\tau}$——3 次测定的时间均值，s。

表 2-4-15 不同温度下水的饱和蒸气压

温度(℃)	水的饱和蒸气压(mmHg)	温度(℃)	水的饱和蒸气压(mmHg)	温度(℃)	水的饱和蒸气压(mmHg)	温度(℃)	水的饱和蒸气压(mmHg)
9	8.604	16	13.634	23	21.068	30	31.824
10	9.204	17	14.530	24	22.377	30	33.695
11	9.844	18	15.477	25	23.756	32	35.663
12	10.518	19	16.477	26	25.209	33	37.729
13	11.231	20	17.535	27	26.739	34	39.898
14	11.987	21	18.650	28	28.349		
15	12.788	22	19.827	29	30.034		

4. 湿式气体流量计的体积校准

（1）仪器

①湿式气体流量计：标称体积 5L，装有温度计与开口气压计。

②容量瓶：2000ml 体积刻度（体积已校准）。

③贮水器：10L，带下口的玻璃瓶。

④温度计：0～100℃。

⑤气压计（水柱）。

⑥水饱和器。

⑦大气压力计。

（2）校准步骤

①调节湿式气体流量计水平螺丝，使流量计水平仪呈水平状态。

②从灌水漏斗口向湿式流量计中灌水，使水液面与水位口相平。

③移动刻度标尺或向开口气压计中加水来调节流量计上的气压计零点。

④按图 2-4-34 安装校准装置。此时先不连接水饱和器。在贮水器中装满蒸馏水，使用前平衡到室温（约需 24h）。打开贮水器下

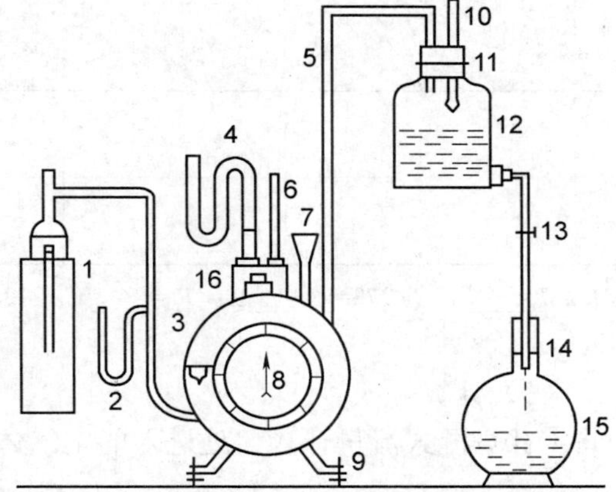

图 2-4-34 湿式气体流量计的校准装置

1—水饱和器；2—气压计（ΔP_s）；3—水位标记；4—气压计（ΔP_m）；5—空气进气管；6—温度计（T_m）；7—灌水漏斗；8—指针；9—水平调节螺丝；10—温度计（T）；11—橡皮塞；12—贮水器（10L）；13—调节旋钮；14—容量瓶；15—2000ml 的刻度线（V_t）；16—水平仪

方调节阀，以大约 2000ml/min 速度放水。在放容量瓶的位置处先放一个约 3L 烧杯，将水收集在烧杯内。

⑤检查流量计：如果流量计上的气压计读数＜98Pa，流量计处于正常工作状态。如果气压计读数＞98Pa，则说明流量计产生故障，消除故障后再进行校准。

⑥连接水饱和器，继续放水，直到装满 2L 水，用弹簧夹夹住放水管，并将烧杯拿走。

⑦在湿式流量计校准记录表上（表 2-4-16）记下湿式流量计刻度盘上的开始体积（V_1）。

⑧在虹吸管下方放一个清洁干燥的 2000ml 容量瓶，打开弹簧夹，放水至 2000ml 刻度处。

⑨当水流动时，记录流量计的气压计读数（ΔP_m）二次，并记录流量计温度（T_m）及贮水器温度（T_r）和水饱和器气压计的压力（ΔP_s）和大气压力（P_b）。

⑩当容量瓶中的水达到刻度时，记录湿式流量计刻度盘上的最后体积（V_2）。用下式计算每次测量体积 V_m（L）：

$$V_m=V_2-V_1$$

⑪从记录开始体积的操作开始，重复操作三次。按下式计算三次测量体积 V_m 平均值 $\overline{V}_m$（L）：

$$\overline{V}_m=\frac{V_{m_1}+V_{m_2}+V_{m_3}}{3}$$

表 2-4-16 湿式气体流量计体积校准记录表

湿式流量计型号_____，校准日期_______，转盘刻度标称体积_____L，校准者______

试验号	大气压 P_b (kPa)	水贮存器数据		水饱和器数据	湿式流量计数据						校准状况下体积 V_s(L)	误差 (%)
		温度 T_r		压力计读数 ΔP_s	温度 T_m		压力计读数 ΔP_m	湿式流量计读数				
		℃	K	Pa	℃	K	Pa	最后 V_2(L)	开始 V_1(L)	V_m (L)		

表中：T_r=_____℃+273=______K；T_m=_____℃+273=______K；容量瓶的体积 V_t=______L。

（3）计算

①计算湿式流量计入口处进入的空气体积 V_C（L）

$$V_C=\left(\frac{P_b-\Delta P_m}{P_b-\Delta P_s}\right)\times\left(\frac{T_m}{T_r}\right)\times V_t$$

式中：P_b——校准时大气压力，kPa；

ΔP_m——湿式流量计气压计读数，kPa；

ΔP_s——水饱和器气压计读数，kPa；

T_m——湿式流量计绝对温度，K；

T_r——贮水器绝对温度，K；

V_t——容量瓶的容积（L）。

②求平均体积$\overline{V}_C$（L）：

$$\overline{V}_C=\frac{V_{C_1}+V_{C_2}+V_{C_3}}{3}$$

③计算相对百分误差：

$$误差(\%)=\frac{\overline{V}_m-\overline{V}_C}{\overline{V}_C}\times 100\%$$

式中：$\overline{V}_m$——测量体积的平均值，L；

$\overline{V}_C$——校准所得体积，L。

相对误差不应超过±1%。如果误差大于此值，应检查试验装置中的连接是否漏气；或用重量法重新校准容量瓶容积，并重复以上校准步骤。如果仍不能符合要求，则重新调节流量计液体水平，直到符合技术要求。

④用下式将校准所得体积换算成标准状况下体积V_s：

$$V_s=\overline{V}_C\times\frac{P_b}{P_s}\times\frac{T_s}{T_m}$$

式中：$\overline{V}_C$——校准时所得体积，L；

P_b——校准时大气压力，kPa；

P_s——标准状况大气压力，101.325kPa；

T_s——标准状况绝对温度，273K；

T_m——校准时湿式流量计绝对温度（273+t），K；

t——校准时温度，℃。

5. 用湿式流量计校准孔口流量计

（1）仪器

①湿式流量计：其体积已校准。

②缓冲瓶：2000ml。

③抽气泵。

④秒表：分度值为0.1s。

⑤被校流量计。

⑥三通管。

（2）校正步骤

①按图2-4-35连接好校正系统装置，检查各部分联接处不漏气。

②调整好湿式流量计和被校流量计，启动抽气泵，使系统流量处于稳定状态。

③将湿式流量计在一确定的时间内（记秒表的读数，记时误差小于0.2s），将转盘起始读数和终止读数，以及相应的被校流量计的读数，记录在表2-4-17中。每个校正点重复三次，取平均值。

④用三通管调节系统流量，使被校流量计从下到上均匀的五个点读数作为校正点。每个校正点，按上述步骤进行测定。记录校正时的大气压力（P_b）和气温（t），以及湿式流量计的水温（T_m）和气体压力计的读数（ΔP_m）。

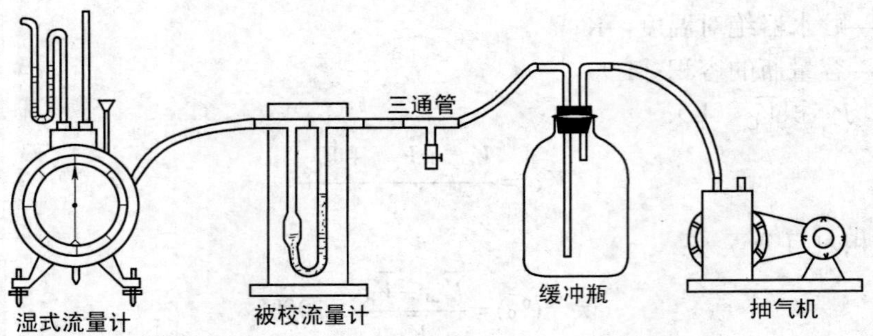

图 2-4-35 用湿式流量计校准流量计的装置

⑤用被校流量计五个校正点的读数和相对应的流量值绘制流量校正曲线，并用曲线尺描出通过各点的一条平滑曲线，使全部都落在最佳曲线±5%以内。

表 2-4-17 用湿式流量计校准孔口流量计的记录表

标准者______校准日期______校准地点______

流量计校准时液柱上升高度 h(mm)	时间 τ(s)	体积			流量(L/min) $=\frac{体积（L）}{时间(s)}\times 60$
		终止读数(L)	起始读数(L)	体积(L)	

湿式流量计型号______；转盘刻度校准值：一圈=________L；校准时室温________℃；校准时大气压力________kPa。

（3）计算

①用转盘刻度校正值修正湿式流量计的读数，然后用下式计算校正系统的流量。

$$Q=\frac{V_2-V_1}{\tau}\times 60$$

式中：Q——校正系统的流量，ml/min；

V_2——湿式流量计结束时修正后读数，ml；

V_1——湿式流量计开始时修正后读数，ml；

τ——从开始到结束所需时间，s。

②用下式计算每个校正点三次测定的平均流量。

$$\overline{Q}=\frac{Q_1+Q_2+Q_3}{3}$$

③用下式计算标准状态下流量。

$$Q_s=\overline{Q}\cdot\frac{P_b-\Delta P_m}{P_s}\times\frac{T_s}{T_m}$$

式中：Q_s——换算成标准状态下流量，ml/min；

$\overline{Q}$——实际测定的平均流量，ml/min；

P_b——校准时大气压力，kPa；

ΔP_m——校准时湿式流量计的气压计读数，kPa；

P_s——标准状态下大气压力，101.325kPa；

T_s——标准状态绝对温度，273K；

T_m——校准时湿式流量计中水的绝对温度，K。

用湿式流量计校准时应进行两次，一次是把被校流量计装在湿式流量计后面；另一次则装在前面，然后用坐标纸描绘两次校准所得数据的流量校准曲线，气体流量的真实数值是两条曲线的中间值。用这个中间值作出流量计的标尺，并记下当时的室温和大气压。如果需要时，还可将气体体积用气体状态公式换算成标准状况下的体积，此时流量计校准曲线的横坐标变成标准状况下的流量值。

6. 用标准流量计校准

用标准流量计（即已校准过的流量计）校准未知流量计的方法很简便，即将两个流量计串联，通过不同流量的气体，以标准流量计的读数标定被校流量计，标准流量计放置在被校流量计前后读数稍有差异，在制定标尺时应取前后两次数据的中间值。

（三）压力和温度对流量计读数的影响

用流量计测量气体流量时，与气体的密度有关。当压力和温度变化时，会引起气体密度变化，这时流量计的读数就不能表示气体的真实流量，故应根据使用时的情况进行必要的修正。修正公式如下：

$$Q_2' = Q_2\left(\frac{T_2 P_1}{T_1 P_2}\right)^{1/2}$$

式中：Q_2'——流量计在使用状态下修正后的真实流量，ml/min；

Q_2——流量计使用时的读数，ml/min；

T_1——流量计校正时的绝对温度，K；

P_1——流量计校正时的大气压力，kPa；

T_2——流量计使用时的绝对温度，K；

P_2——流量计使用时的大气压力，kPa。

从上式看出，只有当使用状态和流量计校准时的状态相差很大时（如使用阻力较大的收集器或者气压和温度变化很大时），才需要做温度和气压对流量读数的修正。在一般情况下，使用状态和校准状态气体压力变化不大，温差也不大于±15℃，流量误差也不超过3%。但是，对流量做精确测量时，要求流量计的校准状态和使用状态尽可能相一致，如果差别很大，需要在使用状态下做重新校准。

另外，为了使流量计使用状态和校准状态尽可能一致，校准流量计时应将流量计连接到采样系统中进行，这样采样系统中各种装置（如收集器、灰尘过滤器、流量调节阀等）所产生的气阻对流量读数造成的误差可以减至最小。

如果需要时，可用气体状态公式将流量值换算到校准时状态的流量：

$$Q_1 = Q_2' \times \frac{P_2T_1}{T_2P_1} = Q_2\left(\frac{P_2T_1}{T_2P_1}\right)^{1/2}$$

式中 Q_1 为换算到校准状态的流量。有些流量计在校准时，已将气体体积用气体状态方程式换算到标准状态下（101.3kPa，0℃）的体积，它的流量校准曲线的横坐标表示标准状态下的流量值。此时上式可写成：

$$Q_s = Q_2\left(\frac{P_2T_s}{T_2P_s}\right)^{1/2}$$

式中：Q_s——换算到标准状态下流量，ml/min；

T_s——标准状态下的绝对温度，273K；

P_s——标准状态下的大气压力，101.325kPa。

五、颗粒物采样器流量的校准

1. 大流量采样器

（1）连接电路

校准系统见图 2-4-36。

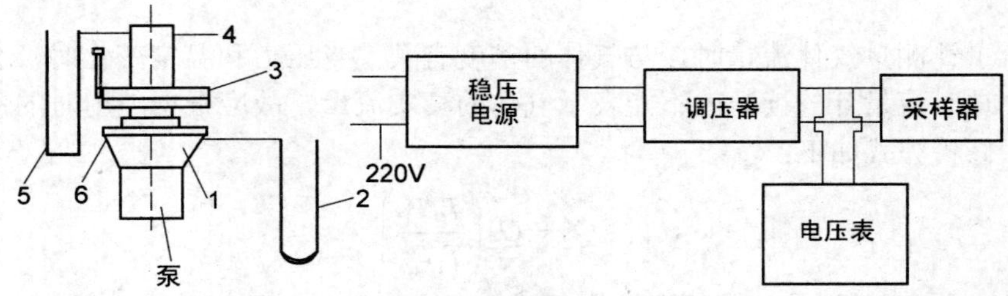

图 2-4-36 大流量采样器的校准装置示意图

1—大流量采样器采样头；2、5—U 型压差计；3—真空碟阀；4—孔口流量计；6—校准接口

（2）流量的调定

校准过程中应严格按照采样器的规定操作。校准接口内装一张洁净滤膜，连接装置不得漏气。在额定电压下开机，按采样说明书将流量调节到 1.05m^3/min，流量一经调定，在检定过程中，严禁再对流量进行调节。

（3）U 型管测定压差值

开机后，调节调压器和真空碟阀，分别在 U 型管压差计负压为 3.0kPa，电压为 240V，负压为 6.0kPa，电压为 198V 两种情况下，运行 10min，待流量稳定后从 U 型管压差计读取压差值 ΔP，从温度计和空盒气压表分别读取温度值 T（K），大气压值（kPa），按下式计算压差修正值 Y：

$$Y=\{\Delta P\times(P/101.325)\times(273.15/T)\}^{0.5}$$

根据压差修正值 Y，按孔口流量计标定回归方程 $Y=BQ_s+A$，计算出检定值 Y、检定状态下的流量值 Q、采样口抽气速度变化值 ΔV：

$$Q\text{（m}^3\text{/min）}=\text{（101.325/273）（}T/P\text{）}Q_s$$

$$V\text{（m/s）}=Q/\text{（60}A\text{）}$$

式中：A——实测采样口面积，m^2。

$$\Delta V=\frac{0.300-V}{0.300}\times 100\%$$

ΔV 值应符合如下要求：即采样口平均抽气速度规定为 0.3m/s（气流垂直向上）。当滤料负荷变化为 3.0～6.0kPa、电源电压变化为 220V±10%时，采样口抽气速度相对变化不得超过±5%。

2. 中流量采样器

校准系统见图 2-4-37。

在校准过程中，应按照采样器的操作规程。从采样头上取下采样帽，将采样口与校准器连接，连接装置不得泄漏。在额定电压下开机，调节负压调节阀，使负压为 3.0kPa，按采样说明书将流量调节到 0.10m^3/min。流量调定后，在校准过程中，严禁再对流量进行调节。

调节负压调节阀在负压为 3.0kPa，电压为 240V，负压为 6.0kPa，电压为 198V 两种情况下，各运行 10min，待流量稳定后读取孔口流量计压差值 ΔP，从温度计和空盒气压表分别读取温度值 T（K），大气压值（kPa），数据处理同大流量采样器校准计算方法。ΔV 值的要求同大流量。

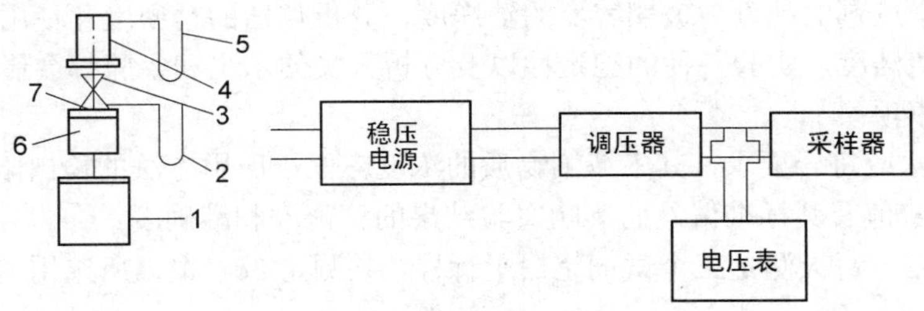

图 2-4-37 中流量采样器的校准示意图

1—采样泵；2、5—U 型压差计；3—负压调节阀；4—孔口流量计；6—采样头；7—校准接口

六、空气质量自动监测系统的校准

见第三篇有关部分。

第五章 实验室分析测试

一、概念

1. 试剂空白

试剂空白值（包括水作为溶剂或稀释剂）对准确性以及最低检出浓度均有影响（它包括了除样品以外所有存在组分的影响）。从样品测定值减去试剂空白值才能得到样品的真实浓度。一般试剂空白实验与样品测定同时进行。

空白值的大小及其重复性，除与方法有关外，在相当大的程度上与实验条件有关。如实验用水、化学试剂的纯度、玻璃容器的洁净度、分析仪器的精密度和使用情况，实验室内环境空气的清洁度，实验条件的稳定性以及分析人员的水平和经验都会影响试剂空白的测定值。注意事项：

- ❖ 实验用水应符合要求，其中待测物质的浓度应低于所用方法的检出限。否则将增大空白实验值及其标准偏差而影响实验结果的精密度和准确度。
- ❖ 测定方法：每天测定三个试剂空白平行样，共测定 3d。根据所选用的公式计算标准偏差。
- ❖ 合格要求：根据试剂空白值的测定结果，按常用的规定方法计算变异系数。该值如果高于标准分析方法的规定范围，应找出原因予以纠正，然后重新测定，直至合格为止。

2. 平行样分析

由于受时间或空间的限制，严格意义上的平行样是难于采集的。因此，平行样分析一般是指将同一样品分成两份或多份在完全相同的条件下进行同步分析。一般是做双份平行。对于某些要求严格的测试，例如标定标准溶液、检校仪器等，也有同时做 3～5 份平行测定的。平行样分析反映的是分析结果的精密度，可以检查同批测试结果的稳定情况。

在日常工作中，可按照样品的复杂程度、所用方法和仪器的精度以及分析操作的技术水平等因素安排平行样的数量。条件允许时，应全部做平行双样分析。否则，至少应按同批测试的样品数，随机抽取 10%～20%的样品进行平行双样测定。一批样品的数量较少时，应增加平行样的测定率，保证每批样品测试中至少测定一份样品的平行双样。

使用经过验证的分析方法进行平行样测定时，其结果的精密度应符合方法给定的室内标准差（或相对标准差）的要求，或按照方法的允许差进行判断。无论用哪种指标衡量，凡不符合要求时，即应找出原因，并重新分析原样品。

3. 加标回收试验

在测定样品的同时，于同一样品的平行样中加入一定量的标准物质进行测定，将其测定结果扣除样品的测定值，以计算回收率。

进行加标回收率测定时，应注意以下各项内容。

❖ 加标物质的形态应该和待测物的形态相同。

❖ 加标样品和样品中所含待测物浓度应控制在精密度相等的范围内，一般情况下规定：

- 加标量应尽量与样品中待测物含量相等或相近，并应注意样品容积的影响；
- 当样品中待测物含量接近方法检出限时，加标量应控制在校准曲线的低浓度范围；
- 在任何情况下加标量均不得大于待测物含量的 3 倍；
- 加标后的测定值不应超出方法的测定上限的 90%；
- 当样品中待测物浓度高于校准曲线的中间浓度时，加标量应控制在待测物浓度的半量。

由于加标样与样品的分析条件完全相同，其中干扰物质和不正确操作等因素所致的效果相等。当以其测定结果的减差计算回收率时，常不能确切反映样品测定结果的实际差错。

加标回收试验的测定率可以和平行样的测定率相同。一般多按随机抽取 10%～20%的样品量做加标回收率分析，所得结果可按方法规定的水平进行判断，或在质量控制图中检验。二者都无依据时，可按 95%～105%的域限做判断。超出此域限的，再按测定结果的标准差、自由度、给定的置信限和加标量计算可接受限 P，计算公式如下：

$$P_{\text{下限}} = 0.95 - \frac{t_{0.05}(f) \times \frac{s}{\sqrt{n}}}{D} \qquad P_{\text{上限}} = 1.05 + \frac{t_{0.05}(f) \times \frac{s}{\sqrt{n}}}{D}$$

加标回收率的测定可以反映测试结果的准确度。当按照平行加标进行回收率测定时，所得结果既可以反映测试结果的准确度，也可以判断其精密度。

4. 最低检出限

检测限指对某一特定方法在给定的置信水平上，可以从样品中检测待测物质的最低浓度或量，即断定样品中确实存有浓度高于全程序空白的待测物质。

检出限的几种计算法：

❖ 在《全球环境监测系统水监测操作指南》中规定：给定置信水平为 95%时，样品测定值与零浓度样品的测定值有显著性差异即为检出限 L。零浓度样品为不含待测物质的样品。

$$L=4.6\,\sigma_{\text{wb}}$$

式中：σ_{wb}——全程序空白平行测定（批内）标准偏差。当空白测定次数 n 少于 20 时：

$$L = 2\sqrt{2}t_{\text{f}}s_{\text{wb}}$$

式中：S_{wb}——全程序空白平行测定（批内）标准偏差；

f——批内自由度，等于 m（n−1）；m 为重复测定次数，n 为平行测定次数；

t_{f}——显着性水平为 0.05（单侧），自由度为 f 的 t 值。

❖ 国际纯粹和应用化学联合会（IUPAC）对检出限 L 作如下规定。

对各种光学分析方法，可测量的最小分析信号 x_{L} 由下式确定：

$$x_L = \bar{x}_b + kS_b$$

式中：$\bar{x}_b$——全程序空白多次测得信号的平均值；

S_b——全程序空白多次测得信号的标准偏差；

k——根据一定置信水平确定的系数。

与 $x_L - \bar{x}_b$（即 kS_b）相应的浓度或量即为检出限 L：

$$L = \frac{x_L - \bar{x}_b}{K} = k \cdot S_b / K$$

式中：K——方法的灵敏度（即校准曲线的斜率）。

为了评估 $\bar{x}_b$ 和 S_b，实验次数必须足够多，例如 20 次。

1975 年，IUPAC 建议对光谱化学分析法取 k=3。由于低浓度水平的测量误差可能不遵从正态分布，且空白的测定次数有限，因而与 k=3 相应的置信水平大约为 90%。

此外，尚有建议将 k 取为 4、4.6、5 及 6 者。

❖ 在某些分光光度法中，以扣除全程序空白值后的吸光度与 0.01 相对应的浓度值为检出限。

❖ 气相色谱分析的最小检测量系指检测器恰能产生与噪声相区别的响应信号时所需进入色谱柱的物质的最小量。一般认为恰能辨别的响应信号，最小应为噪声的两倍。最小检测浓度系指最小检测量与进样量（体积）之比。

❖ 某些离子选择电极法规定，当校准曲线的直线部分外延的延长线与通过空白电位且平行于浓度轴的直线相交时，其交点所对应的浓度值即为各该离子选择电极法的检出限。

二、校准曲线

1. 校准曲线的绘制

❖ 配制在测量范围内的一系列标准气体（或标准等效溶液），一般为 4～6 个浓度。

❖ 按照与样品分析完全相同的条件和分析步骤，测定各浓度标准气体（或标准等效溶液）的响应值。

❖ 选择适当的坐标纸，以响应值为纵坐标，浓度为横坐标，将测得的数据标在坐标纸上。注意测量信号值的最小分度与纵坐标的最小分格相适应，尽量使校准曲线的几何斜率接近 1（与横坐标成 45° 角），以使两个轴上的读数误差相近。

❖ 应用最小二乘法计算校准曲线的斜率 b 和截距 a，求出校准曲线的回归方程：$y=bx+a$。根据此方程求出两点的坐标，绘制一条最佳直线。

对校准曲线进行检验，各个实测点与校准曲线上所对应理论点的浓度误差应小于一定的范围（根据分析方法具体确定）。校准曲线相关系数的绝对值$|r|\geq 0.999$。否则应找出原因，重新测定和绘制曲线。对于相关系数小于 0.999 的标准曲线，不能由回归方程计算待测物的量。

线性范围：某一方法校准曲线直线部分所对应的被测组分浓度或量的范围，称为该方法的线性范围。

校准曲线计算因子：校准曲线计算因子即为斜率的倒数。根据计算因子可直接计算出样品中被测组分的浓度。

2．应注意的问题

❖ 利用校准曲线响应值计算样品浓度值时，其浓度应在所作校准曲线的线性浓度范围以内，不得将校准曲线任意外延。

❖ 绘制校准曲线时应对标准等效溶液进行与样品完全相同的分析处理，包括样品的预处理步骤。只有经过充分的验证，确认某些操作对校准曲线无显著影响时，方可免除这些操作。

❖ 校准曲线的斜率因实验条件的变化、试剂的重新配制以及测量的稳定性等因素而改变。因此在测定样品的同时绘制校准曲线最为理想。

❖ 由于溶液对气体存在一定的吸收效率，应用标准气体与应用标准等效溶液制备校准曲线时有一定差异。在应用标准等效溶液制备校准曲线时应把此因素考虑进去，最后计算浓度公式要乘一校正系数。

第六章 数据的处理及表示方法

一、误差

即使在同一个试验室、由同一个分析人员、采用相同的样品处理步骤和分析方法，分析同一个样品，通常不能获得一致的测量数据，即测量结果存在差异。这是因为在实验过程中，存在一些难于控制的因素所致。简单说来，引起误差的原因可分为：

- ❖ 测量装置（包括计量器具）的固有误差。
- ❖ 在非标准工作条件下所增加的附加误差。
- ❖ 所用测量原理以及根据该原理在实施测量中的运用和实际操作的不完善引起的方法误差。
- ❖ 在标准工作条件下，被测量值随时间的变化。
- ❖ 环境因素（温度、湿度、空气污染等）的变化引起被测量值的变化。
- ❖ 与观测人员有关的误差因素。

因此，了解、分析和表述误差及其来源，是质量保证和质量控制工作的主要内容。

1. 误差的种类

测量误差是指测量结果与被测量真值之差。它既可用绝对误差表示，也可以用相对误差表示。按其产生的原因和性质，误差可分为系统误差、随机误差和过失误差。

（1）系统误差

系统误差又称恒定误差、可测误差。在多次测量同一样品时，其测量值与真值之间误差的绝对值和符号保持恒定；或在改变测量条件时，测量值按某一确定规律变化的误差。确定规律是指这种误差的变化，可以归结为某个或某几个因素的函数。这种函数一般可以用解析公式、曲线或表表述。按其变化规律系统误差可分为两类：

- ❖ 固定值的系统误差：其值的大小、正负号恒定。如，天平称重中标准砝码误差引起的称量误差。
- ❖ 随条件变化的系统误差：其值以确定的，并通常是已知的规律随某些测量条件的变化而变化。如，随温度周期变化引起的温度附加误差。

由于系统误差所具有的特征，系统误差是可避免或应尽量消除的。而且，对于已确定或已知的系统误差，应对测量结果进行修正。一般来说，修正系统误差的方法为：

- ❖ 仪器校准：测量前，预先对仪器进行校准，并对测量结果进行修正。
- ❖ 空白实验：用空白实验结果修正测量结果，以消除实验中各种原因所产生的误差。

❖ 标准物质对比分析，具体方法如下：
- 将实际样品与标准物质在完全相同的条件下进行测定，当标准物质的测定值与其保证值一致时，即可认为测量的系统误差已基本消除；
- 将同一样品用不同原理的分析方法进行分析。例如，与经典分析方法进行比较，以校准方法误差。

❖ 回收率实验：在实际样品中加入已知量的标准物质，与样品于相同条件下进行测量，用所得结果计算回收率，观察是否定量回收，必要时可用回收率作校正因子。

（2）随机误差

随机误差又称偶然误差，常用标准差表示。是由测量过程中各种随机因素的共同作用造成的。在实际测量条件下，多次测量同一量时，误差的绝对值和符号的变化，时大时小，时正时负，以不可确定的方式变化。随机误差遵从正态分布，并具有：

❖ 有界性：在一定条件下，对同一样品进行有限次测量的结果，其误差的绝对值不会超过一定界限。

❖ 单峰性：绝对值小的误差出现次数比绝对值大的误差出现次数多。

❖ 对称性：在测量次数足够多时，绝对值相等的正误差与负误差的出现次数大致相等。

❖ 抵偿性：在一定条件下，对同一样品进行测量，随机误差的代数和随着测量次数的无限增加而趋于零。

由于随机误差的可变性或随机性，因此，必须严格控制实验条件，按操作规程正确的处理和分析样品，以减小随机误差。另外，增加测量次数也可减小随机误差。

（3）过失误差

过失误差也称粗大误差或粗差。这类误差是分析人员在测量过程中不应有的过失或错误造成的，它无一定规律可循。例如，器皿不洁净、错用样品和标准、错加试剂、操作过程中的样品损失、仪器异常而未发现、错记读数以及计算错误等。

含有过失误差的测量数据，经常是离群数据，可按照离群数据的统计检验方法将其剔除。对于确知操作中存在失误或错误所产生的测量数据，无论结果好与坏，都必须舍去。

2. 误差的表示方法

（1）绝对误差和相对误差

①绝对误差是单一测量值或多次测量值的均值与真值之差、测量值大于真值时，误差为正，反之为负。

$$绝对误差 = 测量值 - 真值$$

②相对误差为绝对误差与真值的比值，常以百分数表示。

$$相对误差（\%）= 绝对误差 \div 真值 \times 100\%$$

（2）绝对偏差和相对偏差

①绝对偏差为单一测量值（X_i）与多次测量值的均值（$\overline{X}$）之差，以 d_i 表示。

$$d_i = X_i - \overline{X}$$

②相对偏差为绝对偏差与多次测量值的均值的比值，常以百分数表示。

$$相对偏差（\%）= d_i \div \overline{X} \times 100\%$$

（3）平均偏差和相对平均偏差

①平均偏差为单一测量值的绝对偏差的绝对值之和的平均值，以 $\overline{d}$ 表示。

$$\overline{d}=1/n\sum_{i=1}^{n}|d_{\mathrm{i}}|=1/n(|d_1|+|d_2|+\cdots+|d_{\mathrm{n}}|)$$

②相对平均偏差为平均偏差与多次测量值的均值的比值，常以百分数表示。

$$相对平均偏差（\%）=\overline{d}\div\overline{X}\times100\%$$

（4）标准偏差（用 s 或 SD 表示）

$$s=\sqrt{\frac{1}{n-1}\sum_{i=1}^{n}(X_i-\overline{X})^2}$$

（5）相对标准偏差

相对标准偏差（RSD）是样本的标准偏差与其均值的比值，常以百分数表示。

$$相对标准偏差=\frac{s}{\overline{x}}\times100\%$$

（6）差方和、方差

差方和又称离均差平方和或平方和，指绝对偏差的平方之和，用 S 表示。

$$S=\sum_{i=1}^{n}(X_i-\overline{X})^2=\sum_{i=1}^{n}d_{\mathrm{i}}^2$$

方差用 S^2 或 V 表示。

$$S^2=\frac{1}{n-1}\sum_{i=1}^{n}(X_i-\overline{X})^2$$

二、准确度

准确度是用来评价在规定的条件下，样品的测定值（单次测定值或重复测定值的均值）与假定的或公认的真值之间的符合程度。由于监测分析方法大多数是相对方法，因此，分析结果的准确度主要取决于方法的系统误差和随机误差。在对分析方法的精密度、灵敏度，仪器的稳定性，样品的均匀性、稳定性、代表性，方法干扰、基体效应、分析空白和试剂的制备等进行全面研究后，才能将准确度控制在质量保证目标以内。

用绝对误差和相对误差表示分析方法的准确度。用测定标准物质和（或）标准物质加标回收率的方法来评价分析方法的准确度。

1. 标准样品

通过分析标准样品，比较所获得的测定结果与标准样品的给定值，可了解分析方法的准确度。

2. 加标回收率

加标回收率实验，可以反映分析方法是否存在系统误差。因此，在实际工作中，这是运用比较普遍的确定准确度的方法。

3. 不同方法的比较

用已知准确度或大家公认的经典分析方法与待考察的方法进行比较，往往用于新方法准确度的确定。而且，两种方法的原理最好是不同。

当用不同原理的分析方法对同一样品进行重复测定时，若所得结果与待考察方法一致，或经统计检验数据间的差异不显著时，则可认为该方法具有可接受的准确度。若所得结果呈显著性差异，则应以大家公认的经典分析方法为准。

三、精密度

精密度表示在规定的条件下，用同一方法、对同一样品进行重复测定，所得结果的一致性，或发散程度。它的大小由分析方法的随机误差决定，测量过程的随机误差越小，分析方法的精密度越好（或越小）。分析方法的精密度可用极差、平均偏差、相对平均偏差、标准偏差和相对标准偏差表示，而标准偏差常被采用。通常情况下，分析方法的精密度可表述为：

1. 平行测定的精密度

在相同的条件下（同一实验室、相同的分析人员、相同的仪器设备），用同一分析方法，在同一时间内，对同一样品进行 n 次重复测定，精密度用标准偏差或相对标准偏差表示。

2. 重复性精密度

在相同的条件下（同一实验室、相同的分析人员、相同的仪器设备），用同一分析方法，在不同的时间内，对同一样品进行 m 回 n 次重复测定的离散程度。计算出 m 个平均值 $\overline{X}_1$，$\overline{X}_2$，$\overline{X}_3 \cdots \overline{X}_m$，重复性精密度 S_r 为：

$$S_r = \sqrt{\frac{\sum S_i^2}{m}}$$

3. 再现性精密度

用同一分析方法，在不同的条件下（不同的实验室、不同的分析人员、不同的仪器设备和（或）不同的时间内），对同一样品重复测定的离散程度。可以是一个实验室，进行 m 回 n 次重复测定；或由 m 个实验室进行 n 次重复测定。由下式计算出总的标准偏差：

$$S_{\overline{X}} = \sqrt{\frac{\sum (\overline{X}_i - \overline{\overline{X}})^2}{m-1}}$$

式中：$\overline{\overline{X}} = \sum \overline{X}_i / m$。

四、工作曲线中可疑值的检验

监测分析中往往是通过工作曲线来确定待测污染物的含量。一般是测定几个已知浓度的标准溶液，通过线性回归绘出工作曲线，再由工作曲线计算出待测污染物含量。那么，这几个已知浓度的标准溶液的测定值中有无应剔除的可疑值呢？采用标准化残差法进行统计检验，则可回答这个问题。

测量值与最佳直线的拟合值之差叫做残差 d_i。令已知浓度的标准溶液的仪器读数为 Y_i，标准溶液的浓度为 X_i，用线性回归法求解最佳直线的截距 a 和斜率 b，则该测定值的残差为：

$$d_i = Y_i - (a + bX_i)$$

标准化残差的定义为：d_i / S_{di}，其中：残差的标准误差用下式计算：

$$S_{di} = S_f \sqrt{\frac{N-1}{N} - \frac{(X_i - \overline{X})^2}{\sum (X_i - \overline{X})^2}}$$

若计算的标准化残差大于临界值（见表 2-6-1，表 2-6-2），则在给定的显著性水平下，某标准溶液测定值是离群值，可考虑剔除。

表 2-6-1 不同浓度的观测值及标准化残差

溶液序号	标准溶液浓度 (X_i)	观测值 (Y_i)	拟合值 $\hat{Y}_i = a + bX_i$	残差 $d_i = Y_i - (a + bX_i)$	标准化残差
1	0.1813	0.212	0.229	−0.017	−1.07
2	0.1928	0.277	0.240	0.037	2.26
3	0.5627	0.585	0.599	−0.014	−0.74
4	0.6002	0.615	0.635	−0.020	−1.07
5	0.9219	0.954	0.947	0.007	0.35
6	0.9873	1.004	1.011	−0.007	0.36
7	1.1027	1.137	1.123	0.014	0.81
8	1.1816	1.200	1.199	0.001	0.05

表 2-6-2 标准化残差临界值表

N	显著性水平 α			N	显著性水平 α		
	0.10	0.05	0.01		0.10	0.05	0.01
4	1.41	1.41	1.41	11	2.30	2.43	2.64
5	1.69	1.71	1.73	12	2.35	2.48	2.70
6	1.88	1.92	1.97	14	2.43	2.57	2.80
7	2.01	2.07	2.16	16	2.50	2.64	2.92
8	2.10	2.19	2.31	18	2.56	2.71	2.99
9	2.18	2.28	2.43	20	2.60	2.76	3.06
10	2.24	2.35	2.53	24	2.69	2.85	3.17

五、协作试验的数据处理

协作试验的目的不是为了获得描述分析方法的各特性参数，而主要是用于研究分析方法的精密度和准确度。协作试验的设计内容主要为：参加协作试验的实验室数目；每个实验室测定几个样品；每个样品重复测定几次；测定的时间以及实验记录和数据表格等。而协作试验的数据处理主要取决于试验的目的，但首先应确定所获得的分析数据是否来自于一个总体，即是否存在应剔除的离群值。对于分析人员能确认的过失数据不在此范畴。离群值一般不能随便剔除，需用不同的统计检验方法多次检验，并由质控人员与分析人员共同分析研究后，才能决定取舍。常用的统计检验方法主要有以下三种。

（一）Dixon 检验法

用于检验试验室内重复或平行测定获得数据的一致性，判断它们是否来自于同一总体，从而决定数据的取舍。

一个实验室对同一试样重复测定 n 次，将这些数据从小到大依次排列成 X_1，X_2，…，X_{n-1}，X_n。按表 2-6-3 中的计算公式计算统计量 Q 值，根据 n 和显著性水平，由表 2-6-3 查出相应的临界值，若 Q 大于该临界值，则被检验的最大（或最小）数据为离群值，可考虑剔除。重复上述步骤再进行检验，直到没有离群值为止。

表 2-6-3 Dixon 检验统计量和临界值

测定次数 n	统计量计算式	显著性水平 α 0.10	0.05	0.01
3	$\gamma_{10}=\dfrac{(X_2-X_1)}{(X_n-X_1)}$	0.886	0.941	0.988
4	（最小值可疑）	0.679	0.765	0.889
5		0.557	0.642	0.780
6	$\gamma_{10}=\dfrac{(X_n-X_{n-1})}{(X_n-X_1)}$	0.482	0.560	0.698
7	（最大值可疑）	0.434	0.507	0.637
8	$\gamma_{11}=\dfrac{(X_2-X_1)}{(X_{n-1}-X_1)}$	0.479	0.554	0.683
9		0.441	0.512	0.635
10	$\gamma_{11}=\dfrac{(X_n-X_{n-1})}{(X_n-X_2)}$	0.409	0.477	0.597
11	$\gamma_{21}=\dfrac{(X_3-X_1)}{(X_{n-1}-X_1)}$	0.517	0.576	0.679
12		0.490	0.546	0.642
13	$\gamma_{21}=\dfrac{(X_n-X_{n-2})}{(X_n-X_2)}$	0.467	0.521	0.615
14		0.492	0.546	0.641
15	$\gamma_{22}=\dfrac{(X_3-X_1)}{(X_{n-2}-X_1)}$	0.472	0.525	0.616
16		0.454	0.507	0.595
17	$\gamma_{22}=\dfrac{(X_n-X_{n-2})}{(X_n-X_3)}$	0.438	0.490	0.577
18		0.424	0.475	0.561
19		0.412	0.462	0.547
20		0.401	0.450	0.535
21		0.391	0.440	0.524
22		0.382	0.430	0.514
23		0.374	0.421	0.505
24		0.367	0.413	0.497
25		0.360	0.406	0.489
26		0.354	0.399	0.486
27		0.348	0.393	0.475
28		0.342	0.387	0.469
29		0.337	0.381	0.463
30		0.332	0.376	0.457

（二）Cochran 检验法

用于各实验室测得数据的方差一致性检验，也叫最大方差检验法。方差也叫变动性，它的平方根就是标准偏差，它反映了一组数据的发散程度。因此，Cochran 检验法适用于检验对于不同的实验室分析同一样品，或用不同的分析方法分析同一样品所获得的数据是否属于等精度的测量值（变动性是否一致）。同时，也可看出哪个实验室或者哪种分析方法的精密度更差。

设有 m 个实验室分析同一样品，每个实验室进行 n 次重复测定，计算每个实验室 n 次重复测定的方差：S_1^2，S_2^2，…，S_i^2，…，S_m^2，其中的最大方差 S_{max}^2 与 m 个方差和之比：

$$C_{m,n}=S_{\max}^2/\sum_{i=1}^{m}S_i^2$$

若计算值 $C_{m,n}$ 大于给定显著性水平下的临界值（见表 2-6-4），则被检验的最大方差为离群值，可考虑剔除。重复上述步骤再进行检验，直到没有离群值为止。离群方差表明该实验室的测量重复性明显地比其他实验室差。但应特别注意，实际上不能轻易舍去具有离群方差的实验室的数据，而应查找原因，改进测定过程后，并做补充测定，重新进行检验。

表 2-6-4 Cochran 检验临界值表

m	n=2		n=3		n=4		n=5		n=6	
	0.01	0.05	0.01	0.05	0.01	0.05	0.01	0.05	0.01	0.05
2	–	–	0.995	0.975	0.979	0.939	0.959	0.906	0.937	0.877
3	0.993	0.967	0.942	0.871	0.883	0.798	0.834	0.746	0.793	0.707
4	0.968	0.906	0.864	0.768	0.781	0.684	0.721	0.629	0.676	0.590
5	0.928	0.841	0.788	0.684	0.696	0.598	0.633	0.544	0.588	0.506
6	0.883	0.781	0.722	0.616	0.626	0.532	0.564	0.480	0.520	0.445
7	0.838	0.727	0.664	0.561	0.568	0.480	0.508	0.431	0.466	0.397
8	0.794	0.680	0.615	0.516	0.438	0.467	0.425	0.391	0.403	0.360
9	0.754	0.638	0.573	0.478	0.481	0.403	0.425	0.358	0.387	0.329
10	0.718	0.602	0.536	0.445	0.447	0.373	0.393	0.331	0.357	0.303
11	0.684	0.570	0.504	0.417	0.418	0.348	0.366	0.308	0.332	0.281
12	0.653	0.541	0.475	0.392	0.392	0.326	0.343	0.288	0.310	0.262
13	0.624	0.515	0.450	0.371	0.369	0.307	0.322	0.271	0.291	0.246
14	0.599	0.492	0.427	0.352	0.349	0.291	0.304	0.255	0.274	0.232
15	0.575	0.471	0.407	0.335	0.332	0.276	0.288	0.242	0.259	0.220
16	0.553	0.452	0.388	0.319	0.316	0.262	0.274	0.230	0.246	0.208
17	0.532	0.434	0.372	0.305	0.301	0.250	0.261	0.219	0.234	0.198
18	0.514	0.418	0.356	0.293	0.288	0.240	0.249	0.209	0.223	0.189
19	0.496	0.403	0.343	0.281	0.276	0.230	0.238	0.200	0.214	0.181
20	0.480	0.389	0.330	0.270	0.265	0.220	0.229	0.192	0.205	0.174
21	0.465	0.377	0.318	0.261	0.255	0.212	0.220	0.185	0.197	0.167
22	0.450	0.365	0.307	0.252	0.246	0.204	0.212	0.178	0.189	0.160
23	0.437	0.354	0.297	0.243	0.238	0.197	0.204	0.172	0.182	0.155
24	0.425	0.343	0.287	0.235	0.230	0.191	0.197	0.166	0.176	0.149
25	0.413	0.334	0.278	0.228	0.222	0.185	0.190	0.160	0.170	0.144
26	0.402	0.325	0.270	0.221	0.215	0.179	0.184	0.155	0.164	0.140
27	0.391	0.316	0.262	0.215	0.209	0.173	0.179	0.150	0.159	0.135

m	n=2		n=3		n=4		n=5		n=6	
	0.01	0.05	0.01	0.05	0.01	0.05	0.01	0.05	0.01	0.05
28	0.382	0.308	0.255	0.209	0.202	0.168	0.173	0.146	0.154	0.131
29	0.372	0.300	0.248	0.203	0.196	0.164	0.168	0.142	0.150	0.127
30	0.363	0.293	0.241	0.198	0.191	0.159	0.164	0.138	0.145	0.124

（三）Grubbs 检验法

用于不同实验室或不同分析方法对同一样品测得数据的平均值的一致性检验，也可用于实验室内重复测定数据的一致性的检验。

设有 m 个实验室分析同一样品，每个实验室进行 n 次重复测定，计算每个实验室重复测定的平均值，并依从小到大的顺序排列：$\overline{X}_1$，$\overline{X}_2$,…$\overline{X}_i$,…，$\overline{X}_m$。将这些平均值作为一组新的数据，对这组数据进行平均值的一致性检验。首先算出总平均值和标准偏差，并找出最大值 $\overline{X}_{max}$ 和最小值 $\overline{X}_{min}$，统计量的计算公式为：

$$T_1=\frac{\overline{X}_{max}-\overline{\overline{X}}}{S_{\overline{X}}}$$

$$T_2=\frac{\overline{\overline{X}}-\overline{X}_{min}}{S_{\overline{X}}}$$

式中：$\overline{\overline{X}}=\sum_{i=1}^{m}\overline{X}_i/m$，$S_{\overline{X}}=\sqrt{\frac{\sum_{i=1}^{m}(\overline{X}_i-\overline{\overline{X}})^2}{m-1}}$

若计算的 T_1 或 T_2 值大于临界值（见表 2-6-5），则在给定的显著性水平下，$\overline{X}_{max}$ 或 $\overline{X}_{min}$ 是离群值，可考虑剔除。

表 2-6-5　Grubbs 检验的临界值表 T

m	显著性水平 α			
	0.05	0.025	0.01	0.005
3	1.153	1.155	1.155	1.155
4	1.463	1.481	1.492	1.496
5	1.672	1.715	1.749	1.764
6	1.822	1.887	1.944	1.973
7	1.938	2.020	2.097	2.139
8	2.032	2.126	2.221	2.274
9	2.110	2.215	2.323	2.387
10	2.176	2.290	2.410	2.482
11	2.234	2.355	2.485	2.564
12	2.285	2.412	2.550	2.636
13	2.331	2.462	2.607	2.699
14	2.371	2.507	2.659	2.755
15	2.409	2.549	2.705	2.806

m	显著性水平 α			
	0.05	0.025	0.01	0.005
16	2.443	2.585	2.747	2.852
17	2.475	2.620	2.785	2.894
18	2.504	2.651	2.821	2.932
19	2.532	2.681	2.854	2.968
20	2.557	2.709	2.884	3.001
21	2.580	2.733	2.912	3.031
22	2.603	2.758	2.939	3.060
23	2.624	2.781	2.963	3.087
24	2.644	2.802	2.987	3.112
25	2.663	2.822	3.009	3.135

六、数据剔除时应注意的问题

在一组分析数据中，由于实验条件和实验操作等难于重现，或在实验过程中出现差错、过失，或数据计算、记录时出现失误等方面的原因，有时个别数据与正常数据之间有显著的差别，此类数据统称为离群数据。因此，在分析处理和运用数据之前，往往要进行数据检验，以判断和剔除离群值。根据以往的工作经验，分析测试人员往往不经任何数据处理或检验，便将原始数据用于各种计算。或者某些监测站的质控人员完全按照数据处理的有关规定和计算公式，对原始数据进行机械地处理和检验，剔除提示的一切“异常值”。这两种情形都是不对或者说不科学的。

另外，由于原始实验结果的修约程度可以严重的影响分析结果的精密度，甚至“人为挑选或修饰”数据，使原始数据的标准差或极差变小，产生了失真。因此，在进行离群值的判定时应特别注意这一因素。尤其是质控人员，千万不能根据上述检验方法的结果，直接将参加检验的数据进行简单的剔除处理。而应与分析测试人员和其他相关的研究人员进行认真的分析研究，查找原因，并结合分析化学的基本常识，再决定取舍，这一点对于监测数据的处理，尤其是协作试验的数据处理至关重要。

1. 有效数字

表示测定结果应该用有效数字，能精确的表示数字的有效意义。一个有效数字其倒数的第二位以上的数字应该是可靠的，即是确定的数字。而末位每位数字是可疑的，即不确定的。所谓有效数字应该是由全部确定的和一位不确定的数字构成。因此，由有效数字表示的数据必然是近似值。那么，测定值的记录和报告必须按照有效数字的计算规则进行。

数字“0”的含义非常不确定，这主要与“0”在有效数字中的位置有关。当它用于指示小数点的位置，不表示测量的准确度时，不是有效数字。当它用于表示与准确度有关的数字时，即为有效数字。例如：

- 第一个非零数字前的“0”不是有效数字，例如：0.0456，仅有三位有效数字；0.006，仅有一位有效数字。
- 非零数字中的“0”是有效数字，例如：2.0076，有五位有效数字；6307，四位有效数字。

❖ 小数中最后一个非零数字后的“0”是有效数字，例如：2.7600，五位有效数字；0.760%，三位有效数字。

❖ 以零结尾的整数，有效数字的位数较难判断，例如：27600，可能是三位、四位或者五位。为了避免出现上述情况，建议根据有效数字的准确度改写成指数形式：例如：2.07×10^4，三位有效数字；2.700×10^4，四位有效数字。

2. 数字的修约规则

按 GB 8170—87《数值修约规则》的有关规定对监测数据进行修约，进舍规则如下：

（1）拟舍去数字的最左一位数字小于 5 时，则舍去，即保留的各位数字不变。

例如：将 12.1498 修约到一位小数，得 12.1。

例如：将 12.1498 修约成两位有效位数，得 12。

（2）拟舍去数字的最左一位数字大于 5，或者是 5，而其后跟有并非“0”的数字时，则进一，即保留的末数字加 1。

例如：将 1268 修约到“百”数位，得 13×10^2 或 1.3×10^3。

例如：将 1268 修约成三位有效位数，得 127×10 或 1.27×10^2。

例如：将 10.502 修约到个数位，得 11。

（3）拟舍去数字的最左一位数字为 5，而后面无数字或皆为“0”时，若保留的末位数字为奇数（1，3，5，7，9），则进一，为偶数（2，4，6，8，0），则舍去。

例如：修约间隔为 0.1（或 10^1），1.050 则修约为 1.0；0.350 修约为 0.4。

例如：将下列数字修约成两位有效位数，0.0325 则修约为 0.032；32500 修约为 3.2×10^4。

（4）负数修约时，先将它的绝对值按上述三条规定进行修约，然后在修约值前面加上负号。

（5）不许连续修约。拟修约数字应在确定修约位数后，一次修约获得结果，而不是多次按上述规定连续修约。

例如：修约间隔为 1（即修约到个数位），15.4546 正确的修约值为 15。不正确的做法为：15.4546→15.455→15.46→15.5→16。

（6）在具体工作中，测试或计算部门有时先将获得的数值按指定的修约位数多一位或几位数报出，而后由其他部门判定。为了避免产生连续修约的错误，应按下述步骤进行：

报出数值最后的非零数字为 5 时，应在数值后面加“(+)”或“(-)”或不加符号，分别表示该数字已进行过舍、进或未舍未进处理。

例如：16.50（+）表示实际值大于 16.50，经修约舍弃成为 16.50；16.50（-）表示实际值小于 16.50，经修约进一成为 16.50。

如果判定报出值需要进行修约，当拟舍弃数字的最左一位数字为 5，而后面无数字或皆为零时，数值后面有“(+)”号者进一，数值后面有“(-)” 号者舍去，其他仍按前述的规定进行修约。

例如：将下列数字修约到个数位后进行判定（报出值多留一位到一位小数）：

实测值：	15.4546	16.5203	17.5000	−15.4546
报出值：	15.5	16.5（+）	17.5	-（15.5（-））
修约值：	15	17	18	−15

3. 有效数字的计算规则

在进行数据计算时，应弃去多余的数字，一般采取“四舍六入五单双”的原则，或者说“4 要舍，6 要入，5 前单数要进一，5 前双数全舍光”，而不用“四舍五入”的方式。

- ❖ 对于多个数字（一般为 6 个以上）的一组数据，在进行平均值等计算时，可以保留两位可疑数字计算均值，然后再按“四舍六入五单双”的原则进行修约。
- ❖ 几个数字相加减时，有效数字位数的取舍，取决于绝对误差最大的一个数据的有效数据的位数。
- ❖ 几个数据相乘除时，得数的修约，以有效数字位数最少的数据为依据，或相对误差最大的为依据。在作乘除、开方、乘方运算时，若所得结果的第一位数字等于或大于 8，则其有效数字可多记一位。例如：经过乘除、开方、乘方运算后的结果前三位为 8.01，则计算结果的有效数字位数可增至四位。
- ❖ 在所有计算式中，常数 π 、 e 以及 $\sqrt{2}$ 、1/2 等系数的有效数字的位数，可以认为是无限的，即在计算中，需要几位就取几位。
- ❖ 在对数计算中，所取对数位数应与真数的有效数字位数一致。例如：pH12.25 和 $[H^+]=5.6\times10^4$mol 等，都是两位有效数字。也就是说，对数的有效数字位数，只计小数点以后的数字位数，不计对数的整数部分。

4. 数据记录规则

- ❖ 记录测量数据时，只保留一位可疑（不确定）数字。当用合格的计量器具称量物质或量取溶液时，有效数字可以记录到最小分度值，最多保留一位不确定数字。例如：用最小分度值为 0.1mg 的分析天平称量物质时，有效数字可以记录到小数点后第四位；用有分度标记的吸管或滴定管量取溶液时，读数的有效位数可达其最小分度后一位，保留一位不确定数字。
- ❖ 表示精密度通常只取一位有效数字。测定次数很多时，方可取两位有效数字，且最多只取两位。
- ❖ 在数值计算中，当有效数字位数确定之后，其余数字应按修约规则一律舍去。
- ❖ 在数值计算中，某些倍数、分数、不连续物理量的数目，以及不经测量而完全根据理论计算或定义得到的数值，其有效数字的位数可视为无限。这类数值在计算中，需要几位就可以写几位。
- ❖ 测量结果的有效数字所能达到的位数不能低于方法检出限的有效数字所能达到的数位。

七、空气中污染物浓度的表示方法

1. 空气体积的换算

（1）气体体积受气体温度和大气压力的影响，为了使采样体积和计算出的污染物浓度具有可比性，要将采样体积换算成标准状态（0℃，101.325kPa）下的采样体积，根据气体状态方程式，换算公式如下：

$$V_0 = V_t \times 273/(273+t) \times P/101.325$$

式中：V_0——标准状态下的采样体积，L 或 m^3；

V_t——温度 t 时的采样体积，L 或 m^3；

t——采样时的温度，℃；

P——采样时的大气压力，kPa。

（2）若用真空瓶采样，应预先记录下瓶内剩余压力，然后，再根据剩余压力换算出标准状况下的采气体积。

用开管压力计测量剩余压力时，换算公式为：

$$V_0 = V_t \times 273/(273+t) \times P_0 / 101.325$$

式中：V_0——采样瓶内的体积，L；

P_0——开管压力计读数，kPa。

用闭管压力计测量剩余压力时，换算公式为：

$$V_0 = V_t \times \frac{273}{273+t} \times \frac{P-P'}{101.325}$$

式中：P——采样地点的大气压，kPa；

P'——闭管压力计读数，kPa。

2. 气体污染物浓度的表示方法

空气中污染物的浓度是以单位体积内所含污染物的质量来表示，即毫克每立方米（mg/m^3）和微克每立方米（$\mu g/m^3$）。在实际工作中，大家往往习惯于用体积分数表示气体污染物浓度，即 ppm 或 ppb，它表示 1000000 单位体积空气中含气体污染物的体积数。两个单位可用以下公式互相换算：

$$C = C' \cdot M / 22.4$$

式中：C——以 mg/m^3 表示的气体污染物浓度；

C'——以 ppm 表示的气体污染物浓度；

M——污染物的分子量；

22.4——空气在标准状态下（0℃，101.325kPa）的平均摩尔体积。

3. 固体污染物浓度的表示方法

对于存在于颗粒物中的无机污染物，尤其是重金属元素，其浓度可用体积浓度，即毫克每立方米（mg/m^3）和微克每立方米（$\mu g/m^3$）表示。空气中悬浮颗粒物的成分，还可用单位质量颗粒物中所含某成分的质量数来表示，常用μg/g 或 ng/g。

主要参考文献

1. 国家环境保护局，等. 空气和废气监测分析方法. 北京：中国环境科学出版社，1990.
2. 吴鹏鸣等. 环境空气监测质量保证手册. 北京：中国环境科学出版社，1989.
3. 美国环境保护局. 任官平译. 降水测量系统质量保证手册. 北京：中国环境科学出版社，1991.
4. 崔九思，等. 大气污染监测方法（第二版）. 北京：化学工业出版社，1997.
5. 水池敦著. 李记欣译. 无机痕量分析的富集技术. 北京：中国环境科学出版社，1996.
6. 吴忠勇等. 环境监测综合技术概论. 北京：中国环境科学出版社，1992.
7. 潘秀荣. 分析化学准确的保证和评价. 北京：计量出版社，1985.
8. 韩永志. 标准物质手册. 北京：中国计量出版社，1998.
9. 中华人民共和国国家标准 GB/T15000.1~15000. 5—94 标准样品工作导则. 北京：中国标准出版社，1994.
10. 中国环境监测总站，等. 环境水质监测质量保证手册（第二版）. 北京：化学工业出版社，1994.
11. 中华人民共和国国家标准 GB 8170—87 数据修约规则. 北京：中国标准出版社，1988.

第三篇　空气质量监测

第一章 气态无机污染物

一、二氧化硫

测定环境空气中二氧化硫的方法有甲醛缓冲溶液吸收-盐酸副玫瑰苯胺分光光度法（简称甲醛法）、四氯汞钾溶液吸收-盐酸副玫瑰苯胺分光光度法（简称四氯汞钾法）及定电位电解法。经国内23个实验室验证，甲醛法与四氯汞钾法的精密度、准确度、选择性和检出限相近，但甲醛法避免了使用毒性大的含汞吸收液，目前多被采用。定电位电解法简便、快速，重复性好，能进行连续监测，并且可与计算机联机进行数据处理与传输。

（一）甲醛缓冲溶液吸收-盐酸副玫瑰苯胺分光光度法（A）

1. 原理

二氧化硫被甲醛缓冲溶液吸收后，生成稳定的羟基甲磺酸加成化合物。在样品溶液中加入氢氧化钠使加成化合物分解，释放出的二氧化硫与盐酸副玫瑰苯胺、甲醛作用，生成紫红色化合物，根据颜色深浅，用分光光度计在577nm处进行测定。

本方法的主要干扰物为氮氧化物、臭氧及某些重金属元素。加入氨磺酸钠可消除氮氧化物的干扰；采样后放置一段时间可使臭氧自行分解；加入磷酸及环己二胺四乙酸二钠盐可以消除或减少某些金属离子的干扰。在10ml样品中存在50μg钙、镁、铁、镍、锰、铜等离子及5μg二价锰离子时不干扰测定。

本方法适宜测定浓度范围为0.003～1.07mg/m^3。最低检出限为0.2μg/10ml（按$2\sqrt{2}t_f \cdot S_{wb}$相对应的浓度值计）。当用10ml吸收液采气样10L时，最低检出浓度为0.02mg/m^3；当用50ml吸收液，24h采气样300L取出10ml样品测定时，最低检出浓度为0.003mg/m^3。

2. 仪器

①空气采样器：用于短时间采样的空气采样器，流量范围0～1L/min；用于24h连续采样的空气采样器应具有恒温、恒流、计时、自动控制仪器开关的功能，流量范围0.2～0.3L/min。

各类采样器均应定期在采样前进行气密性检查和流量校准。吸收瓶的阻力和吸收效率应满足相应的技术要求。

（A）本方法与GB/T 15262－94等效。

②分光光度计：可见光波长范围 380～780nm。

③多孔玻板吸收管：10ml 的多孔玻板吸收管用于短时间采样；50ml 的多孔玻板吸收管用于 24h 连续采样。

④恒温水浴器：广口冷藏瓶内放置圆形比色管架，插一支长约 150mm，0～40℃的酒精温度计，其误差应不大于 0.5℃。

⑤具塞比色管：10ml。

3. 试剂

①试验用蒸馏水及其制备：水质应符合实验室用水质量二级水（或三级水）的指标。可用蒸馏、反渗透或离子交换方法制备。

②环己二胺四乙酸二钠溶液 *C*（CDTA-2Na）=0.050mol/L：称取 1.82g 反式-1，2-环己二胺四乙酸（(trans-1，2-Cyclohexylenedinitrilo) tetraacetic acid，简称 CDTA），加入 1.50mol/L 的氢氧化钠溶液 6.5ml，溶解后用水稀释至 100ml。

③甲醛缓冲吸收液贮备液：吸取 36%～38%的甲醛溶液 5.5ml，0.050mol/L 的 CDTA-2Na 溶液 20.0ml；称取 2.04g 邻苯二甲酸氢钾，溶解于少量水中；将三种溶液合并，用水稀释至 100ml，贮于冰箱，可保存 10 个月。

④甲醛缓冲吸收液：用水将甲醛缓冲吸收液贮备液稀释 100 倍而成，此吸收液每毫升含 0.2mg 甲醛，临用现配。

⑤氢氧化钠溶液 *C*（NaOH）=1.50mol/L。

⑥0.60%（*m/V*）氨磺酸钠溶液：称取 0.60g 氨磺酸（H_2NSO_3H）于烧杯中，加入 1.50mol/L 氢氧化钠溶液 4.0ml，搅拌至完全溶解后稀释至 100ml，摇匀。此溶液密封保存可使用 10d。

⑦碘贮备液 *C*（$1/2I_2$）=0.10mol/L：称取 12.7g 碘（I_2）于烧杯中，加入 40g 碘化钾和 25ml 水，搅拌至完全溶解后，用水稀释至 1000ml，贮于棕色细口瓶中。

⑧碘使用液 *C*（$1/2I_2$）=0.05mol/L：量取碘贮备液 250ml，用水稀释至 500ml，贮于棕色细口瓶中。

⑨0.5%（*m/V*）淀粉溶液：称取 0.5g 可溶性淀粉，用少量水调成糊状，慢慢倒入 100ml 沸水中，继续煮沸至溶液澄清，冷却后贮于试剂瓶中。临用现配。

⑩碘酸钾标准溶液 *C*（$1/6KIO_3$）=0.1000mol/L：称取 3.5667g 碘酸钾（KIO_3，优级纯，经 110℃干燥 2h）溶解于水，移入 1000ml 容量瓶中，用水稀释至标线，摇匀。

⑪盐酸溶液（1+9）。

⑫硫代硫酸钠贮备液 *C*（$Na_2S_2O_3$）=0.10mol/L：称取 25.0g 硫代硫酸钠（$Na_2S_2O_3 \cdot 5H_2O$），溶解于 1000ml 新煮沸并已冷却的水中，加入 0.20g 无水碳酸钠（Na_2CO_3），贮于棕色细口瓶中，放置一周后备用。如溶液呈现混浊，必须过滤。

⑬硫代硫酸钠标准溶液 *C*（$Na_2S_2O_3$）=0.05mol/L：取 250.0ml 硫代硫酸钠贮备液，置于 500ml 容量瓶中，用新煮沸并已冷却的水稀释至标线，摇匀。

标定方法：吸取三份 0.1000mol/L 碘酸钾标准溶液 10.00ml 分别置于 250ml 碘量瓶中，加入 70ml 新煮沸并已冷却的水，加入 1g 碘化钾，摇匀至完全溶解后，加入（1+9）盐酸溶液 10ml，立即盖好瓶塞，摇匀。于暗处放置 5min 后，用硫代硫酸钠标准溶液滴定溶液至浅黄色，加入 2ml 淀粉溶液，继续滴定溶液至蓝色刚好褪去为终点。硫代硫酸钠标准溶液的浓度按下式计算：

$$C=\frac{0.1000\times 10.00}{V}$$

式中：C——硫代硫酸钠标准溶液的浓度，mol/L；

V——滴定所消耗硫代硫酸钠标准溶液的体积，ml。

⑭0.05%（m/V）乙二胺四乙酸二钠盐（Na_2EDTA）溶液：称取 0.25g Na_2EDTA（$C_{10}H_{14}N_2O_8Na_2\cdot 2H_2O$），溶解于 500ml 新煮沸但已冷却的水中，临用现配。

⑮二氧化硫标准溶液：称取 0.200g 亚硫酸钠（Na_2SO_3），溶解于 200ml Na_2EDTA 溶液中，缓缓摇匀以防充氧，使其溶解。放置 2～3h 后标定。此溶液每毫升相当于 320～400μg 二氧化硫。

标定方法：吸取三份 20.00ml 二氧化硫标准溶液，分别置于 250ml 碘量瓶中，加入 50ml 新煮沸但已冷却的水，20.00ml 碘使用液及 1ml 冰乙酸，盖塞，摇匀。于暗处放置 5min 后，用硫代硫酸钠标准溶液滴定溶液至浅黄色，加入 2ml 淀粉溶液，继续滴定至溶液蓝色刚好褪去为终点。记录滴定硫代硫酸钠标准溶液的体积 V。

另取三份 Na_2EDTA 溶液 20.00ml，用同法进行空白试验。记录滴定硫代硫酸钠标准溶液的体积 V_0。

平行样滴定所耗硫代硫酸钠体积之差不应大于 0.04ml，取其平均值。二氧化硫标准溶液的浓度按下式计算：

$$C=\frac{(V_0-V)\times C(Na_2S_2O_3)\times 32.02}{20.00}\times 1000$$

式中：C——二氧化硫标准溶液的浓度，μg/ml；

V_0——空白滴定所耗硫代硫酸钠标准溶液的体积，ml；

V——二氧化硫标准溶液滴定所耗硫代硫酸钠标准溶液的体积，ml；

C（$Na_2S_2O_3$）——硫代硫酸钠标准溶液的浓度，mol/L；

32.02——二氧化硫（$1/2SO_2$）的摩尔质量。

在标定出准确浓度后，立即用甲醛缓冲吸收液稀释为每毫升含 10.00μg 二氧化硫的标准溶液。临用时再用此吸收液稀释为每毫升含 1.00μg 二氧化硫的标准使用溶液。此溶液在冰箱中 5℃保存，可稳定 1 个月。

⑯0.20%（m/V）盐酸副玫瑰苯胺（pararosaniline 简称 PRA，即副品红、对品红）贮备液：盐酸副玫瑰苯胺的提纯方法及纯度质量检验应达到的指标见附录 A。

⑰0.05%（m/V）盐酸副玫瑰苯胺使用溶液：吸取 0.20% PRA 贮备液 25.00ml 于 100ml 容量瓶中，加入 85%的浓磷酸 30ml，浓盐酸 12ml，用水稀释至标线，摇匀。放置过夜后使用，避光密封保存。

4. 采样

①短时间采样：根据环境空气中二氧化硫浓度的高低，采用内装 10ml 吸收液的 U 型玻板吸收管，以 0.5L/min 的流量采样，采样时吸收液温度应保持在 23～29℃范围内。

②24h 连续采样：用内装 50ml 吸收液的多孔玻板吸收瓶，以 0.2～0.3L/min 的流量连续采样 24h，采样时吸收液温度应保持在 23～29℃范围内。

放置在室（亭）内的 24h 连续采样器，进气口应连接符合要求的空气质量采样管路系统，以减少二氧化硫气样进入吸收管前的损失。

样品的采集、运输和贮存的过程中应避光。当气温高于30℃时，采样后如不能当天测定，可将样品溶液贮于冰箱。

5. 步骤

（1）标准曲线的绘制

取14支10ml具塞比色管，分A、B两组，每组7支，分别对应编号，A组按表3-1-1配制标准系列。

表3-1-1　二氧化硫标准系列

管　号	0	1	2	3	4	5	6
二氧化硫标准使用液(ml)	0	0.50	1.00	2.00	5.00	8.00	10.00
甲醛缓冲吸收液(ml)	10.00	9.50	9.00	8.00	5.00	2.00	0
二氧化硫含量(μg)	0	0.50	1.00	2.00	5.00	8.00	10.00

B组各管加入0.05% PRA使用溶液1.00ml，A组各管分别加入0.06%氨磺酸钠溶液0.5ml和1.50mol/L氢氧化钠溶液0.5ml，混匀。再逐管迅速将溶液全部倒入对应编号并装PRA使用溶液的B管中，立即具塞摇匀后放入恒温水浴中显色。显色温度与室温之差应不超过3℃，根据不同季节和环境条件按表3-1-2选择显色温度与显色时间。

表3-1-2　二氧化硫显色温度与时间对照表

显色温度(℃)	10	15	20	25	30
显色时间(min)	40	25	20	15	5
稳定时间(min)	35	25	20	15	10
试剂空白吸光度(A_0)	0.030	0.035	0.040	0.050	0.060

在波长577nm处，用1cm比色皿，以水为参比，测定吸光度。

用最小二乘法计算标准曲线的回归方程式：

$$y = bx + a$$

式中：y——标准溶液吸光度A与试剂空白吸光度A_0之差$(A-A_0)$；

x——二氧化硫含量，μg；

b——回归方程式的斜率，$A/\mu g \cdot SO_2/12ml$；

a——回归方程式的截距（一般要求小于0.005）。

本方法标准曲线斜率为0.044±0.002。试剂空白吸光度A_0在显色规定条件下波动范围不超过±15%。正确掌握其显色温度、显色时间，特别在25～30℃条件下，严格控制反应条件是实验成败的关键。

（2）样品测定

所采集的环境空气样品溶液中如有混浊物，则应离心分离除去。样品放置20min，以使臭氧分解。

①短时间采样：将吸收管中样品溶液全部移入10ml比色管中，用少量甲醛缓冲吸收液洗涤吸收管，倒入比色管中，并用吸收液稀释至10ml标线。加入0.60%氨磺酸钠溶液0.50ml，摇匀。放置10min以除去氮氧化物的干扰，以下步骤同标准曲线的绘制。

②连续24h采样：将吸收瓶中样品溶液移入50ml比色管（或容量瓶）中，用少量甲醛

缓冲吸收液洗涤吸收瓶，洗涤液并入样品溶液中，再用吸收液稀释至标线。吸取适量样品溶液(视浓度高低而决定取 2～10ml)于 10ml 比色管中，再用吸收液稀释至标线，加入 0.60%氨磺酸钠溶液 0.50ml，混匀。放置 10min 以除去氮氧化物的干扰，以下步骤同标准曲线的绘制。

6. 计算

$$二氧化硫(SO_2, mg/m^3) = \frac{A - A_0}{V_s \cdot b} \times \frac{V_t}{V_a}$$

式中：A——样品溶液的吸光度；

A_0——试剂空白溶液的吸光度；

b——回归方程的斜率，$A/\mu g \cdot SO_2/12ml$；

V_t——样品溶液总体积，ml；

V_a——测定时所取样品溶液体积，ml；

V_s——换算成标准状况下（0℃，101.325kPa）的采样体积，L。

二氧化硫浓度计算结果应精确到小数点后第三位。

7. 说明

①环境空气样品采样时吸收液温度应保持在 23～29℃。此温度范围二氧化硫吸收效率为 100%，10～15℃时吸收效率比 23～29℃时低 5%，高于 33℃及低于 9℃时，比 23～29℃时吸收效率低 10%。

②进行 24h 连续采样时，进气口为倒置的玻璃或聚乙烯漏斗，以防止雨、雪进入。漏斗不要紧靠近采气管管口，以免吸入部分从监测亭排出的气体。若监测亭内温度高于气温，采气管形成“烟囱”，排出的气体中包括从采样泵排出的气体，会使测定结果偏低。

二氧化硫气体易溶于水，空气中水蒸气冷凝在进气导管管壁上，会吸附、溶解二氧化硫，使测定结果偏低。进气导管内壁应光滑，吸附性小，应采用聚四氟乙烯管。为避光，导气管外可用绝缘材料（例如蛇行塑料管）保护。进气口与吸收瓶间的导气管应尽量的短，最长不得超过 6m。导气管自上而下连接吸收瓶管口，安装中不可弯曲打结，以免积水。导气管与吸收瓶接连处采用导管内插外套法连接，即将聚四氟乙烯管插入吸收瓶进气口内，用聚四氟乙烯生胶带缠好，接口处再套一小段乳胶管，不得用乳胶管直接连接。

导气管应定期清洗，以除去尘埃及雾滴。每个采样点宜配备两根导气管交替使用。导气管使用前用（1+4）盐酸溶液、水、乙醇依次冲洗，通清洁、干燥空气吹干备用。清洗周期视当地空气含尘量及相对湿度而定。

采气管上端装一防护罩，以防雨雪和粗大尘粒随空气一起被吸入。采气管不得有急转弯或呈直角、锐角的弯曲，并尽可能短。其结构应便于管道的清洗，每年至少清洗 1～3 次。

③多孔玻板吸收瓶（管）的阻力应为 6.0kPa±0.6kPa（45mmHg±5mmHg）。要求玻板 2/3 面积上发泡微细而且均匀，边缘无气泡逸出（若玻板与管壁连接处未封闭完全，边缘处会逸出大气泡）。

④采样时应注意检查采样系统的气密性、流量、恒温温度，及时更换干燥剂及限流孔前的过滤膜，用皂膜流量计校准流量，做好采样记录。

⑤显色温度、显色时间的选择及操作时间的掌握是本实验成败的关键。应根据实验室条件、不同季节的室温选择适宜的显色温度及时间。操作中严格控制各反应条件。当在 25～

30℃显色时，不要超过颜色的稳定时间，以免测定结果偏低。

⑥显色反应需在酸性溶液中进行，应将含样品（或标准）溶液、吸收液的 A 组管溶液迅速倒入装有强酸性的 PRA 使用液的 B 组管中，使混合液在瞬间呈酸性，以利反应的进行，倒完控干片刻，以免影响测定的精密度。

⑦在分析环境空气样品时，PRA 溶液的纯度对试剂空白液的吸光度影响很大。用本法提纯 PRA，试剂空白值显著下降。可使用精制的商品 PRA 试剂。

⑧氢氧化钠固体试剂及溶液易吸收空气中二氧化硫，使试剂空白值升高，应密封保存。显色用各试剂溶液配制后最好分装成小瓶使用，操作中注意保持各溶液的纯净，防止“交叉污染”。

⑨因六价铬能使紫红色化合物褪色，使测定结果偏低，故应避免用硫酸-铬酸洗液洗涤玻璃仪器。若已洗，可用（1+1）盐酸溶液浸泡 1h 后，用水充分洗涤，烘干备用。

⑩用过的比色皿及比色管应及时用酸洗涤，否则红色难于洗净。具塞比色管用（1+1）盐酸溶液洗涤，比色皿用（1+4）盐酸溶液加 1/3 体积乙醇的混合液洗涤。

⑪本方法测定环境空气中二氧化硫的标准曲线，线性很好，通过坐标原点，在低浓度的曲线下端未见明显弯曲（即无拐点）。为此，当 $y=A-A_0$ 计算时，零点（0，0）应参加回归计算，即 $n=7$。

理论上回归线应通过坐标原点，即截距 a 等于零，在实际操作中由于存在随机误差，一般情况下截距 a 不等于零。各测点，尤其是高浓度测点的波动，影响曲线的走向，使之偏离坐标原点。

当 $|a|<0.003$ 时，a 值可作零处理，回归方程式 $y=bx+a$ 可简化为 $y=bx$，采用通过原点、与回归线平行的直线来估算测定结果。这样计算方法简单，可不必建立无截距经验方程式，但测定结果较用回归方程式计算时略微偏高（当 a 为正值时）或偏低（当 a 为负值时），影响很小，可以忽略。

一般情况下，本方法标准曲线的剩余标准差为 0.002～0.007，对应的相关系数 r 为 0.9999～0.999。在这种情况下，当 $0.003\leqslant|a|\leqslant0.008$ 时，截距 a 也可以作零处理，但应建立无截距经验方程：$y=b'x$，其中 $b'=\bar{y}/\bar{x}$，相当于通过原点与均值点（$\bar{x},\bar{y}$）作一条与回归线相交的直线。从原点（0，0）到均值点（$\bar{x},\bar{y}$）一段直线，适合用于估算低浓度样品的测定结果，取 b'的倒数为样品测定的校正因子 B_s'，用于样品溶液吸光度低于均值点吸光度（$\bar{y}+A_0$，约为 0.18～0.20）的情况，计算方法简单，样品溶液吸光度低时不致出现负值结果。当样品溶液吸光度高于均值点吸光度时，仍以采用回归方程式 $y=bx+a$ 估算测定结果为宜，即 $x=[(A-A_0)-a]/b$。

⑫精密度和准确度：10 个实验室对浓度为 0.101μg/ml 和 0.515μg/ml 的二氧化硫统一样品进行了浓度测定。

精密度：重复性相对标准偏差，分别小于 3.5%和 1.4%；

再现性相对标准偏差，分别小于 6.2%和 3.8%。

准确度：实际样品加标回收率，105 个样品浓度在 0.01～0.170μg/ml 的实际样品的加标回收率为 96.8%～108.2%。

附录A

盐酸副玫瑰苯胺提纯及质量检验方法

1. PRA 试剂提纯方法

取正丁醇和 1mol/L 盐酸溶液各 500ml，放入 1000ml 分液漏斗中盖塞振摇 3min，使其互溶达到平衡，静置 15min，待完全分层后，将下层水相（盐酸溶液）和上层有机相（正丁醇）分别转入试剂瓶中备用。称取 0.100g 副玫瑰苯胺放入小烧杯中，加平衡过的 1mol/L 盐酸溶液 40ml，用玻璃棒搅拌至完全溶解后，转入 250ml 分液漏斗中，再用平衡过的正丁醇 80ml 分数次洗涤小烧杯，洗液并入分液漏斗中。盖塞，振摇 3min，静置 5min，待完全分层后，将下层水相转入另一 250ml 分液漏斗中，再加 80ml 平衡过的正丁醇，按上述操作萃取。按此操作每次用 40ml 平衡过的正丁醇重复萃取 9～10 次后，将下层水相滤入 50ml 容量瓶中，并用 1mol/L 盐酸溶液稀释至标线，混匀。此 PRA 贮备液浓度约为 0.20%，呈桔黄色。

2. PRA 试剂质量检验方法

①贮备液的检验：吸取 1.00ml 盐酸副玫瑰苯胺贮备液于 100ml 容量瓶中，用水稀释至标线，摇匀。取此稀释液 5.00ml 于 50ml 容量瓶中，加入 1.0mol/L 乙酸-乙酸钠溶液 5.00ml，用水稀释至标线，摇匀。1h 后测定光谱吸收曲线，在波长 540nm 处有最大吸收峰。

1.0mol/L 乙酸-乙酸钠溶液：称取 13.6g 乙酸钠（$CH_3COONa \cdot 3H_2O$）溶于水，移入 100ml 容量瓶中，加入 5.7ml 冰乙酸，用水稀释至标线，摇匀。此溶液 pH 值为 4.7。

②使用液的检验：用 0.2g/100ml PRA 贮备液配制的 0.05g/100ml PRA 使用溶液，同绘制标准曲线的方法，在波长 577nm 处，用 1cm 比色皿，测定试剂空白溶液的吸光度应不超过以下数据：10℃，0.030A；20℃，0.040A；25℃，0.050A；30℃，0.060A。

在给定的条件下，标准曲线的斜率为（0.044±0.002）A/μg · SO_2/12ml。

（二）四氯汞钾溶液吸收-盐酸副玫瑰苯胺分光光度法（A）

1. 原理

二氧化硫被四氯汞钾溶液吸收后，生成稳定的二氯亚硫酸盐络合物，再与甲醛及盐酸副玫瑰苯胺作用，生成紫红色络合物，根据颜色深浅，用分光光度法测定。

主要干扰物质为氮氧化物、臭氧、锰、铁、铬等。加入氨基磺酸铵可消除氮氧化物的干扰，采样后放置一段时间可使臭氧自行分解，加入磷酸和乙二胺四乙酸二钠盐可以消除或减小某些重金属的干扰。

本法检出限为 0.15μg/5ml（按 $2\sqrt{2}\, t_f \cdot S_{wb}$ 计，见说明⑥），当采样体积为 10L 时，最低检出浓度为 0.015mg/m^3。

2. 仪器

①多孔玻板吸收管（用于短时间采样）；多孔玻板吸收瓶，75～125ml（用于 24h 采样）。

②空气采样器：流量 0～1L/ min。

③分光光度计。

3. 试剂

①0.04mol/L 四氯汞钾（TCM）吸收液：称取 10.9g 氯化汞（$HgCl_2$）、6.0g 氯化钾和 0.070g

---

（A）本方法与 GB 8970－88 等效。

乙二胺四乙酸二钠盐（Na_2-EDTA），溶解于水，稀释至1000ml。此溶液在密闭容器中贮存，可稳定6个月。如发现有沉淀，不可再用。

②2.0g/L甲醛溶液：量取36%～38%甲醛溶液1.1ml，用水稀释至200ml，临用现配。

③6.0g/L氨基磺酸铵溶液：称取0.60 g氨基磺酸铵（$NH_4SO_3NH_2$），溶解于100ml水中，临用现配。

④碘贮备液C（$1/2I_2$）=0.10mol/L：称取12.7g碘于烧杯中，加入40g碘化钾和25ml水，搅拌至全部溶解后，用水稀释至1000ml，贮于棕色细口瓶中。

⑤碘使用液C（$1/2I_2$）=0.010mol/L：量取50ml碘贮备液，用水稀释至500ml，贮于棕色细口瓶中。

⑥2g/L淀粉指示剂：称取0.20g可溶性淀粉，用少量水调成糊状物，慢慢倒入100 ml沸水中，继续煮沸直到溶液澄清，冷却后贮于细口瓶中，临用现配。

⑦3.0g/L碘酸钾标准溶液：称取约1.5g碘酸钾（KIO_3，优级纯，110℃烘干2h），准确到0.0001g，溶解于水，移入500ml容量瓶中，用水稀释至标线。

⑧盐酸溶液（1+9）（V/V）：量取100ml浓盐酸，用水稀释至1000ml。

⑨硫代硫酸钠溶液C（$Na_2S_2O_3$）=0.10mol/L：称取25.0g硫代硫酸钠（$Na_2S_2O_3 \cdot 5H_2O$），溶解于1000ml新煮沸并已冷却的水中，加0.20g无水碳酸钠，贮于棕色细口瓶中，放置一周后标定其浓度，若溶液呈浑浊时，应该过滤。

标定方法：见本节方法（一）。

⑩硫代硫酸钠标准溶液C（$Na_2S_2O_3$）=0.01mol/L：取50.00 ml标定过的0.1 mol/L硫代硫酸钠溶液，置于500 ml容量瓶中，用新煮沸并已冷却的水稀释至标线。

⑪二氧化硫标准溶液：称取0.20g亚硫酸钠（Na_2SO_3）及0.010g Na_2-EDTA，溶解于200ml新煮沸并已冷却的水中，轻轻摇匀（避免振荡，以防充氧）。放置2～3h后标定。此溶液每毫升相当于含320～400μg二氧化硫。

标定方法：见本节方法（一）。

根据计算的二氧化硫标准溶液浓度，用四氯汞钾吸收液稀释成每毫升含2.00μg二氧化硫的标准使用液，此溶液用于绘制标准曲线，在冰箱中保存，可稳定20d。

⑫0.2%盐酸副玫瑰苯胺（PRA，即对品红）贮备液：称取0.20g经提纯的对品红，溶解于1.0mol/L盐酸溶液100ml。

⑬磷酸溶液C（H_3PO_4）=3mol/L：量取41ml 85%的磷酸，用水稀释至200ml。

⑭0.016%对品红使用液：吸取0.2%对品红贮备液20.00ml于250ml容量瓶中，加3mol/L磷酸溶液200ml，用水稀释至标线。至少放置24h方可使用。存于暗处，可稳定9个月。

4. 采样

短时间采样，用一个内装5 ml四氯汞钾吸收液的多孔玻板吸收管，以0.5L/min流量采气10～20L。测定24h平均浓度时，用50ml吸收液，流量为0.2L/min，10～16℃恒温采样。

5. 步骤

①标准曲线的绘制：取八支10ml具塞比色管，按表3-1-3配制标准系列。

在以上各管中加入6.0g/L氨基磺酸铵溶液0.50ml，摇匀。再加2.0g/L甲醛溶液0.50ml及0.016%对品红使用液1.50ml，摇匀。当室温为15～20℃时，显色30min；室温为20～

25℃时，显色 20min；室温为 25～30℃时，显色 15min。用 1cm 比色皿，于波长 575nm 处，以水为参比，测定吸光度。以吸光度对二氧化硫含量（μg），用最小二乘法计算回归方程式或绘制标准曲线。

表 3-1-3 二氧化硫标准系列

管 号	0	1	2	3	4	5	6	7
(2.00μg/ml)二氧化硫标准使用液(ml)	0	0.60	1.00	1.40	1.60	1.80	2.20	2.70
四氯汞钾吸收液(ml)	5.00	4.40	4.00	3.60	3.40	3.20	2.80	2.30
二氧化硫含量(μg)	0	1.20	2.00	2.80	3.20	3.60	4.40	5.40

②样品测定：样品中若有浑浊物，应离心分离除去。样品放置 20min，以使臭氧分解。

短时间采样样品：将吸收管中的吸收液全部移入 10 ml 具塞比色管，用少量水洗涤吸收管并入具塞比色管中，定容为 5.00ml，加 6.0g/L 氨基磺酸铵溶液 0.50ml，摇匀。放置 10min 以去除氮氧化物的干扰，以下步骤同标准曲线的绘制。

24h 采样样品：将样品溶液移入 50ml 容量瓶中，用少量水冲洗吸收瓶，使样品溶液总体积为 50.0ml，摇匀。吸取适量样品溶液置于 10ml 具塞比色管中，用吸收液定容为 5.00ml。以下步骤同短时间样品测定。

6. 计算

$$\text{二氧化硫}(SO_2, mg/m^3) = \frac{W}{V_n} \times \frac{V_t}{V_a}$$

式中：W——测定时所取样品溶液中二氧化硫含量，μg；

V_t——样品溶液总体积，ml；

V_a——测定时所取样品溶液体积，ml；

V_n——标准状态下的采样体积，L。

7. 说明

①温度对显色有影响，温度越高，空白值越大。温度高时发色快，褪色也快，最好使用恒温水浴控制显色温度。

②因六价铬能使紫红色络合物褪色，产生负干扰，故应避免用硫酸-铬酸洗液洗涤玻璃器皿。若已用硫酸-铬酸洗液洗过，则需用（1＋1）盐酸溶液浸洗，再用水充分洗涤，以将六价铬洗净。

③用过的具塞比色管及比色皿应及时用酸洗涤，否则红色难于洗净。具塞比色管用（1＋4）盐酸溶液洗涤，比色皿用（1＋4）盐酸加 1/3 体积乙醇的混合液洗涤。

④0.2%盐酸副玫瑰苯胺溶液已有经提纯合格的产品出售，可直接购买使用。

⑤四氯汞钾溶液为剧毒试剂，使用时应小心，如溅到皮肤上，立即用水冲洗。使用过的废液要集中回收处理，以免污染环境。

含四氯汞钾废液的处理方法：在每升废液中加约 10 g 碳酸钠至中性，再加 10g 锌粒。在黑布罩下搅拌 24h 后，将清液倒入玻璃缸，滴加饱和硫化钠溶液，至不再产生沉淀为止。弃去溶液，将沉淀物转入一适当的容器里。此方法可以除去废液中 99%的汞。

⑥检出限按与 $2\sqrt{2}t_f \cdot S_{wb}$ 相对应的浓度计，其中 t_f 为单侧概率水平为 0.05，自由度为 f 的 t 分布临界值，S_{wb} 为 11 个实验室各 10 次试剂空白吸光度测定值批内标准偏差。

⑦17 个实验室分析含相当于 0.9～1.2μg/ml 二氧化硫的加标气样溶液(用四氯汞钾溶液采集空气样品后，加入亚硫酸钠标准溶液)，单个实验室的相对标准偏差不超过 9.0%，回收率为 93%～111%。18 个实验室分析含相当于 4.8～5.0μg/ml 二氧化硫的加标气样溶液，单个实验室的相对标准偏差不超过 6.6%，16 个实验室回收率为 94.4%～106.2%。

⑧24 个实验室二氧化硫标准曲线的斜率在 0.073～0.082 之间，平均值为 0.0775，相对标准偏差不超过 3.3%。

⑨汞是剧毒物质，有条件采用其它方法的尽量不用此法。

（三）紫外荧光法（B）

见本篇第四章空气质量连续自动监测系统，按仪器使用说明书操作。

（四）定电位电解法（C）

1. 原理

定电位电解传感器主要由电解槽、电解液和电极组成，传感器的三个电极分别称为敏感电极（sensing electrode）、参比电极（reference electrode）和对电极（counter electrode），简称 S、R、C。定电位电解传感器结构如图 3-1-1 所示。

传感器的工作过程为：被测气体由进气孔通过渗透膜扩散到敏感电极表面，在敏感电极、电解液、对电极之间进行氧化反应，参比电极在传感器中不暴露在被分析气体之中，用来为电解液中的工作电极提供恒定的电化学电位。被测气体通过渗透膜进入电解槽，传感器电解液中扩散吸收的二氧化硫发生以下氧化反应：

$$SO_2 + 2H_2O \longrightarrow SO_4^{2-} + 4H^+ + 2e$$

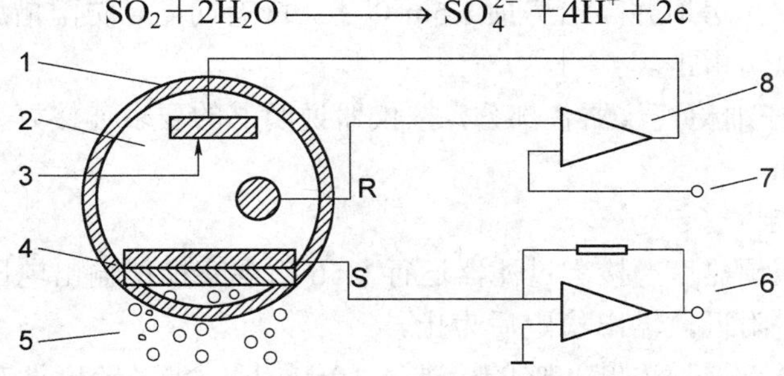

图 3-1-1 定电位电解传感器结构图

1—电解槽；2—电解液；3—电极；4—过滤层；
5—被测气体；6—信号输出；7—基准电位；8—放大器

与此同时产生对应的极限扩散电流 i，在一定范围内其大小与二氧化硫浓度成正比，即：

$$i = \frac{Z \cdot F \cdot S \cdot D}{\delta} \times C$$

式中：Z——电子转移数；

F——法拉第常数；

S——气体扩散面积；

D——扩散常数；

δ——扩散层厚度；

C——二氧化硫浓度。

在一定工作条件下，Z、F、S、D 和 δ 均为常数。因此，电化学反应中流向工作电极的极限扩散电流 i 与被测的二氧化硫浓度 C 成正比。

被测气体中的尘和水分容易在渗透膜表面凝结，影响其透气性。在使用本方法时应对被测气体中的尘和水分进行预处理。

本方法检出限：1ppb（0.003mg/m^3）；

测定范围：1ppb～2ppm（0.003～6mg/m^3）。

2. 仪器

定电位电解二氧化硫分析仪。

仪器技术指标：

响应时间：＜180s

精　　度：≤±2%F.S.　　线　　性：≤±2%F.S.

零点漂移：≤±2%F.S.　　跨度漂移：≤±2%F.S.

输出方式：4～20mA　　环境温度：0～45℃

工作方式：连续　　采样流量：350ml/min

3. 试剂

二氧化硫渗透管或二氧化硫标准气体。

4. 采样前的准备

（1）采样器安装要求

采样器一般安装在房顶并高出房顶 1.5m 以上，应有防尘、防雨措施，附近还应设有比采样头高的避雷针以防雷击。

（2）开机之前仔细检查仪器各部分，按仪器说明书的要求连接好气路和电路。接通电源，仪器预热约 1.5h。

（3）调零与标定

①调零：仪器经预热后，接零过滤器运行 0.5h 后观察模拟输出电压值，调整零点调节钮，使其输出值在零附近，输出稳定后为止。

②标定：仪器通入量程浓度 80%的标准气 10min 后，调节跨度调节钮，使仪器输出值与标气浓度值相符。输出值稳定后停供标气。接零气，待输出稳定后，再调节调零钮，使其值接近零点，稳定后，去掉零过滤器，加标气，稳定后调节跨度调节钮，使其值达到要求，重复 2～3 次。

5. 步骤

①打开仪器电源开关，仪器预热约 1.5h。

②打开泵开关，按仪器使用说明书操作，使其进入测定状态。

③对待测气体进行连续测定，待仪器指示值稳定后记录。

④监测完毕，先关闭泵开关，然后关闭仪器电源开关。

6. 计算

仪器对二氧化硫测定的结果，应以标准状态下的质量浓度表示。若仪器二氧化硫显示值为 ppm 时，应按下式换算为标准状态下的质量浓度：

$$二氧化硫(SO_2, mg/m^3)=C\times 2.86$$

式中：C——定电位电解二氧化硫监测仪指示浓度，ppm；

2.86——二氧化硫浓度从 ppm 换算为标准状态下质量浓度（mg/m^3）的换算系数。

7. 说明

①由于传感器的灵敏度高，所以禁止过载的情况发生，不允许用香烟、火柴测试仪器是否响应。

②保证气路的畅通。因为传感器是在流动的气体中工作，故不允许堵住气路，以免传感器的透气膜受损。

③为了减少测定误差，仪器的工作流量应与标定（校准）时的流量相等。

④仪器的进气口必须安装有去除空气中水汽的干燥过滤器，该过滤器应对被测的二氧化硫气体无吸附作用。

⑤仪器可用于野外监测，但不要在强光直射下使用，如在野外最好有遮阳、遮雨篷。

⑥仪器校准周期视仪器使用情况而定，短时间使用前必须校准；连续使用时，最长不得超过 7d 校准一次。

⑦在室内运行，室温不得超过 40℃，在有空调装置的室内运行要注意冷凝水不要进入仪器。

⑧在杂电讯号干扰严重的情况下运行时，要注意接好地线。

二、氮氧化物

（一）盐酸萘乙二胺分光光度法（A）

1. 原理

空气中的二氧化氮，与串联的第一支吸收瓶中的吸收液反应生成粉红色偶氮染料。空气中的一氧化氮不与吸收液反应，通过酸性高锰酸钾溶液氧化管被氧化为二氧化氮后，与串联的第二支吸收瓶中的吸收液反应生成粉红色偶氮染料。于波长 540nm 处分别测定第一支和第二支吸收瓶中样品的吸光度。

空气中臭氧浓度超过 $0.250mg/m^3$ 时，对氮氧化物的测定产生负干扰，采样时在吸收瓶入口端串接一段 15～20cm 长的硅橡胶管，排除干扰。

方法检出限为 0.12μg/10ml。当吸收液体积为 10ml，采样体积为 24L 时，氮氧化物（以二氧化氮计）的最低检出浓度为 $0.005mg/m^3$。

2. 仪器

（1）采样导管

硼硅玻璃、不锈钢、聚四氟乙烯或硅橡胶管，内径约为 6mm，尽可能短一些，任何情况下不得长于 2m，配有向下的空气入口。

（2）吸收瓶

内装 10ml、25ml 或 50ml 吸收液的多孔玻板吸收瓶，液柱不低于 80mm。图 3-1-2 示

（A）本方法与 GB 8969—88、GB/T 15436—1995 等效。

出了较为适用的两种多孔玻板吸收瓶。

（3）氧化瓶

内装 5～10ml 或 50ml 酸性高锰酸钾溶液的洗气瓶，液柱不得高于 80mm。使用后，用盐酸羟胺溶液浸泡洗涤。图 3-1-3 示出了较为适用的两种氧化瓶。

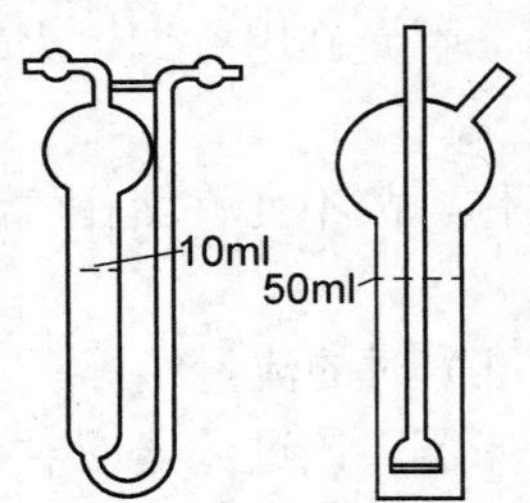

图 3-1-2 多孔玻板吸收瓶示意图

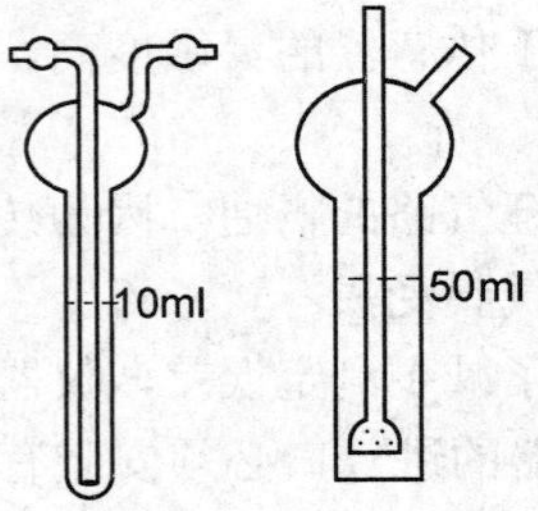

图 3-1-3 氧化瓶示意图

（4）空气采样器

①便携式空气采样器：流量范围 0～1L/min。采气流量为 0.4L/min 时，误差小于±5%。

②恒温自动连续采样器：采气流量为 0.2L/min 时，误差小于±5%。能将吸收液恒温在 20℃±4℃。当采样结束时，能够自动关闭干燥瓶和流量计之间的电磁阀。

（5）分光光度计

3. 试剂

除非另有说明，分析时均使用符合国家标准的分析纯试剂和无亚硝酸根的蒸馏水或同等纯度的水，必要时可在全玻璃蒸馏器中加少量高锰酸钾和氢氧化钡重新蒸馏（每升蒸馏水或去离子水中加 0.5g 高锰酸钾和 0.5g 氢氧化钡）。

①1.00g/L 盐酸萘乙二胺贮备液：称取 0.50g（N-1-萘基）乙二胺盐酸盐($C_{10}H_7NH(CH_2)NH_2 \cdot 2HCl$）于 500ml 容量瓶中，用水稀释至标线。此溶液贮于密闭的棕色试剂瓶中，在冰箱中冷藏可稳定三个月。

②显色液：称取 5.0g 对氨基苯磺酸（$NH_2C_6H_4SO_3H$），溶解于约 200ml 热水中，将溶液冷却至室温，全部移入 1000ml 容量瓶中，加入 50.0ml 盐酸萘乙二胺贮备液和 50ml 冰乙酸，用水稀释至标线。此溶液于密闭的棕色瓶中，在 25℃以下暗处存放，可稳定三个月。若呈现淡红色，应弃之重配。

③吸收液：临用时将显色液和水按 4+1（*V*/*V*）比例混合，即为吸收液。吸收液的吸光度不超过 0.005（540nm，1cm 比色皿，以水为参比）。否则，应检查水、试剂纯度或显色液的配制时间和贮存方法。

④亚硝酸钠标准贮备液：准确称取 0.3750g 亚硝酸钠（$NaNO_2$，优级纯，预先在干燥器内放置 24h）溶解于水，移入 1000ml 容量瓶中，用水稀释至标线。贮于密闭的棕色试剂瓶中，可稳定三个月。此溶液每毫升含 0.250mg 亚硝酸根。

⑤亚硝酸钠标准使用液：吸取亚硝酸钠标准贮备液 1.00ml 于 100ml 容量瓶中，用水稀释至标线。临用前现配。此溶液每毫升含 2.5μg 亚硝酸根。

⑥硫酸溶液 C（$1/2\ H_2SO_4$）= 1mol/L：取 15ml 硫酸（ρ=1.84g/ml）徐徐加入 500ml 水中。

⑦酸性高锰酸钾溶液：称取 25g 高锰酸钾，稍微加热使其全部溶解于 500ml 水中，然后加入 1mol/L 硫酸溶液 500ml，混匀，贮于棕色试剂瓶中。

⑧盐酸羟胺溶液：0.2～0.5g/L。

4. 样品

①短时间采样（1h 以内）：取两支内装 10.0ml 吸收液的多孔玻板吸收瓶和一支内装 5～10ml 酸性高锰酸钾溶液的氧化瓶（液柱不低于 80mm），用尽量短的硅橡胶管将氧化瓶串联在两支吸收瓶之间（见图 3-1-4），以 0.4L/min 流量采气 4～24L。

②长时间采样（24h 以内）：取两支大型多孔玻板吸收瓶，装入 25.0ml 或 50.0ml 吸收液（液柱不低于 80mm），标记吸收液液面位置，再取一支内装 50.0ml 酸性高锰酸钾溶液的氧化瓶，按图 3-1-5 所示接入采样系统，将吸收液恒温在 20℃±4℃，以 0.2L/min 流量采气 288L。

一般情况下，内装 50.0ml 酸性高锰酸钾溶液的氧化瓶可连续使用 7～10d。但当氧化瓶中有明显的沉淀物析出时，应及时更换。

采样期间、样品运输和存放过程中应避免阳光照射。气温超过 24℃时，长时间（8h 以上）运输和存放样品应采取降温措施。

采样结束时，为防止溶液倒吸，应在采样泵停止抽气的同时，闭合连接在采样系统中的止水夹或电磁阀（见图 3-1-4 或图 3-1-5）。

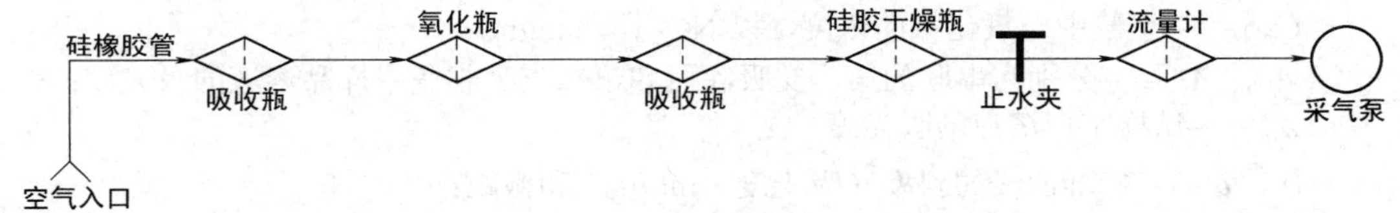

图 3-1-4　NO_x 手工采样系统示意图

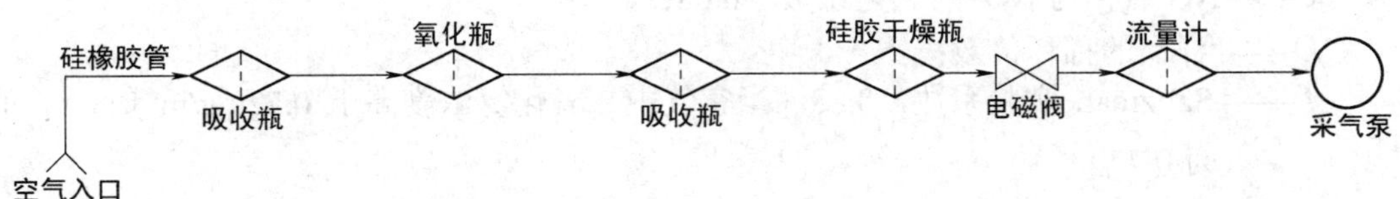

图 3-1-5　NO_x 连续自动采样系统示意图

5. 步骤

（1）标准曲线的绘制

取六支 10ml 具塞比色管，按表 3-1-4 配制亚硝酸钠标准系列。

表 3-1-4　亚硝酸钠标准系列

管　号	0	1	2	3	4	5
亚硝酸钠标准使用液(ml)	0	0.40	0.80	1.20	1.60	2.00
水(ml)	2.00	1.60	1.20	0.80	0.40	0
显色液(ml)	8.00	8.00	8.00	8.00	8.00	8.00
亚硝酸根浓度(μg/ml)	0	0.10	0.20	0.30	0.40	0.50

各管混匀，于暗处放置 20min（室温低于 20℃时，显色 40min 以上），用 1cm 比色皿，在波长 540nm 处，以水为参比测定吸光度。扣除空白试样的吸光度以后，对应 NO_2^- 的浓度（μg /ml），用最小二乘法计算标准曲线的回归方程。

（2）样品测定

采样后放置20min（室温20℃以下放置40min以上），用水将采样瓶中吸收液的体积补至标线，混匀，按绘制标准曲线步骤测定样品的吸光度。

若样品的吸光度超过标准曲线的上限，应用空白试样溶液稀释，再测定其吸光度。

采样后应尽快测定样品的吸光度，若不能及时测定，应将样品于低温暗处存放。样品于30℃暗处存放可稳定8h；于20℃暗处存放可稳定24h；于0～4℃冷藏至少可稳定3d。

（3）空白试样的测定

空白、样品和标准曲线应用同一批吸收液。

6. 计算

$$二氧化氮(NO_2, mg/m^3) = \frac{(A_1 - A_0 - a) \times V \cdot D}{b \cdot f \cdot V_0}$$

$$一氧化氮(以NO_2计, mg/m^3) = \frac{(A2 - A0 - a) \times V \cdot D}{b \cdot f \cdot k \cdot V_0}$$

$$氮氧化物(以NO_2计, mg/m^3) = C_{NO_2} + C_{NO}$$

式中：C_{NO_2}——空气中二氧化氮的浓度，mg/m^3；

C_{NO}——空气中一氧化氮的浓度，以NO_2计，mg/m^3；

A_1、A_2——分别为串联的第一支吸收瓶和第二支吸收瓶中样品溶液的吸光度；

A_0——试样空白溶液的吸光度；

b、a——标准曲线的斜率（吸光度·ml/μg）和截距；

V——采样用吸收液体积，ml；

V_0——换算为标准状态（0℃、101.325kPa）下的采样体积，L；

k——NO氧化为NO_2的氧化系数，0.68；

D——样品的稀释倍数；

f——Saltzman实验系数，0.88（当空气中二氧化氮浓度高于$0.72mg/m^3$时，f值为0.77）。

7. 说明

①测定NO_2标准气体的精密度和准确度：五个实验室测定浓度范围在0.056～0.396 mg/m^3的二氧化氮标准气体，重复性变异系数小于10%，相对误差小于±8%。

②测定NO标准气体的精密度和准确度：测定浓度范围在0.057～0.396 mg/m^3的一氧化氮标准气体，重复性变异系数小于10%，相对误差小于±10%。

③Saltzman实验系数（f）：用渗透法制备的二氧化氮校准用混合气体，在采气过程中被吸收液吸收，生成的偶氮燃料相当于亚硝酸根的量与通过采样系统的二氧化氮总量的比值。当吸收液的组成、吸收瓶类型、采样流量和采样效率一定时，该系数的值与空气中NO_2的浓度相关。

④氧化系数（k）：空气中的NO通过酸性高锰酸钾溶液以后被氧化为NO_2，生成的NO_2与通过采样系统的NO总量的比值。

⑤玻板阻力及微孔均匀性检查：新的多孔玻板吸收瓶在使用前，应用（1+1）HCl浸泡4h以上，用清水洗净。每支吸收瓶在使用前或使用一段时间以后，应测定其玻板阻力，检查气泡分散的均匀性。不要使用阻力不符合要求和气泡分散不均匀的吸收瓶。

内装10ml吸收液的多孔玻板吸收瓶，以0.4L/min流量采样时，玻板阻力为4～5kPa，通过玻板后的气泡应分散均匀。

内装 50ml 吸收液的多孔玻板吸收瓶，以 0.2L/min 流量采样时，玻板阻力为 5～6kPa，通过玻板后的气泡应分散均匀。

⑥采样效率的测定：吸收瓶在使用前和使用一段时间后，应测定其采样效率。将两支吸收瓶串联，采集环境空气，当第一支吸收瓶中 NO_2^-浓度约为 0.4μg/ml 时，停止采样。测定第一支和第二支吸收瓶中样品的吸光度，按下式计算第一支吸收瓶的采样效率（E）。采样效率 E 低于 0.97 的吸收瓶不要使用。

$$E=\frac{C_1}{C_1+C_2}$$

式中：C_1、C_2 ——分别为串联的第一支和第二支吸收瓶中 NO_2^- 的浓度，μg/ml。

⑦沉积在氧化瓶管壁上的高锰酸钾沉淀物，用盐酸羟胺溶液浸泡后可清洗掉。

（二）化学发光法（B）

见本篇第四章空气质量连续自动监测系统，按仪器使用说明书操作。

三、二氧化氮

（一）盐酸萘乙二胺分光光度法（A）

1. 原理

空气中的二氧化氮与吸收液中的对氨基苯磺酸进行重氮化反应，再与 N-（1-萘基）乙二胺盐酸盐作用，生成粉红色的偶氮染料，在波长 540nm 处，测定吸光度。

空气中臭氧浓度超过 0.25mg/m^3 时，可使二氧化氮的吸收液略显红色，对二氧化氮的测定产生负干扰，采样时在吸收瓶入口处串接一段 15～20cm 长的硅橡胶管，即可将臭氧浓度降低到不干扰二氧化氮测定的水平。

方法检出限为 0.12μg/10ml。当吸收液体积为 10ml，采样体积为 24L 时，空气中二氧化氮的最低检出浓度为 0.005mg/m^3。

2. 仪器

同本章二、氮氧化物。

3. 试剂

①～⑤同本章二、氮氧化物①～⑤。

4. 采样

①短时间采样（1h 以内）：取一支多孔玻板吸收瓶，内装 10.0ml 吸收液，标记吸收液液面位置后以 0.4L/min 的流量，采集环境空气 6～24L。

②长时间采样（24h 以内）：用大型多孔玻板吸收瓶，内装 25.0ml 或 50.0ml 吸收液，液柱不低于 80mm，标记吸收液液面位置，使吸收液的温度保持在 20℃±4℃，以 0.2L/min 的流量，采集环境空气 288L。

（A）本方法与 GB/T 15435—1995 等效。

5. 步骤

同本章二、氮氧化物。

6. 计算

$$二氧化氮(NO_2, mg/m^3)=\frac{(A-A_0-a)\times V\cdot D}{b\cdot f\cdot V_0}$$

式中：A——样品溶液的吸光度；

A_0——试剂空白溶液的吸光度；

b——标准曲线的斜率，吸光度·ml/μg；

a——标准曲线的截距；

V——采样用吸收液体积，ml；

V_0——换算为标准状态（273K、101.325kPa）下的采样体积，L；

D——样品的稀释倍数；

f——Saltzman 实验系数，0.88（当空气中二氧化氮浓度高于 0.72mg/m^3 时，f 值为 0.77）。

7. 说明

①测定亚硝酸盐标准溶液的精密度：本精密度和准确度数据是 1993 年由六个实验室对三个浓度水平的试样所做的试验中确定，重复测定六次，概率水平为 95%（见表 3-1-5）。

表 3-1-5 精密度和准确度

NO_2^- 浓度 C (μg/ml)	分析结果 (g/ml)	精密度(μg/ml)				相对误差 (%)
		重复性		再现性		
		S_r	r	S_R	R	
0.715±0.03	0.700	0.0020	0.006	0.0095	0.027	−2.1
0.358±0.015	0.351	0.0015	0.004	0.0056	0.016	−2.0
0.075±0.003	0.070	0.0020	0.002	0.0014	0.004	−2.8

②测定 NO_2 标准气体的精密度和准确度：五个实验室测定浓度范围在 0.056～0.480mg/m^3 的 NO_2 标准气体，重复性变异系数小于 10%，相对误差小于±8%。

③～⑤同本章二、氮氧化物说明③⑤⑥。

（二）化学发光法（B）

见本篇第四章空气质量连续自动监测系统，按仪器使用说明书操作。

（三）定电位电解法（C）

1. 原理

同本篇第一章一、二氧化硫方法（四）。

传感器电解液中扩散吸收的二氧化氮发生以下氧化反应：

$$NO_2+H_2O\longrightarrow NO_2^- +2H^+ +e$$

与此同时产生对应的极限扩散电流 i，在一定范围内其大小与二氧化氮浓度成正比，即：

$$i=\frac{Z\cdot F\cdot S\cdot D}{\delta}\times C$$

式中：Z、F、S、D、δ 见本章一、二氧化硫（四）原理部分；

C——二氧化氮浓度。

在一定工作条件下，Z、F、S、D、δ 均为常数。因此，电化学反应中流向工作电极的极限扩散电流 i 与被测的二氧化氮浓度 C 成正比。

被测气体中的尘和水分容易在渗透膜表面凝结，影响其透气性。在使用本方法时应对被测气体中的尘和水分进行预处理。

本方法检出限：1ppb（$0.002mg/m^3$）；

测定范围：1ppb～2ppm（$0.002～4mg/m^3$）。

2. 仪器

定电位电解二氧化氮分析仪。

仪器技术指标：同本篇第一章一、二氧化硫方法（四）。

3. 试剂

二氧化氮渗透管或二氧化氮标准气体。

4. 采样前的准备

同本篇第一章一、二氧化硫方法（四）。

5. 步骤

同本篇第一章一、二氧化硫方法（四）。

6. 计算

仪器对二氧化氮的测定结果，应以标准状态下的质量浓度表示。若仪器显示二氧化氮值为 ppm 时，应按下式换算为标准状态下的质量浓度：

$$\text{二氧化氮}(NO_2, mg/m^3) = C \times 2.05$$

式中：C——定电位电解二氧化氮监测仪指示浓度，ppm；

2.05——二氧化氮浓度从 ppm 换算为标准状态下质量浓度（mg/m^3）的换算系数。

7. 说明

同本篇第一章一、二氧化硫方法（四）。

四、臭氧

臭氧是一种淡蓝色的气体，是较强的氧化剂，有特殊的气味。在生活环境中，当臭氧的浓度达到 $0.02mg/m^3$ 时，就可以嗅到。

在自然界中，雷雨放电，氧气可以转化成它的同素异形体臭氧；弧光放电也可以产生臭氧；氮氧化物和碳氢化合物在阳光的作用下，所形成的二次污染物中也含有臭氧。当环境中的臭氧浓度为 $2～4mg/m^3$ 时，能刺激黏膜引起支气管炎和头痛，而且能扰乱中枢神经。

（一）靛蓝二磺酸钠分光光度法（A）

1. 原理

空气中的臭氧，在磷酸盐缓冲溶液存在下，与吸收液中蓝色的靛蓝二磺酸钠等摩尔反应，褪色生成靛红二磺酸钠。在 610nm 处测定吸光度，根据蓝色减褪的程度定量空气中臭

（A）本方法与 GB/T 15437—1995 等效。

氧的浓度。

二氧化氮使臭氧的测定结果偏高，约为二氧化氮质量浓度的6%。

空气中二氧化硫、硫化氢、过氧乙酰硝酸酯（PAN）和氟化氢的浓度高于 50、110、1800 和 2.5μg/m^3 时，干扰臭氧的测定。

空气中氯气、二氧化氯的存在使臭氧的测定结果偏高。但在一般情况下，这些气体的浓度很低，不会造成显著误差。

当采样体积为 30L 时，最低检出浓度为 0.01mg/m^3。当采样体积为 5～30L 时，本法测定空气中臭氧的浓度范围为 0.030～1.200 mg/m^3。

2. 仪器

①采样导管：用玻璃管或聚四氟乙烯管，内径约为 3mm，尽量短些，最长不超过 2m，配有朝下的空气入口。

②多孔玻板吸收管：内装 10ml 吸收液，以 0.5L/min 流量采气时，玻板阻力为 4～5kPa，气泡分散均匀。

③空气采样器：流量范围 0～1.0L/min。采样前、后用皂膜流量计或湿式流量计校准采样系统的流量，误差小于±5%。

④分光光度计：能在 610nm 处测定吸光度，具 10mm 比色皿。

⑤恒温水浴或保温瓶。

⑥水银温度计：精度为±0.5℃。

⑦双球玻璃管：长 10cm，两端内径为 6mm，双球直径为 15mm。

3. 试剂

除非另有说明，分析时均使用符合国家标准的分析纯试剂和重蒸馏水或同等纯度的水。

①溴酸钾标准贮备溶液 C（1/6$KBrO_3$）= 0.1mol/L：称取 1.3918g 溴酸钾（优级纯，180℃烘 2h）溶解于水，移入 500ml 容量瓶中，用水稀释至标线。

②溴酸钾－溴化钾标准溶液 C（1/6$KBrO_3$）= 0.01000mol/L：吸取 10.00ml 溴酸钾标准贮备溶液于 100ml 容量瓶中，加入 1.0g 溴化钾（KBr），用水稀释至标线。

③硫代硫酸钠标准贮备溶液 C（$Na_2S_2O_3$）= 0.1000mol/L。

④硫代硫酸钠标准工作溶液 C（$Na_2S_2O_3$）= 0.005000mol/L：临用前，准确量取硫代硫酸钠标准贮备溶液用水稀释 20 倍。

⑤硫酸溶液：（1＋6）（V/V）。

⑥淀粉指示剂溶液，2.0g/L：称取 0.20g 可溶性淀粉，用少量水调成糊状，慢慢倒入 100ml 沸水中，煮沸至溶液澄清。

⑦磷酸盐缓冲溶液 C（KH_2PO_4－Na_2HPO_4）= 0.050mol/L：称取 6.8g 磷酸二氢钾（KH_2PO_4）和 7.1g 无水磷酸氢二钠（Na_2HPO_4），溶解于水，稀释至 1000ml。

⑧靛蓝二磺酸钠（$C_{16}H_8O_8S_2Na_2$）简称 IDS，分析纯。

⑨IDS 标准贮备溶液：称取 0.25g 靛蓝二磺酸钠（IDS），溶解于水，移入 500ml 棕色容量瓶中，用水稀释至标线，摇匀，24h 后标定。此溶液于 20℃以下暗处存放可稳定两周。

标定方法：吸取 20.00ml IDS 标准贮备溶液于 250ml 碘量瓶中，加入 20.00ml 溴酸钾－溴化钾标准溶液，再加入 50ml 水，盖好瓶塞，放入 16℃±1℃水浴或保温瓶中，至溶液温度与水温平衡时，加入 5.0ml（1+6）硫酸溶液，立即盖好瓶塞，混匀并开始计时，在

16℃±1℃水浴中，于暗处放置 35 min±1min。加入 1.0g 碘化钾（KI）立即盖好瓶塞摇匀至完全溶解，在暗处放置 5min 后，用硫代硫酸钠标准工作溶液滴定至红棕色刚好褪去呈现淡黄色，加入 5ml 淀粉指示剂，继续滴定至蓝色消褪呈现亮黄色。两次平行滴定所用硫代硫酸钠标准工作溶液的体积之差不得大于 0.10ml。IDS 溶液相当于臭氧的质量浓度 C（O_3，μg/ml）按下式计算：

$$C(O_3, \mu g/ml) = \frac{C_1V_1 - C_2V_2}{V} \times 12.00 \times 10^3$$

式中：C_1——溴酸钾-溴化钾标准溶液的浓度，mol/L；

V_1——溴酸钾-溴化钾标准溶液的体积，ml；

C_2——滴定用硫代硫酸钠标准工作溶液的浓度，mol/L；

V_2——滴定用硫代硫酸钠标准工作溶液的体积，ml；

V——IDS 标准贮备溶液的体积，ml；

12.00——臭氧的摩尔质量（1/4 O_3），g /mol。

⑩IDS 标准工作溶液：将标定后的 IDS 标准贮备溶液用磷酸盐缓冲溶液，稀释成每毫升相当于 1.0μg 臭氧的 IDS 标准工作溶液。此溶液于 20℃以下暗处存放，可稳定一周。

⑪IDS 吸收液：将 IDS 标准贮备溶液用磷酸盐缓冲溶液稀释成每毫升相当于 2.5 或 5μg 臭氧的 IDS 吸收液。此溶液于 20℃以下暗处存放，可使用一个月。

⑫活性炭吸附管，60～80 目：临用前在氮气保护下 400℃烘 2h。冷却至室温，装入双球玻璃管中，两端用玻璃棉塞好，密封保存。

4. 采样

①样品的采集：用内装 10.00ml IDS 吸收液的多孔玻板吸收管，罩上黑布套，以 0.5L/min 的流量采气 5～30L。

②零空气样品的采集：采样的同时，用与采样所用吸收液同一批配制的 IDS 吸收液，在吸收管入口端串接一支活性炭吸附管，按样品采集方法采集零空气样品。

③注意事项：当吸收管中的吸收液褪色约 50%时，应立即停止采样。当确信空气中臭氧浓度较低，不会穿透时，可用棕色吸收管采样。

每批样品至少采集两个零空气样品。

在样品的采集、运输及存放过程中应严格避光。样品于室温暗处存放至少可稳定 3d。

5. 步骤

（1）标准曲线的绘制

取六支 10ml 具塞比色管，按表 3-1-6 制备标准系列。

各管摇匀，用 10mm 比色皿，在 610nm 处，以水为参比测量吸光度。以臭氧含量为横坐标，以零管样品的吸光度（A_0）与各标准样品管的吸光度（A）之差（A_0-A）为纵坐标，用最小二乘法计算标准曲线的回归方程：

表 3-1-6　臭氧标准系列

管　号	0	1	2	3	4	5
IDS 标准工作溶液(ml)	10.00	8.00	6.00	4.00	2.00	0
磷酸盐缓冲溶液(ml)	0	2.00	4.00	6.00	8.00	10.00
臭氧含量(μg/ml)	0	0.20	0.40	0.60	0.80	1.00

$$y = bx+a$$

式中：y——A_0-A；

x——臭氧含量，μg /ml；

b——回归方程的斜率，吸光度，ml/μg /10mm；

a——回归方程的截距。

（2）样品测定

在吸收管的入口端串接一个玻璃尖嘴，用吸耳球将吸收管中的溶液挤入到一个 25ml 或 50ml 棕色容量瓶中。第一次尽量挤净，然后每次用少量磷酸盐缓冲溶液，反复多次洗涤吸收管，洗涤液一并挤入容量瓶中，再滴加少量水至标线。按绘制标准曲线步骤测量样品的吸光度。

（3）零空气样品的测定

用与样品溶液同一批配制的 IDS 吸收液，按样品的测定步骤测定零空气样品的吸光度。

6. 计算

$$\text{臭氧}(O_3, mg/m^3) = \frac{(A_0 - A - a)\cdot V}{b\cdot V_0}$$

式中：A_0——零空气样品的吸光度；

A——样品的吸光度；

a——标准曲线的截距；

V——样品溶液的总体积，ml；

b——标准曲线的斜率，吸光度 · ml/μg/10mm；

V_0——换算为标准状态（101.325kPa、273K）的采样体积，L。

所得结果表示至小数点后 3 位。

7. 说明

①六个实验室绘制 IDS 标准曲线的斜率在 0.431～0.467 吸光度 · ml/μg/10mm 之间，平均吸光度为 0.449。

②六个实验室测定浓度范围在 0.088～0.946mg/m^3 之间的臭氧标准气体，重复性变异系数小于 10%，相对误差小于 5%。

③六个实验室测定三个浓度水平的 IDS 标准溶液（平行测定 6 次），精密度见表 3-1-7。

表 3-1-7 测定 IDS 溶液的精密度

浓度 (mg/L)	重复性		再现性	
	S_r	r	S_R	R
0.085	0.0011	0.003	0.0038	0.011
0.537	0.0016	0.004	0.0064	0.018
0.918	0.0014	0.004	0.0107	0.030

（二）紫外光度法（A）

1. 原理

当空气样品以恒定的流速进入仪器的气路系统，样气交替地进入吸收池（直接送入分

（A）本方法与 GB/T 15438—1995 等效。

析池或通过臭氧过滤器以后再进入分析池）。由于臭氧对254nm波长的紫外光有特征吸收，当零空气和样气交替地通过吸收池时，由光检测器分别检测出气体流过之后的透光强度 I_0 和 I，每经过一个循环周期，仪器的微处理系统根据朗伯-比尔定律将测得的光强之比转换为臭氧浓度显示在显示器上。这些量之间的关系由下式表示：

$$I/I_0=e^{-acl}$$

式中：I——臭氧样品通过吸收池时被光检测器检测的光强度；

I_0——零空气样品通过吸收池时被光检测器检测的光强度；

a——臭氧对254nm波长光的吸收系数；

c——臭氧浓度，μg/m^3；

l——光路长度，m。

本方法的检出限为1.962μg/m^3（25℃，101.325kPa）；2.14μg/m^3（0℃，101.325kPa）。

2. 仪器

①紫外光度臭氧分析仪。

②粒子过滤器：当空气中颗粒物的浓度超过100μg/m^{3}时，在紫外臭氧分析仪的气体入口前应安装粒子过滤器。

③采样泵：采样泵安装在气路末端，抽吸空气流过臭氧分析仪。

④臭氧发生器：在仪器的量程范围内发生稳定浓度的臭氧。

3. 试剂及管线

①零空气：在测定 I_0 时，向光度计提供的零空气要取自与产生臭氧所用的气源一致。

②采样管线：采用不与臭氧起化学反应的惰性材料，如玻璃、聚四氟乙烯等。

③颗粒物滤膜：滤膜及其支撑物由聚四氟乙烯等不与臭氧起反应的惰性材料制成。能脱除可改变分析器性能、影响臭氧测定的所有颗粒物。

注：①经常使用的滤膜孔径不应大于0.2μm；

②通常新滤膜需要在工作环境中适应5～15min后再进行测定使用。

4. 步骤

（1）臭氧分析仪的校准

校准系统示意图见图3-1-6。

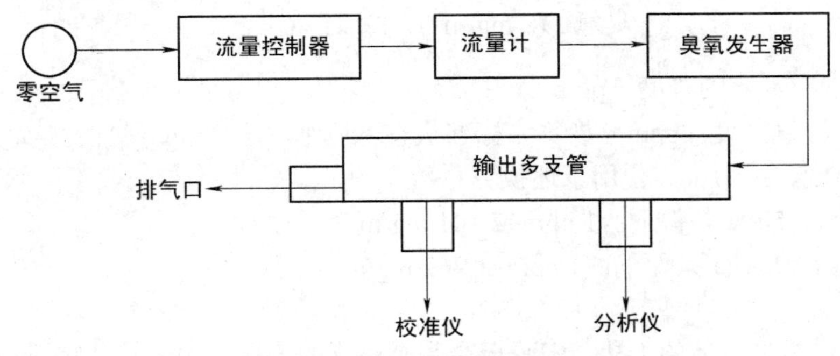

图3-1-6　校准系统示意图

①连接臭氧分析仪的校准系统，通电使整个校准系统预热和稳定48h。

②零点校准：调节零空气的流量，使零空气流量必须超过接在输出多支管上的校准仪与分析仪的总需要量，以保证无环境大气抽入多支管的排出口。让校准仪和分析仪同时采

集零空气，直至获得稳定的响应值（零空气需稳定输出 15min）。然后调节校准仪的零点电位器至零。同时调节分析仪的零点电位器（将分析仪的零点调至记录纸量程标度 5%的位置上，以便于观察零点的漂移）。分别记录臭氧校准仪和臭氧分析仪对零空气的稳定响应值。

③调节臭氧发生器，发生分析仪满量程 80%的臭氧浓度。

④跨度调节：让分析仪和校准仪同时采集分析仪 80% 满量程的臭氧标气，直至获得稳定的响应值（臭氧需稳定输出 15min）。调节分析仪的跨度电位器，使之与校准仪的浓度指示值一致。分别记录臭氧校准仪与臭氧分析仪对臭氧标气的稳定响应值。

⑤多点校准：调节臭氧发生器，使其在臭氧分析仪满量程标度范围内，至少发生 3～5 个臭氧浓度。对每一个发生的臭氧浓度分别测定其稳定的输出值，并分别记录臭氧校准仪与臭氧分析仪对每个臭氧浓度的稳定响应值。

⑥绘制校准曲线：以臭氧分析仪的响应值 y，对臭氧浓度（臭氧校准仪的响应值）x，用最小二乘法计算回归方程式（或绘制校准曲线）：

$$y=bx+a$$

式中：y——臭氧分析仪的响应值；

x——臭氧校准仪的响应值；

b——回归方程式的斜率；

a——回归方程式的截距。

a 值应小于满量程浓度值的 1%，b 值应在 1 ± 0.01 范围内，相关系数 r 应大于 0.999。

（2）采样

经校准的紫外臭氧分析仪，可连续自动地从环境空气中采集样品，也可瞬时从环境空气中采集样品。

①将仪器安装在适当的位置。按照厂家说明书正确调准各项参数，保证仪器的正常运转。

②接通电源，打开仪器主电源开关，仪器至少预热 1h。

③待仪器稳定后，连接气体采样管线进行现场测定。可将臭氧分析仪与记录仪、数据记录器和计算机等适当的记录装置连接，记录臭氧的浓度。

5. 计算

$$\text{臭氧}(O_3, mg/m^3) = 2.141\times C$$

式中：C——空气中臭氧的浓度，ppm；

2.141——臭氧浓度（ppm）换算为标准状态下质量浓度（mg/m^3）的换算系数。

在给定的温度、压力下，使用下述换算系数：

在 0℃、101.325kPa 条件下：1 ppm=2.141 mg/m^3

在 25℃、101.325kPa 条件下：1 ppm=1.962 mg/m^3

6. 说明

①本方法不受常见气体的干扰，但受极少数有机物的干扰，如苯及苯胺等在 254nm 处吸收紫外光，对臭氧的测定产生正干扰。除此之外，当被测环境空气中颗粒物的浓度超过 100$\mu g/m^3$ 时，也将影响臭氧的测定。视环境空气中颗粒物的浓度和聚四氟乙烯滤膜的污染程度应定期更换粒子过滤器滤膜。

②由于臭氧不稳定，易分解，要求与仪器连接的采样管线应尽可能的短。

③不同厂家及不同型号的仪器其操作程序是不同的，因此要按生产厂家的说明书设定臭氧分析仪的操作参数。仪器校准的频度因仪器和使用实际情况及质量控制要求而定。但使用仪器前必须对仪器进行校准。

④一级紫外臭氧校准仪仅仅用于一级校准。只能通入清洁、干燥、经过滤的气体，而不能直接采用环境大气。只能放在干净、专用的实验室内，必须固定而避免震动。可将紫外臭氧校准仪通过传递标准作为现场校准的共同标准。一级紫外臭氧校准仪其吸收池要能通过254nm波长的紫外光，通过吸收池的254nm波长的紫外光至少要有99.5%被检测器所检测。吸收池的长度不应大于已知长度的±0.5%。臭氧在气路中的损失不能大于5%。

⑤由于臭氧没有标准物质，因此各验证单位无法采用统一标准样品，而是自行配制不同浓度的臭氧样品进行重复测定。五个实验室重复测定浓度范围在0.0013～1.198mg/m^{3}的臭氧，其相对标准偏差小于1.0%；精密度≤5%；准确度小于被测浓度的±5%。

（三）硼酸碘化钾分光光度法（C）

硼酸碘化钾分光光度法方法灵敏、简易可行。在测定的总氧化剂浓度中，减去零空气样品浓度（零空气样品为采集通过二氧化锰过滤管后除去臭氧的气样），得臭氧浓度。

1. 原理

用含有硫代硫酸钠（9.5×10^{-5}mol/L）的硼酸碘化钾溶液为吸收液，空气中的臭氧及氧化剂氧化溶液中的碘离子，析出碘分子，碘分子立即被硫代硫酸钠还原：

$$O_3+2KI+H_2O \longrightarrow I_2+O_2+2KOH$$

$$I_2+2Na_2S_2O_3 \longrightarrow 2NaI+Na_2S_4O_6$$

空气通过吸收管前的三氧化铬氧化管，可将二氧化硫、硫化氢等还原性干扰气体除去。

同时采集零空气样品，即在氧化管和吸收管之间串联臭氧过滤器，采集除去臭氧的空气。

采样后，加入1.00×10^{-4}mol/L碘溶液5.00ml，以氧化剩余的硫代硫酸钠，剩余的碘在波长352nm处测定吸光度。总氧化剂（臭氧、二氧化氮及其它氧化性气体）吸光度减去零空气样品（二氧化氮及其它氧化性气体）的吸光度，即为臭氧析出碘的吸光度。

方法检出限为0.19μg/10ml（按与吸光度0.01相对应的臭氧浓度计），当采样体积为30L时，最低检出浓度为0.006mg/m^3。

2. 仪器

①具塞比色管：10ml。

②气泡式吸收管。

③双球玻璃管：同本章二、氮氧化物的盐酸萘乙二胺分光光度法。

④空气采样器：流量0～1L/min。

⑤紫外可见分光光度计。

3. 试剂

所有试剂都用重蒸蒸馏水配制。

①重蒸蒸馏水：每升去离子水（或蒸馏水）中加入0.5g高锰酸钾和0.5g氢氧化钡（钠）进行重蒸馏。

②硼酸碘化钾溶液：称取10.0g碘化钾和6.2g硼酸，溶解于水，稀释至1000ml。室温下放置1d后使用。

③碘酸钾溶液 C（1/6 KIO_3）=0.1000mol/L：称取 3.567g 碘酸钾（110℃±5℃烘干 2h），溶解于水，移入 1000ml 容量瓶，用水稀释至标线。

④臭氧标准溶液：称取 1.0g 碘化钾，溶解于水，移入 100ml 容量瓶，加入 0.1000mol/L 碘酸钾溶液 10.00ml 及 1.0mol/L 硫酸溶液 5.0ml，用水稀释至标线，即为 0.01000mol/L 碘溶液，此溶液每毫升相当于含 240μg 臭氧。贮于暗处可稳定一周。吸取 0.01000mol/L 碘溶液 10.00ml，置于 100ml 容量瓶中，用硼酸碘化钾溶液稀释至标线，臭氧浓度为 24.0μg/ml。临用时，吸取 24.0μg/ml 溶液 5.00ml，置于 100ml 容量瓶中，用硼酸碘化钾溶液稀释至标线，此标准溶液相当于臭氧浓度为 1.2μg/ml。

⑤吸收液：吸取 0.05000mol/L 硫代硫酸钠溶液 0.95ml，置于 500ml 容量瓶中，用硼酸碘化钾溶液稀释至标线，此溶液中硫代硫酸钠浓度为 9.5×10^{-5}mol/L。贮于冷暗处，可稳定三周。

⑥$1.00\times10^{-4}$mol/L 碘溶液：吸取④臭氧标准液中 0.01000mol/L 碘溶液 5.00ml，置于 500ml 容量瓶中，用硼酸碘化钾溶液稀释至标线。此溶液每毫升相当于含 2.4μg 臭氧。贮于冷暗处，可稳定三周。

⑦氧化管：将 2.5g 三氧化铬溶解于 15ml 水中，加入浓硫酸 0.7ml（若空气相对湿度大于 30%时，可不加浓硫酸）。将全部溶液均匀地滴加在 25×15cm 玻璃纤维滤膜上（预先用（1+1）硝酸溶液浸泡 0.5h，用水洗净、烘干），于 80～90℃烘箱中干燥 1h。剪成 0.6mm×0.6mm 碎片，分别装入 8 个双球玻璃管中，通干燥空气 2h 后使用。氧化管受潮后可随时通干燥空气去湿。若管中部分滤膜碎片变成绿色时，应弃去。

⑧臭氧过滤器：将 32cm^2 玻璃纤维滤膜用（1+1）硝酸溶液浸泡 0.5h，用水洗净，烘干，剪成 0.6mm×0.6mm 碎片，与 1.0g 天然锰矿粉（生产干电池的原料，含二氧化锰 70%以上，预先用（1+1）硝酸溶液浸泡 0.5h，用水洗净、烘干）混合均匀，装入双球玻璃管中，两端用少量脱脂棉塞好，用于采集零空气样品。

⑨硫酸溶液 C（1/2H_2SO_4）=1.0mol/L。

4. 采样

用一支内装 5.00ml 吸收液的气泡式吸收管，在进气口连接一支氧化管，以采集总氧化剂；另用一支内装 5.00ml 吸收液的气泡式吸收管，在氧化管及吸收管之间串联臭氧过滤器，以采集零空气样品。两者同时以 0.5L/min 流量，避光采气 30～60min。当空气中臭氧浓度超过 0.4mg/m^3 时，应适当缩短采样时间。

采集总氧化剂和采集零空气样品所用的采样器，在采样过程中，应互换使用，用以抵消因流量差异引起的误差。

采样、运输及贮存过程中应严格避光。吸收管与氧化管间应采用聚四氟乙烯管以内接外套法联接（将聚四氟乙烯管插入管口，用聚四氟乙烯生料带或生胶带缠好，外面再套一小段乳胶管）。不可直接用乳胶管连接。

氧化管、臭氧过滤器略微向下倾斜，以防三氧化铬、二氧化锰沾污后面的吸收液。

5. 步骤

（1）标准曲线的绘制

取七支 10ml 具塞比色管，按表 3-1-8 配制标准系列。

表 3-1-8　臭氧标准系列

管　　号	0	1	2	3	4	5	6
1.2μg/ml 臭氧标准溶液(ml)	0	0.50	1.00	2.00	3.00	4.00	5.00
硼酸碘化钾溶液(ml)	5.00	4.50	4.00	3.00	2.00	1.00	0
臭氧含量(μg/5ml)	0	0.60	1.20	2.40	3.60	4.80	6.00

摇匀，用 1cm（或 2cm）比色皿，于波长 352nm 处，以水为参比，测定吸光度。以减去试剂空白的吸光度，对臭氧含量（μg）用最小二乘法计算标准曲线的回归方程式或绘制标准曲线。

用最小二乘法计算标准曲线的回归方程式：

$$y=bx+a$$

式中：y——（$A-A_0$），标准溶液吸光度（A）与试剂空白液吸光度（A_0）之差；

x——臭氧含量，μg；

b——回归方程式的斜率；

a——回归方程式的截距。

零点（0，0）参加回归计算，n=7。

要求相关系数 $r\geqslant0.999$。当截距 $|a|<0.003$ 时，以斜率 b 的倒数为样品测定的校正因子 B_s，单位为 μg O_3（吸光度・10ml）。当截距 $0.003\leqslant|a|\leqslant0.008$ 时，可建立无截距经验公式 $y=b'x$，其中 $b'=\bar{y}/\bar{x}$，以 b' 的倒数 B_s' 为低浓度样品测定时的校正因子，即当样品溶液的吸光度低于曲线均值点（$\bar{x},\bar{y}$）的吸光度（约为 0.28）时，用 B_s' 计算测定结果；当样品的吸光度超过曲线均值点（$\bar{x},\bar{y}$）的吸光度时，样品测定结果仍以采用公式 $y=bx+a$ 计算为宜，即 $x=[(A-A_0)-a]/b$。

（2）样品测定

采样后，加硼酸碘化钾溶液使样品溶液体积为 5.00ml，于每个样品中，加 1.00×10^{-4}mol/L 碘溶液 5.00ml，摇匀。以下步骤同标准曲线的绘制。

6. 计算

$$\text{臭氧}(O_3, \text{mg/m}^3)=\frac{2[(A_1-A_0)-(A_2-A_0)]B_s}{V_n}=\frac{2(A_1-A_2)B_s}{V_n}$$

或

$$\text{臭氧}(O_3, \text{mg/m}^3)=\frac{2\times[(A_1-A_2)-a]}{b\cdot V_n}$$

式中：A_1——总氧化剂样品溶液吸光度；

A_2——零空气样品溶液吸光度；

A_0——试剂空白液吸光度；

B_s——校正因子，μgO_3/（吸光度・5ml）；

2——样品测定时溶液体积（10.00ml）与绘制标准曲线时溶液体积（5.00ml）之比；

a——回归方程式的截距；

b——回归方程式的斜率，吸光度/（μg O_3・5ml）；

V_n——标准状态下的采样体积，L。

7. 说明

①实验表明，25℃时本方法的采样效率为100%，30℃时为96.8%。在26℃进行试验，不同浓度碘的加标回收率均在97%以上，变异系数小于5%。与紫外吸收式臭氧分析仪做对比试验，两种方法测定结果一致，相对误差不超过±5%。

②采样后，样品溶液于暗处放置24h，当室温为16℃时，吸光度没有明显变化。当室温为30℃时，样品溶液的吸光度明显上升。但是，总氧化剂样品和零空气样品的吸光度上升幅度大体相同，由于采用差减法计算臭氧含量，所以对最后的测定结果影响不大。但为了尽量减少测定误差，温度高时，样品若不能立即测定，应贮放于冷暗处。

③臭氧过滤器在常温下能使臭氧完全分解。实验表明，二氧化锰催化臭氧分解的效率受空气湿度的影响，湿度大时分解率略为下降。空气中相对湿度为60%～70%时，过滤器可使用2h，50%以下时使用10h。受潮后烘干可继续使用。过滤器对二氧化氮气体几乎不产生吸附作用。

④样品溶液及本方法所用的试剂溶液都应于暗处存放。

⑤对于微量碘的测定，应特别注意玻璃器皿的洁净和无灰尘。玻璃器皿在第一次使用前，应在（1+1）盐酸溶液中浸泡24h以上，洗净烘干后使用。

⑥天然锰矿粉也可以从干电池中得到。剥开新电池的外壳，取出里面的黑色物质，放入瓷蒸发皿中，用水洗涤5～6次，在酒精灯上边搅拌边灼烧至不冒火星时，再灼烧10～20min。

⑦要注意塞好臭氧过滤器两端的棉花，勿使二氧化锰粉末吸入吸收管，否则会使样品的吸光度明显升高。

五、一氧化碳

非分散红外吸收法和定电位电解法测定空气中一氧化碳，方法简便，能连续自动检测，也可测定采气袋中的气样。置换汞法具有灵敏度高、响应时间快及操作简便等优点，适应于空气中低浓度一氧化碳的测定和本底调查。

（一）非分散红外吸收法（A）

1. 原理

一氧化碳对以4.5μm为中心波段的红外辐射具有选择性吸收，在一定浓度范围内，其吸收程度与一氧化碳浓度呈线性关系，根据吸收值确定样品中一氧化碳浓度。

水蒸气、悬浮颗粒物干扰一氧化碳测定。测定时，样品需经变色硅胶或无水氯化钙过滤管去除水蒸气，经玻璃纤维滤膜去除颗粒物。

方法检出限为1.25mg/m^3（1ppm），测定范围为0～62.5 mg/m^3（0～50ppm）。

2. 仪器

①铝箔采气袋、聚乙烯塑料采气袋或衬铝塑料采气袋。

②双联球或小型采气泵。

③非分散红外一氧化碳分析仪。

（A）本方法与GB 9801—88等效。

3. 试剂

①高纯氮气（99.99%）或霍加拉特管。

②变色硅胶或无水氯化钙。

③一氧化碳标准气。

4. 采样

用双联球或小型采气泵将现场空气抽入采气袋中，用现场空气清洗采气袋 3～4 次，采气 500ml，关紧进气口。

5. 步骤

①启动：仪器与电源连接，打开电源开关，按照仪器使用说明书的要求预热。

②零点调节：将高纯氮气连接在仪器进气口，调节操作板上零点调节电位器，使仪器指示值为零，重复 2～3 次。

③校准：向仪器通入已知浓度的一氧化碳标准气（满量程的 60%～80%），待仪器指示值稳定后读数，调节操作板上灵敏度调节电位器，使仪器指示值与已知标准气浓度相符，重复 2～3 次。

④样品测定：抽入待测气体，待仪器指示值稳定后读数，测得一氧化碳的浓度（ppm）。

6. 计算

$$一氧化碳（CO，mg/m^3）=1.25C$$

式中：C——分析仪指示的一氧化碳浓度，ppm；

1.25——一氧化碳浓度从 ppm 换算为标准状态下质量浓度（mg/m^3）的换算系数。

7. 说明

①仪器启动后，必须充分预热，确认稳定后再进行样品测定，否则影响测定的准确度。

②仪器一般用高纯氮气调零，也可以用经霍加拉特管（加热至 90～100℃）净化后的空气调零。

③为了确保仪器的灵敏度，在测定时，使空气样品经硅胶干燥后再进入仪器，防止水蒸气对测定的影响。

④仪器可连续测定。用聚四氟乙烯管将被测空气引入仪器中，接上记录仪，可进行 24h 或长期检测空气中一氧化碳浓度变化情况。

（二）气体滤波相关红外吸收法（B）

见本篇第四章空气质量连续自动监测系统，按仪器使用说明书操作。

（三）定电位电解法（B）

1. 原理

同本篇第一章一、二氧化硫方法（四）。

传感器电解液中扩散吸收的一氧化碳发生以下氧化反应：

$$CO+H_2O \longrightarrow CO_2+2H^++2e$$

与此同时产生对应的极限扩散电流 i，在一定范围内其大小与一氧化碳浓度成正比，即：

$$i=\frac{Z\cdot F\cdot S\cdot D}{\delta}\times C$$

式中：Z、F、S、D、δ 见本章一、二氧化硫（四）原理部分；

C——一氧化碳浓度。

在一定工作条件下，Z、F、S、D、δ 均为常数。因此，电化学反应中流向工作电极的极限扩散电流 i 与被测的一氧化碳浓度 C 成正比。

被测气体中的尘和水分容易在渗透膜表面凝结，影响其透气性。在使用本方法时应对被测气体中的尘和水分进行预处理。

本方法检出限：0.5ppm（0.6mg/m^3）；

测定范围：0.5～50ppm（0.6～62mg/m^3）。

2. 仪器

定电位电解一氧化碳监测仪。

仪器技术指标：同本篇第一章一、二氧化硫方法（四）。

3. 试剂

一氧化碳渗透管或一氧化碳标准气体。

4. 采样前的准备

同本篇第一章一、二氧化硫方法（四）。

5. 步骤

同本篇第一章一、二氧化硫方法（四）。

6. 计算

仪器对一氧化碳测定的结果，应以标准状态下的质量浓度表示。若仪器一氧化碳显示值为 ppm 时，应按下式换算为标准状态下的质量浓度：

$$一氧化碳（CO，mg/m^3）= C\times1.25$$

式中：C——定电位电解一氧化碳监测仪指示浓度，ppm；

1.25——一氧化碳浓度从 ppm 换算为标准状态下质量浓度（mg/m^3）的换算系数。

7. 说明

同本篇第一章一、二氧化硫方法（四）。

（四）汞置换法（B）

1. 原理

空气样品经选择性过滤器去除干扰物及水蒸气后，进入反应室中，一氧化碳与活性氧化汞在180～200℃温度下反应，置换出汞蒸气，汞蒸气对253.7nm的紫外线具有强烈吸收作用，利用光电转换检测器测出汞蒸气含量，换算成一氧化碳浓度。反应式如下：

$$CO（气）+HgO（固）\xrightarrow{180\sim200℃}Hg（蒸气）+CO_2（气）$$

空气中丙酮、甲醛、乙烯、乙炔、二氧化硫及水蒸气干扰测定，使测定结果偏高。其中水蒸气是影响灵敏度及稳定性的一个重要因素，故载气和样品气均需经过5A及13X分子筛及变色硅胶管过滤，以除尽干扰物及水蒸气。当烯烃含量较高时，可在5A分子筛管后串联一支硫酸亚汞硅胶管，以除尽乙烯、乙炔等。

方法检出限为0.04mg/m^3。

2. 仪器

①聚乙烯塑料采气袋、铝箔采气袋或衬铝塑料采气袋。

②弹簧夹。

③双联球。

④一氧化碳测定仪，气路流程见图3-1-7。

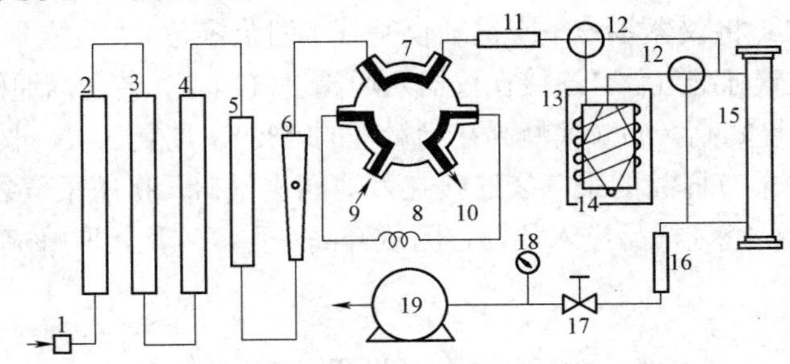

图3-1-7　一氧化碳测定仪气路流程图

1—灰尘过滤器；2—活性炭管；3—分子筛管；4—硅胶管；5—霍加拉特管；6—转子流量计；7—六通阀；8—定量管；9—样品气进口；10—样品气出口；11—小分子筛管；12—三通阀；13—加热炉；14—氧化汞反应室；15—吸收池；16—截流孔；17—流量调节阀；18—真空表；19—抽气泵

a. 六通阀：附有10ml定量管。

b. 反应室：中间大、两端小的不锈钢空腔室，内装0.6gHgO颗粒，上下两锥腔用玻璃毛填紧，见图3-1-8。

c. 反应室加热炉：为铝加热块，内有4支100W电烙铁芯，温度精度为±0.2℃。

d. 检测器：无火焰原子吸收光电转换检测器。

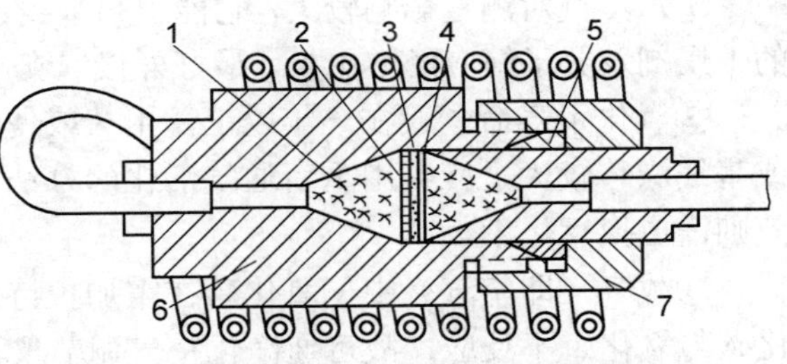

图3-1-8　氧化汞反应室剖面图

1—玻璃毛；2—挡板；3—氧化汞；4—滤膜；5—密封圈；6—反应室下部；7—反应室上部

3. 试剂

①变色硅胶：在120℃烘干2h。

②活性炭：在120℃烘干2h。

③霍加拉特催化剂：10～20目。

④5A和13X分子筛：球状，在350～400℃活化4h。

⑤氧化汞：黄色，0.3～0.5mm，颗粒状，制备如下：

氧化汞的制备方法：称取10.0g二氯化汞（$HgCl_2$），溶解于100ml热水中。再称取6.0g氢氧化钠，溶解于100ml水中。待两液冷却至30℃以下，取65ml氢氧化钠溶液在搅拌下加到100ml二氯化汞溶液中（不要反过来加）。室温下放置1h。中间搅拌两次，然后用去离子水洗涤至无氯离子为止（用1%硝酸银溶液检验洗涤液，至不产生白色浑浊为止）。抽滤，将沉淀在40℃烘干，烘干后在暗处切成直径为0.3～0.5mm颗粒，密封于棕色瓶中备用。

⑥一氧化碳标准气：浓度为1ppm（1.25mg/m^3），10ppm（12.5mg/m^3），25ppm（31.25 mg/m^3），50ppm（62.50mg/m^3），或用动态方法配制所需浓度的一氧化碳标准气体。

⑦碘－活性炭：按1份碘（I_2）、两份碘化钾（KI）和20份水配成溶液，加入约10份（重

量）活性炭，用力搅拌至溶液脱色后，倾出溶液，将活性炭在100～110℃烘干备用。

4. 采样

用双联球将现场空气抽入采气袋中，洗3～4次，采气500ml，夹紧进气口。

5. 步骤

①仪器启动和调试：按仪器使用说明书将仪器调至最佳工作状态。

②仪器量程校准：将仪器零点（或记录仪基线）调至零位，“量程”开关置于所需量程，用相应浓度的一氧化碳标准气体，连接在仪器六通阀进气口上，转动六通阀，一氧化碳标准气体经定量管进入，测量峰高（h）（使峰高在满量程的95%），重复三次，取峰高平均值（mm）。

③样品测定：将采有样品的采气袋连接在六通阀进气口，挤压采气袋，使空气样品充满定量管，转动六通阀，空气样品进入仪器，测量峰高，重复三次，取峰高平均值（h_1，mm）。

6. 计算

$$\text{一氧化碳}(\mathrm{CO}, \mathrm{mg/m^3}) = \frac{C}{h} \times h_1$$

式中：C——一氧化碳标准气体浓度，mg/m^3；

h——一氧化碳标准气的峰高，mm；

h_1——一氧化碳样品气的峰高，mm。

7. 说明

①水蒸气对测定影响较大，它能引起基线紊乱、灵敏度下降及本底增高。因此，仪器中的干燥剂及分子筛应经常更换。最好外接二支串联的氯化钙干燥塔，以保证仪器正常工作。

②氧化汞寿命一般在一年以上，用久或使用不当会造成氧化汞活性下降，反应不灵敏或基线漂移较大，应采用重新通气活化的办法，活化温度250℃，活化时间10h以上。如无效则需更换氧化汞。

③载气（即空气）中一氧化碳在霍加拉特催化剂作用下，被氧化成二氧化碳，而二氧化碳与氧化汞不反应，故可通净化空气调节仪器零点。

④反应后的汞蒸气在排出之前用碘-活性炭吸附，以免污染空气。为保证碘-活性炭的效果，使用1至2个月后，应重新更换。

⑤新装入反应室的氧化汞，由于表面有单质汞和杂质，使用前必须活化，以提高氧化汞活性及去除本底汞。活化温度一般比操作温度高60℃左右（240～250℃），通气加热10h以上。

六、氟化物

氟是最活跃的非金属元素，自然界分布较广泛，多以氟化物（金属氟化物、氟化氢、四氟化硅）形式存在。空气中氟化物浓度超过一定量，会对人群、牲畜及农作物等产生不良影响。空气中氟化物主要来源于金属冶炼等行业，土壤中的氟化物也会随着飘尘等形式进入空气中。环境空气中氟化物的监测因采样方法不同分为滤膜法和石灰滤纸法。样品采集后可用离子选择电极法测定。

（一）滤膜-氟离子选择电极法（A）

空气中的无机气态氟化物以氟化氢、四氟化硅等形式存在，颗粒物中有时也含有一定量的无机氟化物。已知体积的空气通过磷酸氢二钾（碱性）浸渍的滤膜时，氟化物被固定或阻留在滤膜上，滤膜上的氟化物用盐酸溶液浸溶后，用氟离子选择电极法测定。滤膜法可测定空气中氟化物的小时浓度和日平均浓度。

1. 原理

空气中的氟化物与滤膜上的磷酸氢二钾反应后被固定：

$$K_2HPO_4+HF=KH_2PO_4+KF$$

滤膜用盐酸溶液浸渍后，氟化钾（KF）中氟以氟离子（F^-）形式存在，当氟电极与含氟溶液接触时，电池的电动势（E）随溶液中氟离子活度的变化而改变（遵守能斯特方程）即：

$$E = E_0 - \frac{2.303RT}{F} \times \log C_{F^-}$$

E 与 $\log C_{F^-}$ 呈直线关系，（$2.303RT$）/F 为该直线斜率。

本方法测定的是游离的氟离子，某些高价阳离子如 Fe^{3+}、Al^{3+}、Si^{4+} 存在时（浓度上限为 20mg/L）产生干扰，可用加入总离子强度调节缓冲液来消除；若高价离子浓度大于 20mg/L 时，则需采用蒸馏法消除其干扰，但对于环境空气此种现象很少。

本方法可测得氟化物最低限量为 5μg，当采样体积为 $10m^3$ 时，最低检出浓度为 $0.5μg/m^3$。

2. 仪器

①聚乙烯塑料杯：50ml。

②聚乙烯塑料瓶：100ml、1000ml。

③氟离子选择电极：灵敏度为 10^{-6}mol/L。

④甘汞电极：盐桥溶液为饱和氯化钾。

⑤小型超声波清洗器。

⑥磁力搅拌器：具聚乙烯包裹的搅拌子。

⑦离子活度计或精密酸度计：分辨率为 0.1mV。

⑧采样器：流量范围为 80～150L/min 的采样泵，采样头带支撑滤膜的聚乙烯网垫。

⑨乙酸-硝酸纤维微孔滤膜：孔径为 5μm，直径与采样头配套。

⑩磷酸氢二钾浸渍滤膜：将乙酸-硝酸纤维微孔滤膜放入磷酸氢二钾浸渍液中浸湿后，沥干（每次用少量浸渍液，浸渍 4～5 张滤膜后，换新的浸渍液），摊放在大张定性滤纸上（干净、无氟，不能用玻璃板或搪瓷盘摊放）；于 40℃下烘干（应在无氟空气中进行），装入塑料盒（袋）中，密封好放入干燥器中备用（干燥器中不加干燥剂）。

3. 试剂

本方法所用试剂除另有说明外均为分析纯试剂，所用水为去离子水。

①0.25mol/L 盐酸溶液：取 1000ml 水，加入 20.8ml 盐酸（优级纯，ρ=1.18g/ml），搅拌均匀。

②1.0mol/L 氢氧化钠溶液：称取 40.0g 优级纯氢氧化钠，溶于水，冷却后稀释至 1000ml。

（A）本方法与 GB/T 15434—1995 等效。

③5.0mol/L 氢氧化钠溶液：称取 100.0g 优级纯氢氧化钠，溶于水，冷却后稀释至 500ml。

④氟化钠标准贮备液：称取 0.2210g 氟化钠（优级纯，于 110℃烘干 2h，放在干燥器中冷却至室温），溶解于水，移入 100ml 容量瓶中，用水稀释至标线。贮于聚乙烯瓶中。此溶液每毫升含 1000μg 氟，在冰箱中可保存半年，临用时取出，待温度升至室温时使用。

⑤临用时用水稀释成含氟 100μg/ml（取 10.00ml 标准贮备液稀释至 100ml）、50.0μg/ml（取 5.00ml 标准贮备液稀释至 100ml）、25.0μg/ml（取 2.50ml 标准贮备液稀释至 100ml）、10.0μg/ml（取 1.00ml 标准贮备液稀释至 100ml）、5.00μg/ml（取 10.00ml 浓度为 50.0μg/ml 的标准中间液用水稀释至 100ml）、2.50μg/ml（取 10.00ml 浓度为 25.0μg/ml 的标准中间液，用水稀释至 100ml）的标准使用液。

⑥总离子强度调节缓冲液（TISAB）：称取 58.0g 氯化钠，10.0g 柠檬酸钠，量取冰乙酸 50ml，加水约 500ml，溶解后加 5.0mol/L 氢氧化钠溶液约 135ml，调节溶液 pH 值为 5.2，用水稀释至 1000ml。

⑦磷酸氢二钾浸渍液：称取 76.0g 磷酸氢二钾（$K_2HPO_4 \cdot 3H_2O$），溶解于 1000ml 水中。

上述试剂溶液均应贮于相应的聚乙烯瓶中。

4. 采样

采样时，在滤膜夹中装入两张磷酸氢二钾浸渍滤膜，中间隔 2～3mm，以 100～120L/min 流量（气流线速约为 0.3～0.4m/s），做好采样记录（开始和结束时间、流量、风向、风速、气温、气压、采样点、样品编号等）。采样后，用干净镊子将样品膜取出，对折放入塑料袋（盒）中，密封好，带回实验室，贮存在空干燥器中，必须在六个星期内完成分析。

5. 步骤

（1）标准曲线的绘制

取六个 50ml 塑料杯，按表 3-1-9 配制标准系列，也可根据实际样品浓度配制，不得少于六个点（分别取等体积的六种标准使用液）。

将离子活度计接通，并按要求将清洗好的氟离子选择电极及甘汞电极插入制备好的标准系列塑料杯中，测定从低浓度到高浓度逐个进行，在磁力搅拌器上搅拌数分钟，待读数稳定后（即每分钟电极电位变化小于 0.2mV）停止搅拌，静置后，读取毫伏值，同时记录测定时的温度。用计算器建立直线回归方程，即计算器在统计状态下，以氟浓度的对数 $\log C$ 为 x，以测出的毫伏值为 y，输入计算器进行统计，建立回归方程 $y=bx+a$，要求相关系数 $r>0.999$，斜率符合（$54+0.2t$）mV；或在半对数坐标纸上，以对数坐标表示氟浓度，以等距坐标表示毫伏值，绘制标准曲线。标准曲线应在测定样品的同时绘制。

表 3-1-9 氟化钠标准系列

杯 号	1	2	3	4	5	6
氟化钠标准使用液（μg/ml）	2.50	5.00	10.0	25.0	50.0	100
标准使用液（ml）	2.00	2.00	2.00	2.00	2.00	2.00
0.25mol/L 盐酸溶液（ml）	20.00	20.00	20.00	20.00	20.00	20.00
1mol/L 氢氧化钠溶液（ml）	5.00	5.00	5.00	5.00	5.00	5.00
TISAB 溶液（ml）	10.00	10.00	10.00	10.00	10.00	10.00
水（ml）	3.00	3.00	3.00	3.00	3.00	3.00
氟含量（μg）	5.00	10.0	20.0	50.0	100	200

（2）样品测定

①将样品膜剪成小碎块（约为 5mm×5mm），放入 50ml 聚乙烯塑料杯中，加入 0.25mol/L 盐酸溶液 20.0ml，在超声波清洗器中提取 30min 后，取出，待溶液温度冷却至室温，再加入 1.0mol/L 氢氧化钠溶液 5.00ml，TISAB 溶液 10.00ml，水 5.00ml，总体积 40.00ml，然后放置 3～5h 进行测定（不宜放置时间过长）。

②测定方法与绘制标准曲线相同。读取毫伏值后，根据回归方程式计算氟含量或从标准曲线上查得氟含量。测定样品时温度与绘制标准曲线时温度之差不应超过±2℃。

（3）空白值测定

随机抽取未经采样的磷酸氢二钾浸渍滤膜 4～5 张，分别用标准加入法进行测定，即在剪碎的空白膜中加入 0.50ml 的氟化钠标准使用液（10.0μg/ml），然后按样品测定方法测定其氟含量，测定溶液总体积为 40.0ml，取上述滤膜平均值计算空白滤膜氟含量。空白膜氟含量为测定值（μg）减去加入标准氟含量 5μg。

6. 计算

$$\text{氟化物}(\mathrm{F}, \mu g/m^3) = \frac{(W_1 + W_2) - 2W_0}{V_0}$$

式中：W_1+W_2——两张滤膜样品中的氟含量，μg；

W_0——空白膜平均氟含量，μg；

V_0——标准状态下的采样体积，m^3。

7. 说明

①精密度：四个实验室在不同地点采集平行样，每组 4～5 个样品，共取得 25 组，测得均值范围为 0.57～18.2μg/m^3，平均变异系数为 7.8%，最大为 22%。

②准确度：五个实验室测定统一制备的含氟 50.0μg 的标准样品，相对误差为 0.9%。

③氟离子选择电极法测定氟时，标准曲线斜率与温度有关，即斜率=54+0.2t，但当温度 t 超过 30℃时，斜率有可能超过公式计算的结果；一般应在室温低于 30℃下操作。

④做标准曲线和样品测定时，磁力搅拌时间应一致，并且待测溶液静置，读数稳定后，再读取毫伏值。

⑤每批醋酸纤维滤膜都应做空白实验，并且空白滤膜的氟含量每张应小于 1μg。

（二）石灰滤纸-氟离子选择电极法（A）

1. 原理

空气中的氟化物（氟化氢、四氟化硅等）与浸渍在滤纸上的氢氧化钙反应而被固定，用总离子强度调节缓冲液提取后，用氟离子选择电极法测定，求得石灰滤纸上氟化物的含量，反映在放置期间空气中氟化物的平均污染水平，石灰滤纸法又称 LTP 法。反应方程式如下：

$$2F^- + Ca(OH)_2 \longrightarrow CaF_2 + 2OH^-$$

CaF_2 溶解度较小，被固定在滤膜上，在盐酸介质中被溶解下来：

$$CaF_2 + 2HCl \longrightarrow Ca^{2+} + 2Cl^- + 2F^- + 2H^+$$

（A）本方法与 GB/T 15433—1995 等效。

溶液中的F^-用氟离子选择电极测定（遵守能斯特方程）。

测定体系中的高价阳离子例如Fe^{3+}、Al^{3+}、Si^{4+}，加入总离子强度调节缓冲液来消除，当其浓度上限超过20mg/L时，需采用蒸馏法消除干扰。

当采样天数为一个月时，方法的测定下限为0.18μg/（dm^2·d）。

2. 仪器

1）石灰滤纸法标准采样装置。

①采样盒：外径13cm、内径12.6cm、高2.5cm（不包括盖）的平底塑料盒，具盖。盒内具有塑料环状垫圈（外径12.5cm，内径11.0cm）和固定滤纸用的塑料焊条（或弹簧圈）。

②防雨罩：采用盆口直径30cm，盆高9cm的搪瓷盆，盆底用铁皮焊一个直径13cm，高3cm的圈，用于安装采样盒。

2）氟离子选择电极：灵敏度为10^{-6}mol/L。

3）甘汞电极：盐桥溶液为饱和氯化钾。

4）小型超声波清洗器。

5）磁力搅拌器：具聚乙烯包裹的搅拌子。

6）离子活度计或精密酸度计：分度值小于0.1mV。

7）聚乙烯塑料杯：100ml（数个）。

8）聚乙烯塑料瓶：100ml，1000ml。

9）石灰滤纸：用两个大培养皿（直径约15cm以上）各放入少量石灰悬浊液，将直径12.5cm定性滤纸放入第一个培养皿中浸透、沥干，再放在第二个培养皿中浸透、沥干（浸渍5～6张滤纸后，换新的石灰悬浊液），然后摊放在大张定性滤纸上（应在干净、无氟的条件下进行），于60～70℃烘干，装入塑料盒（袋）中，密封好放入干燥器中备用（干燥器中不加干燥剂）。

10）定性滤纸：ϕ12.5cm。

3. 试剂

本方法所用试剂除另有说明外，均为分析纯试剂，所用水为去离子水。

①高氯酸：72%（m/V）。

②2.5mol/L氢氧化钠溶液：称取100.0g优级纯氢氧化钠，溶于水，冷却后稀释至1000ml。

③5.0mol/L氢氧化钠溶液：称取100.0g优级纯氢氧化钠，溶于水，冷却后稀释至500ml。

④石灰悬浊液：称取56g氧化钙，加入250ml水消化，在搅拌下缓慢加入72%高氯酸250ml，加热至产生白烟。冷却后再加水200ml，加热蒸发至产生白烟，重复三次，如有沉淀物，用玻璃砂芯漏斗（G）过滤，在搅拌下向所得透明滤液中加入2.5mol/L氢氧化钠溶液1000ml得到氢氧化钙悬浊液，静置沉降后，倾出上清液，再用水重复洗涤5～6次，最后加水至5000ml，浓度约为1%，贮于冰箱中待用。用时摇匀。

⑤总离子强度调节缓冲液（TISAB）：称取58.0g氯化钠、10.0g柠檬酸钠，量取冰乙酸50ml，加入约500ml水，溶解后，加5.0mol/L氢氧化钠溶液约135ml，调节溶液pH值为5.2，用水稀释至1000ml。

⑥氟化钠标准贮备液：称取0.2210g氟化钠（优级纯，于110℃烘干2h，放在干燥器中冷却至室温），溶解于水，移入100ml容量瓶中，用水稀释至标线。贮于聚乙烯瓶中。此溶液每毫升含1000μg氟，在冰箱中可保存半年，临用时取出，待温度升至室温时使用。

⑦临用时用水稀释成含氟 100μg/ml、50.0μg/ml、25.0μg/ml、10.0μg/ml、5.00μg/ml、2.50μg/ml 的标准使用液。配制方法同方法（一）滤膜-氟离子选择电极法试剂⑤。

4. 采样

取一张石灰滤纸，平铺在平底塑料采样盒底部，用环状塑料卡圈压好滤纸边，再用具有弹性的塑料焊条或卡簧沿盒边压紧（盒上可安装铆钉卡住焊条），将滤纸牢牢地固定，盖好盖，携至采样点。

采样点间距离一般为 1km 左右，距污染源近时，采样点间距离可缩小，远离污染源的采样点间距可加大。采样点可设在较空旷的地方，避开局部小污染源（如烟囱等），采样装置可固定在离地面 3.5～4m 的电线杆或采样架上；在建筑物密集的地方，可安装在楼顶，与基础面相对高度应大于 1.5m。

采样时，将装好石灰滤纸的采样盒盒盖取下，装入采样防雨罩的盆底铁圈内，固定好，使石灰滤纸面向下，暴露在空气中，采样时间为 7d 到一个月。做好采样记录（记录放样品地点、样品编号及放样、取样时间（月、日、时））。收样品时，取下样品盒，加盖密封，带回实验室，贮存在空干燥器内，在六个星期内完成分析。

5. 步骤

（1）标准曲线的绘制

取六个 100ml 聚乙烯塑料杯，按表 3-1-10 配制标准系列，也可根据待测样品浓度配制，不得少于 6 个点（分别取等体积的六种标准使用液）。

表 3-1-10　氟化钠标准系列

杯　号	1	2	3	4	5	6
氟化钠标准使用液浓度（μg/ml）	2.50	5.00	10.0	25.0	50.0	100
标准使用液取样量（ml）	2.00	2.00	2.00	2.00	2.00	2.00
TISAB 溶液（ml）	25.00	25.00	25.00	25.00	25.00	25.00
水（ml）	23.00	23.00	23.00	23.00	23.00	23.00
氟含量（μg）	5.00	10.0	20.0	50.0	100	200

将离子活度计接通，预热约 30min，按要求将清洗好的氟离子选择电极及甘汞电极插入制备好的标准系列溶液中，测定从低浓度到高浓度逐个进行，在磁力搅拌器上搅拌数分钟，待读数稳定后（即每分钟电极电位变化小于 0.2mV）停止搅拌，静置后，读取毫伏值，同时记录测定时的温度。以氟浓度的对数 $\log C$ 为 x，以测出的毫伏值为 y，输入计算器进行统计，建立回归方程 $y=bx+a$，要求相关系数 $r>0.999$，斜率符合（$54+0.2t$）mV；或在半对数坐标纸上，以对数坐标表示氟浓度，以等距坐标表示毫伏值，绘制标准曲线。标准曲线应在测定样品的同时绘制。

（2）样品测定

①取出石灰滤纸样品，剪成小碎块（约为 5mm×5mm），放入 100ml 聚乙烯塑料杯中，加入 TISAB 缓冲液 25.0ml 及水 25.00ml，总体积 50.00ml，在超声波清洗器中提取 30min，取出放置过夜（加盖，防止放置时污染）。

②按标准曲线的测定方法，读取毫伏值后，根据回归方程计算氟含量或从标准曲线上查得氟含量。测定样品时温度与绘制标准曲线时温度之差不应超过±2℃。

（3）空白值测定

随机抽取4～5张未采样的石灰滤纸，分别用标准加入法进行测定，即在剪碎的空白石灰滤纸中加入0.50ml的氟化钠标准使用液（10.0μg/ml），然后按样品测定方法测定其氟含量，测定溶液总体积为50.0ml，取其平均值计算空白石灰滤纸的氟含量（空白石灰滤纸的氟含量每张不应超过1μg）；空白石灰滤纸氟含量为测定值（μg）减去加入标准氟含量（5μg）。

6. 计算

$$氟化物(F, \mu g/(dm^2 \cdot d)) = \frac{W - W_0}{S \times n}$$

式中：W——石灰滤纸样品中的氟含量，μg；

W_0——空白石灰滤纸平均氟含量，μg；

S——样品滤纸暴露在空气中的面积，dm^2；

n——样品滤纸在空气中放置天数（准确至0.1d）。

7. 说明

①精密度：五个实验室在不同地点采集平行样，每组五个样品，测定均值范围为2.81～192μg /（dm^2 · d），平均变异系数为5.5%，最大为16.6%。

②准确度：五个实验室测定统一制备的含氟50.0μg石灰滤纸标准样品，相对误差为0.23%。

③～④同方法（一）③～④。

⑤每批石灰滤纸都应做空白实验，并且空白石灰滤纸的氟含量每张应小于1μg。

七、硫酸盐化速率

碱片法测定硫酸盐化速率，不需采样动力，简单易行。由于采样时间长，测定结果能较好地反映空气中含硫污染物（主要是二氧化硫）的污染状况和污染趋势。

碱片法操作简便，试剂毒性低。

（一）碱片-重量法（B）

1. 原理

碳酸钾溶液浸渍过的玻璃纤维滤膜曝露于空气中，与空气中的二氧化硫、硫酸雾、硫化氢等发生反应，生成硫酸盐。测定生成的硫酸盐含量，计算硫酸盐化速率。其结果以每日在$100cm^2$碱片上所含三氧化硫毫克数表示。反应式如下：

$$2K_2CO_3+2SO_2+O_2 \longrightarrow 2K_2SO_4+2CO_2$$

方法检出限为0.05mg SO_3 /（$100cm^2$碱片 · d）。

2. 仪器

①塑料皿：内径72mm，高10mm（可采用普通玻璃罐头瓶塑料盖）。

②塑料垫圈：厚1～2mm，内径50mm，外径72mm，能与塑料皿紧密配合。

③塑料皿支架：将两块120mm×120mm聚氯乙烯硬塑料板成90°角焊接，下面再焊接一个高30mm、内径为78～80mm的聚氯乙烯短管，短管上钻三个螺栓眼，互成120°，各眼距塑料板面15mm。使用时，将塑料皿倒装在支架的聚氯乙烯短管内，用三个铜螺栓

固定塑料皿。见图 3-1-9。

④分析天平：感量 0.1mg。

⑤玻璃砂芯坩埚 G_4。

3. 试剂

①30%（*m/V*）碳酸钾溶液：称取 75g 无水碳酸钾，溶解于水，加甘油 7.0ml，用水稀释至 250ml，贮于具橡皮塞的细口瓶中。

②盐酸溶液 *C*（HCl）=0.4mol/L：量取浓盐酸 33ml，用水稀释至 1000ml。

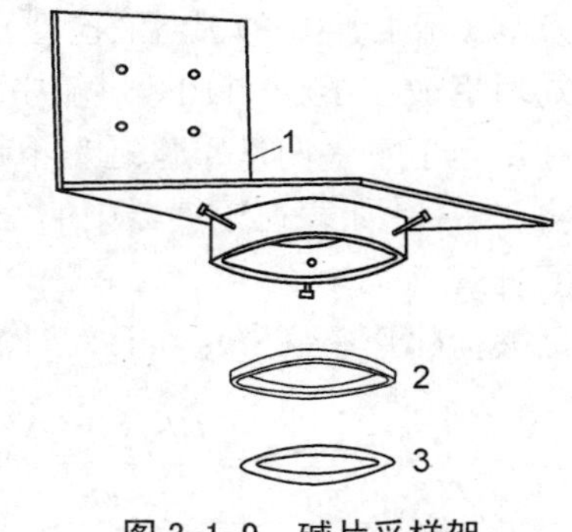

图 3-1-9　碱片采样架

1—塑料皿支架；2—塑料皿；3—塑料垫圈

③10%（*m/V*）氯化钡溶液。

④1.0%（*m/V*）硝酸银溶液。

⑤EDTA-氨溶液：称取 7.0g Na_2-EDTA，溶解于水，加氨水 5.0ml，稀释至 1000ml。

⑥（1+4）盐酸溶液。

4. 采样

（1）碱片的制备

将玻璃纤维滤膜剪成直径 7.0cm 的圆片，毛面向上，平放在 150ml 烧杯口上。用刻度吸管均匀滴加 30%碳酸钾溶液 1.0ml 于每片滤膜上，使溶液在滤膜上扩散直径为 5cm。滤膜在 60℃烘干，贮于干燥器内备用。

（2）放样

将碱片毛面向外放入塑料皿，用塑料垫圈压好边缘，装在塑料袋中携至采样现场，使滤膜面向下固定在塑料皿支架上。采样点除考虑气象因素的影响及采样地点之间的合理布局之外，还应注意不要接近烟囱等含硫气体污染源，并尽量避免受人的干扰。采样高度为 5～10m，如放置在屋顶上，应距离屋顶 1～1.5m，放置时间为 30d±2d。放样和收样时，记录和核对放样地点、滤膜编号及时间（月、日、时）。

5. 步骤

①沿塑料垫圈内缘，用锋利小刀刻下直径为 5.0cm 的样品膜，置于 150ml 烧杯中，斜靠在玻璃棒上，盖上表面皿，小心地从烧杯嘴处滴加 0.4mol/L 盐酸溶液约 20ml。待二氧化碳完全逸出后，将碱片捣碎，加热至近沸 2～3min。

②用少量水冲洗表面皿，用中速定量滤纸将样品溶液滤入 150ml 烧杯中。过滤时只倾出上层清液，尽量不让碎碱片进入漏斗。用温水以倾注法洗涤碱片残渣数次。滤液和洗涤液共 60～100ml。

③将滤液加热（不得沸腾）浓缩至 40ml（采暖期二氧化硫浓度高时，体积可为 60～80ml）。

④在加热条件下，搅拌并逐滴加入 10%氯化钡溶液 1ml（18～20 滴），开始时要快搅慢滴，以获得颗粒粗大的硫酸钡沉淀。待硫酸钡沉降后，在上层清液中加 1～2 滴氯化钡溶液，检查沉淀是否完全。

加热陈化 30min，搅拌数次，冷却，放置 2h（或过夜）后过滤。

⑤将硫酸钡沉淀滤入已恒重的 G_4 玻璃砂芯坩埚中，抽气过滤，用温水洗涤并将沉淀转入坩埚，最后用淀帚擦下杯壁上的沉淀并洗入坩埚。用温水洗涤坩埚中的沉淀直至滤液中不含氯

离子为止（用1.0%硝酸银溶液检查）。洗涤液总体积控制在60～80ml，避免沉淀溶解损失。

⑥坩埚放在105～110℃烘箱中烘1.5h，在干燥器中冷却40min，称重，再烘0.5h，冷却，称量至恒重（两次重量之差不超过0.4mg）。

将2～3片保存在干燥器中的空白碱片，按同法操作，测出空白值（mg）。

6. 计算

硫酸盐化速率（SO_3，mg /（100cm^2碱片·d））

$$=\frac{(W_s-W_b)}{S\cdot n}\times\frac{M_{SO_3}}{M_{BaSO_4}}\times 100=\frac{(W_s-W_b)}{S\cdot n}\times 34.3$$

式中：W_s——样品碱片中测得的硫酸钡重量，mg；

W_b——空白碱片中测得的硫酸钡重量，mg；

M_{SO_3}——SO_3分子量；

M_{BaSO_4}——$BaSO_4$分子量；

S——样品碱片有效采样面积，cm^2；

n——碱片采样放置天数，准确至0.1d。

7. 说明

①制备碱片时，滴加碳酸钾溶液应保证滤膜浸渍均匀，不得出现空白。

②坩埚恒重时各次称量、冷却时间及坩埚排列顺序要保持一致，避免因条件不一致造成误差。

③用过的玻璃砂芯坩埚应及时用水冲出其中的沉淀，用温热的EDTA-氨溶液浸洗后，再用（1+4）盐酸溶液浸洗，用水抽滤，仔细洗净，烘干备用。

④采样支架及设备，在保证基本尺寸合乎要求的条件下，固定塑料皿的方法可根据具体情况自行设计和加工。

（二）碱片-铬酸钡分光光度法（B）

1. 原理

在弱酸性溶液中，碱片样品溶液中的硫酸根离子与铬酸钡悬浊液发生以下交换反应：

$$SO_4^{2-}+BaCrO_4\longrightarrow BaSO_4\downarrow+\underset{\text{（黄色）}}{CrO_4^{2-}}$$

在氨-乙醇溶液中，分离除去硫酸钡及过量的铬酸钡，反应释放出的黄色铬酸根离子与硫酸根浓度成正比，根据颜色深浅，用分光光度法测定。

本方法检出限为 10μg/10ml（按与吸光度 0.01 相对应的三氧化硫浓度计）和 0.03 SO_3mg /（100cm^2碱片·d）。

2. 仪器

①～③同（一）碱片-重量法①～③。

④具塞比色管：25ml。

⑤慢速定量滤纸。

⑥分光光度计。

3. 试剂

①30%（*m/V*）碳酸钾溶液：同（一）碱片-重量法。

②硫酸钾标准溶液：称取 0.2176g 无水硫酸钾（优级纯，在 105℃干燥 2h），溶解于水，移入 100ml 容量瓶中，用水稀释至标线。此溶液每毫升相当于 1000μg 三氧化硫。

③硫酸钾标准使用液：吸取硫酸钾标准溶液 10.00ml 于 100ml 容量瓶中，用水稀释至标线。在冰箱中可稳定一周。此溶液每毫升相当于 100μg 三氧化硫。

④铬酸钡的精制：称取 5.0g 氯化钡，3.0g 重铬酸钾，分别溶解于 50ml 水中，混合，生成铬酸钡沉淀。加浓盐酸 16.7ml，再加水至 500ml，加热到 70～80℃，使之溶解。加 0.1% 溴代百里酚蓝指示剂 3 滴，用 2mol/L 氢氧化铵中和至溶液呈蓝色，沉淀析出。以倾注法用温热的水洗涤沉淀 2～3 次，再用冷水洗涤 2～3 次，经 0.45μm 微孔滤膜抽滤。在 105～110℃干燥 2h，于研钵中研细，在广口瓶中保存。

⑤铬酸钡悬浊液：称取 0.50g 精制的铬酸钡溶解于含有浓盐酸 0.42ml 和冰乙酸 14.7ml 的 200ml 水中，混匀。贮于聚乙烯塑料瓶中，临用时充分振摇均匀。

⑥氯化钙-氨溶液：称取 1.1g 氯化钙，用少量 1mol/L 盐酸溶液溶解，加 6.0mol/L 氢氧化铵至 400ml。

⑦0.1%（*m/V*）溴代百里酚蓝指示剂。

⑧3.24mg/ml 氯化钾溶液：称取 3.240g 氯化钾，溶解于水，稀释至 1000ml。

4. 采样

同（一）碱片-重量法。

5. 步骤

（1）标准曲线的绘制

取六支 25ml 具塞比色管，按表 3-1-11 配制标准系列。

各管加摇匀的铬酸钡悬浊液 2.0ml，充分混合，再加氯化钙-氨溶液 1.00ml，混合后加 95%乙醇 10.0ml，加水至标线，振摇约 1min，置于 15℃以下的冷水浴中冷却 10min。用两层慢速定量滤纸干过滤，或用 0.45μm 微孔滤膜抽滤。弃去初滤液 2～3ml，再收集滤液 10～15ml 于干燥的具塞比色管中。于波长 420nm 处，用 3cm 比色皿，以水为参比，测定吸光度。以吸光度对三氧化硫含量（μg），绘制标准曲线。

表 3-1-11 硫酸钾标准系列

管 号	0	1	2	3	4	5
硫酸钾标准溶液(ml)	0	0.50	1.00	2.00	3.00	4.00
3.24mg/ml 氯化钾溶液(ml)	10.00	9.50	9.00	8.00	7.00	6.00
三氧化硫含量(μg)	0	50	100	200	300	400

（2）样品溶液的制备

沿塑料垫圈的内缘，用锋利小刀刻下直径为 5.0cm 的样品膜，置于 150ml 烧杯中，斜靠在玻璃棒上，盖上表面皿，小心地从烧杯嘴处滴加 0.4mol/L 盐酸溶液，至溶液为弱酸性（pH3～5，用 pH 试纸试验）。待二氧化碳安全逸出后，将碱片捣碎，加热至近沸 2～3min。

用少量水冲洗表面皿，用中速定量滤纸将样品溶液滤入 200ml 容量瓶中（污染轻的地区可定容为 100ml），过滤时尽量不让滤膜碎片进入漏斗。再用温热的水 60ml 分三次以倾注法洗涤滤渣，洗涤液并入容量瓶中。最后用水稀释至标线，摇匀，即为样品溶液。

另取存放在干燥器中的空白碱片3张，一起放入150ml烧杯中，与样品膜同法处理，制成空白碱片待测溶液（100ml）。

（3）样品的测定

吸取适量样品溶液于25ml具塞比色管中，用氯化钾溶液稀释至体积为10.0ml，以下步骤同标准曲线绘制。取空白碱片溶液10.0ml，同法测定其三氧化硫含量，计算出每张空白碱片所含三氧化硫的量（μg）。

6. 计算

硫酸盐化速率[SO_3，mg / (100cm^2 碱片 • d)]

$$=\left(W\times\frac{V_t}{V_a}-W_0\right)\times\frac{100}{1000\times S\times n}=\left(W\times\frac{V_t}{V_a}-W_0\right)\times\frac{1}{10\times S\times n}$$

式中：W——测定时所取样品溶液中三氧化硫含量，μg；

W_0——每张空白碱片所含三氧化硫的量，μg；

V_t——样品溶液总体积，ml；

V_a——测定时所取样品溶液体积，ml；

S——样品碱片有效采样面积，cm^2；

n——碱片采样放置天数，准确至0.1d。

7. 说明

①在溶液中加入氯化钙-氨溶液、乙醇，并在冷水浴中冷却10min，可降低硫酸钡及铬酸钡的溶解度，使方法的重现性好，试剂空白值低而且稳定。

②玻璃仪器不要用铬酸洗液洗涤，以免干扰测定。

③、④同（一）碱片-重量法①、④。

⑤在处理用碳酸钾浸渍的碱片时，需加盐酸溶液，样品溶液中含氯化钾，故在绘制标准曲线的溶液中加入氯化钾溶液，使之与样品溶液的组成接近。

⑥具备紫外可见分光光度计的实验室，可在波长372nm处，用1cm比色皿，以水为参比，测定铬酸根离子的吸光度。

（三）碱片-离子色谱法（B）

1. 原理

碱片样品溶液注入离子色谱仪，基于待测阴离子对低容量强碱性阴离子交换树脂（交换柱）的相对亲和力不同而彼此分开。被分离的阴离子随淋洗液流经强酸性阳离子树脂（抑制柱）时，被转换为高电导的酸型，淋洗液组分（Na_2CO_3-$NaHCO_3$）则转变成电导率很低的碳酸（清除背景电导），用电导检测器测定转变为相应酸型的阴离子，与标准溶液比较，根据保留时间定性，峰高或峰面积定量。

方法检出限为0.2μg SO_4^{2-}/ml、0.03SO_3 mg /（100cm^2 碱片 • d）。

2. 仪器

①玻璃或聚乙烯塑料注射器：1ml。

②聚乙烯塑料瓶：120ml。

③聚乙烯塑料桶：3L。

④微孔滤膜：0.45μm。

⑤抽滤装置。

⑥超声波清洗器。

⑦离子色谱仪：具电导检测器。

3. 试剂

①30%（*m/V*）碳酸钾溶液：同（一）碱片-重量法。

②淋洗液：称取 2.544g 无水碳酸钠（优级纯）和 2.520g 碳酸氢钠（优级纯）分别溶解于 1000ml 水中。使用时各取 200ml 上述碳酸钠和碳酸氢钠溶液，混匀，用水稀释至 2000ml。此溶液浓度为 C（Na_2CO_3）=0.0024mol/L、C（$NaHCO_3$）=0.0030mol/L。经 0.45μm 微孔滤膜过滤后使用。

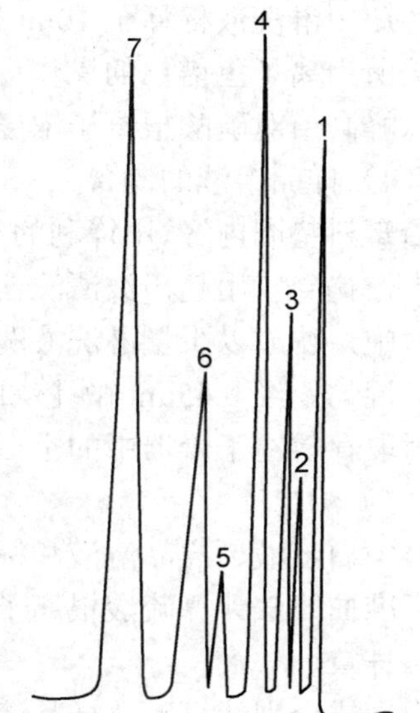

图 3-1-10　典型离子色谱图

1—氟离子；2—氯离子；3—亚硝酸根；4—磷酸根；5—溴离子；6—硝酸根；7—硫酸根

③硫酸钾标准溶液：称取 0.4535g 硫酸钾（在 105℃±5℃干燥 2h），溶解于少量淋洗液，移入 250ml 容量瓶，用淋洗液稀释至标线，混匀。此溶液每毫升含 1000μg 硫酸根。使用时吸取此溶液 25.00ml 于 250ml 容量瓶中，用淋洗液稀释至标线，此溶液每毫升含 100μg 硫酸根（SO_4^{2-}）。

④再生液：按仪器使用说明书规定的方法配制。

4. 采样

同（一）碱片-重量法。

5. 步骤

（1）色谱条件

流动相：碳酸氢钠-碳酸钠淋洗液，C（$NaHCO_3-Na_2CO_3$）=3.0mmol/L－2.4mmol/L。

淋洗液流量：3ml/min；进样体积：100μl。

记录仪纸速：4mm/min。

柱温：室温（不低于 18℃）±0.5℃。

（2）离子色谱图

见图 3-1-10。

（3）标准曲线的绘制

取六个 10ml 容量瓶，按表 3-1-12 配制硫酸钾标准系列。

表 3-1-12　硫酸钾标准系列

瓶　号	0	1	2	3	4	5
100μg/ml 硫酸钾标准溶液(ml)	0	0.50	1.00	1.50	2.00	2.50
硫酸根离子浓度(μg/ml)	0	5.0	10.0	15.0	20.0	25.0

各瓶用淋洗液稀释至10ml标线，摇匀。

按所用离子色谱仪的操作规程，在相同色谱条件下，测定各标准溶液的保留时间和峰高，以峰高值对硫酸根离子浓度（μg/ml），绘制标准曲线。

（4）样品溶液的制备

沿塑料垫圈内缘，用锋利的小刀刻下直径5cm的样品膜，置于内装30ml淋洗液的100ml烧杯中，捣碎。用超声波清洗器洗两次，共15min。再用两层中速定量滤纸过滤于100ml容量瓶中，滤渣以少量淋洗液洗涤两次，合并洗涤液于100ml容量瓶中，用淋洗液稀释至标线，混匀。经0.45μm微孔滤膜干过滤，弃去初滤液10ml，取中段滤液10ml待测。

另取存放在干燥器中的空白碱片2张，同法处理，制备空白碱片溶液。

（5）测定

将空白溶液、样品溶液和标准溶液依次注入离子色谱仪分析，测定峰高。以单点外标法或标准曲线法计算硫酸根离子的浓度。

6. 计算

由下式分别计算碱片样品溶液和空白溶液中硫酸根离子的含量（μg）：

$$W(SO_4^{2-}, \mu g) = K \cdot h \cdot V_t$$

式中：K——硫酸根标准溶液浓度和峰高比值，μg /（ml · mm）；

h——样品溶液硫酸根离子峰高，mm；

V_t——样品溶液总体积，ml。

硫酸盐化速率[SO_3，mg /（100cm^2 碱片 · d）]

$$= \frac{(W - 1/2W_0)}{S \cdot n} \times \frac{M_{SO_3}}{M_{SO_4^{2-}}} \times \frac{100}{1000} = \frac{(W - 1/2W_0)}{S \cdot n} \times 0.0833$$

式中：W——样品溶液中硫酸根离子含量，μg；

W_0——空白溶液中硫酸根离子含量，μg；

M_{SO_3}——SO_3 分子量；

$M_{SO_4^{2-}}$——SO_4^{2-} 分子量；

S——样品碱片有效采样面积，cm^2；

n——碱片采样放置天数，准确至0.1d。

7. 说明

①所用去离子水电导率应小于1μS/cm。

②淋洗液使用前应脱气。

③、④同（一）碱片-重量法①、④。

八、氨

氨以游离态或以其盐的形式存在于大气中，氨的测定方法有：纳氏试剂分光光度法、次氯酸钠-水杨酸分光光度法、离子选择电极法和离子色谱法。纳氏试剂分光光度法测定氨，方法简便，但选择性略差，且测定过程中使用的纳氏试剂含有大量的汞盐，毒性较强，容易造成二次污染；次氯酸钠-水杨酸分光光度法较灵敏，选择性好，但操作较复杂；离子选择电极法具有准确、简便，测定范围宽等优点；离子色谱法具有高选择性且灵敏、快速和简便，可同时测定多组分，但需要配备相应的仪器和阳离子分离柱，增加了测定成本。

（一）次氯酸钠-水杨酸分光光度法（A）

1. 原理

用稀硫酸溶液吸收空气中的氨气，生成硫酸氢铵。在亚硝基铁氰化钠存在下，以酒石酸钾钠作掩蔽剂，铵离子、水杨酸和次氯酸钠反应生成蓝色化合物，根据颜色深浅，用分光光度计于波长 698nm 处，用 1cm 比色皿，以水为参比，测定吸光度。

本方法检出限为 0.1μg/10ml，当采样体积为 20L 时，最低检出浓度为 0.007mg/m^3。

2. 仪器

①大型气泡吸收管：具 10ml 刻度线。

②具塞比色管：10ml。

③空气采样泵：流量范围 1～10L/min。

④分光光度计。

3. 试剂

除非另有说明，所用试剂均为分析纯。

①无氨水制备：a 蒸馏法：每升蒸馏水中加入 0.1ml 硫酸，在全玻璃蒸馏器中重蒸馏，弃去 50ml 初馏液，接取其余馏出液于具磨口塞的玻璃瓶中，密塞保存。

b 离子交换法：使蒸馏水通过强酸性阳离子交换树脂柱。

②吸收液：硫酸溶液 $C(1/2\ H_2SO_4)$=0.005mol/L。

③5mol/L 氢氧化钠溶液：称取 100g 氢氧化钠，溶于水，冷却后稀释至 500ml。

④水杨酸-酒石酸钾钠溶液：称取 10.0g 水杨酸[$C_6H_4(OH)COOH$]，置于 150ml 烧杯中，再加入 5 mol/L 氢氧化钠溶液 15 ml，充分搅拌使之完全溶解。必要时，再滴加少量 5 mol/L 氢氧化钠溶液（由于水杨酸很难溶解，因此需不断搅拌，在配置过程中避免加入碱液过量）。另称取 10.0g 酒石酸钾钠（$KNaC_4H_4O_6 \cdot 4H_2O$），溶解于约 100ml 水中，加热煮沸至体积剩余一半以除去氨。冷却后，与上述溶液合并，用水稀释至 200ml，混匀。此溶液 pH 为 6.0～6.5。贮于棕色瓶中保存，至少可稳定一个月。

⑤亚硝基铁氰化钠溶液：称取 0.10g 亚硝基铁氰化钠{$Na_2[Fe(CN)_5NO] \cdot 2H_2O$}，置于 10ml 具塞比色管中，加水至标线，振摇使之溶解。临用时现配。

⑥1%（*m/V*）淀粉指示剂：称取 1g 可溶性淀粉，用少量水调成糊状，再用刚煮沸的水冲稀至 100ml，冷却后贮于细口瓶中。

⑦6mol/L 硫酸溶液 $C(1/2\ H_2SO_4)$。

⑧3.0g/L 碘酸钾标准溶液：称取约 1.5g 碘酸钾（KIO_3，优级纯，110℃烘干 2h），称准至 0.0001g 溶解于水，移入 500ml 容量瓶中，用水稀释至标线。

⑨0.1mol/L 硫代硫酸钠标准溶液（$Na_2S_2O_3$）：称取 25g 硫代硫酸钠（$Na_2S_2O_3 \cdot 5H_2O$），

（A）本方法与 GB/T 14679—93 等效。

溶解于 1000ml 新煮沸并已冷却的水中，加 0.20g 无水碳酸钠，贮于棕色细口瓶中，放置一周后标定其浓度，若溶液出现浑浊时，应该过滤。

标定方法：吸取碘酸钾标准溶液 25.00ml，置于 250ml 碘量瓶中，加 70ml 新煮沸并已冷却的水，加 1.0g 碘化钾，振荡至完全溶解后，再加 6mol/L 硫酸溶液 5ml，立即塞好瓶塞，混匀。于暗处放置 5min 后，用硫代硫酸钠溶液滴定至浅黄色，加淀粉溶液 1ml，继续滴定至蓝色刚消失为终点。按下式计算硫代硫酸钠溶液的浓度。

$$C(\mathrm{Na_2S_2O_3, mol/L}) = \frac{W \times 100}{35.67 \times V} \times \frac{25.00}{500.0} = \frac{50 \times W}{35.67 \times V}$$

式中：W——称取碘酸钾的重量，g；

V——滴定所用硫代硫酸钠溶液的体积，ml；

35.67——相当于 1L 1mol/L 硫代硫酸钠溶液的碘酸钾（1/6 KIO_3）的质量，g。

⑩甲基橙指示剂：称取 0.05g 甲基橙，溶于 100ml 水中。

⑪碘化钾。

⑫酚酞指示剂：称取 0.5g 酚酞，溶于 50ml 95%乙醇中，用水稀释至 100ml。

⑬0.1000mol/L 碳酸钠标准溶液（1/2Na_2CO_3）：称取 2.6498g 无水碳酸钠（优级纯或基准试剂于 250℃烘干 4h），溶于少量无二氧化碳水中（蒸馏水或去离子水煮沸 15min，冷却至室温），移入 500ml 容量瓶中，用水稀释至标线，摇匀。贮于聚乙烯瓶中，可保存一周。

⑭0.1mol/L 盐酸标准溶液：吸取 8.4ml 盐酸（ρ=1.19g/ml），用水稀释至 1000ml，此溶液浓度约为 0.1 mol/L。其准确浓度按下述方法标定：

吸取 25.00ml 碳酸钠标准溶液于 250ml 锥形瓶中，加入无二氧化碳水稀释至约 100ml，加入 3 滴甲基橙指示剂，用盐酸标准溶液滴定至由桔黄色刚变成桔红色。按下式计算其准确浓度：

$$C(\mathrm{HCl, mol/L}) = \frac{25.00 \times 0.1000}{V}$$

式中：V ——盐酸标准溶液滴定的体积，ml。

⑮次氯酸钠溶液：可用市售商品试剂，也可自行制备。方法为：将浓盐酸加入盛有二氧化锰的反应瓶中，置于 50～60℃热水浴上，用 2mol/L 氢氧化钠溶液吸收逸出的氯气，即得次氯酸钠溶液。

市售或自制品均需用碘量法测定其有效氯含量，用酸碱滴定法测定其游离碱含量，方法如下：

有效氯的测定：吸取次氯酸钠溶液 1.00ml，置于碘量瓶中，加水 50ml、2.0g 碘化钾，混匀。加 6mol/L 硫酸溶液 5ml，塞好瓶塞，混匀。于暗处放置 5min 后，用 0.1mol/L 硫代硫酸钠标准溶液滴定至浅黄色，加淀粉溶液 1ml，继续滴定至蓝色刚消失为终点。按下式计算有效氯：

$$\text{有效氯}(\mathrm{Cl}, \%) = \frac{C(\mathrm{Na_2S_2O_3}) \times V \times 35.45}{1000} \times 100$$

式中：C（$Na_2S_2O_3$）——硫代硫酸钠标准溶液的浓度，mol/L；

V——滴定消耗的硫代硫酸钠标准溶液的体积，ml；

35.45——相当于 1L 1mol/L 硫代硫酸钠标准溶液的氯气（1/2 Cl_2）的质量，g。

游离碱的测定：吸取次氯酸钠溶液1.00ml，置于150ml锥形瓶中，加入适量水，以酚酞为指示剂，用0.1 mol/L盐酸标准溶液滴定至红色刚消失为终点。

取适量上述次氯酸钠溶液，加适量5 mol/L氢氧化钠溶液并用水稀释使配制成含有效氯浓度为0.35%（m/V）、游离碱浓度为0.75 mol/L（以NaOH计）的次氯酸钠溶液。贮于棕色滴瓶中，可稳定一周。

⑯氯化铵标准贮备液：称取0.7855g氯化铵（优级纯，105℃烘干2h），溶解于水，移入250ml容量瓶中，用水稀释至标线，此溶液每毫升相当于含1000μg氨。

⑰氯化铵标准使用液：临用时，吸取氯化铵标准贮备液5.00ml于500ml容量瓶中，用水稀释至标线，此溶液每毫升相当于含10.0μg氨。

4. 采样及样品保存

①采样：采样系统由吸收管、流量计和抽气泵组成，吸收管内装10ml吸收液，以1～5L/min的流量采气20～30L。

②样品保存：样品应尽快分析，以防止吸收空气中的氨。若不能立即分析，需转移到具塞比色管中封存好，在2～5℃下存放，可保存一周。

5. 步骤

①标准曲线的绘制：取七支10ml具塞比色管，按表3-1-13配制标准系列。

表3-1-13　氯化铵标准系列

管　号	0	1	2	3	4	5	6
氯化铵标准使用液(ml)	0	0.20	0.40	0.60	0.80	1.00	1.20
氨含量(μg)	0	2.0	4.0	6.0	8.0	10.0	12.0

向各管中加入1.00ml水杨酸-酒石酸钾钠溶液、2滴亚硝基铁氰化钠溶液，用水稀释至标线，加入2滴次氯酸钠溶液，混匀，放置1h。用1cm比色皿，于波长698nm处，以水为参比，测定吸光度。以扣除试剂空白后的吸光度对应氨含量（μg），绘制标准曲线。

②样品测定：采样后，将样品溶液移入10ml具塞比色管中，用少量水洗涤吸收管，洗涤液并入比色管，加入1滴1.0 mol/L氢氧化钠溶液并用水稀释至标线，混匀。吸取一定体积（视样品浓度而定）样品溶液于另一支10ml具塞比色管中，以下步骤同标准曲线的绘制，测定吸光度，由扣除试剂空白后的吸光度，计算或从标准曲线上查出氨含量。

6. 计算

$$氨(NH_3, mg/m^3) = \frac{W}{V_n} \times \frac{V_t}{V_a}$$

式中：W——测定时所取样品溶液中氨含量，μg；

V_n——标准状态下的采样体积，L；

V_t——样品溶液总体积，ml；

V_a——测定时所取样品溶液体积，ml。

7. 说明

①本方法测定的是空气中氨气和颗粒物中可溶性铵盐的总和，不能分别测定两者的浓度。

②为降低试剂空白值，所有试剂均用无氨水配制。

③于氯化铵标准贮备液中加1～2滴氯仿，可以抑制微生物的生长。

④酒石酸钾钠是造成空白值过高的主要原因，必要时检查酒石酸钾钠的试剂空白。

⑤当室温高于 20℃时，0.5h 即可发色完全；当室温低于 15℃时，1h 可发色完全。溶液发色完全后，颜色可稳定 24h。

⑥比色管等玻璃器皿的清洗，溶解 100g 氢氧化钾于 100ml 水中，冷却后加入 95%(*V/V*)的乙醇 900ml，此溶液应贮于聚乙烯瓶中。

⑦对浓度为 1.2μg/10ml 和 10.8μg/10ml 的标准溶液及浓度为 1.2μg/10ml 和 10.8μg/10ml 的模拟样品，进行双份平行测定共 6 批次，测定的相对标准偏差分别为 2.7%、0.74%和 2.8%、1.3%。

（二）纳氏试剂分光光度法（A）

1. 原理

用稀硫酸溶液吸收的氨，在碱性条件下与纳氏试剂反应生成黄棕色络合物。该络合物的色度与氨的含量成正比，在 420nm 波长处进行分光光度测定。

样品中含有三价铁等金属离子、硫化物和醛类有机物时，干扰测定。加入一定量的酒石酸钾钠溶液可消除三价铁等金属离子的干扰，若样品因产生异色而引起干扰的情况下（如硫化物存在时为绿色），可在样品溶液中加入稀盐酸而去除干扰。有些有机物质（如甲醛）生成沉淀干扰测定，可在比色前用 0.1mol/L 的盐酸溶液将吸收液酸化到 pH 不大于 2 后煮沸除之。

在吸收液体积为 50 ml，采样体积为 2.5～10L 时，测定范围为 0.5～800mg/m^3。对于浓度更高的样品，测定前必须进行稀释。本法检出限为 0.5 mg /10 ml，当样品溶液总体积为 10 ml，采样体积 20L 时，最低检出浓度为 0.03 mg/m^3。

2. 仪器

①气体采样装置。

②大型玻板吸收瓶或大气冲击式吸收瓶：10ml 或 50ml。

③具塞比色管：10 ml。

④分光光度计。

⑤聚四氟乙烯管（或玻璃管）：ϕ6～7mm。

3. 试剂

分析时只使用符合国家标准或专业标准的分析纯试剂和按下述方法制备的水。

1）无氨水的制备方法：

①离子交换法：将蒸馏水通过一个强酸性阳离子交换树脂（氢型）柱，流出液收集在磨口玻璃瓶中。每升流出液中加入 10g 同类树脂，以利保存。

②蒸馏法：在 1000ml 蒸馏水中，加入 0.1ml 硫酸并在全玻璃蒸馏器中重蒸馏。弃去前 50ml 馏出液，然后将约 800ml 馏出液收集在磨口玻璃瓶中。每升收集的馏出液中加入 10g 强酸性阳离子交换树脂（氢型），以利保存。

2）硫酸吸收液：硫酸含量 95%～98%，$C(H_2SO_4)$＝0.005mol/L。

3）纳氏试剂：

（A）本方法与 GB/T 14668—93 等效。

①称取 12g 氢氧化钠（NaOH），溶解于 60ml 水中冷却至室温。

②称取 1.7g 二氯化汞（$HgCl_2$），溶解于 30ml 水中。

③称取 3.5g 碘化钾（KI），溶解于 10.0ml 水中，在搅拌下将二氯化汞溶液慢慢加入碘化钾溶液中，直至形成的红色沉淀不再溶解为止。

在搅拌下，将冷的氢氧化钠溶液缓慢地加入到上述二氯化汞和碘化钾的混合液中，再加入剩余的二氯化汞溶液，于暗处静置 24h。倾出上清液，贮于棕色瓶中，用橡皮塞塞紧。此溶液于冰箱中保存，可稳定一个月。

4）酒石酸钾钠溶液：称取 50 g 酒石酸钾钠（$KNaC_4H_6O_6 \cdot 4H_2O$），溶解于 100ml 水中，加热煮沸以驱除氨，冷却后补充至 100ml。

5）盐酸溶液 C（HCl）＝0.1mol/L。

6）氨标准贮备液 1.000mg/ml：准确称量 0.3142g 经 105℃干燥 1h 的 G.R.氯化铵（NH_4Cl），用少量水溶解，移入 100ml 容量瓶中，稀释至标线。

7）氨标准溶液 20.0μg/ml：吸取 5.00ml 氨标准贮备液于 250ml 容量瓶中，稀释至标线，摇匀。临用前配制。

4. 采样

①采样系统由采样管、吸收瓶、流量测量装置和抽气泵等组成。用一个内装 50ml 吸收液的吸收瓶或气体吸收瓶或大型多孔玻板吸收瓶，以 0.5～1.0L/min 的流量，采气 20～30L。空气中氨的浓度较低时，则用内装 10ml 吸收液的大型气泡吸收管，以 1.0L/min 流量，采气 20～30L。

②样品保存：采集好的样品，应尽快分析。必要时于 2～5℃下冷藏，可贮存一周。

5. 步骤

（1）预处理

样品中含有三价铁等金属离子、硫化物和有机物时，干扰测定，处理方法如下：

①络合掩蔽：加入 0.50ml 酒石酸钾溶液可消除三价铁等金属离子的干扰。

②除硫化物：在样品溶液中加入稀盐酸而去除硫化物的干扰（硫化物存在时为绿色）。

③低 pH 条件下煮沸：有些有机物质（如甲醛）生成沉淀干扰测定，可在比色前用 0.1mol/L 的盐酸溶液将吸收液酸化到 pH 不大于 2 后煮沸除之。

（2）绘制标准曲线

取七支 10ml 具塞比色管，按表 3-1-14 配制标准系列。

在各管中分别加入酒石酸钾溶液 0.50ml，摇匀，再加入纳氏试剂 0.50ml，摇匀，放置 10 min 后（室温低于 20℃时放置 10～20min）。在波长 420nm 下，用 1cm 比色皿，以水作参比，测定各管的吸光度。以吸光度对氨含量（μg），用最小二乘法计算标准曲线的回归方程或绘制标准曲线。

表 3-1-14　氯化铵标准系列

管　号	0	1	2	3	4	5	6
20μg/ml 氯化铵标准溶液(ml)	0.00	0.10	0.25	0.50	1.00	1.50	2.00
0.005mol/L 硫酸吸收液(ml)	10.00	9.90	9.75	9.50	9.00	8.50	8.00
氨含量(μg)	0	2	5	10	20	30	40

（3）样品测定

试样溶液用吸收液定容至 50 ml，取一定量试样溶液（吸取量视试样浓度而定）于 10 ml 比色管中，再用吸收液稀释至 10 ml 标线，以下步骤同标准曲线的绘制。

6. 计算

$$氨(NH_3, mg/m^3) = \frac{W}{V_{nd}}$$

式中：W——样品溶液中的氨含量，μg；

V_{nd}——所采气样标准体积（101.325kPa，0℃），L。

7. 说明

①由于纳氏试剂毒性很强，在分析过程中使用大量的汞盐，故废液须集中回收处理。

②纳氏试剂呈浓碱性，故不能采用滤纸过滤，可用玻璃砂芯过滤器。但一般是静置后倾斜分离，取其上清液。

③采样管材质应选用玻璃或聚四氟乙烯，其他材质采样管对氨气有吸附。

④精密度和准确度：经五个实验室分析含 1.33～1.55mg/L 氨的统一样品，重复性标准偏差 0.018 mg/L，变异系数 1.2%；再现性标准偏差 0.05 mg/L，变异系数 3.4%；加标回收率 97%～103%。

⑤汞是剧毒物质，有条件采用其它方法的尽量不用此法。

（三）氨气敏电极法（A）

1. 原理

氨气敏电极为一复合电极，以 pH 玻璃电极为指示电极，银-氯化银电极为参比电极。此电极对置于盛有 0.1mol/L 氯化铵内充液的塑料套管中，管底用一张微孔疏水透气膜与试液隔开，并使透气膜与 pH 玻璃电极间有一层很薄的液膜。当测定由硫酸吸收液吸收大气中的氨时，加入强碱，使铵盐转化为氨，氨气通过透气膜进入氯化铵内充液层中，使 $NH_4^+ \rightleftharpoons NH_3 + H^+$的反应向左移动，引起氢离子浓度改变，由 pH 玻璃电极测得其变化。在恒定的离子强度下，测得的电极电位与氨浓度的对数呈线性关系。由此，可从测得的电位值确定样品中氨的含量。

本方法挥发性胺产生正干扰；汞和银因同氨络合力强而有干扰；高浓度溶解离子影响测定。

本方法最低检出限为 10ml 吸收液中 0.9μg 氨，当样品溶液总体积为 10ml，采样体积 60L 时，最低检出浓度为 0.015mg/m³。

2. 仪器

①氨气敏电极。

②离子计：精确至 0.2mV。

③磁力搅拌器。

④聚四氟乙烯包覆的搅拌棒。

⑤空气采样器。

（A）本方法与 GB/T 14669—93 等效。

⑥U 型多孔玻板吸收管：10ml。

⑦具塞比色管：10ml。

3. 试剂

除另有说明外，分析时均使用符合国家标准或专业标准的分析纯试剂，所有实验用水均用无氨水。

①无氨水：向 1000ml 一次蒸馏水中加 0.1ml 硫酸（ρ=1.84g/ml），在全玻璃蒸馏装置中进行重蒸馏，弃去 50ml 初馏液，于具塞磨口的玻璃瓶中接取其余馏出液，密封、保存。或将一次蒸馏水通过强酸性阳离子交换树脂柱，其流出液收集在具塞磨口玻璃瓶中。

②0.1mol/L 氯化铵电极内充液：称取 0.535g 氯化铵（NH_4Cl），用水稀释至 100ml。

③5mol/L 氢氧化钠：称取 20g 氢氧化钠（NaOH），用水稀释至 100ml。

④0.5mol/L 乙二胺四乙酸二钠：称取 18.6g 乙二胺四乙酸二钠（$C_{10}H_{14}N_2O_8Na_2 \cdot 2H_2O$），溶于水，用水稀释至 100ml。

⑤碱性缓冲液：吸取 5mol/L 氢氧化钠和 0.5mol/L 乙二胺四乙酸二钠各 100ml，配成混合液，混匀，贮于聚乙烯瓶中。

⑥氨吸收液（0.05mol/L 硫酸溶液 H_2SO_4）：量取 1000ml 水，加入硫 酸 （ρ=1.84g/ml） 2.8ml， 搅拌均匀。

⑦氨标准贮备液：准确称取 0.3142g 氯化铵（NH_4Cl，优级纯，经 105℃干燥 2h），溶于水，移入 1000ml 容量瓶中，用水稀释至标线，此溶液每毫升相当于含 100.0μg 氨。

⑧氨标准使用液：临用时，吸取氨标准贮备液 5.00ml 于 250ml 容量瓶中，用水稀释至标线，此溶液每毫升相当于含 2.00μg 氨。

4. 采样

（1）样品采集

吸取 10.0ml 吸收液于 U 型多孔玻板吸收管中，根据氨污染程度，调节采样器流量计的流量，确定流量和采样体积。一般流量范围在 0.5～1.0L/min，采样体积在 20～60L。

（2）样品的保存

采集好的样品，应尽快分析。必要时于 2～5℃下冷藏，可贮存一周。

5. 步骤

（1）仪器和电极的准备

按测定仪器及电极使用说明书进行仪器调试和电极组装。

①电极的活化：使用前将氨气敏复合电极按操作说明书把塑料套管内的玻璃电极取出，在蒸馏水中浸泡 24h 左右。

②气透膜的组装：若复合电极的气透膜破裂或使用过久，按说明书操作更换新膜。即将一片新膜放在装膜段外套管上口部，对准口径并放好胶垫圈，再用内套管对准垫圈和口均匀压入外套管内。装好膜后把上下段接口旋紧后，可用纯水或内充液试漏，若不漏则按电极说明书装入适量内充液，再将玻璃电极按原方式装好并固定锁紧电极备用。

（2）标准曲线的绘制

取六个 25ml 烧杯，按表 3-1-15 配制标准系列。

浸入电极后加入 1.0ml 碱性缓冲液，在搅拌下，读取稳定的电位值 E（在 1min 内变化不超过 1mV 时，即可读数）。以氨浓度的对数 log$C$ 为 x，以标准系列测出的电位值 E 为 y，输入计算器进行统计回归，建立回归方程：$y=bx+a$（式中 $x=\log C$，$y=E$）；或在半对数坐标纸上以对数坐标表示氨浓度（μg/ml），以等距坐标表示电位毫伏值，绘制标准曲线。标准曲线应在测定样品的同时绘制（0.0 点不参与回归）。也可根据实际样品浓度在线性范围 0.1～1700μg/ml 内配制标准系列，不得少于五个点。

表 3-1-15 氨标准系列

杯 号	0	1	2	3	4	5
氨标准使用液(ml)	0	0.50	2.50	5.00	8.00	10.00
水(ml)	10.00	9.50	7.50	5.00	2.00	0
氨含量(μg)	0	1.00	5.00	10.0	16.0	20.0
氨浓度(μg/ml)	0	0.10	0.50	1.00	1.60	2.00

（3）样品测定

采样后将吸收管中的吸收液倒入 10ml 比色管中，再用少量吸收液清洗吸收管加入比色管，最后用吸收液定容至 10ml。再将比色管中的吸收液放入 25ml 烧杯中，以下步骤同标准曲线的绘制。样品测得的电位值代入以上回归方程，可求出相对应的氨浓度的对数值 $\log C$，再取其反对数，即为被测溶液的氨浓度值 C（μg/ml）；也可在半对数坐标纸所绘制的标准曲线上查得样品吸收液中氨浓度值（μg/ml），然后计算出空气中氨的浓度（mg/m^3）。

（4）全程序空白测定

用吸收液代替试样溶液，按标准曲线步骤进行测定。

6. 计算

$$\text{氨}(NH_3, mg/m^3) = \frac{(C - C_0) \times 10}{V_0}$$

式中：C——样品溶液中氨浓度，μg/ml；

C_0——全程序空白溶液中氨浓度，μg/ml；

V_0——换算成标准状态下的采样体积，L。

7. 说明

①精密度和准确度：经六个实验室分析含 0.668mg/L 的氨统一标准样品，重复性标准偏差 0.029mg/L，变异系数 4.3%；再现性标准差 0.059mg/L；变异系数 8.8%；加标回收率 92.6%～105.0%。分析含 1.834mg/L 的氨统一标准样品，重复性标准偏差 0.10mg/L，变异系数 5.5%；再现性标准差 0.160mg/L；变异系数 8.4%；加标回收率 94.5%～122.9%。分析含 1.226mg/L 的氨统一标准样品，重复性标准偏差 0.060mg/L，变异系数 4.8%；再现性标准差 0.11mg/L；变异系数 8.8%；加标回收率 89.5%～124.0%。

②电极的组装及活化至关重要，玻璃电极与气透膜间的紧压程度要适中，不能过紧、过松，以保证测试时的电位值保持稳定。

③气透膜不能有丝毫破损，以防内充液泄漏。

④标准曲线斜率尽量接近理论值 25℃时 59.16mV 为佳，若出现斜率离理论值偏低较多（<50mV），应重新换膜，活化电极后再使用。

⑤测试低浓度样品时，电极的组装尤为重要，内充液要新鲜，气透膜要保证透气性良好，否则较难做准。

⑥测试前，应将电极用无氨水洗至电极说明书要求的电位值，然后再测试。

⑦测试样品或标准系列应由低浓度至高浓度逐级测定。

（四）离子色谱法（B）

1. 原理

用稀硫酸吸收空气中的氨，生成硫酸铵，用离子色谱进行测定，根据被测组分铵离子浓度与色谱图中出峰的峰面积或峰高成正比，可测得空气中氨的浓度。

方法检出限为 0.2μg/10ml，当用 10ml 吸收液、采样体积为 30L 时，最低检出浓度为 0.007mg/m^3。

2. 仪器

①大型气泡吸收管：10ml。

②容量瓶：250ml，1000ml。

③具塞比色管：10ml。

④空气采样器：流量范围 0～1L/min。

⑤离子色谱仪：具电导检测器。

⑥注射器：1.0ml。

3. 试剂

实验用水均为电导率小于 0.5μS/cm 的二次去离子水，并经 0.45μm 的微孔滤膜过滤。所用试剂均为分析纯试剂。

①吸收液：取 0.55ml 硫酸（ρ＝1.84），缓慢加入盛有约 30ml 水的 100 ml 烧杯中并不断搅拌，冷却，移入 1000ml 容量瓶中，用水稀释至标线。此溶液硫酸浓度为 0.01mol/L。

②淋洗液：取甲基磺酸（CH_3-SO_3H，ρ=1.48）1.3ml，溶解于水，移入 1000ml 容量瓶中，用水稀释至标线，此溶液甲基磺酸浓度为 0.02mol/L。

③氯化铵标准贮备液：称取 0.7855g 氯化铵，溶解于水，移入 250ml 容量瓶中，用水稀释至标线，此溶液每毫升相当于含 1000μg 氨。

④氯化铵标准使用液：临用时，吸取氯化铵标准贮备液 5.00ml 于 250ml 容量瓶中，用水稀释至标线，此溶液每毫升相当于含 20.0μg 氨。

4. 采样

用一个内装 10ml 吸收液的大型气泡吸收管，以 1L/min 流量，采气 20～30L。

5. 步骤

根据仪器说明书选定测定条件。

（1）标准曲线的绘制

取六个 10ml 具塞比色管，按表 3-1-16 配制标准系列。用离子色谱仪进行测定，以峰面积（或峰高）对氨含量（μg），绘制标准曲线。

表 3-1-16 氯化铵标准系列

瓶 号	0	1	2	3	4	5
氯化铵标准使用液(ml)	0	0.50	1.00	1.50	2.00	2.50
水（ml）	10.00	9.50	9.00	8.50	8.00	7.50
氨含量(μg)	0	10.0	20.0	30.0	40.0	50.0

（2）样品测定

用绘制标准曲线相同的条件，测定样品的峰面积（或峰高），从标准曲线中查得相应的氨含量（μg）。

6. 计算

$$氨(NH_3, mg/m^3)=\frac{W}{V_n}$$

式中：W——样品溶液中的氨含量，μg；

V_n——标准状态下的采样体积，L。

7. 说明

①测定空气中的氨，也可用扩散涤气采样装置（见图 3-1-11）进行采样，用纯水作吸收液。该装置由双重套管构成，外管为玻璃管，内管为多孔聚四氟乙烯管，两管之间蓄储作为吸收液的纯水 4～5ml，有效工作长度 50cm，当以 1L/min 流速由下而上采集空气样品时，空气中的氨以其所具有的较大扩散能力向两边扩散，并通过聚四氟乙烯管膜孔，溶入吸收液。通过这种方式采样，空气中的捕集率接近 100%，溶入吸收液中的组分立即转换为铵离子，再用离子色谱进行分析。

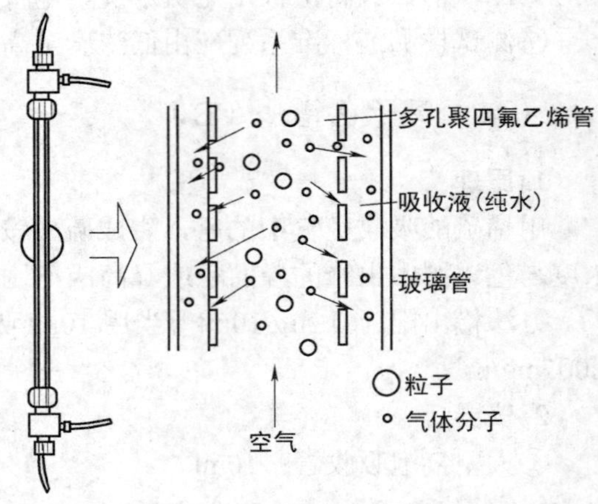

图 3-1-11 扩散涤气采样装置图

②任何与待测离子保留时间相同的物质均干扰测定。

③水能形成负峰或使峰高降低或倾斜，采用淋洗液配置标准可消除负峰干扰。

④不同型号的离子色谱可参照本方法选择色谱条件。作标准曲线和测定样品应在同一灵敏度下进行。

九、氰化氢

异烟酸-吡唑啉酮分光光度法（A）

1. 原理

用稀氢氧化钠溶液吸收空气中的氰化氢（HCN），在中性条件下与氯胺 T 作用，生成氯化氰，后者与异烟酸反应经水解生成戊烯二醛，再与吡唑啉酮进行缩聚反应，生成蓝色化合物。根据颜色深浅用分光光度法测定。

当采气体积为 30L 时，氰化氢的最低检出浓度为 0.0015mg/m^3，测定浓度范围为 0.0015～0.017mg/m^3。

在本方法规定的显色条件下，当采气体积为 30L 时，氯化氢（HCl）浓度高于 0.33mg/m^3、硫化氢（H_2S）浓度高于 0.1mg/m^3 时，对氰化氢的测定产生干扰。

2. 仪器

1）分光光度计：具 1cm 比色皿。

2）具塞比色管：25ml。

3）棕色酸式滴定管：25ml。

（A）本方法与 HJ/T 28—1999 等效。

4）采样仪器：

①引气管：聚乙烯、聚四氟乙烯软管，头部接一玻璃漏斗。

②样品吸收装置：10～25ml 多孔玻板吸收管。

③流量计量装置：用于控制和计量采样流量，主要部件应包括：

a. 干燥器：为了保护流量计和抽气泵，并使气体干燥。干燥器容积应不少于 200ml，干燥剂可用变色硅胶或其他相应的干燥剂。

b. 温度计：测量通过转子流量计或累积流量计的气体温度，可用水银温度计或其他型式的温度计。其精确度不应低于 2.5%，温度范围-10～60℃，最小分度值不大于 2℃。

c. 真空压力表：测量通过转子流量计或累积流量计的气体压力，其精确度不应低于4%。

d. 转子流量计：控制和计量采气流量，当用多孔筛板吸收瓶时，流量范围为 0～1.5L/min，当用其他型式的吸收瓶时，流量计流量范围与吸收瓶最佳采样流量相匹配，精确度不应低于 2.5%。

e. 累计流量计：用于计量总的采样体积，精确度不应低于 2.5%。

f. 流量调节装置：用针形阀门调节采样流量。流量波动应保持在±10%以内。

④抽气泵：采样动力，可用隔膜泵或旋片式抽气泵，抽气能力应能克服采样系统阻力。当流量计装置放在抽气泵出口端时，抽气泵不应漏气。

⑤连接管：硅橡胶管或内衬聚四氟乙烯薄膜的乳胶管。

3. 试剂

除非另有说明，分析时均使用符合国家标准的分析纯试剂和按①制备的纯水。

①不含有机物的蒸馏水：于 2L 蒸馏水中加入 1mol/L 高锰酸钾溶液 5ml，再行蒸馏，在蒸馏的全过程中始终保持紫红色，否则应随时补加高锰酸钾。

②2%（*m/V*）氢氧化钠溶液：称取 2g 氢氧化钠溶于少量水中，移入 100ml 容量瓶中，用水稀释至标线。

③0.1%（*m/V*）氢氧化钠溶液：称取 1g 氢氧化钠溶于少量水中，移入 1000ml 容量瓶中，用水稀释至标线。

④0.2%（*m/V*）氢氧化钠吸收液：称取 2g 氢氧化钠溶于少量水中，移入 1000ml 容量瓶中，用水稀释至标线。

⑤0.4%（*m/V*）氢氧化钠吸收液：称取 4g 氢氧化钠溶于少量水中，移入 1000ml 容量瓶中，用水稀释至标线。

⑥0.6%（*V/V*）乙酸溶液：移取 3ml 冰乙酸于 500ml 容量瓶中，用水稀释至标线。

⑦0.02mol/L 氯化钠标准溶液：将氯化钠置于瓷坩埚内，经 400～500℃灼烧至无爆裂声后，于干燥器内冷却。称取 1.169g 氯化钠于烧杯中，用水溶解，移入 1000ml 容量瓶中，用水稀释至标线，混匀。

⑧硝酸银标准溶液：称取 3.4g 硝酸银，溶于水中，移入 1000ml 容量瓶中，用水稀释至标线，贮于棕色细口瓶中。

标定方法：吸取氯化钠标准液 10.00ml，置于 150ml 锥形瓶中，加水 50ml 及 4～5 滴铬酸钾指示剂，用硝酸银标准溶液滴定，直至溶液由黄色变成浅砖红色。记下读数（*V*）。平行滴定所消耗硝酸银标准溶液，体积之差不应大于 0.04ml。

取实验用水 60ml，同法做空白滴定。按下式计算硝酸银标准溶液的浓度。

$$C(AgNO_3)=\frac{C(NaCl)\times 10.00}{V-V_0}$$

式中：$C(AgNO_3)$——硝酸银标准溶液浓度，mol/L；

$C(NaCl)$——氯化钠标准溶液浓度，mol/L；

V、V_0——分别为滴定氯化钠标准溶液、空白溶液时消耗的硝酸银标准溶液体积，ml。

⑨氰化钾标准贮备液：称取 0.25g 氰化钾（KCN，**注意：剧毒**），溶于 0.1%氢氧化钠溶液中，并用 0.1%氢氧化钠稀释至 100ml，混匀后避光贮存于棕色细口瓶中。此溶液每毫升约相当于含 1.0mg 氰化氢。

标定方法：吸取 10.00ml 氰化钾标准贮备液，置于 150ml 锥形瓶中，加 50ml 水和 2%氢氧化钠 1.0ml，加 2～3 滴试银灵指示剂，用硝酸银标准溶液滴定至溶液由淡黄色变为橙红色，记录消耗硝酸银标准溶液体积（V）。平行滴定所消耗硝酸银溶液体积之差应不超过 0.04ml。

另取实验用水 60ml，同法做空白滴定。记录消耗硝酸银标准溶液体积（V_0）。

$$C=\frac{C(AgNO_3)\times(V-V_0)\times 54.04}{10.00}$$

式中：C——氰化钾标准贮备液中相当于氰化氢的浓度，mg/ml；

$C(AgNO_3)$——硝酸银标准溶液浓度，mol/L；

V、V_0——分别为滴定氰化钾标准贮备液、空白溶液所消耗硝酸银标准溶液体积，ml；

10.00——氰化钾标准贮备液的体积，ml；

54.04——相当于 1L 1mol/L 硝酸银标准液的氰化氢（HCN）的质量，g。

⑩氰化钾标准中间液：准确吸取一定体积的氰化钾标准贮备液于 100ml 容量瓶中，用 0.4%氢氧化钠溶液稀释至标线，贮于冰箱（2～5℃）保存可稳定 5d。此溶液每毫升相当于含 10.0μg 氰化氢。

⑪氰化钾标准使用液：临用前吸收 10.0μg/ml 氰化钾标准中间液 10.00ml 于 100ml 容量瓶中，用 0.4%氢氧化钠溶液稀释至标线。此溶液每毫升相当于含 1.00μg 氰化氢。

⑫磷酸盐缓冲溶液（pH＝7.0）：称取 34.0g 无水磷酸二氢钾和 35.5g 无水磷酸氢二钠，溶解于水，移入 1000ml 容量瓶中，用水稀释至标线。

⑬铬酸钾指示剂：称取 10.0g 铬酸钾，溶解于少量水，滴加硝酸银标准溶液至产生少量浅砖红色沉淀为止，放置过夜，过滤。滤液用水稀释至 100ml 待用。

⑭0.1%（m/V）酚酞指示剂：称取 0.1g 酚酞，溶解于 95%乙醇中，用 95%乙醇稀释至 100ml。若混浊应过滤。

⑮氯胺 T 溶液：称取 0.50g 氯胺 T（$CH_3C_6H_4SO_2NClNa\cdot H_2O$，Chloramine-T），溶解于水，稀释至 50ml，贮存于棕色细口瓶中，贮于冰箱可使用 3d。

⑯试银灵指示剂：称取 0.02g 试银灵（对二甲胺基亚苄基罗丹宁，Paradimethylaminobenzalrhodanine），溶于 100ml 丙酮中。贮存于棕色细口瓶中，于暗处可稳定 1 个月。

⑰异烟酸溶液：称取 3.0g 异烟酸（$C_6H_5NO_2$，iso-Nicotinic acid）溶解于 2%氢氧化钠

溶液 48.0ml，溶解后用水稀释至 200ml。

⑱吡唑啉酮溶液：称取 0.50g 吡唑啉酮（3-甲基-1-苯基-5-吡唑啉酮，$C_{10}H_{10}ON_2$，3-methyl-1-pheny-5-pyrazolone），溶解于 40.0ml N, N′-二甲基甲酰胺〔$HCON(CH_3)_2$，N, N′-dimethylformamide〕中。

⑲异烟酸－吡唑啉酮溶液：临用前，将异烟酸溶液和吡唑啉酮溶液按 5:1 体积混合，贮于棕色试剂瓶中。

4. 采样

①采样装置的连接：按引气管、样品吸收管、流量计量装置、抽气泵的顺序连接好采样装置，连接管应尽可能短，如无必要，样品吸收管装置前可不接引气管。检查其密封性和可靠性。

②用装有 0.2%氢氧化钠吸收液 5ml 的多孔玻板吸收管，以 0.5L/min 流量，采样 30～60min。记录采样流量、时间、温度、气压等，密封吸收瓶进出口，避光运回实验室。

③样品保存：如果样品采集后不能当天测定，应将样品密封后置于冰箱 2～5℃下保存，保存期不超过 48h。在采样、运输、贮存过程中应避免日光照射。

④采样防护：采集固定源排气的人员必须两人以上，并戴好防毒面具才能进入采样现场。

5. 步骤

（1）标准曲线的绘制

取八支 25ml 具塞比色管，按表 3-1-17 配制标准系列。

表 3-1-17 氰化钾标准系列

管 号	0	1	2	3	4	5	6	7
氰化钾标准使用液(ml)	0	0.20	0.50	1.00	2.00	3.00	4.00	5.00
0.4%氢氧化钠吸收液（ml）	5.0	4.8	4.5	4.0	3.0	2.0	1.0	0
氰化氢含量(μg)	0	0.20	0.50	1.00	2.00	3.00	4.00	5.00

显色。在上述各管中加入 0.1%的酚酞指示剂摇动下逐滴加入乙酸溶液，至酚酞指示剂刚好褪色为止，加磷酸盐缓冲溶液 5.0ml 混匀，再加氯胺 T 溶液 0.2ml，立即盖好瓶塞，轻轻摇动，放置 5min，加异烟酸－吡唑啉酮溶液 5.0ml，立即盖好瓶塞，摇匀，用水稀释至标线，摇匀。在 25～35℃下放置 40min。于波长 638nm 处，用 1cm 比色皿，以水为参比，测定吸光度，以校正吸光度 y 对氰化氢含量 x（μg），计算回归方程$(y = bx + a)$或绘制标准曲线。

（2）样品测定

采样后将样品移入两支 25ml 干燥的具塞比色管中，用少量水洗涤吸收管两次，洗涤液并入具塞比色管中，使总体积不超过 10ml，然后加 0.1%酚酞指示剂 1 滴，以下操作同标准曲线的绘制。

6. 计算

$$\text{氰化氢}(\mathrm{HCN, mg/m^3}) = \frac{W}{V_{\mathrm{nd}}}$$

式中：W——样品溶液中氰化氢的含量，μg；

V_{nd}——换算成标准状态下干空气的采样体积，L。V_{nd}的计算如下：

①使用转子流量计，流量计前装有干燥器时，标准状态下排气采气体积按下式计算：

$$V_{nd}=0.27Q_t'\sqrt{\frac{B_a+P_t}{M_{sd}(273+t_t)}}\times t$$

式中：V_{nd}——标准状态下干采气体积，L；

Q_t'——采样流量，L/min；

M_{sd}——干排气气体分子量，kg/kmol；

P_t——转子流量计前气体压力，Pa；

t_t——转子流量计前气体温度，℃；

t——采样时间，min。

②当被测气体的干气体分子量近似于空气时，标准状态下干采气体积按下式计算：

$$V_{nd}=0.05Q_t'\sqrt{\frac{B_a+P_t}{273+t_t}}\times t$$

③使用干式累计流量计，流量计前装有干燥器时，标准状态下排气采气体积按下式计算：

$$V_{nd}=K(V_2-V_1)\frac{273}{273+t_d}\times\frac{B_a+P_d}{101325}$$

式中：V_1，V_2——采样前后累计流量计的读数，L；

t_d——流量计前气体温度，℃；

P_d——流量计前的气体压力，Pa；

K——流量计的修正系数。

7. 说明

①精密度：五个实验室分别测定含氰化氢浓度为1.86μg/ml的统一样品，得到方法的重复性标准偏差为0.06μg/25ml，重复性的相对标准偏差为3.1%，重复性为0.16μg/25ml，方法的再现性标准偏差为 0.08μg/25ml，再现性的相对标准偏差为 4.1%，再现性为0.21μg/25ml。五个实验室测定实际样品的相对标准偏差于0.81%～11%之间。

②准确度：五个实验室分别测定浓度为1.86μg/25ml的统一样品，测定结果的总平均值的相对误差为2.47%，各实验室测定均值的相对误差于-5.9%～+2.2%之间。五个实验室分别测定统一样品的加标回收率于92%～102%之间；测定实际样品的加标回收率为90.1%～102%之间。

③氯化氰是易挥发的有毒物质，在操作过程中，除了加试剂以外，比色管都应盖严。

④绘制标准曲线和样品测定时温度差不应超过3℃。

⑤如能获得硝酸银基准液，可用直接法配制硝酸银标准液，免去标定步骤。

⑥为降低试剂空白值，实验中可选用无色的N，N′-二甲基甲酰胺为宜。

⑦含氰化钾的废液应加三价铁盐或漂白粉处理后排放，含氰化物的溶液禁止与酸液接触。

⑧氧化剂（如氯气）和硫化氢的存在对测定有干扰，检验试样中是否存在氧化剂和硫化氢及消除干扰的方法见本附录。

⑨检测试样中是否存在氧化剂（如，有效氯），可取一滴试样滴在淀粉－碘化钾试纸上，若变蓝说明氧化剂存在，氰化氢的测定不能进行。若氧化剂存在的量很小，可向样品溶液中加入一定量的亚硫酸钠溶液消除其干扰。具体做法是：量取两份相同体积的同一样品，

向其中一份样品中投入淀粉－碘化钾淀粉试纸 1～3 片，加硫酸酸化，用亚硫酸钠溶液滴定至淀粉－碘化钾试纸由蓝色变无色为止，记录用量。另一份样品，不加试纸和硫酸，仅加上述同量的亚硫酸钠溶液，并将此溶液进行氰化氢滴定。

⑩检测试样中是否存在硫化物，可取一滴试样滴在乙酸铅试纸上，若变黑，说明硫化物存在，若要消除干扰，则需加大采样体积，按水质测定中消除干扰的方法进行。

十、五氧化二磷

抗坏血酸还原-钼蓝分光光度法（B）

1. 原理

用过氯乙烯滤膜采集空气中五氧化二磷气溶胶。采样后，加水与五氧化二磷作用生成正磷酸。在酸性介质中及有锑盐存在下，正磷酸与钼酸铵反应生成磷钼杂多酸，用抗坏血酸还原为蓝色的络合物，根据颜色深浅，用分光光度法测定。

五价砷、四价硅、六价铬对本法测定有干扰。加入混合还原剂后，As(Ⅴ)＜5μg/ml、Si(Ⅳ)＜8μg/ml、Cr(Ⅵ)＜16μg/ml 时不干扰磷的测定。

方法检出限为 0.8μg/50ml（按与吸光度 0.01 相对应的五氧化二磷含量计），当采样体积为 75L 时，最低检出浓度为 0.01mg/m^3。

2. 仪器

①颗粒物采样器或粉尘采样器：流量 10～15L/min，滤膜直径 5cm；或流量 0～30L/min，滤膜直径 4cm。

②分光光度计。

3. 试剂

①过氯乙烯滤膜。

②钼酸铵溶液：称取 40.0g 钼酸铵，溶解于水，并稀释至 1000ml，混匀。贮于聚乙烯塑料瓶，在冰箱内保存。

③硫酸溶液 C（1/2H_2SO_4）=5.0mol/L：量取 98%硫酸溶液 140ml，边搅拌边缓缓注入盛有 500ml 水的烧杯中，待冷却后，用水稀释至 1000ml，混匀。

④抗坏血酸溶液：称取 2.6g 抗坏血酸，溶解于水，并稀释至 150ml，贮于棕色瓶中。在冰箱内保存，如不变色可长期使用。

⑤酒石酸锑钾溶液：称取 2.7g 酒石酸锑钾($K(SbO)C_4H_4O_6 \cdot 1/2H_2O$)，溶解于水，并稀释至 1000ml。

⑥磷酸二氢钾标准贮备液：称取 0.1917g 磷酸二氢钾（KH_2PO_4，在 110℃干燥 2h），溶解于水，移入 1000ml 容量瓶中，用水稀释至标线，混匀。此溶液每毫升相当于含 100.0μg 五氧化二磷。

⑦磷酸二氢钾标准使用液：临用时，吸取标准贮备液 10.00ml 于 100ml 容量瓶中，用水稀释至标线。此溶液每毫升相当于含 10.0μg 五氧化二磷。

⑧混合还原剂：取 10%（m/V）亚硫酸钠溶液及 1%（m/V）硫代硫酸钠溶液各 40ml，与 20ml 水混合均匀，临用时现配。

⑨混合显色剂：将 5.0mol/L 硫酸溶液 250ml、钼酸铵溶液 75ml 和抗坏血酸溶液 150ml 混合在一起，再加酒石酸锑钾溶液 25ml，混匀，临用时现配。该试剂室温只能稳定 4h。

4. 采样

①将滤膜装在颗粒物采样器或粉尘采样器的滤膜夹内，以 15L/min 流量，采样 10～20min。

②采样后，将滤膜放在塑料样品盒中带回实验室，应于一周内测定。

5. 步骤

（1）标准曲线的绘制

取八个 50ml 容量瓶，按表 3-1-18 配制标准系列。

表 3-1-18 磷酸二氢钾标准系列

瓶 号	0	1	2	3	4	5	6	7
磷酸二氢钾标准使用液(ml)	0	0.10	0.50	0.90	1.30	1.70	2.10	2.50
五氧化二磷含量(μg)	0	1.0	5.0	9.0	13.0	17.0	21.0	25.0

向每个容量瓶内各加水 5ml，混匀，再加入 5.0mol/L 硫酸溶液 1.00ml，振摇一次，向各瓶内加混合还原剂 2.50ml，混匀。放置 10min，再向各容量瓶中加水至约 40ml 及混合显色剂 8.00ml，混匀，加水稀释至标线，再混匀。

室温在 20℃以上，显色 25min；室温低于 20℃时，显色 35min。在波长 700nm 处，用 3cm 比色皿，以水为参比，测定吸光度，以吸光度对五氧化二磷含量（μg），绘制标准曲线。

（2）样品分析

①样品溶液制备：用镊子将采样滤膜从样品盒内取出置于 50ml 烧杯中，同时取相同面积的空白滤膜于另一烧杯中，各加水 5.0ml，摇动烧杯使水浸润滤膜，然后各加 5.0mol/L 硫酸溶液 1.00ml，搅动并浸泡 15min 以上，用中速定量滤纸过滤样品及空白溶液于 50ml 容量瓶中，各用 20ml 水分数次洗涤烧杯及滤渣，洗涤液分别合并于各容量瓶中。

②样品测定：于样品溶液和空白溶液的容量瓶中各加混合还原剂 2.50ml，混匀，放置 10min，各加水 10ml、混合显色剂 8.00ml，混匀，加水稀释至标线。以下步骤同标准曲线的绘制。

6. 计算

$$五氧化二磷（P_2O_5, mg/m^3）= \frac{W - W_0}{V_n}$$

式中：W——样品滤膜上五氧化二磷的含量，μg；

W_0——空白滤膜上五氧化二磷的含量，μg/张；

V_n——标准状态下采样体积，L。

7. 说明

①钼酸铵与抗坏血酸溶液混合后加入，可避免硅钼蓝生成。

②加入酒石酸锑钾可加快室温下的反应速度，因此可不加热进行显色反应，简化操作手续。

十一、硫化氢

空气中硫化氢浓度的测定方法有亚甲基蓝分光光度法、直接显色分光光度法。亚甲基蓝分光光度法作为经典方法，具有灵敏、快速等优点，但精密度、稳定性差，操作繁琐；直接显色分光光度法稳定性好、无需加热，但必须使用专用的玻璃仪器及专用的吸收显色剂。

（一）气相色谱法（A）

见第六篇第五章七、有机硫化合物。

（二）亚甲基蓝分光光度法（B）

1. 原理

硫化氢被氢氧化镉-聚乙烯醇磷酸铵溶液吸收，生成硫化镉胶状沉淀。聚乙烯醇磷酸铵能保护硫化镉胶体，使其隔绝空气和阳光，以减少硫化物的氧化和光分解作用。在硫酸溶液中，硫离子与对氨基二甲基苯胺溶液和三氯化铁溶液作用，生成亚甲基蓝，根据颜色深浅，用分光光度法测定。

方法检出限为 0.07μg/10ml（按与吸光度 0.01 相对应的硫化氢浓度计），当采样体积为 60L 时，最低检出浓度为 $0.001mg/m^3$。

2. 仪器

①大型气泡吸收管：10ml。

②具塞比色管：10ml。

③空气采样器：流量范围 0～1L/min。

④分光光度计。

3. 试剂

1）吸收液：称取 4.3g 硫酸镉（$3CdSO_4 \cdot 8H_2O$）、0.30g 氢氧化钠和 10.0g 聚乙烯醇磷酸铵，分别溶解于少量水后，将三种溶液混合在一起，强烈振摇，混合均匀，用水稀释至 1000ml。此溶液为乳白色悬浮液。在冰箱中可保存一周。

2）三氯化铁溶液：称取 50g 三氯化铁（$FeCl_3 \cdot 6H_2O$），溶解于水中，稀释至 50ml。

3）磷酸氢二铵溶液：称取 20g 磷酸氢二铵[$(NH_4)_2HPO_4$]，溶解于水中，稀释至 50ml。

4）硫代硫酸钠溶液 C（$Na_2S_2O_3$）=0.1mol/L：称取 25g 硫代硫酸钠（$Na_2S_2O_3 \cdot 5H_2O$），溶解于 1000ml 新煮沸并已冷却的水中，加 0.20g 无水碳酸钠，贮于棕色细口瓶中，放置一周后标定其浓度，若溶液呈现浑浊时，应该过滤。

标定方法：吸取碘酸钾标准溶液 25.00ml，置于 250ml 碘量瓶中，加 70ml 新煮沸并已冷却的水，加 1.0g 碘化钾，振荡至完全溶解后，再加 1.2mol/L 盐酸溶液 10.0ml，立即盖好瓶塞，混匀。在暗处放置 5min 后，用硫代硫酸钠溶液滴定至淡黄色，加淀粉指示剂 5ml，继续滴定至蓝色刚好褪去。按下式计算硫代硫酸钠溶液的浓度。

$$C(Na_2S_2O_3) = \frac{W \times 1000}{35.67 \times V} \times \frac{25.00}{500.0} = \frac{50 \times W}{35.67 \times V}$$

（A）本方法与 GB/T 14678—93 等效。

式中：$C(Na_2S_2O_3)$——硫代硫酸钠溶液的浓度，mol/L；

W——称取的碘酸钾的重量，g；

V——滴定所用硫代硫酸钠溶液的体积，ml；

35.67——相当于 1L1mol/L 硫代硫酸钠溶液（$Na_2S_2O_3$）的碘酸钾（1/6 KIO_3）的质量，g。

5）硫代硫酸钠标准溶液 $C(Na_2S_2O_3)$=0.0100mol/L：取 50.00ml 标定过的 0.1mol/L 硫代硫酸钠溶液，置于 500ml 容量瓶中，用新煮沸并已冷却的水稀释至标线。

6）碘贮备液 $C(1/2\ I_2)$=0.10mol/L：称取 12.7g 碘于烧杯中，加入 40g 碘化钾和 25ml 水，搅拌至全部溶解后，用水稀释至 1000ml，贮于棕色细口瓶中。

7）碘溶液 $C(1/2\ I_2)$=0.010mol/L：量取 50ml 碘贮备液，用水稀释至 500ml，贮于棕色细口瓶中。

8）0.5%淀粉溶液：称取 0.5g 可溶性淀粉，用少量水调成糊状，搅拌下倒入 100ml 沸水中，煮沸直至溶液澄清，冷却后贮于细口瓶中。

9）0.1%乙酸锌溶液：称取 0.20g 乙酸锌，溶解于 200ml 水中。

10）（1+1）盐酸溶液。

11）对氨基二甲基苯胺溶液（$NH_2C_6H_4N(CH_3)_2 \cdot 2HCl$，*p*-Amino Dimethylaniline Dihydrochloride）：

①贮备液：量取浓硫酸 25.0ml，边搅拌边倒入 15.0ml 水中，待冷。称取 6.0g 对氨基二甲基苯胺盐酸盐，溶解于上述硫酸溶液中，在冰箱中可长期保存。

②使用液：吸取 2.5ml 贮备液，用（1+1）硫酸溶液稀释至 100ml。

③混合显色剂：临用时，按 1.00ml 对氨基二甲基苯胺使用液和 1 滴（约 0.04ml）三氯化铁溶液的比例相混合。若溶液呈现混浊，应弃之，重新配制。

12）硫化氢标准溶液：

①制备：按图 3-1-12 连接，从第一个瓶通入高纯氮气，吹气 5min 后，将 0.25g 硫化钠（$Na_2S \cdot 9H_2O$）投入第一个瓶中，迅速盖塞，逐个鼓泡通氮气约 5min，待第三个瓶的溶液呈微混浊（生成硫化锌胶体溶液），停止通气，该溶液经中速定量滤纸过滤后标定。此硫化锌胶体溶液贮于冷暗处可稳定 3～7d。

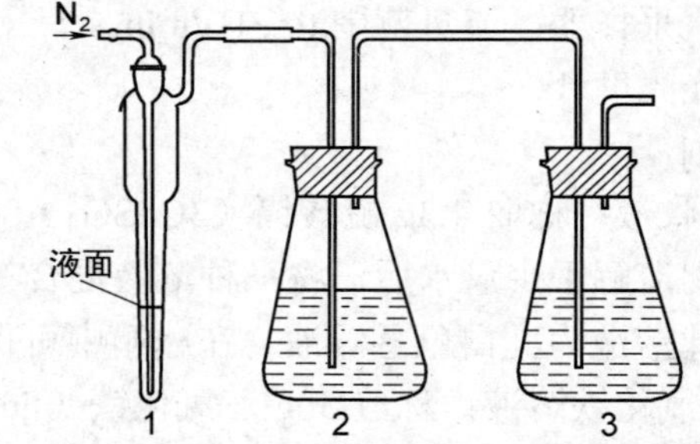

图 3-1-12 制备硫化锌胶体溶液的装置

1—硫化氢发生器，内装（1+1）盐酸溶液 10ml；

2—洗气瓶，内装蒸馏水 200ml；

3—硫化锌（ZnS）胶体溶液生成器，内装 0.1%乙酸锌溶液 200ml

②标定：吸取 0.010mol/L 碘溶液 20.00ml 于 250ml 碘量瓶中，加水 90ml、（1+1）盐酸溶液 1.0ml 和制得的硫化锌胶体溶液 10.00ml，摇匀，放暗处 3min。用 0.0100mol/L 硫代硫酸钠标准溶液滴定至淡黄色，加新配制的 0.5%淀粉溶液 2.0ml，继续滴定至蓝色刚消失，1min 内不变蓝为终点。记录所消耗硫代硫酸钠标准溶液的体积（V_1）。

另取水 10.00ml，同法作空白滴定，记录消耗硫代硫酸钠标准溶液的体积（V_0）。

$$硫化氢(H_2S, mg/ml) = \frac{(V_0 - V_1)C(Na_2S_2O_3) \times 17.0}{10.00}$$

式中：$C(Na_2S_2O_3)$——硫代硫酸钠标准溶液的浓度，mol/L；

V_0、V_1——分别为滴定空白溶液、硫化锌胶体溶液消耗的硫代硫酸钠标准溶液体积，ml；

10.00——滴定时所取硫化锌胶体溶液体积，ml；

17.0——相当于1L1mol/L硫代硫酸钠标准溶液（$Na_2S_2O_3$）的硫化氢（1/2 H_2S）的质量，g。

临用时，取一定量上述溶液，用新煮沸并已冷却的水配制成每毫升含5.00μg硫化氢的标准溶液。

4. 采样

吸取摇匀后的吸收液10ml于大型气泡吸收管中，以1.0L/min的流量，避光采样30～60min，8h内测定。采样后现场加显色剂，携回实验室进行测定。

5. 步骤

（1）标准曲线的绘制

取七支10ml具塞比色管，按表3-1-19配制标准系列。

向各管加入混合显色剂1.00ml，立即加盖，倒转缓慢混匀，放置30min。加1滴磷酸氢二铵溶液，以排除三价铁离子的颜色，混匀。在波长665nm处，用2cm比色皿，以水为参比，测定吸光度。以吸光度对硫化氢含量（μg），绘制标准曲线。

表3-1-19 硫化氢标准系列

管 号	0	1	2	3	4	5	6
吸收液(ml)	10.0	9.9	9.8	9.6	9.4	9.2	9.0
硫化氢标准溶液(ml)	0	0.10	0.20	0.40	0.60	0.80	1.00
硫化氢含量(μg)	0	0.50	1.00	2.00	3.00	4.00	5.00

（2）样品测定

采样后，加入吸收液使样品溶液体积为10.0ml，以下步骤同标准曲线的绘制。

6. 计算

$$硫化氢(H_2S, mg/m^3) = \frac{W}{V_n}$$

式中：W——样品溶液中硫化氢的含量，μg；

V_n——标准状态下的采样体积，L。

7. 说明

①显色过程中，显色剂加入后，要迅速加盖轻轻倒转混匀，避免强烈振摇。

②硫化物易被氧化，在日光照射下会加速氧化，故在采样、样品运输及保存过程中应避光。采样后，现场显色。加显色剂时操作要迅速，防止在酸性条件下，硫化氢溢出，造成测定误差。

③二氧化硫浓度在0.8mg/m^{3}以下、氮氧化物浓度在0.08mg/m^{3}以下对硫化氢测定不干扰。

④本法采样吸收率可达97%以上；加标回收率为97.7%～100.3%。

⑤本法应采用气泡式吸收管采样，避免使用多孔玻板吸收管，以防金属硫化物氧化和堵塞玻板。

⑥硫化钠（$Na_2S \cdot 9H_2O$）是强还原剂，易被空气氧化生成S、SO_3^{2-}、$S_2O_3^{2-}$及SO_4^{2-}等。在用碘量法标定硫化钠溶液时，SO_3^{2-}、$S_2O_3^{2-}$离子也能与碘（I_2）反应，使标定出的硫化氢浓度数值偏高，用于绘制标准曲线时，则斜率偏低。硫化钠试剂中的微量金属杂质（例如Fe^{3+}离子），对S^{2-}离子的氧化起催化作用，故硫化钠溶液很不稳定，浓度衰减较快。

在本试验中，用盐酸与硫化钠作用，生成硫化氢（H_2S）及二氧化硫（SO_2）气体，二氧化硫在水中溶解度大，故在第二个瓶中被吸收。在常温下，硫化氢饱和溶液的浓度为0.1mol/L。进入第三瓶的是较纯净的硫化氢气体，与稀乙酸锌溶液反应生成均匀的硫化锌胶体溶液，浓度稳定，标定后用于绘制标准曲线，重复性及再现性好。其斜率与用硫化氢标准气体绘制标准曲线时接近，准确度较高。标准曲线的斜率 *b* 为 0.147～0.155 吸光度/（μg H_2S・11ml）。

⑦测定样品与绘制标准曲线时温度之差应不超过2℃。

⑧显色后溶液颜色可稳定8～14h。

（三）直接显色分光光度法（B）

1. 原理

硫化氢气体被“空气中硫化氢吸收显色剂”直接吸收的同时，发生显色反应，生成一种可稳定5～7d的棕黄色化合物，于波长400nm处有最大吸收峰值。空气中氧不干扰测定；100μg Cr、100μg Mn、100mg NO_2、10mg SO_2对测定无影响。氯气、氯化氢、臭氧干扰测定，可用气体分离管去除约356μg Cl_2、66μg HCl、42μg O_3的干扰。

方法检出限为0.2μg H_2S/3ml。当吸收显色剂为3ml，采气流量为0.5L/min，采气时间为60min时，方法检出浓度为0.006mg H_2S/m^3。

2. 仪器

1）吸收管：气泡吸收管（容积为15～20ml）。

2）大气采样器（流量为0～1L/min）。

3）硫化氢生成反应瓶（容积约为350ml）。

4）硫化氢反应-吸收装置（见图3-1-13）。

5）分光光度计。

6）气体分离管的制作。

①称取0.25g二乙氨基二硫代甲酸银，溶于100ml三氯甲烷中，混匀。

②取约5g脱脂棉浸泡①液中约30min后取出，于阴凉处晾干备用。

③取长度为50～55mm，内径约为6mm的玻璃管，将浸泡处理后的脱脂棉均匀填塞于管内，棉柱长约40mm，棉重约为0.09±0.01g。

3. 试剂

本方法所用试剂除另有说明外，均为分析纯试剂，所用纯水为去离子水。

①氢氧化钠溶液 $C(NaOH)=1.5mol/L$：称取15.0g氢氧化钠溶解于250ml水中，冷却后，转入250ml塑料瓶中保存。

②硫酸溶液 $C(H_2SO_4)=9mol/L$：先加入400ml水于2000ml烧杯中，在不断搅拌下，

缓慢加入 500ml 浓硫酸，待完全冷却至室温后转入 1000ml 玻璃瓶中，加水稀释至 1000ml，混匀。

③硫酸溶液 $C(H_2SO_4)$＝3mol/L：量取 9mol/L 硫酸 83.3ml 于 250ml 玻璃瓶中，加水稀释至 250ml，混匀。

④硝酸溶液 $C(HNO_3)$＝7.5mol/L：量取 250ml 浓硝酸于 500ml 水中，混匀，转入 500ml 玻璃瓶中保存。

⑤淀粉溶液（10g/L）：称取 0.5g 淀粉于 100ml 烧杯内，加入 50ml 沸水，使其溶解，冷却后备用。

⑥不含结晶水的固体硫化钠（Na_2S）：指除含负二价硫外，不含其他硫化物，试剂贮存于干燥器内保存。

⑦硫标准稀释稳定剂：专门用于配制硫化物标准液。

⑧空气中硫化氢吸收显色剂：专门用于吸收显色测定 H_2S 气体，放置阴凉避光处，使用前上下充分振摇 3～5 次。

⑨乙酸锌溶液 $C(Zn(C_2H_3O_2)_2 \cdot 2H_2O)$＝1mol/L：称取 220g 乙酸锌溶于水中，并用水稀释至 1000ml，混匀。

⑩弱碱性水溶液：约取 500ml 水，用氢氧化钠（1.5mol/L）与硫酸溶液（3mol/L）调至 pH8～10。

⑪ 碘标准溶液 $C(1/2I_2)$＝0.05mol/L：称取 6.400g 碘于 250ml 烧杯中，加入 20g 碘化钾，以少量水溶解后移入 1000ml 棕色容量瓶内，用水稀释至标线，摇匀，放置阴凉避光处。

⑫ 重铬酸钾标准溶液 $C(1/6K_2Cr_2O_7)$＝0.05mol/L：准确称取经 105～110℃烘干 2h，冷却至室温的重铬酸钾 2.4530g 溶于水中，移入 1000ml 容量瓶内，用水稀释至标线，摇匀。

⑬ 硫代硫酸钠标准溶液 $C(Na_2S_2O_3) \approx 0.05$mol/L：称取 12.40g 硫代硫酸钠（$Na_2S_2O_3 \cdot 5H_2O$）溶于新煮沸并冷却至室温的水中，移入 1000ml 容量瓶内，用水稀释至标线，摇匀。放置 5～7d 后标定其准确浓度。

标定方法：于 250ml 碘量瓶中，加入 1g 碘化钾、50ml 水，加入 10.00ml 重铬酸钾标准溶液和 5ml 硫酸（3mol/L），盖塞摇匀，暗处静置 5min，用待标定的硫代硫酸钠标准溶液滴定至溶液呈淡黄色时，加入 1ml 淀粉溶液（10g/L），继续滴定至蓝色刚好消失为终点，记下硫代硫酸钠标准溶液用量，同时作空白试验。

硫代硫酸钠标准溶液准确浓度按下式计算：

$$C = \frac{0.0500 \times 10.00}{V_1 - V_2}$$

式中：C——硫代硫酸钠标准溶液的准确浓度，mol/L；

V_1、V_2——分别为滴定重铬酸钾标准溶液和空白溶液所消耗的硫代硫酸钠标准溶液体积，ml。

⑭ 硫化钠标准贮备液：称取 0.2g 无水固体硫化钠（Na_2S）溶于 100ml 弱碱性水中（pH8～10），用Φ9cm 中速定量滤纸过滤于 100ml 容量瓶中，摇匀，待标定。

标定方法：于 250ml 碘量瓶中，按顺序加入 10ml 乙酸锌（1mol/L）溶液，10.00ml 待标定的硫化钠标准贮备液，摇匀。再加入 20.00ml 碘标准溶液（0.05mol/L），用水稀释至 60ml，加入 5ml 硫酸（3mol/L），盖塞摇匀，放置暗处 5min。用硫代硫酸钠标准溶液滴定至溶液呈淡黄色时，加入 1ml 淀粉溶液（10g/L），继续滴定至蓝色刚好消失为终点。记下硫代硫酸钠标准溶液用量，同时作空白试验。

硫化钠标准贮备液准确浓度按下式计算：

$$硫化物(S^{2-},mg/L)=\frac{(V_2-V_1)\cdot C\times 16.03}{10.00}\times 1000$$

式中：V_1、V_2——分别为滴定硫化钠标准液及空白溶液时，所用硫代硫酸钠标准溶液的体积，ml；

C——硫代硫酸钠标准溶液浓度，mol/L；

16.03——$1/2S^{2-}$的摩尔质量，g/mol。

⑮ 硫化物标准使用液：准确吸取（准确至±0.05ml）一定量标定后的硫化钠标准贮备液，放入已盛有 150ml“硫标准稀释稳定剂”的 200ml 容量瓶内，边加入边振荡，最后用“硫标准稀释稳定剂”稀释至标线，摇匀。使配制的标准溶液呈均匀的乳状液，所配制的硫化物标准使用液浓度应为 5.0μg S^{2-}/ml，使用前上下振摇 3～5 次，用完后放回 1～15℃冰箱内保存，临用时从冰箱内取出，这样可稳定 3～4 年不变。

4. 采样

采集空气中硫化氢气体，只需将大气采样器放于已选定的、阳光直射不到的位置，吸取 3ml“空气中硫化氢吸收显色剂”放入气泡吸收管内，在吸收管进气口前连接气体分离管，以 0.5L/min 的采气流量，采集时间视现场硫化氢含量与吸收显色剂显色程度而决定，采集 10～60min。采样完毕后，带回实验室直接测定吸光度，从校准曲线上计算出吸收液中硫化氢含量。

5. 步骤

（1）校准曲线的绘制

①取七支反应瓶，从每支反应瓶 A 处加入 5ml 硫酸（9mol/L），加水至 200ml，盖上瓶塞 A。取七支吸收管，每支管中加入 3.00ml 吸收显色剂，以单个反应瓶的出气口与吸收管的进气口相连为一组。

②启动大气采样器，检查采样器运转是否正常，调节流量一般控制在 0.3～0.5L/min。

③将第一组吸收管的出气口与缓冲瓶及大气采样器的进气口串联，如图 3-1-13 所示。

④加硫化物标准使用液前，先启动采样器，检查是否有漏气现象，调节抽气量为 0.3～0.5L/min，从第一组反应瓶 B 处加入定量硫化物标准使用液，用 1～2ml 水冲洗 B 处内壁。接着将第二组的吸收管出气口与第一组反应瓶的进气口串联，从第二组反应瓶 B 处加不同量的硫化物标准使用液后，每次

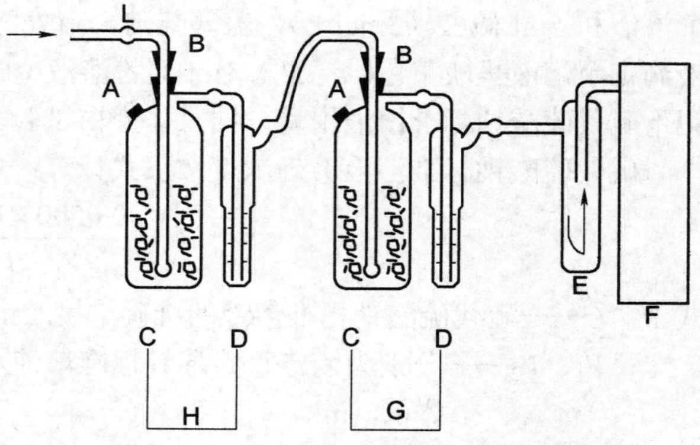

图 3-1-13 硫化氢反应-吸收装置

A—加样口；B—进气、加标、加酸口；C—反应瓶；D—吸收管；E—缓冲瓶；F—大气采样器；G、H—分别第一组、第二组；L—气体分离管

均用 1～2ml 水冲洗 B 处内壁。以同样方式串联第三、第四组（视采样器抽气功率大小，一次可同时串联 1～6 组）。绘制校准曲线时，加入硫化物标准使用液的量分别为 0，0.20，0.50，1.00，2.00，3.00，4.00ml（5μg S^{2-}/ml）。

⑤待最后一组硫化物标准使用液加完、冲洗后，调节采样器抽气流量至 0.5L/min，并开始计时。待反应、吸收、显色 15min 后，先降低采样器抽气流量至 0.2L/min 左右，从后往前逐组取下吸收管与反应瓶，最后取下第一组。

（2）样品测定

以原“空气中硫化氢吸收显色剂”作参比，用 1cm 比色皿，于波长 400nm 处测量吸收显色液的吸光度。以吸光度为纵坐标，硫化物标准量为横坐标绘制标准曲线，或以最小二乘法求出标准曲线方程式：

$$y=bx+a$$

式中：y——（$A-A_0$），标准溶液吸光度（A）与试剂空白液吸光度（A_0）之差；

x——硫化物含量，μg；

b——回归方程式的斜率；

a——回归方程式的截距。

6. 计算

$$\text{硫化氢}(H_2S, mg/m^3)=\frac{(A-A_0)-a}{b\times V_n}$$

式中：A——样品溶液吸光度；

A_0——试剂空白液吸光度；

b——回归方程式的斜率；

a——回归方程式的截距；

V_n——换算为标准状态（0℃，101325Pa）下的采气体积，L。

7. 说明

①吸收管与比色皿用完后，每次需用硝酸（7.5mol/L）浸泡 3～5min，然后用自来水冲洗 2～3 次，最后用纯水洗 2～3 次，晾干备用。

②“空气中硫化氢吸收显色剂”是一种无色、无臭、无毒透明试剂，该试剂应放于室温、阴凉、避光处保存，能长期稳定不变质。其物理性质与纯水相近，属于（GB/T 17133—1997 硫化物测定方法中）“硫化氢吸收显色剂”的同类产品，但比“硫化氢吸收显色剂”更灵敏，能直接吸收、显色测定空气中更低量硫化氢气体含量，生成一种可稳定（5～7d）的棕黄色化合物，于波长 400nm 处有最大的吸收峰值。

③“硫标准稀释稳定剂”是一种无色、无臭、无毒、透明的稳定剂，其物理性质与纯水相近，专门用于配制硫化物标准，该试剂保存于阴凉避光处，能长期稳定不变质。该试剂属于（GB/T 17133—1997 硫化物测定方法中）“硫标准稀释稳定剂”的同一品种。

④上述两种试剂均已成为商品试剂供应，方法中的反应瓶与吸收管均已有厂家定点生产供售。

十二、氯气

甲基橙分光光度法（A）

1. 原理

含溴化钾、甲基橙的酸性溶液能和氯气反应，氯气将溴化钾氧化成溴，溴能破坏甲基橙的分子结构，在酸性溶液中将红色减褪，用分光光度法测定其褪色的程度来确定氯气的含量。

当采集空气样品体积为 30L 时，方法的最低检出浓度为 0.03mg/m^3，适宜浓度范围为 0.3～3mg/m^3。

盐酸气和氯化物不干扰测定，但二氧化硫对测定呈明显负干扰，游离溴和氮氧化物呈明显正干扰。

2. 仪器

①多孔玻板吸收管：25ml。

②分光光度计：1cm 比色皿。

③空气采样器：流量范围 0.2～1.0L/min。

3. 试剂

除非另有说明，分析过程中均使用分析纯试剂和蒸馏水。

①14%（*V/V*）硫酸溶液：量取 100ml 浓硫酸，慢慢地、边倒边搅拌加入到 600ml 水中。

②甲基橙吸收贮备液：称取 0.1000g 甲基橙，溶解于 100ml 40～50℃的水中，冷却至室温，加无水乙醇 20ml，移入 1000ml 容量瓶中，加水稀释至标线，混匀。此溶液常温下放置暗处可保存半年。

③甲基橙吸收使用液：量取甲基橙吸收贮备液 250ml，置于 1000ml 容量瓶中，加入 14%的硫酸溶液 500ml，再加入 5.0g 溴化钾，溶解后用水稀释至标线，混匀。

④溴酸钾标准贮备液 $C(1/6\ KBrO_3)$= 0.141 mol/L：称取 1.9627g $KBrO_3$（基准试剂，于 150℃烘干 2h），用少量水溶解，移入 500ml 容量瓶中，加水稀释至标线，混匀。此溶液钾标准贮备液每毫升相当于 5.00mg 氯。

⑤溴酸钾标准使用液 $C\ (1/6\ KBrO_3)$= 1.41×10^{-3} mol/L：用移液管量取溴酸钾标准贮备液 10.00ml，置于 1000ml 容量瓶中，加水稀释至标线，混匀。此溴酸钾标准使用液每毫升相当于 50.0μg 氯。

4. 采样

样品采集可参考 GB/T 16157—1996 固定污染源排气中颗粒物测定与气态污染物采样方法中第 9 节有关内容。

①样品采集：将两个内装 10.0ml 甲基橙吸收使用液的多孔玻板吸收管串联联接，以 0.6 L/min 流量采样。当甲基橙吸收使用液颜色有明显减褪时，即可停止采样。如不褪色，采样时间选择>50min。

②样品保存：采样后，将两管样品溶液全部转移到 100ml 容量瓶中，用水洗涤多孔玻

（A）本方法与 HJ/T 30—1999 等效。

板吸收管，合并转移到此容量瓶中，加水稀释至标线，混匀，待测定。该样品显色完成后溶液颜色稳定，常温下放置暗处至少可保存 15d。

5. 步骤

（1）标准曲线的绘制

取六个 100ml 容量瓶，按表 3-1-20 配制标准系列。

表 3-1-20　氯标准系列

管　号	0	1	2	3	4	5
甲基橙吸收使用液（ml）	20.00	20.00	20.00	20.00	20.00	20.00
溴酸钾标准使用液（ml）	0	0.10	0.20	0.30	0.40	0.50
氯含量（μg）	0	5.00	10.00	15.00	20.00	25.00

各瓶加水稀释至标线，混匀。放置 40min 后，用 1cm 比色皿，在波长 507nm 处，以水为参比，测定吸光度。以吸光度对氯含量（μg）绘制标准曲线。

（2）样品测定

采样后转移到 100ml 容量瓶中的溶液，放置 40 min 后，用 1cm 比色皿，在波长 507nm 处，以水为参比，测定吸光度。

6. 计算

测得样品溶液吸光度后，根据标准曲线的回归方程计算氯含量 X；或者在标准曲线上读得其对应的氯含量 X。测定结果计算公式为：

$$氯(Cl_2, mg/m^3)=\frac{X}{V_n}$$

式中：X——样品溶液中氯的含量，μg；

V_n——标准状态下的采样体积，L。

7. 说明

①标准溶液是用溴酸钾配制的，溴酸钾与溴化钾反应生成溴：

$$KBrO_3 + 5KBr + 3H_2SO_4 = 3Br_2 + 3K_2SO_4 + 3H_2O$$

因此，一分子 $KBrO_3$ 相当于 6 个 Br，也相当于 6 个 Cl。

②对 20.00ml 甲基橙吸收使用液，加水稀释至 100ml，混匀后，用 1cm 比色皿，在波长 507nm 处，以水为参比，测定得到的吸光度一般为 0.63 左右，如相差较大应检查原因。

③温度低于 20℃时，必须延长显色时间或将采样后吸收液置于 30℃恒温水浴中 40min。

④显色完成后溶液颜色稳定，常温下放置暗处至少可保存 15d。

⑤方法精密度：五个实验室对环境空气采样分析结果相对标准偏差为 23%。

⑥方法准确度：五个实验室对环境空气采样后加标回收率区间为 91.0%～97.5%。

十三、氯化氢

硫氰酸汞分光光度法测定氯离子，方法灵敏、简便，但选择性差；离子色谱法准确、灵敏、选择性好，能同时测定多种阴离子，适合于测定微量氯离子。

空气中颗粒物含有氯化物，用微孔滤膜阻留颗粒物，以排除其对氯化氢气体测定的干扰。

（一）硫氰酸汞分光光度法（A）

1. 原理

用稀氢氧化钠溶液吸收空气中氯化氢（HCl）生成氯化钠。样品溶液中的氯离子和硫氰酸汞反应，生成难电离的二氯化汞分子，置换出的硫氰酸根与三价铁离子反应，生成橙红色硫氰酸铁络离子，根据颜色深浅用分光光度法测定。

在环境样品中，当采气体积为 60L 时，氯化氢的定性检出浓度为 0.05mg/m^3，定量测定浓度范围为 0.16～0.8mg/m^3。

在本方法规定的显色条件下，当采气体积为 100L，氟化氢（HF）浓度高于 0.2mg/m^3，硫化氢（H_2S）浓度高于 0.1mg/m^3 以及氰化氢（HCN）浓度高于 0.1mg/m^3 时，对氯化氢的测定产生干扰。

2. 仪器

1）分光光度计：2cm 比色皿。

2）具塞比色管：10ml。

3）采样装置：

①采样管：用硬质玻璃、聚乙烯或氟树脂材料，具有适当尺寸的管料，并附有可加热至 100℃以上的保温材料。

②滤膜夹：其尺寸与滤膜相配。

③气泡吸收管：10ml。

④多孔玻板吸收瓶：50ml。

⑤～⑦同本章九、氰化氢③～⑤。

4）注射器：100ml。

5）皂膜流量计。

3. 试剂

除另有说明外，分析时均使用符合国家标准的分析纯试剂和去离子水。

①0.04%（*m/V*）硫氰酸汞-乙醇溶液：称取 0.04g 硫氰酸汞，用无水乙醇配成 100ml 溶液，放置一周后将上清液吸至另一棕色细口瓶中备用。

②40%（*V/V*）高氯酸溶液：用量筒量取高氯酸（ρ=1.68）50ml，缓慢倒入 75ml 水中，搅拌均匀后装入干净的试剂瓶中。

③3.0%（*m/V*）硫酸铁铵溶液：称取 3.0g 硫酸铁铵($(NH_4)Fe(SO_4)_2 \cdot 12H_2O$)，用高氯酸溶液稀释至 100ml，如混浊应过滤。

④0.2%（*m/V*）氢氧化钠吸收液：称取氢氧化钠 2.0g，溶解于 1000ml 水中。

⑤氯化钾标准贮备液：称取 2.045g 氯化钾（优级纯，于 110℃烘干 2h），溶解于水，移入 1000ml 容量瓶中，用 0.2%氢氧化钠吸收液稀释至标线，摇匀。此溶液每毫升相当于含 1000μg 氯化氢。

⑥氯化钾标准使用液：移取 10.00ml 氯化钾标准贮备液于 1000ml 容量瓶中，用 0.2%氢氧化钠吸收液稀释至标线，摇匀。此溶液每毫升相当于含 10.0μg 氯化氢。

⑦乙酸纤维微孔滤膜：0.3μm。

（A）本方法与 HJ/T 27—1999 等效。

4. 采样

（1）采样位置和采样点

按以下规定确定无组织排放点的监测位置，或按其它方面的要求确定采样点。

1）单位周界监测点的设置方法：

①监控点应设置在周界外10m范围内，但若现场条件不允许，可将监测点移至周界内侧。

②监控点应设置在周界浓度最高点。若经估测预算无组织排放最大落地浓度超出10m范围，可将监控点移至该区域内设置。

③为了确定浓度最高点，实际监控点最多可设置四个，其高度范围为1.5～15m。

④当有明显的风向和风速时，可参考图3-1-14设点。

⑤如无明显风向和风速时，可根据情况于可能的浓度最高处设点。

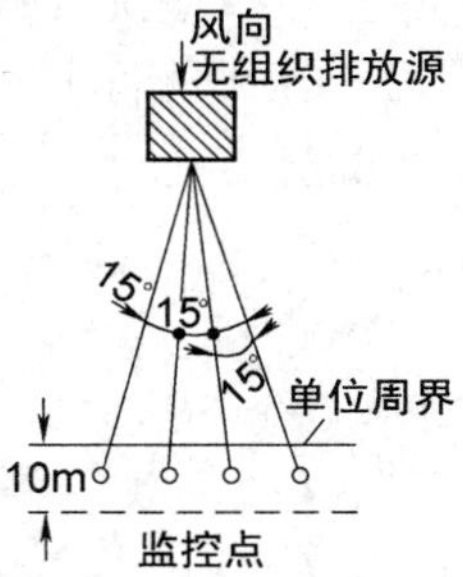

图3-1-14 单位周界设置监测点示意图

2）排放源上、下风向设置参照点与监控点的方法：

①于无组织排放源的上风向设置参照点、下风向设置监控点。

②监控点应设置下风向的浓度最高点，不受单位界限的限制。

③为了确定浓度最高点，实际监控点最多可设置四个，其高度范围为1.5～15m。

④参照点应以不受被测无组织排放源影响为原则，只设一个参照点。

⑤参照点与监控点距无组织排放源的距离不得少于2m。

⑥当有明显的风向和风速时，可参考图3-1-15设点。

按上述方案的监测结果，以四个监控点的浓度最高点测值与参照点浓度之差计值。

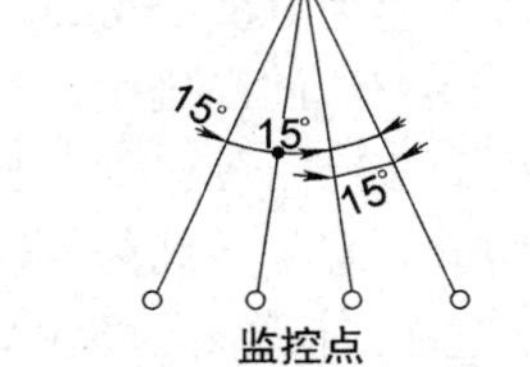

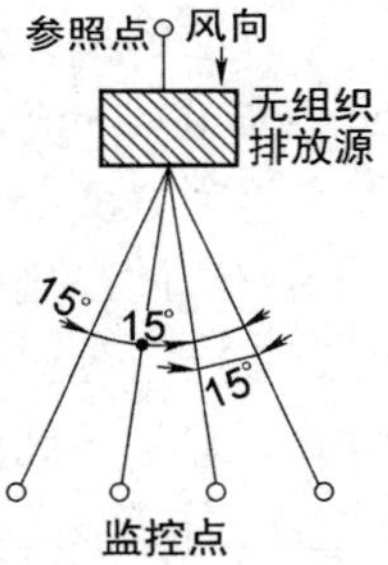

图3-1-15 排放源上、下风向设置参照点与监控点示意图

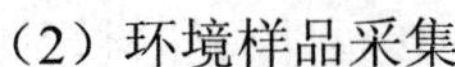

（2）环境样品采集

将0.3μm的滤膜装在滤膜夹内，后面串联两支各装5ml吸收液的吸收管，以1L/min流量采气30～60min。长时间采样，需适当补充蒸发的吸收液。

（3）样品保存

如果样品采集后不能当天测定，应将样品密封后置于冰箱2～5℃保存，保存期不得超过48h。

5. 步骤

（1）标准曲线的绘制

取八支10ml干燥的具塞比色管，按表3-1-21配制标准系列。

表3-1-21 氯化钾标准系列

管 号	0	1	2	3	4	5	6	7
氯化钾标准使用液(ml)	0	0.20	0.40	0.60	0.80	1.00	1.50	2.00
0.2%氢氧化钠吸收液（ml）	5.0	4.8	4.6	4.4	4.2	4.0	3.5	3.0
氯化氢含量(μg)	0	2.0	4.0	6.0	8.0	10.0	15.0	20.0

显色。在上述各管中加入3.0%硫酸铁铵溶液2.00ml，混匀，加硫氰酸汞-乙醇溶液

1.00ml，混匀。在室温下放置20～30min。用2cm比色皿，于波长460nm处，以水为参比，测定吸光度。将标准溶液测得的吸光度扣除试剂空白（零浓度）的吸光度，便得到校正吸光度 y，以校正吸光度 y 对氯化氢含量（μg），建立回归方程（$y=bx+a$）或绘制标准曲线。

（2）样品测定

采样后将第一、第二支吸收管中的样品溶液分别移入两支10ml干燥的具塞比色管中，用少量吸收液洗涤吸收管，洗涤液并入比色管，稀释至10ml，摇匀。从各管吸取适量溶液于另两支比色管中，以下步骤同标准曲线的绘制。

6. 计算

$$\text{氯化氢}(\mathrm{HCl, mg/m^3}) = \left(\frac{W_1}{V_1} + \frac{W_2}{V_2}\right) \times \frac{V_t}{V_{nd}}$$

式中：W_1、W_2——分别为从第一、第二支吸收管所取样品溶液中氯化氢含量，μg；

V_1、V_2——测定时从第一、第二支吸收管所取溶液的体积，ml；

V_t——定容体积，ml；

V_{nd}——标准状态下（0℃，101.325kPa）的采样体积，L。其计算同本章九、氰化氢。

7. 说明

①方法的精密度：五个实验室分别测定浓度为28μg/ml的标准样品，方法的重复性标准偏差为0.45μg/8ml，重复性相对标准偏差为1.6%，重复性为1.3μg/8ml；方法的再现性标准偏差为0.60μg/8ml，再现性相对标准偏差为2.1%，再现性为1.7μg/8ml。

②方法的准确度：五个实验室分别测定浓度为28μg/ml的标准样品，测定结果的总平均值为27.5μg/8ml，总平均值的相对误差及置信区间范围为1.30%±1.42%，加标回收率总平均值及置信区间为96.7%±5.4%。

③空白液吸光度较高主要是由于分析时所用的试剂及去离子水均含有微量 Cl^- 所致。

④在采集环境空气样品时，滤膜夹与第一吸收管，第一吸收管与第二吸收管之间不可用乳胶管连接，应采用聚四氟乙烯或聚乙烯塑料管以内接外套法连接，即将塑料管插入滤膜夹出口及吸收管管口，用聚四氟乙烯胶带缠好，接口处再套一小段硅橡胶管。

⑤用过的吸收瓶和具塞比色管、连接管等将溶液倒出后，直接用去离子水洗涤，不要用自来水洗涤。在操作过程中应注意防尘，手指不要触摸吸收管口、比色管磨口处，以防氯化物污染。

⑥采样分析时，样品溶液、标准溶液和空白溶液必须用同一批试剂同时操作，所加试剂量也要求准确。

⑦试剂空白液吸光度较高而且不够稳定时，应多次测定其吸光度，在获得稳定数值后，再绘制标准曲线及测定样品。

（二）离子色谱法（B）

1. 原理

空气样品经过0.3μm微孔滤膜阻留含氯化物的颗粒物后，用碳酸氢钠-碳酸钠溶液吸收氯化氢气体，样品溶液中的氯离子用离子色谱法测定，原理见本章七、硫酸盐化速率（三）碱片-离子色谱法。

方法检出限为0.02μg/ml，当用10ml吸收液、采气60L时，最低检出浓度为0.003mg/m³。

2. 仪器

①滤膜采样夹：滤膜直径 30～40mm。

②大型气泡吸收管：10ml。

③微量注射器：50μl。

④抽气过滤装置。

⑤聚四氟乙烯或聚乙烯塑料瓶。

⑥空气采样器：流量 0～1L/min。

⑦离子色谱仪：具电导检测器。

3. 试剂

①0.3、0.45μm 乙酸纤维微孔滤膜。

②去离子水：电导率小于 1μS/cm。凡进入离子色谱仪的水，需经过 0.45μm 微孔滤膜过滤。

③淋洗贮备液：称取 23.52g 碳酸氢钠（$NaHCO_3$，优级纯）和 23.32g 无水碳酸钠（Na_2CO_3，优级纯），溶解于水，稀释至 1000ml。贮于聚四氟乙烯或聚乙烯瓶中，封好，可长期保存。

④淋洗液：使用时，取淋洗贮备液 20ml，用水稀释至 2000ml。此溶液浓度为 $C(NaHCO_3)$ =0.0028mol/L、$C(Na_2CO_3)$=0.0022mol/L。经 0.45μm 微孔滤膜过滤后使用。

⑤再生液：按仪器使用说明书规定的方法配制。

⑥氯化钾标准贮备溶液：称取 2.103g 氯化钾（优级纯，110℃烘干 2h），溶解于淋洗液，移入 1000ml 容量瓶中，用淋洗液稀释至标线。贮于塑料瓶中。此溶液每毫升相当于含 1000μg 氯离子。

⑦氯化钾标准使用溶液：吸取 10.00ml 氯化钾标准贮备溶液，置于 1000ml 容量瓶中，用淋洗液稀释至标线。贮于塑料瓶中。此溶液每毫升相当于含 10.0μg 氯离子。

4. 采样

将 0.3μm 微孔滤膜装在滤膜采样夹内，后面串联两支各装 10ml 淋洗液的吸收管，以 1L/min 流量，采气 60～120L。

5. 步骤

（1）色谱条件

流动相：碳酸氢钠-碳酸钠淋洗液 $C(NaHCO_3\text{-}Na_2CO_3)$=2.8mmol/L-2.2mmol/L。

进样流量：2ml/min；进样体积：50 或 100μl。

记录仪纸速：2.5mm/min。

柱温：室温（不低于 18℃）±0.5℃。

（2）离子色谱图

见本章七、硫酸盐化速率（三）碱片-离子色谱法图 3-1-10。

（3）标准曲线的绘制

取六个 10ml 容量瓶，按表 3-1-22 配制标准系列。

表 3-1-22　氯化钾标准系列

瓶　号	0	1	2	3	4	5
氯化钾标准使用液(ml)	0	0.25	0.50	1.00	1.50	2.00
氯离子浓度(μg/ml)	0	0.25	0.50	1.00	1.50	2.00

各瓶加水稀释至标线，混匀。放置 40min 后，用 1cm 比色皿，在波长 507nm 处，以水为参比，测定吸光度。以吸光度对氯离子含量（μg）绘制标准曲线。

各瓶用淋洗液稀释至 10ml 标线，摇匀。按离子色谱条件，测定各标准溶液的保留时间和峰高，以峰高对氯离子浓度（μg/ml），绘制标准曲线。

（4）样品测定

采样后，将第一、二吸收管的样品溶液分别移入两支 10ml 具塞比色管中，用少量淋洗液洗涤吸收管，洗涤液并入比色管，稀释至 10ml 标线，摇匀。在与绘制标准曲线相同的条件下，测定保留时间和峰高。

6. 计算

$$\text{氯化氢}(\mathrm{HCl}, \mathrm{mg/m^3}) = \frac{(C_1 + C_2) \times 10.0}{V_\mathrm{n}} \times \frac{36.45}{35.45}$$

式中：C_1、C_2——分别为第一、二吸收管样品溶液中氯离子浓度，μg/ml；

36.45——1mol 氯化氢分子的质量，g；

35.45——1mol 氯离子的质量，g；

V_n——标准状态下的采样体积，L。

7. 说明

①当相对湿度较高时（例如大于 75%），氯化氢气体吸湿生成盐酸雾，被滤膜阻留，使测定结果偏低。记录采样时的相对湿度，以利比较。0.3μm 微孔滤膜为疏水性，氯离子本底值低，适合于滤除颗粒物。

②滤膜夹与第一吸收管、第一吸收管与第二吸收管之间，不可用乳胶管连接，应采用聚四氟乙烯或聚乙烯塑料管以内接外套法连接，即将塑料管插入滤膜夹出口及吸收管管口，用聚四氟乙烯生胶带（或生料带）缠好，接口处再套一小段乳胶管。

③若需同时测定颗粒物中氯化物，可将滤膜浸在 10.00ml 淋洗液中，用超声波清洗器萃取 5～10min，经 0.45μm 微孔滤膜干过滤后，用离子色谱法测定。

④本法灵敏度高，吸收管、连接管及各器皿均应仔细洗涤；操作中注意防止自来水及空气微尘中氯化物的干扰；进样时手指勿触摸注射器内筒。

第二章　颗粒物及其元素

一、TSP

总悬浮颗粒物，简称 TSP，系指空气中空气动力学直径小于 100μm 的颗粒物。

测定 TSP 采用重量法。所用的采样器按采气量大小，分为大流量采样器和中流量采样器。方法的检出限为 0.001mg/m^3。TSP 含量过高或雾天采样使滤膜阻力大于 10kPa 时，本方法不适用。

用超细玻璃纤维滤膜采样，在测定 TSP 的质量浓度后，样品滤膜可用于测定无机盐（如硫酸盐、硝酸盐及氯化物等）和有机化合物（如苯并[a]芘等）。若要测定金属元素（如铍、铬、锰、铁、镍、铜、锌、硒、镉、锑及铅等），则用聚氯乙烯等有机滤膜。

（一）大流量采样　重量法（A）

1. 原理

通过具有一定切割特性的采样器，以恒速抽取定量体积的空气，空气中粒径小于 100μm 的悬浮颗粒物，被截留在已恒重的滤膜上。根据采样前、后滤膜重量之差及采气体积，计算总悬浮颗粒物的质量浓度。滤膜经处理后，可进行组分分析。

2. 仪器

①大流量采样器：采样器采样口的抽气速度为 0.3m/s。采气流量（工作点流量）为 1.05m^3/min。

②滤膜：超细玻璃纤维滤膜或聚氯乙烯等有机滤膜，20cm×25cm。

滤膜性能：滤膜对 0.3μm 标准粒子的截留效率不低于 99%，在气流速度为 0.45m/s 时，单张滤膜阻力不大于 3.5kPa，在同样气流速度下，抽取经高效过滤器净化的空气 5h，每平方厘米滤膜失重不大于 0.012mg。

③滤膜袋：用于存放采样后对折的采尘滤膜。袋面印有编号、采样日期、采样地点、采样人等项栏目。

④滤膜保存盒：用于保存滤膜，保证滤膜在采样前处于平展不受折状态。

⑤镊子：用于夹取滤膜。

⑥X 光看片机：用于检查滤膜有无缺损。

（A）本方法与 GB/T 15432－1995 等效。

⑦打号机：用于在滤膜及滤膜袋上打号。

⑧恒温恒湿箱（室）：箱（室）内空气温度要求在15～30℃范围内连续可调，控温精度±1℃；箱（室）内空气相对湿度应控制在45%～55%范围内。恒温恒湿箱（室）可连续工作。

⑨大盘天平：感量0.1mg。

⑩大流量孔口流量计：量程0.8～1.4m^3/min；准确度不超过±2%。附有与孔口流量计配套的U型管压差计（或智能流量校准器），最小分度值10Pa。

⑪气压计。

⑫温度计。

3. 步骤

（1）大流量采样器流量校准（用孔口流量计校准）

新购置或维修后的采样器在启用前，需进行流量校准；正常使用的采样器每月需进行一次流量校准。大流量采样器流量校准示意图见图3-2-1。

①从气压计、温度计分别读取环境大气压和环境温度。

②将采样器采气流量换算成标准状态下的流量。计算公式如下：

$$Q_n = Q \times \frac{P_1 \cdot T_n}{P_n \cdot T_1}$$

式中：Q_n——标准状态下的采样器流量，m^3/min；

Q——采样器采气流量，m^3/min；

P_1——流量校准时环境大气压力，kPa；

T_n——标准状态的绝对温度，273K；

T_1——流量校准时环境温度，K；

P_n——标准状态下的大气压力，101.325kPa。

③将计算的标准状态下的流量Q_n代入下式，求出修正项y。

$$y = bQ_n + a$$

式中斜率b和截距a由孔口流量计的标定部门给出。

④计算孔口流量计压差值ΔH（Pa）。

$$\Delta H = \frac{y^2 \cdot P_n \cdot T_1}{P_1 \cdot T_n}$$

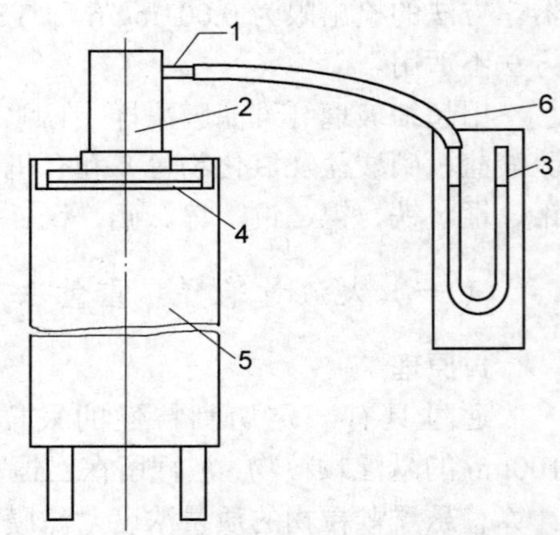

图3-2-1 大流量采样器流量校准示意图

1—取压口；2—孔口；3—U型管压差计（或智能流量校准器）；4—采样滤膜夹；5—大流量采样器；6—乳胶管

⑤打开采样头的采样盖，按正常采样位置，放一张干净的采样滤膜，将大流量孔口流量计的孔口与采样头密封连接。孔口的取压口接好U型管压差计（或智能流量校准器）。

⑥接通电源，开启采样器，待工作正常后，调节采样器流量，使孔口流量计压差值达到计算的ΔH值，记录表格见表3-2-1。

校准流量时，要确保气路密封连接，流量校准后，如发现滤膜上尘的边缘轮廓不清晰或滤膜安装歪斜等情况，可能造成漏气，应重新进行校准。校准合格的采样器，即可用于采样，不得再改动调节器状态。

（2）空白滤膜准备

①每张滤膜均需用X光看片机进行检查，不得有针孔或任何缺陷。在选中的滤膜光滑

表面的两个对角上打印编号。滤膜袋上打印同样编号备用。

表 3-2-1　用孔口流量计校准 TSP 采样器记录表

采样器编　号	采样器采气流量 $Q\ (m^3/min)^*$	孔口流量计编号	环境温度 $T_1(K)$	环境大气压 $P_1(kPa)$	孔口压差计算值 $\Delta H(Pa)$	校准日期	校准人

*：m^3/min 为大流量采样器流量单位，中流量采样器流量单位应为 L/min。

②将滤膜放在恒温恒湿箱（室）中平衡 24h。平衡条件：温度取 15～30℃中任一点，相对湿度控制在 45%～55%范围内。记录平衡温度与湿度。

③在上述平衡条件下称量滤膜，滤膜称量精确到 0.1mg。记录滤膜重量。

④称量好的滤膜平展地放在滤膜保存盒中，采样前不得将滤膜弯曲或折叠。

（3）采样

①打开采样头顶盖，取出滤膜夹。用清洁干布擦去采样头内及滤膜夹的灰尘。

②将已编号并称量过的滤膜毛面向上，放在滤膜网托上，然后放滤膜夹，对正、拧紧，使不漏气。盖好采样头顶盖，按照采样器使用说明操作，设置好采样时间，即可启动采样。

③当采样器不能直接显示标准状态下的累积采样体积时，需记录采样期间测试现场平均环境温度和平均大气压。

④采样结束后，打开采样头，用镊子轻轻取下滤膜，采样面向里，将滤膜对折，放入号码相同的滤膜袋中。取滤膜时，如发现滤膜损坏，或滤膜上尘的边缘轮廓不清晰、滤膜安装歪斜等，表示采样时漏气，则本次采样作废，需重新采样。TSP 现场采样记录见表 3-2-2。

表 3-2-2　TSP 现场采样记录表

月 日	采样器编　号	滤膜编号	采样起始时间	采样终了时间	累积采样时间	采样期间环境温度# T_2 (K)	采样期间大气压# P_2 (kPa)	测试人

#：当采样器不能直接显示标准状态下的累积采样体积时，需记录此项。

（4）尘膜的平衡及称量

①尘膜放在恒温恒湿箱（室）中，用同空白滤膜平衡条件相同的温度、湿度，平衡 24h。

②在上述平衡条件下称量尘膜，尘膜称量精确到 0.1mg。记录尘膜重量。

4. 计算

$$\text{TSP}(\text{mg/m}^3) = \frac{(W_1 - W_0)}{V_n} \times 1000$$

式中：W_1——尘膜重量，g；

W_0——空白滤膜重量，g；

V_n——标准状态下的累积采样体积，m^3。

当采样器未直接显示标准状态下的累积采样体积V_n时，按下式计算：

$$V_n = Q \times \frac{P_2 \cdot T_n}{P_n \cdot T_2} \times t \times 60$$

式中：Q——采样器采气流量，m^3/min；

P_2——采样期间测试现场平均大气压力，kPa；

T_n——标准状态的绝对温度，273K；

t——累积采样时间，h；

P_n——标准状态下的大气压力，101.325kPa；

T_2——采样期间测试现场平均环境温度，K。

滤膜称量及 TSP 浓度记录见表 3-2-3。

表 3-2-3 TSP 滤膜称量及浓度记录表

月日	滤膜编号	采气流量 Q (m^3/min)*	采样期间环境温度# T_2 (K)	采样期间大气压# P_2 (kPa)	累积采样时间 t (h)	累积采样标况体积 $V_n(m^3)$	滤膜重量(g)			TSP 浓度 (mg/m^3)	测试人
							空膜	尘膜	尘重		

*：m^3/min 为大流量采样器流量单位，中流量采样器流量单位为 L/min。

#：当采样器不能直接显示标准状态下的累积采样体积时，需记录此项。

5. 说明

①滤膜称量时的质量控制：取清洁滤膜若干张，在恒温恒湿箱（室）内，按平衡条件平衡 24h，称重。每张滤膜非连续称量 10 次以上，求每张滤膜的平均值为该张滤膜的原始质量。以上述滤膜作为“标准滤膜”。每次称空白或尘滤膜的同时，称量两张“标准滤膜”。若标准滤膜称出的重量在原始重量±5mg（中流量为±0.5mg）范围内，则认为该批样品滤膜称量合格，数据可用。否则应检查称量条件是否符合要求并重新称量该批样品滤膜。

若恒温恒湿箱（室）控温精度达不到±1℃，滤膜平衡与称量时需在温度要求范围内，温度变化不得大于±3℃。滤膜称量时要消除静电的影响。

②采样器应定期维护，通常每月维护一次，所有维护项目应详细记录。

③要经常检查采样头是否漏气。当滤膜安放正确，采样后滤膜上颗粒物与四周白边之间出现界线模糊时，则表明应更换滤膜密封垫。

④对电机有电刷的采样器，应在可能引起电机损坏以前更换电机电刷，更换时间凭经验决定。更换电刷后要重新校准流量。新更换电刷的采样器应在负载条件下运转 1h，待电刷与转子的整流子良好接触后，再进行流量校准。

（二）中流量采样　重量法（A）

1. 原理

同方法（一）。

（A）本方法与 GB/T 15432—1995 等效。

2. 仪器

①中流量采样器：采样器采样口的抽气速度为 0.3m/s。采气流量（工作点流量）为100L/min。

②滤膜：超细玻璃纤维滤膜或聚氯乙烯等有机滤膜，直径 9 cm。滤膜性能要求同方法（一）。

③～⑧同方法（一）2 ③～⑧。

⑨分析天平：感量 0.1mg。

⑩中流量孔口流量计：量程 75～125 L/min；准确度不超过±2%。附有与孔口流量计配套的 U 型管压差计（或智能流量校准器），最小分度值 10Pa。

⑪气压计。

⑫温度计。

3. 步骤

①中流量采样器流量校准（用中流量孔口流量计校准），参见方法（一）。其中标准状态下的采样器流量 Q_n 和采样器采气流量 Q 的单位为（L/min）。

②空白滤膜准备：同方法（一）。

③采样：参见方法（一）。

④尘膜的平衡及称量：同方法（一）。

4. 计算

见方法（一）。

若采样器不能直接显示标准状态下的累积采样体积 V_n 时，按下式计算：

$$V_n = Q \times \frac{P_2 \cdot T_n}{P_n \cdot T_2} \times t \times 0.06$$

式中：Q——采样器采气流量，L/min；

P_2——采样期间测试现场平均大气压力，kPa；

T_n——标准状态的绝对温度，273K；

t——累积采样时间，h；

P_n——标准状态下的大气压力，101.325kPa；

T_2——采样期间测试现场平均环境温度，K。

滤膜称量及 TSP 浓度记录同方法（一）。

5. 说明

①～③同方法（一）5 ①～③。

④当采样器的采气流量不为 100L/min，应符合采样器采样口的抽气速度为 0.3m/s 的要求。

二、PM_{10}

PM_{10} 是指悬浮在空气中，空气动力学直径小于 10μm 的颗粒物。

空气中 PM_{10} 的测定有自动和手动两种方法，本部分介绍手动方法，即重量法。此方法所用的采样器按采样流量不同，可分为大流量采样器和中流量采样器两种。方法的检出限为 0.001mg/m^3。

（一）大流量采样 重量法（B）

1. 原理

以恒速抽取定量体积的空气，使其通过具有 PM_{10} 切割特性的采样器，PM_{10} 被收集在已恒重的滤膜上。根据采样前、后滤膜重量之差及采样体积，计算出 PM_{10} 的质量浓度。滤膜样品还可进行组分分析。

2. 仪器

①PM_{10} 大流量采样器：采气流量（工作点流量）一般为 $1.05m^3/min$。

②滤膜：超细玻璃纤维或聚氯乙烯等有机滤膜。滤膜性能同 TSP 方法（一）。

③～⑫同 TSP 方法（一）2 ③～⑫。

3. 步骤

①PM_{10} 大流量采样器流量校准（用孔口流量计校准）：校准 PM_{10} 大流量采样器流量时，摘掉采样头中的切割器，流量校准方法与 TSP 方法（一）相同。记录表格见表 3-2-4。

②空白滤膜准备：同 TSP 方法（一）。

③采样：按照说明书要求操作仪器，采样要求参见 TSP 方法（一）。PM_{10} 现场采样记录见表 3-2-5。

④尘膜的平衡及称量：同 TSP 方法（一）。

表 3-2-4 用孔口流量计校准 PM_{10} 采样器记录表

采样器编号	采气流量 Q (m^3/min)*	孔口流量计编号	环境温度 T_1(K)	环境大气压 P_1(kPa)	孔口压差计算值 ΔH(Pa)	校准日期	校准人

*：m^3/min 为大流量采样器流量单位，中流量采样器流量单位为 L/min。

表 3-2-5 PM_{10} 现场采样记录表

月 日	采样器编号	滤膜编号	采样起始时间	采样终了时间	累积采样时间	采样期间环境温度# T_2 (K)	采样期间大气压# P_2 (kPa)	测试人

#：当采样器不能直接显示标准状态下的累积采样体积时，需记录此项。

4. 计算

$$PM_{10}(mg/m^3)=\frac{(W_1-W_0)\times 1000}{V_n}$$

式中：W_1——尘膜重量，g；

W_0——空白滤膜重量，g；

V_n——标准状态下的累积采样体积，m^3。

当采样器未直接显示出标准状态下的累积采样体积 V_n 时，按 TSP 方法（一）4 中给出的公式计算。

滤膜称量及 PM_{10} 浓度记录见表 3-2-6。

表 3-2-6　PM_{10} 滤膜称量及浓度记录表

月日	滤膜编号	采气流量 Q (m^3/min)*	采样期间环境温度# T_2 (K)	采样期间大气压# P_2 (kPa)	累积采样时间 t (h)	累积采样标况体积 V_n(m^3)	滤膜重量(g)			PM_{10} 浓度 (mg/m^3)	测试人
							空膜	尘膜	尘重		

*：m^3/min 为大流量采样器流量单位，中流量采样器流量单位为 L/min。

#：当采样器不能直接显示标准状态下的累积采样体积时，需记录此项。

5. 说明

①参见 TSP 方法（一）5 ①。但在滤膜称量的质量控制中，若标准滤膜称出的重量在原始重量±0.5mg 范围内，则认为该批样品滤膜称量合格，数据可用。

②～④同 TSP 方法（一）5 ②～④。

⑤根据 PM_{10} 采样器的切割特性，其采集的微粒是空气动力学当量质量中位径为 10μm 的颗粒物。

（二）中流量采样　重量法（B）

1. 原理

同 PM_{10} 方法（一）。

2. 仪器

①PM_{10} 中流量采样器：采气流量（工作点流量）一般为 100L/min。

②～⑨参见 TSP 方法（一）2 中②～⑨。

⑩中流量孔口流量计：量程 75～125L/min；准确度不超过±2%。附有与孔口流量计配套的 U 型管压差计（或智能流量校准器），最小分度值 10Pa。

⑪气压计。

⑫温度计。

3. 步骤

①PM_{10} 中流量采样器流量校准（用中流量孔口流量计校准）：校准 PM_{10} 中流量采样器流量时，摘掉采样头中的切割器，流量校准方法参见 TSP 方法（一）3（1）。其中标准状态下的采样器流量 Q_n 和采样器采气流量 Q 的单位为 （L/min）。记录表格见表 3-2-4。

②空白滤膜准备：参见 TSP 方法（一）3（2）。

③采样：按照说明书要求操作仪器，采样要求参见 TSP 方法（一）3（3）。PM_{10} 现场采样记录见表 3-2-5。

④尘膜的平衡及称量：同 TSP 方法（一）3（4）。

4. 计算

PM_{10} 浓度的计算同方法（一）4。

当采样器未直接显示出标准状态下的累积采样体积 V_n 时，按 TSP 方法（二）4 给出的公式计算。

滤膜称量及 PM_{10} 浓度记录见表 3-2-6。

5. 说明

①～③同 TSP 方法（一）5①～③。

④当 PM_{10} 含量很低时，采样时间不能过短，要保证足够的采尘量，以减少称量误差。

（三）TEOM 微量振荡天平法（B）

见本篇第四章空气质量连续自动监测系统，按仪器使用说明书操作。

（四）Beta 射线衰减法（B）

见本篇第四章空气质量连续自动监测系统，按仪器使用说明书操作。

三、降尘

重量法（A）

1. 原理

空气中可沉降的颗粒物，沉降在装有乙二醇水溶液为收集液的集尘缸内，经蒸发、干燥、称重后，计算降尘量。

降尘量为单位面积上、单位时间内从大气中沉降的颗粒物的质量。其结果以每平方公里面积每月测定沉降的颗粒物的吨数表示[即 $t/(km^2 \cdot 30d)$]。

方法检出限为：$0.2t/(km^2 \cdot 30d)$。

2. 仪器

①集尘缸：内径 15cm±0.5cm，高 30cm 的圆筒形玻璃缸。缸底要平整。

②瓷坩埚：100ml。

③电热板：2000W（具调温分档开关）。

④搪瓷盘。

⑤分析天平：感量 0.1mg。

⑥淀帚：在玻璃棒的一端，套上一段乳胶管，然后用止血夹夹紧，放在 105℃±5℃的烘箱中，烘 3h 后使乳胶管粘合在一起，剪掉不粘合的部分制得，用来扫除尘粒。

3. 试剂

①乙二醇（$C_2H_6O_2$）：分析纯。

②实验用水：蒸馏水。

4. 采样

（1）采样点的设置

①应选择集尘缸不易损坏的地方，且易于操作者更换集尘缸。通常设在矮建筑物的屋

（A）本方法与 GB/T 15265—94 等效。

顶，必要时可以设在电线杆上，集尘缸应距离电线杆 0.5m 为宜。

②采样点附近不应有高大建筑物及高大树木，并避开局部污染源。

③集尘缸放置高度应距离地面 5～12m。在某一区域内采样，各采样点集尘缸的放置高度尽力保持在大致相同的高度。如放置屋顶平台上，采样口应距平台 1～1.5m，以避免平台扬尘的影响。

④集尘缸的支架应该稳定并坚固，以防止被风吹倒或摇摆。

⑤在清洁区设置对照点。

（2）样品的收集

①放缸前的准备：于集尘缸中加入 50～80ml 乙二醇，以占满缸底为准，加水量视当地的气候情况而定。譬如：冬季和夏季加 50ml，其他季节可加 100～200ml。加好后，罩上塑料袋，直到把缸放在采样点的固定架上再把塑料袋取下，开始收集样品。记录放缸地点、缸号、时间（年、月、日、时）。

②样品的收集：按月定期更换集尘缸一次（30d±2d）。取缸时应核对地点、缸号，并记录取缸时间（月、日、时），罩上塑料袋，带回实验室。取换缸的时间规定为月底 5d 内完成。在夏季多雨季节，应注意缸内积水情况，为防止水满溢出，及时更换新缸，采集的样品合并后测定。

5. 步骤

（1）瓷坩埚的准备

将瓷坩埚洗净、编号，在 105℃±5℃下，烘箱内烘 3h，取出放入干燥器内，冷却 50min，在分析天平上称量，再烘 50min，冷却 50min，再称量，直至恒重(两次重量之差小于 0.4mg)，此值为 W_0。

（2）降尘量的测定

用尺子测量集尘缸的内径（按不同方向至少测定三处，取其算术平均值），再用镊子夹取落入缸内的树叶、昆虫等异物，并用水将附着在上面的细小尘粒冲洗下来后弃去，先用少量水湿润缸壁，然后用淀帚将附着于缸壁的尘粒刷下，再用水冲洗缸壁使尘粒全部移入溶液中，将缸内溶液和尘粒全部或分次转入 1000ml 烧杯中，置通风柜内，在电热板上蒸发，使体积浓缩到 10～20ml，冷却后用少量水湿润烧杯壁，然后用淀帚将附于烧杯壁上的尘粒刷下，将烧杯内溶液和尘粒分数次全部转移到已恒重的瓷坩埚中，放在搪瓷盘里，在电热板上小心蒸发至干（溶液少时注意不要崩溅），然后放入烘箱于 105℃±5℃烘干，按上述方法称量至恒重。此值为 W_1。

将与采样操作等量的乙二醇，放入 1000ml 烧杯中，并加同等量的水，在电热板上蒸发浓缩至 10～20ml，然后将其转移至已恒重的瓷坩埚内，将瓷坩埚放在搪瓷盘中，再放在电热板上蒸发至干，于 105℃±5℃烘干，按上述条件称量至恒重，减去瓷坩埚的重量 W_0，即为 W_c。

6. 计算

$$\text{降尘量}[\mathrm{t/(km^2 \cdot 30d)}] \frac{W_1 - W_0 - W_c}{S \times n} \times 30 \times 10^4$$

式中：W_1——降尘、瓷坩埚和乙二醇蒸发至干并在 105℃±5℃恒重后的重量，g；

W_0——在 105℃±5℃烘干的瓷坩埚重量，g；

W_c——与采样操作等量的乙二醇蒸发至干并在105℃±5℃恒重后的重量，g；

S——集尘缸缸口面积，cm^2；

n——采样天数（准确到0.1d）。

计算结果保留一位小数。

7. 说明

①大气降尘系指可沉降的颗粒物，故应除去树叶、枯枝、鸟粪、昆虫、花絮等干扰物。

②每一个样品所使用的烧杯、瓷坩埚等编号必须一致，并与其相对应的集尘缸的缸号一并及时填入记录表中。

③瓷坩埚在烘箱、搪瓷盘及干燥器中，应分离放置，不可重叠。

④蒸发浓缩实验要在通风柜中进行，应注意保持柜内清洁，防止异物落入烧杯内，影响测定，样品在瓷坩埚中浓缩时，不要用水淋洗坩埚壁，否则将在乙二醇与水的界面上发生剧烈沸腾使溶液溢出。当浓缩至20ml以内时应降低温度并间歇性的徐徐摇动，使降尘粘附在瓷坩埚壁上，避免样品溅出。

⑤应尽量选择缸底比较平的集尘缸，可以减少乙二醇的用量。

⑥在室温温度较高时，冷却50min～1h，使坩埚冷却至室温方可称量。

⑦收回降尘缸中溶液较多时，须分数次转移到1000ml烧杯中，但每次加液最多为烧杯2/3体积，因尘粒会“爬上”烧杯口，会使尘粒损失。

⑧在蒸发过程中，要调节电热板温度，使溶液始终处于微沸状态。

⑨精密度和准确度：同一实验室测定5份样品，相对标准偏差为0.86%，回收率为98%～105%。

⑩若需测定降尘中可燃物含量，操作如下：将空的瓷坩埚105℃±5℃烘干、称量至恒重，为W_a，再将其在600℃灼烧2h，冷却，称量至恒重，此值为W_b。

瓷坩埚与尘粒于105℃±5℃烘干，称量至恒重，为W_1，再将其放入马弗炉中，于600℃灼烧3h，待炉内温度降至300℃以下时取出，放入干燥器中，冷却50min，称量。再在600℃灼烧1h，冷却50min，称量，直至恒重W_2。

吸取乙二醇（与采样时体积相同），放入已恒重的瓷坩埚内，小心蒸干，在105℃±5℃烘干，按上述条件称量至恒重，减去瓷坩埚重W_a，即为W_0。然后在600℃灼烧，称量至恒重，减去瓷坩埚重W_b，即为W_d。测定W_c、W_d时所用乙二醇溶液与加到降尘缸的乙二醇溶液应是同一批溶液。

$$降尘中可燃物的量\ [t/(km^2 \cdot 30d)] = \frac{(W_1 - W_0 - W_c) - (W_2 - W_b - W_d)}{S \times n} \times 30 \times 10^4$$

式中：W_1——降尘样品、瓷坩埚和乙二醇蒸发至干并在105℃恒重后的重量，g；

W_2——降尘样品、瓷坩埚及乙二醇于600℃灼烧后的重量，g；

W_0——在105℃烘干的瓷坩埚重量，g；

W_c——与采样操作等量的乙二醇蒸发至干并在105℃恒重后的重量，g；

W_b——瓷坩埚于600℃灼烧后的重量，g；

W_d——与采样操作等量的乙二醇蒸发残渣于600℃灼烧后的重量，g；

S——集尘缸缸口面积，cm^2；

n——采样天数（准确到0.1d）。

四、汞

巯基棉富集-冷原子荧光分光光度法可分别测定无机汞及有机汞，灵敏度高，但操作复杂，对试剂纯度要求严格；金膜富集-冷原子吸收分光光度法，方法灵敏，操作简便。

（一）巯基棉富集-冷原子荧光分光光度法（B）

1. 原理

在微酸性介质中，用巯基棉富集空气中的汞及其化合物，反应式如下：

$$Hg^{2+} + 2H-SR \rightleftharpoons Hg\begin{matrix} /SR \\ \\ \backslash SR \end{matrix} + 2H^{+}$$

$$CH_3HgCl + H-SR \rightleftharpoons CH_3Hg-SR + HCl$$

元素汞通过巯基棉采样管时，主要为物理吸附及单分子层的化学吸附。

采样后，用 4.0mol/L 盐酸-氯化钠饱和溶液解吸总汞，经氯化亚锡还原为金属汞，可用冷原子荧光测汞仪测定总汞含量。

方法检出限为 0.1ng 汞，当采样体积为 15L 时，最低检出浓度为 $6.6\times10^{-6}mg/m^3$。

2. 仪器

①石英采样管：如图 3-2-2 所示。

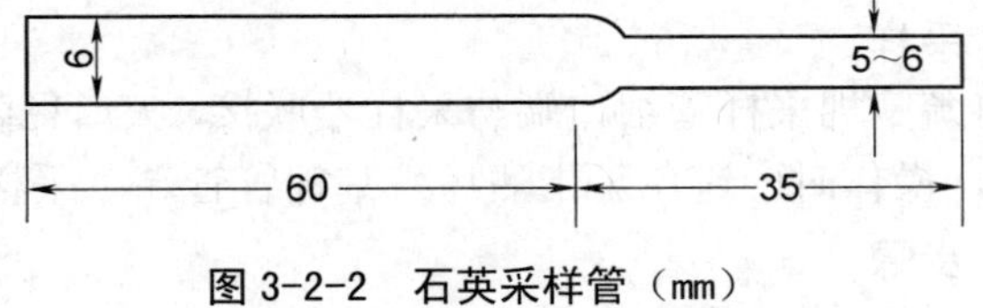

图 3-2-2　石英采样管（mm）

②注射器：50μl、1ml。

③布氏漏斗。

④抽滤装置。

⑤恒温水浴。

⑥空气采样器：流量范围 0～1L/min。

⑦冷原子荧光测汞仪。

3. 试剂

①硫代乙醇酸。

②乙酸酐、乙酸。

③硫酸，优级纯。

④1.0%（*m/V*）重铬酸钾溶液。

⑤4.0mol/L 盐酸-氯化钠饱和溶液：将固体氯化钠加于 4.0mol/L 盐酸溶液中加热至沸，直至氯化钠过饱和析出为止。

⑥溴酸钾-溴化钾溶液：称取 2.8g 溴酸钾（$KBrO_3$）及 10.0g 溴化钾（KBr），溶解于水，稀释到 1000ml。

⑦盐酸羟胺-氯化钠溶液：称取 12.0g 盐酸羟胺及 12.0g 氯化钠，溶解于水，稀释到 100ml。

⑧10%（*m/V*）氯化亚锡盐酸溶液：称取 10.0g 氯化亚锡（$SnCl_2\cdot 2H_2O$）于 150ml 干烧杯中，加 10ml 浓盐酸，加热至全部溶解后，用水稀释至 100ml，以 1L/min 流量通入高纯氮气，以除去本底汞。

⑨pH3 盐酸溶液：吸取 2.0mol/L 盐酸溶液 0.50ml，用水稀释至 1000ml。

⑩高纯氮气。

⑪巯基棉的制备：依次加 20ml 硫代乙醇酸、17.5ml 乙酸酐、8.5ml 乙酸、0.10ml 硫酸和 1.6ml 水于 150ml 烧杯中，混合均匀。待溶液温度降至 40℃以下，移入装有 5g 脱脂棉的棕色广口瓶中，将棉花均匀浸润，盖上瓶塞。置于恒温水浴中，于 40℃±1℃放置 4 昼夜后取出。将棉花平铺在有两层中速定量滤纸的布氏漏斗中，抽滤，用水洗至中性。抽干水分，移入培养皿，仍置于上述恒温水浴中，同上温度烘干。存于棕色瓶中，先进行汞的回收试验，然后置于干燥器中备用。有效期为三个月。

⑫巯基棉采样管的制备：称取 0.10g 巯基棉，从石英采样管的大口径处塞入管内，压入内径为 6mm 的管段中，巯基棉长度约为 3cm。临用前用 0.40ml pH3 的盐酸溶液酸化巯基棉。巯基棉采样管两端应加套封口，存放在无汞的容器中。

⑬氯化汞标准贮备液：称取 0.1353g 氯化汞（$HgCl_2$），溶解于 10%硫酸溶液 5.0ml 及 1%重铬酸钾溶液 1.0ml 中，移入 100ml 容量瓶中，用水稀释至标线，此溶液每毫升含 1000μg 汞。

⑭氯化汞标准使用液：吸取 1.00ml 氯化汞标准贮备液，置于 200ml 容量瓶中，加 10%硫酸溶液 10.0ml 及 1%重铬酸钾溶液 2.0ml，用水稀释至标线，此溶液每毫升含 5.0μg 汞。临用前，吸取 10.00ml 上述溶液于 100ml 容量瓶中，加 10%硫酸溶液 5.0ml 及 1%重铬酸钾溶液 1.0ml，用水稀释至标线，此溶液每毫升含 0.50μg 汞。

4. 采样

将巯基棉采样管细口端与采样器联接，大口径朝下，以 0.3～0.5L/min 流量，采样 30～60min，操作时应避免手指沾污巯基棉管管端。采样后，两端用塑料帽密封。

5. 步骤

（1）标准曲线的绘制

①取七个 5ml 汞反应瓶，按表 3-2-7 配制标准系列。

表 3-2-7 氯化汞标准系列

瓶 号	0	1	2	3	4	5	6
氯化汞标准使用液(μl)	0	5.0	10.0	20.0	30.0	40.0	50.0
汞含量(ng)	0	2.5	5.0	10.0	15.0	20.0	25.0

②用 4.0mol/L 盐酸-氯化钠饱和溶液稀释至 5ml 标线。

③向各瓶中加 0.10ml 溴酸钾-溴化钾溶液，放置 5min 后，出现黄色，加 1 滴盐酸羟胺-氯化钠溶液，使黄色褪去，摇匀。

④用注射器向各瓶中加入 1.0ml 氯化亚锡盐酸溶液，振荡 0.5min 后，用高纯氮气将汞蒸气吹入冷原子荧光测汞仪中测定。以测汞仪上读数对汞含量（ng），绘制标准曲线。

（2）样品测定

①将采样后巯基棉采样管放在 10ml 容量瓶的瓶口上，以 1～2ml/min 流量，滴加 4.0mol/L 盐酸-氯化钠饱和溶液，使汞及其化合物解吸，用 4.0mol/L 盐酸-氯化钠饱和溶液稀释至标线，摇匀。即为样品溶液。

②吸取适量样品溶液于 5ml 反应瓶中，用 4.0mol/L 盐酸-氯化钠饱和溶液稀释至标线，以下步骤同标准曲线的绘制。

6. 计算

$$汞(Hg, mg/m^3) = \frac{W}{V_n \times 1000} \times \frac{V_t}{V_a}$$

式中：W——测定时所取样品中汞的含量，ng；

V_t——样品溶液总体积，ml；

V_a——测定时所取样品溶液体积，ml；

V_n——标准状态下的采样体积，L。

7. 说明

①试验用的试剂，包括巯基棉、10%氯化亚锡盐酸溶液、pH3 盐酸溶液、溴酸钾-溴化钾溶液、盐酸羟胺-氯化钠溶液及 4.0mol/L 盐酸-氯化钠饱和溶液等，均需事先用冷原子荧光测汞仪检查，试剂中汞的空白值应不超过 0.1ng。

②如欲分别测定有机汞及无机汞，采样后，将巯基棉采样管放在 5ml 容量瓶的瓶口上，以 1ml/min 流量，滴加 2.0mol/L 盐酸溶液解吸有机汞，用 2.0mol/L 盐酸溶液稀释至标线，以下步骤同标准曲线的绘制。

继续将上述采样管，用 4.0mol/L 盐酸-氯化钠饱和溶液解吸无机汞，方法同前。

③本方法还可以分别测定颗粒态汞及气态汞，可在巯基棉采样管前加一有机纤维素微孔滤膜捕集颗粒态汞。用 10%硝酸溶液溶解，用上述方法测汞。

④巯基棉采样后，也可用冷原子吸收法测定，但采气量、试液及试剂用量须相应加大。

⑤巯基棉吸附效率的测定：于反应瓶中加入氯化汞标准溶液，加入氯化亚锡盐酸溶液后，用氮气将产生的元素汞通入巯基棉采样管，用 4.0mol/L 盐酸-氯化钠饱和溶液解吸，测定回收率，以求得巯基棉对汞的吸附效率。

将 1000ppm 甲基汞（CH_3HgCl）水溶液放在 100ml 聚乙烯瓶中，配以硅橡胶塞，密封，保持温度为 22℃。此时，蒸气中甲基汞浓度为 27.8ng/ml±4.1ng/ml，用气密注射器抽取一定体积的蒸气，随采样器气流注入巯基棉采样管，用 2.0mol/L 盐酸溶液解吸有机汞，测定回收率，以求得巯基棉对有机汞的吸附效率。

（二）金膜富集-冷原子吸收分光光度法（B）

1. 原理

用金膜微粒富集管在常温下可富集空气中的微量汞，生成金汞齐。采样后加热至 500℃以上，将金汞齐中的汞定量地释放出来，被载气带入测汞仪内，利用汞蒸气对波长 253.7nm 紫外光的吸收作用，用冷原子吸收分光光度法测定。

当富集管加热至 300℃通气时，即可排除苯、丙酮等有机蒸气的干扰。

方法检出限为 0.6ng（1%吸收），当采样体积为 60L 时，最低检出浓度为 $1\times10^{-5}mg/m^3$。

2. 仪器

①汞蒸气发生管：50ml。

②干燥管：装无水氯化钙或高氯酸镁。

③金膜微粒汞富集管（简称富集管）内径为 5mm，长 17cm 的石英管，中间装有 10mm 长的金膜微粒（约 0.45g），两端用石英棉塞紧。该管对汞的饱和吸收量为 1μg。也可购买商品汞富集石英管。

④汞蒸气尾气净化器：含碘活性炭管。

⑤空气采样器：流量 0～1L/min。

⑥汞富集-解吸器。

⑦冷原子吸收测汞仪。

⑧记录仪。

3. 试剂

①硫酸溶液 $C(1/2H_2SO_4)$=0.2mol/L：用优级纯浓硫酸配制。

②30%（*m/V*）氯化亚锡溶液：称取 30g 氯化亚锡（$SnCl_2 \cdot 2H_2O$）于 150ml 干烧杯中，加 25ml 浓盐酸，加热至全部溶解后，用水稀释至 100ml。以 1L/min 流量，通入高纯氮气，以除去本底汞。

③氯化汞标准贮备液：称取 1.354g 氯化汞（$HgCl_2$），溶解于 0.05mol/L 硫酸溶液中，移入 1000ml 容量瓶中，以 0.05mol/L 硫酸溶液稀释至标线。此溶液每毫升含 1000μg 汞，或购买标准汞溶液（安瓿瓶）使用。

④氯化汞标准使用液：临用前，用 0.05mol/L 硫酸溶液将氯化汞标准贮备液逐级稀释为每毫升含 0.10μg 汞的标准使用液。

4. 采样

将经过加热除汞处理的富集管连接在空气采样器上，使富集管处于垂直位置，进气口朝下，以 1L/min 的流量，采样 60～100min（采样时间视汞浓度而定）。操作时避免手指沾污富集管管端。采样后，两端用塑料帽密封。

5. 步骤

（1）气路系统

按图 3-2-3 连接好气路系统。检查气路，不得漏气。调整富集和解吸的流量在 0.8L/min。待仪器运转稳定后，即可进行测定。

（2）标准曲线的绘制

①取六支 10ml 具塞比色管，按表 3-2-8 配制标准系列。

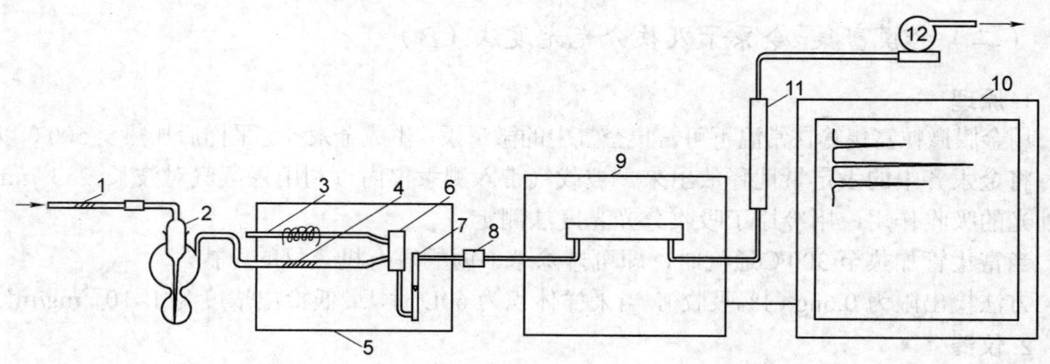

图 3-2-3 汞蒸气测定气路流程图

1—净化空气用金膜微粒汞富集管；2—汞蒸气发生瓶；3—“解吸”时的富集管；4—“富集”时的富集管；5—汞富集-解吸器；6—电磁气路转换阀；7—流量计；8—干燥管；9—测汞仪；10—记录仪；11—汞蒸气尾气净化器；12—抽气泵

②富集：依次将各管溶液移入汞蒸气发生瓶，使汞蒸气发生瓶与富集管连接，富集管插入汞富集-解吸器的“富集”孔内，将气路开关拨到“富集”档，富集时间调至 2min。然后在汞蒸气发生瓶内加入 30%氯化亚锡溶液 0.30ml，立即按“启动”开关，仪器即自动进行富集，2min 后自动停止。

表 3-2-8　氯化汞标准系列

管　号	0	1	2	3	4	5
氯化汞标准使用液(ml)	0	0.10	0.30	0.50	0.70	1.00
0.2mol/L 硫酸(ml)	5.0	4.9	4.7	4.5	4.3	4.0
汞含量(μg)	0	0.010	0.030	0.050	0.070	0.10

③解吸：取下富集管，将其插入“解吸”孔内，将气路开关拨到“解吸”档。解吸时间调到 25s（根据气温等因素调整解吸时间，在 20～30s 之间）。按“启动”开关，仪器即自动进行加热解吸，可在记录仪上得到一个峰值，以峰高对汞含量（μg），绘制标准曲线。

（3）样品测定

采样后，将富集管插入汞富集-解吸器的“解吸”孔内，按标准曲线绘制的解吸步骤进行，测定样品中汞含量。

6. 计算

$$汞(Hg, mg/m^3) = \frac{W}{V_n}$$

式中：W——富集管中测得的汞含量，μg；

V_n——标准状态下的采样体积，L。

7. 说明

①采样前，应将富集管在汞富集-解吸器上加热解吸一次，以除去本底或残存的汞和其它干扰物质，当记录仪指针回到基线时，表示富集管已净化。冷却后，两端用塑料帽密封，贮于无汞的容器中。

②富集管中金膜微粒的制备方法：称取 0.20g 氯金酸（$HAuCl_4 \cdot 3H_2O$）溶解于 50ml 水中，加入 5.0g 石英砂（50～80 目），搅拌均匀，在沸水浴上蒸干，然后装入石英管中。在管状电炉内加热到 800℃以上灼烧，同时吹入净化的空气使氯金酸分解，在石英砂颗粒表面形成金膜薄层，然后放在干燥器中冷却，装瓶备用。

③富集管若被油雾、水汽等所污染，必须再生后使用，其方法是将此管加热到 800℃以上通气 2min，去除杂质。

④富集管反复使用后，金膜微粒在石英管中会发生松动，因而影响对汞的富集效果，故使用时需注意塞紧。

⑤金膜富集法采样流量一般不宜过大，1L/min 以下捕集效率达 100%；1.5L/min 达 95%；2L/min 达 90%。

⑥金膜上的金汞齐，释放汞的加热温度在 500℃以上，因此要求加热器在 30s 内可将管内温度升高至 600℃，以达到瞬时解吸的目的。

⑦若先通气，后加热富集管，则吹气流量对峰形有影响，一般流量越大峰形越锐；若先加热富集管 30s，然后再通入载气，则流量对峰形影响很小。此外，这两种情况方法灵

敏度也有很大差异，后一种情况峰值要比前一种情况高一倍左右。

⑧经金膜富集，于高温后释放出的汞，也可用原子吸收分光光度法测定。只需在原子吸收分光光度计的燃烧头上，安装一个带有石英窗的玻璃吸收池即可。

五、铅

（一）火焰原子吸收分光光度法（A）

1. 原理

用滤膜采集颗粒物样品，经消解制备成样品溶液。直接吸入空气-乙炔火焰中原子化，在特征谱线 283.3nm 处测定基态原子对空心阴极灯特征辐射的吸收。在一定的条件下，根据吸光度与待测样中金属浓度成正比进行定量分析。

方法检出限为 0.5μg/ml（1%吸收）。当采样体积为 $100m^3$ 时，最低检出浓度为 $2.5\times10^{-4}mg/m^3$。

2. 仪器

①原子吸收分光光度计：光源选用空心阴极灯。

②真空抽滤装置。

③微波消解装置或电热板。

④总悬浮颗粒物采样器：中流量或大流量采样器。

3. 试剂

试验用水为无铅去离子水。

①铅：含量不低于 99.99%。

②硝酸（HNO_3）：ρ=1.40g/ml，优级纯。

③过氧化氢（H_2O_2）：约 30%（*m/m*）。

④氢氟酸（HF）：约 40%（*m/m*）。

⑤硝酸溶液（1%）：用ρ=1.40g/ml 的硝酸配制。

⑥铅标准贮备液：称取 1.000g±0.001g 铅于器皿中，加入ρ=1.40g/ml 的硝酸 15ml，加热，直至完全溶解，冷却后移入 1000ml 容量瓶中，用 1%的硝酸溶液稀释至标线，混匀。此溶液每毫升含 1000μg 铅。

⑦铅标准使用液：临用时，吸取 10.00ml 铅标准贮备液至 100ml 容量瓶中，用 1%的硝酸溶液稀释至标线，混匀。此溶液每毫升含 100μg 铅。

⑧燃气：乙炔，纯度不低于 99.6%。用钢瓶气供给。

⑨滤膜：聚氯乙烯等有机滤膜。空白滤膜的最大含铅量，要低于本方法的最低检出浓度。

4. 样品

用总悬浮颗粒物采样器（大流量或中流量采样器），采样 $80\sim150m^3$。采样时应将滤膜毛面朝上，采样同时应详细记录采样条件。

（A）本方法与 GB/T 15264—94 等效。

5. 步骤

（1）原子吸收分光光度计工作条件

波长：283.3nm；灯电流：4mA；火焰类型：空气-乙炔。

（2）标准曲线的绘制

①取七个 100ml 容量瓶，按表 3-2-9 配制标准系列。用 1%硝酸溶液稀释至标线，摇匀。

表 3-2-9　铅标准系列

瓶　　号	0	1	2	3	4	5	6
铅标准使用液(ml)	0	0.50	1.00	2.00	4.00	8.00	10.00
1%硝酸溶液(ml)	100	99.5	99.0	98.0	96.0	92.0	90.0
铅浓度(μg/ml)	0	0.50	1.00	2.00	4.00	8.00	10.00

②根据选定的原子吸收分光光度计工作条件，测定标准系列的吸光度。以吸光度对铅浓度（μg/ml），绘制标准曲线。

（3）样品预处理及空白溶液制备

1）样品预处理：

①微波消解法：取试样滤膜，放入微波消解的溶样杯中，加入ρ=1.40g/ml 的硝酸 5ml、30%过氧化氢 2ml，用微波消解器在 1.5MPa 下消解 5min。取出冷却后用真空抽滤装置过滤，再用 1%热稀硝酸冲洗数次。待滤液冷却后，转移至 50ml 容量瓶中，用 1%稀硝酸稀释至标线，即为试样溶液。

②硝酸-过氧化氢溶液浸出法：取试样滤膜，置于聚四氟乙烯烧杯中，分别取ρ=1.40g/ml 的硝酸 5ml 和 30%过氧化氢溶液 5ml，混合浸泡 2h 以上，在电热板上沙浴加热至沸腾，保持微沸状态 10min。冷却后加入 30%过氧化氢 10ml，沸腾至微干，冷却，加 1%硝酸溶液 20ml，再沸腾 10min，热溶液通过真空抽滤装置，收集至试管中，用少量热的 1%硝酸溶液冲洗过滤器数次。待滤液冷却后，转移至 50ml 容量瓶中，再用 1%硝酸稀释至标线，即为试样溶液。

2）空白溶液制备：取同批号等面积空白滤膜，按上述两种样品预处理方法操作，分别制备空白溶液。

（4）样品溶液的测定

按与标准曲线绘制相同的工作条件，分别对空白和试样溶液进行测定，记录吸光度值。

6. 计算

$$铅(\mathrm{Pb, mg/m^3})=\frac{(C-C_0)\times V}{V_n\times 1000}\times\frac{S_t}{S_a}$$

式中：C——样品溶液中铅浓度，μg/ml；

C_0——空白溶液中铅浓度，μg/ml；

V——样品溶液体积，ml；

V_n——标准状态下的采样体积，m^3；

S_t——样品滤膜总面积，cm^2；

S_a——测定时所取滤膜面积，cm^2。

7. 说明

①精密度和准确度：采用微波消解法处理样品时，平行测定结果的相对标准偏差为2.5%，空白滤膜或实际样品的加标回收率为96.0%~99.4%。采用浸出法处理样品时，平行测定的相对标准偏差为4.0%，样品加标回收率为95.5%。利用微波消解法和浸出法处理同一样品时，分析结果相对误差为3.0%。

②铅含量低时，可用石墨炉原子吸收法测定，但须注意样品空白。

③用浸出法处理样品时，要小心低温加热蒸干，勿使其崩溅。

（二）石墨炉原子吸收分光光度法（C）

1. 原理

用滤膜采集颗粒物样品，经消解制备成样品溶液。铅在石墨管中，高温下被原子化，于光路中吸收从铅空心阴极灯发射出的特征谱线（283.3nm），致使辐射光离开石墨管时，其强度被减弱，根据能量吸收和浓度的关系，进行定量。

方法检出限0.001μg/ml（1%吸收）。当采样体积为10m^{3}时，最低检出浓度为5×10^{-3} μg/m^3。

2. 仪器

①聚四氟乙烯烧杯。

②电热板。

③总悬浮颗粒物采样器（小流量或中流量）。

④原子吸收分光光度计，备有带背景校准的石墨炉原子化器。

3. 试剂

试验用水为无铅去离子水。

①～⑤同本章四、铅（一）火焰原子吸收分光光度法试剂①～⑤。

⑥硝酸溶液（1+1）：用ρ=1.40g/ml的硝酸配制。

⑦硝酸-过氧化氢混合液：用ρ=1.40g/ml的硝酸和30%的过氧化氢，按（1+1）配制，临用现配。

⑧铅标准贮备液：准确称取0.100g±0.001g铅于器皿中，加入ρ=1.40g/ml的硝酸15ml，加热，直至完全溶解，冷却后移入1000ml容量瓶中，用1%的硝酸溶液稀释至标线，混匀。此溶液每毫升含100μg铅。

⑨铅标准使用液：临用时，吸取10.00ml铅标准贮备液至1000ml容量瓶内，用1%硝酸溶液稀释至标线，混匀。此溶液每毫升含1.00μg铅。

⑩气体：氩气（高纯）。

⑪滤膜：乙酸纤维滤膜或超细玻璃纤维滤膜。

4. 采样

用总悬浮颗粒物采样器（小流量或中流量），以1～80L/min流量，采样2～20m^3，采样时应注意滤膜“毛”面向上，采样同时应详细记录采样条件。

5. 步骤

（1）石墨炉原子吸收分光光度计建议使用条件

波长：283.3nm；灯电流：8mA；狭缝宽度：0.7nm。

干燥温度与时间：（90℃，15s），（120℃，15s）；分两级干燥不要使液体飞溅而损失。

灰化温度与时间：（700℃，20s）。

原子化温度与时间：（1900℃，5s）。

烧净温度与时间：（2600℃，5s）。

（2）标准曲线的绘制

取六个 100ml 容量瓶，按表 3-2-10 配制标准系列。用 1%硝酸溶液稀释至标线，摇匀。

表 3-2-10　铅标准系列

瓶　号	0	1	2	3	4	5
铅标准使用液(ml)	0	1.00	2.00	3.00	4.00	5.00
1%硝酸溶液(ml)	100	99.0	98.0	97.0	96.0	95.0
铅浓度(μg/ml)	0	0.01	0.02	0.03	0.04	0.05

从各瓶取 20μl 注入石墨管，按选定仪器的工作条件，测定吸光度，以吸光度对铅浓度（μg/ml），绘制标准曲线。

（3）样品预处理及测定

①样品预处理：取适量采样滤膜，置于聚四氟乙烯烧杯中，加入 10ml（1+1）硝酸-过氧化氢混合液浸泡 2h 以上，微火加热至沸腾，保持 10min，冷却。滴加 40%氢氟酸 2ml 加热，使氢氟酸挥发殆尽，冷却，加 1%热硝酸溶液 20ml，冷却后，转移到 50ml 容量瓶中，再用 1%硝酸溶液稀释至标线，即为样品溶液。取同批号等面积空白滤膜，按以上条件同时制备空白溶液。

②样品测定：按标准曲线绘制时的仪器工作条件对空白和样品溶液进行测定，记录吸光度值。根据所测的吸光度值，在标准曲线上查出样品溶液和空白溶液的浓度，并由公式计算出空气中铅的含量。

6. 计算

$$铅(Pb, mg/m^3) = \frac{(C - C_0)\times V}{V_n \times 1000} \times \frac{S_t}{S_a}$$

式中：C——样品溶液中铅浓度，μg/ml；

C_0——空白溶液中铅浓度，μg/ml；

V——样品溶液体积，ml；

V_n——标准状态下的采样体积，m^3；

S_t——样品滤膜总面积，cm^2；

S_a——测定时所取滤膜面积，cm^2。

7. 说明

①精密度和准确度：平行分析含铅 5μg 的滤膜，相对标准偏差为 2.1%～3.3%；分析加标 5μg 铅标准溶液的滤膜，加标回收率为 91.1%～104.7%。

②本法对试剂纯度要求较高，应选用优级纯试剂，各容器清洗后应用（1+1）硝酸溶液浸泡过夜，再用无铅水冲洗后使用，试验中需使用普通蒸馏水经二次离子交换后的无铅水。

③采样滤膜应选空白含铅量低，且空白值稳定的滤膜，以不影响分析测定为准。

④在样品预处理过程中，用硝酸-过氧化氢混合液加热后，若滤膜消解完全，可不加氢氟酸，用 1%硝酸直接定容。

⑤在样品溶液制备时，应低温加热蒸干，勿使其崩溅。

⑥当样品的背景很高，可考虑加 0.2mg 磷酸二氢铵（$NH_4H_2PO_4$）作为基体改进剂，适当提高灰化温度，消除基体干扰。

⑦铅含量较高时，用火焰原子吸收分光光度法测定。

六、砷

二乙基二硫代氨基甲酸银分光光度法，方法较为成熟，结果准确、可靠，设备简单，但该方法使用了三氯甲烷做溶剂，三氯甲烷的毒性较大，且方法灵敏度不高；新银盐分光光度法不使用三氯甲烷等有毒试剂，且灵敏度高，但稳定性稍差；原子吸收分光光度法具有灵敏度高、简单快速的优点，但对环境样品的测定基体干扰较大；原子荧光法测定痕量砷具有灵敏度高、稳定性好、试剂毒性小、干扰少，且操作简便等优点。

（一）二乙基二硫代氨基甲酸银分光光度法（B）

1. 原理

用聚乙烯氧化吡啶浸渍滤纸采集空气中蒸气态及气溶胶态的无机砷化合物，样品用盐酸溶解后，被碘化钾、氯化亚锡和锌粒还原为气态砷化氢，吸收在二乙基二硫代氨基甲酸银（Ag（DDC））-三乙基胺-三氯甲烷溶液中，并反应生成红色胶体银。根据颜色深浅，用分光光度法测定。

样品中含有锑时，将形成三氢化锑（SbH_3），它与 Ag（DDC）反应，干扰砷的测定，但颗粒物中锑的含量一般很低，其干扰可以忽略。实验表明，100μg 的汞、锰、铜、镍、钴、铅和铁，50μg 的镉，30μg 的铋，10μg 硒，20μg 铬及 50μg 以下锑，基本上没有干扰。大量硫化物的干扰，可通过乙酸铅棉消除。

方法检出限为 0.4μg/5ml（按与吸光度 0.01 相对应的砷浓度计）。当采样体积为 $5m^3$，取 1/2 张样品滤纸测定时，最低检出浓度为 $1.6\times10^{-4}mg/m^3$。

2. 仪器

①砷化氢发生与吸收装置，见图 3-2-4。

②恒温水浴。

③总悬浮颗粒物采样器。

④分光光度计。

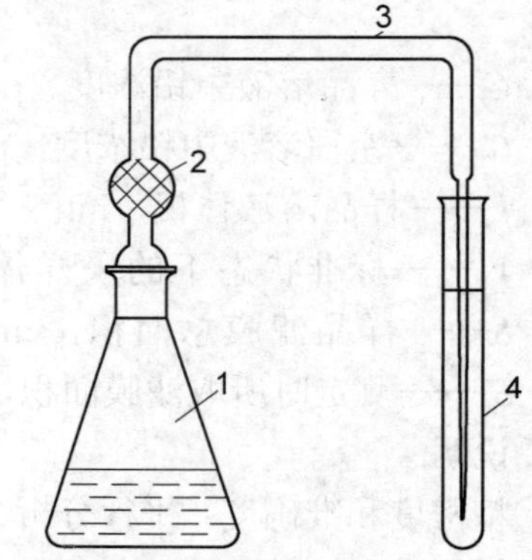

图 3-2-4　砷化氢发生与吸收装置

1—砷化氢发生瓶(具磨口塞)；2—乙酸铅棉过滤器；3—导气管；4—吸收管(内径 8mm，5ml)

3. 试剂

①聚乙烯氧化吡啶：$(C_2H_3C_5H_4\cdot NO)_n$，又称克矽平，简称 P_{204}。

②甘油。

③定量滤纸：慢速（或中速）定量滤纸，直径 5 或 9cm，每张含砷量不超过 0.4μg。

④浸渍滤纸：称取 10g 聚乙烯氧化吡啶和量取 10ml 甘油，加 100ml 水，搅拌作为浸渍液。将滤纸浸入此溶液中，6h 后取出，平放在洁净的瓷盘内，于红外灯下烘干，贮于聚

乙烯袋或盒中备用。

⑤二乙基二硫代氨基甲酸银（AgDDC）。

⑥15%（*m/V*）碘化钾溶液。

⑦40%（*m/V*）氯化亚锡溶液：称取40g氯化亚锡，溶解于50ml浓盐酸中，加水至100ml。

⑧无砷锌粒。

⑨三乙基胺。

⑩（3+2）盐酸溶液。

⑪乙酸铅棉：将10g脱脂棉浸入10%乙酸铅溶液100ml中，30min后取出，于室温下晾干，装瓶备用。

⑫显色剂：称取0.25g二乙基二硫代氨基甲酸银（AgDDC），加1.0ml三乙基胺，溶解于100ml三氯甲烷中，摇匀，放置过夜，如有沉淀物需要过滤，贮于棕色细口瓶中。

⑬砷标准贮备液：称取0.1320g三氧化二砷（在105℃烘干2h），溶解于1mol/L氢氧化钠溶液2.0ml，加50ml水，再加1mol/L盐酸溶液2.0ml。移入100ml容量瓶中，用水稀释至标线。此溶液每毫升含1000μg砷。

⑭砷标准使用液：临用前，用水将砷标准贮备液逐级稀释成每毫升含1.00μg砷的标准使用液。

4. 采样

同总悬浮颗粒物采样方法，当滤纸过滤直径为5cm时，以10～15L/min的流量，采样5m^3；当滤纸过滤直径为8cm时，以50～70L/min的流量采样10～15m^3。

5. 步骤

（1）标准曲线的绘制

①取八只砷化氢发生瓶，于各瓶内放入1/2张剪碎的浸渍滤纸，按表3-2-11配制标准系列。

表3-2-11 砷标准系列

管 号	0	1	2	3	4	5	6	7
砷标准使用液(ml)	0	1.00	2.00	3.00	5.00	10.00	15.00	20.00
水(ml)	70	69	68	67	65	60	55	50
砷含量(μg)	0	1.00	2.00	3.00	5.00	10.0	15.0	20.0

②向各瓶中，加（3+2）盐酸溶液30ml、15%碘化钾溶液2.0ml及氯化亚锡溶液0.40ml摇匀，放置15min。

③向溶液中，加5.0g无砷锌粒，立即与装有乙酸铅棉过滤器和5.00ml显色剂的吸收管相连，反应1h后，各管分别补加三氯甲烷至5ml标线。

④在波长520nm处，用1cm比色皿，以试剂空白液为参比，测定吸光度，以吸光度对砷的含量（μg），绘制标准曲线。

（2）样品测定

采样后，用光亮无锈的剪刀，将样品滤纸均匀地剪成4份，取对称的两份1/4张样品滤纸，剪成碎片，放在砷化氢发生器中，加（3+2）盐酸溶液30ml，在60℃恒温水浴中放置2h。取出冷至室温，加70ml水，以下步骤同标准曲线的绘制②～④。

取同批号、等面积的浸渍滤纸，按样品测定步骤测定空白值。

6. 计算

$$砷(\mathrm{As,mg/m^3}) = \frac{(W - W_0)}{V_n} \times \frac{1}{1000} \times \frac{S_t}{S_a}$$

式中：W——样品溶液中砷的含量，μg；

W_0——空白溶液中砷的含量，μg；

S_t——样品滤纸总面积，cm^2；

S_a——测定时所取样品滤纸面积，cm^2；

V_n——标准状态下的采样体积，m^3。

7. 说明

①聚乙烯氧化吡啶为碱性高分子聚合物，溶解于水中呈高分子胶状溶液，浸渍在滤纸上，晾干后呈粘胶状，再加入一定量甘油，保持滤纸湿润，对蒸气态及气溶胶态的无机砷化合物，采集效率在97%以上。

②不能采用含砷量高的玻璃纤维滤膜采集样品。

③空气中砷浓度甚低时，可加大测定时所取样品滤纸的面积，绘制标准曲线时亦用相同面积的浸渍滤纸。

④为保证所发生的砷化氢全部被显色剂溶液吸收，应控制砷化氢产生的速度。当锌粒过小，反应温度过高，导致反应速度过快时，可将砷化氢发生瓶放在冷水浴中冷却。

⑤显色后，溶液的颜色在24h内是稳定的。如将溶液装在具塞比色管中，可避免因三氯甲烷逐渐挥发而引起的颜色变化。

⑥吸收管必须用水洗净，烘干后使用。导气管尖端洗净后，也要用无水乙醇清洗，晾干，避免有微量水分在三氯甲烷溶液中产生混浊而影响测定结果。

⑦若因颗粒物难以分解造成分析结果偏低时，可将采样后滤纸先用硫酸、硝酸、高氯酸消解后，再按操作步骤进行分析测定。

（二）新银盐分光光度法（B）

1. 原理

用聚乙烯氧化吡啶浸渍滤纸采样，样品用混合酸消解后制备成样品溶液，在酸性介质中，加入硼氢化钾（钠）产生新生态氢，将溶液中三价及五价砷还原为气态砷化氢，吸收在硝酸-硝酸银-聚乙烯醇-乙醇混合溶液中。砷化氢将吸收液中银离子还原成黄色胶体银，根据颜色深浅，用分光光度法测定。

试样中含有大于2μg的Sn^{4+}、Sb^{3+}、Bi^{3+}、Ni^{2+}；10μgMn^{2+}、Al^{3+}；100μgFe^{3+}；1μgSn^{2+}时，干扰2μg砷的测定。加入抗坏血酸、硫脲、碘化钾并将气体通过吸有二甲基甲酰胺（DMF）和乙醇胺混合液的脱脂棉可消除上述离子的干扰。硫化物的干扰可用乙酸铅棉消除。

方法检出限为0.05μg/4ml（按与吸光度0.01相对应的砷浓度计），当采样$10m^3$，取1/2样品滤纸测定时，最低检出浓度为$9\times10^{-6}mg/m^3$砷。

2. 仪器

①砷化氢发生及吸收装置：如图3-2-5，图3-2-6所示。此装置由不同形状的玻璃管、拉细的高压聚乙烯管及乳胶管相连而成。砷化氢发生器上端带有橡皮塞，吸收管上端配有

14 号标准玻璃磨口塞，内插入管口直径为 0.4mm 的高压聚乙烯毛细管（见图 3-2-5）。导气管全长 500mm 左右（视试验台位置而定）。

②红外干燥箱。

③总悬浮颗粒物采样器。

④分光光度计。

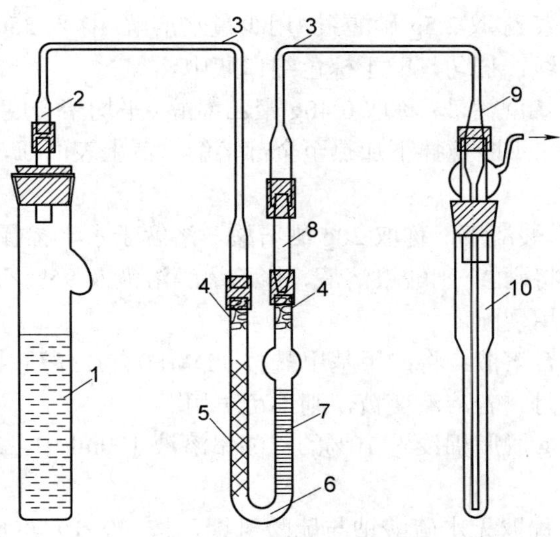

图 3-2-5　砷化氢发生与吸收装置

1—砷化氢发生器（50ml）；2—导气管接头；3—导气管；4—脱脂棉；
5—0.3g 乙酸铅棉花；6—U 型管；7—0.3g 吸有 1.5mlDMF 混合液的脱脂棉；
8—高压聚乙烯管，内装涂无水硫酸钠和硫酸氢钾混合粉（9+1）的脱脂棉；
9—导气管接头；10—砷化氢吸收管

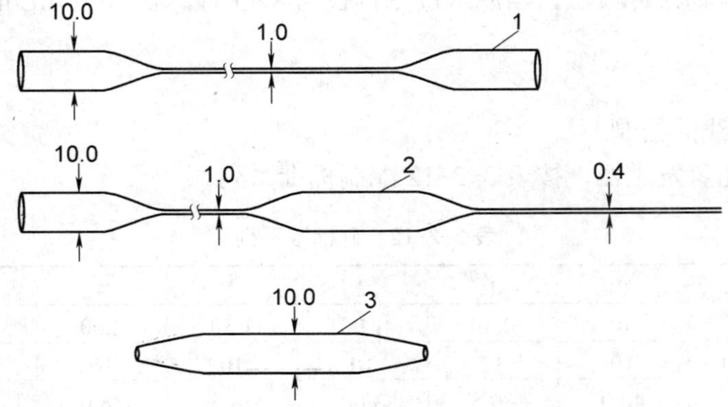

图 3-2-6　导气管接头（图中单位为 mm）

1—导气管接头（图 3-2-5，2）；2—导气管接头（图 3-2-5，9）；3—高压聚乙烯管（图 3-2-5，8）

3. 试剂

①～④同本节（一）二乙基二硫代氨基甲酸银分光光度法。

⑤硝酸、硫酸、高氯酸。

⑥抗坏血酸。

⑦硼氢化钾（或钠）（KHB_4），片状。

⑧0.50mol/L 盐酸溶液。

⑨（1+1）氨水。

⑩碘化钾-硫脲溶液：称取 15g 碘化钾和 1.0g 硫脲，溶解于水，稀释至 100ml。

⑪硝酸-硝酸银溶液：称取 2.5g 硝酸银，用少量水溶解，移入 250ml 容量瓶中，加 5.0ml 浓硝酸，用水稀释到标线，摇匀，贮于棕色细口瓶中。

⑫0.2%（*m/V*）聚乙烯醇溶液：称取 0.40g 聚乙烯醇（平均聚合度为 1750±50）于 250ml 烧杯中，加 200ml 水，在不断搅拌下加热至全部溶解，盖上表面皿，微沸 10min，冷却后，贮于玻璃细口瓶中。

⑬20%（*m/V*）酒石酸溶液：称取 20g 酒石酸，溶解于水，稀释到 100ml。

⑭砷化氢吸收液：将硝酸-硝酸银溶液、聚乙烯醇溶液及 95%乙醇按（1+1+2）的体积比混合，充分摇匀，临用现配。

⑮二甲基甲酰胺混合溶液：将二甲基甲酰胺（DMF）与乙醇胺按（9+1）体积比混合，贮于冰箱，可使用 1 个月。若溶液变黄，则不可再用。

⑯乙酸铅棉：将 10g 脱脂棉浸入 10%的乙酸铅溶液 100ml 中，30min 后取出，于室温下晾干，装瓶备用。

⑰硫酸钠混合粉：称取无水硫酸钠与硫酸氢钾，按（9+1）重量比混合，在研钵中研细，装瓶。贮于干燥器中备用。

⑱0.1%甲基橙指示剂。

⑲砷标准贮备液：同方法（一）。

⑳砷标准使用液：同方法（一）。

4. 采样

同总悬浮颗粒物采样方法，当滤纸过滤直径为 8cm 时，以 50～70L/min 的流量，采样 10～20m^3。

5. 步骤

（1）标准曲线的绘制

①取七支砷化氢发生器，按表 3-2-12 配制标准系列。

表 3-2-12 砷标准系列

管 号	0	1	2	3	4	5	6
砷标准使用液(ml)	0	0.50	1.00	1.50	2.00	2.50	3.00
20%酒石酸溶液(ml)	10	10	10	10	10	10	10
水(ml)	40.0	39.5	39.0	38.5	38.0	37.5	37.0
砷含量(μg)	0	0.50	1.00	1.50	2.00	2.50	3.00

②取 4.00ml 砷化氢吸收液于干吸收管中，按图 3-2-5 连接好装置，把 1 片硼氢化钾加到发生器的小泡中，再放一片于溶液中，立即盖紧盖子。待反应完毕（3～5min），再将小泡中的一片硼氢化钾倒入溶液中，反应 5min，使砷化氢全部释放出来。

③在波长 400nm 处，用 1cm 比色皿，以砷化氢吸收液为参比，测定吸光度。以吸光度

对砷含量（μg），绘制标准曲线。

（2）样品测定

取对称的两份 1/4 张样品滤纸，用不锈钢剪刀剪成碎片，放入 100ml 烧杯中，加入 10ml 硝酸，盖上表面皿，在电热板上低温加热至滤纸呈糊状，取下。冷却后用少量水冲洗杯壁，再加 10ml 硝酸、2ml 硫酸及 1ml 高氯酸，继续加热至冒浓厚白烟，将表面皿开小缝赶酸至近干。冷却，用 0.50mol/L 盐酸溶液 15ml 冲洗表面皿及杯壁，加热至沸，取下冷却后，加抗坏血酸 20.0mg 和碘化钾-硫脲溶液 2.0ml，放 15min 后，加热沸腾 1min，冷却后，加 1 滴甲基橙指示剂，滴加（1+1）氨水至溶液呈现黄色，再滴加 0.50mol/L 盐酸溶液至溶液刚刚变红，加入 20%酒石酸溶液 10.0ml。将样品溶液移入砷化氢发生器中，用水稀释到标线。以下步骤同标准曲线绘制。

取同批号、等面积的浸渍滤纸，按样品测定步骤测定空白值。

6. 计算

$$\text{砷}(\mathrm{As},\mathrm{mg/m^3})=\frac{W-W_0}{V_n}\times\frac{1}{1000}\times\frac{S_t}{S_a}$$

式中：W——样品溶液中砷的含量，μg；

W_0——空白溶液中砷的含量，μg；

S_t——样品滤纸总面积，cm^2；

S_a——测定时所取样品滤纸面积，cm^2；

V_n——标准状态下的采样体积，m^3。

7. 说明

①～③同本节（一）二乙基二硫代氨基甲酸银分光光度法说明①～③。

④高压聚乙烯毛细管每次用完后，需浸泡在 4mol/L 硝酸溶液中。

⑤U 型管中的脱脂棉必须松紧适当和均匀一致，向脱脂棉上加二甲基甲酰胺混合液后，用吸耳球慢慢吹气约 1min，使溶液均匀地吸附在脱脂棉上。

⑥新更换的二甲基甲酰胺脱脂棉在测样前，需用含 2μg 砷的标准使用液，按操作步骤吹洗一次装置，以防样品吸光度偏低。

⑦U 型管中的二甲基甲酰胺混合液棉变黄时，必须更换。

⑧U 型管中的乙酸铅棉有 1/4 变黑时，需更换。

⑨显色最好在 15～30℃下进行，若温度过高或过低时，可适当的改变反应的酸度，以控制反应的速度。

（三）原子吸收分光光度法（B）

1. 原理

用浸渍聚乙烯氧化吡啶试剂的滤纸采集空气中蒸气态和气溶胶态的砷化物后，经混合酸湿法消解，在 5%的盐酸溶液介质中，加硼氢化钠，将溶液中的砷还原成气态氢化物，由载气（氩气或高纯氮气）直接载入石墨炉，用原子吸收分光光度法测定。

方法检出限为 0.005μg/ml（1%吸收）。

2. 仪器

①聚四氟乙烯高压密封式消解罐：40ml。

②氢化物发生器。

③总悬浮颗粒物采样器：小流量或中流量采样器。

④石英亚沸水提纯器。

⑤原子吸收分光光度计：备有石墨炉原子化器。

3. 试剂

①～④同本节（一）二乙基二硫代氨基甲酸银分光光度法。

⑤20%（*m/V*）碘化钾溶液。

⑥硝酸、高氯酸、氢氟酸。

⑦盐酸溶液：5%（*V/V*）及50%（*V/V*）。

⑧硼氢化钠溶液：称取 10.0g 硼氢化钠（$NaHB_4$），溶解于 0.10mol/L 氢氧化钠溶液 1000ml。临用前配制。

⑨砷标准贮备液：称取 0.1320g 三氧化二砷（在 105～110℃烘 2h），加 8ml 浓盐酸溶解，移入 1000ml 容量瓶中，用石英亚沸蒸馏水稀释至标线。贮于棕色细口瓶，低温下保存。此溶液每毫升含 100.0μg 砷。

⑩砷标准使用液：临用时，取 5.00ml 砷标准贮备液于 100ml 容量瓶中，用 0.5mol/L 盐酸溶液稀释至标线。此溶液每毫升含 5.00μg 砷。

4. 采样

同本节（一）二乙基二硫代氨基甲酸银分光光度法。

5. 步骤

（1）工作条件

①送气系统和样品导入方法，见图 3-2-7。

②仪器工作条件：石墨管：管型；干燥温度：80～120℃；干燥时间：30s；灰化温度：400℃；灰化时间：25s；原子化温度：2800℃；原子化时间：12s；灯电流：18.0mA；波长：193.7nm；采样时间：37s；反应时间：23s；取样体积：3ml。

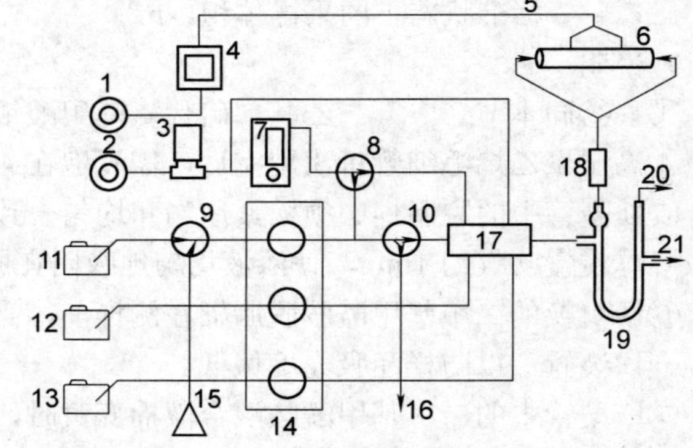

图 3-2-7 送气系统和样品导入方法示意图

1，2—氩气源；3—压力阀；4—原子吸收电源；5—包覆气管；6—石墨管；7—流量计；8、9、10—阀门；11—水（载体）容器；12—盐酸溶液容器；13—硼氢化钠溶液容器；14—泵系统；15—样品瓶；16—废样排放口；17—集合管；18—干燥管；19—反应器；20—过流排泄口；21—废液排泄口

（2）标准曲线的绘制

①取六支 100ml 容量瓶，按表 3-2-13 配制标准系列。

各加 20%碘化钾溶液 5.0ml，用石英亚沸蒸馏水稀释至 100ml 标线，摇匀。

②按图 3-2-7 将硼氢化钠溶液、5%盐酸溶液和水（载体）分别装入规定的塑料容器中，然后将氢化物发生器与原子吸收光谱仪的气路连接好，并按仪器工作条件操作，测定峰高或浓度直读，用标准曲线法定量。

表 3-2-13 砷标准系列

瓶 号	0	1	2	3	4	5
砷标准使用液(ml)	0	0.25	0.50	1.00	2.00	3.00
砷含量(μg)	0	1.25	2.50	5.00	10.0	15.0

（3）样品测定

①取适量样品滤纸，置于 40ml 聚四氟乙烯高压消解罐中。加少量水将样品润湿，加（2+6+5）硝酸-高氯酸-氢氟酸混合酸 10ml，密封。置于 170℃±5℃的烘箱中恒温消化 4～6h，待自然冷却后开盖，于 150℃电热沙浴上蒸发至近干。残渣用 50%盐酸溶液 5ml 溶解。

②将样品消化液全部移入 50ml 容量瓶中，用 20ml 水分数次洗涤消化罐内壁，洗涤液并入容量瓶中，加入 20%碘化钾溶液 5.0ml，用石英亚沸蒸馏水稀释至标线。按绘制标准曲线的工作条件，进行原子吸收测定。

③取同批号、等面积的浸渍滤纸，按样品测定步骤测定空白值。

6. 计算

$$砷(As,mg/m^3)=\frac{(W-W_0)}{V_n}\times\frac{S_t}{S_a}$$

式中：W——样品滤纸上砷的含量，μg；

W_0——空白滤纸上砷的含量，μg；

S_t——样品滤纸总面积，cm^2；

S_a——测定时所取样品滤纸面积，cm^2；

V_n——标准状态下的采样体积，L。

7. 说明

①～②同本节（一）二乙基二硫代氨基甲酸银分光光度法说明①～②。

③本方法的灵敏度和重现性在一定程度上受砷化氢导管长度和内表面活化的影响。因此在实际使用中应将砷化氢导管的长度控制在 30～50cm 以内，并使内表面去活化，能显著提高灵敏度和增加重现性。去活化的方法是：用 10%（*m/V*）的二甲基二氯硅烷-甲苯溶液处理乳胶管内表面，再用甲苯和甲醇清洗，在室温下通氮气干燥。

④当样品中含砷量较高时，蒸馏水可用一般去离子水，当用标样进行质量控制时，必须用石英亚沸蒸馏水配制标准溶液。

（四）原子荧光法（B）

1. 原理

用聚乙烯氧化吡啶和甘油混合液浸泡过的滤纸采集空气中蒸气态和气溶胶态的砷化物，经硝酸湿法消解，加入 5%的硫脲和 5%的抗坏血酸混合液将溶液中五价砷预先还原为三价，在 10%的盐酸介质中加入 1%的硼氢化钾还原剂，生成的砷化氢由载气（氩气）送入原子化器，氢气和氩气形成的氩氢火焰，将待测元素原子化，激发光源砷灯发射的特征谱线激发砷原子，发出荧光，其荧光强度与砷含量成正比。得到的荧光信号由光电倍增管接收，然后经放大、解调，再由数据处理系统得到结果。

其相关反应式如下：

$$KBH_4+3H_2O+HCl \longrightarrow H_3BO_3+KCl+8[H] \xrightarrow{As^{3+}} AsH_3+H_2\uparrow \text{（过剩）}$$

本方法抗干扰能力强，100 倍于砷的钾、钠、钙、镁、锌、汞、硒、铝、铁、铍、铬、镉、锰、镍、铅、锡、铜不干扰 20.0μg/L 砷样的测定，由于空气中上述物质的含量低，所以在实际测定中不需要考虑其它因素的干扰，可直接进行测定。

方法检出限为 0.36μg/L。当采样 30m^3，取 1/2 张样品滤纸测定时，测定浓度范围为 2.4×10^{-6}～$3.3\times10^{-4}mg/m^3$。

2. 仪器

①原子荧光光度计：带砷灯，配有断续流动氢化物发生装置。

②总悬浮颗粒物采样器：中流量采样器。

③中速定量滤纸：ϕ9cm。

④红外灯。

⑤电热板。

3. 试剂

试验用水均为二次蒸馏水。

①三氧化二砷（As_2O_3）：分析纯。

②聚乙烯氧化吡啶（$(C_2H_3C_5H_4NO)_n$）：简称 P_{204}，分析纯。

③甘油（$C_3H_8O_3$）：分析纯。

④氢氧化钾（KOH）：分析纯。

⑤硝酸（HNO_3）：优级纯。

⑥盐酸（HCl）：优级纯。

⑦浸渍滤纸：称取 10g 聚乙烯氧化吡啶和量取 10 ml 甘油，加水 100ml，混合均匀后，将中速定量滤纸浸入，6h 后取出，置于红外灯下烘干，贮于聚乙烯盒中备用。

⑧5%（*V/V*）盐酸溶液（载流液）：吸取 25ml 盐酸于 500 ml 容量瓶中，用水稀释至标线。

⑨1%（*m/V*）硼氢化钾溶液（KBH_4）：称取 2.5g 氢氧化钾，溶解于 50ml 水中，称取 5g 硼氢化钾溶解于上述氢氧化钾溶液中，转入 500ml 容量瓶内，用水稀释至标线，临用现配。

⑩5%（*m/V*）硫脲和 5%（*m/V*）抗坏血酸混合液：称取硫脲和抗坏血酸各 5g，用水溶解配成混合液，转入 100ml 容量瓶中，用水稀释至标线，置于 4℃冰箱内可保存 3～4d。

⑪砷标准贮备液：准确称取 0.1320g 三氧化二砷（在 105℃烘 2h），溶解于 2.5ml 20%（*m/V*）氢氧化钾溶液中，加水 50.0ml，再加 10%盐酸溶液 2.0ml。移入 100ml 容量瓶中，用水稀释至标线。此溶液每毫升含 1.00mg 砷。

⑫砷标准中间液：吸取 1.00ml 砷标准贮备液，移入 100ml 容量瓶中，用水稀释至标线，此溶液每毫升含 10.0μg 砷。

⑬砷标准使用液：吸取 1.00ml 砷标准中间液，移入 100ml 容量瓶中，用水稀释至标线，此溶液每毫升含 100ng 砷。

4. 采样

同总悬浮颗粒物采样方法。用镊子将事先准备好的浸渍滤纸放入采样夹内，拧紧。以 50～80L/min 的流量采样 30～50m^3。采样后，用镊子取下滤纸，尘面朝里，对折两次，叠成扇形，放入纸袋中，详细记录采样条件。

5. 步骤

（1）仪器工作条件

光电倍增管负高压：310V；A 道灯电流：60mA；辅阴极：30 mA；载气流量：500ml/min；屏蔽气流量：1000ml/min；原子化器高度：8mm；测定方法：标准曲线法；读数方式：峰面积；进样体积：0.8ml；载流液体积：2.5ml；读数时间：12s；延迟时间：0.5s；重复次数：1 次；A 道分析液单位：μg/L。

（2）标准曲线的绘制

①取六个 50ml 容量瓶，按表 3-2-14 配制标准系列。

表 3-2-14　砷标准系列

瓶　号	0	1	2	3	4	5
砷标准使用液(ml)	0	1.00	2.00	4.00	10.00	25.00
砷浓度(ng/ml)	0.00	2.00	4.00	8.00	20.0	50.0

各瓶加入 5.0ml 5%硫脲和 5%抗坏血酸混合液、5.0ml 优级纯盐酸，用水稀释至 50ml 标线，摇匀。

②以上溶液放置 20min 后使用，若室温低于 15℃，应放置 0.5h 后使用。

③设置好仪器工作条件，点火预热 0.5h。

④以 1%的硼氢化钾作还原剂，5%的盐酸溶液作载流液，按照断续流动程序绘制标准曲线。

（3）样品测定

①样品的预处理：取对称的两份 1/4 张样品滤纸，用剪刀剪碎，放入 100ml 烧杯中，加入 10ml 硝酸，盖上表面皿，置于电热板上低温加热，当滤纸呈糊状时，取下，用少量水冲洗烧杯内壁及表面皿，继续加热煮沸，将表面皿开小缝赶酸至近干。冷却，用中速定量滤纸过滤，并用水少量多次洗涤烧杯及过滤滤纸，定容为 100ml。吸取 25.0ml 上述溶液于 50ml 容量瓶中，加入 5%的硫脲和 5%的抗坏血酸混合液 5.0ml，盐酸 5.0ml，用水稀释至标线，摇匀，放置 20min，待测。同时用相同方法取同批号、等面积浸渍滤纸做样品空白。

②样品测定：以 1%的硼氢化钾作还原剂，5%的盐酸作载流液，按照断续流动程序，用浓度直读法和标准曲线法定量，进行样品测定。

6. 计算

$$砷(\mathrm{As,mg/m^3})=\frac{W\times 0.05}{V_\mathrm{n}\times 1000}\times\frac{S_\mathrm{t}}{S_\mathrm{a}}\times 4$$

式中：W——样品溶液中砷的浓度，μg/L，即仪器直接读出的样品浓度（已扣除空白滤纸中的砷）；

V_n——标准状态下采样体积，m^3；

S_t——样品滤纸总面积，cm^2；

S_a——测定时所取样品滤纸面积，cm^2；

0.05——所测样品体积，L；

4——样品消解后溶液中砷含量为仪器测定溶液中砷含量的四倍。

7. 说明

①玻璃纤维滤膜含砷量偏高，不宜用来采集砷样，必须用中速定量滤纸采集样品。

②对于较高浓度的试样，应适当稀释后测定，其值在标准系列浓度值范围内为佳。

③硼氢化钾溶液必须临用现配，最好置于塑料瓶内，避光保存，避免因光照而分解。

④硼氢化钾溶液和盐酸载流液不宜用棕色容量瓶或粗糙的磨口玻璃试剂瓶盛装，否则会造成空白值升高。

⑤样品的采集体积应根据不同地区空气中砷含量的高低而定，若浓度低于 0.1μg/m^3 的环境空气，可采样 30～50m^3；对于含砷量在 0.1～1.0μg/m^3 之间的环境空气，可采样 15～25m^3；对于含砷量高于 1.0μg/m^3 的空气（如玻璃厂、金属冶炼厂附近），采样 5～10m^3 即可。

⑥将两张浸渍滤纸重叠放置，采集样品，做穿透实验，第一张浸渍滤纸对砷的采集率应达 97%以上。

⑦四个实验室，在标准系列浓度值范围内，对浓度为 8.00μg/L、20.0μg/L、40.0μg/L 的砷样做加标回收实验，其加标回收率分别在 97.4%～103.8%、89.0%～113.0%、91.0%～108.0%之间。

⑧本方法经四个实验室，对浓度为 8.60μg/L、44.6μg/L 的砷标准样品进行测定，其室内相对标准偏差分别为 2.9%和 2.5%；室间相对标准偏差分别为 4.8%和 6.7%；平均值分别为 8.53μg/L、43.5μg/L；相对误差分别为 0.8%和 2.5%。

⑨本方法提供的仪器工作条件适用于 AFS-2202 型双道原子荧光光度计，此条件仅供参考，实验人员可根据不同型号的仪器作适当调整，但应注意实际进样量的控制，不宜过多，否则会造成灵敏度偏高，不利于测定。

⑩实验室温度应保持在 15～35℃之间。

七、硒

原子荧光法（B）

1. 原理

用超细玻璃纤维滤膜采集空气中颗粒状的硒化物，经硝酸和高氯酸混酸消解后，加入盐酸将溶液中六价硒还原为四价，在 20%盐酸介质中加入 1%的硼氢化钾还原剂，生成的硒化氢由载气（氩气）送入原子化器，氢气和氩气形成的氩氢火焰，将待测元素原子化，激发光源硒灯发射的特征谱线激发硒原子，发出荧光，其荧光强度与硒含量成正比。得到的荧光信号由光电倍增管接收，然后经放大、解调，再由数据处理系统得到结果。

其相关反应式如下：

$$KBH_4+3H_2O+HCl \longrightarrow H_3BO_3+KCl+8[H] \xrightarrow{Se^{4+}} SeH_2+H_2\uparrow$$

本方法抗干扰能力强，100 倍于硒的钾、钠、钙、镁、锌、汞、砷、铝、铁、铍、铬、镉、锰、镍、铅、锡；40 倍于硒的铜不干扰 20.0μg/L 硒样的测定，由于空气中上述物质的含量低，所以在实际测定中不需要考虑其它因素的干扰，可直接进行测定。

方法检出限为 0.25μg/L。当采样体积为 100m^3，取整张样品滤膜测定时，测定浓度范围为 $2.5×10^{-7}$～$5.0×10^{-5}$mg/m^3。

2. 仪器

①原子荧光光度计：带硒灯，配有断续流动氢化物发生装置。

②总悬浮颗粒物采样器：中流量采样器。

③超细玻璃纤维滤膜：ϕ9cm。

④电热板。

3. 试剂

试验用水均为二次蒸馏水。

①高纯硒粉（Se）。

②硝酸（HNO_3）：含量 65%～68%，优级纯。

③高氯酸（$HClO_4$）：含量 70%～72%，优级纯。

④盐酸（HCl）：含量 36%～38%，优级纯。

⑤氢氧化钾（KOH）：分析纯。

⑥慢速定量滤纸：ϕ9cm。

⑦5%（*V/V*）盐酸溶液（载流液）：吸取 25.0ml 盐酸于 500ml 容量瓶中，用水稀释至标线。

⑧1%（m/*V*）硼氢化钾溶液（KBH_4）：称取 2.5g 氢氧化钾，溶解于 50ml 水中；称取 5g 硼氢化钾溶解于上述氢氧化钾溶液中，移入 500ml 容量瓶内，用水稀释至标线，临用现配。

⑨硒标准贮备液：准确称取 0.1000g 高纯硒粉，溶于少量硝酸中，低温煮沸至冒棕色的烟，冷却，移入 100ml 容量瓶，用水稀释至标线。此溶液每毫升含 1.00mg 硒，置于 4℃的冰箱内可长期保存。

⑩硒标准中间液：吸取 1.00ml 硒标准贮备液，移入 100ml 容量瓶中，加（1+1）盐酸 5.0 ml，用水稀释至标线。此溶液每毫升含 10.0μg 硒。

⑪ 硒标准使用液：吸取 1.00ml 硒标准中间液，移入 100ml 容量瓶中，用水稀释至标线。此溶液每毫升含 100ng 硒。

4. 采样

同总悬浮颗粒物采样方法。用镊子将超细玻璃纤维滤膜的毛面朝上，放入采样夹，拧紧，以 80～120L/min 的流量采样 24h。采样后，用镊子取下滤膜，尘面朝里，对折两次，叠为扇形，放回纸袋中，详细记录采样条件。

5. 步骤

（1）仪器工作条件

光电倍增管负高压：310V；A 道灯电流：70mA；辅阴极：35 mA；载气流量：600ml/min；屏蔽气流量：1000ml/min；原子化器高度：8mm；测定方法：标准曲线法；读数方式：峰面积；进样体积：0.8ml；载流液体积：2.5ml；读数时间：12s；延迟时间：0.5s；重复次数：1 次；A 道分析液单位：μg/L。

（2）标准曲线的绘制

①取六个 50ml 容量瓶，按表 3-2-15 配制硒标准系列。

各瓶加入 10.0ml 优级纯盐酸，用水稀释至 50ml 标线，摇匀。

表 3-2-15 硒标准系列

瓶 号	0	1	2	3	4	5
硒标准使用液(ml)	0	1.00	2.00	4.00	10.00	25.00
硒浓度(ng/ml)	0	2.00	4.00	8.00	20.0	50.0

②上述标准系列放置 20min 后使用，若室温低于 15℃，放置 0.5h 后使用。

③设置好仪器工作条件，点火预热 0.5h。

④以 1%的硼氢化钾作还原剂，5%的盐酸溶液作载流液，按照断续流动程序绘制标准曲线。

（3）样品测定

样品的预处理：取适量样品滤膜，用剪刀剪碎，置于 50ml 的锥形瓶中，加 10ml 硝酸溶液，置于电热板上低温加热微沸 1h，取下冷却后，加入 1.0ml 高氯酸，置于电热板上低温加热微沸 1h，取下冷却后，加少量水，继续煮沸几分钟，以驱尽氮氧化物。冷却，用慢速定量滤纸过滤，并用纯水少量多次洗涤锥形瓶及过滤滤纸。转入 100ml 容量瓶中，定容。吸取 20.0ml 上述溶液于 50ml 容量瓶中，加入盐酸 10ml，用水稀释至标线，摇匀，放置 20 min 后直接测定。同时用相同方法取同批号、等面积玻璃纤维滤膜测定空白值。

样品的测定：以 1%的硼氢化钾作还原剂，5%的盐酸作载流液，按照断续流动程序，用浓度直读法和标准曲线法完成样品的测定。

6. 计算

$$硒(\mathrm{Se,mg/m^3})=\frac{W}{V}\times\frac{0.05}{1000}\times\frac{S_t}{S_a}\times 5$$

式中：W——样品溶液中硒的浓度，μg/ L，即仪器直接读出的浓度（已扣除空白滤膜中的硒）；

V——标准状态下采样体积，m^3；

S_t——样品滤膜总面积，cm^2；

S_a——测定时所取样品滤膜面积，cm^2；

0.05——所测样品的体积，L；

5——样品消解后溶液中硒含量为仪器测定溶液中硒含量的五倍。

7. 说明

①采样体积视本地区空气中硒含量高低而定。由于一般生活区域环境空气中硒含量很低，采样总体积应大于 100m^3 为宜，但某些含硒量较高的区域（如金属冶炼行业等），采样体积控制在 30～50m^3 即可。

②样品消解应在通风橱内进行，小心加热，防止暴溅。

③所用过的玻璃器皿应用（1+1）硝酸浸泡，并洗净。

④对于高浓度样品应先进行稀释，样品浓度大小应在标准系列浓度值范围内为宜。

⑤硼氢化钾溶液必须临用现配，最好置于塑料瓶内，避光保存，避免因光照而分解。

⑥四个实验室，在标准系列浓度值范围内，对浓度为 8.00μg/L、20.0μg/L、40.0μg/L 的硒标准样品做加标回收实验，其加标回收率分别为 89.8%～109.0%、97.0%～109.0%、90.0%～109.0%之间。

⑦本方法经四个实验室，对浓度为 10.4μg/L、40.0μg/L 的硒标准样品进行测定，其室内相对标准偏差分别为 1.9%和 2.2%；室间相对标准偏差分别为 6.5%和 4.1%；所测样品的平均值分别为 10.6μg/L 和 41.3μg/L，相对误差分别为 1.9%和 3.3%。

⑧本方法提供的仪器工作条件适用于 AFS-2202 型双道原子荧光光度计，此条件仅供参考，实验人员可根据不同型号的仪器作适当调整。

⑨实验室温度应保持在 15～35℃之间。

八、铬（六价）

二苯碳酰二肼分光光度法（B）

1. 原理

空气中六价铬化合物主要呈气溶胶态。将空气中铬的化合物采集在玻璃纤维滤膜上，用水浸取其中的六价铬。在酸性介质中，六价铬氧化二苯碳酰二肼形成可溶性的紫红色化合物，根据颜色深浅，用分光光度法测定。

五价钒与试剂反应产生的黄色很不稳定，显色后 10～15min 可自行褪色。六价钼与试剂也形成紫色络合物，但其灵敏度远低于六价铬，故无明显干扰。铁的干扰可用 Na_2-EDTA 掩蔽。

方法检出限为 0.3μg/25ml，当采样体积为 30m^3，取 1/4 张滤膜（直径 8～10cm）进行测定时，最低检出浓度为 $4\times10^{-5}mg/m^3$。

2. 仪器

①具塞比色管：25ml。

②总悬浮颗粒物采样器：中流量采样器。

③分光光度计。

3. 试剂

①超细玻璃纤维滤膜。

②（1+9）硫酸溶液。

③0.04%二苯碳酰二肼溶液：称取 0.10g 二苯碳酰二肼($CO(NH\cdot NH\cdot C_6H_5)_2$)，溶解于 95%乙醇 50ml，再加入（1+9）硫酸溶液 200ml，贮存在棕色细口瓶中，置冰箱内保存。试剂应为无色，变色后不宜使用。

④铬标准贮备液：称取 0.5658g 重铬酸钾（优级纯，130℃烘干 2h）。溶解于水，移入 1000ml 容量瓶中，用水稀释至标线。此溶液每毫升含 200.0μg 铬。

⑤铬标准使用液：临用时，取 1.00ml 铬标准贮备液于 200ml 容量瓶中，用水稀释至标线。此溶液每毫升含 1.00μg 铬。

4. 采样

同总悬浮颗粒物的采样方法。以 50～150L/min 的流量，采样 20～30m^3，采样后应及时测定。

5. 步骤

（1）标准曲线的绘制

取八支25ml具塞比色管，按表3-2-16配制标准系列。

表3-2-16 铬标准系列

管 号	0	1	2	3	4	5	6	7
铬标准使用液(ml)	0	0.30	0.80	2.00	4.00	6.00	8.00	10.00
铬(六价)含量(μg)	0	0.30	0.80	2.00	4.00	6.00	8.00	10.0

各管用水稀释至25ml标线，再向各管中加入0.040%二苯碳酰二肼溶液1.50ml，立即摇匀，15min后，在波长540nm处，用3cm比色皿，以水为参比，测定吸光度。以吸光度对铬的含量（μg），绘制标准曲线。

（2）样品测定

取对称的两份（1/4或1/8张）样品滤膜，放入25ml烧杯中，加入10ml热水（50～60℃），不断搅拌，进行浸取。用中速滤纸将溶液过滤到25ml具塞比色管中，用少量热水洗涤烧杯及滤膜，加水稀释至标线。以下步骤同标准曲线绘制。

取同批号、等面积的滤膜，按样品测定步骤测定空白值。

6. 计算

$$铬[\mathrm{Cr(VI)}, \mathrm{mg/m^3}] = \frac{(W - W_0)}{V_n \times 1000} \times \frac{S_t}{S_a}$$

式中：W——样品滤膜的铬（六价）含量，μg；

W_0——空白滤膜的铬（六价）含量，μg；

S_t——样品滤膜总面积，cm^2；

S_a——测定时所取样品滤膜面积，cm^2；

V_n——标准状态下的采样体积，m^3。

7. 说明

①铬（六价）的化合物为强氧化剂，滤膜上的还原性物质对其测定有影响，故采样后应尽快测定。

②切勿用重铬酸钾洗液洗涤试验所用的各种玻璃器皿。

③当样品中三价铁离子含量高时，可加Na_2-EDTA掩蔽；有机物含量高时，应加高锰酸钾将其氧化，然后用还原剂将过量高锰酸钾还原，加热除尽过量还原剂后，再进行分光光度测定。

九、锑

5-Br-PADAP分光光度法（B）

1. 原理

采集在过氯乙烯滤膜上的含锑颗粒物，用混合酸消解后制备成样品溶液。在0.020～0.10mol/L盐酸介质中、碘化钾存在下，以丙酮做增溶剂，三价锑与（2-（5-溴-2-吡啶偶氮）-5-二乙氨基酚）（简称5-Br-PADAP）生成稳定的紫红色络合物，根据颜色深浅，用分光光度法测定。

在25ml显色溶液中，与锑等量的Fe^{3+}、Cu^{2+}、Sn^{4+}及Co^{2+}产生正干扰，Cr^{3+}产生负干扰。在硫脲存在的酸性试液中，加入硼氢化钾产生新生态的氢，将三价锑还原为气态三氢化锑（SbH_3）而与Fe^{3+}、Cu^{2+}、Sn^{4+}、Co^{2+}、Cr^{3+}等离子分离，以消除其干扰。

方法检出限为0.5μg/50ml（按与吸光度0.01相对应的锑浓度计），当采样体积为50m^{3}时，最低检出浓度为1×10^{-5}mg/m^3。

2. 仪器

①聚四氟乙烯杯：200ml。

②三氢化锑发生与吸收装置：见图3-2-8。

③总悬浮颗粒物采样器：大流量采样器或中流量采样器。

④分光光度计。

3. 试剂

①过氯乙烯滤膜。

②硝酸、硫酸、高氯酸、氢氟酸。

③（1+1）盐酸溶液。

④盐酸溶液C(HCl)=0.50、2.0及6.0mol/L。

⑤吸收液，含0.03%（m/V）高锰酸钾的0.015mol/L硫酸溶液。

⑥5%（m/V）硫脲溶液。

⑦20%（m/V）碘化钾溶液。

⑧硼氢化钾：片剂，每片含硼氢化钾0.30g。

⑨5-Br-PADAP乙醇溶液$C=2.0\times10^{-3}$mol/L：称取0.7982g[2-（5-溴-2-吡啶偶氮）-5-二乙氨基酚]（简称5-Br-PADAP），溶解于1000ml乙醇中。

⑩丙酮。

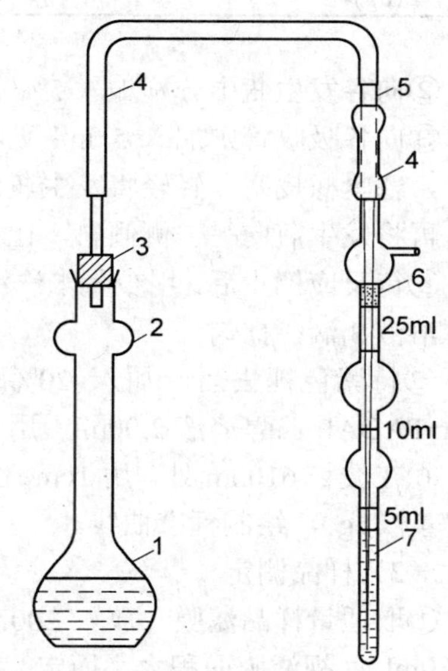

图3-2-8　三氢化锑发生与吸收装置

1—三氢化锑发生瓶，100ml；2—硼氢化钾片剂存放处；3—橡皮塞；4—乳胶软管；5—高压聚乙烯塑料管，下端拉成毛细管，出气口内径小于1mm；6—14mm标准磨口塞；7—三氢化锑吸收管，吸收液高度不低于5cm

⑪锑标准贮备液：称取0.1197g三氧化二锑（光谱纯），用少量6.0mol/L盐酸溶液溶解，移入100ml容量瓶中，用6.0mol/L盐酸溶液稀释至标线。此溶液每毫升含1000μg锑。置冰箱内保存，可使用一周。

⑫锑标准使用液：临用时，取适量锑标准贮备液用6.0mol/L盐酸溶液逐级稀释成每毫升含10.0μg锑的标准使用液。

4. 采样

同总悬浮颗粒物采样方法。用大流量采样器时，以1.1～1.7m^3/min的流量采样24h，或采用中流量采样器；滤膜过滤直径为8cm时，以50～150L/min流量，采样20～40m^3。用镊子揭去过氯乙烯滤膜的衬纸，将“毛”面朝上，放入采样夹，拧紧。采样后，用镊子取下滤膜，尘面朝里。对折两次，叠成扇形，夹在原衬纸中间，放回原纸袋中，详细记录采样条件。

5. 步骤

（1）标准曲线的绘制

①取八个50ml三氢化锑发生瓶，按表3-2-17配制标准系列。

表 3-2-17 锑标准系列

瓶 号	0	1	2	3	4	5	6	7
锑标准使用液(ml)	0	0.50	1.00	1.50	2.00	2.50	3.00	3.50
水(ml)	9	8.5	8.0	7.5	7.0	6.5	6.0	5.5
锑含量(μg)	0	5.0	10.0	15.0	20.0	25.0	30.0	35.0

②向各发生瓶中分别加入 5%硫脲溶液 4.0ml，（1+1）盐酸溶液 12.0ml，摇匀。

③向各吸收管中加入 5.0ml 吸收液。在硼氢化钾存放处各放一片硼氢化钾，迅速接好导管，塞紧橡皮塞。轻轻将发生瓶向一侧倾斜，让一片硼氢化钾落入溶液中，待反应停止后，再将发生瓶向另一侧倾斜，让另一片硼氢化钾落入溶液中。

④待反应停止后，用少量水洗涤导管，向吸收液中加入 0.50mol/L 盐酸溶液 2.5ml，5%硫脲溶液 3 滴，摇匀。

⑤待紫色褪去后，加入 20%碘化钾溶液 0.50ml，丙酮 12ml，加入 2.0×10^{-3}mol/L 5-Br-PADAP 乙醇溶液 2.00ml，用水稀释至 25ml 标线，摇匀。

⑥在波长 610nm 处，用 1cm 比色皿，以试剂空白液为参比，测定吸光度。以吸光度对锑含量（μg），绘制标准曲线。

（2）样品测定

①取适量样品滤膜，放入 200ml 聚四氟乙烯杯中，用少量水润湿，加硝酸 20ml 及硫酸 7.0ml，（视滤膜面积大小而定）。在电热板上加热 5～10min（至滤膜碳化）后，小心加入高氯酸 10ml（分两次加入，每次加 5ml）至溶液变为淡黄色为止（若溶液仍为棕色，应再补加适量高氯酸），然后加氢氟酸 10ml，加热至白烟冒尽，溶液呈透明状为止（若溶液浑浊，应再补加适量氢氟酸）。加热蒸发至近干后，取下冷却，沿杯壁加入硝酸 2ml，再蒸至近干，如此重复三次后，取下冷却，加入（1+1）盐酸溶液 10ml，微热使残渣溶解，移入 100ml 容量瓶中，用 2.0mol/L 盐酸溶液洗涤聚四氟乙烯杯，洗涤液并入容量瓶中，用 2.0mol/L 盐酸溶液稀释至标线，摇匀。

②吸取上述样品溶液 20～50ml，放入 50ml 发生瓶中，加入 5%硫脲溶液 4.0ml。以下步骤同标准曲线的绘制。

③取同批号、等面积的空白滤膜按样品测定步骤，测定空白值。

6. 计算

$$锑(\mathrm{Sb},\mathrm{mg/m^3})=\frac{(W-W_0)}{V_\mathrm{n}\times1000}\times\frac{V_\mathrm{t}}{V_\mathrm{a}}\times\frac{S_\mathrm{t}}{S_\mathrm{a}}$$

式中：W——测定时所取样品溶液中锑的含量，μg；

W_0——空白溶液中锑的含量，μg；

V_t——样品溶液总体积，ml；

V_a——测定时所取样品溶液体积，ml；

S_t——样品滤膜总面积，$\mathrm{cm^2}$；

S_a——测定时所取样品滤膜面积，$\mathrm{cm^2}$；

V_n——标准状态下的采样体积，$\mathrm{m^3}$。

7. 说明

①发生瓶必须严密不漏气，以免气态三氢化锑泄漏，导致测定结果偏低。

②导管出口的内径不能大于 1mm，吸收液高度不能低于 5cm，否则吸收不完全，造成结果偏低。

③当 Fe^{3+}、Cu^{2+}、Sn^{4+}、Co^{2+}及 Cr^{3+}等离子含量很低时，可不经硼氢化钾还原分离。

④显色反应迅速完成，显色液颜色可稳定 24h。

十、铍

（一）原子吸收分光光度法（B）

1. 原理

用过氯乙烯滤膜采集颗粒物样品，经干灰化消化或湿法消解制备成样品溶液。铍在石墨管中，高温下被原子化，于光路中吸收从铍空心阴极灯发射出的特征谱线（234.9nm），根据特征谱线强度的变化，用原子吸收分光光度法测定。

用氘灯扣除背景，消除干扰。

方法检出限为 3×10^{-13}g（按全程序空白信号的三倍标准差对应的绝对量计）。当将采集 $10m^3$ 气样的滤膜制备成 10ml 样品溶液时，最低检出浓度为 $3\times10^{-10}mg/m^3$。

2. 仪器

①具塞比色管：10ml。

②瓷坩埚：30ml。

③微量注射器：10、20、50、100～250μl。

④总悬浮颗粒物采样器：大流量采样器或中流量采样器。

⑤原子吸收分光光度计，备有石墨炉原子化器。

3. 试剂

①硫酸、盐酸、硝酸，优级纯。

②基体改进剂：浓氨水。

③过氯乙烯滤膜。

④铍标准贮备液：称取 0.5000g 金属铍（99.99%），置于 250ml 烧杯中，用（1+1）盐酸溶液 10ml 溶解，定量移入 500ml 容量瓶中，缓慢滴加硫酸 5ml，冷却后，用水稀释至标线，摇匀。移入 500ml 聚乙烯塑料瓶内，于冰箱中保存。此溶液每毫升含 1000μg 铍。

⑤铍标准使用液：临用前，吸取铍标准贮备液 100μl 于 100ml 容量瓶中，滴加硫酸 1.0ml，用水稀释至标线。此溶液每毫升含 1.00μg 铍。

4. 采样

同总悬浮颗粒物采样方法。参见本章八、锑。

5. 步骤

石墨炉原子吸收分光光度法工作条件，见表 3-2-18 及表 3-2-19。

（1）标准曲线的绘制

①取八支 10ml 具塞比色管，根据样品浓度，按表 3-2-20 选配标准系列。

表 3-2-18 石墨炉工作条件

步骤	干燥		灰化	原子化	热除
	1	2	3	4	5
温度(℃)	150	500	1100	2600	2700
升温时间(s)	3	10	20	1	2
保持时间(s)	10	20	3	5	3
氩气流量(ml/s)				停气	60

表 3-2-19 分光光度计工作条件

波长(nm)	灯电流(mA)	狭缝		原子化时间(s)	测量方式	
		nm	档类		1	2
234.9	10	0.2	低	6.0	峰高	扣背景

表 3-2-20 铍标准系列

	管号	0	1	2	3	4	5	6	7
系列Ⅰ	标准使用液(μl)	0	20.0	30.0	40.0	50.0	60.0	70.0	80.0
	硫酸(μl)	100	100	100	100	100	100	100	100
	铍浓度(ng/ml)	0	2.00	3.00	4.00	5.00	6.00	7.00	8.00
系列Ⅱ	标准使用液(μl)	0	100	120	150	200	220	250	300
	硫酸(μl)	100	100	100	100	100	100	100	100
	铍浓度(ng/ml)	0	10.0	12.0	15.0	20.0	22.0	25.0	30.0

②各管用水稀释至标线。

③依次向石墨管中注入标准溶液 20μl，基体改进剂 10μl。按照所选定的仪器工作条件，逐个测定其峰高，以峰高对铍浓度（ng/ml），绘制标准曲线。

（2）样品测定

①任选下述方法之一制备样品溶液。

干灰化消解：取适量样品滤膜置于 30ml 瓷坩埚中，在马弗炉内，800℃下灰化 2h。冷却后，取出用（1+1）盐酸 2ml 加热溶解灰分，加硫酸 250μl，用中速定量滤纸过滤并用水定容至 25ml 待测。

湿法消解：取适量样品滤膜置于 150ml 锥形瓶中，加硝酸 10ml，硫酸 2ml，在电热板上小心加热到溶液冒浓厚白烟，趁热滴加硝酸 5～10ml，继续加热直至溶液清亮，近干。冷却后，加硫酸 250μl 及少量水，微热使残渣溶解，用中速定量滤纸过滤到 25ml 容量瓶中，用水稀释至标线。

②样品溶液的测定，按照与标准曲线绘制相同的仪器工作条件进行。

③取同批号、等面积空白滤膜，按样品测定步骤测定空白值。

6. 计算

$$铍(\mathrm{Be}, \mu\mathrm{g/m^3}) = \frac{(C - C_0) \cdot V_t}{V_n \times 1000} \times \frac{S_t}{S_a}$$

式中：C——样品溶液中铍浓度，ng/ml；

C_0——空白溶液中铍浓度，ng/ml；

V_t——样品溶液的总体积，ml；

S_t——样品滤膜总面积，cm^2；

S_a——测定时所取样品滤膜面积，cm^2；

V_n——标准状态下的采样体积，m^3。

7. 说明

①干灰化消解操作简便，空白值低，但需用马弗炉等设备；而湿法消解，在用硝酸趁热除碳时则要求操作熟练，确保消解完全。否则，空白值不稳定。

②基体改进剂浓氨水不能预先加到样品中，必须分别注入石墨管，使硫酸铍和氢氧化铵的反应在石墨管中进行。若样品中铍浓度低时，进样体积可在 20～100μl 之间选择，并按样品溶液与氨水的比例为 20:10 加入氨水。

③制备样品溶液时，硫酸应在过滤前加入，以使样品中铅、钡等离子生成硫酸盐沉淀，过滤时除去。

④铍及其化合物属极毒物质，试验要在通风良好的环境中进行，切勿与皮肤直接接触。

⑤到铍作业区采样时，必须严格遵守铍作业的安全防护规定，以防发生中毒事件。

⑥若需测定总悬浮颗粒物的质量浓度，在采样前后，将滤膜放在平衡室（箱）内平衡 24h，称量至恒重。可将过氯乙烯滤膜夹放在铝箔中间称重，以减少吸湿。称量不带衬纸的过氯乙烯滤膜时，在取放滤膜后，用金属镊子触一下天平盘，以清除静电的影响。

⑦不同仪器的最佳工作条件不相同，因此要根据所用仪器的说明书精确选择波长、干燥、灰化和原子化的温度及时间，以使测定的灵敏度高、重现性好及线性范围宽。

（二）桑色素荧光分光光度法（B）

1. 原理

采集在过氯乙烯滤膜上的含铍颗粒物，经硝酸-硫酸混酸消解，制备成样品溶液。在碱性溶液中，铍离子与桑色素作用生成络合物，在紫外光照射下，产生黄绿色荧光。根据荧光强度，用荧光分光光度法测定。

在本操作条件下，8 倍铍含量的铬；1000 倍铍含量的铜、钙、锰、锌；2000 倍铍含量的铁、铝、镁以及 500μg/ml 的 ClO_4^-、PO_4^{3-}、SiO_3^{2-} 均不干扰测定。

方法检出限为 0.001μg/10ml，当将采集 $10m^3$ 气样的滤膜制备成 25ml 样品溶液，取 5ml 测定时，最低检出浓度为 $5\times10^{-7}mg/m^3$。

2. 仪器

①锥形瓶：150ml。

②玻璃漏斗：直径 40mm。

③具塞比色管：10ml。

④总悬浮颗粒物采样器：大流量或中流量采样器。

⑤荧光分光光度计。

3. 试剂

①硝酸、硫酸、盐酸、高氯酸，优级纯。

②氢氧化钠溶液 $C(NaOH)$=0.60mol/L：用优级纯试剂配制。

③三乙醇胺($N(CH_2CH_2OH)_3$)。

④盐酸溶液：0.5%、5%。

⑤消解液 A：硫酸+硝酸=1+3。

⑥消解液 B：高氯酸+硝酸=1+1。

⑦桑色素乙醇贮备液：称取 50.0mg 提纯后的桑色素，用无水乙醇溶解，移入 100ml 棕色容量瓶中，用无水乙醇稀释至标线。于冰箱内保存，可稳定两个月。此溶液每毫升含 0.50mg 桑色素。

⑧桑色素使用液：临用时，将贮备液用无水乙醇稀释 10 倍后使用。

⑨掩蔽剂：称取 5.0g 乙二胺四乙酸二钠盐（Na_2-EDTA）和 1.0g 亚硫酸氢钠，溶解于 100ml 水中，加入三乙醇胺 1.0ml，摇匀。

⑩铍标准贮备液：称取 0.1965g 硫酸铍（$BeSO_4 \cdot 4H_2O$），用水溶解，加盐酸 5ml，移至 100ml 容量瓶中，用水稀释至标线。于冰箱内保存。此溶液每毫升含 100μg 铍。

⑪铍标准使用液：临用前，用 0.5%盐酸溶液将铍标准贮备液逐级稀释成每毫升含 0.010μg 铍的标准使用液。

4. 采样

同总悬浮颗粒物采样方法。参见本章八、锑。

5. 步骤

（1）标准曲线的绘制

①取 10 支 10ml 具塞比色管，按表 3-2-21 配制标准系列。

表 3-2-21 铍标准系列

管　号	0	1	2	3	4	5	6	7	8	9
铍标准使用液(ml)	0	0.10	0.30	0.40	0.50	0.70	0.80	1.00	1.50	2.00
水(ml)	5.00	4.90	4.70	4.60	4.50	4.30	4.20	4.00	3.50	3.00
铍含量(μg)	0	0.001	0.003	0.004	0.005	0.007	0.008	0.010	0.015	0.020

②向各管中分别加入掩蔽剂 1.0ml，用 0.60mol/L 氢氧化钠溶液调节至溶液使刚果红试纸刚变红色（pH7～7.2），再加 0.60mol/L 氢氧化钠溶液 1.00ml，轻轻摇匀，加桑色素使用液 1.00ml，用水稀释至标线，室温下放置 5min。

③在荧光分光光度计上，于激发波长 430nm，激发狭缝宽 5nm，发射波长 530nm，发射狭缝宽 3nm 处，用 10mm 石英比色皿，测定荧光强度。以荧光强度对铍含量（μg），绘制标准曲线。

（2）样品测定

①取适量样品滤膜，放入 150ml 锥形瓶中，加 10ml 消解液 A。瓶口上放一小漏斗，将锥形瓶置于电热板上，小心加热至滤膜完全碳化，取下冷却，用少量水吹洗漏斗及瓶壁，加入 5ml 消解液 B，继续加热至溶液清亮，将溶液蒸干，驱尽三氧化硫白烟，取下冷却。加 5%盐酸溶液 5.0ml，微热使残渣溶解，移入 25ml 容量瓶中，用水稀释至标线，摇匀。

②取适量样品溶液，加水至 5.00ml，按标准曲线绘制步骤②、③测定荧光强度。

③取同批号、等面积空白滤膜按样品测定步骤测定空白值。

6. 计算

$$铍(Be, \mu g/m^3) = \frac{(W - W_0) \cdot V_t}{V_n \times V_a} \times \frac{S_t}{S_a}$$

式中：W——样品溶液中铍含量，μg；

W_0——空白滤膜溶液中铍含量，μg；

V_t——样品溶液总体积，ml；

V_a——测定时所取样品溶液体积，ml；

S_t——样品滤膜总面积，cm^2；

S_a——测定时所取样品滤膜面积，cm^2；

V_n——标准状态下的采样体积，m^3。

7. 说明

①硝酸根干扰测定，样品消解时，必须注意加热驱尽氮氧化物。

②桑色素-铍络合物的荧光强度受温度变化的影响较大，因此测定每批样品时必须同时绘制标准曲线。

③市售的桑色素需经提纯后使用，否则空白值太高。提纯方法如下：

称取 2.0g 桑色素，置于 100ml 烧杯中，加无水乙醇 25ml，搅拌使其全部溶解，加重蒸蒸馏水 25ml，沉淀析出，过滤。重复上述操作一次，用 90%乙酸 25ml 将沉淀洗入小烧杯中，加热至沸，趁热加入氢溴酸 15ml，沉淀为纯黄色，用 G3 砂芯漏斗抽滤，再用 90%乙酸洗 2～3 次，最后用热重蒸蒸馏水将沉淀洗至滤液呈中性。沉淀于 105℃烘干，贮于棕色瓶中，于干燥器内存放。

④样品溶液中若有不溶性残渣，需离心分离或过滤除去，再进行荧光测定。

⑤桑色素本身呈黄色，对荧光有吸收作用，故桑色素使用液的加入量应准确。桑色素在光照下容易氧化，其贮备液必须在棕色瓶中低温保存。

⑥若采样滤膜中含锌量较高，锌可用氰化钾掩蔽。如果锌量太高，最好加入三价铝盐作载体，用氨水共沉淀进行分离。

⑦同本节（一）法说明⑥。

十一、铁

（一）4，7-二苯基-1，10-菲啰啉分光光度法（B）

1. 原理

用过氯乙烯滤膜采集颗粒物样品，经干灰化及酸消解后制备成样品溶液。在酸性介质中，亚铁离子与 4，7-二苯基-1，10-菲啰啉生成红色络合物，根据颜色深浅，用分光光度法测定。

其它金属离子或酸根不干扰测定。当铜、钴含量大于铁含量时干扰测定。但在空气颗粒物样品中，此种情况很少遇到。

方法检出限为 0.02μg/ml。当将采集 8.6m^3 气样的滤膜制备成 100ml 样品溶液，取 5ml 测定时，最低检出浓度为 $2.3\times10^{-4}$$mg/m^3$。

2. 仪器

①具塞比色管：25ml。

②分液漏斗：250ml。

③聚四氟乙烯坩埚：50ml。

④瓷坩埚：50ml。

⑤总悬浮颗粒物采样器：中流量采样器。

⑥酸度计。

⑦分光光度计。

3. 试剂

①硝酸、盐酸、高氯酸、氢氟酸，优级纯。

②过氯乙烯滤膜。

③BP 显色剂（0.01mol/L）：称取 0.332g4，7-二苯基-1，10-菲啰啉（Bathophenanthroline），溶解于 100ml 95%乙醇中。贮存于冰箱，可保存 30d。

④10%（*m/V*）盐酸羟胺溶液：称取 20g 盐酸羟胺，溶解于 200ml 水中，按以下步骤除去其中微量铁：

将溶液转移至 250ml 锥形分液漏斗中，加入 20～40ml 三氯甲烷，BP 显色剂 10ml，振摇 2min，静置分层后，弃去有机相，重复此提纯步骤，直到三氯甲烷层为无色为止。弃去有机相，保留的水相即为无铁的 10%盐酸羟胺溶液。

⑤乙酸-乙酸钠缓冲溶液：称取 32.8g 乙酸钠溶解于少量水中，加入 23ml 冰乙酸，用水稀释到 200ml。将此溶液移入 250ml 锥形分液漏斗中，按试剂④的方法除铁。所得溶液即为 pH4 的乙酸-乙酸钠缓冲溶液。

⑥铁标准贮备溶液：称取 0.4000g 高纯铁粉（99.999%），加（1+1）盐酸溶液 30ml，待全部溶解后，移入 1000ml 容量瓶中，用水稀释至标线。此溶液每毫升含 400μg 铁。

⑦铁标准使用溶液：吸取 5.00ml 铁标准贮备溶液，置于 100ml 容量瓶中，加（1+1）盐酸溶液 2.0ml，用水稀释至标线。此溶液每毫升含 20.0μg 铁。临用时配制。

4. 采样

同总悬浮颗粒物采样方法。以 50～150L/min 流量，采样 8～10m^3。

5. 步骤

（1）标准曲线的绘制

①取八支 25ml 具塞比色管，按表 3-2-22 配制标准系列。

表 3-2-22 铁标准系列

管 号	0	1	2	3	4	5	6	7
铁标准使用液(ml)	0	0.30	0.60	0.90	1.20	1.50	1.80	2.00
铁含量(μg)	0	6.00	12.0	18.0	24.0	30.0	36.0	40.0

②向各管中加入 10%盐酸羟胺 2.0ml，pH4 乙酸-乙酸钠缓冲溶液 5.0ml，95%乙醇 6.0ml 和 BP 显色剂 1.00ml，用水稀释至标线，摇匀。

③在波长 535nm 处，用 1cm 比色皿，以水为参比，测定吸光度。以吸光度对铁的含量（μg），绘制标准曲线。

（2）样品测定

取适量样品滤膜置于瓷坩埚内，放入马弗炉中于 500℃下灰化 30min。断电，待炉温降至 300℃以下时，取出瓷坩埚。冷却后，加 5ml 硝酸，1ml 高氯酸，于电热板上加热消解，反复加入少量硝酸及高氯酸消解样品，直至溶液清澈透明为止。若样品中含硅量较高时，将溶液及残渣转移到聚四氟乙烯坩埚内，加 1ml 氢氟酸，3ml 硝酸及 1ml 高氯酸交替消解数次，直至残渣全部溶解，蒸至近干，加 5ml 盐酸溶解残渣。定量移入 100ml 容量瓶中，用水稀释至标线。取适量溶液，加水至 5.0ml，按标准曲线的绘制步骤②、③测定吸光度。

取同批号、等面积空白滤膜，按样品测定步骤测定空白值。

6. 计算

$$铁(\mathrm{Fe}, \mathrm{mg/m^3}) = \frac{(W - W_0)}{V_n \times 1000} \times \frac{V_t}{V_a} \times \frac{S_t}{S_a}$$

式中：W——测定时所取样品溶液中铁的含量，μg；

W_0——空白滤膜中铁的含量，μg；

V_t——样品溶液总体积，ml；

V_a——测定时所取样品溶液体积，ml；

S_t——样品滤膜总面积，cm^2；

S_a——测定时所取样品滤膜面积，cm^2；

V_n——标准状态下的采样体积，m^3。

7. 说明

同本章十、铍（一）原子吸收分光光度法说明⑥。

（二）原子吸收分光光度法（B）

1. 原理

用过氯乙烯滤膜采集颗粒物样品，经干灰化及酸消解后制备成样品溶液。在空气-乙炔火焰中，铁被原子化，于光路中吸收从铁空心阴极灯发射出来的特征谱线（248.3nm）。根据特征谱线光强度的变化，用原子吸收分光光度法测定。

硅严重干扰铁的测定，可用氢氟酸去除。铜、锌等超过铁含量 100 倍时仅产生轻微的干扰。锰浓度达 200mg/L；镍为 100mg/L；钙为 300mg/L 时干扰铁的测定。

方法检出限为 0.1μg/ml（1%吸收）。当将采集 $7.2m^3$ 气样的滤膜制备成 10ml 样品溶液时，最低检出浓度为 $1.4\times10^{-4}mg/m^3$。

2. 仪器

①容量瓶或具塞比色管：10ml。

②铂坩埚或聚四氟乙烯坩埚。

③总悬浮颗粒物采样器：中流量采样器。

④原子吸收分光光度计。

3. 试剂

①过氯乙烯滤膜。

②硝酸，优级纯。

③氢氟酸，优级纯。

④硝酸溶液：0.1%、（1+1）及（1+1.6）三种。

⑤铁标准溶液：称取 1.000g 纯金属铁（99.99%以上），于烧杯中，沿壁加入（1+1.6）硝酸溶液 20ml，溶解后，移入 1000ml 容量瓶中，用水稀释至标线。此溶液每毫升含 1000μg 铁。

4. 采样

同总悬浮颗粒物采样方法。以 50～150L/min 的流量，采样 7～8m^3。

5. 步骤

（1）原子吸收分光光度计工作条件

波长：248.3nm；灯电流：8mA；火焰类型：空气-乙炔；气体流量：乙炔 2.0L/min；空气 8.0L/min；燃烧器高度：6.0mm。

（2）标准曲线的绘制

①取七支 100ml 容量瓶，按表 3-2-23 配制标准系列，用 0.1%硝酸溶液稀释至标线。

表 3-2-23 铁标准系列

瓶 号	0	1	2	3	4	5	6
铁标准溶液(ml)	0	0.10	0.20	0.30	0.40	0.50	0.60
铁浓度(μg/ml)	0	1.0	2.0	3.0	4.0	5.0	6.0

②按照仪器工作条件测定吸光度，以吸光度对铁的浓度（μg/ml），绘制标准曲线（或由仪器自动绘制标准曲线）。

（3）样品测定

取适量样品滤膜，放入铂坩锅内，在马弗炉中加热至 500℃，保持 30min。待炉温降至 300℃时取出坩埚，冷却至室温。沿壁加入（1+1）硝酸溶液 2.5ml 和氢氟酸 0.5ml，在电热板上缓慢加热蒸至近干，再加入（1+1）硝酸溶液 1ml 和氢氟酸 0.5ml，小心蒸干，再重复此操作一次。最后加入（1+1）硝酸溶液 1ml，摇动坩埚，加热蒸至约有 0.5ml 时，用 0.1%硝酸溶液定量转移至 10ml 容量瓶中，并稀释至标线，摇匀后进行测定。

取同批号、等面积的空白滤膜，按样品测定步骤测定空白值。

6. 计算

$$铁(\mathrm{Fe},\mathrm{mg/m^3})=\frac{(C-C_0)\cdot V}{V_n\times 1000}\times\frac{S_t}{S_a}$$

式中：C——样品溶液中铁浓度，μg/ml；

C_0——空白溶液中铁浓度，μg/ml；

V——样品溶液体积，ml；

S_t——样品滤膜总面积，cm^2；

S_a——测定时所取样品滤膜面积，cm^2；

V_n——标准状态下的采样体积，m^3。

7. 说明

①加氢氟酸消解样品时，需加热驱尽氢氟酸。

②加入适量 Na_2-EDTA 以掩蔽铁；亦可用反复加氢氟酸的方法消除硅的干扰。

③用本法测定标准样品煤飞灰(NBS)，测定值为 9.25%，加标回收率的平均值为 98.4%，

测定的变异系数为1.32%。

④同本章九、铍（一）原子吸收分光光度法说明⑦。

十二、铜、锌、镉、铬、锰及镍

原子吸收分光光度法（B）

1. 原理

采集在过氯乙烯滤膜上的颗粒物，用硫酸-灰化法消化，制备成样品溶液，然后将溶液引入火焰或石墨炉原子化器内，用标准曲线法或标准加入法测定溶液中各元素的浓度。

除镉外，其他元素均未见到明显的干扰。测定镉时，可用碘化钾-甲基异丁基酮（KI-MIBK）进行萃取分离（见说明②）以消除干扰。如用石墨炉测定，则可用氘灯扣除背景，消除干扰。

各元素测定范围见表3-2-24（按采样10m³，定容10ml计）。

表3-2-24 各元素测定范围（火焰原子吸收法）

元 素	Cu	Zn	Cd*	Cr	Mn	Ni
测定范围(μg/m³)	0.2～8	0.3～3	0.05～0.5	0.4～5	0.2～5	0.5～5

*经KI-MIBK萃取测定。

2. 仪器

①总悬浮颗粒物采样器：大流量采样器或中流量采样器。

②马弗炉。

③铂坩埚或裂解石墨坩埚：20～30ml。

④原子吸收分光光度计：具有火焰、石墨炉原子化器。

3. 试剂

①过氯乙烯滤膜。

②硝酸、盐酸、氢氟酸：优级纯。

③0.7%（*V/V*）硫酸溶液：用优级纯硫酸配制。

④1%（*V/V*）硝酸溶液：用优级纯硝酸配制。

⑤硝酸溶液 $C(HNO_3)$=0.16mol/L。

⑥5%（*m/V*）抗坏血酸溶液：称取5.0g抗坏血酸，溶解于水中并稀释至100ml。临用时配制。

⑦甲基异丁酮。

⑧碘化钾溶液 $C(KI)$=1.0mol/L。

⑨铜、锌、镉、铬、锰及镍标准贮备液：称取上述金属（99.99%）各0.5000g，分别用（1+1）盐酸溶液5.0ml、硝酸5.0ml溶解，移入500ml容量瓶中，用水稀释至标线，摇匀。上述溶液每毫升含相应元素1.00mg。贮于聚乙烯塑料瓶中，冰箱内保存。

⑩铜、锌、镉、铬、锰及镍标准使用液：临用时，吸取10.00ml标准贮备液于100ml容量瓶中，滴加1.0ml硝酸，用水稀释至标线。此溶液每毫升含铜、锌、镉、铬、锰及镍

各元素 100μg。

4. 采样

同总悬浮颗粒物采样方法。

5. 步骤

（1）原子吸收分光光度法工作条件

①火焰原子吸收分光光度法工作条件，见表 3-2-25。

表 3-2-25 火焰原子吸收分光光度法工作条件

元素	波长 (nm)	狭缝 (nm)	灯电流 (mA)	火焰类型	线性范围 (μg/ml)
Cd	228.8	0.7	2	贫燃焰	0.2～1
Cr	357.9	0.7	20	富燃焰	0.5～5
Cu	324.7	0.7	6	贫燃焰	0.5～8
Mn	279.5	0.2	6	贫燃焰	0.5～5
Ni	232.0	0.2	12	中性焰	0.5～5
Zn	213.9	0.7	15	贫燃焰	0.2～3

②石墨炉原子吸收分光光度法工作条件，见表 3-2-26。

表 3-2-26 石黑炉原子吸收分光光度法工作条件

元素(波长，nm)	Cd(228.8)	Cr(357.9)	Ni(232.0)
干燥(℃/s)	150/15	150/15	150/15
灰化(℃/s)	350/30	1000/30	1100/30
原子化(℃/s)	1700/6	2600/6	2600/6
热除(℃/s)	2000/5	2700/5	2700/5
线性范围(ng/ml)	0.1～2.0	1.0～50	20～400
背景(氘灯)	扣	不扣	不扣

（2）标准曲线的绘制

取八个 100ml 容量瓶，按照表 3-2-27 配制各待测元素的标准系列，并按照原子吸收分光光度法的工作条件，测定吸光度。以吸光度对各相应元素的浓度（μg/ml），绘制标准曲线。

（3）样品测定

①样品溶液制备，硫酸-灰化法：取适量样品滤膜于铂坩埚或裂解石墨坩埚中，加入 0.7%硫酸溶液 2ml，使样品充分润湿，浸泡 1h，然后在电热板上加热，小心蒸干。将坩埚置于马弗炉中 400℃±10℃加热 4h，至有机物完全烧尽。停止加热，待炉温降至 300℃以下时，取出坩埚，冷至室温，加 4～6 滴氢氟酸，摇动使其中残渣溶解。在电热板上小心加热至干，再加 7～8 滴硝酸，继续加热至干，用 0.16mol/L 硝酸溶液将样品定量转移至 10ml 容量瓶中，并稀释至标线，摇匀，即为待测样品溶液。

②按与标准曲线绘制相同的仪器工作条件测定样品溶液的吸光度。

③取同批号、等面积的空白滤膜，按样品测定步骤测定空白值。

表 3-2-27　六元素混合标准系列

	瓶　号	0	1	2	3	4	5	6	7
Cd	镉标准使用液(ml)	0	0.20	0.30	0.40	0.50	0.60	0.80	1.00
	镉浓度(μg/ml)	0	0.20	0.30	0.40	0.50	0.60	0.80	1.00
Cr	铬标准使用液(ml)	0	0.50	1.00	1.50	2.00	3.00	4.00	5.00
	铬浓度(μg/ml)	0	0.50	1.00	1.50	2.00	3.00	4.00	5.00
Cu	铜标准使用液(ml)	0	0.50	1.00	2.00	3.00	4.00	5.00	8.00
	铜浓度(μg/ml)	0	0.50	1.00	2.00	3.00	4.00	5.00	8.00
Mn	锰标准使用液(ml)	0	0.50	1.00	1.50	2.00	3.00	4.00	5.00
	锰浓度(μg/ml)	0	0.50	1.00	1.50	2.00	3.00	4.00	5.00
Ni	镍标准使用液(ml)	0	0.50	1.00	1.50	2.00	3.00	4.00	5.00
	镍浓度(μg/ml)	0	0.50	1.00	1.50	2.00	3.00	4.00	5.00
Zn	锌标准使用液(ml)	0	0.20	0.40	0.60	0.80	1.00	2.00	3.00
	锌浓度(μg/ml)	0	0.20	0.40	0.60	0.80	1.00	2.00	3.00
	水(ml)	100	97.6	95.3	92.5	89.7	85.4	80.2	73.0

6. 计算

以铜为例：

$$铜(\mathrm{Cu, mg/m^3}) = \frac{(C - C_0) \cdot V}{V_n \times 1000} \times \frac{S_t}{S_a}$$

式中：C——样品溶液中铜浓度，μg/ml；

C_0——空白溶液中铜浓度，μg/ml；

V——样品溶液体积，ml；

S_t——样品滤膜总面积，cm^2；

V_n——标准状态下的采样体积，m^3；

S_a——测定时所取滤膜面积，cm^2。

7. 说明

①不同型号仪器的最佳工作条件有所不同，因此要根据所用仪器的说明书精确选择波长、干燥、灰化和原子化的温度及时间，以使测定的灵敏度高、重现性好及线性范围宽。

②碘化钾-甲基异丁基酮（KI-MIBK）萃取镉的操作手续：取适量样品溶液，加入 0.10mol/L 硝酸溶液使总体积在 25ml 左右，加 1.0mol/L 碘化钾溶液 5.0ml，5%抗坏血酸溶液 2.5ml，摇匀。加入甲基异丁基酮 5.00ml，振摇 1.5min，静置分层后，小心地沿瓶壁加入水，使有机相上升到瓶颈部。将吸样毛细管插入有机相中进行测定，并按上述步骤配制镉浓度为 0、0.050、0.100、0.150、0.200、0.300、0.400 及 0.500μg/ml 的标准系列供绘制标准曲线用。

③在制备样品溶液蒸干过程中，温度不能过高，防止崩溅。

十三、电感耦合等离子体原子发射光谱法（ICP-AES）（C）

电感耦合等离子体原子发射光谱法（ICP-AES）可测定溶液中的金属和非金属元素。

本方法用于测定空气总悬浮颗粒物中成分时，先用玻璃纤维滤膜或过氯乙烯滤膜采集颗粒物样品，样品经过消解处理后进行测定。

本方法具有快速、简便、检出限低、灵敏度和精密度高、线性范围宽、基体效应小且可以有效校正、可同时进行多元素分析等特点。

1. 原理

将消解处理好的样品溶液直接雾化引入电感耦合等离子体炬中，分析物在高温等离子体炬中激发并发射出元素的特征谱线，根据谱线的强度，确定待测样品中元素的浓度。

2. 仪器

①总悬浮颗粒物采样器：大流量采样器或中流量采样器。

②电感耦合等离子体原子发射光谱仪。

影响 ICP-AES 分析特性的因素很多，主要工作参数为入射功率、载气流量和观察高度。不同的分析项目，工作参数有所不同。

3. 试剂

除非另有说明，分析时均使用符合国家标准或专业标准的分析纯试剂和去离子水。所有盐类（基准物质）在称量前都应在 105℃干燥 1h，保存在干燥器中。

1）滤膜：聚氯乙烯等有机滤膜，根据分析项目确定。

2）盐酸（HCl）：含量 36%～38%，优级纯。

3）（1+1）盐酸：用 2）配制。

4）硝酸（HNO_3）：含量 65%～68%，优级纯。

5）（1+1）硝酸：用 4）配制。

6）高氯酸（$HClO_4$）：含量 70%～72%，优级纯。

7）单元素标准贮备液：

①铝标准贮备液：准确称取 0.1000g 金属铝，置于 100ml 烧杯中，加入 4ml 混合酸（（1+1）盐酸∶硝酸=4∶1）微热溶解，冷却至室温，加入（1+1）盐酸 10ml，移入 1000ml 容量瓶中，用水稀释至标线，混匀。此溶液每毫升含 100μg 铝。

②锑标准贮备液：准确称取 0.2669g 酒石酸氧锑钾（K（SbO）$C_4H_4O_6$），置于 100ml 烧杯中，用水溶解后加入（1+1）盐酸 10ml，移入 1000ml 容量瓶中，用水稀释至标线，混匀。此溶液每毫升含 100μg 锑。

③砷标准贮备液：准确称取 0.1320g 三氧化二砷（As_2O_3），置于 200ml 烧杯中，加入 4g/L 氢氧化钠溶液 100ml，用水溶解后移入 1000ml 容量瓶中，用水稀释至标线，混匀。此溶液每毫升含 100μg 砷。

④钡标准贮备液：准确称取 0.1516g 无水氯化钡（$BaCl_2$，在 250℃干燥 2h），置于 100ml 烧杯中，加入（1+1）盐酸 1ml 和水 10ml 溶解，再加入（1+1）盐酸 10ml，移入 1000ml 容量瓶中，用水稀释至标线，混匀。此溶液每毫升含 100μg 钡。

⑤铍标准贮备液：准确称取 1.9660g 硫酸铍（$BeSO_4 \cdot 4H_2O$），置于 100ml 烧杯中，用水溶解后，加入 10ml 硝酸，移入 1000ml 容量瓶中，用水稀释至标线，混匀。此溶液每毫升含 100μg 铍。

⑥硼标准贮备液：准确称取 0.5720g 硼酸（H_3BO_3，无需干燥，但要塞紧瓶塞并保存在干燥器中），置于 100ml 烧杯中，用水溶解后移入 1000ml 容量瓶中，用水稀释至标线，混

匀。此溶液每毫升含100μg硼。

⑦镉标准贮备液：准确称取0.1000g金属镉，置于100ml烧杯中，加入4ml硝酸溶解，再加入（1+1）硝酸8ml，移入1000ml容量瓶中，用水稀释至标线，混匀。此溶液每毫升含100μg镉。

⑧钙标准贮备液：准确称取0.2497g碳酸钙（$CaCO_3$，在180℃干燥1h，冷却至室温后称量），置于100ml烧杯中，加入少量水制成悬浊液，滴加（1+1）硝酸至完全溶解，再加入（1+1）硝酸10ml，移入1000ml容量瓶中，用水稀释至标线，混匀。此溶液每毫升含100μg钙。

⑨铬标准贮备液：准确称取0.1923g三氧化铬（CrO3），置于100ml烧杯中，用水溶解后加入10ml硝酸，移入1000ml容量瓶中，用水稀释至标线，混匀。此溶液每毫升含100μg铬。

⑩钴标准贮备液：准确称取0.1000g金属钴，置于100ml烧杯中，加入少量硝酸溶解，再加入（1+1）硝酸10ml，移入1000ml容量瓶中，用水稀释至标线，混匀。此溶液每毫升含100μg钴。

⑪铜标准贮备液：准确称取0.1000g金属铜，置于100ml烧杯中，加入2ml硝酸溶解，再加入10ml盐酸，移入1000ml容量瓶中，用水稀释至标线，混匀。此溶液每毫升含100μg铜。

⑫铁标准贮备液：准确称取0.1000g铁丝，置于100ml烧杯中，加入10ml（1+1）盐酸和3ml硝酸溶解，再加入5ml硝酸，移入1000ml容量瓶中，用水稀释至标线，混匀。此溶液每毫升含100μg铁。

⑬铅标准贮备液：准确称取0.1598g硝酸铅（$Pb(NO_3)_2$），置于100ml烧杯中，用少量（1+1）硝酸溶解后，加入（1+1）硝酸10ml，移入1000ml容量瓶中，用水稀释至标线，混匀。此溶液每毫升含100μg铅。

⑭锂标准贮备液：准确称取0.5323g碳酸锂（Li_2CO_3），置于100ml烧杯中，用少量（1+1）硝酸溶解后加入（1+1）硝酸10ml，移入1000ml容量瓶中，用水稀释至标线，混匀。此溶液每毫升含100μg锂。

⑮镁标准贮备液：准确称取0.1658g氧化镁（MgO），置于100ml烧杯中，用少量（1+1）硝酸溶解后加入（1+1）硝酸10ml，移入1000ml容量瓶中，用水稀释至标线，混匀。此溶液每毫升含100μg镁。

⑯锰标准贮备液：准确称取0.1000g金属锰，置于100ml烧杯中，加入10ml盐酸和1ml硝酸溶解，移入1000ml容量瓶中，用水稀释至标线，混匀。此溶液每毫升含100μg锰。

⑰钼标准贮备液：准确称取0.2043g钼酸铵($(NH_4)_2MoO_4$)，置于100ml烧杯中，用水溶解后移入1000ml容量瓶中，用水稀释至标线，混匀。此溶液每毫升含100μg钼。

⑱镍标准贮备液：准确称取0.1000g金属镍，置于100ml烧杯中，加入10ml硝酸加热溶解，冷却至室温，移入1000ml容量瓶中，用水稀释至标线，混匀。此溶液每毫升含100μg镍。

⑲钾标准贮备液：准确称取0.1907g氯化钾（KCl，在110℃干燥2h），置于100ml烧杯中，用水溶解后移入1000ml容量瓶中，用水稀释至标线，混匀。此溶液每毫升含100μg钾。溶液保存在聚乙烯瓶中。

⑳硒标准贮备液：准确称取0.2190g硒酸钠（Na_2SeO_3），置于100ml烧杯中，用含有10ml盐酸的水溶解后，移入1000ml容量瓶中，用水稀释至标线，混匀。此溶液每毫升含100μg硒。

㉑硅标准贮备液：准确称取 1.0119g 硅酸钠（$Na_2SiO_3 \cdot 9H_2O$，无需干燥），置于 100ml 烧杯中，用水溶解后加入 10ml 硝酸，移入 1000ml 容量瓶中，用水稀释至标线，混匀。此溶液每毫升含 100μg 硅。溶液保存在聚乙烯瓶中。

㉒银标准贮备液：准确称取 0.1575g 硝酸银（AgNO3），置于 100ml 烧杯中，用水溶解后加入 10ml 硝酸，移入 1000ml 容量瓶中，用水稀释至标线，混匀。此溶液每毫升含 100μg 银。

㉓钠标准贮备液：准确称取 0.2542g 氯化钠（NaCl，在 140℃干燥 2h），置于 100ml 烧杯中，用水溶解后加入（1+1）硝酸 10ml，移入 1000ml 容量瓶中，用水稀释至标线，混匀。此溶液每毫升含 100μg 钠。溶液保存在聚乙烯瓶中。

㉔锶标准贮备液：准确称取 0.1685g 碳酸锶（$SrCO_3$），置于 100ml 烧杯中，加入少量水制成悬浊液，滴加（1+1）硝酸至完全溶解，再加入（1+1）硝酸 10ml，移入 1000ml 容量瓶中，用水稀释至标线，混匀。此溶液每毫升含 100μg 锶。

㉕铊标准贮备液：准确称取 0.1303g 硝酸铊（TlNO3），置于 100ml 烧杯中，用水溶解后加入 10ml 硝酸，移入 1000ml 容量瓶中，用水稀释至标线，混匀。此溶液每毫升含 100μg 铊。

㉖钒标准贮备液：准确称取 0.2297g 钒酸铵（NH_4VO_3），置于 100ml 烧杯中，加入少量硝酸加热溶解，冷却至室温，再加入 10ml 硝酸，移入 1000ml 容量瓶中，用水稀释至标线，混匀。此溶液每毫升含 100μg 钒。

㉗锌标准贮备液：准确称取 0.1000g 金属锌，置于 100ml 烧杯中，加入 40ml 盐酸加热溶解，冷却至室温，移入 1000ml 容量瓶中，用水稀释至标线，混匀。此溶液每毫升含 100μg 锌。

㉘硫标准贮备液：准确称取 0.5435g 无水硫酸钾（K2SO4，在 110℃干燥 2h），置于 100ml 烧杯中，用水溶解后移入 1000ml 容量瓶中，用水稀释至标线，混匀。此溶液每毫升含 100μg 硫。

㉙磷标准贮备液：准确称取 0.4394g 磷酸二氢钾（KH_2PO_4，在 110℃干燥 2h，冷却至室温后称量），置于 100ml 烧杯中，用水溶解后移入 1000ml 容量瓶中，用水稀释至标线，混匀。此溶液每毫升含 100μg 磷。

8）多元素混合标准溶液。

进行多元素同时测定时，可根据元素间的相互干扰情况和标准溶液的性质，同时兼顾元素之间的兼容性和稳定性，用单元素标准贮备液分组配制多元素混合标准溶液。为了避免贮存过程中溶液浓度发生变化，混合标准溶液应在临用前配制，并贮于聚乙烯瓶中。混合标准溶液的酸度应尽量与待测样品溶液的酸度保持一致。制作校准曲线时，要用质量控制样对混合标准溶液的准确度和稳定性进行测试。使用表 3-2-28 时，可使用下列组合，也可以使用另外的组合。

①混合标准溶液Ⅰ：Mn、Be、Cd、Pb、Zn。

②混合标准溶液Ⅱ：Mo、As、Sr 、Li、Si。

③混合标准溶液Ⅲ：Ba 、Cu、Fe、V、Co。

④混合标准溶液Ⅳ：Ca、Na、K、Al、Cr、Ni。

⑤混合标准溶液Ⅴ：B、Mg、Ag、Tl。

⑥混合标准溶液Ⅵ：Se、Sb。

9）校准空白溶液：取（1+1）硝酸 2ml 和（1+1）盐酸 10ml，移入 100ml 容量瓶中，用水稀释至标线，混匀。校准空白溶液主要用于分析过程中仪器的清洗。

10）质量控制样：由外源获得的已鉴定过的水基准标样，质量控制样的酸度应与标准溶液的酸度保持一致。

11）氩气：钢瓶气，纯度不低于99.9%。

4. 样品

（1）样品采集

采样方法同总悬浮颗粒物。

（2）样品制备

①取试样滤膜置于烧杯中，加入（1+1）盐酸 10ml，在较低温度下加热溶解 30min。倒出盐酸溶液，用去离子水浸取固体物 3 次，每次 15min。合并盐酸溶液和固体物浸取液，蒸发至近干。加入（1+1）盐酸 10ml 重新溶解，再加入（1+1）硝酸 10 滴，移入 50ml 容量瓶中，用水稀释至标线，混匀。用此法制备的样品溶液，可用于除砷、硫、磷以外的其他元素测定。

②取试样滤膜置于烧杯中，加入（1+1）硝酸 10ml，盖上表面皿，在通风橱内放置过夜。在电热板上慢慢加热至起泡停止。冷却后加入 2ml 高氯酸，蒸发至近干。冷却后，加入 10ml 水和（1+1）盐酸 2ml 重新溶解，再加入（1+1）硝酸 10 滴，移入 50ml 容量瓶中，用水稀释至标线，混匀。用此法制备的样品溶液可用于砷、硫、磷的测定。

③取空白滤膜，制备样品空白溶液，步骤同样品溶液制备。

5. 步骤

①工作条件：按仪器使用说明书的要求设定仪器最佳工作参数。

②仪器校正：预热仪器，使之达到稳定状态。进行相应的光路准直和标准化。

③样品分析：先分析样品空白溶液，检查样品制备过程的污染情况。然后分析样品，每分析 10 个样品加测 1 个质量控制样，用以检验校准曲线的准确度和仪器的稳定性。当质量控制样的测定值超出允许范围时，需用标准溶液对仪器重新标准化，必要时还要对仪器进行光路准直。

6. 计算和校正

①空白校正：扣除空白值的元素测定值即为样品中该元素的浓度。

②稀释校正：如果样品在制备过程中进行了稀释或浓缩，应进行相应的稀释校正。

③测定结果：测定结果保留三位有效数字，单位以 mg/m^3 计。

7. 说明

1）表 3-2-28 列出了本法宜采用的元素特征谱线波长和估计检出限。实际检出限则取决于样品的采样量。

2）分析元素砷、硒、铊、硫时，应采用真空型的或以惰性气体充气的光路系统。

3）对于砷、硒、锑、铅等易于氢化的元素，可采用氢化物发生-ICP-AES 法进行测定，以提高检测的灵敏度。

4）干扰及校正：ICP-AES 法的干扰效应包括光谱干扰和非光谱干扰。其中光谱干扰主要包括连续背景干扰、谱线重叠干扰和杂散光干扰。非光谱干扰主要包括化学干扰、电离干扰、物理干扰和去溶干扰等。

①光谱干扰的校正：选择替换分析波长可避免谱线重叠干扰。采用背景扣除法或干扰系数校正法以及仪器制造商提供的计算机软件校正光谱干扰。

②非光谱干扰的校正：物理干扰与样品的雾化和运送过程有关，黏度与表面张力的变

化将产生较大的误差。化学干扰与基体种类和被测元素有关，生成分子化合物、电离作用和溶质蒸发的影响较大。优化实验条件、选择最佳工作参数或采用基体匹配法和标准加入法校正非光谱干扰。

③当样品中含有较多可溶性的固体物质时，在测试前，须用含 HCl-HNO_3 的试剂空白溶液冲洗喷嘴，或者采用稀释样品的方法以及使用质量流速控制器控制喷雾器的氩气流量，以防在喷雾器的喷嘴处积存盐类，从而影响气溶胶的流速，使测定结果产生漂移。

表 3-2-28 元素特征谱线波长和估计检出限

测定元素	推荐波长（nm）	估计检出限（μg/L）	替换波长（nm）
Al	396.15	28	308.22
Sb	206.83	30	217.58
As	189.04	50	193.70
Ba	455.40	2	493.41
Be	313.04	0.3	234.86
B	249.77	5	249.68
Cd	214.44	3	228.80
Ca	393.37	0.2	396.85
Cr	267.72	7	206.15
Co	238.89	6	228.62
Cu	324.75	6	327.40
Fe	238.20	5	239.56
Pb	220.35	40	217.00
Li	670.78	2	610.36
Mg	279.55	0.2	280.27
Mn	257.61	2	279.48
Mo	202.03	8	203.84
Ni	221.65	10	232.00
K	766.49	60	769.90
Se	196.03	50	203.99
Si	251.61	12	212.41
Ag	328.07	7	338.29
Na	589.00	29	589.59
Sr	407.77	0.5	421.55
Tl	190.86	40	276.79
V	292.40	8	309.31
Zn	213.86	2	202.55
S	180.67	40	180.73
P	213.62	40	214.91

第三章 大气水平能见度

水平能见度是指视力正常的人在当时天气条件下，能够从天空背景中看到和辨认出的目标物（黑色、大小适度）的最大水平距离，夜间则是能看到和确定出的一定强度灯光的最大水平距离。

所谓“能见”，在白天是指能看到和辨认出目标物的形体和轮廓，在夜间是指能清楚地看见目标灯的发光点。凡是看不清目标物的轮廓，分不清其形体或者所见目标灯的发光点模糊，灯光散乱，都不算“能见”。

水平能见度的测定是在观测地点四周不同方向、距离上选定若干固定目标物，根据这些目标物能见与否及其清晰程度来确定观测时的能见度。

目前能见度的测量方法有目测法及仪器法。

一、目测法（B）

（一）目标物的选择

- 目标物的颜色越深越好，而且亮度应四季不变或少变。浅色、反光强的物体不适宜选为目标物。
- 目标物应尽可能以天空为背景，若以其他物体为背景时，则要求目标物在背景的衬托下轮廓清晰，且与背景距离尽可能远一些。
- 目标物的大小以视角表示，可用经纬仪分别测出其高度角和宽度角，要求出目标物的视角。目标物的视角要适度，以 0.5° ～5.0° 之间为宜。

$$视角=\sqrt{高度角\times宽度角}$$

- 目标物的仰角不宜超过 6°，越接近水平方向越好。

（二）目标物的测绘

目标物选定后，要测定观测点与目标物的距离和目标物所在的方位。

对近距离的目标物，可用卷尺、测绳等测定，远距离的目标物可用经纬仪、平板仪、测距仪等测定，或从大比例尺的地图上量取。

目标物的方位可用经纬仪或指北针测定。

目标物的距离、方位测定后，按其所在方位、距离分别标在能见度目标物分布图上。

如图 3-3-1 所示，登记事项如表 3-3-1 所示。

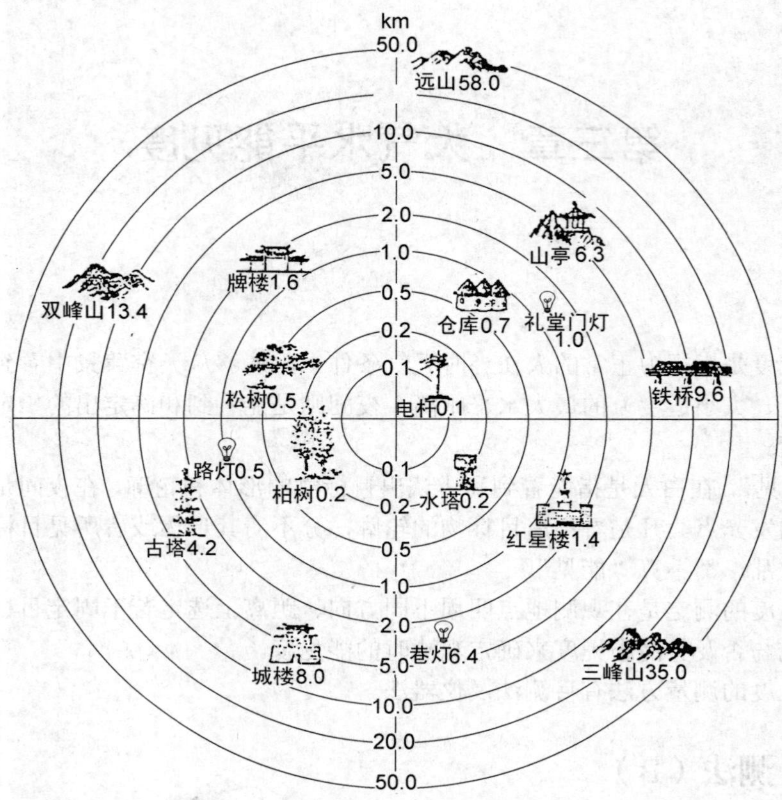

图 3-3-1 能见度目标物分布图（km）

表 3-3-1 ××气象站能见度目标物（灯）登记表

编号	名称	方位(度)	视角(度)	特征颜色或灯光瓦数	距离(km)			测距方法	测定时间	备注
					灯光	能见度	目标物			
1	电杆	45	—	青灰色			0.1	卷尺	1959.04	
2	古塔	245	2.0	深灰色			4.2	平板仪	1959.04	高 50m
3	铁桥	75	3.2	深灰色			9.6	经纬仪	1959.04	
4	远山	10	4.0	深灰色			58.0	大比例尺地图法	1959.05	冬天有积雪
⋮	⋮	⋮	⋮	⋮			⋮	⋮	⋮	⋮
1	路灯	260		白 75	1.0	0.5		卷尺	1960.01	
2	礼堂门灯	50		白 60	1.5	1.0		经纬仪	1960.01	不经常开
3	巷灯	165		白 25	3.5	6.4		经纬仪	1960.01	
⋮	⋮	⋮		⋮	⋮	⋮		⋮	⋮	⋮

（三）观测和记录

观测有效能见度是指四周视野中1/2以上的范围都能看到的最大水平距离。记录以km为单位，取一位小数，不足0.1km记“0.0”。

1. 白天能见度的观测

观测四周事先测定的各目标物，根据“能见”的最远目标物和“不能见”的最近目标物的可见程度判定当时的能见距离。如观测到某方向某一目标物刚好“能见”，而再远一些的目标物就不“能见”时，刚好“能见”的目标物的距离就是该方向的能见距离。如某一目标物轮廓清晰，但没有更远或看不见更远的目标物时，可参考下述几点酌情判定。

❖ 目标物的颜色、细微部分清晰可辨时，能见度通常可定为该目标物距离的5倍以上。

❖ 目标物的颜色、细微部分隐约可见时，能见度通常可定为该目标物距离的2.5～5倍。

❖ 目标物的颜色、细微部分很难分辨时，能见度通常可定为大于该目标物的距离，但不应超过2.5倍。

运用以上几点参考指标时，应考虑目标物的大小、背景颜色以及当时的光照情况，并注意判定距离，绝不能大到该方向接近“不能见”的最近目标物的距离。

靠近海岸的观测点，面向海方向的能见度，还可根据水天线的清晰程度，参照表3–3–2来判定。

表3–3–2 海面能见度参照表

水天线清晰程度	能 见 度(km)	
	眼高出海面≤7m时	眼高出海面>7m时
十分清楚	≥50.0	
清 楚	20.0～50.0	≥50.0
勉强可以看清	10.0～20.0	20.0～50.0
隐约可辨	4.0～10.0	10.0～20.0
完全看不清	<4.0	<10.0

2. 夜间能见度的观测

夜间能见度观测最好用发光物体（如灯光）作为目标物，根据灯光强度和距离，查出相应的能见距离。在无条件利用目标灯进行观测的情况下，只能根据天黑前能见度的变化趋势，当时天气现象和气象要素的变化情况，结合实践经验加以估计。

观测时，应在黑暗处停留至少5min，待眼睛适应环境后进行观测。

利用目标灯进行观测时应注意：

❖ 应选择孤立的点光源作为目标灯，不宜选择成群、成带、重叠的灯光。

❖ 目标灯的灯光强度应固定不变。

❖ 选用没有灯罩的白色光源。

❖ 目标灯应位于开阔地带，不受地方性烟雾的影响。

选定目标灯后，应测定目标灯至观测点的距离，并了解其功率（W），从灯光能见距离换算图（图3–3–2）查出相当的能见距离。

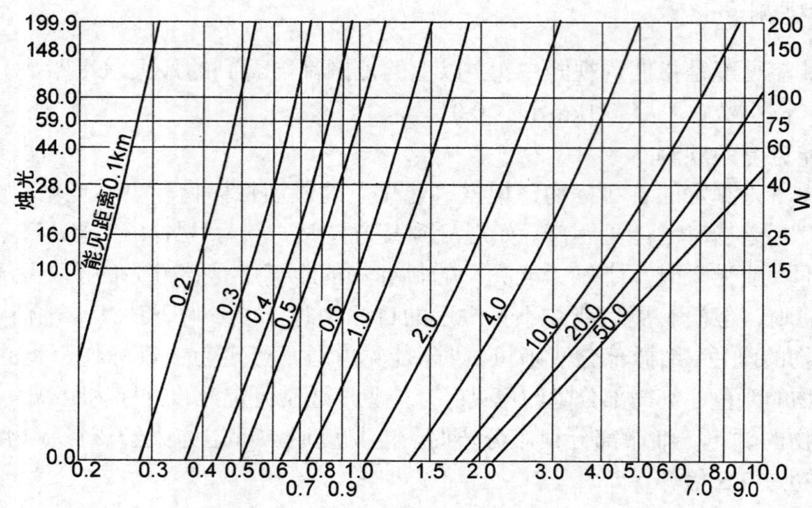

图 3-3-2 灯光能见距离换算图

二、仪器法（B）

前散射能见度仪是专门用来测定气象光学能见度（MOR）的仪器，可以长期连续自动运行。在机场、高速公路、港口、舰船上的能见度测量以及常规气象观测和对雾的探测等领域得到广泛应用。仪器的基本工作原理如图 3-3-3 所示。

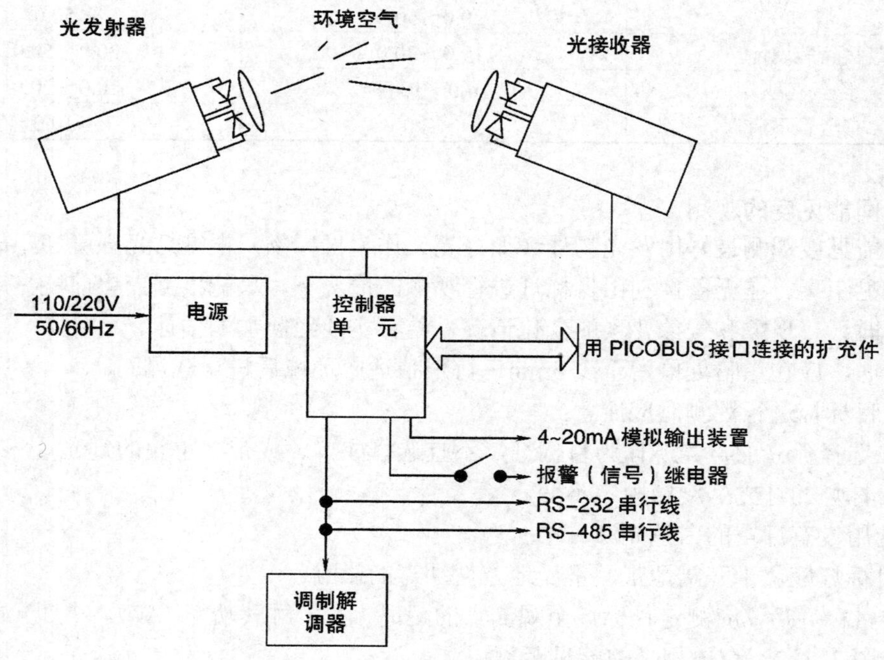

图 3-3-3 能见度测定仪工作原理图

前散射能见度仪包括光发射器、光接收器和控制器单元。光发射器连续向大气中发射经过透镜汇聚的近红外短脉冲光束，接收器接收被大气中固体或液体微粒散射的部分光线，并转换成频率信号传至控制器进行处理。系统中同时测量背景光强和后向散射信号以进行补偿计算。

频率信号与能见度有固定的对应关系，1Hz 对应能见度为 4500m，10Hz 对应 800m，100Hz 对应 150m；0.1Hz 对应 20km。当信号低于 0.23Hz 时，需要对测定值作进一步计算修正，通过比较和平滑处理，给出对能见度的判别值。前散射能见度仪对能见度的探测范围是 10m～50km。

能见度测定仪必须按照仪器使用说明书进行校准和操作。

第四章　空气质量连续自动监测系统（B）

一、空气质量连续自动监测系统概述

自20世纪70年代开始发达国家陆续建立起环境空气质量连续自动监测系统，用于采集和分析环境空气质量的状况和变化。我国自20世纪80年代开始引进国外的系统设备，至今已有百余个城市拥有这类监测系统，国内也已具备一定的该系统设备的生产能力。自动监测系统的运转，对空气质量日报和预报的发布发挥了重要作用，并使我国的空气质量监测能力达到新的水平，自动监测已成为我国城市环境空气质量监测的主要技术手段。

（一）系统用途

环境空气质量连续自动监测系统的主要用途可归纳为以下几个方面：

- ❖ 掌握区域环境空气质量状况，判断它是否符合国家短期和中长期的环境质量标准。
- ❖ 掌握监测系统覆盖区域内空气污染最严重的地点和时间区域内人群暴露水平。
- ❖ 分析污染物排放源对空气质量的影响，评价环境治理措施的效果，为环境管理和决策提供支持。
- ❖ 积累长期空气质量数据，掌握背景水平及其发展趋势，为制定和修改环境标准提供科学依据。
- ❖ 为进行空气污染预测预报工作和污染影响评价、空气扩散数学模式等研究工作提供大量的基础数据。

（二）系统基本结构

空气质量连续自动监测系统是一套区域性空气质量的实时监测网络，它的组成有各种形式，实时化和自动化程度可有所不同，但它们的基本结构是相同的，如图3-4-1所示。

1. 中心计算机室

中心计算机室是整个系统运行的中心，它一般由计算机、应用软件、输出设备和通讯设备等组成，图3-4-2所示为中心计算机室设备配置和结构示意图。中心计算机室的主要任务是：

- ❖ 定时或随时收取各监测子站的监测数据，并对所收取的监测数据进行判别、检查、舍取和存储等。

❖ 以报表和图表等形式输出各类监测数据报告。

❖ 对监测子站的监测仪器进行零点和标点检查校准、多点校准和远程诊断，随时收集仪器设备的工作状态信息等。

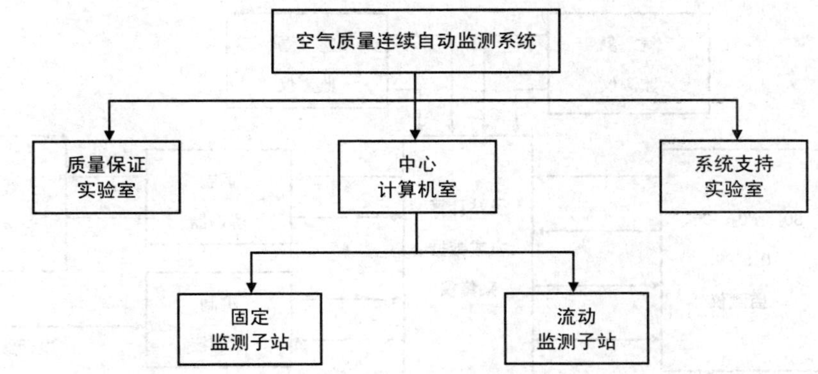

图 3-4-1　空气质量连续自动监测系统基本结构框图

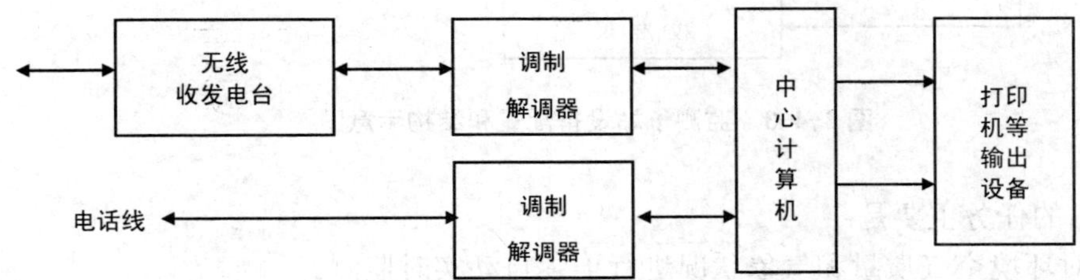

图 3-4-2　计算机机房设备配置和结构框图

2. 质量保证实验室

系统的质量保证实验室是系统质量保证工作的核心，建立完整的质量保证实验室的目的是为了保证系统的正常运行，获得准确可靠的监测数据。因此它担负着控制、监督和改进整个系统运行的重任，它的任务大致可归纳为以下几点：

❖ 按质量保证程序，对系统使用的标准样品进行追踪标定和保管。

❖ 按质量保证程序，对系统仪器设备进行标定、校准。

❖ 按质量保证程序，在规定的时间内将需要计量认证的仪器设备送至权威计量部门进行检定和对自检的仪器设备组织力量进行检定。

❖ 按质量保证程序，对检修后的仪器设备进行校准和主要技术指标的运行考核。

❖ 对各监测子站运行状况进行检查，配合有关部门实施系统的审核工作。

❖ 负责监测子站日常运行记录的检查、审核及记录的汇总归档保存。

❖ 参与对监测数据的检查、检验、确认和对系统运行情况进行分析。

3. 系统支持实验室

系统支持实验室是整个系统的支持保障中心，它的任务主要是：根据仪器设备的运行要求定期对其进行预防性维护和保养、及时对发生故障的仪器设备进行针对性检修和负责系统的仪器设备、备品备件和有关器材的保管和发放。

4. 监测子站

监测子站是整个系统的基础，它由采样系统、污染物监测仪、校准设备、气象监测仪、计算机/数据采集器等组成，图 3-4-3 所示为监测子站设备配置和结构示意图。

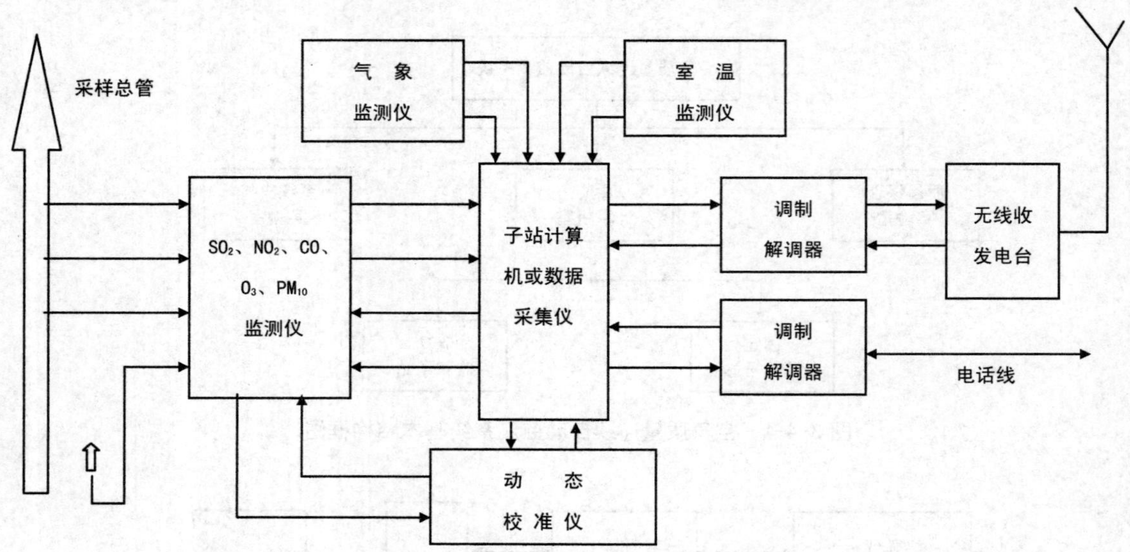

图 3-4-3 监测子站设备配置和结构示意图

监测子站的任务主要是：

❖ 实施对环境空气质量和气象状况进行连续自动实时监测。

❖ 对监测数据进行采集、处理和存储。

❖ 按中心计算机指令向中心传输监测数据和设备状态信息。

二、空气质量连续自动监测仪工作原理

（一）紫外荧光仪测定 SO_2

该法的原理是基于紫外灯发出的紫外光（190～230nm）通过 214nm 的滤光片，激发 SO_2 分子使其处于激发态，在 SO_2 分子从激发态衰减返回基态时产生荧光（240～420nm），荧光强度由一个带着滤光片的光电倍增管测得。下式描述了这个反应：

$$SO_2 + h\upsilon \rightarrow SO_2^* \quad (1)$$

$$SO_2^* \rightarrow SO_2 + h\upsilon_2 \quad (2)$$

$$I_a = I_0(1 - e^{-\alpha x(SO_2)}) \quad (3)$$

式中：I_a——被吸收的光强；

I_0——紫外灯光强；

α——SO_2 吸收系数；

x——激发光光程；

(SO_2)——SO_2浓度。

当SO_2浓度相对较低，激发光的光程较短，样品气是空气，以上等式可简化为：

$$F = K(SO_2)$$

因此光电倍增管测得的荧光F与SO_2浓度呈正比。K由荧光室几何尺寸、荧光效率等决定。

监测系统用SO_2分析仪的主要技术指标应满足：

测量范围	0～0.5ppm	20%跨度精密度	±5ppb
最低检出限	2ppb	80%跨度精密度	±10ppb
零点漂移	±5ppb/24h	响应时间	5min
20%跨度漂移	±5ppb/24h		
80%跨度漂移	±10ppb/24h		
噪音	1ppb		

如果分析仪器的紫外光源以脉冲方式工作，则称为紫外脉冲荧光法SO_2分析仪。

（二）化学发光仪测定NO、NO_2、NO_x

该法的工作原理是基于NO与O_3的化学发光反应生成激发态的NO_2分子，在返回基态时放出与NO浓度成正比的光，以下的等式描述了此反应。

$$NO + O_3 \rightarrow NO_2^* + O_2 \tag{4}$$

$$NO_2^* \rightarrow NO_2 + h\nu \tag{5}$$

用红敏光电倍增管接收此光即可测得NO浓度。

对于总氮氧化物（$NO_x = NO + NO_2$）的测定，须先将样气中的NO_2转换成NO，再与O_3反应后进行测定，即测得NO_x浓度，两次测定值的差值$NO_x - NO$即为NO_2浓度。

该方法灵敏度高、选择性好、响应快，检出限低；为降低光电倍增管的噪声，要使用制冷器使光电倍增管工作在较低的温度下。

监测系统用NO_2分析仪的主要技术指标应满足：

测量范围	0～0.5ppm	20%跨度精密度	±5ppb
最低检出限	2ppb	80%跨度精密度	±10ppb
零点漂移	±5ppb/24h	响应时间	5min
20%跨度漂移	±5ppb/24h	钼转换器效率	＞96%
80%跨度漂移	±10ppb/24h		
噪音	1ppb		

（三）气体滤波相关红外吸收仪测定CO

该法的工作原理与红外吸收光谱法相同，采用了气体相关滤光技术。它是基于被测气体红外吸收光谱的结构与其它共存气体红外吸收光谱的结构进行相关比较，比较时使用高浓度的被测气体作为红外光的滤光器，在有其它干扰气体存在的情况下，比较样品气中被测气体红外吸收光谱。

该方法灵敏度高，稳定性好，检出限低。

监测系统用 CO 分析仪主要技术指标应满足：

测量范围	0～50ppm	20%跨度精密度	±0.5ppm
最低检测限	1ppm	80%跨度精密度	±0.5ppm
零点漂移	±1ppm/24h	响应时间	4min
20%跨度漂移	±1ppm/24h		
80%跨度漂移	±1ppm/24h		
噪音	0.5ppm		

（四）紫外光度仪测定 O_3

该法的工作原理是基于臭氧分子内部电子的共振对紫外光（波长 254nm）的吸收，直接测定紫外光通过臭氧时减弱的程度就可计算出臭氧的浓度。紫外光照射于一个交替地充满样品气和充满零气的玻璃管吸收池，光通过零气吸收池时的光强为 I_0，通过充满样品气吸收池的光强为 I，得到一个 I/I_0 的比率，由朗伯比尔定律从光强的比率计算出臭氧浓度。

$$O_3=\frac{10^9}{\alpha\times l}\times\frac{T}{273\text{K}}\times\frac{29.92\text{inHg}}{P}\times\ln\frac{I}{I_0} \tag{6}$$

式中：I——光通过样品池后的光强；

I_0——光通过零气池后的光强；

α——吸收系数；

l——吸收池长度；

O_3——臭氧浓度；

T——样品温度；

P——样品压力。

该方法线性良好，响应很快；主要干扰是颗粒物和湿气。

监测系统用 O_3 分析仪主要技术指标应满足：

测量范围	0～0.5ppm	20%跨度精密度	±5ppb
最低检测限	2ppb	80%跨度精密度	±10ppb
零点漂移	±5ppb/24h	响应时间	5min
20%跨度漂移	±5ppb/24h		
80%跨度漂移	±10ppb/24h		
噪音	1ppb		

（五）长光程差分吸收光谱仪测定多种成分

该法的工作原理为从氙灯发射出的紫外可见光束，在其光程中的 SO_2、NO_2、O_3 等气体分子会对光产生特征吸收，形成特征吸收光谱，通过对特征吸收光谱的鉴别及依据朗伯比尔定律进行差分拟合计算得到整段光程内各种气态物质的平均浓度。该方法的仪器目前有同轴反射式、发射单元在光程的另一端式和接收/光谱分析单元合为一体式的三种类型。该方法各类监测仪的工作原理可参见有关仪器说明书。

该方法对自然光强的变化及影响能见度的雨、雾、尘、雪的干扰在一定程度内可作自动修正。但当光强被大雨、浓雾或沙尘大幅度衰减，而使接收端得不到足够的光强信号时，该仪器不能正常运行。

本方法适宜环境空气中 SO_2、NO_2、O_3 的测定，其检出限与光程长度有关。当光程为500m，平均时间为 1min 时，该方法最低检出浓度：SO_2 为 1μg/m^3，NO_2 为 1μg/m^3，O_3 为3μg/m^3。

（六）PM_{10} 监测仪

PM_{10} 连续自动监测仪的采样切割装置一般设计成旋风式，它在规定的流量下，对空气中 10μm 粒径的颗粒物具有 50%采集效率。PM_{10} 连续自动监测仪应满足下表 3-4-1 所列的技术性能指标。

表 3-4-1　可吸入颗粒物 PM_{10} 连续自动监测仪技术性能指标

<table>
<tr><th colspan="2">项　　目</th><th>指　　标</th></tr>
<tr><td colspan="2">测量范围</td><td>0～1mg/m^3 或 0～10mg/m^3（可选）</td></tr>
<tr><td colspan="2">50%切割粒径</td><td>10±1μm</td></tr>
<tr><td colspan="2">最小显示单位</td><td>0.001mg/m^3</td></tr>
<tr><td colspan="2">采样流量偏差</td><td>≤5%设定流量/24h</td></tr>
<tr><td colspan="2">仪器平行性</td><td>≤7%或 5μg/m^3</td></tr>
<tr><td colspan="2">校准重现性</td><td>≤±2 标准值</td></tr>
<tr><td rowspan="3">与参比方法比较</td><td>斜率</td><td>1±0.1</td></tr>
<tr><td>截距</td><td>0±5μg/m^3</td></tr>
<tr><td>相关系数</td><td>≥0.95</td></tr>
<tr><td colspan="2">工作环境温度</td><td>0～40℃</td></tr>
</table>

1. TEOM 微量振荡天平仪

该方法是在质量传感器内使用一个振荡空心锥形管，在空心锥形管振荡端上安放可更换的滤膜，振荡频率取决于锥形管特性和它的质量。当采样气流通过滤膜，其中的颗粒物沉积在滤膜上，滤膜质量变化导致振荡频率变化，通过测量振荡频率的变化计算出沉积在滤膜上颗粒物的质量，再根据采样流量、采样现场环境温度和气压计算出该时段的颗粒物标态质量浓度。颗粒物质量与振荡频率之间的关系可由下式表示：

$$\mathrm{d}m = K_0\left[\left(\frac{1}{f_1^2}\right) - \left(\frac{1}{f_0^2}\right)\right] \tag{7}$$

式中：dm——变化的质量；

K_0——弹性常数（包括质量变换因子）；

f_0——初始频率；

f_1——最终频率。

该方法主要技术指标为：测量范围小于 5μg/m^3～几个 mg/m^3；噪声：<1.0dB（A）；质量传感器误差：<2.5%；流量稳定性：优于±1%。

该方法对空气湿度的变化较为敏感，为降低湿度的影响，对样气和振荡天平室一般进行 50℃加热，这样会损失一部分不稳定的半挥发性物质。

2. Beta 射线仪

该方法工作原理可简述为：利用 Beta 射线衰减量测试采样期间增加的颗粒物质量。环境空气由采样泵吸入采样管，经过滤膜后排出。颗粒物沉淀在采样滤膜上，当β射线通过沉积着颗粒物的滤膜时β射线能量衰减，通过对衰减量的测定计算出颗粒物的浓度。它们之间的关系由下式表示：

$$I=I_0\exp(-\mu M) \quad C=-\frac{S}{\mu V}\ln(\frac{I}{I_0}) \tag{8}$$

式中：I——通过沉积着颗粒物滤膜的β射线量；

I_0——通过滤膜的β射线量；

μ——质量吸收系数，cm^2/mg；

M——颗粒物质量，mg/cm^2；

C——质量浓度，mg/m^3；

S——捕集面积，cm^2；

V——捕集气流体积，m^3。

（七）校准系统工作原理

1. 零气发生器工作原理

图 3-4-4 所示为零气发生器的零气制作流程，空气压缩机提供一定压力的干燥压缩空气作为供气动力，气体通过氧化池和催化装置将 NO 转化为 NO_2、将 CO 和包含甲烷在内的烃类转化成 CO_2 和水；最后通过洗涤池中的洗涤剂，输出符合要求的零气。

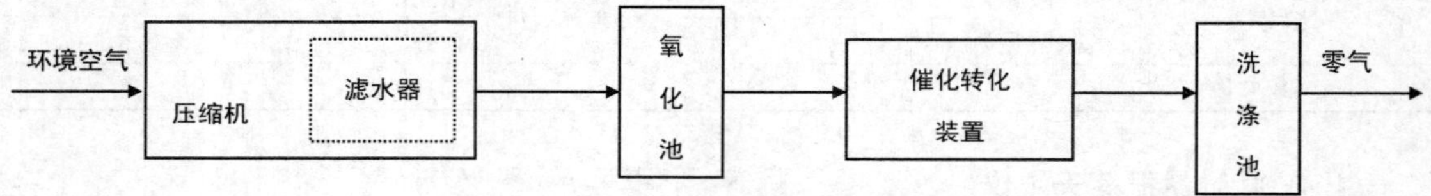

图 3-4-4 零气发生器的零气制作流程

2. 多点动态气体校准器

由零气发生器提供零气源及空气动力，标准气由钢瓶气接入口进入，电磁阀控制入口的开启，进入的气体流量由质量流量控制器控制，钢瓶标准气和零气进入混合室进行混合产生所需浓度的标准气，最后经输出口输出。气相滴定的过程为电磁阀和限流孔控制一定流量的零气进入 O_3 发生器产生一定量和浓度的 O_3，然后在反应室与 NO 标准气发生气相滴定反应产生所需浓度的 NO_2 标准气，最后经输出口输出。渗透管放置在温度控制非常精确的渗透装置内，由限流孔控制的一定流量的气体通过渗透装置使通过渗透管渗透膜渗出的气体进入混合室与零气混合产生所需浓度的标准气，最后再经输出口输出。

三、空气质量连续自动监测系统组成

空气质量连续自动监测系统主要由监测子站、中心站（包括中心计算机室、质量保证实验室和支持实验室）组成，要确保各组成部分的正常运行，使所获得数据准确可靠并具有良好的代表性，就必须明确系统建设目标，并根据所定目标进行系统设计，这包括监测子站的数量、子站布局、要测试的污染物项目、数据捕获率和数据质量要求等。

（一）监测点位

1. 监测点位数和监测点位的布局

监测点位数一般根据空气质量连续自动监测网络覆盖区域的人口数、城市规模、该区域被测污染物污染状况及发展趋势，经济建设的发展情况和要求来确定。

监测点位的选择是一个较复杂的问题，对于以掌握区域内污染物的时空分布和人群的暴露状况为目的的城市区域空气质量监测网络，主要采用几何图形布点法和按人口和功能区域布点法等方法。为能客观反映一定空间范围的大气污染水平和变化规律、空气污染对人群和生活的影响，无论采用哪一种方法，监测点位的布局应考虑区域类别或特征、区域内污染状况、人口布局、地形和气象条件等因素，尽可能分布均匀及兼顾未来发展的需要，尽可能地排除监测点位周围环境中可能干扰监测结果的因素，各监测点位之间的条件尽可能一致。另外还应在远离监测区域的主导风向上风方位设置一背景对照点。

2. 监测子站设置

在监测点位布局已确定的前提下，监测站的具体定位是相当重要的，子站的位置在系统的总体规划中所选择的区域范围内应具有代表性，使监测结果能反映该区域内空气污染物的实际浓度。因此监测站的设置应满足以下的要求：

采用点式监测仪的子站在 50m 范围内不能有明显的污染源；采样口附近一定范围内不能有障碍物阻碍环境空气流通；从采样口到附近最高障碍物之间的距离至少是该障碍物高出采样口的两倍以上；点位周围建设情况相对稳定并地处相对安全和防火措施有保障的地方。

采用差分吸收光谱法的子站，光程附近不应有局地污染源；80%的光程必须在离地面 3～25m 的高度上，距下垫面小于 1m 的光程不能超过总光程的 10%；整个光程不能穿越车流量大于 10000 辆/天的道路，且至少 90%的光程离道路 20m 以上；至少 90%的光程周围要开阔，离建筑物距离至少是建筑物高度的 2 倍以上和至少 90%的光程离绿化带的距离大于 20m。

（二）监测子站

1. 采样系统

（1）采样系统组成

采样系统由采样头、采样总管室外室内部分、采样支管和采样抽气风机组成，采样总管有垂直层流多路支管和竹节式多路支管两种。无论采用哪种，在设计时应考虑到诸如防雨、防粗大的颗粒物落入采样总管和防止结露水流入采样支管。采样管直径和长度应与采气流量、管内压力等综合考虑。采样管一般采用对被测物无吸附和反应、无干扰物质释放的硼硅酸盐玻璃或聚四氟乙烯材料制成。样品气体在总管的滞留时间应小于 10s。

（2）采样系统设置

采样系统的设置应保证在采样口周围一定范围内没有遮挡物、采样口离地面高度应为 3～15m、与支撑物之间的垂直或水平距离应大于 1m，并要充分考虑附近道路上行使的机动车辆的影响。

2. 仪器设备

仪器的分析方法、测量范围和各项技术指标必须符合国家颁布的技术标准和规范的要求，获得国际上和国内权威机构的认证，具有国内外先进水平，长期运行安全可靠，故障率低。设备供应厂商具有现场技术支持能力。

3. 子站站房

（1）子站站房建设

一个合适的采样环境要求控制所有能影响样品稳定性、样品内的化学反应或样品组分性能的外部物理要素，所以监测子站站房建设应满足以下要求：

①站房应为无窗或双层密封窗结构，有一小隔间作为进门与仪器室之间的缓冲，面积10～25m^2。室内温度应控制在25℃±5℃、相对湿度在80%以下，并避免室外阳光直射至仪器设备。

②站房周围应有疏通雨水渠道，防止因雨水排泄不及时而进入站房，并应采取防雨、防虫、防尘、防渗漏、防雷电和防电磁波干扰的措施。

③抽气风机排气口与监测仪器排气口应设在靠近站房下部20～30cm的位置。

④电源电压波动不能超过±10%，供电系统应配有电源过压、过载和漏电保护装置。

（2）站房内仪器设备安置

子站内仪器设备安置可根据站房具体情况而定，但空调的出风不能直对采样管，钢瓶应放置在安全固定装置内。

（三）中心站

1. 中心计算机室

（1）中心计算机室装备

中心计算机室一般应配置两台或两台以上能满足系统软件工作要求的计算机，一台作为主机，另一台作为辅机，配置UPS不间断电源、调制解调器、打印机和绘图仪，也可加配磁带机、磁盘阵列或光盘刻录机等。中心站与子站可采用有线或无线通讯方式，无论采用哪种方式，传播速率都应在2400b/s以上，误码率在10^{-6}以下。

（2）系统应用软件

系统应用软件应具有在线控制，数据、检查、判别、确认、记录和报警显示、报表图形输出及其它诸如编辑、图形数字输入、数据库管理、各种应用软件设计和开发等功能。

（3）计算机机房建设

①建议采用密封窗结构，有一小隔间作为进门与机房之间的缓冲，面积一般不小于25m^2，室内温度控制在25℃±5℃、相对湿度在80%以下。

②安装净化换气装置，以使机房工作环境保持空气清新。

③应提供一定容量的电源，电源电压的波动不能大于±10%，并配有电源过压、过载和漏电保护装置，接电电阻应小于4Ω。

④应符合计算机房防火安全要求。

2. 质量保证实验室

（1）质量保证实验室装备

1）校准系统：校准系统包括零气发生器和多点动态气体校准仪，两者的配合使用组成一个为标准物质传递或溯源和监测仪器校准所用的标准气体发生系统。

①零气发生器：零气供监测仪器标定零值用，并与气体标准物质按不同的稀释比混合为监测仪器提供不同浓度值的标准气体。标准物质传递或溯源和监测仪器校准是否准确，与零气的纯净程度有关，零气发生器应能提供满足动态校准的正常运行所需气源的压力、且流量不少于 10L/min。零气应不含待测组分和干扰物，如含待测组分和干扰物，则其浓度应低于检测限或不超过满刻度值的 0.2%。

②多点动态气体校准器：在多点动态气体校准仪中一般包含有：两个质量流量控制器、渗透管装置（可选）、臭氧发生器、气相滴定装置和混合室，并设有多路标准气体入口，可分别提供多种组分的气体。

多点动态气体校准仪中的质量流量控制器的准确性是相当重要的，它直接决定着所配气体是否准确，它的误差不能超过±1.5%，校准曲线的相关系数要大于 0.9999。渗透管恒温装置温度的准确恒温，直接影响着渗透管渗透率的稳定，它只允许在规定温度范围内波动±0.1℃，在 25～30℃温度范围内，温度每变化 0.1℃将导致渗透率 1%的误差。臭氧发生器中的紫外灯，要求具有很高的稳定性和较长的使用寿命。气相滴定和混合室装置应有足够的容积，使反应气体在气相滴定和混合室装置内保持足够的滞留时间，以使混合气体达到完全反应。

2）流量标准传递设备：

①皂膜流量计：范围 0～150ml/min，等级 0.5 级。

②湿式流量计：范围 0～15L/min，等级 0.5 级。

③活塞式流量计：范围 0～150ml/min，0～15L/min，等级 0.5 级。

④质量流量计，包括流量读数装置或干式电子皂膜流量计：准确度±2%以内。

⑤标准温度计：测量范围 0～60℃，在 5℃范围分辨率达到±0.01℃，溯源到国家标准。

⑥标准气压表：准确度$\pm 2.7\times 10^{2}$Pa，溯源到国家标准。

⑦精密电阻箱：阻值在 0.1～99.999kΩ，最小变化阻值 0.1Ω。

3）基准标准物质：备有权威标准部门提供的各种基准标准物质，如标准钢瓶气和标准渗透管。

4）质量保证专用仪器：包括监测仪、多点气体动态校准仪和零气发生器。

5）气象仪器校准设备。

6）便携式校准设备。

7）数字万用表：可溯源到国家标准。

（2）质量保证实验室建设

①建议采用密封窗结构，有一小隔间作为进门与实验室之间的缓冲，面积与监测系统规模有关，一般其面积可在 25～40m^2，室内温度控制在 25℃±5℃、相对湿度在 80%以下。

②安装良好的通风设备保持室内空气畅通和安装废气排出口以便于有害气体及时排出。

③提供一定容量的电源，电源电压的波动不能大于±10%。

④配备冷冻柜，用于存放渗透管。标准气钢瓶放置在安全固定装置内。

⑤配备一定数量的实验台、存贮柜及用于清洗器皿和物品的清洗池，清洗池位置应远离工作台。

3. 系统支持实验室

（1）系统支持实验室装备

配备通用和专用测试、调整和维修用电子仪器和工具，仪器气路检漏用的压力表和真空表，还应有一定数量的备份仪器，用于故障检修和预防性维修。

（2）系统支持实验室建设

①仪器维修间、仪器运行考核间和仪器设备仓库应互相独立。仪器维修间和仪器运行考核间面积视系统规模而定，一般可在 25～40m^2，其温度控制在 25℃±5℃，相对湿度在 80%以下。仪器设备仓库面积在 40～60m^2。

②仪器设备仓库应为无窗或双层密封有色玻璃窗结构，以便阻挡灰尘、雨水进入仓库和防止阳光直接照晒存放的仪器和物品。

③应提供一定容量的电源，电源电压的波动不能大于±10%。

④仪器维修应采取宽面维修台，以便放置仪器和工具；还应配备一定数量的存储柜，以便存放维修零件、工具和仪器等。

四、空气质量连续自动监测系统质量保证和质量控制

（一）概述

空气质量连续自动监测系统是由采样系统、监测仪器、数据通讯、计算机、系统管理及操作人员等多个环节构成，系统中无论哪个环节出现问题都将影响整个系统的正常可靠运行。监测仪器在长时间连续运行过程中由于电路、光路、气路的变化必然会产生仪器的零点、标点漂移及出现各种各样的故障，还有供电质量的波动、临时停电干扰、气候条件的变化、操作人员和维护人员的技术素质差异等都直接影响监测数据的准确性，另外系统是无人值守连续自动运行，维护管理周期一般较长，运行期间出现的问题有时不能及时发现，所以必须对整个系统实施全面的质量保证，对系统所有的监测和校准过程执行严格的质量控制。

在实际工作中有时往往会将质量保证和质量控制两者概念混淆，使两者的工作发生错位，所以区别两者的异同是非常重要的。质量保证是指为了提供足够的信任表明系统能够满足质量要求，而在系统中实施的全部有计划和有系统的活动；其目的在于提供可满足监测目的且合乎质量要求的数据、将由于仪器故障及各种干扰影响导致数据的损失降至最低和确保系统提供的监测数据有效、准确、可靠、可比。质量控制是指为了达到质量要求所采取的作业技术和活动；其目的在于监视控制某一活动或工作的全过程，排除所有导致不合格、不满意的原因，识别不合格、不满意的结果。

图 3-4-5 所示为空气质量连续自动监测系统的质量保证框图。

（二）标准的追踪与传递

1. 气体流量测量装置的质量控制程序

监测仪器的准确性与校准监测仪器所用的气体流量测量装置和标准物的准确性有着重要的关系，因此对于气体流量标准和气体标准物质的基本质量保证要求是建立各级标

准的质量控制程序，实施各种类型标准对一级标准的追溯并提供报告及记录文件。在通常情况下应每半年一次对气体流量测量装置进行标准的追踪传递，追踪传递的方法一般有两种，即间接传递和直接传递。

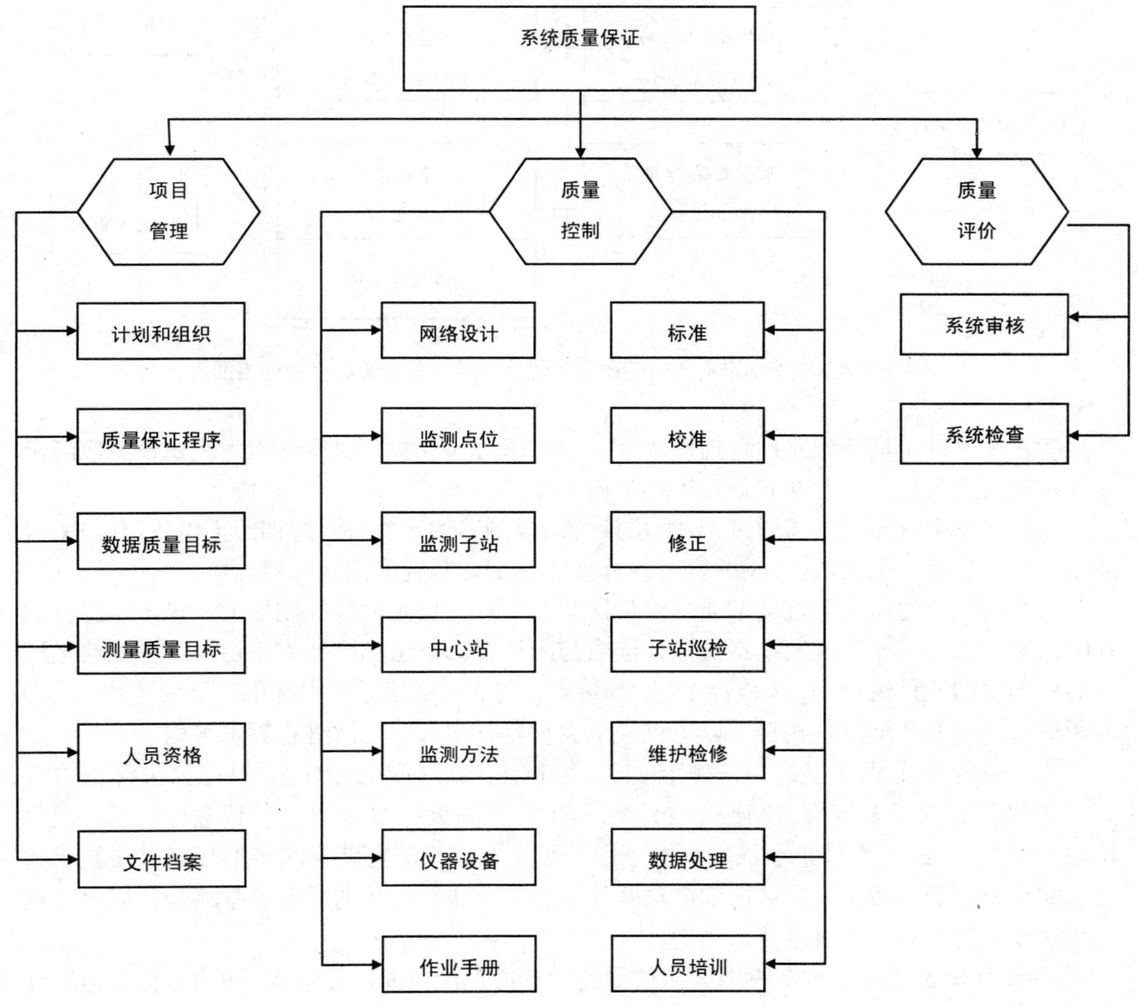

图 3-4-5　空气质量连续自动监测系统的质量保证框图

（1）流量标准的间接传递

流量标准的间接传递是一种两级方式的传递过程，第一级传递是指经国家计量部门检验和标准传递过的一级标准流量测量装置如皂膜流量计、湿式流量计等，对用于现场校准的传递标准如质量流量计等进行校准标定，第二级系指用经过一级标准校准标定过的传递标准对现场的流量测量装置即校准标准如质量流量控制器进行校准标定。

校准设备安装和气路连接及质量流量计校准标定过程如下：

1）质量流量计校准（第一级校准）：

①按图 3-4-6 所示进行校准设备安装和气路连接。

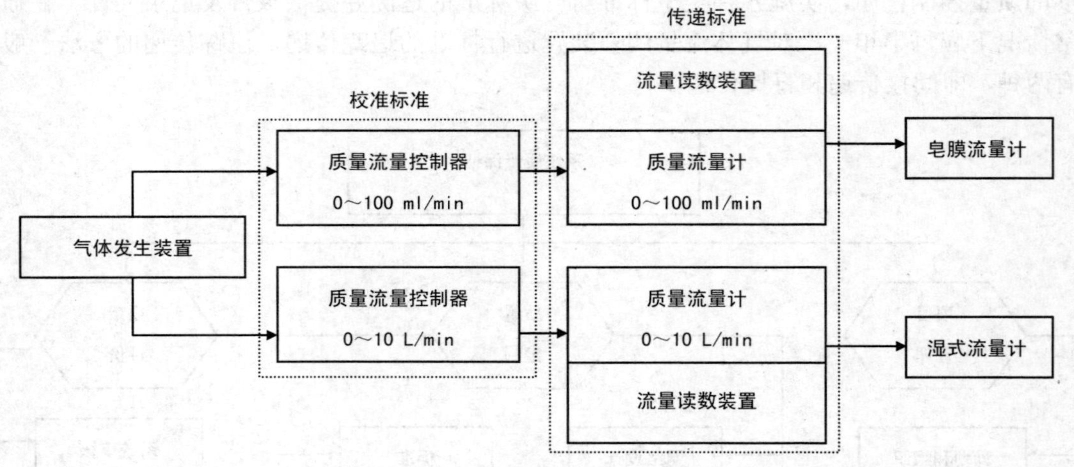

图 3-4-6 流量标准间接传递质量流量计校准设备安装和气路连接图

②在校准标定期间记录现场环境温度、大气压力等参数。温度、压力测试设备应经国家计量部门检验标定，并在有效使用期限内。

③确保整个气路无气流通过，观察质量流量控制器的读数（RC），调节零电位，使（RC）、质量流量计流量显示读数（RM）和一级标准流量测定装置的流量读数为零。

④开启气体通路，通过调节质量流量控制器，设置质量流量控制器的流量于满量程的100%，待读数稳定后，观察质量流量计读数与经计算修正至标准状态下由一级标准流量测定装置测得的质量流量（Q_S）是否相符，如不符，调节质量流量计内部电位器使读数（RM）与所通入气体的质量流量相符。以上过程至少重复三次，对三次进行算术平均。

如一级标准流量测定装置是皂膜流量计，则每次测量时应记录测量气体体积和测量时间。

⑤通过设定质量流量控制器，使读数（RC）在满量程的 50%，待读数稳定后，观察读数（RM）与经计算修正至标准状态下由一级标准流量测定装置测得的质量流量是否相符，如不符，调节质量流量计内部电位器使读数与所通入气体的质量流量相符。以上过程至少重复三次，对三次进行算术平均。

⑥重复步骤②～④直至不用调节质量流量计内部电位器，使读数（RM）稳定地达到所要求的值。

⑦分别通过设定质量流量控制器，使读数（RC）在满量程的 20%、40%、60%和 80%，并观察和记录相应的读数（RM）、实测流量和质量流量（Q_S）。

⑧校准曲线的绘制和检验：校准曲线的绘制是基于线性回归的原理。根据最小二乘法计算得到质量流量（Q_S）和质量流量计流量读数（RM）之间的校准曲线，其校准曲线应满足以下方程：

$$Q_S = b \times (\mathrm{RM}) + a \tag{9}$$

式中：Q_S——质量流量值；

RM——质量流量计流量读数装置读数；

b——校准曲线斜率；

a——校准曲线截距。

为确保对质量流量计进行的流量标准传递的准确度在±1%范围内，对所获校准曲线的检验指标应符合以下要求：

相关系数：$r>0.9999$；斜率：$0.99\leqslant b\leqslant 1.01$；截距：$a<$满量程±1%。

⑨流量修正：一级标准流量测量装置实测流量修正到标准状态下（273K、101.325kPa）的质量流量 Q_S 计算公式为：

$$Q_S = F \cdot K \tag{10}$$

式中：F——实测流量；

K——流量修正系数。

$$\text{流量修正系数}K=\frac{P_e}{P_S}\times\frac{T_S}{T} \tag{11}$$

式中：P_e——经修正后校准时的环境大气压，kPa；

P_S—标准状况下的压力，101.325kPa；

T——校准时的环境温度，K；

T_S—标准状况下的温度，273K。

$$P_e=P_B-P_T \tag{12}$$

式中：P_B——校准时的环境气压，kPa；

P_T——温度对压力计压力读数的修正，kPa，该修正参数可由压力计使用手册查得。

如一级标准流量测定装置是皂膜流量计，还应考虑水饱和蒸气压，则

$$P_e=(P_B-P_T)-P_v \tag{13}$$

式中：P_v——给定温度下的水饱和蒸气压，kPa，可从有关表上查得。

2）质量流量控制器校准（第二级校准）。校准设备安装和气路连接及质量流量控制器校准标定过程如下：

①按图 3-4-7 所示进行校准设备安装和气路连接。

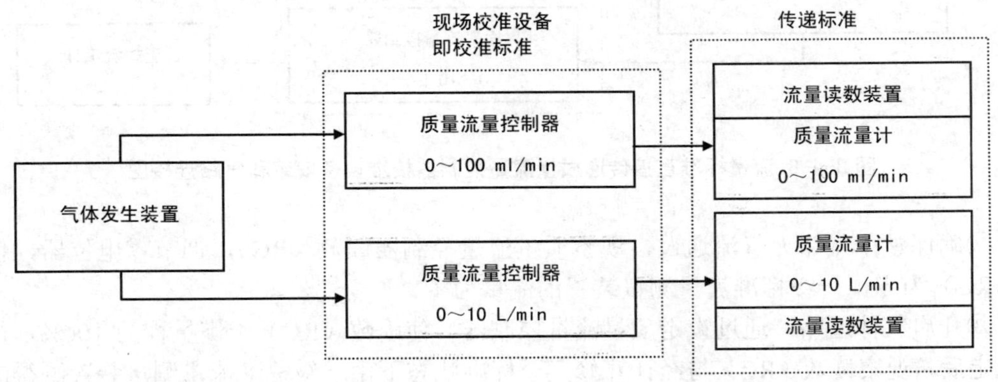

图 3-4-7　流量标准间接传递质量流量控制器校准设备安装和气路连接图

②确保整个气路无气流通过，观察质量流量控制器读数，调节零电位，使读数（RC）、质量流量计读数（RM）为零。

③开启气体通路，通过调节质量流量控制器，设置读数（RC）于满量程的 100%，待

读数稳定后，读数（RC）与读数（RM）是否相符，如不符，调节质量流量控制器内部电位器使读数（RC）与读数（RM）相符。以上过程至少重复三次，对三次进行算术平均。

④通过设定质量流量控制器，设置质量流量控制器于满量程的50%，待读数稳定后，观察读数（RC）与读数（RM）是否相符，如不符，调节质量流量控制器内部电位器使读数（RC）与读数（RM）相符。以上过程至少重复三次，对三次进行算术平均。

⑤重复步骤②～④直至不用调节质量流量控制器内部电位器，使读数（RC）稳定地达到所要求的值。

⑥分别通过设定质量流量控制器，使读数（RC）在满量程的20%、40%、60%和80%。

⑦根据流量标准间接传递的第一级传递所得的质量流量（Q_S）和质量流量计读数（RM）之间的校准方程，将相应各个质量流量计读数（RM）换算成相应标准状态下的质量流量（Q_S）。

⑧校准曲线的绘制和检验与质量流量计校准（第一级校准）中的⑧相同。

⑨将校准结果记录于相应的记录表内。

（2）流量标准的直接传递

流量标准直接传递也就是指经国家计量部门检验或标准传递过的一级标准流量测量装置直接对用于现场校准的校准标准如质量流量控制器进行校准标定。

校准设备安装和气路连接及质量流量控制器校准标定过程如下：

①按图3-4-8所示进行校准设备安装和气路连接。

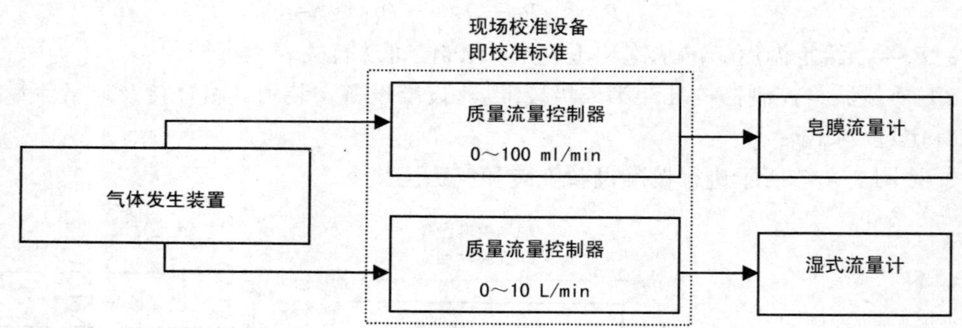

图3-4-8 流量标准直接传递质量流量控制器校准设备安装和气路连接图

②确保整个气路无气流通过，观察质量流量控制器读数（RC），调节零电位器，使读数（RC）为零，一级标准流量测量装置的流量为零。

③开启气体通路，通过设定质量流量控制器，使读数（RC）于满量程的100%，待读数稳定后，观察读数（RC）与经计算修正至标准状态下由一级标准流量测量装置测得的质量流量（Q_S）是否相符，如不符，调节质量流量控制内部电位器使读数（RC）与所通入气体的质量流量相符。以上过程至少重复三次，对三次进行算术平均。

如一级标准流量测定装置是皂膜流量计，则每次测量时应记录测量气体体积和测量时间。

④通过设定质量流量控制器，使（RC）在满量程的50%，待读数稳定后，观察读数（RC）与经计算修正至标准状态下由一级标准流量测量装置测得的质量流量是否相符，如不符，调节质量控制器内部电位器使读数（RC）与所通入气体的质量流量相符。以上过程至少重

复三次，对三次进行算术平均。

⑤重复步骤②～④直至不用调节质量流量控制器内部电位器，使读数（RC）稳定地达到所要求的值。

⑥分别通过设定质量流量控制器，使读数（RC）在满量程的20%、40%、60%和80%，观察相应的质量流量控制器读数、实测流量和质量流量（Q_S）。

⑦校准曲线的绘制和检验与质量流量计校准（第一级校准）中的⑧相同。

⑧将校准结果记录于相应的记录表内。

2.气体标准物质的质量控制程序

（1）渗透管传递标定的质量控制程序

在空气质量连续自动监测系统中经常采用SO_2渗透管作为标准气源。通过使用作为标准传递用的监测仪，一级标准渗透管传递待标定的工作标准渗透管，以建立其对一级标准的追踪。一级标准渗透管，在规定的有效期内，不必再作鉴定。作校准用渗透管一般应每半年标定一次。这种标准传递一般有仪器传递和称重两种方法，由于称重法较麻烦且很少使用，本文只介绍仪器传递法。图3-4-9所示为仪器传递标定法的气路连接图。

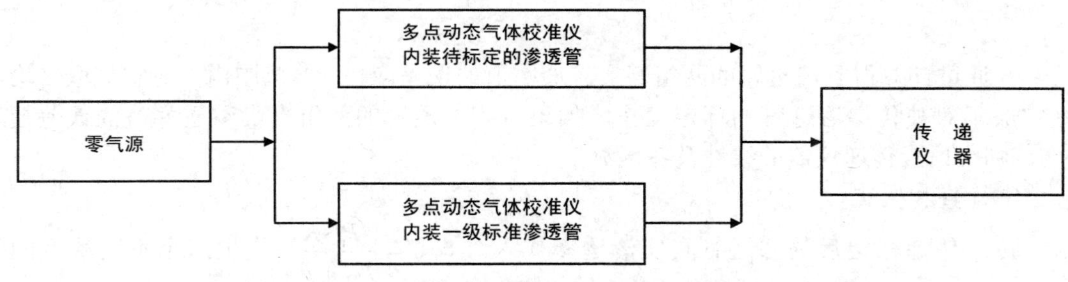

图3-4-9　渗透管仪器传递标定法的气路图

传递标定过程如下：

①进行标准传递前，将渗透管放入多点动态气体校准仪的渗透恒温装置内平衡48h以上。渗透管周围应有恒定的零气通过，通过的零气流量可参照仪器说明书。

②两台动态气体校准仪的流量控制器和渗透炉应使用同一标准进行校准，并满足要求。

③在作传递以前检查传递仪器以前所做的多点线性校准是否仍然有效。先通入零气，观察并设置仪器的零点，然后用一级标准渗透管分别产生两个浓度为满量程50%和90%的标气，观察仪器响应，任何一点响应值与标准曲线对应值之间的偏差应小于±2%。否则必须重新对传递仪器进行多点线性校准。

④改变稀释零气流量，使待传递标定的渗透管分别在仪器满量程60%～85%范围内产生一至二个浓度值。

⑤再次改变稀释零气流量，使待传递标定的渗透管分别在仪器满量程20%～50%范围内产生一至二个浓度值。

产生标准气体浓度的计算公式如下所示：

$$C=\frac{P_r \cdot K}{F_D+F_C} \tag{14}$$

式中：P_r——渗透管渗透率，μg/min；

F_D——稀释零气流量，L/min；

F_C——流经渗透管的载气流量，L/min；

K——转换成 ppm 的系数，在标准状态（101.325kPa，0℃）下 $K(SO_2)=0.350$（μl/μg）。

对于 SO_2 渗透管，在标准状态下，公式可简化为：

$$C = P_r \times \frac{0.35}{F_z} \tag{15}$$

$$P_r = C \times M \times \frac{F_z}{G} \tag{16}$$

式中：P_r——被传递渗透管真实渗透率，μg/min；

M——渗透管中气体的量，g/mol；

C——来自传递仪器校准曲线上响应的一级标准浓度值，ppm；

F_z——零气流量，L/min；

G——体积，在标准状态下为 22.4L/mol。

对于 SO_2 渗透管，在标准状态下，公式可简化为：

$$P_r = C \times \frac{F_z}{0.35} \tag{17}$$

⑥通过计算得到渗透管的两组真实渗透率值的误差应在 4%范围内，对它们取平均，则完成了对被传递渗透管的标定工作。如果得到渗透管的两组真实渗透率值的误差超过4%，则应检查传递仪器的线性及零气流量。

⑦检查和核实。

按经传递标定后的渗透管真实渗透率代入公式 $C = \frac{P_r \cdot K}{F_D + F_C}$ 产生三个不同浓度的气体，并通入仪器，得到仪器的响应值记为 V_2，该响应值与一级标准渗透管相应的响应值 V_1 之间的百分偏差应在±1.5%的范围内。百分偏差 δ 计算公式如下所示：

$$\delta = \frac{(V_2 - V_1)}{V_1} \times 100\% \tag{18}$$

传递法的误差主要来自于渗透管恒温装置内指示温度的精度和温控精度。温控精度应在±0.1℃范围内，并按规定定期对温度指示器读数进行校准。传递标定法简便迅速，只要渗透管达到稳定状态，传递仪器的主要技术指标符合要求，即具有足够的准确性。

⑧将校准结果记录于相应的记录表内。

（2）渗透管恒温装置质量控制程序

渗透管的渗透率随周围温度变化而改变，渗透率的自然对数与温度呈线性关系。温度每变化 0.1℃，将导致渗透率 1%的误差，因此放置渗透管的恒温装置温度必须严格控制。必须定期对渗透管恒温装置的温度指示器读数进行校准标定，以确保渗透管的渗透率在所规定的温度下准确恒定。对渗透管恒温装置的温度指示器读数进行校准标定有直接标定－恒温水浴和间接标定－电阻模拟两种方法，由于恒温水浴方法较麻烦且很少使用，本文只介绍间接标定－电阻模拟法仪。

电子模拟法是用精密电阻箱模拟测温电子在规定温度下相应的阻值，作为对渗透管恒温装置的温度指示器读数的标定方法。

①仪器设备：

a. 精密电阻箱：阻值在 0.1～99.999kΩ 范围内，最小变化阻值为 0.1Ω。

b. 渗透管恒温装置：包括渗透炉，控温和测温用的热敏电阻和被标定的温度指示器。

②标定方法：

a. 从恒温装置上断开测温热敏电阻，用一个精密电阻箱取代其位置。

b. 在精密电阻箱上设置与渗透管温度相应的热敏电阻阻值，调节渗透管恒温装置中有关电位器，使恒温装置的温度指示器准确指示所规定的温度值。

c. 在精密电阻箱上设置低于渗透管所规定温度 0.1℃的电阻值，调节有关电位器，使渗透管恒温装置的温度指示器准确指示低于所规定温度 0.1℃的温度值。

d. 重复上述步骤，反复调节至满意结果为止。

e. 在恒温装置上接上热敏电阻，确保渗透管恒温装置中有适量的气流通过，等待温度指示器读数稳定，如果该读数超出所规定温度±0.1℃，则调节有关电位器，使温度指示在规定范围内波动。

此方法操作简便，所标定的温度读数值可准确到±0.1℃。对具备多台多点动态校准仪的大气自动监测系统，渗透管的渗透率误差可维持在±2%范围内。

（3）钢瓶气体传递标定的质量控制程序

一级标准钢瓶气对工作标准钢瓶气传递标定的气路连接如图 3-4-10 所示。

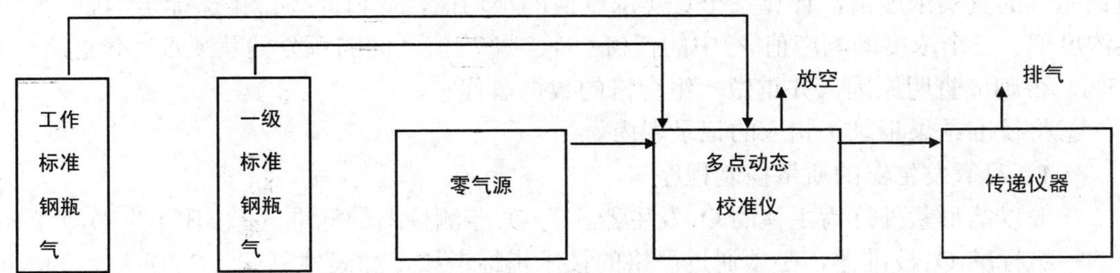

图 3-4-10　一级标准钢瓶气对工作标准钢瓶气传递标定气路连接图

传递标定过程如下：

①用一级标准钢瓶气对拟作传递用的分析仪器进行多点线性校准，以确保该仪器具有良好的线性，即要满足以下的要求：

截距 a＜满量程的±1%；斜率 b $0.99<b<1.01$；相关系数 $r>0.9999$。

②向传递仪器通入零气，检查和设置仪器的零点，然后用一级标准钢瓶气分别产生满量程 50%和 90%浓度的标准气，观察仪器响应值，任一点响应值与校准曲线响应值之间的偏差应小于±2%，否则必须重新对传递仪器进行多点线性校准。

产生标准气的浓度由以下公式计算得到：

$$C(\text{gas}) = C(\text{CYL}) \times \frac{F_G}{F_Z + F_G} \qquad (19)$$

式中：$C(\text{gas})$——拟配制所需的标准气浓度，ppm 或 mg/m^3；

$C(\text{CYL})$——钢瓶气浓度，ppm 或 mg/m^3；

F_G——钢瓶气流量，ml/min；

F_Z——稀释零气流量，L/min。

③按以上公式用一级标准钢瓶气产生浓度为满量程 90%的标准气，并使传递仪器采入该标准气，待仪器响应稳定后，将该响应值记为 V_1。

④按以上公式使待传递标定工作标准钢瓶气产生浓度为满量程 90%的样品气，并使传递仪器采入该样品气，待仪器响应稳定后，将该响应值记为 V_0。

⑤用以下公式计算被传递标定后的工作标准钢瓶气的真实浓度。

$$C = C(\mathrm{CYL}) \times \frac{V_0}{V_1} \tag{20}$$

式中：C——待传递标定工作钢瓶气的真实浓度值，ppm 或 mg/m^3；

$C(\mathrm{CYL})$——待传递钢瓶气的标牌浓度，ppm 或 mg/m^3。

⑥为了检查和核实，根据传递标定后工作标准钢瓶气的真实浓度值，使用公式 19 产生浓度为满量程 90%的样品气，使传递仪器采入该样品气，待仪器响应稳定后，将此值记为 V_2。此值与相应的一级标准钢瓶气稀释浓度响应值 V_1 之间的百分偏差（δ）应在±1.5%范围内。百分偏差（δ）的计算公式如下所示：

$$\delta = \frac{V_2 - V_1}{V_1} \times 100\%$$

⑦重复上述③～⑥的步骤三次，在此期间不再调节传递仪器，分别得到三个待传递标定钢瓶气的真实浓度值，计算三个真实浓度值的平均值，此值即为待传递标定钢瓶气的真实浓度值。三个浓度的响应值 V_2 中的任何一个与平均值之间的百分偏差（δ）不能大于±1.5%，否则应查明原因，并重做一组合格的数据取代它。

⑧将校准结果记录于相应的记录表内。

（4）臭氧发生器的质量控制程序

一般以笔形紫外灯为主体的 O_3 发生器作为 O_3 监测仪器的标准气源。凡作为 O_3 监测仪器的一级标准 O_3 校准器，必须通过严格的技术指标考核，如线性测试、O_3 损失、O_3 浓度测定值精密度检查等。校准器中 O_3 发生器的紫外灯，要求具有很高的稳定性和较长的使用寿命。一般要求每半年用一级标准 O_3 校准器对多点动态校准仪内的工作标准 O_3 校准器进行传递标定，在通常情况一级标准 O_3 校准器无需进行再鉴定。传递标定有直接和间接两种方法，由于直接方法简单方便，本文只介绍直接传递标定法。直接传递标定法气路连接由图 3-4-11 所示。

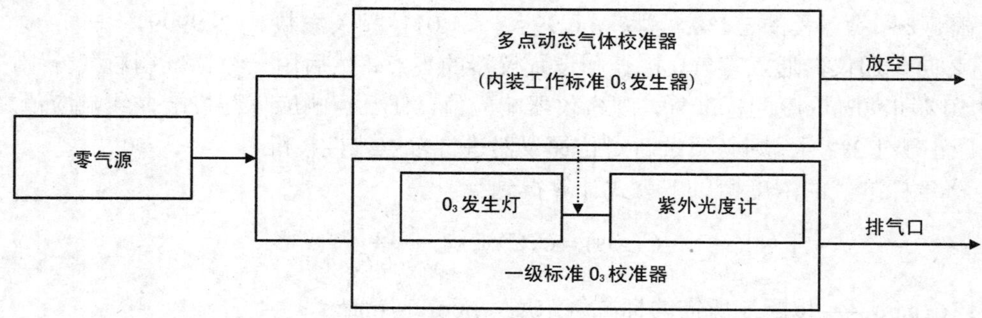

图 3-4-11 直接传递标定法气路连接图

传递标定过程如下：

①按以上图所示将零气源、一级标准 O_3 校准器和内部装有工作标准 O_3 发生器的多点动态气体校准仪相连。

②断开一级标准 O_3 校准器中 O_3 发生器到紫外光度计的气路，将动态校准仪的输出管线与后者相连接。

③启动所有仪器设备，达到稳定后再开始测试，在多点动态气体校准仪上设置的稀释零气流量必须大于一级标准 O_3 校准器所需的量。

④在保证稀释零气流量恒定的前提下，通过改变多点动态气体校准仪 O_3 的标度设置而相应改变工作标准 O_3 发生器的紫外灯电压，使一级标准 O_3 校准器分别显示所选量程 0%、15%、30%、45%、60%、75%和 90%的 O_3 标准浓度值。

⑤通过上述的测定，确定工作标准 O_3 发生器的 O_3 的设置值与一级标准 O_3 校准器相应的 O_3 标准浓度值之间的校准曲线。此曲线不一定呈线性关系。

⑥将校准结果记录于相应的记录表内。

（三）监测仪器校准

要保证监测结果的准确、可靠和可比，不但要使监测仪器处于良好的运行环境、保持良好的技术性能指标，使其保持良好的精密度；还要确保监测仪器良好的准确度。监测仪器的校准分为多点线性校准和单点校准。

1. 监测仪器多点线性校准

（1）概述

对监测仪器进行多点线性校准是使用标准物通过直接方法或通过间接方法对监测仪器进行传递标定，即与国家一级标准进行比较，确认其响应的可追溯性。由于各个测试点误差是不相同的，而多点校准注意了各个测试点的误差和多点的平均影响，它的准确性比单点校准更好。校准点一般取七个，除一个点为零点、一个点取在仪器测量量程 90%处作为标点外，其余五个点在零点和标点之间等距离分布。仪器分析多个已知浓度的污染物，观察仪器的响应，并调节仪器使仪器的响应和实际浓度达到最佳拟合程度。

因此，对监测仪器进行多点线性校准的目的在于确认仪器的线性状况，在实际污染物浓度和仪器响应之间建立一个良好的定量关系，在实际监测时利用此定量关系将仪器响应准确地转化为实际的污染浓度，使仪器的响应能准确地反映环境空气中污染物的实际浓度。

多点线性校准周期一般每半年一次，在仪器更换某些重要部件、仪器停机一段较长时间重新开机后和仪器到货开箱调试及验收时也应进行多点线性校准。为了确保校准的准确，必须使仪器充分预热和稳定，校准时的气流通路必须与实际监测时的气流通路相一致。如果监测仪器具有多量程自动切换或手动切换功能，并在监测过程中量程可能发生切换，则应分别对各量程进行校准。

（2）多点线性校准结果统计分析

多点校准结果的统计分析一般是根据最小二乘法原则，绘制基于线性回归分析的校准曲线。回归分析就是研究两变量之间相互关系的一种统计方法，最小二乘法的原则要求各数据点的偏差平方和应降至最小。

它们之间的关系可用以下绘制校准曲线的线性方程表示。

$$y = bx + a \tag{21}$$

式中：y——标准浓度值；

x——监测仪器响应值；

b——校准曲线的斜率；

a——校准曲线的截距。

基于线性回归分析的校准曲线的截距反映了监测仪器的零点漂移情况，斜率反映了监测仪器的线性指标，相关系数反映了所得到的直线与各校准数据点吻合的程度。

（3）二氧化硫监测仪器多点线性校准

校准二氧化硫监测仪的标准气源有二氧化硫渗透管和二氧化硫标准钢瓶气，可根据渗透管稀释原理，通过多点动态校准系统用不同流量的零气稀释渗透管气源，配制所需的标准气对二氧化硫监测仪进行多点线性校准。

1）校准器具：

①SO_2 标准渗透管：SO_2 标准渗透管应经一级标准或传递标准传递标定确认并在有效期内。

②零气发生器: 零气发生器所产生的零气应符合要求。

③多点动态气体校准仪：多点动态气体校准仪内的质量流量控制器应经一级标准或传递标准传递标定确认，所有指标都满足要求并在有效使用期内。多点动态校准仪内渗透管恒温装置必须准确地控制在规定温度的±0.1℃范围内。

④对待测气体组分无吸附的连接管线，最好是聚四氟乙烯管。

⑤数字电压表。

⑥最好还配置一台较高分辨率的记录仪。

2）校准程序：

①将 SO_2 标准渗透管置于渗透管恒温装置内，确保恒温装置无泄漏现象。恒温装置温度不超过要求温度的±0.1℃，渗透管平衡 48h 左右方能达到正常工作状态。

②校准开始前，将监测仪器的采样支管从采样总管处断开，把它连接到多点动态气体校准仪的气体输出口；也可不断开采样支管，而将多点动态气体校准仪的气体输出管连接到采样总管。总之要求校准时校准用气体进入监测仪器的路径一定要保持和通常环境采样时所经过的路径相一致。

③多点动态气体校准仪产生不含 SO_2 待测气体组分的零气，零气的流量应超过监测仪器采样流量的 10%～50%，设置仪器于零输出，用电压表测量仪器输出端电压，调节零输出电位器直至仪器输出为零伏电压值。

④设置监测仪器于满量程输出，用电压表测量监测仪器输出端电压，调节满量程输出电位器，直至监测仪器输出为满量程电压值。

⑤继续使监测仪器采入零气，直至达到稳定的响应值为止，最好在监测仪器输出端接上较高分辨率的记录仪，观察记录曲线，待记录曲线走稳，如必要的话调节零点使仪器的响应值达到稳定的零值，响应值的变化不应大于满量程的±1%。

⑥改变多点动态校准仪的稀释零气流量以产生不同浓度的 SO_2 标准气体，SO_2 标准气体浓度按以下公式计算配制：

$$(SO_2)_{out} = \frac{K \cdot P_r}{F_C + F_D} = \frac{K \cdot P_r}{F_T} \tag{22}$$

式中：$(SO_2)_{out}$——拟配制的 SO_2 标准气体浓度，ppm；

P_r——有效期内 SO_2 渗透管真实渗透率，μg/min；

K——mg/m³ 转换成 ppm 的系数，K=0.350；

F_C——流经渗透管恒温装置的载气流量，L/min；

F_D——稀释零气流量，L/min；

F_T——总的 SO_2 标准气流量，L/min。

⑦先配制一个浓度为仪器满量程 90%的最高浓度的 SO_2 标准气，通入被校准监测仪，如接记录仪的话，观察记录曲线，待仪器响应稳定后，必要的话，调节标点，使仪器的响应值稳定地达到满量程 90%的输出值，响应值的变化不应超过测定满量程的±1%。

⑧重复步骤⑤和⑦，直到不用作任何调节，仪器的响应值均符合要求为止。

⑨用上式分别计算产生满量程 75%、60%、45%、30%和 15%的 SO_2 标准气，并分别通入仪器，得到稳定的响应值。

⑩校准结束，确保有关仪器设备恢复到通常的采样状态，将校准结果和有关情况记录于相应记录表内，记录表应归档保存。

3）校准结果统计分析：用最小二乘法计算得到监测仪器的校准曲线，其中斜率 b 应在 0.99～1.01 之间、截距 a 应小于满量程浓度值的±1%、相关系数 r 应大于 0.999。当相关系数 r 不符合要求时，查找各校准点对应数据组中偏差最大的点，对该组数据重新校准，直至得到满意的结果为止。

（4）一氧化碳监测仪多点线性校准

校准一氧化碳监测仪的标准气源是一氧化碳标准钢瓶气，可根据动态稀释的原理，通过多点动态配气系统用不同流量零气稀释标准气源，配制所需的标准气，对一氧化碳监测仪进行多点校准。根据实际量程需要，钢瓶气浓度可在 200～1000ppm 范围选择。

1）校准器具：

①在有效期内的 CO 标准钢瓶气。

②本章四（三）1 零气发生器：零气发生器所产生的零气不能含有 CO 待测气体组分和水分。

③～⑥与本章四（三）1（3）1）③～⑥相同。

2）校准程序：

①与本章四（三）1（3）2）②相同。

②使多点动态校准仪输出不含 CO（<0.1ppm）待测组分和水分的零气，零气流量应超过监测仪器采样流量的 10%～50%，设置仪器于零输出，用电压表测量仪器输出端电压，调节零输出电位器直至仪器输出为零伏电压值。

③④与本章四（三）1（3）2）④⑤相同。

⑤改变多点动态校准仪的稀释零气流量或标准钢瓶气流量以产生不同浓度的 CO 标准气体，CO 标准气体浓度按以下公式计算配制：

$$(CO)_{out} = (CO)_S \times \frac{F_{CO}}{F_{CO} + F_D} = (CO)_S \times \frac{F_{CO}}{F_T} \tag{23}$$

式中：$(CO)_{out}$——CO 标准气浓度，ppm；

$(CO)_S$——在有效使用期内的 CO 标准钢瓶气真实浓度，ppm；

F_{CO}——CO 标准钢瓶气流量，ml/min；

F_D——稀释零气流量，L/min；

F_T——流入输出总管的 CO 标准气流量，L/min。

⑥先配制一个浓度约为仪器满量程 90%的最高浓度的 CO 标准气，通入被校准监测仪，如接记录仪的话，观察记录曲线，待仪器响应稳定后，必要的话，调节标点，使仪器的响应值稳定地达到满量程 90%的输出值，响应值的变化不应超过测定满量程的±1%。

⑦重复④至⑥步骤，直到不用作任何调节，仪器的响应输出均符合要求为止。

⑧用上式分别计算产生满量程 75%、60%、45%、30%和 15%的 CO 标准气，并分别通入仪器得到稳定的响应输出。

⑨校准结束，确保有关仪器设备恢复到通常的采样状态。最后将校准结果和有关情况记录于 CO 监测仪线性校准记录表内，记录表应归档保存，如接记录仪的话，校准曲线记录纸与其一起保存。

3）校准结果统计分析：用最小二乘法计算得到监测仪器的校准曲线，其中斜率 b 应在 0.99～1.01 之间、截距 a 应小于满量程浓度值的±1%、相关系数 r 应大于 0.9999。当相关系数 r 不符合要求时，查找各校准点对应数据组中偏差最大的点，对该组数据重新校准，直至得到满意的结果为止。

（5）氮氧化物监测仪多点线性校准

校准氮氧化物监测仪的标准气源有一氧化氮钢瓶气和二氧化氮渗透管。

使用 NO 标准钢瓶气对 $NO-NO_2-NO_x$ 监测仪进行校准，可根据动态稀释原理，用不含 NO 和 NO_2 待测气体和其它干扰气体（如 O_3 和烃类物质）组分的零气稀释 NO 钢瓶气，配制产生不同浓度的 NO 标准气，以实现对 NO 和 NO_x 通道进行校准；根据气相滴定的原理，将 O_3 加到过量的已知浓度的 NO 气体中，NO 和 O_3 之间将发生气相滴定反应，产生化学计量的 NO_2，以实现对 NO_2 通道进行校准，如果与 O_3 反应发生完全，则一份 O_3 产生一份 NO_2；同时也可使用此方法计算监测仪器 NO_2—NO 的转换率。

1）校准器具：

①在有效期内的 NO 标准钢瓶气：钢瓶气应经一级标准或传递标准传递标定确认并在有效期内，浓度 50～100ppm，NO_2 不能超过 1ppm。

②零气发生器：零气发生器能有效去除待测组分和 O_3 及烃类等气体组分。

③多点动态气体校准仪：内装有 O_3 发生器和气相滴定反应室。

④～⑥与本章四（三）1（3）1）④～⑥相同。

2）校准程序：

①与本章四（三）1（3）2）②相同。

②使多点动态校准仪产生不含待测组分的零气，零气流量应超过监测仪器采样流量的 10%～50%，设置仪器于零输出，用电压表测量仪器的 NO、NO_2 和 NO_x 通道输出端电压，调节零输出电位器直至仪器输出为零伏电压值。

③设置监测仪器于满量程输出，用电压表测量监测仪器 NO、NO_2 和 NO_x 通道输出端电压，调节满量程输出电位器，直至监测仪器输出为满量程电压值。

④NO 和 NO_x 通道校准：

a. 继续使监测仪器采入零气，直至达到稳定的响应值为止，最好在监测仪器输出端接上较高分辨率的记录仪，观察记录曲线，待记录曲线走稳，如必要的话，调节零点电位器使仪器的响应值达到稳定的零响应值，响应值的变化不大于测量满量程的±1%。

b. 改变多点动态校准仪的稀释零气流量或标准钢瓶气流量以产生不同浓度的 NO 和 NO_x 标准气体。

NO 标准气体浓度按以下公式计算配制：

$$(NO)_{out} = (NO)_S \times \frac{F_{NO}}{F_{NO} + F_O + F_D} \tag{24}$$

NO_x 标准气体浓度按以下公式计算配制：

$$(NO_x)_{out} = ((NO)_S + (NO_2)_{imp}) \times \frac{F_{NO}}{F_{NO} + F_O + F_D} \tag{25}$$

式中：$(NO)_{out}$——拟配制的 NO 标准气浓度，ppm；

$(NO)_S$——在有效使用期内的 NO 标准钢瓶气真实浓度，ppm；

$(NO_2)_{imp}$——钢瓶气中含有 NO_2 杂质的浓度，ppm；

F_{NO}——NO 标准钢瓶气流量，ml/min；

F_D——稀释零气流量，L/min；

F_O——流经 O_3 发生器的零气流量，L/min。

c. 先配制一个浓度一般为仪器满量程 90%的最高浓度的 NO 标准气，通入被校准监测仪，如接记录仪的话，观察记录曲线，待仪器响应稳定后，必要的话，调节标点，使仪器的响应值稳定地达到满量程 90%的输出值，响应值的变化不应超过测定满量程的±1%。

d. 重复①和③步骤，直到不用调节任何电位器，仪器的响应输出值均符合要求为止。

e. 用上面两式和分别计算产生满量程 75%、60%、45%、30%和 15%的 NO 标准气，并分别通入仪器得到稳定的响应输出值。

f. 校准结果统计分析：用最小二乘法计算得到监测仪器的校准曲线，其中斜率 b 应在 0.99～1.01 之间、截距 a、a_x 应小于满量程浓度值的±1%、相关系数 r 应大于 0.999。当相关系数 r 不符合要求时，查找各校准点对应数据组中偏差最大的点，对该组数据重新校准，直至得到满意的结果为止。

⑤NO_2 通道校准：

a. 在完成了对 NO 和 NO_x 通道校准的基础上，重新向被校准仪器通入浓度为满量程 90%的 NO 标准气，并将 NO、NO_2 和 NO_x 各通道响应按 NO 和 NO_x 的线性回归方程转换为未加 O_3 时 NO 和 NO_x 各通道相应的标准浓度，以作为未加 O_3 时 NO 和 NO_x 各通道的初始浓度，将它们分别记录为$[NO]_{orig}$和$[NO_x]_{orig}$。

b. 启动动态多点气体校准器的 O_3 发生器，通过改变 O_3 发生器产生的 O_3 浓度，在 NO_2 通道相继产生逐渐下降的浓度分别为满量程 75%、60%、45%、30%和 15%的 NO_2 标准气，使监测仪分别采入，待监测仪器响应稳定。

c. 加入不同浓度 O_3 后的 NO 和 NO_x 的响应值按 NO 和 NO_x 的线性回归方程分别换算成标准浓度，作为 NO 和 NO_x 的剩余浓度，并分别记为$[NO]_{rem}$和$[NO_x]_{rem}$。

d. 由气相滴定产生的 NO_2 的标准浓度，记为$[NO_2]_{out}$，可由下式计算得到：

$$(NO_2)_{out} = (NO)_{orig} - (NO)_{rem} + F_{NO} \times \frac{(NO_2)_{imp}}{(F_{NO} + F_O + F_D)} \quad (26)$$

当钢瓶气中无NO_2杂质时，公式可简化为：

$$(NO_2)_{out} = (NO)_{orig} - (NO)_{rem} \quad (27)$$

e. 用最小二乘法绘制 NO_2 通道的校准曲线，它的斜率、截距相关系数的要求与 NO 和NO_x的相同。

f. 校准结束，确保有关仪器设备恢复到通常的采样状态，记录校准结果，并将记录表格归档保存，如接记录仪的话，校准曲线记录纸与其一起保存。

3）NO_2-NO 转换炉转换效率测试：在 NO_x 监测仪中安装的 NO_2-NO 转换炉的主要功能是将 NO_2 转换为 NO，为保证监测结果的准确，需定期测试 NO_2-NO 转换炉转换率。

对各 NO_2 校准的点的转换效率可由下式计算得到：

$$\eta = \frac{([NO]_{orig} - [NO]_{rem}) - ([NO_x]_{orig} - [NO_x]_{rem})}{[NO]_{orig} - [NO]_{rem}} \quad (28)$$

通常取 NO_2 满量程 60%～75%的浓度点计算 NO_2-NO 转换率，该值应大于 96%，否则应对转换炉再生或更换。

（6）臭氧监测仪多点线性校准

校准臭氧监测仪的标准气来自于多点动态气体校准仪内的 O_3 发生器，该 O_3 发生器应经一级标准或传递标准传递标定并确认在有效期内。按动态稀释的原理，通过多点动态气体校准仪内的动态配气系统，用零气稀释产生不同浓度的 O_3 标准气，或通过调节 O_3 发生器的紫外灯电压或电流，产生不同浓度的 O_3 标准气，实现对 O_3 监测仪的校准。

也可用被权威机构认可的一级标准 O_3 发生器产生不同浓度的标准气，并用符合朗伯比尔吸收定律的紫外光度法验证 O_3 浓度值，直接对 O_3 监测仪进行多点线性校准。

1）校准器具：

①零气发生器：能有效去除待测组分气体、NO、NO_2 及能起反应的烃类等气体组分。

②多点动态气体校准仪：内装有 O_3 发生器，要求紫外灯在 45～50℃的恒温条件下工作，以保证其电流稳定，从而获得稳定辐射强度。

③～⑥与本章四（三）1（3）1）③～⑥相同。

2）校准程序：

①～④与本章四（三）1（3）2）②～⑤相同。

⑤启动 O_3 发生器，产生不同浓度的 O_3 标准气。可用两种方法获得不同浓度的 O_3 标准气，一种方法为稀释零气流量不变而改变 O_3 灯的电压或电流来产生不同浓度的 O_3 标准气；另一种方法是 O_3 发生器产生的 O_3 量不变而改变稀释零气的流量来产生不同浓度的 O_3 标准气。

可由以下公式计算得到通过改变稀释零气流量来产生不同浓度的 O_3 标准气：

$$(O_3)_{out} = F_O \times \frac{O_3}{F_O + F_D} \quad (29)$$

式中：$(O_3)_{out}$——拟配制的 O_3 标准气浓度，ppm；

O_3——O_3 发生器产生的 O_3 浓度，ppm；

F_O——流经 O_3 发生器的零气流量，L/min；

F_D——稀释零气流量，L/min。

⑥先产生影响一个浓度一般为仪器满量程 90%的最高浓度的 O_3 标准气，通入被校准监测仪，如接记录仪的话，观察记录曲线，待仪器响应稳定后，必要的话，调节标点，使仪器的响应值稳定地达到满量程 90%的输出值，响应值的变化不应超过满量程的±1%。

⑦重复步骤④和⑥直至达到符合要求的结果。

⑧使多点动态气体校准仪分别产生浓度为测量满量程 75%、60%、45%、30%和 15%的标准气，并分别观察监测仪的响应。

⑨校准结束，将校准结果和有关情况记录于 O_3 监测仪多点线性校准记录表，该表应归档保存，如接记录仪的话，校准曲线记录纸与记录表一起保存。

3）校准结果统计分析：用最小二乘法计算得到监测仪器的校准曲线，其中斜率 b 应在 0.99～0.01 之间、截距 a 应小于满量程浓度值的±1%、相关系数 r 应大于 0.9999。

当相关系数 r 不符合要求时，查找各校准点对应数据组中偏差最大的点，对该组数据重新校准，直至得到满意的结果为止。将统计分析结果记录于相关记录表。

2. 监测仪器单点校准

（1）概述

由于运行的监测仪器有一个随时间而产生漂移的趋势，所以定期对运行的监测仪器进行单点校准的目的不仅在于及时修正运行监测仪器的漂移，使运行的监测仪器的测量响应与实际污染物浓度尽可能保持一致；还在于经常地检验和监视它们的主要技术指标，及时地发现它们在日常运行过程中并不明显的某些缺陷和有助于判断可能出现故障的原因，以确保监测仪器处于良好的工作状态。

监测仪器的单点校准通常指只对监测仪器的零点和标点进行的校准，标点通常在监测仪器满量程 75%～90%之间任取一点。如果监测仪器通入零气和标气后，由监测仪器的响应确认不需对零点和标点进行校准，则称为对监测仪器的零点和标点进行检查。校准周期可根据实际经验及监测仪器的零点和标点漂移情况而定。另外在下述情况下也应对监测仪器进行单点校准：

①仪器到货开箱调试及检查。

②仪器维修或更换任何部件后。

③仪器的零点和标点漂移超过规定的调节控制限。

④仪器停机一段时间重新开机后。

（2）校准器具

校准器具与多点校准所需器具相同。

（3）校准程序

①先将监测仪器的采样管从采样总管处断开，把它连接到多点动态校准器的气体输出口，也可不断开采样支管，而将多点动态气体校准仪的气体输出管连接到采样总管。总之要求在校准时校准用气体进入监测仪器的路径一定要保持和通常环境采样时环境空气进入监测仪器的路径相一致。

②将数字式电压表和记录仪接入仪器的输出端。

③使仪器采入零气，零气的流量应超过仪器采样流量的 10%以上，待仪器得到稳定的响应值，如果响应超出规定范围（零点漂移控制和调节限请参见本节八（一）“监测仪器调整”）则调节零点，直至仪器得到稳定的零点响应值。零点漂移按公式（30）计算。

④仪器采入由多点动态气体校准仪产生的一个浓度为监测量程 70%～90%的标准气，直至达到稳定的响应值，如果响应超出规定范围(标点漂移控制和调节限请参见本节八(一)"监测仪器调整")，则调节标点，直至仪器得到稳定的标点响应值。标点漂移按公式（34）计算。

⑤检查校准结束，确保有关仪器设备恢复到通常的采样状态，监测仪器恢复到正常的采样工作状态。

⑥将校准结果记录于有关记录表。该记录表应归档保存。

（4）校准结果统计分析

①零点百分漂移：零点的百分漂移由以下公式计算得到：

$$ZD=\frac{ZD'}{\mathrm{URL}}=\frac{Z'-Z}{\mathrm{URL}} \tag{30}$$

式中：ZD——零点百分漂移，%；

ZD'——零点漂移；

Z'——监测仪器不经调节对零气的响应值；

Z——校准用零气的浓度值；

URL——监测仪器的监测上限。

如果校准用零气浓度为 0，则：

$$ZD=Z'/\mathrm{URL} \tag{31}$$

②标点百分漂移：标点的百分漂移由以下公式计算得到：

$$SD=\frac{S'-ZD'-S}{S}\times 100 \tag{32}$$

式中：SD——标点百分漂移，%；

S'——监测仪器不经调节对标气浓度的响应值；

S——校准用标气浓度值。

如果监测仪器零点经调节后为 0，则：

$$SD=\frac{S'-S}{S}\times 100 \tag{33}$$

3. 差分吸收光谱法（DOAS）监测仪校准

（1）校准器具

1）校准用气体标准物：SO_2、NO_2、O_3 标准气体，应经一级标准或传递标准传递标定确认并在有效期内，产生的光程有效浓度满足质量保证的要求。

2）零气发生器：零气发生器所产生的零气不能含有待测气体组分、水分和对仪器分析产生干扰的物质。

3）多点动态校准仪：多点动态校准仪内的质量流量控制器应经一级标准或传递标准传递标定确认，所有指标都满足要求并在有效期内。

4）臭氧发生器及臭氧光度计：能产生满足质量保证要求的臭氧，并能对所产生的臭氧进行测定，从而提供臭氧标准气体。

（2）校准程序

差分光谱法的校准方法主要有以下两种。

1）校准方法1：在原光程上叠加一个校准池，通入标准气体，使其光程有效浓度达到上述要求。首先应调节发射装置、接收装置或反射装置的位置，使它们在同一轴线上，光点应集中在接收器或反射器的中心部位，最终使接收到的光最强。校准步骤如下：

①在原光程上装上校准池。

②测定空气中本底浓度。

③将标准气体通入校准池，测定出浓度，此浓度为本底和标准气体有效浓度之和。

④向校准池通入空气5min后，测定空气中本底浓度。

实测标准气体有效浓度计算公式如下：

$$\text{实测标准气体有效浓度}C_4 = C_2 - \frac{C_1 - C_3}{2} \tag{34}$$

式中：C_1——空气中本底浓度，mg/m^3；

C_2——本底和标准气体有效浓度之和，mg/m^3；

C_3——向校准池通入空气5min后，空气中本底浓度，mg/m^3。

2）校准方法2：采用另外一个与实际监测相同的氙灯源和一个短光程，通过调节吸收池的长度和通入的标准气体，来调节标准气体的浓度，使有效浓度达到上述几个校准点的要求。

3）说明：

①校准时尽量与测定时的条件保持一致，校准时段最好选在空气本底浓度低而且稳定的时候，如果通入标准气体前后的空气本底浓度差异达有效标准气体浓度的20%以上时，校准试验无效，必须重做。

②仪器除了日常的质量保证要求外，当仪器出现故障需要更换某些关键性元件时，要按上述步骤对仪器进行检查和多点校准后再开始运行。

③用该方法测定O_3时，要选用对O_3的分析不会产生干扰的氙灯。

④光程有效浓度为通入校准池标准气体换算为整段光程的平均浓度。

换算公式如下：

$$\text{光程有效浓度} = \frac{\text{标准气体浓度} \times \text{校准池长度}}{\text{光程长度}} \tag{35}$$

⑤光程测量误差要控制在±3%以内，因为光程测量的准确性直接影响分析结果。

4．可吸入颗粒物（PM_{10}）监测仪校准

可吸入颗粒物（PM_{10}）监测仪的校准程序可参见仪器说明书。

（四）修正

1. 监测仪器调整

（1）漂移控制限的规定

监测仪器零点和标点漂移限值的确定对确保监测数据的质量相当重要，通常使用质控图的形式规定仪器零点和标点漂移控制限，以便及时地对监测仪器的超限情况采取相应的措施，确保监测数据的质量。图3-4-12所示为推荐使用的零点和标点漂移控制图。

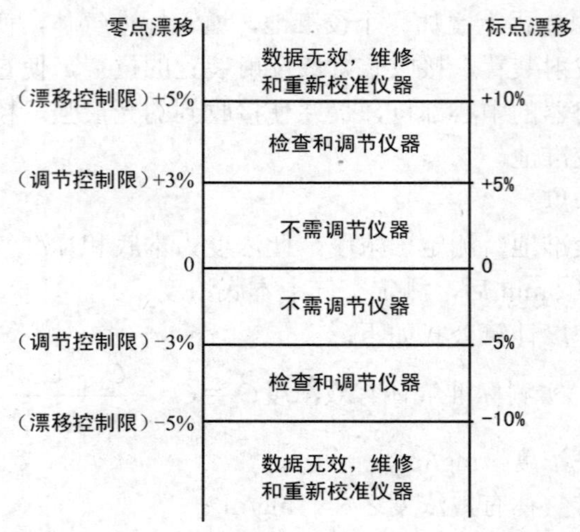

图 3-4-12 推荐使用的零点和标点漂移的质控图

（2）相应采取的措施

每次对仪器进行零点和标点例行检查后，应根据零漂和标漂质控图，决定是否对仪器进行调节、校准和维修。操作人员应对仪器零点和标点漂移的检查、调节和校准结果进行观察分析，如果一台仪器的标点需不断地进行调节，则意味着该仪器的性能正在恶化；如零点和标点漂移较快地等于或超过控制限，则表明仪器本身出现较大故障，需要进行维修或更换有关部件，在对监测仪器进行维修或更换有关部件后，应重新对仪器进行多点线性校准。

2. 监测数据修正和有效性判别

无人值守的自动运行监测系统，维护周期较长，使得一些仪器故障和外界因素的干扰不能及时排除，导致获取了一些异常数据，因此对系统实施质量控制的重要环节之一，也可以说最后的一环是要对所获数据是否有效进行最终的判定。通过对数据进行检查、检验和确认的处理程序，修正漂移的数据，删除无效的数据，从而确保系统所采集数据的准确可靠。

（1）数据有效性的判定方法

①检查是否有不正常的高低值，如有则应对数据采集系统和监测仪器进行检查，还应了解在出现不正常的高低值时监测点位附近是否有异常污染源或干扰物影响，是否因工作人员对仪器的维护操作不当而使数据值突变或短时不正常。

②当气体待测组分的浓度极低时（如：背景值），由于零点漂移等原因，监测仪器可能出现负值，此值可能无任何物理意义，可将此值作为未检出处理。

③如对仪器进行手工校准时，发现监测仪器零点漂移或标点漂移超出漂移控制限，应从发现超出控制限时刻的前一天算起，到监测仪器恢复至调节控制限时为止的时段内的数据作无效数据处理，不参加统计，但要对该数据作标记，作为参考数据保留。

④如果零点或标点漂移超出了规定限度，那么从知道的最近一个有效测量时间点开始以来的测量是无效的，除非能够确认零点或标点漂移超出规定限度是在其它的时间点。

⑤在监测仪器校零和校标期间的数据作无效数据处理，不参加统计，但对时段数据作

标记，作为监测仪器检查和校准的依据予以保留。

⑥由于监测子站临时停电或断电原因使数据丢失，从停电或断电时起，到恢复供电监测仪器完成预热为止的时段内数据都作无效数据处理，不参加统计。

⑦正常的监测结果不会出现突变，也不会长时间停留在某个水平不变，若监测结果出现突变或长时间停留在某个水平不变时，一般都是由仪器故障引起的；应从仪器运行状况、数据采集系统和当地环境污染情况及时查找原因，再作取舍。数据出现异常到数据正常这时段内的数据作为异常值，不参加统计。

⑧对于低浓度未检出结果，取仪器最低检出限值的1/2，作为监测结果参加统计。

（2）具有自动调节功能系统的数据修正

①具有自动校准功能的系统，仪器在校零和校标期间，发现零点或标点漂移超出漂移控制限，应从发现超出控制限的时刻算起，到仪器恢复到调节控制限时段内的监测数据作无效数据处理，不参加统计，但要对该数据作标记，作为参考数据保留。

②有些仪器具有周期性自动进行零点漂移和标点漂移校准、调节零点和标点漂移的能力，如能满足所有手动校准时的要求并进行调节，或未进行调节的响应读数能够从数字记录装置上得到，这些数据将自动地不参与1h等平均值计算，那么所作的零点漂移和标点漂移自动校准是有效的。否则无效，应启用手动校准功能。

③对于数据采集和处理系统具有自动修正功能的系统，可根据仪器当日或近期的零点和标点校准值，对漂移控制限之内的仪器零点和标点漂移进行修正，以保证所获监测数据的准确性。修正公式如下：

$$C=(S-Z)\times\frac{(C_0-Z'+Z)}{S'-(Z'-Z)} \tag{36}$$

式中：C——被修正后的监测仪器响应浓度值，ppm 或 mg/m^3；

C_0——监测仪器实际响应浓度值，ppm 或 mg/m^3；

Z——规定检查用零气的浓度值，ppm 或 mg/m^3；

Z'——监测仪器不经调节对检查用零气响应值，ppm 或 mg/m^3；

S——规定用标气的浓度值，ppm 或 mg/m^3；

S'——监测仪器不经调节对检查用标气响应值，ppm 或 mg/m^3。

（五）空气质量连续自动监测系统例行质量控制

为了确保空气质量连续自动监测系统所获数据的准确性，还必须对系统运行实施例行的质量控制，建立和实施监测子站日常巡检制度，这是整个系统质量控制的重要内容之一。子站工作人员应定期（一般情况下每5～7d一次）对子站进行巡检，发现有异常情况应及时排除，这是整个系统质量控制的重要内容之一。

1. 采样系统的例行检查

采样系统是确保监测数据质量的第一环节，除采样管制作材料和安置应符合要求外，工作人员在对监测子站进行巡检时应检查采样管的连接处是否有泄漏、采样管内是否明显受污、颗粒物过滤膜是否明显受污、引风机是否有明显积灰和异常杂声，并及时采取清洗或更换的措施。检查结果应记录于表，并作为采样系统检查档案给以保存。采样管泄漏检查和采样管清洗的具体要求和步骤参见本章六（二）2。

2. 监测仪器零点和标点漂移的例行检查

每次巡检时应对监测仪器进行零点和标点检查，并根据漂移控制限判定是否对监测仪器的零点、标点进行校准、是否对监测仪器维护保养及检修。

3. 监测仪器运行状况的例行检查

每次进行日常巡检时，还应对反映仪器运行状况的一些技术指标进行检查并将结果记录于表，作为仪器运行档案给以保存。如某个技术指标已接近限值，则应对仪器进行预防性维护保养；如某个技术指标已超出限值，则表示运行仪器已处于故障状态，所出数据无效，应立即对仪器进行检修；如在检修中更换了主要的部件，还应对仪器重新进行多点线性校准。

（六）作业指导书

编写作业指导书的目的是为了保持每一个人或不同的人无论在何时何地所做同一工作在方法、过程及步骤上的一致性，以便减少错误的产生，提高数据的可比性和可信性。为了使工作人员能容易地了解和掌握，作业指导书应该明了易懂、步骤明确。

本系统主要有仪器操作、仪器维护保养检修、数据采集系统操作、计算机操作等的作业指导书。可按本系统的具体情况和仪器设备的说明书等编制适合本系统的作业指导书。

五、空气质量连续自动监测系统的性能审核

（一）性能审核的目的和要求

性能审核是对测量系统的质量评价，是一个独立确认和评价数据质量的手段，它是质量目标实现的关键。衡量一台长期连续运行仪器的稳定性和可靠性的标志是测量的精密度，衡量一台长期连续运行监测仪器测量结果与被测对象真值拟合程度的标志是准确度。因此对运行仪器定期进行性能审核的目的是为了控制和评价仪器的偏差、精密度和准确度，在确保精密度的基础上进一步实施对仪器精密度的控制和进一步提高测量结果的准确度。

性能审核的实施一般是使用一套与监测系统不同的校准系统和标准气源，通过仪器采入一个或一组审核者已知而被审核者未知浓度的样品进行分析去评价数据的偏差、精密度和准确度，并确认所获数据是否满足数据质量目标和测量质量目标。

（二）审核项目和工作原理

系统中气体污染物监测仪器性能审核工作的项目视各监测子站和系统监测项目而定，工作原理与气体污染物的监测原理相同，可吸入颗粒物监测仪的审核请参见有关仪器说明书，每季度应完成全系统 1/4 监测子站的审核。

（三）审核方法和周期

1. 精密度审核

- 用一级标准气体或传递标准气体，由审核人员每半月至一月对每台仪器进行一次精密度审核，如果由于仪器响应漂移超出控制限，而使数据无效，则这些漂移的结果

不能用于精密度审核。

❖ 在精密度审核过程中不能对仪器进行零点和标点调节校准。

❖ 精密度审核点的浓度取决于被审仪器所选测量量程，一般在测量量程下限或在日常所测得的污染物浓度频率较高的范围内选择一个审核点。

2. 准确度审核

❖ 用一级标准气体或工作标准气体，由审核人员对仪器进行准确度审核，审核频次视被审系统所具有的监测子站数目及运行情况。一般每季度应完成全系统 1/4 监测子站的准确度审核工作。

❖ 准确度审核点的浓度取决于被审监测仪器所选测量量程，一般在测量量程范围内选择 5～6 个审核点，审核点的浓度值可取在仪器测量量程的 80%～90%、40%～45%、15%～20%、3%～8%和 0%范围内，或取在测量量程的 90%、60%、40%、20%、10%和 0%。

（四）审核设备

审核设备主要有审核用动态校准器、标准气体。审核的特点是审核者定期到监测现场进行巡回检查，因此动态校准器既要功能齐全，又要便于携带，审核用标准气体可使用小型 SO_2、NO、CO 钢瓶气。对配气系统中的质量流量控制器等主要部件的要求与子站所用的相同。

（五）审核程序

对 SO_2、NO-NO_2-NO_x、CO 和 O_3 等监测仪器进行审核时尽管配气方法及工作原理各有不同，但审核所遵循的基本原则和采用的程序基本相同，审核程序一般分为准备阶段、审核阶段和总结阶段三个阶段。

1. 准备阶段

①准备一套完全独立于被审监测仪器的性能审核设备和标准气源，审核设备中的流量测量装置、渗透管恒温装置等和标准气源在审核前都应用一级标准和传递标准进行传递标定。具体方法可参见本章四（二）。

②检查审核设备中零气发生器中的干燥器、氧化剂和吸收洗涤剂以确保审核用零气纯度。

③审核前应对所有拟被审核仪器进行预防性维护和检查，确保仪器处于正常工作状态。

④使用监测系统中的动态校准器和标准气体对被审监测仪器进行满量程 90%和 0%浓度点的检查校准，使被审监测仪器的零点和标点的漂移降至最小，确保被审仪器处于正常的质量控制状态。

⑤向审核者提供有关仪器校准和运行状况的记录。

⑥审核开始前记录审核开始时间、被审仪器型号和编号、子站内校准仪型号和编号等。

⑦使被审仪器处于非采样状态，并与审核设备相连接，审核用气的路径必须与正常采样所经过的路径完全相同。

2. 审核阶段

（1）精密度审核

①被审仪器采入超过被审仪器采样流量要求 10%到 50%的满足要求的零气，直至得到

稳定的响应值，并将审核浓度和仪器响应值记录于审核记录表。

②被审仪器采入由审核设备分别配制审核用标准气，SO_2、NO 和 O_3 标准气浓度范围为 0.08～0.10ppm，CO 标准气浓度范围为 8～10ppm，通入被审仪器直至得到稳定的响应值，并将审核浓度和监测仪器响应值记录于记录表。

③审核工作结束，应把监测仪器的采样管重新连接到子站的采样总管上，确保仪器恢复到正常采样工作状态。记录审核结束时间，并提供给系统数据处理人员。

（2）准确度审核

准确度的审核方法和过程与监测仪的多点线性校准方法和过程相似。

（六）数据的处理和分析

为能正确全面反映审核浓度点与被审仪器响应值之间的关系和监测仪器所获数据的可靠性和准确性，一般用以下的数据处理和统计计算方法。

1. 百分误差

用以下公式计算被审监测仪器响应值对各标准审核浓度值的百分误差 d_i。

$$d_i = \frac{Y_i - X_i}{X_i} \times 100\% \tag{37}$$

式中：X_i——审核设备提供的审核标准气浓度，ppm；

Y_i——被审监测仪器响应值，ppm。

2. 最小二乘法

（1）线性回归方程

采用线性回归的分析方法有助于综合评价被审仪器的性能水平，所得的审核校准曲线应符合以下公式所示的线性方程：

$$y = bx + a \tag{38}$$

式中：y——被审监测仪器的响应值；

x——所提供的审核标准气浓度值；

a——校准曲线截距；

b——校准曲线斜率。

（2）评价标准

对仪器进行审核的统一标准至今没有明确规定，一般由审核部门根据实际工作经验和审核设备、审核用标准气及具体工作人员的素质等而定。表 3-4-2 所列为评价参考标准。

表 3-4-2 评价参考标准

线性回归系数	性能审核标准	评价
截距（a）	<±3%的监测仪器满量程 >±3%的监测仪器满量程	满意 不满意
斜率（b）	<±5%的偏差 ±5%～±15%的偏差 >±15%的偏差	很好 满意 不满意
相关系数（r）	0.9950～0.9999 <0.9950	满意（监测仪器对审核浓度呈线性响应） 不满意（监测仪器对审核浓度呈非线性响应）

3. 精密度

（1）精密度计算

①用下式计算被审监测仪器每次审核时的百分偏差。

$$d_i = \frac{Y_i - X_i}{X_i} \times 100\%$$

②用下式计算被审监测仪器每季度或全年的平均百分偏差：

$$\overline{d}_j = \frac{\sum_{i=1}^{n} d_i}{n} (n = 1, 2, 3, \cdots, i) \tag{39}$$

式中：n——一个季度或一年被审监测仪器的精密度审核次数。

③用下式计算被审监测仪器每季度或全年的标准偏差，作为该被审核监测仪器每季度或全年的精密度。

$$S_j = \left\{ \frac{\Sigma d_i^2 - \frac{(\Sigma d_i)^2}{n}}{n-1} \right\}^{\frac{1}{2}} \tag{40}$$

式中：n——一个季度或一年被审监测仪器的精密度审核次数。

④用下式计算被审监测子站或全系统每季度或全年的平均百分偏差。

$$D = \frac{1}{K} \times \Sigma d_j \quad (K = 1,2,3,\cdots, j) \tag{41}$$

式中：K——被审某子站的监测项目数或全系统的子站数。

⑤用下式计算被审子站或全系统每季度或全年的标准偏差，作为该被审子站或全系统每季度或全年的精密度。

$$S_a = [\frac{1}{K} \times \sum_{i=1}^{k} S_j^2]^{1/2} \tag{42}$$

⑥如果每台被审仪器的精密度审核次数不相同，则使用以下公式计算被审子站或全系统每季度或全年的平均百分偏差的加权平均值和被审子站或全系统每季度或全年的精密度的加权平均值。

$$\overline{D} = \frac{n_1 d_1 + n_2 d_2 + \cdots + n_j d_j + \cdots + n_k d_k}{n_1 + n_2 + \cdots + n_j + \cdots + n_k} \tag{43}$$

$$S_a = \left\{ \frac{(n_1 - 1)S_1^2 + (n_2 - 1)S_2^2 + \cdots + [(n_j - 1)S_j^2 + \cdots + (n_k - 1)S_k^2]}{n_1 + n_2 + \cdots + n_j + \cdots + n_k} \right\}^{\frac{1}{2}} \tag{44}$$

（2）精密度控制区间

使用下式分别计算报出数据精密度95%的可信度区间：

报出数据精密度95%的可信度区间上限$= \overline{D} + 1.96 S_a$ （45）

报出数据精密度95%的可信度区间下限$= \overline{D} - 1.96 S_a$ （46）

作为一个目标，在95%的置信区间，精密度应小于±15%。

4. 准确度

（1）准确度计算

①用公式 $d_i = \frac{Y_i - X_i}{X_i} \times 100\%$ 计算被审监测仪器。作准确度审核时每个审核点的百分偏差。

②用下式计算被审监测仪器作准确度审核时平均百分偏差：

$$\bar{D} = \frac{\Sigma d_i}{k} \quad (k = 1, 2, 3, \cdots, i) \tag{47}$$

式中：k——审核点数；

d_i——每个审核点的百分误差。

③用下式计算被审仪器各审核点的标准偏差，作为该被审核监测仪器准确度。

$$S_a = \left\{ \frac{\Sigma d_i^2 - \frac{(\Sigma d_i)^2}{k}}{k-1} \right\}^{\frac{1}{2}} \tag{48}$$

④用最小二乘法计算被审监测仪器的响应值与所提供的审核标准气浓度值之间回归系数的截距 a、斜率 b 和相关系数 r，并按表 3-4-2 所列性能审核参考标准对被审监测仪器进行评价和分析。

⑤用公式 $\bar{D} = \frac{1}{K} \times \sum_{i=1}^{k} d_i$ 计算被审子站或全系统的平均百分误差。

⑥用公式 $S_a = [\frac{1}{K} \times \sum_{i=1}^{k} S_j^2]^{1/2}$ 计算被审子站或全系统每季度或全年的标准偏差，作为该被审子站或全系统每季度或全年的准确度。

（2）准确度控制区间

用公式（45）和（46）分别计算报出数据准确度 95%的可信度区间。作为一个质量目标，在 95%的置信区间，准确度应小于±20%。

六、空气质量连续自动监测系统的管理

衡量一个正常运行的监测系统技术水平高低的标准在于整个系统运行的可靠性和所获取监测数据的准确性，由于环境监测仪器与一般分析仪器相比，在性能上有其特殊性，不但分析测试范围的量级较低，而且还要适合于长时间无人值守连续工作，因此保证系统运行可靠性的关键还在于对整个系统高质量的管理。各子站、中心站、质量保证实验室、系统支持实验室等应明确规定负责人员并且制定岗位责任制度，做到定岗、定责。同时规范自动监测系统的管理程序和内容，认真填写记录并妥善保管，定期归档。

（一）系统的设施管理

1. 监测子站外部环境的管理

①经常对监测子站周围的环境进行观察，如近距离是否新建高大建筑物，采样口周围的气流情况是否有异常等。

②加强监测子站周围污染源变化情况的监视，如有变化和异常情况应及时采取对策。

③夏季应加强对子站站房周围环境卫生的管理，保证监测子站室外环境空气的通畅，防止潮湿的环境空气进入室内和采样管中产生冷凝水。

2. 监测子站内部的管理

在每次监测子站日常巡检时，须做到：

①检查站房内温度、湿度和电源电压，夏季适当将站房内温度调至28～30℃，防止在采样管中结冷凝水。

②夏季和多雨季节应加强对各子站的巡检，检查是否有漏水部位。

③加强对标准钢瓶气的管理，检查钢瓶气的消耗情况，严防气体泄漏。

④做好站房内的清洁工作，做到物品堆放有序，地面、仪器表面等处无明显积灰。

⑤检查维护工作应作记录成文并归档保存。

3. 中心站的管理

（1）中心站计算机室

①管理人员每天上班即收取各监测子站的监测数据，如发现数据有异常，应填写数据异常报告单并经有关负责人确认签字后归档保存。

②管理人员在收取各监测子站的数据时，应检查各监测子站计算机或数据采集仪时钟和日历设置，若发现错误，及时调整。

③如系统具有远程遥控诊断功能，管理人员每天上班后立即察看各监测子站内仪器运行状况，如有异常，将异常情况及时报告有关子站负责人。

④为保证中心站计算机房内设施的正常工作，无关人员不得随意进入机房。

⑤机房内要做保持物品堆放有序，地面、计算机台面无明显积灰。

⑥每天检查计算机房内的温度和湿度，常年温度控制在25℃左右，相对湿度不超过80%。

⑦应对检查作记录并归档保存。

（2）中心站质量保证室

①做到质保室仪器专用，加强对质保室专用仪器的管理和预防性维护（每半年至一年一次）。

②加强对质量保证室内的标准钢瓶气的管理，检查钢瓶气的消耗情况，严防气体泄漏。

③精密计量仪器设备由专人负责和管理，并按期接受国家计量部门的检定认证或权威部门的校准，只有经检定认证或校准并在有效期内方能使用。

④非质量保证室工作人员未经许可不得入内。

⑤质量保证室机房内要保持物品堆放有序，地面、计算机台面无明显积灰。

⑥质量保证室室内温度应保持在25℃左右，相对湿度不超过80%；每天记录室内温度、湿度和气压。

⑦应对检查作记录并归档保存。

（3）中心站仪器维修室

①维修仪器用专用设备由专人负责和保管，并定期（每半年至一年）检查各专用设备工作状况。

②保持物品堆放有序，地面、计算机台面无明显积灰。

③对检查作记录并归档保存。

（二）系统仪器设备器材管理

1. 监测子站内运行的仪器设备管理

①对没有启动自动校零和校标的系统，定期（5～7d）对子站运行监测仪器进行零点和标点的检查、校准。零点和标点的检查、校准程序见本章四（三）2。

②定期（每半年至一年）对子站运行仪器进行多点线性校准。多点线性校准程序见本章四（三）1。

③定期（每月不少于一次）对子站运行仪器进行精密度和准确度审核。精密度和准确度审核程序见本章五。

④定期（5～7d）检查子站内仪器和其它设备的工作状况，检查内容见本章四（五）3。

⑤按仪器手册要求定期对子站运行仪器进行预防性维护检修。

2. 仪器使用保管

①建立仪器运行使用档案。

②所有仪器设备由专人负责管理，在监测子站内的仪器设备由相关的使用人负责管理，中心站仪器设备由仪器设备管理员负责管理，并建立仪器领用或借用制度。

③运行仪器设备发生故障，使用人应及时报告有关人员，并立即进行检修排除故障。

④经检修后的仪器交给质保员，质保员应尽快实施对仪器的调试和校准。

⑤经维修、调试和校准的仪器入库备用。

⑥仪器的故障、维修、调试和校准情况应作记录并归档保存。

3. 备品备件的管理

①备品备件应造册登记，每年年初及时向有关部门提出下一年度的备品备件申购目录。

②建立备品备件领用或借用制度。

③更换下的关键备品备件应交给备品备件管理人员。

4. 标准物品管理

①标准物品使用应作记录。

②用完后的标准物品应交给标准物品管理人员统一处理。

③标准物品过有效期后，及时交给质保人员做追踪标定，并在标准物品的容器标签追踪标定的日期和重新标定后的浓度和不确定度等。

④不用的渗透管应保存在干燥且密封的容器中，并置于冰箱（约5℃）低温保存。

⑤气体钢瓶应置于温度和湿度都适宜的工作环境，且用钢瓶架固定。

⑥气体钢瓶装上减压阀后，应首先检漏。置于监测子站中的气体钢瓶，使用人每次应记录减压阀高、低压表头的读数。

（三）系统维护

为了使长期连续自动运行的监测系统保持良好的运行状态，除强调对监测仪器的合理选型，执行严格的质量控制程序，充足的备品备件等为必要的保证条件外；建立系统维护检修制度，有效的预防性维护保养减少故障的发生；及时地针对性检修迅速地排除故障是所需的充分条件，同时也是系统质量保证的重要组成部分。

1. 预防性维护

预防性维护是指在规定的时间内，对系统各个环节正在运行的仪器设备进行预防故障发生的例行检查和预防性维护，维修结果应作记录并归档保存，这样可以减少仪器设备发生故障的频率，延长使用寿命。

（1）中心站仪器设备

①定期检查中心计算机的时间、参数设置、A/D 转换精度和各项控制功能。

②为保证计算机输出功能的完备和正常，至少每三个月用有关软件进行一次功能测试。

③为防止计算机病毒感染，造成数据丢失和存储资料的损坏，除计算机必须安装防病毒软件外，还应按公安部门有关要求及时更换防病毒软件。

④对通讯系统每年至少进行一次讯道误码率的测试。

⑤定期对质量保证室专用监测仪器进行预防性维护检修。维护检修具体要求和内容可参见有关仪器说明书。

⑥定期对仪器维修室专用测试检修设备进行维护保养，保持其测试检修功能的完备和正常。

（2）监测子站仪器设备

监测子站仪器设备的日常预防性维护，除按规定完成以上本节三（一）中所述的在对监测子站进行日常巡检时所做的工作外，还应根据仪器设备使用手册中的规定和实际运行经验，对仪器中某些关键性部件制定出维护保养计划。

①根据仪器使用和维修手册的要求，每半年对仪器电路各测试点进行测试及调整；对仪器的输出零点和满量程进行检查和校准及检查仪器的输出线性；对仪器进行气路检漏和流量检查；对光路、气路、电路板和各种接头及插座进行检查和清洁工作。

②每年一次检查和清洁仪器的反应室、滤光片、光电倍增管、限流孔和抽气泵膜等；对各台仪器进行整台仪器及内部各组件除尘。

③根据使用寿命及时更换监测仪器中的紫外灯、光电倍增管、制冷装置、转换炉和抽气泵泵膜等。

④若零气发生器连续使用，应及时将压缩机内积水排出。

⑤若零气发生器使用氧化铝载体涂 CrO_2 或 $KMnO_4$ 的氧化剂，观察氧化剂的变色情况，并以此确定是否更换氧化剂，一般每半年更换一次。零气发生器使用霍加拉特或钼转换炉，应按使用手册和质量保证书，定期更换或再生。

⑥零气发生器中洗涤剂的更换主要靠平时积累的经验判断或观察各项目的零点漂移是否普遍增大，经查明原因确定是否需更换，一般每半年更换一次。

⑦在每次对仪器进行全面预防性维护维修或更换了诸如紫外灯、光电倍增管、转换炉和主要电子部件等关键零部件后，都应对仪器重新进行多点线性校准和性能考核，确认仪器工作正常后才能将仪器投入使用。

（3）采样系统

采样系统的日常预防性维护除本章四（五）1 中所述的工作外，还应对清洗后重新组合的采样总管进行检漏测试。

2. 针对性检修

针对性检修是指对出现故障的仪器设备进行针对性检查和维修。保证维修水平、提高故障排除速度，是将故障时间减至最小，提高系统数据捕获率的关键之一。所以维修人员应不断提高技术素质，提高判断故障的速度和排除故障的能力，扩展专业知识面，注重日常经验的积累，维修人员相互之间要经常开展技术和经验的交流，同时在备品备件、测试手段和交通工具上给予保证。针对性维修应做到：

①仪器设备的检修方法取决于仪器故障的性质和仪器的结构特点。应根据仪器结构特点、维修手册的要求和积累的工作经验，制定适合的常见故障判断和检修的方法及程序，以便于故障快速排除。

②对一些诸如电磁阀控制失灵、抽气泵泵膜破损、气路堵塞和灯源老化等容易诊断的故障，可携带备件到监测子站现场进行针对性检修。更换下来的非消耗性故障部件送回仪器维修室作进一步检查和维修，以确认能否再使用。

③对一些不易诊断和检修的故障，可用备用仪器替代故障的仪器，将故障的仪器送回仪器维修室进行诊断检修。

④如在检修中只是对诸如电磁阀、抽气泵泵膜、散热风扇、气路接头等普通易损件进行检修和更换，只需对仪器作零点、标点校准及短期运行考核。

⑤如在检修中更换了诸如紫外灯、光电倍增管、转换炉等关键零部件后，应对仪器重新进行多点线性校准，还需连续运行进行诸如24h有关性能考核，确认仪器工作正常后，仪器方可投入使用。

⑥检修情况应作记录并归档保存。

（四）系统文件档案的管理

对空气质量连续自动监测系统进行科学、有效管理的另一体现是系统文件档案的健全化和管理的完整化，为此需对系统运行的各个环节建立和维持严格的和完整的文件档案。它的内容、特点和管理要求如下：

1. 技术文件档案内容

①系统的描述和监测点位的特征报告（包括监测点位的地图和照片）。

②新购仪器设备开箱验收情况记录。

③作业指导书。

④系统审核报告。

⑤流量测量装置校准记录。

⑥标准物质传递或溯源记录。

⑦监测仪器单点和多点校准记录。

⑧监测仪器运行状况例行检查记录。

⑨监测子站、质量保证实验室、计算机室运行环境状况检查记录。

⑩仪器设备管理和维护保养检修记录。

⑪备品备件、标准物品管理记录。

2. 文件档案的特点和管理要求

①执行统一的标准格式登记制度，要具有唯一标识。

②文件档案可以是程序性文件、报告、表格和记录等，它的承载媒体可以是纸张、磁盘、光盘或其它电子媒体、照片或它们的组合。

③所有的记录简明、清晰、完整，用签字笔填写、字迹清楚、数据准确，并有登记填写日期和工作人员的签名。

④所有监测数据必须用表格文件形式记录，包括监测的原始资料、计算公式、数据处理和最终结果，并应体现结论数据的可追踪性。

⑤可以从记录文件中了解到仪器设备使用、维修和性能检验等全部的历史资料，以便对各台仪器设备作出正确的评价。

⑥所有登记的文件应装订成册，作为档案，妥善保存。

⑦在作业现场应备有有关相应的作业指导书。

⑧无效或作废的文件应及时撤离使用场所。

主要参考文献

1. 国家环境保护局.空气和废气监测分析方法. 北京：中国环境科学出版社，1990.
2. 夏炳乐，等. 色谱.2001，19（4）：378～379.
3. 何燧源. 环境污染物分析监测. 北京：化学工业出版社，2001.
4. 崔九思，王钦源，王汉平. 大气污染监测方法（第二版）. 北京：化学工业出版社，1997.
5. 国家环境保护总局. 水和废水监测分析方法（第四版）. 北京：中国环境科学出版社，2002.
6. 美国公共卫生学会联合委员会. 中国医学科学院卫生研究所，线引林，等，译. 空气采样与分析方法. 北京：人民卫生出版社，1982：364～367.
7. 江志刚. 氢化物-原子荧光法测定粮食中的砷. 分析测试学报，1999，18（1）：58-60.
8. 叶树德. 氢化物-原子荧光法测定饮用水中痕量砷. 环境与健康杂志，1997，14（3）：127-128.
9. 高苹，刘中笑. 原子荧光光谱法测定蔬菜中微量硒. 现代科学仪器，2000，（6）：38-39.
10. 中国环境监测总站等译. 固体废弃物实验分析评价手册. 北京：中国环境科学出版社，1992.
11. [英]M.汤普森 J.N. 沃尔什 著. 符斌，殷欣平，译. ICP 光谱分析手册. 符斌， 北京：冶金工业出版社，1987.
12. 穆家鹏编译. 原子吸收分析方法手册. 北京：原子能出版社，1989.
13. 魏振澄，陈新坤等编著. 原子发射光谱分析原理. 天津：天津科学技术出版社，1991.
14. 水质 硫化物的测定 直接显色分光光度法 GB/T 17133－1997.
15. 环境保护产品认定技术要求 总悬浮颗粒物采样器 HBC 3－2001.
16. 环境保护产品认定技术要求 标定总悬浮颗粒物采样器用的孔口流量计 HBC 4－2001.
17. EPA:Quality Assurance Handbook for Air Pollution Measurement Systems Volume II:Part I Ambient Air Quality Monitoring Program Quality System Development.
18. U.S.EPA. Ambient Air Monitoring Reference and Equivalent Methods . Federal Register Vol. 60，No.84，1995.
19. 吴邦灿，等. 现代环境监测技术. 北京：中国环境科学出版社，1999.9.
20. 吴鹏鸣，等. 环境空气监测质量保证手册. 北京：中国环境科学出版社，1985.
21. George M.Russwurm and Jeffrey W.Childers. FT-IR OPEN-PATH MONITORING GUIDANCE DOCUMENT. Air Measurents Research Division National Exposure Research Laboratory Research Triangle Park, North Caroline 27711.

第四篇　降水监测

第一章 布点、采样及质量保证

一、概述

1. 监测目的、任务

降水监测的目的是准确、及时地了解全国或某一个区域的酸雨污染现状和发展趋势，确定酸雨污染的范围和酸雨污染程度。掌握酸雨污染的主要污染组分和特征，为控制酸雨污染提供科学依据。

2. 降水监测项目及监测方法选择

降水监测的项目有：降水量、pH、电导率、SO_4^{2-}、NO_3^-、Cl^-、F^-、K^+、Na^+、Ca^{2+}、Mg^{2+}、NH_4^+等项目，有条件的情况下应加测有机酸（甲酸、乙酸）。

监测方法首先选用国家标准方法，可根据各自实验室的条件和监测人员的经验，也可采用与国家标准方法具有可比性的等效方法。

3. 监测频次

对 pH、降水量两个项目，要做到逢雨必测；连续降水超过 24h 时，每 24h 采集一次降水样品进行监测分析。对确定开展全部项目监测的测站，在当月有降水的情况下，每月应至少进行一次全部项目的测定，可随机选一个或几个降水量较大样品进行测定。

二、采样点位设置

1. 采样点位的设置原则

降水监测点位设置原则是：一般 50 万人口以上的城市，在郊区设一个采样点，在城区设两个采样点；50 万人口以下的城市，在郊区和城区各设一个采样点；一般的县城可只设一个采样点。

郊区点应设置在该城市的主导风上风向位置，且受到本城市污染影响较小的地点。一般应离开城市中心区 20km 以上，如受条件限制，无法满足此要求时，应尽可能选择受到本城市污染影响较小的地点。

原已开展降水监测的市、县，原则上应保留原点位，若不符合上述要求时，可作适当调整。

2. 监测点位环境要求

①采样点应位于开阔、平坦的地区，测点周围的下垫面无裸露土壤，以免风沙扬尘的影响。

②采样点应避开局地污染排放源，包括排放酸碱物质的烟尘、粉尘和生活排放源、废物堆积场、停车场以及交通干线等。

③采样点周围应无遮挡雨、雪的障碍物，其中包括房屋、桥梁、高大树木等。障碍物与采样器之间的水平距离不得小于该障碍物高度的 2 倍。或从采样器至障碍物顶部与地平线夹角应小于 30°。

④采样器与雨量器的水平距离应大于 2m。

三、降水采样

1. 降水自动采样器采样

最适宜的降水自动采样器是直入式的湿式采样器（雨水能直接落入采水容器，不通过其它部件如漏斗、管道等再进入采水容器）。如果采用非直入式采样器，它所使用的收集漏斗、管道等辅助装置对雨水中各种化学成分必须呈化学惰性。

降水自动采样器基本上由一个降水传感器、一个可自动打开、关闭的盖子和一个接水容器构成，对采样器的性能应符合以下条件：

①传感器反应灵敏，当降水开始 1min 内、结束后 10min 内采样器能自动打开和关闭盖子。

②机械操作性能灵活，采样器内的电机、传动机构、盖子等部件，必须材质好、精度高、配合紧密，保证采样器运转灵活。

③使用电源电压的范围宽，在 180～250V（187～242V）电压范围内仪器能正常工作。

④采样器的密封性好，采样器内的接水容器在未打开盖子前不应受到大气中尘类污染物的影响。

⑤接水容器或漏斗，应使用聚乙烯或聚四氟乙烯等对降水化学成分呈惰性的材料。

⑥采样器的高度应使接水容器上口离基础面的距离在 1.2m 以上。

2. 降水手工采样

雨水样品采集使用聚乙烯塑料桶，上口直径 30cm，高度不小于 30cm。

雪水样品采集使用聚乙烯塑料容器，上口直径 50cm 以上，高度不低于 50cm。

3. 采样容器的清洗

采样容器在第一次使用前需用 10%（*V/V*）盐酸或硝酸溶液浸泡一昼夜，用自来水洗至中性，再用去离子水冲洗多次，然后加少量去离子水振摇，用离子色谱法检查水中的 Cl^- 含量，若和去离子水相同，即为合格。倒置晾干后加盖保存在清洁的橱柜内。

采样容器每次使用后应用刷子刷洗，用自来水冲洗干净，再用去离子水冲洗三次后，晾干、加盖保存。

也可采用采样桶加采样袋的采样方式，采样桶可重复使用，采样袋为一次性使用。采样袋由聚乙烯制作，尺寸与采样桶相配合，展开后能够完全贴附于桶的内壁上，且上沿能够翻出采样桶 5cm，便于固定。

4. 降雨量的测量

降雨量的测量应使用标准雨量仪，与降水采样器同步、平行进行。不可使用降水采样器采集降雨量。

5. 雪样采集

降雪样品可采用手工采样，应使用 50cm 以上的聚乙烯塑料容器，容器高度应不低于 50cm。

6. 采样时间

采样时按下列要求进行：

①原则上应逢雨必采，采集每次降水（雨、雪）的全过程样品（自降水开始到结束）。

②当连续数天降雨，可每隔 24h 收集一次样品（每天上午 8:00 至第二天上午 8:00）。

③当一天中有几次降雨过程，对使用自动采样器的采样点可合并为一个样品测定。

四、降水样品的保存与处理

1. 现场样品保存

①样品在送到分析实验室前应在 4℃条件下冷藏。

②保存降水样品的容器必须是专用的聚乙烯塑料瓶，不得与其它地表水、污水采样瓶混用。存放样品容器的清洗与接水容器相同，样品存放时要拧紧瓶盖。

③用于降水样品成分测定的贮存容器、贮存方式及保存时间见表 4-1-1。

表 4-1-1 降水样品的保存

待测项目	贮存容器	贮存方式	保存时间
电导率	聚乙烯瓶	冰箱 4℃冷藏	24h
pH 值	聚乙烯瓶	冰箱 4℃冷藏	24h
NO_2^-	聚乙烯瓶	冰箱 4℃冷藏	24h
NO_3^-	聚乙烯瓶	冰箱 4℃冷藏	24h
NH_4^+	聚乙烯瓶	冰箱 4℃冷藏	24h
SO_4^{2-}	聚乙烯瓶	冰箱 4℃冷藏	一个月
Cl^-	聚乙烯瓶	冰箱 4℃冷藏	一个月
F^-	聚乙烯瓶	冰箱 4℃冷藏	一个月
K^+	聚乙烯瓶	冰箱 4℃冷藏	一个月
Na^+	聚乙烯瓶	冰箱 4℃冷藏	一个月
Ca^{2+}	聚乙烯瓶	冰箱 4℃冷藏	一个月
M_g^{2+}	聚乙烯瓶	冰箱 4℃冷藏	一个月

2. 样品记录

采样后应立即对样品进行编号和记录，具体内容如下：

①采样点名称和点位环境。

②样品编号。

③采样开始日期，结束日期；开始时间，结束时间。

④样品体积或者重量（降水量）。

⑤降水类型（雨、雪、冻雨、冰雹）。

⑥样品污染情况（明显的悬浮物、鸟粪、昆虫）。

⑦采样设备情况（运转正常 / 不正常）。

⑧采样员临时观察到的情况（意外的环境问题、车辆活动）。

⑨采样人员签名。

样品记录表应连同样品一起送到分析实验室。

3. 样品运输

为保持样品的化学稳定性，应最大限度地减少运输时间，并保证样品在运输期间处于低温状态（3～5℃）保存样品。样品运送过程中，应避免样品溢出和污染。运输样品的瓶子一定要足够结实而不至于破损和渗漏。

4. 样品处理

（1）降水样品处理

降水样品送到实验室后，应先取一部分样品先测定电导率，然后测定 pH 值。如进行离子组分测定，应将其余样品用 0.45μm 有机微孔滤膜过滤，滤液收集到洁净的聚乙烯塑料瓶中，加盖后，贴上标签并编号，立即进行离子组分测定或置于冰箱内低温 4℃保存。

滤膜使用前要用去离子水浸泡 24h，并用去离子水洗涤数次。过滤器的清洗与采样容器清洗方法相同。

（2）降雪样品的处理

测定雪样时，应在实验室内待其自然融化完全后，先取部分样品测定电导率和 pH 值，其余样品经滤膜（0.45μm 有机微孔滤膜）过滤后放入聚乙烯塑料瓶中，于冰箱内低温（4℃）保存。不得在雪样完全融化前任取部分样品进行测定。

五、数据处理

1. 数据保留位数

①pH 值（无量纲）、阴阳离子浓度（单位：mg/L）小数点后保留两位数字。

②电导率（单位：μS/cm）保留一位小数。

③降雨量（单位：mm）保留一位小数。

2. 计算

①降水 pH 平均值的计算：要计算月、季、年多次降水的 pH 值，一般采用（H^+）浓度－雨量加权平均计算，氢离子浓度单位应为 mol/L。

$$pH=-\log[H^+]$$

$$[H^+]_{平均}=\frac{\Sigma[H^+]_i\cdot V_i}{\Sigma V_i}$$

$$pH_{平均}=-\log[H^+]_{平均}$$

式中：$[H^+]_i$ ——第 i 次降水的氢离子浓度，mol/L；

V_i——第 i 次降水的降雨量，mm。

②阴阳离子浓度平均值的计算：同降水 pH 平均值计算方法，即采用雨量加权平均值计算。

$$[X]=\frac{\sum_{i=1}^{n}[X]_i \cdot V_i}{\sum_{i=1}^{n}V_i}$$

式中：$[X]_i$——第 i 次降水中某离子的浓度，mg/L；

V_i——第 i 次降水的实测降水量，mm。

六、质量保证

1. 现场采样质量保证

①定期检查湿沉降自动采样器运转是否正常，主要确保传感器和连动盖子的开启应达到要求。

②应有专人负责检查各采样点的采样器皿，包括接水容器、漏斗、管道等是否按规定清洗干净。检查方法：用 200ml 去离子水清洗采样容器，然后再测其清洗液的电导率 L_1，同时检查去离子水质量，要求电导率＜1.5μS/cm 为 L_2，要求 $\frac{L_1-L_2}{L_2}$＜50%。

③手工采样时应确保降雨时及时将接水桶放在采样点位置，雨停后及时取走雨样，以防干沉降对降水样品的影响。

④在现场测量样品体积。样品在带回实验室称重前，天平应该用标准砝码检查。

⑤采样记录应完整、准确。

2. 实验室内质量保证

（1）测试仪器要求

①实验室内所用的 pH 计、电导率仪、分析天平、分光光度计、原子吸收分光光度计、离子色谱仪、各类玻璃量器等应按规定定期送当地计量部门检定，严禁使用不合格的测试仪器。

②测试人员应备有所使用测试仪器的说明书，便于随时查阅。

（2）实验室空白试验

①每月至少两次测定实验室用去离子水的电导率，要求去离子水电导率低于 1.5μS/cm。

②除 pH 和电导率外，所有离子成分分析项目在每次测定时均应带试剂空白，对结果加以校正。

（3）校准曲线线性检验

要求每批样品分析前先绘制校准曲线，其相关系数≥0.999，否则要查找原因，重新制作校准曲线。

（4）准确度和精密度控制

①精密度控制：凡可以进行平行双样分析的测定项目，在样品分析时，要求做 100% 的平行双样。平行双样实验室内最大偏差应在表 4-1-2 所规定的允许范围内。

②准确度控制：实验室内的准确度控制，应通过质控样进行。质控样的室内最大相对误差应在允许范围内，质控样应采用国家标准样品。若无质控样也可采用加标回收率测定作为准确度控制手段。

表 4-1-2 平行双样测定值的精密度和准确度允许差

项目	样品含量范围(mg/L)	精密度(%)		准确度(%)			适用的监测分析方法
		室内	室间	加标回收率	室内相对误差	室间相对误差	
pH	1～14	≤0.05 pH 单位	≤0.1 pH 单位				玻璃电极法
SO_4^{2-}	1～10	≤15	≤20	80～120	≤±15	≤±20	离子色谱法、铬酸钡光度法、硫酸钡比浊法
	10～100	≤10	≤15	85～115	≤±15	≤±20	
NO_3^-	<0.5	≤25	≤30	80～120	≤±15	≤±20	离子色谱法、紫外分光光度法
	0.5～4.0	≤20	≤25	85～115	≤±10	≤±15	
Cl^-	1～50	≤20	≤25	80～120	≤±15	≤±20	离子色谱法
NH_4^+	0.1～1.0	≤15	≤20	90～110	≤±10	≤±15	纳氏试剂光度法、次氯酸钠—水杨酸光度法、离子色谱法
	>1.0	≤10	≤15	90～110	≤±10	≤±15	
K^+、Na^+ Ca^{2+}、Mg^{2+}	1～10	≤15	≤20	80～120	≤±15	≤±20	原子吸收分光光度法、离子色谱法
	1～10	≤10	≤15	85～115	≤±15	≤±20	
F^-	10～100	≤10	≤15	85～115	≤±15	≤±20	离子选择电极法、离子色谱法
	0.01～1. 0	≤10	≤15	85～115	≤±10	≤±15	

3. 阴、阳离子平衡的评价

当对降水样品进行阴、阳离子平衡计算时，可通过下面方程计算相应的值，再结合国内外有关资料推荐的参考标准来判断降水样品分析结果的好坏（是否漏测了重要离子）。评价标准见表 4-1-3。

$$R=\frac{B-A}{B'+A'}\times 100\%$$

式中：A——阴离子微克当量总数；

A'——$10^3\times\sum A_i$/克当量，A_i 是第 i 个阴离子的浓度，mg/L；

B——阳离子微克当量总数（包括 H^+）；

B'——$10^3\times\sum B_i$/克当量，B_i 是第 i 个阳离子的浓度，mg/L。

表 4-1-3 R 值的参考标准

$B+A$（μeq/L）	R（%）	$B+A$（μeq/L）	R（%）
<50	±30	>100	±8
50～100	±15		

注：对于南方地区降水样品要加测有机酸离子（甲酸、乙酸），对北方地区（pH≥5.6）应加测 HCO_3^-，否则由于漏测离子，就无法平衡。

第二章 降水监测分析方法

一、电导率

电导率是用数字来表示降水样品传导电流的能力，这种能力主要与降水总离子浓度、离子的电荷和水含半径、浓度及测量时的温度有关。降水中含有的无机酸、碱、盐具有良好的导电作用。而有机化合物在降水中离解度低，且浓度也低，对降水电导率影响较小。

电极法（A）

1. 原理

测定降水电导率的方法是测定降水的电阻率，电阻率的倒数即为电导率。距离 1cm，载面积为 $1cm^2$ 的电极间所测得的电阻称为电阻率（Ω/cm）。距离 1cm，截面积为 $1cm^2$ 的电极间所测得的电导称为电导率。用 K 表示。电导率的国际单位是 S/m（西门子/米），也常用 mS/m（毫西门子/米）或 μS/cm（微西门子/厘米）表示。

$$K=\frac{C}{R} \tag{1}$$

式中：C——电极常数；

R——电阻。

测量电导率的电极是由两块平行的铂黑片或铂片组成。根据本地区降水电导率的高低，可分别选用铂黑或铂电极。对于给定电极，C 为常数，由（1）式可知，只要测出样品的 R 值，即可算出 K。

电极常数 C 的测定，可选用一种电导率已知的标准溶液，利用该电极测其电阻，用下式计算出 C 值，常用的标准溶液为氯化钾溶液。

$$C=K_{KCl}\times R_{KCl} \tag{2}$$

对于 0.01000mol/L 标准氯化钾溶液，25℃时 K_{KCl} 为 1413μS/cm，则（2）式变为：

$$C=1413\times R_{KCl} \tag{3}$$

电导率多在 25℃时进行测定。如果温度不是 25℃，必须进行温度校正，校正的方法包括图解法和经验公式计算法。经验的温度校正计算公式为：

（A）本方法与 GB 13580.3—92 等效。

$$K_s = \frac{K_t}{1 + a(t-25)} \tag{4}$$

式中：K_t——温度为 t 时的电导率；

K_s——25℃时的电导率；

a——各种离子电导率的平均温度系数 0.022；

t——测定电导时溶液的温度。

2. 仪器

①容量瓶：1000ml。

②烧杯：50ml。

③电导仪。

④恒温水浴器。

3. 试剂

标准氯化钾溶液 C(KCl)=0.01000mol/L：称取 0.7455g 氯化钾，溶解于重蒸蒸馏水中（重蒸蒸馏水必须煮沸以除去水中溶解的 CO_2，放冷后使用），移入 1000ml 容量瓶，用水稀释至标线。

4. 步骤

（1）温度调节

调节恒温水浴的温度为 25℃，将盛有标准氯化钾溶液 30ml 的 4 支试管放入水浴中，恒温 0.5h，使溶液温度达到 25℃。

（2）电极常数的测定

用 3 支试管中的标准溶液依次冲洗电极和 50ml 烧杯，将第 4 支试管中的标准氯化钾溶液倒入烧杯中，插入电极，测量电阻 R_{KCl} 值，按（3）式计算电极常数 C。

（3）样品测定

使待测样品保持在 25℃或接近于室温，用样品冲洗 50ml 烧杯和电极，然后装入 30ml 样品，测量杯中样品温度和电阻 R_t 值（R_t 为温度 t℃时的电阻）。

利用（1）式计算出样品的电导率 K_t，再用（4）式求出 K_s。

5. 说明

①测量完电导率的降水可用于 pH 值的测定。但不能用测量过 pH 值的降水样品来测量电导率，因为 pH 计的参比电极（甘汞电极）中的饱和 KCl 溶液会渗漏到降水中而改变它的电导率。同样道理，测过 pH 值的样品也不能用于降水离子成分的分析。

②新鲜蒸馏水的电导率为 0.5～2μS/cm，存放数月后会增加到 2～4μS/cm。原因是吸收了空气中 CO_2 造成的，若实验室有酸、碱性气体污染则影响更大。因此降水样品应密封保存，尽快在采样后 24h 内测定完毕。

二、pH 值

空气中 CO_2 溶解于降水和从降水中逸出达到动态平衡时的 pH 约有 5.60，因此通常称 pH＜5.60 的降水为酸雨。其实除了 CO_2 影响降水 pH 值外，还有天然的植物、海藻等在阳光照射下发生蒸腾而释放出萜烯、异戊二烯、α-蒎烯等，经一系列氧化作用而形成甲酸、乙酸，使降水 pH 值达到 4.80～5.00，这是自然因素造成的。在全球降水背景站的观测，发现降水中 pH 值背景在 5.00 左右。人为污染的酸性物质主要是 SO_2、NO_x，在空气中被氧化形成硫酸盐、硝酸盐等酸性气溶胶，是形成酸雨的主要原因。此外空气中的氨及颗粒物的酸碱性质对酸雨有中和与缓冲作用。降水 pH＜4.50 则会对生态系统有一定的不利影响，pH＜4.0 对生态系统则有明显的危害。

电极法（A）

1. 原理

pH 定义为水中氢离子活度的负对数。用电极法测定，即以饱和甘汞电极为参比电极，以玻璃电极为指示电级，组成电池。在 25℃下，溶液中每变化一个 pH 值单位，电位差变化 59.1mV。将电位表刻度转换为 pH 刻度，便可直接读出溶液的 pH 值。溶液的温度对测量有影响，可用温度补偿器调节到溶液实际的温度处进行修正。

2. 仪器

各种型号的酸度计或离子活度计（测量精度一般应为 0.05pH 单位）。

玻璃电极的选择：通常用相对校准法来检验电极的优劣。可在 25℃时用 pH4.008 的标准溶液定位，然后测量 pH 为 6.865 的标准溶液和 pH 为 9.180 的标准溶液，求出测量值与标准溶液给定值的误差。或者用 pH6.865 的标准溶液定位，测量其它两种标准溶液，求出测量误差。也可用 pH 为 9.180 的标准溶液定位，测量其它两种标准溶液，求出测量误差。测量误差大于 0.2pH 的电极不宜使用。

3. 试剂

做校正用的标准 pH 值缓冲溶液一般可用计量部门出售的 pH 标准物质直接溶解定容而成，也可以按表 4-2-1 配制。

表 4-2-1 pH 标准溶液的配制

标准缓冲溶液浓度	pH(25℃)	1000ml 水溶液所含试剂重量
0.05mol/L 邻苯二甲酸氢钾	4.008	10.12g $KHC_8H_4O_4$
0.025mol/L 磷酸二氢钾+0.025mol/L 磷酸氢二钠	6.865	3.388g KH_2PO_4+3.533g Na_2HPO_4(均需在 110～130℃烘干 2h)
0.01mol/L 四硼酸钠	9.180	3.80g $Na_2B_4O_7\cdot10H_2O$

配制标准溶液的去离子水的电导率应小于 2μS/cm。用前煮沸数分钟，放冷。配好的溶液应贮存于聚乙烯瓶中，有效期一个月。

4. 步骤

①根据仪器说明书要求，启动仪器，预热 20min 以上。

②用两种或三种标准缓冲溶液对仪器进行定位和校正。

③样品测量：仪器经校正定位后用于测量，在测量前先用水冲洗电极 2～3 次，用滤纸把水吸干，将电极插入水样中。搅动水样至少 1min（用磁力搅拌器），按下读数开关，重复 2～3 次，读取稳定后的读数。测量完毕，用水冲洗电极，把甘汞电极擦干并套上橡皮套，把玻璃电极浸泡在蒸馏水中待用。

（A）本方法与 GB 13580.4—92 等效。

5. 说明

①pH 值与温度有关，应在测量前测试溶液的温度，然后把温度补偿旋钮调到相应的位置。

②酸度计应定期进行检验，换新电极时应对电极进行认真挑选，使之与仪器能够较好的匹配。

③样品若敞开放置，空气中微生物、二氧化碳、实验室的酸碱性气体等对 pH 值的测定有影响，应尽快测定。

三、硫酸根

降水中硫酸根主要来自空气中气溶胶，颗粒物中可溶性硫酸盐及气态污染物二氧化硫被空气中的 O_3、自由基及重金属氧化物催化氧化作用而形成硫酸或硫酸盐。硫氧化物既有自然源（如火山爆发释放出 SO_2，动植物残体分解释放出 H_2S，进而氧化为 SO_2，森林火灾等）又有人为污染源（如化石燃料燃烧产生的 SO_2，化工生产排放出的 SO_3，以及有色金属矿石焙烧排放大量 SO_2 等，其污染对降水酸化起着重要的作用，我国现阶段仍属煤烟型污染，酸性离子中 SO_4^{2-} 的贡献最大，有些大城市 NO_3^- 对降水酸化的贡献也有随 NO_x 污染上升而上升的趋势）。降水中 SO_4^{2-} 的浓度介于几个～100mg/L 之间。

硫酸根的监测方法有：离子色谱法，铬酸钡-二苯碳酰二肼分光光度法；改良硫酸钡比浊法；硫酸钡比浊法。

硫酸钡比浊法是一种经典方法，操作条件要求较严格，技术熟练方可获得好的结果。但标准曲线在低浓度段弯曲，应直接从曲线上查未知样浓度即可，但现在已很少应用。改良硫酸钡比浊法有良好线性关系，$r \geqslant 0.999$，可作线性回归。铬酸钡分光光度法和离子色谱法的精密度和准确度均好。监测 SO_4^{2-} 首选方法为离子色谱法和铬酸钡分光光度法，其次为改良硫酸钡比浊法。

经 16 个实验室验证，测定 SO_4^{2-} 为 6.00mg/L，并含有 F^- 0.20mg/L、Cl^- 1.00mg/L、NO_3^- 1.20mg/L、K^+ 2.98mg/L、Na^+ 0.44mg/L 的合成水样，这四种方法之间是有可比性的，测定的精密度和准确度较好。结果见表 4-2-2。

表 4-2-2 四种硫酸根测定方法的精密度和准确度

方法	实验室个数	$\bar{x}$	s	$C.V(\%)$	相对误差 (%)	实际降水样品加标回收率范围 (%)
比浊法	7	5.69	0.307	5.40	−5.2	87.3～103.3
改良比浊法	5	5.93	0.440	0.74	−1.2	85.3～107.9
分光光度法	5	5.93	0.191	3.21	−1.2	98.8～107.0
离子色谱法	4	5.90	0.094	0.80	−1.7	99.3～106.5

（一）离子色谱法（A）

1. 原理

离子色谱法测定阴离子是利用离子交换原理进行分离。由抑制柱抑制淋洗液，扣除背

（A）本方法与 GB13580.5—92 等效。

景电导，然后利用电导检测器进行测定。根据混合标准溶液中各阴离子出峰的保留时间以及峰高可定性和定量样品中的 F^-、Cl^-、NO_2^-、NO_3^-、SO_4^{2-} 离子。

本方法的适宜浓度范围和最低检出浓度依仪器的不同灵敏度档而定。

2. 仪器

①离子色谱仪，具电导检测系统。

②色谱柱：阴离子分离柱和阴离子保护柱。

③抑制器。

④记录仪、积分仪（或微机数据处理系统）。

⑤微孔滤膜过滤器。

3. 试剂

①淋洗贮备液（0.18mol/L Na_2CO_3-0.17mol/L $NaHCO_3$）：称取 19.078g 碳酸钠（优级纯，105℃烘干 2h）和 14.282g 碳酸氢钠（优级纯，105℃烘干 2h），溶解于水，移入 1000ml 容量瓶中，用水稀释至标线，过滤，贮存于聚乙烯塑料瓶中，于冰箱内保存。

②淋洗使用液：吸取淋洗贮备液 20.00ml 于 2000ml 容量瓶中，用水稀释至标线，摇匀贮存聚乙烯塑料瓶中。此溶液碳酸钠浓度为 0.0018mol/L；碳酸氢钠浓度为 0.0017mol/L。

③再生液：根据仪器要求配制。

④氟化钠标准贮备液：称取 2.210g 氟化钠（优级纯，105℃烘干 2h），溶解于水，移入 1000ml 容量瓶中，加入 10.00ml 淋洗贮备液，用水稀释至标线。贮于聚乙烯塑料瓶中，于冰箱内保存。此溶液每毫升含 1.000mg 氟离子。

⑤氯化钠标准贮备液：称取 1.6485g 氯化钠（优级纯，105℃烘干 2h），溶解于水，移入 1000ml 容量瓶中，加入 10.00ml 淋洗贮备液，用水稀释至标线。贮于聚乙烯塑料瓶中，于冰箱内保存。此溶液每毫升含 1.000mg 氯离子。

⑥亚硝酸盐标准贮备液：称取 1.4997g 粒状亚硝酸钠（优级纯，干燥器中干燥 24h），溶解于水，移入 1000ml 容量瓶中，加入 10.00ml 淋洗贮备液，用水稀释至标线。贮于聚乙烯塑料瓶中，于冰箱内保存。此溶液每毫升含 1.000mg 亚硝酸根。

⑦硝酸盐标准贮备液：称取 1.3780g 硝酸钠（优级纯，105℃烘干 2h），溶解于水，移入 1000ml 容量瓶中，加入 10.00ml 淋洗贮备液，用水稀释至标线。贮于聚乙烯塑料瓶中，于冰箱内保存。此溶液每毫升含 1.000mg 硝酸根。

⑧硫酸盐标准贮备液：称取 1.8142g 硫酸钾（优级纯，105℃烘干 2h），溶解于水，移入 1000ml 容量瓶中，加入 10.00ml 淋洗贮备液，用水稀释至标线。贮于聚乙烯塑料瓶中，于冰箱内保存。此溶液每毫升含 1.000mg 硫酸根。

⑨五种阴离子混合标准使用液：配制混合标准溶液的浓度应与降水中待测离子浓度接近。例如，配制含有氟 5.0μg/ml、氯 10.0μg/ml、亚硝酸根 20.0μg/ml、硝酸根 40.0μg/ml、硫酸根 50.0μg/ml 的混合标准使用液，分别吸取 5.0ml 氟化钠标准贮备液、10.0ml 氯化钠标准贮备液、20.0ml 亚硝酸钠标准贮备液、40.0ml 硝酸钠标准贮备液及 50.0ml 硫酸钾标准贮备液于 1000ml 容量瓶中，加入 10.0ml 淋洗贮备液，用水稀释至标线。贮于聚乙烯塑料瓶中，于冰箱内保存。可使用 1 个月。

4. 步骤

（1）色谱条件

不同型号的仪器，可根据仪器说明书自行选定。

降水样品的处理：降水样品均需经微孔滤膜过滤，除去降水中尘埃颗粒物、微生物体。进样前将样品与淋洗贮备液按 99∶1 体积混合（有的分离柱则不需要这一步骤）。

（2）标准曲线的绘制

①用标准使用液，配制五个浓度水平的混合标准溶液测定峰高或峰面积）。标准谱图见图 4-2-1。

②以峰高（或峰面积）为纵坐标，以离子浓度为（mg/L）为横坐标，用最小乘法计算校准曲线的回归方程或绘制工作曲线。

（3）样品测定

①降水样品的处理：降水样品均需微孔滤膜过滤，除去降水中尘埃颗粒物、微生物体。

②进样前将样品与淋洗贮备液按 99∶1 体积混合后再进样，根据峰高（或峰面积）在校准曲线上查得样品浓度。

（4）空白试验

以试验水代替水样，经 0.45μm 滤膜过滤后进行色谱分析。

（5）标准曲线的校准

用标准样品对校准曲线进行校准。

5. 计算

按下式计算降水中阴离子的浓度：

$$阴离子(mg/L)=\frac{h-h_0-a}{b}$$

式中：h——样品的峰高（或峰面积）；

h_0——空白峰高（或峰面积）测定值；

b——回归方程的斜率；

a——回归方程的截距。

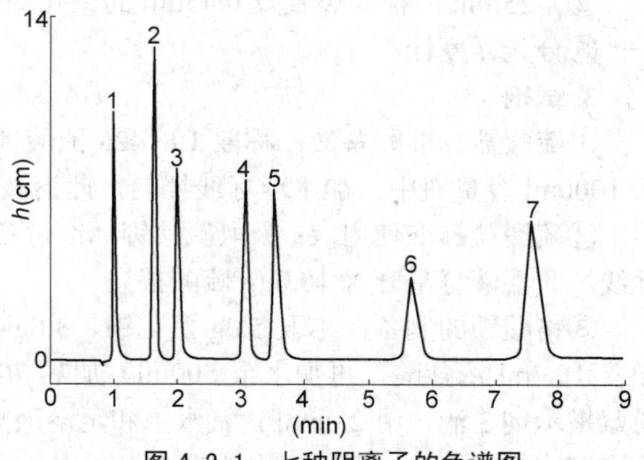

图 4-2-1　七种阴离子的色谱图

1—F^-（5ppm）；2—Cl^-（10ppm）；3—NO_2^-（15ppm）；4—Br^-（25ppm）；5—NO_3^-（25ppm）；6—HPO_4^{3-}（40ppm）；7—SO_4^{2-}（30ppm）

6. 说明

①离子色谱法所用去离子水的电导率应小于 0.5μS/cm，并用微孔滤膜过滤。

②离子色谱分析时，样品中需加入一定量的淋洗贮备液，使其浓度与淋洗液相同，以克服负峰干扰。

③因为不同分离柱、环境温度对分离度及保留时间均有影响，操作者可根据具体情况和经验对淋洗贮备液（碳酸钠-碳酸氢钠溶液）的浓度比进行适当的调整。

④注意整个系统不要进气泡，否则会影响分离效果。

⑤在与绘制校准曲线相同的色谱条件下测定样品的保留时间和峰高（或峰面积）。

⑥在淋洗液、再生液改变时，或分析 20 个样品后，都要对校准曲线进行校准。

假如任何一种离子的响应值或保留时间大于预期值的±10%时，必须用新的校准标样重新测定。如果其测定结果仍大于±10%时，则需要重新绘制标准曲线。

（二）铬酸钡-二苯碳酰二肼分光光度法（A）

1. 原理

在弱酸性溶液中，硫酸根与铬酸钡悬浊液发生下述交换反应：

$$SO_4^{2-}+BaCrO_4 \longrightarrow BaSO_4\downarrow+CrO_4^{2-}$$

在氨-乙醇溶液中，分离除去硫酸钡及过量的铬酸钡。交换释放出的CrO_4^{2-}与二苯碳酰二肼反应，生成紫红色产物，用分光光度法测定，间接测定SO_4^{2-}浓度。

本方法的适宜浓度范围为0.3～10.0mg/L，最低检出浓度为0.1mg/L。降水中一般共存离子不干扰硫酸根的测定。

2. 仪器

①具塞比色管：10ml、25ml。

② ϕ25mm的抽滤装置及0.45μm的微孔滤膜。

③分光光度计。

3. 试剂

①硫酸盐标准贮备液：称取1.8142g硫酸钾（优级纯，105℃烘干2h），溶解于水，移入1000ml容量瓶中，加水至标线摇匀，此溶液每毫升含1.00mg硫酸根。

②硫酸盐标准使用液：吸取硫酸钾标准贮备液5.00ml于500ml容量瓶中，用水稀释至标线。此溶液每毫升含10.0μg硫酸根。

③铬酸钡的制备：称取5.0g氯化钡、3.0g重铬酸钾，分别溶解于50ml水中，混匀，加入16.7ml浓盐酸，再加水至500ml，加热70～80℃使之溶解，然后加入0.1%溴代百里酚蓝指示剂3滴，用2.0mol/L氨水中和至溶液呈蓝色。析出铬酸钡沉淀，用温水以倾注法洗涤沉淀2至3次，再用冷水洗涤2至3次，经微孔滤膜抽气过滤，沉淀物在105～110℃烘箱中烘干2h，研细备用。

④铬酸钡悬浊液：称取0.50g铬酸钡于200ml含有0.42ml浓盐酸和14.7ml冰乙酸的水中，得悬浊液。贮存于聚乙烯塑料瓶中，使用前充分摇匀。

⑤氯化钙-氨溶液：称取1.1g氯化钙，用少量稀盐酸溶解，加入6.0mol/L氨水至400ml。

⑥0.50%二苯碳酰二肼溶液：称取0.50g二苯碳酰二肼，溶解于100ml乙醇中，加1.0mol/L盐酸溶液1.0ml作为稳定剂，于冷暗处保存。试剂应近无色，颜色变深后不能使用。

4. 步骤

（1）标准曲线的绘制

①取七支25ml比色管，按表4–2–3配制标准系列。

②加水至标线，摇匀。置于冷水（低于15℃）中冷却10min，取出，经微孔滤膜抽气过滤于干燥的比色管中。弃去2～3ml初滤液，吸取5.00ml滤液于10ml比色管中，加入0.50%二苯碳酰二肼溶液1.00ml、2.0mol/L盐酸1.00ml，加水至标线，摇匀。10min后，用1cm比色皿，在波长545nm处，以水为参比，测定吸光度。以吸光度（$A-A_0$）对硫酸根含量（μg）绘制标准曲线。

（A）本方法与GB 13580—92等效。

表 4-2-3　硫酸钾标准系列

管　号	0	1	2	3	4	5	6
硫酸钾标准使用液(ml)	0	0.50	1.00	2.00	4.00	6.00	10.00
去离子水(ml)	10.00	9.50	9.00	8.00	6.00	4.00	0
铬酸钡悬浊液(ml)	2.00	2.00	2.00	2.00	2.00	2.00	2.00
氯化钙-氨溶液(ml)	1.00	1.00	1.00	1.00	1.00	1.00	1.00
95%乙醇(ml)	10.0	10.0	10.0	10.0	10.0	10.0	10.0
硫酸根含量(μg)	0.0	5.0	10.0	20.0	40.0	60.0	100

注意：每加一种试剂均需摇匀。

（2）样品测定

根据本地区降水中硫酸根含量，吸取 1.00～10.00ml 样品于 25ml 比色管中，以下步骤同标准曲线的绘制。从标准曲线上查得硫酸根的含量。

5. 计算

$$硫酸根(\mu g/ml)=\frac{测得硫酸根含量}{取样体积(ml)}(\mu g)$$

6. 说明

①加入氯化钙-氨溶液、乙醇，并在冷水浴中冷却 10min，可降低硫酸钡及铬酸钡的溶解度，使方法的重现性好，试剂空白值低而且稳定。

②交换反应释放出可溶性的 CrO_4^{2-} 与悬浮态 $BaCrO_4$、$BaSO_4$ 沉淀的定量分离，对结果的准确度与重现性影响很大。一般用滤膜抽气过滤，速度快，且能除去细微颗粒状的 $BaCrO_4$ 及 $BaSO_4$，效果优于用定量滤纸。

③若没有抽气过滤装置，可用离心机分离 5min（转速 3000r/min），溶液清亮即可。

④不要用铬酸洗液洗涤玻璃仪器，以防止铬酸根的污染。

（三）改良硫酸钡比浊法（A）

1. 原理

在酸性介质中硫酸根与氯化钡反应，生成硫酸钡悬浊液，根据浊度大小，用分光光度法测定。用明胶作为分散剂和稳定剂，所生成硫酸钡悬浊液的浊度比较稳定。本方法的检出限为 0.4mg/L，测定上限为 70mg/L。

2. 仪器

①容量瓶：100ml、1000ml。

②烧杯：50ml。

③分光光度计。

④磁力搅拌器。

⑤秒表。

（A）本方法与 GB13580.6—92 等效。

3. 试剂

①硫酸盐标准贮备液：见（二）铬酸钡-二苯碳酰二肼分光光度法试剂①。

②硫酸盐标准使用液：吸取硫酸钾贮备液 10.00ml 于 100ml 容量瓶中，用水稀释至标线。此溶液每毫升含 100μg 硫酸根。

③0.30%（*m/V*）明胶溶液：称取 3.0g 明胶，搅拌溶解在 1000ml 70℃水中，冷却后，放在冰箱中冷藏 24h 以上。

④2.0%（*m/V*）氯化钡-明胶溶液：称取 10.0g 氯化钡（$BaCl_2 \cdot 2H_2O$），溶解于 0.30% 明胶溶液 500ml，用浓盐酸调节 pH 至 1～2。此溶液可稳定一个月以上。

4. 步骤

（1）标准曲线的绘制

取 10 个 50ml 烧杯按表 4-2-4 配制标准系列。

表 4-2-4 硫酸钾标准系列

杯号	0	1	2	3	4	5	6	7	8	9
硫酸钾标准使用液(ml)	0	0.10	0.20	0.60	1.00	1.50	2.00	3.00	4.00	5.00
去离子水(ml)	9.00	8.90	8.80	8.40	8.00	7.50	7.00	6.00	5.00	4.00
稳定剂(ml)	1.00	1.00	1.00	1.00	1.00	1.00	1.00	1.00	1.00	1.00
硫酸根含量(μg)	0	10	20	60	100	150	200	300	400	500

②将配制成的标准系列溶液的烧杯，逐个放在磁力搅拌器上，搅拌 10s，迅速加入 2.0% 氯化钡-明胶溶液 2.00ml，同时用秒表准确计时，搅拌 2min，静置 1.5min 后，用 2cm 比色皿，在波长 420nm 处，以水为参比，测定吸光度。以吸光度对硫酸根含量（μg），绘制标准曲线。

（2）样品测定

根据本地区降水中硫酸根含量，吸取 5.00～10.00ml 样品，加入适量的水，使总体积为 10.00ml。以下步骤同标准曲线的绘制。从标准曲线上查得硫酸根的含量。

5. 计算

$$\text{硫酸根}(\mu g/ml) = \frac{\text{测得硫酸根含量}(\mu g)}{\text{取样体积}(ml)}$$

6. 说明

①也可用聚乙烯醇溶液代替明胶溶液，结果相似。

②配制方法：称取 2.0g 聚乙烯醇，加入 150ml 水，在 70℃水浴上不断搅拌加热溶解。另称取 59g 氯化钡溶解于 300ml 水中，边搅拌边加热混合两种溶液，冷却。再加入 15ml 浓盐酸，最后滴加数滴二甲苯。放于冰箱中可保存一个月以上。

四、硝酸根

空气中 NO、NO_2 经一系列复杂的光化学反应，最后生成硝酸盐和亚硝酸盐，随着降水的淋溶和吸收而沉降到地面。NO_x 污染是形成酸雨的重要原因之一。

降水中硝酸根（NO_3^-）浓度一般为零至几毫克/升，出现数十毫克/升的情况较少见。

测定方法有：紫外分光光度法；镉柱还原-盐酸萘乙二胺分光光度法；离子色谱法。经 12 个实验室验证，测定 NO_3^- 为 1.20mg/L，并含有 F^- 0.20mg/L、Cl^- 1.00mg/L、SO_4^{2-} 6.00mg/L、K^+ 2.98mg/L、Na^+ 0.44mg/L 的合成水样，三种方法之间是有可比性的，测定的精密度和准确度较好。结果见表 4-2-5。但镉柱还原法操作繁琐，现在已很少应用。

表 4-2-5 三种硝酸根测定方法的精密度和准确度

方法	实验室个数	$\bar{x}$	s	$C.V$(%)	相对误差(%)	实际降水样品加标回收率范围(%)
紫外分光光度法	5	1.21	0.085	7.1	+0.83	95～103
分光光度法	3	1.26	0.032	2.5	+5.0	98～104
离子色谱法	4	1.19	0.020	1.7	−0.83	99～100

（一）离子色谱法（A）

见本章三、硫酸根（一）离子色谱法。

（二）紫外分光光度法（A）

1. 原理

硝酸根离子对紫外光有强烈的吸收，可利用它在 220nm 处的吸光度进行定量测定。但三价铁、六价铬及一些有机物在此波长也有吸收，产生正干扰。这些成分在降水中含量甚微，其影响可通过测定 275nm 处的吸光度加以修正。

本方法的检出限为 0.2mg/L，测定上限为 10.0mg/L。

2. 仪器

①具塞比色管：25ml。

②容量瓶：500ml、1000ml。

③紫外分光光度计。

3. 试剂

①硝酸盐标准贮备液：称取 1.3780g 硝酸钠（优级纯，105℃烘 2h），溶解于水，移入 1000ml 容量瓶中，用水稀释至标线。此溶液每毫升含 1.000mg 硝酸根。

②硝酸盐标准使用液：吸取硝酸钠标准贮备液 5.00ml 于 500ml 容量瓶中，用水稀释至标线。此溶液每毫升含 10.0μg 硝酸根。临用现配。

③1.0%（*m/V*）氨磺酸水溶液。

④盐酸溶液 *C*(HCl)=1.0mol/L。

实验用水为重蒸蒸馏水或高纯去离子水。

4. 步骤

（1）标准曲线的绘制

①取七支 25ml 比色管，按表 4-2-6 配制标准系列。

②向各管中加入 1.0%氨磺酸水溶液 0.10ml，1.0mol/L 盐酸溶液 1.0ml，用水稀释至标线。摇匀。用 1cm 石英比色皿，分别在波长 220nm 和 275nm 处，以试剂空白为参比，测

（A）本方法与 GB 13580.6—92 等效。

定吸光度。以 $\Delta A=A_{220}-3A_{275}$ 对硝酸根含量（μg），绘制标准曲线，A_{220} 为于波长 220nm 处测得的吸光度；A_{275} 为于波长 275nm 处测得的吸光度。

表 4-2-6 硝酸盐标准系列

瓶号	0	1	2	3	4	5	6
硝酸盐标准使用液(ml)	0	1.00	2.00	4.00	5.00	10.00	20.00
硝酸根含量(μg)	0	10	20	40	50	100	200

（2）样品测定

吸取 20.00ml 样品（如果硝酸根含量超过 10mg/L，可酌情少取）于 25ml 比色管中，以下步骤同标准曲线的绘制，从标准曲线上查得硝酸根含量。

5. 计算

$$硝酸根（\mu g/ml）=\frac{测得硝酸根含量（\mu g）}{取样体积（ml）}$$

6. 说明

①加氨磺酸可使 NO_2^- 分解，以排除其干扰；加盐酸可除去 CO_3^{2-} 的干扰。SO_4^{2-} 100mg/L、SO_3^{2-} 100mg/L、Br^- 4mg/L、NO_2^- 1mg/L、 Fe^{3+} 1mg/L、Cr(Ⅵ)0.2mg/L 时，不干扰 2mg/L 硝酸根的测定，丙酮、乙醇、甲醛各 1mg/L 时对本方法无干扰。

②若 $A_{275}/A_{220}\geqslant 0.2$，证明有干扰，对样品进行预处理。

③玻璃容器要用（1+2）的盐酸-乙醇混合溶液洗涤，不要用硝酸溶液洗涤，以免带来沾污。

④因氨磺酸水溶液逐渐水解生成重硫酸铵，所以该溶液存放时间不宜过久。

五、亚硝酸根

降水中亚硝酸根（NO_2^-）浓度一般很低。测定方法有：盐酸萘乙二胺分光光度法；离子色谱法。经五个实验室验证，测定 NO_2^- 为 0.254mg/L，并含有 Na^+ 0.134mg/L 的合成水样；其相对标准偏差为 3.8%、3.9%，实际降水样品加标回收率范围是 95%～103%。

（一）离子色谱法（A）

见本章三、硫酸根（一）离子色谱法。

（二）盐酸萘乙二胺分光光度法（A）

1. 原理

在氯化铵介质中，亚硝酸根（NO_2^-）与对氨基苯磺酰胺发生重氮化反应，再与盐酸萘乙二胺偶合，生成红色的偶氮染料，根据颜色深浅，用分光光度法直接测得亚硝酸根含量。

本方法的最低检出浓度为 0.004mg/L，测定上限为 0.2mg/L。降水中一般共存离子不干扰亚硝酸根的测定。

（A）本方法与 GB13580.7—92 等效。

2. 仪器

①容量瓶：100ml、500ml、1000ml。

②具塞比色管：25ml。

③分光光度计。

3. 试剂

①亚硝酸盐标准贮备液：称取 1.4997g 粒状亚硝酸钠（优级纯，干燥器中干燥 24h），溶解于水，移入 1000ml 容量瓶中，用水稀释至标线。此溶液每毫升含 1.000mg 亚硝酸根。

②亚硝酸钠标准使用液：吸取亚硝酸钠标准贮备液 5.00ml 于 500ml 容量瓶中，用水稀释至标线。此溶液每毫升含 10.0μg 亚硝酸根。临用现配。

③1.0%磺胺溶液：称取 5.0g 对氨基苯磺酰胺，于 50ml 浓盐酸和 330ml 水的混合液中溶解，加水至 500ml。

④0.10%（*m/V*）盐酸萘乙二胺（NEDD）溶液：称取 0.50g NEDD，于 500ml 水中溶解，贮于棕色瓶中。

⑤20%和 0.5%（*m/V*）氯化铵溶液。

4. 步骤

（1）标准曲线的绘制

①取六个 25ml 比色管，按表 4–2–7 配制标准系列。

表 4–2–7　亚硝酸钠标准系列

瓶　号	0	1	2	3	4	5
亚硝酸钠标准使用液(ml)	0	0.05	0.10	0.20	0.60	1.00
亚硝酸根含量(μg)	0	0.5	1.0	2.0	5.0	10.0

②于各瓶中加入 20%氯化铵溶液 2.0ml，用水稀释至标线，混匀。

（2）显色反应

在上述 25ml 溶液中，分别加入 1.0%对氨基苯磺酰胺溶液 0.50ml，摇匀。5min 后加入 0.10% NEDD 溶液 0.50ml，摇匀。20min 后，用 1cm 比色皿，在波长 540nm 处，以水为参比，测定吸光度，以吸光度（$A-A_0$）对亚硝酸根含量（μg），绘制标准曲线。

（3）样品测定

吸取 5.00～20.00ml 样品于 25ml 中，加入 20%氯化铵溶液 2.0ml，用水稀释至标线。以下步骤同标准曲线的绘制。从标准曲线上查得亚硝酸根的含量。

5. 计算

$$\text{亚硝酸根（μg/ml）}=\frac{\text{测得亚硝酸根含量（μg）}}{\text{取样体积（ml）}}$$

六、氯离子

降水中氯离子（Cl^-）主要来源于气溶胶中氯化物的溶解、气态氯化氢的污染以及海雾中的氯化物。降水中氯离子浓度一般在（0.*x*～*x*.0）mg/L 之间，有时浓度高达数十毫克/升。测定方法有：硫氰酸汞分光光度法；离子色谱法。经 10 个实验室验证，测定 Cl^-为 1.00mg/L，并含有 F^- 0.20mg/L、SO_4^{2-} 6.00mg/L、NO_3^- 1.20mg/L、K^+ 2.98mg/L、Na^+ 0.44mg/L 的合成水样，测定的精密度和准确度较好。结果见表 4–2–8。

表 4–2–8 两种氯离子测定方法的精密度和准确度

方法	实验室个数	$\bar{x}$	s	CV(%)	相对误差(%)	降水样品加标回收率(%)
硫氰酸汞分光光度法	5	0.97	0.040	4.1	−3.0	88.5～103.0
离子色谱法	6	0.982	0.020	2.1	−1.8	94.8～99.0

（一）离子色谱法（A）

见本章三、硫酸根（一）离子色谱法。

（二）硫氰酸汞分光光度法（A）

1. 原理

氯离子与硫氰酸汞反应，生成难电离的二氯化汞分子，置换出的硫氰酸根离子与三价铁离子反应，生成橙红色的硫氰酸铁络合物，根据颜色深浅，用分光光度法测定。

本方法的检出限为 0.3mg/L，测定上限为 6.0mg/L。

2. 仪器

①具塞比色管：10ml。

②容量瓶：500ml、1000ml。

③砂芯漏斗：G_3 或 G_4。

④分光光度计。

3. 试剂

①硫氰酸钾溶液 40g/L：称 4g 硫氰酸钾（KCNS）溶于水，稀释至 100ml。

②0.40%（*m/V*）硫氰酸汞-乙醇溶液：称取 0.40g 硫氰酸汞，用无水乙醇配成 100ml 溶液。放置一周后将上清液吸于另一棕色细口瓶备用。

硫氰酸汞的制备：称 5g 硝酸汞（$Hg(NO_3)_2 \cdot H_2O$）溶于 200ml 硝酸溶液中，加 3ml 硫酸铁铵溶液，在搅拌下，滴加 4%硫氰酸钾溶液至试液呈微橙红色为止。生成硫氰酸汞白色沉淀，用 G3 砂芯漏斗过滤，并用水充分洗涤（用倾洗法），将沉淀放入干燥器中自然干燥，贮于棕色瓶中。

③（1+2）高氯酸溶液。

④6.0%（*m/V*）硫酸铁铵溶液：称取 6.0g 硫酸铁铵，用（1+2）高氯酸溶解并稀释至 100ml。如浑浊应过滤。

⑤氯化物标准贮备液：称取 2.103g 氯化钾（105℃烘干 2h），溶解于水，移入 1000ml 容量瓶中，用水稀释至标线。此溶液每毫升含 1.000mg 氯离子。

⑥氯化物标准使用液：吸取氯化钾标准贮备液 5.00ml 于 500ml 容量瓶中，用水稀释至标线，此溶液每毫升含 10.0μg 氯离子。

4. 步骤

（1）标准曲线的绘制

①取八支 10ml 干燥的比色管，按表 4–2–9 配制标准系列。

（A）本方法与 GB13580.9—92 等效。

表 2-2-9　氯化钾标准系列

管　号	0	1	2	3	4	5	6	7
氯化物标准使用液(ml)	0	0.20	0.50	1.00	1.50	2.00	2.50	3.00
蒸馏水(ml)	5.00	4.80	4.50	4.00	3.50	3.00	2.50	2.00
氯离子含量(μg)	0	2.0	5.0	10.0	15.0	20.0	25.0	30.0

②向各管中加入 6.0%硫酸铁铵溶液 2.00ml，混匀。再加 0.40%硫氰酸汞-乙醇溶液 1.00ml，加水至 10.00ml 混匀。于室温下放置 20min。用 2cm 比色皿，在波长 460nm 处，以水为参比，测定吸光度。以吸光度（$A-A_0$）对氯离子含量（μg），绘制标准曲线。

（2）样品测定

吸取 5.00ml 水样（若样品中氯离子含量超过 30μg，可酌情少取，加蒸馏水至 5.00ml）于 10ml 干燥的比色管中，以下步骤同标准曲线的绘制。从标准曲线上查得氯离子的含量。

5. 计算

$$\text{氯离子（μg/ml）}=\frac{\text{测得氯离子含量（μg）}}{\text{取样体积（ml）}}$$

6. 说明

①用过的比色管和玻璃容器，均需用（1+1）硝酸溶液洗涤。再用重蒸蒸馏水或去离子水充分洗涤，不能用自来水冲洗，以防止有氯化物沾污。

②一般试剂空白吸光度较高，且不稳定，应多次测其吸光度，在获得稳定读数后，再绘制标准曲线及进行样品测定。测定时一定要注意实验室环境的清洁，注意防尘。

③本方法受其他卤化物、硫化物及氰化物的干扰。但一般降水中这些离子含量极微，不致影响样品测定。

七、氟离子

降水中氟离子的浓度通常较低，约在 0.01～1mg/L，主要来自工业污染、燃料及空气颗粒物中可溶性氟化物。监测降水中氟化物对局部地区氟污染治理是很重要的。测定方法有：氟试剂分光光度法；离子色谱法。经八个实验室验证，测定 F^-为 0.20mg/L，并含有 Cl^- 1.00mg/L、SO_4^{2-} 6.00mg/L、NO_3^- 1.20mg/L、K^+ 2.98mg/L、Na^+ 0.44mg/L 的合成水样，测定的精密度和准确度较好。结果见表 4-2-10。

表 4-2-10　两种氟离子测定方法的精密度和准确度

方法	实验室个数	$\bar{x}$	s	$C.V$(%)	相对误差(%)	实际降水样品加标回收率范围(%)
分光光度法	3	0.199	0.03	1.3	−0.5	94.5～105
离子色谱法	5	0.199	0.002	1.1	−0.5	97～102

（一）离子色谱法（A）

见本章三、硫酸根（一）离子色谱法。

（A）本方法与 GB 13580.10—92 等效。

（二）氟试剂分光光度法（A）

1. 原理

在 pH4.1 的乙酸缓冲介质中，氟离子与氟试剂及硝酸镧反应生成蓝色的三元络合物，络合物颜色深度与氟离子浓度成正比，可于波长 620nm 处测定吸光度。

本方法的检出限为 0.05mg/L，测定上限为 1.8mg/L。降水中共存离子不干扰氟离子的测定。

2. 仪器

①具塞比色管：25ml。

②容量瓶：100ml、1000ml。

③分光光度计。

④酸度计。

3. 试剂

①氟化物标准贮备液：称取 0.2210g 氟化钠（优级纯，105℃烘干 2h），溶解于水，移入 1000ml 容量瓶中，用水稀释至标线。贮于聚乙烯塑料瓶中。此溶液每毫升含 100.0μg 氟离子。

②氟化物标准使用液：吸取氟化钠标准贮备液 2.00ml 于 100ml 容量瓶中，用水稀释至标线，贮于聚乙烯塑料瓶中。此溶液每毫升含 2.00μg 氟离子。临用现配。

③0.001mol/L 氟试剂溶液（3-氨基甲基茜素-N，N′-二乙酸）：称取 0.193g 氟试剂，用少量水润湿，滴加 1.0mol/L 氢氧化钠溶液使之溶解，再加 0.13g 乙酸钠（$CH_3COONa \cdot 3H_2O$），用 1.0mol/L 盐酸溶液调 pH 至 5.0，用水稀释至 500ml。

④0.001mol/L 硝酸镧溶液：称取 0.433g 硝酸镧（$La(NO_3)_3 \cdot 6H_2O$），用少量 1.0mol/L 盐酸溶液溶解，用乙酸钠调 pH 为 4.1，加水稀释至 1000ml。

⑤pH4.1 缓冲溶液：称取 35g 无水乙酸钠，溶解于 800ml 水中，加冰乙酸 75ml，用水稀释至 1000ml 用酸度计校准。

⑥混合显色剂：按（3+1+3+3）（体积比）的比例，吸取 0.001mol/L 氟试剂溶液、pH4.1 的缓冲溶液、丙酮、0.001mol/L 硝酸镧溶液混合即得。临用现配。

4. 步骤

（1）标准曲线的绘制

①取六支 25ml 比色管，按表 4-2-11 配制标准系列。

表 4-2-11 氟化钠标准系列

管号	0	1	2	3	4	5
氟化物标准使用液(ml)	0	0.50	1.00	2.00	3.00	4.00
蒸馏水(ml)	10.00	9.50	9.00	8.00	7.00	6.00
混合显色剂(ml)	10.00	10.00	10.00	10.00	10.00	10.00
氟离子含量(μg)	0.00	1.00	2.00	4.00	6.00	8.00

②各管用水稀释至标线，摇匀，放置 0.5h。用 3cm 比色皿，在波长 620nm 处，以试剂空白为参比，测定吸光度 *A*。以吸光度 *A* 对氟离子含量（μg）绘制标准曲线。

（2）样品测定

吸取降水样品 1.00～10.00ml（视降水样品中氟离子含量而定）于 25ml 比色管中。以下步骤同标准曲线的绘制。从标准曲线上查得氟离子含量。

5. 计算

$$\text{氟离子}(\mu g/ml)=\frac{\text{测得氟离子含量}(\mu g)}{\text{取样体积}(ml)}$$

6. 说明

①用增色反应的氟试剂法测定氟，灵敏度较用茜素锆褪色法时高，色泽可稳定24h左右，蓝色络合物的吸光度受显色剂的pH值、丙酮及缓冲溶液用量的影响较大。

②温度对显色有影响，因此样品测定要与标准曲线绘制的条件一致。

八、铵离子

降水中铵离子来自空气中的氨及颗粒物中的铵盐。氨是某些工业的排放物，以及含氮化肥的分解挥发释放到空气中，也是含氮有机物质腐败时生物分解的产物。在气温低的冬天，浓度普遍很低，有时甚至检不出。而在炎热的夏天，浓度则较高。它对降水中的酸性物质具有中和作用。其浓度一般为零至几毫克/升。测定方法有：纳氏试剂分光光度法；次氯酸钠-水杨酸分光光度法；离子色谱法。经11个实验室验证，测定含NH_4^+ 1.03mg/L，并含有Cl^- 0.943mg/L的合成水样，纳氏试剂分光光度法和次氯酸钠-水杨酸分光光度法之间是有可比性的，测定的精密度和准确度较好。结果见表4-2-12。

表4-2-12　两种铵离子测定方法的精密度和准确度

方法	实验室个数	$\bar{x}$	s	$C.V$(%)	相对误差(%)	实际降水样品加标回收率范围(%)
纳氏试剂分光光度法	7	1.02	0.047	4.6	−10	98.2～104.3
次氯酸钠-水杨酸分光光度法	4	1.03	0.049	4.7	0.0	89.1～100.1

（一）纳氏试剂分光光度法（A）

1. 原理

在碱性溶液中，铵离子同纳氏试剂反应生成黄棕色化合物，根据颜色深浅，用分光光度法测定。在强碱性介质中Ca^{2+}、Mg^{2+}等离子会析出氢氧化物沉淀，干扰测定，可用酒石酸钾钠掩蔽。

本方法的检出限为0.02mg/L，测定上限为2.00mg/L。

2. 仪器

①具塞比色管：25ml。

②容量瓶：250ml、500ml。

③分光光度计。

（A）本方法与GB13580.11—92等效。

3. 试剂

所有试剂均用无氨水配制。无氨水的制备：

a. 蒸馏法：每升水中加 0.10ml 浓硫酸进行蒸馏，馏出液收于玻璃容器中。

b. 离子交换法：将蒸馏水通过混合型离子交换纯水器来制备大量的无氨水。

①纳氏试剂：称取 5.0g 氯化汞（$HgCl_2$），溶解于 20ml 热水中，搅拌使氯化汞溶解（必要时微微加热）。再称取 10.0g 碘化钾，溶解于 10ml 水中。然后将氯化汞溶液分数次缓慢地加到碘化钾溶液中，不断搅拌，至有硃红色沉淀出现为止。待冷却后，加入氢氧化钾溶液(将 30g 氢氧化钾溶解于 60ml 水中)，充分冷却后，加水稀释至 200ml。再加入 0.5ml 氯化汞溶液，静置 1d，贮于棕色细口瓶中备用。使用时勿摇动溶液，取上清液为显色剂。

②酒石酸钾钠溶液：称取 50g 酒石酸钾钠（$KNaC_4H_4O_6 \cdot 4H_2O$），溶解于水中，加热煮沸以驱除氨，待冷却后稀释至 100ml。

③铵标准贮备液：称取 3.819g 氯化铵（优级纯，105℃烘干 2h），溶解于水，移入 1000ml 容量瓶中，用水稀释至标线。此溶液每毫升含 1.000mg 铵离子。

④铵标准使用液：吸取氯化铵标准贮备液 5.00ml 于 500ml 容量瓶中，用水稀释至标线，摇匀。此溶液每毫升含 10.0μg 铵离子。

4. 步骤

（1）标准曲线的绘制

①取六支 25ml 比色管，按表 4–2–13 配制标准系列。

表 4–2–13　氯化铵标准系列

管　号	0	1	2	3	4	5
铵标准使用液(ml)	0	0.40	0.80	1.60	2.00	2.40
铵离子含量(μg)	0	4.0	8.0	16.0	20.0	24.0

②各管加水至标线，并加入 1～2 滴 0.05～0.1ml 酒石酸钾钠溶液，摇匀。再加入 0.50ml 钠氏试剂，盖塞摇匀。放置 10min 后，用 3cm 比色皿，在波长 420nm 处，以水为参比，测定吸光度。以吸光度（$A-A_0$）对铵离子含量（μg）绘制标准曲线。

（2）样品测定

吸取 25.00ml 样品于干燥的 25ml 比色管中，以下步骤同标准曲线的绘制。从标准曲线上查得铵离子的含量。

5. 计算

$$铵离子（\mu g/ml）=\frac{测得铵离子含量（\mu g）}{取样体积（ml）}$$

6. 说明

①当铵离子浓度高达 2mg/L 时，铵离子标准使用液的吸取量要加大 1 倍。用 2cm 或 1cm 比色皿测定吸光度、绘制标准曲线及进行样品测定。

②当溶液温度低于 10℃时，应在水浴上加热到正常温度（20℃左右）或适当延长反应时间，再测定吸光度。

③当降水样品浑浊时，应先将样品预处理：于 100ml 样品中，加入 1ml 硫酸锌溶液和 25%氢氧化钠溶液 0.1～0.2ml，调节 pH 约为 10，混匀即生成白色沉淀，放置 10min，过滤。

弃去初滤液 10～20ml，再取滤液分析。

④铵离子是降水中的主要阳离子之一，但在降水中很不稳定，取样后应尽快进行分析。

⑤汞盐剧毒，使用过程中应小心，用后的比色管用稀硫酸清洗后，再用自来水和蒸馏水冲洗后空干（**切勿在烘箱中烘干！因为未洗掉的汞挥发到空气中，会引起中毒**）。

（二）次氯酸钠-水杨酸分光光度法（A）

1. 原理

在碱性介质中，氨与次氯酸盐和水杨酸反应生成一种非常稳定的蓝色化合物。根据颜色深浅，用分光光度法测定。

本方法的检出限为 0.01mg/L，测定上限为 1.2mg/L。降水中，一般共存离子不干扰测定。

2. 仪器

①具塞比色管：10ml。

②容量瓶：200ml、250ml、500ml。

③分光光度计。

3. 试剂

所有试剂均用无氨水配制。无氨水制备同（一）纳氏试剂分光光度法。

①铵标准贮备液和使用液：同（一）纳氏试剂分光光度法试剂③和④。

②水杨酸-酒石酸钾钠溶液：称取 10g 水杨酸于 150ml 烧杯中，加适量的水，再加入 5.0mol/L 氢氧化钠溶液 15ml，搅拌使之溶解。另称取 10g 酒石酸钾钠（$KNaC_4H_4O_6 \cdot 4H_2O$），溶解于水，加热煮沸以除去氨。冷却后，与上述溶液合并移入 200ml 容量瓶中，用水稀释至标线，混匀。此溶液 pH 为 6.0～6.5。

③1.0%（*m/V*）硝普钠溶液：称取 0.10g 硝普钠（亚硝基铁氰化钠），于 10ml 比色管中，加水至标线，摇动使之溶解。临用现配。

④次氯酸钠溶液：可用市售的安替福民溶液，也可自制，自制的方法为：将浓盐酸逐滴作用于高锰酸钾，将逸出的氯气导入 2mol/L 氢氧化钠溶液中。

市售或自制品均需用碘量法测定其有效氯含量，用酸碱滴定法测定其游离碱量。

有效氯的标定：吸取 1.00ml 次氯酸钠溶液于碘量瓶中，加入 50ml 水、2g 碘化钾，混匀。然后加入 6mol/L($C(1/2H_2SO_4)$)硫酸溶液 5ml，盖上塞子，混匀。置于暗处 5min 后，用硫代硫酸钠标准溶液($C(Na_2S_2O_3)$=0.1mol/L)滴定到溶液呈淡黄色，加入 1ml 淀粉溶液，继续滴定至溶液蓝色刚消失时即为终点。其有效氯按下式计算。

$$有效氯（Cl_2,\%）=\frac{C(Na_2S_2O_3)\cdot V\times 35.45}{1000}\times 100$$

式中：$C(Na_2S_2O_3)$——硫代硫酸钠标准溶液的浓度，mol/L；

V——滴定时消耗的硫代硫酸钠标准溶液的体积，ml；

35.45——相当于 1L 1mol/L 硫代硫酸钠标准溶液（$Na_2S_2O_3$）的氯气（$1/2Cl_2$）的质量，g。

游离碱的标定：吸取 1.00ml 次氯酸钠溶液于 150ml 锥形瓶中，加入适量水，以酚酞作

(A) 本方法与 GB 13580.10—92 等效。

指示剂，用 0.1mol/L 盐酸标准溶液滴定至红色消失时即为终点。

取上述部分溶液用稀氢氧化钠溶液稀释至溶液中含有效氯为 0.35%（*m/V*）、游离碱为 0.75mol/L（以 NaOH 计）的次氯酸钠溶液，贮于棕色滴瓶。可稳定一周。

4. 步骤

（1）标准曲线的绘制

①取七支 10ml 比色管，按表 4–2–14 配制标准系列。

②向各管中加入 1.00ml 水杨酸-酒石酸钾钠溶液，1.0%硝普钠溶液 2 滴，用水稀释至 9ml 左右，加入 2 滴次氯酸钠溶液，用水稀释至标线，摇匀。放置 1h。用 1cm 比色皿，在波长 698nm 处，以水为参比，测定吸光度。以吸光度对铵离子含量（μg）绘制标准曲线。

表 4–2–14 氯化铵标准系列

管 号	0	1	2	3	4	5	6
氯化铵标准使用液(ml)	0	0.20	0.40	0.60	0.80	1.00	1.20
铵离子含量(μg)	0	2.0	4.0	6.0	8.0	10.0	12.0

（2）样品测定

吸取样品 5.00ml 于 10ml 比色管中，以下步骤同标准曲线的绘制。从标准曲线上查得铵离子的含量。

5. 计算

$$铵离子（\mu g/ml）=\frac{测得铵离子（\mu g）}{取样体积（ml）}$$

6. 说明

①当降水中铵离子浓度较高时，可将标准系列中铵离子含量提高到 4～24μg，用 0.5cm 比色皿测定吸光度。当铵离子浓度较低时，可将标准贮备稀释成每毫升含 1.0μg 铵离子的标准使用液，用于配制含铵离子 0.5～4μg 的标准系列，用 3cm 比色皿测定吸光度。

②当室温高于 20℃时，0.5h 即可发色完全；当室温低于 15℃时，1h 足可以发色完全。溶液发色完全后，颜色可稳定 24h。

（三）离子色谱法（C）

1. 原理

离子色谱法测定阳离子是利用离子交换原理进行分离。由抑制器抑制淋洗液，扣除背景电导，然后利用电导检测器进行测定。根据混合标准溶液中各阳离子出峰的保留时间以及峰高（或峰面积）可定性和定量样品中的 K^+、NH_4^+、Na^+、Ca^{2+}、Mg^{2+}。

本方法的适宜浓度范围和最低检出浓度依仪器的不同灵敏度档而定。

2. 仪器

①离子色谱仪具电导检测器。

②色谱柱：阴离子分离柱和阴离子保护柱。

③抑制器。

④记录仪、积分仪（或微机数据处理系统）。

⑤微孔滤膜过滤器。

3. 试剂

①淋洗贮备液（18mol/L）：称取磺酸（优级纯，105℃烘 2h）溶解于水，移入 1000ml 容量瓶中，水稀释至标线，过滤，贮存于冰箱内。

②淋洗液使用液：吸取淋洗液贮备液 1.00ml 于 1000ml 容量瓶中，用水稀释至标线。

③再生液：根据仪器要求配制。

④铵标准贮备液：称取 3.8190g 氯化铵（优级纯，105℃烘 2h），溶解于水，移入 1000ml 容量瓶中，用水稀释至标线。此溶液每毫升含 1.000mg 铵离子。

⑤钾标准贮备液：称取 1.9068g 氯化钾（优级纯，150℃烘 2h），溶解于水，加入（1+1）硝酸 2ml，稀释至 1000ml，摇匀。此溶液每毫升含 1.000mg 钾离子。

⑥钠标准贮备液：称取 2.5422g 氯化钠（优级纯，150℃烘 2h），溶解于水，加（1+1）硝酸 2ml，稀释至 1000ml，摇匀。此溶液每毫升含 1.000mg 钠离子。

⑦钙标准贮备液：称取 2.4973g 碳酸钙（优级纯，105℃烘 2h），置于 100ml 烧杯中，加 20ml 水润湿，小心滴加（1+1）硝酸溶液至完全溶解后，再多加 10ml。加热煮沸除去二氧化碳，冷却后移入 1000ml 容量瓶中，用水稀释至标线。此溶液每毫升含 1.000ng 钙离子。

⑧镁标准贮备液：称取 0.1658g 氧化镁（MgO，光谱纯，800℃灼烧至恒重），置于 100ml 烧杯中，加 20ml 水润湿，滴加（1+1）硝酸溶液至完全溶解后，再多加 10ml。加热煮沸，冷却后移入 1000ml 容量瓶中，用水稀释至标线。此溶液每毫升含 0.100mg 镁离子。

⑨五种阳离子混合标准使用液：配制混合标准溶液的浓度应与降水中待测离子浓度接近。例如，配制含有钾 5.0μg/ml、钠 5.0μg/ml、铵 10.0μg/ml、钙 20.0μg/ml、镁 20.0μg/ml 的混合使用液，分别吸取 5.0ml 钾离子标准贮备液、5.0ml 钠离子标准使用液、10.0ml 铵离子标准贮备液、20.0ml 钙的标准贮备液、20.0ml 镁离子的标准贮备液于 1000ml 容量瓶中，用水稀释至标线，贮于聚乙烯塑料瓶中，于冰箱中保存，可使用 1 个月。

4. 步骤

（1）色谱条件

不同型号的仪器，可根据仪器说明书自行选定。

（2）校准曲线的绘制

①用混合标准使用液，配制五个标准系列，测定其峰高（或峰面积）。标准谱图见图 4-2-2。

②以峰高（或峰面积）为纵坐标，以离子浓度（mg/L）为横坐标，用最小二乘法计算校准曲线的回归方程，或绘制工作曲线。

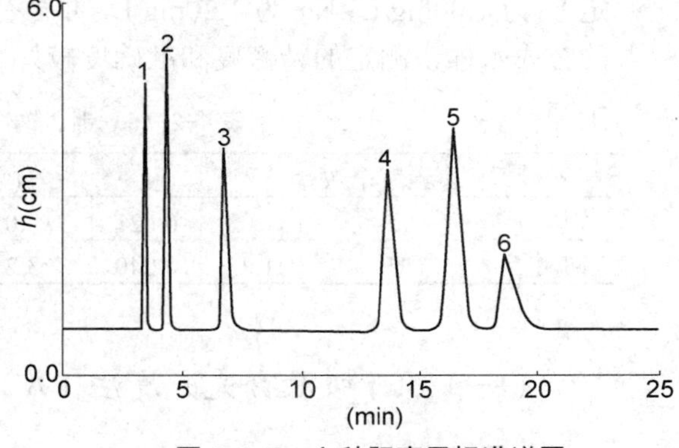

图 4-2-2　六种阳离子标准谱图

1—$L1^{+}$（1.0ppm）；2—Na^{+}（4.0ppm）；3—NH_4^{+}（10.0ppm）；4—Mg^{2+}（5.0ppm）；5—Ca^{2+}（10.0ppm）；6—K^{+}（10.0ppm）

（3）样品测定

降水样品的处理：降水样品均需微孔滤膜过滤，除去降水中尘埃颗粒物、微生物体。

（4）空白试验

以试验水代替水样，经 0.45μm 滤膜过滤后进行色谱分析。

（5）校准曲线的校准

用标准样品对校准曲线进行校准。

5. 计算

按下式计算降水中阳离子的浓度

$$阳离子(mg/L)=\frac{h-h_0-a}{b}$$

式中：h——样品的峰高（或峰面积）；

h_0——空白峰峰高（或峰面积）测定值；

b——回归方程的斜率；

a——回归方程的截距。

6. 说明

①离子色谱法所用去离子水的电导率应小于 0.5μS/cm，并用微孔滤膜过滤。

②因为不同分离柱、环境温度对分离度及保留时间均有影响，操作者可根据具体情况和经验对淋洗贮备液的浓度进行适当的调整。

③整个系统不要进气泡，否则会影响分离效果。

④在与绘制校准曲线相同的色谱条件下测定样品的保留时间和峰高（或峰面积）。

⑤在淋洗液、再生液改变时，或分析 20 个样品后，都要对标准曲线进行校准。

假如任何一个离子的响应值或保留时间大于预期值的±10%时，必须用新的校准标样重新测定。如果其测定结果仍大于±10%时，则需要重新绘制校准曲线。

九、钾、钠离子

降水中钾、钠离子的浓度为零至几个毫克/升。测定方法中，空气-乙炔贫焰原子吸收法灵敏度较高，而火焰光度法灵敏度较低。经五个实验室验证，用原子吸收分光光度法测定 K^+为 1.00mg/L、Na^+为 1.20mg/L，并含有 Ca^{2+} 5.00mg/L、Mg^{2+} 0.401mg/L、Cl^- 2.76mg/L 的合成水样，测定的精密度和准确度较好。结果见表 4-2-15。

表 4-2-15 钾、钠离子测定的精密度和准确度

	实验室个数	$\bar{x}$	s	$C.V$(%)	相对误差(%)	实际降水样品回收率范围(%)
钾离子	5	1.03	0.021	2.0	+3.0	98.1～104.2
钠离子	5	1.23	0.040	3.2	+2.5	96.7～100.9

（一）原子吸收分光光度法（A）

1. 原理

火焰原子吸收分光光度法是根据某元素的基态原子对该元素的特征波长辐射产生选择性吸收来进行测定的分析方法。将降水试样喷入空气-乙炔火焰中，分别在波长 766.4nm 和 589.0nm 处测定钾、钠离子的吸光度，绘制标准曲线。由于钾、钠离子易电离，有干扰。因此在试样中加入消电离剂（氯化铯或硝酸铯）即可消除。

本方法的适宜浓度范围：本方法的检出限：钾离子为 0.01mg/L，钠离子为 0.01mg/L。

（A）本方法与 GB 13580.12—92 等效。

测定上限：钾离子为 4.0mg/L，钠离子为 4.0mg/L。

2. 仪器

①具塞比色管：10ml。

②容量瓶：200ml、500ml、1000ml。

③原子吸收分光光度计。

④钾、钠元素空心阴极灯。

3. 试剂

①钾标准贮备液：称取 1.907g 氯化钾（110℃烘 2h），溶解于水，移入 1000ml 容量瓶中，用水稀释至标线。此溶液每毫升含 1.000mg 钾离子。

②钠标准贮备液：称取 2.542g 氯化钠（140℃烘 1h～2h），溶解于水，移入 1000ml 容量瓶中，用水稀释至标线。此溶液每毫升含 1.000mg 钠离子。

③钾、钠混合标准使用液：分别吸取氯化钾、氯化钠标准贮备液 5.00ml 于 500ml 容量瓶中，用水稀释至标线。此溶液每毫升含 10.00μg 钾离子、10.00μg 钠离子。

④硝酸铯溶液：称取 2.9g 硝酸铯（$CsNO_3$），溶解于水，稀释至 200ml。此溶液每毫升约含 10mg 铯离子。

4. 步骤

根据不同型号的原子吸收分光光度计说明书，选择最佳仪器参数。开机预热 0.5h。待仪器稳定后进行测定。选用贫燃型空气-乙炔火焰，测量高度 7.0～7.5mm。

（1）标准曲线的绘制

①取八支 10ml 比色管，按表 4-2-16 配制标准系列。

表 4-2-16　氯化钾、氯化钠标准系列

管　号	0	1	2	3	4	5	6	7
钾、钠混合标准使用液(ml)	0	0.20	0.50	1.00	1.50	2.00	3.00	4.00
钾离子含量(μg)	0	2.0	5.0	10.0	15.0	20.0	30.0	40.0
钠离子含量(μg)	0	2.0	5.0	10.0	15.0	20.0	30.0	40.0

②向各瓶中加入 0.50ml 硝酸铯溶液，用水稀释至标线，摇匀。顺次喷入空气-乙炔火焰中，测定吸光度。分别以钾、钠离子的吸光度对其相应的含量（μg）绘制标准曲线。

（2）样品测定

吸取 10.00ml 样品于干燥的 10ml 比色管中，加入 0.50ml 硝酸铯溶液，摇匀。以下步骤同标准曲线的绘制。从标准曲线上查得钾、钠离子的含量。

5. 计算

$$钾（钠）离子（\mu g/ml）=测得浓度\times 1.05$$

式中：系数 1.05＝（样品体积+硝酸铯溶液体积）/样品体积。

6. 说明

①钠的 589.0nm（最灵敏线）和 589.6nm（次灵敏线）两条谱线相距很近，为提高测量灵敏度和获得较宽的线性范围，应选择较小的狭缝宽度。

②降水中共存离子对钾、钠离子测定均无干扰，在火焰中出现的电离干扰可加入硝酸铯溶液予以消除。

③玻璃器皿均用5%硝酸溶液浸泡，用去离子水冲洗，并做空白检验。操作中注意防尘。

（二）离子色谱法（C）

见本章八、铵测定方法（三）离子色谱法。

十、钙、镁离子

钙、镁离子是降水中的主要阳离子之一，其浓度一般在0.*x*～*xx* mg/L之间，它对降水中酸性物质起着重要的中和作用。测定方法有：原子吸收分光光度法；络合滴定法；偶氮氯膦（Ⅲ）分光光度法。经17个实验室测定Ca^{2+}为5.00mg/L，并含有Mg^{2+} 0.401mg/L、K^+ 1.00mg/L、 Na^+ 1.20mg/L、Cl^- 2.76mg/L的合成水样。三种方法之间是有可比性的，测定的精密度和准确度较好，结果见表4-2-17。离子色谱法可作为试行方法。

表4-2-17 三种钙离子测定方法的精密度和准确度

方法	实验室个数	$\overline{x}$	s	$C.V$(%)	相对误差(%)	实际降水样品加标回收率范围(%)
原子吸收分光光度法	8	5.02	0.054	1.0	+0.4	93.6～103.6
络合滴定法	5	5.36	2.19	4.1	+7.2	97.7～102.0
偶氮氯膦（III）分光光度法	4	5.10	0.118	2.3	+2.0	88.8～104

（一）原子吸收分光光度法（A）

1. 原理

火焰原子吸收分光光度法是根据某元素的基态原子对该元素的特征光谱辐射产生选择性吸收来进行测定的分析方法。将降水试样喷入空气-乙炔火焰中，分别在波长 422.6nm和285.2nm处测定钙、镁离子的吸光度，绘制标准曲线。样品中若有Al^{3+}、Be^{2+}、Ti^{4+}等离子存在，会产生负干扰，可加入释放剂氯化镧、硝酸镧或氯化锶予以消除。

本方法的适宜浓度范围：本方法的检出限：钙离子为0.02mg/L，镁离子为0.003mg/L。测定上限：钙离子为7.0mg/L，镁离子为0.50mg/L。

2. 仪器

①具塞比色管：10ml。

②容量瓶：100ml、500ml、1000ml。

③原子吸收分光光度计。

④钙、镁元素空心阴极灯。

3. 试剂

①钙标准贮备液：称取2.4973g碳酸钙（优级纯，105℃烘2h），置于100ml烧杯中，加20ml水润湿，小心滴加（1+1）硝酸溶液至完全溶解后，再多加10ml。加热煮沸除去二氧化碳，冷却后移入1000ml容量瓶中，用水稀释至标线。此溶液每毫升含1.000ng钙离子。

（A）本方法与GB 13580.13—92等效。

②镁标准贮备液：称取 0.1658g 氧化镁（MgO，光谱纯，800℃灼烧至恒重），置于 100ml 烧杯中，加 20ml 水润湿，滴加（1+1）硝酸溶液至完全溶解后，再多加 10ml。加热煮沸，冷却后移入 1000ml 容量瓶中，用水稀释至标线。此溶液每毫升含 100.0μg 镁离子。

③钙、镁混合标准使用液：分别吸取硝酸钙、硝酸镁标准贮备液 10.00ml 和 5.00ml，置于 100ml 容量瓶中，加（1+1）硝酸溶液 2.0ml，用水稀释至标线。此溶液每毫升含 50.0μg 钙离子、5.0μg 镁离子。

④硝酸镧溶液：称取 23.5g 氧化镧（La_2O_3），用少量（1+1）硝酸溶液溶解，蒸至近干，加 5%（*V/V*）硝酸溶液 200ml，微热溶解。此溶液中镧的浓度为 10%（*m/V*）。

4. 步骤

根据不同型号的原子吸收分光光度计说明书，选择最佳仪器参数，开机预热，待仪器稳定后进行测定。

（1）标准曲线的绘制

①取七支 10ml 比色管，按表 4-2-18 配制标准系列。

表 4-2-18　硝酸钙、硝酸镁标准系列

管　号	0	1	2	3	4	5	6
混合标准使用液(ml)	0	0.10	0.20	0.40	0.60	0.80	1.00
钙离子含量(μg)	0	5.0	10	20	30	40	50
镁离子含量(μg)	0	0.5	1.0	2.0	3.0	4.0	5.0

②向各管中加水至标线，再加入硝酸镧溶液 0.20ml，摇匀。顺次喷入空气-乙炔火焰中，测定吸光度。分别以钙、镁离子的吸光度对其相应的含量（μg）绘制标准曲线。

（2）样品测定

吸取 10.00ml 样品于干燥的 10ml 比色管中（若样品中钙、镁离子浓度分别超过 5.0mg/L 和 0.5mg/L，可酌情少取样品，然后加水至 10ml），加入硝酸镧溶液 0.20ml，摇匀。以下步骤同标准曲线的绘制。从标准曲线上查得钙、镁离子的含量。

5. 计算

$$钙（镁）离子（\mu g/ml）=\frac{测得钙（镁）离子含量（\mu g）}{取样体积（ml）}$$

6. 说明

①降水中 K^+、Na^+、Fe^{3+}、PO_4^{3-} 各 10mg/L，HCO_3^-、SiO_3^{2-} 各 100mg/L 均不影响钙、镁离子的测定。加入硝酸镧溶液 0.20ml，可消除 20mg/L Al^{3+}的负干扰。其它干扰离子在降水中含量很低，可以不考虑。

②玻璃容器用（1+1）硝酸溶液浸泡 24h 后，再用去离子水冲洗。

③硝酸镧溶液在使用前要检查该试剂的纯度，同时每批样品分析应做全程序试剂的空白检验。

（二）偶氮氯膦Ⅲ分光光度法测定钙（B）

1. 原理

在 pH2.2 的酸性介质中，钙离子与偶氮氯膦（Ⅲ）反应生成蓝紫色络合物，根据颜色

深浅，用分光光度法测定。当有掩蔽剂Na_2–EDTA存在时，降水中共存离子不干扰测定。

本方法的检出限为0.007mg/L，测量上限为1.2mg/L。

2. 仪器

①具塞比色管：25ml。

②容量瓶：100ml、500ml。

③分光光度计。

3. 试剂

①钙标准贮备液：称取0.6243g碳酸钙（$CaCO_3$，含量≥99.9%，180℃烘干2h），置于100ml烧杯中，加20ml水润湿，小心滴加（1+1）盐酸溶液5ml，使之溶解。小心加热除去二氧化碳，冷却后，移入500ml容量瓶中，加水稀释至标线。此溶液每毫升含500.0μg钙离子。

②钙标准使用液：吸取钙标准贮备液5.00ml于500ml容量瓶中，加水稀释至标线。此溶液每毫升含5.00μg钙离子。

③0.02%（*m/V*）偶氮氯膦（Ⅲ）($(ClC_6H_3(PO_3H_2)N{:}N)_2C_{10}H_2(OH)_2(SO_2NHC_6H_5)_2$)溶液：称取0.10g偶氮氯膦（Ⅲ）溶解于水稀释至500ml。

④Na_2–EDTA溶液C=0.05mol/L：称取1.86g二水合乙二胺四乙酸二钠盐，溶解于水，稀释至100ml。

⑤0.02mol/L氢氧化钠溶液。

⑥盐酸溶液：0.01mol/L、0.10mol/L。

⑦1%（*m/V*）邻硝基酚指示剂：用含50%的乙醇水溶液配制。

4. 步骤

（1）标准曲线的绘制

①取七支25ml比色管，按表4-2-19配制标准系列。

表4-2-19 氯化钙标准系列

管 号	0	1	2	3	4	5	6
钙标准使用液(ml)	0	0.50	1.00	2.00	3.00	4.00	5.00
钙离子含量(μg)	0	2.5	5.00	10.0	15.0	20.0	25.0

②向各管中加入1滴邻硝基酚指示剂，滴入0.02mol/L氢氧化钠溶液至出现黄色，再滴入0.01mol/L盐酸溶液至黄色刚好消失，然后加入0.10mol/L盐酸2.00mol/L、0.05mol/L Na_2–EDTA溶液2.00ml，混匀后加入0.02%偶氮氯膦（Ⅲ）溶液5.00ml，用水稀释至标线。用3cm比色皿，在波长664nm处，以水为参比，测定吸光度。以吸光度（$A-A_0$）对钙离子含量（μg）绘制标准曲线。

（2）样品测定

吸取降水样品1.00～10.00ml（视样品中钙离子含量而定）于25ml比色管中。以下步骤同标准曲线的绘制。从标准曲线上查得钙离子含量。

5. 计算

$$\text{钙离子（μg/ml）}=\frac{\text{测得钙离子含量（μg）}}{\text{取样体积（ml）}}$$

（三）离子色谱法（B）

见本章八、铵的测定方法（三）离子色谱法。

十一、甲酸、乙酸

在边远地区和海洋，由于植物、藻类生长旺季在有阳光照射下会释放出异戊二烯、萜烯和α-蒎烯及其他一些挥发性有机物，经过一系列光化学氧化反应，最终形成甲酸、乙酸。这些甲酸和乙酸是自然源产生的，在边远地区对降水酸度贡献率达 60%。在一般地区对降水酸度的贡献率可达 10%～20%。在大中城市人为污染的甲醇、乙醇、乙醛及挥发性有机物也可经光化学氧化形成甲酸、乙酸，可见在城市中降水的甲酸、乙酸有一部分来自人为源的污染。

离子色谱法（C）

1. 原理

离子色谱法测定甲酸、乙酸离子是利用离子交换原理进行分离。由抑制器抑制淋洗液，扣除背景电导，然后利用电导检测器进行测定。根据混合标准溶液中各阴离子出峰的保留时间以及峰高（或峰面积）可定性和定量样品中的甲酸、乙酸离子。

本方法的适宜浓度范围和最低检出浓度依仪器的不同灵敏度档而定。

2. 仪器

①离子色谱仪，具电导检测器。

②色谱柱：阴离子分离柱和阴离子保护柱。

③抑制器。

④记录仪、积分仪（或微机数据处理系统）。

⑤微孔滤膜过滤器。

3. 试剂

①淋洗贮备液（0.24mol/L Na_2CO_3-0.3mol/L $NaHCO_3$）：称取 25.44g 碳酸钠（优级纯，105℃烘干 2h）和 25.20g 碳酸氢钠（优级纯，105℃烘干 2h），溶解于水，移入 1000ml 容量瓶中，用水稀释至标线，过滤，贮存于聚乙烯塑料瓶中，于冰箱内保存。

②淋洗使用液：吸收淋洗贮备液 20.00ml 于 2000ml 容量瓶中，用水稀释至标线。

③再生液：根据仪器配制。

④甲酸标准贮备液：称取 1.511g 甲酸钠（105℃烘干 2h），溶解于水，移入 1000ml 容量瓶中，加入 10.00ml 淋洗贮备液，用水稀释至标线。贮于聚乙烯塑料瓶中，于冰箱内保存，此溶液每毫升含 1.000mg 甲酸根离子。

⑤乙酸标准贮备液：称取 1.390g 无水乙酸钠（105℃烘干 2h），溶解于水，移入 1000ml 容量瓶中，加入 10.00ml 淋洗贮备液，用水稀释至标线。贮于聚乙烯塑料瓶中，于冰箱内保存，此溶液每毫升含 1.000mg 乙酸根离子。

⑥两种阴离子混合使用液：取 1.00ml 甲酸钠标准贮备液，2ml 乙酸钠标准贮备液于 100ml 容量瓶中，用水稀释到标线。

4. 步骤

（1）色谱条件

不同型号的仪器，可根据仪器说明书自行选定。

（2）校准曲线的绘制

①用标准使用液，配制五个浓度水平的混合标准溶液，测定其峰高（或峰面积）。标准谱图见图 4-2-3。

②以峰高（或峰面积）为纵坐标，以离子浓度（mg/L）为横坐标，用最小二乘法计算校准曲线的回归方程，或绘制工作曲线。

（3）样品测定

①降水样品的处理：降水样品均需微孔滤膜过滤，除去降水中尘埃颗粒物和微生物体。

②进样后得出峰高（或峰面积），在校准曲线上查得样品浓度。

（4）空白试验

以高纯水代替水样，经 0.45μm 滤膜过滤后进行色谱分析。

（5）校准曲线的校准

用标准样品对校准曲线进行校准。

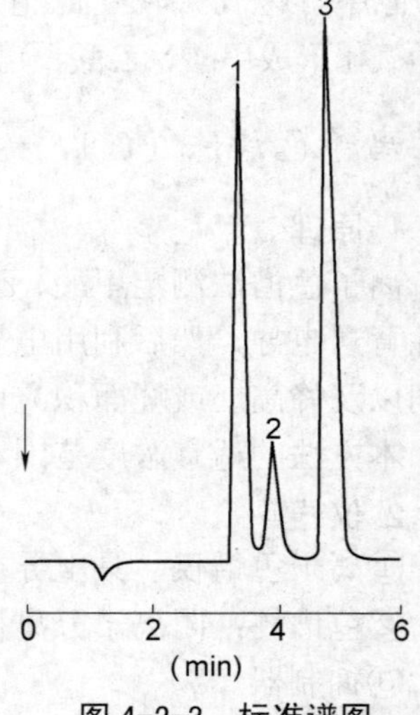

图 4-2-3 标准谱图

1 — F^-（3.0ppm）；2 — 乙酸（20.0ppm）；3—甲酸（10.0ppm）

5. 计算

按下式计算降水中甲酸、乙酸离子的浓度：

$$甲酸(乙酸)(mg/L)=\frac{h-h_0-a}{b}$$

式中：h——样品的峰高（或峰面积）；

h_0——空白峰峰高（或峰面积）测定值；

b——回归方程的斜率；

a——回归方程的截距。

6. 说明

①离子色谱法所用去离子水的电导率应小于 0.5μS/cm，并用微孔滤膜过滤。

②因为不同分离柱、环境温度对分离度及保留时间均有影响，操作者可根据具体情况和经验对淋洗贮备液（碳酸钠-碳酸氢钠溶液）的浓度比进行适当的调整。

③注意整个系统不要进气泡，否则会影响分离效果。

④在与绘制校准曲线相同的色谱条件下测定样品的保留时间和峰高（或峰面积）。

⑤在淋洗液、再生液改变时，或分析 20 个样品后，要对校准曲线进行校准。假如任何一种离子的响应值或保留时间大于预期值的±10%时，必须用新的校准标样重新测定。如果其测定结果仍大于±10%时，则需要重新绘制标准曲线。

主要参考文献

1. 国家环保局. 空气和废气监测分析方法. 北京：中国环境科学出版社，1990.
2. 中国环境保护标准汇编. 大气质量分析方法. 北京：中国标准出版社，2000.
3. 东亚地区酸沉降监测网中国分析中心. 东亚地区酸沉降监测技术指南. 北京：中国环境科学出版社，2002.
4. 牟世芬，刘克纳. 离子色谱方法及应用. 北京：化学工业出版社，2000.

第五篇　污染源监测

第一章 采样

一、采样位置与采样点

有组织排放污染源有害物质的测定，通常是用采样管从烟道中抽取一定体积的烟气，通过捕集装置将有害物质捕集下来，然后根据捕集的有害物量和抽取的烟气量，求出烟气中有害物质的浓度。根据有害物质的浓度和烟气的流量计算其排放量。这种测试方法的准确性很大程度取决于抽取烟气样品的代表性，这就要求选择正确的采样位置和采样点。

无组织排放源有害物质的测定，通常是采集大气中的污染物，在监控点捕捉污染物的最高浓度。监控点的设置，要考虑排放源和建筑物的位置、单位周界围墙的高度和性质，单位区域内的主要地形的变化和气象条件，才能选择具有代表性的测点。

下面主要介绍有组织排放源采样位置、采样点的设置及采样方法，简要地描述无组织排放源的采样原则和恶臭污染物的采样原则。

（一）采样位置

①采样位置应优先选择在垂直管段，应避开烟道弯头和断面急剧变化的部位。采样位置应设置在距弯头、阀门、变径管下游方向不小于 6 倍直径，和距上述部件上游方向不小于 3 倍直径处。对矩形烟道，其当量直径 $D=2AB/(A+B)$，式中 A、B 为边长。

②测试现场空间位置有限，很难满足上述要求时，则选择比较适宜的管段采样，但采样断面与弯头等的距离至少是烟道直径的 1.5 倍，并应适当增加测点的数量。采样断面的气流最好在 5m/s 以上。

③对于气态污染物，由于混合比较均匀，其采样位置可不受上述规定限制，但应避开涡流区。如果同时测定排气流量，采样位置仍按①选取。

④采样位置应避开对测试人员操作有危险的场所。

⑤必要时应设置采样平台，采样平台应有足够的工作面积使工作人员安全、方便地操作。平台面积应不小于 $1.5m^2$，并设有 1.1m 高的护拦，采样孔距平台面约为 1.2～1.3m。

（二）采样孔和采样点

烟道内同一断面各点的气流速度和烟尘浓度分布通常是不均匀的。因此，必须按照一定原则在同一断面内进行多点测量，才能取得较为准确的数据。断面内测点的位置和数目，主要根据烟道断面的形状、尺寸大小和流速分布均匀情况而定，不同形状的烟道，其采样孔和采样点的设置按下述方法确定。

1. 采样孔

①在选定的测定位置上开设采样孔，采样孔内径应不小于 80mm。采样孔管长应不大于 50mm。不使用时应用盖板、管堵或管帽封闭（图 5-1-1、图 5-1-2、图 5-1-3）。当采样孔仅用于采集气态污染物时，其内径应不小于 40mm。

②对正压下输送高温或有毒气体的烟道应采用带有闸板阀的密封采样孔（图 5-1-4）。

③对圆形烟道，采样孔应设在包括各测定点在内的互相垂直的直径线上（图 5-1-5）。对矩形或方形烟道，采样孔应设在包括各测定点在内的延长线上（图 5-1-6、图 5-1-7）。

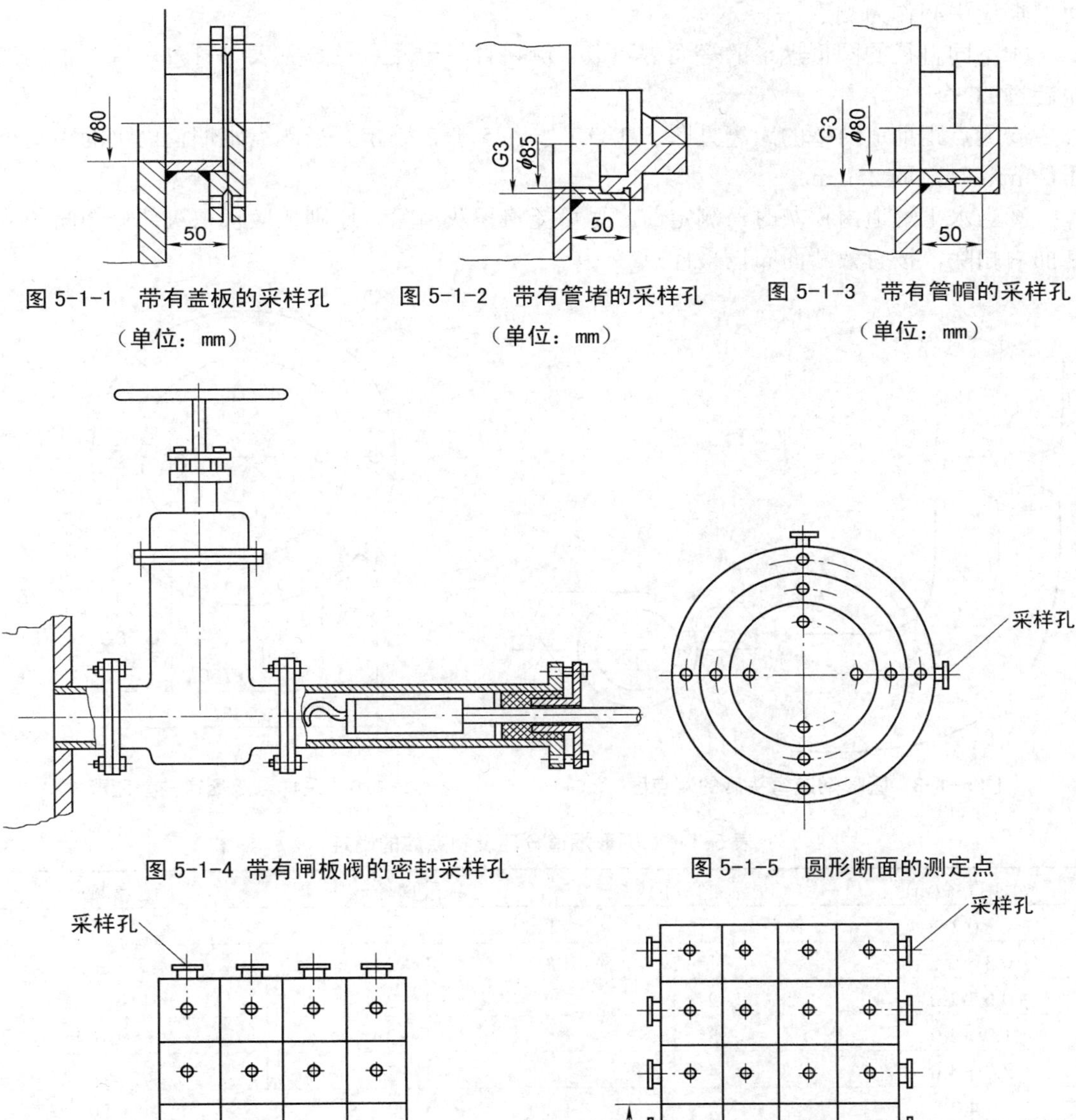

图 5-1-1　带有盖板的采样孔（单位：mm）

图 5-1-2　带有管堵的采样孔（单位：mm）

图 5-1-3　带有管帽的采样孔（单位：mm）

图 5-1-4 带有闸板阀的密封采样孔

图 5-1-5　圆形断面的测定点

图 5-1-6　长方形断面的测定点

图 5-1-7　正方形断面的测定点

2. 采样点

（1）圆形烟道

①将烟道分成适当数量的等面积同心环，各测点选在各环等面积中心线与呈垂直相交的两条直径线的交点上，其中一条直径线应在预期浓度变化最大的平面内，如当测点在弯头后，该直径线应位于弯头所在的平面 *A-A* 内（图 5-1-8）。

②对符合（一）采样位置①要求的烟道，可只选预期浓度变化最大的一条直径线上的测点。

③对直径小于 0.3m、流速分布比较均匀、对称并符合（一）采样位置①要求的小烟道，可取烟道中心作为测点。

④不同直径的圆形烟道的等面积环数、测量直径数及测点数见表 5-1-1，原则上测点不超过 20 个。

⑤测点距烟道内壁的距离见图 5-1-9，按表 5-1-2 确定。当测点距烟道内壁的距离小于 25mm 时，取 25mm。

⑥当水平烟道内积灰时，测定前应尽可能将积灰清除，原则上应将积灰部分的面积从断面内扣除，按有效断面布设采样点。

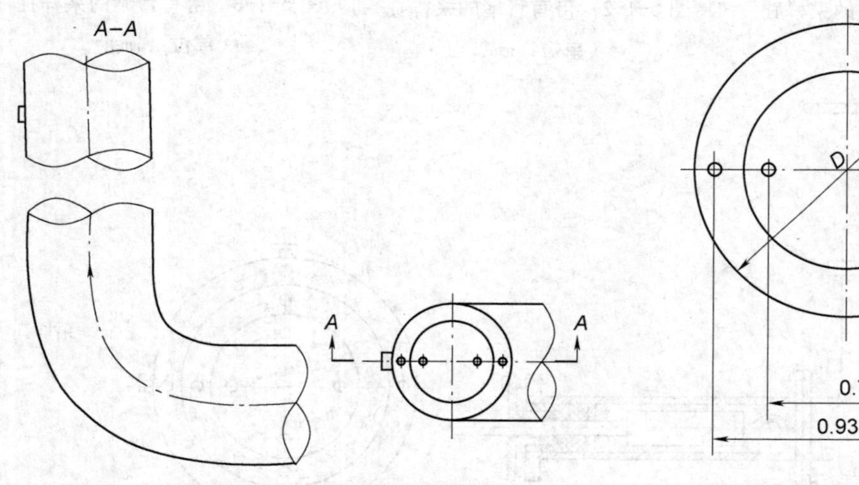

图 5-1-8 圆形烟道弯头后的测点图　　5-1-9 采样点距烟道内壁距离

表 5-1-1 圆形烟道分环及测点数的确定

烟道直径(m)	等面积环数	测量直径数	测点数
<0.3			1
0.3～0.6	1～2	1～2	2～8
0.6～1.0	2～3	1～2	4～12
1.0～2.0	3～4	1～2	6～16
2.0～4.0	4～5	1～2	8～20
>4.0	5	1～2	10～20

（2）矩形或方形烟道

①将烟道断面分成适当数量的等面积小块，各块中心即为测点。小块的数量按表 5-1-3

的规定选取。原则上测点不超过 20 个。

②烟道断面面积小于 $0.1m^2$，流速分布比较均匀、对称并符合（一）采样位置①要求的，可取断面中心作为测点。

③与 2.采样点（1）中⑥相同。

表 5-1-2 测点距烟道内壁距离（以烟道直径 D 计）

测点号	环数				
	1	2	3	4	5
1	0.146	0.067	0.044	0.033	0.026
2	0.854	0.250	0.146	0.105	0.082
3		0.750	0.296	0.194	0.146
4		0.933	0.704	0.323	0.226
5			0.854	0.677	0.342
6			0.956	0.806	0.658
7				0.895	0.774
8				0.967	0.854
9					0.918
10					0.974

表 5-1-3 矩（方）形烟道的分块和测点数

烟道断面积(m^2)	等面积小块长边长度(m)	测点总数
<0.1	<0.32	1
0.1～0.5	<0.35	1～4
0.5～1.0	<0.50	4～6
1.0～4.0	<0.67	6～9
4.0～9.0	<0.75	9～16
>9.0	≤1.0	≤20

（3）烟道采样位置不能满足要求

当烟道采样位置不能满足（一）采样位置①要求时，应增加采样线和测点。

（三）无组织排放源的采样原则

要依照法定手续确定边界，若无法定手续则按目前的实际边界确定。采样时要在排放源上、下风向分别设置参照点和监控点。二氧化硫、氮氧化物、颗粒物和氟化物的监控点设在无组织排放源下风向 2～50m 范围内的浓度最高点，相对应的参照点设在排放源上风向 2～50m 范围内；其余物质的监控点设在单位周界 10m 范围内的浓度最高点。监控点最多可设四个，参照点只设一个。进行无组织排放监测时，实行连续 1h 的采样，或者实行在 1h 内以等时间间隔采集四个样品计平均值，为捕捉到监控点最高浓度的时段，采样时间可超过 1h。在无组织排放监测中所得的监控点的浓度值不扣除低矮排气筒所作的贡献值。

水泥厂粉尘无组织排放指水泥厂厂区内物料堆扬尘、物料输送和窑磨机等设备的粉尘泄漏等。要求在距厂界外 20m 处（无明显厂界，以车间外或堆场外 20m 处）上风向与下风向同时布设参考点和监控点。每个监控点连续采集时间为1～4h/次，总采样时间为4h；参考点和监控点同步采样，选取监控点1h均值的最高浓度值（扣除上风向的监测值）。

工业炉窑无组织排放指烟尘、生产性粉尘和有害污染物不通过烟囱或排气系统的泄漏等。无组织排放烟尘及生产性粉尘监测点设置在厂房门窗排放口处；若工业炉窑露天设置（或有顶无围墙），监测点应选在距烟（粉）尘排放源5m，最低高度1.5m处任意点。每个监控点连续采集时间为1～4h/次，总采样时间为4h；选取监控点1h均值的最大浓度值。

炼焦炉。机械化炼焦炉无组织排放的采样点位于焦炉炉顶煤塔侧第1至4孔炭化室上升管旁。在炉顶的连续采样时间为4h/次。取1h均值。

大气污染物无组织排放监测点的设置，除大气污染物排放标准中另有规定外，其余有关问题按上述原则执行。无组织排放烟（粉）尘采用中流量采样器（无罩、无分级采样头）采样。

（四）恶臭污染物的采样原则

排气筒内恶臭污染物的采样位置和采样点见本章二（一）采样原则，采样时应根据排气状况的调查结果，确定采样的时机和采样时充气速度；环境恶臭污染物采样位置和采样点的布设要具有较好的代表性，保证采集到的样品能客观地反映监测对象的真实性，采样要方便。当要确定恶臭污染物对厂界周围的影响时，见本章一（三）无组织排放源的采样原则，监控点设在单位周界10m范围内的最高浓度点，以捕捉瞬时最大浓度，而不是小时平均浓度值。在实际操作中应根据源的排放特性，即连续排放还是间歇排放制订采样时间段，并在该时间段内取得最大浓度的代表样品，用此样品的测定数值，做为评价是否达标的依据。一般来说，根据GB14554—93《恶臭污染物排放标准》的规定，对连续排放源每2h采一次样品，共采集4次，取其最大测定值，对间歇排放源选择气味最大时间采样，其数量不小于3个。

恶臭采样要根据不同恶臭污染物质、浓度和准备采用的测定方法有所不同。如硫化氢、甲硫醇、甲基硫、二硫化甲基可使用聚四氟乙烯薄膜袋进行采样；苯乙烯可用玻璃真空瓶采样；氨和三甲胺可用酸性滤纸法进行采样；乙醛、三甲胺和氨也可用溶液吸收法进行采样。上述采样都是基于样品将用仪器进行测定的采样方法。对官能测定法可用10L聚脂薄膜或聚四氟乙烯薄膜嗅味袋采样，也可用真空瓶采样，用嗅味袋进行采样一般需要30s，用真空瓶一般5s左右即可。

二、烟气采样方法

（一）采样原则

采样位置原则上应符合本章一（一）采样位置的要求，要注意避开漏风部位，以免空气漏入造成浓度分布不均。由于气态或蒸气态有害物质分子在烟道内分布一般是均匀的，不需要多点采样，可在靠近烟道中心位置采样。同时由于一般气体分子可忽略质量，不考虑惯性作用，不需要等速采样。采样时采样管入口可与气流方向垂直，或背向气流。当气体中含有固态有害物质或雾滴时，则应按烟尘采样方法进行等速采样。

（二）采样系统与装置

气体采样系统和装置随分析方法，使用仪器而定。通常有下列几种类型：

1. 化学法采样法的采样系统和装置

（1）原理

通过采样管将样品抽入到装有吸收液的吸收瓶或装有固体吸附剂的吸附管、真空瓶、注射器或气袋中，样品溶液或气态样品经化学分析或仪器分析得出污染物含量。

（2）采样系统

①吸收瓶或吸附管采样系统。由采样管、连接导管、吸收瓶或吸附管、流量计量箱和抽气泵等部分组成，见图 5-1-10，当流量计量箱放在抽气泵出口时，抽气泵应严密不漏气。

②真空瓶或注射器采样系统。由采样管、真空瓶或注射器、洗涤瓶、干燥器和抽气泵等组成，见图 5-1-11 和 5-1-12。

③包括有机物在内的某些污染物，在不同烟气温度下，或以颗粒物或以气态污染物形式存在。采样前应根据污染物状态，确定采样方法和采样装置。如系颗粒物则按颗粒物等速采样方法采样。

2. 仪器直接测试法采样系统与装置

（1）原理

通过采样管和除湿器，用抽气泵将样气送入分析仪器中，直接指示被测气态污染物的含量。

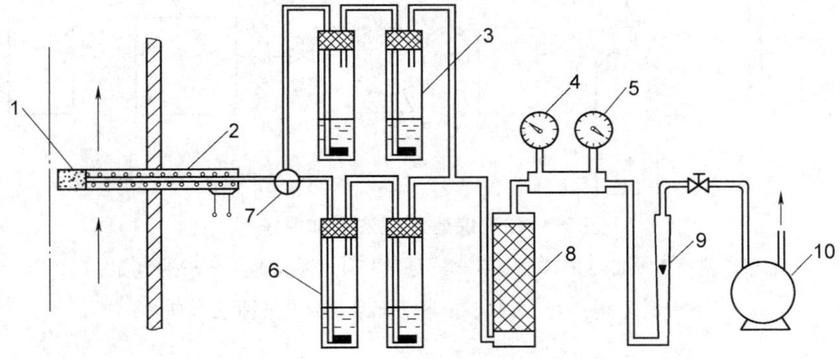

图 5-1-10 烟气采样系统

1—烟道；2—加热采样管；3—旁路吸收瓶；4—温度计；5—真空压力表；6—吸收瓶；7—三通阀；8—干燥器；9—流量计；10—抽气泵

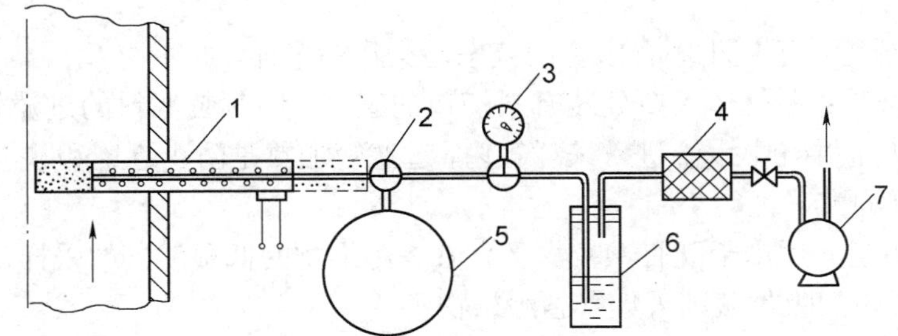

图 5-1-11 真空瓶采样系统

1—加热采样管；2—三通阀；3—真空压力表；4—过滤器；5—真空瓶；6—洗涤瓶；7—抽气泵

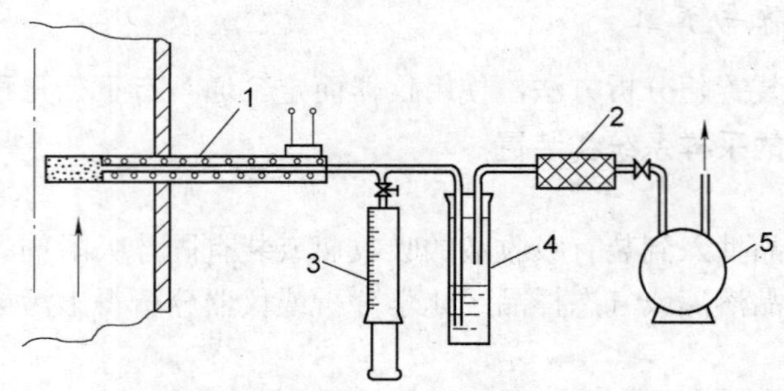

图 5-1-12 注射器采样系统

1—加热采样管；2—过滤器；3—注射器；4—洗涤瓶；5—抽气泵

（2）采样系统

由采样管、除湿器、抽气泵、测试仪和校正用气瓶等部分组成，见图 5-1-13。

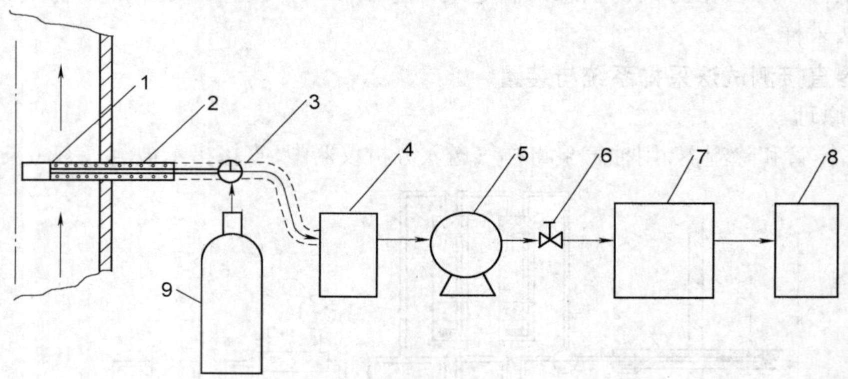

图 5-1-13 仪器测试法采样系统

1—滤料；2—加热采样管；3—三通阀；4—除湿器；5—抽气泵；
6—调节阀；7—分析仪；8—记录器；9—标准气瓶

3. 采样装置

（1）采样管

1）采样管的型式：根据被测污染物的特征，可以采用以下几种型式采样管。见图 5-1-14。

（a）型采样管：适用于不含水雾的气态污染物的采样。

（b）型采样管：在气体入口处装有斜切口的套管，同时装滤料的过滤管也进行加热，套管的作用是防止排气中水滴进入采样管内，过滤管加热是防止近饱和状态的排气将滤料浸湿，影响采样的准确性。

（c）型采样管：适用于既有颗粒物又有气态污染物的低湿烟气的采样，滤筒采集颗粒物，串连在系统中的吸收瓶则采集气态污染物。

2）材质应满足以下条件：

①不吸收亦不与待测污染物起化学反应。

②不被排气中腐蚀成分腐蚀。

③能在排气温度和流速下保持足够的机械强度。

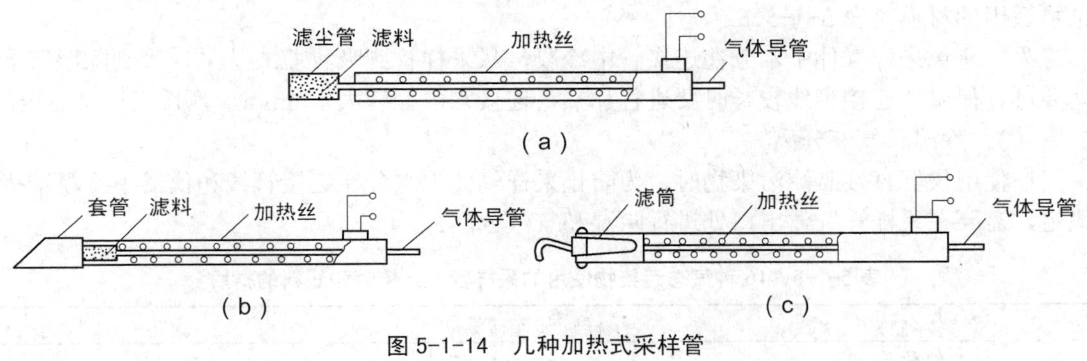

图 5-1-14　几种加热式采样管

3）滤料：为了防止烟尘进入试样干扰测定，在采样管入口或出口处装入阻挡尘粒的滤料，滤料应选择不吸收亦不与待测污染物起化学反应的材料，并能耐受高温排气。不同污染物适用滤料见表 5-1-5。

4）尺寸：考虑到采气流量、机械强度和便于清洗，采样管内径应大于 6mm，长度应能插到所需的采样点处，一般不宜小于 800mm。

5）保温和加热：为了防止采集的气体中的水分在采集管内冷凝，避免待测污染物溶于水中产生误差，需将采样管加热，几种污染物的加热温度见表 5-1-4。加热可用电加热或蒸汽加热，使用电加热时，为安全起见，宜采用低压电源，并有良好的绝缘性能。保温材料可用伴热带。表 5-1-5 中列出了不同污染物适用的采样管材质。

表 5-1-4　16 种气态污染物所需加热的最低温度

气体种类	加热温度(℃)	备注
二氧化硫	>120	考虑到温度对气体成分转化的影响，以及防止连接管的损坏，加热温度应不超过 160℃
氮氧化物	>140	
硫化氢	>120	
氟化物	>120	
氯化氢	>120	
溴	>120	
酚	>120	
氨	>120	
光气	>120	
丙烯醛	>120	
氰化氢	>120	
硫醇	20～30	
氯	常温	
一氧化碳	常温	
二氧化碳	常温	
苯	常温	

（2）连接管

连接管应选择不吸收亦不和待测污染物起化学反应并便于连接与密封的材料。不同污染物适用的材质见表5-1-5。

为了避免采样气体中水分在连接管中冷凝，从采样管到吸收瓶或从采样管到除湿器之间要进行保温，连接管线较长时要进行加热，连接管内径应大于6mm，管长应尽可能短。

（3）除湿和气液分离

在使用仪器直接监测污染物时，为防止采样气体中水分在连接管线和仪器中冷凝干扰测定，需要在采样管气体出口处进行除湿和气液分离。

表5-1-5 16种气态污染物使用的采样管、连接管和滤料的材质

气体名称	采样管和连接管	滤料
二氧化硫	1，2，3，4，5，6，7，8	9，10
氮氧化物	1，2，3，4，5，8	9
氟化物	1，5	10
氯	2，3，4，5，6	9，10
氯化氢	2，3，4，5，6，8	9，10
硫化氢	1，2，3，4，5，6，7，8	9，10
溴	2，3，5，8	9
酚	1，2，3，5，8	9
苯	2，3，5，8	9
二硫化碳	2，3，5，8	9
硫醇	1，2，3，5	9
氨	1，2，3，4，5，6	9，10
一氧化碳	1，2，3，4，5，8	9，10
丙烯醛	1，2，5，8	9
光气	1，2，3，5	9
氰化氢	1，2，3，4，5，6	9，10

注：1.不锈钢；2.硬质玻璃；3.石英；4.陶瓷；5.氟树脂或氟橡胶；6.氯乙烯树脂；7.聚氯橡胶；8.硅橡胶；9.无碱玻璃棉或硅酸铝纤维；10.金刚砂。

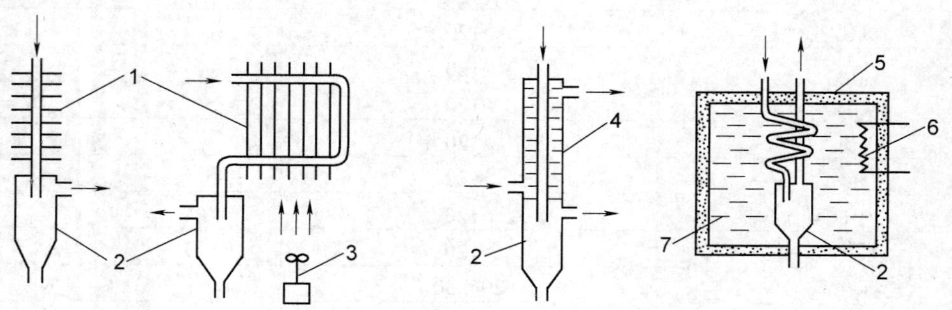

图5-1-15 常用的几种除湿器

1—冷却片；2—气液分离器；3—冷却用风机；4—冷却水；5—隔热材料；6—冷冻剂；7—不冻液

①对含有少量水分不影响测试结果，只是为了避免连接管线和仪器内部管路和部件不

产生冷凝水时，可根据条件利用自然空气冷却，强制空气冷却或水冷却装置，见图 5-1-15。

②对水分干扰测定的监测仪器，应采用冷冻液或其他型式冷却装置进行除湿，冷冻温度应使气样中水分不结冰。

③也可使用干燥剂或其他方式除湿。

④除湿装置的设计、选定，应使除湿装置除湿后气体中污染物的损失不大于 5%。

⑤除湿时，如能使通过除湿器气样中的水气含量保持恒定，其对测量值的影响经测定得出后，可作为常数进行修正，以减少水气对测定值干扰所产生的误差。

（4）吸收瓶

根据待测污染物不同可选用图 5-1-16 所列几种吸收瓶。

①多孔筛板吸收瓶。鼓泡要均匀，在流量为 0.5L/min 时，其阻力应在 5kPa±0.7kPa。

②冲击瓶：应按图 5-1-16 尺寸加工。

③采用标准磨口，应严密不漏气。

④连接嘴应作成球形或锥形。

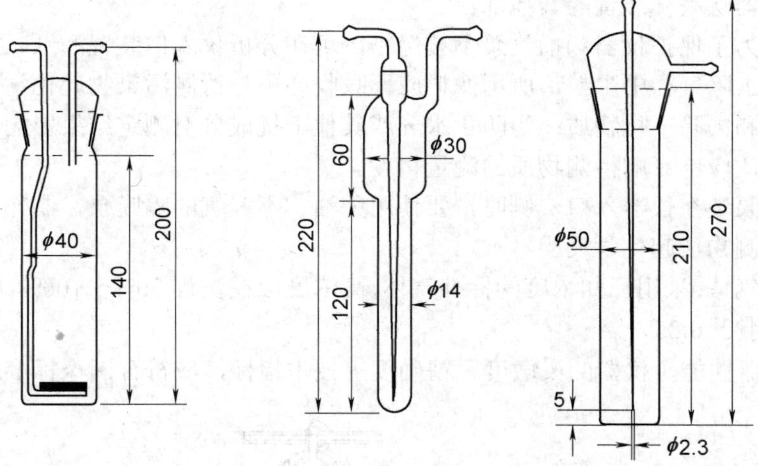

图 5-1-16　常用的几种吸收瓶

（5）吸附管

①吸附剂，可根据被测污染物性质选用硅胶、活性炭或高分子多孔微球等颗粒状吸附剂。

②吸附管内吸附剂填充要紧密，不得松动或有隙流。采样前后，吸附管两端要密封。

③吸附剂填充柱长度，应根据被测污染物浓度、采样时间确定。

（6）流量计量装置

用于控制和计量采样流量，主要部件应包括：

①干燥器：为了保护流量计和抽气泵，并使气体干燥。干燥器容积应不少于 200ml，干燥剂可用变色硅胶或其他相应的干燥剂。

②温度计：测量通过转子流量计或累积流量计的气体温度，可用水银温度计或其他型式温度计，其精确度应不低于 2.5%，温度测量范围上限应不大于 60℃，最小分度值应不大于 2℃。

③真空压力表：测量通过转子流量计或累积流量计气体压力，其精确度应不低于 4%。

④转子流量计：控制和计量采气流量，当用多孔筛板吸收瓶时，流量范围为 0～1.5L/min，当用其他型式吸收瓶时，流量计流量范围要与吸收瓶最佳采样流量相匹配，精确度应不低于 2.5%。

⑤累积流量计：用以计量总的采气体积，精确度应不低于 2.5%。

⑥流量调节装置：用针形阀或其他相应阀门调节采样流量，流量波动应保持在±10%以内。

（7）抽气泵

采样动力，可用隔膜泵或旋片式抽气泵，抽气能力应能克服烟道及采样系统阻力。当流量计量装置放在抽气泵出口端时，抽气泵应不漏气。

（8）采样用真空瓶

用硬质玻璃或不与待测物质起化学反应的金属材料制作，容积为 2L，结构见图 5-1-17。

（9）采样用注射器

用硬质玻璃制作，容积为 100 或 200ml，最小分度值 1ml，结构见图 5-1-17。

（10）仪器法采样装置的其他部件

①滤膜：为了保护仪器和抽气泵不被污染，可在分析仪入口装置滤纸、微孔滤膜或玻璃纤维滤膜以去除气样中尘粒，所用滤料应不吸收亦不与待测污染物起化学反应。

②干燥剂和去除干扰物质：为防止水分或其他干扰成分对测定结果影响，所用干燥剂或去除干扰物质应不影响待测物质的测量精度。

③当抽气泵装在仪器入口一侧时，要使用无油、不漏气的隔膜泵，制作泵的材料应不吸收亦不与待测物质起化学反应。

④校正用气体：采用已知浓度的标准气体，高浓度应在量程 80%～100%，中浓度 50%～60%，零气应小于 0.25%。

⑤测量仪器性能，仪器的灵敏度、精确度等技术指标，应符合国家标准或经有关部门认可。

（三）采样步骤

1. 使用吸收瓶或吸附管采样系统采样

（1）采样管的准备与安装

①清洗采样管，使用前清洗采样管内部，干燥后再用。

②更换滤料，当充填无碱玻璃棉或其他滤料时，充填长度为 20～40mm。

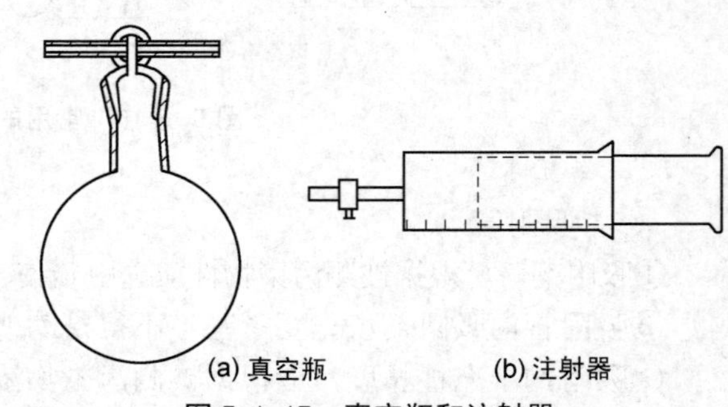

(a) 真空瓶　　(b) 注射器

图 5-1-17　真空瓶和注射器

③采样管插入烟道近中心位置，进口与排气流动方向成直角，如用 b 型采样管，其斜切口应背向气流。

④采样管固定在采样孔上，应不漏气。

⑤在不采样时，采样孔要用管堵或法兰封闭。

（2）吸收瓶或吸附管与采样管、流量计量箱的连接

①吸收瓶、吸收液与吸收瓶贮存，按实验室化学分析操作要求进行准备，并用记号笔记上顺序号。

②按图 5-1-10 所示用连接管将采样管、吸收瓶或吸附管、流量计量箱和抽气泵连接，连接管应尽可能短。

③采样管与吸收瓶和流量计量箱连接，应使用球形接头或锥形接头连接。

④准备一定量的吸收瓶，各装入规定量的吸收液，其中两个作为旁路吸收瓶使用。

⑤为防止吸收瓶磨口处漏气，可以用硅密封脂涂抹。

⑥吸收瓶和旁路吸收瓶在入口处用玻璃三通阀连接。

⑦吸收瓶或吸附管应尽量靠近采样管出口处，当吸收液温度较高而对吸收效率有影响时，应将吸收瓶放入冷水槽内冷却。

⑧采样管出口至吸收瓶或吸附管之间连接管要用保温材料保温，当管线长时，须采取加热保温措施。

⑨用活性炭、高分子多孔微球作吸附剂时，如烟气中水分含量体积百分数＞3%，为了减少烟气中水分对吸附剂吸附性能的影响，应在吸附管前串一硅胶干燥管。硅胶吸附的被测污染物含量，应计入到样品中去。

（3）漏气试验

①将各部件按图 5-1-10 连接。

②关上采样管出口三通阀，打开抽气泵抽气，使真空压力表负压上升到 13kPa，关闭抽气泵一侧阀门，如压力计压力在 1min 内下降不超过 0.15kPa，则视为系统不漏气。

③如发现漏气，要重新检查、安装，再次检漏，确认系统不漏气后方可采样。

（4）采样操作

①预热采样管。打开采样管加热电源，将采样管加热到所需温度。

②置换吸收瓶前采样管路内的空气。正式采样前令排气通过旁路吸收瓶，采样 5min，将吸收瓶前管路内的空气置换干净。

③采样。接通采样管路，调节采样流量至所需流量，采样期间应保持流量恒定，波动应不大于±10%。

④采样时间。视待测污染物浓度而定，但每个样品采样时间一般不少于 10min。

⑤采样结束。切断采样管至吸收瓶之间气路，防止烟道负压将吸收液与空气抽入采样管。

⑥样品贮存。采集的样品应放在不与被测物产生化学反应的玻璃或其他容器内，容器要密封并注明样品号。

（5）采样时应详细记录采样时工况条件、环境条件和样品采集数据

（6）采样后应再次进行漏气检查，如发现漏气，应重新取样

（7）在样品贮存过程中，如污染物浓度随时间衰减时，应在现场随时进行分析

2. 使用真空瓶或注射器采样

（1）真空瓶、注射器安装

①真空瓶与注射器在安装前要进行漏气检查：真空瓶漏气检查，将真空瓶与真空压力表连接，抽气减压到绝对压力为 1.33kPa，放置 1h 后，如果瓶内绝对压力不超过 2.66kPa，则视为不漏气。注射器漏气检查，用水将注射器活栓润湿后，吸入空气至刻度 1/4 处，用橡皮帽堵严进气孔，反复把活栓推进拉出几次，如活栓每次都回到原来的位置，可视为不漏气。

②在真空瓶内放入适量的吸收液，用真空泵将真空瓶减压，直至吸收液沸腾，关闭旋塞，采样前用真空压力计测量并记下真空瓶内绝对压力。

③取 100ml 的洗涤瓶，内装洗涤液，如待测气体系酸性，则装入 5mol/L 氢氧化钠溶液，如系碱性用 3mol/L 硫酸溶液洗涤气体。

④真空瓶或注射器与其他部件连接，使用球形或锥形接头连接。

⑤将真空瓶或注射器按图 5-1-11 和 5-1-12 所示连接，真空瓶与注射器要尽量靠近采样管。

⑥采样系统漏气检查，堵死采样管出口端连接管，打开抽气泵抽气，至真空压力表压力升到 13kPa 时，关上抽气泵一侧阀门，如压力表压力在 1min 内下降不超过 0.15kPa，则视为系统不漏气。

（2）采样

①采样前，打开抽气泵以 1L/min 流量抽气约 5min，置换采样系统的空气。

②打开真空瓶旋塞，使气体进入真空瓶，然后关闭旋塞，将真空瓶取下。使用注射器采样时，打开注射器阀门，抽动活栓，将气样一次抽入预定刻度，关闭注射器进口阀门，取下注射器倒立存放。

③采样时记下采样的工况、环境温度和大气压力。

3. 使用仪器连续采样

（1）准备和安装

1）采样管的准备和安装同 1.使用吸收瓶或吸附管采样系统采样中（1）。

2）在采样管出口与除湿器前装置三通阀，与校正气体连接。

3）除湿器准备和安装：

①根据所用仪器除湿要求将选用的除湿器连接到采样系统中，除湿器尽量靠近采样管出口。

②冷却管必须垂直安装，当用冷却盘管时，盘管要有一定坡度，使冷凝水能迅速排出。

③为使冷凝水能迅速完全地从气样中分离出来，应在气液分离管下方安装带有水封的回水器，当用泵连续排除冷凝水时，也可以不使用水封回水器。

④气液分离管应装在低于所有连接管的位置和温度最低的部位。

4）连接管准备与安装：

①连接管尺寸。一般应不小于 6mm，管线要尽可能短，当必须使用长管线时，应选用无接头长管，并注意防止样气中水分冷凝，必要时应对管线加热。

②连接管与其他部件连接，应采用法兰或球形接头连接。

5）干燥剂和去除干扰物质：

①为防止干燥剂和去除干扰物质的微粒进入监测仪器，应在干燥剂和去除干扰物质容器的出口放置滤膜或相当的滤料。

②使用干燥剂和去除干扰物质时，要掌握其有效时间，以便及时更换。

6）监测仪器准备与安装：

①尽可能安装在采样地点，以减少管线长度对测试结果造成的滞后影响。

②对于长时间连续监测，仪器应放置在空气清洁的室内或专用箱中，要便于检查和维修，当仪器放置在气温低于 0℃的环境时，应有加热措施，防止出现冷凝水或结冰。

7）系统漏气检查：

①采样系统连接后应进行漏气检查，方法同“1.使用吸收瓶或吸附管采样系统采样”

中（3）。

②对不适于较高减压或增压的监测仪器，使用下列方法进行检查：堵住进气口，打开抽气泵抽气，2min 内流量示值降至 0 时，可视为不漏气。

（2）采样

①按仪器要求的流量，调节采样流量。

②采样开始，由于需要置换管路中空气和用样气洗涤与饱和滤料，应过 30～60min 后再读数，测试仪如无数据自动记录和打印装置，应根据测定时间长短，定时记录测试结果。

③采样时，记下环境温度、大气压力和工况运行条件。

（四）采样体积的计算

（1）使用转子流量计时的体积计算

①当转子流量计前装有干燥器时，标准状态下干采气体积按下式计算：

$$V_{nd}=0.27Q'_r\sqrt{\frac{B_a+P_r}{M_{sd}(273+t_r)}}\cdot t$$

式中：V_{nd}——标准状态下干采气体积，L；

Q'_r——采样流量，L/min；

B_a——大气压力，Pa；

M_{sd}——干排气气体分子量，kg/kmol；

P_r——转子流量计前气体压力，Pa；

t_r——转子流量计前气体温度，℃；

t——采样时间，min。

②当被测气体的干气体分子量近似于空气时，标准状态下干气体体积按下式计算：

$$V_{nd}=0.05Q'_r\sqrt{\frac{B_a+P_r}{273+t_r}}\cdot t$$

（2）使用干式累积流量计时的体积计算

使用干式累积流量计，流量计前装有干燥器，标准状态下干采气体积按下式计算：

$$V_{nd}=K(V_2-V_1)\frac{273}{273+t_d}\cdot\frac{B_a+P_d}{101325}$$

式中：V_1、V_2——采样前后累积流量计的读数，L；

t_d——流量计前气体温度，℃；

P_d——流量计前气体压力，Pa；

K——流量计的修正系数。

（3）使用湿式累积流量计时的体积计算

使用湿式累积流量计，流量计前装有干燥器，标准状态下干采气体积按下式计算：

$$V_{nd}=K(V_2-V_1)\frac{273}{273+t_w}\cdot\frac{B_a+P_w-P_{wv}}{101325}$$

式中：t_w——流量计前气体温度，℃；

P_w——流量计前气体压力，Pa；

P_{wv}——温度为 t_w 时饱和水蒸气的压力，Pa。

（4）使用注射器采样时的体积计算

使用注射器采样时，标准状态下干采气体积按下式计算：

$$V_{nd}=V_f\frac{273}{273+t_f}\cdot\frac{B_a-P_{fv}}{101325}$$

式中：V_f——室温下注射器采样体积，L；

t_f——室温，℃；

P_{fv}——在 t_f 时饱和水蒸气压力，Pa。

（5）使用真空瓶采样时的体积计算

使用真空瓶采样时，标准状态下干采气体积按下式计算：

$$V_{nd}=(V_b-V_1)\frac{273}{101325}\left(\frac{P_f-P_{fv}}{273+t_f}-\frac{P_i-P_{iv}}{273+t_i}\right)$$

式中：V_b——真空瓶容积，L；

V_1——吸收液体积，L；

P_f——采样后放置至室温，真空瓶内压力，Pa；

t_f——测 P_f 时的室温，℃；

P_i——采样前真空瓶内压力，Pa；

t_i——测 P_i 时的室温，℃；

P_{fv}——在 t_f 时的饱和水蒸气压力，Pa；

P_{iv}——在 t_i 时的饱和水蒸气压力，Pa。

注：被吸收液吸收的样品，由于体积很小而忽略不计。

三、颗粒物采样方法

（一）采样原则

1. 原理

将烟尘采样管由采样孔插入烟道中，使采样嘴置于测点上，正对气流，按颗粒物等速采样原理，即采样嘴的吸气速度与测点处气流速度相等（其相对误差应在 10%以内），抽取一定量的含尘气体。根据采样管滤筒上所捕集到的颗粒物量和同时抽取的气体量，计算出排气中颗粒物浓度。

维持颗粒物等速采样的方法有普通型采样管法（即预测流速法）、皮托管平行测速采样法、动压平衡型采样管法和静压平衡型采样管法等四种。可根据不同测量对象状况，选用其中的一种方法。

2. 等速采样

为了从烟道中取得有代表性的烟尘样品，需等速采样，即气体进入采样嘴的速度 V_n 应与采样点的烟气速度 V_s 相等，其相对误差应在 10%以内。采样速度大于或小于采样点的烟气速度都将使采样结果产生偏差。图 5-1-18 表示了不同采样速度下尘粒运动状况。当采样速度 V_n 大于采样点烟气速度 V_s 时，处于采样边缘以外的部分气流进入采样嘴，而其中的尘粒则由于本身运动的惯性作用，不能改变方向随气流进入采样嘴，继续沿着原来的方向前进，使采取的样品浓度低于采样点的实际浓度。当采样速度 V_n 小于采样点烟气速度 V_s 时，情况恰好相反，样品浓度高于实际浓度。只有采样速度 V_n 等于采样点的烟气速度 V_s 时，样品浓度才与实际浓度相等。

3. 维持等速采样的方法

（1）普通型采样管法（预测流速法）

①原理：采样前预先测出各样点处的排气温度、压力、水分含量和气流速度等参数，结合所选用的采样嘴直径，计算出等速采样条件下各采样点所需的采样流量，然后按该流量在各测点采样。

②等速采样的流量按下式计算：

$$Q_r' = 0.00047d^2 \cdot V_s\left(\frac{B_a + P_s}{273 + t_s}\right)\left[\frac{M_{sd}(273 + t_r)}{B_a + P_r}\right]^{1/2}(1 - X_{sw})$$

式中：Q_r'——等速采样流量的转子流量计算读数，L/min；

d——采样嘴直径，mm；

V_s——测点气体流速，m/s；

B_a——大气压力，Pa；

P_s——排气静压，Pa；

P_r——转子流量计前气体压力，Pa；

t_s——排气温度，℃；

t_r——转子流量计前气体温度，℃；

M_{sd}——干排气气体分子量，kg/kmol；

X_{sw}——排气中的水分含量体积百分数，%。

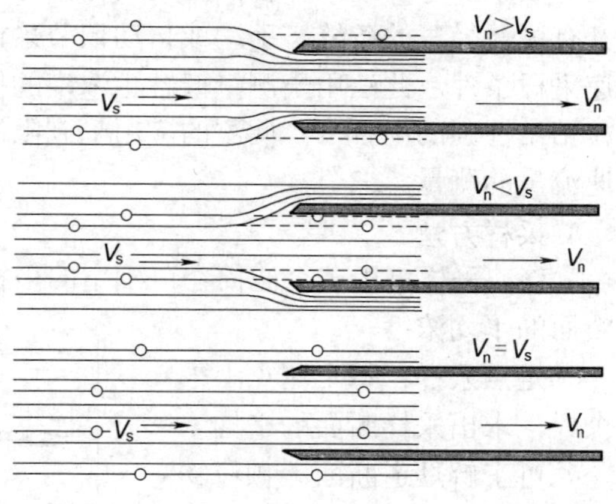

图 5-1-18 在不同采样速度时尘粒运动状况

当干排气成分和空气近似时，等速采样流量 Q_r' 按下式计算：

$$Q_r' = 0.0025d^2 \cdot V_s\left(\frac{B_a + P_s}{273 + t_s}\right)\left[\frac{273 + t_r}{B_a + P_r}\right]^{1/2}(1 - X_{sw})$$

普通型采样管法，适用于工况比较稳定的污染源采样。尤其是在烟道气流速度低，高温，高湿，高粉尘浓度的情况下，均有较好的适应性。并可配用惯性尘粒分级仪测量颗粒物的粒径分级组成。

（2）皮托管平行测速采样法

此法与普通型采样管法基本相同，将普通采样管、S 型皮托管和温度计固定在一起，采样时将三个测头一起插入烟道中同一测点，根据预先测得的排气静压、水分含量和当时测得的测点动压、温度等参数，结合选用的采样嘴直径，由编有程序的计算器及时算出等速采样流量（等速采样流量的计算与预测流速法相同）。手动调节采样流量至所要求的转子流量计读数进行采样或由微电脑迅速计算出颗粒物等速采样流量并自动调节采样流量至等速采样的流量进行采样。采样流量与计算的等速采样流量之差应在 10%以内。此法的特点是当工况发生变化时，可根据所测得的流速等参数值，及时调节采样流量，保证颗粒物的等速采样条件。

（3）动压平衡型等速采样管法

将装有孔板的采样管、S 型皮托管、温度计组装成一体，采样时将组合式采样管插入烟道测点处。

①借助于双联斜管微压计或双联微压差表，手动调节采样流量使采样抽气时孔板产生的压差与采样管平行放置的皮托管测出的气体动压相等进行采样。

②或借助于微压差传感器，由微电脑自动调节采样流量使采样抽气时孔板产生的压差与采样管平行放置的皮托管测出的气体动压相等进行采样。

此法的特点是，当工况发生变化时，它通过双联斜管微压计或双联微压差表的指示和微压差传感器，可及时调节采样流量，保证等速采样的条件。

（4）静压平衡型等速采样管法

静压平衡型等速采样管法是利用在采样管入口配置的专门采样嘴，在嘴的内外壁上分别开有测量静压的条缝，手动或自动调节采样流量使采样嘴内、外条缝处静压相等，达到等速采样条件。此法用于测量低含尘浓度的排放源，操作简单，方便。但在高含尘浓度及尘粒粘结性强的场合下，此法的应用受到限制。也不宜用于反推烟气流速和流量，以代替流速流量的测量。

4. 采样方法

①移动采样：用一个滤筒在已确定的采样点上移动采样，各点采样时间相等，求出采样断面的平均浓度。

②定点采样：每个测点上采一个样，求出采样断面的平均浓度，并可了解烟道断面上颗粒物浓度变化状况。

③间断采样：对有周期性变化的排放源，根据工况变化及其延续时间，分段采样，然后求出其时间加权平均浓度。

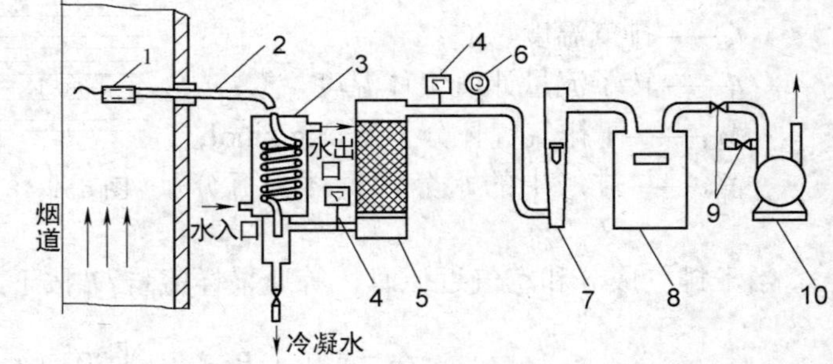

图 5-1-19 普通型采样管法固体颗粒物采样装置

1—滤筒；2—采样管；3—冷凝管；4—温度计；5—干燥器；6—真空压力表；7—转子流量计；8—累积流量计；9—调节阀；10—抽气泵

（二）采样系统与装置

采样系统通常由采样管、颗粒物捕集器、干燥器、流量计量和控制装置、抽气泵等几部分组成。当采集的烟气含有二氧化硫等腐蚀性气体时，在采样管出口应设置腐蚀性气体的净化装置（如双氧水洗涤瓶等），以防止仪器受侵蚀。采样系统如图 5-1-19 至 5-1-24 所示。

（1）普通型采样管法固体颗粒物采样装置

（2）手动调节流量皮托管平行测速法固体颗粒物采样装置

（3）自动调节流量皮托管平行测速法固体颗粒物采样装置

（4）手动调节流量动压平衡法固体颗粒物采样装置

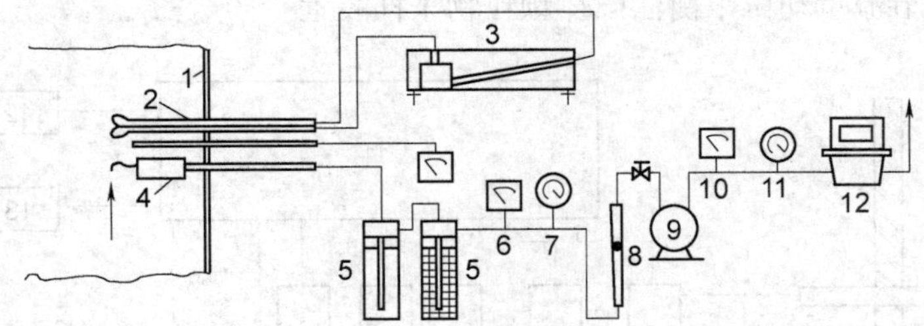

图 5-1-20 手动调节流量皮托管平行测速法固体颗粒物采样装置

1—烟道；2—皮托管；3—斜管微压计；4—采样管；5—除硫干燥器；6—温度计；7—真空压力表；8—转子流量计；9—真空泵；10—温度计；11—压力表；12—累积流量计

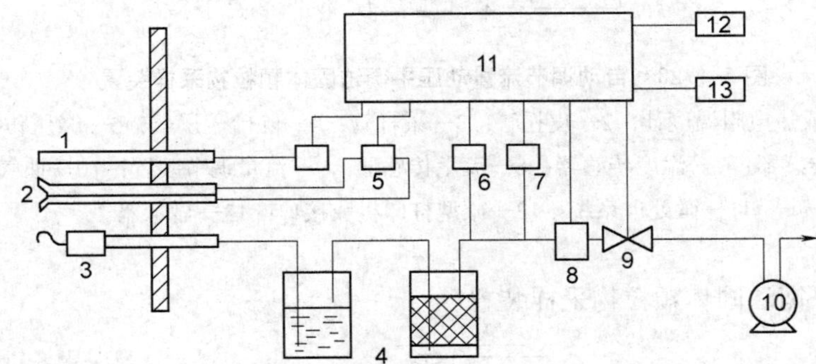

图 5-1-21 自动调节流量皮托管平行测速法固体颗粒物采样装置

1—热电偶或热电阻温度计；2—皮托管；3—采样管；4—除硫干燥器；5—微压传感器；6—压力传感器；7—温度传感器；8—流量传感器；9—流量调节装置；10—抽气泵；11—微处理系统；12—微型打印机或接口；13—显示器

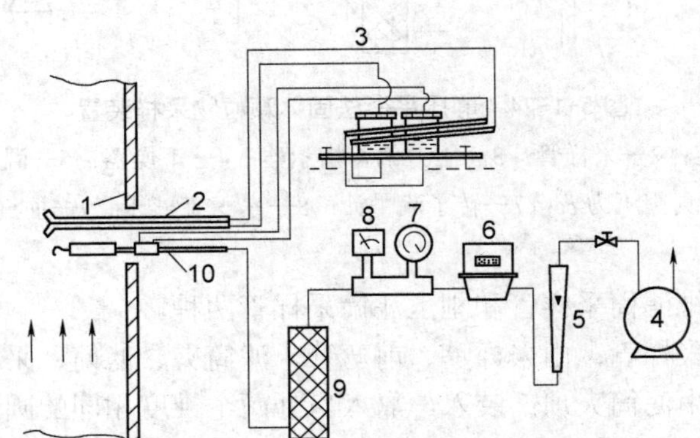

图 5-1-22 手动调节流量动压平衡法固体颗粒物采样装置

1—烟道；2—皮托管；3—双联斜管微压计或双联微压差表；4—抽气泵；5—转子流量计；6—累积流量计；7—真空压力表；8—温度计；9—干燥器；10—采样管

（5）自动调节流量动压平衡法固体颗粒物采样装置

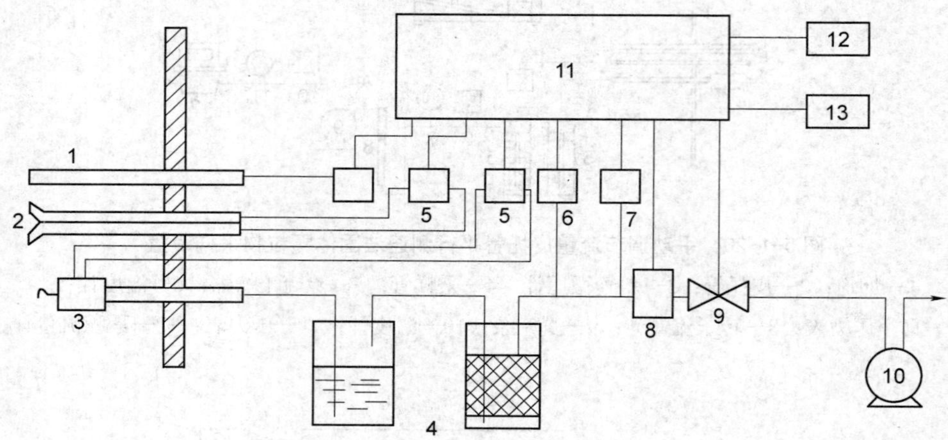

图 5-1-23 自动调节流量动压平衡法固体颗粒物采样装置

1—热电偶或热电阻温度计；2—皮托管；3—采样管；4—除硫干燥器；5—微压传感器；6—压力传感器；7—温度传感器；8—流量传感器；9—流量调节装置；10—抽气泵；11—微处理系统；12—微型打印机或接口；13—显示器

（6）静压平衡法固体颗粒物采样装置

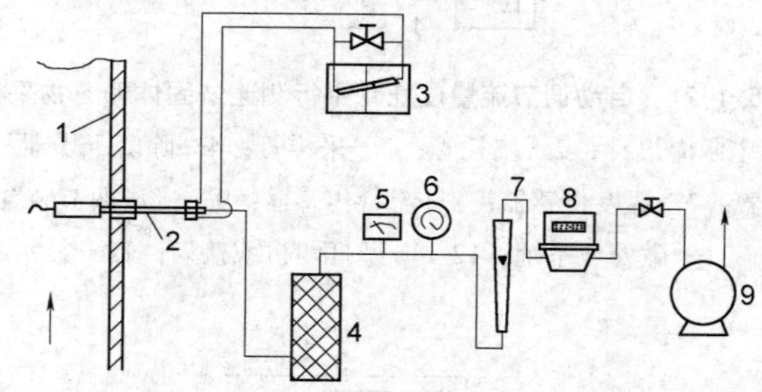

图 5-1-24 静压平衡法固体颗粒物采样装置

1—烟道；2—采样管；3—压力偏差指示器；4—干燥器；5—温度计；6—真空压力表；7—转子流量计；8—累积流量计；9—抽气泵

1. 普通型采样管

采样管有玻璃纤维滤筒采样管和刚玉滤筒采样管两种。

①玻璃纤维滤筒采样管：由采样嘴、前弯管、滤筒夹、滤筒、采样管主体等部分组成（图 5-1-25）。滤筒由滤筒夹顶部装入，靠入口处两个锥度相同的圆锥环夹紧固定。在滤筒外部有一个与滤筒外形一样而尺寸稍大的多孔不锈钢托，用以承托滤筒，以防采样时滤筒破裂。采样管各部件均用不锈钢制作及焊接。

②刚玉滤筒采样管：由采样嘴、前弯管、滤筒夹、刚玉滤筒、滤筒托、耐高温弹簧、石棉垫圈、采样管主体等部分组成（图 5-1-26）。刚玉滤筒由滤筒夹后部放入，藉滤筒托、耐高温弹簧和滤筒夹可调后体压紧在滤筒夹前体上。滤筒进口与滤筒夹前体和滤筒夹与采

样管接口处用石棉或石墨垫圈密封。采样管各部件均用不锈钢制作和焊接。

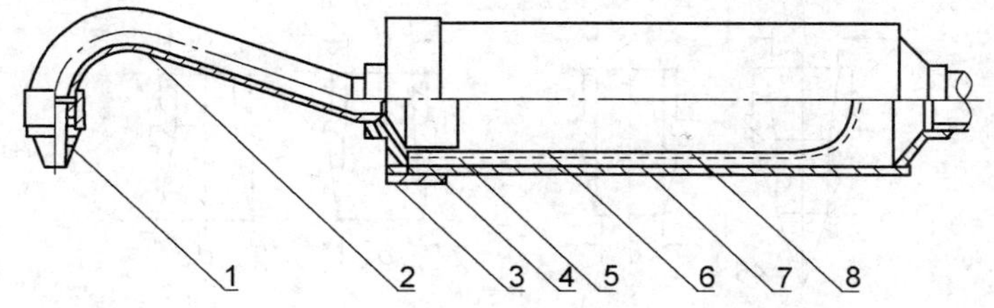

图 5-1-25 玻璃纤维滤筒采样管

1—采样嘴；2—前弯管；3—滤筒夹压盖；4—滤筒夹；5—滤筒夹；6—不锈钢托；7—采样管主体；8—滤筒

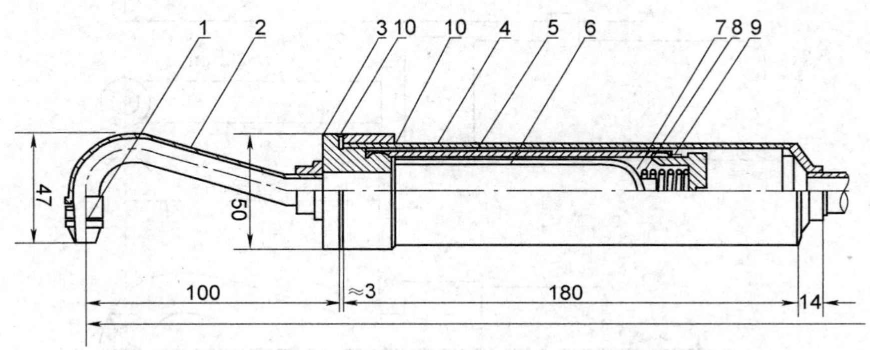

图 5-1-26 刚玉滤筒采样管

1—采样嘴；2—前弯管；3—滤筒夹前体；4—采样管主体；5—滤筒夹中体；6—刚玉滤筒；7—滤筒托；8—耐高温弹簧；9—滤筒夹后体；10—石棉垫圈

③采样嘴：采样嘴入口角度应不大于 45°，与前弯管连接的一端的内径 d_1 应与连接管内径相同，不得有急剧的断面变化和弯曲（图 5-1-27）。入口边缘厚度应不大于 0.2mm，入口直径 d 偏差应不大于±0.1mm，其最小直径应不小于 5mm。

2. 组合采样管

组合采样管由普通型采样管和与之平行放置的 S 型皮托管、热电偶或热电阻温度计固定在一起组成，三者之间的相对位置见图 5-1-28。

3. 等速采样管

①动压平衡型等速采样管：系由滤筒采样管和与之平行放置的 S 型皮托管构成。采样管的滤筒夹后装有孔板，用于控制等速采样流量。S 型皮托管用于测量排气流速。二者间的相对位置应满足图 5-1-28 的要求。标定时孔板上游应维持 3kPa 的真空度，孔板的系数和 S 型皮托管的系数相差应不超过 2%。采样嘴直径要与孔板匹配，不得随意更换嘴径，但采用自动调节流量技术的动压平衡等速采样管可更换嘴径。采样管各部件均用不锈钢制作及焊接。

②静压平衡型等速采样管：其构造是在靠近采样嘴内外壁上开有一圈小孔或窄缝，用来指示管嘴内外静压以控制等速条件。图 5-1-29 是静压平衡型等速采样管的一种结构形

式。采样管各部件均用不锈钢制作及焊接。

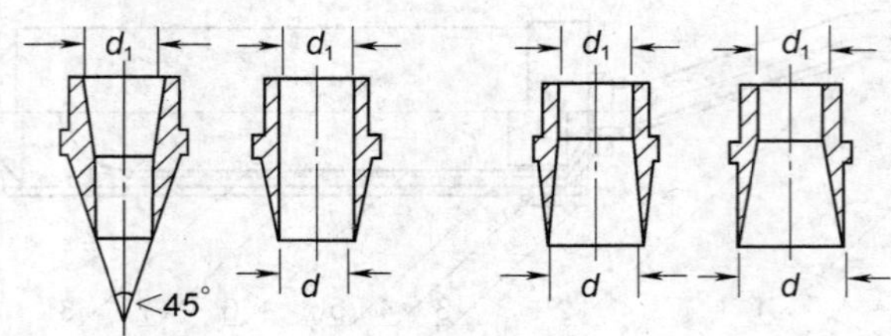

图 5-1-27 采样嘴

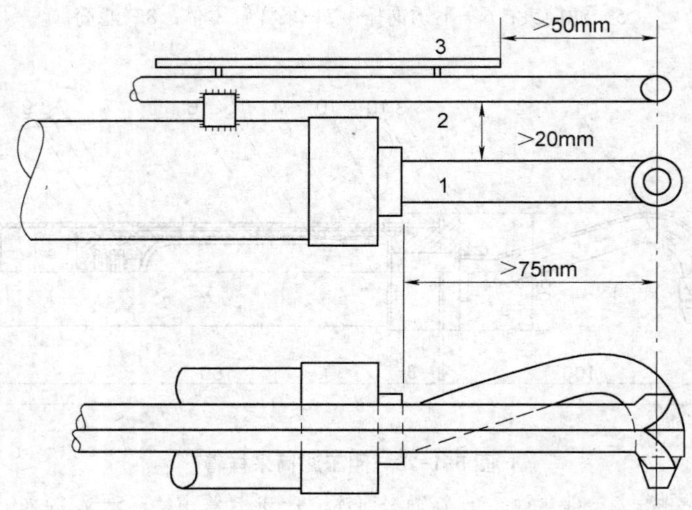

图 5-1-28 组合采样管相对位置要求

1—采样管；2—S 型皮托管；3—热电偶或热电阻温度计

4. 滤筒

滤筒是一种捕集效率高、阻力小、便于放入烟道内采样的捕尘装置，有玻璃纤维滤筒和刚玉滤筒两种。

①玻璃纤维滤筒：由超细玻璃纤维制成，有直径 32mm 和 25mm 大小两种型号。对 0.5μm 以上尘粒的捕集效率达 99.9%以上。适用于 500℃以下烟气采样。根据滤筒失重试验，在 200℃下使用 1h，大滤筒失重在 2mg 以下。在 400℃温度下使用 1h，失重约 5mg。为了减少滤筒在高温下失重的影响，在采样前可放在 400℃高温炉中烘烤 1h，将易燃烧的有机物去掉，滤筒失重可降到 1mg 下。

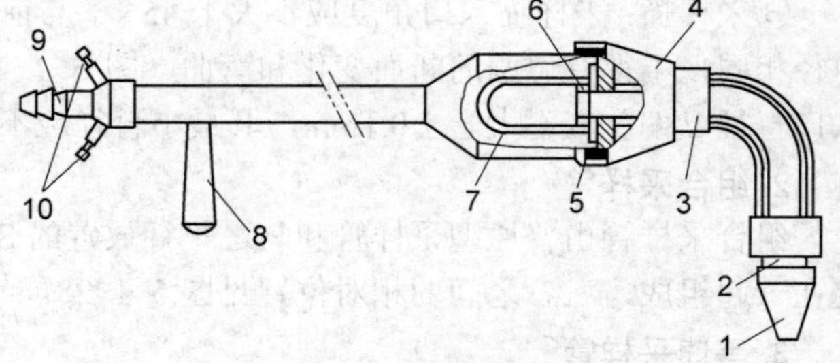

图 5-1-29 静压平衡采样管结构

1—采样嘴；2—内套管；3—取样座；4—紧固联接套；5—垫片；6—滤筒压环；7—滤筒；8—手柄；9—采样管出口接头；10—静压管出口接头

硅酸铝纤维滤筒，可承受 1000℃高温，其阻力和捕集效率等性能和玻璃纤维滤筒基本相同。

②刚玉滤筒：由刚玉砂等烧结而成。规格为ϕ28mm（外径）×100mm，壁厚 1.5mm±0.3mm。对 0.5μm 的粒子捕集效率应不低于 99%。失重应不大于 2mg，适用温度为 1000℃以下。但由于采样管材质和密封垫圈耐温限制，目前只用于 850℃以下烟气采样。刚玉滤筒失重较小，在 400℃高温下烧灼 1h 后，再在 800℃下采样 1h，失重在 2mg 以下。当流量为 20L/min 时，空白滤筒阻力应不大于 4kPa。

5. 流量计量和控制装置

流量计量和控制装置是指示和控制采样流量的装置，由冷凝水收集器、干燥器、温度计、压力计等组成。在等速采样管采样系统中，还装有控制等速的压力指示装置。在自动调节流量采样器中，还装有自动调节流量系统。

（1）普通型采样管法（预测流速法）

①冷凝水收集器：用于分离、贮存在采样管、连接管中冷凝下来的水。冷凝水收集器容积应不小于 100ml，放水开关关闭时应不漏气。出口处应装有温度计，用于测定排气的露点温度。其技术要求见第二章二（二）2②。

②干燥器：容积应不小于 0.8L，高度应不小于 150mm，内装硅胶。气体出口应有过滤装置，装料口处应有密封圈。用于干燥进入流量计前的湿排气。

③温度计：测量上限应不大于 60℃，精确度应不低于 2.5%，最小分度值应不大于 2℃。分别用于测量气体的露点和进入流量计的气体温度。

④真空压力表：真空度量程上限应不大于 50kPa，精确度应不低于 4%，最小分度值应不大于 1kPa。用于测量进入流量计的气体压力。

⑤转子流量计：测量范围下限应不大于 6L/min，上限应不大于 60L/min，精确度应不低于 2.5%，最小分度值应不大于 1L/min。用于控制和测量采样时的瞬时流量。

⑥累积流量计：精确度应不低于 2.5%，用于测量采样时段的累积流量。

⑦抽气泵：泵的空载抽气流量应不少于 60L/min；当采样系统负载阻力为 20kPa 时，流量应不低于 30L/min。当流量计量装置放在抽气泵出口端时，抽气泵应不漏气。

抽气泵在常温下，在入口负载阻力为 5kPa 真空度下运行，其平均无故障时间（MTBF）应不小于 1000h。

抽气泵在 13kPa 恒阻力下以 30L/min 的流量连续运行 30min，流量波动应不超过 2L/min。

（2）皮托管平行测速法

1）手动调节流量：

①干燥器、温度计、真空压力表、转子流量计、累积流量计、抽气泵与普通型采样管法相同。

②除硫干燥箱。由气体洗涤瓶和干燥器串联组成，气体洗涤瓶用有机玻璃制作，容积应不小于 0.8L，高度应不低于 150mm，洗涤瓶盖应有密封圈。

2）自动调节流量：

①除硫干燥箱、温度计、抽气泵与 1）手动调节流量相同。

②动压测量微压传感器。测量范围应不大于 0～2000Pa，分辨率应不大于 2Pa，精确度应不低于 2%，温度补偿下限应不高于-10℃，上限应不低于 60℃。

③静压测量压力传感器。测量范围 0～±10kPa，分辨率应不大于 10Pa，精确度应不低于 4%，温度补偿与动压测量微压传感器相同。

④流量传感器前压力传感器。测量范围应不超过 0～±50kPa，分辨率应不大于 0.1kPa，精确度应不低于 2.5%，温度补偿与动压测量微压传感器相同。

⑤流量传感器前温度传感器。测量上限应不大于 150℃，分辨率应不大于 1℃，精确度应不低于 1.5%。

⑥流量传感器。流量线性范围下限应不高于 15L/min，线性范围上限应不低于 50L/min，精确度应不低于 2.5%。

（3）动压平衡等速采样管法

1）手动调节流量：

①与皮托管平行测速法手动调节流量①、②相同。

②斜管微压计或微压差表。斜管微压计技术要求见第二章三、压力 2.仪器中④。微压差表测量范围应不大于 0～1000Pa，精确度应不低于 1%，最小分度值应不大于 10Pa。用于测定 S 型皮托管的动压和孔板的压差，两个微压计或微压差表之间的误差应不大于 5Pa。

2）自动调节流量：

与皮托管平行测速法 2）自动调节流量相同，动压和孔口压差测量微压传感器之间的误差不应大于 5Pa。

（4）静压平衡等速采样管法

①干燥器、温度计、真空压力表、转子流量计、累积流量计与普通型采样管法相同。

②压力偏差指标计。它是一倾斜角较小的指零微压计，用以指示采样嘴内外条缝处的静压差。零点前后的最小分度值应不大于 2Pa。

（三）采样步骤

1. 采样前准备工作

①滤筒处理和称重。用铅笔将滤筒编号，在 105～110℃烘烤 1h，取出放入干燥器中冷却至室温，用感量 0.1mg 天平称量，两次重量之差应不超过 0.5mg。当滤筒在 400℃以上高温排气中使用时，为了减少滤筒本身减重，应预先在 400℃高温箱中烘烤 1h，然后放入干燥器中冷却至室温，称量至恒重。放入专用的容器中保存。

②检查所有的测试仪器功能是否正常，干燥器中的硅胶是否失效。

③检查系统是否漏气，如发现漏气，应再分段检查，堵漏，直到合格。检查漏气的方法同第二章二（二）3③。

2. 采样步骤

（1）普通型采样管法

①记下滤筒编号，将滤筒装入采样管，用滤筒压盖或滤筒托，将滤筒进口压紧。

②对采样系统进行检漏，方法同第二章二（二）3③。

③根据烟道断面大小，确定采样点数和位置，然后将各采样点的位置用胶布在皮托管和采样管上作出记号。

④打开烟道的采样孔，清除孔中的积灰。

⑤按顺序测定排气温度、水分含量、静压和各采样点的气体动压。如干排气成分与空

气的成分有较大差异时，还应测定排气的成分。进行各项测定时，应将采样孔封闭。

⑥根据测得的排气温度、水分含量、静压和各采样点的流速，结合选用的采样嘴直径，算出各采样点的等速采样流量。

⑦装上所选定的采样嘴，开动抽气泵调整流量至第一个采样点所需的等速采样流量，关闭抽气泵，记下累积流量计初读数 V_1。

⑧将采样管插入烟道中第一采样点处，将采样孔封闭，使采样嘴对准气流方向（其与气流方向偏差不得大于 10°）然后开动抽气泵，并迅速调整流量到第一个采样点的采样流量。

⑨采样期间，由于颗粒物在滤筒上逐渐聚集，阻力会逐渐增加，需随时调节控制阀以保持等速采样流量，并记下流量计前的温度、压力和该点的采样延续时间。

⑩一点采样后，立即将采样管按顺序移到第二个采样点，同时调节流量至第二个采样点所需的等速采样流量。依次类推，顺序在各点采样。每点采样时间视颗粒物浓度而定，原则上每点采样时间应不少于 3min。各点采样时间应相等。

⑪采样结束后，关闭抽气泵，小心地从烟道取出采样管，注意不要倒置。记录累积流量计终读数 V_2。如采样管倒置采样，采样结束时，应及时记下采样时间及累积流量计终读数 V_2，并迅速从烟道中取出采样管，正置后，再关闭抽气泵。

⑫用镊子将滤筒取出，轻轻敲打前弯管，并用细毛刷将附着在前弯管内的尘粒刷到滤筒中，将滤筒用纸包好，放入专用盒中保存。

⑬每次采样，至少采取三个样品，取其平均值。

⑭采样后应再测量一次采样点的流速，与采样前的流速相比，如相差大于 20%，样品作废，重新取样。

⑮样品分析。采样后的滤筒放入 105℃烘箱中烤 1h，取出置于干燥器中，冷却至室温，用感量 0.1mg 天平称量至恒重。采样前后滤筒重量之差，即为采取的颗粒物量。

（2）皮托管平行测速采样法

1）手动调节流量：

①根据烟道尺寸确定采样点的数目和位置，将各采样点的位置在采样管上作出标记。

②记下滤筒的编号，将已称重的滤筒装入采样管内，并装上所选定的采样嘴。

③打开烟道的采样孔，清除孔中的积灰。

④测量排气中水分含量。

⑤测量排气的静压。将组合采样管小心地插入烟道近中心处，使 S 型皮托管的测压孔平面平行于气流，将其一侧出口用橡皮管与 U 形压力计相连，测出排气的静压。

⑥测量排气的动压。将 S 型皮托管的两个测压出口用橡皮管与斜管微压计连接（连接时应将橡皮管气路切断），将测压孔准确地置于第一采样点上。旋转 90° 使其全压测孔正对着气流方向（偏差应小于 10°），测出排气的动压。

⑦将组合采样管旋转 90°，读出热电偶或热电阻温度计指示的排气温度。

⑧将所测得的排气的水分含量 X_{sw}，静压 P_s，动压 P_d、温度 t_s 和采样嘴直径 d 输入到编成程序的计算器中，计算出第一点采样的流量计读数 Q'_{r1}。

⑨记下累积流量计初读数 V_1。

⑩将组合采样管旋转 90°，使采样嘴及 S 型皮托管全压测孔正对着气流。开动抽气泵，记录采样开始时间，迅速调节采样流量到第一测点所需的等速采样流量值 Q'_{r1}，进行采样。

采样流量与计算的等速采样流量之差应在10%以内。

⑪采样期间当动压、温度等有较大变化时，需随时将有关参数输入计算器，重新计算等速采样流量，并调节流量计至所需的等速采样流量。另外，由于颗粒物在滤筒内壁逐渐聚集，使其阻力增加，也需及时调节控制阀以保持等速采样流量。记录排气的温度、动压，流量计前的气体温度、压力及该点的采样延续时间。

⑫一点采样后，立即将采样管移至第二采样点。根据在第二点所测得的动压 P_d、排气温度 t_s，计算出第二采样点的等速采样流量 Q'_{r2}，迅速调整采样流量到 Q'_{r2}，继续进行采样。依次类推，顺序在各点采样。

⑬采样完毕后，关闭抽气泵。从烟道中小心地取出采样管。记录累积流量计的终读数 V_2。

⑭采样前的检漏、其他操作与普通型采样管法相同。

2）自动调节流量：

①～④同手动调节流量。

⑤与手动调节流量相同，但将其一侧出口用橡皮管与采样器静压接头测孔相连，测出排气的静压。

⑥与手动调节流量⑦相同。

⑦将所测得的排气水分含量、静压、大气压、温度和采样嘴直径，以及采样点数和每一个采样点的采样时间输入到采样器中。

⑧采样。将S型皮托管的两个测压出口用橡皮管与采样器动压接头测孔相连，将组合采样管旋转90°，使采样嘴及S型皮托管全压测孔正对气流，位于第一个采样点。开动抽气泵，一点采样后，采样器自动发出鸣笛声，立即将采样管移至第二采样点继续进行采样。依次类推，顺序在各点采样。采样过程中，采样器自动调节流量保持等速采样。

⑨采样完毕后，关闭抽气泵，从烟道中小心地取出采样管。

⑩采样前的检漏，其他操作与普通型采样管法相同。

⑪用打印机打印出排气温度，压力，流速，采干排气体积（标准状态下），流量等排气参数。

（3）动压平衡等速采样管法

1）手动调节流量：

①将仪器放在平整的地方，调整双联斜管微压计至水平位置和液柱至零点，按图5-1-22连接仪器各部件，连接时要注意微压计正负方向，并保持管路畅通，以免一端压力过大，将微压计溶液抽出。当使用微压差表时，按仪器说明书的方法，对仪器进行调整和连接管路。

②记下滤筒编号，将已称重的滤筒装入采样管内，使采样嘴对着气流方向插入管道，置于第一个采样点处，此时连接皮托管的微压计即指示采样点处气体动压。记下累积流量计的初读数 V_1。

③打开抽气泵，调节采样流量，使孔板的压差读数等于皮托管的气体动压读数，即达到了等速采样条件。采样过程中，要随时注意调节流量，使两微压计读数相等，以保持等速采样条件。

④采样的同时，记下测点气体的动压、流量计前气体的温度、压力和每一点的采样延续时间。

⑤一点采样后，将采样管移到下一个采样点处继续采样，操作同前。采样完毕，记下累积流量计的终读数 V_2。

⑥采样前采样系统的检漏，其他操作与普通型采样管法相同。

2）自动调节流量：

①～⑦与皮托管平行测速采样法自动调节流量①～⑦相同。

⑧采样。将 S 型皮托管的两个测压出口用橡皮管与采样器动压接头测孔相连，采样管孔板的两个测压出口用橡皮管与采样器的测定孔板压差接头测孔相连。其余同皮托管平行测速采样法自动调节流量⑧。采样过程中，采样器自动调节流量，使孔板前后的压差与采样管平行放置的皮托管所测出的气体动压相等，保持等速采样。

⑨～⑪与皮托管平行测速采样法自动调节流量⑨～⑪相同。

（4）静压平衡等速采样管法

①将仪器箱放在水平位置，调节压力偏差指示器的液面至零点位置，然后将采样管与静压管出口用橡皮管分别接到仪器的相应位置上。记下累积流量计的初读数。

②将测点位置在采样管上作出标记，然后将已称重的滤筒放在滤筒夹内，记下滤筒编号，放滤筒时要注意滤筒托座顶面和密封垫片是否干净，紧固联接套是否压紧，防止管内外静压串通和漏气。

③将采样管插入烟道的第一测点，对准气流方向，封闭采样孔，打开抽气泵，同时调节流量，使管嘴内外静压平衡在压力偏差指示器的零点位置，即达到了等速采样条件。

④采样系统的检漏同第二章二（二）3 ③，但检漏时应将采样嘴内静压测孔的连出管口封闭。静压管的检漏同第二章三 3（1）④。其他操作与普通型采样管相同。

（四）采样体积的计算

使用转子流量计、干式累积流量计、湿式累积流量计计量采样体积，流量计前装有干燥器时，标准状态下干排气采样体积的计算方法与本章二（四）采样体积的计算方法相同。

四、排放浓度、排放量的计算

（一）排放浓度的计算

（1）颗粒物或气态污染物浓度的计算

①颗粒物或气态污染物的浓度按下式计算：

$$C_i' = \frac{m}{V_{\rm nd}} \times 10^6$$

式中：C_i'——颗粒物或气态污染物浓度，mg/m^3；

m——采样所得的颗粒物或气态污染物量，g；

$V_{\rm nd}$——标准状态下干气采样体积，L。

②颗粒物或气态污染物的平均浓度按下式计算：

$$\overline{C'} = \frac{\sum_{i=1}^{n} C_i'}{n}$$

式中：$\overline{C'}$——颗粒物或气态污染物的平均浓度，mg/m^3；

n——采集的样品数。

③定点采样时，颗粒物或气态污染物的平均浓度按下式计算：

$$\overline{C'} = \frac{C_1'V_1F_1 + C_2'V_2F_2 + \cdots + C_n'V_nF_n}{V_1F_1 + V_2F_2 + \cdots + V_nF_n}$$

式中：$\overline{C'}$——颗粒物或气态污染物的平均浓度，mg/m^3；

$C_1', C_2', \cdots, C_n'$——各采样点颗粒物或气态污染物浓度，mg/m^3；

$V_1, V_2, \cdots, V_n$——各采样点排气流速，m/s；

$F_1, F_2, \cdots, F_n$——各采样点所代表的面积，m^2。

④周期性变化的生产设备，若需确定时间加权平均浓度，则按下式计算：

$$\overline{C'} = \frac{C_1't_1 + C_2't_2 + \cdots + C_n't_n}{t_1 + t_2 + \cdots + t_n}$$

式中：$\overline{C'}$——时间加权平均浓度，mg/m^3；

$C_1', C_2', \cdots, C_n'$——颗粒物或气态污染物在 $t_1, t_2, \cdots, t_n$ 时段内的浓度，mg/m^3；

$t_1, t_2, \cdots, t_n$——颗粒物或气态污染物浓度为 $C_1', C_2', \cdots, C_n'$ 时的时间段，min。

（2）颗粒物或气态污染物折算排放浓度的计算

颗粒物或气态污染物折算排放浓度按下式计算：

$$\overline{C} = \overline{C'} \cdot \frac{\alpha'}{\alpha}$$

式中：$\overline{C}$——折算成过量空气系数为 α 时的颗粒物或气态污染物排放浓度，mg/m^3；

$\overline{C'}$——颗粒物或气态污染物实测浓度，mg/m^3；

α'——在测点实测的过量空气系数；

α——有关排放标准中规定的过量空气系数。

（3）过量空气系数的计算

$$\alpha = \frac{21}{21 - X_{O_2}} \quad 或 \quad \alpha = \frac{21}{21 - 79\dfrac{X_{O_2} - 0.5X_{CO}}{100 - (X_{O_2} + X_{CO_2} + X_{CO})}}$$

式中：X_{O_2}、X_{CO_2}、X_{CO}——排气中氧、二氧化碳、一氧化碳的体积百分数。

（二）排放量的计算

颗粒物或气态污染物排放速率按下式计算：

$$G = \overline{C'} \cdot Q_{sn} \times 10^{-6}$$

式中：G——颗粒物或气态污染物排放速率，kg/h；

Q_{sn}——标准状态下干排气流量，m^3/h。

第二章 烟气参数的测定

一、温度

（一）玻璃水银温度计（A）

1. 原理

封闭在玻璃管内的水根柱，在受热膨胀时，其上升高度与温度成一定比例，根据水银柱高度，确定温度的高低。

测定烟道温度的温度计，一般采用长杆温度计，其刻度要求应露在烟道壁外，以便于读数。

2. 仪器

水银玻璃温度计，精确度应不低于2.5%，最小分度值应不大于2℃。

3. 步骤

将温度计球部放在靠近烟道中心位置，待读数稳定不变时读数，注意不要将温度计抽出烟道外读数，以免产生误差。由于玻璃温度计易被打碎，且测杆较短，使用受到一定限制。

（二）热电偶温度计（A）

1. 原理

将两根不同的金属导线连成一闭路，当两接点处于不同温度环境时，便产生热电势，两接点的温差越大，热电势越大。如果热电偶一个接点的温度保持恒定（称为自由端），则热电偶产生的热电势大小便完全决定于另一个接点的温度（称为工作端），用测温毫伏计或数字式温度计测出热电偶的热电势就可以得到工作端处的烟气温度。

2. 仪器

①热电偶，镍铬-镰铜，用于800℃以下烟气；镍铬-镍铝，用于1300℃以下烟气；铂-铂铑，用于1600℃以下烟气。

②测温毫伏计或数字式温度计。

③热电偶温度计的示值误差应不大于±3℃。

（A）本方法与GB/T 16157—1996等效。

3. 步骤

①当用高温毫伏计时，按图 5-2-1 连接，打开仪表短路锁，调整仪表指针，使指针指示在热电偶自由端温度的相应刻度上，如指针调在零刻度上，则测出的读数应加上自由端温度。如果使用带有自由端温度自动补偿的数字式温度计，其读数即为实测温度。

②热电偶插入烟道后，须使热电偶工作端位于烟道中心位置，等读数不变时读数。

（三）电阻温度计（A）

1. 原理

电阻温度计由电阻、显示仪表和连接导线组成。它是利用某些导体或半导体的电阻值随温度变化的性质来测定温度的。

2. 仪器

①铂电阻温度计，通常用于 500℃以下烟气。

②铂电阻温度计的示值误差应不大于±3℃。

3. 步骤

将铂电阻温度计测温探杆插入烟道后，须使探头位于或靠近烟道中心位置，等读数稳定后记录示值。

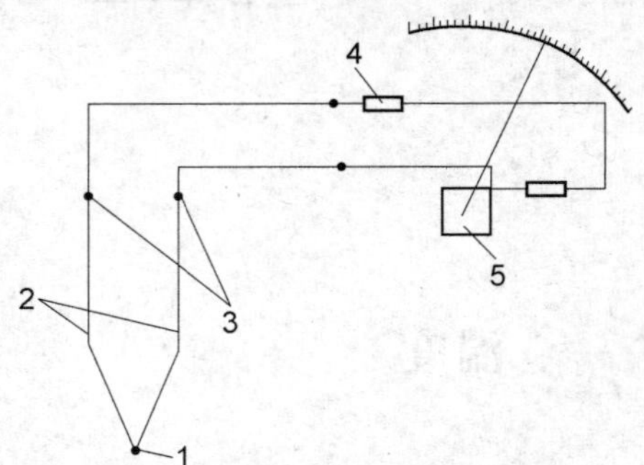

图 5-2-1 热电偶测温毫伏计示意图

1—工作端；2—热电偶；3—自由端；4—调整电阻；5—高温毫伏计

二、含湿量

（一）重量法（A）

1. 原理

由烟道中抽取一定体积的排气，使之通过装有吸湿剂的吸湿管，排气中的水分被吸湿剂吸收，吸湿管的增重即为已知体积排气中含有的水分量。

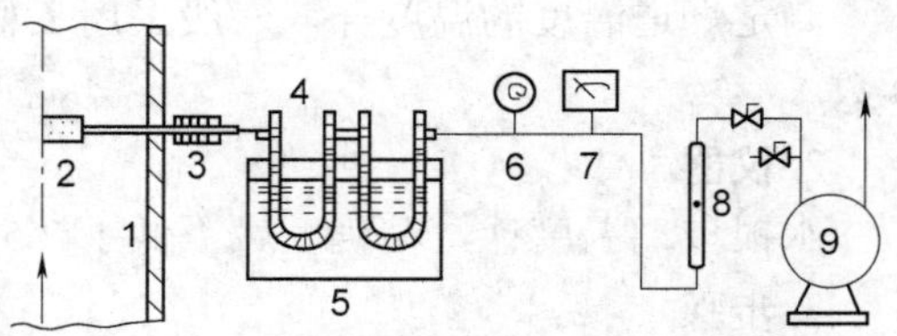

图 5-2-2 重量法测定排气水分含量装置

1—烟道；2—过滤器；3—加热器；4—吸湿管；5—冷却水槽；6—真空压力表；7—温度计；8—转子流量计；9—抽气泵

2. 仪器

重量法测量排气中水分含量的装置见图 5-2-2。

①头部带有颗粒物过滤器的加热或保温的气体采样管。详见第一章二（二）。

②U 型吸湿管（图 5-2-3）或雪菲尔德吸湿管（图 5-2-4）。内装氯化钙或硅胶等吸湿剂。

③真空压力表。精确度应不低于 4%。

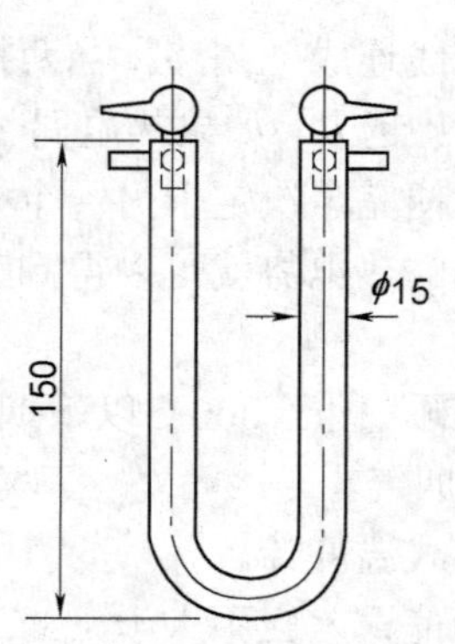

图 5-2-3 U 形吸湿管

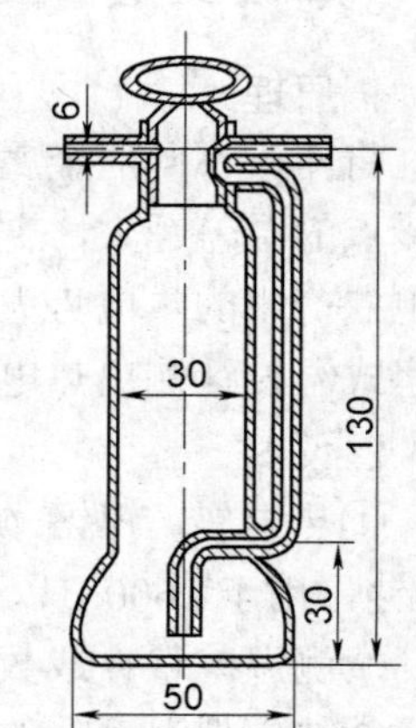

图 5-2-4 雪菲尔德吸湿管

（A）本方法与 GB/T 16157—1996 等效。

④温度计。精确度应不低于 2.5%，最小分度值应不大于 2℃。

⑤转子流量计。精确度应不低于 2.5%。测量范围 0～1.5L/min。

⑥抽气泵。流量为 2L/min，抽气能力应能克服烟道及采样系统阻力。当流量计量装置放在抽气泵出口端时，抽气泵应不漏气。

⑦天平。感量应不大于 1mg。

3. 吸湿管准备

将粒状吸湿剂装入 U 形或雪菲尔德型吸湿管内，并在吸湿剂进、出口两端充填少量玻璃棉，以防止吸湿剂随气流带出，关闭吸湿管阀门，擦去表面的附着物，用感量 1mg 天平称重。

4. 采样

①将仪器按图 5-2-2 连接。

②检查系统是否漏气。

检查漏气的方法是将吸湿管前的连接橡皮管堵死，开动抽气泵，至压力表指示的负压达到 13kPa 时，封闭连接抽气泵的橡皮管，如真空压力表的示值在 1min 内下降不超过 0.15kPa，则视为系统不漏气。

③将装有滤料的采样管由采样孔插入烟道中心后，封闭采样孔，对采样管进行预热。

④打开吸湿管阀门，以 1L/min 流量抽气，同时记下采样开始时间。采样时间视排气的水分含量大小而定，采集的水分量应不小于 10mg。

⑤记下流量计前气体的温度、压力和流量计读数。

⑥采样结束，关闭抽气泵，记下采样终止时间，关闭吸湿管阀门，取下吸湿管。

⑦擦去吸湿管表面的附着物后，用天平称重。

5. 计算

排气中水分含量按下式计算。

$$X_{sw}=\frac{1.24G_m}{V_d\left(\frac{273}{273+t_r}\times\frac{B_a+P_r}{101325}\right)+1.24G_m}\times 100$$

式中：X_{sw}——排气中水分含量的体积百分数，%；

G_m——吸湿管吸收的水分重量，g；

V_d——测量状况下抽取的干气体体积（$V_d \approx Q'_r \times t$），L；

Q'_r——转子流量计读数，L/min；

t——采样时间，min；

t_r——流量计前气体温度，℃；

P_r——流量计前气体压力，Pa；

B_a——大气压力，Pa；

1.24——在标准状态下，1g 水蒸气所占有的体积，L。

（二）冷凝法（A）

1. 原理

由烟道中抽取一定体积的排气使之通过冷凝器，根据冷凝出来的水量，加上从冷凝器排出的饱和气体含有的水蒸气量，计算排气中的水分含量。

2. 仪器

测量排气中水分含量的采样系统如图 5-2-5 所示，它由烟尘采样管、冷凝器、干燥器、温度计、真空压力表、转子流量计和抽气泵等部件组成。

①烟尘采样管。用不锈钢制成，内装滤筒，用以除去排气中的颗粒物。

②冷凝器。由不锈钢制作。用于分离、贮存在采样管、连接管和冷凝器中冷凝下来的水。冷凝器总体积应不小于 5L，冷凝管（ϕ10mm×1mm）有效长度应不小于 1500mm，贮存冷凝水容器的有效容积应不小于 100ml。排放冷凝水的开关应严密不漏气。

③温度计。精确度应不低于 2.5%，最小分度值应不大于 2℃。

④干燥器。用有机玻璃制作，内装硅胶，其容积应不小于 0.8L，用于干燥进入流量计的湿烟气。

⑤真空压力表。精确度应不低于 4%，用于测定流量计前气体压力。

⑥转子流量计。精确度应不低于 2.5%。

⑦抽气泵。当流量为 40L/min 时，其抽气能力应能克服烟道及采样系统阻力。当流量计量装置放在抽气泵出口端时，抽气泵应不漏气。

⑧量筒。10ml。

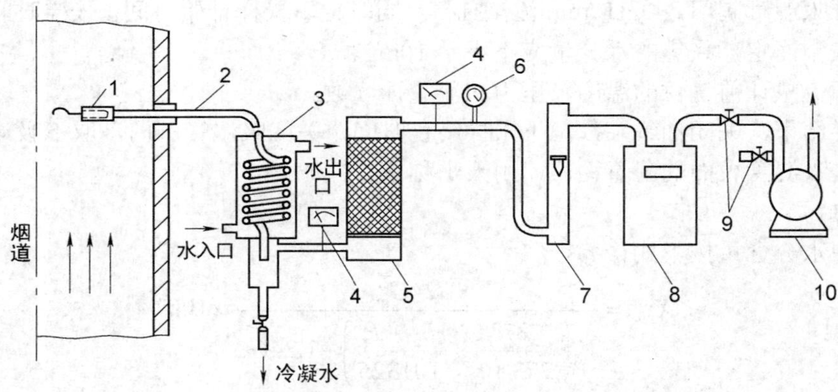

图 5-2-5 冷凝法测定排气水分含量装置

1—滤筒；2—采样管；3—冷凝器；4—温度计；5—干燥器；6—真空压力表；7—转子流量计；8—累积流量计；9—调节阀；10—抽气泵

3. 步骤

①将冷凝器装满冰水，或在冷凝器进、出水管上接冷却水。

②将仪器按图 5-2-5 所示连接。

③检查系统是否漏气，如发现漏气，应分段检查、堵漏，直到满足检漏要求。

流量计量装置放在抽气泵前的，其检漏方法有两种。

方法一：在系统的抽气泵前串一满量程为 1L/min 的小量程转子流量计。检漏时，将装好滤筒的采样管进口（不包括采样嘴）堵严，打开抽气泵，调节泵进口处的调节阀，使系统中的压力表负压指示为 6.7kPa，此时，小量程流量计的流量如不大于 0.6L/min，则视为不漏气。

方法二：检漏时，堵严采样管滤筒夹处进口，打开抽气泵，调节泵进口的调节阀，使系统中的真空压力表负压指示为 6.7kPa，关闭连接抽气泵的橡皮管，在 30s 内如真空压力表的指示值下降不超过0.2kPa，则视为不漏气。

在仪器携往现场前，已按上述方法进行过检漏的，现场检漏仅对采样管后的连接橡皮管到抽气泵段进行检漏。

流量计量装置放在抽气泵后的检漏方法：在流量计量装置出口接一三通管，其一端接U型压力计，另一端接橡皮管。检漏时，切断抽气泵的进口通路，由三通的橡皮管端压入空气，使U型压力计水柱压差上升到2kPa，堵住橡皮管进口，如U型压力计的液面差在1min内不变，则视为不漏气。抽气泵前管段仍按前面的方法检漏。

④打开采样孔，清除孔中的积灰。将装有滤筒的采样管插入烟道近中心位置，封闭采样孔。

⑤开动抽气泵，以25L/min左右的流量抽气，同时记录采样开始时间。

⑥抽取的排气量应使冷凝器中的冷凝水量在10ml以上。采样时每隔数分钟记录冷凝器出口的气体温度 t_v，转子流量计读数 Q_r'，流量计前的气体温度 t_r，压力 P_r 以及采样时间 t。如系统装有累积流量计，应记录开始采样及终止采样时的累积流量。

⑦采样结束，将采样管出口向下倾斜，取出采样管，将凝结在采样管和连接管内的水倾入冷凝器中。用量筒测量冷凝水量。

4. 计算

排气中水分含量按下式计算：

$$X_{sw}=\frac{461.8(273+t_r)G_w+P_vV_a}{461.8(273+t_r)G_w+(B_a+P_r)V_a}\times 100$$

式中：X_{sw}——排气中的水分含量体积百分数，%；

G_w——冷凝器中的冷凝水量，g；

P_r——流量计前气体压力，Pa；

P_v——冷凝器出口饱和水蒸气压力（可根据冷凝器出口气体温度 t_v 从空气饱和时水蒸气压力表中查得），Pa；

t_r——流量计前气体温度，℃；

V_a——测量状态下抽取烟气的体积（$V_a\approx Q_r'\times t$），L；

Q_r'——转子流量计读数，L/min；

t——采样时间，min。

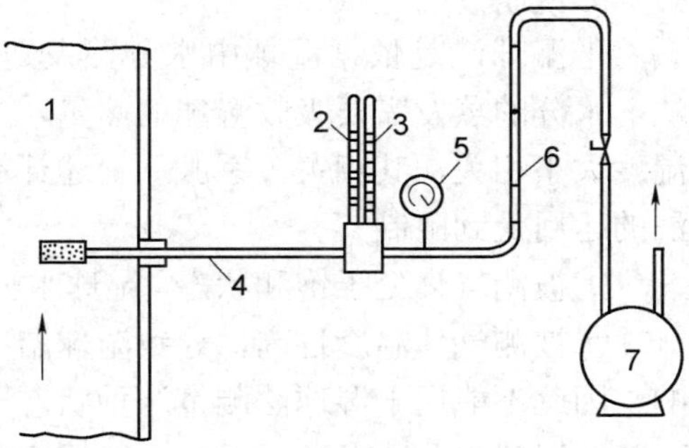

图5-2-6　干湿球法测定排气水分含量装置

1—烟道；2—干球温度计；3—湿球温度计；4—保温采样管；5—真空压力表；6—转子流量计；7—抽气泵

（三）干湿球法（A）

1. 原理

使气体在一定的速度下流经干、湿球温度计。根据干、湿球温度计的读数和测点处排气的压力，计算出排气的水分含量。

2. 仪器

干湿球法采样装置见图5-2-6。

①采样管。

②干湿球温度计。精确度应不低于1.5%，最小分度值应不大于1℃。

③真空压力表、转子流量计、抽气泵等的技术要求同冷凝法。

3. 步骤

①检查湿球温度计的湿球表面纱布是否包好，然后将水注入盛水容器中。

②打开采样孔，清除孔中的积灰。将采样管插入烟道中心位置，封闭采样孔。

③当排气温度较低或水分含量较高时，采样管应保温或加热数分钟后，再开动抽气泵。以15L/min流量抽气。

④当干、湿球温度计温度稳定后，记录干球和湿球温度。

⑤记录真空压力表的压力。

4. 计算

排气中水分含量按下式计算：

$$X_{sw}=\frac{P_{bv}-0.00067(t_c-t_b)(B_a+P_b)}{B_a+P_s}\times 100$$

式中：X_{sw}——排气中水分含量体积百分数，%；

P_{bv}——温度为t_b时饱和水蒸气压力（根据t_b值，由空气饱和时水蒸气压力表中查得），Pa；

t_b——湿球温度，℃；

t_c——干球温度，℃；

P_b——通过湿球温度计表面的气体压力，Pa；

B_a——大气压力，Pa；

P_s——测点处排气静压，Pa。

5. 说明

干湿球法是依据湿球中水分蒸发速度与被测气体湿度相关的原理建立的一种测量方法。水分的蒸发需要吸收湿球的热量，又导致湿球温度下降，因此湿球温度下降值与气体湿度大小相关，其相关关系服从上述计算式。在以下几种条件下这种相关关系被破坏，该法的运用受到限制。

①被测气体处于饱和状态，湿球水分不再蒸发，不宜用于干湿球法测量气体的含湿量。

②被测气体温度过高，导致湿球温度升至100℃，这时湿球温度不再受气体湿度的影响，因此不能用干湿球法测量这种状态下气体的含湿量。

③湿球水分蒸发殆尽后，湿球温度明显上升，测量机理消失，必须给湿球补充水后再进行测量。此法不适合于连续测量烟气的含湿量。

④连续对多源进行测量时，需要待湿球温度与环境平衡后再进行下一个源的测量。

三、压力（A）

1. 原理

气体的压力（静压、动压和全压）通常用连接压力计的测压管测定，常用的仪器有皮托管和压力计。

（A）本方法与GB/T 16157—1996等效。

2. 仪器

①标准型皮托管。标准型皮托管的构造如图 5-2-7 所示。它是一个弯成 90° 的双层同心圆管，前端呈半圆形，正前方有一开孔，与内管相通，用来测定全压。在距前端 6 倍直径处外管壁上开有一圈孔径为 1mm 的小孔，通至后端的侧出口，用于测定排气静压。

按照上述尺寸制作的皮托管其修正系数为 0.99±0.01，如果未经标定，使用时可取修正系数 K_p 为 0.99。

标准型皮托管的测孔很小，当烟道内颗粒物浓度大时，易被堵塞。它适用于测量较清洁的排气。

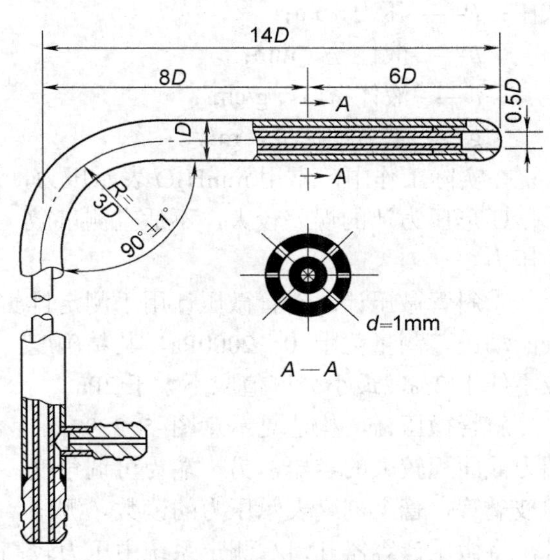

图 5-2-7　标准型皮托管

②S 型皮托管。S 型皮托管的结构见图 5-2-8。它是由两根相同的金属管并联组成。测量端有方向相反的两个开口，测定时，面向气流的开口测得的压力为全压，背向气流的开口测得的压力小于静压。按照图 5-2-8 设计要求制作的 S 型皮托管，其修正系数 K_p 为 0.84±0.01。制作尺寸与上述要求有差别的 S 型皮托管的修正系数需进行校正。其正、反方向的修正系数相差应不大于 0.01。S 型皮托管的测压孔开口较大，不易被颗粒物堵塞，且便于在厚壁烟道中使用。

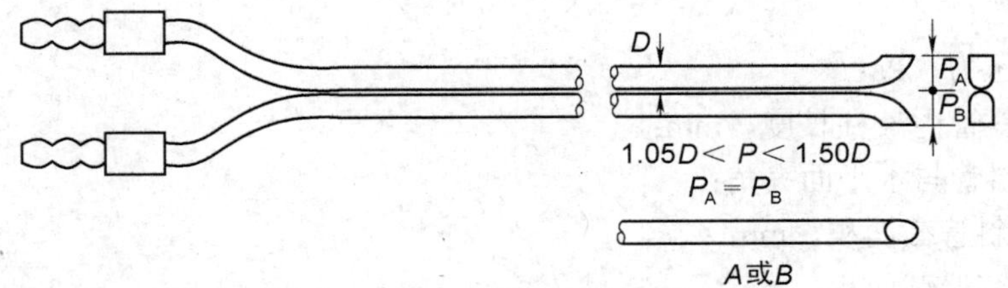

图 5-2-8　S 型皮托管

S 型皮托管在使用前须用标准皮托管在风洞中进行校正。S 型皮托管的速度校正系数按下式计算：

$$K_{PS}=K_{PN}\sqrt{\frac{P_{dN}}{P_{dS}}}$$

式中：K_{PN}、K_{PS}——分别为标准皮托管和 S 型皮托管的速度校正系数；

P_{dN}、P_{dS}——分别为标准皮托管和 S 型皮托管测得的动压值，Pa。

③U 形压力计。U 型压力计用于测定排气的全压和静压，其最小分度值应不大于 10Pa。压力计由 U 形玻璃管制成，内装测压液体，常用测压液体有水、乙醇和汞，视被测压力范围选用。压力 P 按下式计算：

$$P=g\cdot\rho\cdot h$$

式中：P——压力，Pa；

h——液柱差，mm；

ρ——液体密度，g/cm^3；

g——重力加速度，m/s^2。

在实际工作中，常用 mmH_2O 表示压力，这样，压力 $P=\rho \cdot h$

U 形压力计的误差较大，不适宜测量微小压力。

④斜管微压计。斜管微压计用于测定排气的动压，测量范围 0～2000Pa，其精确度应不低于 2%，最小分度值应不大于 2Pa。

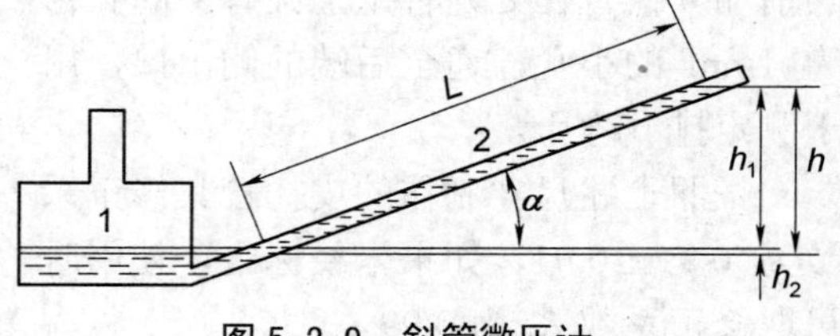

图 5-2-9 斜管微压计

1—容器；2—斜玻璃管

斜管微压计，构造见示意图 5-2-9。一端为截面积较大的容器，另一端为可调角度的玻璃管，管上刻度表示压力的读数。测压时，将微压计容器开口与测定系统中压力较高的一端相连，斜管与系统中压力较低的一端相连，作用于两个液面上的压力差，使液柱沿斜管上升，压力 P 按下式计算：

$$P = L \times \left(\sin\alpha + \frac{S_1}{S_2} \right) \rho \cdot g$$

$$令\ K = \left(\sin\alpha + \frac{S_1}{S_2} \right) \rho \cdot g$$

式中：P——压力，Pa；

L——斜管内液柱长度，mm；

α——斜管与水平面夹角；

S_1——斜管截面积，mm^2；

S_2——容器截面积，mm^2；

ρ——测压液体密度，g/cm^3，常用密度为 0.81 的乙醇。

过去工厂生产的斜管微压计，刻度都以 mm H_2O 作单位，修正系数 K 通常为 0.1、0.2、0.3、0.6 等几档。

⑤大气压力计。最小分度值应不大于 0.1kPa。

3. 测定方法

（1）准备工作

①将微压计调整至水平位置。

②检查微压计液柱中有无气泡。

③检查微压计是否漏气。向微压计的正压端（或负压端）入口吹气（或吸气），迅速封闭该入口，如微压计的液柱位置不变，则表明该通路不漏气。

④检查皮托管是否漏气。

用橡皮管将全压管的出口与微压计的正压端连接，静压管的出口与微压计的负压端连接。由全压管测孔吹气后，迅速堵严该测孔，如微压计的液柱位置不变，则表明全压管不漏气；此时再将静压测孔用橡皮管或胶布密封，然后打开全压测孔，此时微压计液柱将跌落至某一位置，如液面不继续跌落，则表明静压管不漏气。

（2）测量气流的动压（图 5-2-10）

①将微压计的液面调整到零点。

②在皮托管上标出各测点应插入采样孔的位置。

③将皮托管插入采样孔。使用 S 型皮托管时，应使开孔平面垂直于测量断面插入。如断面上无涡流，微压计读数应在零点左右。使用标准皮托管时，在插入烟道前，切断皮托管和微压计的通路，以避免微压计中的酒精被吸入到连接管中，使压力测量产生错误。

④在各测点上，使皮托管的全压测孔正对着气流方向，其偏差不得超过 10°，测出各点的动压，分别记录在表中。重复测定一次，取平均值。

⑤测定完毕后，检查微压计的液面是否回到原点。

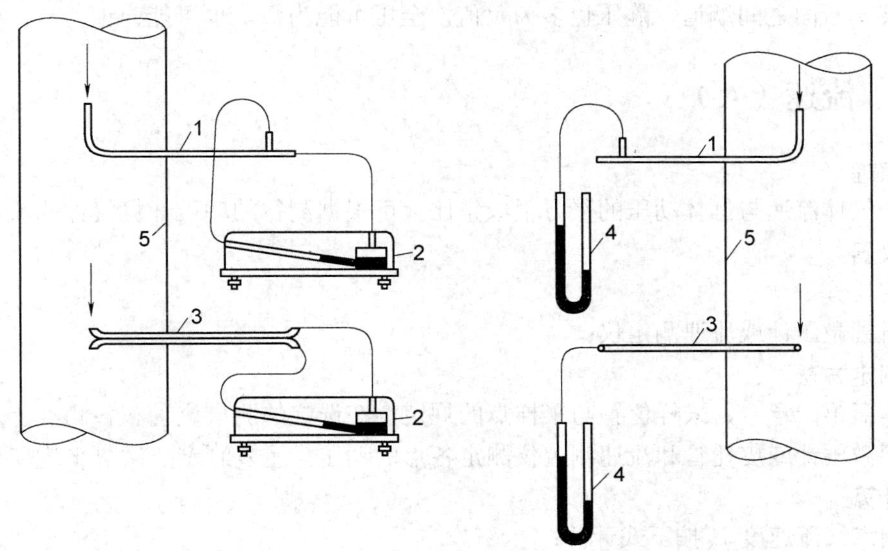

图 5-2-10 动压及静压的测定装置

1—标准皮托管；2—斜管微压计；3—S 型皮托管；4—U 型压力计；5—烟道

（3）测量排气的静压（图 5-2-10）

①将皮托管插入烟道近中心处的一个测点。

②使用 S 型皮托管测量时只用其一路测压管。其出口端用胶管与 U 型压力计一端相连，将 S 型皮托管插入到烟道近中心处，使其测量端开口平面平行于气流方向，所测得的压力即为静压。

③使用标准型皮托管时，用胶管将其静压管出口端与 U 型压力计一端相连，将皮托管伸入到烟道近中心处，使其全压测孔正对气流方向，所测得的压力即为静压。

（4）测量大气压力

①使用大气压力计直接测出。

②也可以根据当地气象站给出的数值，加或减因测点与气象站标高不同所需的修正值。即标高每增加 10m，大气压力约减小 110Pa。

4. 说明

①在管道中流动的气体同时受到两种压力的作用，即静压和动压。

②静压是单位体积气体所具有势能，它表现为气体在各个方向上作用于管壁的压力，管道内气体的压力比大气压力大时，静压为正，反之，静压为负。

③动压是单位体积气体所具有的动能，是使气体流动的压力，由于动压仅作用于气体流动的方向，动压恒为正值。

④静压和动压的代数和称为全压，是气体在管道中流动时具有的总能量，全压和静压一样为相对压力，有正负之分。

⑤通常在风机前吸入式管道中，静压为负，动压为正，全压可能为负，也可能为正。在风机后的压入式管道中，静压和动压都为正，全压也为正。在烟道系统中，风机后大都串连烟气温度较高的烟囱，在热压作用下烟气也产生较大的能量。在这种情况下，风机后至烟囱某一断面之间烟道，静压也多为负值，全压可能为负，也可能为正。

四、流速（A）

1. 原理

由于气体流速与气体动压的平方根成正比，可根据测得的动压计算气体的流速。

2. 仪器

①皮托管。

②斜管微压计或流速测定仪。

3. 测定方法

按本篇第一章一、采样位置与采样点的规定，在选定的测量位置和各测点上，用皮托管和斜管微压计或皮托管和流速测定仪测定各点的动压，重复测定一次取平均值。

4. 计算

①测点气流速度 V_s 按下式计算：

$$V_s = K_p\sqrt{\frac{2P_d}{\rho_s}} = 128.9K_p\sqrt{\frac{(273+t_s)P_d}{M_s(B_a+P_s)}}$$

当干排气成分与空气近似，排气露点温度在 35～55℃之间、排气的绝对压力在 97～103kPa 之间时，V_s 可按下式计算：

$$V_s = 0.076K_p\sqrt{273+t_s}\cdot\sqrt{P_d}$$

对于接近常温、常压条件下（t=20℃，B_a+P_s=101325Pa），通风管道的空气流速 V_a 按下式计算：

$$V_a = 1.29K_p\sqrt{P_d}$$

式中：V_s——湿排气的气体流速，m/s；

（A）本方法与 GB/T 16157—1996 等效。

V_a——常温常压下通风管道的空气流速，m/s；

B_a——大气压力，Pa；

K_p——皮托管修正系数；

P_d——排气动压，Pa；

P_s——排气静压，Pa；

ρ_s——湿排气的密度，kg/m^3；

M_s——湿排气气体的分子量，kg/kmol；

t_s——排气温度，℃。

②平均流速的计算：烟道某一断面的平均流速$\overline{V}_s$可根据断面上各测点测出的流速V_{si}，由下式计算：

$$\overline{V}_s=\frac{\sum_{i=1}^{n}V_{si}}{n}=128.9K_p\sqrt{\frac{273+t_s}{M_s(B_a+P_s)}}\cdot\frac{\sum_{i=1}^{n}\sqrt{P_{di}}}{n}$$

式中：P_{di}——某一测点的动压，Pa；

n——测点的数目。

当干排气成分与空气相近，排气露点温度为 35～55℃之间。排气绝对压力在 97～103kPa 之间时，某一断面的平均气流速度$\overline{V}_s$按下式计算：

$$\overline{V}_a=0.076K_p\sqrt{273+t_s}\cdot\frac{\sum_{i=1}^{n}\sqrt{P_{di}}}{n}$$

对于接近常温、常压条件下（t=20℃，B_a+P_s=101325Pa），通风管道中某一断面的平均空气流速$\overline{V}_a$按下式计算：

$$\overline{V}_a=1.29K_p\frac{\sum_{i=1}^{n}\sqrt{P_{di}}}{n}$$

5. 说明

计算排气流速中的排气密度和气体分子量的计算方法如下：

（1）排气密度的计算

①排气密度和其分子量、气温、压力的关系由下式计算：

$$\rho_s=\frac{M_s(B_a+P_s)}{8312(273+t_s)}$$

式中：ρ_s——湿排气的密度，kg/m^3；

M_s——排气气体的分子量，kg/kmol；

B_a——大气压力，Pa；

P_s——排气的静压，Pa；

t_s——排气的温度，℃。

$8312=\frac{22.4\times101325}{273}$，J/K。

②标准状态下湿排气的密度按下式计算：

$$\rho_n=\frac{M_s}{22.4}=\frac{1}{22.4}[(M_{O_2}X_{O_2}+M_{CO}X_{CO}+M_{CO_2}X_{CO_2}+M_{N_2}X_{N_2})(1-X_{sw})+M_{H_2O}X_{sw}]$$

式中：ρ_n——标准状态下湿排气的密度，kg/m^3；

M_s——湿排气气体的分子量，kg/kmol；

M_{O_2}、M_{CO}、M_{CO_2}、M_{N_2}、M_{H_2O}——排气中氧、一氧化碳、二氧化碳、氮气和水的分子量，kg/kmol；

X_{O_2}、X_{CO}、X_{CO_2}、X_{N_2}——干排气中氧、一氧化碳、二氧化碳、氮气的体积百分数，%；

X_{sw}——排气中水分含量的体积百分数，%。

③测量状态下烟道内湿排气的密度按下式计算：

$$\rho_s=\rho_n\frac{273}{273+t_s}\times\frac{B_a+P_s}{101325}$$

式中：ρ_s——测量状态下烟道内湿排气的密度，kg/m^3；

P_s——排气的静压，Pa。

（2）排气气体分子量的计算

①排气气体分子量的计算。

已知各成分气体的体积百分数 X_i 和其分子量 M_i，排气气体的分子量按下式计算：

$$M_s=\Sigma X_i M_i$$

式中：M_s——排气气体的分子量，kg/kmol；

X_i——某一成分气体的体积百分数，%；

M_i——某一成分气体的分子量，kg/kmol。

②干排气气体分子量的计算。

干排气气体的分子量 M_{sd} 按下式计算：

$$M_{sd}=X_{O_2}M_{O_2}+X_{CO}M_{CO}+X_{CO_2}M_{CO_2}+X_{N_2}M_{N_2}$$

③湿排气气体分子量的计算。

湿排气气体分子量 M_s 按下式计算：

$$M_s=(X_{O_2}M_{O_2}+X_{CO}M_{CO}+X_{CO_2}M_{CO_2}+X_{N_2}M_{N_2})(1-X_{sw})+X_{sw}M_{H_2O}$$

五、流量（A）

1. 原理

由测定断面的湿排气平均流速和测定断面面积，得到工况下的湿排气流量；由工况下的湿排气流量和大气压力、排气静压、排气温度、排气中水分含量体积百分数得到标准状态下干排气流量。

（A）本方法与 GB/T 16157—1996 等效。

2. 仪器

①温度计。

②皮托管。

③斜管微压计或流速测定仪。

④U 型压力计。

⑤大气压力计。

⑥排气中水分含量测定装置。

3. 测定方法

按本章温度，含湿量，压力，流速的测定方法测定排气的温度、水分含量体积百分数、压力、气流流速和大气压力。

4. 计算

①工况下的湿排气流量 Q_s 按下式计算：

$$Q_s = 3600 \cdot F \cdot \overline{V}_s$$

式中：Q_s——工况下湿排气流量，m^3/h；

F——测定断面面积，m^2；

$\overline{V}_s$——测定断面的湿排气平均流速，m/s。

②标准状态下干排气流量 Q_{sn} 按下式计算：

$$Q_{sn} = Q_s \cdot \frac{B_a + P_s}{101325} \cdot \frac{273}{273 + t_s}(1 - X_{sw})$$

式中：Q_{sn}——标准状态下干排气流量，m^3/h；

B_a——大气压力，Pa；

P_s——排气静压，Pa；

t_s——排气温度，℃；

X_{sw}——排气中水分含量体积百分数，%。

③常温常压条件下，通风管道中的空气流量按下式计算：

$$Q_a = 3600 \cdot F \cdot \overline{V}_a$$

式中：Q_a——通风管道中的空气流量，m^3/h。

六、烟气成分

烟气成分分析主要是测定烟气中的 O_2、CO、CO_2。目前，烟气含氧量分析有电化学法，如定电位电解法、氧化锆法；物理分析法，如磁性测氧法；一氧化碳分析有非分散红外吸收法，定电位电解法等；二氧化碳分析有非分散红外吸收法。奥氏气体分析器法能同时测定二氧化碳、氧含量和高浓度的一氧化碳。

（一）非分散红外吸收法与定电位电解法测定一氧化碳

非分散红外吸收法测定 CO 见本篇第四章十一（一）非分散红外吸收法。

定电位电解法测定 CO 见本篇第四章十一（二）定电位电解法。

（二）奥氏气体分析器法测定氧、一氧化碳、二氧化碳（A）

奥氏气体分析器法测定 O_2、CO、CO_2 见本篇第四章十一（三）奥氏气体分析器法。

（三）电化学法测定氧（B）

1. 原理

被测气体中的氧气，通过传感器半透膜充分扩散进入铅镍合金—空气电池内。经电化学反应产生电能，其电流大小遵循法拉第定律与参加反应的氧原子摩尔数成正比，放电形成的电流经过负载形成电压，测量负载上的电压大小得到氧含量数值。图 5-2-11 为氧传感器工作原理示意图。传感器工作时的化学反应如下：

阴极：$O_2+2H_2O+4e \rightarrow 4OH^-$

阳极：$2Pb+4OH^- \rightarrow 2PbO+2H_2O+4e$

总反应：$2Pb+O_2 \rightarrow 2PbO$

测定范围：0～25%，精密度：0.1%。

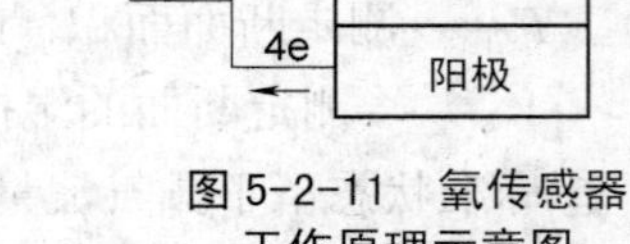

图 5-2-11 氧传感器工作原理示意图

2. 仪器

①由气泵、流量控制装置、控制电路及显示屏组成。

②采样管及样气预处理器。

③技术指标：参见本篇第四章二（三）定电位电解法测定一氧化氮测试仪的技术指标。

3. 测试

按仪器使用说明书的要求连接气路，并对气路系统进行漏气检查，开启仪器气泵，当仪器自检完毕，表明工作正常后，将采样管置入被测烟道中心或靠近中心处，待 3min 后读取稳定的氧含量数据。

4. 说明

①当被测气体中含有 Cl_2、H_2S、HF 时对传感器有损坏和干扰测定，应避免使用。

②仪器使用的环境条件，应按照说明书要求执行。

③一般传感器使用寿命为 1 至 2 年，当在清洁空气中测定氧含量小于 20.9%时，传感器可能失效，应及时更换。在高原地区要按照当地空气氧含量数值标定。

④仪器使用中要防止排气口堵塞，造成传感器损坏。

⑤仪器的标定、校准及技术指标的计算方法参见本篇第四章一（二）定电位电解法测定二氧化硫。

（四）氧化锆氧分仪法测定氧（B）

1. 原理

利用氧化锆材料添加一定量的稳定剂以后，通过高温烧成，在一定温度下成为氧离子固体电解质。在该材料两侧焙烧上铂电极，一侧通气样，另一侧通空气，当两侧氧分压不同时，两电极间产生浓差电动势，构成氧浓差电池，两电极反应如下：

高氧一侧：$O_2+4e \rightarrow 2O^{2-}$

另一侧：$2O^{2-} \rightarrow O_2+4e$

浓差电势理论值符合奈斯特脱方程：

$$E = \frac{RT}{nF}\ln\frac{P_0}{P}$$

式中：R——气体常数；

F——法拉第常数；

T——电池的绝对温度；

n——参加反应的电子数；

P_0——参比气体氧分压；

P——被测气体氧分压；

E——浓差电池的电动势。

由氧浓差电池的温度和参比气体氧分压，便可通过测量仪表测量出电动势，换算出被测气体中的氧分压。

与磁性氧分仪比较，氧化锆氧分仪具有结构简单，反应迅速和维护工作量小等特点，广泛用于连续监测锅炉或窑炉内气体中的含氧量。

测量范围：0～5%，0～10%，0～21%，0～25%；测量精度 0.1%。

2. 仪器

①氧化锆氧分仪。

②采样管及样气预处理器。

③技术指标：参见本篇第四章二（三）定电位电解法测定一氧化氮测试仪的技术指标。

3. 试剂

清洁空气或浓度为仪器量程 50%左右的氧标准气体。

4. 测试

按仪器使用说明书的要求连接气路，并对气路系统进行漏气检查，接通电源，并按仪器说明书要求的加热时间使检测器加热炉升温，开启仪器气泵，当仪器自检完毕，表明工作正常后，将采样管置入被测烟道中心或靠近中心处，待指示稳定后读取氧含量数据。

5. 说明

①如果有在高温下与氧反应的可燃气体或者腐蚀氧化锆元件的气体存在，测定结果会有误差。

②仪器使用的环境条件，应按照说明书要求执行。

③一般传感器使用寿命为 1 年，当传感器失效时，应及时更换。在高原地区应按照当地空气氧含量数值标定。

④仪器的标定、校准及技术指标的计算方法参见本篇第四章一（二）定电位电解法测定二氧化硫。

（五）热磁式氧分仪法测定氧（B）

1. 原理

氧受磁场吸引的顺磁性比其他气体强许多，当顺磁性气体在不均匀磁场中，且具有温度梯度时，就会形成气体对流，这种现象称为热磁对流，或称为磁风。磁风的强弱是由混合气体中含氧量多少而决定的。通过把混合气体中氧含量的变化转换成热磁对流的变化，再转换成电阻的变化，测量电阻的变化，就可得到氧的百分含量。

测量范围：0～25%；测量精度：0.1%。

2. 仪器

①热磁式氧分仪。

②采样管及样气预处理器。

③技术指标：参见本篇第四章二（三）定电位电解法测定一氧化氮测试仪的技术指标。

3. 试剂

清洁空气或浓度为仪器量程 50%左右的氧标准气体。

4. 测试

按仪器使用说明书的要求连接气路，并对气路系统进行漏气检查，开启仪器气泵，当仪器自检完毕，表明工作正常后，将采样管置入被测烟道中心或靠近中心处，待指示稳定后读取氧含量数据。

5. 说明

①仪器使用的环境条件，应按照说明书要求执行。

②严格按仪器使用说明书的要求使用、维护和保养仪器。

③仪器的标定、校准及技术指标的计算方法参见本篇第四章一（二）定电位电解法测定二氧化硫。

（六）磁力机械式氧分仪法测定氧（B）

1. 原理

磁力机械式氧分析器，也是利用氧的顺磁性而设计的。氧在非均匀磁场中受磁场吸引，使磁场周围的分子密度发生变化，产生沿磁场方向分布的密度梯度，即导致压力差。且此压力差随着氧浓度的变化而变化。在检测器当中，悬挂了一个“哑铃”形的敏感元件，此元件受压力差的推动而转动，贴在“哑铃”形敏感元件中间的反射镜也跟着偏转。一束投射在反射镜上的光被反射到一对差动连接的硅光电池上，随着反射镜偏转，反射光也跟着偏转角度，使两个硅光电池的光能量不相等，于是有差动信号输出。该信号的大小与被测气体中氧含量成比例。其工作原理见图 5-2-12。

最低测量范围为：0%～1%；最高测量范围为：0%～100%；检出限：0.01%。

2. 仪器

①抽气泵（流量 1L/min）。

②除尘过滤器。

③除水器。

④取样探头及聚四氟乙烯软管。

⑤磁力机械式氧分仪。

⑥技术指标：参见本篇第四章二（三）定电位电解法测定一氧化氮测试仪的技术指标。

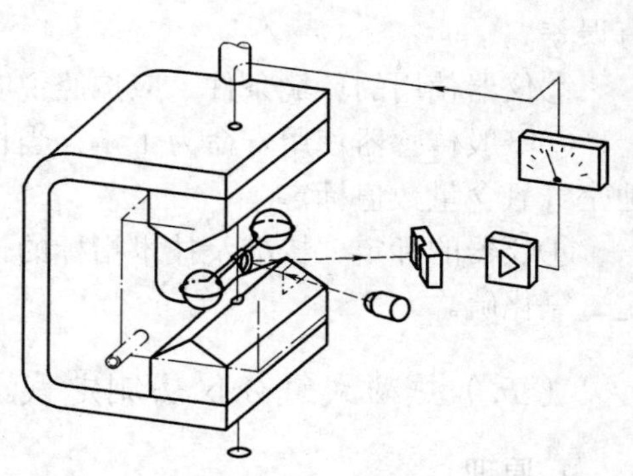

图 5-2-12 工作原理

3. 试剂

①高纯氮气：纯度高于 99.99%。

②氧气标准气：浓度为仪器测量范围的 50%～100%。

4. 步骤

①启动仪器：将仪器放置在平稳的地方，接通电源，预热 1～2h。

②零点校准：将高纯氮气，经相应的减压阀和流量调节器，以 0.5L/min 的流量，通入仪器的进气口，待仪器指示稳定后，进行仪器的零点校准。

③终点校准：将氧气标准气，经相应的减压阀和流量调节器，以 0.5L/min 的流量，通入仪器的进气口，待仪器指示稳定后，进行仪器的终点校准。

④样品测定：将采样预处理好的被测气体，以 0.5L/min 的流量，通入仪器的进气口，待仪器指示稳定后，即可读数记录。

5. 计算

$$氧(O_2, mg/m^3)=1.43C$$

式中：C——被测气体中氧浓度，ppm；

1.43——氧浓度从 ppm 换算为标准状态下质量浓度（mg/m^3）的换算系数。

6. 说明

①仪器启动后，必须充分预热（参照仪器的说明书），再进行仪器的校准和测定，否则影响测定的准确度。

②仪器一般用高纯氮气调零；在测量浓度接近空气的情况下，可用新鲜的空气进行仪器终点校准。

③必须保证通入仪器的气体是经过预处理的干净气体，以保证仪器的测量精度和使用寿命。

④仪器可在实验室对采集袋中气体进行气体的测定，也可以在现场进行连续的测量。对于一些仪器，甚至可以进行无人值守的全自动测量、校准、数据传输等。

⑤用采集样气注入仪器进行分析时，一定要确保采集的气体具有代表性，采集量一般为 500ml。为了保证分析的准确性，采集气体后应尽快分析。

⑥仪器的标定、校准及技术指标的计算方法参见本篇第四章一（二）定电位电解法测定二氧化硫。

第三章 颗粒物及金属化合物测定

一、颗粒物

重量法（A）

1. 原理

按等速原则从烟道中抽取一定体积的含颗粒物烟气，通过已知重量的滤筒，烟气中的尘粒被捕集，根据滤筒在采样前后的重量差和采气体积，计算颗粒物排放浓度。

2. 仪器

①普通型采样管烟尘采样器，皮托管平行测速采样管烟尘采样器，动压平衡型等速采样管烟尘采样器或静压平衡型等速采样管烟尘采样器，可任选其中一种。

②烟气温度、压力、含湿量、烟气成分、压力和流速测试装置，可参考本篇第二章烟气参数的测定部分。

③玻璃纤维滤筒或刚玉滤筒。

④空盒大气压力计：最小分度值应不大于 0.1kPa。

⑤分析天平：感量 0.1mg。

3. 采样前的准备

①深入现场了解颗粒物排放情况，按本篇第一章一、采样位置与采样点的要求确定开孔位置和采样点，如测定位置离地面较高，应设置符合安全要求的工作平台。

②检查采样器是否漏气、干燥器中硅胶是否失效，以便及时维修更换。

③用铅笔或圆珠笔将滤筒编号，在 105～110℃烘箱中烘干 1h，取出放入干燥器中冷却至室温，用天平称重。为了减少滤筒在高温下失重的影响，采样前滤筒应进行减重处理。处理方法见本篇第一章三、颗粒物采样方法有关部分。

4. 采样步骤

①采样步骤及等速采样流量的计算见本篇第一章三、颗粒物采样方法有关部分。当用普通型采样管采样器测定常温下管道颗粒物浓度时，气体的含湿量和气体成分可忽略不测，等速采样流量按下式简化公式计算：

$$Q_r' = 0.047 \times V \cdot d^2$$

式中：Q_r'——等速采样流量，即转子流量计的流量读数，L/min；

（A）本方法与 GB/T 16157—1996 等效。

V——采样点气体流速，m/s；

d——采样嘴内径，mm。

②采样体积的计算，见本篇第一章三、颗粒物采样方法（四）采样体积的计算。

5. 计算

$$颗粒物(mg/m^3)=\frac{m}{V_{nd}}\times 10^6$$

式中：m——滤筒捕集的颗粒物量，g；

V_{nd}——标准状态下干气的采样体积，L。

工业锅炉、垃圾焚烧炉、危险废物焚烧炉颗粒物排放浓度，需要按规定的过量空气系数进行折算，计算公式见本篇第一章四、排放浓度、排放量的计算有关部分。

6. 说明

1）对锅（窑）炉采样的基本要求：

①对于新锅炉安装后，锅炉出口原始颗粒物浓度和颗粒物排放浓度的验收测试，应在设计出力下进行。

②对于在用锅炉颗粒物排放浓度的测试，必须在锅炉设计出力 70%以上的情况下进行，并按锅炉运行三年内和三年以上两种情况。将不同出力下实测的颗粒物浓度乘以表 5-3-1 中所列出力影响系数 K，作为该炉额定出力情况下的颗粒物排放浓度。对于手烧炉应在不低于两个加煤周期的时间内测定。

表 5-3-1 锅炉影响系数 K 值表

负荷率(%)*	70～<75	75～<80	80～<85	85～<90	90～<95	>95
运行三年内的 K 值	1.6	1.4	1.2	1.1	1.05	1
运行三年以上的 K 值	1.3	1.2	1.1	1	1	1

*：锅炉负荷率=实测出力/额定出力×100%。

③窑炉测试负荷，应在最大的热负荷下进行，当窑炉达不到或超过设计能力时，也必须在最大生产能力的热负荷下测定，即在燃料耗量较大的稳定加温阶段进行。

④水泥厂日常监督性监测，采样期间工况应与当时正常运行工况相同；竣工验收监测，应在设备正常生产工况和达到设计规模 80%以上时进行。

⑤除标准、规范等中有明确规定外，竣工验收监测时，应在设备正常生产工况和达到设计规模或额定出力 75%以上测定。

⑥鼓风机、引风机系统完整，调风门灵活可调。除尘系统运行正常，不积灰、不漏风，耐磨涂料不脱落，不吹灰，不打焦。

2）采样前，采样系统要进行漏气检查，检查方法见本篇第二章二、含湿量的测定。

3）滤筒在采样前应检查滤筒外表有无脱毛、裂纹或孔隙等损坏现象，如有应更换滤筒。当用刚玉滤筒采样时，滤筒在称重前，要用细纱将滤筒口磨平，以防止因口部不平而密封不严。为了校正在实际采样过程中滤筒外表脱毛引起负的测定误差，应在清洁的环境条件下，测定两个空白样品。每个空白样品的采样时间等于在烟道或管道内采集每个颗粒物样品的时间；恒流采样，采样流量等于在烟道或管道内采集每个颗粒物样品的平均采气量（L/min）。

4）使用等速采样管采集高浓度颗粒物时，采样过程中注意采样管测压孔是否有积灰或堵塞现象，如有堵塞应及时清除，保证等速精度。

5）测试仪器装的流量计要定期校正，转子流量计每年校正一次。累积流量计每半年校正一次，如使用频繁，应缩短校正时间。

二、尘粒分散度

尘粒分散度的测定可分为计数法和计重法两大类。计数法中最常用的有显微镜法，光散射法等。计重法中有筛选法、沉降法、离心法、惯性冲击法及库尔特法等。显微镜法测得的是不同大小的尘粒个数，即计数分散度；惯性冲击法、巴氏离心式尘粒分级法测得的是尘粒重量分散度。冲击式尘粒分级仪能在现场采样时分级，仪器结构简单紧凑，便于现场应用，用于尘粒分散度测试有较多优点。

惯性冲击仪法（B）

1. 原理

冲击式尘粒分级是由几级串级的由不同大小喷嘴及接尘板组成的冲击器组组成。含尘气流进入尘粒分级仪后，逐级提高速度通过各级冲击器的喷孔，含尘气流遇到喷孔正前方的接尘板时，气流改变方向经专门设计的通道流入下一级，而大的尘粒由于其动量大，将脱离气流流线撞击到接尘板上，被捕集下来（接尘板上涂硅油或放接尘玻璃纤维纸垫），小粒子则随气流进入下一级。以后含尘气流以更高的速度通过下一级板的喷孔，又将次大的粒子捕集到这级接尘板上。这样可将不同大小的尘粒分别捕集到数级接尘板上。末级冲击器不能捕集的微小粒子，被捕集到最后一级的高效滤膜或滤纸上，从而可得出尘粒的重量分散度。

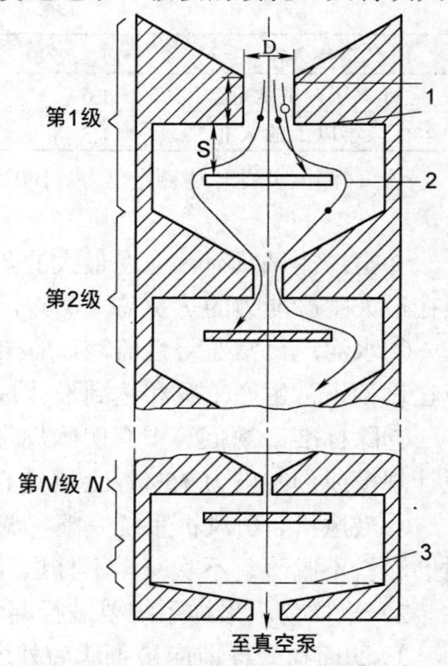

图 5-3-1　冲击式尘粒分级器原理示意图
1—喷孔；2—接尘板；3—滤膜

尘粒测量范围：1.1～42μm。

多级串联冲击器原理见图 5-3-1。

2. 仪器

①尘粒分级仪：外径为 70mm，全长 300mm。

②烟尘采样器及烟气参数测定仪同本章一 2 ①～②。

③称量瓶。

④玻璃纤维滤膜（特制）。

⑤空盒大气压力计：最小分度值应不大于 0.1kPa。

⑥分析天平：感量 0.1mg。

3. 采样前准备

（1）冲击板的检查与清洗

尘粒分级仪在组装前要检查每块冲击孔板上的孔洞是否有堵塞情况。如发现有堵塞，可用经过过滤的压缩空气喷吹，或先用不锈钢针清理。经初步清理后的孔板，可先用加有少许清洁液的温水清洗，然后再在滚开的热水中将仪器上的肥皂洗净。如用超声清洗器清洗，其效果更好。用水洗净的孔板，最后再用丙酮蘸洗一次，这样仪器表面的水分将随同丙酮一起在空气中迅速蒸发。也可以用无水乙醇清洗。

（2）玻璃纤维接尘滤纸的预处理、称重及安放

①将编号的各接尘玻璃纤维滤纸放在 300℃的马弗炉或 105℃烘箱中烘干 1h。在干燥器中冷却后称重。也可连同相应编号的玻璃称量瓶一起称重，记下原始重量。

②将各接尘纸放入相应接尘板上，用压模压紧（**注意不要压掉接尘纸**），并轻轻取下压模器。

（3）分级仪的组装

①从下到上组装各级冲击孔板至第二级接尘板。加上套筒，拧紧上盖，装上第一级预除尘部，调整联接弯管的方向至合宜位置后，拧紧全部联接螺丝。采样嘴待确定其直径后，最后装。

②将分级仪拧在采样管上，在其连接处使用聚四氟乙烯、石墨垫圈或薄膜，保证联接处不漏气。

（4）其它准备工作同预测流速法

4. 采样步骤

①尘粒分级仪是用预测流速法在烟道内进行尘粒的等速取样。在取样前应首先测得烟道中测点的烟气温度 t_s、压力 P_s、气流速度 V_s 和水分含量 X_{sw} 等。根据测点的流速 V_s，烟气温度及所欲得到的尘粒分级范围选定工况下的采样流量 Q_{st} 和采样嘴直径 d。选用较大的 d，可得到较细的粒度分级，但 d 和 Q_{st} 受到抽气泵能量限制。

$$Q_{st} = 0.047 \cdot V_s \cdot d^2$$

$$d = \sqrt{\frac{Q_{st}}{0.047 \cdot V_s}}$$

式中：Q_{st}——工况下的采样流量，L/min；

V_s——烟气气流速度，m/s；

d——采样嘴直径，mm。

将选定的采样嘴拧在分级仪的进口部上（拧到底），并调整采样手柄方向位置，使之与采样嘴方向一致。

②计算等速采样流量，同预测流速法。

③按照一般烟道尘粒采样要求安装采样系统（分级仪、冷凝和干燥器、流量测量和控制装置、抽气泵等）；检查各接头处是否漏气。在分级仪放入烟道前先打开抽气泵调整到所需流量后，关闭抽气泵。分级仪插入烟道后，应使采样嘴处于采样点上，背着气流方向预热数分钟。

④采样一开始，立即将分级仪转 180°，使采样嘴对准气流方向，同时开动抽气泵，调节抽气泵流量达到等速采样所需流量。采样过程中，由于尘粒在滤纸表面聚集，阻力逐渐加大，要注意调节流量，保证采样流量不变。当到达取样时间时，立即将分级仪转 180°，尽快将分级仪取出烟道并置于垂直向上位置，然后停止抽气。小心从采样管上取下分级仪，用胶布封严分级仪采样嘴，待分析。

5. 样品处理

①取样完毕后，先将分级仪表面灰尘擦净。

②将分级仪小心地卸开，按照以下规定将各级冲击孔板所采集的尘粒收集于相应的称量瓶中。第一级总尘量包括采样嘴及其后圆筒内的尘量；第二级包括联接弯管、接尘滤纸及分级仪上盖沾附的尘量；第三级包括接尘滤纸及其对面冲击孔板壁上沾的尘量；以后类推。最后一级为玻璃纤维滤膜上的尘量。对各级沾壁的尘粒可用丙酮洗下，倒入称量瓶中用水浴蒸干，也可以用毛刷刷下，收集于称量瓶中。

③将称量瓶放入105℃烘箱中烘干1h，再放入干燥器中冷却至室温称重。

6. 计算

①将采样时流量计读数按下式换算成工况条件下的采气量：

$$Q_{st}=18.71\times\frac{273+t_s}{B_a+P_s}\left(\frac{B_a+P_r}{273+t_r}\right)^{1/2}\times\frac{Q_r'}{1-X_{sw}}$$

式中：Q_{st}——工况条件下的采气量，L/min；

18.71——压力单位用Pa时换算系数。

②根据 Q_{st}，烟气温度 t_s，由冲击仪的计算表查出各级冲击器的 d_{a50}（μm）值，然后除以尘粒真密度平方根 $\sqrt{\rho}$ 得出各级冲击器的50%效率点的斯托克直径值 d_{s50}（μm）。

$$d_{s50}=d_{a50}/\sqrt{\rho}$$

③用累计粒径分布法计算尘粒的粒径分级：已知各级分级器的 d_{s50} 值及各级接尘板的尘粒重量 ΔM_i 后，可由下式计算出小于某一粒径的尘粒重量百分数。

$$\text{小于第}\,k\,\text{级}\,d_{s50}\,\text{的百分数}\,P=\frac{\sum_{N}^{k+1}\Delta M_i}{\sum_{i=N}^{1}\Delta M_i}\times100(\%)$$

式中：$i=N$——相当于最后一级滤膜；

$i=1$——相当于第1级冲击孔板；

ΔM_i——第 i 级接尘板（包括相当的沾壁损失）的增重。

将上述结果绘在对数几率坐标纸上，横坐标为粒径的对数值，纵坐标为百分数 P（%），用几率单位表示。

④列表计算线性回归方程 $y=b(\log d_{s50})+a$。

⑤根据回归方程可得出小于某一粒径 d_{s50} 尘粒的重量百分数。

⑥计算分级除尘效率。

7. 说明

①尘粒分散度是指尘粒样品中各种大小粒子的组成比例，其中重量分散度是按重量百分比的粒径分级组成。测定尘粒样品的分散度对尚未安装除尘设备的排放源正确地选择适用的除尘器，以及评估除尘器的粒径分级除尘效率有重要作用。

②尘粒的大小的分布一般多呈对数正态分布。

③测试排气中尘粒，常用移动采样法。但测定尘粒的分散度和分级除尘效率时要求定点恒速采样，即在能代表整个断面平均流速的测点上恒速采样。因为采样速度决定每级分级器的 d_{a50} 值，采样过程中每级分级器的 d_{a50} 不能变。

④将尘粒分级仪插入烟道预热数分钟是防止在分级仪内产生结露使尘粒粘结。

⑤各级冲击孔板 50%捕集效率点空气动力直径 d_{a50} 值见本篇参考文献 2。

三、烟气黑度

烟气黑度是以人的感官对烟气的反应强弱作为控制指标的。尽管用林格曼烟气黑度，按烟气的视觉黑度进行监测，很难确定烟气的视觉黑度与其中有害物质含量之间的精确对应关系，也不能取代污染物排放量和排放浓度的实际监测。但是测定烟气黑度的方法简便易行，成本低廉，对于燃煤烟气类是一种很适合的监测手段。根据使用的测量装置和仪器不同，测定烟气黑度主要有：林格曼黑度图法、测烟望远镜法和光电测烟仪法。

（一）林格曼黑度图法（B）

1. 原理

林格曼黑度图法是把林格曼图放在适当的位置上。使图上的黑度与烟气的黑度（不透光度）相比较，凭视觉对烟气的黑度进行评价。

2. 仪器

①林格曼烟气浓度图：标准的林格曼图由 14cm×21cm 的不同黑度的小块组成，除全白与全黑分别代表林格曼黑度 0 级和 5 级外，其余 4 个级别是根据黑色条格占整块面积的百分数来确定的，黑色条格的面积占 20%为 1 级，占 40%为 2 级，占 60%为 3 级，占 80%为 4 级。见图 5-3-2。

②秒表。

3. 步骤

（1）观测

应在白天进行观测，固定支架时应使图面面向观察者，见图 5-3-3。尽可能使图位于观察者至烟囱顶部的连线上，并使图与烟气有相似的天空背景。图距观察者应有足够的距离以使图上的线条看起来似乎消失，从而使每个方块有均匀的黑度。对于绝大多数观测者这一距离约为 15m。

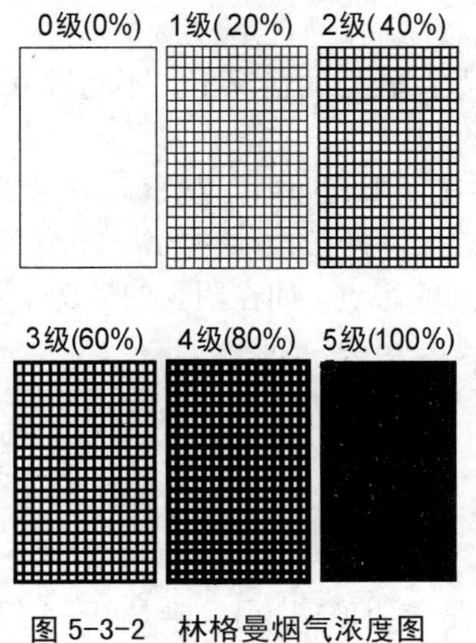

图 5-3-2　林格曼烟气浓度图

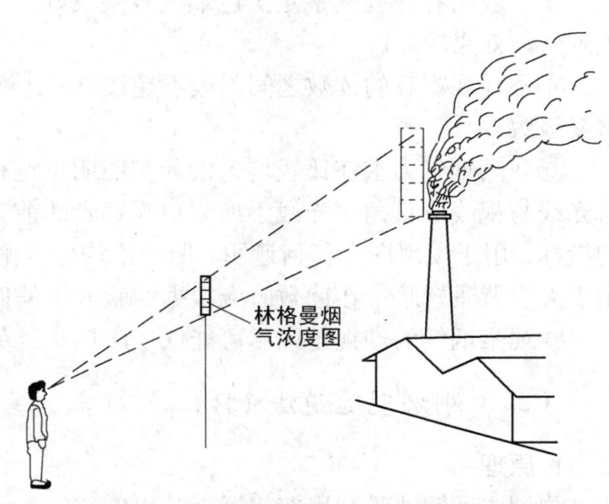

图 5-3-3　用林格曼烟气浓度图观测烟气

观测烟气的部位应选择在烟气黑度最大的地方，该部位应没有冷凝水蒸气存在。观测混有水蒸气的烟气时，应选择在离开烟囱口一段距离没有水蒸气的部位。连续观测烟气黑度的时间不少于 30min，记下烟气的林格曼级数和这种黑度的烟气持续排放的时间。如烟气黑度处于两个林格曼级之间，可估计一个 0.5 或 0.25 林格曼级数。

（2）记录现场相关情况

现场记录应包括工厂名称、排放地点、设备名称、观测者姓名、观测者与排放源的相对位置、观测日期、风向、天气状况等。

4. 计算

1）按黑度级别将观测值分级，分别统计每一黑度级别出现的累计时间。

2）按以下原则确定烟气黑度级别：

①林格曼黑度 2 级：30min 内出现 2 级林格曼黑度的累计时间超过 2min 时，烟气的林格曼黑度按 2 级计。

②林格曼黑度 3 级：30min 内出现 3 级林格曼黑度的累计时间超过 2min 时，烟气的林格曼黑度按 3 级计。

③林格曼黑度 4 级：30min 内出现 4 级林格曼黑度的累计时间超过 2min 时，烟气的林格曼黑度按 4 级计。

④林格曼黑度 5 级：30min 内出现超过 4 级以上林格曼黑度时，烟气的林格曼黑度按 5 级计。

5. 说明

①用林格曼黑度鉴定烟气的黑度取决于观测者的判断能力。凭视觉所鉴定的烟气黑度是反射光的作用。所观测到烟气黑度的读数，不仅取决于烟气本身的黑度，同时还与天空的均匀性和亮度、风速、烟囱的大小结构（直径和形状）及观察时照射光线和角度有关。

②观察前先平整地将图固定在支架或平板上，支架的材料要求坚固轻便，支架或平板的颜色应柔和自然。使用时图面上不要加任何覆盖层，以免削弱图面的照明。如图面被弄脏或褪色，应立即换掉，以免影响观察的精度。

③一般用林格曼图鉴定黑色烟气效果较好，对于含有较多的水汽或其它结晶物质的白色烟气，效果较差。

④不同观察者的读数之间一般不超过 0.5 林格曼级数，较好的情况下，不超过 0.25 林格曼级数。

⑤观察烟气力求在比较均匀的天空照明下进行。如在太阳光照射下观察，应尽量使照射光线与视线成直角。光线不应来自观察者的前方或后方。白色的方块提供一个有关照明的指标，用于发现图上任何遮阴、照明不均匀及雨斑或别的污点。如在阴霾的情况下观察，由于天空背景较暗，在读数时应根据经验取稍偏低的级数。

⑥观察烟气的仰视角应尽可能低，应尽量避免在过于陡峭的角度下观察。

（二）测烟望远镜法（B）

1. 原理

测烟望远镜法是利用在望远镜筒内安装的一个一半是透明玻璃，另一半是 0～5 级林格曼黑度标准图的圆形光屏板，观察时，透过光屏的透明玻璃部分，观看烟囱出口的烟色。

在同一天空背景下，与光屏另一半的黑度比较对烟气的黑度进行评价。

2. 仪器

①测烟望远境：其结构图见 5-3-4。

②秒表。

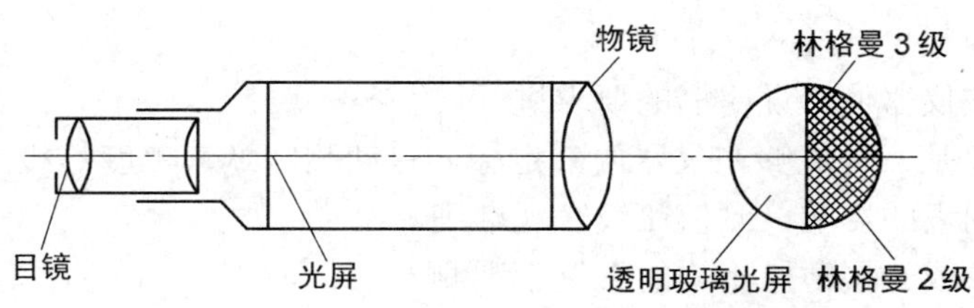

图 5-3-4　测烟望远镜

3. 步骤

（1）观测

应在白天进行观测，观测烟气部位应选择在烟气黑度最大的地方，该部分应没有冷凝水蒸气存在。观测混有水蒸气的烟气时，应选择在离开烟囱口一段距离没有水蒸气的部位，连续观测时间不少于 30min，记下烟气的林格曼级数和这种黑度的烟气持续排放的时间。根据实际情况可估计 0.5 或 0.25 个林格曼级数。

观测时调节目镜的焦距，观察者可在离烟囱 50～300m 远处进行观测。

（2）记录现场相关情况

同本章三（一）林格曼图法 3.步骤（2）。

4. 计算

同本章三（一）4.计算。

5. 说明

测量时要按仪器使用说明书的要求进行。

（三）光电测烟仪法（B）

1. 原理

利用光学系统搜集烟的图象，把烟的透光率与仪器内部的标准黑度板透光率比较（黑度板透光率是根据林格曼分级定义确定的），通过光学系统处理，把光信号变成电信号输出，由显示系统显示出烟气的黑度。

2. 仪器

光电测烟仪。

3. 步骤

（1）观测

应在白天进行观测，观测烟气部位应选择在烟气黑度最大的地方，该部分应没有冷凝水蒸气存在。观测混有水蒸气的烟气时，应选择在离开烟囱口一段距离没有水蒸气的部位，连续观测时间不少于 30min，由光电测烟仪自动记下烟气的林格曼级数和这种黑度的烟气持续排放的时间。

（2）记录现场相关情况

同本章三（一）3.步骤（2）。

4. 计算

由光电测烟仪自动显示和打印出烟气的林格曼黑度级数并确定烟气黑度级别。

5. 说明

①测量时要按仪器使用说明书的要求进行。

②光电测烟仪是一种能够在仪器内部定标，自动测定烟气黑度等级的仪器，可以排除人的视力和外界因素的影响，测值比较客观准确。

③不宜在多云或云层薄厚不均的天气下观测。

④雨天、雾天和大风天不宜观测。

⑤夜间无法观测。

⑥去现场观测前，首先检查整个仪器是否完好，电池是否有电（一般用 2 节 9V 叠层电池），开动仪器开关，调零、调满度，正常后，带到现场备用。

四、石棉尘的测定

镜检法（A）

1. 原理

石棉尘是指温石棉、青石棉、铁石棉、透石棉、直石棉、阳起石等石棉尘中能被吸入并沉着肺泡内的呼吸性石棉，具体指宽度小于 3μm，长度大于 5μm，长宽比大于 3:1 的石棉纤维。

方法原理为将排气筒中含石棉尘的气体抽取通过采样滤膜，石棉尘于滤膜上经透明固定后，在相衬显微镜下计测，根据采气体积计算出每标准立方厘米气体中石棉尘的根数。

方法适用于固定污染源有组织排放的石棉尘测定；方法允许的滤膜石棉纤维负荷量范围为 100～600 根/mm^2。

2. 仪器

①滤膜夹：典型的滤膜夹结构见图 5-3-5。滤膜夹安装在采样管上。滤膜应固定在透气的支撑物上，支撑物可以是金属网，也可以是透气的纸垫，确定空气能均匀地通过采样滤膜。受尘面上方直管段内径与滤膜受尘直径相同，其长度不得小于管内径的 1.5 倍。

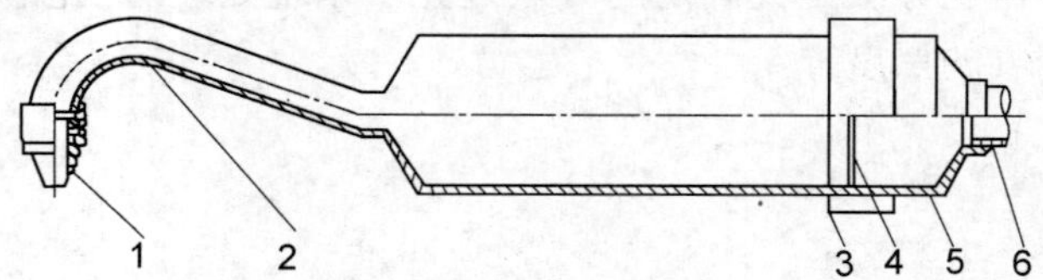

图 5-3-5 滤膜夹结构图

1—采样嘴；2—弯管；3—膜夹压盖；4—滤膜及衬垫；5—滤膜夹底座；6—采样管

②采样嘴：采样嘴应能安装到滤膜夹上，其连接处内表面应十分光滑。采样嘴入口角

（A）本方法与 HJ/T41—1999 等效。

度应不大于 45°，入口边缘厚度应不大于 0.2mm，内表面不得有急剧的断面变化和弯曲。入口直径偏差应不大于±0.1mm，其最小直径应不小于 4mm。如能保持严格的等速采样条件，采样嘴入口直径最小值也可取 2mm。应备有不同入口直径的采样嘴，以备现场采样时选用，以保持等速采样条件。

③滤膜、滤膜夹、采样嘴组合在一起后称为采样头，置于整个采样系统的最上游。除上述的滤膜、滤膜夹、采样嘴外，从采样管安装的全部采样装置、流速及温度测量装置等，与本篇第一章三（二）采样系统与装置中的装置完全相同。

④相衬显微镜：

a. 显微镜至少应具有 10×及 40×两个相衬物镜，明相衬或暗相衬均可使用；目镜应能放入目镜测微标尺，总放大率应为 400×～600×。

b. 显微镜要带有 *x*—*y* 方向移位的排片器。

c. 显微镜应有合格的照明系统，配有绿色滤光片。

⑤专用目镜测微网：可使用既能在显微镜下测量纤维长度和宽度，又能给定测量面积的各种目镜测微网。

⑥物镜测微计：每个刻度的间距为 10μm。

⑦载物玻片：25mm×76mm×0.8mm；盖玻片：22mm×0.1mm。

⑧无齿小镊子、剪刀或手术刀，在刃柄上插入 21 号刀片。

⑨各类手动计数器。

⑩丙酮蒸气发生装置：各类能喷出足够量丙酮蒸气的装置都可使用，用以使滤膜透明。图 5-3-6 是一种常用的装置。使用丙酮蒸气发生装置时，要在通风良好的场所或在通风橱内操作，以免引起火灾或对人体健康产生危害。

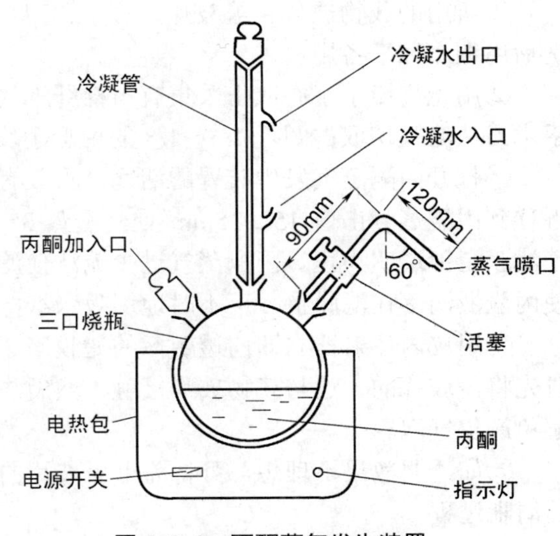

图 5-3-6　丙酮蒸气发生装置

⑪医用注射器（1ml）及皮内注射针头。

⑫秒表。

3. 试剂

①丙酮：分析纯。

②三乙酸甘油酯：分析纯。

③硝酸纤维素和乙酸纤维素混合滤膜：0.8μm，直径 25mm 或 37mm。

4. 采样

①使用本方法规定的采样头和采样系统从排放石棉的排气筒中采样，完全按照本篇第一章三、颗粒物采样方法中有关颗粒物采样的方法和步骤进行，以预测流速法为宜，且一般采用移动采样法。如果排气筒直径较小，只有一个采样点，则每个样品的采样时间应不少于 10min。

②采样后滤膜上的负荷量范围应为 100～600 根/mm^2。据此可根据等速采样的流量和预计的排放浓度范围大致算出所需的采样时间，计算公式为：

$$t=\frac{L \cdot A_F}{C \cdot Q} \times 10^{-6}$$

式中：t——预计采样时间，min；

L——滤膜的负荷量，根/mm^2，一般可取 300 根/mm^2；

C——预计的石棉纤维排放浓度，根/cm^3；

A_F——滤膜的有效过滤面积，mm^2；

Q——采样流量，m^3/min。

③如果无法估算出所需的采样时间，则需在采样断面的中心位置进行预采样，用显微镜对采集的样品进行计数分析，如分析出的滤膜负荷量在 100～600 根/mm^2 的范围内，则所用的采样时间是合适的。如超过此范围，则应在正式采样时相应地调整采样时间，使滤膜负荷量在正常范围内。

④采样结束后小心取下采样头，取出滤膜使受尘面向上放在滤膜储存盒中，不可折叠或叠放，带回实验室进行分析。在运输过程中避免振动以防止石棉纤维脱落。

5. 步骤

（1）样品制备

采有石棉纤维的微孔滤膜采用丙酮-三乙酸甘油酯法加以透明固定。透明化操作应在清洁的实验室中进行，在制备样品的过程中要避免纤维性粉尘的污染。

①所用的载物玻片、盖玻片、镊子和刀片使用前应放在无水乙醇中浸泡，用蒸馏水冲洗后用绸布擦干备用。

②用无齿镊子小心取出采集有石棉纤维的滤膜，集尘面向上置于干净的玻璃板上，用手术刀从滤膜切取占圆形 1/6～1/8 的扇形小块，放在清洁的载物玻片上。

③打开丙酮蒸气发生装置的活塞，将载有扇形滤膜的玻片置于丙酮蒸气之下，由远至近移到丙酮蒸气出口 15～25mm 处，熏蒸 3～5s，使滤膜透明。同时慢慢移动载物玻片，使滤膜全部透明为止。丙酮蒸气过少无法使滤膜透明，过多则可能破坏滤膜，特别是不能使丙酮液滴落在滤膜上。可不时地用吸水纸擦拭丙酮蒸气出口加以防止。

④用皮内注射器立即向透明后的滤膜滴 2～3 滴三乙酸甘油酯，小心盖上盖玻片，操作时先将盖玻片的一边与载物玻片接触，然后与液滴接触，使之扩散，再小心放下盖玻片，避免产生气泡。

⑤如透明效果不理想，可将盖上盖玻片的滤膜放在 50℃的烘箱内 15min，以加速滤膜的清晰过程。

⑥样品处理完毕后，先关闭丙酮蒸气发生器的电源，再关闭活塞。次序不可颠倒。

（2）石棉纤维的计测

①空白滤膜检查：在每盒滤膜（50 张）中任意抽取一张空白滤膜，用与处理样品同样的方法透明固定和计测。在 100 个视野中不超过 3 根纤维时，认为是清洁滤膜，此盒滤膜方可应用。

②石棉纤维的计测用相衬显微镜进行，首先按照说明书将相衬显微镜调节好。

③目镜测微网的调整按其说明书使用物镜测微计对目镜测微网的刻度进行校准，算出计数区面积（mm^2）及各标志的实际尺寸（μm）。

④低倍扫视使用（10×）物镜在低放大倍数上扫视整个滤膜表面，被滤膜夹垫圈压住

的滤膜边缘应无粉尘或纤维。所有视场粉尘及石棉纤维的分布应比较均匀。如果所观察的视场粉尘分布明显不均匀或有肉眼可见的粉尘或纤维堆积，该滤膜应舍弃。

⑤低倍扫视认可后，将物镜换成高倍（40×）进行正式的计测。

⑥计测现场的选择应遵循随机原则。测定完一个视场后，移动推片器找下一个视场，移动应按行、列推动，不应有意挑选，而要随机停留，以避免重复计数和减少系统误差。如果使用带栅格线的滤膜，计数视场中不能出现栅格线。

⑦石棉纤维的计数规则：

a. 计数符合下列条件的纤维：长度大于5μm，宽度小于3μm，长度与宽度之比大于3∶1。

b. 一条纤维完全在计数视场（不论其是否与其它尘粒相接触）内时计为一根。只有一端在计数视场内的计为1/2根。

c. 纤维集合：在其长度方向上一点或多点可分，但在其余部分不可分为多根的纤维称为劈裂纤维；其余的因相交叉或接触而形成的纤维集合体称为纤维组。

d. 如劈裂纤维整体符合a中的规定，可算作一根纤维，其直径以不可分部分计算。

e. 如纤维组中的单根纤维符合a中的规定，可按单根纤维计算；如果没有一根纤维符合a中的规定，但纤维组本身作为一个整体符合a中的规定，则计数为一根。

f. 计数指标：20个视场时，被记录纤维数已达到100根时，可停止计数，如此时记录纤维数未达到100根时，则应计数到100根纤维，并记录下相应的视场数。如在100个视场内所测纤维数不到100根，则计测到100个视场为止。

6. 计算

排气筒中排放的石棉纤维浓度按下列公式计算：

$$C=\frac{A\cdot N}{1000\times a\cdot n\cdot V_{nd}}$$

式中：C——排气筒中排放的石棉纤维浓度，f/cm^3；

N——计测的石棉纤维总根数，f；

n——计测的总视场数；

V_{nd}——标准状态下的采样体积，L；

A——滤膜上的采尘面积，mm^2；

a——计数视场面积，mm^2。

7. 说明

①为减少计测误差，在采样阶段应严格按照本篇第一章三、颗粒物采样方法中的有关规定执行；在滤膜处理和显微镜计测阶段，应严格按照本方法要求执行。

②计数人员上岗前应进行培训，并在培训结束时进行考核。考核方法是要求计数人员对同一滤膜切片按本方法计数10次以上，计算各次读数的均值和标准偏差。若读数的相对标准偏差≤23%为合格，反之应检测原因，切实改进后再进行考核，直至达标为止。

③计测精密度：在计数阶段，计数误差与计数总数有关。当计数总数为100根时，其计数误差于±10%之内。

五、饮食业油烟

红外分光光度法（A）

1. 原理

用采样气泵等速抽取油烟排气筒内的气体，将油烟吸附在油烟雾采集头内。将收集了油烟的滤芯置于带盖的聚四氟乙烯套筒中，回实验室后用四氯化碳作溶剂进行超声清洗，移入比色管中定容，用红外分光光度法测定油烟的含量。

油烟的含量由波数分别为 $2930cm^{-1}$（CH_2 基团中 C—H 键的伸缩振动）、$2960cm^{-1}$（CH_3 基团中 C—H 键的伸缩振动）和 $3030cm^{-1}$（芳香环中 C—H 键的伸缩振动）谱带处的吸光度 A_{2930}、A_{2960} 和 A_{3030} 进行计算。

本方法的检出限为 0.5mg/L，采样标干体积为 125L 时，最低检出浓度为 $0.1mg/m^3$。

2. 仪器

①仪器：红外分光光度计，能在 $3400 \sim 2400cm^{-1}$ 之间进行扫描操作，并配有 4cm 带盖石英比色皿。

②超声清洗仪。

③容量瓶：50ml、25ml。

④比色管：25ml。

⑤油烟采集器与滤筒。

⑥带盖聚四氟乙烯圆柱形套筒。

⑦烟尘采样器，其采样系统技术指标要求参照 HJ/T 48—1999。

3. 试剂

①四氯化碳（CCl_4）：在 $2600cm^{-1}$ 至 $3300cm^{-1}$ 之间扫描不超过 0.03 吸光度（4cm 比色皿，空气池作参比），一般情况下，分析纯四氯化碳蒸馏一次便能满足要求。

②标准油：高温回流食用花生油（或菜籽油、调和油等）。

4. 采样

（1）采样

1）采样位置：采样位置应优先选择在垂直管段。应避开烟道弯头和断面急剧变化部位。采样位置应设置在距弯头、变径管下游方向不小于 3 倍直径和距上述部位上游方向不小于 1.5 倍直径处。对矩形烟道，其当量直径 $D=2AB/(A+B)$，式中 A、B 为边长。

2）采样点：当排气管截面积小于 $0.5m^2$ 时，只测一个点，取动压中位值处；超过上述截面积时，则按本篇第一章一、采样位置与采样点有关规定进行。

3）采样时间和频次：执行 GB 18483—2001 标准规定的排放限值指标体系时，采样时间应在油烟排放单位正常作业期间，采样次数为连续 5 次，每次 10min。

4）采样工况：样品采集应在油烟排放单位作业（炒菜、食品加工或其它产生油烟的操作）高峰期进行。

5）采样步骤：参照本篇第一章三、颗粒物采样方法中采样步骤进行。

①采样前，先检查系统的气密性。

（A）本方法与 GB 18483—2001 等效。

②加热用于湿度测量的全加热采样管，润湿湿球，测出干、湿球温度和湿球负压。

③测量烟气温度、大气压和排气筒直径。

④测量烟气动、静压。

⑤计算烟气含湿量、烟气密度、烟气流速、等速采样流量及确定采样嘴直径。

⑥装采样嘴及滤筒：装滤筒时需小心将滤筒直接从聚四氟乙烯套筒中倒入采样头内，特别注意不要污染滤筒表面。

⑦将采样管放入烟道内，封闭采样孔。

⑧设置采样时间，开机。

⑨记录采样前后累积体积、滤筒号、采样流量、表头负压、温度及采样时间。记录滤筒号。

⑩用油烟采集器采集油烟。

6）样品保存：采集了油烟的滤筒应立即转入聚四氟乙烯清洗杯中，盖紧盖子；样品若不能在24h内测定，可在冰箱的冷藏室中（≤4℃）保存7d。

5. 步骤

（1）制备油烟标准油及贮备液的配制

在500ml三颈瓶中加入300ml的食用油，插入量程为500℃的温度计，先控制温度于120℃，敞口加热30min，然后在其正上方安装一空气冷凝管，升温至300℃，回流2h，即得标准油。用精度为万分之一的天平称取1.0000g上述标准油，于50ml容量瓶中，用重蒸（控制温度70～74℃）后的分析纯CCl_4稀释至刻度。即得标准贮备液。

（2）标准曲线的绘制

取上述标准贮备液1.00ml于50ml容量瓶中，用CCl_4定容，得到浓度为400.00mg/L的中间液，分别取中间液0.50ml，1.50ml，2.50ml，3.50ml于4个25ml的容量瓶中，用CCl_4定容分别得到浓度为8.00mg/L，24.00mg/L，40.00mg/L，56.00mg/L的标准溶液。

打开红外测油仪，预热30min以上，选定一组校正系数（或根据所使用的仪器，在测定标准系列前，先测定校正系数，具体步骤参照所使用的仪器使用说明书），用4cm比色皿和CCl_4调整仪器的零点和满度，在2600～3300cm^{-1}之间扫描，得出CCl_4的扫描曲线，再分别对标准系列各浓度进行测定，绘出标准曲线。

（3）样品测定

①把样品的套筒盖打开，加入CCl_4至刚好淹没滤筒，盖好套筒盖，然后置于超声仪中，超声波清洗10min。

②把清洗液转移到25ml比色管中。

③再用少许四氯化碳清洗滤筒及聚四氟乙烯套筒二次，一并转移到上述25ml的比色管中，加入四氯化碳稀释至刻度标线。

④样品的测定：用绘出的标准曲线和与其同组的校正系数测定样品。

6. 计算

（1）排放浓度

$$C=\frac{C_{溶液}\cdot V}{V_{nd}}$$

式中：C——油烟排放浓度，mg/m^3；

$C_{溶液}$——滤筒清洗液油烟浓度，mg/L；

V——滤筒清洗液稀释定容体积，ml；

V_{nd}——标准状态下干气的采样体积，L。

折算为基准风量时的排放浓度：

$$C_{基} = C \times \frac{Q_{测}}{nq_{基}}$$

式中：$C_{基}$——折算为单个灶头基准排风量时的排放浓度，mg/m³；

$Q_{测}$——实测排风量，m³/h；

$q_{基}$——单个灶头基准排风量，大、中、小型均为2000m³/h；

n——折算的工作灶头个数。

（2）治理效率

指经处理设施净化治理后的油烟与治理之前的油烟的质量百分比。

$$P = \frac{C_{前} \cdot Q - C_{后} \cdot Q}{C_{前} \cdot Q} \times 100\%$$

式中：P——油烟去除效率，%；

$C_{前}$——治理设施前的油烟浓度，mg/m³；

$Q_{前}$——治理设施前的排风量，m³/h；

$C_{后}$——治理设施后的油烟浓度，mg/m³；

$Q_{后}$——治理设施后的排风量，m³/h。

7. 说明

①滤筒在清洗完后，应置于通风无尘处晾干，转入原聚四氟乙烯套筒中，盖紧盖子存放；采样前后均保证没有其它带油渍的物品污染滤筒。

②四氯化碳可提纯再使用。

③饮食业油烟是以气固、气液气溶胶形态存在，其采样仪器、采样方法以及测量的烟气参数均与测定颗粒物相同，仅在定量方法上与颗粒物有所不同，因此将饮食业油烟的测定列于本章。

六、铅及其化合物

火焰原子吸收分光光度法和石墨炉原子吸收分光光度法测定铅，方法快速、准确，干扰少且易排除；双硫腙分光光度法是经典方法，灵敏准确，易于推广，但操作复杂，要求严格；络合滴定法设备简单，精密度和准确度均较高，适用于高浓度铅污染物的测定。

（一）火焰原子吸收分光光度法（B）

1. 原理

用玻璃纤维滤筒采集铅尘、铅烟样品，经索氏提取法或酸煮法制备成样品溶液。在空气-乙炔火焰中，铅被原子化，于光路中吸收从铅空心阴极灯发射出来的特征谱线（283.3nm）。根据特征谱线光强度的变化，用原子吸收分光光度法测定。

超过铅100倍的Fe^{3+}、Al^{3+}、Bi^{3+}、Cr^{3+}、Cd^{2+}、Cu^{2+}、Zn^{2+}、Co^{2+}、Hg^{2+}、Sn^{2+}、Mn^{2+}、

Mg^{2+}、Ag^{+}等离子不干扰测定，SiO_3^{2-}稍有干扰，必要时可加氢氟酸消除。Na^{+}、K^{+}、Ca^{2+}稍有增感作用，当浓度高时，可采用稀释的方法消除干扰。

测定范围：0.05～50mg/m^3。

2. 仪器

①索氏提取装置。

②烟尘采样器。

③原子吸收分光光度计。

④玻璃纤维滤筒。

3. 试剂

①硝酸溶液 C（HNO_3）=0.010mol/L 及（1+1）。

②30%过氧化氢。

③铅标准贮备液：称取 0.5000g 金属铅（99.99%）于 100ml 烧杯中，用（1+1）硝酸溶液 15ml 溶解，冷却后，移入 500ml 容量瓶中，用水稀释至标线。此溶液每毫升含 1000μg 铅。

④铅标准使用液：临用前，用水将标准贮备液稀释为每毫升含 100μg 铅的标准使用液。

4. 采样

见本篇第一章三、颗粒物采样方法。当温度高于 400℃时，铅呈气态存在，应将废气导出管道外，使温度降至 400℃以下，以 20L/min 流量恒流采样 10～30min；温度低于 400℃时在管道内等速采样。

5. 步骤

（1）原子吸收分光光度计工作条件

波长：283.3nm；狭缝宽度：0.8nm；灯电流：5mA；火焰类型：空气-乙炔；气体流量：乙炔 2.1L/min，空气 8.0L/min；燃烧器高度：10.0cm。

（2）标准曲线的绘制

①取七个 100ml 容量瓶，按表 5-3-2 配制铅标准系列。

表 5-3-2　铅标准系列

瓶　号	0	1	2	3	4	5	6
铅标准使用液(ml)	0	1.00	2.00	4.00	6.00	8.00	10.0
铅浓度(μg/ml)	0	1.00	2.00	4.00	6.00	8.00	10.0

用 0.010mol/L 硝酸溶液稀释至 100ml 标线，摇匀。

②按选定的仪器工作条件，测定铅标准系列的吸光度。以吸光度对铅浓度（μg/ml），绘制标准曲线。

（3）样品测定

①样品溶液制备：任选下述方法其一。

索氏提取法：将滤筒放入提取器内，于蒸馏瓶中加（1+1）硝酸溶液 50ml，30%过氧化氢 15ml，加热回流 3h，待冷却后将溶液洗入烧杯中（如溶液混浊并拌有絮状物，可先过滤），在电热板上缓慢蒸发至近干，再加入（1+1）硝酸溶液 2ml，加热溶解残渣，定量转移至 50ml 容量瓶中，用水稀释至标线。

酸煮法：将滤筒放入250ml锥形瓶中，加入（1+1）硝酸溶液50ml，30%过氧化氢15ml，插入一小漏斗，在电热板上微沸2h，1h后再小心滴加过氧化氢5ml，必要时可补加少量水，冷却后抽滤，滤液移入烧杯中。用水洗涤锥形瓶、滤渣及抽滤瓶三次以上，洗涤液与滤液合并，放在电热板上微沸蒸干，再加入（1+1）硝酸溶液2ml，加热使残渣溶解，定量转移至50ml容量瓶中，用水稀释至标线。

②取适量样品溶液于另一50ml容量瓶中，用0.010mol/L硝酸溶液稀释至标线。按绘制标准曲线的工作条件，测定吸光度。

③取同批号滤筒两个，按样品测定步骤测定空白值。

6. 计算

$$铅(Pb, mg/m^3) = \frac{(C - 1/2C_0) \times 50.0}{V_{nd}} \times \frac{V_t}{V_a}$$

式中：C——测定时样品溶液（50.0ml）中铅浓度，μg/ml；

C_0——空白溶液（50.0ml）中铅浓度，μg/ml；

V_t——样品溶液总体积，ml；

V_a——测定时所取样品溶液体积，ml；

V_{nd}——标准状态下干气的采样体积，L。

7. 说明

①在样品溶液蒸至近干时，温度不宜太高，以免崩溅。

②实验过程中，应使用无铅水，以尽可能地降低空白值。

③玻璃纤维滤筒铅含量较高，使用前可先用（1+1）热硝酸溶液浸泡约3h（不能煮沸，以免破坏滤筒）。从酸中取出后，在水中浸泡10min，取出用水淋洗至近中性，烘干后即可使用。

④索氏法制备的样品溶液，不易受环境污染，过程简便，但耗时较长。酸煮法，步骤较繁琐，制得样品溶液需过滤。两种方法各有优缺点，可根据实验室的具体条件选用。

⑤由于铅的熔点较低（327℃），在400℃时便开始气化，因此当温度高于400℃时，应将废气导出管道外，使温度降至400℃以下，才能采集气溶胶态铅。

⑥不同仪器的最佳工作条件不同，因此要根据所用仪器的说明书精确选择仪器的工作条件，以使测定的灵敏度高、重现性好及线性范围宽。

（二）石墨炉原子吸收分光光度法（B）

1. 原理

用过氯乙烯滤膜采集无组织排放中颗粒物样品，用玻璃纤维滤筒采集有组织排放中的颗粒物样品，用硝酸-高氯酸消解后制成样品溶液。处理后的试样溶液注入经涂层处理后的石墨炉原子化器的石墨管中，于283.3nm处测定吸光值，根据特征谱线的光强度，可确定样品溶液中铅的浓度。

当采样体积为10m^{3}时，将滤膜制备成25ml样品进行测定，最低检出浓度为8×10^{-3}μg/m^3，测量范围25×10^{-3}～250×10^{-3}μg/m^3。

2. 仪器

①原子吸收分光光度计及相应的辅助设备。

②热解石墨管。

③中流量采样器。

④烟尘采样器。

⑤玻璃纤维滤筒。

⑥过氯乙烯滤膜。

⑦微量移液器。

3. 试剂

①铅标准贮备液：称取 110℃烘干 2h 的硝酸铅（分析纯）1.599g 溶于水中，用（1+9）硝酸溶液定容至 1000ml，此溶液含铅 1.00mg/ml。

②铅标准使用液：临用前用 0.1% HNO_3，经逐级稀释后，配制成含 Pb500μg/L 的标准溶液。

③5%$(NH_4)_2HPO_4$溶液。

④5%抗坏血酸水溶液。

⑤5%镧溶液：称取 3.118g $La(NO_3)_3 \cdot 6H_2O$ 溶于 20ml 水中。

⑥硝酸（HNO_3）：ρ=1.42g/ml，优级纯。

⑦硝酸溶液，1+9：用 ρ=1.42g/ml 优级纯硝酸配制。

⑧0.1%硝酸溶液。

⑨高氯酸（$HClO_4$）：ρ=1.67g/ml，优级纯。

4. 采样

（1）样品的采集

①无组织排放样品的采集，采集方法按照第三篇第二章一、总悬浮颗粒物有关部分执行；采样点数目及采样点位置，采样时间和频次按本篇第一章一（三）无组织排放源的采样原则有关部分执行。

②有组织排放样品的采集，采样点数目及采样点位置按照本篇第一章一、采样位置与采样点有关部分执行；采样方法按照本篇第一章三、颗粒物采样方法有关部分执行；采样时间和频次：采集颗粒物样品时，原则上每个采样点采样时间不少于 3min，每次采样至少采取三个样品，取其平均值；采集气态污染物样品时，以连续 1h 的采样获取平均值或在 1h 内以等时间间隔采集四个样品，并计平均值。

（2）样品的保存

滤膜样品采集后对折放入干净纸袋中保存待测。滤筒样品采集后将封口向内折叠，竖直放回原采样盒中，待测。

5. 步骤

（1）样品溶液的制备

①滤筒样品：将试样滤筒剪碎（切勿使尘粒抖落），置于 150ml 锥形瓶中，加 30ml 硝酸、5ml 高氯酸，瓶口插入一个小漏斗，于电热板上加热至微沸，保持微沸 2h。稍冷，再加入 10ml 硝酸，继续加热微沸至近干。如果样品消解不完全，可加入少量硝酸继续加热至样品颜色变浅。冷却，加入少量水，用定量滤纸过滤，用水洗涤锥形瓶、滤渣数次，合并洗涤液和滤液，加热浓缩至 5ml 左右，移到 25ml 容量瓶中，用水稀释至标线，即为样品溶液。

②滤膜样品：取试样滤膜置于 100ml 锥形瓶中，加入 10ml 硝酸，放置过夜。其后消解

方法与玻璃纤维滤筒同，但酸量减半。

（2）空白溶液的制备

取同批号空白滤筒或滤膜两个，和样品同时处理操作，制备成空白溶液。

（3）标准曲线绘制

①工作标准溶液的配制：取七个 25ml 容量瓶，分别加入铅标准使用液 0.00、0.50、1.00、2.00、3.00、4.00、5.00ml，然后用（1+9）硝酸溶液稀释至标线，配制成工作标准溶液，该标准溶液含铅分别为 0.0、10.0、20.0、40.0、60.0、80.0、100.0μg/L。

②涂层石墨管的制作：用微量移液器向热解石墨管中移入 150μl 5%镧溶液，按仪器说明书的操作步骤和选定的仪器工作条件及参数，进行一次全过程原子化，制备成涂层石墨管。

仪器参数可参照说明书进行选择，表 5-3-3 所列条件和参数供参考。

③绘制标准曲线：用微量移液器向已涂层的石墨管中依次移入 10μl 基体改进剂、20μl 标准工作溶液，按照制备涂层石墨管的仪器工作条件，测定工作标准溶液的吸光度值，以吸光度值对铅浓度（μg/L）绘制标准曲线，并算出标准曲线的回归直线方程。

表 5-3-3 石墨炉原子吸收分光光度法工作条件

波长	283.3 nm	氩气流量	内 0.5L/min	外 2.5L/min
灯电流	7.5mA	干燥温度与时间	80～180℃	5s
狭缝	1.3nm	灰化温度与时间	700～750℃	35s
石墨管	热解石墨管	原子化温度与时间	2600℃	5s
进样量	10μl 改进剂+20μl 样品溶液	清洗温度与时间	2700℃	3s

④样品溶液的测定：按标准曲线绘制时的仪器工作条件和操作步骤，分别测定空白溶液和样品溶液，记录吸光度值。

6. 计算

根据所测的吸光度值，在标准曲线上查出或由回归方程计算出样品溶液和空白溶液中铅的浓度，并由下式计算大气污染源排放铅的浓度（$\mu g/m^3$）。

$$铅(Pb, \mu g/m^3)=\frac{25\times(C-1/2C_0)}{V_{nd}\times 1000}\times\frac{S_t}{S_a}$$

式中：C——样品溶液中铅浓度，μg/L；

C_0——空白溶液中铅浓度，μg/L；

25——样品溶液体积，ml；

V_{nd}——标准状态下的采样体积，m^3；

S_t——样品滤膜总面积，cm^2；

S_a——测定时所取样品滤膜面积，cm^2。

注：对滤筒样品，$S_t=S_a$；V_{nd} 为标准状态下干气的采样体积（m^3）。

7. 说明

①在制备样品溶液时，小心加热，勿蒸干，勿使其崩溅。

②若用玻璃纤维滤筒采样，因滤筒中铅的本底较高，应适当增大采样体积。

③为克服石墨炉原子吸收法测定 Pb 时的基体干扰，可加入基体改进剂，例如：Pd、$(NH_4)_2HPO_4$、La、Pt，Zr 等盐类。加入基体改进剂后，可适当提高灰化温度（一般可提高

200～300℃），这样能减少基体产生的背景吸收。

④用金属碳化物涂层石墨管，在测定酸度较大的试样时，涂层容易受到破坏，使测定精度变差，应注意测定试样的酸度不超过 0.2%。

⑤铅含量高时，可用火焰原子吸收分光光度法测定。

⑥本方法检测的铅及其化合物，系指经滤筒或滤膜采集的颗粒物中能被硝酸-高氯酸体系浸出的铅及其化合物。

（三）络合滴定法（B）

1. 原理

用玻璃纤维滤筒采集铅尘、铅烟样品，经索氏提取法或酸煮法制备成样品溶液。在碱性溶液中（pH10），以 4-（2-吡啶偶氮）-间苯二酚（PAR）为指示剂，用乙二胺四乙酸二钠盐（Na_2-EDTA）标准溶液滴定铅离子，终点时溶液由红色变为亮黄色。

用氰化钾作掩蔽剂，可排除在本操作条件下 Cd^{2+}、Zn^{2+}、Co^{2+}、Ni^{2+}及 Ag^{+}等离子的干扰；用氟化钠掩蔽 Al^{3+}、Ca^{2+}及 Mg^{2+}离子；用盐酸羟胺和柠檬酸盐消除 Fe^{3+}的干扰。

测定范围：20mg/m^3 以上。

2. 仪器

①索氏提取器。

②酸式滴定管。

③锥形瓶：250ml。

④烟尘采样器。

⑤玻璃纤维滤筒。

3. 试剂

①（1+1）硝酸溶液。

②（1+1）氨水。

③30%过氧化氢。

④25%酒石酸钾钠溶液。

⑤15%柠檬酸三钠溶液。

⑥20%盐酸羟胺溶液。

⑦10%氰化钾溶液。

⑧5%氟化钠溶液。

⑨缓冲溶液（pH10）：称取 16.9g 氯化铵，用 50ml 水溶解，加入 143ml 氨水，用水稀释至 250ml，摇匀。

⑩铅标准贮备液（1.000mg/ml）：同本节（一）火焰原子吸收分光光度法试剂③。

⑪PAR 指示剂：称取 0.10g 4-（2-吡啶偶氮）-间苯二酚（PAR），溶解于 95%乙醇 100ml。有效期约三个月。

⑫0.05%甲基橙指示剂。

⑬EDTA 标准溶液：称取 3.725g 乙二胺四乙酸二钠盐（Na_2-EDTA）于烧杯中，加水加热溶解，冷却后移入 1000ml 容量瓶，用水稀释至标线，摇匀。此溶液浓度约为 0.010mol/L。

标定：吸取 20.00ml 铅贮备液于 250ml 锥形瓶中，加水 30ml、甲基橙指示剂 1～2 滴、

25%酒石酸钾溶液 2.0ml，摇匀。用（1+1）氨水中和至溶液呈亮黄色，再多加几滴。加入 5.0ml 缓冲溶液、2～3 滴 PAR 指示剂，在不断摇动下，用 EDTA 溶液滴定至溶液由红色变为亮黄色，即为终点。记录消耗量（V）。

另取 50ml 水，同法进行空白测定，记录消耗量（V_0）。

按下式计算滴定度：

$$T(\mathrm{mg/ml})=\frac{W}{V-V_0}$$

式中：T——EDTA 标准溶液对铅的滴定度，mg/ml；

W——20.00ml 铅标准贮备液中铅含量，mg；

V、V_0——分别为滴定铅标准贮备液、空白溶液所消耗 EDTA 标准溶液的体积，ml。

4. 采样

同本节（一）火焰原子吸收分光光度法。

5. 步骤

（1）样品溶液的制备

同本节（一）火焰原子吸收分光光度法。

（2）样品测定

吸取适量样品溶液（含铅在 1～40mg）于 250ml 锥形瓶中，加水稀释至 50ml，加 25%酒石酸钾钠溶液 2.0ml 和 20%盐酸羟胺溶液 2.0ml，摇匀。再加入 15%柠檬酸三钠溶液 1.0ml、5%氟化钠溶液 2.0ml、10%氰化钾溶液 2.0ml 以及甲基橙指示剂溶液 1～2 滴，用（1+1）氨水中和至溶液呈亮黄色，加缓冲溶液 5.0ml 和 PAR 指示剂 2～3 滴，用 EDTA 标准溶液滴定至溶液由红色变为亮黄色，即为终点。记录消耗量（V）。

另取同批号滤筒两个，同法制备空白滤筒溶液，进行空白滴定，记录消耗量（V_0）。

6. 计算

$$铅(\mathrm{Pb, mg/m^3})=\frac{(V-1/2V_0)\times T}{V_{\mathrm{nd}}}\times\frac{V_{\mathrm{t}}}{V_{\mathrm{a}}}\times 1000$$

式中：V、V_0——分别为滴定样品溶液、空白滤筒溶液所消耗 EDTA 标准溶液的体积，ml；

T——EDTA 标准溶液对铅的滴定度，mg/ml；

V_{t}——样品溶液总体积，ml；

V_{a}——滴定时所取样品溶液体积，ml；

V_{nd}——标准状态下干气的采样体积，L。

7. 说明

①～⑤同本节（一）火焰原子吸收分光光度法。

⑥三价铁离子能封闭指示剂，加盐酸羟胺还原为二价后，用柠檬酸盐掩蔽。

⑦络合滴定测定铅的指示剂之中，PAR 指示剂具有灵敏度高、选择性好，终点时色变明显、稳定性好（抗氧化、还原能力强）及易于保存等优点。

⑧Pb-EDTA 络合物的稳定常数大，滴定时反应速度不慢，指示剂色变明显、敏锐，故一般在室温下以中等速度滴定为宜。

七、汞及其化合物

冷原子吸收分光光度法和氢化物发生-原子荧光分光光度法测定汞，灵敏度高、方法快速准确、干扰少；双硫腙分光光度法是经典方法，准确、测定范围宽，但操作复杂，要求严格，适用于高浓度汞污染物的监测。

（一）冷原子吸收分光光度法（B）

1. 原理

汞被酸性高锰酸钾溶液吸收并氧化成汞离子，汞离子再被氯化亚锡还原为原子态汞，用载气将汞蒸气从溶液中吹出带入测汞仪，利用汞蒸气对波长 253.7nm 紫外光的吸收作用，用冷原子吸收分光光度法测定。

有机物如苯、丙酮等干扰测定。

测定范围：0.01～30mg/m^3。

2. 仪器

①大型气泡吸收管：10ml。

②汞反应瓶。

③烟气采样器。

④冷原子吸收测汞仪。

⑤装有氮气或空气钢瓶。

⑥电子稳压器。

3. 试剂

①浓盐酸（HCl）：ρ=1.19g/ml，优级纯。

②硫酸（H_2SO_4）：ρ=1.84g/ml，优级纯。

③10%硫酸溶液。

④硫酸溶液 C（1/2H_2SO_4）=1.0mol/L：取 13.8ml 硫酸徐徐加入 400ml 水中，冷却后用水稀释至 500ml。

⑤高锰酸钾溶液 C（1/5 $KMnO_4$）=0.1mol/L：称取 3.2g 高锰酸钾，用水溶解并稀释到 1000ml。过滤后，滤液贮存于棕色瓶中备用。

⑥吸收液：临用前，将 0.1mol/L 高锰酸钾溶液与 10%硫酸溶液等体积混合。

⑦25%氯化亚锡甘油溶液：称取 25.0g 氯化亚锡（$SnCl_2 \cdot 2H_2O$）于 150ml 干烧杯中，加浓盐酸 10.0ml 搅拌使其溶解，然后加入甘油 90ml，冷却后贮于棕色瓶中。

⑧10%盐酸羟胺溶液：称取 10.0g 盐酸羟胺用少量水溶解，并用水稀释至 100ml。

⑨氯化汞标准贮备液：称取 0.1354g 氯化汞（$HgCl_2$，优级纯），用少量 0.5mol/L 硫酸溶液溶解，移入 100ml 容量瓶中，用 0.5mol/L 硫酸溶液稀释至标线。此溶液每毫升相当于含 1000μg 汞。

⑩氯化汞标准中间液：吸取氯化汞标准贮备液 1.00ml，移入 100ml 容量瓶中，用 0.5mol/L 硫酸溶液稀释至标线。此溶液每毫升相当于含 10.0μg 汞。

⑪氯化汞标准使用液：临用前，吸取氯化汞标准中间液 10.00ml，移入 100ml 容量瓶中，用 0.5mol/L 硫酸稀释至标线。此溶液每毫升相当于含 1.00μg 汞。

⑫碘-活性炭：称量 1 份碘（I_2）、两份碘化钾（KI）和 20 份水配成溶液，加入约 10 份（重量）活性炭，用力搅拌至溶液脱色后倾出溶液，将活性炭在 100～110℃烘干备用。

4. 采样

见本篇第一章二、烟气采样方法。按图 5-1-10 串联两支各装 10ml 吸收液的大型气泡吸收管，以 0.3L/min 流量，采样 5～30min。

5. 步骤

（1）标准曲线的绘制

①取七个汞反应瓶，按表 5-3-4 配制氯化汞标准系列。

表 5-3-4 氯化汞标准系列

瓶 号	0	1	2	3	4	5	6
氯化汞标准使用液(ml)	0	0.10	0.20	0.40	0.60	0.80	1.00
吸收液(ml)	5.0	4.9	4.8	4.6	4.4	4.2	4.0
汞含量(μg)	0	0.10	0.20	0.40	0.60	0.80	1.00

②将各瓶摇匀后放置 10min，滴加 10%盐酸羟胺溶液将高锰酸钾还原为二价锰离子，至紫红色完全褪去为止。

③在各瓶中加 1.0mol/L 硫酸溶液至 25ml，再加 25%氯化亚锡甘油溶液 3.0ml，迅速盖严瓶塞。

④启动冷原子吸收测汞仪，测定峰高值，以峰高值对汞含量（μg），绘制标准曲线，并算出标准曲线的回归直线方程。

（2）样品测定

①样品溶液制备：采样后，将两个吸收管中的吸收液移入 25ml 容量瓶中，用吸收液洗涤吸收管 1～2 次，洗涤液并入容量瓶中，用吸收液稀释至标线，摇匀，即为样品溶液。

②吸取适量样品溶液，放入汞反应瓶中，用吸收液稀释至 5.0ml，以下步骤同标准曲线的绘制。由标准曲线查出或由回归方程计算出测定时所取样品溶液中的汞含量 W。

6. 计算

$$\text{汞}(\mathrm{Hg},\mu\mathrm{g/m^3})=\frac{W}{V_{\mathrm{nd}}}\times\frac{V_{\mathrm{t}}}{V_{\mathrm{a}}}$$

式中：W——测定时所取样品溶液中的汞含量，μg；

V_t——样品溶液总体积，ml；

V_a——测定时所取样品溶液的体积，ml；

V_{nd}——标准状态下干气的采样体积，m^3。

7. 说明

①全部玻璃仪器必须用 10%硝酸溶液或酸性高锰酸钾吸收液浸泡 24h。或用（1+1）硝酸溶液浸泡 40min，以除去器壁上吸附的汞。

②氯化亚锡甘油溶液临用前倒入汞反应瓶中，吹氮气除去其中的本底汞，至测汞仪读数回零。

③测定样品前必须做试剂空白试验，空白值应不超过 0.005μg 汞。

④橡皮管对汞有吸附，采样管与吸收管之间采用聚乙烯管连接，接口处用聚四氟乙烯

生料带密封。

⑤当汞浓度较高时，可使用大型冲击式吸收采样瓶。

⑥除本法可以测定汞外，也可用高锰酸钾氧化-原子吸收分光光度法测定汞。在原子吸收分光光度计的燃烧头上，安装一个带有石英窗的玻璃吸收池，可改善仪器的稳定性，并使测定结果具有较好的重复性。

⑦当气温低于 10℃时，应采取增高操作间环境温度的办法来提高汞的气化效率。

⑧反应后的含汞废气在排出之前用碘-活性炭吸附，以免污染空气。为保证碘-活性炭的效果，使用 1～2 月后，应重新更换。

（二）原子荧光分光光度法（B）

1. 原理

通过等速采样，将颗粒物从固定污染源中抽取到玻璃纤维滤筒中或将无组织排放颗粒物收集到过氯乙烯滤膜上。所采集的样品用混合酸消解处理。

在酸性介质中，加热消解使样品溶液中的汞以二价汞的形式存在，再被硼氢化钾还原成单质汞，形成汞蒸气，被引入原子荧光分光光度计进行测定。

大气颗粒物中 Sb、Se、Bi、Au 等元素含量较低，一般含量的 Sb、Se、Bi、Au 不干扰 Hg 的测定，大量的 Cu、Pb 等均不干扰测定。

当将采集 $10m^3$ 气体的滤膜制备成 50ml 样品时，最低检出限为 $3\times10^{-3}\mu g/m^3$。

2. 仪器

①原子荧光分光光度计及相应的辅助设备。

②中流量采样器。

③烟尘采样器。

④玻璃纤维滤筒。

⑤过氯乙烯滤膜。

3. 试剂

本方法所用试剂除另有说明外，均使用符合国家标准的分析纯试剂和去离子水或同等纯度的水。

①硝酸（HNO_3）：ρ=1.42g/ml，优级纯。

②硝酸（HNO_3）：1+1。

③硝酸（HNO_3）：1+19。

④盐酸（HCl）：ρ=1.19g/ml，优级纯。

⑤5%盐酸（HCl）。

⑥重铬酸钾（$K_2Cr_2O_7$）：优级纯。

⑦氢氧化钾（KOH）或氢氧化钠（NaOH）：优级纯。

⑧盐酸溶液：1+1。

⑨0.04%硼氢化钾溶液：称取 0.4g 硼氢化钾于已加入 1gKOH 的 200ml 去离子水中，溶解后，用脱脂棉过滤，稀释至 1000ml。此溶液现用现配。

⑩0.5g/L 重铬酸钾溶液：称取 0.5g 重铬酸钾溶解于 1000ml（1+19）HNO_3 中。

⑪汞标准贮备液：准确称取 1.080g 氧化汞（优级纯，于 105～110℃烘干 2h），用 70ml

（1+1）HCl 溶液溶解，加入 24ml（1+1）HNO_3 溶液、1.0g $K_2Cr_2O_7$，溶解后移入 1000ml 容量瓶中，用水稀释定容至标线。此溶液每毫升含 1.0mg 汞。

⑫汞标准使用液（Hg），0.500μg/ml：临用时，用 0.5g/L 重铬酸钾溶液逐级稀释汞贮备液而成。

4. 采样

同本章六、铅及其化合物（二）石墨炉原子吸收分光光度法。

5. 步骤

（1）标准曲线绘制

准确移取 0.0、0.2、0.4、0.8、1.0ml 的汞标准使用溶液于 50ml 容量瓶中，加入 5.0ml（1+1）HNO_3，用去离子水定容，配制成工作标准溶液。此标准溶液含汞分别为 0.0、2.0、4.0、8.0、10.0μg/L。混合均匀后，按样品测定步骤操作。记录相应的荧光强度值，以荧光强度值对汞的浓度（μg/L）绘制标准曲线并计算出标准曲线的回归直线方程。

（2）样品溶液的制备

①滤筒样品：将试样滤筒剪碎（切勿使尘粒抖落），置于 150ml 锥形瓶中，加 45ml 新配制的王水，瓶口插入一小漏斗，于电热板上加热至微沸，保持微沸 2h。冷却，加入少量水，用定量滤纸过滤，用水洗涤锥形瓶、滤渣数次，合并洗涤液和滤液，加热浓缩至近干，稍冷，冷却后转移到 50ml 容量瓶中，用 5%盐酸稀释至标线，即为样品溶液。

②滤膜样品：取试样滤膜置于 100ml 锥形瓶中，加入 10ml 王水，放置过夜。其后消解方法与玻璃纤维滤筒同，但酸量减半。

（3）空白溶液的制备

取同批号空白滤筒或滤膜两个，按样品处理相同步骤同时操作，制备成空白溶液。

（4）样品溶液的测定

准确移取一定量的待测溶液进入原子荧光分光光度计的氢化物发生器中进行测定。记录相应的荧光强度值，从标准曲线上查出或由回归方程计算出测定溶液中汞的浓度。

仪器参数可参照说明书进行选择，表 5-3-5 所列条件和参数供参考。

表 5-3-5 原子荧光分光光度法工作参数

灯电流	30mA	氩气流量	600ml/min
负高压	360～380V	样品消耗量	0.8～2ml
炉温	800℃		

6. 计算

根据所测的荧光强度值，在标准曲线上查出或由回归方程计算出样品溶液和空白溶液中汞的浓度，并由下式计算大气污染源排放汞的浓度（μg/m³）。

$$\text{汞}(\text{Hg}, \mu\text{g/m}^3)=\frac{50\times(C-1/2C_0)}{V_{\text{nd}}\times 1000}\times\frac{S_{\text{t}}}{S_{\text{a}}}$$

式中：C——样品溶液中汞浓度，μg/L；

C_0——空白溶液中汞浓度，μg/L；

50——样品溶液体积，ml；

V_{nd}——标准状态下采样体积，m^3；

S_t——样品滤膜总面积，cm^2；

S_a——测定时所取样品滤膜面积，cm^2。

注：对滤筒样品，$S_t=S_a$；V_{nd}为标准状态下干气的采样体积（m^3）。

7. 精密度和准确度

单个实验室测定土壤标准样品的相对标准偏差为 3.6%～10%，相对误差为-7.1%～+6.2%。

多个实验室测定土壤标准样品的室间相对标准偏差为 10.4%～22.7%，相对误差为-6.2%～-4.8%。

8. 说明

①操作中要注意检查全程序空白。

②与砷等同时测定时，可以在砷测定介质中进行，硫脲不干扰测定。

③样品消解后，若不能迅速测定，应加入 $K_2Cr_2O_7$ 保存液稀释，以防止待测元素的损失。

④本法适用于测定经滤筒或滤膜采集的颗粒物中汞及其化合物。

八、镉及其化合物

（一）火焰原子吸收分光光度法（A）

1. 原理

用玻璃纤维滤筒和过氯乙烯滤膜采集的样品，经硝酸-高氯酸溶液加热浸取制备成样品溶液。将样品溶液喷入空气-乙炔火焰中，于 228.8nm 处测定吸光值，根据特征谱线强度，确定样品溶液中镉的浓度。

当采样体积为 $10m^3$ 时，将滤膜制备成 10ml 样品进行测定，检出限为 $3\times10^{-6}mg/m^3$，测定范围 $0.05\sim1\times10^{-3}mg/m^3$。

当钙的浓度高于 1000mg/L 时，抑制镉的吸收。

2. 仪器

①原子吸收分光光度计及相应的辅助设备。

②中流量采样器。

③烟尘采样器。

④玻璃纤维滤筒。

⑤过氯乙烯滤膜。

3. 试剂

除另有说明外，均使用符合国家标准的分析纯试剂和去离子蒸馏水或同等纯度的水。

①硝酸（HNO_3）：ρ=1.42g/ml，优级纯。

②硝酸溶液，1+1：用硝酸配制。

③硝酸溶液，1+99：用硝酸配制。

④高氯酸（$HClO_4$）：ρ=1.67g / ml，优级纯。

⑤镉标准贮备液，0.100mg/ml：称取 0.1000g 镉（含量不低于 99.99%）于烧杯中，用

（A）本方法与 HJ/T 64.1—2001 等效。

适量（1+1）硝酸溶解，必要时加热至溶解完全，用去离子水稀释定容至1000ml，混匀。

⑥镉标准使用溶液，10.0μg/ml：用移液管吸取10.00ml镉标准贮备液至100ml容量瓶中，用（1+99）的硝酸溶液稀释至刻度，混匀。

4. 采样

同本章六、铅及其化合物（二）石墨炉原子吸收分光光度法。

5. 步骤

（1）标准曲线的绘制

取七个25ml容量瓶，分别加入镉标准使用溶液0.00、0.25、0.50、1.00、1.50、2.00、2.50ml，然后用（1+99）的硝酸溶液稀释至刻度，配制成工作标准溶液，该标准溶液含镉分别为0.00、0.10、0.20、0.40、0.60、0.80、1.00mg/L。

根据选定的原子吸收分光光度计工作条件，测定溶液的吸光度。以吸光度对镉浓度（mg/L），绘制标准曲线，并算出标准曲线的回归直线方程。

（2）样品溶液的制备

①滤筒样品：将滤筒剪碎，置于150ml锥形瓶中，用少量水润湿，加30ml硝酸和5ml高氯酸（以酸液浸过样品为宜，不足加入硝酸），瓶口插入一短颈玻璃漏斗，在电热板上加热至微沸，保持微沸2h，蒸至近干时取下冷却。再加10ml硝酸，继续加热微沸至近干（如果样品消解不完全，可加入少量硝酸继续加热至样品颜色变浅）。稍冷，加少量水过滤，每次转移洗涤液时应用玻璃棒将絮状纤维挤压干净，浓缩滤液至近干约5ml。冷却后，转移到25ml容量瓶中，再用水稀释至刻度，此溶液即为样品溶液。

②滤膜样品：将滤膜剪碎，置于100ml锥形瓶中，加10ml硝酸浸泡过夜。再加2ml高氯酸，瓶口插入一短颈玻璃漏斗，其他步骤同滤筒的处理方法，所用酸量均减半。

注：对于过氯乙烯滤膜，建议加硝酸后过夜，以免有机物过多加入高氯酸后发生爆炸。

（3）空白溶液的制备

取同批号空白滤膜或滤筒（每种至少两个），按制备样品溶液的操作步骤，制备空白溶液。

（4）样品溶液的测定

按标准曲线绘制时的仪器工作条件，吸入（1+99）的硝酸溶液，将仪器调零，分别吸入空白溶液和样品溶液，记录吸光度值。

6. 计算

根据所测定的吸光度值，在标准曲线上查出或由回归方程计算出样品溶液和空白溶液中镉的浓度，并由下式计算大气污染源排放镉的浓度（mg/m^3）。

$$镉(\mathrm{Cd, mg/m^3}) = \frac{25 \times (C - C_0)}{V_{\mathrm{nd}} \times 1000} \times \frac{S_{\mathrm{t}}}{S_{\mathrm{a}}}$$

式中：C——样品溶液中镉浓度，μg/ml；

C_0——空白溶液中镉浓度，μg/ml；

25——样品溶液体积，ml；

V_{nd}——标准状态下的采样体积，m^3；

S_{t}——样品滤膜总面积，cm^2；

S_{a}——测定时所取样品滤膜面积，cm^2。

注：对滤筒样品，$S_{\mathrm{t}}=S_{\mathrm{a}}$；$V_{\mathrm{nd}}$为标准状态下干气的采样体积（$m^3$）。

7. 精密度和准确度

四个实验室用火焰原子吸收分光光度法测定水系沉积标准参考物，经多个实验室多次测定得平均值3.88mg/kg。

①重复性：重复性相对标准偏差为6.38%。

②再现性：再现性相对标准偏差为16.7%。

③准确度：相对误差为5.0%。

8. 说明

本方法检测的镉及其化合物，系指经滤筒或滤膜采集的颗粒物中能被硝酸-高氯酸体系浸出的镉及其化合物。

（二）石墨炉原子吸收分光光度法（A）

1. 原理

用玻璃纤维滤筒和过氯乙烯滤膜采集的样品，经硝酸-高氯酸溶液加热浸取制备成样品溶液。根据特征谱线强度，确定样品溶液中镉的浓度。

当采样体积为10m^{3}时，将滤膜制备成10ml样品进行测定，检出限为3×10^{-8}mg/m^3，测定范围0.5～10ng/m^3。

2. 仪器

①原子吸收分光光度计及相应的辅助设备。

②中流量采样器。

③烟尘采样器。

④玻璃纤维滤筒。

⑤过氯乙烯滤膜。

3. 试剂

除另有说明外，均使用符合国家标准的分析纯试剂和去离子蒸馏水或同等纯度的水。

①硝酸（HNO_3）：ρ=1.42g/ml，优级纯。

②1%硝酸溶液：用硝酸配制。

③硝酸溶液，1+1：用硝酸配制。

④高氯酸（$HClO_4$）：ρ=1.67g/ml，优级纯。

⑤氨水：ρ=0.90g/ml，优级纯。

⑥镉标准贮备液，500.0μg/ml：称取0.5000g镉（含量不低于99.99%）于烧杯中，加入（1+1）硝酸5ml，加热，直至溶解完全，然后用水稀释定容至1000ml，混匀。

⑦镉标准溶液，10.00μg/ml：移取10.00ml镉标准贮备液至500ml容量瓶中，用1%硝酸溶液稀释至刻度，混匀。

⑧镉标准使用溶液，0.10μg/ml：用移液管吸取1.0ml镉标准溶液至100ml容量瓶中，用（1+1）的硝酸溶液稀释至刻度，混匀。

⑨氯化钯-酒石酸氨溶液：称取50mg氯化钯，1000mg酒石酸溶于100ml氨水中。氯化钯、酒石酸均用优级纯试剂。

（A）本方法与HJ/T 64.2—2001等效。

4. 采样

同本章六、铅及其化合物（二）石墨炉原子吸收分光光度法。

5. 步骤

（1）标准曲线的绘制

取六个100ml容量瓶，分别加入镉标准使用溶液0.0、0.5、1.0、2.0、5.0、8.0、10.0ml，然后用1%的硝酸溶液稀释至刻度，配制成工作标准溶液。该标准溶液含镉分别为0.0、0.5、1.0、2.0、5.0、8.0、10.0ng/ml。

根据选定的原子吸收分光光度计工作条件，测定溶液的吸光度。以吸光度对镉浓度（ng/ml），绘制标准曲线，并算出标准曲线的回归直线方程。

仪器参数可参照仪器说明书进行选择。表5-3-6所列条件供参考。

（2）样品溶液的制备

①滤筒样品：将滤筒剪碎，置于150ml锥形瓶中，用少量水润湿，加30ml硝酸和5ml高氯酸（以酸液浸过样品为宜，不足加入硝酸），瓶口插入一短颈玻璃漏斗，在电热板上加热至沸腾，蒸至近干时取下冷却。再加10ml硝酸，继续加热至近干（如果样品消解不完全，可加入少量硝酸继续加热至样品颜色变浅）。稍冷，加少量水过滤，每次转移洗涤液时应用玻璃棒将絮状纤维挤压干净，浓缩滤液至近干。冷却后，转移到25ml容量瓶中，再用水稀释至刻度，此溶液即为样品溶液。

表5-3-6 石墨炉原子吸收分光光度法工作条件

波长	228.8nm	氩气流量	内0.5L/min	外2.5L/min
狭缝	1.3nm	干燥温度与时间	120℃	20s
灯电流	5.0 mA	灰化温度与时间	700℃	20s
进样量	10μl	原子化温度与时间	2000℃	10s

②滤膜样品：将滤膜剪碎，置于100ml锥形瓶中，加10ml硝酸浸泡过夜。再加2ml高氯酸，瓶口插入一短颈玻璃漏斗，其他步骤同滤筒的处理方法，所用酸量均减半。

注：对于过氯乙烯滤膜，建议加硝酸后过夜，以免有机物过多加入高氯酸后发生爆炸。

（3）空白溶液的制备

取同批号空白滤膜或滤筒（每种至少两个），按制备样品溶液的操作步骤，制备空白溶液。

（4）样品溶液的测定

按标准曲线绘制时的仪器工作条件，注入1%的硝酸溶液，将仪器调零，分别注入空白溶液和样品溶液，记录吸光度值。

6. 计算

根据所测定的吸光度值，在标准曲线上查出或由回归方程计算出样品溶液和空白溶液中镉的浓度，并由下式计算大气污染源排放镉的浓度（mg/m^3）。

$$镉(\mathrm{Cd, mg/m^3}) = \frac{25\times(C-C_0)}{V_{\mathrm{nd}}\times 10^6}\times\frac{S_{\mathrm{t}}}{S_{\mathrm{a}}}$$

式中：C——样品溶液中镉浓度，ng/ml；

C_0——空白溶液中镉浓度，ng/ml；

25——样品溶液体积，ml；

V_{nd}——标准状态下的采样体积，m^3；

S_t——样品滤膜总面积，cm^2；

S_a——测定时所取样品滤膜面积，cm^2。

注：对滤筒样品，S_t=S_a；V_{nd}为标准状态下干气的采样体积（m^3）。

7. 精密度和准确度

四个实验室用石墨炉原子吸收分光光度法测定含1.05mg/kg和4.0mg/kg镉的标准参考物。

①精密度：精密度分别为8.4%和7.9%。

②重复性：重复性相对标准偏差分别为13.6%和9.6%。

③再现性：再现性相对标准偏差分别为13.7%和23.1%。

④准确度：相对误差分别为2.8%和3.8%。

8. 说明

本方法检测的镉及其化合物，系指经滤筒或滤膜采集的颗粒物中能被硝酸-高氯酸体系浸出的镉及其化合物。

（三）对-偶氮苯重氮氨基偶氮苯磺酸分光光度法（A）

1. 原理

将采集样品后的滤膜或滤筒用硝酸-高氯酸消解制成样品溶液。在pH9.5～11.5的弱碱性溶液中，存在非离子表面活性剂条件下，镉离子与对-偶氮苯重氮氨基偶氮苯磺酸（缩写ADAAS，结构式：HOS_3—⟨◯⟩—N=N—⟨◯⟩—N=N—NH—⟨◯⟩—N=N—⟨◯⟩）作用生成稳定的红色络合物。于波长532nm处有最大吸光度。

采气体积$2m^3$，定容体积25.0ml，使用光程10mm比色皿，本方法最低检出浓度为$1.0\times10^{-4}mg/m^3$。

2. 仪器

①玻璃漏斗ϕ2.5cm。

②中流量采样器。

③烟尘采样器。

④过氯乙烯滤膜，玻璃纤维滤膜。

⑤玻璃纤维滤筒。

3. 试剂

除非另有说明，分析所用试剂均为符合国家标准的分析纯，水为蒸馏水或同等纯度的水。

①硝酸（HNO_3）：ρ=1.42mg/L，优级纯。

②高氯酸（$HClO_4$）：ρ=1.68mg/L，优级纯。

③氨水（$NH_3\cdot H_2O$）：ρ=0.90mg/L，优级纯。

④硝酸溶液：1+1。

⑤甲醛（HCHO）：36%～38%。

（A）本方法与HJ/T 64.3—2001等效。

⑥甲醛溶液，2%：量取 2ml 36%～38%甲醛溶于 98ml 水中。

⑦二甲基甲酰胺（$HCON(CH_3)_2$），简写 DMF。

⑧氯化铵（NH_4Cl），固体。

⑨氢氧化钠（NaOH）溶液：*C*（NaOH）=1.0mol/L。

⑩氢氧化钠（NaOH）溶液：*C*（NaOH）=0.1mol/L。

⑪ADAAS 显色剂，0.04%：称取 80mg 纯化的对-偶氮苯重氮氨基偶氮苯磺酸，溶于 80ml DMF 中，加入 120ml 水，滴加 2～3 滴 1.0mol/L 氢氧化钠溶液，摇匀。

⑫曲力通 X-100 溶液，2%：量取 2.0ml［Triton X-100，$(CH_3)_3CCH_2C(CH_3)_2$-$C_6H_4(OCH_2CH_2)_nOH$，$n\approx10$］，溶于 98ml 水中（可加热使其溶解）。

⑬氨水-氯化铵缓冲溶液，pH＝10.0：称取 20g 氯化铵，溶于适量水中，加入 120ml 氨水，加水稀释至约 500ml，摇匀。用氯化铵和氨水调至溶液 pH＝10.0，用 pH 计测定。

⑭氰化钾-酒石酸钾钠混合掩蔽剂：称取 0.15g 氰化钾（KCN）溶于 100ml 0.1mol/L 氢氧化钠溶液中，并加入 5g 酒石酸钾钠（$C_4H_4O_6KNa \cdot 4H_2O$）。此溶液含 0.15%氰化钾和 5%酒石酸钾钠。

注：氰化钾为剧毒物质，使用和保存必须严格按规定要求。

⑮镉标准贮备液：称取 0.5000g 金属镉（99.99%），置于 100ml 烧杯中，用（1+1）硝酸溶液 10ml 加热溶解，移入 500ml 容量瓶中以水定容。此溶液每毫升含 1.000mg 镉。

⑯镉标准中间液：吸取镉标准贮备液 10.00ml 移入 100ml 容量瓶，加入 1ml 硝酸后用水定容至标线，此溶液每毫升含 100.0μg 镉。

⑰镉标准使用液：吸取镉标准中间液 2.00ml 移入 100ml 容量瓶，用水定容至标线，此溶液每毫升含 2.00μg 镉，使用时当天配制。

4. 采样

同本章六、铅及其化合物（二）石墨炉原子吸收分光光度法。

5. 步骤

（1）标准曲线绘制

取六支 25ml 具塞比色管，依次加入镉标准使用液 0.00、1.00、2.00、3.00、4.00、5.00ml，然后向各管中分别加入 2.0ml 氨缓冲液，0.5ml 曲力通 X-100 溶液，1.0ml 氰化钾-酒石酸钾钠混合掩蔽剂，用洗瓶冲洗一下比色管内壁，摇匀（不必用力摇晃，以免产生大量泡沫）。片刻后，加入 1.5ml ADAAS 显色剂，1.0ml 2%的甲醛溶液，加水至标线，摇匀。放置 10min 后，于 532nm 波长处，10mm 比色皿，以试剂空白溶液为参比测定吸光度。以吸光度对镉含量（μg）回归，得回归方程，绘制标准曲线。

（2）样品测定

①样品处理：将采样后的滤膜或滤筒剪碎（切勿抖落尘粒），放入 150ml 锥形瓶中，罩上玻璃漏斗，加 30ml（1+1）硝酸溶液，5ml 高氯酸（对于滤筒样品可加大硝酸溶液用量，以浸没样品为宜）。将锥形瓶置于电热板上加热（如果样品消解不完全，可在刚开始冒高氯酸烟时将锥形瓶取下，趁热滴加硝酸数滴，继续加热至样品颜色变浅）。高氯酸冒白色浓烟至样品近干时，取下冷却。冷却后的锥形瓶中加入少量水，于电热板上继续加热，溶解盐类。将放冷后的样品溶液过滤，用水分数次洗涤残渣（可用套硅橡皮头的玻璃棒研磨瓶壁，以减少损失）。

②干扰：对于 5μg 镉，下列含量的共存离子不影响测定：200μg 汞、1500μg 铜、500μg 铁、500μg 铝、200μg 钴、200μg 镍。铁、铝含量大于 500μg 的样品，采用碘化钠介质，MIBK 萃取分离，萃取操作步骤参见本节 9。

③显色测定：将上述过滤液收集于 150ml 锥形瓶中，蒸发至近干，移入 25ml 比色管中（溶液体积不宜超过 18ml），加入 0.1mol/L 的 NaOH 溶液，调节 pH 至近中性；加入 2.0ml 氨缓冲溶液，0.5ml 曲力通 X-100 溶液，1.0ml 氰化钾-酒石酸钾钠混合掩蔽剂，缓慢摇匀后，再加 1.5ml ADAAS 显色剂，1.0ml 2%的甲醛溶液，加水至标线，摇匀。放置 10min 后，于 532nm 波长处，用 10mm 比色皿，以试剂空白作参比，测定吸光度。

（3）空白试验

取同批号的空白滤膜或滤筒两个，按样品消解步骤和条件进行处理，并显色测定空白值。

6. 计算

根据所测吸光度，由回归方程求得样品中镉含量，由下式计算有组织排放或无组织排放大气污染源中镉浓度（mg/m^3）。

$$镉(Cd, mg/m^3) = \frac{(W - W_0)}{V_{nd} \times 1000} \times \frac{S_t}{S_a}$$

式中：W——样品溶液中镉含量，μg；

W_0——空白溶液中镉含量，μg；

S_t——样品滤膜总面积，cm^2；

S_a——测定时所取样品滤膜面积，cm^2；

V_{nd}——标准状态下的采样体积，m^3。

注：对滤筒样品，$S_t=S_a$；V_{nd} 为标准状态下干气的采样体积（m^3）。

7. 精密度和准确度

选取标准参考物 GSD-12（镉含量推荐值为 4.0mg/kg）作为统一样品，经六个实验室分析，重复性相对标准偏差为 3.4%，再现性相对标准偏差为 11%。

8. 说明

①氰化钾为剧毒物质，操作应十分小心。加入氰化钾-酒石酸钾钠混合掩蔽剂前，应保持待测体系为碱性，以免产生 HCN 气体，毒害人体。

②样品消解时，高氯酸烟应尽量赶尽，否则，过滤时易破损滤纸，直接显色时还影响溶液酸度。

③对于有机滤膜采集的样品或有机物含量高的样品，消解时应先用硝酸氧化有机物，然后加入高氯酸，以避免爆炸。

④氨-氯化铵缓冲体系可掩蔽锌、铅、锰、铅、铁等离子，氰化钾可掩蔽汞、铜、银、钴、镍等离子，酒石酸钾钠可掩蔽钙、镁、铁、铝等离子，防止在碱性介质中形成氢氧化物沉淀。但当分析含铁 5mg 以上样品（如土壤样品）时，上述掩蔽体系无法防止氢氧化物沉淀。类似情况，可采取萃取分离方法消除干扰。

9. 碘化钠-MIBK 萃取操作

（1）适用范围

当酸浸取液中铁、铝离子的含量超过 500μg 时，采用下述操作步骤萃取铁、铝离子。

（2）试剂

本方法 3.试剂中给出的试剂和以下试剂：

①甲基异丁基酮（$C_6H_{12}O$），简写 MIBK。

②碘化钠（NaI）溶液，2mol/L：称取 30g 碘化钠溶于 100ml 水中。

③碘化钠-抗坏血酸混合液：称取 1g 抗坏血酸（$C_6H_8O_6$）溶液于 100ml 碘化钠溶液中，摇匀。

④洗萃液：取 200ml 水，加入 MIBK 5ml，摇匀，制成饱和 MIBK 水溶液。用移液管取下层溶液使用。

⑤反萃液：按 3+2+1 的比例，将蒸馏水、氨缓冲液、混合掩蔽剂混合，摇匀。

（3）仪器

见本方法 2.仪器。

（4）测定步骤

①萃取分离：将前述消解后的样品溶液过滤收集于 125ml 分液漏斗中，加入 3.0ml 碘化钠-抗坏血酸溶液，10ml MIBK，萃取 2～3min，放掉水相。再用 5ml 洗萃液振摇数次，静置，弃去水相。然后加入 6.0ml 反萃液，反萃 2min，水相放入 25ml 比色管中，加少量水洗涤有机相 2～3 次，合并放入比色管（溶液体积不宜超过 20ml）。

②比色测定：向比色管中分别加入 0.5ml 曲力通 X-100 溶液，1.5ml ADAAS 显色剂，1.0ml 2%的甲醛溶液，加水至标线定容，摇匀后，放置 10min，于 532nm 波长处，10mm 比色皿，以相同操作的试剂空白作参比测定溶液吸光度，并由标准曲线查得样品溶液中镉的含量。

③计算：参见本节计算。

九、铍及其化合物

石墨炉原子吸收分光光度法具有灵敏性高、干扰少及测定速度快等优点；羊毛铬花菁 R 分光光度法及铍试剂III分光光度法，方法较成熟，具有准确、简便、易于推广等优点。

（一）石墨炉原子吸收分光光度法（B）

1. 原理

用玻璃纤维滤筒采集颗粒物样品，经干灰化消化或湿法消解制备成样品溶液。铍在石墨管中，高温下被原子化，于光路中吸收从铍空心阴极灯发射出的特征谱线（234.9nm），根据特征谱线强度的变化，用原子吸收分光光度法测定。

用氘灯扣除背景，消除干扰。

测定范围：0.003～3μg/m^3。

2. 仪器

①具塞比色管：10ml。

②瓷坩埚：30ml。

③微量注射器：10、20、50、100～250μl。

④中流量采样器。

⑤烟尘采样器。

⑥原子吸收分光光度计：备有石墨炉原子化器。

3. 试剂

①硫酸、盐酸、硝酸：优级纯。

②去碳液：硝酸与高氯酸按（1+1）混合。

③基体改进剂：浓氨水。

④玻璃纤维滤筒和过氯乙烯滤膜。

⑤铍标准贮备液：称取 0.5000g 金属铍（99.99%），置于 25ml 烧杯中，用（1+1）盐酸溶液 10ml 溶解，移入 500ml 容量瓶中，缓慢滴加硫酸 5ml，冷却后，用水稀释至标线，摇匀。移入聚乙烯塑料瓶内，于冰箱中保存。此溶液每毫升含 1000μg 铍。

⑥铍标准使用液：临用前，吸取铍标准贮备液 100μl 于 100ml 容量瓶中，滴加硫酸 1.0ml，用水稀释至标线。此溶液每毫升含 1.00μg 铍。

4. 采样

同本章六、铅及其化合物（二）石墨炉原子吸收分光光度法。

5. 步骤

石墨炉原子吸收分光光度法工作条件，见表 5-3-7 及 5-3-8。

表 5-3-7 石墨炉工作条件

步骤	干燥		灰化	原子化	热除	
	1	2	3	4	5	6
温度(℃)	150	500	1100	2600	2700	1100
升温时间(s)	3	10	20	1	1	3
保持时间(s)	10	20	3	5	2	2
氩气流量(ml/s)				停气	60	60

表 5-3-8 分光光度计工作条件

波长(nm)	灯电流(mA)	狭缝		原子化时间(s)	测量方式	
		(nm)	档类		1	2
234.9	10	0.2	低	6.0	峰高	扣背景

（1）标准曲线的绘制

①取八支 10ml 具塞比色管，根据样品浓度，按表 5-3-9 选配标准系列。

②加水将各管稀释至标线。

③依次向石墨管中，注入标准溶液 20μl，基体改进剂 10μl。按照所选定的仪器工作条件，逐个测量其峰高，以峰高对铍浓度（ng/ml），绘制标准曲线。

表 5-3-9 铍标准系列

	管号	0	1	2	3	4	5	6	7
系列Ⅰ	标准使用液(μl)	0	20.0	30.0	40.0	50.0	60.0	70.0	80.0
	硫酸(μl)	100	100	100	100	100	100	100	100
	铍浓度(ng/ml)	0	2.00	3.00	4.00	5.00	6.00	7.00	8.00
系列Ⅱ	标准使用液(μl)	0	100	120	150	200	220	250	300
	硫酸(μl)	100	100	100	100	100	100	100	100
	铍浓度(ng/ml)	0	10.0	12.0	15.0	20.0	22.0	25.0	30.0

（2）样品溶液的制备

①滤筒样品：将滤筒剪碎，置于 150ml 锥形瓶中，用少量水润湿，加 2ml 硫酸及 50ml 硝酸，瓶口插入一短颈玻璃漏斗，在电热板上加热至冒白烟，用滴管沿壁加入 1～2ml 去碳液，蒸至近干，反复加去碳液数次，直至溶液清亮，将溶液蒸至近干。冷却，用 60ml 水分三次洗涤残渣，过滤于 100ml 烧杯中，过滤时应用玻璃棒将絮状纤维挤压干净。将滤液蒸发至近干，冷却，加硫酸 250μl，用少量水吹洗杯壁，加热使残渣溶解，冷却后，转移到 25ml 容量瓶中，再用水稀释至刻度，此溶液即为样品溶液。

②滤膜样品：任选下述方法之一制备样品溶液。

干灰化消解：取适量样品滤膜，置于 30ml 瓷坩埚中，在马弗炉内，800℃下灰化 2h。冷却后，取出用（1+1）盐酸 2ml 加热溶解灰分，加硫酸 250μl，用中速定量滤纸过滤并用水定容至 25ml 待则。

湿法消解：取适量样品滤膜，于 150ml 锥形瓶中，加硝酸 10ml，硫酸 2ml，在电热板上小心加热到溶液冒浓厚白烟，趁热滴加硝酸 5～10ml，继续加热直至溶液清亮，近干。冷却后，加硫酸 250μl 及少量水，微热使残渣溶解，用中速定量滤纸过滤到 25ml 容量瓶中，用水稀释到标线。

（3）空白溶液的制备

取同批号空白滤膜或滤筒两个，按制备样品溶液的操作步骤，制备空白溶液。

（4）样品溶液的测定

按标准曲线绘制时的仪器工作条件测定空白溶液和样品溶液，记录吸光度值。

6. 计算

$$铍(\mathrm{Be}, \mu g/m^3) = \frac{25 \times (C - 1/2C_0)}{V_{nd} \times 1000} \times \frac{S_t}{S_a}$$

式中：C——样品溶液中铍浓度，ng/ml；

C_0——空白溶液中铍浓度，ng/ml；

25——样品溶液体积，ml；

S_t——样品滤膜总面积，cm^2；

S_a——测定时所取样品滤膜面积，cm^2；

V_{nd}——标准状态下的采样体积，m^3。

注：对滤筒样品，S_t=S_a；V_{nd} 为标准状态下干气的采样体积（m^3）。

7. 说明

①基体改进剂氨水不能预先加到样品中，必须分别注入石墨管，使硫酸铍和氢氧化铵的反应在石墨管中进行。

②如果样品中铍含量较高时，也可用氧化亚氮-乙炔火焰原子吸收分光光度法进行测定，但要严格遵守操作规程，防止回火。

③铍及铍化合物属极毒物质，试验要在通风良好的环境中进行，切勿与皮肤直接接触。

④到铍作业区采样时，必须严格遵守铍作业的安全防护规定，以防发生中毒事件。

⑤不同仪器的最佳工作条件不相同，因此要根据所用仪器的说明书精确选择波长、干燥、灰化和原子化的温度及时间，以使测定的灵敏度高、重现性好及线性范围宽。

（二）羊毛铬花菁R分光光度法（B）

1. 原理

用玻璃纤维滤筒采集烟尘样品，经硫酸、硝酸及高氯酸消解后，制备成样品溶液。在pH10氨性溶液中，铍离子与羊毛铬花菁R（Erio chrome Cyanine R，分子式为$C_{23}H_{15}D_9SNa_3$）生成稳定的紫红色络合物，根据颜色深浅，用分光光度法测定。

在本操作条件下，当15种金属元素Fe^{3+}、Ti^{4+}、Cu^{2+}、Pb^{2+}、Co^{2+}、Na^{+}、Ca^{2+}、Mg^{2+}、Ba^{2+}、Zn^{2+}、Mn^{2+}、Cd^{2+}、Hg^{2+}和V^{5+}共存量不超过铍量500倍时，不干扰测定。如干扰元素超过允许量时，应在比色前用乙酰丙酮将铍萃取分离后，再测定吸光度。

测定范围：0.01～20mg/m^3。

2. 仪器

①具塞比色管：10、25ml。

②烟尘采样器。

③分光光度计：具3cm比色皿。

3. 试剂

①硫酸（H_2SO_4）：ρ=1.84，优级纯。

②去碳液：硝酸与高氯酸按（1+1）混合。

③玻璃纤维滤筒。

④0.1%及0.2%羊毛铬花菁R（简称ECR）水溶液。

⑤5%乙二胺四乙酸二钠盐（Na_2-EDTA）水溶液。

⑥缓冲溶液（pH10）：称取120g氯化铵，用少量水溶解，加入200ml浓氨水，移入1000ml容量瓶中，用水稀释至标线，摇匀。

⑦2.5%氢氧化钠溶液。

⑧刚果红试纸。

⑨硫酸铍标准贮备液：称取0.1965g硫酸铍（$BeSO_4·4H_2O$），用少量水溶解，加5.0ml浓盐酸，移入100ml容量瓶中，用水稀释至标线。此溶液每毫升相当于100.0μg铍。

⑩硫酸铍标准使用液：临用前，用0.5%盐酸溶液将硫酸铍标准贮备液逐级稀释成每毫升相当于10.0、1.0及0.10μg铍的标准使用液。

4. 采样

见本篇第一章三、颗粒物采样方法，用玻璃纤维滤筒等速采样10～30min。

5. 步骤

（1）标准曲线的绘制

根据污染源铍含量高低选择以下标准系列。

①取七支10ml具塞比色管，按表5-3-10配制标准系列。

表5-3-10　硫酸铍标准系列

管　号	0	1	2	3	4	5	6
0.10μg/ml硫酸铍标准使用液(ml)	0	0.50	1.00	2.00	3.00	4.00	5.00
水(ml)	5.00	4.50	4.00	3.00	2.00	1.00	0
铍含量(μg)	0	0.05	0.10	0.20	0.30	0.40	0.50

向上述各管中滴加 2.5%氢氧化钠溶液，调节 pH 至刚果红试纸刚刚变为红色（pH7～7.2），再加 5% Na_2-EDTA 溶液 0.40ml 及缓冲溶液 2.0ml，摇匀。加 0.1%ECR 水溶液 2.00ml，用水稀释至标线，摇匀。放置 15min 后，在波长 520nm 处，用 3cm 比色皿，以水（或试剂空白液）为参比，测定吸光度。以吸光度对铍含量（μg），绘制标准曲线。

②取七支 25ml 具塞比色管，按表 5-3-11 配制标准系列。

表 5-3-11 硫酸铍标准系列

管 号	0	1	2	3	4	5	6
10.0μg/ml 硫酸铍标准使用液(ml)	0	0.10	0.50	1.00	2.00	3.00	3.50
水(ml)	10	9.9	9.5	9.0	8.0	7.0	6.5
铍含量(μg)	0	1.0	5.0	10	20	30	35

向上述各管中滴加 2.5%氢氧化钠溶液，调节 pH 至刚果红试纸刚刚变为红色，加入 5% Na_2-EDTA 溶液 5.0ml 及缓冲溶液 5.0ml，摇匀后，再加 0.2%ECR 水溶液 5.00ml，用水稀释至标线，摇匀。放置 15min 后，在波长 580nm 处，用 1cm 比色皿，以水（或试剂空白液）为参比，测定吸光度，以吸光度对铍含量（μg），绘制标准曲线。

（2）样品测定

①将采样后的滤筒撕碎（切勿使尘粒抖落），放入 150ml 锥形瓶中，加 2ml 硫酸及 50ml 硝酸，将锥形瓶置于电热板上，小心加热至冒白烟，用滴管沿壁加入 1～2ml 去碳液，蒸发至近干，反复滴加去碳液数次，直至溶液清亮，将溶液蒸至近干。冷却，用 60ml 水分三次洗涤残渣，过滤于 100ml 烧杯中。

②将上述滤液蒸发至近干。冷却，加（1+1）盐酸溶液 2.5ml，并用少量水吹洗杯壁，加热使残渣溶解，冷却后移入 25ml 容量瓶中，用水稀释至标线。

③取适量样品溶液于 10ml 或 25ml 具塞比色管中，以下步骤同标准曲线的绘制。

④取两个同批号空白滤筒，按样品测定步骤，测定空白值。

6. 计算

$$\text{铍}(\mathrm{Be,mg/m^3})=\frac{(W-1/2W_0)}{V_{\mathrm{nd}}}\times\frac{V_{\mathrm{t}}}{V_{\mathrm{a}}}$$

式中：W——测定时所取样品溶液中铍含量，μg；

W_0——空白溶液中铍含量，μg；

V_t——样品溶液总体积，ml；

V_a——测定时所取样品溶液的体积，ml；

V_{nd}——标准状态下干气的采样体积，L。

7. 说明

①ECR 水溶液不稳定，最好临用时现配。若在每 100ml 溶液中，加入 1.0g 硝酸铵和 1 滴硝酸，贮于棕色瓶中，可使用一周。

②室温高于 20℃时，络合物的吸光度随温度升高而降低，因此每批样品测定时，皆须绘制标准曲线。

③铍及其化合物属剧毒物质，切勿与皮肤直接接触，试验要在通风良好的环境中进行。

④到铍作业区采样时，必须严格遵守铍作业的安全防护规定，以免发生铍中毒事件。

⑤铍与 ECR 生成的络合物有两个吸收峰（520nm 及 580nm）。当测定低浓度铍时，波长选用 520nm，高浓度时用 580nm。

十、镍及其化合物

（一）火焰原子吸收分光光度法（A）

1. 原理

用玻璃纤维滤筒或过氯乙烯滤膜采集的样品，经硝酸-高氯酸溶液加热浸取制备成样品溶液。将样品溶液喷入空气-乙炔贫燃火焰中，于 232.0nm 处测定吸光值，根据特征谱线强度，确定样品溶液中镍的浓度。

当采样体积为 $10m^3$ 时，将滤膜制备成 10ml 样品进行测定，检出限为 $3\times10^{-5}mg/m^3$，测定范围 10～$500\mu g/m^3$。

2. 仪器

①原子吸收分光光度计及相应的辅助设备。

②中流量采样器。

③烟尘采样器。

④玻璃纤维滤筒

⑤过氯乙烯滤膜。

3. 试剂

除另有说明外，均使用符合国家标准的分析纯试剂和去离子蒸馏水或同等纯度的水。

①硝酸（HNO_3）：ρ＝1.42g/ml，优级纯。

②1%硝酸溶液：用硝酸配制。

③硝酸溶液，1+1：用硝酸配制。

④高氨酸（$HClO_4$）：ρ=1.67g/ml，优级纯。

⑤镍标准贮备液，1000μg/ml：称取 1.000g 镍（含量不低于 99.99%）于烧杯中，加入（1+1）的硝酸 10ml，加热，直至溶解完全，然后用水稀释定容至 1000ml，混匀。

⑥镍标准溶液，10μg/ml：移取 10.00ml 镍标准贮备液至 1000ml 容量瓶中，用 1%的硝酸溶液稀释至刻度，混匀。

4. 采样

同本章六、铅及其化合物（二）石墨炉原子吸收分光光度法。

5. 步骤

（1）标准曲线的绘制

取六个 10ml 容量瓶，分别加入镍标准使用溶液 0.0、0.5、1.0、2.0、4.0、8.0、10.0ml，然后用 1%的硝酸溶液稀释至刻度，配制成工作标准溶液。该标准溶液含镍分别为 0.0、0.5、1.0、2.0、4.0、8.0、10.0μg/ml。

根据选定的原子吸收分光光度计工作条件，测定溶液的吸光度。以吸光度对镍浓度（μg/L），绘制标准曲线，并算出标准曲线的回归直线方程。

（A）本方法与 HJ/T 63.1—2001 等效。

仪器参数可参照仪器说明书进行选择。表 5-3-12 所列条件供参考。

表 5-3-12 火焰原子吸收分光光度法工作条件

波长	232.0nm	狭缝	0.09nm
灯电流	10mA	火焰高度	7.5mm
火焰类型	贫燃型	空气流量	9.5L/min
乙炔流量	2.2L/min		

（2）样品溶液的制备

①滤筒样品：将滤筒剪碎，置于 150ml 锥形瓶中，用少量水润湿，加 30ml 硝酸和 5ml 高氯酸（以酸液浸过样品为宜，不足加入硝酸），瓶口插入一短颈玻璃漏斗，在电热板上加热至沸腾，蒸至近干时取下冷却。再加 10ml 硝酸，继续加热至近干（如果样品消解不完全，可加入少量硝酸继续加热至样品颜色变浅）。稍冷，加少量水过滤，每次转移洗涤液时应用玻璃棒将絮状纤维挤压干净，浓缩滤液至近干。冷却后，转移到 25ml 容量瓶中，再用水稀释至刻度，此溶液即为样品溶液。

②滤膜样品：将滤膜剪碎，置于 100ml 锥形瓶中，加 10ml 硝酸浸泡过夜。再加 2ml 高氯酸，瓶口插入一短颈玻璃漏斗，其他步骤同滤筒的处理方法，所用酸量均减半。

注：对于过氯乙烯滤膜，建议加硝酸后过夜，以免有机物过多加入高氯酸后发生爆炸。

（3）空白溶液的制备

取同批号空白滤膜或滤筒（每种至少两个），按制备样品溶液的操作步骤，制备空白溶液。

（4）样品溶液的测定

按标准曲线绘制时的仪器工作条件，吸入 1%的硝酸溶液，将仪器调零，分别吸入空白溶液和样品溶液，记录吸光度值。

6. 计算

根据所测定的吸光度值，在标准曲线上查出或由回归方程计算出样品溶液和空白溶液中镍的浓度，并由下式计算大气污染源排放镍的浓度（mg/m^3）。

$$镍(Ni, mg/m^3) = \frac{25 \times (C - C_0)}{V_{nd} \times 1000} \times \frac{S_t}{S_a}$$

式中：C——样品溶液中镍浓度，μg/ml；

C_0——空白溶液中镍浓度，μg/ml；

25——样品溶液体积，ml；

V_{nd}——标准状态下的采样体积，m^3；

S_t——样品滤膜总面积，cm^2；

S_a——测定时所取样品滤膜面积，cm^2。

注：对滤筒样品，S_t=S_a；V_{nd} 为标准状态下干气的采样体积（m^3）。

7. 精密度和准确度

四个实验室用火焰原子吸收分光光度法测定含 53mg/kg 和 276mg/kg 镍的标准参考物。

①精密度：精密度分别为 4.0%和 3.4%。

②重复性：重复性相对标准偏差分别为 5.4%和 3.9%。

③再现性：再现性相对标准偏差分别为 14.9%和 5.4%。

④准确度：相对误差分别为5.1%和5.5%。

8. 说明

本方法检测的镍及其化合物，系指经滤筒或滤膜采集的颗粒物中能被硝酸-高氯酸体系浸出的镍及其化合物。

（二）石墨炉原子吸收分光光度法（A）

1. 原理

用玻璃纤维滤筒或过氯乙烯滤膜采集的样品，经硝酸-高氯酸溶液加热浸取制备成样品溶液。根据特征谱线强度，确定样品溶液中镍的浓度。

当采样体积为10m^3时，将滤膜制备成10ml样品进行测定，检出限为$3\times10^{-6}mg/m^3$，测定范围5～200ng/m^3。

2. 仪器

①原子吸收分光光度计及相应的辅助设备。

②中流量采样器。

③烟尘采样器。

④玻璃纤维滤筒。

⑤过氯乙烯滤膜。

3. 试剂

除另有说明外，均使用符合国家标准的分析纯试剂和去离子蒸馏水或同等纯度的水。

①硝酸（HNO_3）：ρ＝1.42g/ml，优级纯。

②1%硝酸溶液：用硝酸配制。

③硝酸溶液，1+1：用硝酸配制。

④高氯酸（$HClO_4$）：ρ=1.67g/ml，优级纯。

⑤氨水：ρ=0.90g/ml，优级纯。

⑥镍标准贮备液，100.0μg/ml：称取0.1000g镍（含量不低于99.99%）于烧杯中，加入硝酸5ml，加热，直至溶解完全，然后用水稀释定容至1000ml，混匀。

⑦镍标准使用液，1.00μg/ml：移取10.00ml镍标准贮备液至1000ml容量瓶中，用1%的硝酸溶液稀释至刻度，混匀。

4. 采样

同本章六、铅及其化合物（二）石墨炉原子吸收分光光度法。

5. 步骤

（1）标准曲线的绘制

取七个100ml容量瓶，分别加入镍标准使用溶液0.0、1.0、2.0、5.0、8.0、10.0、20.0、50.0ml，然后用1%的硝酸溶液稀释至刻度，配制成工作标准溶液。该标准溶液含镍分别为0.0、10.0、20.0、50.0、80.0、100.0、500.0ng/ml。

根据选定的原子吸收分光光度计工作条件，测定溶液的吸光度。以吸光度对镍浓度（ng/ml），绘制标准曲线，并算出标准曲线的回归直线方程。

（A）本方法与HJ/T 63.2—2001等效。

仪器参数可参照仪器说明书进行选择。表 5-3-13 所列条件供参考。

表 5-3-13 石墨炉原子吸收分光光度法工作条件

波长	232.0nm	氩气流量	内 0.5L/min	外 2.5L/min
狭缝	0.09nm	干燥温度与时间	120℃	20s
灯电流	10mA	灰化温度与时间	700℃	20s
进样量	10μl	原子化温度与时间	2700℃	10s

（2）样品溶液的制备

①滤筒样品：将滤筒剪碎，置于 150ml 锥形瓶中，用少量水润湿，加 30ml 硝酸和 5ml 高氯酸（以酸液浸过样品为宜，不足加入硝酸），瓶口插入一短颈玻璃漏斗，在电热板上加热至沸腾，蒸至近干时取下冷却。再加 10ml 硝酸，继续加热至近干（如果样品消解不完全，可加入少量硝酸继续加热至样品颜色变浅）。稍冷，加少量水过滤，每次转移洗涤液时应用玻璃棒将絮状纤维挤压干净，浓缩滤液至近干。冷却后，转移到 25ml 容量瓶中，再用水稀释至刻度，此溶液即为样品溶液。

②滤膜样品：将滤膜剪碎，置于 100ml 锥形瓶中，加 10ml 硝酸浸泡过夜。再加 2ml 高氯酸，瓶口插入一短颈玻璃漏斗，其他步骤同滤筒的处理方法，所用酸量均减半。

注：对于过氯乙烯滤膜，建议加硝酸后过夜，以免有机物过多加入高氯酸后发生爆炸。

（3）空白溶液的制备

取同批号空白滤膜或滤筒（每种至少两个），按制备样品溶液的操作步骤，制备空白溶液。

（4）样品溶液的测定

按标准曲线绘制时的仪器工作条件，注入 1%的硝酸溶液，将仪器调零，分别注入空白溶液和样品溶液，记录吸光度值。

6. 计算

根据所测定的吸光度值，在标准曲线上查出或由回归方程计算出样品溶液和空白溶液中镍的浓度，并由下式计算大气污染源排放镍的浓度（mg/m^3）。

$$镍(\mathrm{Ni, mg/m^3}) = \frac{25\times(C-C_0)}{V_{\mathrm{nd}}\times10^6}\times\frac{S_{\mathrm{t}}}{S_{\mathrm{a}}}$$

式中：C——样品溶液中镍浓度，ng/ml；

C_0——空白溶液中镍浓度，ng/ml；

25——样品溶液体积，ml；

V_{nd}——标准状态下的采样体积，m^3；

S_{t}——样品滤膜总面积，cm^2；

S_{a}——测定时所取样品滤膜面积，cm^2。

注：对滤筒样品，$S_{\mathrm{t}}=S_{\mathrm{a}}$；$V_{\mathrm{nd}}$ 为标准状态下干气的采样体积（m^3）。

7. 精密度和准确度

四个实验室用石墨炉原子吸收分光光度法测定含 53mg/kg 和 276mg/kg 镍的标准参考物。

①精密度：精密度分别为 7.4%和 4.2%。

②重复性：重复性相对标准偏差分别为 8.7%和 4.5%。

③再现性：再现性相对标准偏差分别为 21.7%和 11.9%。

④准确度：相对误差分别为6.1%和6.9%。

8. 说明

本方法检测的镍及其化合物，系指经滤筒或滤膜采集的颗粒物中能被硝酸-高氯酸体系浸出的镍及其化合物。

（三）丁二酮肟-正丁醇萃取分光光度法（A）

1. 原理

用过氯乙烯滤膜采集无组织排放中颗粒物样品，用玻璃纤维滤筒采集有组织排放中的颗粒物样品，用硝酸-高氯酸消解后制成样品溶液。

将样品溶液用丁二酮肟-正丁醇萃取分离后，在氨溶液中，碘存在下，镍与丁二酮肟作用，形成酒红色可溶性络合物，在440nm波长处进行分光光度测定。

当采样体积为50L时，将滤膜或滤筒制备成25ml样品溶液进行测定，检出限为0.002mg/L，测定范围0.4～1.6mg/L。

在25m1定容的测定体系中，当Fe^{3+}大于110mg、Cu^{2+}大于1.6mg、Co^{2+}大于1.6mg、Mn^{2+}大于15mg、Al^{3+}大于15mg时，对20μgNi^{2+}的测定有干扰。

2. 仪器

①分光光度计：具1cm比色皿。

②烟尘采集器。

③中流量采样器。

④过氯乙烯滤膜和玻璃纤维滤筒。

3. 试剂

除另有说明外，分析时均使用符合国家标准的分析纯试剂，水为去离子水或同等纯度的水。

①硝酸（HNO_3）：ρ=1.42g/ml，优级纯。

②氨水（$NH_3 \cdot H_2O$）：ρ=0.90g/ml，优级纯。

③高氯酸（$HClO_4$）：ρ=1.68g/ml，优级纯。

④乙醇（C_2H_5OH）：95%。

⑤正丁醇［$CH_3(CH_2)_2CH_2OH$］：ρ=0.81g/ml。

⑥硝酸溶液：1＋1。

⑦1%硝酸溶液。

⑧氢氧化钠溶液：40g/L。

⑨柠檬酸铵溶液［$(NH_4)_3C_6H_5O_7$］：500g/L。

⑩柠檬酸铵溶液[$(NH_4)_3C_6H_5O_7$]：200g/L。

⑪5%的盐酸羟胺溶液（$H_3NO \cdot HCl$）：称取5g盐酸羟胺溶液溶解于100ml水中。

⑫0.05mol/L的碘溶液：称取12.7g碘片（I_2），加到含有25g的碘化钾（KI）的少量水中，研磨稀释至1000ml水中。

⑬丁二酮肟溶液［$(CH_3)_2C_2(NOH_2)$］，5g/L：称取0.5g丁二酮肟溶解于50ml氨水中，用水稀释至100ml。

（A）本方法与HJ/T 63.3—2001等效。

⑭丁二酮肟乙醇溶液，10g/L：称取 1g 丁二酮肟溶解于 100ml 乙醇中。

⑮Na_2-EDTA［$C_{10}N_2O_8Na_2 \cdot 2H_2O$］溶液：50g/L。

⑯氨水溶液：1+1。

⑰氨水溶液：0.5mol/L。

⑱盐酸溶液：1mol/L。

⑲氯化铵-氨水缓冲溶液：称取 16.9g 氯化铵（NH_4Cl），加到 143ml 氨水中，用水稀释至约 250ml，用 pH 计调至 pH=10±0.2，贮存于聚乙烯塑料瓶中，4℃下保存。

⑳镍标准贮备液：准确称取镍（含量 99.9%以上）0.1000g±0.0001g 溶解在 10ml 1%的硝酸溶液中，加热蒸发至近干，冷却后加 2ml 的（1+1）硝酸溶液溶解，转移到 100ml 容量瓶中，用水稀释至标线。该标准溶液含镍浓度为 1000mg/L。

㉑镍标准使用溶液：取 10.00ml 镍标准贮备液于 500ml 容量瓶中，用水稀释至标线。该标准溶液含镍浓度为 20.0mg/L。

㉒酚酞乙醇溶液，1g/L：称取 0.1g 酚酞，溶解于 100ml 乙醇中。

4. 采样

同本章六、铅及其化合物（二）石墨炉原子吸收分光光度法。

5. 步骤

（1）标准曲线的绘制

取六个 125ml 梨形分液漏斗依次加入镍标准使用溶液 0.00、0.25、0.50、1.00、1.50、2.00ml，加入 5ml 水，然后加入 2ml 丁二酮肟乙醇溶液，2ml 500g/L 柠檬酸铵溶液，lml 5%盐酸羟胺溶液，摇匀。加 2 滴酚酞溶液，加入 2ml（1+1）氨水溶液，摇匀，使溶液呈粉红色，再加入 1ml 氯化铵-氨水缓冲溶液，加水 15ml，使总体积至 30ml，摇匀。

用 15ml 正丁醇萃取 2min，静止分层后，弃去水相。

用 15ml 0.5mol/L 氨水溶液振摇 30s，弃去水相。

加入 5.0ml 1mol/L 盐酸溶液振摇 2min，静置分层后，将水相完全转入 25ml 容量瓶中，再用 5ml 水洗涤有机相一次，合并水相。

在容量瓶中加入约 2ml 40g/L 氢氧化钠使溶液呈中性，加入 0.5ml 200g/L 柠檬酸铵溶液，摇匀。加入 2ml 0.05mol/L 的碘溶液，加水约至 20ml，摇匀。加 2ml 丁二酮肟溶液，摇匀，加 2ml Na_2-EDTA 溶液，加水至标线，摇匀。放置 5min。

在 440nm 波长下，用 1cm 比色皿，10min 内，以试剂空白做参比，测定吸收液，以吸光度对镍含量（μg）绘制标准曲线。

（2）样品溶液的制备

①滤筒样品：将滤筒剪碎，置于 150ml 锥形瓶中，用少量水润湿，加 30ml 硝酸和 5ml 高氯酸（以酸液浸过样品为宜，不足加入硝酸），瓶口插入一短颈玻璃漏斗，在电热板上加热至沸腾，蒸至近干时取下冷却，再加 10ml 硝酸继续加热至溶液颜色变浅，颗粒物样品呈灰白色（如果没有处理好，加入硝酸继续加热至颗粒物呈灰白色），直到样品溶液至近干，稍冷。加少量水过滤，每次转移洗涤液时应用玻璃棒将絮状纤维挤压干净。浓缩滤液至近干，冷却后，定量转移到 25ml 容量瓶中，再用水稀释至刻度，此溶液即为样品溶液。

②滤膜样品：将滤膜剪碎，置于 100ml 锥形瓶中，加入 15ml 硝酸浸泡过夜。再加 2ml 高氯酸，瓶口插入一短颈玻璃漏斗，其他步骤同滤筒的处理方法，所用酸量均减半。

（3）空白溶液的制备

取同批号等面积空白滤膜或同批号空白滤筒（每种至少两个），按制备样品溶液的操作步骤，制备空白溶液。

（4）样品的测定

取适量样品溶液和空白溶液，按标准曲线绘制步骤进行萃取显色，测定吸光度值。

6. 计算

根据样品显色溶液的吸光度值从相应的标准曲线上查出或用相应的回归方程计算出样品显色液中的镍含量（μg）。

$$镍(\mathrm{Ni,mg/m^3})=\frac{(W-W_0)}{V_{\mathrm{nd}}\times 1000}\times\frac{V_{\mathrm{t}}}{V_{\mathrm{a}}}\times\frac{S_{\mathrm{t}}}{S_{\mathrm{a}}}$$

式中：W——测定时所取样品溶液中镍的含量，μg；

W_0——空白溶液中镍的含量，μg；

V_t——样品溶液总体积，ml；

V_a——测定时所取样品溶液体积，ml；

S_t——样品滤膜总面积，cm^2；

S_a——测定时所取样品滤膜面积，cm^2；

V_{nd}——标准状态下的采样体积，m^3。

注：对滤筒样品，$S_t=S_a$；V_{nd}为标准状态下干气的采样体积（m^3）。

7. 精密度和准确度

五个实验室分析含 53μg/g 及 254μg/g 镍的统一样品。

（1）精密度

①重复性：在单个实验室内，进行六次测定重复性相对标准偏差分别为 2.8%及 1.1%。

②再现性：在五个实验室内，各进行六次测定，相对标准偏差分别为 4.8%及 3.0%。

（2）准确度

相对误差为 3.2%及 7.0%，加标回收率分别为 84.4%～95%。

8. 说明

①加入碘溶液后，必须加水至约 20ml 摇匀，否则加入丁二酮肟后不能正常显色。

②必须在加入丁二酮肟溶液并摇匀后，再加入 Na_2-EDTA 溶液，否则不能正常显色。

③用氢氧化钠溶液中和样品呈中性后，应立即加入柠檬酸铵溶液，因样品在中性介质中不稳定。

④对用滤筒采集的有组织排放污染物样品进行消解时，加热回流时间最多不能超过 16h，否则滤筒在酸性溶液中泡糟，消解时易出现暴沸现象。

十一、锡及其化合物

石墨炉原子吸收分光光度法（A）

1. 原理

用过氯乙烯滤膜采集无组织排放中颗粒物样品，用玻璃纤维滤筒采集有组织排放中的颗粒物样品，用硝酸-高氯酸消解后制成样品溶液。

将样品溶液注入经涂层处理后的石墨炉原子化器的石墨管中，于286.3nm处测定吸光值，根据特征谱线的光强度，可确定样品溶液中锡的浓度。

当将采集$10m^3$气体的滤膜制成10ml样品时，最低检出限为$3\times10^{-3}\mu g/m^3$。测量范围5×10^{-3}～$100\times10^{-3}\mu g/m^3$。

当Mg^{2+}的浓度高于500mg/L时，对本方法有干扰。

2. 仪器

①原子吸收分光光度计及相应的辅助设备。

②热解石墨管。

③中流量采样器。

④烟尘采样器。

⑤玻璃纤维滤筒。

⑥过氯乙烯滤膜。

⑦微量移液器。

3. 试剂

除另有说明外，均使用符合国家标准的分析纯试剂和去离子水或同等纯度的水。

①硝酸（HNO_3）：ρ=1.42g/ml，优级纯。

②硝酸溶液：l+9：用ρ=1.42g/ml优级纯硝酸配制。

③盐酸（HCl）：ρ=1.19g/ml，优级纯。

④高氯酸（$HClO_4$）：ρ=1.67g/ml，优级纯。

⑤锡标准贮备液，0.100mg/ml：准确称取光谱纯（或含量不低于99.99%）的锡0.1000g，用10ml优级纯盐酸溶解，移入1000ml容量瓶中，用（1＋9）硝酸溶液稀释定容至标线，混匀。贮存于聚乙烯瓶中。

⑥锡标准使用液，1.0mg/L：临用时，用（1+9）硝酸溶液逐级稀释锡标准贮备液而成。

⑦锆溶液，1%：称取360mg氧氯化锆（$ZrOCl_2\cdot8H_2O$）溶于10ml水中。

⑧酒石酸-锆基体改进剂（Zr，1mg/ml；酒石酸，100mg/ml）：取lml l%锆溶液，置于已盛有1ml（1+9）硝酸溶液的小烧杯中，依次加入8ml水、1g酒石酸（$C_4H_6O_6$，优级纯），溶解至完全。

4. 采样

同本章六、铅及其化合物（二）石墨炉原子吸收分光光度法。

5. 步骤

（1）样品溶液的制备

（A）本方法与HJ/T 65—2001等效。

①滤筒样品：将试样滤筒剪碎（切勿使上尘粒抖落），置于150ml锥形瓶中，加30ml硝酸溶液、5ml高氯酸，瓶口插入一个小漏斗，于电热板上加热至微佛，保持微沸2h。稍冷，再加入10ml硝酸，继续加热微沸至近干。如果样品消解不完全，可加入少量硝酸继续加热至样品颜色变浅。冷却，加入少量水，用定量滤纸过滤，用水洗涤锥形瓶、滤渣数次，合并洗涤液和滤液，加热浓缩至5ml左右，移到25ml容量瓶中，用水稀释至标线，即为样品溶液。

②滤膜样品：取样品滤膜置于100ml锥形瓶中，加入10ml硝酸，放置过夜。其后消解方法与玻璃纤维滤筒同，但酸量减半。

（2）空白溶液的制备

取同批号空白滤筒或滤膜至少两个，和样品同时处理操作，制备空白溶液。

（3）标准曲线绘制

①工作标准溶液的配制：取七个25ml容量瓶，分别加入锡标准使用液0.00、0.25、0.50、1.00、1.50、2.00、2.50ml，然后用（1+9）硝酸溶液稀释至标线，配制成工作标准溶液。该标准溶液含锡分别为0.0、10.0、20.0、40.0、60.0、80.0、100.0μg/L。

②涂锆石墨管的制作：用微量移液器向热解石墨管中移入150μl 1%锆溶液，按仪器说明书的操作步骤和选定的仪器工作条件及参数，进行一次全过程原子化，制备成涂锆石墨管。

仪器参数可参照说明书进行选择，表5-3-14所列条件和参数供参考。

③标准曲线的绘制：用微量移液器向已涂锆的石墨管中依次移入10μl酒石酸-锆基体改进剂、20μl工作标准溶液，按照制备涂锆石墨管的仪器工作条件，测定工作标准溶液的吸光度值，以吸光度值对锡浓度（μg/L）绘制标准曲线，并算出标准曲线的回归直线方程。

④样品溶液的测定：按标准曲线绘制时的仪器工作条件和操作步骤，分别测定空白溶液和样品溶液，记录吸光度值。

表5-3-14　石墨炉原子吸收分光光度法工作条件

波长	286.3nm	氩气流量	内0.5L/min 外2.5L/min	
灯电流	5mA	干燥温度与时间	80～120℃	20s
狭缝	1.3nm	灰化温度与时间	400℃	40s
石墨管	热解石墨管	原子化温度与时间	2700℃	6s
进样量	10μl改进剂+20μl样品溶液	清洗温度与时间	2800℃	3s

7. 计算

根据所测定的吸光度值，在标准曲线上查出或由回归方程计算出样品溶液和空白溶液中锡的浓度，并由下式计算大气污染源排放锡的浓度（$\mu g/m^3$）。

$$锡(Sn, \mu g/m^3)=\frac{25\times(C-C_0)}{V_{nd}\times 1000}\times\frac{S_t}{S_a}$$

式中：C——样品溶液中锡浓度，μg/L；

C_0——空白溶液中锡浓度，μg/L；

25——样品溶液体积，ml；

V_{nd}——标准状态下的采样体积，m^3；

S_t——样品滤膜总面积，cm^2；

S_a——测定时所取样品滤膜面积，cm^2。

注：对滤筒样品，S_t=S_a；V_{nd}为标准状态下干气的采样体积（m^3）。

8. 精密度和准确度

四个实验室用石墨炉原子吸收分光光度法测定地球化学标准参考物（经多个实验室多次测定得 Sn 平均值 68.2mg/kg）为统一试样。

①精密度：重复性相对标准偏差为 6.0%，再现性相对标准偏差为 9.6%。

②准确度：相对误差为 3.2%。

十二、铬酸雾

二苯基碳酰二肼分光光度法（A）

1. 原理

铬酸雾指以气雾状态存在的铬酸或可溶性铬酸盐，本方法以测定其中的六价铬为基础，以铬酸计。

固定污染源有组织排放的铬酸雾用玻璃纤维滤筒吸附后，用水溶解，无组织排放的铬酸雾用水吸收。在酸性条件下，铬酸中的六价铬与二苯基碳酰二肼作用，生成玫瑰红色的化合物，该化合物的吸光度和六价铬的浓度成正比，在 540nm 波长处用分光光度法测定，反应式如下：

$$C_{13}H_{14}N_4O+2Cr_2O_7^{2-}+26H^+\longrightarrow C_{13}H_{10}N_4+4Cr^{3+}+15H_2O$$

在无组织排放样品分析中，当采样体积为 60L 时，方法的检出限为 $5\times10^{-4}mg/m^3$，方法的定量测定范围为 1.8×10^{-3}～$30.3mg/m^3$；在有组织排放样品分析中，当采样体积为 30L 时，方法的检出限为 $5\times10^{-4}mg/m^3$，方法的定量测定浓度范围为 1.8×10^{-3}～$30.3mg/m^3$。

在有还原性物质存在的条件下，铬酸雾的测定受到明显干扰。

2. 仪器

①分光光度计：具 1cm 比色皿。

②具塞磨口锥形瓶：250ml。

③烟尘采样器。

④玻璃纤维滤筒。

⑤烟气采样器。

⑥引气管：采用聚乙烯或聚四氟乙烯软管，头部接装一个玻璃漏斗。

⑦U 型多孔玻板吸收管：25ml。

3. 试剂

除非另有说明，分析时均使用符合国家标准的分析纯试剂和蒸馏水。

①乙醇：95%。

②硫酸：ρ=1.84g/ml。

③二苯基碳酰二肼。

④重铬酸钾：基准试剂。

（A）本方法与 HJ/T 29—1999 等效。

⑤（1+9）硫酸溶液：用量筒量取 ρ=1.84g/ml 硫酸 100ml，缓慢（边搅拌）倒入约 500ml 水中，转移至 1000ml 容量瓶中，用水稀释至标线。

⑥二苯基碳酰二肼溶液：称取 0.05g 二苯基碳酰二肼，溶于 40ml 95%乙醇中，加入（1+9）硫酸溶液 80ml，摇匀，放入冰箱中保存。此试剂应为无色，颜色改变即不宜使用。

⑦六价铬标准贮备液：称取预先在 110℃烘干 2h 并在干燥器中冷却 30min 的基准试剂重铬酸钾 0.2829g，用少量水溶解后，移入 1000ml 容量瓶中，稀释至标线，摇匀。此溶液 1ml 含有 Cr^{6+} 0.100mg。

⑧六价铬标准使用液：吸取 5.00ml 六价铬标准贮备液于 500ml 容量瓶中，用蒸馏水稀释至标线，摇匀。此溶液 1ml 含有 Cr^{6+} 1.00μg。

4. 采样

（1）有组织排放样品采集

①采样位置和采样点：按本篇第一章一、采样位置与采样点的布设方法确定采样位置和采样点。

②采样装置的连接：采样前要彻底清洗采样管的采样嘴和弯管，并吹干。将玻璃纤维滤筒装入采样管头部的滤筒夹内，根据所选择的等速采样方法，按照本篇第一章三、颗粒物采样方法中的有关部分连接好采样系统，连接管要尽可能短，并检查系统的气密性和可靠性。

③样品采集：将装有玻璃纤维滤筒的采样管伸入排气筒内的采样点，按颗粒物等速采样原理确定采样流量，根据铬酸雾浓度适当选择采样时间，同时测定必要的温度、压力等参数。

④样品保存：采样完毕后，小心取出滤筒，放入具塞 250ml 磨口锥形瓶中，并用少量蒸馏水冲洗采样嘴及弯管，洗涤液并入锥形瓶中，盖好瓶塞，带回实验室。采样嘴用棉签擦干，弯管用吸球吹干后备用。样品密闭保存，于 7d 内分析完毕。

（2）无组织排放样品采集

①采样位置和采样点：按本篇第一章一（三）无组织排放源的采样原则确定无组织排放监控点的位置，或按其他特定要求确定采样点。

②连接采样装置：按照引气管、吸收管、流量计量装置和抽气泵的顺序连接采样系统，连接管要尽可能短，如无必要可不接引气管。按本篇第一章二、烟气采样方法的要求检查采样系统的气密性和可靠性。

③样品采集：在 25ml U 型玻板吸收管中装入 5.0ml 蒸馏水，接入采样系统，以 0.4L/min 的流量采气 30～60min，记录采气时间、环境温度和气压。

④样品保存：采样结束后，用聚四氟乙烯薄膜封住吸收管的进、出口，再用乳胶管将进、出口密封，带回实验室分析。样品应尽快分析，如不能及时分析，应密封保存，时间不超过 24h。

5. 步骤

（1）标准曲线的绘制

①标准系列的配制：取七支 25ml 具塞比色管，按表 5-3-15 配制标准系列。

表 5-3-15 标准系列

管 号	1	2	3	4	5	6	7
六价铬标准液(1.00μg/ml)(ml)	0	1.00	2.00	4.00	6.00	8.00	10.00
蒸馏水(ml)	10.00	9.00	8.00	6.00	4.00	2.00	0
六价铬(μg)	0	1.00	2.00	4.00	6.00	8.00	10.0

②显色：于上述比色管中加入二苯基碳酰二肼溶液 3.00ml，加蒸馏水稀释至标线，摇匀。放置 10min 后，在波长 540nm 处，以蒸馏水为参比，用 1cm 比色皿，测定各管的吸光度。

③标准曲线的绘制：将上述标准系列溶液测得的吸光度扣除试剂空白（零浓度）的吸光度，便得到校正吸光度。以校正吸光度值对六价铬含量（μg）绘制标准曲线，并计算其线性回归方程。

（2）样品测定

①无组织排放样品的测定：将吸收管中的吸收液移入 25ml 具塞比色管中，并用 10ml 蒸馏水分 3 次冲洗吸收管，洗涤液并入具塞比色管中，以下按标准曲线绘制相同的步骤进行样品分析，测定各样品的吸光度。

②有组织排放样品测定：在放有滤筒的锥形瓶（4（1）④）中，加 50～70ml 煮沸的蒸馏水，小心捣碎滤筒，振摇数分钟后，将溶液滤入 250ml 容量瓶中，用适量热蒸馏水洗滤筒残渣 3～5 次，洗涤液并入容量瓶中。待滤液冷却至室温后，用蒸馏水稀释至标线，摇匀，即为样品溶液。同时取一个同批号的滤筒放入 250ml 锥形瓶中，同样品处理操作，滤入 250ml 容量瓶中，作为滤筒空白溶液。分别从 250ml 容量瓶中取出适量的样品溶液和滤筒空白溶液移入 25ml 具塞比色管，按标准曲线绘制的步骤进行分析，测定样品和滤筒空白的吸光度。

6. 计算

根据所测定的吸光度在标准曲线上查出或由回归方程计算出样品溶液和空白溶液中六价铬的含量（μg），并由下式计算大气污染源排放铬酸雾的浓度 C（mg/m^3）。

$$铬酸雾(mg/m^3)=\frac{(W-W_0)\times 250}{V_t \cdot V_{nd}}\times 2.27$$

式中：W——样品溶液中六价铬含量，μg；

W_0——滤筒空白溶液中六价铬含量，μg；

250——滤筒浸取液的总体积，ml；

V_t——测定时所取样品和滤筒空白溶液的体积，ml；

V_{nd}——标准状态下干气的采样体积，L；

2.27——六价铬换算成铬酸雾的系数。

注：对于无组织排放样品，$C=\frac{W}{V_{nd}}\times 2.27$，$V_{nd}$ 为标准状态下采样体积（L）。

7. 精密度和准确度

（1）精密度

经五个实验室测定浓度为 $0.19mg/m^3$ 和 $20.8mg/m^3$ 的铬酸雾统一样品，得到方法精密度数据见表 5-3-16。

表 5-3-16　精密度

统一样品浓度	0.19	20.8
重复性标准偏差	0.062	0.39
重复性相对标准偏差	3.3%	1.9%
重复性	0.017	1.1
再现性标准偏差	0.010	1.7
再现性相对标准偏差	5.4%	8.2%
再现性	0.028	4.7

（2）准确度

五个实验室测定浓度为 0.19mg/m^3 的铬酸雾统一样品，测定总均值的相对误差为 3.5%；各实验室测定均值的相对误差为 0.88%～9.6%。

五个实验室测定浓度为 20.8mg/m^3 的铬酸雾统一样品，测定总均值的相对误差为 3.2%；各实验室测定均值的相对误差为 3.2%～10.4%。

十三、砷及其化合物

（一）新银盐分光光度法（B）

1. 原理

通过等速采样，将颗粒物从固定污染源中抽取到玻璃纤维滤筒中或将无组织排放颗粒物收集到过氯乙烯滤膜上。所采集的样品用混合酸消解处理。

在酸性介质中，样品溶液中的砷被硼氢化钾还原成气态氢化物，被 $AgNO_3$-HNO_3-聚乙烯醇-乙醇吸收液吸收，氢化物将吸收液中的银离子还原成单质胶态银，使溶液呈黄色，于 400～410mn 波长处测定吸光度。

当将采集 10m^3 气体的滤膜制备成 50ml 样品时，最低检出限为 1×10^{-2}μg/m^3，测量上限为 0.3μg/m^3。

2. 仪器

①分光光度计：具 10mm 比色皿。

②中流量采样器。

③烟尘采样器。

④玻璃纤维滤筒。

⑤过氯乙烯滤膜。

⑥砷化氢发生与吸收装置，见图 5-3-7。

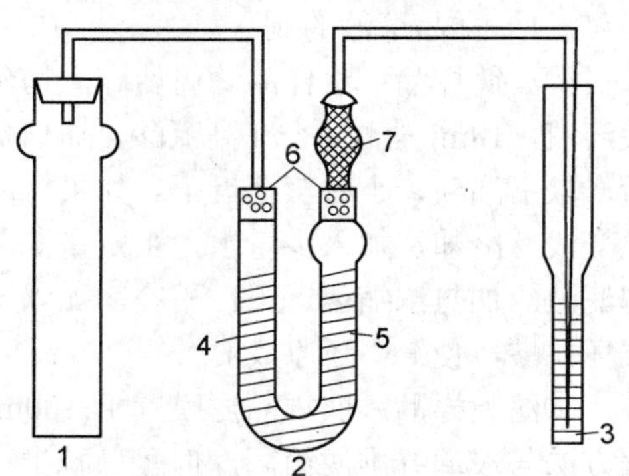

图 5-3-7　砷化氢发生与吸收装置图

1—50ml 反应管（ϕ30mm，液面高约为管高的 2/3）；2—U 型管；3—吸收管；4—0.3g 醋酸铅棉；5—0.3g 吸有 1.5ml DMF 混合液的脱脂棉；6—脱脂棉；7—内装吸有无水硫

3. 试剂

本方法所用试剂除另有说明外，均使用符合国家标准的分析纯试剂和去离子水或同等纯度的水。

①硝酸（HNO_3）：ρ=1.42g/ml，优级纯。

②盐酸（HCl）：ρ=1.19g/ml，优级纯。

③高氯酸（$HClO_4$）：ρ=1.67g/ml，优级纯。

④40%氢氧化氨（NH_4OH）。

⑤氢氧化氨溶液：1+1。

⑥0.5mol/L 盐酸溶液。

⑦20%酒石酸溶液。

⑧0.1%甲基橙指示剂。

⑨无水乙醇。

⑩硼氢化钾片剂。

⑪乙酸铅棉：称取醋酸铅 10g 溶解于 100ml 水中，加几滴冰乙酸酸化。将 10g 脱脂棉浸泡在乙酸铅溶液中 1～2h，取出晾干备用。

⑫硝酸银溶液：称取 4.07g 硝酸银溶于 100ml 水中，移入 500ml 容量瓶中，加浓硝酸 10ml，用水稀释定容至刻度，摇匀。

⑬聚乙烯醇溶液：称取 1g 聚乙烯醇于 500ml 水中，加热搅拌至完全溶解，盖上表皿，微沸 10min，冷却至室温备用。

⑭二甲基甲酰胺-乙醇胺混合液（简称 DMF 混合溶液）：将 35ml 二甲基甲酰胺与 15ml 乙醇胺混合，充分摇匀。

⑮吸收液：取 25ml 硝酸银溶液和 25ml 聚乙烯醇溶液混匀，再加 50ml 无水乙醇，充分摇匀，此溶液至少可稳定 4h，在临用前配制。

⑯砷标准贮备液，0.500mg/ml：准确称取 0.0660g 三氧化二砷（优级纯，于 105～110℃烘干 1h），用 40%NaOH 溶液 10ml，加热溶解。移入 100ml 容量瓶中，用去离子水稀释定容至标线。贮存于棕色瓶中，低温保存。

⑰砷标准使用液，1.0μg/ml：临用时，用砷标准贮备液逐级稀释而成。

4. 采样

同本章六、铅及其化合物（二）石墨炉原子吸收分光光度法。

5. 步骤

（1）样品溶液的制备

①滤筒样品：将样品滤筒剪碎（切勿使尘粒抖落），置于 150ml 锥形瓶中，加 6ml 硝酸溶液，18ml 盐酸，6ml 高氯酸，瓶口插入一小漏斗，于电热板上加热，待剧烈反应停止后，取下漏斗，小心蒸至近干。如果样品消解不完全，可加入少量硝酸继续加热至样品颜色变浅。冷却，加入少量水，用定量滤纸过滤，用水洗涤锥形瓶、滤渣数次，合并洗涤液和滤液。加热浓缩至近干，稍冷，加入 0.5mol/L 盐酸溶液 20ml，加热 3～5min，加 0.2g 抗坏血酸，使 Fe^{3+}还原成 Fe^{2+}。

②滤膜样品：取样品滤膜置于 100ml 锥形瓶中，加入 10ml 硝酸，放置过夜。其后消解方法与玻璃纤维滤筒同，但酸量减半。

（2）空白溶液的制备

取同批号空白滤筒或滤膜两个，按样品处理相同步骤同时操作，制备成空白溶液。

（3）标准曲线的绘制

于六支 50ml 反应管中，分别加入砷标准使用液，使含有砷 0.0、1.0、2.0、3.0、4.0、

5.0μg，加酒石酸溶液5.0ml，加水40ml，摇匀。以下操作与样品溶液的测定相同。

（4）样品溶液的测定

将样品溶液移入50ml反应管中，加0.1%甲基橙指示剂2滴，用（1+1）NH_4OH溶液调至溶液转黄，立即加入20%的酒石酸溶液5ml，加水至40ml，摇匀。连接好整个装置，加1片硼氢化钾片剂，密塞，产生的气体通入$AgNO_3$-HNO_3-聚乙烯醇-乙醇吸收液中，吸收液加入量为5ml。反应时间为3～5min。

将吸收液移入10mm比色皿中，于400～410nm波长处测定吸光度。按同样的方法测定全程序空白溶液的吸光度。

6. 计算

根据所测定的吸光度值，在标准曲线上查出或由回归方程计算出样品溶液和空白溶液中砷的含量（μg），并由下式计算大气污染源排放砷的浓度（$\mu g/m^3$）。

$$砷(As, \mu g/m^3)=\frac{W-W_0}{V_{nd}}\times\frac{S_t}{S_a}$$

式中：W——样品溶液中砷含量，μg；

W_0——空白溶液中砷含量，μg；

V_{nd}——标准状态下的采样体积，m^3；

S_t——样品滤膜总面积，cm^2；

S_a——测定时所取样品滤膜面积，cm^2。

注：对滤筒样品，$S_t=S_a$；V_{nd}为标准状态下干气的采样体积（m^3）。

7. 精密度和准确度

实验室测定土壤标准样品的精密度和准确度列于表5-3-17。

表5-3-17　精密度和准确度

实验室数	标样号	保证值（mg/kg）	总体均值（mg/kg）	室内相对标准偏差（%）	室间相对标准偏差（%）	相对误差（%）
12	ESS-1	10.7	11.1	3.0	9.9	3.7
11	ESS-3	15.9	17.7	2.4	5.4	11.3
15	ESS-4	11.4	11.7	4.4	9.4	2.6

8. 说明

①制备标准曲线、测量样品和空白溶液时，每次发生和吸收砷化氢的时间应严格保持一致。

②本法适用于测定经滤筒或滤膜采集的颗粒物中无机砷及其化合物。

（二）二乙氨基二硫代甲酸银光度法（B）

1. 原理

通过等速采样，将颗粒物从固定污染源中抽取到玻璃纤维滤筒中或将无组织排放颗粒物收集到过氯乙烯滤膜上。所采集的样品用混合酸消解处理。

在酸性介质中，样品溶液中的As^{3+}被用锌还原生成的原子氢还原成气态氢化物（AsH_3），与溶解在$CHCl_3$中的二乙氨基二硫代甲酸银（Ag·DDC）作用，生成红色单质胶态银，于

510nm 波长处测定吸光度。

硫化氢、锑化氢、磷化氢与 Ag·DDC 有类似的显色反应，对砷的测定产生正干扰。在样品分解时，硫、磷已被硝酸氧化分解，不再有影响，试剂中存在的少量硫化物产生的硫化氢可用乙酸铅脱脂棉除去，锑在 300μg 以下可用 KI-$SnCl_2$ 掩蔽，因此本法测定排气中的砷一般不会有干扰。

当将采集 $10m^3$ 气体的滤膜制备成 50ml 样品时，最低检出限为 $3.5\times10^{-2}\mu g/m^3$，测量上限为 $2.5\mu g/m^3$。

2. 仪器

①分光光度计：具 10mm 比色皿。

②中流量采样器。

③烟尘采样器。

④玻璃纤维滤筒。

⑤过氯乙烯滤膜。

⑥砷化氢发生与吸收装置，见图 5-3-8。

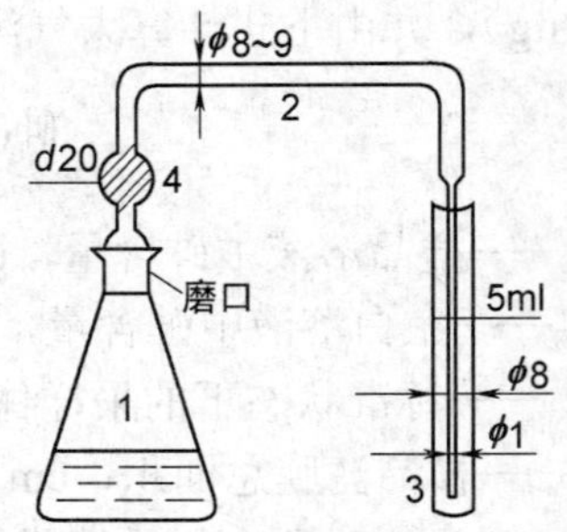

图 5-3-8 砷化氢发生与吸收装置图

1—锥形瓶；2—导气管；3—吸收管；4—乙酸铅棉

3. 试剂

本方法所用试剂除另有说明外，均使用符合国家标准的分析纯试剂和去离子水或同等纯度的水。

①硝酸（HNO_3）：ρ=1.42g/ml，优级纯。

②硫酸（H_2SO_4）：ρ=1.84g/ml，优级纯。

③高氯酸（$HClO_4$）：ρ=1.67g/ml，优级纯。

④盐酸（HCl）：ρ=1.19g/ml，优级纯。

⑥硫酸溶液：1+1。

⑦40%$SnCl_2$ 溶液：称取 40g $SnCl_2\cdot2H_2O$，加 50ml 盐酸，加热溶解，加水至 100ml，加几粒金属锡，在棕色瓶中保存备用。

⑧15%KI 溶液。

⑨无砷锌粒 10～20 目。

⑩0.25% Ag·DDC 吸收液：称取二乙氨基二硫代甲酸银（Ag·DDC）1.25g，加入氯仿 100ml，三乙醇胺 4ml，加四氯化碳至 500ml 摇匀，放置过夜。用脱脂棉过滤入棕色瓶中，避光保存。

⑪ 乙酸铅棉：同新银盐分光光度法中乙酸铅棉。

⑫ 砷标准贮备液：同新银盐分光光度法中砷标准贮备液。

⑬ 砷标准使用液：同新银盐分光光度法中砷标准使用液。

4. 采样

同本章六、铅及其化合物（二）石墨炉原子吸收分光光度法。

5. 步骤

（1）样品溶液的制备

①滤筒样品：将样品滤筒剪碎（切勿使尘粒抖落），置于 150ml 锥形瓶中，加（1+1）硫酸 7ml，硝酸 20ml，高氯酸 4ml，瓶口插入一小漏斗，于电热板上加热，待剧烈反应停

止后，取下漏斗，加热至冒浓厚高氯酸白烟。取下放冷，用水冲洗瓶壁，再加热至冒浓白烟，以驱尽硝酸。如果样品消解不完全，可加入少量硝酸继续加热至样品颜色变浅。冷却，加入少量水，用定量滤纸过滤，用水洗涤锥形瓶、滤渣数次，合并洗涤液和滤液，加水至50ml。加入15%的KI溶液5ml，40%的$SnCl_2$溶液3ml，摇匀，放置15min，使As^{5+}还原成As^{3+}。

②滤膜样品：取样品滤膜置于100ml锥形瓶中，加入10ml硝酸，放置过夜。其后消解方法与玻璃纤维滤筒同，但高氯酸酸量减半。

（2）空白溶液的制备

取同批号空白滤筒或滤膜至少两个，按样品处理相同步骤同时操作，制备成空白溶液。

（3）标准曲线的绘制

于六支150ml三角瓶中，分别加入砷标准使用液，使溶液中含有0.0、1.0、3.0、5.0、10.0、15.0μg砷，加（1+1）硫酸7ml，加水至50ml，加15%的KI溶液5.0ml，加40%的$SnCl_2$溶液3ml，摇匀，放置15min。以下操作与样品溶液的测定相同。

（4）样品溶液的测定

往三角瓶中加入无砷锌粒3～4g，立即连接好整个装置，将发生的AsH_3通入盛有5ml吸收液的吸收管中，反应约45～60min。取下吸收管，补加四氯化碳至5.0ml，摇匀，备测。

将吸收液移入10mm比色皿中于510～520nm波长处测定吸光度。按同样的方法测定全程序空白溶液的吸光度。

6. 计算

根据所测定的吸光度值，在标准曲线上查出或由回归方程计算出样品溶液和空白溶液中砷的含量（μg），并由下式计算大气污染源排放砷的浓度（μg/m³）。

$$砷(\mathrm{As},\ \mu g/m^3)=\frac{W-W_0}{V_{nd}}\times\frac{S_t}{S_a}$$

式中：W——样品溶液中砷含量，μg；

W_0——空白溶液中砷含量，μg；

V_{nd}——标准状态下的采样体积，m^3；

S_t——样品滤膜总面积，cm^2；

S_a——测定时所取样品滤膜面积，cm^2。

注：对滤筒样品，$S_t=S_a$；V_{nd}为标准状态下干气的采样体积（m^3）。

7. 精密度和准确度

实验室测定土壤标准样品的精密度和准确度列于表5-3-18。

表5-3-18 精密度和准确度

实验室数	标样号	保证值（mg/kg）	总体均值（mg/kg）	室内相对标准偏差（%）	室间相对标准偏差（%）	相对误差（%）
14	ESS-1	10.7	10.7	0.22	0.60	0.0
15	ESS-3	15.9	17.1	0.23	0.73	7.5
12	ESS-4	11.4	11.4	0.44	0.55	0.0

8. 说明

①AsH_3与Ag·DDC反应生成红色单质胶态银，当在氯仿中存在有机碱时，可促使还

原反应的进行，且能增加红色单质胶态银在溶剂中的稳定性，其他有机碱如三乙基胺、三乙醇胺、三甲基胺等，与吡啶均有类似结果，但比吡啶的灵敏度略低。

②砷化氢发生的速度受锌粒的大小、表面状态及用量、反应酸度和温度的影响较大。锌粒以10～20目，表面粗糙为好，用量3～5g效果一致。反应时硫酸酸度以2.3～2.5mol/L为宜。酸度太高，反应过快，吸收不完全；酸度太低，反应太慢，反应器中气泡的搅拌作用欠佳，有可能反应不完全。但温度太高，反应太快，可能导致 AsH_3 吸收不完全，结果偏低。若室温高于30℃，可将发生瓶放置在冷水浴中冷却。

③硫酸-硝酸-高氯酸消解样品时，必须将有机质分解完全，否则结果偏低。样品中有机质含量较多时应反复加硝酸加热消解至沉淀物变为灰白色，且液面平静，不再产生棕色 NO_x 为止。消解完全后要反复蒸发至冒浓厚白烟，将 NO_x 驱除干净，否则在下一步加锌粒时会产生棕色气体，导致测量失败，遇此情况需返工重作。

④本法适用于测定经滤筒或滤膜采集的颗粒物中无机砷及其化合物。

（三）氢化物发生 原子荧光分光光度法（B）

1. 原理

通过等速采样，将颗粒物从固定污染源中抽取到玻璃纤维滤筒中或将无组织排放颗粒物收集到过氯乙烯滤膜上。所采集的样品用混合酸消解处理。

在酸性介质中，样品溶液中的砷、硒被硼氢化钾还原成气态氢化物，被引入原子荧光分光光度计进行测定。

当将采集 $10m^3$ 气体的滤膜制备成50ml样品时，砷最低检出限为 $3\times10^{-3}\mu g/m^3$，硒最低检出限为 $7\times10^{-3}\mu g/m^3$。

2. 仪器

①原子荧光分光光度计及相应的辅助设备。

②中流量采样器。

③烟尘采样器。

④玻璃纤维滤筒。

⑤过氯乙烯滤膜。

3. 试剂

本方法所用试剂除另有说明外，均使用符合国家标准的分析纯试剂和去离子水或同等纯度的水。

①硝酸（HNO_3）：ρ=1.42g/ml，优级纯。

②盐酸（HCl）：ρ=1.19g/ml，优级纯。

③高氯酸（$HClO_4$）：ρ=1.67g/ml，优级纯。

④氢氧化钾（KOH）或氢氧化钠（NaOH），优级纯。

⑤盐酸溶液：1+1。

⑥1mol/L、4mol/L盐酸溶液。

⑦0.7%硼氢化钾溶液：称取7g硼氢化钾于已加入2g KOH的200ml去离子水中，溶解后，用脱脂棉过滤，稀释至1000ml。此溶液现用现配。

⑧10%硫脲：称取10g硫脲微热溶解于100ml去离子水中。

⑨砷标准贮备液，0.10mg/ml：准确称取 0.1320g 三氧化二砷（优级纯，于 105～110℃烘干 2h），用 5ml 1mol/L NaOH 溶解，滴入 2 滴酚酞指示剂，用 1mol/L HCl 中和至红色褪去。移入 1000ml 容量瓶中，用去离子水稀释定容至标线。贮存于棕色瓶中，低温保存。

⑩砷标准使用液，0.10μg/ml：临用时，用 1mol/L 盐酸溶液逐级稀释砷贮备液而成。

⑪硒标准贮备液，0.10mg/ml：准确称取 0.1000g 光谱纯硒粉于 100ml 烧杯中，用 10ml HNO_3低温加热溶解，加入 3ml $HClO_4$，继续加热至冒 $HClO_4$白烟，冷却后加入少量去离子水再继续加热至刚冒白烟，移入 1000ml 容量瓶中，用去离子水稀释定容至标线。贮存于棕色瓶中，低温保存。

⑫硒标准工作液，0.10μg/ml：临用时，用 4mol/L 盐酸溶液逐级稀释硒贮备液而成。

4. 采样

同本章六、铅及其化合物（二）石墨炉原子吸收分光光度法。

5. 步骤

（1）样品溶液的制备

①滤筒样品：将样品滤筒剪碎（切勿使尘粒抖落），置于 150ml 锥形瓶中，加 30ml 硝酸溶液，5ml 高氯酸，瓶口插入一小漏斗，于电热板上加热至微沸，保持微沸 2h。稍冷，再加入 10ml 硝酸，继续加热微沸至近干。如果样品消解不完全，可加入少量硝酸继续加热至样品颜色变浅。冷却，加入少量水，用定量滤纸过滤，用水洗涤锥形瓶、滤渣数次，合并洗涤液和滤液，加热浓缩至近干，稍冷，加入 5ml 盐酸溶液（1+1），加热至黄褐色烟冒尽，冷却后转移到 50ml 容量瓶中，用水稀释至标线，即为样品溶液。

②滤膜样品：取样品滤膜置于 100ml 锥形瓶中，加入 10ml 硝酸，放置过夜。其后消解方法与玻璃纤维滤筒同，但酸量减半。

（2）空白溶液的制备

取同批号空白滤筒或滤膜至少两个，按样品处理相同步骤同时操作，制备成空白溶液。

（3）标准曲线的绘制

分别用含 As 和 Se 0.10μg/ml 的标准工作溶液配制成标准系列溶液，该标准系列溶液中 As 和 Se 浓度如表 5-3-19 所示。

准确移取相应量的标准工作溶液于 50ml 容量瓶中，加入 6ml HCl、4ml 10%硫脲溶液，用去离子水定容，混合均匀后，按样品测定步骤操作。记录相应的荧光强度值，以荧光强度值对元素浓度绘制标准曲线，并计算其线性回归方程。

表 5-3-19 标准系列中各元素的浓度

元素	标准系列（μg/L）						
As	0.0	1.0	2.0	4.0	8.0	12.0	16.0
Se	0.0	1.0	2.0	4.0	8.0	12.0	16.0

（4）样品溶液的测定

移取 20ml 样品溶液（或空白溶液）于 50ml 容量瓶中，加入 3mlHCl、2ml 10%硫脲溶液，用去离子水定容，摇匀。放置 20min 后，准确移取 5.0ml 溶液进入原子荧光分光光度计的氢化物发生器中进行测定，记录相应的荧光强度值。

仪器参数可参照说明书进行选择，表 5-3-20 所列条件和参数供参考。

表 5-3-20 原子荧光分光光度法工作条件

元素	灯电流(mA)	负高压（V）	氩气流量（ml/min）	原子化温度(℃)
As	40～60	240～260	1000	200
Se	90～100	260～280	1000	200

6. 计算

根据所测定的荧光强度值，在标准曲线上查出或由回归方程计算出样品溶液和空白溶液中砷（或硒）的浓度，并由下式计算大气污染源排放砷（或硒）的浓度（$\mu g/m^3$）。

$$砷、硒(As, Se, \mu g/m^3) = \frac{125 \times (C - C_0)}{V_{nd} \times 1000} \times \frac{S_t}{S_a}$$

式中：C——样品溶液中砷（或硒）浓度，μg/L；

C_0——空白溶液中砷（或硒）浓度，μg/L；

125——样品溶液体积，ml；

V_{nd}——标准状态下的采样体积，m^3；

S_t——样品滤膜总面积，cm^2；

S_a——测定时所取样品滤膜面积，cm^2。

注：对滤筒样品，S_t=S_a；V_{nd} 为标准状态下干气的采样体积（m^3）。

7. 精密度和准确度

单个实验室内，六次测定地球化学标准样品 GSR-6 中的砷，相对误差为 0.85%，相对标准偏差为 1.01%。

三个实验室分别测定三种土壤标样，砷相对误差为 3.5%～12%，硒相对误差为-1.4%～32.1%。

加标回收率为砷 86%～98%、硒 92%～102%。

8. 说明

①分析中所用的玻璃器皿（包括新器皿）均需用（1+1）HNO_3 溶液浸泡 24h（或加热片刻）后，再用去离子水冲洗干净后方可使用。

②制备样品溶液时应注意加热温度不宜过高，以免被测元素在高温下挥发，影响测定结果。

③本法适用于测定经滤筒或滤膜采集的颗粒物中无机砷（包括硒）及其化合物。

十四、硒及其化合物

（一）氢化物发生 原子荧光分光光度法（B）

见十三、砷及其化合物（三）氢化物发生 原子荧光分光光度法。

（二）石墨炉原子吸收分光光度法（B）

1. 原理

通过等速采样，将颗粒物从固定污染源中抽取到玻璃纤维滤筒中或将无组织排放颗粒物收集到过氯乙烯滤膜上。所采集的样品用混合酸消解处理。

将样品溶液注入经涂层处理后的石墨炉原子化器的石墨管中，于 196.0nm 处测定吸光值，根据特征谱线的光强度，可确定样品溶液中硒的浓度。

当氯化物含量大于 800mg/L、硫酸盐含量大于 200mg/L 时将干扰硒的分析，可使溶液中镍的浓度达到 1%以减少干扰；高含量的铁对硒的分析有干扰，可使用塞曼背景校正。

当将采集 10m^3 气体的滤膜制备成 50ml 样品时，最低检出限为 $5\times10^{-3}\mu g/m^3$，测定范围为 $12\times10^{-3}\sim250\times10^{-3}\mu g/m^3$。

2. 仪器

①原子吸收分光光度计（带塞曼背景校正）及相应的辅助设备。

②热解石墨管。

③中流量采样器。

④烟尘采样器。

⑤过氯乙烯滤膜。

⑥玻璃纤维滤筒。

⑦微量移液器。

3. 试剂

本方法所用试剂除另有说明外，均使用符合国家标准的分析纯试剂和去离子水或同等纯度的水。

①硝酸（HNO_3）：ρ=1.42g/ml，优级纯。

②高氯酸（$HClO_4$）：ρ=1.67g/ml，优级纯。

③5%镍溶液：溶解 24.78g $Ni(NO_3)_2\cdot6H_2O$ 于 100ml 水中。

④硒标准贮备液，0.10mg/ml：同本章十三、砷及其化合物（三）氢化物发生 原子荧光分光光度法 3⑪。

⑤硒标准使用液，1.0mg/L：临用时，用 1%硝酸溶液逐级稀释硒贮备液而成。

4. 采样

同本章六、铅及其化合物（二）石墨炉原子吸收分光光度法。

5. 步骤

（1）样品溶液的制备

①滤筒样品：将样品滤筒剪碎（切勿使尘粒抖落），置于 150ml 锥形瓶中，加 30ml 硝酸溶液，5ml 高氯酸，瓶口插入一小漏斗，于电热板上加热至微沸，保持微沸 2h。稍冷，再加入 10ml 硝酸，继续加热微沸至近干。如果样品消解不完全，可加入少量硝酸继续加热至样品颜色变浅。冷却，加入少量水，用定量滤纸过滤，用水洗涤锥形瓶、滤渣数次，合并洗涤液和滤液，加热浓缩至 5ml 左右，移到 25ml 容量瓶中，加入 5ml 5%镍溶液，用水稀释至标线，即为样品溶液。

②滤膜样品：取样品滤膜置于 100ml 锥形瓶中，加入 10ml 硝酸，放置过夜。其后消解方法与玻璃纤维滤筒同，但酸量减半。

（2）空白溶液的制备

取同批号空白滤筒或滤膜至少两个，按样品处理相同步骤同时操作，制备成空白溶液。

（3）标准曲线的绘制

取七个 25ml 容量瓶，分别加入硒标准使用液 0.00、0.25、0.50、1.00、1.50、2.00、2.50ml，

加入 5%镍溶液 5ml，然后用（1+9）硝酸溶液稀释至标线，配制成工作标准溶液，该标准溶液含硒分别为 0.0、10.0、20.0、40.0、60.0、80.0、100.0μg/L。

分别用微量移液器向热解石墨管中移入 20μl 工作标准溶液，按照设定的仪器工作条件，测定工作标准溶液的吸光度值，以吸光度值对硒浓度（μg/L）绘制标准曲线，并算出标准曲线的回归直线方程。

仪器参数可参照说明书进行选择，表 5-3-21 所列条件和参数供参考。

表 5-3-21 石墨炉原子吸收分光光度法工作条件

波长	196.0nm	氩气流量	内 0.5L/min	外 2.5L/min
灯电流	7.5mA	干燥温度与时间	80～120℃	30s
狭缝	1.3nm	灰化温度与时间	1200℃	30s
石墨管	热解石墨管	原子化温度与时间	2700℃	10s
进样量	20μl 溶液	清洗温度与时间	2800℃	3s

（4）样品溶液的测定

按标准曲线绘制时的仪器工作条件和操作步骤，分别测定空白溶液和样品溶液，记录吸光度值。

6. 计算

根据所测定的吸光度值，在标准曲线上查出或由回归方程计算出样品溶液和空白溶液中硒的浓度，并由下式计算大气污染源排放硒的浓度（$\mu g/m^3$）。

$$硒(Se, \mu g/m^3)=\frac{25\times(C-C_0)}{V_{nd}\times 1000}\times\frac{S_t}{S_a}$$

式中：C——样品溶液中硒浓度，μg/L；

C_0——空白溶液中硒浓度，μg/L；

25——样品溶液体积，ml；

V_{nd}——标准状态下的采样体积，m^3；

S_t——样品滤膜总面积，cm^2；

S_a——测定时所取样品滤膜面积，cm^2。

注：对滤筒样品，S_t=S_a；V_{nd} 为标准状态下干气的采样体积（m^3）。

7. 精密度和准确度

①单一实验室测量含硒浓度小于 2μg/L 水样，加标浓度 20μg/L 时，加标回收率为 99%。

②多种工业废水加标浓度 50μg/L 时，加标回收率为 94%～112%。

8. 说明

①由于元素硒及其化合物易挥发，在处理样品时，硒有可能损失。可通过加标样或相应标准参考物质来确定所选择的消解方法是否适宜。

②同样，应注意在干燥和炭化（灰化）过程中温度和时间的选择。在分析前，加入硝酸镍于消解液中，可减少干燥和灰化时硒的挥发损失。

第四章　气态污染物的测定

一、二氧化硫

二氧化硫的分析方法有碘量法和甲醛缓冲-盐酸副玫瑰苯胺分光光度法。前者测定范围宽、设备简单、操作方便、易于掌握，准确度能满足监测要求；后者方法灵敏，适用于低浓度二氧化硫的测定。仪器分析法有定电位电解法、自动滴定碘量法、溶液电导率法、非分散红外吸收法、紫外吸收法，适用于废气中二氧化硫的测定，仪器为便携式，可直接测出浓度，使用方便。

（一）碘量法（A）

1. 原理

烟气中的二氧化硫被氨基磺酸铵和硫酸铵混合液吸收，用碘标准溶液滴定。按滴定量计算出二氧化硫浓度。反应式如下：

$$SO_2+H_2O \longrightarrow H_2SO_3$$

$$H_2SO_3+H_2O+I_2 \longrightarrow H_2SO_4+2HI$$

测定范围：100～6000mg/m^3。

2. 仪器

①烟气采样器。

②多孔玻板吸收瓶：75ml。

③棕色酸式滴定管：25 或 50ml。

④大气压力计。

3. 试剂

除特殊规定外，均采用分析纯试剂，水为去离子水或蒸馏水。

①吸收液：称取 11.0g 氨基磺酸铵，7.0g 硫酸铵，加入少量水，搅拌使其溶解，继续加水至 1000ml，再加入 5ml 稳定剂摇匀，贮存于玻璃瓶中。冰箱保存，有效期三个月。

②稳定剂：称取 5.0g 乙二胺四乙酸二钠盐（Na_2-EDTA），溶于热水，冷却后加入 50ml 异丙醇，用水稀释至 500ml，贮存于玻璃瓶或聚乙烯瓶中。冰箱保存，有效期三个月。

③淀粉指示剂：称取 0.20g 可溶性淀粉，加少量水调成糊状，慢慢倒入 100ml 沸水中，

（A）本方法与 HJ/T 56—2000 等效。

继续煮沸至溶液澄清，冷却后贮于细口瓶中，临用现配。

④3.0g/L 碘酸钾标准溶液 C（$1/6KIO_3$）：称取 1.5g 碘酸钾（KIO_3，优级纯，110℃烘干 2h），准确到 0.0001g，溶于水，移入 500ml 容量瓶中，用水稀释至标线。冰箱保存，有效期半年。

⑤盐酸溶液 C（HCl）=1.2mol/L：量取 100ml 浓盐酸，用水稀释至 1000ml。

⑥硫代硫酸钠溶液 C（$Na_2S_2O_3$）=0.1mol/L：称取 25g 硫代硫酸钠（$Na_2S_2O_3 \cdot 5H_2O$），溶于 1000ml 新煮沸并已冷却的水中，加 0.20g 无水碳酸钠，贮于棕色细口瓶中，放置一周后标定其浓度。若溶液呈现浑浊时，应加以过滤。冰箱保存，有效期半年，每月标定一次。

标定方法：吸取碘酸钾标准溶液 25.00ml，置于 250ml 碘量瓶中，加 70ml 新煮沸并已冷却的水，加 1.0g 碘化钾，振荡至完全溶解后，再加入 1.2mol/L 盐酸溶液 10.0ml，立即盖好瓶塞，混匀。在暗处置放 5min 后，用硫代硫酸钠溶液滴定至淡黄色，加淀粉指示剂 5ml，继续滴定至蓝色刚好褪去。按下式计算硫代硫酸钠溶液的浓度：

$$C(Na_2S_2O_3) = \frac{W \times 1000}{35.67 \times V} \times \frac{25.00}{500.0} = \frac{50 \times W}{35.67 \times V}$$

式中：C（$Na_2S_2O_3$）——硫代硫酸钠溶液的浓度，mol/L；

W——称取的碘酸钾重量，g；

V——滴定所用硫代硫酸钠溶液的体积，ml；

35.67——相当于 1L 1mol/L 硫代硫酸钠溶液 C（$Na_2S_2O_3$）的碘酸钾（$1/6KIO_3$）的质量，g。

⑦碘贮备液 C（$1/2I_2$）=0.10mol/L：称取 40.0g 碘化钾，12.7g 碘（I_2），加少量水溶解后，用水稀释至 1000ml。加三滴盐酸，贮于棕色瓶中，保存于暗处。每月用硫代硫酸钠溶液标定一次。

标定方法：吸取 0.10mol/L 碘贮备液 25.00ml，用 0.10mol/L 硫代硫酸钠标准溶液标定，至溶液由红棕色变为淡黄色后，加淀粉指示剂 5.0ml，继续用硫代硫酸钠溶液滴定至蓝色刚好消失为止。按下式计算碘贮备液浓度：

$$C(1/2I_2) = \frac{C(Na_2S_2O_3) \times V}{25.00}$$

式中：C（$1/2I_2$）——碘贮备液的浓度，mol/L；

C（$Na_2S_2O_3$）——硫代硫酸钠标准溶液的浓度，mol/L；

V——滴定消耗的硫代硫酸钠标准溶液的体积，ml；

25.00——滴定时移取碘贮备液的体积，ml。

⑧碘标准溶液 C（$1/2I_2$）=0.010mol/L：吸取 0.10mol/L 碘贮备液 100ml 于 1000ml 容量瓶中，用水稀释至标线，混匀。贮于棕色瓶中，冰箱保存，有效期三个月。

4. 采样

①采样：见本篇第一章二、烟气采样方法（二）采样系统与装置。用两个 75ml 多孔玻板吸收瓶串联采样，每瓶各加入 30～40ml 吸收液，以 0.5L/min 流量采样。可在吸收瓶外用冰浴或冷水浴控制吸收液温度，以提高吸收效率。

②采样时间影响：为保证具有较高的吸收效率，对不同烟气二氧化硫浓度，要控制不同的采样时间。当烟气二氧化硫浓度低于 1000mg/m^3 时，采样时间应控制在 20～30min；

烟气二氧化硫浓度高于 1000mg/m³ 时，采样时间应控制在 13～15min。加有稳定剂的吸收液，在测定范围内，其吸收效率＞96%。

5. 步骤

①采样后应尽快对样品进行滴定，样品放置时间不应超过 1h。将两吸收瓶中的样品全部转入碘量瓶，用少量吸收液分别洗涤吸收瓶两次，洗涤液亦并入碘量瓶，摇匀。加淀粉指示剂 5.0ml，用 0.010mol/L 碘标准溶液滴定至蓝色，记录消耗量 V（ml）。

②另取同体积吸收液，同法进行空白滴定，记录消耗量 V_0（ml）。

③若烟气二氧化硫浓度较高，可取部分吸收液进行滴定。此时，按下述 6 中所列计算公式计算，结果应除以部分吸收液占总吸收液的比值。

6. 计算

$$\text{二氧化硫}(SO_2, mg/m^3) = \frac{(V - V_0) \times C(1/2I_2) \times 32.0}{V_{nd}} \times 1000$$

式中：V、V_0——分别为滴定样品溶液、空白溶液所消耗的碘标准溶液的体积，ml；

C（$1/2I_2$）——碘标准溶液浓度，mol/L；

V_{nd}——标准状态下干气的采样体积，L；

32.0——1L 1mol/L 碘标准溶液（$1/2I_2$）相当的二氧化硫（$1/2SO_2$）的质量，g。

7. 说明

①当有硫化氢等还原性物质存在时，使测定结果产生正误差，可用乙酸铅棉消除硫化氢的干扰。除硫化氢过滤管的制备方法：取内径为 5mm 的玻璃管，内装 3～4cm 用乙酸铅浸泡过的脱脂棉，排气端用少量棉花堵塞。乙酸铅脱脂棉的制备方法：称取 10g 乙酸铅，溶解于 90ml 水，加丙三醇 10ml，搅拌均匀后将脱脂棉浸入，然后取出挤干，放在没有硫化氢的室内自然晾干，贮于广口瓶中备用。锅炉正常工况下，烟气中硫化氢等还原物质极少，可忽略不计。垃圾焚烧炉排气中含有硫化氢，测定二氧化硫前，应除去硫化氢。

②吸收液中的氨基磺酸铵可消除二氧化氮的干扰。

③采样过程中应确保采样系统不泄漏，采样管应加热至 120℃，以防止二氧化硫溶于冷凝水中，造成测试结果偏低。

④如果二氧化硫浓度很低，在滴定样品溶液时，可用微量滴定管，以减少误差。如果二氧化硫浓度很高，可将样品溶液定容后，取出适量样品溶液滴定。

（二）定电位电解法（A）

1. 原理

定电位电解传感器主要由电解槽、电解液和电极组成，传感器的三个电极分别称为敏感电极（sensing electrode）、参比电极（reference electrode）、对电极（counter electode），简称 S.R.C。见第三篇第一章气态无机污染物一（四）定电位电解法图 3-1-1。

传感器的工作过程为：被测气体由进气孔通过渗透膜扩散到敏感电极表面，在敏感电极、电解液、对电极之间进行氧化反应，参比电极在传感器中不暴露在被分析气体之中，用以为电解液中的工作电极提供恒定的电化学电位。被测气体通过渗透膜进入电解槽，传

（A）本方法与 HJ/T57—2000 等效。

感器电解液中扩散吸收的二氧化硫发生如下的氧化反应：

$$SO_2+2H_2O \longrightarrow SO_4^{2-}+4H^++2e$$

与此同时产生对应的极限扩散电流 i，在一定范围内其大小与二氧化硫浓度成正比，即：

$$i=\frac{Z\cdot F\cdot S\cdot D}{\delta}\times C$$

在一定工作条件下，电子转移数 Z、法拉第常数 F、气体扩散面积 S、扩散常数 D 和扩散层厚度 δ 均为常数。因此，电化学反应中流向工作电极的极限扩散电流 i 与被测的二氧化硫浓度 C 成正比。

被测气体中化学活化性强的物质对定电位电解传感器的定量测定有干扰，干扰情况参考表 5-4-1。

表 5-4-1 定电位电解传感器交叉反应参考数据（%）

干扰气体	CO	H_2S	NO	NO_2	Cl_2	HCl	HCN
SO_2 传感器	＜3	正干扰	0	−5 以下	0	0	＜5

被测气体中的尘和水分容易在渗透膜表面凝结，影响其透气性。在使用本方法时应对被测气体中的尘和水分进行预处理。

测定范围：15～11440mg/m³。

2. 仪器

①定电位电解法二氧化硫测试仪。

仪器技术指标：

测量量程上限：2860mg/m³；5720mg/m³；11440mg/m³。

测量分辨下限：2.86mg/m³。

稳定度（3h）：零点漂移≤±0.2%F.S.；量程漂移≤±2%F.S.。

示值误差：≤±3%（0%～20%满量程范围内）；≤±4%（20%～60%满量程范围内）；≤±5%（60%～100%满量程范围内）。

重复性：≤±2%；响应时间：≤60s；回复时间：≤60s；负载误差：≤5%。

②带加热和除湿装置的采样管。

③不同浓度二氧化硫标准气体或二氧化硫配气系统。

3. 试剂

二氧化硫标准气体，浓度为仪器量程的 50%左右。

4. 采样

（1）采样前的准备

1）仪器标定：

①检查并清洁采样预处理器的烟尘过滤器、气水分离器及输气管路。

②按使用说明书连接采样预处理器与定电位电解法二氧化硫测试仪的气路和电路，确认无误后，按规定顺序接通电源。

③用二氧化硫标准气将气袋清洗三次，然后将标准气注入气袋备用。

④将流量计与二氧化硫测试仪连接（带有流量自动控制的仪器可不接流量计），在环境

空气中启动仪器，调节流量计流量，使其达到仪器说明书规定流量，当仪器完成倒计时自检校准零点后，操作仪器进入标定状态。

⑤将装有标准气的气袋与流量计进气口连接，执行仪器标定操作。标定操作结束后，取下气袋，使仪器抽入空气，清洗传感器。当仪器显示值达到 $20mg/m^3$ 以下时，关闭仪器。

2）仪器的校准：

①～④与 1）仪器标定①～④相同。

⑤将装有标准气的气袋与流量计进口气连接，执行仪器测试操作，同时开始用秒表计时。当仪器读数达到标准气浓度的 90%时（即 t_{90}），读取秒表时间。当仪器示值稳定后，读取并记录测试值，取下气袋，使仪器抽入空气，清洗传感器。计算示值误差和重复性误差。

⑥将阻力调节阀、U 型压力计与二氧化硫测试仪连接，U 型压力计的一端与大气相通。仪器开机进入测试功能后，调节阻力调节阀至 U 型压力计水柱压差为 10kPa 条件下，通入上述标准气，待仪器示值稳定后，读取并记录测试值，计算负载误差。当仪器显示值达到 $20mg/m^3$ 以下时，关闭仪器。

（2）连续自动采样

连接采样管与仪器进气孔，以仪器规定采样流量连续自动采样。

5. 步骤

①按使用说明书连接采样预处理器与定电位电解法二氧化硫测试仪的气路和电路，确认无误后，按规定顺序接通电源。

②在环境空气中开机自检校准零点，当仪器进入测试功能后，将采样枪放进采样孔并用棉布塞紧使之不漏气（有条件时应监测并调节仪器抽气流量，使其与标定流量一致）。

③当仪器测试显示浓度值变化趋于稳定后，记录（打印）测试数据。

④读数完毕将采样枪取出，置于环境空气中，清洗传感器至仪器读数在 $20mg/m^3$ 以下时，将采样管放进采样孔进行第二次测试。

⑤重复②～④步骤，直至测试完毕。

⑥关闭仪器，切断电源。

6. 计算

①示值误差：

$$\delta_i = \frac{\overline{C}_a - C_s}{C_s} \times 100\%$$

式中：$\overline{C}_a$——测量标准气体浓度平均值；

C_s——标准气体浓度值；

i——第 i 浓度的标准气体。

②重复性误差：

$$S_a = \frac{1}{\overline{C}_a} \times \left[\frac{\sum_{i=1}^{n}(C_i - \overline{C}_a)^2}{n-1} \right]^{\frac{1}{2}} \times 100\%$$

式中：C_i——第 i 次测量标准气体浓度值；

n——重复测量次。

③负载误差：

$$L_e = \frac{\overline{C}_1 - \overline{C}_n}{\overline{C}_n} \times 100\%$$

式中：$\overline{C}_1$——施加阻力时测量标准气体浓度平均值；

$\overline{C}_n$——空载时测量标准气体浓度平均值。

④仪器对二氧化硫测试的结果，应以质量浓度表示。如果仪器显示二氧化硫值以ppm表示浓度时，应按下式换算为标准状态下的质量浓度：

$$二氧化硫(SO_2, mg/m^3)=2.86\times ppm$$

7. 说明

①在校准过程中，若 t_{90} 大于60s时，应检查仪器气路是否漏气或传感器灵敏度是否降低，若传感器灵敏度降低，应考虑更换仪器传感器。

②在测试过程中，仪器应该一次开机直至测试完毕，中途不能关机重新启动，以免仪器零点变化，影响测试准确性。

③在测试过程中，仪器采样流量应与标定校准流量一致，采样流量的变化将影响测试准确性。

④对烟道二氧化硫的测试，应选择抗负压能力大于烟道负压的仪器，否则会使仪器采样流量减小，测试浓度值将低于烟道二氧化硫实际浓度值。

⑤进入传感器的烟气温度不得大于40℃。

⑥NO_2 的影响是负值，影响率在-5%以下。

⑦H_2S 的影响是正值，影响率一般在60%左右；垃圾焚烧炉排气中含有 H_2S，测定前应除去硫化氢或同时测定硫化氢的浓度，按仪器说明书的规定扣除硫化氢对测定二氧化硫浓度值的影响。

（三）自动滴定　碘量法（B）

1. 原理

使烟气通过含有淀粉指示剂碘标准溶液的多孔玻板吸收瓶，烟气中的二氧化硫按以下反应式被碘滴定：

$$I_2+SO_2+2H_2O \longrightarrow 2HI+H_2SO_4$$

溶液起初为蓝色，当 I_2 被耗尽时，溶液变为无色，反应到达终点。用烟气采样器和秒表测量反应到达终点时采集烟气的体积。由于在采样期间，生成的亚硫酸根不断地滴定碘，由碘标准溶液的体积、摩尔浓度和到达反应终点的采样体积就可计算出二氧化硫的浓度或由自动判断反应终点的二氧化硫浓度直读仪测定二氧化硫的浓度。

测量范围：100～6000mg/m^3。

2. 仪器

①烟气采样器或二氧化硫浓度直读仪。

②秒表。

③其余与本节（一）碘量法2.仪器②～④相同。

3. 试剂

除特殊规定外，均采用分析纯试剂，水为去离子水或蒸馏水。

①吸收液：0.01mol/L 的碘标准溶液。

②其余与本节（一）碘量法 3.试剂③～⑧相同。

4. 采样

见本篇第一章二、烟气采样方法（二）采样系统与装置。用两支 75ml 玻板吸收瓶，第一支吸收瓶中准确加入 5.00～50.00ml（视烟气中二氧化硫浓度而定）0.010mol/L 碘标准溶液（吸收液），加蒸馏水至 50ml，随后加 5ml 淀粉指示剂，摇匀。另一支吸收瓶加入 50ml 0.10mol/L 的硫代硫酸钠溶液，串联在第一个吸收瓶后。将吸收瓶放入烟气采样器或二氧化硫浓度直读仪中，以 0.5L/min 的流量或仪器说明书规定的流量采样，采样至第一个吸收瓶中溶液变成无色。采样时间控制在 3～6min。

5. 步骤

记录加入吸收液的量（V）。另取去离子水或蒸馏水取代吸收液（碘标准溶液），加 5ml 淀粉指示剂，摇匀。用碘标准溶液进行空白滴定，记录消耗量（V_0）。

6. 计算

与本节（一）碘量法的计算相同。

7. 说明

①与本节（一）碘量法的说明中①相同。

②燃料燃烧产生的二氧化氮干扰测定，一氧化氮不被水吸收，不干扰测定。二氧化氮被水吸收生成亚硝酸，生成的亚硝酸根与碘离子发生反应，产生负干扰。锅炉在正常工况下生成的二氧化氮一般不大于氮氧化物的 5%。少量的二氧化氮的干扰引起的测定误差不大。

③与本节（一）碘量法的说明③相同。

④如果二氧化硫浓度低时可减少加入吸收液的量或用浓度更稀的吸收液；如果二氧化硫浓度高可增加吸收液的量或用浓度更高的吸收液。

⑤吸收液温度对低浓度二氧化硫测定结果的影响非常明显。随着吸收液温度的升高，碘挥发加剧导致偏高的测量值；降低吸收液的温度，碘挥发对测定结果的影响可忽略不计。

吸收液温度对高浓度二氧化硫测定结果的影响不明显。一方面随着吸收液温度的升高，碘挥发加剧；另一方面高浓度二氧化硫气体通过吸收液时，使吸收液酸度增加较快，有利于碘离子生成碘，使挥发的碘和生成的碘基本达到平衡。

控制吸收液温度不超过 20℃。常见的方法是把盛有吸收液的吸收瓶置于冷水浴或加有碎冰的水浴中。将装有吸收液的吸收瓶置于放有冰块的便携式保温箱内，测定时再取出吸收瓶进行采样的方法更简便，控温效果更好。

⑥防止碘挥发的途径是控制吸收液的温度、抽气流量和抽气时间，避免产生正的测定误差。每个样品的采样时间控制在 3～6min，用调节加入吸收瓶中标准溶液（吸收液）的体积方法加以控制。

⑦烟气采样器计量采气体积的准确性对测定结果影响很大，必须保证准确计量才能获得准确、可靠的二氧化硫测定结果。恒流采样，由光电原理判断溶液的蓝色瞬间变成无色滴定终点的二氧化硫浓度直读仪可减少人为判断终点的误差，测定结果的准确性和重现性会更好。

⑧在第一个吸收瓶后串联一支装有硫代硫酸钠溶液的吸收瓶是为了滴定采气过程中挥发的碘，防止对采样系统的污染。

（四）非分散红外吸收法（B）

1. 原理

二氧化硫气体对红外光谱具有选择性的吸收，尤其是在 6.85～9μm 范围内。采用相应的检测器，检测红外光谱在该波段能量的变化，根据朗伯-比尔定律就可测定样品中二氧化硫气体的浓度。

（1）串联型气动检测器

串联型气动检测器中有两个吸收室，结构示意图见图 5-4-1，前吸收室光程较短，只能吸收光谱的中心部分；后吸收室采用了光锥结构，使前室没有被吸收的光谱在后室全部被吸收。由于不同气体吸收光谱的重叠产生于吸收谱带的边缘，因而通过选择合适浓度的填充气体，可以使重叠部分的光谱在前室的吸收等于后室的吸收，从而消除其它气体对待测气体的干扰。

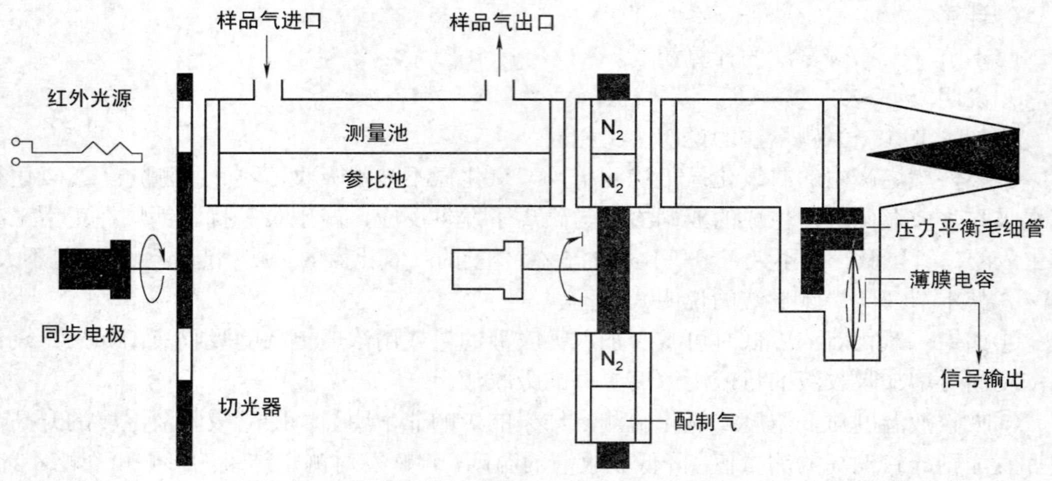

图 5-4-1 串联型气动检测器结构示意图

另外，不分光红外可以做成多组分气体分析器。同一个检测器可同时检测被测气体和背景气体，然后采用数据处理方式进行自动补偿，消除背景气体对测定的影响。

用多组分不分光红外模块可以在光路中插入一个校准气室。校准气室中可以填充一定浓度的被测气体，产生相当于满量程标准气体的吸收信号。因而，可以不需要标准气体就能实现仪器的定时标定。在校准气室进入光路时，仪器的工作室必须通入高纯氮气。为了验证校准气室是否漏气，每半年或一年仍然要用标准气进行一次对照测试。

（2）窄带干涉滤光片

由步进电机将被测气体吸收波段的两个窄带干涉滤光片置入光路，一个滤光片把 SO_2 气体吸收波段对应的谱线的能量完全吸收，即不让这部分能量通过，检测器测量的是其他组分对光的吸收。另一个滤光片不吸收 SO_2 气体吸收波段对应的谱线的能量，检测器测量的是 SO_2 和其他组分对光的吸收。通过检测能量的差，计算出 SO_2 气体的浓度。

测量范围：0～100%；检出限：6mg/m^3。

2. 仪器

①非分散红外法二氧化硫气体分析仪。

仪器的技术指标见本节（二）定电位电解法测定二氧化硫。

②采样管及样气处理器。

③不同浓度二氧化硫标准气体或二氧化硫配气系统。

3. 试剂

①高纯氮气（纯度高于99.99%）。

②二氧化硫标准气体：浓度为仪器满量程的50%左右。

4. 采样

①启动仪器：将仪器放置在平稳的地方，接通电源，预热。

②零点校准：将高纯氮气，经相应的减压阀和流量调节器，以仪器规定的流量，通入仪器的进气口，待仪器指示稳定后，进行仪器的零点校准。

③仪器的标定：除零点用高纯氮气标定外，其余与本节（二）定电位电解法测定二氧化硫相同。

④仪器的校准：与本节（二）定电位电解法测定二氧化硫相同。

⑤连续自动采样：连接采样管与仪器进气孔，以仪器规定的采样流量连续自动采样。

5. 步骤

与本节（二）定电位电解法测定二氧化硫相同。

6. 计算

$$二氧化硫(SO_2，mg/m^3)=2.86C$$

式中：C——被测气体中二氧化硫浓度，ppm；

2.86——二氧化硫浓度从ppm换算为标准状态下质量浓度（mg/m^3）的换算系数。

7. 说明

①仪器启动后，必须充分预热（参照仪器说明书），再进行仪器的校准和测定，否则影响测定的准确度。

②仪器一般用高纯氮气调零，在测量浓度较高的情况下，可用新鲜的空气进行零点的校准。

③必须保证通入仪器的气体是经过预处理的干净气体，以保证仪器的测量精度和使用寿命。

④仪器技术指标的检测和测定结果的计算同本节（二）定电位电解法测定二氧化硫。

（五）甲醛缓冲溶液吸收-盐酸副玫瑰苯胺分光光度法（B）

1. 原理

同第三篇第一章一、二氧化硫（一）甲醛缓冲溶液吸收-盐酸副玫瑰苯胺分光光度法。

测定范围：2.5～500mg/m^3。

2. 仪器

①多孔玻板吸收瓶：125ml。

②具塞比色管：25ml。

③注射器或甘油注射器：100ml。

④恒温水浴。

⑤烟气采样器。

⑥分光光度计。

3. 试剂

①～②，④～⑬同第三篇第一章一、二氧化硫（一）甲醛缓冲溶液吸收-盐酸副玫瑰苯胺分光光度法试剂①～②，④～⑬。其中亚硫酸钠溶液标定出准确浓度之后，立即用吸收液稀释为每毫升含 10.00μg 二氧化硫的标准溶液。此溶液可使用 6 个月。

③吸收液：临用时，取吸收液贮备液 10.0ml，用水稀释至 200ml。此溶液每毫升含 1.0mg 甲醛。

⑭0.025%盐酸副玫瑰苯胺（PRA）使用溶液：称取 0.125g 盐酸副玫瑰苯胺（Pararosaniline Hydrochloride, PRA），溶解于 1.0mol/L 盐酸溶液 50ml，移入 500ml 容量瓶，加入 85%磷酸 250ml，用水稀释至标线，摇匀。放置 24h 后使用。室温下可保存 9 个月。

4. 采样

见本篇第一章二、烟气采样方法（二）采样系统与装置。串联两个内装 50ml 吸收液的多孔玻板吸收瓶，以 0.5L/min 流量，采样 5～15L。

按本篇第一章二、烟气采样方法（二），用注射器采气 100ml 以上，放置至室温后，排出 100ml 以外的气体。将注射器与内装 30～40ml 吸收液的多孔玻板吸收瓶的进气口连接，然后以 0.5L/min（8.3ml/s）流量抽气，注射器内气样全部吸收后，取下注射器，吸入 100ml 以上的空气，连接在吸收瓶上再抽气，把空气抽入吸收瓶中，用吸收液稀释至 75 或 100ml 标线，摇匀，即为样品溶液。根据废气中二氧化硫浓度高低，可取 100～300ml 气样，依次注入吸收液中。

5. 步骤

（1）标准曲线的绘制

取 12 支 25ml 具塞比色管，分 A、B 两组，每组各六支，对应编号。A 组按表 5-4-2 配制标准系列。

表 5-4-2 亚硫酸钠标准系列

管 号	0	1	2	3	4	5
10.00μg/ml 标准溶液(ml)	0	0.50	1.00	2.00	3.00	5.00
吸收液(ml)	10.00	9.50	9.00	8.00	7.00	5.00
二氧化硫含量(μg)	0	5.0	10.0	20.0	30.0	50.0

B 组各管加入 0.025%盐酸副玫瑰苯胺使用溶液 4.00ml。A 组各管分别加入 0.60%氨磺酸钠溶液 1.00ml 和 1.50mol/L 氢氧化钠溶液 1.00ml，混匀。再逐管倒入对应的盛有 PRA 溶液的 B 管中，用水稀释至 25ml 标线，立即混匀放入恒温水浴中显色。显色温度与室温之差应不超过 3℃。可根据不同季节室温选择显色温度和时间，参见第三篇第一章、二氧化硫（一）甲醛缓冲溶液吸收-盐酸副玫瑰苯胺分光光度法 5.步骤中的显色温度与时间表。

于波长 580nm 处，用 0.5 或 1cm 比色皿，以水为参比，测定吸光度。以吸光度对二氧化硫含量（μg），绘制标准曲线。

（2）样品测定

用吸收瓶采样后，将第二吸收瓶中样品溶液倒入第一吸收瓶，用少量吸收液洗涤第二吸收瓶，洗涤液并入第一吸收瓶中，加吸收液至 125ml 标线，摇匀，即为样品溶液。

吸取适量样品溶液（根据废气中二氧化硫浓度高低而定），置于 25ml 具塞比色管中，加吸收液至 10.00ml，加 0.60%氨磺酸钠溶液 1.00ml，混匀。放置 10min 以除去氮氧化物的干扰，以下步骤同标准曲线的绘制。

6. 计算

$$\text{二氧化硫}(SO_2, mg/m^3) = \frac{W}{V_{nd}} \times \frac{V_t}{V_a}$$

式中：W——测定时所取样品溶液中二氧化硫含量，μg；

V_t——样品溶液总体积，ml；

V_a——测定时所取样品溶液体积，ml；

V_{nd}——标准状态下干气的采样体积，L。

7. 说明

①～⑧同第三篇第一章一、二氧化硫（一）甲醛缓冲溶液吸收-盐酸副玫瑰苯胺分光光度法方法一说明①～⑧。

⑨废气中二氧化硫浓度高，不一定要求很低的试剂空白值，可以使用未经提纯的 PRA 配制溶液。

（六）溶液电导率法（C）

1. 原理

溶液在恒定温度时，有与其浓度相应的一定的电导率（电阻的倒数）。当这种溶液吸收气体或者与气体发生化学反应时，其电导率即发生变化。溶液电导率测定二氧化硫法就是利用采集烟气中的二氧化硫，被用硫酸酸化的过氧化氢溶液吸收发生化学反应而溶液的电导率发生变化进行测定的，其反应式如下：

$$SO_2+H_2O_2 \longrightarrow H_2SO_4$$

从硫酸电导率的增加求 SO_2 的浓度。在一定范围内，溶液电导率变化的大小与二氧化硫的浓度成正比。

测量范围：57～12870mg/m^3。

2. 仪器

①溶液电导率法二氧化硫测定仪。

仪器技术指标：

测量上限：5720mg/m^3，12870mg/m^3。

示值误差、重复性、负载误差：同本节（二）定电位电解法。

②带加热的采样管。

③不同浓度二氧化硫标准气体或二氧化硫配气系统。

3. 试剂

除特殊规定外，均采用分析纯试剂，水为去离子水或蒸馏水。

①二氧化硫标准气体：浓度为仪器量程的 50%左右。

②硫酸溶液 $C(H_2SO_4)$=0.5mol/L：取 27.8ml 浓硫酸，慢慢滴入去离子水中，用水稀释至 1000ml。

③双氧水：30%。

④吸收液：取过氧化氢 5ml，硫酸溶液 5ml，用水稀释至 1000ml。

注：吸收液存放时间不宜过长，最好在使用前一天配制。

⑤草酸钠：取一定量的草酸钠，喷入适量的溴酚蓝酒精溶液，搅拌均匀后，置于 60～70℃的干燥箱中干燥 3～4h。

⑥溴酚蓝酒精溶液。

4. 采样

（1）采样前准备

仪器标定：用环境空气作为零气，仪器自动标定零点；再用二氧化硫标准气体以 0.5L/min 的流量或按仪器说明书规定的流量对仪器量程进行校准，使仪器示值与标准气体浓度值一致，重复三次，仪器示值误差应符合仪器技术指标，否则，应重新标定。

（2）连续自动采样

连接采样管与仪器进气孔，以仪器规定采样流量连续自动采样。

5. 步骤

①按照仪器说明书的要求操作仪器。

②仪器连接好采样管和吸收液后，开机。设置测量次数，按启动键，仪器自动清洗、校零。调节采样流量至仪器规定气体流量与吸收液之比，仪器自动测定约 5min，测定完毕，显示二氧化硫浓度。仪器自动循环测试，直至设置采样次数完毕，自动停机。关闭仪器，切断电源。

6. 计算

与本节（二）定电位电解法的计算相同。

7. 说明

①过滤器中的固体草酸钠主要用于吸附被测气体中的碱性物质，如 NH_3 等。

②连续采样时气水分离器中的滤纸容易受潮堵塞，需要及时更换。

③CO_2 占 16.5%时，CO_2 的影响换算成 SO_2 后，相当于 23mg/m^3 左右，排气中 SO_2 浓度低时，对测定有较大的影响。

④氮氧化物在一般排气中是以不溶于溶液的 NO 为主，NO_2 的浓度比较低，其影响一般可忽略不计。

⑤一般排气中不含 HCl 和 Cl_2，废弃物焚烧炉排气中含有 HCl 时，不适合采用本法进行测定。

⑥H_2S 对测定有影响，测定前应除去硫化氢。方法见本节（一）碘量法 7.说明①。

二、氮氧化物

测定氮氧化物的方法中，中和滴定法简单易行，测定范围宽，适用于硝酸工厂生产尾气的测定；二磺酸酚分光光度法及肼还原-盐酸萘乙二胺分光光度法的测定范围宽，在计算结果时不需使用 NO_2（气）转换为 NO_2^-（液）的系数。前者被日、美等国家定为标准方法，后者在1984年为国际标准化组织（ISO）推荐的方法；盐酸萘乙二胺分光光度法的操作简易，适用于低浓度氮氧化物的测定，缺点是在计算结果时需使用经验转换系数（NO_2（气）→ NO_2^-（液）)，影响测定的准确度。

定电位电解法可进行连续、实时监测，检测仪为便携式。适用于现场监测，使用方便，但受二氧化硫、芳香烃及一氧化碳等成分的干扰。

（一）盐酸萘乙二胺分光光度法（A）

1. 原理

氮氧化物（NO_x）包括一氧化氮（NO）及二氧化氮（NO_2）等。在采样时，气体中的一氧化氮等低价氧化物首先被三氧化铬氧化成二氧化氮，二氧化氮被吸收液吸收后，生成亚硝酸和硝酸，其中亚硝酸与对氨基苯磺酸起重氮化反应，再与盐酸萘乙二胺偶合，呈玫瑰红色，根据颜色深浅，用分光光度法测定。

采样体积为1L时，本方法的定性检出浓度为0.7mg/m^3，定量测定的浓度范围为2.4～280mg/m^3。更高浓度的样品，可以用稀释的方法进行测定。

在臭氧浓度大于氮氧化物浓度5倍，二氧化硫浓度大于氮氧化物浓度100倍条件下，对氮氧化物测定有干扰。

2. 仪器

①分光光度计：具1cm比色皿。

②多孔玻板吸收瓶：125ml。

③具塞比色管：25ml。

④冰袋。

⑤双球玻璃管（见图5-4-2）。

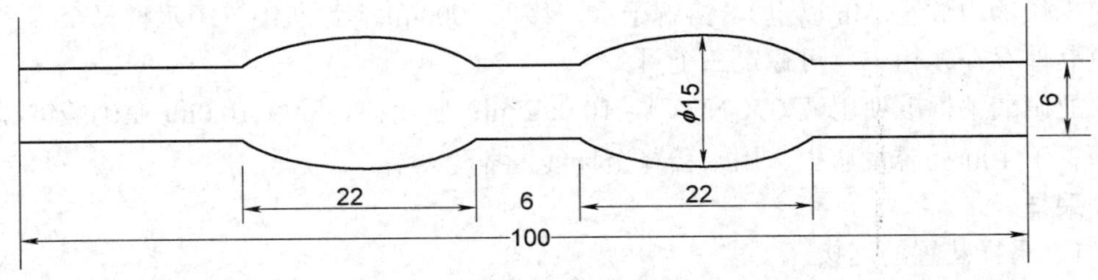

图5-4-2 双球玻璃管（单位：mm）

⑥采样管：材质为不锈钢、硬质玻璃或聚四氟乙烯，直径为6～8mm的管料，并具有可加热至140℃以上的保温夹套。

⑦连接管：聚四氟乙烯软管（必要时用于热端的连接）或内衬聚四氟乙烯薄膜的乳胶管。

⑧烟气采样器。

3. 试剂

除非另有说明，分析中均使用符合国家标准的分析纯试剂和不含亚硝酸根的去离子水。

①对氨基苯磺酸。

（A）本方法与HJ/T 43—1999等效。

②冰乙酸。

③盐酸萘乙二胺。

④三氧化铬。

⑤海砂（或河砂）。

⑥盐酸：ρ=1.19g/ml。

⑦亚硝酸钠。

⑧吸收贮备液：称取 5.0g 对氨基苯磺酸，通过玻璃小漏斗直接加入 1000ml 容量瓶中，加入 50ml 冰乙酸和 900ml 水，盖塞振摇溶液，待对氨基苯磺酸完全溶解后，加入 0.050g 盐酸萘乙二胺[N-（1-naphthyl）-ethylenediamine dihydrochloride]溶解后，用水稀释至标线。此为吸收贮备液，贮于棕色瓶内，在冰箱中可保存两个月。保存时，可用聚四氟乙烯生胶带密封瓶口，以防止空气与贮备液接触。

⑨吸收使用液：按 4 份贮备液和 1 份水的比例混合。该吸收使用液的吸光度应不超过 0.05。

⑩三氧化铬-海砂（或河砂）氧化管：筛取 20～40 目海砂（或河砂），用 12%盐酸溶液浸泡一夜，用水洗至中性，烘干。把三氧化铬及海砂（或河砂）按 1∶20 混合，加少量水调匀，放在红外灯下或烘箱内于 105℃烘干，烘干过程中应搅拌几次。制备好的三氧化铬-砂子，应是松散的，若是粘在一起，说明三氧化铬比例太大，可适当增加一些砂子，重新制备。

称取约 8g 制备好的三氧化铬-砂子装入双球玻璃管，两端用少量脱脂棉塞好。用乳胶管或用塑料管制的小帽将氧化管两端密封。使用时氧化管与吸收瓶之间用一小段乳胶管连接，采集的气体尽可能少与乳胶管接触，以防氮氧化物被吸附。

⑪亚硝酸钠标准贮备液 C（NO_2^-）=100μg/ml：称取 0.1500g 粒状亚硝酸钠（$NaNO_2$，预先在干燥器内放置 24h 以上），溶解于水，移入 1000ml 容量瓶中，用水稀释至标线。贮于棕色瓶保存在冰箱中，可稳定三个月。

⑫亚硝酸钠标准使用液 C（NO_2^-）=10.0μg/ml：临用前，吸取 10.0ml 亚硝酸钠标准贮备液，置于 100ml 容量瓶中，用水稀释至标线，摇匀。

4. 采样

（1）采样装置的连接

参照本篇第一章二、烟气采样方法（二）采样系统与装置中图 5-1-10，按采样管、吸收瓶、流量计量装置和抽气泵的顺序连接好采样系统，并检查其密封性和可靠性，连接管用聚四氟乙烯软管或内衬聚四氟乙烯薄膜的乳胶管，尽可能短。

（2）样品采集

按顺序串联一个空的多孔玻板吸收瓶，一支氧化管和两个各装 75ml 吸收液的多孔玻板吸收瓶作为样品吸收装置。将其接入采样系统，并放置于冰浴中，以 0.05～0.2L/min 的流量，采气至第二个吸收瓶呈微红色，停止采样。记录采样流量、时间、温度、气压，密封吸收瓶进、出口，避光运回实验室。

（3）样品保存

采集好的样品应置于冰箱内 3～5℃保存，并于 24h 内测定完毕。

5. 步骤

（1）标准曲线的绘制

按表 5-4-3 在 25ml 具塞比色管中制备标准系列。

表 5-4-3 亚硝酸钠标准系列

管 号	0	1	2	3	4	5	6	7
标准溶液(ml)	0	0.20	0.40	0.60	0.80	1.00	1.20	1.50
吸收原液(ml)	20.0	20.0	20.0	20.0	20.0	20.0	20.0	20.0
水(ml)	5.00	4.80	4.60	4.40	4.20	4.00	3.80	3.50
亚硝酸根含量(μg)	0	2.00	4.00	6.00	8.00	10.0	12.0	15.0
亚硝酸根浓度(μg/ml)	0	0.080	0.16	0.24	0.32	0.40	0.48	0.60

以上各管混匀后，避开直射阳光，放置 15min，在波长 540nm 处，用 1cm 比色皿，以水为参比液测定吸光度。以吸光度对亚硝酸根浓度（μg/ml），绘制标准曲线，并计算标准曲线的线性回归方程。

（2）样品测定

采样后，分别取两个吸收瓶中的吸收液，于 1cm 比色皿按绘制校准曲线相同条件测定吸光度，并同时测定空白吸收液的吸光度。

若样品溶液的吸光度超过测定上限，则取适量样品溶液，用空白吸收液作适当稀释后测定吸光度。

6. 计算

$$\text{氮氧化物}(NO_2, mg/m^3) = \frac{C' \cdot V_t}{0.72 \times V_{nd}} \times F$$

式中：C' ——样品溶液中亚硝酸根离子浓度，μg/ml，可从标准曲线中查得，或由回归方程计算；

V_t——样品溶液定容体积，ml；

0.72——NO_2（气）转换为 NO_2^-（液）的系数；

V_{nd}——标准状态下干气的采样体积，L；

F——样品溶液浓度高时的稀释倍数。

7. 说明

①吸收液应避光且不能长时间暴露在空气中，以防光照使吸收液显色或吸收空气中的氮氧化物而使空白值增高。

②氧化管适于在相对湿度为 30%～70%时使用，当空气中相对湿度大于 70%，应勤换氧化管；小于 30%时，则在使用前，用经过水面的潮湿空气通过氧化管，平衡 1h。在使用过程中，应经常注意氧化管是否吸湿引起板结或变成绿色。若板结会使采样系统阻力增大，影响流量；若变成绿色表示氧化管已失效。各支氧化管的阻力差别应不大于 1.33kPa。

③亚硝酸钠（固体）应妥善保存。可分装成小瓶使用，试剂瓶及小瓶的瓶口要密封，防止空气及湿气浸入。

④吸收液若受三氧化铬污染，溶液呈黄棕色，该样品应报废。

⑤一般情况下，本方法标准曲线的剩余标准偏差为 0.002～0.007，对应的相关系数 r

为 0.9999～0.999，截距 a 的范围为 $0.003<|a|<0.008$。

⑥绘制标准曲线，向各管中加亚硝酸钠标准使用液时，应以均匀、缓慢的速度加入，曲线的线性较好。

⑦当管道排烟温度为常温时，可不必将采样瓶放置于冰浴内采样。

8. 精密度和准确度

五个实验室分析浓度为 0.210mg/L 的统一样品，重复性标准偏差 0.0015mg/L；重复性相对标准偏差 0.7%；重复性 0.0042mg/L。再现性标准偏差 0.007mg/L；再现性相对标准偏差 3.3%；再现性 0.20mg/L。

五个实验室共同采集某固定源排气实际样品，分别于实验室测定，各实验室的测定精密度（相对标准偏差）分布于 5.8%～15.9%之间。

五个实验室分别测定浓度为 0.210mg/L 的统一样品，测定总均值的相对误差为 0.95%，各实验室测定均值的相对误差分布于 0～4.5%之间；测定实际样品的加标回收率实验室均值分布于 88.4%～101%之间。

（二）紫外分光光度法（A）

1. 原理

将样品气体收集于一个盛有稀硫酸-过氧化氢吸收液的瓶中，气样中的氮氧化物被氧化并被吸收，生成 NO_3^-，于 210nm 处测定 NO_3^- 的吸光度。

当采样体积为 1L 时，方法的氮氧化物检出限为 10mg/m^3；定量测定的浓度下限为 34mg/m^3；在不作稀释的情况下，测定的浓度上限为 1730mg/m^3。

2. 仪器

1）分光光度计：具紫外部分和 1cm 石英比色皿。

2）采样装置：

①采样管：具有适当尺寸的硬质玻璃或聚四氟乙烯管料，并备有可加热防止水气凝结的加温夹套。

②样品吸收瓶：1L 或 2L 的圆底烧瓶。其瓶口应可与一三支三通阀磨口相接，壁厚可承受一个大气压力。其外部具有泡沫塑料包壳，尺寸如图 5-4-3 所示。

③玻璃三支三通阀：可与样品吸收瓶磨口相接。

④负压表：测量精度应可达到 0.5kPa 或更好；最大量程达 90kPa 以上。在无法得到负压表的情况下，可采用具有相同功效的 U 型管压力表。

⑤真空抽气泵：能将样品吸收瓶抽真空至绝对压力等于或低于 10kPa。

⑥温度计：可以从-5～50℃每间隔 1℃进行测量。

⑦连接管：内衬聚四氟乙烯薄膜的硅橡胶管。

⑧玻璃棉。

⑨真空活塞油脂。

⑩玻璃二通阀。

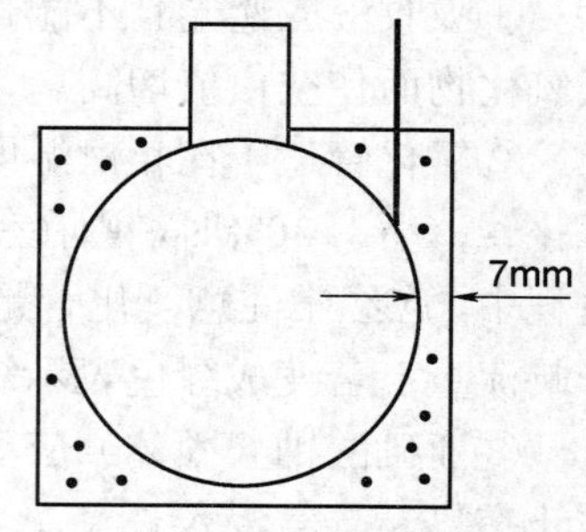

图 5-4-3　烧瓶、泡沫塑料外壳及温度计

（A）本方法与 HJ/T42—1999 等效。

3. 试剂

除非另有说明，分析中均使用符合国家标准的分析纯试剂和蒸馏水。

①硫酸：ρ=1.84g/ml。

②双氧水：30%。

③硝酸钾：基准试剂。

④3%过氧化氢溶液：在100ml容量瓶中，加入10.0ml双氧水，用水稀释至标线。

⑤硝酸钾标准贮备液；准确称取事先于105～110℃干燥2h的硝酸钾2.198g，溶解于水并转移至1000ml容量瓶中，用水稀释至刻度。此溶液每毫升相当于NO_2 1000μg。

⑥硝酸钾标准使用液：准确吸取硝酸钾标准贮备液10ml，至1000ml容量瓶中，用水稀释至刻度。此溶液每毫升相当于NO_2 10μg。

⑦吸收液：于1000ml容量瓶中加入约500ml水，缓慢加入2.8ml硫酸，再加入6ml 3%过氧化氢溶液，摇匀后用水稀释至刻度。该溶液应贮存于棕色瓶中，使用时避免阳光直射，存放于暗处，可使用一周。

4. 采样

（1）采样装置的连接

将二通和三通阀的活塞及与吸收瓶相接的磨口部分涂好真空活塞油脂，采样管头部塞适量玻璃棉，吸收瓶内装好25.0ml吸收液后，按图5-4-4连接。连接管要尽可能短，并应保证密封性和可靠性。

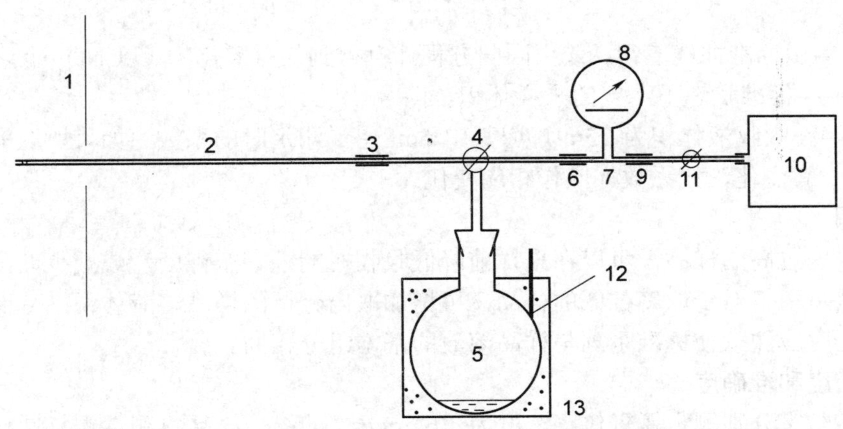

图5-4-4　采样装置连接

1—排气筒；2—采样管；3、6、9—接头；4—三通阀；5—样品吸收瓶；7—三通；8—负压表；10—真空泵；11—二通阀；12—温度计；13—泡沫塑料壳

（2）采样前的检查

采样前首先要检查采样管头部是否已塞好适量玻璃棉，各连接点是否稳妥，然后检查样品吸收瓶的密封性。启动泵抽真空至一定程度后，关闭二通阀活塞，观察负压表指针，若1min内负压下降不超过1.3kPa可进行采样，否则应检查漏气原因并重新连接。

（3）样品采集

将吸收瓶内的真空度抽至-70～-90kPa，旋转三通阀活塞，使吸收瓶关闭，采样管抽取排气筒内的气体清洗管道约 3min，再旋转三通阀活塞，使采样管内的气体迅速进入吸收瓶内。关闭吸收瓶，将吸收瓶连三通阀一起从采样装置中拆下，摇动 5min 后（注意避免阳光直射）带回实验室。

记录吸收瓶抽真空时和采样后的温度和大气压力。

（4）样品存放

将采好样的吸收瓶带回实验室，放置于阴暗处，时间不少于 16h。

5. 步骤

（1）标准曲线的绘制

取五个 100ml 容量瓶，分别加入 0.00、5.00、10.0、15.0 和 20.0ml 硝酸钾标准使用液，向每只容量瓶加入 5.00ml 吸收液，用水稀释至刻度。在紫外分光光度计 210nm 处，以水为参比测定吸光度。以吸光度对 NO_2 含量（μg）绘制标准曲线，并计算标准曲线的线性回归方程。

（2）样品分析

带回实验室的样品放置 16h 以后，再摇动 2min，然后开启三通阀活塞并取下三通阀，从每一个样品中准确吸取 5.00ml 溶液，注入到 100ml 容量瓶中，用水稀释至刻度。以下按绘制标准曲线相同步骤进行样品分析。

6. 计算

$$\text{氮氧化物}(NO_2, mg/m^3) = 5 \times \frac{W}{V_{nd}}$$

式中：W——由标准曲线查得，或由回归方程计算得到的氮氧化物（以 NO_2 计）质量，μg；

V_{nd}——标准状态下干气的采样体积，L；

5——在吸收液体积为 25ml，取其中 5ml 用于测定时的系数。如果所取的测定体积有变化，该系数亦应作相应变化。

7. 说明

对于浓度过高的样品，可以在采样前降低吸收瓶的抽真空程度，或减少取出进行分析的样品溶液体积，对于浓度过低的样品，可增加取出分析的样品溶液体积，从而扩大测定范围，但同时应注意使标准系列与样品溶液的基本组分相同。

8. 精密度和准确度

五个实验室分别测定氮氧化物浓度为 367mg/m^3 的统一样品，测定重复性标准偏差为 10mg/m^3；重复性相对标准偏差为 2.9%；重复性为 28mg/m^3。测定的再现性标准偏差为 11mg/m^3；再现性相对标准偏差为 3.3%；再现性为 32mg/m^3。

五个实验室共同采集和分别测定某硝酸生产排放废气样品，测定结果的相对标准偏差为 3.8%。

五个实验室分别测定氮氧化物浓度为 367mg/m^3 的统一样品，测定总均值的相对误差为 4.9%；各实验室测定均值的相对误差在 2.4%～6.8%之间。

（三）定电位电解法（B）

1. 原理

定电位电解传感器主要由电解槽、电解液和电极组成，详见本章一（二）定电位电解法原理。

传感器的工作过程为：被测气体由进气孔通过渗透膜扩散到敏感电极表面，在敏感电极、电解液、对电极之间进行氧化反应，参比电极在传感器中不暴露在被分析气体之中，用以为电解液中的工作电极提供恒定的电化学电位。被测气体通过渗透膜进入电解槽，传感器电解液中扩散吸收的一氧化氮发生如下的氧化反应：

$$NO+2H_2O \longrightarrow HNO_3+3H^++3e$$

与此同时产生对应的极限扩散电流 i，在一定范围内其大小与一氧化氮浓度成正比，即：

$$i=\frac{Z \cdot F \cdot S \cdot D}{\delta} \times C$$

在一定工作条件下，电子转移数 Z、法拉第常数 F、气体扩散面积 S、扩散常数 D 和扩散层厚度 δ 均为常数。因此，电化学反应中流向工作电极的极限扩散电流 i 与被测的一氧化氮浓度 C 成正比。

被测气体中化学活性强的物质对定电位电解传感器的定量测定有干扰，干扰情况参考表 5-4-4。

表 5-4-4 定电位电解传感器交叉反应参考数据（%）

干扰气	CO	H_2S	SO_2	NO_2	Cl_2	HCl	HCN
NO 传感器	0	0	＜5	＜10	0	＜5	0

被测气体中的尘和水分容易在渗透膜表面凝结，影响其透气性。在使用本方法时应对被测气体中的尘和水分进行预处理。

本方法测定分辨下限：1.34mg/m^3；测定范围：1.34～5360mg/m^3。

2. 仪器

①定电位电解法一氧化氮测试仪。

仪器技术指标：

测量量程上限：1340mg/m^3；2680mg/m^3；5360mg/m^3。

测量分辨下限：1.34mg/m^3。

稳定度（3h）：零点漂移≤±0.2%F.S.；量程漂移≤±2%F.S.。

示值误差：≤±5%。

重复性：≤±2%。

响应时间：≤60s。

回复时间：≤60s。

负载误差：≤5%。

②采样管及样气预处理器。

③不同浓度一氧化氮标准气体或一氧化氮配气系统。

3. 试剂

一氧化氮标准气体：浓度为仪器量程的 50%左右。

4. 采样

（1）采样前的准备

①仪器标定：与本章一（二）定电位电解法测定二氧化硫相同。

②仪器的校准：与本章一（二）定电位电解法测定二氧化硫相同。

（2）连续自动采样

连接采样管与仪器进气孔，以仪器规定采样流量连续自动采样。

5. 步骤

与本章一（二）定电位电解法测定二氧化硫相同。

6. 计算

①～③示值误差、重复性误差和负载误差计算与本章一（二）定电位电解法测定二氧化硫相同。

④仪器对一氧化氮测试结果应以质量浓度表示。如果仪器显示一氧化氮值以 ppm 表示浓度时，应按下式换算为标准状态下的质量浓度：

$$一氧化氮(NO, mg/m^3)=1.34C$$

当以二氧化氮表示时：二氧化氮(NO_2, mg/m^3)=$2.05C$

式中：C——仪器指示浓度值，ppm；

1.34、2.05——单位换算系数。

7. 说明

①～④见本章一（二）定电位电解法测定二氧化硫①～④。对烟道一氧化氮的测试，应选择抗负压能力大于烟道负压的仪器，否则会使仪器采样流量减小，测试浓度值将低于烟道一氧化氮实际浓度值。

⑤二氧化硫对一氧化氮产生正干扰，采样时，气体可先经过二氧化硫清洗液，再进入检测器测定，可排除二氧化硫对测定的干扰。

⑥二氧化硫清除液配置方法：称取 35.0g 碳酸氢钾（$KHCO_3$），200g 碳酸钾（KCO_3），25.0g 亚硝酸钾（KNO_2），20.0g 硝酸钾（KNO_3）溶于内装 400ml 蒸馏水的洗气瓶中。此清洗液可连续使用几十小时。若短时间在低温下测定，可用 3%过氧化氢（H_2O_2）溶液代替上述清洗液。

⑦一氧化氮和二氧化氮的响应值有差别，若使用一氧化氮标准气体标定仪器，在测定高浓度的二氧化氮废气时，必须附加一氧化氮转换装置，否则会产生显著的误差。燃料燃烧产生的氮氧化物主要成分为一氧化氮，其中二氧化氮一般不大于氮氧化物含量的 5%，因此，烟气中的氮氧化物可用本法测定。

⑧进入传感器的烟气温度不得大于 40℃。

（四）非分散红外吸收法（B）

1. 原理

一氧化氮气体在红外波谱中具有选择性的吸收，尤其在 5.3μm 处。采用相应的检测器，检测红外波谱在这些波段能量的变化，根据朗伯-比尔定律就可测定样品中一氧化氮气体的浓度。

（1）串联型气动检测器

见本章一（四）非分散红外吸收法测定二氧化硫。

（2）气体滤波相关

仪器对同一待测气体使用两个完全相同的光学滤光片，其中一个滤光片上附有一个充满了高浓度待测气体的密闭气室参比室。测定过程中使滤光片+参比室与滤光分别连续进入光路。当滤光片+参比室进入光路时，待测气体的吸收光谱，被参比室中的气体完全吸收，检测器测量的光能是被待测气体和干扰气体吸收后剩余的光能（参考信号）。当滤光片进入光路时，待测气体的吸收光谱的一部分被样气中的待测气体和干扰气体吸收，剩余的光能（测量信号）被检测，显然该光能大于滤光片+参比室进入光路时测得的光能，该光能的大小与待测气体的浓度成正比。由于干扰气体对测量信号和参考信号中具有同样的吸收，通过测量谱线和参考谱线相减，可以消除。

测量范围：0～100%。检出限：6mg/m^3。

2. 仪器

①非分散红外法一氧化氮气体分析仪。

仪器的技术指标见本章二（三）定电位电解法测定氮氧化物。

②采样管及样气处理器。

③不同浓度一氧化氮标准气体或一氧化氮配气系统。

3. 试剂

①高纯氮气（纯度高于 99.99%）。

②一氧化氮标准气体：浓度为仪器满量程的 50%左右。

4. 采样

同本章一（四）非分散红外吸收法测定二氧化硫。

5. 步骤

同本章一（四）非分散红外吸收法测定二氧化硫。

6. 计算

同本章二（三）定电位电解法测定氮氧化物。

7. 说明

①～③同本章一（四）非分散红外吸收法测定二氧化硫。

④仪器技术指标的检测和测定结果的计算同本章一（二）定电位电解法测定二氧化硫。

三、氯化氢

硝酸银容量法适用于测定高浓度氯化氢，方法简单易行；硫氰酸汞分光光度法灵敏度较高，此两方法均受硫化物、氰化物及其他卤化物的干扰。离子色谱法测定范围广、准确、选择性好，能同时测定多种阴离子。

（一）硫氰酸汞分光光度法（A）

1. 原理

用稀氢氧化钠溶液吸收氯化氢（HCl）。吸收溶液中的氯离子和硫氰酸汞反应，生成难电离的二氯化汞分子，置换出的硫氰酸根与三价铁离子反应生成橙红色硫氰酸铁络离子，

（A）本方法与 HJ/T 27—1999 等效。

根据颜色深浅，用分光光度法测定。反应式为：

$$2Cl^- + Hg(SCN)_2 \longrightarrow HgCl_2 + 2SCN^-$$

$$SCN^- + Fe^{3+} \longrightarrow Fe(SCN)^{2+} \quad (橙红色)$$

在无组织排放样品分析中，当采气体积为 60L 时，氯化氢的检出限为 $0.05mg/m^3$，定量测定的浓度范围为 $0.16\sim0.80mg/m^3$；在有组织排放样品分析中，当采气体积为 10L 时，氯化氢的检出限为 $0.9mg/m^3$，定量测定的浓度范围为 $3.0\sim24mg/m^3$。

在本方法规定的显色条件下，当采气体积为 100L 时，氟化氢（HF）浓度高于 $0.2mg/m^3$，硫化氢（H_2S）浓度高于 $0.1mg/m^3$，以及氰化氢（HCN）浓度高于 $0.1mg/m^3$ 时，将对氯化氢的测定产生干扰。

2. 仪器

①分光光度计：具 1cm 比色皿。

②具塞比色管：10ml。

③多孔玻板吸收瓶：50ml。

④多孔玻板吸收管：10ml。

⑤采样管：用硬质玻璃或氟树脂材质，具有适当尺寸的管料，并应附有可加热至 120℃以上的保温夹套。

⑥引气管：用聚乙烯软管或聚四氟乙烯软管，头部装接一玻璃漏斗。

⑦滤膜夹：尺寸与滤膜相配。

⑧连接管：聚四氟乙烯软管或内衬聚四氟乙烯薄膜的硅橡胶管。

⑨烟气采样器。

3. 试剂

除非另有说明，分析时均使用符合国家标准的分析纯试剂和去离子水。

①氢氧化钠。

②硫氰酸汞。

③硫酸铁铵：$NH_4Fe(SO_4)_2 \cdot 12H_2O$。

④氯化钾：优级纯，于 110℃烘干 2h。

⑤高氯酸：ρ=1.76g/ml。

⑥无水乙醇。

⑦硫氰酸汞-乙醇溶液 C=0.04g/100ml：称取 0.04g 硫氰酸汞，用无水乙醇配成 100ml 溶液，放置一周后将上清液吸至另一棕色细口瓶中备用。

⑧高氯酸溶液（1+1.5）：用量筒量取高氯酸 50ml，缓慢倒入 75ml 水中，搅拌均匀后移入干净的试剂瓶中。

⑨硫酸铁铵溶液 C=3.0g/100ml：称取 3.0g 硫酸铁铵，用高氯酸溶液溶解并稀释至 100ml，如混浊应过滤。

⑩氢氧化钠吸收液 C（NaOH）=0.05mol/L：称取氢氧化钠 2.0g，溶于 1000ml 水中。

⑪氯化钾标准贮备液 C（KCl）=1000μg/ml：称取 2.045g 氯化钾，溶解于水，移入 1000ml 容量瓶中，用氢氧化钠吸收液稀释至刻度，摇匀。

⑫氯化钾标准使用液 C（KCl）=10.0μg/ml：移取 10.0ml 氯化钾标准贮备液于 1000ml 容量瓶中，用氢氧化钠吸收液稀释至刻度，摇匀。

⑬乙酸纤维微孔滤膜：0.3μm。

4. 采样

（1）有组织排放样品采集

①采样位置和采样点：按本篇第一章二、烟气采样方法（一）采样原则设置采样位置和采样点。

②连接采样装置：参照本篇第一章二、烟气采样方法（二）采样系统与装置中图 5-1-10，按采样管、滤膜夹、吸收瓶、流量计量装置、抽气泵的顺序连接好采样装置，并按本篇第一章二（三）采样步骤的要求检查采样系统的气密性和可靠性。

③采集样品：串联两支各装 25ml 氢氧化钠吸收液的多孔玻板吸收瓶，以 0.5L/min 流量，采样 5～30min。在采样过程中，根据排气温度和湿度调节采样管保温夹套温度，以避免水汽于吸收瓶之前凝结。

若排气中含有氯化物颗粒性物质，应在吸收瓶之前接装滤膜夹，否则可不装滤膜夹。

（2）无组织排放样品采集

①采样位置和采样点：按本篇第一章一（三）无组织排放源的采样原则，确定无组织排放监控点的位置，或按其他特定要求确定采样点。

②采样装置的连接：按引气管、滤膜夹、吸收管、流量计量装置和抽气泵的顺序连接好采样装置，其余同本节（1）有组织排放样品采集②。

③样品采集：将 0.3μm 滤膜装在滤膜夹内，后面串联两支各装 5ml 吸收液的吸收管以 1L/min 流量采气 30～60min。长时间采样，需适当加水补充水分蒸发。

（3）样品保存

如果样品采集后不能当天测定，应将试样密封后置于冰箱 3～5℃保存，保存期不超过 48h。

5. 步骤

（1）标准曲线的绘制

①标准系列的配制：取八支 10ml 干燥的具塞比色管按表 5-4-5 配制标准系列。

表 5-4-5 标准系列

管 号	0	1	2	3	4	5	6	7
氯化钾标准使用液(ml)	0	0.20	0.40	0.60	0.80	1.00	1.50	2.00
吸收液(ml)	5.00	4.80	4.60	4.40	4.20	4.00	3.50	3.00
氯化氢含量(μg)	0	2.0	4.0	6.0	8.0	10.0	15.0	20.0

②显色：在上述各管中加 3.0%硫酸铁铵溶液 2.00ml，混匀，加硫氰酸汞-乙醇溶液 1.00ml，混匀。在室温下放置 20～30min，用 1cm 比色皿，于波长 460nm 处，以水为参比，测定吸光度。

③将上述系列标准溶液测得的吸光度扣除试剂空白（零浓度）的吸光度，便得到校正吸光度。以校正吸光度对氯化氢含量（μg），绘制标准曲线，并计算标准曲线的线性回归方程。

（2）样品测定

①无组织排放样品的测定：采样后，将第一、二吸收管的样品溶液分别移入两支 10ml

干燥的具塞比色管中，用少量吸收液洗涤吸收管，洗涤液并入比色管，稀释至10ml，摇匀。从各管吸取适量溶液于另两个比色管中，加吸收液至5.00ml，以下步骤按上述②进行吸光度测定。

②有组织排放样品的测定：将样品溶液分别移入两支 50ml 容量瓶中，用少量吸收液洗涤吸收瓶，洗涤液并入容量瓶，然后用吸收液定容。摇匀后从各瓶吸取适量样品溶液，分别置于 10ml 干燥的具塞比色管中，加吸收液至 5.00ml，以下步骤按上述②进行吸光度测定。

6. 计算

$$氯化氢(HCl,mg/m^3)=\left(\frac{W_1}{V_1}+\frac{W_2}{V_2}\right)\times\frac{V_t}{V_{nd}}$$

式中：W_1、W_2——分别为从第一、第二吸收管所取样品溶液中氯化氢含量，μg；

V_1、V_2——分别为测定时从第一、二吸收管中所取溶液的体积，ml；

V_t——定容体积，ml；

V_{nd}——标准状况下干气的采样体积，L。

7. 说明

①由于分析时所用的试剂及去离子水均含有微量 Cl^-，使试剂空白液吸光度较高。

②在采集无组织排放样品时，滤膜夹与第一吸收管、第二吸收管之间不可用乳胶管连接，应采用聚四氟乙烯或聚乙烯塑料管以内接外套法连接，即将塑料管插入滤膜夹出口及吸收管管口，用聚四氟乙烯胶带缠好，接口处再套一小段硅橡胶管。

③在采集有组织排放样品时，采样管与第一吸收瓶、第二吸收瓶之间不可用乳胶管连接，应用聚乙烯管或用聚四氟乙烯塑料管以内接外套法连接，即将塑料管插入吸收瓶管口，用聚四氟乙烯胶带缠好后，外面再用一段硅橡胶管接好管口。

④废气中含有固体氯化物颗粒时，应在第一吸收瓶之前增加滤膜夹。

用过的吸收瓶、具塞比色管、连接管等，将溶液倒出后，直接用去离子水洗涤，不要用自来水洗涤；在操作过程中应注意防尘，手指不要触摸吸收瓶管口、比色管磨口处，以防氯化物沾污。

⑤采样分析时，样品溶液、标准溶液和空白溶液必须用同一批试剂同时操作，所加试剂量也要求准确。

⑥试剂空白液吸光度较高而且不够稳定时，应多次测定其吸光度，在获得稳定数值后，再绘制标准曲线及测定样品。

8. 精密度和准确度

五个实验室分别测定浓度为 2.80mg/m^3 的标准样品，测定重复性标准偏差为 0.045mg/m^3；重复性相对标准偏差为 1.6%；重复性为 0.13mg/m^3。测定的再现性标准偏差为 0.060mg/m^3；再现性相对标准偏差为 2.1%；再现性为 0.17mg/m^3。

五个实验室分别测定浓度为 2.80mg/m^3 的标准样品，测定结果的总均值为 2.75mg/m^3，总均值的相对误差及其置信区间范围为 1.3%±1.4%；加标回收率的总均值及其置信区间为 96.7%±5.4%。

（二）硝酸银容量法（B）

1. 原理

氯化氢被氢氧化钠溶液吸收后，在中性条件下，以铬酸钾为指示剂，用硝酸银标准溶液滴定氯离子，生成氯化银沉淀，微过量的银离子与铬酸钾指示剂反应生成浅砖红色铬酸银沉淀，指示滴定终点，反应式如下：

$$Cl^- + AgNO_3 \longrightarrow NO_3^- + AgCl\downarrow$$

$$2Ag^+ + CrO_4^{2-} \longrightarrow Ag_2CrO_4\downarrow$$

（浅砖红色）

硫化物、氰化物、氯气及其它卤化物干扰测定，使结果偏高。

测定范围：40mg/m^3 以上。

2. 仪器

①多孔玻板吸收瓶：75ml。

②棕色酸式滴定管：10 或 25ml。

③白瓷皿：75ml。

④烟气采样器。

3. 试剂

①吸收液：氢氧化钠溶液 C（NaOH）=0.10mol/L。

②铬酸钾指示剂：称取 5.0g 铬酸钾，溶解于少量水，逐滴加入硝酸银溶液至产生少量淡砖红色沉淀为止。放置过夜，过滤，弃去沉淀，滤液用水稀释至 100ml，贮存于棕色试剂瓶中。

③酚酞指示剂：称取 0.50g 酚酞，溶解于（1+1）乙醇 100ml。

④硝酸溶液 C（HNO_3）=0.10mol/L。

⑤氯化钠标准溶液：用减量法称取 0.55～0.60g 氯化钠（优级纯，预先在瓷坩埚中，于 400～500℃灼烧至不再发出爆裂声，稍冷，移入称量瓶，称准至 0.1mg），溶解于水，移入 100ml 容量瓶中，用水稀释至标线，摇匀。按下式计算其浓度：

$$C(\mathrm{NaCl}) = \frac{W \times 10}{58.44}$$

式中：C（NaCl）——氯化钠标准溶液的浓度，mol/L；

W——氯化钠的量，g；

58.44——1mol 氯化钠的质量，g。

⑥硝酸银贮备溶液 C（$AgNO_3$）=0.10mol/L：称取 17.0g 硝酸银，溶解于水，稀释至 1000ml，贮于棕色细口瓶中。

标定：吸取氯化钠标准溶液 10.00ml，置于白瓷皿中，加 25ml 水。加铬酸钾指示剂 1.0ml，在玻棒不断搅拌下，用硝酸银贮备溶液滴定，至产生不消失的淡砖红色为止。记录硝酸银溶液体积（V）。

另取 35ml 水，同法进行空白滴定，记录体积（V_0）。按下式计算浓度：

$$C(\mathrm{AgNO_3}) = \frac{C(\mathrm{NaCl}) \times 10.00}{V - V_0}$$

式中：C（$AgNO_3$）——硝酸银贮备溶液浓度，mol/L；

C（NaCl）——氯化钠标准溶液浓度，mol/L；

V、V_0——分别为滴定氯化钠溶液、空白溶液所消耗硝酸银贮备溶液的体积，ml。

⑦硝酸银标准溶液 C（$AgNO_3$）=0.01mol/L：吸取标定后的硝酸银贮备溶液 10.00ml，置于 100ml 容量瓶中，用水稀释至标线，混匀，贮于棕色细口瓶中。

4. 采样

按本篇第一章二、烟气采样方法（二）采样系统与装置，连接一支内装 30～50ml 吸收液的多孔玻板吸收瓶，以 0.5L/min 流量，采样 5～30min。

5. 步骤

①采样后，将样品溶液转入白瓷皿中，加酚酞指示剂 1 滴，滴加 0.10mol/L 硝酸溶液至红色刚刚消失。加铬酸钾指示剂 1.0ml，在不断搅拌下，用 0.01mol/L 硝酸银标准溶液滴定，至产生不消失的浅砖红色为止。

②另取同体积吸收液，同法进行空白滴定。

6. 计算

$$\text{氯化氢}(\mathrm{HCl, mg/m^3})=\frac{(V-V_0)\times C(\mathrm{AgNO_3})\times 36.46}{V_{\mathrm{nd}}}\times 1000$$

式中：V、V_0——分别为滴定样品溶液、空白溶液消耗的硝酸银标准溶液体积，ml；

C（$AgNO_3$）——硝酸银标准溶液的浓度，mol/L；

36.46——相当于 1L 1mol/L 硝酸银标准溶液（$AgNO_3$）的氯化氢（HCl）的质量，g；

V_{nd}——标准状态下干气的采样体积，L。

7. 说明

①废气中含有氯化氢气体、盐酸雾及含氯化物的颗粒物时，本方法测定的是总氯离子含量，不能分别测定三者的浓度。

②氯化氢浓度高时，可串联两支吸收瓶采样，将样品溶液合并，定容后吸取适量溶液滴定。

③滴定时溶液应为中性或微碱性（pH6.5～10.5）。在酸性溶液中，CrO_4^{2-} 离子按下式反应而使浓度大大降低，影响终点时 Ag_2CrO_4 沉淀的生成。

$$2\,CrO_4^{2-}+2H^+ \rightleftharpoons 2\,HCrO_4^- \rightleftharpoons Cr_2O_7^{2-}+H_2O$$

在碱性溶液中 Ag^+将形成 Ag_2O 沉淀。

④废气中有氯气（Cl_2）共存时，它与氢氧化钠反应生成等量的氯离子和次氯酸根离子，用碘量法测定次氯酸根，从总氯化物中减去其量，即得氯化氢含量。

（三）离子色谱法（B）

1. 原理

用氢氧化钾-碳酸钠混合溶液吸收氯化氢气体，生成氯化钠，用离子色谱法测定。原理同第三篇第一章七、硫酸盐化速率（三）碱片-离子色谱法。

测定范围：25～1000mg/m^3。

2. 仪器

①多孔玻板吸收管：10ml。

②聚四氟乙烯或聚乙烯塑料瓶。

③真空过滤装置。

④0.45μm 乙酸纤维微孔滤膜。

⑤玻璃或聚乙烯注射器：1ml。

⑥烟气采样器。

⑦离子色谱仪：具电导检测器。

3. 试剂

①去离子水：电导小于 1μS/cm。凡进入离子色谱仪的水，需经过 0.45μm 微孔滤膜过滤。

②吸收液（0.089mol/L 氢氧化钾-0.12mol/L 碳酸钠溶液）：称取 5.0g 氢氧化钾和 12.72g 无水碳酸钠，溶解于水，稀释至 1000ml。用 0.45μm 微孔滤膜过滤后使用。

③淋洗液（0.00178mol/L 氢氧化钾-0.0024mol/L 碳酸钠溶液）：由 1 份吸收液加 49 份水配制。

④氯化钾标准贮备溶液：称取 2.103g 氯化钾（优级纯，于 110℃烘干 2h），溶解于淋洗液，移入 1000ml 容量瓶中，用淋洗液稀释至标线，摇匀。此溶液每毫升相当于含 1000μg 氯离子。

⑤氯化钾标准溶液：吸取 10.00ml 氯化钾标准贮备溶液，置于 100ml 容量瓶中，用淋洗液稀释至标线，摇匀。此溶液每毫升相当于含 100μg 氯离子。

以上试剂均贮于塑料瓶中。

4. 采样

按本篇第一章二、烟气采样方法（二）采样系统与装置，串联两支各装 5.0ml 吸收液的多孔玻板吸收管，以 0.5L/min 流量，采样 15～30min。

5. 步骤

（1）色谱条件

淋洗液：0.00178mol/L 氢氧化钾-0.0024mol/L 碳酸钠溶液。

流速：3ml/min；进样体积：100μl；记录纸速：4mm/min。

柱温：室温（不低于 18℃）±0.5℃。

（2）标准曲线的绘制

取六支 50ml 具塞比色管，按表 5-4-6 配制标准系列。

表 5-4-6　氯化钾标准系列

管　号	0	1	2	3	4	5
氯化钾标准溶液(ml)	0	0.25	0.50	1.00	2.00	3.00
淋洗液(ml)	50.00	49.75	49.50	49.00	48.00	47.00
氯离子浓度(μg/ml)	0	0.50	1.00	2.00	4.00	6.00

各管混匀后，注入离子色谱仪，测量峰高及保留时间。以峰高对氯离子浓度（μg/ml），绘制标准曲线。

（3）样品测定

采样后，将两个吸收管中的样品溶液分别移入 50ml 具塞比色管中，用水稀释至标线，摇匀。分别吸取 10.00ml 上述样品溶液，置于另一 50ml 具塞比色管中，用水稀释至标线，摇匀。用 0.45μm 微孔滤膜抽气过滤后，在与绘制标准曲线相同条件下测定。

6. 计算

$$\text{氯化氢}(\mathrm{HCl},\mathrm{mg/m^3})=\frac{(C_1+C_2)\times V_t}{V_{nd}}\times\frac{50.0}{10.00}\times\frac{36.45}{35.45}$$

$$=\frac{(C_1+C_2)\times V_t}{V_{nd}}\times 5.14$$

式中：C_1、C_2——分别为稀释后的第一、二管样品溶液中氯离子浓度，μg/ml；

V_t——稀释后样品溶液体积，ml；

36.45——1mol 氯化氢分子的质量，g；

35.45——1mol 氯离子的质量，g；

V_{nd}——标准状态下干气的采样体积，L。

用外标法定量时，C_1、C_2 由下式计算：

$$C_1(\text{或 }C_2)=Kh_1(\text{或 }h_2)$$

式中：C_1、C_2——同上；

h_1、h_2——分别为稀释后的第一、二管样品溶液峰高，mm；

K——校正因子，即标准溶液中氯离子浓度与峰高的比值，μg/（ml·mm）。

7. 说明

①～②同本节（一）硫氰酸汞分光光度法说明①～②。

③吸收液浓度是淋洗液浓度的 50 倍，故样品溶液在测定前须稀释 50 倍，使其中氢氧化钾、碳酸钠浓度与淋洗液相近，当浓度相差大时，测定误差大。

当废气中氯化氢浓度低时，吸收液可配浓度低一些，测定时稀释至与淋洗液浓度相近。

④用外标法定量时，所用标准溶液浓度应与被测样品溶液浓度相近，否则测定误差较大。

⑤离子色谱图见第三篇第一章七、硫酸盐化速率（三）碱片-离子色谱法中离子色谱图。

四、硫酸雾

铬酸钡分光光度法适用于中、低浓度硫酸雾的测定，方法所用仪器简单，易于推广使用。离子色谱法测定范围广，并能同时测定多种阴离子。两种方法测定的都是硫酸根离子，不能分别测定硫酸雾及颗粒物中的可溶性硫酸盐。

（一）铬酸钡分光光度法（B）

1. 原理

用玻璃纤维滤筒进行等速采样，用水浸取，除去阳离子后，样品溶液中硫酸根离子测定原理同第三篇第一章七、硫酸盐化速率（二）碱片-铬酸钡分光光度法。

2. 干扰及消除

样品中有钙、锶、镁、锆、钍等金属阳离子共存时对测定有干扰，通过阳离子树脂柱交换处理后可除去干扰。

测定范围：5～120mg/m^3。

3. 仪器

①酸式滴定管：25ml。

②玻璃漏斗：直径 60mm。

③中速定量滤纸。

④玻璃棉。

⑤电炉或电热板。

⑥烟尘采样器。

⑦过氯乙烯滤膜、中速定量滤纸、慢速定量滤纸。

⑧紫外或近紫外分光光度计。

4. 试剂

①玻璃纤维滤筒。

②阳离子交换树脂（732 型等均可）200g。

③氢氧化铵溶液 C（NH_4OH）=6.0mol/L：量取 160ml 浓氨水，用水稀释至 400ml。

④氯化钙-氨溶液：称取 1.1g 氯化钙，用少量 1mol/L 盐酸溶液溶解后，加 6.0mol/L 氢氧化铵溶液至 400ml。若浑浊应过滤。

⑤酸性铬酸钡悬浊液：称取 0.50g 铬酸钡于 200ml 含有 0.42ml 浓盐酸和 14.7ml 冰乙酸的水中，得悬浊液。贮存于聚乙烯塑料瓶中，使用前充分摇匀。

⑥硫酸钾标准溶液：称取 1.778g 硫酸钾（优级纯，105～110℃烘干 2h），溶解于水，移入 1000ml 容量瓶中，用水稀释至标线，摇匀。此溶液每毫升相当于含 1000μg 硫酸。临用时，用水稀释成每毫升含 100.0μg 硫酸的标准溶液。

⑦偶氮胂Ⅲ指示剂：称取 0.40g 偶氮胂Ⅲ，溶解于 100ml 水中，放置过夜后取上清液贮于棕色瓶中，在冷暗处保存，可使用一个月。

5. 采样

按本篇第一章三、颗粒物采样方法，用玻璃纤维滤筒，等速采样 5～30min。

6. 步骤

（1）样品溶液的制备

将采样后的滤筒撕碎放入 250ml 锥形瓶中，加 100ml 水浸没，瓶口上放一玻璃漏斗，于电炉或电热板上加热近沸，约 30min 后取下，冷却后将浸出液用中速定量滤纸滤入 250ml 容量瓶中，用 20～30ml 水洗涤锥形瓶及滤筒残渣 3～4 次，洗涤液并入容量瓶中，用 pH 试纸试验，加 1.0 或 0.10mol/L 氢氧化钠溶液中和至溶液 pH7～9，再用水稀释至标线。

（2）空白滤筒溶液的制备

另取与采样用同批滤筒 2～3 个，撕碎放入 250ml 锥形瓶中，同上法制备空白滤筒溶液。

（3）阳离子树脂柱的制备及样品处理

①将 25ml 酸式滴定管洗净，在底层加入 5～10mm 高的玻璃棉，再放入经洗净处理好的阳离子交换树脂，高度 150～200mm。水面应略高于树脂，防止气泡进入而降低柱效。先用去离子水洗涤一下，在上口端放一小玻璃漏斗，下端放 1 个 50ml 小烧杯，即可自上端加入样品溶液进行交换处理，最初流出的 30ml 溶液弃去不用，然后将滤液收集在容量

瓶中待测。

②同法处理空白滤筒溶液。

（4）标准曲线的绘制

取八支 25ml 具塞比色管，按表 5-4-7 配制标准系列。

表 5-4-7 硫酸钾标准系列

管 号	0	1	2	3	4	5	6	7
硫酸钾标准溶液(ml)	0	0.50	1.00	2.00	3.00	4.00	5.00	6.00
水(ml)	10.00	9.50	9.00	8.00	7.00	6.00	5.00	4.00
硫酸含量(μg)	0	50	100	200	300	400	500	600

向各管中分别加入铬酸钡悬浊液 2.0ml，混匀，再加氯化钙-氨溶液 1.00ml 混匀，加 95%乙醇 10.0ml，混匀，立即放入 15℃以下冷水浴中冷却 10min，取出用一层慢速定量滤纸（上层）和一层过氯乙烯滤膜（下层）过滤（或用两层慢速定量滤纸过滤），弃去 2～3ml 初滤液，然后将滤液收集在比色管中。于波长 372（或 370）nm 处，用 1cm 比色皿，以水为参比，测定吸光度。以吸光度对硫酸含量（μg），绘制标准曲线。

（5）样品测定

吸取适量经处理的样品溶液（浓度低时取 10.00ml，浓度高时，取 2～5ml），置于 25ml 具塞比色管中，加水至 10.00ml，以下步骤同标准曲线的绘制。

另取经处理的空白滤筒溶液 10.00ml，同法测定，计算出每个滤筒所含硫酸的量（μg）。

7. 计算

$$\text{硫酸雾}(H_2SO_4, mg/m^3) = \left[\frac{W \times V_t}{V_a} - d\right] \times \frac{1}{V_{nd}}$$

式中：W——测定时所取样品溶液中硫酸含量，μg；

V_t——样品溶液总体积，ml；

V_a——测定时所取样品溶液体积，ml；

d——每个空白滤筒所含硫酸的量，μg；

V_{nd}——标准状态下干气的采样体积，L。

8. 说明

①实验表明，当硫酸雾浓度高、含湿量大时，须进行等速采样。例如硫酸雾浓度在 100～400mg/m^3 范围内，烟气含湿量在 25%以上，采样速度（采样嘴流速）超过烟道气流速 30%时，所得结果比等速采样时偏低 20%，和烟尘等速采样规律一致。在经多级净化之后，硫酸雾浓度在 10mg/m^3 以下，烟气含湿量在 20%以下时，等速采样与以二倍于烟气流速的流速采样，所得结果无明显差异。在已知排气中硫酸雾和含湿量都不高时，以 15～25L/min 流量恒流采样即可。因样品中硫酸浓度不高，可用分光光度法或离子色谱法测定。

②实验表明，在滤筒后串联两个内装吸收液的冲击式吸收瓶采集硫酸雾，一般情况下吸收液中均检不出硫酸。当烟气中硫酸雾在 1000mg/m^3 以上，含湿量在 30%以上时，采取强制冷却收集冷凝水进行测定的方法，水中硫酸雾的含量，最高时相当于 23mg/m^3，这时滤筒的阻留效率在 98%左右。浓度低、含湿量低时，阻留效率高，一般在 99%以上，低浓

度时接近 100%。因此，在高浓度、高温度、高湿度情况下，采样时可采取强制冷却收集冷凝水测定和滤筒阻留量相加的办法，提高采样效率。在一般情况下，单用超细玻璃纤维滤筒阻留，可达到较好的效果，而不必用其他滤料多级捕集。

③在溶液中加氯化钙-氨溶液、乙醇，并在冷水浴中冷却 10min，可降低硫酸钡及铬酸钡的溶解度，使方法的重现性好，试剂空白值低而且稳定。

④在测定吸光度前，采用上层用慢速定量滤纸、下层用过氯乙烯滤膜过滤，速度快、效果好、试剂空白值低，方法重现性好。也可采用 0.45μm 微孔滤膜抽气过滤。

⑤铬酸钡的制备方法见第三篇第一章七、硫酸盐化速率（二）碱片-铬酸钡分光光度法试剂④。

⑥在本法中，不可往样品溶液中加酚酞指示剂，可用 pH 试纸试验，用氢氧化钠中和样品溶液至 pH7～9 后定容至 250ml。因酚酞在氢氧化铵溶液中为红色，妨碍分光光度法测定铬酸根离子。

（二）离子色谱法（B）

1. 原理

用玻璃纤维滤筒进行等速采样，用水浸取，除去阳离子后，用离子色谱法测定硫酸根离子。原理同第三篇第一章七、硫酸盐化速率（三）碱片-离子色谱法。

2. 干扰及消除

样品中有钙、锶、镁、锆、钍、铜、铁等金属阳离子共存时对测定有干扰，通过阳离子树脂柱交换处理后可除去干扰。

测定范围：0.3～500mg/m^3。

3. 仪器

①～⑥同本节（一）铬酸钡分光光度法①～⑥。

⑦抽气过滤装置及 0.45μm 微孔滤膜。

⑧玻璃或聚乙烯塑料注射器：1ml。

⑨离子色谱仪：具电导检测器。

4. 试剂

①～②同本节（一）铬酸钡分光光度法①～②。

③去离子水电导小于 1μS/cm。凡进入离子色谱仪的水，须经过 0.45μm 微孔滤膜过滤。

④淋洗贮备液，碳酸钠溶液 C（Na_2CO_3）=0.400mol/L：称取 21.198g 无水碳酸钠（优级纯），溶解于水，移入 500ml 容量瓶中，用水稀释至标线，摇匀。

⑤淋洗液，碳酸钠溶液 C（Na_2CO_3）=0.00400mol/L：临用时，用水将贮备液稀释 100 倍。

⑥硫酸钾标准溶液：称取 1.814g 硫酸钾（优级纯，105～110℃烘 2h），溶解于水，移入 1000ml 容量瓶中，用水稀释至标线，摇匀。此溶液每毫升含 1000μg 硫酸根离子。临用时，用淋洗液（0.004mol/L 碳酸钠溶液）稀释成每毫升含 100.0μg 硫酸根离子的中间贮备液，然后吸取 25.00ml 此溶液，置于 100ml 容量瓶中，用 0.004mol/L 碳酸钠溶液稀释至标线，摇匀。此溶液为每毫升含 25.0μg 硫酸根离子的标准使用溶液。

⑦再生液：按仪器使用说明书规定的方法配制。

5. 采样

同本节（一）铬酸钡分光光度法。

6. 步骤

样品溶液的制备、空白滤筒溶液的制备、阳离子树脂柱的制备及样品处理，同本节（一）铬酸钡分光光度法 6.步骤（1）～（3）。

（1）色谱条件

淋洗液：0.004mol/L 碳酸钠溶液；流速：2ml/min；纸速：4mm/min；柱温：室温（不低于 18℃）±0.5℃；进样体积：100μl。

（2）标准曲线的绘制

取六个 10ml 容量瓶，按表 5-4-8 配制标准系列。

表 5-4-8 硫酸钾标准系列

瓶　号	0	1	2	3	4	5
25.0μg/ml 标准使用溶液(ml)	0	2.00	4.00	6.00	8.00	10.00
硫酸根离子浓度(μg/ml)	0	5.0	10.0	15.0	20.0	25.0

用淋洗液稀释至 10ml 标线，摇匀，注入离子色谱仪，测量保留时间和峰高。以峰高对硫酸根离子浓度（μg/ml），绘制标准曲线。

（3）样品测定

将样品溶液用 0.45μm 微孔滤膜抽气过滤，滤液注入离子色谱仪，在与绘制标准曲线相同的条件下测定。

用 0.45μm 微孔滤膜抽气过滤空白滤筒溶液，同法测定，计算出每个空白滤筒所含硫酸根离子的量（μg）。

7. 计算

$$\text{硫酸雾}(H_2SO_4, mg/m^3) = \frac{C \cdot V_t - d}{V_{nd}} \times \frac{98.08}{96.06}$$

式中：C——样品溶液中硫酸根离子浓度，μg/ml；

V_t——样品溶液总体积，ml；

d——每个空白滤筒所含硫酸根离子的量，μg；

98.08——1mol H_2SO_4 分子的质量，g；

96.06——1mol 硫酸根离子的质量，g；

V_{nd}——标准状态下干气的采样体积，L。

当用外标法定量时，C 由下式计算：

$$C = K \cdot h$$

式中：K——校正因子，即标准溶液中硫酸银离子浓度与峰高的比值，μg/（ml · mm）；

h——样品溶液峰高，mm。

8. 说明

①～②同本节（一）铬酸钡分光光度法说明①～②。

③用外标法定量时，所用标准溶液浓度应与被测样品溶液浓度相近，否则测定误差较大。

五、氟化物

烟气中氟化物以气态和尘态两种形式存在。气态氟多以氟化氢、四氟化硅等形式出现，尘态氟多以尘粒状和雾滴状出现，其中包括水溶性氟、酸溶性氟和难溶性氟。用于测定烟气中氟化物的方法主要有氟离子选择电极法、氟试剂分光光度法。氟试剂分光光度法灵敏度、精密度较好，但干扰因素多，测定范围窄；氟离子选择电极法具有快速、灵敏、适用范围宽、方法简便、准确、选择性好等优点。

（一）离子选择电极法（A）

1. 原理

使用滤筒、氢氧化钠溶液采集尘氟及气态氟，加盐酸溶液处理后制备成样品溶液，用氟离子选择电极测定。氟离子电极在含氟离子的溶液中，当溶液的总离子强度为定值而且足够大时，其电极电位与溶液中氟离子活度的对数呈线性关系，通过绘制标准曲线，从测得的电位值得到氟离子的含量。

检出限：当采样体积为150L时，为6×10^{-2}mg/m^3；测定范围：1～1000mg/m^3。

2. 仪器

①烟尘采样器。

②烟气采样器。

③氟离子选择电极。

④饱和甘汞电极。

⑤磁力搅拌器，用聚乙烯或聚四氟乙烯包裹的搅拌子。

⑥离子活度计或精密酸度计（精度±0.1mV）。

⑦小型超声波清洗器。

⑧多孔玻板吸收瓶：75ml。

⑨聚乙烯塑料杯：50、150ml。

⑩大型冲击式吸收瓶：250ml。

⑪玻璃纤维滤筒。

3. 试剂

除另有说明外，所用试剂均为分析纯试剂，所用水为去离子水。

①盐酸（HCl）：ρ=1.18g/ml。

②吸收液，氢氧化钠溶液 C（NaOH）=0.3mol/L：将氢氧化钠 12g 溶于水，并稀释至1000ml。

③0.10%溴甲酚绿指示剂：称取 100mg 溴甲酚绿于研钵中，加少量（1+4）乙醇，研细，用（1+4）乙醇配成 100ml 溶液。

④盐酸溶液 C（HCl）=0.25mol/L：取 21.0ml 盐酸用水稀释至 1000ml。

⑤盐酸溶液 C（HCl）=1.0mol/L：取 84.0ml 盐酸用水稀释至 1000ml。

⑥氢氧化钠溶液 C（NaOH）=1.0mol/L：将氢氧化钠 40g 溶于水并稀释至 1000ml。

（A）本方法与 HJ/T 67—2001 等效。

⑦总离子强度缓冲溶液（TISAB）：称取 59.0g 柠檬酸钠（$Na_2C_6H_5O_7 \cdot 2H_2O$）、20.0g 硝酸钾，置于 1000ml 烧杯中，加 300ml 水溶解，加溴甲酚绿指示剂 1ml，用浓盐酸溶液（约 11ml）调节至溶液刚好转变为蓝绿色为止，此时溶液的 pH 为 5.5（也可在酸度计上，用盐酸、氢氧化钠溶液调节至 pH5.5），移入 1000ml 容量瓶，用水稀释至标线，摇匀。

⑧氟化钠标准贮备溶液：称取 2.210g 氟化钠（优级纯，经 110℃烘 2h 放置在干燥器中冷却至室温），溶解于水，移入 1000ml 容量瓶中，用水稀释至标线，摇匀，贮存于聚乙烯塑料瓶中。在冰箱内保存，临用时放至室温再用。此溶液每毫升含 1000μg 氟。

⑨氟化钠标准溶液：临用时将氟化钠标准贮备溶液用水稀释成每毫升含 2.5μg、5.0μg、10.0μg、25.0μg、50.0μg 和 100.0μg 氟的标准溶液。

以上试剂均应贮存于聚乙烯塑料瓶中。

4. 采样

（1）样品采集

当烟气中共存尘氟和气态氟时，需按照本篇第一章三、颗粒物采样方法进行等速采样。在加热式滤筒采样管的出口，串联三个装有 75ml 吸收液的大型冲击式吸收瓶，分别捕集尘氟和气态氟。

当烟气中不含尘氟，只存在气态氟时，可按照本篇第一章二、烟气采样方法（二）采样系统与装置，串联两个装有 50ml 吸收液的多孔玻板吸收瓶，以 0.5～2L/min 的流量采样 5～20min。

采样管与吸收瓶之间的连接管，选用聚四氟乙烯管，并应尽量短。

注：连接管也可使用聚乙烯塑料管和氟橡胶管。

（2）样品保存

采样结束后，将滤筒取出，放入干燥洁净的器皿中，并按采样要求，做好记录。吸收瓶中的样品全部转移至 250ml 容量瓶中，并用少量水洗涤三次吸收瓶，洗涤液并入容量瓶，稀释至标线，再转移至聚乙烯瓶中，编号做好记录。采样管与连接管先用 50ml 吸收液洗涤，再用 400ml 水冲洗，全部并入另一聚乙烯瓶中，编号做好记录。

5. 步骤

（1）标准曲线的绘制

取六支 50ml 塑料杯，按表 5-4-9 配制标准系列。

表 5-4-9　氟标准系列

杯　　号	1	2	3	4	5	6
F^-标准溶液(μg/ml)	2.5	5.0	10.0	25.0	50.0	100.0
取标准溶液量(ml)	2.00	2.00	2.00	2.00	2.00	2.00
F^-含量(μg)	5	10	20	50	100	200

在塑料杯中各放一根铁芯搅拌子，加入三滴溴甲酚绿指示剂，用 1.0mol//L 盐酸溶液调节 pH 值，使溶液刚刚变为蓝绿色为止（此时溶液的 pH 值为 5.5 左右），加入总离子强度缓冲溶液 10.0ml，加水使总体积为 40.0ml。置于磁力搅拌器上，插入氟电极和饱和甘汞电极，从低到高浓度顺序测定。每个样品搅拌 5min 以上，待读数稳定后（即每分钟电极电位变化小于 1mV），停止搅拌，静置 1min，读取毫伏数。用半对数坐标纸，以等距离坐

标表示毫伏数，对数坐标表示氟含量（μg），绘制标准曲线，或将氟含量取对数后，用最小二乘法计算标准曲线的回归方程式。

电极的实际斜率：温度在20～25℃之间，氟离子浓度每改变10倍，电极电位变化58mV±2mV。

（2）样品测定

1）气氟样品测定。

①吸收瓶中样品的测定：根据浓度大小吸取适量（5～15ml）样品溶液于50ml聚乙烯杯中，放一根搅拌子，加入三滴溴甲酚绿指示剂，边搅拌边用10ml滴定管或刻度吸管滴加1.0mol/L盐酸或氢氧化钠溶液，使溶液刚转变为蓝绿色为止（此时溶液pH值为5.5左右）。再加入10ml总离子强度缓冲液，加水使总体积为40.0ml。以下步骤同标准曲线的绘制。读取毫伏值后，可在标准曲线上查出相应的氟含量（μg），或根据回归方程计算氟含量。

②采样管及其连接管冲洗液的测定：将冲洗液定容后，按与吸收瓶中样品相同方法测定。

③空白溶液的测定：移取与样品等量的氢氧化钠吸收液于50ml聚乙烯烧杯中，加入0.5ml氟化钠标准溶液（10.0μg/ml），测定同①。计算出的氟含量应减去5μg。

2）尘氟样品测定：将玻璃纤维滤筒剪碎，置于150ml聚乙烯杯中，加0.25mol/L盐酸溶液50ml，用玻棒将滤筒搅碎，在超声波清洗器中提取处理30min。用定性滤纸将溶液滤入100ml容量瓶中，用水洗涤聚乙烯杯及滤筒残渣5～6次，洗涤液并入容量瓶中，用水稀释至标线，摇匀，为样品溶液。以下步骤同气氟样品溶液的测定。

另取一空白滤筒，同法处理，制备空白滤筒溶液，按气氟样品溶液测定方法进行测定，计算出空白滤筒的氟含量（μg）。

6. 计算

（1）气态氟或尘氟浓度

$$\text{氟}(\mathrm{F,mg/m^3}) = \frac{W - W_0}{V_{\mathrm{nd}}} \times \frac{V_{\mathrm{t}}}{V_{\mathrm{a}}}$$

式中：W——测定时所取样品溶液中氟含量，μg；

W_0——吸收液或空白滤筒氟含量，μg；

V_t——样品溶液总体积，ml；

V_a——测定时所取样品溶液体积，ml；

V_{nd}——标准状态下干气的采样体积，L。

（2）总氟浓度

$$F_{\text{总}}=F_{\text{气}}+F_{\text{尘}}$$

7. 说明

①当采集温度低、含湿量大的烟气时，玻璃纤维滤筒能吸收较多的气态氟，如测定的是总氟，将不影响测定结果。否则滤料应采用吸附性小的合成纤维。不然，气态氟测定结果偏低，尘氟测定结果偏高。

②总采气量，可按表5-4-10推算。

③Fe^{3+}、Al^{3+}、Ca^{2+}、Mg^{2+}等离子能与F^-形成络合物，使测定结果偏低，当样品中干扰离子含量不高时，用柠檬酸钠作总离子强度缓冲液，能起到较好的掩蔽作用。

④绘制标准曲线的温度应与测定样品时的温度接近，相差应不超过±2℃。

⑤本方法适用于大气固定污染源有组织排放氟化物的测定。不能测定碳氟化物，如氟利昂。

表 5-4-10 氟总采气量推算表

预计氟浓度(mg/m^3)	1	10	100	1000
采样量(L)	500	100～200	10～20	10

（二）氟试剂分光光度法（B）

1. 原理

使用滤筒及氢氧化钠溶液采集尘氟及气态氟，经水蒸气蒸馏处理后制备成样品溶液。氟试剂（茜素络合酮）在 pH4.3 溶液中，与硝酸镧反应生成红色的镧-茜素络合酮螯合物，此螯合物在一定酸度、有乙酸根离子存在的条件下，能与氟离子形成蓝色的三元镧-氟-茜素络合物酮螯合物，根据颜色深浅，用分光光度法测定。反应式如下：

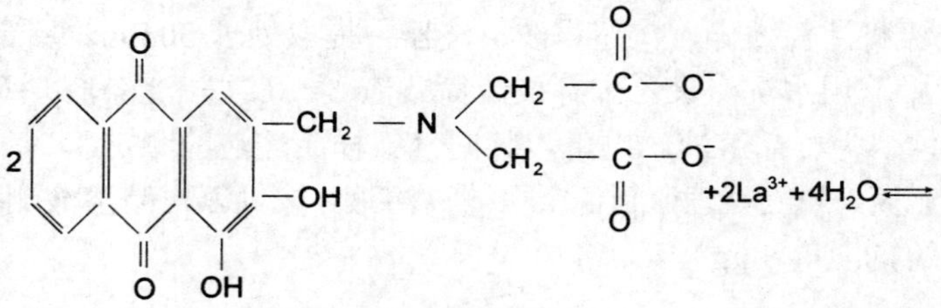

$$2\ (\text{茜素络合酮}) + 2La^{3+} + 4H_2O \rightleftharpoons (\text{红色镧-茜素络合酮螯合物}) + 2H_3^+O$$

（茜素络合酮）

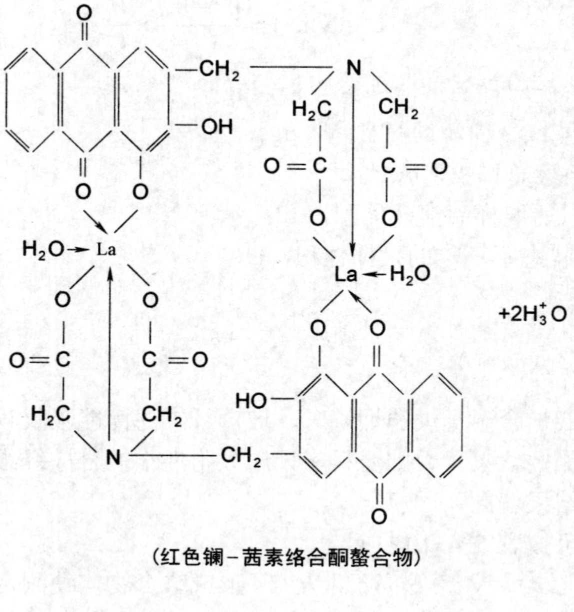

（红色镧-茜素络合酮螯合物）

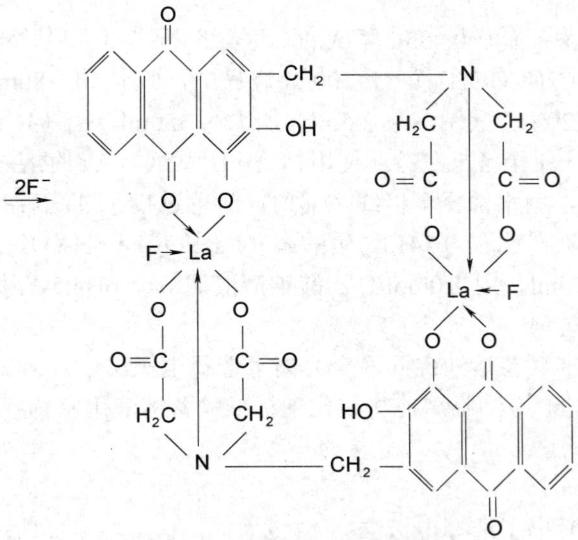

（蓝色镧-氟-茜素络合酮螯合物）

测定范围：0.1～50mg/m^3。

2. 仪器

①多孔玻板吸收瓶：75ml。

②具塞比色管：10ml。

③聚乙烯塑料瓶。

④聚乙烯塑料杯。

⑤水蒸气蒸馏装置：见图 5-4-5。

⑥烟尘采样器。

⑦烟气采样器。

⑧大型冲击式吸收瓶：250ml。

⑨玻璃纤维滤筒或合成纤维滤筒。

3. 试剂

除另有说明外，所用试剂均为分析纯试剂，所用水为去离子水。

①吸收液：0.10mol/L 氢氧化钠溶液。

②1.0%高锰酸钾溶液。

③（1+1）硫酸溶液。

④乙酸钠溶液：20%、1.0mol/L。

⑤盐酸溶液：1+1、1.0mol/L。

⑥10%氢氧化钠溶液。

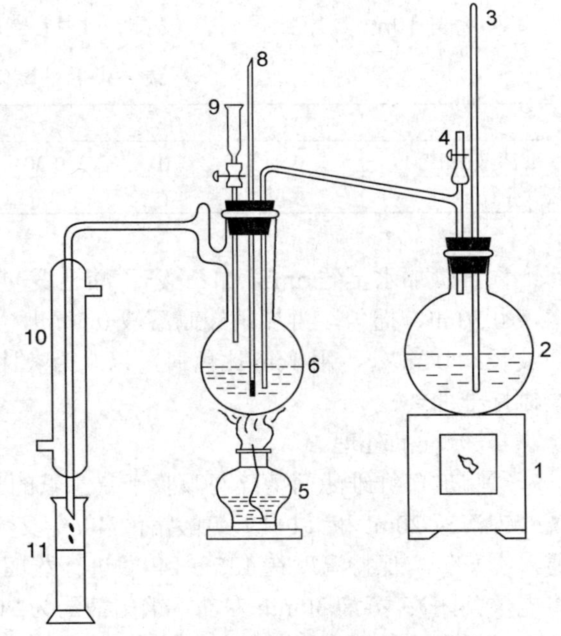

图 5-4-5　水蒸气蒸馏装置

1—电炉；2—2000～3000ml 圆底烧瓶；3—安全管；4—三通管；5—酒精灯；6—250ml 蒸馏瓶；7—水蒸气导管；8—温度计；9—小漏斗；10—冷凝器；11—100ml 量筒

⑦乙酸-乙酸钠缓冲液（pH4.2±0.1）：称取 42.0g 无水乙酸钠，溶解于 400ml 水中，移入 500ml 容量瓶，加 50.0ml 冰乙酸，用水稀释至标线，摇匀。

⑧丙酮。

⑨氟试剂溶液：称取 0.433g 氟试剂（茜素络合酮，3-甲基胺-茜素-二乙酸，简称 ALC，$C_{14}H_7O_4 \cdot CH_2N(CH_2COOH)_2$），于 500ml 烧杯中，加水 70～80ml，滴加 10%氢氧化钠溶液使其溶解，再加 20%乙酸钠溶液 2.5ml，加水约 350ml，用（1+1）盐酸溶液及 1.0mol/L 盐酸溶液调节溶液 pH 至 4.5 左右（使用精密 pH 试纸），此时溶液由深紫色变为橙红色，移入 500ml 容量瓶，用水稀释至标线，摇匀。放置过夜，过滤后备用。

⑩硝酸镧溶液：称取 0.5413g 硝酸镧（$La(NO_3)_3 \cdot 6H_2O$），溶解于少量 1.0mol/L 盐酸溶液，加水至 400ml，用 1.0mol/L 乙酸钠溶液调节至 pH4.5，移入 500ml 容量瓶中，用水稀释至标线，摇匀。

⑪氟化钠标准贮备溶液：同（一）离子选择电极法。

⑫氟化钠标准溶液：临用前将氟化钠标准贮备溶液用水稀释成每毫升含 10.0μg 氟的标准溶液。

4. 采样

同本节（一）离子选择电极法。

5. 步骤

（1）标准曲线的绘制

取七支 10ml 具塞比色管，按表 5-4-11 配制标准系列。

表 5-4-11 氟化钠标准系列

管 号	0	1	2	3	4	5	6
标准溶液(ml)	0	0.10	0.30	0.50	0.70	1.00	1.50
氟含量(μg)	0	1.0	3.0	5.0	7.0	10.0	15.0

向各管加水至约 5ml，加乙酸-乙酸钠缓冲溶液 0.50ml，摇匀，加丙酮 0.50ml、氟试剂溶液 0.50ml，摇匀，再加硝酸镧溶液 0.50ml，用水稀释至 10ml 标线，摇匀。放置 40min，在波长 620nm 处，用 1cm 比色皿，以水为参比，测定吸光度。以吸光度对氟含量（μg），绘制标准曲线。

（2）样品处理

①将玻璃纤维滤筒剪碎与吸收了气态氟的吸收液一起放入 250ml 蒸馏瓶中，加 1.0%高锰酸钾溶液 20ml 和（1+1）硫酸溶液 40ml 及数粒玻璃珠。加热至试样温度升至 138℃时，通入水蒸气，保持温度在 135～140℃进行蒸馏（此时严格控制温度，如温度超过 140℃可将电炉关闭）。蒸馏 30min 左右，馏出液约为 200ml，切断蒸汽发生瓶电源，并将蒸馏瓶上的塞子拔开，以防止倒流，取下馏出液，用酸或碱调 pH 为 7 左右，移入 250ml 容量瓶中，用水稀释至标线，摇匀，作为样品溶液。

②另取一空白滤筒，与吸收液一起放入 250ml 蒸馏瓶中，同法处理，制备空白滤筒溶液。

（3）样品测定

①样品溶液测定：取适量样品溶液于 10ml 具塞比色管中，用水稀释至 5ml 左右，以下同标准曲线的绘制。

②空白溶液测定：另取与样品溶液等量的空白滤筒溶液，同法测定，计算出空白滤筒的氟含量（μg）。

6. 计算

气态氟或气、尘氟浓度：

$$氟(F,mg/m^3)=\frac{W-W_0}{V_{nd}}\times\frac{V_t}{V_a}$$

式中：W——测定时所取样品溶液中氟含量，μg；

W_0——空白滤筒氟含量，μg；

V_t——样品溶液总体积，ml；

V_a——测定时所取样品溶液体积，ml；

V_{nd}——标准状态下干气的采样体积，L。

7. 说明

①～②同本节（一）离子选择电极法说明①～②。

③加入缓冲溶液使 pH 值保持在 4.3～4.8，显色稳定，若加得过多，不利于显色，使吸光度偏低。

④加入丙酮可提高显色灵敏度。

⑤当采集不含尘氟的样品时，可以不经蒸馏，直接测定。

六、氯气

（一）甲基橙分光光度法（A）

1. 原理

氯气指固定污染源有组织排放和无组织排放的游离氯。

含溴化钾、甲基橙的酸性溶液和氯气反应。氯气将溴离子氧化成溴，溴能在酸性溶液中将甲基橙溶液的红色减褪，用分光光度法测定其褪色的程度来确定氯气的含量。

当采集无组织排放样品体积为 30L 时，方法的检出限为 0.03mg/m^3，定量测定的浓度范围为 0.086～3.3mg/m^3。当采集有组织排气样品体积为 5.0L 时，方法的检出限为 0.2mg/m^3，定量测定的浓度范围为 0.52～20mg/m^3。

游离溴有和氯相同的反应而产生正干扰，微量二氧化硫对测定有明显负干扰。

2. 仪器

①分光光度计：具 1cm 比色皿。

②多孔玻板吸收管：25ml。

③采样管：以硬质玻璃、氟树脂或氯乙烯树脂为材质，具有适当尺寸的管料的采样管。

④引气管：聚四氟乙烯或聚乙烯软管，头部装接一玻璃漏斗。

⑤连接管：聚四氟乙烯软管或内衬聚四氟乙烯薄膜的硅橡胶管。

⑥烟气采样器。

3. 试剂

除非另有说明，分析过程中均使用符合国家标准的分析纯试剂和蒸馏水。

（A）本方法与 HJ/T 30—1999 等效。

①浓硫酸：ρ=1.84g/ml。

②甲基橙。

③溴化钾。

④溴酸钾；基准试剂。

⑤硫酸溶液（1+6）：量取 100ml 浓硫酸，缓慢地、边倒边搅拌加入到 600ml 水中。

⑥甲基橙吸收贮备液：称取 0.1000g 甲基橙，溶解于 100ml 40～50℃的水中，冷却至室温，加无水乙醇 20ml，移入 1000ml 容量瓶中，加水稀释至刻度，混匀。此溶液放置暗处可保存半年。

⑦甲基橙吸收使用液：用吸管移取甲基橙吸收贮备液 250ml，置于 1000ml 容量瓶中，加入 500ml（1+6）硫酸溶液，再加入 5.0g 溴化钾，溶解后用水稀释至刻度，混匀。

⑧溴酸钾标准贮备液 C（$1/6KBrO_3$）$=1.41\times10^{-1}$ mol/L：称取 1.9627 溴酸钾，用少量水溶解，移入 500ml 容量瓶中，加水稀释至刻度，混匀。此溴酸钾标准贮备溶液每毫升相当于 5.00mg 氯。放置暗处，可保存半年。

⑨溴酸钾标准使用液 C（$1/6KBrO_3$）$=1.41\times10^{-3}$mol/L：用吸管移取溴酸钾标准贮备液 10ml，移入 1000ml 容量瓶中，加水稀释至刻度，混匀。此溴酸钾标准使用液每毫升相当于 50.0μg 氯。

4. 采样

（1）有组织排放样品采集

①～②采样位置和采样点，采样装置的连接，分别同本章三（一）硫氰酸汞分光光度法 4（1）①～②。

③样品采集：将采样管头部塞适量玻璃棉后，插入排气筒采样点，用两支串联，内装 10.0ml 甲基橙吸收液的多孔玻板吸收管，以 0.2L/min 的流量采样。当吸收液颜色有明显减褪时，即可停止采样。如不褪色，采样时间选择 60min。

（2）无组织排放样品采集

①采样位置和采样点，②采样装置的连接，分别同本章三（一）硫氰酸汞分光光度法 4（2）①～②。

③样品采集：串联两支内装 10.0ml 甲基橙吸收液的多孔玻板吸收管，以 0.6L/min 的流量采样。当甲基橙吸收液颜色明显减褪时，即可停止采样。如不褪色，采样时间选择 60min。

（3）样品的保存

采样后，将两管样品溶液全部转移到 100ml 容量瓶中，用水洗涤吸收管，合并转移到此容量瓶中。用水稀释至标线，混匀，待测定。该样品显色完成后溶液颜色稳定，常温下至少可保存 15d。

5. 步骤

（1）标准曲线的绘制

取七个 100ml 容量瓶，各加入 20.0ml 甲基橙吸收液，并按次序分别移入溴酸钾标准使用溶液 0.00、0.20、0.40、0.80、1.20、1.60、2.00ml（即相当于含氯量为 0、10、20、40、60、80、100μg），用水稀释至刻度，混匀。放置 40min 后，用 1cm 比色皿，在波长 507nm 处，以水为参比，测定吸光度。以吸光度对氯含量（μg）绘制校准曲线，并计算得到标准曲线的线性回归方程。

（2）样品测定

采样后转移到100ml容量瓶中的溶液，放置40min后，用1cm比色皿，在波长507nm处，以水为参比，测定吸光度。

6. 计算

测得样品吸光度后，在标准曲线上读取其对应的氯含量（μg）；或根据回归直线方程计算求得氯含量（μg）。

$$氯(Cl_2, mg/m^3)=\frac{W}{V_{nd}}$$

式中：W——样品溶液中测得的氯含量，μg；

V_{nd}——标准状态下干气的采样体积，L。

7. 说明

①温度低于20℃时，标准曲线绘制和样品测定都必须延长反应显色时间。或将反应后的吸收液置于20～30℃恒温水浴中40min。

②在现场采样时，如氯气浓度较高，则操作人员应在上风向并戴好防毒口罩操作，严防氯气中毒。

③本方法适用于测定固定污染源有组织排放和无组织排放的氯气。

8. 精密度和准确度

五个实验室对浓度为3.70mg/m³的统一样品分别进行测定，其精密度数据见表5-4-12。

表5-4-12 精密度

统一样品浓度测定平均值(mg/m³)	3.68	再现性标准偏差(mg/m³)	0.19
重复性标准偏差(mg/m³)	0.064	再现性相对标准偏差(%)	5.3%
重复性相对标准偏差(%)	1.7%	再现性(mg/m³)	0.54
重复性(mg/m³)	0.18		

五个实验室同时对某企业的有组织排气和环境空气进行采样和分析的结果表明：有组织排气的采样分析结果相对标准偏差为11%；环境空气采样分析结果相对标准偏差为23%。

五个实验室对浓度为3.70mg/m³的统一样品分别进行加标回收率测定，得到回收率区间为98.8%～103.5%。

五个实验室同时对某企业的排气和环境空气进行采样测定实际样品的加标回收率，回收率分布于91.0%～97.5%之间。

（二）碘量法（B）

1. 原理

氯被氢氧化钠溶液吸收，生成次氯酸钠，用盐酸酸化，释放出游离氯。反应式如下：

$$2NaOH+Cl_2 \longrightarrow NaCl+H_2O+NaClO$$

$$NaClO+HCl \longrightarrow NaOH+Cl_2$$

游离氯再氧化碘化钾生成碘，用硫代硫酸钠标准溶液滴定，计算出氯的量。

$$Cl_2+2KI \longrightarrow 2KCl+I_2$$

$$I_2+2Na_2S_2O_3 \longrightarrow 2NaI+Na_2S_4O_6$$

测定范围：$35mg/m^3$以上。

2. 仪器

①多孔玻板吸收瓶：125ml。

②碘量瓶：250ml。

③棕色酸式滴定管：10 或 25ml。

④烟气采样器。

3. 试剂

①吸收液：称取 4.0g 氢氧化钠，溶解于水，稀释至 1000ml。

②～⑤同本章一、二氧化硫（一）碘量法，试剂③～⑥。

⑥硫代硫酸钠溶液 $C(Na_2S_2O_3)$=0.01mol/L：吸取 50.00ml 标定过的 0.1mol/L 硫代硫酸钠溶液，置于 500ml 容量瓶中，用新煮沸并已冷却的水稀释至标线，摇匀。

⑦（2+1）盐酸溶液。

⑧碘化钾。

4. 采样

见本篇第一章二、烟气采样方法（二）采样系统与装置，串联两个多孔玻板吸收瓶，瓶中各装 30～40ml 吸收液，以 0.5～1L/min 流量，采样 5～10min。

5. 步骤

①采样后，将第二个瓶的吸收液全部倒入第一个吸收瓶中，用吸收液洗涤第二个吸收瓶 1～2 次，将洗涤液并入第一个吸收瓶中，加吸收液至 100ml 标线，混匀。吸取 25.00ml 于碘量瓶中，加等体积水，加入 2.0g 碘化钾，待溶解后，加（2+1）盐酸溶液 5.0ml，塞紧、混匀，于暗处放置 5min。用 0.01mol/L 硫代硫酸钠标准溶液滴定至淡黄色，加入 0.2%淀粉溶液 5ml，继续滴定至蓝色恰好消失为止，记录消耗量（V）。

②另取 25ml 吸收液，加等体积水，同法进行空白滴定，记录消耗量（V_0）。

6. 计算

$$\text{氯}(Cl_2, mg/m^3) = \frac{(V - V_0) \times C(Na_2S_2O_3) \times 35.5}{V_{nd}} \times \frac{V_t}{V_a} \times 1000$$

式中：V、V_0——分别为滴定样品溶液、空白溶液所消耗硫代硫酸钠标准溶液的体积，ml；

$C(Na_2S_2O_3)$——硫代硫酸钠标准溶液浓度，mol/L；

35.5——相当于 1L 1mol/L 硫代硫酸钠标准溶液（$Na_2S_2O_3$）的氯（$1/2Cl_2$）的质量，g；

V_t——样品溶液总体积，ml；

V_a——滴定时所取样品溶液体积，ml；

V_{nd}——标准状态下干气的采样体积，L。

7. 说明

①废气中含氯化氢时测定不受干扰，如含有氧化性及还原性气体有干扰。

②氯气在有水蒸气存在时，生成盐酸和次氯酸，具有很强的腐蚀性，因此采样管应采用玻璃或聚四氟乙烯塑料制作。

七、氰化氢

异烟酸-吡唑啉酮分光光度法（A）

1. 原理

见第三篇第一章九、氰化氢异烟酸-吡唑啉酮分光光度法。

在氰化氢无组织排放的空气样品分析中，当采样体积为30L时，方法的检出限为$2\times10^{-3}mg/m^3$，定量测定的浓度范围为$0.0050\sim0.17mg/m^3$。在有组织排放样品分析中，当采样体积为5L时，方法的检出限为$0.09mg/m^3$，定量测定浓度范围为$0.29\sim8.8mg/m^3$。硫化氢和氧化剂（如Cl_2）存在对测定有干扰。

2. 仪器

①分光光度计：具1cm比色皿。

②具塞比色管：25ml。

③棕色酸式滴定管：25ml。

④多孔玻板吸收瓶：125ml。

⑤多孔玻板吸收管：10～25ml。

⑥采样管：材质为不锈钢、硬质玻璃或聚四氟乙烯，直径为6～8mm，并具有可加热至120℃以上的保温夹套。

⑦引气管：聚四氟乙烯软管或聚乙烯软管，头部装接一玻璃漏斗。

⑧连接管：硅橡胶管或内衬聚四氟乙烯薄膜的乳胶管。

⑨烟气采样器。

3. 试剂

除非另有说明，分析时均使用符合国家标准的分析纯试剂。

①符合二级实验用水质量指标的纯水。

②氢氧化钠。

③冰乙酸。

④氯化钠。

⑤硝酸银。

⑥氰化钾。

⑦无水磷酸二氢钾。

⑧无水磷酸氢二钠。

⑨铬酸钾。

⑩氯胺T。

⑪试银灵（对二甲胺基亚苄基罗丹宁）。

⑫异烟酸。

⑬吡唑啉酮。

⑭N，N′-二甲基甲酰胺。

（A）本方法与HJ/T 28—1999等效。

⑮2%氢氧化钠溶液：取 2g 氢氧化钠溶解于少量水中，转移至 100ml 容量瓶中，用水稀释至标线。

⑯0.1%氢氧化钠溶液：取 0.1g 氢氧化钠溶解于少量水中，转移至 100ml 容量瓶中，用水稀释至标线。

⑰氢氧化钠吸收液（A）C（NaOH）=0.05mol/L：取 2g 氢氧化钠溶解于适量水中，转移至 1000ml 容量瓶中，用水稀释至标线。

⑱氢氧化钠吸收液（B）C（NaOH）=0.1mol/L：取 4g 氢氧化钠溶解于适量水中，转移至 1000ml 容量瓶中，用水稀释至标线。

⑲0.6%乙酸溶液：移取冰乙酸 3.0ml 于 500ml 容量瓶中，用水稀释至标线。

⑳氯化钠标准溶液 C（NaCl）=0.0200mol/L：将氯化钠置于瓷坩埚内，经 400～500℃灼烧至无爆裂声后，于干燥器内冷却。称取 1.169g 氯化钠于烧杯中，用水溶解，移入 1000ml 容量瓶中，并稀释至标线，混匀。

㉑硝酸银标准溶液：称取 3.4g 硝酸银溶解于水中并稀释至 1000ml。贮于棕色细口瓶中。

标定：吸收氯化钠标准溶液 10.00ml，置于 150ml 锥形瓶中，加水 50ml 及 4～5 滴铬酸钾指示剂，用硝酸银标准溶液滴定，直至溶液由黄色变成浅砖红色。记下读数（V）。平行滴定所消耗硝酸银标准溶液体积之差应不大于 0.04ml。

取水 60ml，同法做空白滴定。按下式计算硝酸银标准溶液的浓度：

$$C(\mathrm{AgNO_3})=\frac{C(\mathrm{NaCl})\times 10.00}{V-V_0}$$

式中：C（$AgNO_3$）——硝酸银标准溶液的浓度，mol/L；

C（NaCl）——氯化钠标准溶液的浓度，mol/L；

V、V_0——分别为滴定氯化钠标准溶液、空白溶液时消耗硝酸银标准溶液体积，ml。

㉒氰化钾标准贮备液：称取 0.25g 氰化钾（**注意：剧毒**），溶解于 0.1%氢氧化钠溶液中，并用 0.1%氢氧化钠溶液稀释至 100ml，混匀后避光贮存于棕色细口瓶中。该溶液每毫升约相当于 1.0mg 氰化氢。

标定方法：吸取 10.00ml 氰化钾贮备液，置于 150ml 锥形瓶中，加 50ml 水和 2%氢氧化钠溶液 1.0ml，加 2～3 滴试银灵指示剂，用硝酸银标准溶液滴定至溶液由淡黄色变为橙红色，记录消耗硝酸银标准溶液体积（V）。平行滴定所消耗硝酸银溶液体积之差应不超过 0.04ml。

另取水 60ml，同法做空白滴定。记录消耗硝酸银标准液体积（V_0）：

$$C=\frac{C(\mathrm{AgNO_3})\times(V-V_0)\times 54.04}{10.00}$$

式中：C——氰化钾贮备液中相当于氰化氢的浓度，mg/ml；

C（$AgNO_3$）——硝酸银标准溶液的浓度，mol/L；

V、V_0——分别为滴定氰化钾贮备液、空白溶液所消耗硝酸银标准溶液体积，ml；

10.00——氰化钾贮备溶液的体积，ml；

54.04——相当于 1L 1mol/L 硝酸银标准溶液的氰化氢（HCN）质量，g。

㉓氰化钾标准溶液 C(HCN)=10.0μg/ml：准确吸取一定体积氰化钾标准贮备液于 100ml 容量瓶中，用 0.1mol/L 氢氧化钠溶液稀释到标线，贮于冰箱（2～5℃）保存可稳定 5d。

㉔氰化钾标准使用液 C（HCN）=1.00μg/ml：临用前吸取 10.0μg/ml 氰化钾标准溶液 10.0ml 于 100ml 容量瓶中，用 0.1mol/L 氢氧化钠溶液稀释至标线。

㉕磷酸盐缓冲溶液 pH=7.00：称取 34.0g 无水磷酸二氢钾和 35.5g 无水磷酸氢二钠溶解于水，移入 1000ml 容量瓶中，用水稀释至标线。

㉖铬酸钾指示剂：称取 10.0g 铬酸钾溶解于少量水，滴加硝酸银标准溶液至产生少量浅砖红色沉淀为止。放置过夜，过滤，滤液用水稀释至 100ml，待用。

㉗0.1%酚酞指示剂：称取 0.1g 酚酞，溶于 95%乙醇中，稀释至 100ml。若混浊应过滤。

㉘氯胺 T 溶液：称取 0.50g 氯胺 T（$CH_3C_6H_4SO_2NClNa\cdot H_2O$, Chloramine-T）溶解于水，稀释至 50ml，贮存于棕色细口瓶中，贮于冰箱可使用 3d。

㉙试银灵指示剂：称取 0.02g 试银灵（对二甲胺基亚苄基罗丹宁，Paradimethylaminobenzalrhodanine）溶于 100ml 丙酮中，贮存于棕色细口瓶，于暗处可稳定 1 个月。

㉚异烟酸溶液：称取 3.0g 异烟酸（$C_6H_5NO_2$, Iso-Nicotinic acid）溶解于 2%氢氧化钠溶液中，溶解后，加水稀释至 200ml。

㉛吡唑啉酮溶液：称取 0.50g 吡唑啉酮（3-甲基-1-苯基-5-吡唑啉酮，$C_{10}H_{10}ON_2$，3-methyl-l-pheny-5-pyrazolone）溶解于 40.0ml N，N′-二甲基甲酰胺[$HCON(CH_3)_2$，N，N′-dimethylformamide]中。

㉜异烟酸-吡唑啉酮溶液：临用前，将异烟酸溶液和吡唑啉酮溶液按 5:1 体积混合，贮于棕色试剂瓶中。

4. 采样

（1）有组织排放样品采集

①、②同本章六（一）甲基橙分光光度法 4.采样（1）①～②。

③样品采集：串联两支内装有 20ml 0.1mol/L 氢氧化钠吸收液（B）的 125ml 多孔玻板吸收瓶，并将它接入采样系统中。将采样管头部塞适量无碱玻璃棉，伸入排气筒采样点，以 0.5L/min 流量采样 10～30min，记录采样流量、时间、温度、气压等，密封吸收瓶进出口，避光运回实验室。

（2）无组织排放样品采集

①、②同本章六（一）甲基橙分光光度法 4.采样（2）①～②。

③样品采集：用装有氢氧化钠吸收液（A）5ml 的多孔玻板吸收管，以 0.5L/min 流量，采样 30～60min。记录采样流量、时间、温度、气压等，密封吸收管进、出口，避光运回实验室。

（3）样品保存

如果样品采集后不能当天测定，应将试样密封后置于 2～5℃下保存，保存期不超过 48h。在采样、运输和贮存过程中应避免日光照射。

5. 步骤

（1）标准曲线的绘制

取八支 25ml 具塞比色管，按表 5-4-13 配制标准系列。

向每管各加 1 滴 0.1%酚酞指示剂，边摇动边逐滴加入 0.6%乙酸溶液至刚好褪色为止，加磷酸盐缓冲溶液5.00ml，摇匀。再加氯胺T溶液0.2ml，立即盖好瓶塞，轻轻摇动，放置5min，加异烟酸-吡唑啉酮溶液5.00ml，立即盖好瓶塞，摇匀，用水稀释至标线，摇匀。在25～35℃放置40min，于波长638nm处，用1cm比色皿，以水为参比，测定吸光度。以吸光度对氰化氢含量（μg）绘制标准曲线，并计算其线性回归方程。

表5-4-13 氰化钾标准系列

管号	0	1	2	3	4	5	6	7
氰化钾标准使用液(ml)	0.00	0.20	0.50	1.00	2.00	3.00	4.00	5.00
0.1mol/L 氢氧化钠吸收液(ml)	5.00	4.80	4.50	4.00	3.00	2.00	1.00	0.00
氰化氢含量(μg)	0.00	0.20	0.50	1.00	2.00	3.00	4.00	5.00

（2）样品测定

①无组织排放样品测定：采样后，将样品移入25ml具塞比色管中，用少量水洗涤吸收管两次，洗涤液合并于具塞比色管中，使总体积不超过10ml，然后加0.1%酚酞指示剂1滴，以下操作同标准曲线的绘制。

②有组织排放样品测定：采样后，将第一和第二吸收瓶中的吸收液转入50ml容量瓶中，用少量水分别洗涤第一和第二吸收瓶，洗涤液并入50ml容量瓶中，最后用水稀释至标线，摇匀。吸取5.00ml样品溶液于25ml具塞比色管中，以下步骤同标准曲线的绘制。

6. 计算

$$\text{氰化氢}(\mathrm{HCN}, \mathrm{mg/m^3}) = \frac{W}{V_{nd}} \times \frac{V_t}{V_a}$$

式中：W——测定时所取样品溶液中氰化氢含量，μg；

V_t——样品溶液总体积，ml；

V_a——测定时所取样品溶液体积，ml；

V_{nd}——标准状态下干气的采样体积，L。

注：对无组织排放样品，$V_t=V_a$；V_{nd}为标准状态下采样体积（L）。

7. 说明

①氰化氢是易挥发的有毒物质，在操作过程中，除了加试剂时，比色管都应盖严。

②绘制标准曲线和样品测定时的温度之差应不超过3℃。

③如能获得硝酸银基准试剂，可用直接法配制硝酸银标准溶液，免去标定步骤。

④为降低试剂空白值，实验中以选用无色的N，N′-二甲基甲酰胺为宜。

⑤含氰化钾的废液应加三价铁盐或漂白粉处理后排放。

⑥氧化剂（如Cl_2）和硫化氢存在对测定有干扰，按9.检验试样中氧化剂和硫化氢及消除干扰的方法检查试样并消除干扰。

⑦采集有组织排放的人员必须两人以上，并戴好防毒面具才能进入现场采样。

8. 精密度和准确度

五个实验室测定HCN浓度为0.37mg/m^{3}的统一样品，测定的重复性标准偏差为0.01mg/m^3；重复性相对标准偏差为3.1%；重复性为0.030mg/m^3。测定的再现性标准偏差为0.016mg/m^3；再现性相对标准偏差为4.1%；再现性为0.040mg/m^3。

五个实验室测定实际样品的相对标准偏差于0.81%～11%之间。

五个实验室分别测定浓度为 0.37mg/m^3 的统一样品，测定总均值的相对误差为 2.9%；各实验室测定均值的相对误差于±5.4%之间。

五个实验室测定统一样品的加标回收率于 93.2%～103%之间；测定实际样品的加标回收率于 90.1%～102%之间。

9. 检验试样中氧化剂和硫化物及消除干扰的方法

①检验试样中是否存在氧化剂（如有效氯），可取 1 滴试样滴在淀粉-碘化钾试纸上，若变蓝说明氧化剂存在。若有显著量的氧化剂存在，氰化氢的测定不能进行。若氧化剂存在量小，可向样品溶液中加入一定量的亚硫酸钠溶液消除其干扰。具体做法是：量取两份相同体积的同一样品，向其中一份样品中投入淀粉-碘化钾试纸 1～3 片，加硫酸酸化，用亚硫酸钠溶液滴定至淀粉-碘化钾试纸由蓝色变至无色为止，记录用量。另一份样品，不加试纸和硫酸，仅加上述同量的亚硫酸钠溶液，并将此溶液进行氰化氢测定。

②检验试样中是否存在硫化物，可取 1 滴试样滴在乙酸铅试纸上，若变黑，说明有硫化物存在。若试样中含有少量硫化物，可用预蒸馏的方法予以去除，蒸馏前加入 2ml 0.02mol/L 硝酸银溶液。

八、光气

当排放筒光气浓度达每立方米几十克甚至几百克的情况下，采用碘量法测定；经净化处理后的废气在 50mg/m^3 时，可采用紫外分光光度法。后者也适用于车间或环境空气中光气的测定。

（一）苯胺紫外分光光度法（A）

1. 原理

含光气（$COCl_2$）的气体先经装有硫代硫酸钠和无水碳酸钠的双联玻璃球，以除去氯、二氧化氮、氨等干扰气，而后被苯胺溶液吸收，生成 1,3-二苯基脲，用溶剂在酸性条件下萃取，在波长 257nm 处测定吸光度，其值与光气含量成正比。反应式如下：

$$C_6H_5-NH_2+COCl_2 \longrightarrow C_6H_5-\overset{H}{\overset{|}{N}}-\overset{O}{\overset{\|}{C}}-\overset{N}{\overset{|}{N}}-C_6H_5+2\,C_6H_5-NH_2\cdot HCl$$

在无组织排放样品分析中，当采样体积为 60L 时，光气的检出限为 0.02mg/m^3，定量测定的浓度范围为 0.06～1.0mg/m^3。

在有组织排放样品分析中，当采样体积为 15L 时，光气的检出限为 0.4mg/m^3，定量测定的浓度范围为 1.2～20mg/m^3。

在本方法规定的条件下，氯气浓度大于 1600mg/m^3 时对光气测定有干扰。

2. 仪器

①紫外分光光度计：具 1cm 石英比色皿。

（A）本方法与 HJ/T 31—1999 等效。

②多孔玻板吸收瓶：125ml。

③多孔玻板吸收管：10ml。

④具塞比色管：25ml。

⑤双联玻璃球管（见前图 5-4-2）。

⑥采样管：用适当尺寸的硬质玻璃或氟树脂材质的管料，并具有可加热至 120℃以上的保温夹套。

⑦引气管：聚氯乙烯或聚四氟乙烯软管，头部接装一玻璃漏斗。

⑧连接管：聚四氟乙烯软管或硅橡胶管。

⑨无碱玻璃棉或脱脂棉。

⑩烟气采样器。

3. 试剂

除非另有说明，分析中均使用符合国家标准的分析纯试剂和去离子水。

①硫酸：ρ=1.84g/ml。

②甲醇。

③硫代硫酸钠。

④无水碳酸钠。

⑤苯胺：常压蒸馏，收集 183～184℃的馏分。

⑥正己烷：在 1000ml 分液漏斗中，按正己烷与浓硫酸 50+3（*V/V*）的比例，将浓硫酸缓慢加入试剂中，上塞，倒置分液漏斗，用力振荡数分钟（注意经常放气），静置分层后弃去浓硫酸。再重复上述步骤，直至弃去的浓硫酸为浅色止。酸洗结束后再用去离子水水洗，步骤同上，直至弃去的去离子水 pH 为 7 左右，然后进行蒸馏，收集 68～69℃的馏分。

⑦二氯甲烷：以同⑥的步骤进行酸洗和水洗，然后进行常压蒸馏，收集 39～40℃的馏分。

⑧异戊醇：常压蒸馏，收集 129～130℃的馏分。

⑨混合萃取剂：取正己烷、二氯甲烷、异戊醇，按 1+1+0.2（*V/V/V*）比例混合配制。

⑩硫酸溶液（1+1）：用量筒量取 250ml 浓硫酸，缓慢地倒入（边搅拌）250ml 水中。

⑪吸收液：称取新蒸馏的苯胺 0.25g，溶解于 1000ml 水中，此溶液置于冰箱中可保存一个月。

⑫1,3-二苯基脲标准贮备液，相当于 100.0μg（光气）/ml：称取 127.5mg 1,3-二苯基脲，溶于甲醇，移入 500ml 容量瓶，用甲醇稀释至刻度。

⑬1,3-二苯基脲标准使用液，相当于 1.00μg（光气）/ml：临用时，吸取标准贮备液 1.00ml，于 100ml 容量瓶中，用吸收液稀释至刻度。

4. 采样

（1）有组织排放样品采集

①、②同本章六（一）甲基橙分光光度法 4.采样（1）①～②。

③样品采集：串接两支内装 50ml 吸收液的多孔玻板吸收瓶，以 0.3～0.5L/min 的流量采气 3～5L。

（2）无组织排放样品采集

①、②同本章六（一）甲基橙分光光度法 4.采样（2）①～②。

③样品采集：串联两支多孔玻板吸收管，内各装 10ml 吸收液，以 0.5～1.0L/min 的流

量采气 30～60L。

（3）样品保存

无组织排放和有组织排放样品，均应于 3～5℃冷藏，并于 12h 内测定完毕。

5. 步骤

（1）标准曲线的绘制

①标准系列的配制：按表 5-4-14 在 25ml 具塞比色管中制备标准系列。

表 5-4-14 标准系列

管 号	0	1	2	3	4	5	6
标准溶液(ml)	0	0.20	0.50	1.00	2.00	5.00	10.0
吸收液(ml)	10.0	9.80	9.50	9.00	8.00	5.00	0.00
相当光气含量(μg)	0	0.20	0.50	1.00	2.00	5.00	10.0

②萃取和测定：以上各管分别加入（1+1）硫酸溶液 1.00ml，混匀后加入混合萃取剂 10.0ml，振摇 1.5min，静置分层后将上层有机相澄清液移入 1cm 石英比色皿中，在波长 257nm 处，以混合萃取剂为参比，测定吸光度。以扣除空白值后的吸光度对光气含量（μg）绘制标准曲线，并计算标准曲线的线性回归方程。

（2）样品测定

①无组织排放样品测定：采样后分别将两个 U 型多孔玻板吸收管中的溶液移入 25ml 具塞比色管中，用少量吸收液洗涤吸收管，洗涤液并入比色管中，定容至 25.0ml。分取 10.0ml 样品溶液进行测定，以下步骤同标准曲线绘制。

②有组织排放样品测定：采样后第二级吸收瓶中吸收液倒入第一级吸收瓶中，用吸收液洗涤第二级吸收瓶，洗涤液并入第一级吸收瓶中，定容至 125ml，摇匀。分取一定量样品（视浓度高低而定）测定，以下步骤同标准曲线绘制。

6. 计算

测得样品吸光度后，在标准曲线上读取对应的光气含量（μg）；或根据回归直线方程计算得出光气含量（μg）。

$$\text{光气}(COCl_2, mg/m^3) = \frac{W}{V_{nd}} \times \frac{V_t}{V_a}$$

式中：W——测定时所取样品溶液中光气含量，μg；

V_t——样品溶液总体积，ml；

V_a——分析时所分取的样品溶液体积，ml；

V_{nd}——标准状态下干气的采样体积，L。

注：对无组织排放样品，V_{nd} 为标准状态下采样体积（L）。

7. 说明

①在现场采样时，如排气管道处于正压且浓度较高时，应于采样孔装防喷阀门，操作人员应在上风向并佩戴防毒口罩操作，严防光气中毒。

②当氯气浓度大于 1600mg/m^3 时，对光气测定产生正干扰，为消除干扰，应于吸收管（瓶）前装一双联玻璃球管，两球内分别加入 10g 硫代硫酸钠和 5g 无水碳酸钠。玻璃球管两端分别用无碱玻璃棉塞住，中间用无碱玻璃棉隔开。

③分析步骤中萃取时，为使有机相与水相分离更完全，可在振摇后将上层有机相移入10ml 离心管中，以 2000r/min 离心分离 2min 后取上清液比色。

8. 精密度和准确度

五个实验室分别测定浓度为 4.00mg/L 的统一样品，测定的重复性标准偏差为 0.096mg/L；重复性相对标准偏差为 2.4%；重复性为 0.27mg/L。再现性标准偏差为 0.11mg/L；再现性相对标准偏差为 2.8%；再现性 0.31mg/L。

五个实验室分别测定浓度为 4.00mg/L 的统一样品，各实验室测定均值的相对误差于 0.5%～2.2%之间；平均相对误差为 1.5%。

五个实验室分别对若干个无组织排放样品于实验室进行加标回收率测定，加标回收率分布于 94.0%～104%之间；有组织排放样品的加标回收率分布于 100%～102%之间。

（二）碘量法（B）

1. 原理

光气被吸收在碘化钾-丙酮溶液中，与碘化钾反应生成氯化钾、一氧化碳和碘（I_2），用硫代硫酸钠标准溶液滴定碘含量，计算光气浓度。反应式如下：

$$COCl_2+2KI=2KCl+CO\uparrow+I_2$$

$$2Na_2S_2O_3+I_2=Na_2S_4O_6+2NaI$$

废气中如有氯气存在会影响测定，可在吸收瓶前串联一个装有数十克干燥的硫代硫酸钠的 U 形吸湿管，把氯气还原为氯离子，可排除干扰。

采用 0.02mol/L 硫代硫酸钠标准溶液滴定样品溶液，当采样体积为 20L 时，测定范围为 50～25000mg/m^3。

2. 仪器

①多孔玻板吸收瓶：125ml。

②棕色酸式滴定管：25ml。

③碘量瓶：250ml。

④100ml 甘油注射器或 100ml 注射器（最好带活塞或单向阀门）。

⑤采样管（引气管）：不锈钢管 ϕ6～8mm 或聚四氟乙烯管 ϕ4～6mm。

⑥U 形吸湿管：内装 20g 固体硫代硫酸钠（干燥）。

⑦烟气采样器。

3. 试剂

除非另有说明，分析中均使用符合国家标准的分析纯试剂和去离子水。

①吸收液：称取 10g 碘化钾于坩埚中，文火灼热去水后，放入 500ml 无水丙酮（C.P.）中，避光密封过夜即可使用。如有未溶解的碘化钾，可取上清液使用。

②碘酸钾标准溶液 C（1/6 KIO_3）=0.1000 mol/L：称取 3.567g 碘酸钾（KIO_3，110℃烘干 2h），溶解于水，移入 1000ml 容量瓶中，用水稀释至标线，摇匀。

③硫代硫酸钠贮备溶液 C（$Na_2S_2O_3$）=0.10mol/L：称取 25.0g 硫代硫酸钠（$Na_2S_2O_3\cdot 5H_2O$），溶解于新煮沸并已冷却的 1000ml 水中，并加入 0.20g 无水碳酸钠（Na_2CO_3），贮于棕色瓶中，一周后标定其浓度，如有混浊应过滤。

标定方法：吸取 0.1000mol/L 碘酸钾溶液 20.00ml，置于 250ml 碘量瓶中，加 50ml 新煮

沸并已冷却的水，加 1.0g 碘化钾，振摇至完全溶解后，加 1.2mol/L 盐酸 10ml，立刻盖好，摇匀。在暗处放置 5min 后，用 0.10mol/L 硫代硫酸钠贮备溶液滴定至淡黄色，再加 2ml 新配制的 0.2%淀粉溶液，继续滴定至蓝色刚好消失，记录所用硫代硫酸钠贮备溶液的体积（V）。

$$C(Na_2S_2O_3)=\frac{0.1000\times 20.00}{V}$$

式中：C（$Na_2S_2O_3$）——硫代硫酸钠贮备溶液浓度，mol/L；

V——滴定消耗硫代硫酸钠贮备溶液的体积，ml。

④硫代硫酸钠标准溶液 C（$Na_2S_2O_3$）=0.0200mol/L：取经准确标定的上述硫代硫酸钠贮备溶液 100.0ml，置于 500ml 容量瓶中，用新煮沸并已冷却的水稀释至标线，贮于棕色瓶内，保存于暗处。

4. 采样

依照本篇第一章"一、采样位置与采样点"的布设原则，最好在管道负压段设采样孔，如必须在正压管段开孔，孔口应焊接防喷装置，避免取样时光气喷出中毒。

①用 100ml 甘油注射器或 100ml 注射器取样，适用于光气浓度在 10000mg/m^3 以上的排气管道。采样时，将自采样孔中伸入至管道中心附近的不锈钢管或聚四氟乙烯管与装有 20g 硫代硫酸钠的吸湿管连接，再与甘油注射器或 100ml 注射器连接，抽气三次洗涤注射器和采样管后抽气样 100ml 以上。取下注射器使筒内压力与大气压平衡后定容至 100ml（排出多余气体），在 10～15s 内将气样注入装有 50～100ml 吸收液的多孔玻板吸收瓶中，再抽取清洁空气洗涤注射器 2～3 次，洗涤气也注入吸收液中。如光气浓度较低时，可多取 1～2 支注射器气样，重复以上步骤，使吸收液呈棕黄色即可。

②用烟气采样器取样，适用于光气浓度不高的排气管道，串联两支各装有 50ml 吸收液的吸收瓶，按本篇第一章二、烟气采样方法（二）采样系统与装置中图 5-1-10 连接，吸收瓶前端应连接吸湿管，以 0.5L/min 流量采样。烟气或气温高时，吸收瓶应放入冷水浴中，以防止碘（I_2）及丙酮挥发。记录采样时间、流量及流量计前的温度和压力，至吸收液呈黄色或棕色时停止采样。

5. 步骤

①用注射器采样后注入吸收瓶时，将样品溶液移入碘量瓶，用吸收液冲洗多孔玻板吸收瓶，洗涤液与样品溶液合并混匀，避光待测。

②用烟气采样器采样时，采样后将第一级吸收瓶的吸收液转入碘量瓶中，再用第二级吸收瓶中的吸收液洗涤第一瓶后转入碘量瓶，再用少量吸收液洗涤两个吸收瓶，洗涤液也一并转入碘量瓶中摇匀，避光待测。

③当光气浓度特别高时，可将样品溶液定容后，吸取适量溶液滴定。

④避开直射光以 0.0200mol/L 硫代硫酸钠标准溶液滴定至黄色刚刚褪去即为终点。开始滴定时，不必过分用力振摇，以防止碘（I_2）的挥发及充氧使碘离子氧化。室温高于 30℃时，可将碘量瓶放入冷水浴中降温，以防止滴定过程中碘（I_2）的挥发。

⑤另取与样品溶液同体积的吸收液，同法作空白滴定。

6. 计算

$$\text{光气}(COCl_2,\text{mg/m}^3)=\frac{(V-V_0)\cdot C(Na_2S_2O_3)\times 49.5\times 1000}{V_{nd}}$$

式中：V、V_0——分别为滴定样品溶液、空白溶液所消耗硫代硫酸钠标准溶液的体积，ml；

C（$Na_2S_2O_3$）——硫代硫酸钠标准溶液浓度，mol/L；

49.5——相当于 1L 1mol/L 硫代硫酸钠标准溶液（$Na_2S_2O_3$）的光气（$1/2COCl_2$）的质量，g；

V_{nd}——标准状态下干气的采样体积，L。

7. 说明

①在现场监测中如遇在正压管段取样且浓度较高时，操作人员应在上风向并佩戴防毒口罩，防止光气中毒。

②采样后样品应避光并尽快测定，以防止碘（I_2）的挥发、碘化钾的氧化。

③U 型吸湿管中装约 20g 硫代硫酸钠（$Na_2S_2O_3 \cdot 5H_2O$），若表面有湿存水，可通入干燥、清洁空气使其干燥。

④光气浓度不太高时，采样流量不要超过 1L/min，并且不要超过 30min，避免碘挥发损失造成结果偏低。

⑤配制好的碘化钾-丙酮吸收液应密封贮于棕色瓶中避光保存，防止吸收空气中水分，水能分解光气，光照能促使碘离子氧化成碘（I_2），使吸收液变黄，降低测定的准确度。

九、沥青烟

重量法（A）

1. 原理

沥青烟是指沥青及沥青制品生产和加工过程中形成的液态烃类颗粒物质和少量气态烃类物质的混合烟雾。在本方法中指用重量为 1.1±0.1g 的 3#玻璃纤维滤筒所能捕集到的颗粒状液态烃类物质。

方法原理为将排气筒中的沥青烟收集于已恒重的玻璃纤维滤筒中，除去水分后，由采样前后玻璃纤维滤筒的增重计算沥青烟的浓度。若沥青烟气中含有显著的固体颗粒物，则将采样后的玻璃纤维滤筒用环己烷提取。

沥青烟的检出限为 5.1mg，定量测定范围为 17.0～2000mg。

2. 仪器

①采样管：采集沥青烟的采样管由采样嘴、前弯管、冷却套管、滤筒夹（含保温夹套）、滤筒和采样管主体等部分组成（见图 5-4-6），其中采样管主体和前弯管内衬聚四氟乙烯或内壁镀聚四氟乙烯；保温夹套应可保持 42℃±10℃；采样嘴的形状和尺寸应符合本篇第一章三、颗粒采样方法（二）采样系统和装置中的要求；前弯管的长度应视排气筒直径而定；冷却套管为脱卸式，根据沥青烟温度决定是否选用。在不用冷却套管的情况下，前弯管与滤筒夹相衔接，其长度应不大于 500mm。

②3#玻璃纤维滤筒：重量 1.1±0.1g，口径 25mm，长度 70mm。

③索氏提取器：250ml。

（A）本方法与 HJ/T 45—1999 等效。

④调温电热碗：250ml。

⑤尼龙筛布：100～120 目。

⑥烟尘采样器。

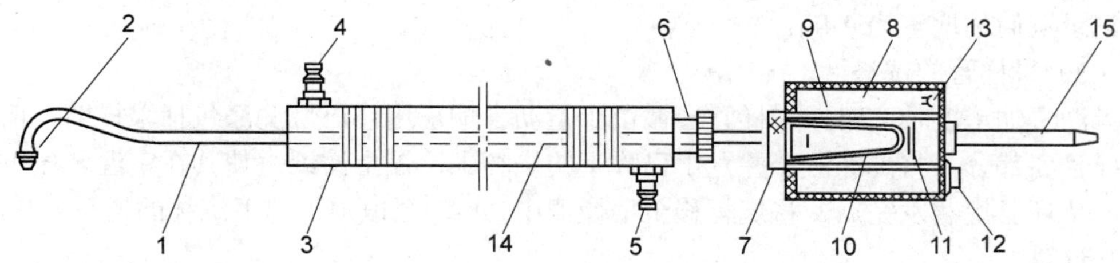

图 5-4-6　沥青烟采样管

1—前弯管 10×250～500mm；2—采样嘴；3—冷却套管 25×240mm；4～5—冷却水进出口；6—锁紧手轮；7—滤筒压盖；8—保温夹套 80×110mm；9—滤筒夹；10—3#玻璃纤维滤筒；11—滤筒保护网；12—温控开关指示灯；13—加热插座；14—采样管；15—采样管抽气端

4. 试剂

环已烷：分析纯，经重蒸收集≤82℃馏分，其空白残渣应小于 1mg/100ml。

5. 采样

（1）采样点位和采样频次

①采样位置和采样点：按本篇第一章一、采样位置与采样点有关部分执行。

②采样时间和频次：以连续 1h 的采样获得平均值；或在 1h 内，以等时间间隔采集 4 个样品，并计平均值。

（2）采样前的准备

①玻璃纤维滤筒处理与恒重：按本篇第一章三、颗粒物采样方法（三）采样步骤中有关部分对玻璃纤维滤筒进行处理和恒重，但滤筒在烘箱烘 2h。“恒重”系指间隔 24h 的两次称量之差，3#滤筒应不大于 5.0mg。

②安装滤筒：将恒重后的滤筒装入滤筒夹，用滤筒压盖将滤筒口轻轻压紧，记下滤筒编号。

③启动滤筒保温系统：将滤筒夹加热插座接通 220V 电源，打开温控开关，使滤筒夹升温至 42℃±10℃，指示灯闪亮。

④检查：检查采样系统所有仪器的连接和功能是否正常，并按本篇第一章三、颗粒物采样方法（三）采样步骤中有关规定，对采样系统进行检漏。

（3）采样

①将采样管的采样嘴、前弯管部分伸入烟道开孔，滤筒夹和冷却夹套应处于烟道开孔之外，维持滤筒夹保温系统的温度为 42℃±10℃进行采样。

②当沥青烟气温度大于或等于 150℃时，应启用冷却装置，当沥青烟气温度低于 150℃时不用冷却装置。调节冷却水流速度使沥青烟气进入滤筒夹时不低于 40℃。

③采样步骤按本篇第一章三、颗粒物采样方法（三）采样步骤进行操作。

④采样完毕后，取出采样嘴和前弯管，将其外部所沾烟垢擦净，把 3#玻璃纤维滤筒收入带编号的样品盒中，将采样嘴、前弯管和采样管一并带回实验室分析。

6. 步骤

（1）滤筒的称重

将采样后的滤筒放入干燥器内平衡 24h 后，用天平称至恒重。恒重要求同 5.采样（2）①。记录滤筒的增重为 ΔW_1。

（2）采样管的洗涤

当沥青烟浓度较高时，采样管会截留少量沥青烟，用环己烷洗涤包括采样嘴、前弯管和采样管各部分，将洗涤液合并置于已称重的烧杯中，盖上滤纸，使其在室温常压下自然蒸发。待环己烷蒸发完后，将烧杯移至干燥器中 24h，至恒重，记下烧杯的增重 ΔW_2。

7. 计算

$$\text{沥青烟}(\mathrm{mg/m^3})=\frac{\Delta W_1+\Delta W_2}{V_{\mathrm{nd}}}\times 1000$$

式中：ΔW_1、ΔW_2——分别为滤筒、采样管洗涤液中沥青烟重量，mg；

V_{nd}——标准状态下干气的采样体积，L。

8. 说明

①沥青烟含多种有毒物质，故采样和分析人员要注意自身防护的操作安全。样品的收集和处理要有专用工具和器皿；测试完毕后的样品要专门收集，予以销毁。衣服用品要彻底清洗，以防二次污染。

②沥青烟样品具有一定的挥发性，样品应及时处理和分析。样品保存要有专用干燥器，采有样品的和未经使用的滤筒、烧杯等要分开放置在不同的干燥器中，以防相互沾污。

③采样管采集浓度高的沥青烟样品后，应用环己烷或其它溶剂彻底清洗后，方可重复使用。

④若沥青烟气中夹带的尘粒较多，应将采样后的滤筒经环己烷提取后，进行沥青烟含量测定，测定步骤见下述 10。

⑤由于市售 3$^{\#}$玻璃纤维滤筒质量参差不齐，应注意选用重量为 1.1±0.1g，口径为 25mm，长度 70mm，质地紧密、均匀的产品。

9. 精密度

五个实验室分别测定沥青烟含量为 98.4mg 的统一样品，测定的重复性标准偏差为 1.2mg，重复性相对标准偏差为 1.2%，重复性为 3.5mg；测定的再现性标准偏差为 1.5mg，再现性相对标准偏差为 1.5%，再现性为 4.2mg。

五个实验室同时采集和测定沥青烟浓度为 137～232mg/m^3 的 10 个沥青烟实际样品，相对标准偏差于 13.2%～15.8%之间。

10. 环己烷提取后测定沥青烟的操作步骤

将采样并恒重后的滤筒用 100～120 目尼龙筛布包裹（**注意：滤筒不要剪碎**），放入索氏提取器提取管中，高度要低于提取器虹吸部位。倒入适量环己烷使浸过提取器虹吸管，产生虹吸后再加入 40ml 左右，装妥冷凝装置，开启电热碗加热，使提取器中环己烷液滴冷却速度为 0.5～1 滴/s。待虹吸回流 8～10 次后，接收瓶中沥青烟-环己烷溶液在 40ml 左右，停止加热，冷却接收瓶。将接收瓶提取液移至已恒重的 100ml 烧杯中（将提取管中环己烷虹吸至回收瓶中，滤筒弃去），并用环己烷洗涤接收瓶三次，每次 5ml，洗涤液与烧杯中提取液合并，总体积为 60ml 左右。将烧杯用滤纸盖好，在室温常压下自然蒸发，环己烷蒸发完后，把烧杯置于干燥器中 24h，称至恒重。记录烧杯的增重 $\Delta W_{总}$（应有 $\Delta W_{总} \approx \Delta W_1$），准确至 0.1mg。同时取同批滤筒进行空白试验，空白试验值＜±1mg 时，校正值可以忽略不计。

十、硫化氢

排放废气中仅含有硫化氢时，常用碘量法测定其浓度。若废气中除含有硫化氢外，还有二氧化硫或其他还原性物质存在时，宜用甲基蓝分光光度法测定，该法具有灵敏度高、选择性好的优点。气相色谱法灵敏度、选择性好、干扰物质少。

（一）气相色谱法（A）

见第六篇第五章七、有机硫化合物。

（二）碘量法（B）

1. 原理

用乙酸锌溶液采集硫化氢，生成硫化锌沉淀，在酸性溶液中，加过量碘溶液氧化硫化锌，剩余的碘用硫代硫酸钠标准溶液滴定。反应式如下：

$$Zn(CH_3COO)_2+H_2S \longrightarrow 2CH_3COOH+ZnS\downarrow$$

$$I_2+ZnS+2HCl \longrightarrow 2HI+S\downarrow+ZnCl_2$$

$$I_2+2Na_2S_2O_3 \longrightarrow 2NaI+Na_2S_4O_6$$

本方法易受其它氧化、还原性气体的干扰。

测定范围：$3mg/m^3$ 以上。

2. 仪器

①大型气泡吸收管：10ml。

②棕色酸式滴定管：25ml。

③无分度吸管：25ml。

④碘量瓶：150ml。

⑤烟气采样器。

3. 试剂

除非另有说明，分析中均使用符合国家标准的分析纯试剂和去离子水。

①盐酸溶液：1+1。

②吸收液：称取 10.0g 硫酸锌（$ZnSO_4 \cdot 7H_2O$），溶解于水，加冰乙酸 5.0ml，加水稀释至 500ml。

③碘贮备液 C（$1/2I_2$）＝0.10mol/L：见本章一（一）碘量法试剂⑦。

④碘溶液 C（$1/2I_2$）＝0.0050mol/L：吸取 0.10mol/L 碘贮备液 10.00ml 于 200ml 容量瓶中，用水稀释至标线，混匀。

⑤硫代硫酸钠溶液 C（$Na_2S_2O_3$）＝0.10mol/L：见本章一（一）碘量法试剂⑥。

（A）本方法与 GB/T 14678—93 等效。

⑥硫代硫酸钠标准溶液 $C(Na_2S_2O_3)=0.005mol/L$：吸取标定好的 0.10mol/L 硫代硫酸钠溶液 25.00ml 于 500ml 容量瓶中，用新煮沸并已冷却的水稀释到标线，混匀。

⑦0.5%淀粉溶液：称取 0.5g 可溶性淀粉于小烧杯，用少量水调成糊状，倒入 100ml 沸水中，继续煮沸至溶液澄清。

4. 采样

见本篇第一章二、烟气采样方法（二）采样系统与装置，按图 5-1-10 串联一支内装 10ml 吸收液的大型气泡吸收管，以 0.5L/min 流量，采样 30～60min。气样温度高时，将吸收管置于冷水浴中。

5. 步骤

①采样后，将吸收液移入 150ml 碘量瓶中，用少量吸收液洗涤吸收管后并入碘量瓶。加等体积的水、0.0050mol/L 碘溶液 25.00ml 和（1+1）盐酸溶液 4.0ml；盖塞，摇匀。置暗处 5min，用 0.005mol/L 硫代硫酸钠标准溶液滴定至淡黄色，加 0.5%淀粉溶液 2ml，继续滴定至蓝色恰好消失，记录消耗量（V）。

②另取吸收液 10ml，加等体积的水，同法做空白滴定，记录消耗量（V_0）。

6. 计算

$$\text{硫化氢}(H_2S, mg/m^3)=\frac{(V_0-V)\cdot C(Na_2S_2O_3)\times 17.0}{V_{nd}}\times 1000$$

式中：V、V_0——分别为滴定样品溶液、空白溶液消耗硫代硫酸钠标准溶液的体积，ml；

$C(Na_2S_2O_3)$——硫代硫酸钠标准溶液的浓度，mol/L；

V_{nd}——标准状态下干气的采样体积，L；

17.0——相当于 1L 1mol/L 硫代硫酸钠标准溶液（$Na_2S_2O_3$）的硫化氢（1/2 H_2S）的质量，g。

7. 说明

①碘量法只适用于无其他氧化、还原性物质共存时硫化氢的测定，当有其他氧化、还原性物质如二氧化硫共存时，宜采用亚甲基蓝分光光度法测定。

②废气中硫化氢浓度很高时，宜以 0.2～0.3L/min 流量采样。

（三）亚甲基蓝分光光度法（B）

1. 原理

见第三篇第一章十一、硫化氢（二）亚甲基蓝分光光度法。

10 倍于硫化氢浓度的二氧化硫共存时不干扰硫化氢的测定。

测定范围：0.01～10mg/m^3。

2. 仪器

①～②、④同第三篇第一章十一、硫化氢（二）亚甲基蓝分光光度法仪器①～②、④。

③烟气采样器。

3. 试剂

同第三篇第一章十一、硫化氢（二）亚甲基蓝分光光度法试剂。

4. 采样

同本节（二）碘量法。当硫化氢浓度高时，可串连两支各内装 10ml 吸收液的大型气泡吸收管，以 0.5L/min 流量，采样 20～40min。

5. 步骤

（1）标准曲线的绘制

同第三篇第一章十一、硫化氢（二）亚甲基蓝分光光度法。

（2）样品测定

采样后，加入吸收液使样品溶液体积为 10.0ml，以下步骤同标准曲线的绘制。

6. 计算

$$硫化氢(H_2S, mg/m^3)=\frac{W_1+W_2}{V_{nd}}$$

式中：W_1、W_2——分别为第一、二级吸收管中硫化氢的含量，μg；

V_{nd}——标准状态下干气的采样体积，L。

7. 说明

①～⑧同第三篇第一章十一、硫化氢（二）亚甲基蓝分光光度法说明①～⑧。

⑨若样品溶液中二氧化硫浓度超过 10μg/ml 时，需多加几滴三氯化铁溶液，显色后放置 1h 再测定吸光度，以排除其干扰，此时过剩三价铁离子的黄色，需多加几滴磷酸氢二铵溶液除去。

十一、一氧化碳

非色散红外吸收法、定电位电解法，操作简单，灵敏度高，适于低浓度一氧化碳的测定。奥氏气体分析器具有仪器结构简单，测定范围广，能够同时测定二氧化碳、氧的含量等优点，适合于高浓度一氧化碳的测定。检气管法是一种快速简便方法，但精度较低。

（一）非分散红外吸收法（A）

1. 原理

一氧化碳（CO）对 4.67μm、4.72μm 二波长处的红外辐射具有选择性吸收，在一定波长范围内，吸收值与一氧化碳的浓度呈线性关系（遵循朗伯-比尔定律），根据吸收值确定样品中一氧化碳的浓度。

方法检出限为 $20mg/m^3$，定量测定的浓度范围为 $60～15×10^4mg/m^3$。

2. 仪器

（1）非分散红外气体分析仪

抗干扰：对 CO_2 和 H_2O 分别具有 2000∶1 和 1000∶1 或更好的抗干扰性；

精确度：±3%满量程；

量程：$0～50000mg/m^3$。

（2）采样仪器

①采样管：用不锈钢、硬质玻璃或聚四氟乙烯材质的管料，其头部塞有适当量的玻璃棉。

②抽气泵：密封隔膜泵或具有同等效果的其它泵。

（A）本方法与 HJ/T 44—1999 等效。

③采气袋：铝箔复合薄膜气袋。

④连接管：硅橡胶管，口径与其连接部件相配。

⑤弹簧夹。

（3）除湿装置

一般情况下采用气体吸收瓶中填装玻璃棉，依靠烟气冷却凝结水分除湿；若烟气温度高，含湿量大，需采用冷凝器除湿。

3. 试剂

除非另有说明，分析时均使用符合国家标准的分析纯试剂。

①CO 标准气体：其浓度应达到仪器满量程的 90%～100%，用来校正仪器。

②变色硅胶。

③玻璃棉。

4. 采样

（1）采样位置和采样点

按本篇第一章一、采样位置与采样点有关部分执行。

（2）采样时间和频次

同本章九、沥青烟 5.采样中采样时间和频次。

（3）采样系统的连接

按照不同的采样和测定方式，采用下面几种方式连接采样系统。

①当排气筒口径＜0.4m 时，可将仪器探头直接插入排气筒采集样品和测定，见图 5-4-7。

②当排气筒口径较大（＞0.4m）时，应使用适当尺寸的采样管仍按图 5-4-7 所示连接装置。

③当用采气袋集气后，带回实验室测定时，按图 5-4-8 所示连接采样装置。

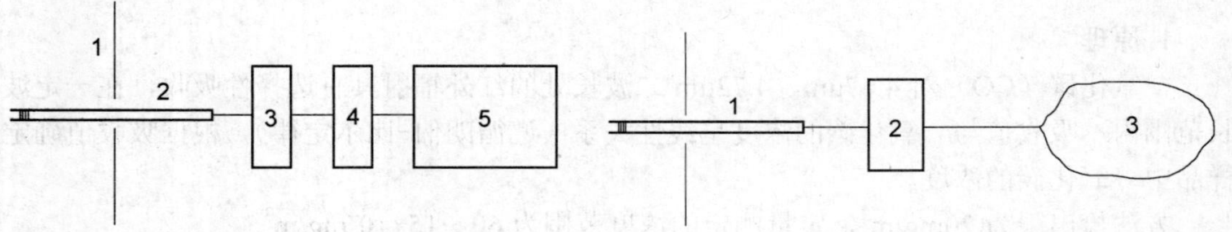

图 5-4-7 采样系统示意图

1—排气筒；2—探头；3—抽气泵；4—除湿装置；5—测定仪器

图 5-4-8 采样装置连接示意图

1—采样管；2—抽气泵；3—气袋

（4）样品采集

①把采样管头部插入排气筒采样点位置，用排气筒中的气体清洗采样管 2～3 次，即可直接通入仪器进行测定（仪器自身带有抽气泵）。

②如果使用铝箔复合薄膜袋采样，按图 5-4-8 把待测烟气引入采气袋，用烟气清洗三次，然后采满气袋，用弹簧夹夹住入口。

③根据烟气温度和含湿量大小，选用不同的除湿装置。

（5）样品的保存

采集到气袋中的样品应尽快分析，室温下保存最长不超过36h。

5. 步骤

（1）仪器的调零

通常以环境空气为零气，开启仪器泵电源开关，此时抽取的是环境空气，可视为零点校正气。如果环境中一氧化碳浓度大于待测样品浓度的1%时，需用纯氮气校零。

（2）仪器的校正

以一定浓度的标准气体为基准，对仪器的各量程范围进行校正，校正气体浓度应选择在满量程的90%～100%范围内。

（3）样品的测定

按图5-4-7装配好实验装置，保证所有部位连接牢固，不漏气。把采样管插入烟道采样点位，开动抽气泵，用烟气清洗采样管道，然后开始采样，记录分析仪读数。

用气袋采集的样品，可将其直接接入仪器进气口，开启仪器泵电源，将气袋中的样品气抽入仪器即可进行测定。

6. 计算

如仪器指示值为ppm时，按下式换算成质量浓度：

$$一氧化碳(CO, mg/m^3)=1.25C$$

式中：C——仪器指示值，ppm；

1.25——换算系数。

7. 说明

①采样时如采样位置的负压较大时，需接大功率泵，仪器本身泵关闭。

②采样时注意安全，对一氧化碳浓度较高的采样点，采样开孔应安装防喷装置，采样人员要站在上风处，防止一氧化碳中毒。

③室温下的饱和水蒸气对测定无干扰，但更高的含湿量对测定有正干扰，需采取适当的除湿措施。

8. 精密度和准确度

五个实验室分析一氧化碳浓度$4.38\times10^3mg/m^3$的统一样品，重复性标准偏差$11mg/m^3$；重复性相对标准偏差0.25%；重复性$31mg/m^3$。再现性标准偏差$16mg/m^3$；再现性相对标准偏差为0.36%；再现性$45mg/m^3$。测定结果的平均相对误差为0.3%；各实验室测定结果的相对误差于0～0.6%之间。

在实际样品分析中，以在线分析测定两个点的CO浓度，每个点进行6次平行测定的相对标准偏差分别为2.3%和0；用气袋采集四个点的样品，每个点平行采集6袋气样，然后测定CO浓度的相对标准偏差于0.69%～5.0%之间。

（二）定电位电解法（B）

1. 原理

定电位电解传感器主要由电解槽、电解液和电极组成，详见第三篇第一章五（三）定电位电解法测定一氧化碳原理。

本方法测定分辨下限：$1.25mg/m^3$；测定范围：$1.25～5000mg/m^3$。

2. 仪器

①定电位电解法一氧化碳测试仪。

仪器技术指标：

测量量程上限：1250mg/m^3；2500mg/m^3；5000mg/m^3。

测量分辨下限：1.25mg/m^3。

稳定度（3h）：零点漂移≤±0.2%F.S.；量程漂移≤±2%F.S.。

示值误差：≤±5%。

重复性：≤±2%。

响应时间：≤60s。

回复时间：≤60s。

负载误差：≤5%。

②采样管及样气预处理器。

③不同浓度一氧化碳标准气体或一氧化碳配气系统。

3. 试剂

一氧化碳标准气体，浓度为仪器量程的50%左右。

4. 采样

（1）采样前准备

1）仪器标定：与本章一（二）定电位电解法测定二氧化硫相同。

2）仪器的校准：与本章一（二）定电位电解法测定二氧化硫相同。

5. 步骤

与本章一（二）定电位电解法测定二氧化硫相同。

6. 计算

①～③示值误差、重复性误差和负载误差计算同本章一（二）定电位电解法测定二氧化硫。

④仪器对一氧化碳测试的结果，应以质量浓度表示。如果仪器显示一氧化碳值以ppm表示浓度时，应按下式换算为标准状态下的质量浓度：

$$\text{一氧化碳}(CO, mg/m^3)=1.25C$$

式中：C——仪器指示值，ppm；

1.25——换算系数。

7. 说明

见本章一（二）定电位电解法测定二氧化硫 7.说明①～⑤。

（三）奥氏气体分析器法（A）

1. 原理

利用吸收液吸收烟气中的某一成分，根据吸收前、后烟气体积的变化，计算该成分在烟气中所占体积的百分数。

测定范围：0.5%以上。

（A）本方法与GB/T 16157—1996等效。

2. 仪器

①球胆或铝箔袋。

②弹簧夹。

③双联球或电磁泵。

④直径 6mm，用不锈钢、聚四氟乙烯或玻璃制作的采样管，进口带有烟尘过滤装置。

⑤奥氏气体分析器（或半自动气体分析器）见图 5-4-9。

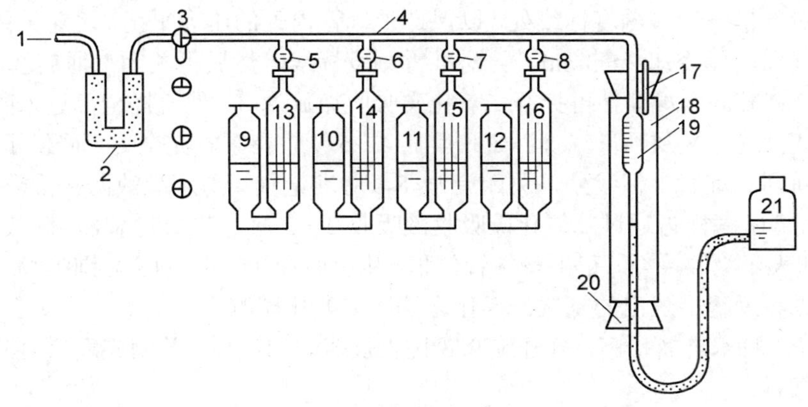

图 5-4-9　奥氏气体分析器

1—进气管；2—干燥管；3—三通旋塞；4—梳形管；5～8—旋塞；9～12—缓冲瓶；13～16—吸收瓶；17—温度计；18—水套管；19—量气管；20—胶塞；21—水准瓶

3. 试剂

除非另有说明，分析中均使用符合国家标准的分析纯试剂和去离子水。

①二氧化碳吸收液：将 75.0g 氢氧化钾溶于 150.0ml 水中，取该溶液装入吸收瓶 16 中。

②氧吸收液：称取 20.0g 焦性没食子酸，溶解于 40.0ml 温水中，55.0g 氢氧化钾溶于 110ml 水中。取两种溶液的混合溶液 150.0ml 装入吸收瓶 15 内。为了使溶液与空气隔绝，防止氧化，在缓冲瓶 11 中加入少量液体石蜡。

③一氧化碳吸收液：称取 250.0g 氯化铵，溶解于 750ml 水中，过滤到有铜丝或铜片的 1000ml 细口瓶中，再加 200.0g 氯化亚铜，将瓶口封严，放数日至溶液褪色。使用时，量取此液 140ml，加浓氨水 60ml，混匀。再取 150.0ml 溶液装入吸收瓶 14 中。

④封闭液：含 5%硫酸的氯化钠饱和溶液，约 500ml 加 1ml 甲基橙指示液，取 150.0ml 溶液装入吸收瓶 13 中，其余溶液装入水准瓶 21 内。

4. 采样

将采样管插入烟道靠近中心位置，用双联球或电磁泵将烟气抽入铝箔袋或球胆中，用烟气反复洗涤三次，最后，采集 500～700ml 烟气。

5. 步骤

（1）检查仪器的气密性

①逐次升、降水准瓶，使各吸收瓶中吸收液液面升到旋转塞 5、6、7、8 的标线处，关闭旋塞，升、降水准瓶。每次操作各停 2～3min，各吸收瓶中吸收液液面不得下降（由于量气管内外的压差，容许有少量的波动）。

②将三通旋塞 3 联通大气，升、降水准瓶，使量气管液面位于 50ml 标线处，关闭三

通旋塞 3，升、降水准瓶，量气管液位经 2～3min 不发生变化。

（2）样品测定

①取样：将三通旋塞连通大气，升高水准瓶，使量气管液面至 100ml 标线处。然后将采集气样的贮气袋接到进气管上，打开三通旋塞，使气样进入取样系统，降低水准瓶，使量气管液面降至零标线处。然后，抬高水准瓶通过三通旋塞排入大气，反复操作 2～3 次，冲洗整个系统。再将气样通过三通旋塞进入量气管，取烟气样品 100ml，使量气管液面和水准瓶液面对准量气管零刻度标线处，以保持量气管内外的压力平衡，迅速关闭三通旋塞。如果气样温度高，要冷却 2～3min，再对准零刻度标线，然后再关闭三通旋塞。

②测定：稍升高水准瓶，再打开二氧化碳吸收瓶旋塞 8，使气样全部进入吸收瓶吸收。再降低水准瓶，气体又回到量气管。如此反复 4～5 次，待吸收完全后，降低水准瓶，使吸收瓶液面重新回到旋塞下标线处，关闭旋塞 8，对准量气管与水准液面，读数。再打开旋塞 8，使量气管中气样再通过二氧化碳吸收液吸收 2～3 次，关闭旋塞 8，读数，如果两次读数相等，即表示吸收完全，记下量气管体积。用吸收瓶 15、14、13 分别吸收气体中的氧、一氧化碳和吸收过程中放出的氨气。操作方法同二氧化碳测定。

分析完毕，将水准瓶抬高，打开旋塞 3 排出仪器中的气体，关闭旋塞后再降低水准瓶，以免吸入空气。

6. 计算

①烟气中二氧化碳、氧、一氧化碳和氮气的体积百分数分别为：

$$\text{二氧化碳}(CO_2, \%)=(V_0-V_1)\%$$

$$\text{氧}(O_2, \%)=(V_1-V_2)\%$$

$$\text{一氧化碳}(CO, \%)=(V_2-V_3)\%$$

$$\text{氮}(N_2, \%)=V_3\%$$

式中：V_0——量气管取所测烟气体积，100ml；

V_1、V_2、V_3——分别经 CO_2、O_2、CO 吸收液后烟气体积剩余量，ml。

②一氧化碳质量浓度按下式计算：

$$\text{一氧化碳}(CO, mg/m^3)=(V_2-V_3)\times 1.25\times 10000$$

式中：（V_2-V_3）——一氧化碳体积百分数，%;

1.25——一氧化碳的换算系数，即 28.01/22.4。

③二氧化碳、氧和氮的计算同上，其换算系数分别为 1.96、1.43 和 1.25。

7. 说明

①由于氧的吸收液既能吸收氧也能吸收二氧化碳。因此，必须按二氧化碳、氧、一氧化碳吸收顺序操作。

②在吸收过程中，要特别注意勿使吸收液和封闭液窜入梳形管中。

③各旋塞和三通旋塞用时要涂少量凡士林，以保持润滑和严密。二氧化碳、氧气等吸收液为强碱性溶液，不使用时，旋塞和管口要用纸条隔开。

④当烟气中一氧化碳含量低于 0.5%时，不宜用此法。

（四）检气管法（B）

1. 原理

一氧化碳将五氧化二碘还原成游离碘，碘与三氧化硫作用，生成绿色络合物，根据变色长度，确定一氧化碳含量。反应式如下：

$$5CO+I_2O_5 \longrightarrow 5CO_2+I_2$$

$$I_2+SO_3 \longrightarrow \text{绿色络合物}$$

测定范围：20mg/m^3 以上。

2. 仪器

①检气管。

②100 ml 注射器。

③聚乙烯塑料采气袋或球胆。

④双联球或电磁泵。

⑤秒表。

3. 采样

同奥氏气体分析器吸收法。亦可用注射器直接采样，采样时首先用气样冲洗注射器三次，然后再正式采样。

4. 步骤

①将注射器用气样冲洗三次，然后准确量取 100ml 气样。

②用锉刀将检气管两端锉断。

③用细胶管连接注射器和检气管进气端，按说明书要求的速度，均匀地将气样通过过滤管注入检气管中。

④记下测定现场温度，3min 后在检气管的刻度上直接读出一氧化碳浓度。

5. 说明

①检气管变色长度与温度和注入样品气的速度有关，所以，测定时应严格按照说明书的要求进行操作。

②二氧化碳、二氧化硫不干扰测定。硫化氢和浓度为 0.1 %以下的乙烯，通过保护胶后对测定无影响或影响很小，一氧化氮可使指示胶变色，可用铬酸-硫酸浸泡过的硅胶制成的过滤管除去。

③如果检气管存放时间较长或规定的检测范围满足不了测试要求时，使用前应重新标定。标定方法：先制备 0.05%一氧化碳气体。取 5 支检气管。用 100ml 注射器分别抽取 0、10、25、50 和 100ml 0.05%一氧化碳气体。用不含一氧化碳的空气稀释成 100ml，则一氧化碳浓度分别为 0、62.5、156.2、312.5 和 625.0 mg/m^3。将上述气体以一定速度分别注入 5 个检气管中，3 min 后量其变色长度，以浓度（mg/m^3）对变色长度（mm）绘制标准曲线。

根据标准曲线取整数浓度的变色柱长度，制作浓度标尺，供现场使用。

十二、氨

（一）次氯酸钠-水杨酸分光光度法（B）

见第三篇第一章八、氨（一）次氯酸钠-水杨酸分光光度法。

（二）氨气敏电极法（B）

1. 原理

氨气敏电极为一复合电极，以 pH 玻璃电极为指示电极，银-氯化银电极为参比电极。此电极放置于盛有 0.1mol/L 氯化铵内充液的塑料套管中，管底用一张微孔疏水透气膜与试液隔开，并使透气膜与 pH 玻璃电极间有一层很薄的液膜。当测定由硫酸吸收液吸收大气中的氨时，加入强碱，使铵盐转化为氨，氨气通过透气膜进入氯化铵内充液层中，使 $NH_4^+ \rightleftharpoons NH_3 + H^+$ 的反应向左移动，引起氢离子浓度改变，由 pH 玻璃电极测得其变化。在恒定的离子强度下，测得的电极电位与氨浓度的对数呈线性关系。由此，可从测得的电位值确定样品中氨的含量。

挥发性胺对本方法产生正干扰；汞和银因同氨络合力强而产生负干扰；当溶液中离子浓度高时影响测定。

检出限：0.09μg/10ml；最低检出浓度：采样体积 30L，样品溶液总体积 10ml 时，为 0.030mg/m^3。测量范围：10ml 吸收液中 0.5～1700μg/ml。

2. 仪器

①氨气敏电极。

②离子计：精确至 0.2mV。

③磁力搅拌器。

④聚四氟乙烯包裹的搅拌子。

⑤多孔玻板吸收瓶：75ml。

⑥容量瓶：50ml。

⑦烟气采样器。

3. 试剂

除另有说明外，所用试剂均为分析纯试剂，所用水均为无氨水。

①无氨水：向 1000ml 一次蒸馏水中加 0.1ml 硫酸（ρ=1.84g/ml），在全玻璃蒸馏装置中进行重蒸馏，弃去 50ml 初馏液，于具塞磨口的玻璃瓶中接取其余馏出液，密封、保存。或将一次蒸馏水通过强酸性阳离子交换树脂柱，其流出液收集在具塞磨口玻璃瓶中。

②氯化铵电极内充液 C（NH_4Cl）=0.1mol/L：称取 0.535g 氯化铵（NH_4Cl），用水稀释至 100ml。

③氢氧化钠 C（NaOH）=5mol/L：称取 20g 氢氧化钠（NaOH），用水稀释至 100ml。

④乙二胺四乙酸二钠盐 C（Na_2-EDTA）=0.5mol/L：称取 18.6g 乙二胺四乙酸二钠盐（Na_2-EDTA），溶解于热水，冷却后用水稀释至 100ml。

⑤碱性缓冲液：吸取 5mol/L 氢氧化钠和 0.5mol/L Na_2-EDTA 各 100ml，配成混合液，混匀，贮于聚乙烯瓶中。

⑥硫 酸溶液 C（H_2SO_4）=0.05mol/L：吸取 2.8ml 硫酸（ρ=1.84g/ml）缓慢加入 1000ml 水中，搅拌均匀。作为氨吸收液。

⑦氨标准贮备液：准确称取 3.1410g 经 105℃干燥 2h 的优级纯氯化铵（NH_4Cl），溶于水，移入 1000ml 容量瓶中，用水稀释至标线，此溶液相当于含氨 1.00mg/ml。

⑧氨标准使用液：临用时，吸取氨标准贮备液 5.00ml 于 100ml 容量瓶中，用水稀释至标线，此溶液相当于含氨 50.0μg/ml。

4. 采样

（1）样品采集

见本篇第一章二、烟气采样方法（二）采样系统与装置，按图 5-1-10 将一个内装 50ml 吸收液的多孔玻板吸收瓶连接到采样系统中，根据排气中氨的浓度调节采样器流量计的流量，采样流量范围一般为 0.2～1.0L/min，采样体积为 2.0～30.0L。

（2）样品保存

采集好的样品，应尽快分析。必要时于 2～5℃冷藏，可贮存一周。

5. 步骤

（1）仪器和电极的准备

按测定仪器及电极使用说明书进行仪器调试和电极组装。

①电极的活化：使用前将氨气敏复合电极按操作说明书把塑料套管内的玻璃电极取出，在蒸馏水中浸泡 24h 左右。

②气透膜的组装：若复合电极的气透膜破裂或使用过久，按说明书操作更换新膜。即将一片新膜放在装膜段外套管上口部，对准口径并放好胶垫圈，再用内套管对准垫圈和口均匀压入外套管内。装好膜把上下段接口旋紧后，可用纯水或内充液试漏，若不漏则按电极说明书装入适量内充液，再将玻璃电极按原方式装好并固定锁紧电极备用。

（2）标准曲线的绘制

取六个 25ml 烧杯，按表 5-4-15 配制标准系列。

在烧杯中各放入一个搅拌子，浸入电极后加入 1.0ml 碱性缓冲液，边搅拌边观察，电位值 E 在 1min 内变化不超过 1mV 时，即可读数。在半对数坐标纸上以对数坐标表示氨浓度（μg/ml），以等距坐标表示电位值（mV），绘制标准曲线。或以氨浓度的对数 $\log C$ 对电位值 E，建立回归方程，即：$Y = bX + a$ （式中 $X=\log C$，$Y = E$，零点不参与回归）。标准曲线应在测定样品的同时绘制。也可根据实际样品浓度在线性范围 0.5～1700μg/ml 内配制标准系列，但不得少于五个浓度点。

表 5-4-15　氨标准系列

杯　号	0	1	2	3	4	5
氨标准使用液(ml)	0	0.10	0.20	1.00	2.00	5.00
水(ml)	10.00	9.90	9.80	9.00	8.00	5.00
氨含量(μg)	0	5.00	10.0	50.0	100.0	250.0
氨浓度(μg/ml)	0	0.50	1.00	5.00	10.0	25.0

（3）样品测定

采样后将样品溶液移入 50ml 容量瓶中，用少量吸收液洗涤吸收瓶，洗涤液并入容量瓶，用吸收液稀释至标线，摇匀，此溶液为样品溶液。吸取 10.0ml 样品溶液于 25ml 烧杯中，以下步骤同标准曲线的绘制。读取毫伏值后，可在标准曲线上查出相应的氨浓度（μg/ml）。或根据回归方程，计算出氨浓度的对数值 log$C$，再取其反对数，即为氨浓度（μg/ml）。

（4）空白溶液测定

用吸收液代替样品溶液，按绘制标准曲线步骤进行测定。

6. 计算

$$氨(NH_3, mg/m^3) = \frac{(C - C_0) \times 50}{V_{nd}}$$

式中：C——样品溶液中氨浓度，μg/ml;

C_0——全程序空白溶液中氨浓度，μg/ml;

50——样品溶液体积，ml;

V_{nd}——标准状态下干气的采样体积，L。

7. 说明

①电极的组装及活化至关重要，玻璃电极与气透膜间的压紧程度要适中，不能过紧或过松，以保证测试时的电位值保持稳定。

②气透膜不能有丝毫破损，以防内充液泄漏。

③标准曲线斜率尽量接近理论值（25℃，59.16mV），若出现斜率偏低较多（<50mV），应重新换膜，活化电极后再使用。

④测试低浓度样品时，电极的组装尤为重要，内充液要新鲜，气透膜要保证透气性良好，否则测量准确度较差。

⑤测试前，应将电极用无氨水洗至电极说明书要求的电位值。

⑥测试样品或标准系列应由低浓度至高浓度的顺序测定。

⑦本方法适用于有组织和无组织排放废气中氨的测定。

8. 精密度和准确度

六个实验室分析含 1.834mg/L 的氨统一标准样品，重复性标准偏差 0.10mg/L，相对标准偏差 5.5%; 再现性标准偏差 0.16mg/L; 相对标准偏差 8.0%; 加标回收率 94.5%～122.9%。

第五章　烟气污染物排放连续监测

一、概述

烟气排放连续监测是指对固定污染源排放的污染物浓度和排放率进行连续地、实时地跟踪测定，每个固定污染源（锅炉、工业炉窑、焚烧炉等）的测定时间不得小于总运行时间的 75%，在每小时测定时间不得低于 45min。

烟气排放连续监测系统（CEMS）是指连续测定固定污染源排放烟气中污染物浓度和排放率的全部设备。

烟气 CEMS 是由采样、测试、数据采集和处理三个子系统组成的监测体系。采样子系统采集、输送烟气或使测试系统与烟气隔离或滤去烟气中的颗粒物；测试子系统检测污染物、显示物理量或污染物浓度；数据采集、处理子系统采集并处理数据，控制自动操作、显示和打印各种参数、图表并通过数据、图文传输系统传输至管理部门。

烟气 CEMS 分为颗粒物、气态污染物和烟气参数连续监测系统。

测定颗粒物的仪器主要有不透明度测尘仪、近红外或激光散射测尘仪、β射线测尘仪和光闪烁测尘仪等。颗粒物的颜色、粒径的大小、分布、排气中的水分呈水滴或雾状对采用光学原理的测尘仪测定颗粒物有干扰，而β射线吸收法测定颗粒物受颗粒物的颜色、粒径的大小、分布的干扰较小。将一根探针插入烟道或管道的电荷法（交流或直流）测尘仪是检测布袋泄漏的装置，对排气的流速、颗粒物的粒径、颗粒物的性质（如：颗粒物所带的电荷和组成）和排气的含湿量的变化很敏感，因此多用于布袋除尘器检漏报警。监测颗粒物排放时，要建立 CEMS 显示物理量与手工采样过滤称重法的专一经验关系式，将 CEMS 显示物理量转换为标准状况下干烟气中颗粒物的质量浓度。

气态污染物排放连续监测目前分为三类：

1. 完全抽气法

将经过粗滤、加热、保温（≥120℃）、快速冷凝除湿（或脱水管除湿）、细滤的烟气或在紧靠烟道（或管道）壁对烟气进行处理后（不加热、保温）送入仪器中测量烟气中污染物的原始浓度。

2. 稀释抽气法

将经过过滤的烟气与稀释气体按一定的比例混合，典型的稀释比为 1:100，稀释后的气体送入测定环境大气的仪器中测量。

3. 直接测量法

无须抽气而直接将测量探头插入烟道或由光源发射一束光穿过（或部分穿过）烟道（或管道）进行测量。

测量气态污染物方法原理为：二氧化硫主要有非分散红外吸收法、紫外吸收法、荧光法、定电位电解法；氮氧化物主要有紫外吸收法、非分散红外吸收法、化学发光法、定电位电解法；一氧化碳、二氧化碳为红外吸收法。

监测污染物浓度、排放率和排放总量时，还要用相应的方法测定烟气参数。如烟气温度可用热电偶或热电阻法测量。烟气含湿量用红外吸收法或电容式湿度传感器法测定，也可用测定烟气除湿前和除湿后的含氧量的方法或冷凝法、重量法、干湿球温度计法确定；压力传感器测量烟气静压及绝对压力；皮托管流量计或热平衡流量计、超声波流量计、靶式流量计等测量排气流速及流量。

排放烟气连续监测系统要安装在能代表污染物排放的位置上，主要性能指标应符合国家发布技术标准的要求并经确认后，提供的数据才被认可。对运行中的系统要定期进行校正、维护、保养和检查，质量保证和质量控制工作要贯穿到监测全过程的始终，才能保证监测数据的准确性、可靠性和系统连续正常地运行。

连续排放监测的重点项目是烟尘、粉尘、二氧化硫、氮氧化物；重点行业是火电行业、冶金行业、建材行业、化工行业；重点污染源是全国 18000 家重点工业污染源；重点区域是二氧化硫、酸雨控制区及环境质量不达标的城市和区域。

二、安装要求

1. 颗粒物 CEMS 的安装和测定位置

颗粒物 CEMS 应安装在能反映颗粒物排放状况的有代表性的位置上，具体的安装要求如下：

位于所有颗粒物控制设备下游；光学原理的颗粒物 CEMS 所在测定位置没有水滴和水雾；便于日常维护，安装位置易于接近，有足够的空间，便于清洁光学镜头、检查和调整光路准直、检测仪器性能和更换部件等。

安装位置应避开烟道弯头和断面急剧变化的部位，设置在距弯头、阀门、变径管下游方向不小于 4 倍直径，和距上述部件上游方向不小于 2 倍直径处。对矩形烟道，其当量直径 $D=2AB/(A+B)$，式中 A、B 为边长。当安装位置不能满足上述要求时，应尽可能选择在气流相对稳定的断面，但安装位置前管段的长度必须大于后管段的长度。

在烟道或管道断面某一点上（或沿着等于或小于断面直径 10%的路径上）进行点测量的 CEMS 的测定点位应符合下列条件之一：离烟道（或管道）壁的距离不小于烟道（或管道）直径的 30%；位于或接近烟道（或管道）断面的中心区。

在沿着大于烟道（或管道）断面直径 10%的路径上进行线测量的 CEMS 的测定点位应符合下列条件之一：中心位于或接近烟道（或管道）断面的中心区；所在区域离烟道（或管道）壁的距离不小于烟道（或管道）直径的 30%；测量线长度大于或等于烟道（或管道）断面直径或矩形烟道（或管道）的边长。

2. 气态污染物 CEMS 的安装和测定位置

要求位于气态污染物混合均匀的位置，该处测得的气态污染物浓度或排放率能代表固定污染源的排放。便于日常维护，安装位置易于接近，有足够的空间，便于清洁光学镜头、检查和调整光路准直、检测仪器性能和更换部件等。

安装位置应设置在距最近的控制装置、产生污染物和污染物浓度或排放率可能发生变化部位下游不小于两倍烟道（或管道）直径，离烟气排口或控制装置上游不小于 0.5 倍烟道（或管道）直径。

点测量 CEMS 的测定点位应符合下列条件之一：离烟道（或管道）壁距离不小于 1m；位于或接近烟道（或管道）断面中心区。

线测量 CEMS 的测定点位应符合下列条件之一：离烟道（或管道）壁距离不小于 1m；中心位于或接近烟道（或管道）断面的中心区；测量线长度大于或等于烟道（或管道）断面直径或矩形烟道（或管道）的边长。

3. 烟气有关参数连续测量系统的安装和测定位置

安装位置尽可能与颗粒物和气态污染物 CEMS 安装位置接近，但不得影响颗粒物和气态污染物 CEMS 的测定。

点测量烟气参数连续测量系统测定点位应符合下列条件之一：离烟道（或管道）壁距离不小于 1m；位于或接近烟道（或管道）中心区。

线测量烟气参数连续测量系统测定点位应符合下列条件之一：离烟道（或管道）壁距离不小于 1m；中心位于或接近烟道（或管道）断面的中心区；测量线长度大于或等于烟道（或管道）断面直径或矩形烟道（或管道）的边长。

由于要定期地检测 CEMS 的性能，因此应尽可能将 CEMS 安装在手工采样孔的上游。

三、烟气参数的测定

（一）烟气温度测定

由烟气CEMS配置的热电偶或热电阻温度传感器连续测定，温度的示值偏差不大于±3℃。

（二）烟气含湿量测定

1. 连续测定法

由非分散红外测定仪、湿度传感器连续测定烟气含湿量或由烟气CEMS配置的氧传感器连续测定烟气除湿前和除湿后氧的含量，计算烟气含湿量。

2. 手工测定方法

按本篇第二章二选用重量法、冷凝法或干湿球法中的任一种方法测定，取平均值输入CEMS。

（三）烟气成分测定

氧和二氧化碳测定

①氧：由氧分析仪连续测定烟气中的O_2，仪器测定范围0%～≤25%，分辨率0.01%；

②二氧化碳：非分散红外分析仪连续测定烟气中的CO_2，仪器测定范围5%～20%，分辨率0.01%。

（四）烟气压力测定

由 CEMS 配置的皮托管和微压差传感器及压差传感器连续测定烟气动压和静压。动压微压差传感器测定范围 0～1000Pa 或 0～2000Pa，分辨率应不大于 2Pa，精密度应不低于 2%；静压压差传感器测量范围 0～±10kPa，分辨率应不大于 10Pa，精密度应不低于 4%。其余技术指标同本篇第一章三（二）5（2）。

（五）烟气流速和流量的测定

1. 皮托管法

（1）原理

同本篇第二章四。

（2）仪器

①烟气 CEMS 配置的皮托管流速测量系统。

②由皮托管和微压差计组成的流速测定仪或自动跟踪烟尘采样器。

（3）测定方法

①按本章二、3 中的规定选定测量点位，将烟气 CEMS 配置的流速测量系统的皮托管固定在烟道（或管道）壁的一侧并连接好测量系统。连续测量断面上一点的烟气流速。

②按本篇第一章一（一）、（二）节采样位置和采样点的规定，在选定的测量位置和各测点上，用流速测定仪或自动跟踪烟尘采样器测定各点的动压，计算各测点的平均流速和测定横断面烟气的平均流速。

（4）计算

$$\overline{V}_s = K_v \cdot \overline{V}_p \cdot F_p / F_s$$

式中：K_v——速度场系数；

$\overline{V}_p$——测定断面某一固定点（或测量线）上的湿排气平均流速，m/s；

$\overline{V}_s$——测定断面的湿排气平均流速，m/s；

F_p——流速连续测量系统测定的固定点（或测量线）所在断面的面积，m^2；

F_s——流速测定仪所测量断面的面积，m^2。

（5）说明

①速度场系数是指通过烟道（或管道）断面烟气的平均流速与相同时间区间通过同一断面（或非同一断面）中某一固定点（或测量线）的烟气平均流速的比值。

②测定烟道（或管道）截面一点（或测量线上）烟气流速测量系统，需要用手工方法（皮托管法或其他方法）进行校准，建立烟道（或管道）截面一点的流速与烟道（或管道）截面流速的关系，即利用速度场系数将测量点（或测量线）上的平均流速转换为测量断面烟气的平均流速。

③皮托管通常是测定烟道或管道截面一点的流速，它的改进型为均匀探头皮托管，亦

称阿牛巴皮托管，皮托管上开有4个或4个以上的孔，管上开孔位置与烟道横截面上一系列等面积测区的中心相对应，使管上的开孔面对气流，测出烟道截面直径线的平均全压。由位于全压孔后面，孔位与烟道截面中心位置对应的测孔测烟气静压。因为安装在不同的烟道（烟道尺寸不同），管上开孔的位置是不同的，所以在设计探头前必须准确确定烟道的直径。如果要安装两个探头，必须互相垂直，测出的流速更准确。S型皮托管测定低的烟气流速比较困难，通常用于测定5m/s以上的气流。

④为防止易结块的颗粒物、酸气及水滴可能使系统发生故障，需要采用高压反吹技术定期反吹皮托管。气源为压缩空气，压力为4～7kg/cm^2，反吹时间周期视烟气中颗粒物的特性和浓度而定，一般为15min～8h，反吹持续时间为5～10s。反吹时，必须注意防止反吹气体冷却探头，造成酸和其他气体冷凝。

2. 热传感法（热导法）

（1）原理

基于热从一个加热体传输到流动的气体。主要由两个热传感器组成，一个加热，另一个不加热，即速度传感器加热，温度传感器不加热。当流动的烟气使加热传感器变冷时，增加通过传感器的电流，使保持恒温，增加的电流相当于传感器热损失，未加热的传感器用于补偿烟气温度的变化。增加的电流越多，烟气流速越高，增加的电流越少，烟气流速越低。

（2）仪器

①烟气CEMS配置的热传感流速测量系统。

②由皮托管和微压差计组成的流速测定仪或自动跟踪烟尘采样器。

（3）测定方法

①将烟气CEMS配置的热传感流速测量系统安装在烟道或管道壁一侧并连接好测量系统。连续测量断面上一点的烟气流速。测量点位同1.皮托管法。

②同1.皮托管法（3）测定方法②。

（4）计算

同1.皮托管法（4）。

（5）说明

①热传感器探头置于烟道中，较易受到污染。因此要及时清除沉积在热传感器上的烟尘。

②热传感流速测量系统直接测定烟气的质量流量（kg/h）而不是体积流量（m^3/h），但可用烟气的密度换算成体积流量。烟气的密度与烟气的组成有关，烟气的含湿量、CO_2等的变化对仪器的校正会产生一定的影响。

③热传感流速测量系统测定烟气流速（流量）时，不需要知道烟气的压力和温度。可以使用多组热传感探头测定烟道或管道截面的平均流量。当用一个传感器时，仍需要用手工方法（皮托管法或其它方法）进行校准，利用速度场系数确定烟气流速。

3. 超声波法

（1）原理

通过测量超声波顺气流方向和逆气流方向传播的时间，计算气流的流速。

（2）仪器

①烟气CEMS配置的超声波流速测量系统。

②由皮托管和微压差计组成的流速测定仪或自动跟踪烟尘采样器。

（3）测定方法

①将烟气 CEMS 配置的超声波流速测量系统安装在烟囱（烟道或管道）壁两侧并连接好测量系统。连续测量断面测量线上的烟气线速度。安装位置示意图见图 5-5-1。

②同 1.皮托管法（3）测定方法②。

（4）计算

按下式计算烟气流速：

$$\overline{V}_{\mathrm{s}}=\frac{l}{2\cos\theta}\left(\frac{1}{t_{\mathrm{A}}}-\frac{1}{t_{\mathrm{B}}}\right)$$

式中：$\overline{V}_{\mathrm{s}}$——烟气流速；

l——A 与 B 的距离；

θ——烟道与 AB 间距离 l 的夹角；

t_{A}——声脉冲从 A 传到 B 的时间（顺气流方向）；

t_{B}——声脉冲从 B 传到 A 的时间（逆气流方向）。

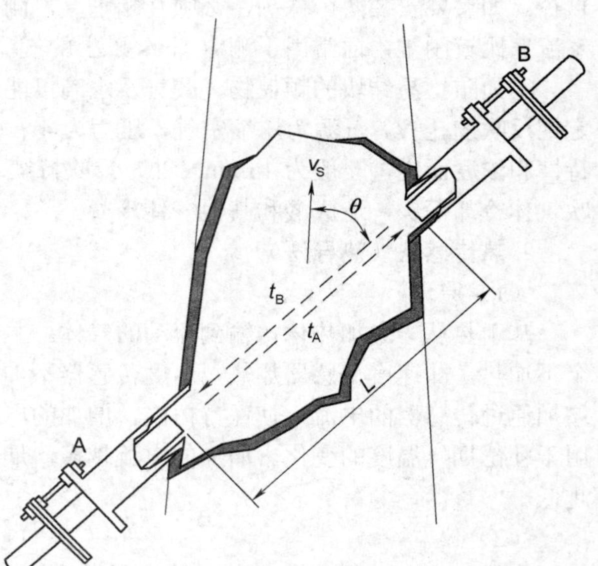

图 5-5-1 超声波流速测量系统安装位置示意图

（5）说明

①超声波法测定元件不直接与烟气接触，但安装精度要求高，价格较贵。

②仪器产生的超声脉冲频率为 50kHz，在烟道两侧各安装一台接收/发射器，典型的夹角为 45°。

③超声波测量烟气流速不受密度、温度、压力的影响。

④由于仪器为跨烟囱系统，不易受到腐蚀和颗粒物堆积的影响。但颗粒物仍会弄脏发射/接收器，因此直接用清洁空气进行吹扫。

⑤当超声波流速测量系统安装在矩形烟道上时，需将所测断面的线平均流速用速度场系数转换为测量断面烟气的平均流速。

4. 靶式流量计法

（1）原理

在烟道（或管道）中垂直于烟气方向上安装一圆型的靶，气流经过时由于受阻而冲击靶，靶上所受的作用力与烟气流速之间存在着一定关系。因此通过力矩转换的方式测出靶上所受的动压，计算气流的流速。

（2）仪器

①烟气 CEMS 配置的靶式流量计流速测量系统。

②由皮托管和微压差计组成的流速测定仪或自动跟踪烟尘采样器。

（3）测定方法

①将烟气 CEMS 配置的靶式流量计流速测量系统安装在水平烟道（或管道）壁一侧并连接好测量系统。连续测量断面上一点的烟气流速。测量点位同 1.皮托管法。

②同 1.皮托管法（3）测定方法②。

（4）计算

同 1.皮托管法（4）。

（5）说明

①靶式流量计流速测量系统适合测量水平烟道（或管道）内烟气的流速。

②要防止圆型靶的外沿沉积烟尘而改变靶的面积和重量，要及时清除外沿积尘。

5. 光闪烁法

（1）原理

基于烟道（或管道）中烟气的紊流常以涡流形式存在。在不同的涡流中，气体的温度不一样，某些较热、某些较冷，此种温度差即可表示出气流的强度。

当气流的温度改变时，它的密度也改变，同时也改变了对光的折射率。当光穿过冷热不同的涡流时，由于折射率不同，光波相位起了不规则的改变，就像隔着火炉看对面的景物，会发生扭曲的现象一样。不同相位光波干涉的结果，也引起光强度的闪烁。像星光的闪烁，其实也就是受到大气紊流的干扰所至。当一束圆形的光，经过紊流的干扰后，即形成不规则的明暗区，并随时闪动。可用光学仪测量这种闪动，从而推算出光源发射器与接收器之间气流的平均流速。

（2）仪器

①烟气 CEMS 配置的光闪烁流速测量系统。

②由皮托管和微压差计组成的流速测定仪或自动跟踪烟尘采样器。

（3）测定方法

①将烟气 CEMS 配置的光闪烁流速测量系统安装在烟囱（或烟道，或管道）壁两侧并连接好测量系统。连续测量断面测量线上的烟气线速度。

②同 1.皮托管法（3）测定方法②。

（4）计算

同 1.皮托管法（4）。

（5）说明

①为防止烟尘污染与烟气接触的光学窗，要在光学窗处形成空气幕，并定期进行预防性维护，清洗光学器件。

②引起光信号强度减低的因素有，光源（发光二极管）老化、接收单元灵敏度下降，光学件内部的灰尘和（或）介于发射装置和接收单元之间光径内的大颗粒物等。由于仪器安装在烟道上，安装位置的振动造成仪器光路准直的变化是必须注意的问题。通过提供自动增益补偿外界因素引起的损失，由仪器的自检功能检测性能下降并以标识予以显示。

四、烟尘的测定

（一）不透明度法

1. 原理

当一束光通过含有颗粒物的烟气时，其光强因烟气中颗粒物对光的吸收和散射作用而减弱。由不透明度测尘仪测定参比光强 I_0 和光束通过烟气后的光强 I，由 I/I_0 的比值，即光穿过介质的透过率定量烟尘的浓度。

2. 仪器

①不透明度颗粒物 CEMS。

②烟尘采样器。

③烟气温度、压力、含湿量、烟气成分和流速测量装置。

④玻璃纤维滤筒或刚玉滤筒。

⑤空盒大气压力计：测量范围 80～106.5kPa，最小分度值不大于 0.1kPa。

⑥天平：感量 0.1mg。

3. 测定方法

①将不透明度颗粒物 CEMS 安装在烟道（或管道）壁两侧并连接好测量系统。连续测量断面测量线上烟气的不透明度。

②手工采样按本篇第一章一（一）、（二）采样位置和采样点的规定，在选定的测量位置和各测点上，用装有已知重量的滤筒的烟尘采样器，按等速采样的原则从各点上抽取一定体积的含尘烟气，根据滤筒在采样前后的重量差和采气体积，计算烟尘浓度。

③建立颗粒物 CEMS 显示物理量与手工采样测量烟尘浓度的相关曲线，将 CEMS 显示物理量转换为标准状态下干烟气中烟尘的质量浓度。

4. 计算

手工采样烟尘浓度的计算按本篇第一章四（一）排放浓度有关部分进行。CEMS 经手工采样法校准后，按编制的程序经过计算，自动显示和打印标准状态下干烟气中烟尘的质量浓度、折算浓度和排放速率。

一元线性回归方程：

$$\hat{Y} = a + bx$$

相关系数：

$$r = \frac{S_{xy}}{\sqrt{S_{xx} S_{yy}}}$$

回归线精密度：

$$S = \sqrt{\frac{S_{yy}}{n-2}\left[1 - \frac{S_{xy}^2}{S_{xx} S_{yy}}\right]}$$

回归线 95%置信水平双侧置信区间：

$$Y = \hat{Y} \pm t_{a/2,n-2} S \sqrt{\frac{1}{n} + \frac{\left(x - \bar{x}\right)^2}{S_{xx}}}$$

回归线 95%置信水平双侧允许区间：

$$Y = \hat{Y} \pm k_t S$$

式中：$\bar{x} = \frac{1}{n}\sum x_i$；$\bar{y} = \frac{1}{n}\sum y_i$；$n$ 数据点的个数；$S_{xy} = \sum x_i y_i - (\sum x_i)(\sum y_i)/n$

$S_{xx} = \sum x_i^2 - (\sum x_i)^2/n$； $S_{yy} = \sum y_i^2 - (\sum y_i)^2/n$。

$$k_t = u_{n'} \times v_f，\ f = n - 2$$

$$n' = \frac{n}{1 + \frac{n \times (x - \bar{x})^2}{S_{xx}}}, \quad n' \geqslant 2$$

5. 说明

①建立校准曲线期间，生产设备、治理设施应正常运行，在低、中、高生产能力或调节颗粒物控制装置改变颗粒物排放浓度条件下进行测试。手工方法与 CEMS 同步进行，CEMS 每分钟记录一次显示值，取与手工方法同时间区间显示值的平均值与手工方法测定值组成数据对，至少获得 15 个数据对。但必须报告所有的数据对，包括舍去的数据对。以 CEMS 显示值为横坐标（X），手工方法测定烟尘的质量浓度为纵坐标（Y），由最小二乘法建立两变量之间的关系，相关系数应≥0.85；置信区间：95%的置信水平区间应落在由距校准曲线为颗粒物最高允许排放浓度±10%的两条直线组成的区间内；允许区间：允许区间应具有 95%的置信水平，即 75%的测定数据应落在由距校准曲线为颗粒物最高允许排放浓度±25%的两条直线组成的区间内。

表 5-5-1 给出了计算置信区间和允许区间的参数，其中样品总数的 75%的允许值 $u_{n'}$ 是 n' 的函数，值 v_f 是 f 的函数，还给出了 95%置信水平的 t 值。

表 5-5-1 计算置信区间和允许区间参数表

f	t_f	v_f	n'	$u_{n'}$（75）
7	2.356	1.7972	7	1.233
8	2.306	1.7110	8	1.233
9	2.262	1.6452	9	1.214
10	2.228	1.5931	10	1.208
11	2.201	1.5506	11	1.203
12	2.179	1.5153	12	1.199
13	2.160	1.4854	13	1.195
14	2.145	1.4597	14	1.192
15	2.131	1.4373	15	1.189
16	2.120	1.4176	16	1.187
17	2.110	1.4001	17	1.185
18	2.101	1.3845	18	1.183
19	2.093	1.3704	19	1.181
20	2.086	1.3576	20	1.179
21	2.080	1.3460	21	1.178
22	2.074	1.3353	22	1.177
23	2.069	1.3255	23	1.175
24	2.064	1.3165	24	1.174
25	2.060	1.3081	25	1.173
30	2.042	1.2737	30	1.170
35	2.030	1.2482	35	1.167
40	2.021	1.2284	40	1.165
45	2.014	1.2125	45	1.163
50	2.009	1.1993	50	1.162

$f=n-1$。

②至少每年校验一次 CEMS 的测量结果。校验时，生产设备、治理设施应正常运行，当达到被测设施最大生产能力 70%以上时，可进行校验。在同时间区间至少获得 5 个数据对，但必须报告所有的数据对，包括舍去的数据对。手工方法测量结果应落在校准曲线允许区间内或测量误差应满足下列要求之一：

当手工采样方法测量结果为：

a. ≤50mg/m^3 时，CEMS 法与手工方法测定结果平均值的绝对误差应不超过 15mg/m^3；

b. ＞50～100mg/m^3 时，CEMS 法与手工方法测定结果平均值的相对误差不大于±25%；

c. ＞100～200mg/m^3 时，CEMS 法与手工方法测定结果平均值的相对误差不大于±20%；

d. ＞200mg/m^3 时，CEMS 法与手工方法测定结果平均值的相对误差不大于±15%。

③手工采样前的准备工作，采样步骤，采样前后注意事项和烟尘采样器的校准见本篇第一章有关部分。

④CEMS 测量结果受烟气中烟尘粒径大小、分布和颜色的影响，烟气中水分以水珠或水雾态存在时干扰测量。

⑤由于在烟道（或管道）两侧安装 CEMS 的发射和反射装置，当光程太长或安装地点振动会使光路的准直发生偏移，或烟尘组成发生大的变化或燃料发生变化、仪器的镜面聚集有尘和水时，均会影响测量。

（二）后向散射法

（1）原理

当一束光照射到烟气中的颗粒物上，颗粒物在所有方向散射光，其中向后散射的光被聚焦经测尘仪的检测器检测，由仪器的放大器放大输出电压或电流信号，在一定范围内，输出信号与烟气中烟尘浓度成正比。

（2）仪器

①后向散射颗粒物 CEMS。

②其余同（一）不透明度法。

（3）测量方法

①将后向散射颗粒物 CEMS 安装在烟道（或管道）壁一侧并连接好测量系统。连续测量断面测量点烟尘浓度。

②其余同（一）不透明度法。

（4）计算

同（一）不透明度法。

（5）说明

①CEMS 测量结果受烟气中烟尘粒径大小、分布和颜色的影响，烟气中水分以水珠或水雾态存在时干扰测量。

②近红外不透明度后向散射测定仪通常测量离仪器探头不超过 30cm 范围内烟尘向后散射的光。

③烟尘组成发生大的变化或燃料发生变化或仪器的镜面聚集有尘和水时，均会影响测量。

④其余与（一）不透明度法的说明①～③相同。

⑤光散射测尘仪比不透明度测尘仪测定颗粒物的灵敏度高，且易于安装和调试。

（三）β射线法

（1）原理

基于物质对恒定能量β射线的吸收量正比于物质的重量。由采集在滤纸上烟尘对β射线的吸收量减去空白滤纸对β射线的吸收量和采样体积，计算烟尘的浓度。

（2）仪器

①β射线颗粒物 CEMS。

②其余同（一）不透明度法。

（3）测量方法

①将β射线颗粒物 CEMS 安装在烟道（或管道）壁一侧并连接好测量系统。按等时间间隔测量断面测量点烟尘浓度。

②其余同（一）不透明度法。

（4）计算

同（一）不透明度法。

（5）说明

①方法克服了光学方法测尘，受颗粒物粒径大小及其分布、颜色的影响，直接测量探头所在烟道（或管道）断面采样点烟尘的质量浓度。

②由于方法属于点测量，仍需要与手工采样测尘法同步比对进行，建立 CEMS 显示烟尘浓度值与手工采样法测量结果的关系曲线，才能定量测定烟气中烟尘浓度。

③仪器采样嘴必须正对烟气流动方向等速采样，要防止烟尘在采样嘴上或采样管中沉积影响测定结果的准确性。

④需要采用高压反吹技术定期反吹皮托管，防止颗粒物沉积在皮托管开口处，确保等速采样。

⑤其余与（一）不透明度法的说明①～③相同。

⑥与光学原理的颗粒物测定仪相比，β射线法对颗粒物粒径的变化不敏感，更适合于在颗粒物粒径分布变化的烟气中应用。此外，因抽取式β射线仪采样时要加热气体，因此适合于在饱和和接近饱和气流中使用。

⑦抽取式β射线仪法为在线间隙式测定，采样周期通常为 4～8min，将颗粒物采集在纸带上进行测定。该系统比较复杂，价格昂贵，在中国用得较少。

五、二氧化硫测定

1. 原理

（1）红外线吸收法

分子在红外线的照射下，受其固有振动和转动光谱相当的波长的光所激发，从而可吸收与之对应的谱线。利用二氧化硫在红外区 7.3μm 附近的光吸收，测定二氧化硫浓度。

（2）紫外线吸收法

用紫外线照射某种分子，该种分子吸收固有波长的光。利用二氧化硫在 280～300nm 附近的光吸收，测定二氧化硫浓度。

（3）紫外线荧光法

利用二氧化硫吸收紫外光区的能量，受激发后从高能级返回基态时，测量发射出的荧光强度，定量二氧化硫浓度。

（4）定电位电解法

利用通过透气膜在电解槽中扩散而被吸收的二氧化硫，可在一定的氧化电位下氧化，测量产生的电解电流以定量二氧化硫浓度。其余见本篇第四章一（二）定电位电解法。

2. 采样系统和装置

（1）采样系统

1）探头滤料：用在烟道内过滤（或烟道外过滤）探头中，应便于反吹除去聚集在滤料上的颗粒物。

探头：材质应为石英（或硼硅）玻璃、不锈钢、氧化铝或陶瓷料。

采样管：聚四氟乙烯或既不吸附又不与测定气体反应的其他材料。

2）完全抽取加热式采样：

①温度调节器：温度调节器应能使样品气体温度降低到≤15℃或比环境温度低 11℃。与样品气体接触的所有部件应为玻璃、不锈钢或聚四氟乙烯材质。样品气体通过冷凝水时不得产生气泡和扩散，以确保样品气体与冷凝水接触时间最短。应测量温度调节器出口的温度。为防止颗粒物的堆积，必要时在温度调节器的进口或出口装上玻璃过滤器。

②加热器：当需要防止水或碳氢化合物冷凝或烟气中其他组分发生反应时，可以加热探头、加热采样管、加热过滤器。加热温度应不低于 120℃以防止水结露。

（2）仪器

①技术指标：分析仪应符合表 5-5-2 所列主要技术指标。

表 5-5-2 气体分析仪主要技术指标

测定气体	二氧化硫	氮氧化物	二氧化碳	氧
测量原理	红外、紫外吸收、紫外荧光、定电位电解	红外、紫外吸收、化学发光、定电位电解	红外吸收	顺磁或电化学
典型的测量范围 (mg/m^3 或%)	28.6～7150mg/m^3 (10～2500ppm)	20.5～2050mg/m^3 (10～1000ppm)	5%～20%	5%～25%
24h 零点漂移(F.S.)	≤±2.5%	≤±2.5%	≤±2.5%	≤±2.5%
24h 量程漂移(F.S.)	≤±2.5%	≤±2.5%	≤±2.5%	≤±2.5%
线性误差	≤±5%	≤±5%	≤±5%	≤±5%
响应时间(t_{90})	≤200s	≤200s	≤200s	≤200s
相对准确度(%)	≤15	≤15	≤15	≤15

注：F.S.示满量程，氮氧化物以 NO_2 计。

技术指标为仪器安装在固定源上，正常运行 168h 后应达到的指标；其他测量原理的气体分析仪只要符合表列技术指标，也可采用。

②仪器：红外线吸收、紫外线吸收、紫外线荧光或定电位电解分析仪。

③获取数据系统：采用数据采集器或其它获取数据的电子系统，获取数据系统必须具有每 10s 获得一个累计平均值的能力。实时显示污染物排放数据和相关烟气参数，能显示和打印 1min、15min 的测试数据，生成小时、日、月报表。报表中应给出最大值、最小值、平均值、参加统计的样本数等，具有处理缺失数据的功能。

（3）标准气体

①零气：纯净空气或氮气，含有待测气体的浓度应低于分析仪满量程的 0.25%。

②二氧化硫低浓度气体：分析仪满量程的 20%～30%。

③二氧化硫中浓度气体：分析仪满量程的 50%～60%。

④二氧化硫高浓度气体：分析仪满量程的 80%～100%。

标准气体有效期在一年以上（含一年），不确定度不超过±2%。

3. 测量方法

（1）测量前准备工作

1）清洁采样管路：在采样管路运至现场前，清洁采样管；系统安装完毕后清洁整个采样系统。

2）安装、调试：按仪器出厂说明书的要求安装、调试仪器。

3）主要技术指标检查：

①分析仪校准误差：分别直接将低、中、高浓度标准气体导入分析仪，重复三次，取平均值。计算分析仪测定值和标准气体参考值的差。校准误差应不大于满量程的±2.5%。

②线性误差：仪器运行正常后，调节系统组件达到仪器出厂说明书建议的采样流量或稳定的稀释比，分别导入零气和标准气体至分析仪，检测仪器的线性误差。

调零：导入零气，调节仪器零点。

校准仪器：以中浓度标准气体作为校准气体，通入校准气体，使仪器显示值与标准气体浓度值一致。

检查仪器的线性误差：分别通入低浓度标准气体和高浓度标准气体，零气和每种标准气体交替使用，重复三次，取平均值。检查分析仪的线性误差。除非校准气体流量没达到正常值，不得调节采样和分析系统。仪器测定值与标准气体参考值的相对误差应不大于±5%，如果分析仪的线性误差超过±5%，需查找原因，重新校准和检查，直到符合要求。

③响应时间：记录分析仪对高、中浓度标准气体的响应时间。

④零点漂移：仪器通入零气，记录零点初始值，按调零键；24h 后，再通入零气，记录零点值。检查仪器 24h 零点漂移，仪器 24h 零点漂移不得超过仪器满量程的±2.5%。

⑤量程漂移：仪器通入 50%～100%满量程标准气体，记录通入标准气体初始测定值，按校准键；24h 后，再通入同一标准气体，记录标准气体测定值。检查仪器 24h 量程漂移，仪器 24h 量程漂移不得超过仪器满量程的±2.5%。

⑥相对准确度：取参比方法与 CEMS 同时间区间测定值组合一个数据对，获取 9 个以上数据对，至少取 9 个数据对用于相对准确度的检查，相对准确度不得大于 15%；当参比方法测二氧化硫浓度平均值低于 715mg/m^3 时，CEMS 和参比方法测定结果平均值之差的绝对值应不大于 57mg/m^3。

（2）测定

①二氧化硫的测定：由二氧化硫气体分析仪连续测定烟气中二氧化硫浓度。

②烟气流速、含湿量和其他参数的测定：见本章三、烟气参数的测定。

4. 计算

（1）校准误差

$$C_{ei}=(C_{di}-C_{si})/C_{si}\times 100\%$$

式中：C_{ei}——校准误差；

C_{di}——测定标准气体浓度平均值；

C_{si}——标准气体浓度值；

i——第 i 种浓度标准气体。

（2）线性误差

$$L_{ei}=(C_{di}-C_{si})/C_{si}\times 100\%$$

式中：L_{ei}——线性误差；

C_{di}——测定标准气体浓度平均值；

C_{si}——标准气体浓度值；

i——第 i 种浓度标准气体。

（3）零点漂移

$$\Delta Z=Z_i-Z_0$$

$$Z_d=\Delta Z/R\times 100\%$$

式中：ΔZ——零点漂移绝对误差；

Z_0——零点读数初始值；

Z_i——第 i 次零点读数值；

Z_d——零点漂移；

R——仪器满量程值。

（4）量程漂移

$$\Delta S=S_i-S_0$$

$$S_d=\Delta S/R\times 100\%$$

式中：ΔS——量程漂移绝对误差；

S_0——量程读数初始值；

S_i——第 i 次量程读数值；

S_d——量程漂移。

（5）相对准确度

$$RA=\frac{|\overline{d}|+|cc|}{\overline{RM}}\times 100\%$$

式中：RA——相对准确度。

$$\overline{RM}=\frac{1}{n}\sum_{i=1}^{n}RM_i$$

式中：n——数据对的个数；

RM_i——第 i 个数据对中的参比方法测定值。

$$\overline{d}=\frac{1}{n}\sum_{i=1}^{n}d_i\ ,\quad d_i=RM_i-CEMS_i$$

式中：d_i——每个数据对之差；

$CEMS_i$——第 i 个数据对中的 CEMS 法测定值。

注：在计算数据对差的和时，保留差值的正、负号。

其中：置信系数（cc）由 t 表查得的统计值和数据对差的标准偏差表示：

$$cc=\pm t_{f0.95}\frac{S}{\sqrt{n}}$$

式中：$t_{f0.95}$——由 t 表查得，$f=n-1$；

S——参比方法与 CEMS 法测定值数据对的差的标准偏差。

$$S=\sqrt{\frac{\sum_{i=1}^{n}\left(d_i-\overline{d}\right)^2}{n-1}}$$

CEMS 按编制的程序经过计算，自动显示和打印标准状态下干烟气中二氧化硫的质量浓度、折算浓度和排放速率。

5. 说明

①应严格按仪器操作说明书提出的方法对仪器进行日常维护和定期检查，并在规定的时间内清洁直接与烟气接触的光学镜片，清洗过滤器，更换滤料和易损件。

②本方法对仪器的零点漂移、量程漂移检查作了原则性规定。实际检测时，应以仪器生产厂家提供的操作方法为准。

③烟气含湿量和烟气绝对压力可连续监测；可用手工方法测定后，将测定值输入 CEMS。

④定电位电解法连续测定二氧化硫的有关说明见本章五 1（4）定电位电解法。

⑤选择仪器满量程时，应考虑样品气体中二氧化硫的浓度在满量程的 20%～80%之间。

六、氮氧化物测定

1. 原理

（1）红外线吸收法

利用一氧化氮在红外区 5.3μm 附近的光吸收，测定一氧化氮；将二氧化氮转化为一氧化氮后再进行测定，由一氧化氮和二氧化氮的测定结果相加得到氮氧化物的测定值。

（2）紫外线吸收法

利用一氧化氮在紫外区（195～225nm）附近和二氧化氮在紫外区（350～450nm）附近的光吸收，测定一氧化氮和二氧化氮。因为一氧化氮与二氧化氮和二氧化硫的吸收区有一部分重叠，所以要运用多组分运算方式除去二氧化硫的干扰。

（3）化学发光法

利用一氧化氮与臭氧反应生成二氧化氮的过程中产生化学发光，根据在波长 590～875nm 附近产生的化学发光强度测定一氧化氮，发光强度与样气中一氧化氮的浓度成正比。

$$NO+O_3\longrightarrow NO^*_2+O_2$$

$$NO_2^* \longrightarrow NO_2 + h\nu$$

在上式中，NO 转化成 NO_2 时，一部分 NO_2（约 10%）处于激发态，在回到基态时，过量的能量则以光能的形式释放出来。用光电倍增管将此光能转换成电流，测得一氧化氮。

将样气中的 NO_2 还原成 NO 后再测定。由一氧化氮和二氧化氮的测定结果相加得到氮氧化物的测定值。

（4）定电位电解法

样气透过透气薄膜进入电解槽，使在电解液中扩散并吸收的一氧化氮和二氧化氮在一定的氧化电位下进行电解，根据电解电流求出一氧化氮和二氧化氮的浓度。一氧化氮和二氧化氮的氧化反应及其各自的固有氧化电位如下：

$$NO_2 + H_2O \rightleftharpoons NO_3^- + 2H^+ + e \qquad 0.80V$$

$$NO + 2H_2O \rightleftharpoons NO_3^- + 4H^+ + 3e \qquad 0.96V$$

O_2 的氧化电位是 2.07V，比 NO_x 的氧化电位高，所以没有干扰。N_2、CO_2 因其电化学惰性也没有影响。SO_2 的氧化电位是 0.17V，比 NO_x 的氧化电位低，所以有影响，测定时应消除其影响。

2. 采样系统和装置

（1）采样系统

①～③探头滤料、探头材质、采样管材质与本章五、测定二氧化硫的要求相同。

④完全抽取加热式采样：对温度调节器和加热器的要求与本章五、对测定二氧化硫的要求相同。

⑤转化器：

a.采用红外线吸收法测定氮氧化物时，转化器将样品气体中的 NO_2 转化为 NO 的转化效率应不低于 90%。如果能证实排气中的 NO_2 浓度低于氮氧化物浓度的 5%，则不需要将 NO_2 转化为 NO。排气中有 NH_3 时，在温度＞350℃时，NH_3 分解生成 NO，影响测定。为消除温度的影响，应控制转化器的温度在 190℃左右。

b.采用化学发光法测定氮氧化物时，转化器将样品气体中的 NO_2 转化为 NO 的转化效率应不低于 90%。如果能证实排气中的 NO_2 浓度低于氮氧化物浓度的 5%，则不需要将 NO_2 转化为 NO。排气中有 NH_3 时，应使用低温（最大 350℃）转化器；排气中没有 NH_3 时，可用不锈钢高温（650℃）转化器。

如果不能证实样品气体中 NO_2 浓度低于氮氧化物浓度的 5%，必须在监测排气前检测 NO_2 转化器的转化效率。

（2）仪器

①技术指标：见“表 5-5-2 气体分析仪主要技术指标”。

②仪器：红外线吸收、紫外线吸收、化学发光、定电位电解分析仪。

③获取数据系统：与本章五、对二氧化硫测定的要求相同。

（3）标准气体

①零气：纯净空气或氮气，含有待测气体的浓度应低于分析仪满量程的 0.25%。

②一氧化氮低浓度气体：分析仪满量程的 20%～30%。

③一氧化氮中浓度气体：分析仪满量程的 50%～60%。

④一氧化氮高浓度气体：分析仪满量程的 80%～100%。

标准气体有效期在一年以上（含一年），不确定度不超过±2%。

3. 测量方法

（1）测量前准备工作

①～⑤见本章五、测定二氧化硫前的准备工作。

⑥当参比方法测定 NO、NO_2（氮氧化物以 NO_2 计）浓度平均值低于 335mg/m^3 和 513mg/m^3 时，CEMS 和参比方法测定结果平均值之差的绝对值应不大于 27mg/m^3 和 41mg/m^3。其余同本章五、测定二氧化硫前的准备工作中⑥。

（2）测定

①氮氧化物的测定：由氮氧化物气体分析仪连续测定烟气中氮氧化物浓度。

②烟气流速、含湿量和其他参数的测定：见本章三、烟气参数的测定。

4. 计算

校准误差、线性误差、零点漂移、量程漂移、相对准确度等的计算见本章五、二氧化硫的测定中的计算。

5. 说明

①应严格按仪器操作说明书提出的方法对仪器进行日常维护和定期检查仪器，并在规定的时间内清洁直接与烟气接触的光学镜片，清洗过滤器，更换滤料、催化剂和易损件。

②本方法对仪器的零点漂移、量程漂移检查作了原则性规定。实际检测时，应以仪器生产厂家提供的操作方法为准。

③烟气含湿量和烟气绝对压力可连续监测；可用手工方法测定后，将测定值输入 CEMS。

④定电位电解法连续测定氮氧化物的有关说明见本篇第四章二（三）。

⑤选择仪器满量程时，应考虑样品气体中氮氧化物浓度在满量程的 20%～80%之间。

七、排放浓度和排放总量计算

见本篇第一章四、排放浓度、排放量的计算。

八、质量保证与质量控制

（一）安装的质量保证

①安装位置应符合本章规定要求，测定路径不得有水雾和水滴出现，当对颗粒物 CEMS 进行相关校准达不到技术要求时，应作如下检查：

❖ 参比方法的测试过程。
❖ 采样位置。
❖ 采样仪器的可靠性。
❖ 固定源运行状况，特别是净化设施的运行状况。
❖ 颗粒物组成、分布的变化。

❖ 校准数据的数量和数据的分布。

经检查排除安装位置以外的其他原因时，应选择符合要求的位置安装 CEMS，重新进行检测。

②对于光衰减法和光闪烁法颗粒物 CEMS，安装时应保证光路的准直。对于后向散射法颗粒物 CEMS，安装时应保证气的风压大于烟气压力，保证与烟气接触的光学视窗的清洁。对于β射线法颗粒物 CEMS，应保证采样嘴正对烟气流动方向，防止颗粒物在皮托管开口处和抽气管路沉积。

③原则上要求一个固定污染源（锅炉、工业炉窑、焚烧炉等）安装一套 CEMS。若一个固定污染源排气先通过多个烟道（或管道）后进入该固定污染源的总排气管时，应尽可能将 CEMS 安装在总排气管上，但要便于用参比方法校准颗粒物 CEMS 和烟气流速 CEMS；不得只在其中的一个烟道（或管道）上安装 CEMS，并将测定值作为该源的排放结果；但允许在每个烟道（或管道）上安装相同测定探头，每个探头在每小时的监测时间相同，总监测时间不得少于 45min。当只在多个固定污染源排气汇总管上安装 CEMS 时，需征得当地环保行政主管部门同意。

④测定颗粒物的参比方法是以 S 型皮托管测定烟气流速实现等速采样的，当流速在 5m/s 以下，用 S 型皮托管测流速比较困难，测定结果准确度差。因此，参比方法采样点应尽可能选烟气流速大于 5m/ s 的位置。

⑤锅炉烟尘最高允许排放浓度是指除尘器出口过量空气系数在规定值时的烟尘浓度，因此颗粒物 CEMS 探头应尽可能安装在离除尘器出口较近又满足本章要求的位置上。

⑥设置的采样平台必须易于到达，有足够的工作空间，便于操作；必须牢固并有符合要求的安全措施；采样平台设置在高空时，应有通往平台的舷梯或升降梯。当 CEMS 安装在矩形烟道时，若烟道截面的高度大于 4m，则不宜在烟道顶层开设手工采样孔；若烟道截面的宽度大于 4m，则应在烟道两侧开设手工采样孔，并设置符合要求的多层采样平台。当 CEMS 安装在烟囱上时，通常安装位置位于烟囱高度的 1/3 处。

⑦为保证准确地校准颗粒物 CEMS 和烟气流速连续测量系统，颗粒物 CEMS 和烟气流速连续测量系统应尽可能安装在流速大于 5m/s 的位置。

⑧完全抽取式采样法从探头到除湿装置或分析器的整个管路，其倾斜度不得小于 5°。

⑨气态污染物 CEMS 相对准确度达不到要求，按下式对 CEMS 测定数据进行调节，经调节仍不能准确测定时，应选择有代表性的位置安装 CEMS，重新进行检测。

$$CEMS_{adi} = CEMS_{i} \cdot E_{ac}$$

式中：$CEMS_{adi}$——CEMS 在 i 时间调节后的数据；

$CEMS_{i}$——CEMS 在 i 时间测得的数据；

E_{ac}——偏差调节系数。

$$E_{ac} = 1 + \overline{d} / \overline{CEMS}$$

式中：$\overline{d}$——数据对差的平均值；

$\overline{CEMS}$——CEMS 测定数据的平均值。

⑩采用稀释系统测定气态污染物时，按下式换算成干烟气中污染物浓度：

a. 稀释样气未除湿：

$$C_{d}=C_{w}/（1-X_{sw}）$$

式中：C_d——干烟气中被测污染物浓度值，mg/m^3；

C_w——CEMS 测得的湿烟气中被测污染物浓度值，mg/m^3；

X_{sw}——烟气中水分含量体积百分数，%。

b．稀释样气被除湿：

$$C_d=C_{md}(1-X_{sw}/r)/(1-X_{sw})$$

式中：C_{md}——CEMS 测得的干样气中被测污染物的浓度，mg/m^3；

r——稀释比。

⑪室内安装 CEMS 测试和数据采集、处理子系统时，房间内应尽可能安装空调，保持环境清洁，空气相对湿度≤85%。

（二）校准时质量保证

①对颗粒物 CEMS 进行相关校准时，必须有专人负责监督工况，厂方应根据校准工作的要求调整工况或净化设备的运行参数，在测试期间保持相对稳定。

②为了减少测定误差，保证结果的准确度，建议使用自动跟踪烟尘采样器。在测定前进行运行检查，保证采样器功能正常。

③参比方法在测定断面每采一次颗粒物样品时，采样量应不低于 10mg 或采气量不低于 $0.5m^3$。

④参比方法测定气态污染物时，采样前和采样后（立即进行）必须用标准气体进行校准，测定标准气体的相对误差不应超过±5%，超过规定时，应对测定值进行修正。

⑤为了保证获得参比方法与气态污染物 CEMS 在同时间区间的测定数据，对于完全抽取式和稀释抽取式 CEMS 应扣除气态污染物到达污染物检测器的时间（滞后时间）和 CEMS 的响应时间。气态污染物到达污染物检测器的时间按下式估算：

$$t = V/Q_{sl}$$

式中：t——滞后时间，min；

V—导气管的体积，L；

Q_{sl}——气体通过导气管的流速，L/min。

⑥原则上不得用与气态污染物 CEMS 测试原理相同的参比方法检测 CEMS 的性能。

⑦对于完全抽取式和稀释抽取式气态污染物 CEMS，当进行零点和量程校准时，原则上要求零气和标准气体与样品气体通过的路径（如：采样管、过滤器、洗涤器、调节器）相同。

⑧对于直接测量气体污染物 CEMS，当进行零点和量程校准时，原则上要求导入零气和标准气体进行校准。

⑨靶式流量计适合安装在水平烟道（或管道）上测定烟气的流速。

（三）运行质量保证

1. 运行检查

进行运行检查并作好记录，它包括规定时间内的零点和校准检查；每日的观测检查：如真空表和压力表、空气压缩机、制冷器、转子流量计、控制面板上指示灯、保持恒流采样的真空度、采样流量，管路加热、保温，告警情况等，以确定系统功能是否正常。

2. 日常维护

定期进行日常保养并作好记录，它包括更换滤料、过滤器、除湿剂，清除与烟尘接触器件上的积尘、清洗隔离烟气与光学探头的玻璃视窗、更换电机轴承、重新更换泵、更换灯等。根据系统器件的具体情况，其周期可从 30d 到 1 年或更长时间，可由试验和误差来确定。

对 CEMS 的日常维护提出以下基本要求：

（1）颗粒物 CEMS

①至少每个月更换一次空气过滤器。

②至少每 3 个月清洗一次隔离烟气与光学探头的玻璃视窗，检查一次仪器光路的准直情况。

（2）气态污染物 CEMS

①至少每 3 个月更换一次采样探头滤料。

②至少每 3 个月更换一次净化稀释空气的除湿、滤尘等的材料或按仪器使用说明书中的规定定期更换。

③必须使用在有效期内的标准物质。

④必须每天放空空气压缩机内冷凝水。

⑤至少每 3 个月清洗一次隔离烟气与光学探头的玻璃视窗，检查一次仪器光路的准直情况。

（3）流速 CEMS

至少每 3 个月从烟道（或管道）取出测速探头，人工清除沉积在上面的烟尘。

当要延长维护时间周期时，应通过验证证明可行。

3. 审查系统的运行

通过审查指出系统运行中存在的问题和需要改善预防性维护的措施，并告知操作人员需要进行补偿性保养。

补偿性保养（非日常性保养）是在系统或部件出现故障时进行的保养。系统发生某一故障时，在日常维护中进行运行检查时可能没有发现，但在审查性能时可能发现系统故障。通过这些措施，逐渐建立完善的预防性维护保养程序，将有助于操作人员预测系统部件的故障率。如果改变预防性维护保养时间表，使更换部件的日期与部件的故障率一致，将减少系统发生故障的次数。

4. 校准漂移规定

（1）校准

1）颗粒物 CEMS：

①具有自动校准功能的仪器，应每 24h 自动校准一次仪器零点和量程。

②手动校准的仪器，至少每 3 个月用校准装置校正仪器的零点和量程。

2）气态污染物 CEMS：

①至少 7d 用零气和高浓度标准气体或校准装置校准一次仪器零点和量程，并检查响应时间。

②校准时间周期超过 7d 时，应按本章的方法，证明该期间气态污染物 CEMS 相对准确度 $RA\leqslant15\%$。

校准检查可用手工方法或自动方法，通常由 CEMS 控制器或计算机自动启动。按两个水平进行校准检查：低水平值（0 或 0%～20%的满量程值），高水平值（50%～100%的满量程值）。

（2）校准漂移规定

1）颗粒物 CEMS：

①24h 的零点漂移应不超过满量程值的±2%。

②24h 的量程漂移应不超过满量程值的±5%。

2）气态污染物 CEMS：

①24h 的零点漂移应不超过满量程值的±2.5%。

②24h 的量程漂移应不超过满量程值的±2.5%。

对 SO_2、NO_x CEMS 当漂移不超过满量程值的 5%时，不必调节系统。例如，若满量程值为 2860mg/m^3，除非漂移超过±143mg/m^3，否则不需调节漂移。当然，如果必要的话，可以采用更严格的指标。

（3）记录

自动校准漂移的 CEMS，必须记录自动调节前的浓度，而且还要记录调节的量。

（4）系统失控

当低水平（零）或高水平校准漂移结果连续 5d 超过规定漂移指标的 2 倍，则系统失控，失控期间，数据无效。失控时间不能用于系统有效利用率的计算，有效利用率（以%表示）规定如下：

$$系统有效率(\%)=\frac{系统总运行小时}{排放源总运行小时}\times 100\%$$

5. 检查安装现场

定期对系统进行检查，检查工作包括系统的配置、安装、运行。应列出检查清单。

（1）系统的配置

①系统的配置是否按当初批准进行配置？

②系统的配置是否按已证明适用于监控要求进行配置？

③是否对系统进行过可能会对性能产生重大影响的任何更动？

④上次检查后是否更换过重要部件？

（2）系统状况——烟道或管道安装地点

1）安装系统的现场条件如何？

①是否很难到达工作地点？舷梯是否牢固、电梯是否能正常工作？维修人员是否愿意每天检查一次工作地点？或一周一次？或从不检查？

②工作地点是否有防护？管道和烟囱之间是否有防护？狭小通道上是否有防护？维修人员在不利的现场条件下是否能进行维修？

③安装点的振动是增强或是减弱？

④烟道的静压？

⑤工作地点是否有积水？设备内是否进水？

⑥安装点附近的飞灰是否参入管道中？

⑦周围的环境空气条件如何？是否有飞灰？是否有二氧化硫或其它气体的气味？周围

的污染物是否影响CEMS的安装？

⑧安装点的卫生状况如何？是否清扫？

2）采样探头和检测器：清洁？脏？维护保养得好？

①装置上是否覆盖了大量灰尘或飞灰？

②法兰盘上的螺栓是否已生锈？采样探头或装置近来是否被移动过？

③装置是否被腐蚀？

④垫片、加热保护套、胶管、电缆等塑料或橡胶部件的状况怎样？

3）采样探头状况如何？

①滤料、过滤器是否变成黑色？明显被颗粒物堵塞？

②是否有烟尘附在探头上，结成块？

③探头是否随烟气的流动而摆动？

4）安装在烟道上的仪器状况如何？

①鼓风机（直接测量气体检测器和不透明度检测器）上的空气过滤器是否干净？空气是否供给直接与烟气接触的窗口？

②烟气调节器（冷凝器）工作是否正常？脱水管状况如何，是否按要求的流量供给与样气反相流动的干气体？

③保护开关是否跳闸？

④现场运行指示灯或报警灯所处状态？

⑤现场显示值是否异常？原因何在？

⑥现场显示值和控制室内显示值的关系？

⑦皮托管测压孔或热平衡法测速仪的热传感器探头、靶式流量计的测速靶是否积尘？影响流速的测定？是否需要清洗？

5）标准气体？

①放置位置？

②记录钢瓶的编号和标签上的信息（浓度值、气体供应者、有效期）。钢瓶气使用时间是否超过规定时间？

③记录每个钢瓶上压力调节器的压力：瓶的初始压力、瓶现在的压力和供气压力。

④压力调节器是否受腐蚀？使用的连接件是否适合于酸性气体？

⑤供气管路和连接件的状况如何？连接件是否受到损坏或腐蚀或出现其他不正常的现象？

6）如有可能，在安装现场观测气体的校准和反吹采样探头时间周期？

7）检查不透明度颗粒物CEMS和跨烟道气态污染物CEMS时应注意以下几点：

①准直 (检查光路准直)？

②输送净化空气管路的状态 (是否有裂缝，连接松动)？

③净化空气用电机的状况 (电机的噪声，振动)？

④净化空气过滤系统的状况？

⑤电缆的状况？

⑥光闸系统的状况？

（3）电缆

当从安装采样探头的烟道或管道步行去 CEMS 分析仪机柜或安装 CEMS 控制室时，应注意以下几点：

①从采样探头到调节系统，管路的倾角是否不低于 5°？

②子母线是否打圈和扭结？

③子母线是否后折或自己碰在一起或与其他的子母线碰在一起？

④是否存在没有加热的部分（如：两条母线的接头处或采样探头组件的后面或调节系统的前面）？

⑤电缆走线是否正确和得到保护？

⑥电缆是否在动力线的附近或与动力线连在一起，是否在电动机的附近或产生强电磁场装置区域？

⑦无论是加热和不加热的管路，从采样孔到调节系统管路的状况如何？是否腐蚀？变碎？变脏？是否损坏，接头松动或需要更换或修复?

6. 检查机柜或控制室

CEMS 机柜或控制室通常有样品调整系统、控制系统、分析器和数据处理系统。主要检查以下方面并作好记录。

（1）系统状况——调节系统（抽取系统）

①样品气体在多大的压力或真空度或流量下进入调节系统？

②采用什么样的技术分离样品气体中的水？

③调节系统中的冷凝水是怎样除去的？冷凝水对污染物气体的吸收程度有多大？冷凝剂中会不会生长藻类？

④如果冷凝器排水管放在外面，在冬季排水会不会在管口结冰？

⑤在聚四氟乙烯管路中，是否可见冷凝水？

⑥管路排列整齐或零散？有没有管道发生变化的迹象？

⑦连接件、阀门等是否被腐蚀或泄漏？

⑧细颗粒物过滤器的状态如何？干净或是变脏？多长时间更换一次？最近一次是什么时间更换的？

⑨采样泵的状况如何？是否受腐蚀，噪声，泄漏？最近一次是什么时候更换膜片和轴承的？（从维修记录核实）

⑩记录系统中气体流量（转子流量计）读数和压力读数，它们与上次检查时的读数是否一致？是否与操作手册中规定的读数一致？是否用支管把气体分配到不同的分析器？气路是否有管路漏气？

（2）系统状况——监控板和监控器

①仪器控制面板上的指示灯和报警器等的状况如何？

②分析仪显示的读数是否清晰？显示值是否异常？

③检查分析仪的零点和量程值（与以前的数据比较）。

④检查并记录仪器的参数值，如灯电压、自动增益控制等（假定本程序不影响分析器的运行和数据的记录），与操作手册中规定值比较。

⑤对于颗粒物 CEMS，检查排放烟尘质量浓度与 CEMS 显示物理量的相关系数是否符合要求？在颗粒物 CEMS 上是怎样设定的？

（3）系统运行

1）谁负责以下工作：

①系统运行？

②校准？

③维护？

④审查？

⑤报告？

2）检查以下内容：

①一周用多少小时维护系统？

②最近一次检查存在的最大困难是什么？

③在应急服务中，CEMS 供应者的表现如何？零部件是否及时交付？零部件的质量如何？零部件的费用？

7. 检查记录和数据

如果有 CEMS 质量保证计划，检查时应严格按计划逐条检查。检查时，提供的文件包括检查表、记录本、管理报告或测试报告。通过检查可发现存在的问题并就改善 CEMS 的运行和维护提出建议。

检查维修、更换部件和异常情况的记录。检查更换标准气体钢瓶的日期和新标准气体的浓度记录；检查更换滤料和过滤器的次数、调整光路准直的次数、清洁窗的次数、清洗安装在烟道或管道上仪器积尘的次数，以及更换灯等情况的记录和重复发生的故障的记录。

为确保系统记录本的完整性和连贯性，每天、每周、每月都要对记录进行检查。

同时还要检查别的记录，比如每季内部质量保证审查报告，性能审查结果记录。

建议保留记录时间不少于两年，建议每 30d 审查一次记录的数据，至少每 3 个月审查一次维修记录。审查超标排放时期的数据，检查记录数据与报告数据的一致性，是否有解释。当审查数据记录时，应注意以下问题：

❖ 遗漏的数据。

❖ 补充的缺失数据。

❖ 异乎寻常的噪声或“平坦”数据。

❖ 矛盾的数据和变化的趋势。

❖ 对监控器和排放源故障时间的注释。

❖ 超标排放的解释。

❖ 打印的故障或告警标记。

8. 性能检测

进行性能检测，是为评价 CEMS 系统的准确度。日常维护和校准漂移检测并不能确保数据的准确，但通过适当的检测方法，评价检测结果就能判断数据是否准确。

最常见的方法是用标准气体检测气态污染物 CEMS 的性能。光学过滤器用于光电分析仪或不透明度测试仪性能的检测。包括：

（1）性能检测的方法

①用手工过滤称重法检测颗粒物 CEMS 的准确度。

②用参比方法检测气态污染物 CEMS 的相对准确度。

③用安装在机动车上的仪器进行检测。

④用便携式测试仪进行检测。

（2）性能检测周期

①颗粒物 CEMS 准确度检查，至少一年一次。

②气态污染物 CEMS 相对准确度检查至少半年一次，除用 3 组数据代替 9 组数据外，其余与相对准确度测试方法相同。

③气态污染物 CEMS 校准误差检查至少半年一次，用标准气体检测。

检查的目的在于让 CEMS 操作人员对系统可能发生的问题保持警惕。检测时，可能出现每天校准检查难以发现的许多问题。

（3）标准气体检测

1）完全抽取和稀释抽取式气态污染物 CEMS：标准气体检测原则上是将气体从采样探头导入，通过采样系统所有部件。

2）直接测量式气态污染物 CEMS：

①探头插入烟道直接测量式气态污染物 CEMS：与对抽取式气态污染物 CEMS 的检测类似。使标准气体充满检测样品的气室，压力约大于烟气静压，防止烟气通过陶瓷过滤器进入气室。标准气体的压力太大，其浓度会高于实际值，导致错误的读数。使标准气体的流量超过操作手册推荐流量 0.5L/min，以确定是否存在这种影响。

对于不过滤烟尘，探头插入烟道直接测量式气态污染物 CEMS，可从烟道或管道移出探头，密封检测室（有气体进、出口），通入标准气体进行检测。

②跨烟道直接测量式气态污染物 CEMS：将一根通气管连接到 CEMS 的测量光路上，对跨烟道直接测量式气态污染物 CEMS 进行检测。管作为一种“假设烟道”，为了获得与测量光路长度一致的光学长度，需要按以下的方法确定标准气体的浓度。

例如：测量光路长度（烟道直径）10m，SO_2 浓度 500ppm，光学长度为 500×10=5000ppm • m。

如果通气管有 1cm（0.01m）的监测路径，要到达同样的光学长度，钢瓶气的浓度应为 5000/0.01=500000ppm。500000ppm 相当于浓度为 50%的 SO_2。

在烟道两侧安装一根跨烟道的管，使光路通过充满零气或标准气体的管，进行标准气体检测，有很大的难度。采用模拟零点和根据已知的光路长度（A）（烟道直径）与安装在仪器内部的已知长度（B）的通气管及仪器的满量程（R），将 $R\times A/B$ 编在仪器的软件中。当通入标准气体后，仪器根据 $R\times A/B$ 显示测定值。但只能检查部分电学和光学部件而不是检测所有起作用的电学和光学器件（如：发射器、接受器、分析仪）的性能。

典型的钢瓶气体审查是用两个审查气体检测 CEMS：一个为 20%～30%的满量程值。另一个为 50%～60%的满量程值。每个审查气体各三次相互交替地检测 CEMS。每次注入都要有足够的时间直到浓度读数稳定。对于测定多组分的仪器，当读数稳定时，可能需要监测几个测定周期。当进行审查时，CEMS 操作人员应换一个备用的数据采集系统。

钢瓶气体审查准确度的计算：

$$A=(C_m-C_a)/C_a\times 100\%$$

式中：A——CEMS 分析器的钢瓶气体审查准确度，%；

C_m——审查期间分析器响应值的平均值；

C_a——审查气体的保证值。

如果 A 超过±15%，则 CEMS 系统失控，失控周期从审查结束时开始计。

为进一步获取系统的数据，可调整审查方法。主要有以下几点变化：

❖ 除两个审查气体外还使用零气。

❖ 使用浓度与排放标准相一致的审查气体。

❖ 使用与烟气污染物浓度相一致的审查气体。

❖ 用稀释系统产生不同浓度的气体。

❖ 用每种气体只检测系统两次。

❖ 在分析器的校准口，用审查气体检测分析器。

以上几点对查明 CEMS 的故障特别有用。审查时可能不需要钢瓶装零气，因为 NO_x 审查气体的读数可作为 SO_2 的零点读数。使用与排放污染物平均浓度接近的审查气体更为可取。

在分析器的校准口（而不是在探头）检测分析器，是对照用于校准分析器的量程气体校核审查气体的简易方法。如果分析器显示审查气体的读数离审查气体的保证值甚远，它可能表明量程气体已变质或标注的值不正确。如果从探头进行检查的结果不理想，通过在分析器上检测审查气体可能有助于发现并修理系统的故障。

（4）标准气体

要求使用贮存在铝或不锈钢瓶中，有效期在一年以上（含一年），不确定度不超过±2%的标准气体。如果 12 个月后，还剩有大量的气体，需重新检测气体，测定值必须在原保证值的 5%之内。

（5）对不透明度仪进行检查

清洁不透明度仪玻璃视窗，把检查装置安装在发射/接收器上，通过调节检查装置获得模拟零点值，其值应与由发射/接收器零点反射镜确定的假设零点值相同。然后每 2min，将一个滤光片放入装置中，共放入 3 个滤光片；记录不透明度仪对每个滤光片瞬时（没有平均）响应的稳定值，重复操作 5 次。校准误差的计算与用于确定不透明度仪性能技术条件中的校准误差的计算完全相同，如果每一个滤光片的校准误差小于 3%，则不透明度仪通过性能检查。

通过校准误差来检查不透明度仪的性能，不是检查不透明度仪的绝对准确度。在不透明度监测中，涉及许多其它因素，比如系统的准直和烟道截面零点的变化。但通过性能检查能够指出可能影响不透明度监测的问题，其中大多数问题是可纠正的。

（6）相对准确度检查

大多数气态污染物 CEMS 很容易达到用标准气体进行检查的指标。大多数情况下，只是比较标准气体的参考值和 CEMS 的测量值。

相对准确度检测是最重要的检查技术，因为 CEMS 的性能检测和管理验收是建立在该种检测基础上的。在我国通常要求对受控的排放源每年进行一次检测，其方法与 SO_2、NO_x 排放连续监测系统性能技术条件中相对准确度检测方法完全相同。当相对准确度超过参比方法平均值的 15%，则称 CEMS 失控。如果 CEMS 失控，必须采取纠正措施并重新进行相对准确度检测，以确定系统是否重新正常运行。

可通过减少相对准确度检测中的测试次数进行检查。由本章五、3.测量方法 3）中⑥规定的 9 次以上测试，改为用 3 次测试进行相对准确度检查。减少测试次数可影响数据的统计。

减少测试次数后，数据统计值中没有置信系数。通过把国家有关烟气排放连续监测系统技术要求中规定的相对准确度不大于 15%提高到相对准确度检查时为 10%的办法，来弥补置信系数所起的作用。相对准确度检查结果大于 10%时，CEMS 失控。

失控期间所获得的数据不能用于评估排放是否达标，也不能计算在 CEMS 有效使用时间内。

（7）性能检测报告

性能检测报告至少应包括以下信息：

❖ 污染源单位的名称和地址。

❖ CEMS 的认证和安装位置。

❖ 制造厂和每台监测仪器的型号。

❖ 检查准确度的结果，确认系统恢复控制后审查准确度的结果。

❖ 参比方法检查样品的结果（如果进行了参比方法检测）。

❖ 确认 CEMS 失控时，采取纠正措施情况的概要。

第六章 机动车尾气监测

机动车排放尾气中主要有碳粒、一氧化碳、碳氢化合物及氮氧化物等。测定方法分别为滤纸烟度法（烟度）、重量法（颗粒物）、不分光红外线吸收法（一氧化碳、碳氢化合物）、氢火焰离子化法（碳氢化合物）、化学发光法和非扩散紫外线谐振吸收法（氮氧化物）。监测机动车排放尾气中污染物应根据需要和条件而定，测试方法标准列表 5-6-1。本章主要介绍烟度和汽油车排放一氧化碳和碳氢化合物的监测。

表 5-6-1 机动车排放尾气的测试方法

标准及编号	测试项目及方法				
	滤纸烟度法	重量法	不分光红外线法	不分光红外线法 氢火焰离子化法	化学发光法 非扩散紫外法
GB3847－1983 汽油车柴油机全负荷烟度测量方法	烟度	—	—	—	—
GB/T3846－1993 柴油车自由加速烟度的测量	烟度	—	—	—	—
GB/T3845－1993 汽油车排气污染物的测量 怠速法	—	—	一氧化碳	碳氢化合物*	—
HJ/T26.1－1999 轻型汽车排放污染物测试方法排气污染物的测试	—	颗粒物	一氧化碳	碳氢化合物	氮氧化物**
GB/T14761－1999 汽车排放污染物限值及测试方法	—	颗粒物	一氧化碳	碳氢化合物	氮氧化物**
GB17691－2001 车用压燃式发动机排气污染物限值及测量方法	—	—	一氧化碳	碳氢化合物	氮氧化物
GB14762－2002 车用点燃式发动机及装用点燃式发动机汽车排气污染物排放限值及测量方法	—	—	一氧化碳	碳氢化合物	氮氧化物
GB14621－2002 摩托车和轻便摩托车排气污染物排放限值及测量方法怠速法	—	—	一氧化碳	碳氢化合物*	—
GB14622－2002 摩托车排气污染物排放限值及测量方法 工况法	—	—	一氧化碳	碳氢化合物	氮氧化物
GB18176－2002 轻便摩托车排气污染物排放限值及测量方法 工况法	—	—	一氧化碳	碳氢化合物	氮氧化物

碳氢化合物*：不分光红外线法；碳氢化合物：氢火焰离子化法；氮氧化物**：化学发光法或非扩散紫外线谐振吸收法；氮氧化物：化学发光法。

一、烟度

碳烟是机动车燃料不完全燃烧的产物。在高压燃烧条件下，过浓混合气在高温缺氧区，燃油被裂变成碳，主要由直径 0.1～10μm 的多孔性碳粒构成。由于混合及燃烧机理不同，柴油机在扩散燃烧阶段易生成碳烟，而汽油机产生碳烟比柴油机少得多。因此，碳烟是构成柴油机的主要颗粒物。

（一）柴油车自由加速烟度的测量　滤纸烟度法（A）

1. 原理

在规定时间内，用活塞式抽气泵从柴油机排气管中抽取一定体积的排气气体，并使之通过一定面积的白色滤纸，排气中的碳粒被附着在滤纸上使滤纸染黑。然后用光电测量装置测量滤纸的染黑度，即代表排气的烟度。

规定洁白滤纸的烟度为零，全黑滤纸的烟度为 10。

2. 仪器

1）滤纸式烟度计（以下简称烟度计）：该烟度计由取样系统和测量系统组成，除本方法提出的特殊要求外，其技术参数和要求应符合 HJ/T 4—93 的规定。

2）取样系统: 取样系统由取样探头、抽气装置、清洗装置和取样用连接管组成。

①取样探头：应符合图 5-6-1 的要求。

②滤纸：有效工作面直径为 φ32mm。

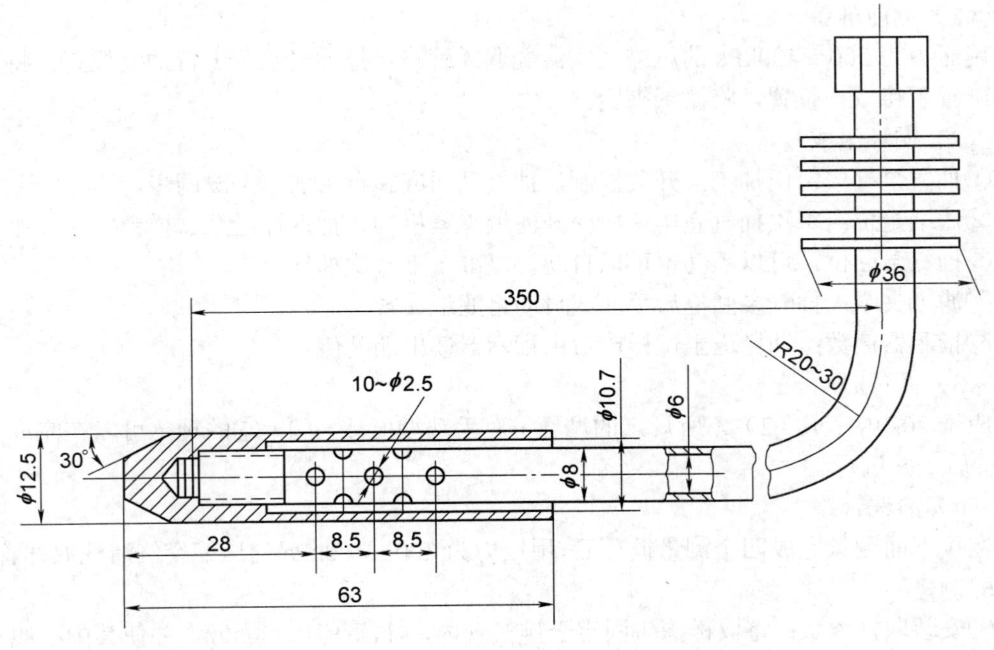

图 5-6-1　取样探头

（A）本方法与 GB/T 3846—93 等效。

③取样用连接管：长度为5.0m，内径等于$\phi 5_{-0.2mm}$，取样系统局部内径不得小于ϕ4mm。

3）测量系统：测量系统由光电反射头、指示器和试样台组成。

4）滤纸规格：

①反射因数（92±3）%。

②当量孔径为45μm。

③透气度为3000ml/(cm^2·min)（滤纸前后压差为1.96～3.90kPa）。

④厚度为0.18～0.20mm。

5）烟度卡：

①烟度卡的技术要求应符合GB9804的规定。

②标定烟度计用烟度卡，按量程均匀分布不得少于6张。

③使用烟度计用烟度卡，标值应选4.0～5.0FSN，每台烟度计3张。

6）烟度计：烟度计必须定期标定，在有效期内方可使用。

3. 受检车辆

①进气系统应装有空气滤清器，排气系统应装有消声器并且不得有泄漏。

②柴油应符合GB10327的规定，不得使用燃油添加剂。

③测量时发动机的冷却水和润滑油温度应达到汽车使用说明书所规定的热状态。

④自1995年7月1日起新生产柴油车装用的柴油机，应保证起动加浓装置在非起动工况不再起作用。

4. 测量循环

（1）测前准备

用压力为300～400kPa的压缩空气清洗取样管路，把抽气泵置于待抽气位置，将洁白的滤纸置于待取样位置，将滤纸夹紧。

（2）循环组成

①抽气泵抽气：由抽气泵开关控制，抽气动作应和自由加速工况同步。

②滤纸走位：每次抽气完毕后应松开滤纸夹紧机构，把烟样送至试样台。

③抽气泵回位：可以手动也可以自动，以准备下一次抽气。

④滤纸夹紧：抽气泵回位后手动或自动将滤纸夹紧。

⑤指示器读数：烟样送至试样台后由指示器读出烟度值。

（3）循环时间

应于20s内完成（2）条所规定的循环，对手动烟度计，（2）⑤的规定可以在完成下面5.测量后一并进行。

（4）清洗管路

在按下面测量完成四个测量循环后，用压力为300～400kPa的压缩空气清洗取样管路。

5. 测量

①安装取样探头：将取样探头固定于排气管内，插深等于300mm，并使其中心线与排气管轴线平行。

②吹除积存物：按6.说明①进行三次，以清除排气系统中的积存物。

③测量取样：将抽气泵开关置于油门踏板上，按6.说明①规定的工况及4.测量循环（2）

规定的循环测量四次，如图 5-6-2 所示，取后三次读数的算术平均值即为所测烟度值。

④当汽车发动机出现黑烟冒出排气管的时间和抽气泵开始抽气的时间不同步的现象时，应取最大烟度值。

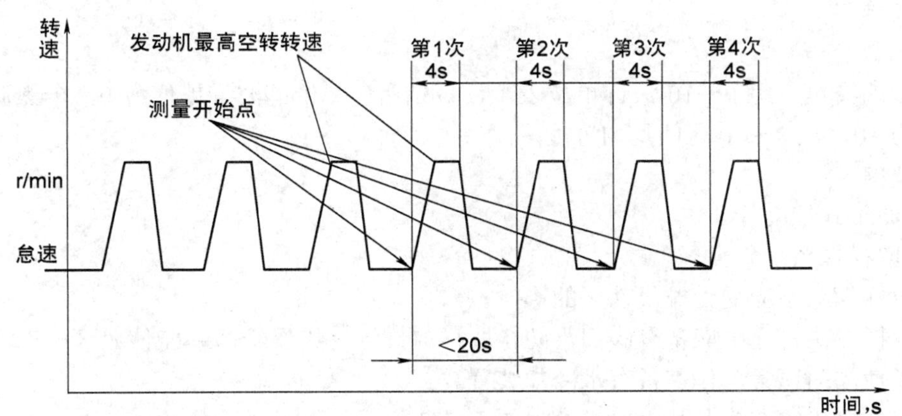

图 5-6-2　测量规程

6. 说明

①自由加速工况：柴油发动机于怠速工况（发动机运转；离合器处于接合位置；油门踏板与手油门处于松开位置；变速器处于空档位置；具有排气制动装置的发动机，蝶形阀处于全开位置），将油门踏板迅速踏到底，维持 4s 后松开。

②自由加速滤纸式烟度：在自由加速工况下，从发动机排气管抽取规定长度的排气柱所含的碳烟，使规定面积的清洁滤纸染黑的程度，称为自由加速滤纸式烟度。以符号 S_F 表示，单位为 FSN（Filter Smoke Number）。

③柴油车自由加速滤纸式烟度测量记录表，见表 5-6-2。

表 5-6-2　柴油车自由加速滤纸式烟度测量记录表

烟度计型号：________________　转速仪型号：________________

大气压力：________________大气温度：________________　相对湿度：________________

试验地点：________________试验人员：________________　试验日期：________________

序号	车型	车号	怠速转速(r/min)	测量值(FSN)				平均值(FSN)
				1	2	3	4	

④本方法适用于道路用柴油车在自由加速工况下排气中烟度的测量仪器和测量方法；

适用于装有柴油发动机、最大总质量大于 400kg、最大设计车速等于或大于 50km/h 的汽车。

（二）汽车柴油机全负荷烟度的测量 滤纸烟度法（A）

1. 原理

同本节（一）1。

滤纸的染黑度用 0～10 波许单位表示，规定白色滤纸的波许单位为 0，全黑滤纸的波许单位为 10，从 0～10 之间均匀分度。

2. 仪器

1）滤纸式烟度计。

2）取样探头：

①取样探头不应受到排气动压的影响。

②取样探头管道中应备有阀门，防止取样前排气污染滤纸，并能使死区内充满新鲜空气。为了使阀门正常工作需备有水冷却装置。

③取样探头的结构及其主要尺寸如图 5-6-3 所示。

3）活塞式抽气泵：

①抽气泵应保证每次的抽气量为 330ml±15ml。

②抽气泵抽气速度变化不应太大，每次抽气动作的时间为 1.4s±0.2s。

③在 1min 内，外界空气的渗入量不应大于 15ml。

④应保证滤纸的有效工作面直径为 32mm。

⑤滤纸夹持器应夹持可靠，保证密封。

4）取样软管内径为 4mm。

5）检测装置：

①光电传感器（图 5-6-4）：

a. 光源采用白炽电珠泡，发光要均匀稳定。

b. 电珠光轴应位于滤纸中心并与滤纸平面垂直。

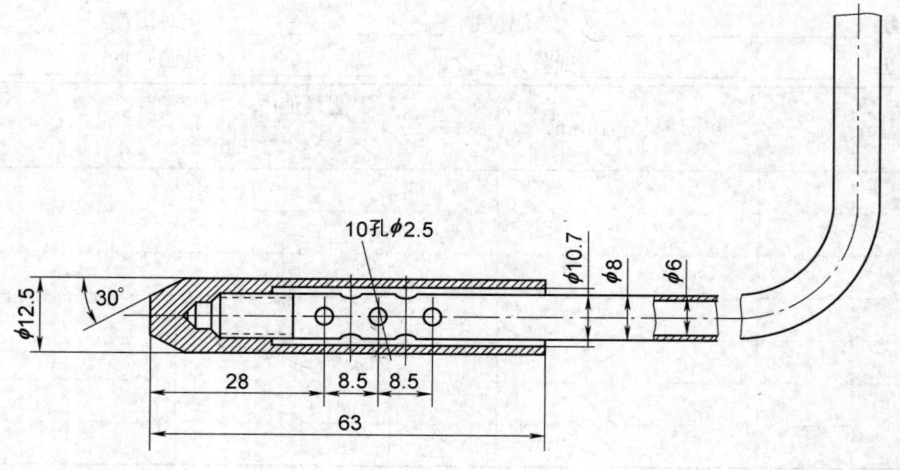

（A）本方法与 GB 3847—83 等效。

图 5-6-3　取样探头结构

c. 采用环形硒光电池作为光电元件，其输出特性应稳定。硒光电池受光面积的外径为 23mm，内径为 10mm。滤纸到硒光电池表面的距离为 10.5mm。

②指示电表：

a. 指示电表的精度应不低于 1.5 级。

b. 指示电表应按硒光电池特性刻度，用 0 到 10 的刻度表示烟度值，最小分度为满刻度的 2%。

c. 检测装置应备有调整零位和校验刻度值的调节旋钮。

d. 烟度计应备有三张供标定用的标准烟样纸，标定值为 R_b5.0 左右，每张标准烟样纸应在明度计上进行标定，精确度为 0.5%。

6）滤纸规格：

①滤纸白度为 85±2.5%。

②滤纸的当量孔径为 45μm。

③滤纸的透气度为 3000ml/（cm^2·min）（滤纸前后压差为 2～4kPa）。

④滤纸的厚度应不大于 0.18mm。

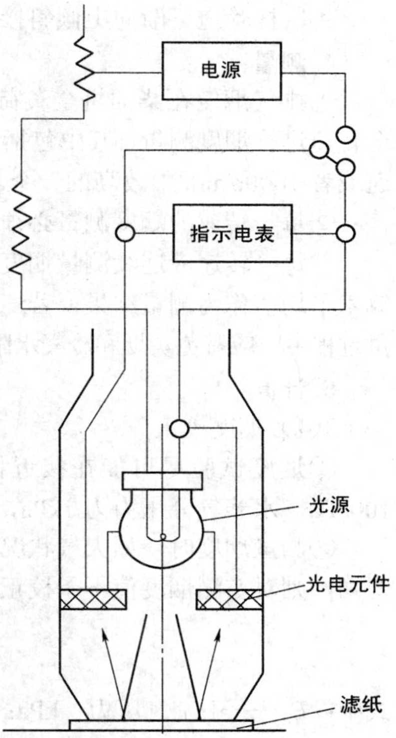

图 5-6-4　光电传感器

3. 安装取样部分

①取样探头所在排气连接管应有一个直线段，探头前方的直线段长度应不小于 6*D*，后方直线段长度应不小于 3*D*，*D* 为排气连接管的内径。此处管内压力应不大于 1.5kPa。

②取样探头应位于排气连接管的轴心线上，并逆气流安装，如图 5-6-5 所示。

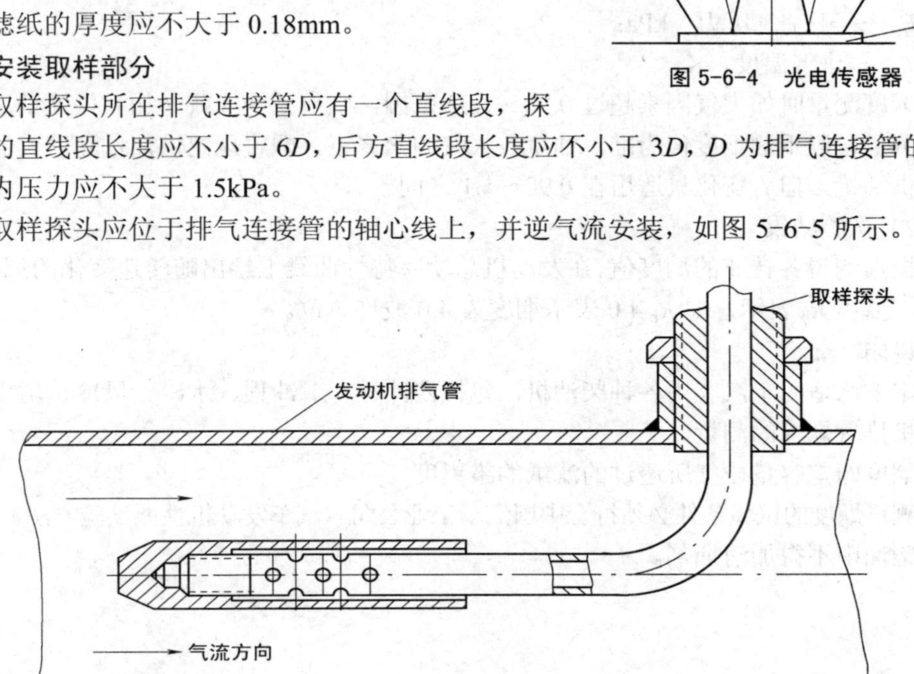

图 5-6-5　取样探头安装方法

③取样弯管与烟度计之间应装有旁通阀门，以便在不测量时将两者隔开，并使抽气泵与大气相通。

④取样管道逐渐向上倾斜接到烟度计的抽气泵上，以防止冷凝水流入抽气泵。

4. 测量

①排气烟度在柴油机全负荷稳定运转时测量，在最低转速至额定转速之间选取 6～7 个转速进行烟度测量，其中包括最大扭矩转速和最大功率转速，最低转速是指 45%额定转速或者 1000r/min 中较高的一个。

②每一转速的烟度测量必须在柴油机运转稳定后进行。

③每一转速应连续测量烟度三次，每二次测量的相隔时间应超过 1min，以三次测量的算术平均值作为测量结果，若三次测量值相差超过 0.3 波许单位，则应予重测。在烟度测量过程中，应避免炭烟和冷凝水附着在取样探头和取样管路壁上，必要时可用压缩空气吹净。

5. 计算

（1）烟度校正

①烟度试验尽可能在接近标准大气状况下进行。标准大气状况为：大气总压力为 100kPa，水蒸气分压力为 1kPa，干空气压力为 99 kPa，进气温度为 298K。

②测量烟度时，如大气状况与标准大气状况相差不大，即大气因素 f_a 位于 0.98～1.02 之间，则对实测烟度值不予校正。大气因素 f_a 用下式计算：

$$f_a = (\frac{99}{P_s})(\frac{T}{298})^{0.7}$$

式中：P_s——干空气压力，kPa；

T——进气温度，K。

③烟度测量时如大气因素超过 0.98～1.02 范围，则应减少（或增加）供油量；重新进行烟度测量，以重测烟度值为准，油量按大气因素修正，即将规定供油量除以大气因素得出调整供油量。但 f_a 变化只适用在 0.90～1.1 之间。

（2）试验结果

①根据测得各转速的烟度值，在发动机总功率特性曲线上绘出随转速变化的烟度曲线。

②烟度用 R_b 表示，如 R_b 4.0 表示烟度为 4.0 波许单位。

6. 说明

①本方法适用于汽车用各种柴油机，包括四冲程、二冲程、水冷、风冷、增压和非增压柴油机排气烟度的测量。

②烟度即定容量排气所透过的滤纸的染黑度。

③测量烟度的试验条件必须符合中国汽车工业公司《汽车发动机性能试验方法》的规定。

④柴油中不得加消烟剂。

二、一氧化碳、碳氢化合物

汽油车排气污染物的测量　怠速法（A）

1. 原理

具有极性的气体分子受到红外线照射时，吸收一部分其频率对应于气体分子固定频率的红外线，外层电子产生振动能级的跃迁，从而在红外光谱上形成吸收峰带，不同气体分子具有不同的吸收波长，利用这一特征可对气体进行定性分析。

红外线通过气体层时，被吸收的某一特征波长的红外线辐射能量与气体浓度、气体层厚度之间的关系遵循比尔定律：

$$\Delta E = E_0 - E = E_0(1 - e^{-kcl})$$

式中：E_0——入射光能量；

E——气体吸收后剩余光能量；

l——气体样品长度；

c——气体浓度；

k——气体吸收系数；

e——自然对数的底。

根据吸收前后红外辐射能量的差，定量排气中一氧化碳和碳氢化合物的含量。

2. 仪器

不分光红外线吸收型（NDIR）监测仪。其技术要求如下：

①各排气组分均应采用不分光红外线吸收型（NDIR）监测仪。

②测量仪器（以下简称仪器）的使用环境、量程范围、响应时间及精度应符合 HJ/T3－93 的规定。

③取样软管长度等于 5.0m，取样探头长度不小于 600mm，并应有插深定位装置。

④仪器的取样系统不得有泄漏，由标气口静态标定和由取样系统动态标定的结果对 CO 应一致，对 HC 允差 100μmol/mol（ppm）。

⑤仪器应有在大气压为 86～106kPa 范围内保持上述各项性能指标要求的措施。

3. 受检车辆或发动机

①进气系统应装有空气滤清器，排气系统应装有排气消声器，并不得有泄漏。

②汽油应符合 GB484 的规定。

③测量时发动机冷却水和润滑油温度应达到汽车使用说明书所规定的热状态。

④自 1995 年 7 月 1 日起新生产汽油发动机应具有怠速螺钉限制装置。点火提前角在其可调整范围内都应达到排放标准要求。

4. 测量

①必要时在发动机上安装转速计、点火正时仪、冷却水和润滑油测温计等测试仪器。

②发动机由怠速工况加速至 0.7 额定转速，维持 60s 后降至怠速状态。

③发动机降至怠速状态后，将取样探头插入排气管中，深度等于 400mm，并固定于排

（A）本方法与 GB/T 3845—93 等效。

气管上。

④发动机在怠速状态，维持 15s 后开始读数，读取 30s 内的最高值和最低值，其平均值即为测量结果。

⑤若为多排气管时，取各排气管测量结果的算术平均值。

5. 说明

①本方法用于装有汽油发动机、最大总质量大于 400kg、最大设计车速等于或大于 50km/h 的汽车，也适用于车用汽油发动机。

②怠速工况：当发动机运转，离合器处于接合位置，油门踏板与手油门处于松开位置，变速器处于空档位置，采用化油器的供油系统，其阻风门处于全开位置时即为怠速工况。

③一氧化碳（CO）、碳氢化合物（HC）容积浓度：排气中一氧化碳（CO）的容积百分数即为一氧化碳（CO）的容积浓度，以 10^{-2}（%）表示；排气中碳氢化合物（HC）的容积百万分数即为碳氢化合物（HC）的容积浓度，以 μmol/mol（ppm）表示。

④额定转速：指发动机发出额定功率时的转速。

⑤汽油车怠速污染物测量记录表，见表 5-6-3。

表 5-6-3 汽油车怠速污染物测量记录表

排气分析仪型号：____

转速仪型号：____ 点火正时仪型号：____

大气压力：____ 大气温度：____

试验地点：____ 试验人员：____ 试验日期：____

序号	车(机)型	车(机)号	转速(r/min)	点火提前角(°)	CO(%)			HC(μmol/mol)或(ppm)		
					最高值 V_1	最低值 V_2	平均值 $(V_1+V_2)/2$	最高值 V_1	最低值 V_2	平均值 $(V_1+V_2)/2$

6. 怠速调整（参考）

（1）目的

测量汽车怠速污染物浓度的目的是判定汽车发动机燃烧是否达到正常状态，从而降低油耗和排放。为此除应保证各机件及各调整间隙正常外，还应对怠速供油供气系统进行必要的正确的调整，怠速污染物排放标准值就是以合理的怠速调整为基础的。

（2）怠速调整

发动机怠速调整是为了确定节气门和怠速螺钉的合理位置，前者主要控制进气量，后者主要控制进油量，因此它对怠速排放的影响很大。正确的怠速调整，一般应按照制造厂的说明书进行，如果无规定，可参照以下方法调整。

①只有转速计的最佳调整法：首先将节气门固定，左、右旋转怠速调整螺钉，找出该节气门位置时的最高转速，如果此转速高于出厂规定的怠速转速，稍许关小节气门再找最高转速，如此重复，直到某一个节气门位置时的最高转速等于出厂规定的怠速转速为止。

②同时有转速计和排气分析仪时的调整法：逐渐向调稀混合气的方向旋动怠速调整螺钉，同时调整节气门，使转速不变，随怠速调整螺钉的逐渐旋动，CO 和 HC 均逐渐下降，当 HC 下降到最低点，并有回升趋势时即为 HC 最低值，这时怠速调整螺钉和节气门即为最佳位置。

做完①或②调整后，CO 的浓度值仍很高时，可适当地采用巴黎调整法。

③巴黎调整法：在做完①或②调整后，将怠速调整螺钉向调稀混合气的方向稍许旋动（最多只允许拧进 1/8 圈），这时转速降低，然后调大节气门使之恢复到原转速。调整的结果使 HC 值略升，CO 值下降。原则是 HC 不能上升过多，CO 满足标准要求即可。如果巴黎调整法的结果使 CO 达标，而使 HC 超标，是不允许的。如果 CO 和 HC 不能同时达标，说明在其他条件不改变时，该化油器不能满足排放要求。

如果用最佳调整法可使排放达标，建议不要采用巴黎调整法，如果 HC 达标，而 CO 超标，可适当地采用巴黎调整法，如果巴黎调整法不能使 CO 和 HC 同时达标，则需对化油器及点火系统等方面进行检查。

7. 双怠速排放测量（参考）

（1）目的

世界各国为了监控因化油器量孔磨损造成的汽车排放恶化，或者为了监控因催化转化器转化效率降低造成的汽车排放恶化，近年来普遍采用了双怠速测量。为了满足我国重点城市环保系统通过简易办法有效的监控汽车排放的需要，现将国际标准化组织 ISO3929 中制订的双怠速排放测量程序列于（2），供各地环保系统参考使用。

（2）测量

①必要时在发动机上安装转速计、点火正时仪、冷却水和润滑油测温计等测试仪器。

②发动机由怠速工况加速至 0.7 额定转速，维持 60s 后降至高怠速（即 0.5 额定转速）。

③发动机降至高怠速状态后，将取样探头插入排气管中，深度等于 400mm，并固定于排气管上。

④发动机在高怠速状态维持 15s 后开始读数，读取 30s 内的最高值和最低值，其平均值即为高怠速排放测量结果。

⑤发动机从高怠速状态降至怠速状态，在怠速状态维持 15s 后开始读数，读取 30s 内的最高值和最低值，其平均值即为怠速排放测量结果。

⑥若为多排气管时，分别取各排气管高怠排放测量结果的平均值和怠速排放测量结果的平均值。

（3）测量结果

高怠速排放测量值应低于怠速排放测量值。

附 录

附表 在101.325kPa压力下空气饱和时水蒸气压力和含湿量

温度(℃)	$1m^3$干空气重(kg/m^3)	饱和水蒸气分压力		饱和时含湿量			
		(kPa)	(mmHg柱)	[g/m^3(湿气)]	[g/m^3(标干气)]	[g/m^3(标湿气)]	[g/kg(干气)]
0	1.293	0.61	4.6	4.9	4.8	4.8	3.8
5	1.270	0.87	6.5	6.8	7.0	6.9	5.4
6	1.265	0.93	7.0	7.3	7.5	7.4	5.8
7	1.261	1.00	7.5	7.8	8.1	8.0	6.2
8	1.256	1.07	8.0	8.3	8.6	8.5	6.7
9	1.252	1.15	8.6	8.8	9.2	9.1	7.1
10	1.248	1.23	9.2	9.4	9.8	9.7	7.6
11	1.243	1.31	9.8	10.0	10.5	10.4	8.1
12	1.239	1.40	10.5	10.7	11.3	11.2	8.7
13	1.235	1.49	11.2	11.4	12.1	11.9	9.3
14	1.230	1.60	12.0	12.1	12.9	12.7	9.9
15	1.226	1.71	12.8	12.8	13.7	13.5	10.6
16	1.222	1.81	13.6	13.6	14.7	14.4	11.3
17	1.217	1.93	14.5	14.5	15.7	15.4	12.1
18	1.213	2.07	15.5	15.4	16.7	16.4	12.9
19	1.209	2.20	16.5	16.3	17.9	17.5	13.8
20	1.205	2.33	17.5	17.3	18.9	18.5	14.6
21	1.201	2.49	18.7	18.3	20.3	19.8	15.6
22	1.197	2.64	19.8	19.4	21.5	20.9	16.6
23	1.193	2.81	21.1	20.6	22.9	22.3	17.7
24	1.189	2.99	22.4	21.8	24.4	23.1	18.8
25	1.185	3.17	23.8	23.0	26.0	25.2	20.0
26	1.181	3.36	25.2	24.4	27.5	26.6	21.2
27	1.177	3.56	26.7	25.8	29.3	28.2	22.6
28	1.173	3.77	28.3	27.2	31.1	29.9	24.0
29	1.169	4.00	30.0	28.7	33.0	31.7	25.5
30	1.165	4.24	31.8	30.4	35.1	33.6	27.0
31	1.161	4.49	33.7	32.0	37.3	36.6	28.7
32	1.157	4.76	35.7	33.9	39.6	37.7	30.4
33	1.154	5.02	37.7	35.6	41.9	39.9	32.3
34	1.150	5.32	39.9	37.5	44.5	42.2	34.2
35	1.146	5.62	42.2	39.6	47.3	44.6	36.4
36	1.142	5.94	44.6	40.5	50.1	47.1	38.6
37	1.139	6.28	47.1	43.9	53.1	49.8	40.9
38	1.135	6.62	49.7	46.2	56.3	52.6	43.4
39	1.132	6.98	52.4	48.5	59.5	55.4	45.9
40	1.128	7.37	55.3	51.1	63.1	58.5	48.6

温度(℃)	$1m^3$ 干空气重(kg/m^3)	饱和水蒸气分压力		饱和时含湿量			
		(kPa)	(mmHg 柱)	[g/m^3(湿气)]	[g/m^3(标干气)]	[g/m^3(标湿气)]	[g/kg(干气)]
41	1.124	7.77	58.3	53.6	66.8	61.6	51.2
42	1.121	8.20	61.5	56.5	70.8	65.0	54.3
43	1.117	8.64	64.8	59.2	74.9	68.6	57.6
44	1.114	9.10	68.3	62.3	79.3	72.2	61.0
45	1.110	9.58	71.9	65.4	80.4	76.0	64.8
46	1.107	10.09	75.7	68.6	89.0	80.0	68.6
47	1.103	10.61	79.6	71.8	94.1	84.3	72.7
48	1.100	11.16	83.7	75.3	99.5	88.6	76.9
49	1.096	11.73	88.0	79.0	105.3	93.1	81.5
50	1.093	12.34	92.6	83.0	111	97.9	86.1
51	1.090	12.95	97.2	86.7	118	103	91.3
52	1.086	13.61	102.1	90.9	125	108	96.6
53	1.083	14.29	107.2	95.0	132	113	102
54	1.080	14.99	112.5	99.5	139	119	108
55	1.076	15.73	118.0	104.3	148	125	114
56	1.073	16.50	123.8	108	156	131	121
57	1.070	17.30	129.8	113	165	137	128
58	1.067	18.14	136.1	119	175	144	135
59	1.063	19.01	142.6	124	185	151	143
60	1.060	19.91	149.4	130	196	158	152
61	1.057	20.84	156.4	136	209	166	161
62	1.054	21.83	163.8	142	222	174	170
63	1.051	22.84	171.4	148	235	182	181
64	1.048	23.90	179.3	154	249	190	192
65	1.044	24.99	187.5	161	265	199	204
66	1.041	26.14	196.1	168	281	208	215
67	1.038	27.32	205.0	175	299	218	229
68	1.035	28.55	214.2	182	318	228	244
69	1.032	29.81	223.7	190	338	238	259
70	1.029	31.15	233.7	198	361	249	275
75	1.014	38.53	289.1	242	499	308	381
80	1.000	47.33	355.1	293	716	379	544
85	0.986	57.79	433.6	353	1092	463	824
90	0.973	70.08	525.8	423	1877	563	1395
95	0.959	84.49	633.9	504	4381	679	3110
100	0.947	101.29	760.0	579	∞	816	8000

第七章 空气污染应急监测技术

随着突发性环境污染事故的增多，迫切要求快速、准确地查明导致污染事故的原因、造成事故的污染物种类，以及在不同环境介质中污染物浓度分布情况，据此评估污染事故的发展趋势，及时报告监测结果，因此，环境应急监测技术应运而生。自20世纪90年代以来，全世界针对环境应急监测技术开发了数百种方法，其中，仅环境空气应急监测技术就有动植物检测法、试纸法、检测管法、滴定法、化学比色法、电化学传感器法、流动自动监测法（应急监测车）、实验室分析等数十种。本章详细列举了环境空气中氯气、硫化氢、氯化氢、一氧化碳、可燃烧气体、氰化氢、光气、挥发性有机物（VOC）、氟化氢、氨气的现场常用应急监测方法。

在突发性污染事故现场，虽然快捷、准确的监测手段十分重要，但同时也应该注意，在监测过程中可能存在各种因素会危害监测人员的身体、损害健康，甚至危及生命。因此，在现场进行监测时还应配备现场防护用品，采取相应的个人防护措施以保障监测人员的健康与生命安全，保证应急工作的顺利进行。

一、氯气

氯气是一种黄绿色有强烈刺激性气味的气体，会对人的眼、呼吸道产生急性毒性。氯气多由食盐电解而来，主要在冶金、造纸、纺织、染料、制药、农药、橡胶、塑料及其他化工生产氯化工序中使用；光气、颜料、漂白粉的制造，饮用水的消毒方面也会用到。在其制造和使用过程中，设备管道密闭不严，生产管理不善，液氯灌注、运输和储存时钢瓶密封不严或有故障，均有可能引起氯气的泄漏。

常用的应急监测技术有联苯胺指示纸法、检测管法、电化学传感器法、紫外光度法等。

检测人员所需的安全防护器具有：❶酸性气体防护口罩和防护眼镜（简易防护）；❷配有氯气专用滤毒罐（可用通用滤毒罐代替）的防毒面具；❸呼吸器和防护服（必要时使用）。

（一）联苯胺指示纸法

1. 原理

氯气在醋酸联苯胺溶液浸过的指示纸上发生化学反应，生成蓝色的联苯胺蓝。将试纸产生的颜色与标准比色板相比较，确定氯气的浓度。

2. 适用范围

本方法操作简便、快速、测定范围宽，适于空气污染应急监测中氯气的定性和半定量测定。但缺点是测量结果易受到一定的主观影响，误差较大，较适于高浓度氯气的测定。

3. 干扰及消除

卤素、二氧化氯、氮氧化物对测定有干扰，应避免和这些物质同时测定，若无法避开，则应选用其他测试方法。

4. 测试步骤

①将联苯胺指示纸小心地夹在采样夹中，然后将此采样夹与采样器（如 100ml 的玻璃注射器或采样泵）相连接。连接好后，采样器以 100ml/min 的速度采样，使待测气体通过指示纸并与其发生化学反应。

②采完规定体积的空气样品后，把反应后的指示纸折成半圆形，放在标准比色板的相应色阶上进行比较，得到氯气的含量。

5. 计算

读取含量值，与经过温度及压力修正计算的采样体积相除，得到标准状态下的质量浓度，计算公式如下：

$$氯气（Cl_2，mg/m^3）=\frac{M}{V_{标}}=\frac{M}{V_{测}}\times\frac{103.125}{p}\times\frac{(273+t)}{273} \quad （5-7-1）$$

式中：M——反应产生的色板与标准色板比较得到的含量值，mg；

$V_{测}$——实际采样体积，m^3；

$V_{标}$——标准状况下的采样体积，Nm^3；

p——测定点大气压，kPa；

t——测定点环境温度，℃。

6. 说明

联苯胺指示试纸可以向专业生产厂商购买，也可以自行制作。

自行制备方法为：

①配制 30%的联苯胺醋酸饱和溶液。

②按 7%的体积比往该溶液中加入甘油。

③制作试纸。具体做法是：把直径为 15mm 的普通滤纸片浸入上述溶液（即按 7%的体积比加入甘油后的联苯胺醋酸饱和溶液）中，浸透后取出晾干，使其在干燥后保持 0.5%的湿度，即制作好联苯胺指示试纸。

④制作标准比色板。具体做法是：用不同浓度的氯气按测试步骤分别通过联苯胺指示试纸（一种浓度的氯气通过一张联苯胺指示试纸），反应显色后会得到不同色阶，对该批不同色阶的联苯胺指示试纸进行塑封后即得到标准比色板，标准比色板可保存半年至一年。

（二）检测管法

1. 原理

含氯气的空气经过用荧光黄和溴化钾溶液处理过的硅胶表面时，置换出溴，溴与荧光黄反应，生成红色化合物，改变了指示粉的颜色。变色柱的长度与氯气的浓度成正比，根据这个关系定量测定氯气。

2. 适用范围

本方法适于环境应急监测中对空气中氯气的测定，常见的检测范围包括 1～20ppm，5～

100ppm 等，部分检测管检测范围低限能达到 0.05ppm，高限能达到 500ppm。

3. 干扰及消除

卤素、氨气、氯化氢、一氧化氮、二氧化氮及氯胺对测定有干扰。

4. 仪器与试剂

（1）手泵或自动泵

手泵是可手动抽取一定量气体的活塞型仪器。自动泵是用电动气泵自动将待测气体抽过检测管再从泵排气口排出的仪器。

手泵基本结构如图 5-7-1 所示：

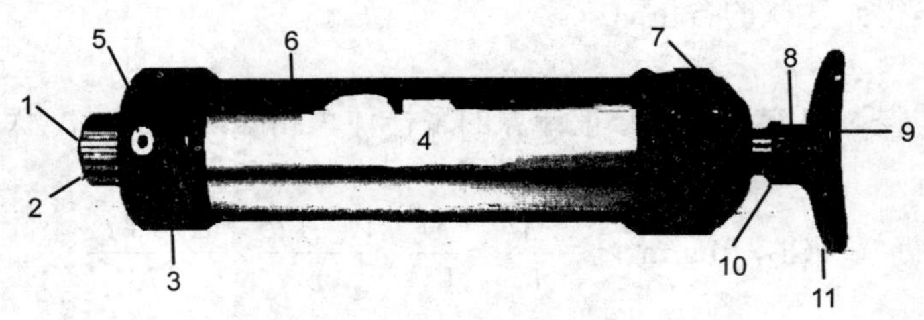

图 5-7-1 手泵基本结构

1—泵进口；2—泵进口螺帽；3—检测管头贮槽；4—手泵；5—切管口；6—泵轴；7—泵冲程计数器；8—体积指示器；9—采样终点指示器；10—活塞对准记号；11—活塞手柄

（2）检测管

氯气检测管。一般应在温度为 0～40℃和湿度为 0～90%时使用。

5. 测试前的准备

（1）安全防护

准备好安全眼镜和手套，测试时进行佩戴。

（2）气密性检查

测量前先检查手泵或自动泵是否漏气，如果漏气可能会导致采样体积不准确。

1）手泵漏气检查方法：

①将一支未开封的检测管妥善插入手泵进口，抽满一个标准体积。

②两分钟后，转动活塞使上面的指示点（红点或其他标示方法）与筒身上的点偏离，推回活塞，用手握住以防止其突然退回。若不漏气，活塞将归回原位 3mm 以内。

2）自动泵漏气检查方法：

①开启抽气泵，调到一定流量（如 1L/min）。

②堵住抽气进口，观察流量计浮子是否能降回“0”，再开通抽气进口，观察流量计浮子是否能回到最初流量（如 1L/min）。如果堵住进口时浮子能降回“0”、不堵时能回到最初流量，则该抽气泵不漏气；否则，该泵漏气。

如手泵漏气，有可能是以下两个原因所致：

❖ 泵上橡皮嘴在多次使用后导致漏气。解决方法是旋开手泵螺套，更换橡皮嘴或清洗过滤片。

❖ 活塞损坏或没有润滑引起漏气。解决方法是更换活塞，并用真空润滑脂润滑筒体内部并确保筒内密封良好。

如自动泵漏气，应查找漏气原因并进行修复。

6. 测试步骤

（1）手泵测试

①用手泵的切管口打开检测管两头。具体方法为：将检测管插入切管口，插到底后退出 1mm 以折断检测管头。折断的管头会掉入检测管头贮槽中，清理时，打开切管口背面的橡皮盖，倒空即可。

②当需要前置处理管时，用步骤①的方法打开前置处理管两头，再用橡皮接头按照前置处理管上箭头指示的方向连接前置处理管和测试用检测管，如果不需要前置处理管，则略过此步骤。

③小心地将检测管插入手泵进口，检测管上的箭头方向应指向手泵。

④根据需要，确定采样体积。转动活塞，使活塞上相应体积（50ml 或 100ml）的指示点与筒身上的指示点（红点或其他标记）对齐。迅速拉出活塞手柄，在参数表规定的采样时间内，让气体通过检测管。当气体完全通过检测管后，手柄上显示皮碗会由灰色转为白色（或其他显示方法）。

⑤如需多次才能抽足相应体积的气体，在不取出检测管的情况下，将手柄顺时针或逆时针旋转 1/4，再推回原位，然后重复步骤④。

⑥读取浓度值。由于随时间的推移，颜色可能改变、褪色或分散，气体采集完后应立即读数；读取数值时，要读测试管上变色范围所到达的最远处。若变色边缘呈对角线而非垂直于测试管，读取时取其最大值和最小值的平均数。

（2）自动泵测试

①用专用切管装置打开检测管（测试管）及前置处理管（在需要时使用，下同）两头。

②用橡皮接头按照检测管上箭头提示的方向连接前置处理管和测试用检测管。

③按照检测管上箭头提示的方向小心地将连接好的前置处理管和测试管插入自动泵抽气入口。

④根据所需要的采样体积，调整自动泵抽气流量，计算好抽气时间进行抽气。在参数表上的采样时间内，等气体完全通过测试管。

⑤读取浓度：读取方法与手动泵测试方法中浓度读取方法相同。

7. 计算

在检测管读取浓度后应进行温度、湿度及压力的修正计算，并应以标准状态下的质量浓度表示，计算公式如下：

$$\text{氯气}（Cl_2，mg/m^3）= C_{湿} \times CF \times \frac{103.125}{p} \times \frac{71}{22.4} \times \frac{273}{(273+t)} \times 10^{-3} \qquad (5\text{-}7\text{-}2)$$

式中：$C_{湿}$——把检测管上的读数与该检测管的湿度修正系数表对比，选取表中所对应的修正浓度，ppm（或用 μmol/mol 表示）；

CF——校准系数，根据检测限范围内的标准体积与实际抽气体积的比值来确定该数，例如该检测管在 5～100ppm 测试范围内的标准体积为 100ml，实际采集体积为 200ml，则校准系数=100/200=0.5；

p——测定点大气压，kPa；

t——测定点环境温度，℃。

8. 精密度

精密度（相对标准偏差）应满足：≤20%。

9. 说明

1）检测管可以直接购买，也可以自制。检测管的制备方法为：

①称取1.5g溴化钾、0.05g荧光黄和0. 5g碳酸钾溶于50ml水中，再加入0.5ml10%的氢氧化钾溶液。把此溶液与甘油、水等体积混合，制成荧光黄弱碱性溶液作为指示剂。

②在蒸发皿中，每5g 80～100目硅胶加入2ml指示液，搅拌均匀，并使其自然干燥，形成指示粉。

③将干燥好的指示粉装入内径为2.4～2.5mm，长180mm的玻璃管中，两端用脱脂棉固定并熔封。

④用已知浓度的不同浓度的标准气体对检测管进行标定，制成浓度标尺。

2）按说明书规定妥善保存检测管，并按照规定处置使用过的检测管。对需要特殊处理的，参照检测管参数表上列出的相关准则和信息进行。若检测管或前置处理管被打破，切记避免接触管内试剂。直接接触试剂会给身体带来严重伤害。

3）使用时应注意因潜在的干扰而引起的读数不准确。

4）由于检测管的响应比较慢，所以要根据检测范围抽取相应量的气体。

（三）电化学传感器法

1. 原理

传感器工作时，由外电路在工作电极和参比电极之间施加一个恒电位差，使工作电极上保持一个恒定电位，当待测气体通过传感器的渗透膜，扩散进入电解槽，会发生氧化或还原反应。工作电极得失电子数与被分析气体的浓度值成正比。

2. 适用范围

本方法适用于空气污染应急监测中氯气的测定，常见的检测范围为0～10ppm，或0～20ppm，少数仪器能检测到100ppm。

3. 干扰及消除

被测气体中的尘和水分容易在渗透膜表面凝结，影响其透气性。如果相对湿度超过95%或有冷凝现象出现时更会使测试结果偏低。但由于氯气反应性强，为避免和减少吸附，通常不建议使用水阱过滤器等装置，并选择较高的泵吸速度。

4. 仪器与试剂

（1）便携式氯气检测仪

其通常的技术指标及工作条件为：

响应时间：60s；

环境温度：－10～50℃；

湿　　度：0～95%相对湿度（无冷凝）；

风　　速：0～8m/s；

工作方式：连续。

（2）试剂

氯气标准气体（在有配气能力的机构用 99.9%以上精度的纯气配制到需要的浓度后立即使用）。

5. 测试前的准备

1）仔细检查仪器是否正常。检查电池电量是否足够，设置日期、时间、测量模式、报警限值及标准气体浓度等。

2）零点校准：开启仪器，进入标定程序，按仪器提示步骤用清洁空气进行零点校准。

3）标准气体校准及校验测试：零点校准完毕后，按提示步骤连通标气，开启标气阀门进行标定，标定过程结束后停供标气，回到测试界面，再开启标气阀门，观察仪器读数是否与标气浓度相符（示值误差在±10%以内则符合要求）。如不相符，则进行相应读数的调整并重复步骤 2）、3）两至三次，如仍达不到要求，则由专业技术人员检查仪器并进行相应处理。

标准气体校准通常是半年到一年进行一次。由于氯气标准气体配置后需立即使用，按现有技术条件，一般在有条件配制氯气标准气体的部门进行。

6. 测试步骤

1）打开开关，仪器自检完毕后进入测试状态。

2）对待测气体进行连续测定，待仪器示值稳定后，取最后两次读数的均值为最终结果记录。

3）监测完毕，将仪器移至清洁空气处，连续进气 3min，读数值回零后，关闭仪器。

7. 计算

若便携式氯气检测仪指示的浓度以 ppm（或 μmol/mol 表示时），氯气测定的结果应按以下公式换算为标准状态下的质量浓度：

$$\text{氯气}（Cl_2，mg/m^3）=C\times 3.17 \quad (5\text{-}7\text{-}3)$$

式中：C——便携式氯气检测仪指示浓度，用 ppm 表示；

3.17——氯气浓度从 ppm 换算为标准状态下质量浓度（mg/m^3）的换算系数。

8. 精密度

精密度（相对标准偏差）应满足：≤10%。

9. 说明

1）应保证仪器气路的畅通。因为传感器是在流动的气体中工作，故不允许堵住气路，以免传感器透气膜受损。

2）此方法提及的响应时间是指仪器开始暴露时达到稳定读数的时间。响应时间一般以 T-90 表示（到达最终读数 90%处的时间），有些仪器采用 T-95 为指标。

（四）紫外光度法

1. 原理

紫外光源发射出 30Hz 的脉冲光束，被光束切割器分成两束光，每束光分别射向样气室前后、参比室前后的两对检测器上。两对检测器分别为样气室前（Sb）、样气室后（Sa）、参比室前（Rb）、参比室后（Ra）。Sa、Ra 在 310～355nm 的波长区域接收光能，Sb、Rb 在 355～400nm 波长区域接收光能，4 个检测器测定氯气的浓度，并对二氧化氮的干扰及紫外灯的波动进行了修正。检测器测定值之间的差，就是氯气的浓度。即：

$$Cl_2=[f(Rb)-Sb]-[f(Ra)-Sa]$$

式中：Sa、Sb、Rb、Ra——分别为检测器传出的信号；

f——参比信号的衰减系数，可对 NO_2 的干扰做补偿。

2. 适用范围

本方法适用于空气污染应急监测中氯气的测定。检测范围一般为 0～100ppm，部分仪器可扩展到 5000ppm。

3. 影响因素

二氧化氮对结果有干扰，在计算中要进行校正。

4. 仪器与试剂

（1）氯气分析仪

一般氯气分析仪的技术指标及应满足的工作条件为：

响应时间：满量程的 90%内，0.5～20s 可调；

环境温度：15～35℃；

工作方式：连续。

（2）试剂

氯气标准气体（同一、（三）4 中的（2））。

5. 测试步骤

1）按照说明书进行仪器的连接。

2）检查是否存在漏气。用合适的液体如肥皂液，检测所有组件连接部位和可能泄漏的地方，如果出现气泡，应查找漏气原因并进行修复。

3）打开电源，预热仪器约 1h，然后分别进行仪器的零点校准及标准气体校准（可参照一、（三）5 中的 2）、3））。

4）对待测气体进行连续测试，待仪器示值稳定后记录数据。

5）监测完毕，关闭仪器。

6. 计算

若氯气分析仪指示的浓度以 ppm（或 μmol/mol）表示时，氯气测定的结果应按公式（5-7-3）换算为标准状态下的质量浓度。

7. 精密度

精密度（相对标准偏差）应满足：≤5%。

二、硫化氢

硫化氢是一种无色有臭鸡蛋气味的气体，具有强烈的神经毒性。一般作为某些化学反应和蛋白质自然分解过程的产物及某些天然物的成分和杂质，经常存在于自然界和多种生产过程中。在自然界中，天然气、火山喷气、矿泉中常含有硫化氢；在工业生产中，采矿、有色金属冶炼、煤的低温焦化、含硫石油开采及提炼、橡胶、制革、染料、制糖等都会产生硫化氢，甚至开挖和整治沼泽地、沟渠、印染、下水道、隧道及清除垃圾、粪便也都常伴有硫化氢的存在。

空气污染应急监测中，硫化氢的测定常使用的方法有醋酸铅指示纸法、检测管法、电化学传感器法、紫外荧光法等。这里主要对上述四种方法进行介绍。

检测人员所需的安全防护器具：❶酸性气体防护口罩和防护眼镜（简易防护）；❷配有可过滤硫化氢滤毒罐的防毒面具（高浓度时仅可用于逃生）；❸呼吸器和防护服（必要时使用）。

（一）醋酸铅指示纸法

1. 原理

硫化氢与含醋酸铅的指示纸反应，产生褐色的硫化铅沉积在指示纸上。用指示纸上产生的颜色与标准比色板相比较，确定硫化氢的浓度。

2. 适用范围

本方法操作简便、快速，测定范围宽，适于空气污染应急监测中硫化氢的定性和半定量测定。缺点是测量结果易受到一定的主观影响而造成较大误差，较适于高浓度硫化氢的测定。

3. 干扰及消除

砷化氢、溴化氢、氮氧化物会对测量结果产生干扰，应避免和这些物质同时测定，若无法避开，则应选用其他测试方法。

4. 测试步骤

1）将醋酸铅指示纸小心地用采样夹夹住，将采样夹与采样器（如采样泵等）相连接。连接后，采样器以1L/min的速度采样，使气体通过指示纸并与其发生化学反应。

2）采完规定体积的气样后，将指示纸折成半圆形，放在标准比色板的相应色阶上进行比较，得到硫化氢的含量。

5. 计算

读取含量值后，参照本章公式（5-7-1），除以经过温度与压力修正的采样体积，得到标准状态下的硫化氢质量浓度（H_2S，mg/m^3）。

6. 说明

1）指示纸可以向生产厂商购买，也可以自制。制备方法为：

①称取10g醋酸铅，溶于100ml浓度为1%的醋酸中，加入10ml甘油配成指示液。

②将慢速定量滤纸在指示液中浸1min，然后取出，夹在干燥的滤纸中吸去多余的液体，放在不含硫化氢的干净空气中自然干燥。

③干燥后剪成与采样夹的直径相同的圆片，密封保存在玻璃容器中。

④用不同浓度的硫化氢标准气体制作浓度标尺（即标准比色板，其制作方法可参照本章一、（一）6中的④）。

2）指示纸与气样相接触部分的直径对测定灵敏度有一定影响，直径小时，测定灵敏度会相对较高；直径大时，灵敏度会较低。

（二）检测管法

1. 原理

吸附在硅胶上的醋酸铅能和硫化氢气体迅速反应，生成褐色的硫化铅色柱，色柱的长度与硫化氢气体的浓度成正比。通过产生的变色柱的长度定量测定硫化氢。

2. 适用范围

本方法适于空气污染应急监测中硫化氢的测定。常用的检测范围为 1～20ppm，2～50ppm 等，部分检测管检测范围高限可达 200ppm，部分检测管低限可达 0.2ppm。

3. 干扰及消除

砷化氢、溴化氢、氮氧化物干扰本方法测试，应避免和这些物质同时测定，若无法避开，则应选用其他测试方法。

4. 仪器与试剂

（1）手泵或自动泵

手泵基本结构要求同本章图 5-7-1。

（2）检测管

硫化氢检测管技术指标一般应满足使用温度 0～40℃。

5. 测试前的准备

同本章一、（二）5。

6. 测试步骤

同本章一、（二）6。

7. 计算

在检测管读取浓度后应进行温度、湿度及压力修正计算，并应以标准状态下的质量浓度表示，计算公式为：

$$\text{硫化氢（}H_2S\text{，}mg/m^3\text{）} = C_{\text{湿}} \times CF \times \frac{103.125}{p} \times \frac{34}{22.4} \times \frac{273}{(273+t)} \quad (5\text{-}7\text{-}4)$$

式中：$C_{\text{湿}}$——把检测管上的读数与说明书上湿度修正系数表对比，选取表中所对应的修正浓度，ppm；

CF——校准系数，根据检测限范围内的标准体积与实际抽气体积的比值来确定该数。例如，该检测管在 2～50ppm 测试范围内的标准体积为 100ml，实际采集体积为 200ml，则校准系数=100/200=0.5；

p——测定点大气压，kPa；

t——测定点环境温度，℃。

8. 精密度

精密度（相对标准偏差）应满足：≤20%。

9. 说明

1）检测管可以直接购买，也可以自制。检测管的制备方法为：

①称取 1.5g 醋酸铅溶于 10ml 的 2%醋酸中，按 1∶1 的比例加入 10ml 浓度为 2%的氯化钡溶液，然后用水稀释至 100ml，制成指示液。

②每 2g 处理好的 80～100 目的硅胶放在蒸发皿中加入 1ml 配好的指示液，不断搅拌并自然干燥到颗粒之间互不粘附即制作好指示粉。在内径 2.3～3.0mm、长 150mm 的玻璃管中，装入 80mm 长的指示粉，两端用脱脂棉固定，熔封。

③用不同浓度的标准气体进行标定，制作浓度标尺。

2）～4）同本章一、（二）9 中的 2）～4）。

（三）电化学传感器法

1. 原理

可用于空气污染应急监测的硫化氢电化学传感器的主要测试原理基于以下两种：

（1）硫化氢库仑检测仪

利用库仑滴定原理，将被测气体导入装有溴化钾酸性溶液的滴定池内，使气体中的硫化氢在池内发生电解反应。电解电流与硫化氢的瞬时浓度呈线性关系，由此得出硫化氢的浓度值，并用微安表指示读数。

（2）硫化氢气敏电极检测仪

电极由工作电极、参比电极、内充电解液和透气膜组成。用硫电极作工作电极，用Ag/AgCl电极或LaF_3电极作参比电极。参比电极内充柠檬酸盐缓冲液作为电解液。硫化氢通过透气薄膜进入电解液转变为S^{2-}离子，平衡时：

$$[S^{2-}] = K_1 \cdot K_2 \frac{[H_2S]}{[H^+]^2}$$

式中：$K_1 \cdot K_2$——电离常数。

当离子强度和pH一定时电极电位为：

$$E^0 = E - 2.303\frac{RT}{2F}\log[H_2S]$$

式中：F——法拉第常数；

T——温度，℃；

R——气体常数。

2. 适用范围

本方法适用于空气污染应急监测中硫化氢的测定。检测范围一般为0～100ppm，少数仪器测量上限能达到500ppm。

3. 干扰及消除

空气中高浓度的氨会对硫化氢的测试产生正干扰，测试时注意去除氨气。

4. 仪器与试剂

（1）便携式硫化氢检测仪

其技术指标及工作条件为：

响应时间：<50s；

环境温度：–10～50℃；

湿　　度：0～95%相对湿度（无冷凝）；

工作方式：连续。

（2）试剂

硫化氢标准气体，一般使用10ppm或25ppm浓度的标准气体。

5. 测试前的准备

同本章一、（三）5。

6. 测试步骤

同本章一、（三）6。

7. 计算

仪器对硫化氢测定的结果，应以标准状态下的质量浓度表示。若仪器硫化氢显示值为ppm时，应按下式换算为标准状态下的质量浓度：

$$硫化氢（H_2S，mg/m^3）=C\times1.52 \quad (5-7-5)$$

式中：C——便携式硫化氢检测仪指示浓度，ppm；

1.52——硫化氢浓度从ppm换算为标准状态下质量浓度（mg/m^3）的换算系数。

8. 精密度

精密度（相对标准偏差）应满足：≤10%。

9. 说明

同本章一、（三）9。

（四）紫外荧光法

1. 原理

该方法是将含有H_2S的样气通过转换炉，利用H_2S在高温下会被氧化成SO_2的原理，在催化剂作用下将H_2S氧化成SO_2，并用SO_2分析仪测定浓度（H_2S的转化率需≥96%），如图5-7-2所示。

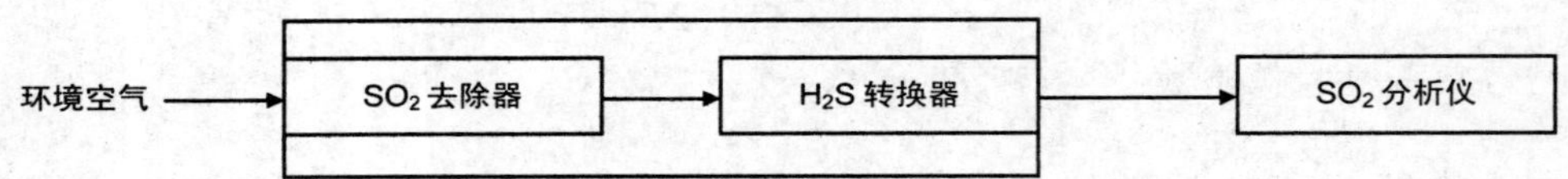

图5-7-2 H_2S转换炉

H_2S转换炉的化学反应基理为：

$$2H_2S+3O_2\rightarrow2SO_2+2H_2O$$

H_2S 转化为 SO_2 后，采用紫外荧光法测定 SO_2，其原理是基于紫外灯发出的紫外光（190～230nm）通过214nm的滤光片，激发SO_2分子处于激发态，在SO_2分子从激发态回到基态时产生荧光（240～420nm），荧光强度由一个带着滤光片的光电倍增管测得，下式描述了这个反应：

$$SO_2+h\nu\rightarrow SO_2^*$$

$$SO_2^*\rightarrow SO_2+h\nu$$

$$F=KC（SO_2）$$

光电倍增管测得的荧光F与SO_2浓度C（SO_2）成正比。K由荧光室几何尺寸、荧光效率等决定。

2. 适用范围

本方法适用于H_2S的环境应急自动连续监测。可将仪器装载在流动监测车上进行监控，检测范围通常为0～20ppm。

3. 干扰及消除

高浓度的水蒸气及二氧化硫对硫化氢的测试有正干扰，测试时应注意加干燥剂去除水蒸气，并安装可见过滤器（DFU）先期去除SO_2。

4. 仪器与试剂

（1）硫化氢转化炉

硫化氢转化炉因不同型号有不同的技术参数，但通用的技术指标及工作条件应满足：

流速：450～750ml/min；

操作温度：20～40℃；

转化温度：275℃以上（无冷凝）；

转化炉的性能：10ppm 时转化效率大于 96%；

工作方式：连续。

（2）二氧化硫检测仪

便携式二氧化硫检测仪技术指标及工作条件为：

测量范围：至少 0～20ppm；

上升响应时间：<5min；

下降响应时间：<5min；

零点漂移：±5ppb/24h；

环境温度：–10～50℃；

湿　　度：0～95%相对湿度（无冷凝）；

工作方式：连续。

（3）试剂

硫化氢标准气体，一般使用 10ppm 或 20ppm 浓度的标气。

5. 测试前准备和测试步骤

不同的仪器设备有不同的测试前的准备和操作方法，在此不作具体介绍，请参照相关仪器设备的操作说明。

三、氯化氢

氯化氢通常状态下是一种无色、有刺激性气味的气体。无水氯化氢无腐蚀性，但遇水时会产生强腐蚀性，能与一些活性金属粉末发生反应，放出氢气；遇到氰化物能产生剧毒的氰化氢气体。氯化氢可以通过氯气和氢气直接合成，也可以是氯气和水蒸气通过燃烧的焦炭而形成。氯化氢主要用于制造氯化钡、氯化铵等，在冶金、制造染料、皮革的鞣制及染色、纺织及有关化工生产中也经常使用。

空气污染应急监测中氯化氢的测定常使用的方法有检测管法、电化学传感器法、便携式分光光度法、傅立叶变换红外光谱法等，这里着重介绍所列举的四种方法。

检测人员所需的安全防护器具：❶酸性气体防护口罩和防护眼镜（简易防护）；❷配有酸性气体专用滤毒罐（可用通用滤毒罐代替）的防毒面具；❸呼吸器和防护服（必要时使用）。

（一）检测管法

1. 原理

氯化氢能够改变指示粉的 pH，使指示粉中的指示剂发生颜色的改变。其颜色变化随选用的指示剂不同而不同。测定时发生以下反应：

$$HCl + 碱 \rightarrow 盐 + H_2O$$

2. 适用范围

本方法适用于污染事故应急监测中氯化氢气体的测定。常见的检测范围为 20～500ppm，部分检测管检测范围的高限可达 5000ppm。

3. 干扰及消除

二氧化硫、硝酸、二氧化氮、氟化氢、氯气与指示粉剂作用能产生类似的变色，但不如氯化氢反应后颜色鲜明。

一氧化碳、二氧化碳及多数有机蒸气对测定无干扰。

4. 仪器与试剂

（1）手泵或自动泵

手泵基本结构要求同图 5-7-1。

（2）检测管

氯化氢检测管技术指标一般应满足使用温度 0～40℃，湿度 5%～70%。

5. 测试前的准备

同本章一、（二）5。

6. 测试步骤

同本章一、（二）6。

7. 计算

在检测管上读取浓度后应进行温度、湿度及压力修正计算，并应以标准状态下的质量浓度表示，计算公式如下：

$$氯化氢（HCl，mg/m^3）= C_{湿} \times CF \times \frac{103.125}{p} \times \frac{36.5}{22.4} \times \frac{273}{(273+t)} \qquad (5\text{-}7\text{-}6)$$

式中：$C_{湿}$——把检测管上的读数与说明书上湿度修正系数表对比，选取表中所对应的修正浓度，ppm；

CF——校准系数，根据检测限范围内的标准体积与实际抽气体积的比值来确定该数。例如，该检测管在 20～500ppm 测试范围内的标准体积为 100ml，实际采集体积为 200ml，则校准系数=100/200=0.5；

p——测定点大气压，kPa；

t——测定点环境温度，℃。

8. 精密度

精密度（相对标准偏差）应满足：≤20%。

9. 说明

1）～3）同本章一、（二）9 中的 2）～4）。

（二）电化学传感器法

1. 原理

传感器工作时，由外电路在工作电极和参比电极之间施加一个恒电位差，使工作电极上保持一个恒定电位，当待测气体通过传感器的渗透膜，扩散进入电解槽后，会发生氧化或还原反应。而工作电极得失的电子数与被分析气体的浓度值成正比。

2. 适用范围

本方法适用于空气污染应急监测中氯化氢气体的测定。常见的检测范围一般为 0～30ppm。

3. 影响因素

被测气体中的尘和水分容易在渗透膜表面凝结，影响其透气性。如果相对湿度超过95%或有冷凝现象出现时，会使测试结果偏低；有酸性物质（如硫化氢、二氧化硫）溶解于水雾后，会导致正干扰，使测试结果偏高。在使用本方法时应对被测气体中的尘、水分和干扰物质进行预处理。

4. 仪器与试剂

便携式氯化氢气体检测仪，其技术指标及工作条件为：

响应时间：<50s；

环境温度：−10～50℃；

湿　　度：0～95%相对湿度（无冷凝）；

工作方式：连续。

5. 测试前的准备

1）、2）同本章一、（三）5 中的 1）、2）。

3）标准气体校准及校验测试：零点校准完毕后，按提示步骤连通标准气体，开启标准气体阀门进行标定，标定过程结束后停供标准气体，回到测试界面，再开启标准气体阀门，观察仪器读数是否与标准气体浓度相符（示值误差在±10%以内则符合要求）。如不相符，则进行相应读数的调整并重复 2）、3）步骤 2～3 次，如仍达不到要求，则由专业技术人员检查仪器并进行相应处理。

标准气体校准通常半年或一年校准一次，平时测量时步骤 3）可以忽略。

由于目前国内难以配制 HCl 标准气体，因此通常由仪器厂商提供校准。

6. 测试步骤

同本章一、（三）6。

7. 计算

仪器对氯化氢测定的结果，应以标准状态下的质量浓度表示。若仪器氯化氢显示值为 ppm 时，应按下式换算为标准状态下的质量浓度：

$$\text{氯化氢（HCl，mg/m}^3\text{）} = C \times 1.63 \qquad (5\text{-}7\text{-}7)$$

式中：C——便携式氯化氢检测仪指示浓度，ppm；

1.63——氯化氢浓度从 ppm 换算为标准状态下质量浓度（mg/m^3）的换算系数。

8. 精密度

精密度（相对标准偏差）应满足：≤10% 。

9. 说明

同本章一、（三）9。

（三）便携式分光光度法

硫氰酸汞分光光度法是氯化氢气体的实验室分析方法，由于所需仪器比较小，指示剂变色后较稳定，也可用在空气污染应急监测中使用。

1. 原理

用稀氢氧化钠溶液吸收氯化氢（HCl）。吸收后，溶液中的氯离子和硫氰酸汞反应，生成难电离的二氯化汞分子，置换出的硫氰酸根与三价铁离子反应生成橙红色硫氰酸铁络离子，根据颜色深浅，用分光光度法测定。反应式为：

$$2Cl^- + Hg(SCN)_2 \longrightarrow HgCl_2 + 2SCN^-$$

$$SCN^- + Fe^{3+} \longrightarrow Fe(SCN)^{2+}\text{（橙红色）}$$

2. 适用范围

本方法适用于空气污染应急监测中氯化氢气体的测定。通常的检测范围为 0～15ppm。

3. 影响因素

在本方法规定的显色条件下，当采气体积为 100L 时，氟化氢（HF）浓度高于 0.2mg/m^3，硫化氢（H_2S）浓度高于 0.1mg/m^3，以及氰化氢（HCN）浓度高于 0.1mg/m^3，将对氯化氢的测定产生干扰。

4. 仪器与试剂

（1）仪器

便携式分光光度计，环境空气采样器（包括引气管、滤膜夹、吸收管、流量计量装置及抽气泵等），10ml 比色管。

（2）试剂

3.0%硫酸铁铵溶液，硫氰酸汞—乙醇溶液或者仪器厂商配套生产的此方法的便携式试剂。

5. 测试前的准备

1）布设采样点位，连接采样设备，按规定流量用吸收液采集样品，将采集好的样品装入比色管中。

2）仔细检查分光光度计是否正常。

3）校准曲线的绘制，按需要选择不同浓度梯度的标准溶液，进行浓度—吸光度值校准曲线的绘制。因应急监测要求测量快速的特点，此步骤一般是平时定期绘制并保存在仪器中。也有部分仪器已将相应方法和校准曲线内置，只需用空白进行单点校正即可。

6. 测试步骤

1）打开开关，仪器自检完毕后进入测试状态，选择相应的波长范围或者方法号（部分仪器内置了方法波长和校准曲线，方法号和其一一对应）。

2）对采集的样品用分光光度法进行测定，待仪器示值稳定后记录。

3）监测完毕，关闭仪器。

7. 计算

仪器对氯化氢测定的结果，应以标准状态下的质量浓度表示。若仪器氯化氢显示值为 ppm 时，应换算为标准状态下的质量浓度，换算方法使用“三、氯化氢”中电化学传感器法部分的计算公式（5-7-7）。

8. 精密度

精密度（相对标准偏差）应满足：≤5%。

9. 说明

1）仪器每年必须至少检定一次，并需由仪器生产公司认可的专业人员进行。

2)可参见实验室分析方法中的硫氰酸汞分光光度法《固定污染源排气中氯化氢的测定》（HJ/T27—1999）。

（四）傅立叶变换红外光谱法

1. 原理

不同原子组成的气体分子对红外辐射有选择性的吸收，吸收强度与气体的浓度有关。在一定条件下，氯化氢对红外线辐射的特征吸收系数为一常数。使红外线通过的氯化氢的厚度和辐射源的强度保持一定，就可以通过测量辐射能量的衰减来测定氯化氢的浓度。傅立叶变换红外光谱法是采用光的干涉原理，通过傅立叶变换的数学处理来获得红外光谱，并与标准谱图库相比较，对气体进行定性和定量。其特点是分辨率高，测量范围宽，能同时测定多种物质。

2. 适用范围

本方法适用于空气污染应急监测中氯化氢的测定。其检测下限一般为 0.2ppm。

3. 仪器与试剂

（1）仪器

傅立叶变换红外气体检测仪，其常见的技术指标为：

分辨率：$8cm^{-1}$；

波长范围：$900 \sim 4200cm^{-1}$；

扫描次数：10 次/s；

笔记本电脑：需安装傅立叶变换红外气体检测仪的工作站。

（2）试剂

高纯氮气或氩气。

4. 测试前的准备

1）检查仪器是否正常。

2）连接好傅立叶变换红外气体检测仪、笔记本电脑。

5. 测试步骤

1）开机预热 1～2h，然后进行参数设置，并用高纯氮气（氩气）作背景图谱。

2）对待测气体进行分析，得到相应图谱。

3）对图谱进行相关处理，得到目标气体的浓度值。具体处理方法由于仪器的不同可能存在一定差别，可参见仪器说明书。

6. 计算

同本章三、（二）7。

7. 精密度

最佳光程、分析频率范围对精密度有一定影响，但精密度（相对标准偏差）应满足：≤4%。

8. 说明

1）水分和二氧化碳的含量对测定结果有一定影响。

2）仪器经出厂气体标定后，不需再次标定。H_2O 是唯一需要进行定期校准的，一般为 1～2 年进行一次。

3）不同仪器在使用上可能有所不同，具体步骤请参照相应说明书。

四、一氧化碳

一氧化碳为一种无色无臭、易燃易爆气体，能与血中血红蛋白结合而造成组织缺氧。它主要来源于冶金工业的炼焦、炼钢、炼铁、矿井放炮过程，化学工业中的合成氨、合成甲醇，碳素厂石墨电极制造过程，以及汽车尾气、煤气发生炉和所有含碳物质（包括家庭用煤炉）的不完全燃烧。

对于空气污染应急监测中一氧化碳的测定，常用的方法有检测管法、传感器法、非色散红外线检测法、傅立叶变换红外光谱法等。这里主要对这几种方法进行介绍。

检测人员所需的安全防护器具为呼吸器和防爆服（必要时使用）。

（一）检测管法

1. 原理

在环境应急监测推荐的比色检测管法中，五氧化二碘比长式、硫酸钯—钼酸铵比色式这两种方法最为常见，其原理如下。

（1）五氧化二碘比长式检测管法

由吸附了五氧化二碘和发烟硫酸的硅胶制成的指示粉和一氧化碳作用，有单质碘生成，出现棕色色环。一氧化碳浓度越高，棕色环从起点开始向前移动的距离越远，这个距离与一氧化碳的浓度成正比。反应式如下：

$$5CO+I_2O_5+H_2S_2O_7 \longrightarrow 5CO_2+I_2+\text{含硫化合物}$$

（2）硫酸钯—钼酸铵比色式检测管法

硫酸钯和一氧化碳反应生成钯和二氧化碳，钯和钼酸铵立即反应生成钼蓝。如果用硅胶作载体制成比色式检测管，一氧化碳的浓度越高，指示粉改变的颜色越深。用反应后的指示粉颜色与标准比色板比较，就可以得到一氧化碳的浓度值。

2. 适用范围

本方法适于对空气污染应急监测中一氧化碳气体的测定。常用的测量范围为 20～500ppm，部分检测管检测范围最高限能达到 3000ppm，低限达到 2.5ppm。

3. 干扰及消除

五氧化二碘比长式检测管受干扰物质的影响较大，主要干扰物质是碳氢化合物、硫化氢、一氧化氮、氨和水蒸气等。

硫酸钯—钼酸铵比色式检测管受温度影响较大，可将测定值乘以温度校正系数进行修正。检测管和标准比色板应避光保存，使用时，在采样完 3s 内就应比色并读取浓度值，否则会因检测管变色而增大测定误差。

4. 仪器与试剂

（1）手泵或自动泵

手泵基本结构要求同图 5-7-1。

（2）检测管

一氧化碳检测管技术指标一般应满足使用温度 0～40℃。

5. 测试前的准备

同本章一、（二）5。

6. 测试步骤

同本章一、（二）6。

7. 计算

在检测管读取浓度后应进行温度、湿度及压力修正计算，并应以标准状态下的质量浓度表示，计算公式如下：

$$一氧化碳（CO，mg/m^3）=C_{湿}\times CF\times\frac{103.125}{p}\times\frac{28}{22.4}\times\frac{273}{(273+t)} \quad (5\text{-}7\text{-}8)$$

式中：$C_{湿}$——把检测管上的读数与说明书上湿度修正系数表对比，选取表中所对应的修正浓度，ppm；

CF——校准系数，根据检测限范围内的标准体积与实际抽气体积的比值来确定该数。例如，该检测管在 20～500ppm 测试范围内的标准体积为 100ml，实际采集体积为 200ml，则校准系数=100/200=0.5；

p——测定点大气压，kPa；

t——测定点环境温度，℃。

8. 精密度

精密度（相对标准偏差）应满足：≤20%。

9. 说明

1）～3）同本章一、（二）9 中的 2）～4）。

（二）传感器法

1. 原理

传感器法包含半导体传感器（电阻型和非电阻型）、绝缘体传感器（接触燃烧式和电容式）、电化学式（定电位电解式、伽伐尼电池式）、热传导型等，这里主要介绍常用的几种传感器原理。

（1）固体热传导式

固体热传导式检测仪是利用热传导作用设计。当电流流经铂线圈时，金属氧化物半导体（SeO_2）保持 300～450℃，吸附可提供电子的一氧化碳气体，使电子浓度增加，半导体的热传导性提高。结果由于放热，半导体的温度下降，阻抗降低，此过程与被测气体中一氧化碳浓度有线性关系，从而可测得一氧化碳的浓度值。

这种传感器特点是测定低浓度气体时输出变化大，灵敏度高，和半导体式相比，开始稳定时间短、体积小、省电、寿命长、长期稳定性好；和接触燃烧式比，抗中毒性能好。

（2）定电位电解式

在工作电极和参比电极之间保持一个恒定电位，被测气体在扩散到传感器后，在工作电极和对电极发生电解反应，产生电解电流，其输出与气体浓度成比例，通过测量电解电流即可获得气样的浓度。参比电极的作用是保持工作电极和参比电极本身之间的电位恒定。

电解反应式：

工作电极：$CO+H_2O\rightarrow CO_2+2H^++2e$

对电极：$1/2\ O_2 + 2H^+ + 2e \rightarrow H_2O$

特点：灵敏度高，可检测 1ppm 的 CO；一般改变工作电极的电位即可检测选择的被测对象；测定低浓度的气体具有良好的精度；检测器体积小，重量轻；干扰气体少。

（3）库仑检测仪

气样经过装有五氧化二碘的管子，管子的温度为 150～160℃。一氧化碳和五氧化二碘发生氧化还原反应，生成碘，碘随气流进入库仑池在铂网阴极上还原，测量两电极间的电流便可测出一氧化碳的浓度。用活性炭可去除 SO_2、NO_2 和 O_3 的干扰，用硫酸汞可去除乙烯和乙炔的干扰。

2. 适用范围

本方法适用于空气污染应急监测中一氧化碳的测定。常见的测量范围为 0～500ppm。

3. 仪器与试剂

（1）便携式一氧化碳气体检测仪

符合以上原理的任何一种便携式一氧化碳检测仪均可，技术指标及工作条件一般应满足：

响应时间：40s；

环境温度：–10～40℃；

湿　　度：0～95%相对湿度（无冷凝）；

工作方式：连续。

（2）试剂

一氧化碳标准气体，一般用 50ppm 浓度的标准气体。

4. 测试前的准备

同本章一、（三）5。

5. 测试步骤

同本章一、（三）6。

6. 计算

仪器对一氧化碳测定的结果，应以标准状态下的质量浓度表示。若仪器一氧化碳显示值为 ppm 时，应按下式换算为标准状态下的质量浓度：

$$一氧化碳（CO，mg/m^3）= C \times 1.25 \qquad (5\text{-}7\text{-}9)$$

式中：C——便携式一氧化碳检测仪指示浓度，ppm；

1.25——一氧化碳浓度从 ppm 换算为标准状态下质量浓度（mg/m^3）的换算系数。

7. 精密度

精密度应满足：≤10%。

8. 说明

同本章一、（三）9。

（三）非色散红外线检测法

1. 原理

不同原子组成的气体分子对红外辐射的特征吸收系数为一常数。使红外线通过的一氧化碳的厚度和辐射源的强度保持一定，就可以通过测量辐射能量的衰减来测定一氧化碳的浓度。其特点是测定气体浓度的精度好，气体选择性好，受干扰气体、水蒸气的影响小。

2. 适用范围

本方法适用于空气污染应急监测中一氧化碳的测定。常见的检测范围为 0～200ppm。

3. 仪器与试剂

（1）便携式一氧化碳气体分析仪

技术指标及工作条件一般满足：

响应时间：小于 20s；

环境温度：5～40℃；

湿　　度：0～95%相对湿度（无冷凝）；

其　　他：通风。

（2）试剂

一氧化碳标准气体，一般用浓度为 50ppm 的标准气体。

4. 测试前的准备

同本章一、（三）5。

5. 测试步骤

同本章一、（三）6。

6. 计算

同本章四、（二）6。

7. 精密度

精密度（相对标准偏差）应满足：≤5%。

（四）傅立叶变换红外光谱法

1. 原理

不同原子组成的气体分子对红外辐射有选择性的吸收，吸收强度与气体的浓度有关。在一定条件下，一氧化碳对红外线辐射的特征吸收系数为一常数。使红外线通过一氧化碳的厚度和辐射源的强度保持一定，就可以通过测量辐射能量的衰减来测定一氧化碳的浓度。傅立叶变换红外光谱法是采用光的干涉原理，通过傅立叶变换的数学处理来获得红外光谱，并与标准谱图库相比较，对气体进行定性和定量。其特点是分辨率高，测量范围宽，能同时测定多种物质。

2. 适用范围

本方法适用于空气污染应急监测中一氧化碳的测定。常见的检测下限为 0.4ppm。

3. 仪器与试剂

同本章三、（四）3。

4. 测试前的准备

同本章三、（四）4。

5. 测试步骤

同本章三、（四）5。

6. 计算

同本章四、（二）6。

7. 精密度

同本章三、（四）7。

8. 说明

同本章三、（四）8。

五、可燃气体

可燃气体是指能够燃烧并引起爆炸的气体总称，主要代表物有甲烷、CO、丙烷、氢、有机可燃易爆气体等，监测这一指标，可以帮助我们查找爆炸是否由可燃气体引发的，并可以预测燃烧爆炸的水平。目前，可燃气体的现场应急监测技术较少，主要有燃烧法、气相色谱法及传感器法。其中，传感器法是使用最广泛的方法，而传感器根据其原理的不同又分为催化燃烧式、半导体式、非色散红外吸收式等。这里主要针对传感器法进行介绍。

检测人员所需的安全防护器具：呼吸器和防爆服（必要时使用）。

传感器法

1. 原理

（1）催化燃烧式

气体爆炸水平（LEL）传感器都采用测量易燃气体在催化极上燃烧产生热量的惠斯通电桥的原理。此时，温度升高引起电阻的变化，仪器对其进行测量并转化为“%LEL”。催化燃烧式气体传感器是由两个传感器敏感元件和两支固定电阻组成的惠斯通电桥。检测桥路如图 5-7-2 所示：

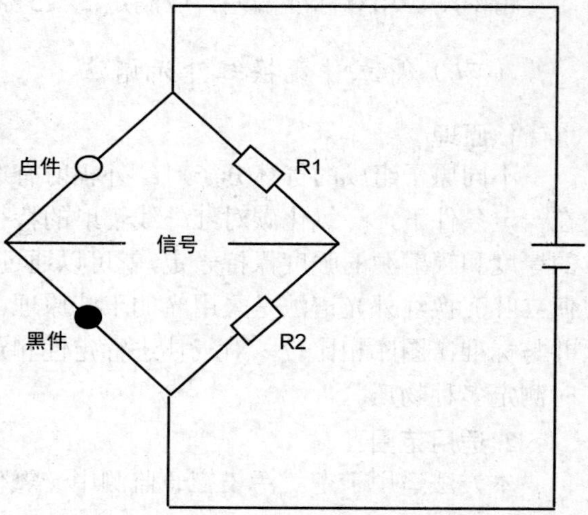

白件
R1
信号
黑件
R2

图 5-7-2 检测桥路

黑白两件的铂金丝是桥路电阻，又是加热器，使催化剂在高温下产生催化作用，两固定电阻 R1、R2 与黑白两件电阻值相匹配。当无可燃气时，桥路平衡，输出信号为零。当有可燃气接触两元件时，在黑件表面进行催化氧化反应，例如甲烷（CH_4）检测反应如下：

$$CH_4+2O_2=CO_2+2H_2O+891.8kJ$$

反应的同时放出热量，使其温度升高、电阻升高，而白件电阻值不变，此时桥路不平衡，输出的信号与可燃气体含量成正比。这里白件的作用是消除温度、电源波动等干扰。

（2）半导体式

气体爆炸水平（LEL）半导体传感器一般有两种类型，分别为采用表面控制型敏感元件和体积控制型敏感元件的传感器。利用气体吸附于半导体表面而产生电导率变化的元件，称之为表面控制型敏感元件；而利用半导体物质与气体反应时发生体积变化，进而呈现电导率变化的元件称之为体积控制型敏感元件。

目前的半导体式传感器的最大优点是体积小，结构简单，价格非常便宜；其致命缺点是受环境温度及湿度影响非常严重，选择性差，即不能准确定性，也不能准确定量。因此半导体传感器不能作为计量器具使用。

当前的半导体传感器一般用于家用报警器。有的厂商在电路上优化设计，采用间隔清扫式供电方式，以提高其稳定性和准确性，但是对于环境复杂的工业场所，还是不适宜使用。

（3）非色散红外吸收式

几乎所有非单质气体或蒸气都对红外光谱中某些波长的光有一定程度的吸收，并使之弯曲，伸展或扭曲。而红外光被吸收的量同气体浓度成正比，其特征吸收系数为一常数。使红外线通过的气体的厚度和辐射源的强度保持一定，就可以通过测量辐射能量的衰减来测定可燃气体的浓度。从目前来讲，其优点是稳定性好，具有抗中毒能力，检测时不受环境中氧含量的影响，安全性能和防爆性能好，但结构复杂、成本高。

2. 适用范围

本方法适用于空气污染应急监测中可燃气体的测定。常见的检测范围为 0～100%LEL。

3. 影响因素

对使用最多的催化燃烧式传感器来讲，元件易受硫化物、卤素化合物等中毒影响，降低使用寿命。在缺氧环境下检测指示值误差较大，湿度对本项目的传感器法测试影响不大。

对催化燃烧式传感器有害的物质分为两类：❶催化剂中毒物质。有的在催化剂表面反应形成坚实的屏障，长期作用使传感器灵敏度降低直至损坏，如有机铅和硅化合物等。有的中毒物质特别是硫化氢和被卤化的碳氢化合物，会被催化剂吸收，形成不稳定的化合物，抑制催化反应，一般情况是暂时影响，放在干净空气一段时间，传感器会恢复工作。❷酸碱腐蚀性物质损害传感元件。另外，有些可燃气体在检测时发生氧化反应生成酸性或碱性物质。例如，检测氯乙烯时生成盐酸，轻则降低灵敏度，引起漂移，严重者损害传感元件。

4. 仪器与试剂

（1）便携式可燃气体爆炸水平（LEL）检测仪

这类检测仪通常按传感器种类分为单一式和复合式，同时也可按采样方式分为扩散式和泵吸式。一般采用的多为复合泵吸式检测仪，仪器基本结构如图 5-7-3 所示。

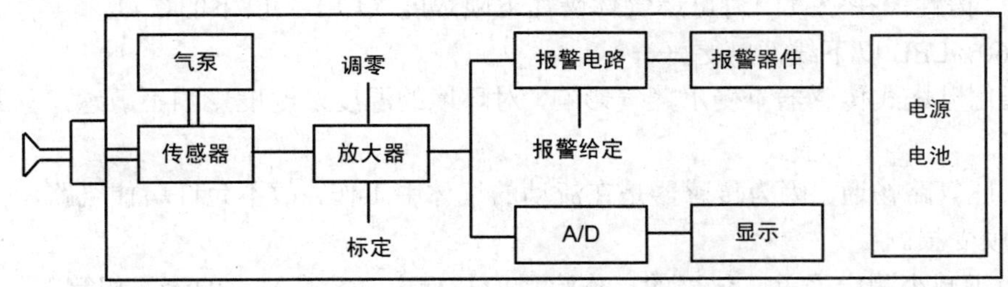

图 5-7-3　便携泵吸式 LEL 传感器仪器结构示意图

便携泵吸式 LEL 传感器仪器技术指标一般符合以下参数：

响应时间：15s；

环境温度：–20～45℃；

湿　　度：0～95%相对湿度；

工作方式：连续；

采样流量：300～400ml/min。

（2）试剂

甲烷标准气体（2.5×10^{-2}mol/mol）。也可选择其他气体作为标准气体，如：丙烷、氢气等。

5. 测试前的准备

1）仔细检查仪器是否正常。检查电池电量是否足够，过滤芯是否需要更换，并设置日期、时间、抽气泵速、测量模式、报警限值及标准气体浓度（即100%LEL）等。

2）零点校准。开启仪器，进入标定程序，按仪器提示步骤用清洁空气进行零点校准。

3）标准气体校准及校验测试。零点校准完毕后，按提示步骤连通标气，开启标气阀门进行标定，标定过程结束后停供标气，回到测试界面，再开启标气阀门，观察仪器读数是否与标气浓度相符，如示值误差在±10%以内则符合要求。如不相符，则进行相应读数的调整并重复2）、3）步骤2～3次，如仍达不到要求，则由专业技术人员检查仪器并进行相应处理。

标准气体校准通常是半年到一年进行一次。

6. 测试步骤

同本章一、（三）6。

7. 结果的计算

仪器对可燃气体爆炸水平测定的结果，应以显示的“%LEL”为报出结果。

8. 精密度

精密度（相对标准偏差）应满足：≤10%。

9. 说明

1）气体爆炸水平（LEL）传感器测量的是爆炸下限的百分比，是测量爆炸性而不是毒性。实际上，很多挥发性有机物（VOCs）即使在其浓度远远低于LEL传感器灵敏度时就已经具有了很大的毒性，所以监测人员一定要注意自我保护。

2）高浓度可燃气体可能会对可燃气体传感器产生损害，可产生积炭现象或破坏催化层，引起漂移或者传感元件损坏。

3）催化燃烧式传感器对非可燃气体没有反应，只对可燃气体有反应，对所有可燃气体的响应有广谱性，在空气中对可燃气体爆炸下限浓度（LEL）以下的含量，其输出信号接近线性（60%LEL以下线性度更好）。

4）催化燃烧式传感器不受水蒸气影响，对环境的温度及湿度影响不敏感，适于室外使用。

5）保证气路畅通。因为传感器是在流动的气体中工作，故不允许堵住气路，以免传感器的透气膜受损。

6）为了减少测定误差，仪器的工作流量应与标定（校准）时的流量相等。

六、氰化氢

氰化氢通常状态下为一种有苦杏仁味的剧毒无机气体，极易扩散，易溶于水而形成氢氰酸。氰化氢通常由吸入、皮肤接触或误食而使人体中毒，中毒的症状为：轻者有黏膜刺激、唇舌麻木、头痛、眩晕、下肢无力、胸部有压迫感、恶心、呕吐、血压上升、心悸、气喘等；重者呼吸不规则，逐渐昏迷、痉挛、大小便失禁、血压下降、迅速发生呼吸障碍而死亡。氰化物主要用于电镀业（镀铜、镀金、镀银）；采矿业（提取金、银）；船舱烟熏灭鼠；制造各种树脂，如硝基丙烯酸类单体，制造己二胺及腈类。也可作为中间产物产生。

空气污染应急监测中氰化氢的测定方法常见的有指示笔法、检测管法、电化学传感器法、傅立叶变换红外光谱法、便携式分光光度法等，这里重点介绍上述几种方法。

检测人员所需的安全防护器具：❶酸性气体防护口罩和防护眼镜（简易防护）；❷配有酸性气体专用滤毒罐（可用通用滤毒罐代替）的防毒面具；❸呼吸器和防护服（必要时使用）。

（一）指示笔法

1. 原理

用硫酸钡和4-苯甲基吡啶、巴比妥酸等试剂制成笔形指示剂，在纸或木料上画出线条，如果空气中含氰化氢，线条的颜色将会发生改变，根据颜色改变的速度，半定量地测试氰化氢的浓度。

2. 适用范围

本方法操作简便、快速，适用于空气污染应急监测中氰化氢的半定量测定。但缺点是易受一定的主观影响，造成测定误差较大，故较适合于高浓度氰化氢的测定。

3. 测试步骤

1）标定。用指示笔在纸或木板上画线，再将纸或木板放在不同浓度的氰化氢标准气体中，记录纸或木板上的线改变颜色的时间。

2）使用时，用该指示笔在纸或木板上画线，然后立即将纸或木板放到样品气中，观察并记录画线颜色改变的时间，即可测得氰化氢大致浓度。

4. 说明

这种指示笔在常温情况下能稳定三年左右。

（二）检测管法

1. 原理

测量氰化氢浓度的检测管法有甲基橙检测管法，联苯胺检测管法等。

（1）甲基橙检测管法

环境空气中的氰化氢同氰化氢检测管中的二氯化汞发生化学反应，生成氯化氢，改变介质的pH，使其颜色从黄色变为红色。可根据变色柱的长度定量测定氰化氢。

$$2\,HCN+HgCl_2 \longrightarrow 2\,HCl+HgCN_2$$

（2）联苯胺检测管法

用联苯胺溶液和醋酸铜溶液处理过的指示粉和氰化氢蒸气反应后，指示粉由白色变成蓝色，可根据变色柱的长度定量测定氰化氢。

2. 适用范围

本方法适用于空气污染应急监测中氰化氢的测定，检测范围通常为0.2～100ppm。

3. 影响因素

使用甲基橙检测管法时，当所测空气中有1ppm二氧化硫、3ppm硫化氢、1ppm乙醇这三种物质之一或几种共存时，会出现红色小点，并使检测管指示值偏高；有 5ppm 氨共存时，会使指示值偏低。另外现场环境湿度、大气压对氰化氢的测试有一定的影响。

使用联苯胺检测管法时，主要是氯化氢、硫化氢、二氧化硫对测定有干扰。

4. 仪器与试剂

（1）手泵或自动泵

手泵是可手动抽取一定量气体的活塞型仪器。自动泵是用电动气泵自动将待测气体抽过检测管再从泵排气口排出的仪器。

手泵基本结构要求如图 5-7-1 所示。

（2）氰化氢检测管

氰化氢检测管技术指标一般应满足使用温度 0～40℃，相对湿度 5%～95%。

5. 测试前的准备

同本章一、（二）5。

6. 测试步骤

同本章一、（二）6。

7. 计算

在检测管读取浓度后应进行温度、湿度及压力修正计算，并应以标准状态下的质量浓度表示，计算公式如下：

$$\text{氰化氢（HCN，mg/m}^3\text{）} = C_{湿} \times CF \times \frac{103.125}{p} \times \frac{27.03}{22.4} \times \frac{273}{(273+t)} \quad (5\text{-}7\text{-}10)$$

式中：$C_{湿}$——把检测管上的读数与说明书上湿度修正系数表对比，选取表中所对应的修正浓度，ppm；

CF——校准系数，根据检测限范围内的标准体积与实际抽气体积的比值来确定该数，例如，该检测管在 0.2～100ppm 测试范围内的标准体积为 100ml，实际采集体积为 200ml，校准系数=100/200=0.5；

p——测定点大气压，kPa；

t——测定点环境温度，℃。

8. 精密度

精密度（相对标准偏差）应满足：≤20%。

9. 说明

1）检测管可向仪器厂商购买，也可以自己制作。

甲基橙检测管的制作方法为：

①取 10g 80～100 目处理好的硅胶放入蒸发皿中，加入 1.5ml2%的氯化汞乙醇溶液，再加入 3ml 0.02%甲基橙乙醇溶液，搅拌均匀，放入 60℃的真空干燥箱中抽真空干燥，制成指示粉。

②将指示粉装入内径 2.3mm，长 160mm 的玻璃管中，指示粉柱长 85mm，两端用脱脂棉塞紧，熔封。

③根据不同浓度取 100ml 标准气体标定检测管，并制出相应的浓度标尺。

联苯胺检测管的制作方法为：

①在 100ml 蒸馏水中放入 0.2g 碱性联苯胺，加热使联苯胺溶解，再加入 0.3mg 40%醋

酸溶液，搅拌均匀后和0.3%的醋酸铜溶液以1∶1的比例混合，制成指示液。称取2g粒度为60～80目的处理好的硅胶放入蒸发皿中，加入1.5ml指示液，不断搅拌，均匀后在干净空气中自然干燥半小时，制成指示粉。

②装入内径为2.5mm，长50mm的玻璃管中，指示粉柱长20mm，用脱脂棉将两端塞紧，熔封。

③根据不同浓度取100ml标准气标定检测管，并制出相应的浓度标尺。

2）联苯胺检测管应及时使用，否则指示粉将在短期内失效。

3）～5）同本章一、（二）9中的2）～4）。

（三）电化学传感器法

1. 原理

电化学式气体传感器是利用电化学原理将被测气体的含量转化为电信号，其种类很多，但在氰化氢应急监测中，使用最多的是定电位电解式气体传感器。定电位电解传感器主要由电解槽、电解液和电极组成，传感器的三个电极分别称为敏感电极（也称工作电极，sensing electrode）、参比电极（reference electrode）和对电极（counter electrode），简称S、R、C。如图5-7-4所示。

当氰化氢气体由进气孔通过渗透膜扩散到工作电极表面时，在工作电极、电解液和对电极之间发生氧化还原反应，产生电解电流。电解电流通过放大器放大后输出。在一定浓度范围内，此输出值与氰化氢气体浓度成正比。

2. 仪器分类

基于上述原理制造的复合式仪器和泵吸式仪器广泛应用于环境应急监测中，复合式仪器定义为一台仪器中同时安装几个气体传感器，采用单片机数字电路，可同时检测与传感器相对应的几种有害气体。除传感器及其前置放大器以外，其余部件都是共用的。泵吸式仪器定义为用气泵将待测气体抽进传感器的气室或抽至传感器表面的走气板内进行检测。

3. 测量范围

本方法适用于空气污染应急监测中氰化氢的测定，常见的检测范围为0～100ppm。

4. 影响因素

被测气体中的尘和水分容易在渗透膜表面凝结，影响其透气性。如果相对湿度超过95%或有冷凝现象出现时更会使测试结果偏低。

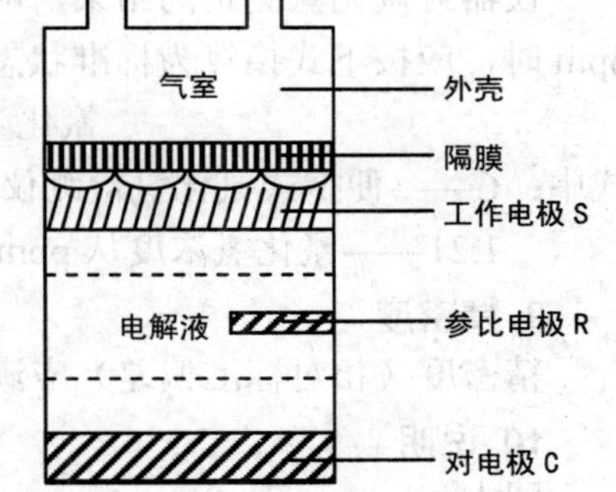

图5-7-4　定电位电解式传感器原理图

5. 仪器与试剂

便携式氰化氢检测仪：通常按传感器种类分为单一式和复合式，同时也可按采样方式分为扩散式和泵吸式。采用的多为复合泵吸式检测仪，仪器基本结构如图5-7-5所示。

便携式氰化氢检测仪技术指标及通常的工作条件为：

响应时间：40s；

环境温度：–20～45℃；

湿　　度：0～95%相对湿度（无冷凝）；

工作方式：连续；

采样流量：300～400ml/min。

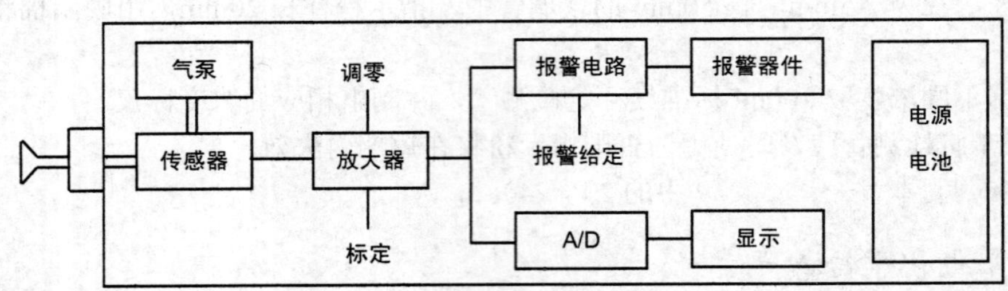

图 5-7-5 便携泵吸式氰化氢检测仪结构示意图

6. 测试前的准备

1）仔细检查仪器是否正常。检查电池电量是否足够，过滤芯是否需要更换，并设置日期、时间、抽气泵速、测量模式、报警限值及标准气体浓度等。

2）零点校准。开启仪器，进入标定程序，按仪器提示步骤用高纯氮气进行零点校准。

3）标准气体校准及校验测试。零点校准完毕后，按提示步骤连通标气，开启标气阀门进行标定，标定过程结束后停供标气，回到测试界面，再开启标气阀门，观察仪器读数是否与标气浓度相符，如示值误差在±10%以内则符合要求。重复 2）、3）步骤 2～3 次。

标准气体校正通常半年到一年进行一次。由于目前国内难以配制 HCN 标准气体，因此通常由仪器厂商提供校准。

7. 测试步骤

同本章一、（三）6。

8. 计算

仪器对氰化氢测定的结果，应以标准状态下的质量浓度表示。若仪器氰化氢显示值为 ppm 时，应按下式换算为标准状态下的质量浓度：

$$\text{氰化氢（HCN，mg/m}^3\text{）} = C \times 1.21 \qquad (5\text{-}7\text{-}11)$$

式中：C——便携式氰化氢检测仪指示浓度，ppm；

1.21——氰化氢浓度从 ppm 换算为标准状态下质量浓度（mg/m^3）的换算系数。

9. 精密度

精密度（相对标准偏差）应满足：≤10%。

10. 说明

同本章一、（三）9。

（四）傅立叶变换红外光谱法

1. 原理

不同原子组成的气体分子对红外辐射有选择性的吸收，吸收强度与气体的浓度有关。在一定条件下，氰化氢对红外线辐射的特征吸收系数为一常数。使红外线通过的氰化氢的厚度和辐射源的强度保持一定，就可以通过测量辐射能量的衰减来测定氰化氢的浓度。傅立叶变换红外光谱法是采用光的干涉原理，通过傅立叶变换的数学处理来获得红外光谱，并与标准谱图库相比较，对气体进行定性和定量。其特点是分辨率高，测量范围宽，能同时测定多种物质。

2. 适用范围

本方法适用于空气污染应急监测中氰化氢的测定，常见的检测下限为1ppm。

3. 仪器与试剂

同本章三、（四）3。

4. 测试前的准备

同本章三、（四）4。

5. 测试步骤

同本章三、（四）5。

6. 计算

同本章六、（三）8。

7. 精密度

同本章三、（四）7。

8. 说明

同本章三、（四）8。

（五）便携式分光光度法

异烟酸—吡唑啉酮分光光度法是氰化氢的实验室分析方法，由于便携式分光光度计体积较小，且能满足相应要求，可用来作环境应急监测用。

1. 原理

用稀氢氧化钠溶液吸收空气中的氰化氢，在中性条件下与氯胺T作用，生成氯化氰，后者与异烟酸反应，经水解生成戊烯二醛，再与吡唑啉酮进行缩聚反应，生成蓝色化合物。根据颜色深浅用分光光度法测定。

2. 适用范围

本方法适用于空气污染应急监测中氰化氢的测定。测定浓度范围常为 0.0015～0.17mg/m^3。

3. 影响因素

在本方法规定的显色条件下，当采气体积为30L时，氯化氢（HCl）浓度高于0.33mg/m^3、硫化氢（H_2S）浓度高于0.1mg/m^{3}时，对氰化氢的测定产生干扰。氧化剂（如Cl_2）的存在也对测定有干扰。分析前要排除这几种干扰物的影响。

4. 仪器与试剂

（1）仪器

便携式分光光度计，环境空气采样器（包括引气管、滤膜夹、吸收管、流量计量装置及抽气泵等）、10ml比色管。

（2）试剂

氢氧化钠吸收液、氯胺T、异烟酸、吡唑啉酮或者仪器厂商配套生产的此方法的便携式试剂。

5. 测试前的准备

1）布设采样点位，连接采样设备，按规定流量用吸收液采集样品，将采集好的样品装入比色管中。

2）仔细检查分光光度计是否正常。

3）校准曲线的绘制，按需要选择不同浓度梯度的标准溶液，进行浓度—吸光度值校准曲线的绘制。因污染事故应急监测要求快速的特点，此步骤一般是平时定期绘制并保存在仪器中。也有部分仪器已将相应方法和校准曲线内置，只需用空白进行单点校正即可。

6. 测试步骤

1）打开开关，仪器自检完毕后进入测试状态，选择相应的波长范围或者方法号（部分仪器内置了方法波长和校准曲线，方法号和其一一对应）。

2）对采集的样品用分光光度法进行测定，待仪器示值稳定后记录。

3）监测完毕，关闭仪器。

7. 计算

仪器对氰化氢测定的结果，应以标准状态下的质量浓度表示。若仪器氰化氢显示值为 ppm 时，应换算为标准状态下的质量浓度，换算方法使用公式（5-7-11）。

8. 精密度

精密度（相对标准偏差）应满足：≤5%。

9. 说明

1）同本章一、（三）9 中的 2）。

2）可参见实验室分析方法异烟酸—吡唑啉酮分光光度法《固定污染源排气中氰化氢的测定》（HJ/T28—1999）。

七、光气

光气是碳酰氯的俗称，分子式为 $COCl_2$，通常状态为一种无色有特殊气味的无机有毒气体，低温时为黄绿色液体。其主要危害是损害呼吸道，导致化学性支气管炎、肺炎、肺水肿。光气常被用做聚氨酯制品处理剂、增塑剂、聚碳酸酯的原料，以及纤维处理剂、除草剂、炸药稳定剂、染料、染料中间体和药品原料。在生产过程中的跑、冒、滴、漏或者意外泄漏都有可能对环境造成不良影响。

空气污染应急监测中光气的测定方法常见的有指示纸法、检测管法、电化学传感器法等，这里着重对这三种方法进行介绍。

检测人员所需的安全防护器具：❶可过滤光气滤毒罐的防毒面具；❷呼吸器和防爆型生化防护服（必要时使用）。

（一）二甲基苯胺指示纸法

1. 原理

当有邻苯二甲酸二丁酯存在时，光气能与对二甲胺基苯甲醛及 *N,N*-二甲基苯胺相互作用，生成蓝色化合物，当此反应在二甲基苯胺指示纸上进行时，把指示纸呈现的颜色和标准色阶比较，得到光气的含量。

2. 适用范围

本方法的特点是操作简便、快速，测定范围宽，适用于空气污染应急监测中光气的半定量测定。缺点是测试结果易受到一定的主观影响而造成测定误差较大，较适于高浓度光气的测定。

3. 测试步骤

1）把二甲基苯胺指示纸夹在采样夹中，连接好采样夹与采样器（如玻璃注射器，泵等），以 0.05L/min 的速度采样，当指示纸变蓝时，记录采样时间并计算采样体积。

2）立即将指示纸与标准色板进行比较，根据颜色深浅得到光气的含量。

4. 计算

读取含量值后，除以经过温度及压力修正计算的采样体积，得到标准状态下的质量浓度，计算公式如下：

$$\text{光气（}COCl_2\text{，}mg/m^3\text{）}=\frac{M}{V_{\text{标}}}=\frac{M}{V_{\text{测}}}\times\frac{103.125}{p}\times\frac{(273+t)}{273} \quad (5\text{-}7\text{-}12)$$

式中：M——反应产生的颜色与标准色板比较得到的含量值，mg；

$V_{\text{测}}$——实际采样体积，m^3；

$V_{\text{标}}$——标准状况下的采样体积，Nm^3；

p——测定点大气压，kPa；

t——测定点环境温度，℃。

5. 说明

二甲基苯胺指示纸可以到专用生产厂商购置，也可以自行制作。其制备方法为：

①将 0.12g *N,N*-二甲基苯胺和 0.15g 对二甲胺基苯甲醛溶解在 10ml95%的乙醇中，再加入 1ml 邻苯二甲酸二乙酯制成指示液。

②将慢速定量滤纸剪成圆片，放入指示液中浸泡，然后取出干燥。

③干燥后剪成与采样夹的直径相同的圆片，密封保存在玻璃容器中。

（二）检测管法

1. 原理

环境空气中的光气通过光气检测管时，与管中硝基苄基吡啶（Nitrobenzyl pyridine）反应，生成一种尿素衍生物，这种尿素衍生物再与苄基苯胺反应生成一种染料，从而使管中介质颜色从白色变为红色。

2. 测量范围

本方法适用于空气污染应急监测中光气的测定，通常的检测范围为 0.1～20ppm。

3. 影响因素

当所测定的空气中有 0.2%二氧化硫、10ppm 氯化氢、5ppm 氯气中的一种或几种共存时，会使检测管显示颜色从气体入口边缓慢褪色，并使检测管指示值显示偏高。当所测空气中有 100ppm 二氧化氮共存时，检测管中会有黄色污点产生，并使检测管指示值显示偏高。

4. 仪器与试剂

（1）手泵或自动泵

手泵是可手动抽取一定量气体的活塞型仪器。自动泵是用电动气泵自动将待测气体抽过检测管再从泵排气口排出的仪器。

手泵基本结构要求如图 5-7-1 所示。

（2）光气检测管

光气检测管技术指标一般应满足使用的温度范围为 0～40℃，不受湿度的影响。

5. 测试前的准备

同本章一、（二）5。

6. 测试步骤

同本章一、（二）6。

7. 计算

在检测管读取浓度后应进行温度、湿度及压力修正计算，并应以标准状态下的质量浓度表示，计算公式如下：

$$\text{光气}（COCl_2，mg/m^3）=C_{湿}\times CF\times\frac{103.125}{p}\times\frac{99}{22.4}\times\frac{273}{(273+t)} \quad (5-7-13)$$

式中：$C_{湿}$——把检测管上的读数与说明书上湿度修正系数表对比，选取表中所对应的修正浓度，ppm；

CF——校准系数，根据检测限范围内的标准体积与实际抽气体积的比值来确定该数。例如，该检测管在 0.1～20ppm 测试范围内的标准体积为 100ml，实际采集体积为 200ml，校准系统=100/200=0.5；

p——测定点大气压，kPa；

t——测定点环境温度，℃。

8. 精密度

精密度（相对标准偏差）应满足：≤20%。

9. 说明

1）～3）同本章一、（二）9 中的 2）～4）。

（三）电化学传感器法

1. 原理

光气通过传感器渗透膜，进入电解槽，在传感器电解液中扩散吸收并发生氧化还原反应，此时传感器将有一输出电流与被测光气浓度成正比关系，这个电流信号经过放大后，输送至模数转换器，将模拟量转换成为数字量，然后通过液晶显示器将数字量显示出来。

2. 测量范围

本方法适用于空气污染应急监测中光气的测定，检测范围通常为 0.01～10ppm。

3. 仪器与试剂

便携式光气检测仪：基本结构同本章六、（三）5。

便携式光气检测仪技术指标及工作条件：

响应时间：60s；

环境温度：–20～45℃；

湿　　度：0～95%相对湿度（无冷凝）；

工作方式：连续；

采样流量：300～400ml/min。

4. 测试前的准备

1）、2）同本章六、（三）6 中的 1）、2）。

3）标准气体校准及校验测试。零点校准完毕后，按提示步骤连通标准气体，开启标准气体阀门进行标定，标定过程结束后停供标准气体，回到测试界面，再开启标准气体阀门，观察仪器读数是否与标准气体浓度相符，如示值误差在±10%以内则符合要求。重复 2）、3）步骤 2～3 次。

标准气体校正通常半年到一年进行一次，由于目前国内难以配制光气标准气体，因此通常由仪器厂商提供校准。

5. 测试步骤

同本章五中的 5。

6. 计算

仪器对光气测定的结果，应以标准状态下的质量浓度表示。若仪器光气显示值为 ppm 时，应按下式换算为标准状态下的质量浓度：

$$光气（COCl_2，mg/m^3）= C \times 4.42 \qquad (5-7-14)$$

式中：C——便携式光气检测仪指示浓度，ppm；

4.42——光气浓度从 ppm 换算为标准状态下质量浓度（mg/m^3）的换算系数。

7. 精密度

精密度（相对标准偏差）应满足：≤10%。

8. 说明

同本章一、（三）9。

八、挥发性有机物（VOC）

VOC 即反映挥发性有机物水平的总称，检测 VOC 可以帮助我们定性判断污染物是否为挥发性有机物，并掌握其浓度水平。VOC 主要包括：❶有机化学物质；❷燃料、油料；❸润滑剂、油脂、脱脂剂；❹溶剂、涂料、塑料和树脂。从某种意义上讲，在应急污染事故中我们所接触的 VOC 大部分为烃类物质。

目前测定挥发性有机物（VOC）主要的方法为目视比色法、传感器法、便携式 GC 法等，相对成熟的方法主要是传感器法。这里将对上述几种方法进行相应介绍。

检测人员所需的安全防护器具：❶有机气体防护口罩和防护眼镜（简易防护）；❷配有有机气体专用滤毒罐（可用通用滤毒罐代替）的防毒面具；❸呼吸器和防护服（必要时使用）。

（一）目视比色法

1. 原理

将特定分析试剂加入一定量样品中，通过显色反应而产生相应的颜色变化，将颜色的深浅程度与标准色阶（比色立体柱、比色盘、比色卡等）相比较得到待测污染物的浓度值。

2. 适用范围

本方法操作简便、快速，测定范围宽，适于空气污染应急监测中挥发性有机物的半定量测定。缺点是易受到一定的主观影响而造成测定误差较大，较适于高浓度污染物的测定。

3. 测试步骤

1）采集一定量体积的样品，通入特定分析试剂中。

2）采样完成后，用反应产生的颜色与标准色阶相比较，读出 VOC 的含量。

4. 计算

读取含量值后，除以经过温度及压力修正计算的采样体积，得到标准状态下的质量浓度，计算公式如下：

$$\text{VOC（mg/m}^3\text{）}==\frac{M}{V_{标}}=\frac{M}{V_{测}}\times\frac{103.125}{p}\times\frac{(273+t)}{273} \quad (5\text{-}7\text{-}15)$$

式中：M——反应产生的色板与标准色板比较得到的含量值，mg；

$V_{测}$——实际采样体积，m^3；

$V_{标}$——标准状况下的采样体积，Nm^3；

p——测定点大气压，kPa；

t——测定点环境温度，℃。

5. 说明

比色时应注意光线的影响，建议与阳光呈 90°。

（二）传感器法

1. 原理

通过光离子化检测器（PID）可测量环境空气中的 VOC。PID 使用了一个紫外灯（UV）光源将有机物打成可被检测器检测到的正负离子（离子化）。检测器测量离子化气体的电荷并将其转化为电流信号，电流被放大并显示出“ppm”浓度值。在被检测后，离子重新复合成为原来的气体和蒸气。PID 是一种非破坏性检测器，它不会“燃烧”或永久性改变待测气体，这样一来，经过 PID 检测的气体仍可被收集做进一步的测定。

2. 仪器分类

基于上述原理制造的复合式仪器和泵吸式仪器广泛应用于环境应急监测中，复合式仪器定义为一台仪器中同时安装几个气体传感器，采用单片机数字电路，可同时检测与传感器相对应的几种有害气体。除传感器及其前置放大器以外，其余部件都是共用的；泵吸式仪器定义为用气泵将待测气体抽进传感器的气室或抽至传感器表面的走气板内进行检测。

3. 测量范围

本方法适用于环境污染事故应急监测中 VOC 的测定。通常，测量范围为 0.1～2000ppm，部分仪器的测定上限能达到 10000ppm。

4. 影响因素

湿度及电磁辐射对 VOC 的测试有影响。

5. 仪器与试剂

（1）便携式光离子化有机气体和蒸气检测仪

这类检测仪通常按传感器种类分为单一式和复合式，同时也可按采样方式分为扩散式和泵吸式。采用的多为复合泵吸式检测仪，仪器基本结构如图 5-7-5 所示。

便携式光离子化有机气体和蒸气检测仪通常的技术指标及工作条件为：

响应时间：<3s；

环境温度：–20～45℃；

湿 度：0～95%相对湿度（无冷凝）；

工作方式：连续；

采样流量：450～550ml/min。

（2）试剂

异丁烯标准气体（或其他对 PID 检测灵敏度高的挥发性标准气体），一般为 100ppm 空气中的异丁烯气体。

6. 测试前的准备

1）仔细检查仪器是否正常。检查电池电量是否足够，过滤芯是否需要更换，PID 灯是否需要清洗或更换，并设置日期、时间、抽气泵速、测量模式、报警限值及标准气体浓度等。

2）零点校准。开启仪器，进入标定程序，按仪器提示步骤用活性炭过滤后的清洁空气或高纯氮气（氩气）进行零点校准。

3）标准气体校准及校验测试。零点校准完毕后，设定好校正系数 *CF* 及标准气体浓度值，接着按提示步骤连通标准气体，开启标准气体阀门进行标定，标定过程结束后停供标准气体，回到测试界面，再开启标准气体阀门，观察仪器读数是否与标准气体浓度相符，如示值误差在±10%以内则符合要求。重复 2）、3）步骤 2～3 次。

7. 测试步骤

1）把仪器主机接上水阱过滤器，打开开关，仪器自检完毕后进入测试状态。

2）如能确定为何种气体污染，则把仪器 *CF* 值设定到该种气体的 *CF*，以便可直接读出该气体的浓度；如不能确定为何种气体污染，则所得读数为现场空气中挥发性有机物及蒸气总的浓度。

3）对待测气体进行连续测定，待仪器示值稳定后记录。

4）监测完毕，关闭仪器。

8. 精密度

精密（相对标准偏差）度应满足：≤10%。

9. 说明

1）本方法中指的 *CF* 即“Correction Factor”（校正系数），*CF* 代表了测量的灵敏度，其值越低，该种气体或蒸气的灵敏度就越高。通常情况下，PID 可以很好地测定 *CF* 为 10 以下的各种物质。

2）保证气路的畅通，以免损坏仪器内的抽气泵。

（三）便携式 GC 法

1. 原理

通过色谱柱对具有不同保留时间的被测组分进行分离，分离出的各组分通过各种原理的检测器将其真实浓度或质量流量变成可测量的电信号，且信号量的大小与组分的量成正比。因此，可根据被测组分在色谱图中的峰高或峰面积得到其相应浓度。

2. 仪器分类

仪器的关键元件为检测器，而检测器主要按照原理不同分为 TCD，FID，ECD，FPD，NPD，PID，MSD，FTIR，MAID 等。

3. 适用范围

本方法适用于环境空气应急监测中 VOCs 的定量测定，其特点是准确度高，常见的检出范围为 5ppb～1500ppm。

4. 影响因素

主要是仪器参数设置和柱温对分析结果影响较大。

5. 仪器与试剂

（1）便携式气相色谱

便携式气相色谱典型的技术指标及工作条件为：

环境温度：5～40℃；

湿　　度：0～100%相对湿度；

工作方式：连续或间断。

（2）试剂

相应挥发性标准气体。

6. 测试前的准备

1）检查仪器状态是否正常，检查电源电量是否充足，载气量是否满足要求，如果不足进行补充。开启仪器，设定参数，预热升温。

2）仪器温度稳定到设定值时，用校准气进行仪器标定。

3）用样气清洗样品袋 3 次。

7. 测试步骤

1）用采样器采集一定体积的样品到样品袋。

2）将样品袋连接到仪器上，取样分析，得到分析值。

3）分析结束后，仍保持开机一定时间用载气冲净管路后，关闭仪器。

8. 精密度

精密度（相对标准偏差）应满足≤2%。

九、氟化氢

氟化氢是一种刺激性气体，对呼吸道黏膜及皮肤有强烈的刺激和腐蚀作用；吸入高浓度的氟化氢可引起支气管炎和肺炎；吸收后可对全身产生毒副作用，还可导致氟骨症。它通常以萤石与硫酸作用而制得，是氟化学工业中的一种基本原料，用以制造各种无机和有机氟化物。无水氟化氢用做制造冷冻剂“氟利昂”，作为高辛烷汽油的催化剂，清洗不锈钢，去除金属铸件上的型砂，提炼铍、铀等特种金属，以及作有机合成的催化剂。含水氟化氢通常用做雕刻玻璃及陶器的腐蚀剂，还用于合成杀虫剂或杀菌剂等。

空气污染应急监测中氟化氢的测定方法常见的有检测管法、傅立叶变换红外光谱法、电化学传感器法等，这里着重进行这几种方法的介绍。

检测人员所需的安全防护器具：❶酸性气体防护口罩和防护眼镜（简易防护）；❷配有酸性气体专用滤毒罐（可用通用滤毒罐代替）的防毒面具；❸呼吸器和防护服（必要时使用）。

（一）检测管法

1. 原理

环境空气中的氟化氢通过氟化氢检测管时，改变介质的 pH，使其颜色从绿黄色变为粉红色。

2. 测量范围

本方法适用于空气污染应急监测中氟化氢的测定，常见的测定范围为 0.05～30ppm。

3. 影响因素

当所测空气中有氯气或氯化氢共存时，会使检测管指示值显示偏高。

4. 仪器与试剂

（1）手泵或自动泵

手泵是可手动抽取一定量气体的活塞型仪器。自动泵是用电动气泵自动将待测气体抽过检测管再从泵排气口排出的仪器。

手泵基本结构要求如图 5-7-1 所示。

（2）氟化氢检测管

氟化氢检测管技术指标一般应满足使用温度：0～40℃。

5. 测试前的准备

同本章一、（二）5。

6. 测试步骤

同本章一、（二）6。

7. 计算

在检测管读取浓度后应进行温度、湿度及压力修正计算，并应以标准状态下的质量浓度表示，计算公式如下：

$$\text{氟化氢（HF，mg/m}^3\text{）} = C \times k \times CF \times \frac{103.125}{p} \times \frac{20.01}{22.4} \times \frac{273}{(273+t)} \qquad (5\text{-}7\text{-}16)$$

式中：C——检测管上读取的浓度，ppm；

k——（检测管说明书上）温、湿度修正系数表上 t 和测定点相对湿度所对应的修正系数；

CF——校准系数，根据检测限范围内的标准体积与实际抽气体积的比值来确定该数，例如，该检测管在 0.05～30ppm 测试范围内的标准体积为 100ml，实际采集体积为 200ml，校准系数=100/200=0.5；

p——测定点大气压，kPa；

t——测定点环境温度，℃。

8. 精密度

精密度（相对标准偏差）应满足：≤20%。

9. 说明

1）～3）同本章一、（二）9 中的 2）～4）。

（二）傅立叶变换红外光谱法

1. 原理

不同原子组成的气体分子对红外辐射有选择性的吸收，吸收强度与气体的浓度有关。在一定条件下，氟化氢对红外线辐射的特征吸收系数为一常数。使红外线通过的氟化氢的厚度和辐射源的强度保持一定，就可以通过测量辐射能量的衰减来测定氟化氢的浓度。傅立叶变换红外光谱法是采用光的干涉原理通过傅立叶变换的数学处理来获得红外光谱，并与标准谱图库相比较，对气体进行定性和定量。其特点是分辨率高，测量范围宽，能同时测定多种物质。

2. 适用范围

本方法适用于空气污染应急监测中氟化氢的测定，检测下限通常为 0.3ppm。

3. 仪器与试剂

同本章三、（四）3。

4. 测试前的准备

同本章三、（四）4。

5. 测试步骤

同本章三、（四）5。

6. 计算

仪器对氟化氢测定的结果，应以标准状态下的质量浓度表示。若仪器显示值为 ppm 时，应按下式换算为标准状态下的质量浓度：

$$\text{氟化氢（HF，mg/m}^3\text{）} = C \times 0.893 \tag{5-7-17}$$

式中：C——便携式氟化氢选择性电极指示浓度，ppm；

0.893——氟化氢浓度从 ppm 换算为标准状态下质量浓度（mg/m^3）的换算系数。

7. 精密度

同本章三、（四）7。

8. 说明

同本章三、（四）8。

（三）电化学传感器法

1. 原理

电化学传感器法是利用电化学原理将被测气体的含量转化为电信号的方法。对氟化氢检测来讲，使用最多的是定电位电解式法。定电位电解传感器主要由电解槽、电解液和电极组成，传感器的三个电极分别称为敏感电极（也称工作电极，sensing electrode）、参比电极（reference electrode）和对电极（counter electrode），简称 S、R、C。被测气体主要在工作电极、电解液和对电极之间进行氧化还原反应，而参比电极主要用来为电解液中的工作电极提供恒定的电化学电位。结构同图 5-7-4。

当氟化氢气体由进气孔通过渗透膜扩散到工作电极表面时，在工作电极、电解液和对电极之间发生氧化还原反应，产生电解电流。电解电流通过放大器放大后输出。在一定浓度范围内，此输出值与氟化氢气体浓度成正比。

2. 适用范围

本方法适用于空气污染应急监测中氟化氢气体的测定，常见的检测范围为 0～30ppm。

3. 影响因素

被测气体中的尘和水分容易在渗透膜表面凝结，影响其透气性。如果相对湿度超过 90%或有冷凝现象出现时会使测试结果偏低，应对被测气体中的尘、水分和干扰物质进行预处理。

4. 仪器与试剂

便携式氟化氢气体检测仪，其技术指标及工作条件为：

响应时间：<30s；

环境温度：0～40℃；

湿　　度：5%～90%相对湿度（无冷凝）；

工作方式：连续。

5. 测试前的准备

1）、2）同本章一、（三）5 中的 1）、2）。

3）标准气体校准及校验测试。零点校准完毕后，按提示步骤连通标准气体，开启标准气体阀门进行标定，标定过程结束后停供标准气体，回到测试界面，再开启标准气体阀门，观察仪器读数是否与标准气体浓度相符，如示值误差在±10%以内则符合要求。如不相符，则进行相应读数的调整。重复 2）、3）步骤 2～3 次。

标准气体校正通常半年到一年进行一次，由于目前国内难以配制氟化氢标准气体，因此通常由仪器厂商提供校准。

6. 测试步骤

同本章一、（三）6。

7. 计算

同本章九、（二）6。

8. 精密度

精密度（相对标准偏差）应满足：≤10% 。

9. 说明

同本章一、（三）9。

十、氨气

氨气是一种有刺激性气味的气体，通过呼吸进入人体，低浓度时，对黏膜有刺激作用，高浓度可造成组织溶解坏死。它通常用氢气和氮气在触媒作用下合成，是制取各种含氨产品的主要原料，在石油精炼、氮肥工业、合成纤维、鞣皮、人造冰、油漆、塑料、树脂、染料、医药以及氰化物制造和有机腈的生产中都有大量使用和排放。

应急监测中，主要采用检测管法、传感器法、傅立叶红外变换分析法、化学发光法进行氨气的分析，这里主要对上述几种方法进行介绍。

检测人员所需的安全防护器具：❶配有可过滤氨气滤毒罐的防毒面具；❷呼吸器和防护服（必要时使用）。

（一）检测管法

1. 原理

环境空气中的氨气通过氨气检测管时，与管中填料（H_3PO_4）反应，发生颜色变化，氨气浓度与颜色深浅成正比，从而可得知其浓度。其化学反应式如下：

$$3NH_3 + H_3PO_4 \longrightarrow (NH_4)_3PO_4$$

2. 测量范围

本方法适用于空气污染应急监测中氨气的测定，常见的检测范围为 0.2～3000ppm。

3. 影响因素

硫化氢、二氧化硫、一氧化氮对此方法具有正干扰。

4. 仪器与试剂

（1）手泵或自动泵

手泵是可手动抽取一定量气体的活塞型仪器。自动泵是用电动气泵自动将待测气体抽过检测管再从泵排气口排出的仪器。

手泵基本结构要求如图 5-7-1 所示。

（2）氨气检测管

氨气检测管技术指标一般应满足使用温度：0～40℃，湿度：5%～85%。

5. 测试前的准备

同本章一、（二）5。

6. 测试步骤

同本章一、（二）6。

7. 计算

在检测管读取浓度后应进行温度、湿度及压力修正计算，并应以标准状态下的质量浓度表示，计算公式如下：

$$\text{氨（NH}_3\text{，mg/m}^3\text{）} = C_{\text{湿}} \times CF \times \frac{103.125}{p} \times \frac{17}{22.4} \times \frac{273}{(273+t)} \qquad (5\text{-}7\text{-}18)$$

式中：$C_{\text{湿}}$——把检测管上的读数与说明书上湿度修正系数表对比，选取表中所对应的修正浓度，ppm；

CF——校准系数，根据检测限范围内的标准体积与实际抽气体积的比值来确定该数，例如，该检测管在 0.2～3000ppm 测试范围内的标准体积为 100ml，实际采集体积为 200ml，校准系统=100/200=0.5；

p——测定点大气压，kPa；

t——测定点环境温度，℃。

8. 精密度

精密度（相对标准偏差）应满足：≤20%。

9. 说明

1）～3）同本章一、（二）9 中的 2）～4）。

（二）传感器法

1. 原理

待测气体扩散通过电化学传感器的渗透膜，进入电解槽，在高于标准氧化电位的规定外加恒定电位作用下，使在电解液中扩散吸收的氨气发生反应，与此同时产生对应极限电流 I，在一定范围内其电流的大小与氨气浓度成正比，具有定量关系，即：$I \propto C$ 或 $I=KC$。通过测量极限电流的变化，从而定量求出氨气的浓度。

2. 测量范围

本方法适用于空气污染应急监测中氨气的测定。一般仪器检测范围为 1～50ppm，部分仪器测定上限能达到 350ppm。

3. 影响因素

硫化氢、二氧化硫、一氧化氮、氰化氢对此法具有正干扰。

4. 仪器与试剂

（1）便携式氨气检测仪

这类检测仪通常按传感器种类分为单一式和复合式，同时也可按采样方式分为扩散式和泵吸式。采用的多为复合泵吸式检测仪，仪器基本结构同图 5-7-5。

便携式氨气检测仪技术指标及工作条件为：

响应时间：150s；

环境温度：–20～45℃；

湿　　度：0～95%相对湿度（无冷凝）；

工作方式：连续；

采样流量：300～400ml/min。

（2）试剂

氨气标准气体。

5. 测试前的准备

同本章一、（三）5。

6. 测试步骤

同本章一、（三）6。

7. 计算

仪器对氨气测定的结果，应以标准状态下的质量浓度表示。若仪器氨气显示值为 ppm 时，应按下式换算为标准状态下的质量浓度：

$$\text{氨气}（NH_3，mg/m^3）= C \times 0.76 \qquad (5-7-19)$$

式中：C——便携式氨气检测仪指示浓度，ppm；

0.76——氨气浓度从 ppm 换算为标准状态下质量浓度（mg/m^3）的换算系数。

8. 精密度

精密度（相对标准偏差）应满足：≤10%。

9. 说明

同本章一、（三）9。

（三）傅立叶变换红外光谱法

1. 原理

不同原子组成的气体分子对红外辐射有选择性的吸收，吸收强度与气体的浓度有关。在一定条件下，氨气对红外线辐射的特征吸收系数为一常数。使红外线通过的氨气的厚度和辐射源的强度保持一定，就可以通过测量辐射能量的衰减来测定氨气的浓度。傅立叶变换红外光谱法是采用光的干涉原理通过傅立叶变换的数学处理来获得红外光谱，并与标准谱图库相比较，对气体进行定性和定量。其特点是分辨率高，测量范围宽，能同时测定多种物质。

2. 适用范围

本方法适用于空气污染应急监测中氨气的测定，检测下限通常为 0.4ppm。

3. 仪器与试剂

同本章三、（四）3。

4. 测试前的准备

同本章三、（四）4。

5. 测试步骤

同本章三、（四）5。

6. 计算

同本章十、（二）7。

7. 精密度

同本章三、（四）7。

8. 说明

同本章三、（四）8。

（四）化学发光法

1. 原理

该方法是将含有 NH_3 的样气通过转换炉，利用 NH_3 在高温下会被氧化成 NO_x 的原理，在催化剂作用下将 NH_3 氧化成 NO_x，并用 NO_x 分析仪测定浓度（NH_3 的转化率需≥94%）。

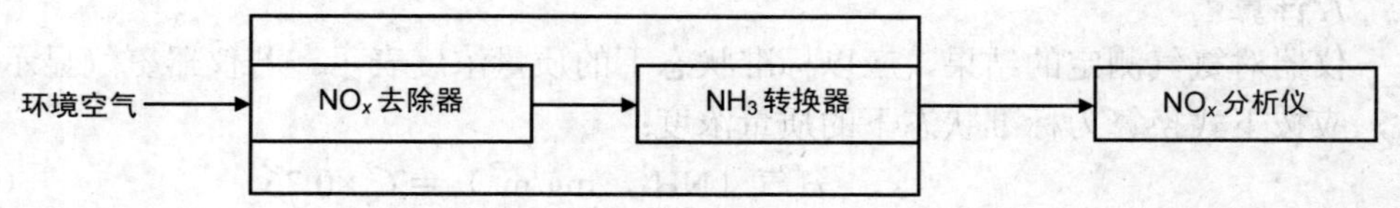

图 5-7-6 NH_3 转换炉

NH_3 转换炉化学反应基理如下：

$$2NH_3+3O_2 \rightarrow NO+NO_2+3H_2O$$

NH_3 转化成为 NO_x 后，采用化学发光法 NO_x，化学发光法基于 NO_2 活性分子的发光。该活性分子是 NO 与 O_3 在一个被抽空的气室内反应生成的。

$$NO+O_3 \rightarrow NO_2^*+O_2$$

$$NO_2^* \rightarrow NO_2+hv$$

NO_2^*转至低能级时，释放出带宽为 500～3000nm 的射线，每个 NO 生成一个 NO_2 分子，故发光强度与样品中 NO 浓度成正比。而 PMT 电流与化学发光强度成正比，通过催化转换器在 6s 周期时开时关。产生 NO 和 NO_x 样气的时间相位差气流，近而测定 NO_x（NO + NO_2）、NO，NO_x−NO=NO_2。

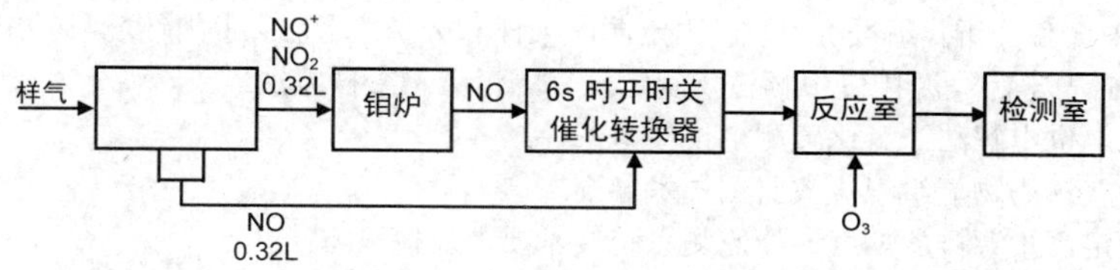

图 5-7-7 分析流程

2. 适用范围

本方法适用于NH_3的环境应急自动连续监测。可将仪器装载在流动监测车上进行监控，检测范围通常为 0～20ppm。

3. 干扰及消除

抽气泵前进气需通过活性炭除去 O_3，关机后泵应继续抽气 15min。

4. 仪器与试剂

（1）氨转化炉

氨转化炉因不同型号有不同的技术参数，但通用的技术指标及工作条件应满足：

流速：0.1～1.5L/min；

操作温度：20～40℃；

转化温度：560～650℃；

转化炉的性能：10ppm 时转化效率不小于 94%；

工作方式：连续。

（2）氮氧化物检测仪

氮氧化物检测仪技术指标及工作条件：

测量范围：0～20ppm；

响应时间：<30s；

环境温度：–10～50℃；

钼转换效率：>98%；

零点漂移：±5ppb/24h；

湿　　度：0～95%相对湿度（无冷凝）；

工作方式：连续。

（3）试剂

氨标准气体。

5. 测试前准备和测试步骤

不同的仪器设备有不同的测试前的准备和操作方法，在此不作具体介绍，请参照相关仪器设备的操作。

主要参考文献

1. 国家环保局《空气和废气监测分析方法》编写组. 空气和废气监测分析方法. 北京：中国环境科学出版社，1990.
2. 于正然，刘光铨，单嫣娜，常德华. 烟尘烟气测试实用技术. 北京：中国环境科学出版社，1990.
3. 中国环境监测总站. 土壤元素的近代分析方法. 北京：中国环境科学出版社，1992.
4. 《大气固定源的采样和分析》编委会. 大气固定源的采样和分析. 北京：中国环境科学出版社，1993.
5. GB/T 16157—1996 固定污染源排气中颗粒物测定与气态污染物采样方法.
6. HJ/T 46—1999 定电位电解法二氧化硫测定仪技术条件.
7. HJ/T 55—2001 大气污染物无组织排放监测技术导则.
8. HJ/T 76—2001 固定污染源排放烟气连续监测系统技术要求及检测方法.
9. ISO/DIS 10155 Automated Monitoring of Concentration of Particles in Stationary Source Emissions: Performance Characteristics, Test Procedures and Specifications 1995.
10. 石金宝，魏复盛. 定电位电解传感器的特点与应用. 中国环境监测，1998，14（2）：45-47.
11. 石金宝，曹勤. 电化学传感器的原理及其在连续监测中的应用. 现代科学仪器，1999，2：51-53.
12. 易江. 我国二氧化硫和烟尘测试技术的进展. 现代科学仪器，1998，6：6-15.
13. 易江. 连续排放监测系统 (一、发展进程). 现代科学仪器，2000，1：47-49.
14. 易江. 连续排放监测系统 (二、抽取式子系统的设计). 现代科学仪器，2000，3：34-39.
15. 易江，张莺，罗军. 连续排放监测系统 (三、测量气体浓度和烟气流速的在线监测系统). 现代科学仪器，2001，5：15～22.
16. 国家环境保护总局. 空气和废气监测分析方法. 北京 ：中国环境科学出版社，2003.
17. 万本太. 突发性环境污染事故应急监测与处理处置技术. 北京 ：中国环境科学出版社，2006.
18. 李国刚. 环境化学污染事故应急监测与装备. 北京 ：化学工业出版社，2005.
19. 傅桃生. 环境应急监测与典型案例. 北京 ：中国环境科学出版社，2005.
20. 傅桃生. 突发性环境污染事故应急监测与处理处置技术及 500 典型案例分析. 北京 ：中国环境科学出版社，2006.

第六篇　有机污染物分析

第一章 挥发性有机物

一、挥发性有机物（VOCs）

（一）固体吸附 热脱附气相色谱-质谱法（C）

1. 原理

本方法使用无油采样器采集空气，使空气通过装有一种或多种固体吸附剂的吸附管（采样管），然后将吸附管放入加热器中迅速加热，待分析的物质从吸附剂上被脱附后，由载气带入气相色谱的毛细柱中，经色谱分离后由质谱进行VOCs的定性定量分析。

2. 干扰及消除

本方法中只有与待测化合物有相似的质谱图和气相色谱保留时间的化合物才产生干扰。常遇到的是同分异构体的干扰。吸附了待测化合物的采样管被污染是本方法常遇到的一个问题，因此在整个采样分析过程中对采样管的制备、储存和处理要特别小心。

3. 方法的适用范围

本方法适用于环境空气中挥发性有机物的分析，当采集样品300ml时，每个分析物质的最低检出浓度≤0.5ppb。

4. 名词解释

①一级脱附：吸附管被加热后，有机物从吸附剂上脱附后直接由载气带入色谱柱中进行分离测定。

②二级脱附：吸附管被加热后，有机物从吸附剂上脱附，载气将有机物带入仪器内部的二次吸附管中再次吸附，然后再迅速加热脱附，由载气带入色谱柱中进行分离测定。

③吸附管：一般由不锈钢或玻璃做成，外径为6mm长度不等的圆管，管中间填有200mg的吸附剂，用于富集气体中的VOC。

④二次吸附管：细的（内径<3mm）内填有少量吸附剂的吸附管，该管一般在室温或室温以下的温度下吸附，当有机物在该管富集后，再迅速升温（一般升温速度为40℃/s），所有的有机物被快速脱附后，能形成一个窄的蒸气带进入色谱柱中。

⑤冷冻剂：一般为液氮、液体二氧化碳，用于二次吸附管在低温富集有机物。

⑥穿透体积（*BV*）：当恒定浓度的分析物质穿过吸附剂时，在吸附剂的后端能检出分析物质5%的浓度时进入吸附剂空气的总体积。

⑦保留体积（*RV*）：将吸附管当成色谱柱接到色谱后，通入载气能使分析物质流出吸附管时的载气体积称为保留体积，该体积减去甲烷的保留体积则为有效保留体积。

⑧安全采样体积：2/3 的穿透体积定义为安全采样体积。

⑨吸附剂的强度：吸附剂的强度代表吸附剂对 VOC 的吸附能力，对所有的 VOC，强吸附剂比弱吸附剂能提供较大的采样体积。一般来讲，弱吸附剂的比表面积少于 $50m^2/g$（包括 Tenax®、Carbopack™/trap C 和 Anasorb® GCB2），中等强度的吸附剂的比表面积在 100～$500m^2/g$ 的范围内（包括 Carbopack™/trap B，Anasorb® GCBI、Porapaks 和 Chromosorbs），强吸附剂的比表面积在 $1000m^2/g$ 左右（包括 Spherocarb®，Carbosieve™ SIII，Carboxen™ 1000 和 Anasorb® CMS 类的吸附剂）。

5. 吸附剂的选择及吸附管的预处理

吸附管应为不锈钢管或玻璃管，管的外径为 6mm，长度可以根据热脱附仪器的要求而定，吸附剂的选择可以根据所分析物质的特性参考表 6-1-1、表 6-1-2 选择，吸附剂选择的原则为：

❖ 具有较大的比表面积，即具有较大的安全采样体积。

❖ 具有较好的疏水性能，对水的吸附能力低。

❖ 容易脱附，分析的物质在吸附剂上不发生化学反应。

表 6-1-1 TENAX 吸附剂对一些化合物的保留体积

化合物	38℃时保留体积（L/g）	化合物	38℃时保留体积（L/g）
苯	19	1, 1, 1-三氯乙烷	6
甲苯	97	四氯乙烯	80
乙苯	200	三氯乙烯	20
二甲苯	200	1, 2-二氯丙烷	30
正戊烷	20	1, 3-二氯丙烷	90
戊烯-1	40	氯苯	150
三氯甲烷	8	溴芳	100
四氯化碳	8	二溴乙烯	60
1, 2-二氯乙烷	10	溴苯	300

表 6-1-2 常用的几种吸附剂的使用范围

吸附剂	适用于分析物质的沸点范围	最高脱附温度(℃)	比表面积(m^3/g)	分析物质类型
CarbotrapC CarbopackC Ansorb GCB2	$n-C_8-n-C_{20}$	>400	12	烷基苯和脂肪烃
Tenax TA	沸点100～400℃ $n-C_7-n-C_{26}$	350	35	除苯之外的芳烃、非极性组分(沸点＞100℃) 和低挥发性极性组分(沸点＞150℃)
Tenax GR	沸点100～450℃ $n-C_7-n-C_{30}$	350	35	烷基苯、挥发性PAH、PCB以及Tenax TA所分析的化合物
Carbotrap CarbopackB Ansorb GCB1	$(n-C_4)n-C_5-n-C_{14}$	>400	100	宽范围的VOC，酮、醇、醛(沸点>75℃)在挥发范围之内的所有非极性化合物和全氟碳化合物
Chromosorb102	沸点50～200℃	250	350	适用于宽范围的VOC，含氧化合物及挥发性低于二氯甲烷的卤代烃

吸附剂	适用于分析物质的沸点范围	最高脱附温度(℃)	比表面积(m^3/g)	分析物质类型
Chromosorb106	沸点50～200℃	250	750	适用于宽范围的VOC，挥发性含氧化合物及烷烃
PorapakQ	沸点50～200℃ $n-C_5-n-C_{12}$	250	550	适用于宽范围的VOC及含氧化合物
PorapakN	沸点50～150℃ $n-C_5-n-C_8$	180	300	适用于吡啶、甲醇及部分挥发腈如丙烯腈、乙腈、丙腈等。
CarbosieveSIII* Carboxen1000* AnsorbCMS*	沸点-60～80℃	400	800	适用于非常易挥发性的烷烃、卤代烃和氟利昂
Zeolite Molecular Sieve 13x**	沸点-60～80℃	350		尤其适用于1,2-丁二烯和一氧化二氮

*这些化合物对水有吸附，当采样时的湿度大于90%时，安全采样体积应减少10倍。

** CarbotrapC、CarbopackC、Carbotrap、CarbopackB、Carboxen1000、CarbosieveSIII为Supelco公司产品，Tenax 为Enka研究所的产品，Chromosorb 为Manville公司产品，Ansorb为SKC公司产品，Porapak为Waters公司产品。

可以根据需要选用一种吸附剂，也可以选用两种或三种吸附剂，选择两种以上吸附剂时各吸附剂之间要用未硅烷化的玻璃棉隔开，选用三种吸附剂应按吸附剂吸附强度顺序填装。常用的吸附剂的粒径一般为60～80目，填装量为200mg，通常填装量增加一倍，安全采样体积也增加一倍，但对于使用一级脱附的仪器，增加吸附剂的量将增加色谱峰的宽度，降低分离度。管内吸附剂的位置至少离入口端 15mm，填装吸附剂的长度不能超过加热区的尺寸，即吸附剂应位于加热炉内。吸附剂不能装的过紧，以免采样阻力太大，装完后两端用未硅烷化的玻璃毛或不锈钢筛网（100 目）堵紧，然后用聚四氟乙烯帽密封采样管的两端，在管的外部做一个永久性记号，并详细记录管内所装的吸附剂名称、重量，对于两种以上的吸附剂，标明吸附剂的极性顺序。

新填装的采样管使用之前，应加热老化2h以上，直到无杂质峰产生为止。对使用过的采样管，使用之前加热老化30min。

对于多层吸附剂，常用以下三种吸附剂进行组合：

①组合1吸附管：由30 mm Tenax®GR 加25mm Carbopack™ B组成，中间用3mm的未硅烷化的玻璃或石英棉隔开，该管适用于 C_6～C_{20} 范围内的化合物，在任何湿度下采样体积可达2L，对于 C_7 以上的化合物采样体积可扩大到5L。

②组合2吸附管：由35mm Carbopack™ B和10mm Carbosieve™ SIII及Carboxen™ 1000组成，中间用玻璃/石英棉隔开，适用于 C_3～C_{12} 范围内的化合物。采样在湿度低于65%、温度低于30℃时，可采样2L；在湿度高于65%、环境温度高于30℃时，采样体积要降到0.5L；对于 C_4 以上的化合物，采样体积可增加到5L。吸附管中湿度的影响可以通过用干空气吹扫或增大分流比消除。

③组合3吸附管：由13mm Carbopack™ C、25mm Carbopack™ B和13mm Carbosieve™ SIII or Carboxen™ 1000组成，吸附剂之间用3mm玻璃/石英棉隔开，适用于 C_3～C_{16} 范围内

的化合物。采样在湿度低于65%、温度低于30℃时，可采样2L；在湿度高于65%环境温度高于30℃时，采样体积要降到0.5L；对于C_4以上的化合物，采样体积可增加到5L。吸附管中湿度的影响可以通过用干空气吹扫或增大分流比消除。

6. 热脱附系统的选择

（1）热脱附进样器的主要类型及优缺点

①一级脱附进样器：将吸附管中的有机物加热脱附后，直接由载气带入色谱柱进行分析，这种仪器适用于填充柱或口径≥0.5mm的毛细管色谱柱，不适用于细口径毛细柱。此类仪器适用于沸点范围窄的样品分析如苯系物，由于一级脱附产生宽的色谱峰，因此分离度低，不能用于复杂样品的分离测定。

②二级脱附进样器：将一级脱附的VOCs重新进行吸附/脱附，然后用载气将分析物质带入色谱柱中进行分离测定。目前较为常用的二级吸附为重新捕获法，即二级吸附仍使用少量吸附剂（20～50mg），在低温下吸附有机物。该类脱附的方式适用于所有的毛细柱和填充柱，所得峰宽与常规用进样口进样的结果相似。由于具有分流作用，可减少水气对分析的影响，常用的电子制冷足以对挥发性很大的乙烷、氯乙烯等进行再捕集。

（2）对热脱附进样器的要求

①采样管两端密封帽的密封性能要好，以防止采样后的采样管受到实验室内空气的污染和吸附管内弱吸附性物质的损失。

②仪器中样品流动所经过的管路尽可能用惰性材料如去活化的溶硅、玻璃管路、石英和聚四氟乙烯，这可避免分析物质凝聚、吸附和降解，管路加热要均匀，在吸附管和色谱柱之间温差不能超过50～150℃的范围。

③管路各个接口之间不能漏气。

④具有吹扫功能，在环境温度下除去采样管中的氧。

7. 采样泵的选择和样品的采集

采样泵的采样流量应能达到10～200ml/min，采样泵最好采用具有恒定质量流量控制的采样泵。采样开始时的流速与结束时流速的偏差不应超过10%。采样泵进行流量校正时，应接上实际采样时所用的采样管。

采样时如果环境中尘、烟气、气溶胶的浓度很高，采样管入口端应接Teflon® 2-微孔过滤器或接一个金属（玻璃）管，管内塞一些干净的玻璃棉，接头使用聚四氟乙烯（PTFE）材料的短管。

打开采样管两段的密封帽后，应马上采样，对于使用多层吸附剂的采样管，采样管气体入口端应为弱吸附剂，出口端为强吸附剂。对于外径为6mm的采样管，最佳的采样流量为50ml/min，实际推荐的采样流量为10～200ml/min，流量超过200ml/min或低于10ml/min将产生较大的误差。采样所需的时间应根据安全采样体积来确定，采集300ml的样品每个分析物质的检测限可达到0.5ppb。

对于大气环境的监测，典型的泵流量及采样时间为：

①用16ml/min的流量在1h采集960ml样品。

②用67ml/min的流量在1h采集4020ml样品。

③用40ml/min的流量在3h采集7200ml的样品。

④用10ml/min的流量在3h采集1800ml的样品。

采集样品时，对同一批采样管需要测定两个实验室空白，即采样管老化后放在4℃干净的环境中保存，在样品测定之前和样品测定之后分别测定一个实验室空白。每10个样品或一批样品低于10个样品时需要分析一个现场空白。

样品采集后，采样管应贮存在低于4℃的干净环境中，在30d内分析完毕（含有苎烯、萜烯、双氯甲基醚和不稳定的含硫和含氮的挥发性有机物，应在一星期内分析完毕），采用多层吸附剂进行采样后，除非事先知道储存不会引起样品明显的损失，否则应尽快进行分析。

8. 样品分析的标准程序

（1）标准物质的准备

挥发性有机物的标准可以使用气体标准，也可以使用液体标准。

①气体标准：使用高压罐储存的气体标准，必须符合国家标准，使用国外的标准必须符合NIST/EPA认证的标准，并且样品必须在有效期内使用。标准气体的稀释需要使用动态稀释方法。

②液体标准溶液：配制挥发性有机物的标准溶液，一般使用高纯度的甲醇为溶剂，配制液体标准时，分析物质的质量应与采样过程中进入采样管的量在同一数量级。

（2）液体样品加到采样管的方法

将已老化的采样管作为色谱柱装到气相色谱的填充柱进样口上，调节载气的流量为100ml/min，对于挥发性低于正十二烷的物质，可以用5～10μl的微量进样器直接从未加热的进样口进样，对于挥发性高于正十二烷的物质，将进样口的温度加热到50℃，以保证所有的液体全部蒸发。进样后继续通载气，直到溶剂穿过吸附剂而分析的物质定量保留在吸附剂上，一般需要5min。然后拆下吸附管，立即盖上密封帽。如果溶剂不易从吸附剂上穿透，则应尽量减少液体的进样量（进0.5～1.0μl）以减少溶剂对色谱的干扰。该方法不适用于使用多层吸附剂或沸点范围很宽的物质分析。

（3）热脱附进样器的操作

热脱附进样器在工作之前首先核对系统是否漏气，然后根据仪器说明建立热脱附的条件，这些条件包括一级脱附温度、载气的流速（一般在200～300℃脱附5～15min，载气流量为30～100ml/min）、二级脱附温度、一级脱附与二级脱附之间的分流比、二级脱附和毛细柱之间的分流比。

（4）色谱条件和质谱条件

可以根据需要选择内径0.25、0.32、0.53mm的30～50m的100%的甲基聚硅氧烷毛细柱（DB-1）和5%苯基95%的甲基聚硅氧烷毛细柱（DB-5），所建立的色谱条件必须能使苯和四氯化碳达到基线分离。下面为DB-1 50m×0.32mm×1μm毛细柱的色谱条件：

①载气：99.999%的氦气，流速1～3ml/min；起始柱温30℃，保留时间：2min；升温速度8℃/min，最后在200℃下使所有峰出完为止。

②质谱电子能量为70eV，质量范围为35～300amu，扫描时间每个峰至少10次扫描，每个扫描不超过1s。

③质谱的性能检查：通过4-溴氟苯进行核对，如果BFB调节的结果满足不了要求，必须对离子源等进行清洗和维护保养，以满足表6-1-3的要求。

④色谱柱条件：起始温度-50℃，保留2min，以8℃/min的速度升至200℃，在200℃保

留至所有化合物出峰完毕。

（5）标准曲线

用标准气体向五个吸附管分别加入体积分数为2，5，10，20，50ppb的标准，对标准液体分别加入1、5、10、20、50ng，在最佳的条件下进行热脱附进样测定。有条件最好使用内标法，即向吸附管中加入含有甲苯-d_8、全氟苯、全氟甲苯作内标物的内标气体。

（6）样品的分析次序

对于挥发性有机物的GC-MS分析，样品的分析顺序为：

①50 ng 4-溴氟苯（BFB）的调节仪器，BFB的质量数和相对强度见表6-1-3。

②标准曲线，曲线各点的相对校正因子的RSD≤25%，相对响应因子≥0.010。

③空白的分析。

④样品的分析。

⑤中间浓度检验。

表 6-1-3 BFB 进行质谱调谐时各离子的峰及强度

质量数	相对强度	质量数	相对强度
50	质量数95的8.0%～40.0%	174	质量数95的50.0%～120.0%
75	质量数95的8.0%～40.0%	175	质量数174的4.0%～9.0%
95	基峰，100%	176	质量数174的93.0%～101%
96	质量数95的5.0%～9.0%	177	质量数177的5.0%～9.0%
173	＜质量数174的2.0%		

9. 分析浓度的计算

（1）气体中化合物浓度的计算

$$C=\frac{A}{V_S}$$

式中：C—气体中分析物质的浓度，μg/m^3；

A——样品中分析物质的含量，ng；

V_S—标准状态下（0℃，101.325kPa）的采样总体积，L。

$$V_S=\frac{P\cdot V\times 273}{(273+t)\times 101.325}$$

式中：V—实际采样体积，L；

P—采样时的大气压，kPa；

t—采样时的温度，℃。

（2）使用内标进行定量时相对响应因子（RRF）的计算

$$RRF=\left[\frac{(I_s)\times(C_{is})}{(I_{is})\times(C_s)}\right]$$

式中：I_s——目标化合物的峰面积；

C_s——目标化合物的浓度，μg/ml；

I_{is}——内标化合物的峰面积；

C_{is}——内标化合物的浓度，μg/ml。

（3）样品中分析物质的浓度计算

$$C_a=\left[\frac{(I_s)\times(C_{is})}{(RRF)\times(I_{is})}\right]$$

10. 质量保证和质量控制

①实验室空白：对于Tenax®吸附剂，实验室内单个化合物空白水平应该低于纳克（一般为0.01～0.1ng），对于Porapaks®，Chromosorb®系列和其他多孔聚合物吸附剂，实验室空白水平不应大于10ng。吸附剂本底的峰面积或峰高≥样品的10%时，实验结果应作标记。

②现场空白：如果现场空白的峰形与样品相同，浓度水平≥5%样品浓度，应对采样的密封情况、储存条件进行检查。浓度水平≥10%样品浓度时，采集的样品无效。

③所测定化合物两次平行测定结果的相对偏差≤25%。

④加标回收的百分相对偏差≤20%。

$$\text{加标回收的百分相对偏差}=\left[\frac{\text{回收量}-\text{进样量}}{\text{进样量}}\right]\times100\%$$

（二）用采样罐采样气相色谱-质谱法（C）

1. 方法原理

用经特殊处理的不锈钢罐采集空气样品，然后进行样品预浓缩和除去惰性气体后，用气相色谱分离和用质谱或多检测器技术测定环境空气中的挥发性有机物（VOCs）。

2. 干扰及消除

采样时，如果采样罐、流量控制阀和采样泵等事先未被清洁好，将会污染样品，清罐的步骤与注意事项将在6（1）中专门介绍。如果样品湿度太大，会影响分析结果，应采取适当方法。

用Nafion渗透膜除去样品中的水分，但采用Nafion渗透膜除掉样品中的水汽时，某些极性有机化合物可能与水分共存损失掉。

3. 方法的适用范围

适用于空气中VOCs与部分SVOCs的测定。

4. 仪器

①OV-1毛细管柱（0.32mm×50m）。

②预冷冻浓缩系统（预增浓仪Entech 7100）。

③真空系统（具压力表）。

④空气VOC自动进样系统（Entech 7016）。

⑤计算机系统。

⑥SUMMA罐（Canister）。

⑦电子质量流量控制阀。

⑧47mm Teflon颗粒物过滤器。

⑨采样用真空泵。

5. 试剂和材料

①氢气、氮气、氦气超高纯钢瓶气（99.9999%）和超高纯的零空气。

②气体标准物质：气瓶中包括体积分数近10ppm的以下化合物：氯乙烯、二氯乙烯、

1, 1, 2-三氯-1, 2, 2-二氟乙烷、三氯甲烷、1, 2-二氯乙烷、苯、甲苯、氟利昂 12、一氯甲烷、1, 2-二氯-1, 1, 2, 2-四氟乙烷、一溴甲烷、一氯乙烷、氟利昂 11、二氯甲烷、1, 1-二氯乙烷、顺-1, 2-二氯乙烯、1, 2-二氯丙烷、1, 1, 2-三氯乙烷、1, 2-二溴乙烷、四氯乙烯、氯苯、苄基氯、六氯-1, 3-丁二烯、三氯乙烷、四氯化碳、三氯乙烯、顺-1, 3-二氯丙烯、反-1, 3-二氯丙烯、乙苯、邻二甲苯、间二甲苯、对二甲苯、苯乙烯、1, 1, 2, 2-四氯乙烷、1, 3, 5-三甲基苯、1, 2, 4-三甲基苯、间二氯苯、邻二氯苯、对二氯苯、1, 2, 4-三氯苯。

③液氮（-183.0℃，沸点）。

④正己烷或甲醇-清洗采样系统部件。

⑤4-溴氟苯（BFB），用于 GC-MS 调谐。

6. 采样

（1）清罐

将 SUMMA 罐通过阀门安装在真空系统中，编好真空系统操作程序（一般为六个循环，分别包括低真空、高真空、充气三个部分），打开超纯氦气钢瓶阀以及 SUMMA 罐阀门，启动操作程序。完成后，即可用来采样。

（2）采样

预先清洁好采样罐并抽好真空（至 266Pa 以下），如果进行流量控制或加压采样时，应先安装好电子流速控制阀并连接好加压泵，打开罐阀和真空/压力计阀，控制流量采样。采样完后，关好罐阀和真空/压力计阀，并记录有关的采样数据。将采样罐贴上标签，记录有关采样罐序列号、采样地点和日期等，带回实验室进行分析。

7. 步骤

（1）样品的预处理条件

样品的富集方法有两种，一种为低温采样，即采样管填充 20～40 目玻璃珠，将采样管放在液氮中捕集样品，另一种为常温采样，采样管中填充一些吸附剂。以下分别列出两种采样方法的实验条件。

① 样品的采集条件：

低温捕集

捕集温度：-150℃

样品体积：～100ml

吸附剂捕集

捕集温度：27℃

样品体积：～1000ml

② 样品的脱附条件：

低温捕集

脱附温度：120℃

脱附流速：～3ml/min 氦气

脱附时间：<60s

吸附剂捕集

脱附温度：可变

脱附流速：～3ml/min 氦气

脱附时间：<60s

③ 捕集后恢复采样条件：

低温捕集

初始使用烘烤条件：120℃ 24h

每一次进样后： 120℃ 5min

吸附剂捕集

初始使用烘烤条件：根据吸附剂确定

每一次进样后：在烘烤条件下保持 5min

（2）仪器条件

仪器条件见表 6-1-4。

表 6-1-4 一般 GC 和 MS 的操作条件

气相色谱	色谱柱	HP OV-1 交联甲基硅烷柱（50m×0.32mm.×1.0μm）或其等效柱
	载气	氦气（2.0cm^3/min，温度 250℃）
	进样体积	恒定（1～3μl）
	进样方式	不分流进样
温度程序	初始柱温	-50℃
	初始柱温保持时间	2min
	程序升温	8℃/min 到 200℃
	最终温度保持时间	15min （色谱条件必须使苯和四氯化碳达到基线分离）
质谱	质量范围	35～300amu
	扫描时间	1 s/scan
	EI 条件	70eV
	质谱扫描	按仪器操作手册选择质谱选择检测器（MS）和选择离子监测（SIM）方式

（3）仪器校准

质谱部分用调谐校准，整个系统须符合质量保证部分所要求的各项指标。

（4）采样罐处理

如果采样罐中的压力小于 83kPa（＜12psig）时，必须用零氮气加压至 137kPa（20psig）以保证有足够的样品进行分析。如果增加罐压，稀释因子的计算为：

$$DF=Y_a/X_a$$

式中：X_a——稀释前的罐压；

Y_a——稀释后的罐压。

在样品分析完成后，被测得的 VOC 浓度须乘以稀释因子得到样品空气中的测定浓度。

（5）GC-MS 扫描分析

首先编好 GC-MS 分析仪器与预冷冻浓缩系统的操作程序，打开标准气体罐和内标气体罐，启动操作程序，做标准曲线。然后，将各盛有样品的 SUMMA 采样罐置于自动进样器上并连接好，打开阀门，与做标准曲线的相同方法进行实验。

（6）定性及定量分析

①定性方法：谱库检索和保留时间。

②定量方法：先把各种物质的标准曲线回归方程计算出来，然后用质谱的定量软件进行定量。校准曲线使用 5 个点，各点的浓度（体积分数）分别为 1，2，5，10 和 25ppb。5 个点相对校正因子的相对标准偏差≤30%，其中有两个化合物可以≤40%。

8. 质量保证和质量控制

（1）采样系统

采用经被校准的流速控制器（或阀）采样；经过一个湿的零空气校准程序保证所有 SUMMA 罐内的含有目标 VOCs 的浓度（体积分数）小于 0.2ppb；所有现场采样的 SUMMA 罐经过一个初始的标气校准，其回收率应大于 90%。

（2）GC-MS 系统

在进行样品分析之前，保证 GC-MS 系统是清洁的，方法是经过一个湿润的零空气校准，保证其系统中的目标 VOCs 的检出浓度（体积分数）小于 0.2ppb；GC-MS 系统需每天用 4-溴氟苯（BFB）调谐，使目标离子及其离子丰度符合分析要求，见表 6-1-5。

每天用一个中间浓度对定量曲线进行校正，当曲线对中间浓度的相对偏差≤15%时，可以进行样品的测定。

表 6-1-5 4-溴氟苯关键离子及其丰度标准

质量数	离子丰度	质量数	离子丰度
50	质量数 95 丰度的 15%～40%	174	大于质量数 95 丰度的 50%
75	质量数 95 丰度的 30～60%	175	质量数 174 丰度的 5%～9%
95	基峰，相对丰度 100%	176	质量数 174 丰度的 95%～101%
96	质量数 95 丰度的 5%～9%	177	质量数 176 丰度的 5%～9%
173	小于质量数 174 丰度的 2%		

表 6-1-6 城市空气毒物标准气体测定结果

化学文摘号	英文名称	化合物	MW	ppb	回收率	MDL(ppb)
00075-71-8	Dichlorodifluoromethane	二氯二氟甲烷	119.93	9.46	92.7%	0.06
00074-87-3	Chloromethane	一氯甲烷	49.99	9.54	93.5%	0.06
00076-14-2	1, 2-Dichlorotetrafluoroethane	1, 2-二氯四氟乙烷	169.93	9.41	92.2%	0.06
00075-01-4	Chloroethene	氯乙烯	61.99	9.62	94.3%	0.06
00074-83-9	Bromomethane	一溴甲烷	93.94	8.76	85.9%	0.06
00075-00-3	Chloroethane	氯乙烷	64.01	8.40	82.3%	0.06
00067-64-1	Acetone	丙酮	58.08	8.45	82.9%	0.06
00075-69-4	Trichlorofluoromethane	三氟一氟甲烷	135.90	9.39	92.1%	0.06
00107-13-1	Acrylonitrile	丙烯腈	53.03	15.02	97.0%	0.06
00075-35-4	1, 1-Dichloroethene	1, 1-二氯乙烯	95.95	8.95	86.0%	0.06
00075-09-2	Methylene Chloride	二氯甲烷	84.93	8.85	85.1%	0.06
00075-15-0	Carbon disulfide	二硫化碳	76.10	8.52	85.2%	0.06
00107-05-1	3-Chloro-1-propene(Allyl hloride)	3-氯-1-丙烯	76.01	9.80	85.2%	0.06
00076-13-1	1, 1, 2-Trichloro-1, 2, 2-trifluoro ethane	1, 1, 2-三氯-1, 2, 2-三氟乙烷	185.90	9.06	87.1%	0.06
00156-60-5	Trans-1, 2-dichloroehtene	反-1, 2-二氯乙烯	95.95	8.81	86.3%	0.06
00075-34-3	1, 1-Dichloroethane	1, 1-二氯乙烷	98.96	9.02	86.7%	0.06
01634-04-4	MTBE	甲基叔丁基醚	88.15	8.93	86.7%	0.06
00078-93-3	2-Butanone(MEK)	2-丁酮	72.14	9.32	91.4%	0.06
00156-59-2	Cis-1, 2-Dichloroethene	顺-1, 2-二氯乙烯	95.95	8.82	84.8%	0.06
00067-66-3	Chloroform	三氯甲烷	119.39	9.20	88.4%	0.06
00762-75-4	Tert-Butyl formate	叔丁基甲酸酯	102.13	9.02	95.8%	0.06
00107-06-2	1, 2-Dichloroethane	1, 2-二氯乙烷	98.96	8.94	86.0%	0.06
00071-55-6	1, 1, 1-Trichloroethane	1, 1, 1-三氯乙烷	133.42	9.24	88.9%	0.06
00071-43-2	Benzene	苯	78.11	8.86	84.4%	0.06
00056-23-5	Carbon etrachloride	四氯化碳	153.83	9.72	92.6%	0.06
00994-05-8	TAME		102.18	7.52	98.0%	0.06
00078-87-5	1, 2-Dichloropropane	1, 2-二氯丙烷	113.00	8.69	83.6%	0.06

化学文摘号	英文名称	化合物	MW	ppb	回收率	MDL(ppb)
00075-27-4	Bromodichloromethane	一溴二氯甲烷	163.83	8.80	86.3%	0.06
00079-01-6	Trichloroethene	三氯乙烯	131.40	8.74	84.9%	0.06
00080-62-6	Methyl ethacrylate	异丁烯酸甲酯	100.05	7.88	82.7%	0.06
10061-01-5	cis-1, 3-Dichloropropene	顺-1, 3-二氯丙烯	109.97	8.78	83.6%	0.06
00108-10-1	MIBK	甲基异丁基酮	100.16	8.57	84.0%	0.06
10061-02-6	Trans-1, 3-Dichlororopene	反-1, 3-二氯丙烯	109.97	8.44	80.3%	0.06
00079-00-5	1, 1, 2-Trichloroethane	1, 1, 2-三氯乙烷	131.93	8.60	81.9%	0.06
00108-88-3	Toluene	甲苯	92.13	8.68	83.5%	0.06
00124-48-1	Dibromochloro methane	二溴一氯甲烷	208.29	8.97	88.0%	0.06
00106-93-4	1, 2-Dibromoethane	1, 2-二溴乙烷	185.87	8.65	83.2%	0.06
00127-18-4	Tetrachloroethene	四氯乙烯	165.85	8.73	83.9%	0.06
00108-90-7	Chlorobenzene	氯苯	112.60	8.52	82.0%	0.06
00100-41-4	Ethylbenzene	乙基苯	106.16	9.08	87.3%	0.06
00108-38-3	M，p-Xylene	m，p-二甲苯	106.16	19.27	92.6%	0.06
00075-25-2	Bromoform	三溴甲烷	252.75	9.84	94.6%	0.06
00100-42-5	Styrene	苯乙烯	104.10	8.41	80.9%	0.06
00095-47-6	o-Xylene	邻二甲苯	106.16	8.87	85.2%	0.06
00079-34-5	1, 1, 2, 2-Tetrachloro-ethane	1, 1, 2, 2-四氯乙烷	165.89	9.63	92.6%	0.06
00622-96-8	1-Ethyl-4-methyl-benzene	1-乙基-4-甲基苯	120.09	8.59	84.2%	0.06
00108-67-8	1, 3, 5-trimethyl-benzene	1, 3, 5-三甲基苯	120.09	10.12	97.3%	0.06
00095-63-6	1, 2, 4-Trimethyl-benzene	1, 2, 4-三甲基苯	120.09	9.13	87.7%	0.06
00100-44-7	Chloromethyl benzene	一氯甲基苯	126.02	8.40	84.0%	0.06
00541-73-1	1, 3-Dichloro-benzene	1, 3-二氯苯	145.97	8.69	83.5%	0.06
00106-46-7	1, 4-Dichloro-benzene	1, 4-二氯苯	145.97	8.95	86.1%	0.06
00095-50-1	1, 2-Dichloro-benzene	1, 2-二氯苯	145.97	10.74	103%	0.06
00120-82-1	1, 2, 4-Trichloro-benzene	1, 2, 4-三氯苯	179.93	12.33	118%	0.06
00087-68-3	Hexachloro-1, 3-butadiene	六氯-1, 3-丁二烯	257.81	13.01	125%	0.06
00106-99-0	1, 3-Butadiene	1, 3-丁二烯	54.09	9.47	91.0%	0.06

表 6-1-7 替代品的回收率（Surrogate Recovery）

化学文摘号	英文名称	化合物	MW	ppb	回收率	MDL(ppb)
00865-53-7	Dibromofluoromethane(S1)	二溴氟甲烷(S1)	90.00	18.31	103%	0.06
17060-07-0	1, 2-dichloroethane-d4(S2)	1, 2-二氯乙烷-d4(S2)	102.99	33.64	102%	0.06
02037-26-5	Toluene-d8(S3)	甲苯(S3)	100.21	33.14	97.8%	0.06
03855-82-1	1, 4-dichlorobenzene-d4(S4)	1, 4-二氯苯-d4(S4)	151.04	23.16	102%	0.06

二、挥发性卤代烃

有机卤代烃广泛用作溶剂、工业和民用清洗剂，这些物质不但能损伤皮肤、引起中枢神经中毒，还能引起细胞原形质、心脏等的损害，对肝、肾、胰腺也有不良影响，一些化合物可能还有致癌的作用，因此所有的有机卤化物都有较大的毒性，大气中的卤代烃除极少部分来自于天然的生物代谢外，主要来源于人为的污染。空气和废气中卤代烃的采样主要用固体吸附剂吸附，用热脱附或溶剂解吸，然后用气相色谱分离用电子捕获检测器（ECD）或氢火焰检测器（FID）检测。有关热脱附法测定有机卤代烃的具体方法见挥发性有机物分析。

气相色谱法（C）

1. 原理

本方法采用活性炭采样，二硫化碳解吸，分析氯甲基苯、三溴甲烷、四氯化碳、氯苯、氯溴乙烷、三氯甲烷、邻二氯苯、对二氯苯、1, 1-二氯乙烷、1, 2-二氯乙烯、1, 2-二氯乙烷、六氯乙烷、1, 1, 1-三氯乙烷、四氯乙烯、1, 1, 2-三氯乙烷、1, 2, 3-三氯丙烷共十六种卤代烃。

用 FID 检测器卤代烃的检出限为 0.01mg/每个样品，用 ECD 检测器卤代烃的检出限为 0.01μg/每个样品。

2. 仪器

①气相色谱仪，带有 FID 检测器和 ECD 检测器，配有积分仪或色谱工作站。

②空气采样器，采样流量在 0～1L/min 可调。

3. 试剂

①二硫化碳：使用前进行提纯，保证卤代烃的空白符合要求。

②卤代烃的标准溶液：卤代烃的标准溶液可以使用单标或混合标准，然后用二硫化碳或戊烷稀释成合适的标准。

③内标溶液：当用 FID 检测器时，癸烷、正十一烷或辛烷可以用作内标。

④活性炭采样管：自制或购买。

4. 采样

（1）活性炭采样管的制备

用一根长 7cm，外径 6mm，内径 4mm 的玻璃管，分两段填装 20/40 目活性炭，中间用 2mm 的氨基甲酸酯泡沫塑料隔开，玻璃管两端用火熔封。活性炭在装管前于 600℃通氮处理 1h。前段装 100mg 活性炭，后段装 50mg。在管的后部塞入 3mm 的氨基甲酸酯泡沫塑料，在管的前部放入一团硅烷化玻璃毛。活性炭采样管在以 1L/min 的流量采样时，压降必须小于 3.4kPa。

（2）采样方法

用橡胶管将活性炭采样管与采样器连接，采样管垂直向上进行采样，采样流量 0.5L/min，采样体积的确定见表 6-1-9。采样结束后，将采样管两端封闭，在 4℃冷藏保存。

5. 步骤

①色谱条件：使用毛细管柱（DB-1 30m×0.25mm×0.5μm 或 DB-1 30m×0.32mm×0.5μm）或填充柱（固定相为 SP-2100 或含有 0.1%Carbowax1500 的 SP-2100）载气为氮气和氦气，使用 FID 检测器时空气和氢气的流量可以根据仪器说明书要求确定。

②标准曲线：卤代烃的分析采用外标法，向 5ml 容量瓶或 2ml 带螺盖的玻璃瓶中加入 100mg 的活性炭，然后加入卤代烃的标准溶液（和内标化合物），最后加入二硫化碳使二硫化碳和标准的总体积为 1ml，卤代烃标准曲线一般需 3～5 个不同浓度点，最低浓度点应接近于方法的检测限，各点的响应因子的相对标准偏差≤20%或曲线的相关系数≥0.995

时，标准曲线合格。

③样品预处理：将采样管中的活性炭的前段和后段分别转移至5ml的容量瓶或2ml的玻璃管中，弃去聚酯泡膜和玻璃毛，准确加入1ml纯化过的二硫化碳，放置30min后进样分析（用内标法时在加入CS_2之前先加入内标化合物）。

6. 计算

按与标准曲线相同的程序测定样品中各分析物质的浓度，记录保留时间和峰面积（峰高），以保留时间进行定性，以峰高或峰面积定量。计算公式如下：

$$W=(W_s \times V_e / V_i)/1000$$

式中：W——样品中分析物质的总量，mg；

W_s——根据标准曲线计算样品进样后计算的分析物质的量，ng；

V_e——二硫化碳加入到活性炭中的量，ml；

V_i——仪器的进样量，μl。

$$C=\frac{(W_f + W_b - B_f - B_b)}{V_s} \times 10^3 \text{mg/m}^3$$

式中：C——标准状态下分析物质的浓度，mg/m^3；

W_f——吸附管前段活性炭中分析物质的量，mg；

W_b——吸附管后段活性炭中分析物质的量，mg；

B_f——空白吸附管前段活性炭中分析物质的量，mg；

B_b——空白吸附管后段活性炭中分析物质的量，mg。

$$V_s = \frac{P \times V \times 273}{(273+t) \times 101.325}$$

式中：P——现场采样时的大气压，kPa；

V——实际采样体积，L；

t——实际采样温度，℃；

V_s——标准状态下的采样体积，L。

7. 质量保证和质量控制

①采样器在采样前或采样过程中发现流量有较大的波动时，均应该进行流量校正。

②每次样品分析前后必须进行中间浓度检验，如果样品多于10个时，每10个样品进行一次前后的中间浓度检验，如果中间浓度的实际值与曲线所得值的偏差≤15%，则样品的分析数据有效。

③每使用一批新采样管，必须测定一次吸附管前后活性炭的空白。

④每次采样时应做一个过程空白（采样管带到现场但不进行采样，但打开采样管的两端，然后同采样的采样管一样密封，带到实验室后同样品一样进行分析，分析的结果则为过程空白）。

⑤当采样管后部活性炭测定的数值大于前部10%时，应记录样品可能已穿透或可能有损失。

⑥每使用一批新的活性炭时要进行卤代烃在活性炭的解吸效率，做解吸效率时每一个化合物的最后浓度应接近曲线的中间浓度，每一个化合物的解吸效率应≥80%。

解吸效率=（分析的量－空白含量）/实际加标量。

⑦采样后，采样管放置六天内，1, 2, 3-三氯丙烷的损失少于 15%，所以应在 6d 内解吸完毕，10d 内分析完毕。

⑧每次采样，样品在 10 个之内和每 10 个样品应做一个平行样，平行样的偏差应≤25%。

表 6-1-8 使用 SCK105 型椰子壳活性炭方法的解吸效率、精密度和准确度

化合物	范围 (mg/m^3)	采样体积 (L)	偏差 (%)	精密度		准确度 ±%	解吸效率 (加入量 mg)
				全部	测量		
氯甲基苯	2～8	10L	-8.4	0.096	0.031	25.6	0.90(0.03～0.1mg)
三溴甲烷	3～10	10L	-1.3	0.071	0.043	14.0	0.80(0.025mg)
四氯化碳	65～299	15L	-1.6	0.092	0.037	18.0	0.96(1.3～4.8mg)
氯苯	183～736	10L	0.3	0.056	0.025	11.0	0.91(1.8～7.1mg)
氯溴甲烷	640～2655	5L	3.4	0.061	0.051	14.0	0.94(3.3～13mg)
三氯甲烷	100～416	15L	1.3	0.057	0.047	11.6	0.97(1.8～7.4mg)
邻二氯苯	150～629	3L	-1.9	0.068	0.013	13.7	0.86(0.5～1.9mg)
对二氯苯	183～777	3L	-4.3	0.052	0.022	12.5	0.91(0.7～2.7mg)
1, 1-二氯乙烷	212～838	10L	2.6	0.057	0.011	12.4	1.01(1.9～8mg)
1, 2-二氯乙烯	475～1915	3L	-2.90	0.052	0.017	11.3	1.0(2.4～9.5mg)
1, 2-二氯乙烷	198～819	3L	-2.9	0.079	0.012	15.7	0.96(0.6～2.5mg)
六氯乙烷	5～25	10L	-6.6	0.121	0.014	25.4	0.98(0.05～0.2mg)
1, 1, 1-三氯乙烷	904～3790	3L	-0.6	0.054	0.018	10.6	0.99(2.9～11mg)
四氯乙烯	655～2749	3L	-7.2	0.052	0.013	15.1	0.96(2.1～8mg)
1, 1, 2-三氯乙烷	26～111	10L	-9.0	0.057	0.010	17.5	0.97(0.3～1.2mg)
1, 2, 3-三氯丙烷	163～629	10L	2.1	0.068	0.027	14.2	0.95(1.5～6mg)

表 6-1-9 采样体积的确定

化合物	化合物浓度(mg/m^3)	空气采样体积(L)			在最大采样体积下的工作范围(mg/m^3)
		最少体积	最大体积	化合物数量	
氯甲基苯	1	6	50	10	0.6～5.8
三溴甲烷	0.5	4	70	10	0.2～4
四氯化碳	10	3	150	15	2～105
氯苯	75	1.5	40	10	10～430
氯溴甲烷	200	0.5	8	5	18～450
三氯甲烷	50	1	50	15	2～190
邻二氯苯	50	1	60	3	16～1100
对二氯苯	75	1	10	3	27～330
1, 1-二氯乙烷	100	0.5	15	10	4～250
1, 2-二氯乙烯	200	0.2	5	3	16～560
1, 2-二氯乙烷	50	1	50	3	16～1320
六氯乙烷	1	3	70	10	0.3～8.3
1, 1, 1-三氯乙烷	350	0.1	8	3	18～1450
四氯乙烯	100	0.2	40	3	9～1900
1, 1, 2-三氯乙烷	10	2	60	10	1.8～64

1, 2, 3-三氯丙烷	50	0.6		10	3～310

三、氯丁二烯（B）

气相色谱法

1. 原理

用活性炭吸附采样管富集空气中氯丁二烯后，加四氯化碳浸泡解吸，经聚乙二醇己二酸酯-阿匹松L色谱柱分离，火焰离子化检测器测定，以保留时间定性，峰高外标法定量。

本方法检出限为0.3ng/2μl，当采样体积为6L，用2ml四氯化碳解吸，最低检出浓度为0.05mg/m^3。

2. 仪器

①微量注射器：5μl、10μl。

②具塞试管：5ml。

③活性炭采样管：长15cm、内径4mm玻璃管，两端封口，管内填充活性炭，A段100mg，B段50mg，如图6-1-1。

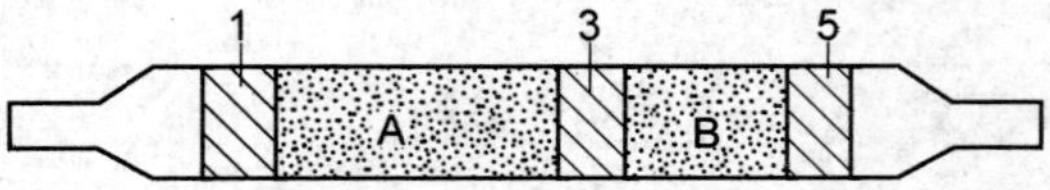

1
3
5
A
B

图6-1-1 活性炭采样管

1、3、5—玻璃棉；A、B—活性炭

④空气采样器：流量范围0～1L/min。

⑤气相色谱仪：具火焰离子化检测器。

色谱柱：柱长2m，内径4mm的不锈钢柱，柱内填充20%聚乙二醇己二酸酯：阿匹松L（1∶5），6201担体（60～80目）。

3. 试剂

①四氯化碳。

②氯丁二烯：纯度高于99.8%，含阻聚剂，使用前重新蒸馏。

③氯丁二烯标准溶液：在25ml容量瓶中，加入10～15ml四氯化碳，准确称量后，加入约2～3mg新蒸馏的氯丁二烯，再准确称量，两次重量之差为氯丁二烯的重量，用四氯化碳稀释至标线，摇匀。计算每毫升溶液中氯丁二烯的毫克数，此标准溶液在冰箱中可存放一个月。使用时，将此溶液用四氯化碳稀释成每毫升含氯丁二烯10.0μg的标准溶液。

4. 采样

打开预先封口的采样管，将靠B段吸附剂的一端与空气采样器相连，使采样管垂直于地面，令气样自上而下通过采样管，以0.5L/min的流量，采样3～6L（或视空气中氯丁二烯的浓度而定）。采样结束后，将采样管加帽密封，于低温处存放（不超过48h）或立即用四氯化碳解吸，在四氯化碳解吸液中，于低温处存放。当氯丁二烯浓度低于40μg/2ml时，可稳定一周。

5. 步骤

（1）色谱条件

柱温：84℃。

载气：氮气流量30ml/min；燃气：氢气流量55ml/min；助燃气：空气流量400ml/min。

（2）标准曲线的绘制

用四氯化碳将标准溶液稀释成以下浓度系列：0、0.50、1.00、2.00、3.00、4.00、5.00及6.00μg/ml。另取5ml具塞刻度管8支，每支各加采样用活性炭100mg（与现场采样用活性炭等量），然后分别加入各种浓度的标准溶液 2.00ml，稍加振摇，加塞浸泡 90min，摇匀。取 2.00μl 进行色谱分析，以峰高对氯丁二烯含量（μg），绘制标准曲线。

（3）色谱图

见图 6-1-2。

（4）样品测定

将采样管中 A 段活性炭倒入具塞试管中，加入 2.00ml 四氯化碳，加塞浸泡 90min，摇匀。取 2.00μl 进行色谱分析，记录氯丁二烯的保留时间和峰高。

根据样品溶液的峰高，选择合适浓度的标准溶液，测定其峰高。

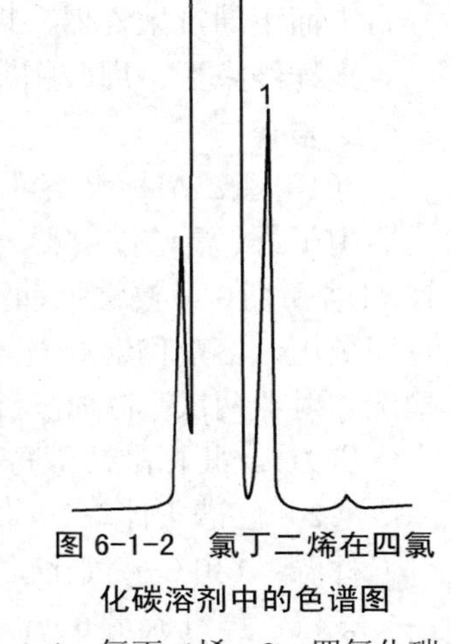

图 6-1-2　氯丁二烯在四氯化碳溶剂中的色谱图

1—氯丁二烯；2—四氯化碳

6. 计算

$$C_{\text{氯丁二烯}}(\text{mg/m}^3)=\frac{h_1}{V_n}\times K\cdot F$$

式中：h_1——扣除全程序试剂空白峰高后的样品峰高，mm；

V_n——标准状态下的采样体积，L；

K——校正因子 $\frac{V_s\cdot C_s}{h_s}\times 10^{-3}$，μg/mm；

C_s——标准溶液中氯丁二烯浓度，μg/ml；

h_s——标准溶液的峰高，mm；

V_s——标准溶液进样体积，μl；

F——解吸液定容体积与进样体积之比。

7. 说明

①标准溶液与样品溶液的测定操作条件要保持一致，活性炭的用量要相同。

②采样管的 A 段用于采样，B 段用于保护，防止穿透，在采集高浓度样品时，需对 B 段活性炭进行测定。

四、氯乙烯

气相色谱法

1. 原理

用活性炭吸附采样管富集空气中氯乙烯后，加二硫化碳解吸，经 GDX-502 色谱柱分离，火焰离子化检测器测定，以保留时间定性，峰高外标法定量。

2. 方法的适用范围

在选定的色谱条件下，与氯乙烯共存的乙炔、乙醛、二氯乙烷、三氯乙烯、二硫化碳等不干扰测定。

本法检出限为 0.002μg/2μl。当用 2ml 二硫化碳解吸、进样 2μl，采样体积为 10L 时，最低检出浓度为 0.2mg/m³。

3. 仪器

①具塞刻度管：5ml。

②容量瓶：10ml。

③气相色谱仪：具火焰离子化检测器。

色谱柱：长 3m、内径 2mm 玻璃柱，柱内填充 GDX-502 （80～100 目）。

④活性炭吸附采样管：可以购买或自己制作。

4. 试剂

①二硫化碳：分析纯。

②氯乙烯标准气：99.99%。

5. 采样

将活性炭吸附采样管的两头封端打开，连接在采样器上，使采样管垂直于地面，令气样自上而下通过采样器，以 0.5L/min 流量，采样 20min（或视空气中氯乙烯浓度而定）。

采样结束后，用胶帽密封采样管两端，存放冰箱中待测。

6. 步骤

（1）氯乙烯标准溶液的配制

用干燥、清洁注射器一次性取 2.00ml 氯乙烯标准气，将针尖插入装有 5ml 二硫化碳的 10ml 容量瓶中，慢慢抽动注射器芯吸入溶剂，由于氯乙烯在二硫化碳中的溶解，使注射器呈现负压，溶剂仍继续充入注射器。待停止后，将溶液全部注入容量瓶中，再用二硫化碳抽洗注射器两次，将洗液合并至容量瓶，用二硫化碳稀释至标线（同时记录配制时的温度、大气压力）。此标准溶液每毫升二硫化碳含 200.0μl 氯乙烯。

（2）色谱条件

柱温：130℃；气化室及检测器温度：180℃。

载气：氮气流量 60ml/min；燃气：氢气流量 50ml/min；助燃气：空气流量 500ml/min。

（3）标准曲线的绘制

将（1）中配制的标准溶液，再逐级稀释配制成每毫升二硫化碳含 0、10.0、20.0、50.0、100μl 氯乙烯标准系列。另取 5ml 具塞刻度管 6～7 支，每管中各加采样用活性炭 0.25～0.50g（与现场采样用活性炭等量）、标准溶液 2.00ml，在室温下稍加摇动。30min 后，待色谱仪基线平直，各进样 2.0μl，测定标样的保留时间及峰高，以峰高对氯乙烯浓度（μl/ml）绘制标准曲线。进入色谱仪的氯乙烯按体积计，在 0.02～0.40μl 范围内响应值与进样量具有良好的线性关系。

（4）色谱图

见图 6-1-3。

（5）样品测定

将采样管中活性炭置于具塞刻度管中，加入 2.00ml 二硫化碳，在室温下稍加振摇，30min 后即可在与绘制标准曲线相同条件下操作，以保留时间定性，峰高外标法定量。在线性范围内，可根据样品溶液的峰高，选择合适的标准，用单点校正方法计算。

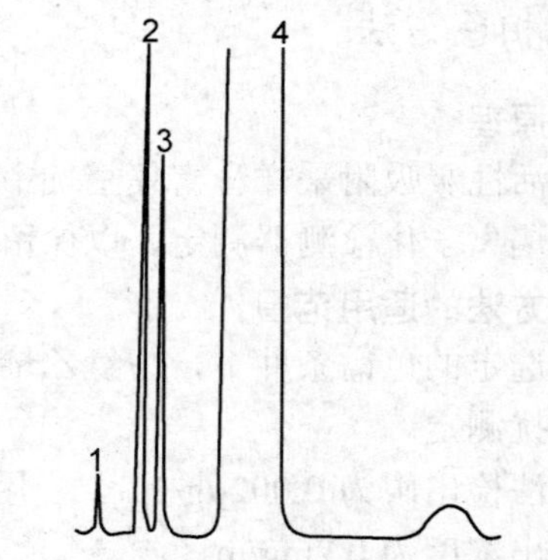

图 6-1-3 氯乙烯在二硫化碳中色谱图

1—乙炔；2—氯乙烯；3—乙醛；4—二硫化碳

7. 计算

$$C_{氯乙烯}(\mathrm{mg/m^3})=\frac{h_i}{V_n}\times K\cdot F$$

式中：h_i——扣除全程序空白峰高后的样品峰高，mm；

V_n——标准状态下的采样体积，L；

K——校正因子 $\frac{C_s \cdot K_1 \cdot V_s}{h_s} \times \frac{62.5}{22.4} \times 10^{-3}$，μg/mm；

C_s——标准溶液中氯乙烯的浓度，μl/m1；

K_1——将所取氯乙烯标准气（99.99%）换算为标准状态下体积的校正系数；

V_s——标准溶液进样体积，μl；

$\frac{62.5}{22.4}$——从氯乙烯体积浓度换算为质量浓度的系数；其中 62.5 为 1mol 氯乙烯分子的质量（g）；22.4 为标准状态下气体的摩尔体积，L；

F——解吸液定容体积与进样体积之比；

h_s——标准溶液的峰高（mm）。

8. 说明

①活性炭采样管对氯乙烯吸附能力较强，氯乙烯的富集量在 30～1000μl，甚至 2000μl 时，它的平均加标回收率为 90%以上，精密度 3%。为方便操作，活性炭管的 A 段和 B 段可合并一起分析。

②活性炭管由于管径和填充情况不一致，使每根采样管气阻和流量不同，故在采样前必须对每根管的流量进行测定（使用皂膜流量计及清洁空气），以便取得正确的采样体积。

③氯乙烯经活性炭采样管富集后，可存放一周。

④鉴于二硫化碳的杂质出峰较迟，故分析纯二硫化碳对氯乙烯测定无干扰。

五、总烃和非甲烷烃

总烃及非甲烷烃用气相色谱法测定，根据对氧峰干扰去除方法不同，分为方法一及方法二。

（一）总烃和非甲烷烃测定方法一（B）

1. 原理

用气相色谱仪以火焰离子化检测器分别测定空气中总烃及甲烷烃的含量，两者之差即为非甲烷烃的含量。

以氮气为载气测定总烃时，总烃的峰中包括着氧峰，气样中的氧产生正干扰。在固定色谱条件下，一定量氧的响应值是固定的。因此可以用净化空气求出空白值，从总烃峰中扣除，以消除氧的干扰。

方法检出限为 0.2ng（以甲烷计，仪器噪声的 2 倍，进样量 1ml）。

2. 仪器

①玻璃注射器：100ml。

②气相色谱仪：附火焰离子化检测器。气相色谱仪并联两根色谱柱，两根色谱柱的尾端连接一个三通与火焰离子化检测器相连。柱 1 为长 2m，内径 4mm 不锈钢螺旋空柱，用于测定总烃；柱 2 为长 2m，内径 4mm 不锈钢螺旋柱，柱内填充 60～80 目 GDX-502 担体。

用于测定甲烷。色谱流程图，见图 6-1-4。

③除烃净化装置见图 6-1-5。U 型管为内径 4mm 的不锈钢管，内装数克钯-6201 催化剂，床层高约 7～8cm，在 U 型管前接 1m 长，内径为 4mm 的不锈钢预热管，炉温为 450～500℃。

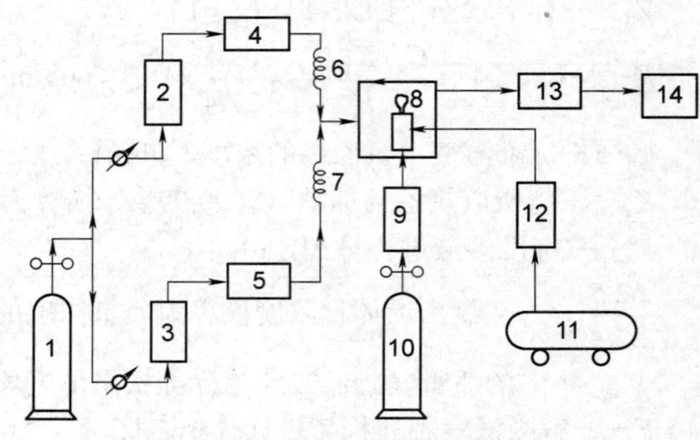

图 6-1-4　色谱流程图

1—氮气瓶；2、3、9、12—净化器；4、5—六通阀带 1ml 定量管；6—2mGDX-502 柱；7—2m 空柱；8—火焰离子化检测器；10—氢气瓶；11—空压机；13—放大器；14—记录仪

3. 试剂

①甲烷标准气体：10ppm，以氮气为底气。

②氮气。

③氢气。

④压缩空气。

以上三种气体均经硅胶、5A 分子筛及活性炭净化处理。

⑤钯-6201 催化剂：取一定量氯化钯（$PdCl_2$）在酸性条件下用去离子水将其溶解，溶液用量要能浸没 10g 60～80 目 6201 担体为宜。放置 2h，在轻轻搅拌下将其蒸干，然后装入 U 型管内，置于加热炉中，在 100℃通入空气烘干 30min。再升温至 500℃灼烧 4h，然后将温度降至 400℃，用氮气置换 10min 后，再通入氢气还原 9h。再用氮气置换 10min。将得到黑褐色钯-6201 催化剂。

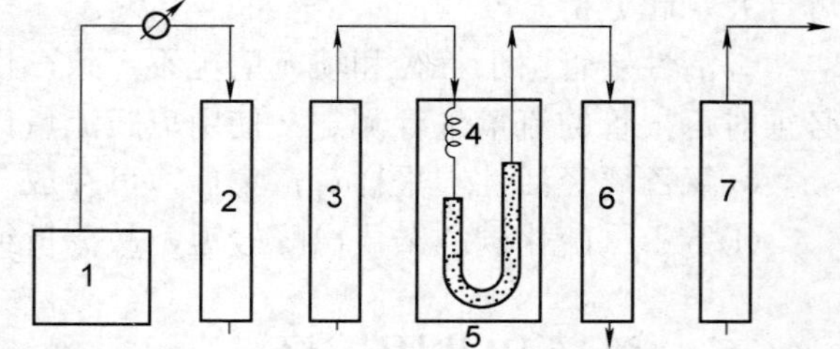

图 6-1-5　除烃净化空气装置

1—无油压缩机；2—硅胶及 5A 分子筛；3—活性炭；4—1m 预热管；5—高温管式炉（450～500℃）；6—硅胶及 5A 分子筛；7—烧碱石棉

4. 采样

用 100ml 注射器抽取现场空气，冲洗注射器 3～4 次，采气样 100ml，密封注射器口，样品应在 12h 之内测定。

5. 步骤

（1）色谱条件

柱温：80℃；检测器温度：120℃；气化室温度：120℃。

载气：氮气流量 70ml/min；燃气：氢气流量 70～75ml/min；助燃气：空气流量 900～1000ml/min。

（2）定性分析

①样品经 1ml 定量管，通过六通阀进入色谱仪空柱，总烃只出一个峰，不能将样品中的各种烷烃、烯烃、芳香烃以及醛、酮等有机物分开。

②样品经 1ml 定量管，通过六通阀进入色谱仪 GDX-502 柱时，空气峰及其它烃类与甲烷均分开，见图 6-1-6。

③配制已知气样，根据保留时间，可对气样中各种成分进行定性分析。

（3）定量分析

①将气样、甲烷标准气体及除烃净化空气，依次分别经 1ml 定量管，通过六通阀进入色谱仪空柱。

②分别测量总烃峰高 h_t（包括氧峰）、甲烷标准气体峰高 h_s 以及除烃净化空气峰高 h_a。见图 6-1-7。

③将气样及甲烷标准气体，经 1ml 定量管，通过六通阀进入 GDX-502 柱，测量气样中甲烷的峰高 h_m 及甲烷标准气体的峰高 h_s。

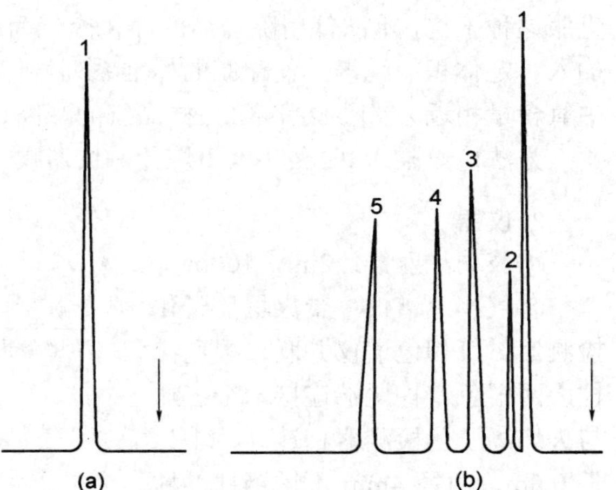

图 6-1-6　甲烷与空气及其他烃的分离色谱图

（a）1—外标甲烷峰（进样 1ml）；

（b）1—空气峰；2—甲烷峰；3—乙烷、乙烯峰；4—丙烷峰；5—丁烷峰（气样进样 1ml）

6. 计算

$$总烃(以甲烷计,mg/m^3)=\frac{(h_t-h_a)}{h_s}\times C_s$$

$$甲烷(mg/m^3)=\frac{h_m}{h'_s}\times C_s$$

以上两浓度之差即为非甲烷烃浓度。

式中：h_t——气样中总烃峰高（包括氧峰），mm；

h_a——除烃净化空气中氧的峰高，mm；

h_s——甲烷标准气体经空柱后测得的峰高，mm；

h_m——气样中甲烷的峰高，mm；

h'_s——甲烷标准气体经过 GDX-502 柱测得的峰高，mm；

C_s——甲烷标准气体的浓度，mg/m³，即 $ppm\times\frac{16.0}{22.4}$（16.0 为甲烷的分子量）。

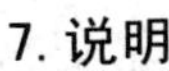

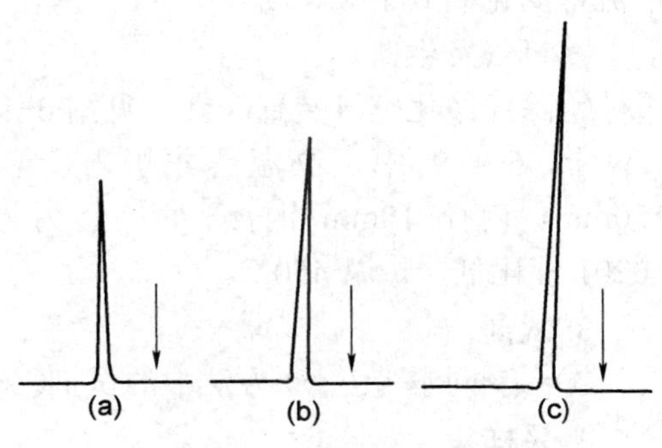

图 6-1-7　总烃色谱图

（a）净化空气峰（进样 1ml）；

（b）总烃及氧峰（进样 1ml）；

（c）甲烷峰（外标进样 1ml）

7. 说明

①气相色谱所用气体流量比：氮气∶氢气∶空气=1∶1∶13～14，助燃气体用量比通常用量稍微大一些。

②净化空气处理量以 500～600ml/min 为宜。在 GDX-502 柱上检验不出烃类峰为合格。

③GDX-502 柱使用前，应在 100℃左右通氮气老化 24h。

④不锈钢空柱，实际是柱内部填充 80～100 目玻璃微球。

（二）总烃和非甲烷烃测定方法二（B）

1. 原理

用气相色谱仪以火焰离子化检测器分别测定空气中的总烃及甲烷烃的含量，两者之差即为非甲烷烃的含量。

以氮气为载气测定总烃时，总烃的峰高中包括氧的峰高，气样中氧产生正干扰。为了克服这种干扰，本法使用除烃后的净化空气为载气，在稀释以氮气为底气的甲烷标准气时，加入一定体积的纯氧，使配制的标准系列气体中的氧含量与样品中氧含量相近（即与空气中氧含量相近），于是标准气与样品气的峰高包括相同的氧峰，可消除氧峰的干扰。

方法检出限为 0.2ng（以甲烷计，仪器噪声的 2 倍，进样量 1ml）。

2. 仪器

①玻璃注射器：2ml，100ml。

②气相色谱仪：带火焰离子化检测器。气相色谱仪并联二根色谱柱，两根色谱柱尾端连接一个三通与火焰离子化检测器相连。柱 1 为长 0.5m，内径 4mm 不锈钢柱，柱内填充 80～100 目玻璃微球，用于测定总烃；柱 2 为长 1m，内径 4mm 不锈钢柱，柱内填充 60～80 目 GDX-502 担体，用于测定甲烷。色谱流程图见图 6-1-8。

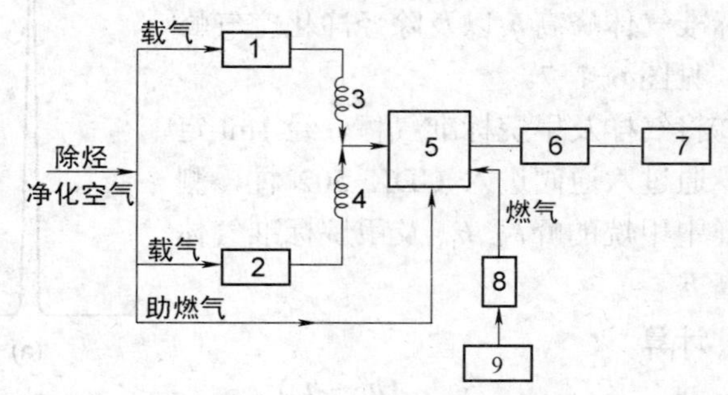

图 6-1-8 色谱流程图

1、2—六通阀附 1ml 定量管；3—柱 1（内填充玻璃微球）；4—柱 2（内填充 GDX-502）；5—火焰离子化检测器；6—放大器；7—记录仪；8—净化器；9—氢气发生器

③氢气发生器。

④除烃净化空气装置一套，见图 6-1-9。

图 6-1-9 中，高温管式炉内，装有长 150mm，内径 10mm 铜管一根，管内装有钯-6201 催化剂，炉温 450℃。

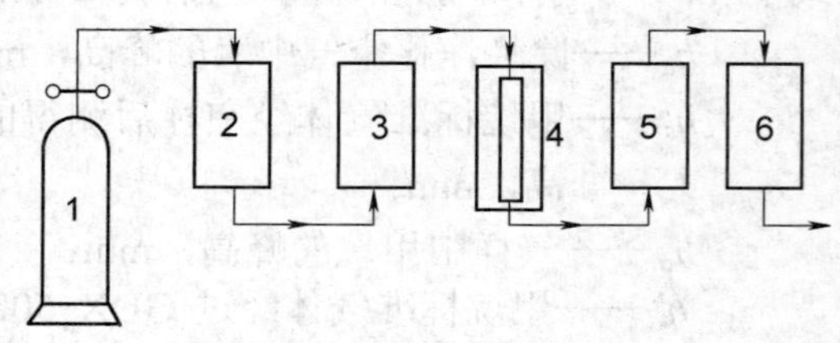

图 6-1-9 除烃净化空气装置图

1—空气钢瓶；2—净化器(硅胶与 5A 分子筛)；3—净化器(活性炭)；4—高温管式炉；5—净化器(硅胶)；6—净化器(烧碱石棉)

3. 试剂

①～⑤同本节（一）方法中的试剂①～⑤。

4. 采样

同本节（一）。

5. 步骤

（1）标准气体的配制

①用 100ml 注射器取以氮气为底气含 10ppm 甲烷的标准气体 80ml，用胶帽密封注射器口，用另一支带针头的注射器取 20ml 纯氧，将此 20ml 纯氧经针头注入有甲烷标准气体的注射器中，混匀后得 8ppm 的 1 号标准气体。

②取 1 号标准气体 50ml，加入 50ml 除烃净化空气，混匀，得含甲烷 4ppm 的 2 号标准气体。

③依次用除烃净化空气稀释，配制成如下含甲烷的标准气体系列：

8ppm（5.71mg/m^3）、4ppm（2.86mg/m^3）、2ppm（1.43mg/m^3）、lppm（0.71mg/m^3）、0.5ppm（0.36mg/m^3）、0.25ppm（0.18mg/m^3）及 0.125ppm（0.09mg/m^3）。

（2）色谱条件

柱温：80℃；检测器温度：130℃；气化室温度：130℃。

玻璃微球柱载气（除烃净化空气）流量：38ml/min；GDX-502 柱载气（除烃净化空气）流量：120ml/min；燃气：氢气流量 83ml/min；助燃气（除烃净化空气）流量：800ml/min。

（3）定性分析

使用玻璃微球柱 1 时，总烃只出一个峰。使用 GDX-502 柱 2 时，可将甲烷与其他烃类等分开，色谱图见图 6-1-10。配制已知样品，根据保留时间进行定性分析。

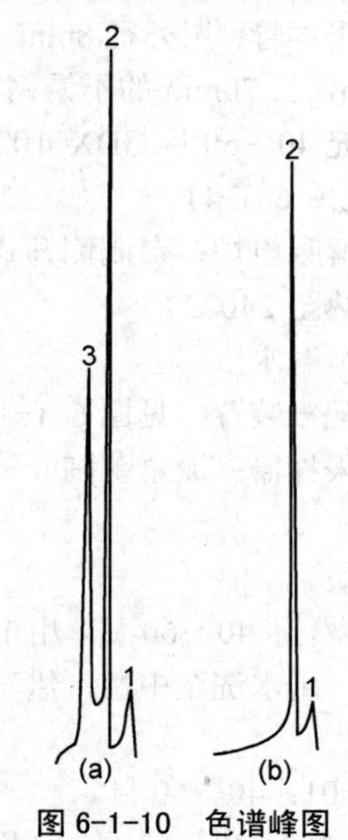

图 6-1-10　色谱峰图

（a）甲烷色谱图：1—进样；2—甲烷峰；3—乙炔峰；
（b）总烃色谱图：1—进样；2—总烃峰

（4）定量分析

将气样及甲烷标准气体分别经 1ml 定量管，通过六通阀进入色谱仪的柱 1 和柱 2，分别测量总烃峰高 h_t、甲烷峰高 h_m 及甲烷标准气体在柱 1、柱 2 的峰高 h_{s1}、h_{s2}。

6. 计算

$$总烃(以甲烷计,\mathrm{mg/m^3})=\frac{h_t}{h_{s1}}\times C_s$$

$$甲烷(\mathrm{mg/m^3})=\frac{h_m}{h_{s2}}\times C_s$$

以上两浓度之差即为非甲烷烃浓度。

式中：h_t——样品中总烃的峰高，mm；

h_m——样品中甲烷的峰高，mm；

h_{s1}——甲烷标准气体经过柱 1 后测得峰高，mm；

h_{s2}——甲烷标准气体经过柱 2 后测得峰高，mm；

C_s——甲烷标准气体浓度，$\mathrm{mg/m^3}$。

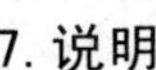

7. 说明

①实验过程中，应严格控制载气、助燃气及氢气流量，以保证测定的准确度。

②载气、标准气体及样品气中氧含量是否一致，是影响本方法准确度的重要因素之一。一般甲烷标准气体，是以高纯氮为底气配制的，因此在稀释标准气体时，一定要加入适量的纯氧，以达到与空气中氧的浓度大体相同（20.9%），并以除烃净化空气为载气。这样，样品及标准气体的总烃峰中包括相同的氧峰，如此可以消除氧的干扰。

③市售 10ppm 标准甲烷气体，目前有两种，一种以氮气为底气，另一种以空气为底气，后者在本方法中可以直接用净化空气稀释配制标准气体系列。

（三）气相色谱法测定非甲烷烃（B）

1. 原理

用 GDX-102 及 TDX-01 吸附采样管在常温下采集空气样品，非甲烷烃被吸附采样管吸附，空气中的氧不被吸附而除去。采样后，在 240℃加热解吸，用氮气将解吸后的非甲烷烃导入气相色谱仪，用火焰离子化检测器测定，最低检出浓度以正戊烷计为 $0.02\mathrm{mg/m^3}$。

2. 仪器

①注射器：0.01、0.05、1.0、2.0、5.0 及 10.0ml。

②气相色谱仪：具火焰离子化检测器。

③色谱柱：长 1m，内径 4mm 不锈钢柱，柱内填充玻璃微球（40～60 目）。

④吸附采样管：用外径 8mm，壁厚 0.8～1mm，长 70mm 的不锈钢管，管内分段填充 40～60 目 GDX-102 及 TDX-01，见图 6-1-11。

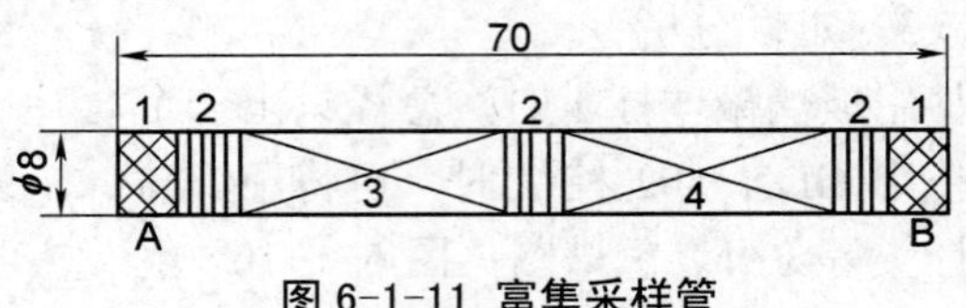

图 6-1-11 富集采样管

1—铜网；2—玻璃毛；3—GDX-102；4—TDX-01

⑤加热解吸电炉：自制侧开式管状炉，可加热至 240℃。

⑥超级恒温水浴。

⑦标准配气装置：见图 6-1-12。

⑧空气采样器：流量范围 0～1L/min。

3. 试剂

①正戊烷。

②玻璃微球：40～60 目，用 10%盐酸溶液浸泡过夜，用水洗至中性，烘干，供填色谱柱用。

③TDX-01：40～60 目。

④GDX-102：40～60 目，使用前应老化除去易挥发组分。老化方法如下：

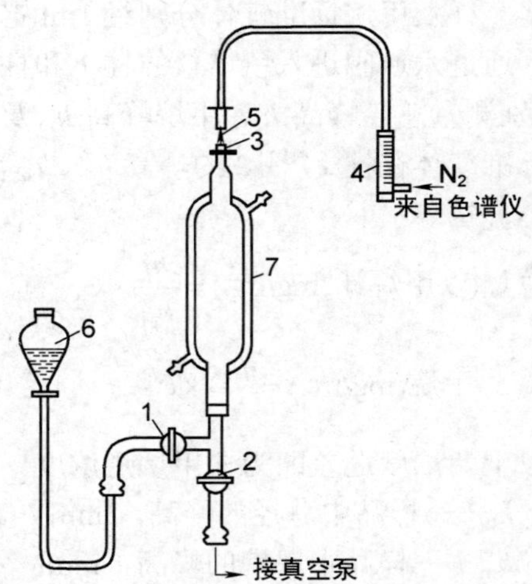

图 6-1-12 标准气体配制装置

1，2—真空活塞；3—注射口；4—流量计；5—注射针头；6—水准瓶；7—配气瓶

方法 1：用丙酮湿润 GDX-102 以除去静电，装在色谱柱中，将柱一端装在色谱仪进样口上，另一端不与检测器相连。在 200℃温度下，以 10～15ml/min 的流量通入氮气老化 16h，然后将温度升至 250℃，氮气流量加大到 30～40ml/min，再老化 8h。将色谱柱连接至检测器上，在此条件下继续老化至记录仪基线平衡为止。

方法 2：将 GDX-102 放在索氏提取器中，用丙酮-苯混合剂（1+1），连续提取 16h，取出装入色谱柱中，在 250℃，氮气流量为 30～40ml/min 的条件下老化至记录仪基线稳定。

⑤吸附采样管的制作：采样管空柱在碱液中浸泡 8h 后，用自来水冲洗至中性，并在 100～120℃烘干。冷却后将 TDX-01 及老化好的 GDX-102 填入空柱。GDX-102 与 TDX-01 的填充体积比为 3∶2。填充 TDX-01 一端做一个明显标志，此端即为 B 端。吸附采样管使用前，应连接在色谱仪内，按所指定的色谱条件处理，等记录仪回零且基线平衡后，方可使用。

4. 采样

将吸附采样管 B 端与空气采样器相连，以 0.1～0.5L/min 的流量采集气样，采样的时间根据空气中烃类的浓度而定。采样后用乳胶管密封吸附采样管两端。带回到实验室。样品放置时间，应不超过 10d。

5. 步骤

（1）标准气体配制

①正戊烷饱和蒸气的配制：取带有硅橡胶盖的300ml玻璃瓶，用氮气置换两次后，抽成真空。用注射器注入5～10ml正戊烷，将此玻璃瓶置于恒温水浴中，待气－液两相达到平衡。此时瓶底应保留有正戊烷液体，上部即正戊烷的饱和蒸气，记录温度。

②正戊烷标准气的配制：按标准气体配制装置图6-1-12操作。关闭活塞1，打开活塞2，抽真空后由注射口3注入氮气，再抽成真空。重复置换2～3次，继续抽真空至压差计为零时（大约10min），关闭活塞2。由注射口3引进吹洗气路的氮气，等吹洗气流量计的浮子4回到50ml时，从注射口3取下针头5，打开活塞1，调整水准瓶6，使水位保持在预先校正好的刻度处。

③取一定量正戊烷蒸气，由注射口3注入配气瓶7中。静置4h，等扩散均匀后，即可取用。

（2）正戊烷浓度计算

①正戊烷饱和蒸气压P_t：

$$\log\frac{P_t}{133.322}=A-\frac{B}{(C+t)}$$

式中：P_t——正戊烷在t℃时饱和蒸气压，Pa；

t——恒温水浴的温度，℃；

A、B、C——常数，$A=6.87372$、$B=1075.816$、$C=233.359$。

②饱和蒸气中正戊烷的含量d_t：

$$d_t=\frac{P_t}{(273+t)}\times\frac{M}{R}\times10^6$$

$$d_t=8.66\times\frac{P_t}{273+t}$$

式中：d_t——在t℃下饱和蒸气中正戊烷含量，μg/ml；

P_t——正戊烷在t℃时的饱和蒸气压，Pa；

t——恒温水浴的温度，℃；

M——1mol正戊烷分子的质量，72g；

R——气体常数，$R=8.31\times10^6$Pa·ml/(mol·K)。

③标准气体浓度：

$$C_s=\frac{V_t\cdot d_t}{V_p}$$

式中：C_s——正戊烷标准气体浓度，μg/ml；

V_t——取用的正戊烷饱和蒸气体积，ml；

d_t——在t℃下饱和蒸气中正戊烷含量，μg/ml；

V_p——配气瓶容积，ml。

（3）色谱条件

柱温：200℃；检测器、气化室温度：200～250℃。载气 氮气流量：35～40ml/min；燃气：氢气流量40～45ml/min。助燃气：空气流量400ml/min；吹洗气：氮气流量50ml/min。

（4）正戊烷的定量校正值的测定

将制备好的吸附采样管按图 6-1-13 所示与色谱仪连接。

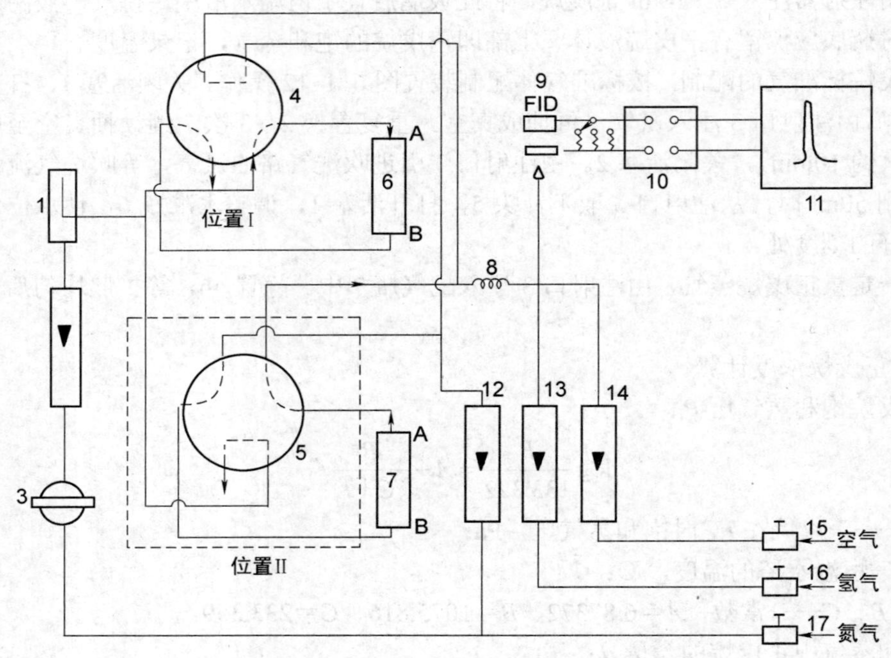

图 6-1-13 吸附与解吸流程图

1—进样口；2—转子流量计；3—活塞；4，5—六通阀；6、7—采样管；8—色谱柱；
9—FID 检测器；10—放大器；11—记录仪；12～14—转子流量计；15～17—稳流阀

将六通阀转至位置 I，用注射器取一定体积正戊烷标准气体，由进样口 1 注入正戊烷，在吹洗气（氮气）的携带下，经六通阀（虚线部分）进入吸附采样管的 A 端，吸附在 GDX-102 上，等吸附完全后，关闭活塞 3，流量计浮子 2 回零位，表示系统内不漏气。然后在无氮气流的情况下，加热至 200～250℃，转动六通阀至位置Ⅱ，使载气气路的氮气经六通阀从吸附采样管的 B 端反吹已解吸的正戊烷，进入色谱柱，至火焰离子化检测器中，产生响应讯号。测量峰面积。重复 3～5 次，取其平均值。

$$K=\frac{W}{A}$$

式中：K——正戊烷的定量校正值，μg/mm²；

W——注入正戊烷的绝对量，μg；

A——正戊烷的峰面积，mm²。

（5）样品测定

①将吸附采样管按图 6-1-13 位置垂直安放，令 A 端与六通阀直接相连。

②旋转六通阀使其处于位置 I 的情况，打开活塞 3，用氮气吹洗，以 50ml/min 的流量吹洗 0.5min。以除去在解吸系统中的氧气。关闭活塞 3，等流量计 2 浮子回到零位，加热吸附采样管至 240℃，停止加热。

③旋转六通阀至位置Ⅱ，解吸的烃类蒸气在氮气的携带下进入色谱柱，进行色谱测定。

记录峰高及半峰宽。

6. 计算

$$非甲烷烃(以正戊烷计, mg/m^3)=\frac{A \cdot K}{V_n}$$

式中：A——非甲烷烃的峰面积，mm^2；

K——正戊烷定量校正值，$\mu g/mm^2$；

V_n——标准状态下的采样体积，L。

7. 说明

①加热解析过程中，气路系统不能漏气，各接头处需要认真检查。

②加热解吸温度不能超过 270℃。老化好的吸附采样管要贮于干燥器中，注意保持清洁，如发现有沾污，应在 240～250℃加热，通氮气处理。

③采样环境中如有烟尘，应在吸附采样管前加一根前置柱，柱内填充玻璃微球或玻璃毛，防止采样时，烟尘污染吸附采样管。

六、甲醇

（一）气相色谱法（B）

1. 原理

用纯水吸收空气中的甲醇，样品经 PEG-6000 柱分离，可有效地将甲醇与乙醇峰分开，以火焰离子化检测器测定。以保留时间定性，峰面积定量。方法检出限为 0.8ng/2μl，当采样体积为 20L、样品溶液为 5ml 时，最低检出浓度为 $0.1mg/m^3$。

2. 仪器

①气泡吸收管：10ml。

②具塞比色管：10ml。

③微量注射器：5μl。

④气相色谱仪，具火焰离子化检测器。

色谱柱：长 3m，内径为 3mm 的玻璃柱，柱内填充涂附 15% PEG-6000 的 101 白色担体（80～100 目）。

⑤空气采样器：流量范围 0.1～1L/min。

3. 试剂

①甲醇。

②重蒸蒸馏水。

③甲醇标准溶液：用微量注射器准确吸取纯甲醇 10.0μl 于 10ml 容量瓶中，用重蒸水稀释至标线，该溶液每毫升含甲醇 0.79mg。重复配制三份，使用前稀释 100 倍。即每毫升含甲醇 7.9μg。进行色谱分析时，取三份的均值作为标准。

4. 采样

串联两只各装 5.0ml 重蒸水的气泡吸收管，以 150ml/min 的流量，采样 2～3h，气泡吸收管的重蒸水若有挥发，采样后应补充至 5.0ml。天热时吸收管应浸在冰盐水浴中采样。

5. 步骤

（1）色谱条件

柱温：80℃；气化室温度：150℃；检测器温度：150℃。

载气：氮气流量45ml/min；燃气：氢气流量36ml/min；助燃气：空气流量320ml/min。

（2）标准曲线的绘制

①取六支10ml具塞比色管，按表6-1-10配制甲醇标准系列。

表6-1-10 甲醇标准系列

管 号	0	1	2	3	4	5
标准溶液(ml)	0	1.00	2.00	3.00	4.00	5.00
水(ml)	5.00	4.00	3.00	2.00	1.00	0
甲醇含量(μg)	0	7.9	15.8	23.7	31.6	39.5

②从六支比色管中，用微量注射器各取2μl标样，进行色谱分析，以峰面积对甲醇含量（μg），绘制标准曲线。

（3）样品测定

用微量注射器从两支采样的气泡吸收管中各取2μl样品，注入气相色谱仪进行分析测定。由峰面积在标准曲线上查出每支气泡吸收管中甲醇的含量。

6. 计算

$$甲醇(mg/m^3)=\frac{W_1+W_2}{V_n}$$

式中：W_1、W_2——分别为第一、二支气泡吸收管中甲醇含量，μg；

V_n——标准状态下采样体积，L。

（二）变色酸比色法（B）

1. 原理

空气中的甲醇被水吸收后，在酸性溶液中，甲醇被高锰酸钾氧化成甲醛，再与变色酸作用生成紫色化合物，比色定量。

2. 干扰及消除

甲醇与其他醇共存时，对本法有干扰，此时应选用气相色谱法进行测定。

3. 方法的适用范围

当采样体积为20L时，取5ml样品溶液测定，检出下限浓度为0.3mg/m³，其测量范围为0.5～5mg/m³。

4. 仪器

①多孔玻板吸收管：普通型。

②空气采样器：流量范围0.2～1.0L/min，流量稳定。使用时，用皂膜流量计校准采样系列在采样前和采样后的流量，流量误差应小于5%。

③具塞比色管：10，20ml，体积刻度应校正。

④分光光度计：用20mm比色皿，在波长570nm下，测定吸光度。

5. 试剂

①吸收液：水。

②1%高锰酸钾溶液。

③0.5%变色酸溶液：称量 0.5g 变色酸二钠盐[1, 8-羟萘 3, 6-二磺酸钠，$C_{10}H_4(SO_3Na)_2(OH)_2$]溶于水中，加水到 100ml。放冰箱中保存，可使用 15d。

④5%亚硫酸钠溶液：称量 5g 无水亚硫酸钠，溶于水中，加水至 100ml，此液可用一周。

⑤（1+3）硫酸溶液。

⑥标准溶液：于 25ml 容量瓶中，加入 10ml 水，准确称量。接着加入 5 滴甲醇，再准确称量。两次称量之差即为甲醇的质量。然后加水至刻度，计算 1ml 溶液中甲醇的含量。临用时用水稀释成 1.00ml 含 20μg 甲醇的标准溶液。

6. 采样

串联两个各装 8ml 吸收液的多孔玻板吸收管，以 0.5L/min 流量，采气 20L。记录采样时的温度和大气压力。

7. 步骤

①标准曲线的绘制：各管加入 2.5ml（1+3）硫酸和 1.0ml 1%高锰酸钾溶液，摇匀。放置 5min，加 1.0ml 5%亚硫酸钠溶液，摇匀。沿管壁加入 5ml 硫酸，冷却后摇匀，加入 1.0ml 0.5%变色酸溶液，摇匀。放入沸水浴中加热 15min，取出冷却。用 20mm 比色皿，以水作参比，在波长 570nm 下，测定吸光度。以甲醇的含量（μg）为横坐标，吸光度为纵坐标，绘制标准曲线，并计算回归线的斜率。以斜率的倒数作为样品测定的计算因子 B_S（μg）。

表 6-1-11　甲醇标准系列

管　号	0	1	2	3	4	5
标准溶液(ml)	0	0.50	1.00	1.50	2.00	2.50
吸收液(ml)	5.0	4.5	4.0	3.5	3.0	2.5
甲醇含量(μg)	0	10	20	30	40	50

②样品测定：采样后，将吸收液分别全部移入两个比色管中，用少量吸收液洗涤吸收管，合并倒入比色管中，使总体积各为 10ml。然后，各准确取 5.0ml 样品溶液，按绘制标准曲线的操作步骤，测定吸光度。

在每批样品测定的同时，用 5ml 未采样的吸收液，按相同操作步骤作试剂空白的测定。

8. 计算

空气中甲醇浓度按下式计算：

$$c=\frac{2[(A_1-A_0)+(A_2-A_0)]\cdot B_S}{A_0}$$

式中：c——空气中甲醇的浓度，mg/m^3；

A_1——第一吸收管样品溶液的吸光度；

A_2——第二吸收管样品溶液的吸光度；

A_0——试剂空白溶液的吸光度；

B_S——用标准溶液绘制标准曲线得到的计算因子，μg；

V_0——换算成标准状况下的采样体积，L。

9. 精密度

当吸收液中甲醇浓度为10、30、50μg/ml时，其相对标准差分别为8%、5%、4%。

10. 说明

①加入硫酸时要在冷却下沿管壁慢慢加入，以防溅失。

②用亚硫酸钠还原高锰酸钾时，不宜过量。否则产生混浊；量不足时，则呈现黄色。一般加到紫色刚褪去后，再多加一滴即可。并注意比色管的磨口上不要留有高锰酸钾溶液，否则干扰测定。

③所用浓硫酸应纯净，如被硝酸污染后，则使比色液变黄至黄棕色。

④变色酸试剂如果外观颜色过深，应进行精制，配制成0.5%变色酸溶液于冰箱中保存。

⑤标准色列显色后稳定性好，放置1.5h以上光密度基本不变，在现场样品验证，发色后放置23h也是稳定的。

第二章 芳烃类化合物

一、苯系物

苯系物一般是苯、甲苯、乙苯、邻-二甲苯、间-二甲苯、对-二甲苯、苯乙烯和三甲苯的统称，苯系物是大气环境和许多污染源气体中最常见的化合物，它们对人体健康都具有一定的危害作用，是环境中重要的污染物。气体中苯系物的测定方法有两种：

活性炭吸附二硫化碳解吸气相色谱法：本方法是用活性炭吸附，二硫化碳解吸，这种分析方法的灵敏度低，并且所用的二硫化碳中常含有不易去掉的苯。但该方法不需特殊的前处理设备，一次采样可多次分析，尤其在分析苯系物之间浓度相差较大时或浓度较高时更具有优越性。

热脱附进样气相色谱法：该方法是样品被吸附剂吸附后，用加热的方法将苯系物从吸附剂上脱附，然后用载气将苯系物带到色谱柱中进行分离分析，该方法的灵敏度高、不需使用有机试剂、本底值低，但由于样品是一次性进样，所以在无法确定样品的浓度时，有时需要进行多次取样分析。

填充柱和毛细柱均能用于分离苯系物，填充柱内填充涂附 2.5% DNP 和 2.5% Bentane 的 Chromosorb W HP DMCS（80～100 目）时，能有效的分离间-二甲苯和对-二甲苯，进样量可达 5μl，在用热脱附进样时，载气的流量可以较大。但填充柱通用性差，不同类型的化合物需要使用不同的填料，因此在同时测定其他化合物时需要更换不同的填充柱，给工作带来麻烦。

用于苯系物分析的毛细柱一般为非极性或弱极性毛细管色谱柱（30m×0.32mm、30m×0.25mm，固定液膜厚为 0.25～1.5μm，DB-1、BD-5、SE-54），固定液膜的厚度越大，分离效果越好，但间-二甲苯和对-二甲苯不能有效分离，测定结果只能报二者的总量，PFTPP 型毛细柱可以分离间-二甲苯和对-二甲苯。如果考虑热脱附进样，使用大孔径的毛细柱（内径 0.5mm）可以允许载气的流速较大，有利于热脱附进样。由于毛细柱的通用性强，可以同时分析苯系物和其他类型的化合物。

（一）活性炭吸附二硫化碳解吸气相色谱法（B）

1．方法适用范围

本方法适用于污染源废气和环境空气中苯系物的测定，仪器对苯、甲苯、乙苯、二甲苯及三甲苯检出量至少为0.1ng。当采样体积为10L时，苯系物的最低检出浓度为10μg/m^3。

2. 仪器和试剂

①二硫化碳：使用前进行提纯，方法是向250ml二硫化碳（AR）中加入20ml硫酸、1ml甲醛，充分振荡、静置、分层。然后重复多次至二硫化碳无色为止，再用20%的碳酸钠溶液洗至中性，用无水硫酸钠干燥，蒸馏后使用。

②苯系物标准溶液：苯系物的标准溶液可以购买商品用二硫化碳配制的标准混合物；也可以用二硫化碳直接配制色谱纯的苯系物标准溶液。

③活性炭采样管：用一根长7cm，外径6mm，内径4mm的玻璃管，装填两部分20/40目活性炭，吸附部分装100mg，后部装50mg，中间用2mm的氨基甲酸酯泡沫材料隔开，在管的后部塞入3mm的氨基甲酸酯泡沫塑料，在管的前部放入一团硅烷化玻璃毛。玻璃管两端用火熔封。活性炭在装管前于600℃通氮处理1h。活性炭采样管在以1L/min的流量采样时，压降必须小于33.33kPa（250mmHg）。该采样管也可以购买成品采样管。

3. 样品采集

用橡胶管将活性炭采样管与采样器连接，采样时采样管垂直向上进行采样，采样流量0.5L/min，采集时间为20～120min。采样结束后，将采样管两端封闭，在4℃冷藏保存。

4. 步骤

（1）色谱条件

使用毛细管柱或填充柱，柱温65℃，对填充柱载气的流量为40ml/min，对毛细柱载气的流量为30m1/min，检测器的温度为250℃，氢气流量：46ml/min，空气流量：400ml/min。

（2）标准曲线

苯系物的分析采用外标法，向5m1容量瓶或2m1带螺盖的玻璃瓶中加入100mg的活性炭，然后加入苯系物的标准溶液，苯系物的量分别为1，5，10，20，50ng，最后加入二硫化碳使二硫化碳和标准的总体积为1m1，苯系物标准曲线一般需3～5个不同浓度点，最低浓度点应接近于方法的检测限，各点的响应因子的相对标准偏差≤20%或曲线的相关系数>0.995时，标准曲线合格。

（3）样品的测定

将采样管中活性炭的前段和后段分别转移至5ml的容量瓶或2ml的玻璃瓶中，准确加入lml纯化过的二硫化碳，放置30min后进样分析。记录保留时间和峰高，以保留时间进行定性，以峰高或峰面积定量。计算公式如下：

$$A=1000(A_s \cdot V_e/V_i)$$

式中：A——样品中分析物质的总量，ng；

A_s——根据标准曲线计算分析物质的量，ng；

V_e——二硫化碳加入到活性炭中的量，m1；

V_i——仪器的进样量，μl。

$$样品浓度（\mu g/m^3）=（A_1+A_2）/V_s$$

式中：V_s——0℃，101.325kPa的大气压下标准采样体积，L；

A_1、A_2——分别是采样管前后两端分析物质的量，ng。

$$V_{s}=\frac{P\times V\times 273}{(273+t)\times 101.325}$$

式中：P——现场采样时的大气压，kPa；

V——实际采样体积，L；

t——实际采样温度，℃。

5. 质量保证和质量控制

①采样器采样前或采样过程中发现流量有较大的波动时，均应使用皂膜流量计进行流量校正。如果采样前后流量变化大于 10%，分析结果应为可疑数据。

②每次样品分析前后必须进行中间浓度检验，如果样品多于 10 个时，每 10 个样品进行一次前后的中间浓度检验，中间浓度的实际值与曲线所得值的偏差≤15%，则样品的分析数据有效。

③每分析一批样品，必须测定一次吸附管前后活性炭的空白。

④每次采样时应做一个过程空白（采样管带到现场打开采样管的两端，不进行采样，然后同采样的采样管一样密封，带到实验室后与样品一样进行分析，分析的结果则为过程空白）。

⑤当采样管后部活性炭测定的数值大于前部 25%时，样品应重新采样。

⑥每使用一批新的活性炭时要进行苯系物在活性炭的解吸效率，做解吸效率时每一个化合物的最后浓度应接近曲线的中间浓度，每一个化合物的解吸效率应≥80%。

解吸效率＝（测定值－空白值）/实际加标量

⑧采样后，采样管放置 6d 内，苯系物的损失低于 15%，所以应在 6d 内解吸完毕，10d 内分析完毕。

⑨每次采样，样品在 10 个之内和每 10 个样品应做一个平行样，平行样的偏差应≤25%。

毛细柱色谱条件：SE-54（5%-二苯基-95%-二甲基硅氧烷）30m×0.25mm×0.25μm，进样口温度 200℃，检测器（FID）温度 250℃，升温程序：40℃-5min-10℃/min-80℃（见图 6-2-1）。

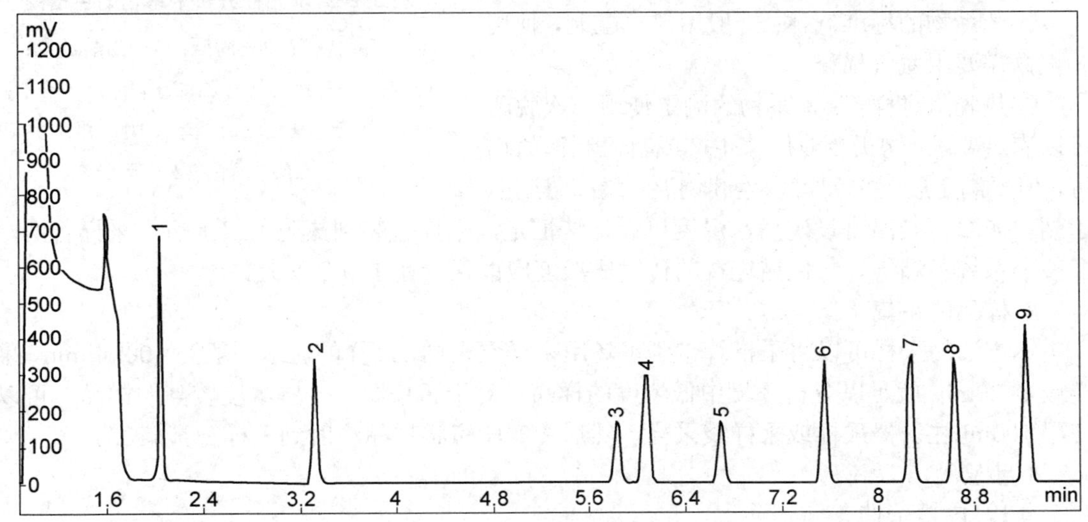

图 6-2-1　苯系物毛细柱色谱图

1—苯；2—甲苯；3—乙苯；4—间、对-二甲苯；5—邻-二甲苯；6—异丙苯；7—正丙苯；8—1, 3, 5-三甲苯；9—1, 2, 4-三甲苯

填充柱色谱条件：3m×2mm 2.5%DNP+3%有机皂土 101，汽化室温度 130℃，柱温 65℃，检测器 FID，检测器温度 150℃，载气为氮气，载气流速：40ml/min。（见图 6-2-2）

（二）热脱附进样气相色谱法（B）

1. 方法的适用范围

采样体积 1L 时，甲苯、对二甲苯、间二甲苯、邻二甲苯、苯乙烯的最低检出浓度分别为 $1.0×10^{-3}$～$2.0×10^{-3}mg/m^3$。当所用仪器型号不同时，方法的检出范围有所不同。

2. 仪器与试剂

①吸附剂：60/80 目的 GDX-102 或 60/80 目 Tenax-GC（TA）。

②吸附管：采样管选用不锈钢或玻璃制成的外径 64mm，长度可依据仪器的设计而定。150～200mg 的吸附剂填装后，两端用不锈钢金属网或硅烷化的玻璃毛堵紧。吸附管初次使用前 Tenax－GC（TA）在 300℃、GDX－102 在 250℃通高纯载气（99.999%）（流速为 30ml/min）2h 以上直到无杂质峰出现为止。老化后的采样管用聚四氟乙烯帽密封两端。以后采样之前，采样管可以老化 30min。

③苯系物的标准溶液：用纯化的甲醇配制色谱纯的苯系物或购买苯系物的甲醇标准溶液。使用时按需要用甲醇稀释。

④苯系物的标准气体：一般用氮气配制，使用时根据需要用氮气稀释。

⑤热脱附进样器：苯系物的测定使用一次脱附可以满足要求，购买专业厂家生产或自己制作的均可，但要满足脱附单元可以连续调温，最高温度能达到 300℃，当温度设定后，温度可以保持恒定，采样管装到热脱附仪上后，采样管两端及整个系统不漏气。与色谱连接的传输线温度应能保持在 100℃以上。

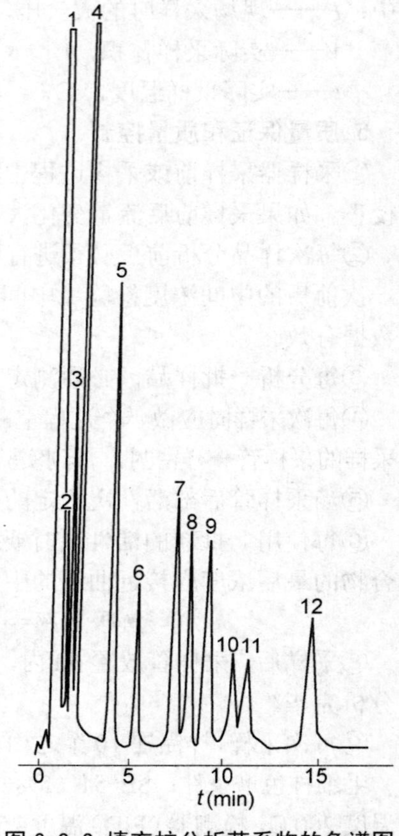

图 6-2-2 填充柱分析苯系物的色谱图

1—二硫化碳；2—丙酮；3—乙酸乙酯；4—苯；5—甲苯；6—乙酸丁酯；7—乙苯；8—对二甲苯；9—间二甲苯；10—邻二甲苯；11—乙酸戊酯；12—苯乙烯

3. 样品的采集

本方法的采样可以将采样管带到现场用采样泵采样，采样的流速一般为 100ml/min，采样最多 20min 就足以分析环境中低浓度的样品。对于污染源和一些浓度较高的样品，可以使用 100ml 注射器采样或采样袋采样，然后在实验室将样品注射到采样管富集。

4. 步骤

（1）色谱条件

使用毛细管柱或填充柱，柱温 65℃，对填充柱载气的流量为 50ml/min，对毛细柱载气的流量为 30ml/min，检测器温度为 250℃，氢气流量：46ml/min，空气流量：400ml/min。

（2）标准曲线

对于气体标准，可直接向吸附管中加标准气体体积分数分别为 2，5，10，20，50ppb，然后进行热脱附进样。对于液体标准，直接用微量进样器进 1～2μl 的液体样品到吸附剂的顶端，苯系物的量分别为 1，5，10，20，50ng，然后用氮气以 100ml/min 的流速吹扫吸附管 5min，最后按样品的分析顺序进行分析测定。利用峰面积或峰高进行定量。曲线一般需要 3～5 个不同的浓度点，相关系数≥0.995 或响应因子的相对标准偏差≤25%。

（3）样品分析

①首先将传输线的温度设定在 100～150℃，调节载气的流速在 30m1/min，如果气路由流通阀等控制，则阀的温度也应保持在 100℃，脱附管加热器的温度对 Tenax 吸附剂可设定在 250℃，对 GDX-102 则设定在 200℃，脱附时间为 4min。

②分析结果的计算

$$样品浓度（\mu g/m^3）=A/V_s$$

式中：V_s——0℃，101.325kPa 下标准采样体积，L；

A——热脱附进样后，由曲线计算的分析物质的量，ng；

$$V_s=（P \cdot V \cdot T_s）/（T \cdot P_s）;$$

式中：V——现场采样时的大气压，kPa；

V——实际采样体积，L；

T_s——标准状态下的温度，273K；

P_s——标准状态下的大气压，101.325kPa；

T——实际采样温度，K。

5. 质量保证和质量控制

QA/QC 的方法同（一）5①②④⑨。

6. 注意事项

①用注射器采样后，垂直放置，针头向下，对苯、甲苯、二甲苯、苯乙烯测定前可保存 13h（最好快速分析）。

②样品测定后，立即盖上聚四氟乙烯帽，并放在密封袋中保存，密封袋应放在装有活性炭的盒子中，在 4℃保存。

③采样的体积不能超过安全采样体积，Tenax 对苯系物的安全采样体积见表 6-2-1，根据文献报道，GDX-102 的保留体积要大于 Tenax。

二、氯苯类化合物

气相色谱法（C）

1. 原理

利用吸附剂富集气体中的氯代苯、二氯苯和三氯苯，然后用二硫化碳淋洗，用气相色谱法分析，氢火焰离子化检测器检测，峰高外标法定量。

2. 方法的适用范围

本方法适用于环境空气及排放废气中氯苯类化合物的测定。

当采样 30L，用 3ml CS_2 解析时，方法的最低检出浓度为氯苯 0.04mg/m^3；1, 4-二氯苯

0.1mg/m^3，1, 2, 4–三氯苯 0.4mg/m^3。

表 6-2-1　200mg Tenax®的安全采样体积（20℃）

化合物	沸点	保留体积（L）	安全保留体积（L）
苯	80	12.4	6.2
甲苯	111	76	18
二甲苯	140	600	300
苯乙烯	145	800	300

3. 仪器和试剂

①标准溶液：氯苯，1, 4–二氯苯，1, 2, 4–三氯苯均为色谱纯，用二硫化碳配制，储备液浓度为氯苯 1.1mg/ml，1, 4–二氯苯 2.0mg/ml，1, 2, 4–三氯苯 5.8mg/ml。也可购买商品氯苯标准。

②二硫化碳，分析纯，色谱检测无干扰峰。

③GDX-502（60～80 目）在索氏提取器中回流处理 4h，晾干后，50℃烘干 2h，装入玻璃瓶中备用。

④气相色谱仪：配有氢火焰离子化检测器的气相色谱仪。

⑤色谱柱：填充玻璃柱长 2m，内径 3mm。填料：10%silicone GESE-30/Chromosorb W Gc DMCS（60～80 目）

⑥采样管：8cm×6mm 玻璃柱填装 0.2g GDX-502（60～80 目），见图 6-2-3。

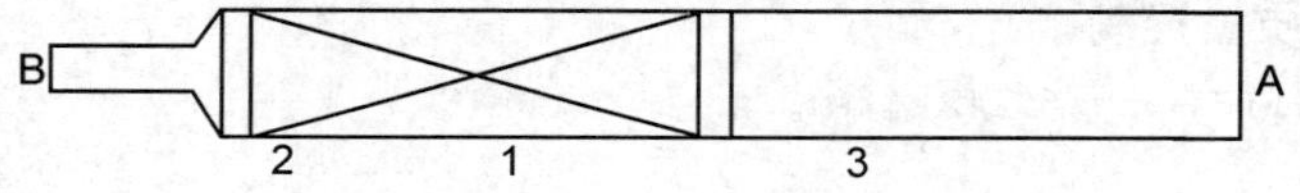

图 6-2-3　采样管结构示意图

1—GDX-502；2、3—玻璃棉

4. 样品采集

用乳胶管将两支吸附管的 A 端与 B 端以最短距离串联，再用乳胶管连接其中一支吸附管的 B 端与采样器的进气口，另一支吸附管 A 端水平或竖直向上安放在采样位置，以 0.5～1L/mim 的流量采气 10～40L，同时记录采样流量、采样时间及采样点的环境温度和气压。采样后迅速用衬有氟塑料薄膜的胶帽密封吸附管的两端，常温下保存。

5. 步骤

（1）色谱条件

①色谱柱：填充玻璃柱，长 2m，内径 3mm。填料：10%silicone GESE-30/Chromosorb W Gc DMCS（60～80 目）。

②柱温：100℃；气化室温度：200℃；检测器温度：200℃；载气流速：50ml/min；空气流速：450ml/min；氢气流速：50ml/min。

（2）标准曲线的绘制

分别取不同体积的标准贮备液配成标准系列，取此标准系列 1μl 在色谱条件下进行分析，按浓度和峰高回归得到氯苯类化合物标准曲线方程。

（3）样品的预处理及分析

去掉吸附管密封胶帽，将吸附管采样口进气端（A 端）竖直向上固定，下端接 5ml 具塞比色管。用滴管从上端滴加二硫化碳进行解吸，解吸速率以 CS_2 不溢出吸附管为宜。收集解吸液 3ml，备用。

（4）进样方式及进样量

注射器进样，进样量 1μl。

6．计算

外标法定量分析：标准样品进样体积与实际样品进样体积相同，标准样品的响应值接近实际样品的响应值，标准样品与实际样品应同时进行分析。

计算公式：

$$C_i(\text{mg/m}^3)=\frac{h_1}{V_\text{n}}\times K\cdot F$$

式中：h_1——扣除全程序试剂空白峰高后的样品峰高，mm；

V_n——标准状态下的采样体积，L；

K——校正因子 $\frac{V_\text{s}C_\text{si}}{h_\text{s}}\times10^{-3}$，μg/mm；

C_si——标准溶液中测试组分 i 的浓度，μg/ml；

h_s——标准溶液的峰高，mm；

V_s——标准溶液进样体积，μl；

F——解吸液定容体积与进样体积之比。

三、硝基苯类化合物

（一）锌还原-盐酸奈乙二胺分光光度法（A）

1. 原理

用稀乙醇溶液吸收的硝基苯，在常温酸性条件下，被锌粉反应产生的初生态氢还原成苯胺，经重氮化后与 N－盐酸萘乙二胺偶合反应生成紫红色偶氮染料，该染料的色度与硝基苯的含量成正比，在 550mm 波长处用分光光度法测定。

2. 方法的适用范围

本方法适用于制药、染料、香料等行业排放废气中能还原为苯胺（芳香伯胺）类化合物的一硝基和二硝基苯类化合物的测定。

在采样体积为 0.5～10.0L 时，测定范围为 6～1000mg/m^3。

3. 试剂

除非另有说明，分析时均使用符合国家标准的分析纯试剂和按 3①条制备的水。

①不含有机物的蒸馏水：加少量高锰酸钾的碱性溶液于水中，进行蒸馏即得（在整个蒸馏过程中水应始终保持红色，否则应随时补加高锰酸钾）。

（A）本方法与 GB/T 15501—1995 等效。

②乙醇（C_2H_5OH）吸收液：10%乙醇溶液（*V/V*）。

③硫酸铜（$CuSO_4$）溶液：2%的硫酸铜溶液。

④亚硝酸钠（$NaNO_2$）溶液：0.25g/100ml，临用现配。

⑤氨基磺酸铵（$NH_4SO_3NH_2$）溶液：2.5g/100ml，2～5℃存放，使用一周。

⑥盐酸（HCl）溶液：ρ=1.19g/ml（1＋1）。

⑦盐酸萘乙二胺（$C_{12}H_{14}N_2 \cdot 2HCl$）溶液：0.75g/100ml，过滤后使用，2～5℃保存，使用一周。

⑧锌粉（Zn）。

⑨硝基苯提纯：硝基苯（$C_6H_5O_2N$）重蒸馏，取 210～211℃馏分。

⑩硝基苯标准贮备液：于已加有 10ml 无水乙醇并准确称重的 50.0ml 棕色容量瓶中，迅速加入 1～2 滴硝基苯，称重后再加入 35ml 无水乙醇，以水定容摇匀，以差减法计算硝基苯储备液浓度。2～5℃存放，可使用一个月。

⑪硝基苯标准中间液：将硝基苯标准贮备液用 10%乙醇溶液稀释为约 100μg/ml 的中间溶液，临用前配制。

⑫硝基苯标准使用液：将硝基苯标准中间液用 10%乙醇溶液稀释为约 20μg/ml 使用溶液，临用前配制。

⑬无水乙醇（C_2H_5OH）。

4. 仪器

①采样器：流量范围为 0.1～1.0L/min 的空气采样器（备有流量测量装置）。

②皂膜流量计。

③多孔玻板吸收管：50ml 或 125ml。采样流量 0.5L/min 时，阻力为 6.7kPa±0.7kPa，单管吸收效率大于 98%。

④具塞比色管：10ml、25ml。

⑤分光光度计：附 1cm 吸收池。

⑥标准皮托管：具校正系数。

⑦倾斜式微压计。

⑧采样引气管：聚四氟乙烯管，内径 6～7cm，引气管前端带有玻璃纤维滤料。

⑨空盒气压表。

⑩水银温度计：0～100℃。

5. 样品采集

1）采样系统由采样引气管，采样吸收管，空气采样器串联组成，吸收管体积为 50ml 或 125ml，内装乙醇吸收液分别为 20ml 或 50ml，以 0.5～1.0L/min 的流量，采气 5～20min。

2）样品的保存。采集好的样品应避光保存，在 2～5℃存放，2d 内分析完毕。

3）采样体积的校准。

①流量校准：在采样时用皂膜流量计对空气采样器进行流量校准，采样体积 V_m（L）按下式计算：

$$V_m = Q'_r \cdot n$$

式中：Q'_r——经校准后的流量，L/min；

n——采样时间，min。

②压力测量：连接标准皮托管和倾斜式微压计进行压力测量，空气采样用空盒气压表进行气压读数，废气或空气以 P_m（kPa）表示。

③温度测量：用水银温度计测量管道废气或空气的温度，以 t_m（℃）表示。

④体积校准：采气标准状态体积 V_{nd}（L）按下式计算：

$$V_{nd} = V_m \times 2.694 \times \frac{101.325 + P_m}{273 + t_m}$$

式中：V_m——废气或空气采样体积，L；

P_m——废气或空气压力，kPa；

t_m——废气或空气温度，℃；

V_{nd}——废气或空气采样体积（0℃，101.3kPa），L。

6. 步骤

（1）校准曲线（工作曲线）的绘制

①标准系列：取 8 支 10ml 具塞比色管按下表 6-2-2 配制标准系列。

表 6-2-2　标准系列的配制

管　号	0	1	2	3	4	5	6	7
20μg/ml 硝基苯(ml)	0	0.5	1.0	2.0	3.0	4.0	5.0	6.0
硝基苯(μg)	0	10	20	40	60	80	100	120

②还原：于上述比色管中加 2%硫酸铜溶液 1 滴，（1+1）盐酸溶液 1.0ml，用 10%乙醇溶液稀释，并定容至 10.0ml，加 0.2～0.3g 锌粉，颠倒混匀。打开管塞，放置 30min，用滤纸在漏斗上过滤，弃去最初的 1ml 滤液，取 2.0ml 滤液于 25.0ml 比色管中，用水稀释定容至 10.0ml，pH 约为 2。

③显色：将上述盛标准系列的 25.0ml 比色管置于 15～20℃水浴中，加入 0.25g/100ml 亚硝酸钠溶液 0.5ml，摇匀放置 10min。再加 2.5g/100ml 氨基磺酸铵溶液（3⑤）0.5ml，摇匀振荡两次，放置 10min，驱尽气泡后加入 0.75g/100ml 盐酸萘乙二胺溶液（3⑦）1.0ml，振匀放置 45min。从水浴取出置于室温平衡，在波长 550nm 处，以水为参比，用 1cm 吸收池，测定各管的吸光度 A。

④校准曲线（工作曲线）的绘制：将上述系列标准溶液测得的吸光度 A 扣除试剂空白（零浓度）的吸光度 A_0，便得到校准吸光度 y，以校准吸光度 y 为纵坐标，以硝基苯含量 x(μg)为横坐标，绘制校准曲线，或用最小二乘法计算其回归方程式。注意“零”浓度不参与计算。

$$y=bx+a$$

式中：a——校准曲线截距；

b——校准曲线斜率。

（2）样品测定

将吸收后的样品溶液移入 50ml 或 100ml 容量瓶中，用乙醇吸收液定容，摇匀后取 2～8ml 样品（吸取量视样品浓度而定）于 10ml 比色管中，按 6②、③进行分光光度测定。

（3）空白试验

用现场未采样空白吸收管的吸收液按与样品相同的分析步骤进行空白测定。

（4）芳香伯胺化合物干扰扣除

本节为所采气体中含有苯胺（芳香伯胺）类化合物时所采用，样品测定时，吸取样品体积的1/5于25.0ml比色管中，加（1+1）盐酸溶液1滴（约0.04～0.05ml），用水定容至10.0ml。以下步骤按 6③进行分光光度测定，所得吸光值按苯胺校准曲线计算得到苯胺含量，按下式折算硝基苯含量作样品干扰扣除。苯胺（μg）×1.332＝硝基苯（μg）。

7. 计算

①试样中硝基苯的吸光度 y 用下式计算：

$$y=A_s-A_b$$

式中：A_s——样品测定吸光度；

A_b——空白试验的吸光度。

②试样中硝基苯含量 x(μg)用下式计算：

$$x=\frac{y-a}{b}\times\frac{V_1}{V_2}$$

式中：V_1——定容体积，ml；

V_2——测定取样体积，ml。

废气或空气中硝基苯浓度 C(mg/m^3)用下式计算：

$$C=\frac{x}{V_{nd}}$$

式中：V_{nd}——所采气体标准状态体积（0℃，101.3kPa），L。

8. 精密度和准确度

经六个实验室分析含硝基苯3.05、6.10、9.16mg/L三个统一样品，重复性标准偏差为0.046、0.128、0.078mg/L，重复性相对标准偏差为1.5%、2.1%、0.85%；再现性标准偏差为0.14、0.18、0.16mg/L，再现性相对标准偏差为4.6%、3.0%、1.8%；加标回收率为99.2%～100.1%。在四个实样分析中，加标回收率为94.8%～106.3%。

9. 注意事项

日光照射和气温过高，都会引起吸收液和硝基苯的挥发，以至浓度变化，因此在采样、样品输送和存放过程中都应采取避光和低温的措施。

（二）苯吸收填充柱气相色谱法（B）

1. 原理

空气中的硝基苯用苯吸收，经OV-17色谱柱分离，以电子捕获检测器测定，以保留时间定性，峰高外标法定量。

本法检出限为2.5×10^{-2}ng（进样1μl）。当采样体积为50L，样品溶液为10ml时，最低检出浓度为0.005mg/m^3。

2. 仪器

①多孔玻板吸收管。

②微量注射器：5μl。

③空气采样器：流量0～1L/min。

④气相色谱仪：具电子捕获检测器。

色谱柱：长2.5m，内径2.5mm玻璃柱，柱内填充涂附5%OV-17的硅烷化102白色担体（100～120 目）。

3. 试剂

①纯苯：用全玻璃蒸馏器重蒸馏，在色谱分析条件下无干扰峰。

②硝基苯、苯胺、对-硝基甲苯、2,4-二硝基甲苯、氯苯。

4. 样品采集

串联两支内装 10.0ml 苯的多孔玻板吸收管，以 0.5L/min 的流量采样，必要时，加冰水冷却。采样时间视硝基苯浓度而定。采样后，以苯定容至 10.0ml，待测。

5. 步骤

（1）标准溶液的配制

称取 0.10g（准确至 0.0001g）硝基苯，置于 100ml 容量瓶中，以纯苯稀释至标线作为标准贮备液，每毫升含 1.000mg 硝基苯。

（2）色谱条件

柱温：170℃，气化室温度：180℃；检测器温度：220℃。

载气：氮气流量 32ml/min。

（3）标准曲线的绘制

将标准贮备溶液逐级用苯稀释配制成每毫升溶液含 0、0.05、0.10、10.0 及 100.0μg 的硝基苯的标准溶液。待色谱仪基线平直后，进标准溶液 1.00μl，测定标样的保留时间及峰高，以峰高对含量（μg）绘制标准曲线。

（4）色谱图

色谱图见图 6-2-4。

（5）样品测定

与绘制标准曲线相同条件下操作，以保留时间定性，峰高定量。

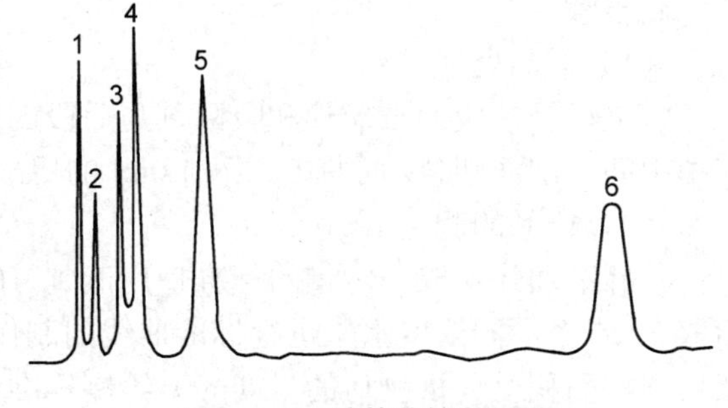

图 6-2-4　硝基苯等色谱图

1—苯；2—氯苯；3—苯胺；4—硝基苯；5—对-硝基苯；6—2，4-二硝基甲苯

6. 计算

$$硝基苯(mg/m^3)=\frac{W_1+W_2}{V_n}$$

式中：W_1、W_2——分别为第一、二吸收管中硝基苯的含量，μg；

V_n——标准状态下的采样体积，L。

7. 说明

往吸收管内装苯及采样后样品的转移，都应在通风橱中进行。

（三）固体吸附气相色谱（C）

1. 原理

本方法是用硅胶采样管富集空气和废气中的硝基苯、邻-硝基甲苯、间-硝基甲苯、对硝基甲苯、4-氯硝基苯，用甲醇解吸，然后用气相色谱氢火焰检测器进行测定。

本方法适用于空气中硝基苯类的测定，各化合物的检测限和分析范围见表 6-2-3。

2. 仪器和试剂

①气相色谱：具 FID 检测器，积分仪或化学工作站。

②色谱柱：30m×0.32（0.25）mm×0.25μm 5%苯基-95% 二甲基聚硅氧烷。

③大气采样器：采样的流量可以达到 0.01～1L/min。

④采样管：玻璃管，长 7cm、外径 6mm、内径 4mm，管内装有两段 20～40 目的硅胶，前段 150mg，后段 75mg，中间用 2 mm 氨基甲酸酯泡沫塑料隔开，两段的硅胶用硅烷化的玻璃棉塞紧，填装后两端用火密封。

⑤超声波清洗器。

⑥10ml 的容量瓶，5ml 的移液管，10、100、1μl 的微量进样器。

⑦甲醇：色谱纯。

⑧硝基苯，邻、间、对-硝基甲苯，4-氯硝基苯，试剂级纯度大于 95%或直接购买混合标准。使用时用甲醇配成 500μg/ml 的标准使用液。

3. 样品采集

①采样之前用皂沫流量计对仪器进行校正。

②采样时打开采样管两端封口，用硅橡胶管将采样管与采样器连接后立即采样。

③用精确流量的采样器以 0.01～0.2L/min 的速度采集硝基甲苯同系物，用 1L/min 或低于 1L/min 的速度采集硝基苯和 4-氯硝基苯。

④采样后采样管立即用密封帽密封，带到实验室进行分析，在 4℃下，样品在采样管中可以保存 30d。

4. 步骤

（1）样品处理

将采样管前段的玻璃棉和吸附剂与后段的玻璃棉和吸附剂分别装在两个带盖的瓶中，弃掉中间的泡沫塑料。向瓶中加入 1.0ml 的甲醇，然后盖紧，在超声波清洗器中解吸 30min。

（2）样品的测定

①标准曲线：取一定量的标准使用液到 10ml 的容量瓶中，加入甲醇稀释到刻度，然后取 3～5 个不同浓度水平进行标准曲线的制作，标准曲线应该包括整个方法的直线范围。然后用峰面积对分析物质的量（ng）绘制标准曲线，计算回归方程。

②色谱的分析条件及测定：色谱进样口的温度为 250℃，检测器温度为 300℃，色谱柱升温条件为：80℃保留 1min，然后以 8℃/min 的速度升到 180℃。进样量为 1μl，如果分析样品的浓度超出线性范围，必须用甲醇稀释后重新进样分析。

5. 计算

根据标准曲线分别计算吸附管前段（W_f）和后段（W_b）分析物质的量（μg），在使用每一批采样管时需要测定前后两段吸附剂的空白（B_f 和 B_b，μg），则气体中所分析物质的浓度为：

$$C(\text{mg/m}^3，\text{标态})=\frac{(W_f+W_b-B_f-B_b)}{V}$$

式中：V——标态下的采样体积，L。

6. 质量保证和质量控制

①每使用一批新的硅胶采样管，至少需要测定一次吸附管的解吸效率，解吸效率测定方法为：准备三个吸附管，用微量注射器向吸附管前段的吸附剂注射一定量的分析物质（注射的量如果按 100%的解吸，浓度应等于曲线的中间浓度），待吸附剂在空气中平衡几分钟

后盖上吸附管的密封帽，放置过夜。然后用与样品相同的方法进行解吸，计算解吸的量，每一个化合物的解吸效率应在 95%～105%之间。

②正常情况下 150mg 的吸附剂对硝基苯类化合物的吸附容量为：硝基苯＞2.8mg/每个样品，硝基甲苯类＞2.5mg/每个样品，4-氯硝基苯＞2.2mg/每个样品，如果 $\frac{W_b}{W_f} \geq 10\%$，分析结果应注明采样管已穿透。

③如果标准曲线与样品分析不在同一天，则分析之前或分析之后应进行中间浓度检验，在同一天分析时样品测定后也应进行中间浓度检验，检验结果的相对偏差≤15%。

④对该方法已有的验证结果见表 6-2-3。

表 6-2-3 分析方法的验证结果

化合物	研究范围 (mg/m^3)	标准偏差 s	偏差	精密度 (±%)	分析范围 (μg/样品)	检测限 (μg/样品)	标准偏差	解吸效率 (%)	30d 保存回收率 (%)
硝基苯	1.98～9.60	0.0590	0.0186	12.3	2～598	0.6	0.012	98.7	100.2
邻硝基甲苯	1.97～9.86	0.0142	−0.120	21.1	3～582	0.8	0.028	98.2	101.2
间硝基甲苯	没做				3～579	1.0	0.042	97.5	99.4
对硝基甲苯	没做	0.1034			9～511	2.6	0.061	96.9	99.4
4-氯硝基苯	1.98～9.92		0.0869	27.3	8～595	2.5	0.063	100.3	97.6

⑤每次采样，样品在 10 个之内和每 10 个样品应做一个平行样，平行样的偏差应≤25%。

⑥硝基苯、硝基甲苯、4-氯硝基苯对人体均具有毒性和刺激性，4-氯硝基苯是致癌物质，因此操作者必须注意防护。

四、苯酚类化合物

（一）4-氨基安替比林分光光度法（B）

1. 原理

酚类化合物吸收在碱性溶液中，控制适宜的 pH 值，在氧化剂存在下，酚与 4-氨基安替比林作用，生成红色安替比林染料，根据颜色深浅，用分光光度法测定，酚浓度低时，可经三氯甲烷萃取后，用分光光度法测定。

4-氨基安替比林分光光度法方法灵敏、简便，测定的是酚类化合物的总量，当空气中酚类化合物的浓度高时，可采用直接比色法；浓度低时，宜采用萃取比色法。

2. 方法的适用范围

研究表明：在酚类化合物中，羟基对位的取代基可阻止反应进行，但卤素、羧基、磺酸基、羟基和甲氧基除外；邻位硝基阻止反应生成，而间位硝基不完全地阻止反应；4-氨基安替比林与酚的偶合在对位较邻位多见；当对位被烷基、芳基、酯、硝基、苯酰基、亚硝基或醛基取代，而邻位未被取代时，不呈现颜色反应。表 6-2-4 是以苯酚为基准，计算出的各酚类化合物对苯酚的比吸光系数。

表 6-2-4 酚类化合物对苯酚的比吸光系数

酚类化合物名称	比吸光系数 ε (500nm)	ε 酚/ ε 苯酚
苯酚	2.3×10^{-2}	1.00
邻-甲酚	1.57×10^{-2}	0.68
间-甲酚	1.38×10^{-2}	0.60*(2)
对-甲酚	2.33×10^{-4}	0.01
2, 5-二甲酚	7.67×10^{-3}	0.33
2, 6-二甲酚	7.40×10^{-3}	0.32
3, 5-二甲酚	4.20×10^{-3}*(1)	0.15

*（1）3, 5-二甲酚在 550nm（最大吸收峰）处的比吸光系数为 6.00×10^{-3}。

*（2）和文献值相比略高。

由表 6-2-4 可知，由于酚类化合物的结构不同，使显色深浅不同，即吸光度的值不同，如在测定中以苯酚为基准，其测定值将低于真实值。

由于采样时，同时吸收了酸性气体，使吸收液 pH 值降低，在显色时，用氢氧化铵-氯化铵缓冲液使溶液的 pH 值保持在 10±0.2 左右。还原性物质如硫化物，将产生负干扰，可将吸收液蒸馏后比色测定。

本法检出限为 0.5μg/10ml（直接比色法）（按与吸光度 0.02 相对应的酚含量计），当采样体积为 50L 时，其最低检出浓度为 0.01mg/m^3；如按吸光度 0.01 相对应的酚含量计算（萃取比色法），当采样体积为 300L 时，可测定 0.001mg/m^3 的环境空气样品。

3. 仪器

①气泡吸收管：10ml。

②具塞比色管：10ml、25ml。

③分液漏斗：125ml。

④大气采样器流量范围：0～1L/min。

⑤分光光度计或可见紫外分光光度计。

4. 试剂

本试验应使用无酚蒸馏水配制试剂。

①吸收液，碳酸钠溶液（pH 为 10±0.2）：取 500ml 水，用酸度计测量溶液 pH 值，在搅拌下逐渐加入碳酸钠固体，至溶液 pH 值为 10±0.2。

②1.0%（*m/V*）4-氨基安替比林溶液：在冰箱内可保存两周。

③1.0%（*m/V*）铁氰化钾溶液在冰箱内可保存两周。

④20%氢氧化铵-氯化铵缓冲溶液：称取 20.0g 氯化铵溶于 100ml 氨水中，此溶液 pH 值为 9.8。在冰箱中可保存两周。

⑤溴酸钾溶液，$C(1/6\ KBrO_3)$=0.1000mol/L：准确称取 2.784g 溴酸钾（105℃干燥 1h）和 10.0g 溴化钾，溶解于水，移入 1000ml 容量瓶中，用水稀释至标线。

⑥0.1mol/L 硫代硫酸钠溶液：称取 25g 硫代硫酸钠（$Na_2S_2O_3\cdot5H_2O$）溶于 1L 新煮沸并已冷却的水中，加 0.2g 无水碳酸钠，贮于棕色试剂瓶中，放置一周后用碘量法标定其浓度。若溶液呈混浊，应过滤。标定方法见第三篇第一章一、二氧化硫。

⑦酚标准溶液：称取 1.0g 新蒸馏的苯酚（或色谱纯酚）溶解于水中，稀释至 1000ml，用碘量法标定其浓度。临用时用吸收液稀释成每毫升含 10.0μg 和 1.00μg 的酚标准溶液。前者用于直接比色法，后者用于萃取比色法。

酚的精制：取适量融化的苯酚（将苯酚试剂瓶放在 40～50℃温水中即得）用 100ml 全玻璃蒸馏器加热蒸馏，收集 182～184℃的馏分，精制酚为无色晶体，应贮存于暗处。

酚溶液的标定：吸取 10.00ml 酚溶液于 250ml 碘量瓶中，加 90ml 水及 0.1000mol/L 溴酸钾溶液 10.00ml，将碘量瓶塞子轻轻提起，从缝隙中加浓盐酸 5.0ml，立即塞紧，以防溴蒸气（Br_2）逸出。轻轻摇动至有絮状物（三溴苯酚）出现，溶液应呈现溴（Br_2）的浅棕黄色（若溶液无溴的颜色，说明酚浓度过大，应稀释后重做）。用水封口，放置 15～20min，气温高时，应将碘量瓶浸在冷水浴中。用少量水淋洗瓶壁，迅速加入 1.0g 碘化钾晶体，再用水淋洗瓶壁，用水封口。置于暗处 5min，用 0.1mo1/L 硫代硫酸钠标准溶液滴定析出的碘至溶液呈淡黄色，加新配制的 0.5%淀粉指示剂 1.0ml，继续滴定至蓝色刚刚消失。

另取 10.0ml 水同法进行空白滴定。

$$酚(mg/ml)=\frac{(V_0-V)\cdot C(Na_2S_2O_3)\times 15.67}{10.00}$$

式中：V_0——空白滴定所用硫代硫酸钠标准溶液体积，ml；

V——滴定酚溶液所用硫代硫酸钠标准溶液体积，ml；

$C(Na_2S_2O_3)$——硫代硫酸钠标准溶液的浓度，mol/L；

15.67——相当于 1L 1mol/L 硫代硫酸钠（$Na_2S_2O_3$）标准溶液的酚（$1/6C_6H_5OH$）的质量，g。

5. 样品采集

串联两支各装 10.0ml 吸收液的气泡吸收管，以 1L/min 流量，采气 50L。

6. 步骤

（1）标准曲线的绘制

①直接比色法：取七支 25ml 比色管，按表 6-2-5 配制标准系列。

表 6-2-5　酚标准系列

管　号	0	1	2	3	4	5	6
标准溶液(ml)	0	0.20	0.40	0.60	1.00	1.40	1.80
吸收液(ml)	20.00	19.80	19.60	19.40	19.00	18.60	18.20
酚含量(μg)	0	2.0	4.0	6.0	10.0	14.0	18.0

然后依次加入氢氧化铵-氯化铵缓冲溶液 0.40ml，1.0% 4-氨基安替比林溶液 0.20m1，摇匀。再加 1.0%铁氰化钾溶液 0.40ml，摇匀。放置 15min，在波长 500nm 处，用 3cm 比色皿，以水为参比，测定吸光度，以吸光度对酚含量（μg）绘制标准曲线。

②萃取比色法，取 7 支 125ml 分液漏斗，按表 6-2-6 配制标准系列。

然后依次加入氢氧化铵-氯化铵缓冲溶液 0.40ml，1.0%4-氨基安替比林溶液 0.20m1，摇匀。再加 1.0%铁氰化钾溶液 0.40ml，摇匀。放置 15min，再加入 10.0ml 三氯甲烷萃取 2min，静置分层，用干脱脂棉拭去分液漏斗颈管内壁水分，于颈管内壁放一团干脱脂棉。弃去最初滤出的数滴萃取液后，直接放入 3cm 比色皿，于波长 460nm 处，以三氯甲烷为参比，测定吸光度，以吸光度对酚含量（μg）绘制标准曲线。

表 6-2-6 酚标准系列

分液漏斗号	0	1	2	3	4	5	6
标准溶液(ml)	0	0.50	1.00	3.00	5.00	7.00	9.00
吸收液(ml)	20.00	19.50	19.00	17.00	15.00	13.00	11.00
酚含量(μg)	0	0.5	1.0	3.0	5.0	7.0	9.0

（2）样品测定

采样后，将采样管中吸收液合并，并加吸收液至 20.00ml，以下步骤同标准曲线的绘制①或②。

7. 计算

$$酚(mg/m^3)=\frac{W}{V_n}$$

式中：W——样品溶液中酚含量，μg；

V_n——标准状态下的采样体积，L。

8. 说明

①当空气中硫化氢等还原物质的浓度较高时，可将样品溶液移入蒸馏瓶，加磷酸及硫酸铜蒸馏，在馏出液中测定酚。

②绘制标准曲线时与测定样品时温度之差应不超过 2℃。

（二）气相色谱法（B）

1. 原理

空气中苯酚、甲酚及二甲酚等，经 GDX-502 吸附富集，用三氯甲烷解吸，经 PBOB 色谱柱分离，火焰离子化检测器测定，以保留时间定性，峰高（或峰面积）外标法定量。

本法各类酚的检出限为 10^{-6}mg。当采样体积为 0.84m^3，样品溶液 10ml，进样 1μl 时，最低检出浓度为 0.01mg/m^3。

2. 仪器

①吸附采样管：取长 120～150mm，内径 6～8mm 的玻璃管，洗净烘干，每支内装 GDX-502 3ml，吸附段长约 50mm，见图 6-2-5。

②空气采样器：流量 0～10L/min。

③气相色谱仪：附火焰离子化检测器。

④色谱柱：长 3m，内径 3mm 不锈钢柱，柱内填充涂附 6% 液晶 PBOB+0.5%H_3PO_4 的白色 405 硅烷化担体（80～100 目）。

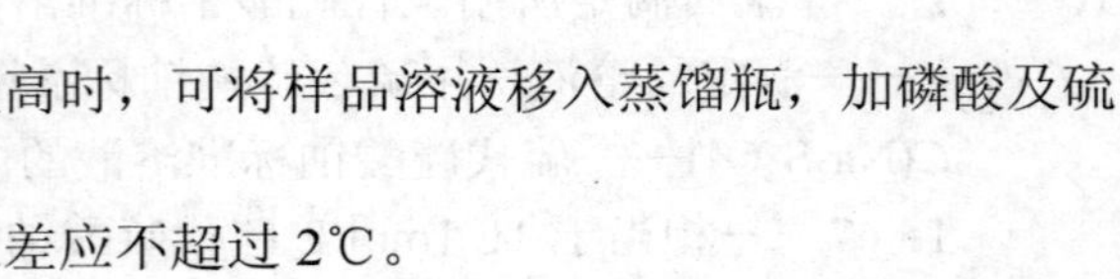

图 6-2-5 吸附采样管

1—铜网；2—玻璃棉；3—GDX-502

3. 试剂

①苯酚、邻-甲酚、间-甲酚、对-甲酚、2，6-二甲酚、2，5-二甲酚、3，5-二甲酚、3，4-二甲酚。

②三氯甲烷。

4. 样品采样

将吸附采样管的细口端与空气采样器相连，以 7L/min 流量，采气 2h（或视空气中酚浓度决定采样时间）。采样后，密封采样管两端，待测。

5. 步骤

（1）各种酚标准溶液的配制

用天平，快速、准确称取一定量的各种酚，制备 1000mg/L 各种酚的贮备液（以三氯甲烷为溶剂）。也可以购买商品标准溶液。将贮备液按表 6-2-7 比例，用三氯甲烷配制混合标准系列。

表 6-2-7　酚标准溶液的配制

	酚类化合物名称	浓度(mg/L)				
		1	2	3	4	5
1	苯酚	20.0	40.0	100	300	500
2	邻-甲酚	20.0	40.0	100	300	500
3	2, 6-二甲酚	20.0	40.0	100	300	500
4	间-甲酚	20.0	40.0	100	300	500
5	对-甲酚	20.0	40.0	100	300	500
6	2, 5-二甲酚	20.0	40.0	100	300	500
7	3, 5-二甲酚	20.0	40.0	100	300	500
8	3, 4-二甲酚	20.0	40.0	100	300	500

（2）色谱条件

柱温：120℃；气化室温度：275℃；检测器温度：250℃。

载气：氮气流量 20ml/min；燃气：氢气流量 30ml/min；助燃气：空气流量 500ml/min。

取各种浓度的标准溶液 1～8μl 注入色谱仪，以确定氢火焰离子化检测器的线性范围。记录保留时间及各浓度的酚组分的峰面积。

（3）色谱图

色谱见图 6-2-6。

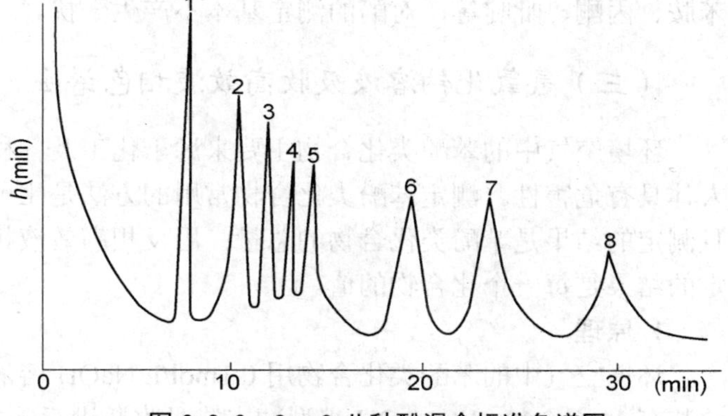

图 6-2-6　C_6～C_8 八种酚混合标准色谱图

1—苯酚；2—邻-甲酚；3—2, 6-二甲酚；4—间-甲酚；5—对-甲酚；6—2, 5-二甲酚；7—3, 5-二甲酚；8—3, 4-二甲酚

（4）样品测定

将采好样的吸附采样管 GDX-502 倾入解吸装置，在常温下，用 6ml 三氯甲烷浸泡 10min，然后用三氯甲烷以 1ml/min 流量淋洗并定容于 10ml 容量瓶中。取淋洗液 1～8μl 直接进样，测定样品溶液的保留时间及峰面积，以相对保留时间定性。根据样品溶液的色谱峰面积，选择接近该浓度的标准溶液进样测定，用单点校正方法，计算出样品中各酚组分的浓度。

6. 计算

按下式计算空气中各种酚的浓度：

$$酚(mg/m^3) = \frac{A_i / A_s \cdot m_s \cdot f_w \times 10}{V \cdot V_n}$$

式中：A_i——样品中 i 种酚峰面积；

A_s——标样酚峰面积；

m_s——标样酚进样量，ng；

f_w——待测酚相对重量校正因子，$f_w \leqq 1$；

V——解吸试样液进样体积，μl；

V_n——标准状态下的采样体积，L；

10——解吸溶液体积，ml。

7. 说明

①八种酚的相对保留时间及相对重量校正因子见表 6-2-8。

表 6-2-8 八种酚的相对保留时间及相对校正因子

	苯酚	邻-甲酚	2, 6-二甲酚	间-二甲酚	对-甲酚	2, 5-二甲酚	3, 5-二甲酚	3, 4-二甲酚
相对保留时间	1.00	1.32	1.50	1.71	1.85	2.38	2.85	3.65
相对重量校正因子	1.00	1.10	1.12	0.96	1.11	1.05	1.03	1.02

由于相对重量校正因子近似于 1，故在进行样品测定时，可不作校正。

②对 10 倍于苯酚量的正己烷、苯、甲苯、乙苯、二甲苯、丙苯、甲基异丁酮、苯乙酮、苯胺、丙酮、吡啶等，对酚的测定基本不产生干扰。

（三）氢氧化钠溶液吸收高效液相色谱法（C）

环境空气中的苯酚类化合物主要来源于化工及各种燃烧，大多数化合物具有毒性，对人体具有危害性。测定苯酚类化合物常用的方法是比色法，但这种方法检测灵敏度低，并且测定的结果是苯酚类化合物的总量；用反相高效液相色谱法不仅检测灵敏度高，而且测定的结果是每一个化合物的值。

1. 原理

环境空气中的苯酚类化合物用 0.1mol/L NaOH 溶液进行吸收。采样时分别用两个串联的装有 15ml 0.1mol/L NaOH 小型冲击式吸收瓶进行采集，被吸收的苯酚类化合物与吸收液发生反应，形成盐类。

吸收液转入到密封性好的小瓶子中，带回实验室分析。将吸收液用冰浴冷却，然后加入 1ml 5%（体积比）的硫酸调整吸收液的 pH＜4，最后用蒸馏水定容至 25ml。

用反相高效液相色谱仪进行分析，UV 检测器，检测波长 274nm。也可选择电化学检测器或荧光检测器，一般情况下，对于相对干净的样品应采用 UV 检测器。方法的检测限为 1～5 ppb（体积分数）。

与所测定的化合物有相同的保留时间可产生干扰。这样的干扰可以通过改变分离条件（选择合适的色谱柱和合适的流动相组成等）或检测器而消除。另外在采样过程中，所测定的苯酚类化合物容易氧化，因此必须进行校准实验以确定待测化合物没有充分的降解。

比较脏的样品，容易引起干扰，需进行预处理。或通过改变流动相的组成使重叠峰得到分离。实验中所用的试剂必须进行检测，以确定是否被污染。

2. 仪器

①高效液相色谱仪，数据处理系统。

②色谱柱：Zorbox ODS 或 C18 反相柱（25cm×4.6mm）。

③紫外检测器：检测波长为 274nm。电化学检测器和荧光检测器也可用以此分析。

④采样系统：能够以 100～1000ml/min 的流速，准确和精确的采集环境空气（图 6-2-7）。

3. 试剂

①甲醇：色谱纯。

②氢氧化钠：分析纯。

③硫酸：分析纯。

④试剂水：去离子水或蒸馏水。

⑤滤膜：直径为 0.22μm 的亲脂性滤膜。

⑥苯酚、2-甲基苯酚、3-甲基苯酚和 4-甲基苯酚，纯度大于 99%。

⑦吸收液：0.1mol/L NaOH 溶液，将 4.0 克氢氧化钠溶解在 1L 去离子水中，保存在具有 Teflon 螺盖的瓶子中。

⑧稀硫酸：5%（体积分数）。

⑨乙酸-乙酸盐缓冲溶液：0.1mol/L，pH=4.8，将 5.8ml 的冰乙酸和 13.6g 乙酸钠（NaAc·$3H_2O$）溶解在 1L 去离子水中。

⑩冰乙酸：分析纯。

⑪乙腈：色谱纯。

⑫乙酸钠（NaAc·$3H_2O$）：分析纯。

4. 样品采集

①采样装置按图 6-2-7 所示连接，所使用的玻璃器皿（吸液管、采样瓶等）使用之前都必须用甲醇充分清洗并烘干。

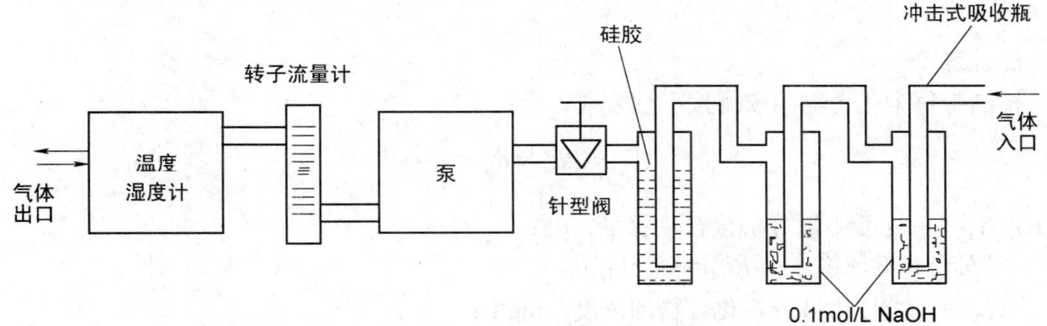

图 6-2-7　环境空气中苯酚类化合物的采样示意图

②采样前，校准采样流速，一般采样流速为 100～1000ml/min。如果采样流速大于 1000ml/min，吸收效率就会降低。

③分别在吸收管中加入 15ml 0.1mol/L 的 NaOH 溶液，再一次检查采样系统是否正确，

然后开始采样。记录点位、日期、时间、气温、气压，相对湿度和流速等采样时相应的参数。

④采样总体积不应超过 80L，采样结束后，吸收管的吸收液不少于 5ml。

⑤如果起始流速和最终流速的相对偏差大于 15%，样品作废，重新采集。

⑥采样结束后，立即取下吸收管，将溶液移入 25ml 具有 Teflon 螺帽的试剂瓶中，用 3ml 去离子水清洗吸收管，将洗涤液合并到试剂瓶中。然后用 Teflon 胶带密封，放入含有活性炭的贮存罐里，保存在冰箱中，48h 内没有明显降解。

5. 步骤

①将样品带回实验室，转入 25ml 容量瓶中，加入 1ml 5%的 H_2SO_4 溶液，用去离子水定容。

②将溶液充分混匀，转入 25ml 密封性好的小试剂瓶中，放入冰箱用于高压液相色谱分析。

③HPLC 分析条件：

色谱柱：反相的 C18 柱。

流动相：30%的乙腈溶液，内含 70%的醋酸盐缓冲溶液。

检测器：紫外检测器，检测波长为 274nm。

流速：1ml/min。

按照上述分析条件进行测试，所得出化合物的保留时间见表 6-2-9，化合物的色谱图见图 6-2-8。

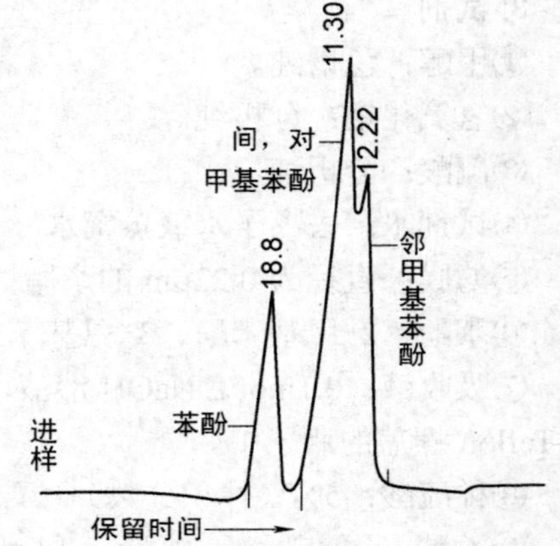

图 6-2-8 HPLC 分离苯酚类化合物的色谱图

表 6-2-9 苯酚类化合物的保留时间

化合物中文名称	化合物英文名称	化学文摘号	保留时间(min)
苯酚	phenol	108-95-2	9.4
邻-甲基苯酚	o-cresol	95-48-7	12.5
间-甲基苯酚	m-cresol		11.5
对-甲基苯酚	p-cresol	106-44-5	11.9

6. 计算

样品中每个化合物的浓度按下列公式计算：

$$W_d = RF_c \times R_d \times \frac{V_E}{V_I} \times V_D$$

式中：W_d——样品中被分析化合物总量，μg；

RF_c——响应因子； $RF_c = C_C \cdot V_I / R_C$ ；

C_C——校标中被分析化合物的浓度，mg/L；

R_C——校标中被分析化合物的响应值（峰面积）；

R_d——样品提取物中被分析物的响应值（按峰面积或其它计算）；

V_E——萃取后样品的总体积，ml；

V_I——HPLC 进样体积，μl；

V_D——稀释倍数（若样品需稀释）。

$$C(\text{mg/m}^3)=\frac{W_d}{V}$$

式中：V——样品在标态下（0℃，101.325kPa）的采样体积，L。

五、苯胺类化合物

（一）盐酸萘乙二胺分光光度法（A）

1. 原理

苯胺被硫酸溶液吸收，经重氮化后与盐酸萘乙二胺偶合，生成紫红色化合物，根据颜色深浅，用分光光度法测定。

本法检出限为0.2μg/5ml，当采样体积为30L时，最低检出浓度为0.007mg/m^3。

2. 仪器

①多孔玻板吸收管。

②具塞比色管：10m1。

③空气采样器：流量范围0～1L/min。

④分光光度计。

3. 试剂

①吸收液：硫酸溶液 $C(H_2SO_4)$=0.010mo1/L。

②0.25%（*m/V*）亚硝酸钠溶液：临用现配。

③2.5%（*m/V*）氨基磺酸铵溶液：临用现配。

④0.5%盐酸萘乙二胺溶液：称量0.50g盐酸萘乙二胺[$C_{10}H_7 \cdot NH(CH_2)_2NH_2 \cdot 2HCl$]溶解于水，移入100ml容量瓶中，用水稀释至标线。贮于棕色瓶中，置冰箱可保存一周。

⑤苯胺标准溶液：于25ml棕色容量瓶中，加入0.010mol/L硫酸溶液约10ml，准确称重，然后加入1～2滴重蒸馏的苯胺，再准确称重，两次重量之差，即为苯胺重量。用0.010mol/L硫酸溶液稀释至标线，计算出每毫升溶液中苯胺含量。使用时，用0.010mol/L硫酸溶液稀释成每毫升含1.0μg苯胺的标准溶液。

4. 样品采集

用一支内装5.0ml吸收液的多孔玻板吸收管，以0.5L/min流量，采气20～30L。

5. 步骤

（1）标准曲线的绘制

①取八支10ml具塞比色管，按表6-2-10配制标准系列。

表6-2-10　苯胺标准系列

管　号	0	1	2	3	4	5	6	7
标准溶液(ml)	0	0.20	0.50	1.00	2.00	3.00	4.00	5.00
吸收液(ml)	5.00	4.80	4.50	4.00	3.00	2.00	1.00	0
苯胺含量(μg)	0	0.20	0.50	1.0	2.0	3.0	4.0	5.0

（A）本方法与GB/T 15502—1995等效。

②各管加入 0.25%亚硝酸钠溶液 0.50ml，摇匀，静置 5min，加入 2.5%氨基磺酸铵溶液 0.50ml，强烈振摇至无小气泡发生为止。放置 5min，再加入 0.5%盐酸萘乙二胺溶液 1.00ml，加水稀释至 10ml 标线，摇匀，静置 20min。

③在波长 560nm 处，用 2cm 比色皿，以水为参比，测定吸光度，以吸光度对苯胺含量（μg），绘制标准曲线。

（2）样品测定

采样后，将吸收液全部移入比色管中，用少量吸收液洗吸收管，合并使总体积为 5.0ml，以下步骤同标准曲线的绘制。

6. 计算

$$苯胺(mg/m^3)=\frac{W}{V_n}$$

式中：W——苯胺含量，μg；

V_n——标准状态下的采样体积，L。

7. 说明

①过量的亚硝酸钠，必须用氨基磺酸铵完全驱尽，否则能与盐酸萘乙二胺作用，影响测定。

②本法在 10～30℃温度范围内显色，在 20～60min 内呈色稳定。

③单支多孔玻板吸收管，以 0.5L/min 采样，吸收效率均在 95%以上。

④苯胺含量为 0～5μg 时，标准曲线线性良好，符合比尔定律。

⑤本法为非特异反应，一定浓度的氨、氮氧化物、甲苯胺、对甲苯胺、二甲苯胺、对苯二胺等对比色有干扰，尤其对低浓度的苯胺（接近 0.1μg 时），上述干扰物影响更显著，结果见表 6-2-11。

表 6-2-11 干扰物的容许限量（μg）

苯胺	氨	氮氧化物	甲苯胺	对甲苯胺	二甲苯胺	对苯二胺
0.1	<1	≤5	<5	<0.05	<10	<0.5
3.0	≤200	<100	≤30	≤0.5	<10	≤4

（二）高效液相色谱法（C）

1. 原理

空气中的苯胺吸附在硅胶采样管上。用甲醇洗脱后，经高效液相色谱柱分离，用紫外吸收检测器测定，以保留时间定性，峰面积定量。

在本方法色谱条件下，空气中的醇类、胺类和硝基化合物等均无干扰。

在采样体积为 80L 的条件下，苯胺类化合物的最小检测浓度为 0.001～0.01mg/m^3。见表 6-2-12。

2. 仪器

①高效液相色谱仪：带紫外检测器、色谱积分仪和色谱工作站。

②采样管：用长 10cm，内径 4mm 的玻璃管，前段填装 600mg 硅胶，后段填装 200mg 硅胶，中间及后端装入 2mm 长的硅烷化的玻璃棉，进口端装入少量硅烷化，采样管两端

套上塑料帽密封备用。

③空气采样器：流量范围为 0～1.0L/min。

表 6-2-12 苯胺类化合物的线性方程、相关系数和最小检测量

序号	化合物	保留时间（min）	最小检测量（ng）	最低检出浓度（mg/m^3）
1	苯胺	4.1	3.0	0.007
2	邻甲氧苯胺	5.4	0.5	0.001
3	邻甲苯胺	6.6	2.5	0.006
4	2, 4-二甲基苯胺	7.6	2.0	0.005
5	对-硝基苯胺	8.4	2.8	0.007
6	邻-硝基苯胺	10.8	2.7	0.007
7	间-硝基苯胺	13.6	5.0	0.01
8	2, 4-二硝基苯胺	17.4	1.8	0.004
9	2, 6-二硝基苯胺	19.8	2.6	0.006
10	3, 5-二硝基苯胺	23.4	2.2	0.005

备注：采样体积为 80L。

3. 试剂

①甲醇（分析纯）。

②乙腈（色谱纯）。

③苯胺类化合物标样：可以购买商品苯胺类标准溶液。或用单个标准用甲醇将 10 种苯胺类化合物分别配制成浓度为 lmg/ml 的贮备液，然后再配制成含 10 种化合物浓度均为 100mg/L 的混合标样使用液。

④硅胶：40～60 目，需活化处理后使用。将硅胶倒入浓硫酸中浸泡过夜，用蒸馏水洗至中性为止，然后干燥，在 350℃下活化约 4h，冷却后放入干燥器中备用。

4. 样品采集

用橡胶管将活性炭采样管与采样器连接，采样时采样管垂直向上进行采样，采样流量 0.8L/min，采集时间为 20～120min，同时记录采样时的温度和大气压。采样结束后，将采样管两端封闭，在 4℃冷藏保存，以备分析。

5. 步骤

（1）色谱条件

①色谱柱：Hypersil BDS，4.0mm×200mm。

②流动相：28%乙腈，内含磷酸盐缓冲溶液，pH=3.0。

③检测器：紫外检测器，λ=230mm。

④进样量：10μl。

色谱分离图见图 6-2-9。

（2）标准曲线

将混合标样使用液依次稀释成 0.5、5、10、25、50 和 100mg/L 的标准系列。用选定的色谱条件进行色谱定量。以色谱峰面积 *A* 与相对应的浓度 *C*(mg/L)作标准曲线，回归曲线

的方程及相关系数。在所选定的色谱条件下，采用逐步稀释的方法，在信噪比不小于 3 的情况下，测定各物质的最小检测量，最低浓度点应接近于方法的检测限，各点的响应因子的相对标准偏差≤20%或曲线的相关系数＞0.995 时，标准曲线合格。

（3）样品测定

将采样管中硅胶的前段和后段分别转移至 5ml 的具塞试管中，准确加入 2ml 甲醇，轻微振荡 30min 后进样分析。记录保留时间和峰高或峰面积，以保留时间进行定性，以峰高或峰面积定量。

6. 计算

结果计算公式如下：

$$A=(A_{\mathrm{s}}V_{\mathrm{e}}/V_{\mathrm{i}})$$

式中：A——样品中分析物质的总量，μg；

A_{s}——根据标准曲线计算分析物质的量，ng；

V_{e}——解吸溶剂的体积，ml；

V_{i}——仪器的进样量，μl。

$$c=(A_1+A_2)/V_{\mathrm{s}}$$

式中：c——苯胺类化合物的浓度，$\mathrm{mg/m^3}$；

A_1、A_2——分别是采样管前后两端分析物质的量，μg；

V_{s}——0℃，101.325kPa 的大气压下标准采样体积，L。

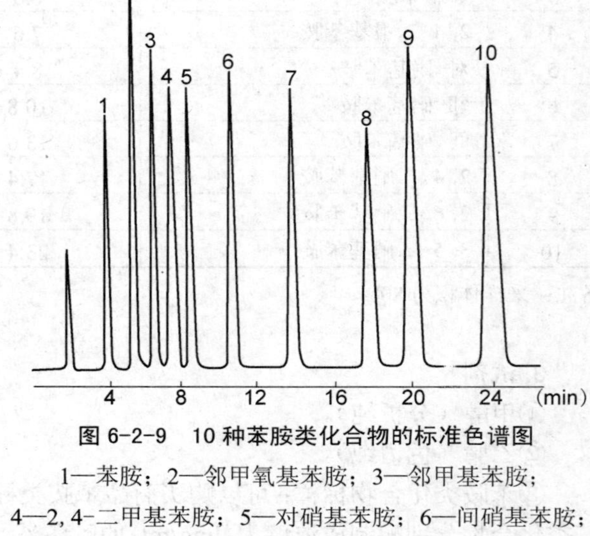

图 6-2-9　10 种苯胺类化合物的标准色谱图

1—苯胺；2—邻甲氧基苯胺；3—邻甲基苯胺；4—2, 4-二甲基苯胺；5—对硝基苯胺；6—间硝基苯胺；7—邻硝基苯胺；8—2, 4-二硝基苯胺；9—2, 6-二硝基苯胺；10—3, 5-二硝基苯胺

$$V_{\mathrm{s}}=\frac{P\times V\times 273}{(273+t)\times 101.325}$$

式中：P——现场采样时的大气压，kPa；

V——实际采样体积，L；

t——实际采样温度，℃。

7. 说明

①GDX-102、GDX-203、GDX-301 和 XAD-2 均可作为吸附材料，用于制备采样管。

②苯胺类化合物应避光保存。

③每批样品测定的同时，取未采样的采样管，按相同的操作步骤进行空白实验。

六、酞酸酯类化合物

高效液相色谱法（C）

邻苯二甲酸酯又称酞酸酯。一般为无色透明的油状液体，难溶于水，易溶于甲醇、乙醇、乙醚等有机溶剂。可通过呼吸、饮食和皮肤接触直接进入人和动物体内。其毒性随着分子中酯基碳原子数的增加而减弱。工业上，酞酸酯类主要用作塑料制品的改性添加剂（增塑剂）。随着工业生产的发展及塑料制品的大量使用，酞酸酯已成为全球性的最普遍的一类污染物。

1. 原理

空气和废气中的酞酸酯类，经 XAD-2 树脂吸附后，用乙腈-甲醇混合溶剂洗脱，醇基柱液相色谱分离，紫外检测器在 225nm 波长处测定。

2. 方法的适用范围

本方法适用于空气和废气中酞酸酯类的测定。各组分的最低检测量为 3～12ng，见表 6-2-13。当采样体积为 60L，洗脱液的体积为 10ml，进样体积为 20μl 时，最低检出浓度为 0.03～0.1mg/m^3。

表 6-2-13　方法检测限

序号	组分名称	保留时间(min)	最低检出限(ng)	最低检出浓度(mg/m^3)
1	邻苯二甲酸二（2-乙基己基）酯	2.522	4	0.04
2	邻苯二甲酸二辛酯	2.532	4	0.03
3	邻苯二甲酸二正辛酯	2.612	3	0.03
4	邻苯二甲酸二丁酯	3.120	9	0.08
5	邻苯二甲酸二丁基苄酯	3.582	12	0.1
6	邻苯二甲酸二乙酯	4.211	3	0.03
7	邻苯二甲酸二甲酯	5.745	12	0.1

3. 仪器

①液相色谱仪：带紫外检测器，醇基正相色谱柱。

②吸附柱：长 10cm，内径 6mm。

③大气采样器，流量范围 0～1.0L/min。

④恒温水浴。

⑤索氏提取器。

4. 试剂

①丙酮：分析纯，重蒸。

②二氯甲烷：分析纯，重蒸。

③正己烷：色谱纯。

④甲醇：色谱纯。

⑤乙腈：色谱纯。

⑥异丙醇：色谱纯。

⑦无水硫酸钠：分析纯，500～600℃烘 2h。

⑧乙腈-甲醇混合溶剂（6+4）*V*/*V*。

⑨酞酸酯标准贮备液：浓度范围，80～200mg/L（国家环保总局标样研究所提供）。

⑩酞酸酯标准使用液：用甲醇将酞酸酯标准贮备溶液稀释成浓度为 5～20mg/L 的标准

使用液。

⑪XAD-2 树脂：丙酮浸泡过夜，然后依次用甲醇、正己烷和二氯甲烷在索氏提取器上回流提取 8h 以上。烘干密封保存。

⑫吸附柱的制备：在吸附柱（玻璃柱：一端稍细，长 10cm，内径 6mm）细口端填充少许玻璃棉，装入 XAD－2 树脂后，塞入少许玻璃棉，两端用塞入玻璃珠的乳胶管密封备用。

5. 样品采集

将吸附柱的细口端与采气泵连接，以 0.5～1.0L/min 采气 10～60L。

6. 步骤

（1）样品洗脱

采样后的吸附柱先用 3.0ml 乙腈-甲醇混合溶剂淋洗，打开柱活塞，放出 2ml 洗脱液至 10ml 比色管中，关闭柱活塞，平衡 10min。然后再加入 7ml 乙腈-甲醇混合溶剂分两次淋洗，将洗脱液全部放出，用乙腈-甲醇混合溶剂定容至 10ml。

（2）样品分析

用液相色谱法分离测定样品中的各种酞酸酯（图 6-2-10）。

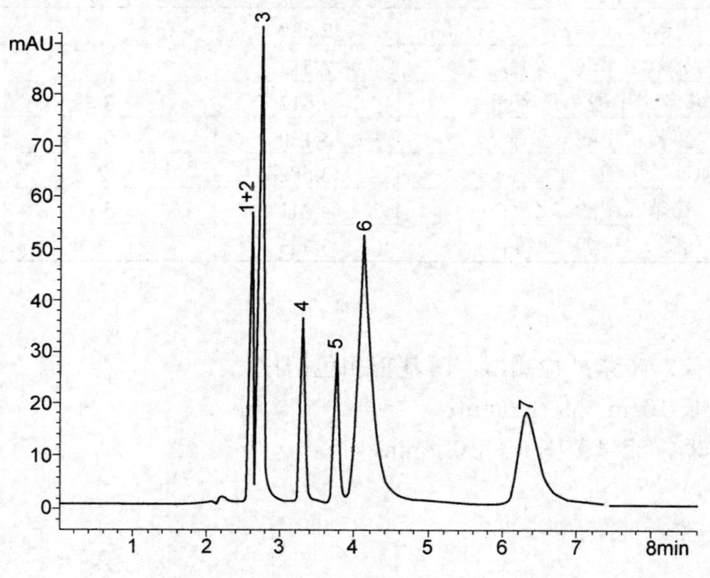

图 6-2-10 邻苯二甲酸酯类标准色谱图

1—邻苯二甲酸二（2-乙基-己基）酯；2—邻苯二甲酸二辛酯；3—邻苯二甲酸二正辛酯；4—邻苯二甲酸二丁酯；5—邻苯二甲酸二丁基苄酯；6—邻苯二甲酸二乙酯；7—邻苯二甲酸二甲酯

（3）色谱条件

色谱柱：醇基正相色谱柱 250mm×4.6mm×5μm。

检测波长：225nm。

流动相：正己烷（含 3%异丙醇）。

流速：1.0ml/min。

7. 计算

根据各组分的相对保留时间、不同波长下的吸收比及紫外光谱定性，用外标法定量。

$$C_{酞酸酯}(mg/m^3)=\frac{A_s C\cdot V}{A_n\cdot V_n}$$

式中：A_s——样品组分的峰面积；

A_n——标准样品组分的峰面积；

C——标准样品组分的浓度，mg/L；

V——洗脱液体积，ml；

V_n——标准状态下采样体积，L。

8. 精密度和准确度

方法的精密度和准确度见表 6-2-14。

表 6-2-14　标准物质的回收率

序号	组分名称	期望值(μg)	回收值(μg)			回收率(%)			平均回收率(%)	相对标准偏差(%)
			1 次	2 次	3 次	1 次	2 次	3 次		
1	邻苯二甲酸二（2-乙基-己基）酯	17.0	14.2	15.5	14.2	83.5	91.2	83.5	86.1	5.2
2	邻苯二甲酸二正辛酯	18.4	14.5	11.7	13.3	78.8	63.5	72.3	78.2	7.2
3	邻苯二甲酸二丁酯	17.0	18.5	17.0	16.5	108.8	100.0	97.1	102.0	6.0
4	邻苯二甲酸二丁基苄酯	17.0	15.2	16.5	14.9	89.4	97.1	87.6	91.3	5.6
5	邻苯二甲酸二乙酯	19.8	17.8	17.0	19.9	89.9	85.9	100.5	92.1	8.2
6	邻苯二甲酸二甲酯	13.6	13.7	9.6	12.1	100.7	70.5	89.0	86.7	17.6

9. 说明

①实验室操作应使用全玻璃仪器，严格避免使用塑料制品。实验室用水应使用蒸馏水，不得使用去离子水。

②实验室、空气、试剂、去离子水、玻璃器皿等都可能存在酞酸酯类污染，所有试剂和水在临用前必须经过纯化处理。所有玻璃器皿在临用前必须洗净，可用洗涤剂、水、丙酮、正己烷顺序洗涤。也可将器具在浓硫酸中浸泡数小时，洗净后在烘箱（180℃）中烘烤 2h。

③无水硫酸钠一般装在塑料瓶内，是空白值高的主要原因。无水硫酸钠使用前应在高温（500～700℃）下，烘烤数小时，于干燥器中保存。

七、多环芳烃类化合物

一般来说，多环芳烃指由若干个苯环稠合在一起或是由若干个苯环和戊二烯稠合在一起组成的稠环芳香烃类化合物。多环芳烃含有 π 键形成的共轭体系，使得整个分子体系比较稳定。多环芳烃主要来源于燃烧过程和某些工业过程，广泛存在于环境中。苯环数目比较少（如 2～3 个苯环）的多环芳烃蒸气压较高，在大气中主要分布在气相中，具有 5～6 个苯环的多环芳烃蒸气压较低，主要吸附在颗粒物表面上，介于两者之间的含有 3～4 个苯环的多环芳烃在气相和固相中均有分布。

由于部分多环芳烃具有强烈的致癌性和致畸性，尤其是苯并[a]芘（BaP）被确认为具有强致癌性，因此为了评价空气中苯并[a]芘及其他多环芳烃对人体健康的影响，必须准确测定大气中多环芳烃的含量。

目前测定大气中多环芳烃的方法有荧光分光光度法、气相色谱法和液相色谱法。荧光法灵敏度高，但需要纸层析，分离能力差。气相色谱使用毛细管柱进行分离，具有很高的分离度，尤其使用质谱做检测器时可以同时进行定性和定量，因此适合测定复杂样品中多种多环芳烃的分析，但灵敏度比荧光法低 100～1000 倍。液相色谱（HPLC）法由于使用荧光检测器，具有高的灵敏度和分辨率，已成为分析苯并[a]芘和其他多环芳烃的首选方法。GC 和 HPLC 能够测定含两环或两环以上的多环芳烃化合物，但不能测定硝基类多环芳烃化合物。

（一）气相色谱-质谱法（C）

1. 原理

用石英纤维滤膜/PUF/XAD-2 采样，用丙酮二氯甲烷混合溶剂萃取，提取液经浓缩、净化后，用 GC-MS 进行分析。

2. 方法的适用范围

本方法测定的化合物为 16 种，见表 6-2-15。GC-MS 仪器的检出限分别为 1.0μg，在采样体积为 $300m^3$ 时，空气中多环芳烃的最低检出浓度为 $3ng/m^3$。

表 6-2-15 16 种多环芳烃的中英文名称

序号	英文名称	中文名称	化学文摘号	序号	英文名称	中文名称	化学文摘号
1	Naphthalene	萘	91-20-3	9	Benzo[a]anthracene	苯并[a]蒽	56-55-3
2	Acenaphthylene	苊	208-96-8	10	Chrysene	䓛	218-01-9
3	Acenaphthene	二氢苊	83-32-9	11	Benzo[b+k]fluoranthene	苯并[b+k] 荧蒽	205-99-2 207-08-9
4	Fluorene	芴	86-73-7	12	Benzo[e]pyrene	苯并[e]芘	192-92-2
5	Phenanthrene	菲	85-01-8	13	Benzo[a]pyrene	苯并[a]芘	50-32-8
6	Anthracene	蒽	120-12-7	14	Indeno[1, 2, 3-cd]pyrene	茚并[1, 2, 3-cd]芘	193-39-5
7	Fluoranthene	荧蒽	206-44-0	15	Dibenz[a, h]anthracene	二苯并[a, h]蒽	53-70-3
8	Pyrene	芘	129-00-0	16	Benzo[g, h, I]perylene	苯并[g, h, I]苝	191-24-2

3. 仪器

①气相色谱-质谱联用仪，仪器必须将毛细管柱直接插到质谱的离子源中。

②大流量采样器。

4. 试剂

①丙酮：色谱纯或分析纯，分析纯使用时进行重蒸馏并检验纯度。

②二氯甲烷：色谱纯或分析纯，分析纯使用时进行重蒸馏并检验纯度。

③正己烷：色谱纯或分析纯，分析纯使用时进行重蒸馏并检验纯度。

④XAD-2：正己烷和丙酮的混合溶剂（1+1）连续索氏提取 3d；然后放置在通风橱中挥发至干。

⑤PUF：使用前的处理方法同 XAD-2。

⑥石英滤膜：在 350℃灼烧 4h。

⑦无水硫酸钠：350℃烘 4h。

⑧净化柱：Sep-Pak Vac 20ml。

5. 样品采集

大气中多环芳烃的存在状态有两种，一种是吸附在颗粒物上，这类 PAHs 主要是部分四环和五环以上的化合物，它们的蒸气压低于 1.066～1.333kPa（8～10mmHg），采样时主要捕集在石英纤维滤膜上。另一种主要以气态存在，它们不能捕集在石英纤维滤膜上，而是捕集在石英纤维滤膜下的吸附剂。本方法推荐的吸附剂为 XAD-2 树脂和聚氨酯泡沫材料（PUF），XAD-2 树脂对气相中多环芳烃比 PUF 有更高的采集效率和保留效率；而 PUF 在现场更容易处理以及采样的阻力小，同时能够采集有机氯农药、多氯联苯，但是对萘和 BaP 的回收率比 XAD-2 树脂低，用 XAD-2 树脂在 0℃贮存 30d 多环芳烃损失很少。本方法将 XAD-2 和 PUF 联合使用，用于采集全态 PAHs。

环境空气中多环芳烃的采样示意图见图 6-2-11。

样品采集条件：采样流速 $0.23m^3/min$，采样时间一般大于 24h，采样体积大于 $300m^3$。

6．步骤（包括预处理步骤和测定步骤）

（1）样品的预处理

1）将采样后的滤膜、XAD-2 和 PUF 用 500ml 正己烷/丙酮混合溶剂（体积比为 1∶1）进行索氏提取，提取时间为 18h。

2）将 500ml 提取液在水浴锅中进行浓缩至体积为 4ml，然后改用氮气吹至 1ml，待净化。

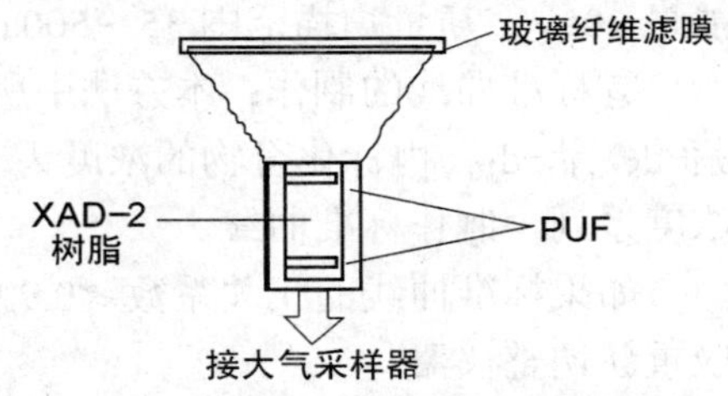

图 6-2-11　环境空气中多环芳烃采集示意图

3）样品的净化步骤：

①用约 40ml 的二氯甲烷冲洗硅胶柱两次，弃去溶剂。

②用约 75ml 的正己烷冲洗硅胶柱三次，弃去溶剂。

③将浓缩后的样品溶液加入到预处理过的硅胶柱中，用约 2ml 的正己烷洗涤装样品的容器两次，将洗涤液一起加入到硅胶柱中；被测定的样品吸附在净化柱上，流出的干扰组分弃去。

④加入 15ml 的正己烷淋洗吸附有样品的硅胶柱，弃去流出的干扰组分。

⑤用约 3ml 的二氯甲烷洗涤小烧杯三次，将洗涤液加入到硅胶柱中，同时用干净的小烧杯收集从小柱中流出的溶液。

⑥用 35ml 二氯甲烷慢慢洗涤吸附有样品的小柱子，继续收集流出的溶液。

⑦将盛有样品溶液的小烧杯放入通风橱中自然浓缩。当小烧杯中的溶液为 10ml 左右时，加入少许无水硫酸钠脱水（在提出液中脱水应更好）。

⑧将脱水后的溶液转移到刻度为 15ml 的小浓缩瓶中，在微热的情况下，用氮气吹至约 1ml。最后定量转移 1ml 样品溶液于小分析瓶中，加入内标，以备分析。

（2）样品的分析

①质谱的调谐：质谱首先用全氟三丁胺（FC-43）进行调谐，然后进 1μl 50ng/μl 的十氟三苯膦（DFTPP）进一步对质谱进行调谐，最后得到 DFTPP 选择的质量和丰度满足表

6-2-16。样品测定时 12h 进行一次 DFTPP 的调谐。

表 6-2-16 DFTPP 关键离子和离子丰度的标准要求

关键离子	离子丰度标准	关键离子	离子丰度标准
51	强度为质量数198的30%～60%	199	强度为质量数198的5%～9%
68	强度低于质量数69的2%	275	强度为质量数198的10%～30%
70	强度低于质量数69的2%	365	强度大于质量数198的1.0%
127	强度为质量数198的40%～60%	441	峰存在，强度低于443
197	强度低于质量数198的2%	442	强度为质量数198的40%
198	基峰，相对强度为100%	443	强度为质量数442的17%～23%

②毛细管柱：30m×1.0μm×0.25mm（5%苯基硅氧烷如 SE-54MS，HP-5MS，DB-5MS）。

③色谱条件：进样口温度 290℃，载气为氦气，载气流速 250℃时 28～30ml/s，初始柱温 70℃，保留时间 4min，以 10℃/min 速度升到 300℃，保留 10min 或等到所有化合物流出为止，进样量 2μl。

④质谱条件：传输线温度 290℃（或根据仪器厂商设置条件而定），电离方式 EI，电子能量 70eV，质量扫描范围 35～500amu，以全扫描的方式进行扫描。

⑤标准曲线的制作：本方法中所使用的内标化合物分别是：苝-d_{12}，䓛-d_{12}，二氢苊-d_1萘-d_8，菲-d_{10}。内标化合物的浓度为 40μg/ml，分析物质为 60、30、15、7.5、3.75、1.875μg/ml 浓度系列，制作标准曲线。

如果标准曲线的相关系数≥0.995，响应因子的相对标准偏差≤15%，则可采用，否则，应重新调整仪器。

7. 计算

（1）采样体积的计算

$$V_m = \frac{(Q_1 + Q_2 + \cdots + Q_n) \times T}{N}$$

式中：V_m——采样总体积；

Q_1，Q_2，…，Q_n——开始流量、最终流量和中间流量，m^3/min；

N——所记录的流量次数；

T——采样时间，min。

将采样体积换算成标准状况（0℃，101.325kPa）下的采样体积：

$$V_s = \frac{P_a \cdot V_m \times 273}{101.325(273 + t)}$$

式中：V_s——标准状况下（0℃，101.325kPa）的总体积，m^3；

V_m——总的采样体积，m^3；

P_a——大气压力，kPa；

t——大气温度，℃。

（2）响应因子的计算

$$RF=（A_sC_{is}）/（A_{is}C_s）$$

式中：RF——响应因子；

A_s——被测化合物的峰面积；

A_{is}——内标化合物的峰面积；

C_{is}——内标化合物的浓度，ng/ml；

C_s——被测化合物的浓度，ng/ml。

（3）样品浓度的计算

$$C_a(ng/m^3)=C_x \cdot V_f \cdot D_p \cdot D_{GC}/RF \cdot V_s$$

式中：C_x——萃取后溶液的浓度，ng/ml；

V_f——萃取后溶液的体积，ml；

D_p——稀释因子，如果在预处理之前不被稀释，$D=1$，无量纲因子；

D_{GC}——GC 稀释因子，如果在仪器分析之前不被稀释，$D=1$，无量纲因子；

RF——响应因子；

V_s——总的采样体积，m^3（0℃，101.325kPa）。

（4）样品浓度（ng/m^3）换算成体积分数（ppb）的计算

$$C_a(ppb)=\frac{C_a \times 24.4}{MW \times 1000}$$

式中：C_a——待分析物质浓度，ng/m^3；

MW——待分析物质摩尔质量，g/mol；

24.4——标准状况下理想气体的摩尔体积（0℃，101.325kPa），L/mol。

8．质量保证和质量控制

每次更换溶剂时，必须做相应的空白。在样品预处理之前，加入替代品。分析过程中的质量控制内容和标准见表 6-2-17，表 6-2-18。

表 6-2-17　QA/QC 主要内容

项目	验证标准	项目	验证标准
保存时间	采样后 7d 内萃取，萃取液 40d 内分析	现场空白	萘<5μg，其他 PAHs＜2μg
标准曲线	相对响应因子和响应因子的相对标准偏差要求见表 6-2-18	运输空白	萘<5μg，其他 PAHs＜2μg
调谐	见表 1	加标回收	回收率在 60%～120%
试剂空白	萘<1.0μg，其他 PAH＜0.5μg	重复加标回收	± 20% RPD
方法空白	萘<5 μg，其他 PAHs＜2μg	替代品	回收率在 60% ～ 120%

（二）超声波萃取高效液相色谱法（C）

1. 原理

将采集大气颗粒物的玻璃纤维滤膜，以乙腈为溶剂超声波提取，用液相色谱分离测定提取液中多环芳烃的含量。

2. 方法的适用范围

本方法适用于空气和废气中颗粒物或可吸收颗粒物中多环芳烃含量的测定。

当采样体积为 $24m^3$，提取液体积为 5.0ml 时，各多环芳烃组分在荧光和紫外检测器上的最低检出浓度见表 6-2-19。

表 6-2-18 PAHs 化合物标准曲线和中间浓度检验相对校正因子标准的要求

半挥发化合物	相对响应因子允许的最小值	相对标准偏差允许的最大值 *RSD*（%）*	偏差允许的最大值 *D*（%）**
萘	0.700	30	30
苊	1.300	30	30
二氢苊	0.800	30	30
芴	0.900	30	30
菲	0.700	30	30
蒽	0.700	30	30
荧蒽	0.600	30	30
芘	0.600	30	30
苯并[a]蒽	0.800	30	30
䓛	0.700	30	30
苯并[b]荧蒽	0.700	30	30
苯并[k]荧蒽	0.700	30	30
苯并[a]芘	0.700	30	30
茚并[1, 2, 3-cd]芘	0.500	30	30
二苯并[a, h]蒽	0.400	30	30
苯并[g, h, I]苝	0.500	30	30
苝	0.500	30	30

*相对响应因子（*RRF*）的 RSD%是校准曲线各点 *RRF* 的 *RSD*%。

**相对响应因子的 *D*%是中间浓度检验时的 *RRF* 值与所用标准曲线同等浓度的 *RRF* 值的相对百分偏差。

表 6-2-19 各多环芳烃组分在荧光和紫外检测器上的最低检出浓度

序号	组分名称	保留时间(min)	提取液浓度(μg/L) FL*	提取液浓度(μg/L) UV*	样品浓度(ng/m^3) FL*	样品浓度(ng/m^3) UV*
1	萘	11.41		0.4		0.02
2	二氢苊	12.88		1.0		0.04
3	芴	15.11		3.4		0.1
4	苊	15.73		8.7		0.4
5	菲	16.70		2.7		0.1
6	蒽	17.57	0.1	3.9	0.004	0.2
7	荧蒽	19.87	1.5	11	0.06	0.5
8	芘	21.41	4.2	1.9	0.2	0.08
9	䓛	24.06		2.2		0.09
10	苯并[a]蒽	24.36	1.2	2.0	0.05	0.08
11	苯并[b]荧蒽	28.49	0.6	2.2	0.02	0.09
12	苯并[k]荧蒽	28.98	0.06	2.1	0.003	0.09
13	苯并[a]芘	30.41	0.5	3.6	0.02	0.2
14	二苯并[a,h]蒽	31.92	7.5	1.9	0.3	0.08
15	苯并[g,h,i]苝	34.65		3.2		0.1
16	茚并[1, 2, 3-cd]芘	35.51	0.3	2.3	0.01	0.1

FL*：荧光检测器，UV*：紫外检测器

3. 仪器

①超声波清洗器。

②采样器：符合 GB 6921 要求的大流量采样器（1.1～1.7m^3/min）。

③离心机：600r/min。

④具塞玻璃刻度离心管：5ml。

⑤高效液相色谱仪：具紫外、荧光检测器。

⑥色谱柱：反相，C18 柱。

⑦微孔滤膜：孔径≤0.45μm。

4. 试剂

①乙腈：液相色谱纯。

②重蒸蒸馏水。

③超细玻璃纤维滤膜。

④多环芳烃标准贮备液（200μg/ml），购买商品多环芳烃混合标液。

⑤多环芳烃标准使用液：用乙腈将多环芳烃标准贮备液稀释成 1μg/ml 的溶液，然后用该溶液配制三个或三个以上浓度的标准使用液。标准使用液的浓度的确定应根据实际样品的浓度范围确定。

5. 样品

①玻璃纤维滤膜的准备：采样前将超细玻璃纤维滤膜在 500℃马弗炉内灼烧 30min。

②样品的采集：样品的采集方法同大气颗粒物或可吸入颗粒物（GB 6921）。

③样品储存：将玻璃纤维滤膜取下后，尘面朝里折叠，黑纸包好，塑料袋密封后迅速送回实验室，-20℃以下保存，7d 内分析。

6. 步骤

（1）色谱条件

紫外检测器测定波长为 230nm、220nm；荧光检测器激发波长为 245nm，发射波长为 425nm。

进样量：20μl。

流动相流速：1.0ml/min；流动相组成：A. 乙腈　B. 水。

表 6-2-20　梯度洗脱溶剂组成变化

时间(min)	乙腈(%)	水(%)
0	40	60
40	100	0
43	100	0
45	40	60

（2）样品的预处理

先将滤膜边缘无尘部分剪去，然后将滤膜等分成 *n* 份，取 1/*n* 滤膜剪碎放入 5ml 或 10ml 具塞玻璃离心管中，准确加入 3～10ml 乙腈（液面超过滤膜为宜），超声提取 10min，离心 10min，取上清液用 0.45μm 微孔滤膜过滤，滤液待分析。

（3）样品分析

①用液相色谱分离测定样品中的多环芳烃，其中化合物的保留时间见表 6-2-19。

②样品的定性分析：以样品的相对保留时间和标准样品相比较来定性。当被测组分较难定性时，可在提取液中加入单组分标准溶液，依据被测组分峰的增高定性。

注：相对保留时间，指样品中各组分的保留时间对某一标准物质的相对保留值。该值在色谱柱和流动相的组成一定时，不受柱温、柱压等因素的影响。

③样品的定量分析：以样品组分的峰高或峰面积与标准样品相比较定量。

④空白试验：每批样品或试剂有变动时，都应有相应的空白试验。空白样品应经历样品制备和测定的所有步骤。

7. 计算

$$\rho = \frac{H_y \cdot C_b \cdot V_t}{H_b \cdot V_s} \times n$$

式中：ρ——大气颗粒物中多环芳烃组分浓度，μg/Nm³；

H_y——样品组分的峰高或峰面积；

C_b——标准样品的浓度，μg/ml；

H_b——标准样品组分的峰高或峰面积；

V_t——提取液的体积，ml；

V_s——标准状态下采样体积，m³；

$1/n$——分析用滤膜在整张滤膜中所占的比例。

8. 精密度和准确度

当大气颗粒物样品提取液中加标浓度为 0.392mg/L 时，多环芳烃各组分的平均加标回收率在 87%～93%之间(n=4)，相对标准偏差小于 10%(见表 6-2-21)。

9. 说明

使用下列色谱条件，能使 16 种化合物得到基线分离，其色谱图参见图 6-2-12。色谱柱：25cm×4.6mmID，Supelcosil™5μm；流动相：0→5min，33%（100%乙腈）；5→32min，33%（100%乙腈）→100%（100%乙腈，另一种溶剂为 10%乙腈）；32→45min，100%（100%乙腈）。

流速：1.5ml/min。

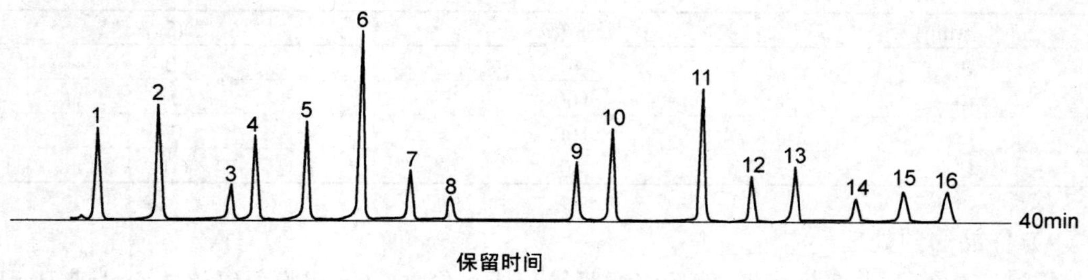

图 6-2-12 16 种 PAH 的 HPLC 色谱图

出峰顺序：1—萘（14.17min）；2—苊（16.01min）；3—二氢苊（18.16min）；4—芴（18.91min）；5—菲（20.51min）；6—蒽（22.15min）；7—荧蒽（23.64min）；8—芘（24.84min）；9—苯并[a]蒽（28.72min）；10—䓛(29.76min)；11—苯并[b]荧蒽(32.49min)；12—苯并[k]荧蒽(33.97min)；13—苯并[a]芘(35.24min)；14—二苯并[a, h]蒽（37.11min）；15—苯并[g, h, i]苝（38.32min）；16—茚并[1, 2, 3-cd]芘（39.95min）

表 6-2-21 大气颗粒物样品的加标回收率

序号	组分名称	提取液体积(ml)	本底值(mg/L)	期望值(mg/L)	回收值(mg/L)				平均回收值(mg/L)
1	萘	5.0	0.0141	0.392	0.356	0.369	0.328	0.339	0.348
2	二氢苊	5.0	—	0.392	0.349	0.371	0.325	0.359	0.351
3	芴	5.0	—	0.392	0.368	0.325	0.330	0.348	0.343
4	苊	5.0	—	0.392	0.345	0.370	0.318	0.348	0.345
5	菲	5.0	—	0.392	0.367	0.363	0.356	0.373	0.365
6	蒽	5.0	—	0.392	0.390	0.363	0.328	0.353	0.358
7	荧蒽	5.0	0.067	0.392	0.350	0.370	0.323	0.351	0.348
8	芘	5.0	0.061	0.392	0.353	0.375	0.329	0.369	0.356
9	䓛	5.0	0.111	0.392		0.393	0.347	0.353	0.364
10	苯并[a]蒽	5.0	0.133	0.392	0.344	0.340	0.359	0.350	0.348
11	苯并[b]荧蒽	5.0	0.182	0.392	0.342	0.360	0.387	0.364	0.363
12	苯并[k]荧蒽	5.0	0.081	0.392	0.342	0.375	0.324	0.344	0.346
13	苯并[a]芘	5.0	0.112	0.392	0.322	0.346	0.348	0.372	0.347
14	二苯并[a,h]蒽	5.0	—	0.392	0.348	0.361	0.330	0.343	0.346
15	苯并[g,h,i]苝	5.0	0.092	0.392	0.355	0.356	0.317	0.337	0.341
16	茚并[1, 2, 3-cd]芘	5.0	—	0.392	0.333	0.348	0.324	0.392	0.349

序号	组分名称	标准偏差(mg/L)	相对标准偏差(%)	回收率(%)				平均回收率(%)
1	萘	0.018	5.2	90.7	94.1	83.8	86.5	88.8
2	二氢苊	0.020	5.6	89.0	94.6	83.0	91.4	89.5
3	芴	0.020	5.8	93.9	82.9	84.3	88.7	87.4
4	苊	0.021	6.1	88.0	94.4	81.2	88.7	88.0
5	菲	0.007	2.0	93.7	92.6	90.9	95.1	93.1
6	蒽	0.026	7.3	99.5	92.6	83.8	90.2	91.5
7	荧蒽	0.019	5.5	89.4	94.4	82.4	89.5	88.9
8	芘	0.021	5.8	90.1	95.7	83.9	94.1	91.0
9	䓛	0.025	6.7		100.3	88.5	90.1	92.9
10	苯并[a]蒽	0.008	2.4	87.8	86.7	91.5	89.3	88.8
11	苯并[b]荧蒽	0.018	5.0	87.3	91.8	98.8	92.9	92.7
12	苯并[k]荧蒽	0.021	6.1	87.2	95.7	82.6	87.9	88.4
13	苯并[a]芘	0.020	5.8	82.2	88.3	88.9	94.9	88.6
14	二苯并[a,h]蒽	0.013	3.8	88.7	92.1	84.2	87.4	.88.1
15	苯并[g,h,i]苝	0.018	5.3	90.6	90.8	80.9	85.9	87.0
16	茚并[1, 2, 3-cd]芘	0.030	8.6	85.1	88.8	82.8	100	89.3

八、苯并[a]芘

（一）乙酰化滤纸层析-荧光分光光度法（A）

1. 原理

苯并[a]芘简称 BaP，易溶于咖啡因水溶液、环己烷、苯等有机溶剂中。将采集在玻璃纤维滤膜上的飘尘微粒，用环己烷在水浴上连续加热提取、浓缩，用乙酰化滤纸层析分离，

（A）本方法与 GB/T 8791—88 等效。

BaP 斑点用丙酮洗脱，最后用荧光分光光度计定量测定。

2. 方法的适用范围

本方法适用于大气飘尘中 BaP 的测定。当采样体积为 40m^3 时，最低检出浓度为 0.002μg/100m^3。

3. 仪器

①采样器及玻璃纤维滤膜，参见第三篇第二章二、PM_{10}。采样体积不大于 40m^3。玻璃纤维滤膜使用前在 350℃马弗炉内灼烧 2h。

②荧光分光光度计。

③紫外分析仪：带 365nm 或 254nm 滤光片。

④磁力恒温搅拌器。

⑤立式离心机：3000r/min。

⑥索氏提取器：60ml。

⑦KD 浓缩器。

⑧具塞玻璃刻度离心管：5ml。

⑨层析缸。

⑩玻璃毛细管：自制点样用。

⑪1/10 万分析天平。

4. 试剂

除另有说明外，分析时均使用分析纯试剂和蒸馏水，或同等纯度的水。

①BaP 标准溶液的配制：称取 5.00mg 固体标准 BaP 于 50ml 容量瓶中（因 BaP 是强致癌物，为了减少污染，以少转移为好）用少量苯溶解后，加环己烷定容至标线。其浓度为 100μg/ml。将此贮备液用环己烷稀释成 10μg/ml，避光贮于冰箱中。建议最好购买商品标准溶液。

②乙酰化滤纸的制备：把 15cm×30cm 的层析滤纸 15～20 张，松松地卷成圆筒状，逐张放入 1000ml 高型烧杯中，杯壁与靠杯壁第一张纸间插入一根玻璃棒，杯中间放一枚玻璃熔封的电磁搅拌铁芯。在通风橱中，沿杯壁慢慢倒入乙酰化溶液（250ml 乙酸酐，0.5ml 硫酸以及 750ml 苯混合液），在磁力恒温搅拌器上保持 50～60℃，连续反应 6h。取出乙酰化滤纸，用自来水漂洗 3～4 次，再用蒸馏水漂洗 2～3 次，晾干。次日，用无水乙醇浸泡 4h，取出乙酰化滤纸，晾干、展平、备用。

③环己烷：重蒸，用荧光分光光度计检查。在荧光激发波长 367nm、狭缝 10nm 处，荧光发射狭缝 2nm，波长 405nm 处无峰。

④丙酮：重蒸。

⑤乙醚。

⑥苯：重蒸。

⑦甲醇。

⑧乙酸酐。

⑨硫酸。

⑩无水硫酸钠。

⑪二甲基亚砜（DMSO）；用前先用环己烷萃取两次，弃去环己烷后备用。

5. 样品采集

采样前将超细玻璃纤维滤膜不重叠平放在马福炉内，在 350℃下灼烧 2h，置于干燥器中保存。然后按气溶胶的采样方法，连续采样 24h。采样完毕后，将玻璃纤维滤膜取下，尘面朝里折叠，黑纸包好，塑料袋密封后迅速送回实验室，在低温冰箱中-20℃以下保存，7d 内萃取，萃取液 30d 内分析完毕。

6. 步骤

（1）样品萃取

将飘尘样品（玻璃纤维滤膜的尘面朝里折叠后）小心放进索氏提取器的渗滤管中（放时不要让滤膜堵塞回流管）。加入 50ml 环己烷，置于温度为 99℃±1℃水浴中（水面以达到接收瓶高的 2/3 为宜）连续回流 8h。

根据提取液颜色深浅，取全部或将提取液定容到 50ml 后，取部分置于 KD 浓缩器中，在 70～75℃的水浴中减压浓缩至近干。浓缩管用苯洗三次，每次 3～4 滴，用氮气吹至 0.05ml，以备纸层析用。

（2）纸层析分离

在准备好的 15cm×30cm 乙酰化滤纸 30cm 长的下端 3cm 处，用铅笔轻轻地画一横线，两端各留出 1.5cm，以 2.4cm 的间隔将标准 BaP 与样品浓缩液用玻璃毛细管交叉点样。点样斑点直径不要超过 3～4mm。点样过程中用冷风吹干。每个浓缩管洗两次，每次用 1 滴苯，全部点在纸上。将点完样的层析滤纸挂在层析缸内架子上，加入展开剂（甲醇：乙醚：蒸馏水＝4：4：1（体积比）），直到纸下端浸入 1cm 为止。用透明胶纸密封，于暗室中展开 2～16h（可根据工作安排，灵活选择展开时间）。取出层析滤纸，在紫外分析仪下用铅笔圈出标准 BaP 斑点以及样品与其高度（R_f值）相同的紫蓝色斑点范围。

剪下用铅笔圈出的斑点，剪成小条，分别放入 5ml 离心管中，在 105～110℃烘箱中烘 10min（或在干燥器中晾干，也可在干净空气中晾干）。在干燥器内冷却后，加入丙酮至标线。用手振荡 1min 后，以 300r/min 的速度离心 2min。上清液留待测量用。

（3）样品测定

将标准 BaP 斑点和样品斑点的丙酮洗脱液倒入 1cm 的石英池中，在激发、发射狭缝分别为 10nm 和 2nm，激发波长 367nm 处，测其发射波长 402、405、408nm 处的荧光强度 F。

7. 计算

用窄基线法按下列公式计算出标准 BaP 和样品 BaP 的相对荧光强度 F，以及气样中 BaP 的含量 C（相对比较计算法）：

$$F = F_{405\text{nm}} - \frac{F_{402\text{nm}} + F_{408\text{nm}}}{2}$$

$$C=\frac{M \cdot F_{样品}}{F_{标准} \cdot V} \times R \times 100$$

式中：C——大气飘尘中 BaP 含量，μg/100m³；

M——标准 BaP 点样量，μg；

$F_{标准}$、$F_{样品}$——标准 BaP 和样品斑点的相对荧光强度；

V——大气飘尘样品体积，m³；

R——环己烷提取液总体积与浓缩时所取的环己烷提取液的体积之比值。

8. 精密度和准确度

①在六个平行测定飘尘中的 BaP 浓度为 0.685，0.654，0.679，0.700，0.696，0.698μg/100m^3，变异系数为±2.5%；标准偏差为 S=0.0174。

②三个加标飘尘回收率 98%，95%，104%。

③飘尘中 BaP 本底浓度为 0.347，0.441，0.398μg/100m^3，加标准 BaP 0.454μg。实际回收量为 0.445，0.430，0.474μg/100m^3，变异系数为±5.0%。

（二）高效液相色谱法（A）

1. 原理

将采集在超细玻璃纤维滤膜上的可吸入颗粒物（空气动力学当量直径≤10μm）中的苯并[a]芘（简称 BaP）在乙腈-水或甲醇-水做溶剂中超声提取，提取液注入高效液相色谱仪，通过色谱柱的 BaP 与其他化合物分离，然后用紫外检测器对 BaP 进行定量。

用大量流采样器（流量为 1.13m^3/min）连续采集 24h，乙腈-水作流动相，BaP 的最低检出浓度为 6×10^{-5}μg/m^3；甲醇-水作流动相，BaP 的最低检出浓度为 1.8×10^{-4}μg/m^3。

2. 仪器

①高效液相色谱仪：备有紫外检测器。

②超声波发生器：250W。

③采样器：符合 GB 6921 要求的大流量采样器，流量调节范围 1.1～1.7m^3/min。

④离心机：6000r/min。

⑤具塞玻璃刻度离心管：5ml。

⑥色谱柱：色谱柱类型：反相，C18 柱，柱子的理论塔板数＞5000。

柱效计算公式：用半峰宽法计算。

$$N = 5.54\left(\frac{t_r}{W_{1/2}}\right)^2$$

式中：N——柱效，理论塔板数；

t_r——被测组分保留时间，s；

$W_{1/2}$——半峰宽，s。

⑦微量注射器：10μl、100μl。

⑧容量瓶：10 ml。

3. 试剂

①乙腈：色谱纯。

②甲醇：优级纯，用 0.45μm 有机滤膜过滤，如有干扰峰存在，需用全玻璃蒸馏器重蒸。

③二次蒸馏水：用全玻璃蒸馏器将一次蒸馏水或去离子水加高锰酸钾 $KMnO_4$（碱性）重蒸。

（A）本方法与 GB/T 15439—1995 等效。

④超细玻璃纤维滤膜：过滤效率不低于 99.99%。

⑤BaP 标准贮备液（1.00μg/μl）：称取 10.0±0.1mg 色谱纯 BaP，用乙腈溶解，在容量瓶中定容至 10ml，2～5℃避光保存。

⑥工作标准溶液：先用乙腈将贮备液稀释成 0.100μg/μl 的溶液，然后用该溶液配制三个或三个以上浓度的标准工作液。标准工作液浓度的确定应参照飘尘样品浓度范围，以样品浓度在曲线中段为宜。盛有工作标准溶液的容量瓶用聚四氟乙烯生料带或封口膜封口，并用黑纸包好，于冰箱中 2～5℃保存。

4. 样品采集

采样前将超细玻璃纤维滤膜不重叠平放在马弗炉内，在 350℃下灼烧 2h，置于干燥器中保存。然后按气溶胶的采样方法，连续采样 24h。采样完毕后，将玻璃纤维滤膜取下，尘面朝里折叠，黑纸包好，塑料袋密封后迅速送回实验室，在低温冰箱中-20℃以下保存，7d 内萃取，萃取液 30d 内分析完毕。

5. 步骤

（1）色谱条件及记录仪调整

柱温：常温。

流动相流量：1.0ml/min。

流动相组成：乙腈-水，线性梯度洗脱，组分变化如表 6-2-22。

检测器：紫外检测器，测定波长 254nm。

表 6-2-22　组分变化

时间(min)	溶液组成	时间(min)	溶液组成
0	40%乙腈-60%水	35	100%乙腈
25	100%乙腈	45	40%乙腈-60%水

记录仪、积分仪或化学工作站：根据样品中被测组分含量调节记录仪衰减倍数，使图谱在记录纸量程内。积分仪或工作站按说明进行使用。

分析第一个样品前，应以 1.0ml/min 流量的流动相冲洗系统 30min 以上，检测器预热 30min 以上。待检测器基线稳定后，方能进行测定。

（2）标准曲线的绘制

用微量注射器或自动进样器定量注入标准溶液，测定其保留时间和峰面积（或峰高），以峰面积（或峰高）对含量绘制标准曲线。标准曲线回归方程的相关系数应不低于 0.99，保留时间的变异系数在±2%。

（3）样品测定

先将滤膜边缘无尘部分剪去，然后将滤膜等分成 n 份，取 $1/n$ 滤膜剪碎入 5ml 具塞玻璃刻度离心管中，准确加入 5ml 乙腈，超声提取 10min，离心 10min。用微量注射器抽取上清液进样或按自动进样器进样，进样量为 10～40μl。人工进样时，先用上清液洗涤注射器针头及针筒三次，然后抽取样品，排除气泡，迅速按高效液相色谱进样方法进样，拔出注射器后用流动相洗涤针头及针筒二次。记录保留时间和峰面积（或峰高）。以保留时间定性，以峰面积（或峰高）定量。

测定样品前，用浓度居中的标准工作液（其检测数值必须大于 10 倍检测限）作标准曲线校正，组分响应值变化应在15%之内，如变异过大，则重新校准或用新配制的标准样品重新绘制标准曲线。

每批样品或试剂有变动时，都应做空白试验。空白样品应经历样品制备和测定的所有步骤。

6. 计算

BaP浓度的计算：

$$C = \frac{W \cdot V_t \times 10^{-3}}{1/n \cdot V_i \cdot V_s}$$

式中：C——环境空气可吸入颗粒物BaP浓度，μg/m³；

W——注入色谱仪样品中BaP量，ng；

V_t——提取液总体积，μl；

V_i——进样体积，μl；

V_s——换算成标准状况下的采样体积，m³；

$1/n$——分析用滤膜在整张滤膜中所占比例。

（三）高效液相色谱法（A）

1. 原理

用无胶玻璃纤维滤筒或玻璃纤维滤膜采集样品，用环己烷提取苯并[a]芘，提取液通过弗罗里硅土层析柱，然后用二氯甲烷和丙酮的混合溶剂洗脱吸附柱上的苯并[a]芘，经浓缩后在配有荧光检测器的高效液相色谱仪上测定。

2. 方法的适用范围

①本方法适用于固定污染源有组织排放的苯并[a]芘测定。

②当采气体积为1.0m³，样品定容1.0ml，色谱进样量为10μl时，苯并[a]芘的检出限为2.0ng/m³，定量测定的浓度范围为7.6ng/m³～4.0μg/m³。

3. 仪器和设备

①高效液相色谱仪：配备有荧光检测器。

②反相色谱柱：柱长为15～25cm，柱内径4.6mm，柱填料为5μm Lichrosorb RP-18（即ODS）或5μm Hypersil ODS的不锈钢柱。

③索氏提取器（脂肪抽提器）：烧瓶容量50ml。

④层析柱：长150mm、内径10mm的圆柱形玻璃柱，下部玻璃活塞不涂润滑油。

⑤K-D浓缩器：附25ml K-D浓缩瓶（带刻度）。

⑥微量注射器：1.0μl，5.0μl，10.0μl，50.0μl。

⑦小玻璃珠或沸石、玻璃棉、玻璃纤维滤纸：400℃加热1h后存放于具磨口玻璃瓶中。

⑧其他常用玻璃器皿。

⑨恒温水浴锅：温控可调节。

⑩烟气采样仪。

（A）本方法与HJ/T 40—1999等效。

4. 试剂和材料

①纯水：用去离子水（或蒸馏水）加高锰酸钾，在碱性条件下用全玻璃蒸馏。重蒸馏时蒸馏器中水在蒸馏全过程中应始终保持紫红色，否则应补加高锰酸钾。所得纯水经本法的空白检验，应无显著干扰峰。

②甲醇：用全玻璃蒸馏器加碱重蒸，收集馏分，经 0.45μm 微孔滤膜过滤后使用。经本法空白检验，应无显著干扰峰。

③二氯甲烷：用全玻璃蒸馏器加碱重蒸，经本法空白检验，应无显著干扰峰。

④丙酮：经与上述③相同的步骤处理。

⑤环己烷：经与上述③相同的步骤处理。

⑥弗罗里硅土（Flosil）：60～100 目，色层分析用。在 400℃加热 2h，冷却后用纯水调匀至含水量 11%，密封保存于磨口试剂瓶中。

⑦苯并[a]芘标准贮备液：准确称取固体苯并[a]芘标准物质 20.0mg 溶于 60ml 环己烷中，转移至 100ml 容量瓶中，用环己烷稀至标线。或用苯并[a]芘标准溶液，用环己烷或二氯甲烷稀释成浓度为 200μg/ml 的溶液。

⑧苯并[a]芘标准使用液：吸取标准储备液 1.00ml 于 100ml 容量瓶中，用环己烷或二氯甲烷稀释至标线。由于使用的仪器灵敏度或分析样品浓度不同，此标准使用浓度应按需要改变。

5. 样品的保存和采集

（1）采样位置和采样点

按 GB 16157—1996 中 8.1 确定采样位置和采样点。

（2）样品采集

按 GB 16157—1996 中 8.2 选定采样方法（选择的采样方法应与采样仪器的配置相一致），将玻璃纤维滤筒或滤膜装入采样器上，然后按 8.3～8.6 中的某项（视采样方法而定）进行采样，采气体积约为 $1.0m^3$。

（3）样品的保存

采集好的样品须避光在低温冰箱中 3℃以下保存，7d 内萃取，30d 内分析完毕。

6. 样品预处理

（1）样品中苯并[a]芘的提取

将无胶滤筒或超细玻璃纤维滤膜（尘面朝里折叠后）小心放进索氏提取器的抽提筒中（注意不要堵塞虹吸回流管）。加入 80ml 环己烷，置于温度为 95℃以上的水浴锅中，连续回流提取 6h，冷却备用。

（2）提取液的净化

所得的提取液用弗罗里硅土层析柱进行净化。

①层析柱的装填：先将少量玻璃棉填入玻璃层析柱的下端用以承托填料。加入 2～3ml 环己烷润湿柱子。称约 5g 弗罗里硅土于小烧杯中，用环己烷制成匀浆，以湿式装柱法装填上述柱中，并放出柱中过量的环己烷至填料的界面以上。

②提取液的净化：从层析柱的上端加入样品提取液，另用 20～40ml 环己烷分三次清洗所用的索氏提取器，一并加入此层析柱的上端，全部溶液以＜4ml/min 的流速通过层析柱，回收通过柱子的环己烷。然后用二氯甲烷和丙酮的混合溶液（CH_2Cl_2：CH_3COCH_3＝4：

1）20ml 洗脱吸附在柱子上的苯并[a]芘，洗脱液收集于 25ml 的 K-D 浓缩瓶中，待浓缩（若样品中苯并[a]芘的含量较高，则不需浓缩，定容后即可用液相色谱仪进行分析）。

（3）试样的浓缩

将盛有洗脱液的 K-D 浓缩瓶接入 K-D 浓缩器中，下部浸入水浴锅中，在 60～70℃的水温下减压浓缩至 1ml 左右，用少量丙酮洗容器内壁，流入 K-D 浓缩瓶中，再如上法浓缩至小于 1ml 冷却、补加丙酮定容 1.0ml（有刻度），留待液相色谱分析（或将浓缩液转移至液相色谱仪上自动进样器专用的进样小瓶中，封口后待进样）。

7. 步骤

（1）仪器调试

安装调试液相色谱仪，使之正常运行并能达到预期的分离效果，预热运行至获得稳定的基线。

（2）色谱条件

①固定相：反相色谱柱；柱箱温度：35℃。

②流动相：流动相组成：甲醇∶水＝90∶10；流动相流速：0.6ml/min，亦可按柱的性能进行适当调整。

③一般采用等度洗脱，即恒溶剂组成恒流洗脱。在做实际样品时，为了加快后面杂质峰的流出，可在苯并[a]芘峰流出后适当改变溶剂组成或改变流速进行梯度洗脱，以减少下一次进样的等待时间。

④检测器：使用荧光检测器，设定激发波长 λ_{ex}＝364nm，发射波长 λ_{em}＝427nm。

⑤进样量：1～20μl，通常为 10μl，自动或手动。

⑥记录仪或积分仪：放大（或衰减）：依据样品中被测组分的含量进行适当调节，使所得谱图在记录纸的量程以内。纸速：0.3 或 0.5cm/min。

（3）校准

①采用外标法定量。

②标准样品：使用标准样品进行周期性的重复校准，一般每个工作日测定 1 或 2 次，或者在每测定五个样品后校准一次。

③色谱分析时使用标准样品的条件：标准样品和试样在进样体积上最好相同，响应值也应接近。

④调节仪器的重复性条件：在仪器运转正常的情况下，连续二次进标准样品 10μl，其响应值（峰高或峰面积）的相对偏差不大于 5%即可认为仪器处于稳定状态。

⑤校准数据的表示：以响应值对进样量作校准曲线，可得一条通过原点的直线。响应值与进样量的比值为一常数，可用平均比值或响应因子代替校准曲线来计算测定结果。

（4）测定

样品的测定步骤与曲线的步骤相同。

（5）记录

记下记录纸（或积分仪）上的放大（或衰减）的倍数及记录纸的走纸速度；对于苯并[a]芘的色谱峰，可用标准样进行核对，记下相应峰的保留时间；若产生基线漂移，则记下漂移值。

（6）对于色谱图的考察

标准色谱图：在本方法确定的色谱条件下，可使苯并[a]芘峰与相邻近的几个多环芳烃的峰得到很好的分离，见图 6-2-13。

（7）定性分析

①要依据保留时间进行定性。以试样中相应峰的保留时间和苯并[a]芘标样的保留时间相比较定性；用作定性的保留时间窗口宽度以当天测定标样的实际保留时间变化为基准，用保留时间标准偏差的三倍计算设定窗口宽度。

②辅助定性方法：可采用标准样品添加法（即在欲定性的样品中添加苯并[a]芘标样使峰高叠加的方法），或可借助其他仪器（样品分离后收集组分送红外光谱、质谱、核磁共振波谱等进行权威性定性）帮助验证。

（8）定量分析

①单点比较法定量：使用单点比较法进行定量分析时，应符合以下条件：标准样品和被测样品要同时进行分析，进样体积相同；被测样品的响应值应与标准样品的响应值接近；一个样品连续进样三次，测定值的相对偏差小于 5%，取测定平均值。结果按下式计算：

$$C=\frac{K\times H\times V_1}{Q\times V_{\mathrm{nd}}}\times 1000$$

或

$$C=\frac{H\times Q_{\mathrm{s}}\times C_{\mathrm{s}}\times V_1}{H_{\mathrm{s}}\times Q\times V_{\mathrm{nd}}}\times 1000$$

式中：C——固定源排气中苯并[a]芘的平均浓度，ng/m^3；

K——标样中苯并[a]芘进样量对其峰高（或峰面积）的比值，ng/cm 或 ng/cm^2；

H——被测试样中的苯并[a]芘峰高或峰面积，cm 或 cm^2；

H_{s}——标准样品中苯并[a]芘峰高或峰面积，cm 或 cm^2；

C_{s}——苯并[a]芘标准样品的浓度，ng/μ1；

Q_{s}——苯并[a]芘标准样品进样体积，μ1；

Q——被测试样定容后进样体积，μ1；

V_1——被测试样最后定容体积，m1；

V_{nd}——换算成标准状态下的气体采样体积，m^3。

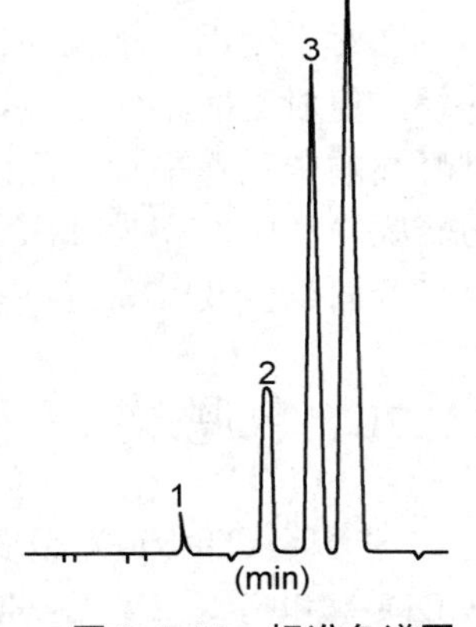

图 6-2-13 标准色谱图

1—苯并[a]蒽（6.2min）；
2—苯并[b]荧蒽（9.8min）；
3—苯并[k]荧蒽（0.7min）；
4—苯并[a]芘（11.9min）

②校准曲线法定量：从所测得的未知样品中苯并[a]芘峰高 h（cm 或峰面积 cm^2），直接从校准曲线上查得苯并[a]芘的量 m 或通过回归方程式计算得出苯并[a]芘的量 m，再按下式计算有组织排气中苯并[a]芘的浓度 X（ng/m^3）。

$$X=\frac{m\times V_1}{Q\times V_{\mathrm{nd}}}\times 1000$$

式中：X、Q、V_1、V_{nd} 的意义同上；

m——未知样品苯并[a]芘的量，ng。

8. 精密度和准确度

①精密度：由两个实验室分析苯并[a]芘含量为 0.707 mg/L 的统一样品，重复性标准偏差 0.0064；重复性相对标准偏差为 0.91%；重复性为 0.029。再现性标准偏差 0.011；再现

性相对标准偏差为 1.6%；再现性为 0.032。

②准确度：两个实验室对于统一样品进行不经过前处理的六次加标回收试验，所得的加标回收率在 96.9%～101%之间，平均 98.5%；对于实际样品进行六次全程加标回收测定，所得到的加标回收率在 71.3%～91.3%之间，平均值为 82.8%。

9．说明

①苯并[a]芘是强致癌物，各项操作需特别小心。称取固体 BaP 时，需戴口罩和乳胶手套。实验所用玻璃仪器用重铬酸钾洗液浸泡洗涤。被 BaP 污染的容器可用紫外灯在 364nm 紫外线照射下检查。标准溶液应在有适当设备（如合适的毒气橱、防护衣服、防尘面罩等）的实验室中配制。对于用固体 BaP 配制标准溶液，在没有合适的安全设备及尚未准确掌握使用技术之前，不能进行。

②由于 BaP 和多环芳烃的强毒性，测定时最好直接购买 BaP 和多环芳烃的标准溶液。

③实验所用的甲醇、环己烷及丙酮等均为易燃易挥发的有机溶剂，应在通风橱中操作。

④多环芳烃的实验均应在避开阳光直接照射下进行。

⑤样品应放在避光及暗处，或者用黑纸包好存入冰箱中。

⑥实验废液不能随意丢弃，应集中回收在玻璃容器中，统一处理。

⑦对于使用记录仪的仪器，色谱峰的测量为：以峰的起点和终点的连线为峰底，以峰的最大值对时间轴作垂线，对应的时间即为保留时间，峰顶至峰底间的线段即为峰高。通过峰高的中点作平行峰底的直线，此直线与峰两侧相交，两点之间的距离为半高峰宽。峰与峰底之间的面积为峰面积，等于峰高乘半高峰宽。在使用色谱数据处理器或其他积分仪时，峰面积值及峰高值可在记录纸上打印出来。

九、二噁英

二噁英（Dioxin）是多氯二苯并-对-二噁英（Polychlorinated dibenzo-p-dioxins，简称 PCDDs）和多氯二苯并呋喃（Polychlorinated dibenzofurans，简称 PCDFs）的统称。

二噁英不仅可以引起免疫系统损害和生殖障碍，还被认为具有很强的致癌性。二噁英有 210 种异构体，各异构体的毒性与所含氯原子的数量及氯原子在苯环上取代位置有很大关系。含 1～3 个氯原子的异构体被认为无明显毒性；含 4～8 个氯原子的化合物毒性显著，其中毒性最强的是 2, 3, 7, 8-四氯二苯并-对-二噁英（2, 3, 7, 8-Tetrachlorodibenzo-p-dioxin，简称 2, 3, 7, 8-TCDD）。

二噁英是一类非常稳定的亲脂性化合物，其熔点较高，分解温度大于 700℃，极难溶于水，可溶于大部分有机溶剂，所以二噁英容易在生物体内积累。自然界的微生物降解和水解作用对二噁英的分子结构影响较小，故难以自然降解。

二噁英一般来源于化工产品的副产物、森林大火、废物焚烧、金属冶炼、纸浆加氯漂白、燃煤或燃油火力发电厂等过程。

由于环境二噁英主要以混合物形式存在，在对二噁英的毒性进行评价时，国际上常把不同组分按毒性折算成相当于 2, 3, 7, 8-TCDD 的量来表示，称为毒性当量（Toxicity Equivalent，简称 TEQ）。样品中某 PCDDs 或 PCDFs 的浓度与其毒性当量因子 TEF 的乘积之和，即为样品中二噁英的毒性当量 TEQ。

1. 原理

分别用滤筒和吸附树脂收集废气中的烟尘和气态二噁英，用有机溶剂提取样品中的二噁英，经过多级净化，分离去除大量的干扰物质，最后将二噁英浓缩在少量的有机溶剂中，用高分辨气相色谱-高分辨质谱联用仪对 2, 3, 7, 8-位全部被氯取代的二噁英异构体以及四氯～八氯取代的 PCDDs 和 PCDFs 同系物进行定性和定量分析。方法检出限取决于所使用的分析仪器的灵敏度、样品中的二噁英浓度以及干扰水平等多种因素。当废气采样量为 $2m^3$（标况）时，2, 3, 7, 8-TCDD 的最低检出限为 $0.001ng/m^3$（信噪比＞15）。

2. 仪器

（1）采样装置

1）采样管：采样管材料为硼硅酸盐玻璃或石英玻璃，当废气温度高于 500℃时，应使用带冷却水套的采样管。采样嘴的内径应不小于 4mm，精度为 0.1mm，弯曲角度应为不大于 30°的锐角。采样管内表面应光滑流畅。

2）滤筒：石英或玻璃纤维滤筒，要求对粒径大于 0.3μm 颗粒物的阻留效率超过 99.95%（穿透率小于 0.05%）。使用之前的处理方法有两种：i.分别用丙酮和甲苯超声清洗 30min，然后真空干燥。ii.石英纤维滤筒可以在马弗炉中加热 600℃处理 6h。处理后的滤筒密封保存。从每批处理的滤筒中抽样进行二噁英空白试验。滤筒托架用硼硅酸盐玻璃或石英玻璃制成，尺寸要与滤筒相匹配，应便于滤筒的取放，接口处密封良好。

3）冲击瓶：五只 0.5～1L 的冲击瓶串联，前两只装入 100～300ml 正己烷洗净水，第三只为空瓶，第四只装 100～300ml 二甘醇，第五只为空瓶（如图 6-2-14 所示）。

4）树脂柱：内径 30～50mm、长 70～200mm、容量 100～150ml 的玻璃管。可装填 20～40g 吸附材料。

5）采样泵：在装有滤筒时应能达到 10～40L/min 的流量，可连续运行 5h 以上，最好具有流量调节功能，在吸气入口处有干燥器。

6）流量计：采用湿式或干式气体流量计，量程 10～40L/min，精度 0.1L/min。应定期对流量计进行校准。在流量计前测量气体温度和压力。

（2）样品处理器材

①通风橱。

②索氏提取器：容量 500～1000ml，配套调温加热器。

③浓缩器：K-D 浓缩器或旋转蒸发器。

④层析管：内径 8～15mm，长 200～300mm 的玻璃层析管。

⑤天平：1/万分析天平。

⑥机械振荡器。

⑦布氏漏斗。

⑧玻璃分液漏斗：200ml、500ml 和 1000ml，带有聚四氟乙烯活塞。

⑨氮气吹干装置：安装在通风橱内用于样品的最后浓缩。

（3）分析仪器

高分辨石英毛细管柱气相色谱-高分辨质谱联用仪（HRGC-HRMS）。

1）高分辨石英毛细管柱气相色谱（HRGC）：

①进样器：最高使用温度不低于 250～280℃，柱上进样或不分流进样方式。

②色谱柱：内径0.25～0.32mm，长25～60m的石英毛细管色谱柱。要求所使用的色谱柱对所有2, 3, 7, 8-位氯代异构体具有良好的分离效果，并且已经判明它们的流出顺序。

③载气：高纯氦气（纯度>99.999%）。

④恒温箱：温度调节范围不小于50～350℃，允许程序升温。

2）高分辨质谱仪（HRMS）：

①分辨率：大于10000（并能稳定24h以上）。

②离子检测方法：SIM（锁定质量模式）。

③离子化方法：EI。

④离子源温度：250～300℃。

⑤离子化电流：0.5～1mA。

⑥电子加速电压：30～70eV。

⑦离子加速电压：5～10kV。

3. 试剂

二噁英分析要求所使用的有机溶剂浓缩10000倍不得检出二噁英。未指明纯度的试剂应达到农残级。在不能确定纯度是否符合要求的情况下，应进行空白试验加以检验。

1）甲醇。

2）丙酮。

3）甲苯。

4）正己烷。

5）二甘醇。

6）二氯甲烷。

7）壬烷或癸烷。

8）正己烷洗净水：用上述4）正己烷充分洗涤过的蒸馏水。

9）25%二氯甲烷-正己烷溶液：二氯甲烷与正己烷以体积比1∶3混合。

10）吸附材料：苯乙烯-二乙烯基苯的聚合物，可使用市售XAD-2树脂或性能更好的吸附材料。使用之前的处理方法：i.吸附材料用丙酮洗净后，再用甲苯索氏提取16h以上。ii.分别用丙酮和甲苯在超声波池中清洗二次，每次30min。以上两种方法任选其一，清洗后的吸附材料在真空干燥器中50℃以下加热8h，而后保存在密闭容器中。处理好的吸附材料进行空白试验。

11）无水硫酸钠：分析纯以上，研磨后在380°C温度下处理4h，密封保存。

12）氢氧化钾：优级纯。

13）硝酸银：优级纯。

14）盐酸：优级纯。

15）浓硫酸：优级纯。

16）硅胶：色谱柱用硅胶（70～230目），在烧杯中用甲醇洗净，待甲醇挥发后，摊在蒸发皿中，厚度小于10mm，在130℃温度下干燥18h，然后放入干燥器冷却30min，装入试剂瓶密封，保存在干燥器中。

17）2%氢氧化钾硅胶：取硅胶98g，加入用氢氧化钾配制的50g/L氢氧化钾溶液40ml，在旋转蒸发器中约50℃温度下减压脱水，去除大部分水分后，继续在50～80℃减压脱水1h，硅胶变成粉末状。所制成的硅胶粉含有2%（*W/W*）的氢氧化钾，将其装入试剂瓶密封，保存在干燥器中。

18）22%硫酸硅胶：取硅胶78g，加入浓硫酸22g，充分震荡后变成粉末状。将所制成的硅胶粉装入试剂瓶密封，保存在干燥器中。

19）44%硫酸硅胶：取硅胶56g，加入浓硫酸44g，充分震荡后变成粉末状。将所制成的硅胶粉装入试剂瓶密封，保存在干燥器中。

20）10%硝酸银硅胶：取硅胶90g，加入用硝酸银配制的400g/L硝酸银溶液28ml，在旋转蒸发器中充分脱水（50℃）。配制过程中应用棕色遮光板或铝箔遮挡光线。所制成的硅胶含有10%（*W/W*）的硝酸银，将其装入棕色试剂瓶密封，保存在干燥器中。

21）氧化铝：色谱柱用氧化铝（碱性，活性度I），可以直接使用活性氧化铝。未曾活化的氧化铝可以在烧杯中铺成厚度小于10mm的薄层，在130℃温度下烘18h，或者在培养皿中铺成厚度小于5mm的薄层，在500℃温度下热处理8h，烘过的氧化铝放在干燥器中冷却30min，贮存在密封的试剂瓶中。活化后的氧化铝应尽快使用。

22）活性炭硅胶：下述二种配制方法，可择一使用。

①Carbopack C/Celite 545 （18%，*W/W*）：混合9.0g的Carbopack C活性炭与41g的Celite545于附聚四氟乙烯内衬螺帽的250ml玻璃瓶中混合均匀，使用前于130℃活化6h，冷却后储于干燥箱内。

②AX-21/Celite 545 （8%，*W/W*）：混合10.7g的AX-21活性炭与124g的Celite545于附聚四氟乙烯内衬螺帽的250ml玻璃瓶中，充分震荡搅拌，使其完全混合，使用前于130℃活化6h，冷却后储于干燥箱内。

配制好的活性炭硅胶以甲苯为溶剂索氏提取48h以上，确认甲苯不变色，若甲苯变色，重复索氏提取。在180℃温度下干燥4h，再用旋转蒸发器干燥1h（50℃）。在干燥器中密封保存。

23）二噁英标准物质：制作校准曲线使用的二噁英标准物质，包括17种2, 3, 7, 8位有氯取代的二噁英异构体（表6-2-23）。

表 6-2-23　二噁英标准物质

取代氯原子数	PCDDs	PCDFs
四氯	2, 3, 7, 8-T_4CDD	2, 3, 7, 8-T_4CDF
五氯	1, 2, 3, 7, 8-P_5CDD	1, 2, 3, 7, 8-P_5CDF
		2, 3, 4, 7, 8-P_5CDF
六氯	1, 2, 3, 4, 7, 8-H_6CDD	1, 2, 3, 4, 7, 8-H_6CDF
	1, 2, 3, 6, 7, 8-H_6CDD	1, 2, 3, 6, 7, 8-H_6CDF
	1, 2, 3, 7, 8, 9-H_6CDD	1, 2, 3, 7, 8, 9-H_6CDF
		2, 3, 4, 6, 7, 8-H_6CDF
七氯	1, 2, 3, 4, 6, 7, 8-H_7CDD	1, 2, 3, 4, 6, 7, 8-H_7CDF
		1, 2, 3, 4, 7, 8, 9-H_7CDF
八氯	1, 2, 3, 4, 6, 7, 8, 9-OCDD	1, 2, 3, 4, 6, 7, 8, 9-OCDF

24）二噁英内标：^{13}C或^{37}Cl标记的二噁英标准物质。目前常用的二噁英内标有20种（表6-2-24）。

表 6-2-24 可选用的二噁英内标

取代氯原子数	PCDDs	PCDFs
四氯	$^{13}C_{12}$-1, 2, 3, 4-T_4CDD	$^{13}C_{12}$-2, 3, 7, 8-T_4CDF
	$^{13}C_{12}$-2, 3, 7, 8-T_4CDD	$^{13}C_{12}$-1, 2, 7, 8-T_4CDF
	$^{37}Cl_4$-2, 3, 7, 8-T_4CDD	
五氯	$^{13}C_{12}$-1, 2, 3, 7, 8-P_5CDD	$^{13}C_{12}$-1, 2, 3, 7, 8-P_5CDF
		$^{13}C_{12}$-2, 3, 4, 7, 8-P_5CDF
六氯	$^{13}C_{12}$-1, 2, 3, 4, 7, 8-H_6CDD	$^{13}C_{12}$-1, 2, 3, 4, 7, 8-H_6CDF
	$^{13}C_{12}$-1, 2, 3, 6, 7, 8-H_6CDD	$^{13}C_{12}$-1, 2, 3, 6, 7, 8-H_6CDF
	$^{13}C_{12}$-1, 2, 3, 7, 8, 9-H_6CDD	$^{13}C_{12}$-1, 2, 3, 7, 8, 9-H_6CDF
		$^{13}C_{12}$-2, 3, 4, 6, 7, 8-H_6CDF
七氯	$^{13}C_{12}$-1, 2, 3, 4, 6, 7, 8-H_7CDD	$^{13}C_{12}$-1, 2, 3, 4, 6, 7, 8-H_7CDF
		$^{13}C_{12}$-1, 2, 3, 4, 7, 8, 9-H_7CDF
八氯	$^{13}C_{12}$-1, 2, 3, 4, 6, 7, 8, 9-OCDD	$^{13}C_{12}$-1, 2, 3, 4, 6, 7, 8, 9-OCDF

25）标准溶液：指以壬烷（或癸烷或甲苯）为溶剂配制的标准物质与内标物质的混合溶液。标准溶液浓度序列一般从检出限的3倍浓度起分5种不同的浓度覆盖HRGC-HRMS线性范围。

26）采样内标：在采样操作之前添加的二噁英内标，一般选择1～3种。

27）净化内标：在净化操作之前添加的二噁英内标，一般选择15～17种。

28）进样内标：在进样之前添加的二噁呋内标物质，一般选择1～2种。

4. 采样

废气二噁英采样装置包括采样管、滤筒、冲击瓶、树脂柱、采样泵、流量计等部分（图6-2-14和图6-2-15）。

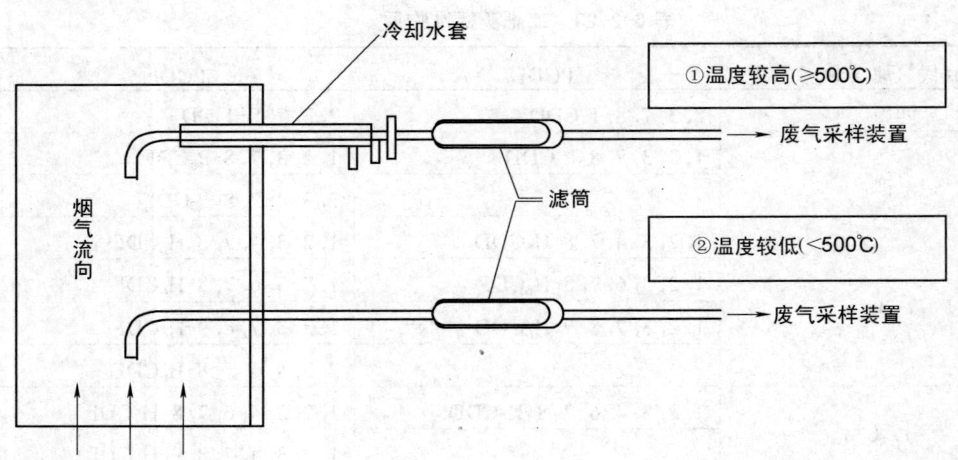

图 6-2-14 采样管和滤筒托架

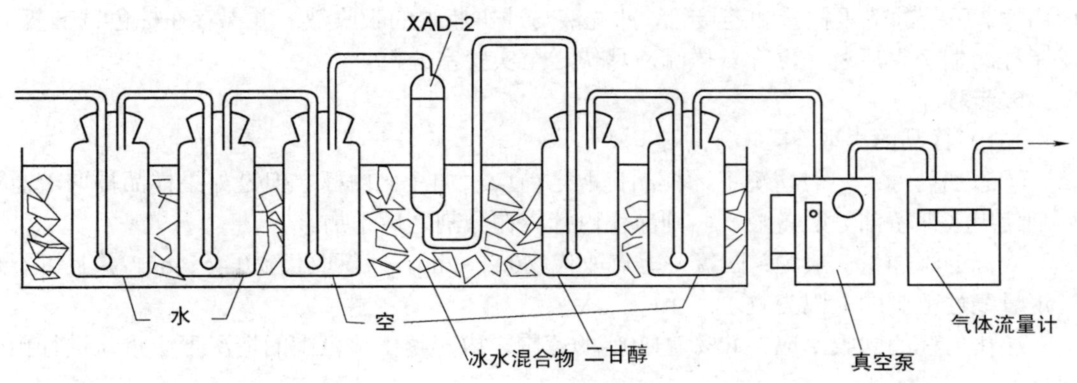

图 6-2-15　废气采样装置示意图

①采样之前对现场进行调查，测定排放废气的参数，确定采样嘴的大小，并估算采样量。采样量取决于废气中二噁英的浓度水平和仪器检出限，一般应保证 2～4m^3 的采样量。

②连接采样装置。堵住采样嘴，启动采样泵，检查系统的气密性。

③根据实际情况决定是否添加采样内标。要求采样内标物质的回收率为 70%～130%，超过此范围要重新采样。

④现场测量排气温度、流速、压力、水分含量等参数，按下式计算等速采样流量。

$$Q_r = 0.00047d^2V_s\left(\frac{B_a + P_s}{273 + t_s}\right)\left[\frac{M_{sd}(273 + t_r)}{B_a + P_r}\right]^{1/2}(1 - X_{sw})$$

式中：Q_r——等速采样流量，L/min；

d——采样嘴直径，mm；

V_s——测点气体流速，m/s；

B_a——大气压力，Pa；

P_s——排气静压，Pa；

P_r——流量计前气体压力，Pa；

t_s——排气温度，℃；

t_r——流量计前气体温度，℃；

M_{sd}——干排气的分子量，kg/kmol；

X_{sw}——排气中的水分含量（体积分数），%。

⑤将采样管插入烟道，封闭采样孔，使采样嘴对准气流方向（其与气流方向偏差不得大于 10°），然后开动采样泵，并迅速调整流量至等速采样流量。采样期间流量与测点流速的相对误差应在-5%～+10%范围内，每隔 60min 对等速采样流量作必要的调整。若滤筒阻力增大到无法保持等速采样，则应更换滤筒后继续采样。采样过程中，冲击瓶浸在冰水浴中，温度保持在 6℃以下，树脂吸附柱保持在 30℃以下。树脂吸附柱应注意避光。

⑥达到所需的采样量后，迅速抽出采样管，同时停止采样泵，记录起止时间或采样体积等参数。

⑦在避光处拆卸采样装置，尽量避免外界空气的混入。取出滤筒保存在专用容器中，

用丙酮、甲苯冲洗采样管和连接管，冲洗液与冲击瓶中的吸收液一并保存在棕色试剂瓶中。树脂柱两端密封后避光保存。样品应尽快送至实验室分析。

5. 步骤

（1）样品的提取

①添加内标：一般情况下，样品提取之前应添加净化内标。但是如果样品提取液需要分割使用（保留部分贮备液），则净化内标应在分割之后添加。

内标的添加量一般为：四氯～七氯取代物0.2～2ng，八氯取代物0.4～4ng，并且以不超过定量线性范围的上限为宜。

净化内标的回收率应在40%～130%的范围之内。超出该范围的情况下应重新进行预处理操作。

②索氏提取：滤筒用浓度 2mol/L 的盐酸处理 1h，盐酸的用量为每 1g 烟尘样品至少加 20mmol HCl。搅拌观察发泡情况，必要时再添加盐酸，直到不再发泡为止。用布式漏斗过滤处理液，用正己烷洗净水充分冲洗，再用少量甲醇（或丙酮）冲去水分，风干。干燥后的滤筒和吸附树脂用甲苯索氏提取 16h 以上。

③液-液萃取：冲击瓶的吸收液和冲洗液与上述②产生的滤液合并，每 1L 溶液用 100ml 二氯甲烷萃取三次，萃取液用无水硫酸钠脱水后收集。

萃取液和提取液合并为样品粗提取液。用浓缩器浓缩粗提取液，溶剂转换为正己烷，定容。

（2）提取液的净化

根据样品中二噁英预期浓度的大小取全部或一定量的提取液，添加净化内标，用浓缩器浓缩到1～2ml左右，准备进行净化操作。剩余提取液冷藏保存为贮备液。

提取液分两步净化，第一步可选择下述1)硫酸处理-硅胶柱净化或2)多层硅胶柱净化，第二步可采用3)氧化铝柱或4)活性炭硅胶柱净化。

1）硫酸处理-硅胶柱净化：

①将浓缩后的提取液用50～150ml正己烷洗入分液漏斗，加入5ml浓硫酸，轻微振荡，静置分层，弃去硫酸层。根据硫酸层颜色的深浅重复操作3～4次，直到硫酸层的颜色变浅为止。

②正己烷层用50ml正己烷洗净水洗至中性，经无水硫酸钠脱水后，用浓缩器浓缩至约2ml。

③在玻璃层析管中湿法装填3g硅胶，用10ml正己烷冲洗内壁，待硅胶层稳定后，再充填约10mm厚的无水硫酸钠，用正己烷冲洗管壁上的硫酸钠粉末。

④用50ml正己烷淋洗硅胶柱，然后将浓缩液定量转移到硅胶柱上。

⑤用150ml正己烷淋洗，调节淋洗速度约为2.5ml/min（大约1滴/s）。

⑥洗出液浓缩至约2ml，用于后续3)或4)净化操作。

2）多层硅胶柱净化

①在层析管中依次装填硅胶0.9g，2%氢氧化钾硅胶3g，硅胶0.9g，44%硫酸硅胶4.5g，22%硫酸硅胶6g，硅胶0.9g，10%硝酸银硅胶3g，无水硫酸钠6g，用50ml正己烷淋洗硅胶柱。

②将浓缩后的提取液定量转移到多层硅胶柱上。

③用200ml正己烷淋洗，调节淋洗速度约为2.5ml/min（大约1滴/s）。

④洗出液浓缩至约2ml，用于后续3）或4）净化操作。

若多层硅胶柱整体颜色加深（有穿透现象），则应重复上述①～④。

3）氧化铝柱净化：氧化铝柱净化操作是为了进一步去处样品中可能存在的干扰成分。

①在层析管中湿法装填10g氧化铝，让正己烷流出，待硅胶层稳定后，再充填约10mm厚的无水硫酸钠，用正己烷冲洗管壁上的硫酸钠粉末。用50ml正己烷淋洗硅胶柱。

②将经过初步净化的样品浓缩液定量转移到氧化铝柱上。用100ml的2%二氯甲烷-正己烷溶液淋洗，调节淋洗速度约为2.5ml/min（大约1滴/s）。洗出液为第一组分。

③然后用150ml的50%二氯甲烷-正己烷溶液淋洗氧化铝柱（淋洗速度约为2.5ml/min），得到的洗出液为第二组分，该组分含有分析对象二噁英。

④将第二组分洗出液浓缩至约2ml。

4）活性炭硅胶柱净化：活性炭硅胶柱净化可以取代氧化铝柱净化。

①在层析管中干法充填约10mm厚的无水硫酸钠和1.0g活性炭硅胶。注入10ml正己烷，敲击层析管赶掉气泡，再充填约10mm厚的无水硫酸钠，用正己烷冲洗管壁上的硫酸钠粉末。用20ml正己烷淋洗硅胶柱。

②将经过初步净化的样品浓缩液定量转移到活性炭硅胶柱上。首先用200ml的25%二氯甲烷-正己烷溶液淋洗，调节淋洗速度约为2.5ml/min（大约1滴/s）。洗出液为第一组分。

③然后用200ml甲苯溶液淋洗活性炭硅胶柱（淋洗速度约为2.5ml/min），得到的洗出液为第二组分，该组分含有分析对象二噁英。

④将第二组分洗出液浓缩至约2ml。

（3）分析样品制备

净化后的样品浓缩液用高纯氮吹除多余的溶剂，浓缩至微湿。添加适量进样内标，添加量应考虑样品溶液中的二噁英内标总量与制作校准曲线用的标准溶液中二噁英浓度水平相当。然后加入壬烷（或甲苯），定容至 20～100μl，封装在微量样品瓶中作为分析样品，用于仪器分析。

（4）仪器分析

设定HRGC参数，使2, 3, 7, 8-位氯代异构体能从其他异构体中有效分离，并得到稳定的响应。HRMS调整到稳定工作状态，导入PFK进行质量校准。对全部测定范围都要进行分辨率调谐，并要求全部达到10000以上，通过锁定质量数进行质量偏移校正。最好在整个分析过程中监测并纪录分辨率，分辨率过低应中止实验，重新分析。

1）测定程序：

①按照技术要求建立操作条件。

②注入质量校准物质，得到稳定的响应后，开始下一步分析。

③设定质量数（表6-2-25），开始进行标准溶液或样品的分析。

④完成测定后，取得各监测离子的色谱图，检查是否存在干扰以及2, 3, 7, 8-位氯代异构体的分离效果，最后进行数据处理。

2）校准曲线：

①测定标准溶液：对标准溶液浓度序列中的每个浓度至少进行三次进样测定，整个浓度系列至少应得到 15 个数据点。

②确认峰面积强度比：各标准物质对应的两个监测离子的峰面积强度比应与通过氯原子同位素丰度比推算的理论离子强度比（参见表 6-2-26）一致，变化不能超过±15%。

表 6-2-25 质量数设定（监测离子和锁定质量数）

同族体	M^+	$(M+2)^+$	$(M+4)^+$
T_4CDDs	319.8965	321.8936	
P_5CDDs	353.8576	355.8546	357.8517*
H_6CDDs	387.8186	389.8157	391.8127*
H_7CDDs		423.7767	425.7737
OCDD		457.7377	459.7348
T_4CDFs	303.9016	305.8987	
P_5CDFs		339.8597	341.8568
H_6CDFs		373.8207	375.8178
H_7CDFs		407.7818	409.7788
OCDF	439.7457	411.7428	443.7398
$^{13}C_{12}$-T_4CDDs	331.9368	333.9339	
$^{37}Cl_4$-T_4CDDs	327.8847		
$^{13}C_{12}$-P_5CDDs	365.8978	367.8949	369.8919
$^{13}C_{12}$-H_6CDDs	399.8589	401.8559	403.8530
$^{13}C_{12}$-H_7CDDs		435.8169	437.8140
$^{13}C_{12}$-OCDD		469.7780	471.7750
$^{13}C_{12}$-T_4CDFs	315.9419	317.9389	
$^{13}C_{12}$-P_5CDFs		351.9000	353.8970
$^{13}C_{12}$-H_6CDFs		385.8610	387.8580
$^{13}C_{12}$-H_7CDFs		419.8220	421.8191
$^{13}C_{12}$-OCDF	451.7860	453.7830	455.7801
PFK (Lock mass)	330.9792(四～五氯二噁英定量用)		
	380.9760(五～六氯二噁英定量用)		
	430.9729(七～八氯二噁英定量用)		
	442.9729(七～八氯二噁英定量用)		

注：* 可能存在 PCBs 干扰。

表 6-2-26 根据氯原子同位素丰度比推算的理论离子强度比

	M	M+2	M+4	M+6	M+8	M+10	M+12	M+14
T_4CDDs	77.43	100.00	48.74	10.72	0.94	0.01		
P_5CDDs	62.06	100.00	64.69	21.08	3.50	0.25		
H_6CDDs	51.79	100.00	80.66	34.85	8.54	1.14	0.07	
H_7CDDs	44.43	100.00	96.64	52.03	16.89	3.32	0.37	0.02
OCDD	34.54	88.80	100.00	64.48	26.07	6.78	1.11	0.11
T_4CDFs	77.55	100.00	48.61	10.64	0.92			
P_5CDFs	62.14	100.00	64.57	20.98	3.46	0.24		
H_6CDFs	51.84	100.00	80.54	34.72	8.48	1.12	0.07	
H_7CDFs	44.47	100.00	96.52	51.88	16.80	3.29	0.37	0.02
OCDF	34.61	88.89	100.00	64.39	25.98	6.74	1.10	0.11

注：（1）M 表示质量数最低的同位素；

（2）以最大离子强度作为 100%。

③制作校准曲线：用标准物质与相应内标物质的峰面积之比和标准溶液中标准物质与内标物质的浓度比制作校准曲线。

④相对响应因子：各浓度点的相对响应因子（RRF_{cs}）由下式算出，并求平均值，数据变异系数应在 20%以内，否则应重新制作校准曲线。

$$RRF_{cs}=\frac{Q_{cs}}{Q_s}\times\frac{A_s}{A_{cs}}$$

式中：RRF_{cs}——净化内标的相对响应因子；

Q_{cs}——标准溶液中净化内标物质的绝对量，pg；

Q_s——标准溶液中标准物质的绝对量，pg；

A_s——标准溶液中标准物质的峰面积；

A_{cs}——标准溶液中净化内标物质的峰面积。

用同样的方法求出进样内标和采样内标的相对响应因子 RRF_{rs} 和 RRF_{ss}。

3）样品测定：取得校准曲线之后，对处理好的分析样品按下述步骤测定。

①确认校准曲线：对制作校准曲线所使用的标准溶液进行测定，计算各异构体的 RRF_{cs}。与制作校准曲线时得到的 RRF_{cs} 加以比较，应在±35%以内。超过这个范围，应查找原因，重新测定。

②测定样品：将处理好的分析样品和试剂空白按照程序进行测定，得到二噁英各监测离子的色谱图。

③检查灵敏度变化：选择中间浓度的标准溶液，按一定周期（每天至少一次）参加测定，同样求出各异构体对应 RRF_{cs}。确认该值与上式中求出的结果相比，变化不超过±35%。否则应查找原因，重新测定。

④检查保留时间：若保留时间在1d之内变动±5%以上，或者相对于内标物质的相对保留时间变动±2%以上，则应查找原因，重新测定。

4）色谱峰的检出：

①确认进样内标：分析样品中进样内标的峰面积应为标准溶液中进样内标的峰面积的70%以上。否则应查找原因，重新测定。

②色谱峰检出：在色谱图上，高度为基线振幅 3 倍以上的色谱峰视为有效峰。在峰的附近（半高宽的 10 倍以内）测量噪声，取测量值标准偏差的 2 倍作为噪声值 *N*。一般经验认为噪声最大值和最小值的差约为噪声值标准偏差的 5 倍，因此也可以取噪声最大值和最小值之差的 2/5 作为噪声值 *N*。以噪声中线为基准，到峰顶的高度为峰高（信号 *S*）。对信噪比 *S*/*N*=3 以上的色谱峰进行定性和定量。

③峰面积：对上述②中检出的峰进行峰面积计算。

6. 计算

（1）定性

①定性对象包括四氯～八氯二噁英同系物（T_4CDDs～OCDD 和 T_4CDFs～OCDF）及2, 3, 7, 8-位氯代异构体（表 6-2-27）。

②二噁英同系物的色谱峰应同时满足下述条件：样品的两监测离子色谱峰面积之比与标准一致，并在理论离子强度比（参见表 6-2-26）的±15%以内（浓度不高于 3 倍检出限时为±25%）。

③2, 3, 7, 8-位氯代异构体色谱峰的保留时间应与标准一致（±3s 以内），相对于内标物质的相对保留时间亦与标准一致（±0.005 以内）。

表 6-2-27　测定的二噁英同系物及异构体

氯取代数	PCDDs		PCDFs	
	同系物	异构体	同系物	异构体
四氯	T_4CDDs	2, 3, 7, 8-T_4CDD 其他 T_4CDDs	T_4CDFs	2, 3, 7, 8-T_4CDF 其他 T_4CDFs
五氯	P_5CDDs	1, 2, 3, 7, 8-P_5CDD 其他 P_5CDDs	P_5CDFs	1, 2, 3, 7, 8-P_5CDF 2, 3, 4, 7, 8-P_5CDF 其他 P_5CDFs
六氯	H_6CDDs	1, 2, 3, 4, 7, 8-H_6CDD 1, 2, 3, 6, 7, 8-H_6CDD 1, 2, 3, 7, 8, 9-H_6CDD 其他 H_6CDDs	H_6CDFs	1, 2, 3, 4, 7, 8-H_6CDF 1, 2, 3, 6, 7, 8-H_6CDF 1, 2, 3, 7, 8, 9-H_6CDF 2, 3, 4, 6, 7, 8-H_6CDF 其他 H_6CDFs
七氯	H_7CDDs	1, 2, 3, 4, 6, 7, 8-H_7CDD 其他 H_7CDDs	H_7CDFs	1, 2, 3, 4, 6, 7, 8-H_7CDF 1, 2, 3, 4, 7, 8, 9-H_7CDF 其他 H_7CDFs
八氯	OCDD	OCDD	OCDF	OCDF
Σ(四氯～八氯)	总 PCDDs		总 PCDFs	
	Σ(PCDDs+PCDFs)			

（2）定量

①采用内标法计算提取液总量中 2, 3, 7, 8-位氯代异构体的绝对量 Q_i：

$$Q_i = \frac{A_i}{A_{csi}} \times \frac{Q_{csi}}{RRF_{cs}}$$

式中：Q_i——提取液总量中 i 异构体的量，ng；

A_i——色谱图上 i 异构体的峰面积；

A_{csi}——相应净化内标的峰面积；

Q_{csi}——相应净化内标的添加量，ng；

RRF_{cs}——相应净化内标的相对响应因子。

对于非 2, 3, 7, 8-位氯代异构体，采用平均 RRF_{cs} 进行定量。

②用下式计算废气样品中的异构体浓度：

$$C_i = \frac{Q_i}{V_{sd}}$$

式中：C_i——样品中 i 异构体的浓度，ng/m^3（0℃，101.325kPa）；

Q_i——提取液总量中 i 异构体的量，ng；

V_{sd}——废气采样量，m^3（0℃，101.325kPa）。

③对废气样品进行氧气浓度校正，求出换算浓度：

$$C = \frac{21 - O_n}{21 - O_s} \times C_i$$

式中：C——二噁英换算浓度，ng/m^3（0℃，101.325kPa）；

O_n——换算氧气浓度，11%；

O_s——废气中氧气实测浓度，%（若废气中氧气浓度超过 20%，则取 O_s=20）；

C_i——废气中的二噁英实测浓度，ng/m^3（0℃，101.325kPa）。

必须分别对 17 种 2, 3, 7, 8-位氯代异构体精确定量，其余非 2, 3, 7, 8-位氯代异构体按同系物计算总量。

（3）回收率

①净化内标的回收率：根据净化内标峰面积与进样内标峰面积的比以及对应的相对响应因子 RRF_{rs} 计算净化内标的回收率。

$$R_c = \frac{A_{csi}}{A_{rsi}} \times \frac{Q_{rsi}}{RRF_{rs}} \times \frac{100}{Q_{csi}}$$

式中：R_c——净化内标回收率，%；

A_{csi}——净化内标的峰面积；

A_{rsi}——相应进样内标的峰面积；

Q_{rsi}——相应进样内标的添加量，ng；

RRF_{rs}——相应进样内标的相对响应因子；

Q_{csi}——净化内标的添加量，ng。

确认净化内标的回收率在 40%～130%范围之内。

②采样内标的回收率：根据采样内标峰面积与净化内标峰面积的比以及对应的相对响应因子 RRF_{ss} 计算采样内标的回收率。

$$R_s = \frac{A_{ssi}}{A_{csi}} \times \frac{Q_{csi}}{RRF_{ss}} \times \frac{100}{Q_{ssi}}$$

式中：R_s——采样内标回收率，%；

A_{ssi}——采样内标的峰面积；

A_{csi}——相应净化内标的峰面积；

Q_{csi}——相应净化内标的添加量，ng；

RRF_{ss}——相应采样内标的相对响应因子；

Q_{ssi}——采样内标的添加量，ng；

确认采样内标的回收率在 70%～130%范围之内。

（4）检出限

①仪器检出限：在制作校准曲线的系列浓度标准溶液中，选择最低浓度的溶液进行五次以上重复测定，对溶液中二噁英的 2, 3, 7, 8-位氯代异构体进行定量，计算测定值的标准偏差 s，取标准偏差的 3 倍（$3s$）为仪器检出限。

仪器检出限应低于 0.05pg（TCDD），否则要重新对仪器进行检查和调谐。应定期对仪器的检出限进行检验和确认。

②方法检出限：按照实际采样要求准备采样材料、试剂等，但是不进行采样操作。按照本方法进行提取，提取液中添加标准物质，添加量为仪器检出限的 3 倍；然后完成净化程序和仪器分析。重复测定 5 次，计算测定值的标准偏差，取标准偏差的 3 倍为方法检出限。

③样品检出限：要求实际样品检出限 C_{DL} 至少低于标准限值的 1/30。

$$C_{DL}=\frac{D_L}{1000}\times\frac{\upsilon}{\upsilon_i}\times\frac{1}{V_{sd}}$$

式中：C_{DL}——样品检出限，ng/m^3（0℃，101.325kPa）；

D_L——方法检出限，pg；

υ——最终分析样品的定容体积，μl；

υ_i——进样量，μl；

V_{sd}——废气采样量，m^3（0℃，101.325kPa）。

（5）毒性当量

2, 3, 7, 8-位氯代异构体的实测浓度进一步换算为毒性当量浓度（TEQ），毒性当量浓度为实测浓度与该异构体的毒性当量因子 TEF（表 6-2-28）的乘积。对于低于样品检出限的测定结果计算毒性当量时以零计。

实测浓度单位以 ng/m^3 表示，毒性当量浓度单位以 ng TEQ/m^3 表示。在没有特别注明的情况下，均指标准状况（0℃，101.325kPa）下的浓度。

表 6-2-28 二噁英的毒性当量因子（TEF）

异构体		TEF
PCDDs	2, 3, 7, 8-T_4CDD	1
	1, 2, 3, 7, 8-P_5CDD	0.5
	1, 2, 3, 4, 7, 8-H_6CDD	0.1
	1, 2, 3, 6, 7, 8-H_6CDD	0.1
	1, 2, 3, 7, 8, 9-H_6CDD	0.1
	1, 2, 3, 4, 6, 7, 8-H_7CDD	0.01
	OCDD	0.001
	其他 PCDDs	0
PCDFs	2, 3, 7, 8-T_4CDF	0.1
	1, 2, 3, 7, 8-P_5CDF	0.05
	2, 3, 4, 7, 8-P_5CDF	0.5
	1, 2, 3, 4, 7, 8-H_6CDF	0.1
	1, 2, 3, 6, 7, 8-H_6CDF	0.1
	1, 2, 3, 7, 8, 9-H_6CDF	0.1
	2, 3, 4, 6, 7, 8-H_6CDF	0.1
	1, 2, 3, 4, 6, 7, 8-H_7CDF	0.01
	1, 2, 3, 4, 7, 8, 9-H_7CDF	0.01
	OCDF	0.001
	其它 PCDFs	0

7. 说明

二噁英分析是在极低浓度水平上进行的，因此对分析质量的管理（质量控制和质量保证）是至关重要的环节。使用本方法的实验室必须具备合乎要求的样品采集和分析能力、标样和空白操作能力以及数据评价和质量控制能力，所有分析结果应符合本方法所规定的质量保证参数。

（1）实验室注意事项

①本方法不能应用于废气样品之外的其他基质的样品。

②应进行空白试验以证明系统未受污染。

③所有分析样品必须添加内标物质，内标分析结果应符合回收率要求。

④有条件时应与已经建立操作标准和质量控制措施的其他实验室进行二噁英比对分析。

⑤实验室应定期校准仪器，确保仪器处于正常状态。

⑥发生任何分析事故都应提供分析评价和处理报告，并重新对实验室的分析能力进行评估。

（2）数据可靠性保证

1）内标回收率：

①采样内标回收率：若使用了采样内标，则必须对采样内标的回收率进行确认。若采样内标的回收率超出 70%～130%的范围，应查找原因，并重新采样。

②净化内标回收率：必须始终对净化内标的回收率进行确认。若净化内标的回收率超出 40%～130%的范围，则应查找原因，重新进行提取和净化操作。

2）检出限确认：应对仪器检出限、方法检出限和样品检出限进行检验和确认。

①仪器检出限：经常对仪器进行检查和调谐，确认仪器检出限低于规定值（0.05pgTCDD）。当改变测量条件时，要检验和确认仪器检出限。

②方法检出限：通过对加标空白的重复测定求出方法检出限。应定期确认方法检出限，特别是当样品制备或测试条件改变时，必须检验和确认方法检出限。应当注意，不同的实验条件或操作人员可能得到不同的方法检出限。

③样品检出限：用方法检出限推算样品检出限，确保样品检出限低于评价对象标准限值的 1/30。对每一个样品都要计算样品检出限。

④样品测定时的检出限确认：在分析实际样品时，若有未检出的 2, 3, 7, 8-位氯代异构体，则应对该次测定进行检出限检验和确认。在 2, 3, 7, 8-位氯代异构体色谱峰附近的基线上求出噪声 N 的大小，在标准溶液的色谱图上找一个相当于 3 倍噪声（$3N$）高度的峰，求出峰面积，对照校准曲线求出对应的测定值，该值应小于或等于方法检出限。若大于方法检出限，应查找原因，重新进行样品制备或分析操作。

3）空白试验：本方法规定了三种空白试验：操作空白、试剂空白、方法空白。操作空白用来检查样品制备过程的污染程度；试剂空白检验分析仪器的污染情况；方法空白是对采样、制样到分析测定全过程的污染检验。空白值高可以降低分析灵敏度，减少测定值的可信度，因此，应保证空白值越低（最接近于零的数值）越好。有条件的话，样品制备应尽可能地在洁净空间内操作。

①操作空白：准备一份与实际采样相同的采样材料，按照操作规程进行样品制备和仪器分析，为操作空白。操作空白试验的目的是为了建立一个不受污染干扰的分析环境。

如果样品前处理过程中的污染能够得到充分地控制，就不必每次实验都进行操作空白试验。但在下列情况下，必须进行操作空白试验：

a. 样品制备过程有重大变化时。如使用新的试剂或仪器（器具），或者修理过的仪器再次使用等情况。

b. 在测定可能发生污染的样品时（如高浓度样品的操作）。

②试剂空白：任何样品的仪器分析都应该同时分析待测样品溶液所使用的溶剂作为试剂空白。所有试剂空白测试结果应低于方法检出限。

③方法空白：方法空白试验的目的是检查从准备采样到样品分析全过程中存在的污染情况。方法空白试验的频度约为采样总数的 10%，方法空白低于操作空白时，污染可忽略不计。若方法空白值较高，但是样品测定值远大于方法空白值，则可以从样品实测值中扣除方法空白值。而如果方法空白值接近甚至大于样品实测值，则被认为是分析失误或操作异常，应查找污染原因，消除污染后重新分析。

如果整个操作过程能较好地避免污染，已经取得的方法空白值均较低，则不必每次分析都进行方法空白试验。

4）平行样：平行样试验频度取样品总数的 10%左右。对于 17 种 2, 3, 7, 8-位氯代异构体，平行实验结果取平均值，平行样测定值应在平均值的±30%以内。

5）标准物质：要使用确保可靠溯源的标准物质。标准溶液应当装在密封的玻璃容器中，以防止由于溶液蒸发引起的浓度变化。标准溶液应当贮存在避光、制冷等控制条件之下。

（3）操作要求

1）采样。采样时应注意下列事项：

①采样器材的准备和保存：采样装置和材料（过滤材料、吸附材料等）应当在使用之前充分洗净，应使用空白试验值为零的装置。吸附材料应贮存在密闭、干燥容器中以避免污染。

②采样器的安装和使用：安装工具和采样器部件应冲洗干净以减少引起污染的可能性。固定好所有组件，检查仪器气密性。废气采样时冲击瓶必须保持在 6℃以下。过滤和吸附单元应避光使用。

③气体流量计：应保证气体流量计达到方法的精确度要求，并且定期校准。

④样品的代表性：采集的样品要有代表性。废气采样应当避开采样对象的不稳定工作阶段，即至少在工作条件稳定 0.5h 后开始采样。

如果采样过程中出现故障或其他变化，则应详细记录故障或变化情况以及采取的措施和效果。操作人员应在记录上签名。

⑤样品的贮存和运输：采集到的样品应被贮存在密闭容器内以防泄露或被周围环境所污染。样品运输或贮存时应避光，应尽快处理和分析。

2）样品制备。样品制备过程中应注意以下事项：

①样品的提取：液相样品应严格掌握萃取条件，固体样品在索氏提取之前应得到充分干燥。样品中的水分会严重降低索氏提取效率。

②硫酸处理-硅胶柱净化或多层硅胶柱净化：应确认淋洗后的样品溶液着色不明显。如果净化柱的填充材料类型或活性有改变或者选用了不同类型的溶剂或用量，则必须用标准样品进行淋洗试验，以确定最佳实验条件，保证样品中的二噁英异构体不会发生个别损失。

③氧化铝柱净化：氧化铝的极性可能因生产批次以及开启封口后的贮存时间和贮存条件的不同而有很大变化。在氧化铝活性较低时，1, 3, 6, 8-T_4CDD 和 1, 3, 6, 8-T_4CDF 可能过早地被淋洗到第一组分，而 OCDD 和 OCDF 则可能保留在淋洗柱中，而部分 PCBs 被淋洗

到样品组分中。因此，一定要进行淋洗试验，以确定最佳实验条件。

3）定性和定量。仪器分析以及二噁英定性和定量时应注意以下事项：

①仪器调试：仪器应当被调整到能够准确、可靠地测定样品的工作状态。通过考察仪器响应的线性、稳定性、可能存在的干扰及其程度、消除或减小干扰的方法等来确保分析的可靠性。

②气相色谱：确保响应的稳定性以及色谱峰有效分离。保留时间的变动通常是由于分离柱的性能退化引起的，如果分析目标化合物不能与其他化合物充分分离，可以尝试把色谱柱的一端或两端截掉 10～30cm；如果问题仍没有解决，则要更换新的色谱柱。

③质谱仪：用质量校准物质通过仪器的质量校准程序来校准质量数和调谐分辨率。检查仪器的基本参数，并注意分辨率的稳定性。

④仪器操作条件：从毛细管色谱柱得到的峰宽大约是 5～10s 时，为了取得足够的数据点，选择离子的检测周期应该小于 1s。一次分析所能设定的监视通道数目主要取决于灵敏度要求，不宜随便设定。

可以按照色谱图上每个峰的保留时间对色谱峰进行分组，归入不同的时间窗口。在这种情况下，要保证相应内标物质的色谱峰出现在各组对应的时间窗口中。

⑤仪器的维护：为了维持气相色谱/质谱联用仪的工作性能，应定期检查和维护。尤其是气相色谱接口和离子源容易受到沾污，引起分辨率、灵敏度降低，必须经常进行更换或清洗。

⑥仪器灵敏度波动：每次测定应加测中等浓度的标准溶液，考察灵敏度波动情况，相对响应因子与制作校准曲线时的结果相比，变化不应超过±35%，否则应查找原因，重新测定。另外，若保留时间在一天之内变动±5%以上，或者相对于内标物质的相对保留时间在 1d 之内变动±2%以上，则应查找原因，重新测定。

⑦校准曲线的检验：应定期对校准曲线加以检验，测定几个标准溶液，取得相对响应因子，与制作校准曲线时得到的相对响应因子加以对比。或者直接测定制作该校准曲线时测量的实际样品，并与当初的结果加以对比。如果对比结果差别超过±35%，则应查找原因，重新检验或制作校准曲线。

（4）异常值和错误值的处理

如果仪器灵敏度的波动很大，空白值很高，并且平行实验结果差别很大，则测量结果不可信，有必要重新测定。这不仅导致人力、物力和时间的浪费，而且使整个分析的可靠程度甚至实验室的分析能力受到怀疑。因此，必须进行严格的管理和质量控制以确保不要出现异常值和错误值。一旦出现，要对异常值和错误值出现的背景和过程细节进行全面调查和研究，制定应对方案，并进行详细的记录，以防止将来再次出现类似情况。

（5）分析记录

记录、整理并保存下列信息：

①采样器调试和校准。

②采样材料和试剂的准备、处理和贮存条件等。

③采样过程纪录：方法、采样点位、日期和时间、气压、采样时段和采样量等。

④样品制备操作程序。

⑤分析仪器的调谐、校准和操作。

⑥定性和定量信息。

（6）测试报告

测试报告宜采用表格的形式，表中应包括测定对象、实测浓度、换算浓度(含氧量换算)、所采用的毒性当量因子以及毒性当量浓度等内容。应保存样品检出限、原始记录、磁盘文件等资料，内容包括：

①样品号和其他标识号。

②采样纪录。

③分析日期和时间。

④提取和净化纪录。

⑤提取液分取情况。

⑥内标添加纪录。

⑦进样前的样品体积及进样体积。

⑧仪器和操作条件。

⑨色谱图、磁盘文件和其他原始数据纪录。

⑩测试报告。

第三章　农药类化合物

一、有机氯农药和多氯联苯

有机氯农药和多氯联苯由于半衰期长、在环境中稳定性高、易积累于生物体内，广泛存在于环境中。一些有机氯农药和多氯联苯已被确认为对哺乳动物具有致癌性作用和对人体健康有危害。因此测定大气中有机氯农药和多氯联苯对保护人体健康和研究污染物的迁移、转化规律具有重要的意义。

气相色谱法（C）

1. 原理

本方法采用PUF（聚氨基酯泡沫塑料）作为吸附剂，用中流量（流速为0.225m^3/min）的采样泵采样，使有机氯农药和多氯联苯吸附在PUF吸附剂上，用含10%乙醚的正己烷进行萃取，萃取液通过适当的处理后用气相色谱（FID检测器）进行测定。该方法也可以捕集大气中的有机磷农药和氨基甲酸酯类农药，用气相色谱（NPD或FID检测器）测定有机磷农药，用HPLC测定氨基甲酸酯类农药。

2. 仪器和试剂

①索氏提取器：300ml。

②K-D浓缩器：500ml，带10ml的刻度浓缩管。

③丙酮：色谱纯或分析纯（使用之前需要重蒸馏）。

④正己烷：色谱纯或分析纯（使用之前需要重蒸馏）。

⑤无水硫酸钠：分析纯，使用之前在400℃马弗炉焙烧4h。

⑥异辛烷：色谱纯或分析纯（使用之前需要重蒸馏）。

⑦硅酸：农药级的质量。

⑧有机氯和多氯联苯的标准溶液：该标准可以直接购买或用异辛烷配制成1.0mg/ml。

⑨有机氯农药和多氯联苯的使用液：用异辛烷或正己烷稀释成所需的浓度。

⑩四氯间-二甲苯和十氯联苯（1μg/ml）：该标准可以直接购买或用异辛烷配制成1μg/ml。

⑪异狄氏剂和4,4′-DDT的混合溶液：用异辛烷配制固体异狄氏剂和4,4′-DDT成1.0mg/ml或购买液体标准溶液。

⑫异狄氏剂和4,4′-DDT的混合使用液：用异辛烷或正己烷稀释狄氏剂和4,4′-DDT成

标准曲线的中间浓度。

3. 采样夹的准备及样品提取

采样夹采用内径为 60mm（外径 65mm ）×长 125mm 的硼玻璃制成的圆型采样筒，内装 PUF 吸附剂，在采样夹的上部装有一个直径为 102 mm 的圆型滤膜夹，滤膜的支撑体为 16 目不锈钢筛网。

①滤膜使用玻璃纤维滤膜，使用之前在马弗炉 400℃加热 5h。

②PUF 夹，用内径为 6cm 的圆形切割刀切成 75cm 的圆块。

③PUF 的净化：PUF 初次使用时在索氏提取器内用丙酮以每分钟四个循环的速度提取 16h（也可以依次使用甲苯、丙酮、二乙醚:己烷（1∶10，*V/V*）进行提取），然后使用真空干燥箱在室温下干燥器 4h，直到无有机气味为止，或者在密封干燥器内用氮气干燥。当 PUF 重新使用时，应使用二乙醚：己烷（1∶10，*V/V*）进行净化，净化后的 PUF 用被己烷冲洗的铝箔包裹，放在密封盒中保存，保存时间超过 30d 时应重新进行净化。净化后，每对 PUF 和滤膜上的单个化合物<10ng，对于多组分如 PCB，空白水平<100ng。

④在PUF和滤膜上有机物的提出和浓缩：将玻璃纤维滤膜和PUF一起放在索氏提取器中，然后在PUF上加入替代品化合物，在加入300ml萃取剂10%（*V/V*）二乙醚-己烷后，以每小时至少三个循环提取18h。待索氏提取器冷却后，将提取液通过10cm厚的硫酸钠干燥后，转移到500ml的K-D浓缩器中，加入1～2粒干净的沸石，在50℃的水浴中进行浓缩，浓缩液接近10ml时，用5ml的正己烷冲洗K-D浓缩器，然后浓缩到10ml进行分析。如果样品的浓度很低，可以将浓缩液在50℃的水浴上用氮气微吹浓缩到1ml或0.5ml。

4. 采样装置

本方法的采样装置由玻璃纤维滤膜、装有PUF的玻璃采样夹和采样器组成。采样器的采样速率应达到0.114～0.285 m^3 /min。采样器在下列的情况下均应该进行校正：

①新使用的采样器。

②经过维修的采样器。

③任何点的采样速率对校正曲线的偏差大于7%。

④每次采样前后。

⑤使用不同的吸附剂。

5. 分析程序

①色谱柱的选择：有机氯农药和多氯联苯的分析，选择30m×0.25mm，30m×0.32mm，30m×0.5mm的DB-5毛细管色谱柱均可，使用双柱最佳，使用双柱时一根柱选用非极性柱如DB-5或DB-608，另一根柱选用极性柱DB-1701。如果只用单柱分析，综合考虑分离度和进样量两方面的因素，选择30m×0.32mm的色谱柱尤其专用于有机氯农药分析的色谱柱较好。

②色谱条件：进样口温度200℃，检测器（ECD）温度300℃，升温条件80℃（1min）→10℃/min→150℃→1min→6℃/min→275℃→10min。

③有机氯农药和多氯联苯选用的替代品为四氯间-二甲苯和十氯联苯，另外八氯萘也可以作为替代品。

6. 标准曲线和样品分析

①仪器行为检验：标准曲线测定之前，首先向色谱中进异狄氏剂和4,4′-DDT的使用液，测定异狄氏剂和DDT的降解程度，只有DDT的降解量≤20%，DDT和异狄氏剂总的降解量

≤30 %时，则色谱系统满足有机氯农药的分析要求，如果只进行PCB的分析，可不进行此项检验。DDT和异狄氏剂的百分降解量如下：

$$\text{DDT\%}=\frac{(\text{DDE}+\text{DDD})\text{的检出量(ng)}}{\text{DDT的进样量(ng)}}\times 100$$

$$\text{异狄氏剂(\%)}=\frac{(\text{异狄氏醛}+\text{异狄氏酮})\text{的检出量(ng)}}{\text{异狄氏剂的进样量(ng)}}\times 100$$

总降解量%= DDT%+异狄氏剂%

②系统的校正：至少用三个不同浓度的校正标准来进行仪器的校正，最低的浓度应接近方法的检测限，如三个标准的响应因子的相对标准偏差低于20%，则认为校正是线形的。原始校正应有第二个独立来源的标准进行确认，回收率应在85%～115%的范围内。

③每天或每分析10个样品均应进行中间浓度检验，如果中间浓度值与真实值浓度偏差≤15%，替代品的回收率落在60%～120%之间，样品的分析结果可以接受。

7. 萃取液的净化

①对于萃取液中含有极性化合物如目前大气中的酚类化合物等，在样品分析之前必须进行净化，净化的方法为：用内径为 2mm、长 15cm 的玻璃管装填活性氧化铝，然后用 10ml 正己烷淋洗，再将 10ml 的萃取液用氮气吹气浓缩到 1ml 并加到玻璃净化柱上，用 10ml 正己烷以 0.5ml/min 的速率淋洗，最后将淋洗液调到 10ml 用于分析。

②如果样品中同时含有有机氯农药和多氯联苯，在分析之前可用硅酸分离有机氯农药和多氯联苯，然后分别测定 PCB 和有机氯农药。

8. PCB 混合物的定量分析

PCB 的分析首先通过比较样品与标准 PCB Aroclor1242、1248、1254、1016/1260 特征峰及峰形状，以最佳匹配的作为定性的依据，然后选择每一种混合物中 3～5 个峰（一般为最高峰）作为定量峰，将每一个峰计算出的浓度取平均值作为样品中 PCB 的浓度值。

9. GC-MS 测定农药和多氯联苯

GC-MS 的单离子检测（SIM）的灵敏度很高，可以与 NPD 和 ECD 的灵敏度相媲美，它完全可以用于多类农药和 PCB 的测定。GC-MS 方法所用的替代品为三联苯-d_8，用内标法定量。所用的内标为 1,4-二氯苯、萘-d_8、苊-d_{10}、菲-d_{10}、䓛-d_{12}、苝-d_{12}。

10. 计算

（1）萃取液中化合物浓度的计算

$$A=1000\times\left(\frac{A_s\times V_e}{V_i}\right)$$

式中：A——萃取液中化合物的总量，ng；

A_s——由曲线得出的进入色谱柱的分析物质的量，ng；

V_e——萃取液的体积，ml；

V_i——进样量，μl；

1000——μl 转换成 ml 的转换因子。

（2）气体中化合物的浓度的计算

$$C=\frac{A}{V_s}$$

式中：C——气体中分析物质的浓度，ng/m^3；

V_s——标准状态下（0℃，101.325kPa）的采样总体积，m^3。

$$V_s = \frac{P \times V \times 273}{(273+t) \times 101.325}$$

式中：V——实际采样体积，m^3；

P——采样时的大气压，kPa；

t——采样时的温度，℃。

（3）替代品的回收率

$$RV\% = \left[\frac{S}{S_a}\right] \times 100$$

式中：RV——替代品的回收率；

S——替代品的分析量，ng；

S_a——替代品的加入量，ng。

（4）使用内标进行定量时相对响应因子（RRF）的计算

$$RRF = \frac{I_s \cdot C_{is}}{I_{is} \cdot C_s}$$

式中：I_s——目标化合物的峰面积；

C_s——目标化合物的浓度，ng/μl；

I_{is}——内标化合物的峰面积；

C_{is}——内标化合物的浓度，ng/μl。

（5）样品中分析物质浓度的计算

$$C_s = \left[\frac{I_s \cdot C_{is}}{RRF \cdot I_{is}}\right]$$

11. 质量保证和质量控制

①过程空白：每批约 20 个滤膜/PUF 夹应该进行一次空白分析。

②现场空白：每次采样至少应带一个滤膜/PUF 夹到现场但不进行采样，然后连同样品一起带到实验室，按样品的分析程序进行分析，此结果作为现场空白。

③溶剂空白：在每批样品的分析期间，按样品的分析过程除不进行滤膜/PUF 夹的萃取外进行分析，分析的结果作为试剂空白。

④过程空白、试剂空白和现场空白单个化合物的含量应不超过 10ng，多组分农药和 PCB 的含量不超过 100ng。

二、甲基对硫磷

（一）气相色谱法（B）

气相色谱法测定甲基对硫磷（甲基 E605）的方法灵敏度高，选择性好；盐酸萘乙二胺分光光度法所需设备简单，干扰物较多。

1. 原理

用装有 101 白色酸洗担体的采样管富集空气中的甲基对硫磷后，加乙酸乙酯解吸，经

1.5% OV-17　Shimalite W AW DMCS 柱分离，火焰离子化检测器测定。以保留时间定性，外标法定量。

本方法检出限为：0.1ng/5μl，当采样体积为 60L，解吸液体积为 5.00ml 时，最低检出浓度为 $1.7\times10^{-3}mg/m^3$。

2. 仪器

①采样管：长 10cm，内径 5mm 玻璃管，填装 500mg 101 白色酸洗担体，两端塞少许玻璃纤维。

②具塞刻度管：5ml。

③空气采样器：流量范围 0～1L/min。

④气相色谱仪：具火焰离子化检测器。

色谱柱：长 1m、内径 3mm 玻璃柱，任选以下一种固定相：

a. 1.5%OV-17 Shimatlite W AW DMCS（80～100 目）。

b. 0.2%OV-17＋2.8%OV-210 Chromosorb W AW DMCS（80～100 目）。

c. 5% SE-30　Shimalite W AW DMCS（80～100 目）。

3. 试剂

①乙酸乙酯。

②101 白色酸洗担体：60～80 目。

③甲基对硫磷标准溶液：称取 0.0500g 甲基对硫磷[$(CH_3O)_2P(S)OC_6H_4NO_2$，化学名 *o,o′*-二甲基-*o*-（对硝基苯基）硫代磷酸酯，又名甲基 E605]于小烧杯中，用 10ml 乙酸乙酯溶解，定量移入 50ml 容量瓶中，用乙酸乙酯稀释至标线，摇匀，作为贮备液。每毫升贮备液含甲基对硫磷 1.00mg，置冰箱保存。临用时用乙酸乙酯将上述标准贮备液稀释成浓度为 0.20、0.50、1.00、2.00、3.00、4.00、5.00μg/ml 的标准溶液。

4. 采样

将装有 101 白色担体的采样管与空气采样器相连，使采样管垂直于地面，令气样自下而上通过采样管，以 1L/min 流量采样 60L。

5. 步骤

（1）色谱条件

柱温：190℃；检测器温度：220℃；气化室温度：200℃。

载气：氮气流量 50ml/min；燃气：氢气流量 70ml/min；助燃气：空气流量 60ml/min。

（2）标准曲线的绘制

取各种浓度的甲基对硫磷标准溶液 5.00μl 注入色谱仪，以峰高对甲基对硫磷含量（μg），绘制标准曲线。

（3）样品测定

在采集有样品的采样管中，滴加乙酸乙酯，用具塞刻度管收集 5.00ml 解吸液，以下步骤同标准曲线的绘制。

6. 计算

$$\text{甲基对硫磷}(mg/m^3)=\frac{W}{V_n}\cdot F$$

式中：W——甲基对硫磷含量，μg；

V_n——标准状态下的采样体积，L；

F——解吸液定容体积与进样体积之比。

7. 说明

①101 白色酸洗担体、弗罗里硅土和 D_{3520} 树脂都是甲基对硫磷的良好吸附剂，其中 101 白色酸洗担体对杂质组分吸附较少，不需预处理，选材方便。所以作为采样用的吸附剂，以 101 白色酸洗担体为最佳。

②测定浓度范围为 0.16～4μg/ml 的加标样，六次测定的变异系数小于 3.3%，回收率在 93%以上。

③实验表明，用 3ml 乙酸乙酯解吸时，回收率即可达 90%以上，用 5ml 解吸液时，可以把吸附在 101 白色酸洗担体上的样品全部解吸下来。

（二）盐酸萘乙二胺分光光度法（B）

1. 原理

用装有 101 白色酸洗担体的采样管富集空气中的甲基对硫磷，经处理后制成为乙醇水溶液。在酸性条件下，用三氯化钛将甲基 E605 分子中的硝基还原成氨基，再经重氮化后，与盐酸萘乙二胺偶合生成紫红色偶氮化合物，根据颜色深浅，用分光光度法测定。

本方法采用重氮化、偶合反应。芳香胺类或能还原成胺的硝基苯类化合物，均会产生颜色而干扰测定。

作为生产原料的对硝基酚钠，与甲基对硫磷有相同的显色基团，也可发生显色反应。但其含量在 10μg 以下时，只要样品显色 10min 后尽快比色，对测定无显著干扰。

本方法检出限为 0.5μg/5ml，当采样体积为 60L 时，最低检出浓度为 0.008mg/m³。测定范围为 0.01～5.00mg/m³。

2. 仪器

①吸附采样管：长 10cm、内径 4～5mm 的玻璃管，填装 500mg 101 白色担体，两端塞少许玻璃纤维。

②具塞刻度管：10ml。

③空气采样器：流量范围 0～1L/min。

④分光光度计。

3. 试剂

①101 白色酸洗担体，60～80 目。

②15%（*V/V*）三氯化钛盐酸溶液。

③20%（*V/V*）乙醇溶液。

④2.0%（*m/V*）氨基磺酸铵溶液：临用现配。

⑤3.2%（*m/V*）亚硝酸钠溶液：临用现配。

⑥8.0mol/L 盐酸溶液。

⑦1.0%（*m/V*）盐酸萘乙二胺（N-甲萘基盐酸二氨基乙烯）溶液。

⑧甲基对硫磷标准贮备液：称取 0.0500g 甲基对硫磷晶体，溶解于无水乙醇，定量移入 25ml 容量瓶中，用无水乙醇稀释至标线，摇匀，作为标准贮备液。每毫升贮备液含甲基对硫磷 2.00mg。置冰箱保存。

⑨甲基对硫磷标准中间液：取贮备液 10.00ml 于 100ml 容量瓶中，用乙醇稀释至标线，此中间液每毫升含甲基对硫磷 200μg。临用现配。

⑩甲基对硫磷标准使用液：取中间液 5.00ml 于 100ml 容量瓶中，用 20%乙醇溶液稀释至标线。此使用液每毫升含甲基对硫磷 10.0μg。临用现配。

4. 采样

同本节（一）气相色谱法。

5. 步骤

（1）标准曲线的绘制

①取七支 10ml 具塞比色管，按表 6-3-1 配制标准系列。

表 6-3-1　甲基对硫磷标准系列

管　号	0	1	2	3	4	5	6
标准溶液(ml)	0	0.10	0.30	0.50	1.00	1.50	2.00
20%乙醇溶液(ml)	5.00	4.90	4.70	4.50	4.00	3.50	3.00
甲基对硫磷含量(μg)	0	1.0	3.0	5.0	10.0	15.0	20.0

②加 15%三氯化钛溶液 0.05ml 和 8.0mol/L 盐酸溶液 0.20ml，混匀，放置 5min。

③加 3.2%亚硝酸钠溶液 0.10ml，混匀，放置 5min。

④加 2.0%氨基磺酸铵溶液 1.00ml，振摇至不产生气泡为止，放置 5min。

⑤加 1.0%盐酸萘乙二胺溶液 0.50ml，混匀，放置 10min。

⑥在波长 560nm 处，用 lcm 比色皿，以水为参比，测定吸光度（A）和试剂空白吸光度（A_0），以（$A-A_0$）对甲基对硫磷含量（μg），绘制标准曲线。

（2）样品测定

在采有样品的采样管中滴加丙酮，用具塞刻度管收集 5.00m1 解吸液，用氮气流将解吸液小心浓缩至近干。加 20%乙醇溶液 5.00ml 溶解残留物，以下按标准曲线绘制步骤②～⑥进行。

6. 计算

$$C=\frac{W}{V_n}$$

式中：C——甲基对硫磷的浓度，mg/m^3；

W——甲基对硫磷含量，μg；

V_n——标准状态下的采样体积，L。

7. 说明

①样品用 20%乙醇溶液溶解时，若发现混浊现象，仍可按原操作步骤继续进行。但在加入显色剂 10min 后，需将显色溶液移入 60ml 干燥的分液漏斗中，加入用 20%乙醇溶液饱和过的石油醚 5ml，振摇 10 次，静置分层。取水相，测定吸光度。

②当三氯化钛溶液由紫红色变成暗褐色时，表示已被氧化为四价钛，不能继续使用，需往三氯化钛溶液中加 1～2 粒锌粒，放置过夜，过滤后溶液又呈紫色，可继续使用。

③过量的亚硝酸钠须用氨基磺酸铵除尽。

④试样的显色反应适宜温度为 20～30℃，若室温较低时，可在恒温水浴中进行。

三、敌百虫

硫氰酸汞分光光度法（B）

1. 原理

空气中的敌百虫经乙醇溶液吸收并在碱性溶液中水解，游离出氯离子。在酸性溶液中，氯离子与硫氰酸汞反应生成难电离的二氯化汞，置换出硫氰酸根离子，硫氰酸根离子与高铁离子作用生成橙红色络合物，根据颜色深浅，用分光光度法测定。

反应式如下：

$$2\ (CH_3O)_2P(=O)\text{—}CH(OH)\text{—}CCl_3 + 6H_2O \xrightarrow{[O]} 2\ (CH_3O)_2P(=O)\text{—}OH + 4HCOOH + 6HCl$$

$$2Cl^- + Hg(SCN)_2 \longrightarrow HgCl_2 + 2SCN^-$$

$$SCN^- + Fe^{3+} \longrightarrow Fe(SCN)^{2+}$$

（橙红色）

空气中氯化氢、颗粒物中氯化物及水解后生成氯离子的其他有机氯化合物（如三氯乙醛），干扰测定。样品经水解后，测定总氯离子含量，另测定在中性溶液中不经水解样品中的氯离子含量，从二者之差可计算出敌百虫含量。在敌百虫吸收管前串一内装硝酸银-硝酸溶液的吸收管，可除去三氯乙醛的干扰。

本法检出限为2μg/2m1，当采样体积为60L，吸收液体积为5.00ml，取2.00m1测定时，最低检出浓度为0.07mg/m^3。

2. 仪器

①水解管：长20cm，直径15mm的玻璃试管，见图6-3-1。

②棕色U型多孔玻板吸收管。

③大型气泡吸收管。

④具塞比色管：10ml。

⑤空气采样器：流量0～1L/min。

⑥电热恒温水浴锅。

⑦分光光度计。

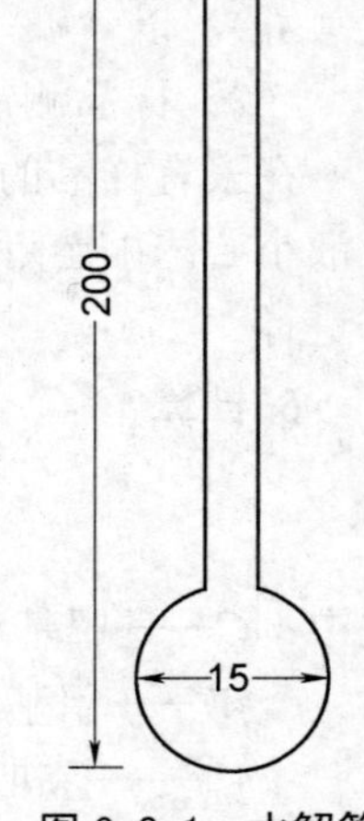

图6-3-1 水解管

3. 试剂

①敌百虫吸收液：10%（*V/V*）乙醇（重蒸）溶液。

②三氯乙醛吸收液：在浓硝酸中分次加少许硝酸银使其达到饱和。

③氢氧化钠-乙醇溶液：将4.0g氢氧化钠溶解于10%乙醇溶液中，并稀释至100m1。

④（1+2）硝酸溶液。

⑤硫氰酸汞-乙醇饱和溶液：将0.40g硫氰酸汞用100ml无水乙醇浸泡一周后，取上清液使用。

⑥硫酸铁铵硝酸溶液：称取12.0g硫酸铁铵，溶解于（1+2）硝酸溶液，并稀释至100ml，如浑浊应过滤。

⑦氯化钾标准溶液：称取 0.2104g 氯化钾（基准试剂，105℃干燥 2h），用敌百虫吸收液（10%乙醇溶液）溶解后，移入 1000ml 容量瓶中，加吸收液至标线，作为贮备液。每毫升贮备液含氯离子 100.0μg。使用时，用吸收液稀释成每毫升含氯离子 20.0μg 的标准溶液。

4. 采样

将盛有 5ml 三氯乙醛吸收液的大型气泡式吸收管与盛有 5ml 敌百虫吸收液的 U 型多孔玻板吸收管（棕色）串联，以 0.5L/min 的流量，采气 40～60L，长时间采样，乙醇挥发，需随时补充。敌百虫比重较大，采样器安放位置不宜过高，距地面 1.5m 即可。

5. 步骤

（1）标准曲线的绘制

①取七支 10ml 具塞比色管，按表 6-3-2 制备标准系列。

表 6-3-2　敌百虫标准系列

管　号	0	1	2	3	4	5	6
标准溶液(ml)	0	0.10	0.20	0.30	0.40	0.50	0.60
吸收液(ml)	2.00	1.90	1.80	1.60	1.40	1.20	1.00
氯离子含量(μg)	0	2.0	4.0	8.0	12.0	16.0	20.0

②各管中加入氢氧化钠-乙醇溶液 0.20ml。

③各管加入（1＋2）硝酸溶液 0.50ml，硫酸铁铵硝酸溶液 1.00ml，硫氰酸汞-乙醇饱和溶液 1.00ml，混匀，放置 10min。

④在波长 470nm 处，用 1cm 比色皿，以水为参比，测定吸光度。以吸光度对氯离子含量（μg）绘制标准曲线。

（2）样品测定

将采集的敌百虫吸收液移入 10ml 比色管中，用少量吸收液洗涤吸收管，洗涤液并入比色管中，使总体积为 5.00ml。从比色管中吸取 2.00ml 样品溶液，放入水解管中，加 0.20ml 氢氧化钠-乙醇溶液，混匀，于 90～95℃水浴中水解 15min。冷至室温后，按绘制标准曲线步骤③和④操作，测定吸光度。查标准曲线，得到氯离子总含量 W_a（μg）。

为测定空气中氯化氢、颗粒物中氯化物等含量，另取 2.00ml 样品溶液，加 0.20ml 吸收液，在中性溶液中不经水解，直接按绘制标准曲线步骤③④操作，测定吸光度，查标准曲线，得到其他氯化物的含量 W_b。

6. 计算

$$C(\text{mg/m}^3)=\frac{(W_a-W_b)\times 2.42\times 1.09}{V_n}\times\frac{5.00}{2.00}$$

式中：C——敌百虫浓度，mg/m³；

W_a——样品溶液中氯离子总含量，μg；

W_b——未经水解的样品溶液中氯离子含量，μg；

2.42——从氯离子含量换算为敌百虫含量的系数；

1.09——修正系数；

V_n——标准状态下的采样体积，L。

7. 说明

①试剂空白液的吸光度较高而且不稳定，应检查水和所有试剂的含氯量，每换一批试剂需多次测定试剂空白液吸光度，在测得稳定数值之后，再绘制标准曲线及测定样品。

②为避免水解时乙醇蒸发，须使用本法规定的水解管，水浴的液面略高于溶液的液面即可，同时每批水解管做一个不含敌百虫的空白对照管，以校正操作误差。

③当空气中氯化氢、颗粒物中氯化物的含量较敌百虫含量高得多时，用本差减法测定敌百虫的误差较大。

④实验结果表明：

a. 敌百虫在中性或酸性溶液中也有微量水解（约 6%）。

b. 分别以氯化钾和敌百虫为标准，绘制吸光度对氯离子浓度（μg/2ml）的标准曲线时，其斜率稍有差异（各为 0.0160 和 0.0156）。所以在使用氯化钾作标准时，需对计算结果进行校正，校正系数：$K=\frac{b_{\mathrm{KCl}}}{b_{\mathrm{di}}}(1+c)$。

式中：b_{KCl}——氯化钾标准曲线斜率；

b_{di}——敌百虫标准曲线斜率；

c——中性溶液中敌百虫的水解率。

经几个实验室测定 b_{KCl}、b_{di} 及 c 后，计算出 K 值为 1.09。有条件的实验室最好使用敌百虫标准品 BW 1103 配制标准溶液。

⑤敌百虫$(CH_3O)_2P(O)C(OH)HCCl_3$，化学名称 *o,o′*-二甲基-（2, 2, 2-三氯-1-羟基乙基）磷酸酯，分子量 257.45。从氯离子含量换算为敌百虫含量的系数为 257.45/3×35.45=2.42。

⑥吸收管、比色管、吸管、比色皿等不要用自来水洗涤，以防氯离子沾污。用去离子水或蒸馏水洗净后可用试剂空白液检查，再洗净后使用。试验过程中应注意防尘。

⑦敌敌畏水解也生成氯离子，干扰敌百虫的测定。

四、敌百虫和敌敌畏

间苯二酚荧光法（C）

1. 原理

敌敌畏和敌百虫在碱性溶液中水解后与间苯二酚反应生成荧光性的化合物，该化合物的荧光强度与敌敌畏和敌百虫的含量成正比。

由于敌敌畏和敌百虫水解的产物相同，因此当敌敌畏和敌百虫同时存在时测定的是两种农药的总量，其他有机磷农药水解后与间苯二酚均不生成荧光化合物。一般情况下，氯离子、硝酸根离子、硫酸根离子、氟离子均不干扰测定。只有当 Pb^{2+}、Cd^{2+}浓度高于 1.0mg/L 时将猝灭荧光。

方法的检出限为 0.1mg/L，当采样体积为 15L 时，方法最低检出浓度为 0.07mg/m^3。

2. 仪器

①仪器：荧光分光光度计。

②空气采样器：流量 0～1.0L/min。

3. 试剂

①1.0% 间苯二酚水溶液，临用现配。

②敌百虫和敌敌畏标准贮备液（1.00g/L）：准确称出 0.5000g 敌百虫（或敌敌畏）用丙酮溶解，在容量瓶中用丙酮稀释至 500ml。

③敌百虫和敌敌畏标准使用液（50.00mg/L）：取 5.0ml 贮备液用丙酮稀释至 100ml。

④0.5%氢氧化钠溶液。

⑤10%乙醇水溶液。

⑥所用的水为去离子水，所用的试剂均为分析纯。

4. 采样

将盛有 10ml 10%乙醇吸收液的多孔玻板吸收管与采样器连接，以 0.5L/min 的流量采气 30min。敌百虫比重较大，采样器安放位置不宜过高，距地面 1.5m 即可。

5. 步骤

（1）标准曲线的绘制

取六支 25ml 比色管，各加入 10%的乙醇吸收液 10ml，再分别加入 0、5、10、15、20、25μg 的敌百虫（或敌敌畏），0.5%的氢氧化钠溶液 2.40ml，1.0%的间苯二酚溶液 0.6ml，用水稀释至刻度摇匀。于沸水浴中加热 2min，取出后用自来水冷却至室温，以激发波长为 492nm，荧光波长为 521nm 处测定荧光强度。

（2）样品的测定

将采集到的敌百虫（或敌敌畏）的吸收液移入 25ml 比色管中，用少量吸收液洗涤吸收管，洗涤液并入比色管中，再按绘制标准曲线步骤进行操作，测定吸光度。查标准曲线，得到敌百虫（敌敌畏）的含量 W（μg）。

6. 计算

$$C = \frac{W}{V_n}$$

式中：C——空气中敌百虫或敌敌畏的浓度，mg/m^3，

W——样品溶液中敌百虫（或敌敌畏）含量，μg；

V_n——标准状态下的采样体积，L。

7. 说明

利用模拟采样法测定回收率为 91%～102%，相对标准偏差为 4.6%。

五、有机磷农药

气相色谱法（C）

1. 原理

空气和废气中有机磷农药被 XAD-2 吸附剂吸附后，用甲苯-丙酮混合溶液解吸，用毛细柱气相色谱分离，火焰光度检测器测定。

本方法所列有机磷农药的检测限和最小检出浓度见表 6-3-4。

2. 仪器

①采样器：采样管使用内径 11mm，外径 13mm，长 50mm 的玻璃管，采样管出气端

外径 6mm，长 25mm。采样管加粗端装有 270mg 20～60 目的 XAD-2 吸附剂，也可装有外径为 9～10mm 的石英纤维滤膜和聚四氟乙烯固定环，后段装有 140mgXAD-2。采样管前后两段用聚氨基甲酸酯泡沫分开，后端用长的聚氨基甲酸酯泡沫塞住。

注意：一些采样管填有玻璃纤维，它不适合用于极性较大的物质（如酰胺，磷酰胺和亚砜类有机磷农药）的采样。马拉硫磷在装有玻璃纤维采样管中，回收率较低或没有一定规律。

②采样泵：0.2～1L/ min，用硅胶管、聚乙烯等软管连接采样器与采样管。

③带盖的 4ml 自动进样器样品瓶，带聚四氟乙烯（PTFE）内衬的盖。

④气相色谱仪，具火焰光度检测器，用于磷的测定，测定波长为 525nm，积分仪和柱子。

⑤注射器：5、10、50 和 100ml，用于配制不同浓度的标准溶液。

⑥容量瓶：500、10、2ml。

⑦小型超声波清洗器。

3. 试剂

①有机磷农药标准：准备每种农药的贮备液，用甲苯-丙酮 90∶10（*V*/*V*）作溶剂。表 6-3-4 中的所有农药都配成 10mg /ml 的贮备液。

②甲苯：分析纯和优级纯。

③丙酮：优级纯，不含所分析的物质。

④解吸液：将 50ml 丙酮加到 500ml 容量瓶中，用甲苯稀释到刻度。

注意：如使用内标方法，内标液的配制：将浓度为 5mg/ml 的三苯基磷-甲苯溶液 1ml，加至 500ml 吸收液中。

⑤用于校准的溶液和中间液：取有机磷农药的贮备液，用解吸液稀释成浓度为 1.0mg/ml。

⑥纯净气：氦气，氢气，氮气，干空气。

4. 采样

①用流量计校定每一个采样泵。

②用柔韧的管子连接采样器和采样泵。采样器应垂直放置，粗端朝下，在人的呼吸区采样（离地面高约 1.5m）。

③采样器应在准确流速为 0.2～1L /min 下采样，采样总体积为 12～240L。

样品处理：

①打开采样管粗端，去掉 PTFE 固定环，将填充物和前部的 XAD-2 放入 4ml 样品瓶中；去掉氨基甲酸酯泡沫塞，将后部的 XAD-2 放入另一个 4ml 样品瓶中。

②在每个试管中用 5ml 注射器或 2ml 移液管各加入 2 ml 解吸液。

③将样品瓶浸入超声波水槽中超声 30min。也可在震荡器中震荡 1h。

④从每个 4ml 样品瓶中取 1～1.5ml 溶液加入 2ml 样品瓶中，盖上瓶盖并做标记，样品在 25℃可保存 10d，0℃时可保存 30d。

5. 步骤

①色谱条件：进样口温度 240℃，检测温度 180～215℃，柱头压力 15psi*，检测器为具磷滤光片的火焰光度检测器。进样体积 1μl，用于有机磷农药分析的色谱柱及色谱升温

---

*1psi=0.068×101.325kPa。

条件见表 6-3-3。在表 6-3-3 条件下，有机磷农药在色谱柱上的保留时间见表 6-3-5。

②根据表 6-3-3 的色谱条件，用 3～5 个不同浓度点做标准曲线，用峰高或峰面积对分析物质进样量（μg）（如果使用内标法，用分析物质的峰面积/内标物质峰面积对分析物质进样量 μg）作回归方程，曲线的相关系数≥0.995。

③样品的测定：按照表 6-3-3 的色谱条件，将处理好的样品进样 1～2μl。如果峰高或峰面积超过曲线最高点，则用解吸液稀释后重新测定。

表 6-3-3 分析有机磷农药的色谱条件

固定相	DB-1(非极性)	DB-5(弱极性)	DB-1701(中极性)	DB-210(中极性)
柱长(m)	30	30	30	30
柱内径(mm)	0.32	0.32	0.32	0.32
膜厚(μm)	0.25	1.0	1.0	0.25
升温速度	初始柱温 100℃，以 3℃/min 升温速度升至 275℃	初始柱温 125℃，以 4℃/min 升温速度升至 275℃	初始柱温 125℃，以 4℃/min 升温速度升至 275℃	初始柱温 100℃，以 3℃/min 升温速度升至 250℃

6. 计算

按下式计算样品中分析物质的浓度：

$$C = \frac{(W_f + W_b - B_f - B_b)}{V}$$

式中：C——被分析样品浓度，mg/m^3；

W_f——采样管前段吸附剂中分析物质的含量，μg；

W_b——采样管后段吸附剂中分析物质的含量，μg；

B_f——采样管前段空白吸附剂中分析物质的含量，μg；

B_b——采样管后段空白吸附剂中分析物质的含量，μg；

V——采样体积（0℃，101.325kPa），L。

7. 质量保证和质量控制

①采样器在采样前或采样过程中发现流量有较大的波动时，均应该进行流量校正。

②每次样品分析前后必须进行中间浓度检验，如果样品多于 10 个时，每 10 个样品进行一次前后的中间浓度检验，如果中间浓度的实际值与曲线所得值的偏差≤15%，则样品的分析数据有效。

③每分析一批样品，必须测定一次吸附管前后 XAD-2 的空白。

④每次采样时应做一个过程空白。

⑤当采样管后部 XAD-2 测定的数值大于前部 10%时，应标明样品可能穿透或损失。

⑥每次采样，样品在 10 个之内和每 10 个样品应做一个平行样，平行样的偏差应≤25%。

⑦实验室加标回收实验：打开采样管粗端，加适量的标准溶液到前部石英纤维上，然后盖上盖，最少保持 1h，按样品的测定步骤将石英纤维与吸附剂一起解吸，然后进行测定，同时分析未加标样品。六次分析结果的回收率＞75%，标准偏差＜±9%。

8. 干扰

①由于分析的不确定性，样品分析时可以使用另一种不同极性色谱柱进行分析验证。如果在非极性柱和弱极性柱上进行分析（DB-1 或 DB-5），那么验证的柱子就应该使用极性柱（DB-1701 或 DB-210，DB-210 的分离能力好于 DB-1701）。用相对保留时间可以很准确的进行定性分析。对硫磷、磷酸三丁酯、皮蝇磷和磷酸三苯酯均可用做保留时间的参比化合物。

②一些有机磷化合物和有机磷农药可能与分析物质或内标化合物的峰重叠，这将引起目标化合物和内标峰积分错误。有机磷化合物包括磷酸三丁酯（增塑剂），磷酸 3-（2-丁氧基乙基）酯（橡皮塞子里的增塑剂），磷酸三丁酯（增塑剂），磷酸三（邻甲苯）酯（汽油添加剂、液压机液体、增塑剂、阻燃剂和溶剂中含有）和磷酸三苯酯（增塑剂、塑料阻燃剂、漆和房顶油毡纸）。

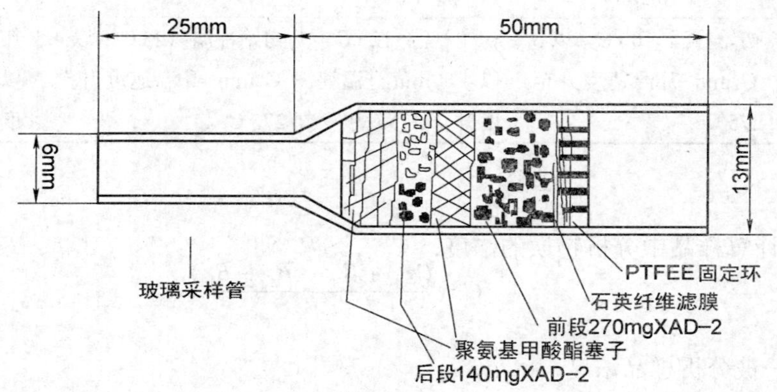

图 6-3-2 采样管示意图

表 6-3-4 有机磷化合物曲线范围、检测限和最低检出浓度

化合物名称		工作范围			检出限		
英文名称	中文名称	大气浓度 (mg/m^3)	样品(1) (μg/样品)	进入柱内(2)的量(ng)	进入柱内(2)的量(ng)	样品(1) (μg/样品)	大气浓度(1) (mg/m^3)
1. Azinphos methyl	谷硫磷	0.02～0.6	2.4～72	1.2～36	0.06	0.2	0.001
2. Chlorpyrifos	毒死稗	0.02～0.6	2.4～72	1.2～36	0.02	0.04	0.0004
3. Diazinon	地亚农	0.01～0.3	1.2～36	0.6～18	0.02	0.04	0.0004
4. Dicrotophos	百治磷	0.025～0.75	3.0～90	1.5～45	0.1	0.2	0.002
5. Disulfoton	乙拌磷	0.01～0.3	1.2～36	0.6～38	0.02	0.04	0.0004
6. Ethion	乙硫磷	0.04～1.2	4.8～144	2.4～72	0.02	0.04	0.0004
7. Ethoprop	灭克磷	0.01～0.3	1.2～36	0.6～18	0.02	0.04	0.0004
8. Fenamiphos	克线磷	0.01～0.3	1.2～36	0.6～18	0.07	0.14	0.001
9. Fonofos	地虫磷	0.01～0.3	1.2～36	0.6～18	0.02	0.04	0.0004
10. Malathion	硫克磷	1.0～3.0	12～360	6～180	0.05	0.1	0.001
11. Methamidophos	甲胺磷	0.02～0.6	2.4～72	1.2～36	0.3	0.6	0.005
12. Methyl parathion	甲基对硫磷	0.02～0.6	2.4～72	1.2～36	0.02	0.04	0.0004

化合物名称		工作范围			检出限		
英文名称	中文名称	大气浓度 (mg/m^3)	样品[1] (μg/样品)	进入柱内[2]的量(ng)	进入柱内[2]的量(ng)	样品[1] (μg/样品)	大气浓度[1] (mg/m^3)
13. Mevinphos	速灭磷	0.01～0.3	1.2～36	0.6～18	0.06	0.2	0.001
14. Monocrotophos	久效磷	0.025～0.75	3.0～9.0	1.5～45	0.2	0.4	0.004
15. Parathion	对硫磷	0.005～0.15	0.6～18	0.3～9	0.02	0.04	0.0004
16. Phorate	甲拌磷	0.005～0.15	0.6～18	0.3～9	0.02	0.04	0.0004
17. Ronnel	皮蝇磷	1.0～30	12～360	6～180	0.02	0.04	0.0004
18. sulprofos	硫灭克磷	0.1～3.0	12～360	6～180	0.03	0.06	0.0005
19. Terbufos	特丁磷	0.01～0.3	1.2～36	0.6～18	0.02	0.04	0.0004

（1）以采样体积 120L 时计算（流速 1L /min 采 2h，0.5L /min 采 4h，0.2L /min 采 10h）。
（2）用 2.0ml 解吸液解吸，取 1μl 进气相色谱。

表 6-3-5 有机磷农药在几种色谱柱上的保留时间

名 称	DB-1			DB-5	DB-1701	DB-210
	RT(min)	*RRT*[1]	*T*(℃)	*RT*(min)	*RT*(min)	*RT*(min)
1. 焦磷酸四乙酯	3.71	0.128	111	5.47	7.18	7.88
2. 甲胺磷	5.12	0.177	115	7.64	13.61	12.03
3. 敌敌畏	5.81	0.200	117	8.24	10.67	10.54
4. 速灭磷	10.45	0.360	131	12.92	16.69	19.20
5. 灭克磷	17.15	0.592	151	19.09	21.52	20.10
6. 百治磷	18.00	0.621	154	19.94	25.84	31.43
7. 久效磷	18.27	0.630	155	20.12	28.11	31.60
8. 甲拌磷	19.18	0.662	158	20.94	23.10	18.92
9. 乐果	19.44	0.671	158	21.84	*	29.33
10. 地虫磷	22.04	0.760	166	23.57	25.87	22.20
11. 特丁磷	22.22	0.767	168	23.80	25.02	21.52
12. 敌亚农	23.37	0.806	170	23.75	25.00	20.99
13. 甲基对硫磷	25.37	0.875	176	26.48	31.37	33.21
14. 皮蝇磷	26.86	0.927	181	27.39	29.30	26.27
15. 马拉硫磷	28.53	0.984	186	28.33	31.78	33.08
16. 倍硫磷	28.74	0.992	186	28.93	31.78	29.35
17. 对硫磷	28.98	1.00	187	29.10	33.28	35.60
18. 毒死稗	29.11	1.004	187	29.10	30.79	27.72
19. 克线磷	34.09	1.176	202	33.03	37.14	38.95
20. 乙硫磷	37.88	1.307	214	36.30	39.30	37.96
21. 硫灭克磷	38.49	1.328	216	36.96	39.54	37.11
22. 磷酸三苯酯	40.88	1.411	223	39.06	*	*
23. 谷硫磷	44.16	1.524	232	43.67	不出峰	49.24
24. 蝇毒磷	49.31	1.702	248	50.10	67.86	60.88

（1）：*RRT*：相对于对硫磷的保留时间。

第四章 醛酮类化合物

一、醛酮类化合物

2,4-DNPH 吸附管吸附高效液相色谱法（C）

1. 原理

空气中醛和酮类化合物用涂附 2,4-二硝基苯肼（2,4-DNPH）的固体吸附剂吸附，在酸性介质中醛和酮类化合物与 2,4-DNPH 反应，形成稳定的腙衍生物，该反应具有高度特异性。用乙腈淋洗后，淋洗溶液用液相色谱测定。

2. 方法的适用范围

该方法可测定 15 种以上醛和酮类化合物：甲醛，乙醛，丙醛，丙烯醛，丁醛，戊醛，异戊醛，己醛，苯甲醛，邻、间、对-甲基苯甲醛，2,5-二甲基苯甲醛，丙酮，丁酮，戊酮，环己酮，苯乙酮等。

3. 干扰及消除

空气中臭氧浓度高时，可降低甲醛的采样效率（可能是由于臭氧对甲醛的氧化作用所致），可在小柱前串联一支臭氧去除柱（在国内有售），消除干扰。

当被测定的醛和酮类化合物与其他醛酮类化合物的结构相似时，在给定的液相色谱条件下，不能分离它们的腙衍生物（如丙醛、丙酮、丙烯醛等）则出现峰重叠，从而干扰分析测定。另外一些在 360nm 处有较强吸收、且保留时间与被测醛（酮）的腙衍生物相近的化合物，也造成干扰。通过色谱条件优化，如使用双柱串联等提高柱效，可以将结构相似的醛和酮腙衍生物相互分离。目前的方法可同时测定 15 种醛和酮类化合物而互不干扰。

甲醛和丙酮是实验室常用试剂，容易带来背景污染。

4. 方法特点

该方法可根据实际样品中醛酮类化合物浓度的高低，确定采样时间。对于低浓度样品，如环境空气（1～20ppb），可延长采样时间（如 1～12h）；如在污染源附近，可采集 5～60min。采样流量应在 1.5L/min 以下，一方面采样管有一定阻力，另外也为了保证采样效率。

5. 仪器

①高效液相色谱（HPLC）仪，具紫外检测器（工作波长 360nm），Zorbax-C8 高效液相色谱柱，或等效 C18 反相柱，双柱串联。

②采样系统：能够准确控制采样流量（500～1500ml/min）的空气采样器。

③流量校准系统：能够准确标定流量（100～1500ml/min）的流量计（如皂膜流量计）。

④温度计，气压计。

⑤滤膜过滤器：用于过滤 HPLC 流动相。

⑥高纯氦气：用于 HPLC 流动相脱气。

⑦微量进样器（10、50、100μl）。

⑧注射器（10ml），容量瓶（10ml）：用于淋洗小柱制备样品进样溶液。

6. 试剂和材料

①采样小柱（Cartridge），可用美国 Waters 公司产品（Sep-P Cartridge）。

②臭氧去除柱，可用美国 Waters 公司产品，在国内有售。

③滤膜：0.45μm 有机滤膜。

④氦气（99.999%），氮气（99.999%）。

⑤2, 4-二硝基苯肼（DNPH）为分析纯，用分析纯乙腈重结晶两次。

⑥乙腈（HPLC 专用流动相）、盐酸（分析纯）、二次水（使用前现蒸）。

⑦2, 4-二硝基苯腙标样：建议使用美国醛和酮的 2, 4-二硝基苯腙标样，Mix 1 包括甲醛-DNPH、乙醛-DNPH、丙酮-DNPH、丙烯醛-DNPH、丙醛-DNPH、丁烯醛-DNPH、丁醛-DNPH、苯甲醛-DNPH、异戊醛-DNPH、戊醛-DNPH、邻、间、对-甲基苯甲醛-DNPH、己醛-DNPH 和 2, 5-二甲基苯甲醛-DNPH，共 15 种。Mix 2 包括甲醛-DNPH、乙醛-DNPH、丙烯醛-DNPH、丙酮-DNPH、丙醛-DNPH、丁烯醛-DNPH、甲基丙烯醛-DNPH、丁酮-DNPH、丁醛-DNPH、苯甲醛-DNPH、戊醛-DNPH、环己酮-DNPH、p-甲基苯甲醛-DNPH 和己醛-DNPH，共 14 种。Mix 1 和 Mix 2 的溶剂均为乙腈，液体标样冰箱内闭光密闭保存。

以上种类的醛和酮的 2, 4-二硝基苯腙也有单标的固体标样，一般每支单标为 10mg，单独销售。2, 4-二硝基苯腙固体标样冰箱内闭光密闭保存。

7. 采样

采样装置为空气采样器，要确保采样泵能够维持采样速度恒定（可采用限流管）。如果环境温度在 0℃以下，应在采样管前串联一段不锈钢加热管（30～60cm），加热温度 50～60℃。采样管一端与采样器进气口联接，另一端（采样管短的一端为进气口）面对空气（或接加热管）。采样速度一般为 0.8～1.0L/min。在采样前应检查采样器气路的气密性。采样器流量以皂膜流量计校准。根据现场调查，可采集几十升至几百升空气，醛酮采样总量应小于采样管 DNPH 含量（2mg DNPH/ Cartridge）的 75%。采样期间应不时地观察采样器流量是否稳定。如果采样结束时的流量与开始时流量相差超过 15%，此次样品应作“可疑”标记。记录采样日期、采样流速、采样管编号、仪器编号，采样时温度、压力、湿度，并记录采样起始和结束时间、采样点位等。采样结束后，采样管两端密封，装入专用的铝衬袋内，运回实验室，避光、在 0～4℃的冰箱保存。样品应在采样后 30d 内完成分析。

8. 分析

（1）样品洗脱

除去采样管两端的密封帽，将采样管出口端（采样时气体出口端）联接到一支干净的注射器（10ml）上，采样管另一端接到一支干净的容量瓶（10ml）中，在注射器内加入 5ml

乙腈进行淋洗（有时淋洗液流不下去，这时可用注射芯对注射筒加压，慢慢将淋洗液推下），淋洗液流入容量瓶中，加入乙腈，定容到10ml。待HPLC分析（如果不能及时分析，可将溶液置于冰箱内闭光保存）。

（2）HPLC分析

HPLC条件：高效液相色谱（HPLC）仪，紫外检测器（工作波长360nm），Zorbax-C8高效液相色谱柱，或等效C18反相柱，双柱串联。流动相，乙腈/水：73/27（*V/V*），流速0.2ml/min，进样量：2μl。标准色谱图见图6-4-1，保留时间见表6-4-1。

流动相应以0.45μm滤膜（聚酯或聚四氟乙烯）过滤，并以氦气脱气。

基线走稳后，即可进样分析。

HPLC条件可根据具体情况加以调整，如色谱柱选择、流动相比例、流速、进样量等。如果样品浓度超出线性范围，样品需要稀释。

（3）HPLC校准

校准曲线绘制完成后，在分析期间，每天应以校正标准溶液（浓度相当于10倍检出限）进行检验。如果测定值与参考值相差15%以内，且校准溶液相邻两日测定值相差在10%以内，则接受该校准曲线（外标法定量）；否则，需要重新绘制校准曲线。

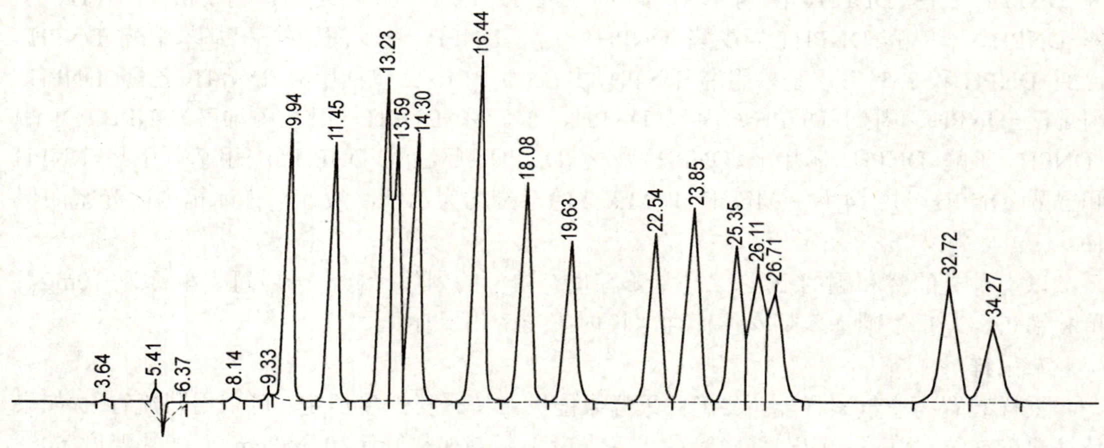

图6-4-1 醛酮腙在LC-18-DB柱上的典型色谱分离图

表6-4-1 醛酮腙类化合物的保留时间

名称	保留时间(min)	名称	保留时间(min)
甲醛-DNPH	9.94	异戊醛-DNPH	22.54
乙醛-DNPH	11.45	正戊醛-DNPH	23.85
丙烯醛-DNPH	13.23	邻-甲基苯甲醛-DNPH	25.35
丙酮-DNPH	13.59	间-甲基苯甲苯-DNPH	26.11
丙醛-DNPH	14.30	对-甲基苯甲醛-DNPH	26.71
丁烯醛-DNPH	16.44	正己醛-DNPH	32.72
丁醛-DNPH	18.08	2, 5-二甲-苯甲醛-DNPH	34.27
苯甲醛-DNPH	19.63		

9. 质量保证和质量控制

（1）高效液相色谱系统的效率

高效液相色谱系统的柱效应大于5000理论塔板数；同一样品（校正标准）相邻两日的重复分析精密度应在10%以内（浓度1μg/ml）和25%以内（浓度0.5μg/ml或以下）；同一化合物的保留时间同一日内的精密度应在2%以内，相邻两日相差应在5%以内。

（2）空白

现场空白数应占现场样品数的10%以上，现场空白的处理与实际样品（小柱的处理）一致，但现场空白只暴露在现场空气中，空气不通过空白采样小柱。

10. 精密度和准确度

重复分析的样品数应占现场样品数的10%以上，重复分析的精密度应小于20%；校正标准同一日重复分析的精密度应小于10%；加标分析的样品数应占现场样品数的10%以上；如果是第一次分析，实验室应分析至少三个浓度级的加标平行样，加标回收率应在80%以上。

二、甲醛

酚试剂分光光度法灵敏度高，但选择性较差；乙酰丙酮分光光度法灵敏度略低，但选择性较好。

（一）酚试剂分光光度法（B）

1. 原理

甲醛与酚试剂反应生成嗪，在高铁离子存在下，嗪与酚试剂的氧化产物反应生成蓝绿色化合物。根据颜色深浅，用分光光度法测定。

本法检出限为0.1μg/5ml（按与吸光度0.02相对应的甲醛含量计），当采样体积为10L时，最低检出浓度为0.0lmg/m^3。

2. 仪器

①大型气泡吸收管：10ml。

②空气采样器：流量范围0～1L/min。

③具塞比色管：10ml。

④分光光度计。

3. 试剂

①吸收液：称取0.10g酚试剂（3-甲基-苯并噻唑腙 $C_6H_4SN(CH_3)C:NNH_2 \cdot HCl$，简称MBTH），溶于水中，稀释至l00ml，即为吸收原液。贮存于棕色瓶中，在冰箱内可以稳定3d。采样时取5.0ml原液加入95ml水，即为吸收液。

②1%硫酸铁铵溶液：称取1.0g硫酸铁铵，用0.10mol/ L盐酸溶液溶解，并稀释至100ml。

③甲醛标准溶液：量取10ml 36%～38%甲醛，用水稀释至500ml，用碘量法标定甲醛溶液浓度。使用时，先用水稀释至每毫升含10.0μg的甲醛溶液。然后立即吸取10.00ml稀释溶液于100ml容量瓶中，加5.0ml吸收原液，再用水稀释至标线。此溶液每毫升含1.0μg甲醛。放置30min后，用此溶液配制标准系列，此标准溶液可稳定24h。

标定方法：吸取 5.00ml 甲醛溶液于 250ml 碘量瓶中，加入 40.00ml $C(1/2I_2)$=0.10mol/L 碘溶液，立即逐滴加入 30%氢氧化钠溶液，至颜色褪至淡黄色为至。放置 10min，用 5.0ml（1+5）盐酸溶液酸化（做空白滴定时需多加 2ml）。置暗处放 10min，加入 100～150ml 水，用 0.1mol/L 硫代硫酸钠标准溶液滴定至淡黄色，加入 1.0ml 新配制的 5%淀粉指示剂，继续滴定至蓝色刚刚褪去。建议购买甲醛标样。

另取 5ml 水，同上法进行空白滴定。

按下式计算甲醛溶液浓度：

$$甲醛溶液浓度(mg/ml)=\frac{(V_0-V)\times C(Na_2S_2O_3)\times 15.0}{5.00}$$

式中：V_0、V——分别为滴定空白溶液、甲醛溶液所消耗硫代硫酸钠标准溶液体积，ml；

C（$Na_2S_2O_3$）——硫代硫酸钠标准溶液浓度，mol/L；

15.0——相当于 1L 1mol/L 硫代硫酸钠标准溶液（$Na_2S_2O_3$）的甲醛（1/2 CH_2O）的质量，g。

4. 采样

用一个内装 5.0ml 吸收液的气泡吸收管，以 0.5L/min 流量，采气 10L。

5. 步骤

（1）标准曲线的绘制

取八支 10ml 比色管，按表 6-4-2 配制标准系列。

表 6-4-2 甲醛标准系列

管 号	0	1	2	3	4	5	6	7
甲醛标准溶液(ml)	0	0.10	0.20	0.40	0.60	0.80	1.00	1.50
吸收液(ml)	5.00	4.90	4.80	4.60	4.40	4.20	4.00	3.50
甲醛含量(μg)	0	0.10	0.20	0.40	0.60	0.80	1.00	1.50

然后向各管中加入 1%硫酸铁铵溶液 0.4ml，摇匀。在室温下（8～35℃）显色 30min。在波长 630nm 处，用 1cm 比色皿，以水为参比，测定吸光度。以吸光度对甲醛含量（μg）绘制标准曲线。

（2）样品测定

采样后，将样品溶液移入比色管中，用少量吸收液洗涤吸收管，洗涤液并入比色管，使总体积为 5.0ml。以下操作同标准曲线绘制。

6. 计算

$$C=\frac{W}{V_n}$$

式中：C——甲醛浓度，mg/m^3；

W——样品中甲醛含量，μg；

V_n——标准状态下采样体积，L。

7. 说明

①绘制标准曲线时与样品测定时温差不超过 2℃；

②标定甲醛时，在摇动下逐滴加入30%氢氧化钠溶液，至颜色明显减褪，再摇片刻，待褪成淡黄色，放置后应褪至无色。若碱量加入过多，则5ml（1+5）盐酸溶液不足以使溶液酸化。

③当与二氧化硫共存时，会使结果偏低，二氧化硫产生的干扰，可以在采样时，使气体先通过装有硫酸锰滤纸的过滤器，即可排除干扰。

（二）乙酰丙酮分光光度法（A）

1. 原理

甲醛气体经水吸收后，在pH=6的乙酸-乙酸铵缓冲溶液中，与乙酰丙酮作用，在沸水浴条件下，迅速生成稳定的黄色化合物，在波长413nm处测定。

2. 方法的适用范围

本方法适用于环境空气和工业废气中甲醛的测定。

在采样体积为0.5～10.0L时，测定范围为0.5～800mg/m^3。

当甲醛浓度为20μg/10ml时，共存8mg苯酚（400倍），10mg乙醛（500倍），600mg铵离子（30000倍）无干扰影响；共存SO_2小于20μg，NO_x小于50μg，甲醛回收率不低于95%。

3. 仪器

①采样器：流量范围为0.2～1.0L/min的空气采样器。

②皂膜流量计。

③多孔玻板吸收管：50ml或125ml、采样流量0.5L/min时，阻力为6.7kPa±0.7kPa，单管吸收效率大于99%。

④具塞比色管：25ml，具10ml、25ml刻度，经校正。

⑤分光光度计：附1cm吸收池。

⑥标准皮托管：具校正系数。

⑦倾斜式微压计。

⑧采样引气管：聚四氟乙烯管，内径6～7mm，引气管前端带有玻璃纤维滤料。

⑨空盒气压表。

⑩水银温度计：0～100℃。

⑪pH酸度计。

⑫水浴锅。

4. 试剂

除非另有说明，分析时均使用符合国家标准的分析纯试剂和按4①制备的水。

①不含有机物的蒸馏水：加少量高锰酸钾的碱性溶液于水中再进行蒸馏即得（在整个蒸馏过程中水应始终保持红色，否则应随时补加高锰酸钾）。

②吸收液：不含有机物的重蒸馏水。

③乙酸铵（NH_4CH_3COO）。

④冰乙酸（CH_3COOH）：$\rho=1.055$。

⑤乙酰丙酮（$C_5H_8O_2$）：$\rho=0.975$。

（A）本方法与GB/T 15516—1995等效。

⑥乙酰丙酮溶液：0.25%（*V*/*V*），称 25g 乙酸铵，加少量水溶解，加 3ml 冰乙酸及 0.25ml 新蒸馏的乙酰丙酮，混匀再加水至 100ml，调整 pH=6.0，此溶液于 2～5℃贮存，可稳定一个月。

⑦甲醛标准贮备液：甲醛标准贮备液的配制和标定见本章二（一）3③。也可以直接购买商品甲醛贮备液。

5. 样品的采集与保存

1）采样系统：由采样引气管、采样吸收管和空气采样器串联组成。吸收管体积为 50ml 或 125ml，吸收液装液量分别为 20ml 或 50ml，以 0.5～1.0L/min 的流量，采气 5～20min。

2）环境空气采样：用一个内装 5.0ml 吸收液的气泡吸收管，以 0.5L/min 流量采样 10L。

3）样品的保存：采集好的样品于 2～5℃贮存，2d 内分析完毕，以防止甲醛被氧化。

4）采样体积的校准：

①流量校准：在采样时用皂膜流量计对空气采样器进行流量校准。采样体积 V_m（L）按下式计算：

$$V_m = Q'_r \cdot n$$

式中：Q'_r——经校准后的流量，L/min；

n——采样时间，min。

②压力测量：连接标准皮托管和倾斜式微压计进行压力测量，空气采样用空盒气压表进行气压读数，废气或空气压力以 P_m（kPa）表示。

③温度测量：用水银温度计测量管道废气或空气温度，以 t_m（℃）表示。

④体积标准：采气标准状态体积 V_{nd}（L）按下式计算。

$$V_{nd} = V_m \times 2.694 \times \frac{101.325 + P_m}{273 + t_m}$$

式中：V_m——废气或空气采样体积，L；

P_m——废气或空气压力，kPa；

t_m——废气或空气温度，℃；

V_{nd}——废气或空气采样体积（0℃，101.325kPa），L。

6. 步骤

（1）校准曲线的绘制

取七支 25ml 具塞比色管按下表配制标准系列。

管　号	0	1	2	3	4	5	6
5.00μg/ml 甲醛(ml)	0	0.2	0.8	2.0	4.0	6.0	7.0
甲醛(μg)	0	1.0	4.0	10.0	20.0	30.0	35.0

于上述标准系列中，用水稀释定容至 10.0ml 标线，加 0.25%乙酰丙酮溶液 2.0ml，混匀。置于沸水浴加热 3min，取出冷却至室温，1cm 吸收池，以水为参比，于波长 413nm 处测定吸光度。将上述系列标准液测得的吸光度 *A* 值扣除试剂空白（零浓度）的吸光度 A_0 值，便得到校准吸光度 *y* 值，以校准吸光度 *y* 为纵坐标，以甲醛含量 *x*(μg)为横坐标，绘制校准曲线，或用最小二乘法计算其回归方程式。**注意：“零”浓度不参与计算。**

$$y=bx+a$$

式中：a——校准曲线截距；

b——校准曲线斜率。

由斜率倒数求得校准因子：$B_s=1/b$。

（2）样品测定

将吸收后的样品溶液移入 50ml 或 100ml 容量瓶中，用水稀释定容。取少于 10ml 试样（吸取量视试样浓度而定），于 25ml 比色管中，用水定容至 10.0ml 标线，以下步骤按 6（1）进行分光光度测定。

（3）空白试验

用现场未采样空白吸收管的吸收液按 6（1）进行空白测定。

7. 计算

①试样中甲醛的吸光度 y 用下式计算。

$$y=A_s-A_b$$

式中：A_s——样品测定吸光度；

A_b——空白试验吸光度。

②试样中甲醛含 x(μg)用下式计算。

$$x=\frac{y-a}{b}\times\frac{V_1}{V_2} \quad 或 \quad x=(y-a)B_s\times\frac{V_1}{V_2}$$

式中：V_1——定容体积，ml；

V_2——测定取样体积，ml。

③废气或环境空气中甲醛浓度 C(mg/m^3)用下式计算。

$$C=\frac{x}{V_{nd}}$$

式中：V_{nd}——所采气样标准状态体积（0℃，101.325kPa），L。

8. 精密度和准确度

经六个实验室分析含甲醛 2.96mg/L 和 3.55mg/L 的两个统一样品，重复性标准偏差为 0.035mg/L 和 0.028mg/L；重复性相对标准偏差为 1.2%和 0.79%；再现性标准偏差为 0.068mg/L 和 0.13mg/L，再现性相对标准偏差为 2.3%和 3.6%；加标回收率为 100.3%～100.8%。在四个实际样品分析中加标回收率为 95.3%～104.2%。

9. 说明

日光照射能使甲醛氧化，因此在采样时选用棕色吸收管，在样品运输和存放过程中，都应采取避光措施。

（三）离子色谱法（B）

1. 原理

空气中的甲醛经活性炭富集后，在碱性介质中用过氧化氢氧化成甲酸。用具有电导检测器的离子色谱仪测定甲酸的峰高，以保留时间定性，峰高定量，间接测定甲醛浓度。

2. 方法的适用范围及干扰

当乙酸的浓度为甲酸浓度的 5 倍、可溶性氯化物为甲酸浓度的 200 倍时，对甲酸测定有影响，改变淋洗液的浓度，可增加甲酸和乙酸的分离度。

方法的检出限为 0.06μg/ml，当采样体积为 48L，样品定容 25ml，进样量为 200μl 时，最低检出浓度为 0.03mg/m^3。

3. 仪器

①玻璃砂芯漏斗。

②空气采样器：流量 0～1L/min。

③微孔滤膜：0.45μm。

④超声波清洗器。

⑤离子色谱仪：具电导检测器。

4. 试剂

①活性炭吸附采样管。

②淋洗液 $C(Na_2B_4O_7 \cdot 10H_2O)$=0.005moI/L：称取 1.907g 硼酸钠（$Na_2B_4O_7 \cdot 10H_2O$），溶解于少量水中，移入 1000ml 容量瓶中，用水稀释至标线，混匀。

③甲酸标准贮备液：称取 0.5778g 甲酸钠（$HCOONa \cdot 2H_2O$），溶解于少量水中，移入 250ml 容量瓶中，用水稀释至标线，混匀。该溶液每毫升含 1000μg 甲酸根离子。

分析样品时，用去离子水将甲酸标准贮备液稀释成与样品浓度相当的甲酸标准使用溶液。

5. 采样

打开活性炭采样管两端封口，将一端连接在空气采样器入口处，以 0.2L/min 的流量，采样 4h。采样后，用胶帽将采样管两端密封，带回实验室。

6. 步骤

（1）离子色谱条件

淋洗液：0.005mol/L 四硼酸钠溶液；流量：1.5ml/min；纸速：4mm/min；柱温：室温（不低于 18℃）±0.5℃；进样量：200μl。

（2）样品溶液制备

将采样管内的活性炭全部取出，置于已盛有 1.50ml 水、0.05mol/L 氢氧化钠溶液 2.0ml、0.3%过氧化氢水溶液 1.50ml 的小烧杯中，在超声清洗器中提取处理 20min，放置 2h。用 0.45μm 滤膜过滤于 25ml 容量瓶中，然后分次各用 2.0ml 水洗涤烧杯及活性炭，洗涤液并入容量瓶中，并用水稀释至标线，混匀，为待测样品溶液。

（3）样品测定

按所用离子色谱仪的操作要求分别测定标准溶液和样品溶液，得出峰高值。以单点外标法或绘制标准曲线法，由甲酸根离子的浓度换算为空气中甲醛的浓度。

7. 计算

$$C = \frac{h \cdot K \cdot V_t}{V_n \cdot \eta} \times \frac{30.03}{45.02}$$

式中：C——甲醛浓度，mg/m^3；

h——样品溶液中甲酸根离子的峰高，mm；

K——定量校正因子，即标准溶液中甲酸根离子浓度与其峰高的比值，μg/(ml·mm)；

V_t——样品溶液总体积，ml；

η——甲醛的解吸效率；

V_n——标准状态下的采样体积，L；

30.03、45.02——分别为 1mol 甲醛分子、甲酸根离子的质量，g。

8. 说明

①甲醛在活性炭上解吸效率的测定：取同批活性炭采样管 3～5 支，打开两端封口，向每支活性炭采样管各注入 5μl 色谱纯甲醛溶液，然后用胶帽将活性炭采样管两端密封，在阴凉处放置 2h。分别取出每支采样管中的全部活性炭，置于小烧杯中，按样品溶液制备手续，制备待测溶液Ⅰ 25ml。同时取二份 5μl 上述色谱纯甲醛溶液于二支小烧杯中，同样用样品溶液制备手续，制备待测液Ⅱ 25ml。用离子色谱仪分别测定待测液Ⅰ和待测液Ⅱ，得到甲酸根离子浓度的峰高 h_1 和 h_2。按下面公式计算解吸效率。

$$\eta = \frac{h_1}{h_2}$$

式中：η——甲醛吸附在活性炭上的解吸效率；

h_1——5μl 甲醛溶液中的甲醛被活性炭吸附后解析制成待测液Ⅰ中甲酸根离子峰高的平均值，mm；

h_2——5μl 甲醛溶液制成待测液Ⅱ中甲酸根离子峰高的平均值，mm。

②由于活性炭采样管性能不稳定，因此每批活性炭采样管应抽 3～5 支，测定甲醛的解吸效率，供计算结果使用。

③如乙酸产生干扰，淋洗液四硼酸钠浓度改用 0.0025mol/L，甲酸和乙酸的分离度有所提高。

三、乙醛

气相色谱法（A）

1. 原理

用亚硫酸氢钠溶液采样，乙醛与亚硫酸氢钠发生亲核加成反应，在中性溶液中生成稳定的α-羟基磺酸盐，然后在稀碱溶液中共热释放出乙醛，经色谱柱分离，用氢火焰离子化检测器测定。以标准样品色谱峰的保留时间定性，峰高或峰面积定量。

2. 方法的适用范围

本方法适用于固定污染源有组织排放和无组织排放的乙醛测定。当采样体积为 100L，进样体积为 1μl 时，乙醛的检出限为 4×10^{-2}mg/m^3，乙醛的定量测定浓度范围为 0.14～30mg/m^3。

3. 试剂和材料

除非另有说明，分析时均使用符合国家标准的分析纯试剂和不含有机物的蒸馏水。

①不含有机物蒸馏水的制备：加入少量高锰酸钾的碱性溶液于普通的蒸馏水或去离子水中使呈红紫色，再进行蒸馏即得（在整个蒸馏过程中水应始终保持红紫色，否则随时补加高锰酸钾）。

②丙酮（CH_3COCH_3）。

（A）本方法与 HJ/T 35—1999 等效。。

③三聚乙醛$(CH_3CHO)_3$。

④浓盐酸（HCl）：ρ=1.19g/ml。

⑤浓硫酸（H_2SO_4）：ρ=1.84g/ml。

⑥无水碳酸钠（Na_2CO_3，基准试剂）。

⑦880 气相色谱担体（酸洗硅烷化硅藻土白色担体）（GCS880AW DMCS），80～100 目。

⑧聚乙二醇-20000 固定液（PEG-20M）。

⑨亚硫酸氢钠吸收液 C＝10g/L：称取 10.0g 亚硫酸氢钠溶于蒸馏水中，并稀释至 1000ml。

⑩碳酸钠溶液 C（Na_2CO_3）＝2.0mol/L：称取 106g 碳酸钠溶液溶于蒸馏水中，并稀释至 500ml。

⑪饱和氯化钠水溶液。

⑫氢氧化钠溶液：C（NaOH）＝0.1 mol/L。

⑬羟胺乙醇溶液 C=21g/L：称取 2.1g 盐酸羟胺溶于 10ml 水中，用 95%乙醇稀释到 100ml。

⑭溴酚蓝指示剂 C＝1g/L：称取 0.1g 溴酚蓝溶于 100ml 20%乙醇中。

⑮溴甲酚绿-甲基红指示剂：三份 1g/L 溴甲酚绿乙醇溶液与一份 2g/L 甲基红乙醇溶液混合。

⑯盐酸标准溶液 C（HCl）＝0.02mol/L：量取浓盐酸 1.7ml，用水稀释至 1000ml，混匀。

标定方法：准确称取三份基准无水碳酸钠（预先在 270～300℃干燥至恒重）0.0400g，分别放入三个 250ml 锥形瓶中，各加水 50ml，使其溶解，加入溴甲酚绿-甲基红指示剂 2～3 滴，以配制好的盐酸溶液滴定至溶液由绿色变为暗红色，即为终点。计算如下：

$$M = \frac{G}{V \times 0.05299}$$

式中：G——所称碳酸钠的重量，g；

V——滴定所消耗的盐酸总体积，ml；

0.05299——1/2mmol/L 盐酸标准溶液的浓度，mol/L。

⑰乙醛标准贮备液：在一个 500ml 容量瓶（A 瓶）中，加入 400ml 亚硫酸氢钠吸收液，再加入 5.00ml 新鲜解聚的乙醛，用亚硫酸氢钠吸收液稀释至标线（此乙醛标准贮备液在冰箱中可保存一个月）。与此同时，吸取 5.00ml 新鲜解聚的乙醛放入已加有 400ml 重蒸馏水的 500ml 容量瓶（B 瓶）中，用重蒸馏水稀释至标线，用羟胺法标定乙醛溶液的浓度。

解聚方法：在装有分馏柱的蒸馏装置中加入 50ml 三聚乙醛和 0.5ml 浓硫酸，缓慢加热，使乙醛在 35℃以下蒸出，用一个冰水冷却的接收器收集解聚新鲜乙醛。

标定方法：分别吸取 21g/L 羟胺乙醇溶液 5.00ml 和 0.1mol/LNaOH 溶液 10.0ml 于 100ml 碘量瓶中，然后加入 5.00ml 乙醛水溶液，塞好磨口玻璃塞，摇匀。在室温放置 30min，然后加入 3 滴溴酚蓝指示剂后，用 0.02mol/L 盐酸标准溶液滴定至蓝绿色。同时进行空白试验，在 5.00ml 羟胺乙醇溶液和 10.0ml NaOH 溶液中加入 2.0ml 饱和 NaCl 水溶液及 3 滴溴酚蓝指示剂，用 0.02mol/L 盐酸标准溶液滴定至蓝绿色。另取 20ml 蒸馏水，加入 3 滴 0.1%溴酚蓝指示剂，再滴定至终点。

按下式计算乙醛溶液浓度：

$$乙醛溶液浓度(CH_3CHO,mg/ml)=\frac{44.05\times M\times(A-B+C)}{V}$$

式中：V——所取乙醛水溶液样品的体积，ml；

M——盐酸标准溶液的浓度，mol/L；

A——空白滴定所消耗盐酸标准溶液的体积，ml；

B——标定乙醇溶液所消耗盐酸标准溶液的体积，ml；

C——蒸馏水滴定所消耗盐酸标准溶液的体积，ml；

44.05——1mol CH_3CHO 的克数。

⑱乙醛标准溶液：临用前，把乙醛标准贮备液用亚硫酸氢钠吸收液逐级稀释成1000mg/L 和 100mg/L 的标准溶液。

4. 仪器

1）气相色谱仪：具氢火焰离子化检测器。

2）色谱柱：长 2m，内径 3mm 的玻璃柱。

3）固定相：20% PEG 20M-GCS880 AW DMCS，80～100 目。

4）采样仪器：

①有组织排放监测采样仪器：参考 GB 16157—1996 中 9.3 配置采样仪器。

采样管：采用不锈钢、硬质玻璃或聚四氟乙烯材质，具有适当尺寸的管料作采样管，并具有可加热至 120℃以上的保温夹套。

样品吸收装置：10ml 多孔玻板吸收管。

流量计量装置：见 GB16157—1996 中 9.3.6。

抽气泵：见 GB16157—1996 中 9.3.7。

连接管：聚四氟乙烯软管或内衬聚四氟乙烯膜的硅橡胶管。

②无组织排放监测采样仪器：

引气管：聚四氟乙烯软管，头部接一玻璃漏斗。

样品吸收装置：10ml 多孔玻板吸收管。

流量计量装置、抽气泵和连接管：参考上述①相应部分配置。

5. 样品采集和保存

（1）有组织排放样品采集

①采样位置和采样点：按 GB 16157—1996 中 9.1.1 和 9.1.2 确定采样位置和采样点。

②采样装置的连接：参考 GB l6157—1996 中 9.3 图 28，按采样管、样品吸收装置、流量计量装置和抽气泵的顺序连接好采样系统，连接管要尽可能短。按 GB 16157—1996 中 9.4 的要求检查采样系统的气密性和可靠性。

③样品采集：将采样管头部塞适量玻璃棉后，插入排气筒采样点，用一支内装 10g/L $NaHSO_3$ 溶液 5ml 的多孔玻板吸收管，以 0.3～0.5L/min 的流量采样。采样过程中调节夹套温度，以使水汽不在管壁凝结为宜，采样时间视乙醛浓度而定。纪录采样流量、温度、压力及采样时间等。采样结束后，取下吸收管，密封其进、出口，带回实验室。

（2）无组织排放样品采集

①采样位置和采样点：按 GB 16297—1996 中附录 C 的规定确定无组织排放监控点的位置，或按其他特定的要求确定环境空气采样点。

②采样装置的连接：按引气管、样品吸收装置、流量计量装置和抽气泵的顺序连接采样系统，连接管要尽可能短。如无必要，样品吸收装置前可不接引气管。按 GBl6157—1996 中 9.4 的要求检查采样系统的气密性和可靠性。

③样品采集：用一支装 10g/L $NaHSO_3$ 溶液 5ml 的多孔玻板吸收管，在常温下以 1.0L/min 的流量采样 100L 以上，同时记录采样温度、压力及采样时间。采样结束后，取下吸收管，密封其进、出口，带回实验室进行分析。

（3）样品保存

采集好的样品应尽快分析。如不能及时分析，在常温下避光保存，至多可保存 6d。

6. 步骤

（1）色谱条件

柱温：90℃；气化室温度：140℃；检测器温度：140℃。

载气：纯氮（99.99%），流量为 20ml/min。

燃气：纯氢（99.9%），流量为 50ml/min。

助燃气：空气，流量为 350ml/min。

进样量：1μl。

（2）校准曲线的绘制

乙醛的标准系列：取七个 10ml 比色管，按表 6-4-4 配制成乙醛的标准系列。

表 6-4-4 乙醛的标准系列

管 号	1	2	3	4	5	6	7
	100.0μg/ml				1000μg/ml		
乙醛标准溶液(ml)	0.50	1.00	3.00	5.00	1.00	3.00	5.00
吸收液(ml)	4.50	4.00	2.00	0	4.00	2.00	0
乙醛含量(μg)	50	100	300	500	1000	3000	5000

向以上各比色管中加入 2.0mol/L 的 Na_2CO_3 溶液 0.50ml，摇匀。按所用气相色谱仪的操作规程，用微量进样器分别吸取 1μl 标准系列溶液，在相同色谱条件下测定各标准溶液的色谱峰高，以峰高为纵坐标，乙醛含量为横坐标绘制标准曲线，并计算校准曲线的线性回归方程式。

（3）样品测定

将吸收管中的吸收液转移至 10ml 比色管（带 5ml 刻度）中，用少量 10g/L $NaHSO_3$ 溶液洗涤吸收管，洗涤液并入 10ml 比色管中，并定容至 5ml 刻度，然后加入 2.0 mol/L 的 Na_2CO_3 溶液 0.50ml，摇匀。以下按绘制校准曲线相同步骤进行样品测定。

7. 计算

（1）定性分析

按乙醛标准溶液色谱峰的保留时间定性。

若首次分析成分复杂的样品，并对定性结果存有疑虑时，应采用双柱定性。

若用双柱定性后，对结果仍有疑虑，可采用气相色谱-质谱分析或其他方法作进一步定性。

（2）定量分析

①校准曲线法：根据测得的乙醛峰高，直接在校准曲线上查得样品溶液中乙醛的含

量$C_{样}$，或由回归方程式计算样品溶液中乙醛的含量$C_{样}$，再按下式计算气体样品中乙醛的浓度C。

$$C(CH_3CHO, mg/m^3) = \frac{C_{样}}{V_{nd}} = \frac{h}{bV_{nd}}$$

式中：$C_{样}$——样品溶液中乙醛的含量，μg；

h——样品溶液中乙醛的色谱峰高，mm；

V_{nd}——标准状态下的干采气体积，L；

b——回归方程的斜率。

在应用标准曲线法进行定量分析时，任何一次开机分析样品，都应首先绘制校准曲线，然后每分析5～10个样品（根据仪器的稳定情况而定）插入一校准曲线中浓度适当的标准样品，其测值与原先的测值比较，相对偏差应小于15%，否则应重新做校准曲线。

②单点比较法：用单点比较法进行定量分析时，应具备如下条件：

a. 标准溶液的响应值应与被测样品溶液的响应值接近；

b. 标准溶液与样品溶液同时进行分析，进样体积相同；

c. 一个样品连续进样两次，其测定值的相对偏差小于5%；

d. 取两次测定平均值，按下式计算气体样品中乙醛的浓度C：

$$C(CH_3CHO, mg/m^3) = \frac{h_{样}C_{标}}{h_{标}V_{nd}}$$

式中：$h_{样}$——样品溶液中乙醛的色谱峰高，mm；

$h_{标}$——标准溶液中乙醛的色谱峰高，mm；

$C_{标}$——标准溶液中乙醛的含量，μg；

V_{nd}——标准状态下干采气体积，L。

按GB16157—1996中10.1或10.2计算V_{nd}。如用峰面积定量，峰高h改为峰面积A。

（3）乙醛有组织排放的“排放浓度”计算

按GB16157—1996中11.1.2或11.1.4计算乙醛的“排放速率”。

（4）乙醛有组织排放的“排放速率（kg/h）”计算

按GB16157—1996中11.4计算乙醛的“排放速率”。

（5）乙醛的“无组织排放监控浓度值”计算

按下式计算一个无组织排放监控点的乙醛平均浓度：

$$C = \frac{\sum_{i=1}^{n} C_i}{n}$$

式中：C——一个无组织排放监控点的乙醛浓度平均值；

C_i——一个样品的乙醛浓度；

n——一个无组织排放监控点采集的样品数目。

“无组织排放监控浓度值”的计算按GB16297—1996附录C中C2.3计算乙醛的“无组织排放监控浓度值”。

8. 精密度和准确度

（1）统一样品的精密度和准确度

用 10g/L $NaHSO_3$ 溶液配制的含乙醛分别为 74.0mg/L（在采样体积为 100L 时，相当浓度为 3.70mg/m^3）和 370.0mg/L（在采样体积为 100L 时，相当浓度为 18.5mg/m^3）的统一样品，经五个实验室分析，得到方法的精密度和准确度数据见表 6-4-5。

表 6-4-5 精密度和准确度

统一样品配制浓度(mg/L)		74.0	370.0
测定总平均值(mg/L)		73.6	364.9
精密度	重复性标准偏差(mg/L)	1.6	7.8
	重复性相对标准偏差(%)	2.2	2.1
	重复性(mg/L)	4.5	22
	再现性标准偏差(mg/L)	2.5	12
	再现性相对标准偏差(%)	3.4	3.3
	再现性(mg/L)	6.9	34
准确度	相对误差(%)	−5.0～2.3(均值为−0.5)	−5.5～1.4(均值为−1.4)
	加标回收率(%)	93.8～10l(均值为 97.4)	92.0～103(均值为 96.5)

（2）实际样品的精密度和准确度

在同一时间、同一采样点统一采集并发放的无组织排放和有组织排放样品，经五家实验室分析，相对标准偏差分别为 9.5%和 10%；加标回收率分别为 90.8%～126%（均值为 103%）和 89.0%～118%（均值为 98.2%）。

9. 说明

①在本方法选定的色谱条件下，样品中的甲醛、甲醇、乙醇、丙酮、甲酸、乙酸等有机化合物对乙醛的测定均无干扰。

②市售乙醛仅仅是 400g/L 的水溶液（分析纯），而且还有聚合物存在，故不能作为标准样品直接使用，必须标定其准确含量。

③用羟胺法标定乙醛溶液的浓度时，空白滴定可作为在滴定样品时观测指示剂终点颜色的对照标准。为了对照准确，必须使在终点时两者溶液的体积相等。所以在样品滴定接近终点之前，应补充加入一定量的蒸馏水，然后将样品溶液继续滴定至终点。同时，由于蒸馏水的 pH 值比滴定至终点时溶液的 pH 值高得多，所以必须另取 20ml 蒸馏水，加入 3 滴 1g/L 溴酚蓝指示剂，再滴定至终点。由此可以计算因加入水而消耗的盐酸量的毫升数。

④乙醛是一种易燃、易挥发的危险品，在制备新鲜乙醛时，应当防止乙醛外溢，应用水浴加热，不能直接加热，而且应用水浴接收装置，将接收管的尾气通入下水道。

⑤当室温较低时，2.0mol/L 的 Na_2CO_3 溶液会析出 Na_2CO_3 晶体，所以，在冬天需用温水浴加热使其溶解后方可使用。

⑥在较高气温下，连续长时间采集环境空气中乙醛时，如吸收液体积有明显减少，需适当补加吸收液，使吸收液的体积维持在 5ml 左右。

四、丙烯醛

（一）气相色谱法（A）

1. 原理

丙烯醛（CH_2CHCHO）直接进样，在色谱柱中与其他物质分离后，用氢火焰离子化检测器测定，以标准样品色谱峰的保留时间定性、峰高定量。

本方法适用于固定污染源有组织排放和无组织排放的丙烯醛测定。

本方法的检出限为 0.1mg/m^3，当进样量为 1ml 时，定量测定的浓度范围为（0.31～1.0×10^2）mg/m^3。

2. 仪器

①气相色谱，具氢火焰离子化检测器。

②色谱柱：长 3m，内径 4mm 硬质玻璃管，管内填充 GDX-502。

③全玻璃注射器：1ml、5ml、100ml，体积刻度应校正。

④20L 玻璃配气瓶，用纯水准确标定体积。

⑤采样仪器。

⑥铝箔复合膜气袋。

3. 试剂

①丙烯醛：分析纯，经全玻璃蒸馏装置蒸馏，取 52.5℃馏分。

②丙烯醛标准气的配制：用微量注射器准确量取一定量的丙烯醛（20℃ 1μl 丙稀醛重 0.8410mg）注入 100ml 注射器中，用零空气稀释至 100ml 混匀，计算丙稀醛的浓度（μg/ml），然后再用零空气稀释成所需浓度的标准气。

③固定相：GDX-502，60～80 目，气相色谱用。

④高纯氮：体积分数为 99.99%。

⑤氢气：体积分数为 99.9%。

⑥空气。

4. 样品采集

（1）有组织排放采样

①采样位置和采样点：按 GB16157—1996 中 9.1.1 和 9.1.2 执行。

②采样系统的连接：按 GB16157—1996 中 9.3 图 30 连接好采样系统，并按 9.4 的要求检查其密封性和可靠性。

③样品采集：用 100ml 全玻璃注射器采样，采样前应先开动抽气泵，用排气筒内的气体充分洗涤采样装置各部分和注射器后采集样品，采气后的注射器可直接用硅橡胶帽密封带回实验室，亦可将注射器中的气体打入气袋内带回实验室。

（2）无组织排放采样

①按 GB16297—1996 中附录 C 的规定，确定无组织排放监控点的位置，或按其他特定要求确定采样点。

（A）本方法与 HJ/T36—1999 等效。

②样品采集：100ml 全玻璃注射器用现场空气反复抽气置换六次后，抽满 100ml 被测气体，密封进气口带回实验室。或用 100ml 全玻璃注射器将现场空气打入气袋冲洗 3～4 次后，再充满被测气体，封住进气口带回实验室。

（3）样品保存

无组织排放样品应于 4h 内分析完毕；有组织排放样品应避光保存，于 48h 内分析完毕。

5. 步骤

①色谱分析条件：

色谱柱：见 2 ②；柱箱温度：140℃；检测器温度：160℃；气化室温度：160℃。载气：高纯氮，60ml/min；燃气：氢气，50ml/min；助燃气：空气，500ml/min。

②校准曲线绘制：按 3 ②配制 0～100mg/m^3 范围内六个浓度的标准气体，各取 1ml 进样，每个浓度重复三次，求峰高的平均值。用峰高平均值作纵坐标，丙烯醛浓度为横坐标，绘制校准曲线，并计算得到校准曲线的线性回归方程。

③样品测定：精确取 1ml 样品气体（若丙烯醛浓度低，可取最多至 5ml 样品气体）注入色谱仪，按绘制校准曲线相同的条件进行测定。若样品浓度过高，可用氮气（或纯净空气）稀释至 50mg/m^3 左右后再行测定。每个样品重复三次，求峰高平均值。

6. 计算

（1）定性分析

按标准样品色谱峰的保留时间进行定性分析（参考本标准规定条件下的标准色谱图及保留时间）。

若首次分析某种成分较复杂的样品，且对丙烯醛的色谱峰定性存有疑问时，应采用双柱定性。双柱定性的方法见 8.说明②。

成分特别复杂的样品，经双柱定性仍有疑问时，应采用色质联机等其他方法和手段进一步验证定性结果。

（2）定量分析

①校准曲线法：由绘制的校准曲线查得相应的丙烯醛浓度，或由回归方程计算丙烯醛的浓度。

在应用校准曲线法进行定量分析时，任何一次开机分析样品，都应首先绘制校准曲线，然后每分析 5～10 个样品（根据仪器的稳定情况而定）插入一校准曲线中浓度适当的标准样品，其测值与原先的测值比较，相对偏差应小于 5%，否则应重新绘制校准曲线。

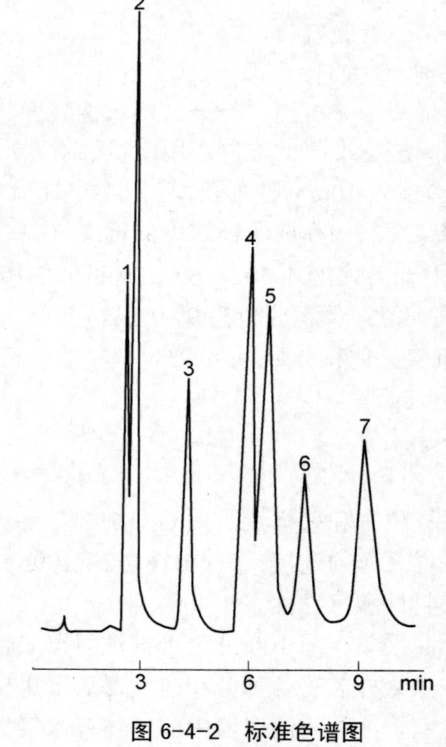

图 6-4-2 标准色谱图

1—甲醇 2.47min；2—乙醛 2.74min；3—乙醇 4.32min；4—丙烯醛 6.10min；5—丙酮 6.75min；6—乙腈 7.83min；7—丙烯腈 9.68min

②单点比较法：在满足下列条件的情况下，可以用单点比较法进行定量分析。

所用标准气的浓度必须与样品浓度十分接近；标准气与样品必须同时，在同样的条件下进行分析。

标准气和样品气交叉进样，重复两次测定结果的相对偏差不超过 5%，此时可以两次测定结果的平均值进行计算。

$$C_{样}=K\times(h_{样}\cdot C_{标})/h_{标}$$

式中：$C_{样}$——样品气中丙烯醛的浓度，mg/m^3；

$C_{标}$——标准气中丙烯醛的浓度，mg/m^3；

$h_{样}$——样品气中丙烯醛的色谱峰高，mm；

$h_{标}$——标准气中丙烯醛的色谱峰高，mm；

K——样品气的稀释倍数。

（3）丙烯醛有组织排放的“排放浓度”计算

①注射器干采气体积计算：按 GB16157—1996 中 10.3 将室温下采气体积换算为标准状态下干采气体积，并以此校正按上式计算的实测浓度。

②丙烯醛有组织排放的“排放浓度”计算：按 GB16157—1996 中 11.1.2 或 11.1.4 计算丙烯醛的“排放浓度”。

（4）丙烯醛有组织排放的“排放速率（kg/h）”计算

按 GB16157—1996 中 11.4 计算丙烯醛的“排放速率”。

（5）丙烯醛的“无组织排放监控浓度值”计算

①按下式计算某一个无组织排放监控点的丙烯醛平均浓度：

$$\overline{C}=\frac{\sum_{i=1}^{n}C_i}{n}$$

式中：$\overline{C}$——一个无组织排放监控点的丙烯醛平均浓度；

C_i——一个样品的丙烯醛浓度（经标、干采气体积校正）；

n——一个无组织排放监控点采集的样品数目。

②“无组织排放监控浓度值”的计算：按 GB16297—1996 附录 C 中 C2.3 计算丙烯醛的“无组织排放监控浓度值”。

1
2

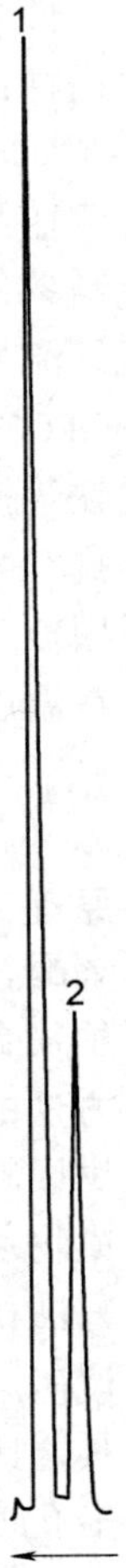

图 6-4-3 标准色谱图

1—丙烯醛 0.5min；

2—未知峰 1.40min

7. 精密度和准确度

①方法的精密度：五个实验室分别测定浓度为 $12.4mg/m^3$ 的标准样品，得到方法的精密度数据：重复性为 $0.73mg/m^3$，重复性标准偏差为 $0.26mg/m^3$，重复性相对标准偏差为 2.2%；再现性为 $1.05mg/m^3$，再现性标准偏差为 $0.37mg/m^3$，再现性相对标准偏差为 3.0%。

五个实验室分别测定二个实际样品。测得结果的平均值分别为 $5.3mg/m^3$ 和 $24.6mg/m^3$。各实验室测定结果分别于 $4.9\sim5.8mg/m^3$ 和 $22.4\sim30.1mg/m^3$ 的范围内。

②方法的准确度：五个实验室分别测定浓度为 $12.4mg/m^3$ 的标准样品，方法的相对误差均值及其范围分别为 2.0%和 1.0%～2.9%。

8. 说明

①丙烯醛极易在样品采集和样品保存过程中被氧化，应严格按本标准的规定条件采集和保存样品，尽快分析。

②用聚乙二醇-20M 填充柱辅助定性：当首次分析成分较复杂的丙烯醛样品时，应采用双柱定性。可采用聚乙二醇-20M 填充柱辅助定性，色谱图见 6-4-3。

色谱柱：柱长：3m（不锈钢柱）；柱内径：3.14mm。担体：Chromosorb W AW（60～80 目）；固定液：聚乙二醇-20M；液固重量比：15%。

检测器：氢火焰离子化检测器。

色谱条件：柱温：80℃；检测器温度：150℃；气化室温度：150℃。

载气流量：N_2 40ml/min；氢气流量：80ml/min；空气流量：700ml/min。

③GDX-502 色谱柱的填充方法：玻璃色谱柱的一端用玻璃棉塞，接真空泵；柱的另一端通过软管接漏斗。将固定相（GDX-502）通过漏斗慢慢装入色谱柱内，在装填固定相时应开动真空泵抽吸，同时轻轻敲击玻璃柱，使固定相在色谱柱内填充均匀并且紧密。填充完毕后用玻璃棉塞住色谱柱另一端。装好的色谱柱一端接在进样口上；另一端不要连接检测器。在温度 190℃，通氮气 50ml/min 的条件下老化处理 24h 后使用。

（二）4-己基间苯二酚分光光度法（B）

1. 原理

丙烯醛在乙醇-三氯乙酸介质中，于催化剂二氯化汞存在下，与 4-己基间苯二酚作用生成蓝色化合物，根据颜色深浅，用分光光度法测定。

2. 方法的适用范围及干扰

此反应的选择性较好，空气中常见量的二氧化氮、二氧化硫、臭氧和大多数空气中的有机污染物均不干扰测定。

本方法检出限为 2μg/5ml，当采样体积为 34L 时，最低检出浓度为 0.05mg/m^3。

3. 仪器

①具塞比色管：10ml。

②多孔玻板吸收管。

③空气采样器：流量范围 0～1L/min。

④恒温水浴。

⑤分光光度计。

4. 试剂

本实验需用重蒸蒸馏水配制试剂。

①95%乙醇。

②饱和三氯乙酸溶液：称取 100g 三氯乙酸溶于 10ml 蒸馏水中，在水浴上加热溶解，最终体积约为 70ml。

③3%二氯化汞溶液：称取 3.0g 二氯化汞，加入 95%乙醇 100ml，搅拌使二氯化汞溶解（必要时微热之），贮于棕色瓶中。

④4-己基间苯二酚溶液：称取 5.0g 4-己基间苯二酚($CH_3(CH_2)_4CH_2C_6H_3(OH)_2$)，溶于 10ml 95%乙醇中，临用现配。

⑤吸收液：吸取95%乙醇溶液、饱和三氯乙酸溶液、3%二氯化汞溶液、4-己基间苯二酚溶液，按体积比（50+50+2+1）混合。临用时现配。试剂避免日光直射。

⑥丙烯醛标准贮备液：于25ml棕色容量瓶中，加少许95%乙醇，准确称重，加入2～3滴新蒸馏的丙烯醛，再准确称量，两次重量之差即为丙烯醛的重量，以95%乙醇稀释至标线。计算每毫升溶液中丙烯醛的含量。此溶液可在冰箱中保存一周。

⑦丙烯醛标准使用液：临用时，用95%乙醇将丙烯醛标准贮备液稀释成每毫升含10.0μg丙烯醛的标准使用液。

5. 采样

串联两支各装10.0ml吸收液的U型多孔玻板吸收管，置于冰水浴中，以0.5L/min流量，采气30～60L。采样、运输、保存时均要避光。采样后应尽快测定。如在第二吸收管后面串联一支装水的吸收管，可吸收三氯乙酸气体，以防止腐蚀抽水泵。

①标准曲线的绘制：取七支10ml具塞比色管，按表6-4-5配制标准系列。

表6-4-5 丙烯醛标准系列

管　号	0	1	2	3	4	5	6
标准溶液(ml)	0	0.20	0.40	0.60	0.80	1.00	1.50
95%乙醇(ml)	4.70	4.50	4.30	4.10	3.90	3.70	3.20
丙烯醛含量(μg)	0	2.0	4.0	6.0	8.0	10.0	15.0

向标准比色管中各加入饱和三氯乙酸溶液5.00ml，二氯化汞溶液0.20ml和4-己基间苯二酚溶液0.10ml，混匀。将各管置于60℃水浴中20min，然后室温放置1h，于波长604nm处，用1cm比色皿，以试剂空白液参比，测定吸光度，以吸光度对丙烯醛含量（μg）绘制标准曲线。

②样品测定：将采样后的两支吸收管分别移入具塞比色管中，用少量乙醇清洗吸收管，使每个比色管的总体积为10.0ml，按绘制标准曲线的步骤测定吸光度。

6. 计算

$$丙烯醛(mg/m^3)=\frac{W_1+W_2}{V_n}$$

式中：W_1、W_2——分别为第一、二吸收管中丙烯醛含量，μg；

V_n——标准状态下的采样体积，L。

7. 说明

①丙烯醛的纯化：量取10ml纯丙烯醛于通风橱中进行蒸馏，弃去前2ml初馏分，将丙烯醛收集在已加入8～10mg对苯二酚（0.1%）的瓶中，以延缓其聚合作用。蒸好的丙烯醛保存于冰箱中，贮备液可在冰箱中保存一周，使用液当天配制。

②由于三氯乙酸含杂质量不同，当启用新的三氯乙酸时，应重新绘制标准曲线。

③4-己基间苯二酚的纯品为白色或略带微黄色，如呈浅粉色，应用石油醚或环己烷重结晶。

④样品显色后，于室温下放置1h其吸光度可达到最大值，并可稳定3h。

五、低分子醛

气相色谱法（B）

1. 原理

空气中的低分子量醛经 PEG-600 色谱柱分离，以气相色谱火焰离子化检测器测定，以保留时间定性，峰高外标法定量。当醛在空气中浓度在 2～500mg/m^3 时，可直接进行测定；当醛在空气中浓度在 0.01～2mg/m^3 时，可经 Tenax-GC 冷冻富集，电热解吸后测定。

2. 方法的适用范围

在本方法色谱条件下，空气中的乙腈、丙酮等杂质对乙醛、丙醛、丙烯醛的测定均无干扰。

本方法适用于空气中醛的浓度在 0.01～500mg/m^3 的样品测定，当采样体积为 100ml 时，乙醛、丙醛、丙烯醛的最低检出浓度分别为 0.009mg/m^3、0.01mg/m^3 及 0.01mg/m^3。

3. 仪器

①注射器：2ml、10ml 及 100ml。

②配气瓶：20L 玻璃瓶。

③气相色谱仪：具火焰离子化检测器。

④色谱柱：长 3m，内径 2mm 玻璃柱，柱内填充 10%PEG-600 的 Chromosorb WHP A W DMCS（80～100 目）。

⑤吸附富集管：长 10cm，内径 2.6mm U 型玻璃管，内填充 4cm Tenax-GC（60～80 目），两端填充玻璃棉，尽量减少吸附采样管的剩余空间，U 型管两端用胶帽密封。

⑥加热器：用电热丝在陶瓷块上绕制，外面包以石棉层作保温材料，电热丝经导线与调压器相连进行控温。解吸时温度应控制在 150℃。加热解吸装置见图 6-4-4。

4. 试剂

①乙醛。

②丙醛。

③丙烯醛。

④试剂标定：将乙醛、丙醛、丙烯醛的分析纯试剂，分别用盐酸羟胺-酸碱滴定法标定出每种醛的含量，然后在色谱柱上分离出每种醛中单体和聚合物的相对量，从而确定单体正确的含量。

⑤制冷剂：冰盐水。

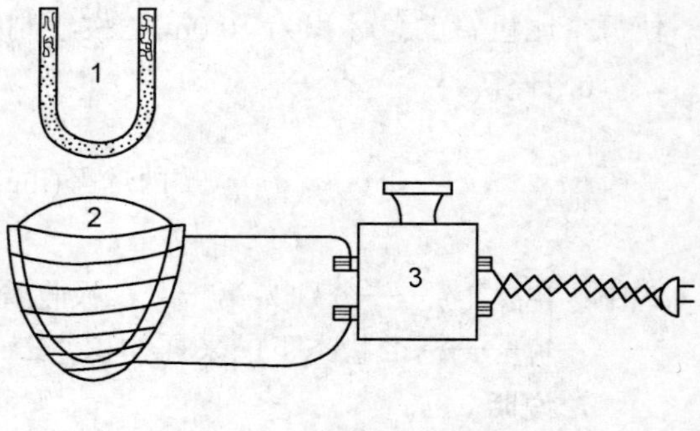

图 6-4-4 加热解析装置

1—吸附富集管；2—加热器；3—调压器

5. 采样分析

当空气中的醛类浓度在 2mg/m^3 以上时，可直接进行测定。醛类浓度在 0.01～2mg/m^3 时，需要进行富集浓缩后再测定。

直接采样：用现场空气清洗 100ml 注射器 3～4 次，抽取 100ml 气样，用橡胶帽密封注射器口，注射器垂直放置带回实验室。取气样 1.0ml 直接注入色谱仪进行测定。

浓缩采样：将用橡胶帽封口的 U 型吸附富集管，在制冷剂（-15℃）中冷却 3min。按

图 6-4-5，在 A 端橡胶帽中插入一个注射针头与大气相通。将二支取好气样的 100ml 注射器，先后依次插入 B 端橡胶帽内，缓慢注入气样，待 200ml 气样注入完毕后，取下带针头的注射器，同时将 U 型吸附富集管移入电加热器中，在吸附富集管的 A 端插入一支已排净气体的 2ml 注射器，在 150℃下加热 4min，任注射器自由膨胀。按图 6-4-6 在吸附富集管的 B 端插入一支 10ml 带有针头并充满氮气的注射器，同时推入少量氮气，使 A 端 2ml 注射器的体积达到 1.6～1.8ml 左右。移开加热器。冷却后，再注入少量氮气，使 A 端的注射器体积达到 2.0ml 标线处。取下带针头的注射器，排出 1.0ml 气体，剩余的 1ml 气体注入色谱仪进行测定。

6. 步骤

（1）标准气的配制

先将 20L 配气瓶用二氯二甲基硅烷进行减活处理。经多次抽成真空清洗容器至无残留。此措施可避免容器壁对样品的吸附。处理过的容器最后抽成真空，用微量注射器准确注入已标定过的醛溶液（尽量保持三种醛的浓度为 1＋1＋1）。待其充分挥发后，通入高纯氮气至常压。计算已配制的标准气体中各种醛的含量，再逐次用高纯氮气稀释成待用标准气体系列。

高浓度标准气体配成 0、2、5、10、20、50，100，200 及 500mg/m^3 系列，可直接进样 1ml，以峰高对浓度，绘制标准曲线。

低浓度标准气体配成 0、0.01、0.02、0.05、0.1、0.2、0.5、1 及 2mg/m^3 系列，按采样一节冷冻富集进样方法进气 1.0ml，以峰高对浓度，绘制标准曲线。

（2）色谱条件

柱温：60℃；气化室温度：100℃；检测器温度：100℃。

载气：氮气流量 35ml/min；燃气：氢气流量 45ml/min；助燃气：空气流量 430ml/min；进样量：1.0ml。

（3）色谱图

色谱图见图 6-4-7。

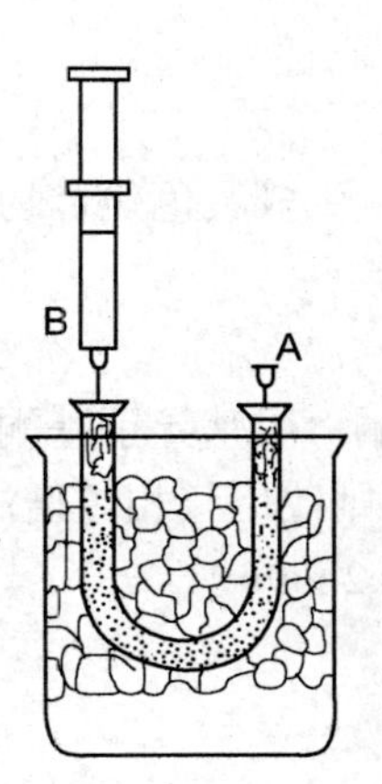

图 6-4-5　冷冻富集装置

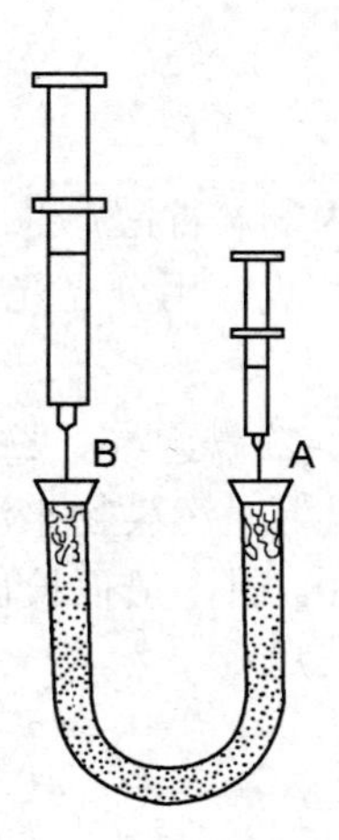

6-4-6　解析装置示意图

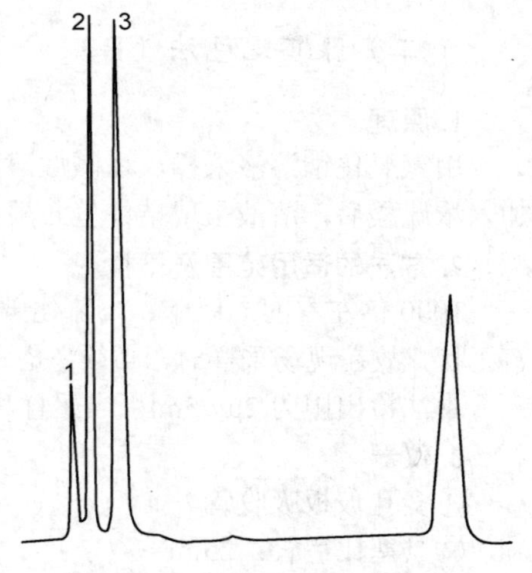

图 6-4-7 低分子醛的色谱图

1—乙醛；2—丙醛；3—丙烯醛

7. 计算

以外标法峰高定量：

$$低分子量醛(mg/m^3)=\frac{h_a}{h_s}\times C_s\times\frac{1}{K}$$

式中：h_a——样品中醛的峰高，mm；

h_s——标准气体中醛的峰高，mm；

C_s——标准气体中醛的浓度，mg/m^3；

K——进样体积换算至标准状态下的系数。

低分子量醛包括乙醛、丙醛和丙烯醛。

8. 说明

热解吸时间包括升温时间和保温时间。气体浓度较低时，热解吸时间还可以短一些，时间过长，会使U型吸附富集管两端橡胶帽过热分解出杂质，干扰色谱测定。

市售乙醛、丙醛、丙烯醛均为分析纯试剂，尤其是乙醛仅是40%的水溶液，而且还有聚合物存在，故不能作为标准样品直接使用。必须标定其准确含量。

标准气样与样品操作步骤的条件应保持一致，以免引进分析误差。

六、丙酮

空气中丙酮的分析方法有比色法和气相色谱法。常用的比色法为糠醛比色法或盐酸羟胺比色法，后者常受空气中存在的酸碱干扰，误差较大。气相色谱法测定丙酮具有灵敏、快速，不受甲醇、乙醇、苯、乙醛等共存物干扰等优点。

（一）气相色谱法（B）

同苯系物的气相色谱法，见第二章一（一）。

本法检出限为2.5ng，当采样体积为100L时，最低检出浓度为0.01 mg/m^3。

丙酮的标准贮备液和标准系列按芳香烃的配制方法制备，其密度为ρ=0.798g/ml。

（二）糠醛比色法（B）

1. 原理

用氢氧化钠溶液采样，在碱性溶液中，丙酮和糠醛产生缩合反应，生成黄色化合物，加入浓硫酸后，溶液呈现桔红色。根据颜色深浅，用分光光度法测定。

2. 方法的适用范围及干扰

1000倍左右的二甲苯、二硫化碳、甲醛、乙酰丙酮、乙醇胺、丁酮、甲基异丁基酮等有干扰，故在现场采样时，必须考虑是否存在上述污染物来源，若有，则改用气相色谱法。

本法检出限为2μg/5ml。当采样体积为10L时，最低检出浓度为0.2mg/m^3。

3. 仪器

①多孔玻板吸收管。

②具塞比色管：25ml。

③空气采样器：流量范围0～1L/min。

④恒温水浴。

⑤分光光度计。

4. 试剂

①吸收液：4%（*m/V*）氢氧化钠溶液。

②0.2%（*m/V*）糠醛溶液：用新蒸馏的糠醛配制。

③浓硫酸。

④丙酮标准溶液：于25ml容量瓶中，加入10ml吸收液，准确称重，加2～3滴新蒸的丙酮，再准确称重，两次重量之差，即为丙酮的量。再用吸收液稀释至标线，计算每毫升丙酮的含量。临用时用吸收液稀释成每毫升10.0μg丙酮的标准溶液。

5. 分析

①串联二支各装5.0ml吸收液的多孔玻板吸收管，以0.5L/min流量，采气10L。

②标准系列的配制：取六支25ml具塞比色管，按表6-4-6制备标准系列。

表6-4-6　丙酮标准系列配制

管　号	0	1	2	3	4	5
标准溶液(ml)	0	0.20	0.40	0.60	0.80	1.00
吸收液(ml)	5.00	4.80	4.60	4.40	4.20	4.00
丙酮含量(μg)	0	2.0	4.0	6.0	8.0	10.0

向标准系列管中各加入0.2%（*m/V*）糠醛溶液1.00ml，摇匀，于65℃水浴中加热5min，取出放入冷水中，冷却5min，并在冷却状态下缓慢加入2.00ml浓硫酸，摇匀。5min后，用2cm比色皿，在波长520nm处，以水为参比，测定吸光度。以吸光度对丙酮含量（μg）绘制标准曲线。

③样品测定：将采样后的吸收液分别移入两支比色管中，并用少量吸收液清洗吸收管，合并使每个比色管的总体积为5.00ml，按绘制标准曲线的步骤测定吸光度。

6. 计算

$$丙酮(mg/m^3)=\frac{W_1+W_2}{V_n}$$

式中：W_1、W_2——分别为第一、二吸收管中丙酮含量，μg；

V_n——标准状态下的采样体积，L。

7. 说明

①加入硫酸时，标准系列管和样品管应同时放在冷水中冷却，并沿管壁缓慢加入。否则，所产生大量的热，能使生成的桔红色很快变浅，影响比色，甚至使10μg/5ml标准管的颜色明显减褪。

②显色后应在2h内比色完毕。

③糠醛溶液的浓度为0.1%～0.2%（*m/V*）较好，浓度大于0.3%（*m/V*）便产生混浊，有黑色颗粒状的悬浮物。

④缩合反应在65℃水浴进行最佳，切勿在沸水浴中加热。

⑤加入的碱量不同，可直接影响到溶液的颜色，故必须控制加入碱量。吸收液（4%氢氧化钠）用量低于4.5ml时，呈玫瑰色；大于5.5ml时，呈淡黄色；而5.0ml时呈桔红色，色泽明亮。本试验采用4%氢氧化钠溶液5.0ml。

第五章 其它有机化合物

一、环氧氯丙烷

测定环氧氯丙烷的方法有气相色谱法和乙酰丙酮分光光度法。气相色谱法灵敏度高，干扰物质少，能较好的应用于空气和工业废气的监测。乙酰丙酮分光光度法所需设备简单，易于掌握，重现性好，但灵敏度较差。

（一）气相色谱法（B）

1. 原理

用活性炭吸附采样管富集空气中环氧氯丙烷后，加二硫化碳解吸，经 1，2，3，4-四（2-氰乙氧基）丁烷-双甘油或β,β′-氧二丙腈双甘油色谱柱分离后，用火焰离子化检测器测定，用保留时间定性，峰高外标法定量。

本法检出限 10ng/1μl，当采样体积为 100L、用 1ml 二硫化碳解吸时，最低检出浓度为 $0.1mg/m^3$。环氧氯丙烷在 0～1000ng 范围内，色谱峰值与含量呈线性关系。

2. 仪器

①活性炭采样管：长约 50mm，内径约 4mm，两端玻璃封口，如图 6-5-1。

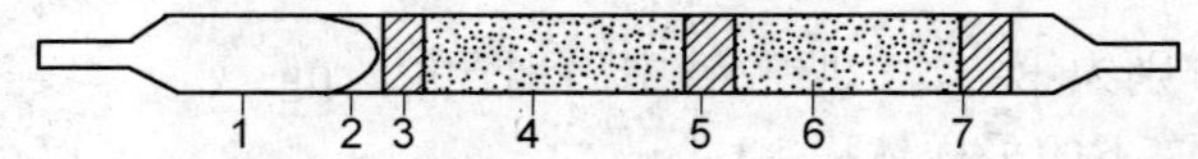

图 6-5-1 吸附采样管

1—玻璃管；2—卡子；3—玻璃纤维；4，6—活性炭；5，7—泡沫塑料

②具塞比色管：10ml。

③空气采样器：流量范围 0～1L/min。

④气相色谱仪：具火焰离子化检测器。

色谱柱 1：长 2m、内径 2～3mm 玻璃柱，柱内填充 3% 1，2，3，4-四（2-氰乙氧基）丁烷＋7%双甘油的上试酸洗 101 白色担体（80～100 目），于 110℃老化。

色谱柱 2：长 2m、内径 3mm 不锈钢柱，柱内填充 2.7% β,β′-氧二丙腈＋6.4%双甘油的上试酸洗 101 白色担体（80～100 目），于 85℃老化。

3. 试剂

①环氧氯丙烷：含量 99.9%。

②二硫化碳：色谱检测无杂峰。

③环氧氯丙烷标准溶液：取一滴环氧氯丙烷于已知重量的 10ml 容量瓶中，准确称重后，用二硫化碳稀释至标线。计算每毫升溶液中含环氧氯丙烷的毫克数，置避光处保存。临用前将标准溶液配制成每毫升含环氧氯丙烷分别为 0、10.0、20.0、40.0、60.0、80.0、100μg 的标准系列。

4. 采样

将吸附采样管与空气采样器相连，使采样管垂直于地面，令气样自上而下通过采样管，以 0.5L/min 流量，采样 60L。

5. 步骤

（1）色谱条件

柱 1：柱温：95℃；检测器温度 150℃；气化室温度：150℃；

载气：高纯氮流量 60ml/min；燃气：氢气流量 40ml/min；助燃气：空气流量 400ml/min。

进样量：2μl。

柱 2：柱温：75℃；检测器温度：110℃；气化室温度：150℃。

载气：高纯氮流量 25ml/min；燃气：氢气流量 33ml/min；助燃气：空气流量 330ml/min。

进样量：1μl。

（2）标准曲线的绘制

取七支 10ml 具塞比色管，各加入 100mg 活性炭，然后加入浓度分别为 0、10.0、20.0、40.0、80.0、100μg/ml 的环氧氯丙烷标准溶液 1.00ml，加塞浸泡 1h，摇匀。取 2.00μl 或 1.00μl（视所用色谱柱而定）进行色谱分析，以峰高对环氧氯丙烷含量（μg/ml），绘制标准曲线。

（3）样品测定

将采样管中通空气一端的 100mg 活性炭放入 10ml 比色管中，加入 1.00ml 二硫化碳，浸泡 1h 后，用微量注射器抽取浸泡液 2.00μl 或 1.00μl（视所用色谱柱而定）注入色谱仪，记录峰高。

6. 计算

$$C=\frac{W}{V_n}\times F$$

式中：C——环氧氯丙烷的浓度，mg/m^3；

W——环氧氯丙烷含量，μg；

V_n——标准状态下的采样体积，L；

F——解吸液二硫化碳体积与进样体积之比。

7. 说明

①在本法确定的色谱柱及色谱条件下，环氧氯丙烷峰形尖锐，拖尾较少。苯、甲苯及含量为环氧氯丙烷 30 倍的二甲苯，均不干扰测定。当苯乙烯含量高于环氧氯丙烷时，影响测定结果。

②色谱柱 1 可同时测定二甲苯、苯乙烯和环氧氯丙烷；色谱柱 2 可同时测定苯、甲苯、二甲苯、苯乙烯和环氧氯丙烷。

③实验结果表明：含有 0.4～2.3mg 环氧氯丙烷气体通过吸附采样管时，吸附效率为 95%～100%，而且吸附的环氧氯丙烷几乎全部集中在 A 段活性炭。所以一般情况下，只需测定 A 段活性炭上的环氧氯丙烷即可。

④采样时必须使空气直接进入采样管，不宜在采样管前加接各种管道，以免环氧氯丙烷在管壁上冷凝和被吸附。

⑤测定含量为 150～900ng 的样品，10 次测定值的变异系数为 0.44%～1.06%，加标回收率为 90%～110%。

（二）乙酰丙酮分光光度法（B）

1. 原理

用活性炭吸附采样管富集空气中环氧氯丙烷后，加氢氧化钠溶液加热水解解吸，解吸液在酸性溶液中被高碘酸钾氧化，生成的甲醛经蒸馏分离后，在铵盐存在下与乙酰丙酮作用，生成黄色化合物，根据颜色深浅，用分光光度法测定。

甲醛及能氧化成甲醛的物质，对本法有干扰。本法检出限为 3μg/25ml（按与吸光度 0.01 相对应的含量计），当采样体积为 60L 时，最低检出浓度为 0.05mg/m^3。

2. 仪器

①全玻璃蒸馏器：250ml。

②活性炭吸附采样管：同本节（一）气相色谱法。

③具塞刻度管：10、25ml。

④空气采样器：流量范围 0～lL/min。

⑤分光光度计。

3. 试剂

①1.0mol/L 氢氧化钠溶液：称取 4.0g 氢氧化钠，溶解于水，稀释至 100ml。

②硫酸溶液 C（1/2H_2SO_4）=10mol/L：将 100ml 浓硫酸缓缓倒入盛有 260ml 水的烧杯中，冷却后用水稀释至 360ml。

③饱和高碘酸钾溶液：称取 2.0g 高碘酸钾（KIO_4），加 100ml 水，煮沸溶解，冷却备用。

④乙酰丙酮显色液：称取 25.0g 乙酸铵，用少量水溶解，加 70%乙酸 3.0ml 和重蒸馏的乙酰丙酮 0.50ml，混匀，加水至 100ml。临用时现配。

⑤环氧氯丙烷标准溶液：于 25ml 容量瓶中，加入 10ml 水，准确称重后，加一滴环氧氯丙烷，再准确称重，两次重量之差为环氧氯丙烷的重量。用水稀释至标线，计算其浓度。临用前用水稀释成每毫升含 200μg 环氧氯丙烷的标准使用溶液。

4. 采样

将采样管与空气采样器相连，使采样管垂直于地面，令气样自上而下通过采样管，以 0.5L/min 流量，采样 60L。

5. 步骤

（1）标准曲线的绘制

①取七支 10ml 具塞刻度管，各加入 100mg 活性炭，按表 6-5-1 配制标准色列后，放置 1h。

②各管内加入 1.0mol/L 氢氧化钠溶液 5.0ml，在沸水浴上保温 10min，冷却。用玻璃

棉滤去活性炭，滤液收集于250ml蒸馏瓶中。

表6-5-1　环氧氯丙烷标准系列

管　号	0	1	2	3	4	5	6
标准溶液(ml)	0	0.10	0.20	0.30	0.40	0.50	0.60
环氧氯丙烷含量(μg)	0	20	40	60	80	100	120

③用20ml水洗涤刻度管和玻璃棉，滤入蒸馏瓶中，加10mol/L硫酸溶液2.0ml，饱和高碘酸钾2.0ml，加热蒸馏，用25ml比色管接收蒸馏液并蒸馏至标线。

④在蒸馏液中加入2.0ml乙酰丙酮显色液，摇匀，盖塞，在沸水浴中加热3min。冷却后，在波长412nm处，用3cm比色皿，以水为参比，测定吸光度，以吸光度对环氧氯丙烷含量（μg），绘制标准曲线。

（2）样品测定

将采样管中通空气一端的100mg活性炭放入10ml具塞刻度管中，并按标准曲线绘制步骤②～④进行样品的水解、氧化及显色。根据测定的吸光度从标准曲线查得环氧氯丙烷的含量（μg）。

6. 计算

$$C=\frac{W}{V_{\mathrm{n}}}$$

式中：C——环氧氯丙烷，mg/m^3；

W——样品中环氧氯丙烷的含量，μg；

V_{n}——标准状态下的采样体积，L。

7. 说明

六次测定含20μg环氧氯丙烷的试样，变异系数为3.3%；六次测定含200μg环氧氯丙烷的试样，变异系数为1.5%。

①采样管前不宜加接各种管道，以免环氧氯丙烷在管壁上冷凝和被吸附。

②样品测定与标准曲线绘制时的解吸、氧化及显色等条件应保持一致。

③当采集的空气中含有甲醛时，可同时做两份样品。一份不加氧化剂蒸馏，另一份加氧化剂蒸馏。分别测定其蒸馏液中的甲醛，将其差值换算为环氧氯丙烷的量，即可扣除甲醛干扰。

④乙酰丙酮若有颜色，宜在使用前重新蒸馏，然后配制显色液。

⑤显色反应在室温下进行缓慢，显色需2h，若在100℃加热2～3min，反应即可完全，并且颜色能稳定4h。

⑥氧化反应中剩余的高碘酸钾用蒸馏法与氧化产物甲醛分离。

二、丙烯腈

气相色谱法（B）

1. 原理

用活性炭吸附采样管富集空气中丙烯腈后，用二硫化碳解吸，经GDX-502色谱柱分离，火焰离子化检测器测定，以保留时间定性，峰高外标法定量。

在选定的色谱条件下，乙醛、乙醇、二硫化碳、丙烯醛、丙醛、异丙醇、丙酮、乙腈、苯等不干扰测定。

本法检出限为 3ng/2μl，当采样体积为 60L、解吸液体积 2ml 时，最低检出浓度为 0.05mg/m^3。

2. 仪器

①具塞比色管：5ml。

②容量瓶：10ml。

③活性炭吸附采样管：CX-100 型。

④气相色谱仪：具火焰离子化检测器。

色谱柱：长 3m、内径 2.6mm 玻璃柱，柱内填充 GDX-502（80～100 目）。

3. 试剂

①二硫化碳：色谱纯。

②丙烯腈：色谱纯。

4. 采样

将活性炭吸附采样管的两头封端打开，与采样器连接，使采样管垂直于地面，令空气样品自上而下通过采样管，以 0.5L/min 流量采样 1h（或视空气中丙烯腈浓度而定）。采样结束后，用胶帽密封采样管两端，室温存放待测。

5. 步骤

（1）标准溶液的配制

在 10ml 容量瓶中加入数毫升二硫化碳，准确称量后加入约 100mg 丙烯腈，再准确称重，两次重量之差，即为丙烯腈的重量。立即用二硫化碳稀释至标线，计算每毫升溶液中含丙烯腈的毫克数。

（2）色谱条件

柱温：150℃；气化室及检测器温度：170℃。载气：氮气流量 60ml/min；燃气：氢气流量 50ml/min；助燃气：空气流量 500ml/min。

（3）标准曲线的绘制

将标准溶液用二硫化碳逐级稀释配制成每毫升溶液含 0、5.0、10.0、20.0、50.0、100、200μg 丙烯腈的标准溶液。另取 5.0ml 比色管 6～7 支，每管中各加采样用活性炭 0.25～0.50g（与现场采样用活性炭等量）、标准系列溶液 2.00ml，稍加振荡，静置 30min。待色谱基线平直后，各标准溶液进样 2.0μl，测定标样的保留时间及峰高。以峰高对丙烯腈浓度（μg），绘制标准曲线。丙烯腈在 0.0124～0.496μg 范围内，含量与峰高呈线性关系。

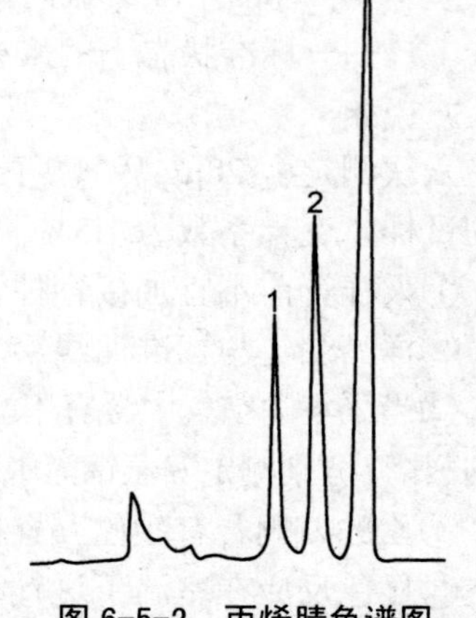

图 6-5-2 丙烯腈色谱图

1—丙烯醛；2—乙腈；3—丙烯腈

（4）色谱图

见图 6-5-2。

（5）样品测定

将采样管中活性炭置于具塞比色管中，加入 2.00ml 二硫化碳，稍加振摇，30min 后即可在与绘制标准曲线相同条件下操作，以保留时间定性，峰高外标法定量。在线性范围内，可根据样品溶液的峰高，选择合适的标准溶液，用单点校正方法计算。

6. 计算

$$C = \frac{h_1}{V_n} \times K \cdot F$$

式中：C——丙烯腈的浓度，mg/m^3；

h_1—扣除全程序试剂空白峰高后的样品峰高，mm；

V_n——标准状态下的采样体积，L；

K——校正因子，$K = \frac{V_s \cdot C_s}{h_s} \times 10^{-3}$，μg/mm；

C_s——标准溶液中丙烯腈的浓度，μg/ml；

V_s——标准溶液进样体积，μl；

h_s——标准溶液的峰高（mm）；

F——解吸液定容体积与进样体积之比。

7. 说明

①活性炭采样管由于管径和填充情况不一致，使每根采样管气阻和流量不同，因此在采样前必须用皂膜流量计及清洁空气对采样管逐个进行流量测定，便于获得准确的采样体积。

②丙烯腈经活性炭管富集后，可存放一周。

三、三甲胺

气相色谱法（A）

1. 原理

采用涂着草酸的玻璃微珠作为吸附剂，装填在采样管中，用于采集恶臭污染源排气和厂界环境空气中的三甲胺。通过向采样管中注入饱和氢氧化钠溶液和氮气，使采集的三甲胺游离成气态并进入经真空处理的 100ml 解吸瓶中，取瓶内气体 1～2ml 直接注入气相色谱仪，根据三甲胺的色谱峰面积（或峰高）对其进行定量分析。

2. 方法的适用范围及干扰

采样体积为 10L 时，方法最低检出浓度分别为（2.5×10^{-3}）mg/m^3。当所用仪器型号不同时，方法的检出范围有所不同。

在选定的色谱条件下，样品中的氨、甲胺、乙胺、二甲胺等胺类化合物均不干扰三甲胺的测定。

3. 仪器

1）气相色谱仪：配备有氢火焰离子化检测器和与仪器相匹配的色谱处理机或记录仪。

2）色谱柱：

（A）本方法与 GB/T 14676—93 等效。

①载体涂固定液：称取一定量的 60～80 目 GDX-401，根据担体的重量和液相载荷比（4%聚乙二醇（PEG-20M）+1%KOH），称取一定量的固定液（聚乙二醇（PEG-20M），最高使用温度 250℃）。涂渍分两次进行，先以甲醇作溶剂涂渍 KOH，再以丙酮作溶剂涂渍 PEG-20M。**注意每次用溶剂将溶质溶解后，其定容的溶液体积要使担体倒入后恰好浸没为准**，轻轻摇动容器使其浸匀。然后在通风柜内用红外灯加热，轻轻摇动，以使固定液涂渍均匀。待溶剂全部挥发，担体呈原松散状态，即涂渍完毕。

②色谱柱：将长 3m，内径 3mm 硬质玻璃色谱柱的尾端（接检测器的一端）用石英棉塞紧，接真空泵，柱的另一端通过软管接一漏斗，开动真空泵后，使固定相慢慢通过漏斗装入色谱柱内，边装边用电动按摩器轻轻振动色谱柱，使固定相在色谱柱内填充均匀、紧密，装填完毕后，用石英棉塞住色谱柱另一端。为防止真空泵吸入异物，在色谱柱和泵之间连接缓冲瓶。将填充好的色谱柱在 200℃、氮气流量 20～30ml/min 条件下老化 24h（老化时，色谱柱应和检测器断开，以免污染检测器）。

在设定条件下色谱，色谱柱总的分离度大于 1.0。

3）烟气采样器或大气采样器：采样流量调节范围 0～1.0L/min，并能测定抽气压力、温度。

4）采样管：取 1ml 注射器抽去活塞，洗净烘干。采样前，将采样管按图 6-5-3 的方式依次充填玻璃棉，草酸玻璃微珠，玻璃棉。充填完毕后，分别用硅橡胶塞和塑料帽密封采样管两端。

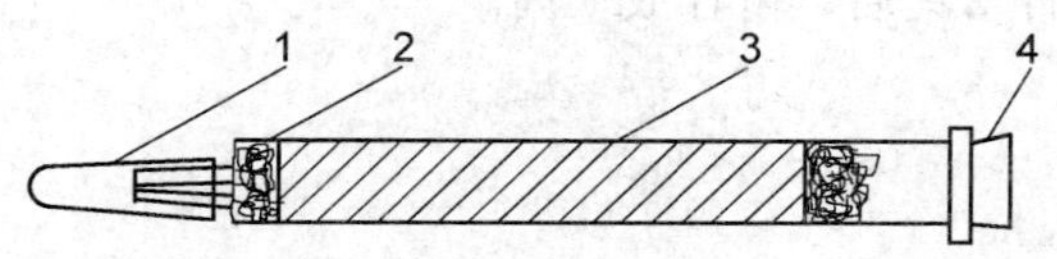

图 6-5-3 装填草酸玻璃微珠的采样管

1—塑料密封帽；2—玻璃棉；3—草酸玻璃微珠；4—硅橡胶塞

草酸玻璃微珠的制备：将 60～80 目的玻璃微珠担体分别用浓盐酸、蒸馏水洗净烘干后，以蒸馏水为溶剂将玻璃微珠表面涂渍 1%的草酸和 0.15%的甘油，在真空干燥箱内（80℃）真空干燥 2～3h 后，密封于棕色瓶中备用，保存期为一个月。

5）解吸瓶：100ml，可采用去盖比重瓶，瓶口用硅橡胶塞密封。解吸瓶应在样品解吸操作前进行真空处理，解吸瓶数应与分析样品数对应。真空处理方法为：将洗净烘干的解吸瓶以饱和氢氧化钠溶液浸润内表面并空去碱液后，用硅橡胶塞塞住瓶口，插入与真空泵相接的针头，抽出瓶内空气至压力指示值接近–100kPa。

6）聚丙烯膜气袋：通气口接 9 号针头，内充 99.99%氮气。

7）真空泵：真空度应接近–100kPa。

8）U 型水银真空计。

9）真空干燥箱。

10）气体进样器：2ml。必须保证内压达色谱柱前压时，针头连接处和活塞侧面无漏气现象。

11）微量注射器：10μl。

4. 试剂

①载气：氮气，纯度 99.99%，用装 5A 分子筛净化管净化。

②燃气：氢气，纯度 99.9%。

③助燃气：空气。

④玻璃微珠：色谱用玻璃微珠担体，60～80 目。

⑤草酸（$C_2H_2O_4 \cdot 2H_2O$）：分析纯。

⑥甘油（$C_3H_8O_3$）：分析纯。

⑦三甲胺（C_3H_9N）：含量不低于 33%，使用时对三甲胺含量进行标定。

⑧饱和氢氧化钠溶液：实验室配制。将其加热 60℃赶出挥发性杂质，聚乙烯塑料瓶内密封保存。

⑨蒸馏水：经色谱检验无三甲胺杂质。

5. 采样

采样时将采样管前端的塑料帽和后端的硅橡胶塞取下，用乳胶管将采样管后端与烟气采样器或大气采样器进气口连接，以 0.5～1.0L/min 的流量连续采集 10～100L 样品气体，采样完毕后用硅橡胶塞和塑料帽密封采样管两端。同时记录采样流量、流量计前温度、压力，采样地点、时间、气压。

6. 步骤

（1）标准样品的制备

①三甲胺标准贮备液：吸取 3ml 三甲胺溶液置于 1000ml 容量瓶中，用水稀释至标线。此溶液三甲胺含量约为 0.1%。

②三甲胺标准贮备液的标定：吸取 20.0ml 三甲胺标准贮备液，置于 250ml 碘量瓶中，加 0.1%溴甲酚绿乙醇溶液和 0.1%甲基红乙醇溶液混合指示剂（5:1），以 0.1mol/L 盐酸滴定至终点（颜色由淡蓝色变为淡橙红色）。同时进行空白测定。

三甲胺标准贮备液浓度 C（C_3H_9N）按下式计算。

$$C(C_3H_9N)=9.83\times(V_2-V_1)\times0.1\times1000/20.0$$

式中：C（C_3H_9N）——三甲胺标准贮备液浓度，mg/L；

V_1——空白滴定消耗盐酸溶液体积的平均值，ml；

V_2——标定三甲胺标准贮备液消耗溶液体积的平均值，ml；

0.1——盐酸溶液浓度，mol/L；

9.83——三甲胺（1/6 C_3H_9N）摩尔质量，g；

20.0——取三甲胺标准贮备液体积，ml。

此贮备液在 4℃时可保存二周。

③标准工作溶液：分别取三甲胺标准贮备液 5、15、25 ml 至 50 ml 容量瓶中，用水稀释至刻度。再将前两支容量瓶中的溶液分别取一定量稀释 10 倍，配制成五个浓度水平的标准溶液。该系列标准溶液使用前配制。

（2）色谱条件及记录仪调整

柱温：130℃；检测器温度：180℃；进样口温度：180℃。

氮气流量：60 ml/min；氢气流量：60 ml/min；空气流量：500ml/min。

（3）标准曲线的绘制

①将采样管前端的塑料帽取下，分别取不同浓度的标准样品溶液 10μl 注入采样管入气口端玻璃微珠中，再安上 9 号尼龙针头并插入解吸瓶内。从采样管后塞处注入 1 ml 饱和氢氧化钠溶液，静置 1min（外部气体不得进入系统），再从采样管后塞插入与氮气袋相接的针头，使氮气通过采样管将全部碱液导入瓶内并使解吸瓶内充满氮气至常压。

②用 2ml 气密性注射器从解吸瓶内取 2ml 气体注入色谱仪分析，根据采样管内标准样品加入量和色谱峰面积（或峰高）绘制标准曲线。

（4）色谱图

标准色谱图见图 6-5-4。

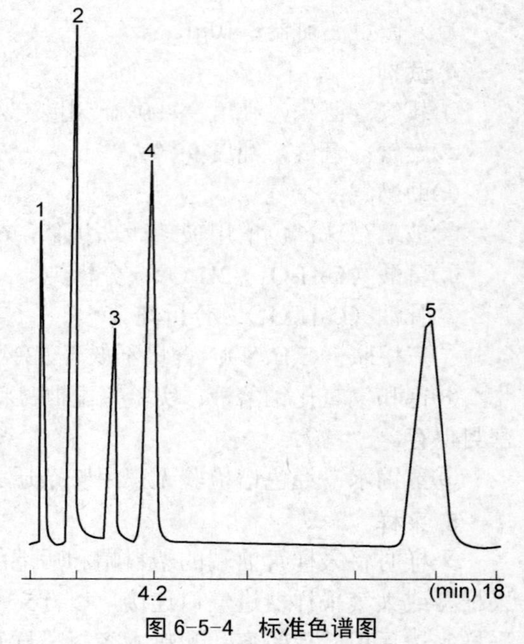

图 6-5-4 标准色谱图

1—氨；2—甲胺；3—二甲胺；4—三甲胺；5—乙胺

（5）样品测定

①样品的采样、解吸以及取样分析的全过程见图 6-5-5。样品解吸后，用 2ml 气密性注射器从解吸瓶内取 1～2ml 样品气体注入色谱仪分析。根据绝对保留时间进行定性，在拟定条件下，三甲胺的保留时间为 4.2min。以峰高（或峰面积）定量。

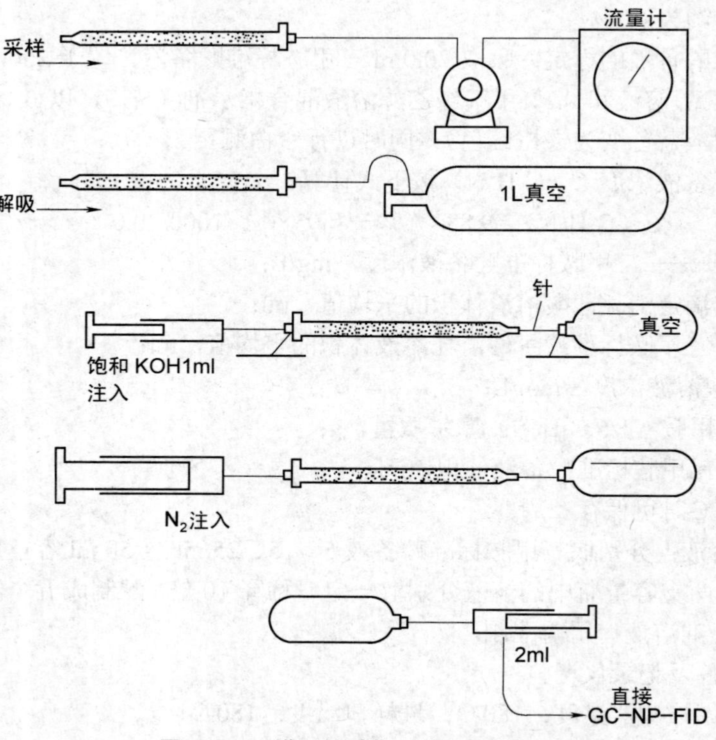

图 6-5-5 样品的采集、处理及分析示意图

②空白试验为未经采样的采样管与经采样的采样管按相同的方法操作，同批作空白分析。

7. 计算

气体样品中成分浓度的计算：

$$C = \frac{A_i \cdot C_s}{A_s \cdot V_{nd}} \times 10^{-3}$$

式中：C——样品气体中三甲胺浓度，mg/m^3；

A_i、A_s——分别为解吸至解吸瓶内的实际样品和标准样品取相同体积分析得出的三甲胺色谱峰面积（或峰高）；

C_s——注入空白采样管中标准样品的绝对量，ng；

V_{nd}——换算成标准状况下的采样体积，L。

8. 说明

①选用的气体进样器必须保证良好的气密性，注射器内表面应用碱液处理。

②平行采集样品不得少于二个。

③每次实验条件要严格保持一致。

④饱和氢氧化钠溶液使用前，应通入一段时间氮气赶出杂质。

⑤采样后采样管应在一周内分析。

四、吡啶

吡啶在空气中以蒸气状态存在，其测定方法有巴比妥酸分光光度法和气相色谱法。前者灵敏度高、选择性好，但需使用剧毒的氰化钾溶液；后者具有灵敏、快速，共存物干扰少等优点；可根据具体条件选择使用。

（一）巴比妥酸分光光度法（B）

1. 原理

用稀盐酸溶液采集样品后，吡啶与氯化氰反应生成戊烯二醛，后者与巴比妥酸偶合生成红紫色的二巴比妥酸戊烯二醛，根据颜色深浅，以分光光度法测定。

在本法条件下，氨 15mg、异丙醇 5g、甲醇 4g、乙醇 4g、丙酮 4g、苯胺 20mg、甲醛 20mg 以下时，对测定无干扰。

本法检出限为 0.04μg/10ml，当采样体积为 30L 时，最低检出浓度为 0.001mg/m^3。

2. 仪器

①多孔玻板吸收管。

②具塞比色管：10ml、25ml。

③空气采样器：流量范围 0～1L/min。

④恒温水浴。

⑤分光光度计。

3. 试剂

①盐酸溶液 C（HCl）=0.10mol/L：吸取 8.4ml 浓盐酸，用水稀释至 1000ml。

②吸收液 0.010mol/L 盐酸溶液：取 0.10mol/L 盐酸溶液 50ml，置于 500ml 容量瓶中，

用水稀释至标线。

③1.0%（*m/V*）氯胺 T 溶液：临用现配。

④2.0%（*m/V*）氰化钾溶液。

⑤1.25%（*m/V*）巴比妥酸-丙酮水溶液：称取 1.25g 巴比妥酸（$C_4H_4O_3N_2$），溶解于（1＋1）丙酮水溶液 100ml，必要时可稍加热促使溶解。

⑥吡啶标准贮备溶液：在 25ml 容量瓶中，加 0.010mol/L 盐酸溶液约 10ml，准确称量后，加入 2～3 滴新蒸馏的吡啶，再准确称量，两次重量之差为吡啶的重量。用 0.010mol/L 盐酸溶液稀释至标线，计算每毫升溶液中含吡啶的毫克数。

⑦吡啶标准使用液：临用时，用 0.010mol/L 盐酸溶液稀释至每毫升含 1.0μg 吡啶的标准使用液。

4. 采样

用一支内装 10ml 吸收液的多孔玻板吸收管，以 0.5L/min 的流量，采气 20～30L（视污染物浓度而定）。采集后的样品，应在 24h 内测定。

5. 步骤

（1）标准曲线的绘制

①取六支 25ml 比色管，各依次加入 0.10mol/L 盐酸溶液 1.00ml，2.0%氰化钾溶液 1.00ml，1.0%氯胺 T 溶液 5.00ml，摇匀后立即按表 6-5-2 制备标准系列。

表 6-5-2 吡啶标准系列

管　号	0	1	2	3	4	5
吸收液(ml)	10.00	9.50	9.00	8.00	6.00	4.00
标准溶液(ml)	0	0.50	1.00	2.00	4.00	6.00
吡啶含量(μg)	0	0.50	1.0	2.0	4.0	6.0

②各管摇匀后，分别加入 1.25%巴比妥酸-丙酮溶液 2.00ml，加水至标线，摇匀。于 40℃恒温水浴中显色 45min，取出冷却，在波长 580nm 处，用 2cm 比色皿，以试剂空白为参比，测定吸光度。以吸光度对吡啶含量（μg），绘制标准曲线。

（2）样品测定

于比色管中按标准曲线绘制步骤①加入三种试剂摇匀后，将采集样品的吸收液全部移入比色管中，用少量水洗吸收管，洗涤液合并于比色管中，以下操作按标准曲线绘制步骤②进行。

6. 计算

$$C=\frac{W}{V_n}$$

式中：C——吡啶的含量，mg/m^3；

W——样品中吡啶含量，μg；

V_n——标准状态下的采样体积，L。

7. 说明

①本法显色温度、显色时间对吸光度值影响较大，在 40℃水浴中至少放置 45min，颜色才稳定，因此必须严格控制样品管和标准管的操作一致，显色后颜色可稳定 5h。

②酸度对显色反应影响较大，盐酸及氰化钾用量应严格按规定加入。

③氰化钾为剧毒药品，使用时要小心并妥善保管，废液须经处理（加入三价铁或次氯酸钠）后排放。

（二）气相色谱法（B）

1. 原理

以硫酸作吸收液采集空气中的吡啶，用二硫化碳萃取富集，经 5%PEG-1500 色谱柱分离，以火焰离子化检测器测定，以保留时间定性，峰高外标法定量。

本法检出限为 0.2ng/μl，当采样体积为 20L，用 4ml 二硫化碳解吸时，最低检出浓度为 0.04mg/m^3。

2. 仪器

①多孔玻板吸收管。

②分液漏斗：60 或 150ml。

③空气采样器：流量 0.3～0.5L/min。

④气相色谱仪：具火焰离子化检测器。

色谱柱：长 2m、内径 3.2mm 玻璃柱，柱内填充涂 5%PEG-1500 的碱处理白色硅藻土担体（60～80 目）。

3. 试剂

①硫酸：C（1/2H_2SO_4）=0.10mol/L。

②二硫化碳。

③氢氧化钠。

④吡啶。

4. 采样

连接一支内装 0.10mol/L 硫酸溶液 10ml 的多孔玻板吸收管，以 0.3～0.5L/min 流量，采气 1～20L（视污染物浓度而定）。

5. 步骤

（1）标准溶液的配制

①吡啶标准贮备液：在 25ml 容量瓶中加 0.10mol/L 硫酸溶液约 10ml，准确称量后加入 4～5 滴吡啶，再准确称量，两次重量之差即为吡啶的重量。用 0.10mol/L 硫酸溶液稀释至标线，计算每毫升溶液中含吡啶的毫克数。

②吡啶标准系列的制备：准确吸取上述贮备液六份置于六个 100ml 容量瓶中，用 0.10mol/L 硫酸溶液稀释至标线，制备的浓度分别为 1.00、3.00、5.00、7.00、9.00、11.0mg/L。

（2）色谱条件

柱温：110℃；气化室温度：150℃；检测器温度：150℃。载气：氮气流量 50ml/min；燃气：氢气流量 50ml/min；助燃气：空气流量 500ml/min。

（3）标准曲线的绘制

分别取吡啶标准系列溶液 10.0ml 于 60（或 150）ml 分液漏斗中，相当于含 0.010、0.030、0.050、0.070、0.090、0.110mg 吡啶，各加 2.00ml 二硫化碳，一粒氢氧化钠（约 0.05g），振摇 2min，静置分层后，放出二硫化碳层。如此再重复操作一次，合并两次的二硫化碳萃取液，待色谱基线平直后，各萃取液进样 1.0μl，测定标样的保留时间及峰高，以峰高对吡啶含量（mg）绘制标准曲线。

（4）色谱图

见图 6-5-6。

（5）样品测定

将采集的样品移入 60（或 150）ml 分液漏斗中，按绘制标准曲线相同的条件操作，以保留时间定性、峰高外标法定量。

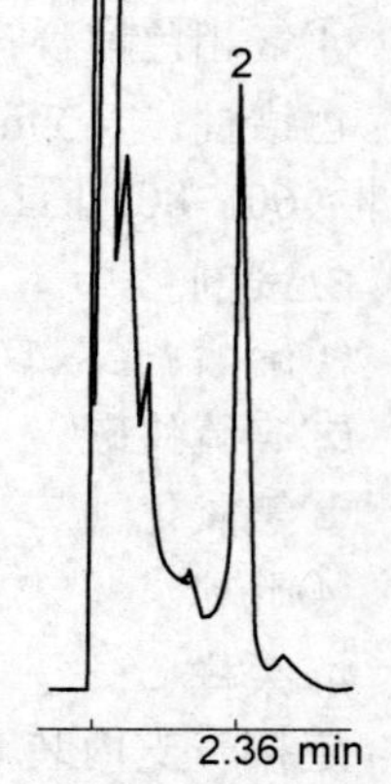

图 6-5-6 吡啶色谱图

1—溶剂峰；2—吡啶

6. 计算

$$C = \frac{W}{V_{\mathrm{n}}} \times 10^{-3}$$

式中：C——吡啶的含量，$\mathrm{mg/m^3}$；

W——样品中吡啶的含量，mg；

V_{n}——标准状态下的采样体积，L。

7. 说明

①配制色谱固定相的白色硅藻土担体（60～80 目），需用 5% 的氢氧化钾-甲醇溶液浸泡过夜，用去离子水洗至中性，烘干备用。

②样品在运输过程中，应避免激烈振荡，并在低于 5℃的冰箱中保存。

③在需防爆场合采样，应采用直流电源。

五、异氰酸甲酯

2, 4-二硝基氟苯分光光度法（B）

1. 原理

空气中微量的异氰酸甲酯（MIC）在二甲基亚砜-盐酸吸收液中水解为甲胺，甲胺遇 2, 4-二硝基氟苯转化为黄色的 2, 4-二硝基苯基甲胺。该黄色化合物用四氯乙烷萃取后，在 366nm 处，用分光光度法测定其吸光度。

空气中若存在甲胺，对本法有干扰。利用干燥的强酸性阳离子交换树脂对甲胺的吸附性，可消除其干扰。

本法检出限为 1μg/10ml，当采样体积为 24L 时，最低检出浓度为 $0.04\mathrm{mg/m^3}$。测定范围 $0.05\sim2.5\mathrm{mg/m^3}$。

2. 仪器

①多孔玻板吸收管：10ml。

②具塞刻度管：50ml。

③电热恒温水浴。

④空气采样器：流量范围 0～1L/min。

⑤分光光度计。

3. 试剂

①二甲基亚砜($(CH_3)_2SO$，简称 DMSO)。

②1, 1, 2, 2-四氯乙烷。

③吸收液：二甲基亚砜与 0.10mol/L 盐酸溶液以等体积混合。

④氢氧化钠溶液 *C*（NaOH）=0.50、0.10、0.01mol/L。

⑤碳酸氢钠溶液 *C*（$1/2Na_2CO_3$）=0.20mol/L：称取 1.06g 无水碳酸钠，溶解于水，稀释至 100ml。

⑥0.20mol/L 氢氧化钠-二氧六环溶液：称取 0.80g 氢氧化钠，溶解于 60%（*V/V*）二氧六环溶液 100ml。

⑦亮黄指示剂：2.5mg 亮黄溶解于 100ml 水。

⑧2，4-二硝基氟苯溶液：1.2ml 2，4-二硝基氟苯溶于 50ml 无水乙醇，并用无水乙醇稀释至 100ml。

⑨0.01×7 强酸型阳离子交换树脂（40～60 目）。

⑩异氰酸甲酯（MIC）标准溶液：准确称量一个装有数毫升吸收液的 25ml 容量瓶，加入约 25mg 异氰酸甲酯（CH_3NCO，99.5%），再准确称重，两次重量之差即为 MIC 的重量，用吸收液稀释至标线。计算每毫升溶液中所含 MIC 的微克数。临用前，用吸收液稀释为每毫升含 10.0μgMIC 的标准使用液。

4. 采样

串联两个各装有 10ml 吸收液的多孔玻板吸收管，以 0.25L/min 的流量，采气 24L。

采样后，将两支吸收管中的样品溶液分别移入 50ml 具塞刻度管中，静置 lh 后测定。若不能及时测定，放冰箱中保存。

5. 步骤

（1）标准曲线的绘制

①取八支 50ml 具塞刻度管，按表 6-5-3 配制标准系列。

表 6-5-3 异氰酸甲酯标准系列

管 号	0	1	2	3	4	5	6	7
标准溶液(ml)	0	0.10	0.50	1.00	2.00	3.00	4.00	5.00
吸收液(ml)	10.00	9.90	9.50	9.00	8.00	7.00	6.00	5.00
MIC 含量(μg)	0	1.0	5.0	10.0	20.0	30.0	40.0	50.0

②各加 5 滴亮黄指示剂，混匀。

③滴加 0.50mol/L 氢氧化钠溶液，直到橙粉红色开始出现，然后用 0.10mol/L 氢氧化钠溶液滴加到红色终点。几分钟后褪色，再用 0.01mol/L 氢氧化钠溶液滴到一个稳定的终点，在强烈振摇后应保持不变。**注意：滴加不要过量。**

④用水调整样品体积到 15ml。

⑤加 5 滴 2，4-二硝基氟苯溶液，混匀。

⑥加 0.20mol/L 碳酸钠溶液 1.0ml，混匀。

⑦在 75℃恒温水浴中加热 30min，冷却至室温。

⑧加 0.20mol/L 氢氧化钠-二氧六环溶液 0.40ml，混匀。

⑨加 10.0ml 1,1,2,2-四氯乙烷，振摇 1min。

⑩待两相分层后（分层约需 1h），吸出上层清液，将下层有机相过滤到 1cm 比色皿中，在波长 366nm 处，以 1,1,2,2-四氯乙烷为参比，测定吸光度，以吸光度对 MIC 含量（μg），绘制标准曲线。

（2）样品测定

将第一、二吸收管中样品溶液分别移入 50ml 具塞刻度管中，用少量吸收液洗涤吸收管，并入刻度管中。以下按标准曲线的绘制步骤②～⑩进行操作。

6. 计算

$$C=\frac{W_1+W_2}{V_n}$$

式中：C——异氰酸甲酯的含量，mg/m^3；

W_1、W_2——分别为第一、二吸收管中异氰酸甲酯含量，μg；

V_n——标准状态下的采样体积，L。

7. 说明

①2，4-二硝基氟苯被怀疑为致癌物，使用时要注意安全，勿使其接触皮肤。

②MIC 不稳定，易挥发、聚合和水解。对人的眼睛和呼吸道有强烈刺激作用，且能烧伤皮肤，配制标准溶液要求在通风良好的条件下操作。

③当空气中有甲胺时，可在吸收管前串联一个强酸型阳离子交换树脂管，以吸附甲胺。在长 3～4cm、内径 4mm 的玻璃管中装填 0.2～1g 预先在 90℃左右活化过的 001×7 强酸型阳离子交换树脂（60～80 目），作为除甲胺管，要求通过此树脂管的气样是干燥的。

六、肼和偏二甲基肼

空气中的肼和偏二甲基肼经吸附剂富集采样和溶液洗脱后，用分光光度法和气相色谱法测定，两种方法的灵敏度和准确度大致相同。在肼和偏二甲基肼同时存在的场合，以采用气相色谱法为宜。

（一）分光光度法（肼）（B）

1. 原理

用装有浸渍硫酸的 101 白色担体的采样管富集空气中的肼，生成稳定的硫酸肼。该化合物在酸性条件下，与对-二甲胺基苯甲醛（POAB）反应生成黄色的联氮化合物。根据颜色深浅，用分光光度法测定。反应式如下：

$$NH_2—NH_2+H_2SO_4 \longrightarrow NH_2—NH_2 \cdot H_2SO_4$$

$$(CH_3)_2N—C_6H_4—CHO+NH_2—NH_2 \xrightarrow{H^+} (CH_3)_2N—C_6H_4—CH{=}N—NH_2+H_2O$$

（对-二甲胺基苯甲醛）　　　　（黄色联氮化合物）

本法检出限为 0.07μg/25ml（按与三倍试剂空白液吸光度测定值的总标准偏差相对应的

浓度计），当采样体积为 60L 时，最低检出浓度为 0.001mg/m^3。氯气、甲基肼、偏二甲基肼氧化产物对本方法有干扰。

2. 仪器

①具塞比色管：25ml。

②玻璃水抽泵。

③布氏漏斗。

④抽滤瓶：1000ml。

⑤吸附采样管：按图 6-5-7 加工。

⑥空气采样器：流量 0～1L/min。

⑦分光光度计。

3. 试剂

①硫酸溶液 C（1/2 H_2SO_4）=0.10mol/L：将 0.70ml 浓硫酸缓慢加到盛有 250ml 水的烧杯中，搅拌均匀。

②硫酸溶液 C（1/2H_2SO_4）=12mol/L：将 33.3ml 浓硫酸缓慢加到盛有 50ml 水的烧杯中，搅拌均匀，冷至室温，用水稀释至 100ml。

③硫酸-甲醇溶液：取 12mol/L 硫酸 36ml，缓慢加到盛有 200ml 甲醇（优级纯）的 250ml 容量瓶中，冷却后，用甲醇稀释至标线，摇匀。

④2.0%对-二甲胺基苯甲醛溶液：称取 10.0g 对-二甲胺基苯甲醛($(CH_3)N\cdot C_6H_4CHO$)于烧杯中，加 500ml 乙醇，待溶解后，缓慢加入 20ml 浓硫酸，摇匀。贮于棕色瓶中，室温下可保存二周。

⑤肼标准贮备溶液：称取 0.4061g 硫酸肼，溶解于 0.10mol/L 硫酸溶液，移入 1000ml 容量瓶中，用 0.10mol/L 硫酸溶液稀释至标线。此溶液每毫升含肼 100.0μg。

⑥肼标准使用液：取 5.00ml 肼标准贮备溶液于 500ml 容量瓶中，用 0.10mol/L 硫酸溶液稀释至标线。此溶液每毫升含肼 1.00μg。

4. 采样

将采样管垂直放置，离地面约 1.3～1.5m，上端与空气采样器相连。以 1L/min 的流量采样 60L（或视空气中肼的浓度而定）。采样结束后，采样管两端用聚乙烯管帽密封，放入黑纸袋中，送实验室分析。

5. 步骤

（1）吸附剂的制备及采样管的制作

①载体的清洗：称取 8g 40～60 目 101 白色担体，放入盛有 50ml 水的烧杯中，煮沸 3min，用水反复漂洗（勿用玻璃棒搅）。直至漂洗水澄清透明，并在分光光度计上于 460nm 处，用 2cm 比色皿，以水为参比，测其吸光度，在 0.02 以下为合格。

洗净的载体用布氏漏斗抽干后，转至表面皿上，移入 70℃±1℃恒温干燥箱中烘 40min，至松散不结块，放入干燥器中冷至室温。

②载体浸渍硫酸：称取上述清洗好的 101 白色担体 4.00g，平摊在表面皿上，用分度吸管取硫酸-甲醇溶液 11.0ml，缓慢滴加在担体上，使担体均匀浸透，在通风橱内使甲醇挥发，干后移入 60℃±1℃烘箱中烘 50min，至松散不结块，取出在干燥器中冷至室温，转入具塞瓶中备用。

③采样管的制作：称取浸渍硫酸担体 300mg，通过小漏斗注入特制的玻璃采样管（见图 6-5-7）中，担体两端以洁净的 60 目不锈钢网固定。采样管两端用 F_{46} 塑料或聚乙烯帽密封，外面包以黑纸，保存于干燥器中。

（2）标准曲线的绘制

①取八个 25ml 容量瓶，分别加入 300mg 浸渍硫酸的 101 白色担体，并按表 6-5-4 配制标准系列。

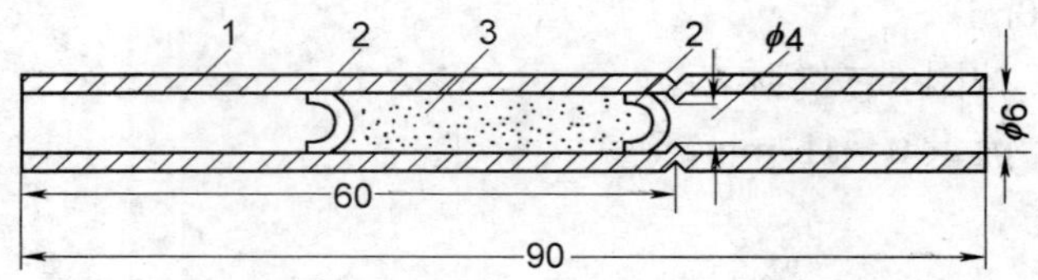

图 6-5-7 吸附采样管

1—采样管；2—不锈钢丝网；3—吸附剂

表 6-5-4 肼标准系列

瓶 号	0*	1	2	3	4	5
标准溶液(ml)	0	1.00	2.00	3.00	4.00	5.00
肼含量(μg)	0	1.0	2.0	3.0	4.0	5.0

*零号瓶可同时取三个，以求得 A_0 平均值。

②用少量 0.10mol/L 硫酸溶液淋洗瓶壁。

③加 2.0%对-二甲胺基苯甲醛溶液 10.00ml，用 0.10mol/L 硫酸溶液稀释至标线，摇匀，放置 30min。

④在波长 460nm 处，用 2cm 比色皿，以水为参比，测定吸光度（A）和空白溶液的平均吸光度（A_0），以（$A-A_0$）对肼含量（μg），绘制标准曲线。

（3）样品测定

将两支同批空白采样管和采好样的采样管中的固体吸附剂分别倒入 25ml 具塞比色管中，用 0.10mol/L 硫酸溶液 10ml 分次洗涤采样管壁和金属网，洗涤液倒入具塞比色管中，摇动比色管，放置 10min。加 2.0%对-二甲胺基苯甲醛溶液 10.00ml，用 0.10mol/L 硫酸溶液稀释至标线，摇匀，静置 30min。按标准曲线绘制步骤④测定吸光度。

6. 计算

$$C=\frac{W}{V_n}$$

式中：C——肼的含量，mg/m^3；

W——肼含量，μg；

V_n——标准状态下的采样体积，L。

7. 说明

偏二甲基肼氧化产物对肼的测定有干扰，并随其共存时间的延长而增大。对于同时含有肼和偏二甲基肼的样品应尽快进行分析，单独含有肼的样品可存放 20d。

（二）分光光度法（偏二甲基肼）（B）

1. 原理

用装有浸渍硫酸的 101 白色担体的采样管富集空气中的碱性偏二甲基肼，生成偏二甲基肼硫酸盐，用缓冲溶液解吸后，在弱酸性（pH5.4±0.2）溶液中，与氨基亚铁氰化钠（TPE）反应，生成玫瑰红色络合物，根据颜色深浅，用分光光度法测定。反应式如下：

$$(CH_3)_2N—NH_2+Na_3[Fe(CN)_5NH_3] \longrightarrow Na_3\left[Fe(CN)_5H_2N—N(CH_3)_2\right]+NH_3$$

环境空气中低浓度的肼和一甲基肼对本法的干扰可以忽略。

本法检出限为 2μg/25ml，当采样体积为 100L 时，最低检出浓度为 $0.02mg/m^3$。

2. 仪器

①具塞比色管：25ml。

②布氏漏斗：直径 100mm。

③抽滤瓶：500ml。

④微量注射器：10μl、50μl、2ml。

⑤吸附采样管：同（一）分光光度法测定肼。

⑥空气采样器：流量范围 0～lL/min。

⑦酸度计。

⑧分光光度计。

3. 试剂

①柠檬酸溶液 C（$H_3C_6H_5O_7$）=0.10mol/L：称取 21.0g 柠檬酸（$H_3C_6H_5O_7 \cdot H_2O$），溶解于 500ml 水，移入 1000ml 容量瓶中，用水稀释至标线，摇匀。

②磷酸氢二钠溶液 C（Na_2HPO_4）=0.20mol/L：称取 71.6g 磷酸氢二钠（$Na_2HPO_4 \cdot 12H_2O$），溶解于 500ml 水，移入 1000ml 容量瓶中，用水稀释至标线，摇匀。

③pH5.4 和 pH6.2 缓冲液：用上述两种溶液，按表 6-5-5 体积比混合。

表 6-5-5　缓冲液的配制

pH 值	0.10mol/L 柠檬酸溶液(V)	0.20mol/L 磷酸氢二钠溶液(V)
5.4	1	1.23
6.2	1	1.85

④硫酸溶液 C（$1/2H_2SO_4$）=12mol/L：同本节（一）分光光度法测定肼。

⑤硫酸-甲醇溶液：同本节（一）分光光度法测定肼。

⑥氨基亚铁氰化钠（TPF）的制备：称取 10.0g 亚硝基铁氰化钠 $Na_3(Fe(CN)_5NO)$，研细后放入锥形瓶中，加入 32ml 浓氨水，摇匀后加盖，于 0℃静置 12h，加入无水乙醇 20ml，得黄色沉淀，用布氏漏斗抽滤，再用无水乙醇和无水乙醚各 60ml，将沉淀洗涤三次，抽干。将黄色固体移至表面皿上，在干燥器中放置 2h 后转入棕色瓶中，于暗处保存。

⑦0.20%的 TPF 显色剂：称取 0.10gTPF，用水溶解后移入 50ml 棕色容量瓶中，用水稀释至标线，摇匀。临用时现配。

⑧偏二甲基肼标准贮备液：在 100ml 容量瓶中，加入 pH5.4 缓冲溶液 50ml 和 12mol/L 硫酸 5.0ml，盖塞摇匀。

用注射器以减量法称取 100mg 偏二甲基肼（称准至 0.lmg），小心注入含有吸收液的容量瓶中（**注意操作过程中注射针尖须用胶皮块密封，防止偏二甲基肼泄漏**）摇匀。20min 后，用 pH5.4 缓冲溶液稀释至标线，摇匀。计算每毫升溶液中含偏二甲基肼的微克数。贮于冰箱，可保存两周。

⑨偏二甲基肼标准中间液：用 pH5.4 缓冲液将标准贮备液稀释成每毫升溶液中含偏二甲基肼 100μg 的标准中间液。

⑩偏二甲基肼标准使用液：取 10.00ml 标准中间液于 100ml 容量瓶中，用 pH5.4 缓冲液稀释至标线，此溶液每毫升含偏二甲基肼 10.0μg。

4. 采样

同本节（一）分光光度法测定肼。

5. 步骤

（1）标准曲线的绘制

①取 11 支 25ml 具塞比色管，分别加入 pH6.2 缓冲液 15ml 和浸渍硫酸的担体 0.300g，按表 6-5-6 配制标准系列。

表 6-5-6 偏二甲基肼标准系列

管号	0*	1	2	3	4	5	6	7	8
标准溶液(ml)	0	0.30	0.60	0.90	1.20	1.50	2.00	3.00	4.00
偏二甲基肼含量(μg)	0	3.0	6.0	9.0	12.0	15.0	20.0	30.0	40.0

*零号管可同时取三支，以求得空白溶液平均吸光度 A_0。

②各管加 0.20%TPF 试剂 1.00ml，用 pH6.2 缓冲液稀释至标线。各管颠倒五次，混匀后于暗处显色 50min（20℃时）。

③在波长 500nm 处，用 2cm 比色皿，以水为参比，测定吸光度（A）和空白溶液吸光度（A_0），以（$A-A_0$）对偏二甲基肼含量（μg），绘制标准曲线。

（2）样品测定

①将两支同批空白采样管和采好样的采样管中的固体吸附剂分别倒入 25ml 具塞比色管中，用 pH6.2 缓冲液 20ml 分次洗涤采样管壁和金属网，洗涤液倒入具塞比色管中，用 pH6.2 缓冲液稀释至标线。颠倒五次，放置 20min，取上层清液 1.00ml，置于另一 25ml 具塞比色管中备用。在剩余液中加 0.20%TPF 试剂 1.00ml，混匀，于暗处显色 50min（20℃）。此溶液稀释倍数为 1.042。按标准曲线绘制步骤③测定吸光度。

②如发色后颜色深度超过测定范围，则可将备用的 1.00ml 试样加 pH5.4 缓冲液 15ml，0.20%TFP 试剂 1.00ml，用 pH5.4 缓冲液稀释至标线，按相同步骤测定吸光度。此溶液稀释倍数为 25 倍。

6. 计算

$$C=\frac{W}{V_n}\times F$$

式中：C——偏二甲基肼的含量，mg/m^3；

W——测定时所取样品溶液中偏二甲基肼含量，μg；

V_n——标准状态下的采样体积，L；

F——稀释倍数。

7. 说明

①为保证被测溶液 pH 值在 5.4±0.2 范围内，应用所配制的 pH6.2 缓冲液对浸渍硫酸的担体进行适当的调整。

②浸渍硫酸的担体随时间的延长会产生少量粉末，使显色液浊度增大，故浸渍硫酸的担体保存期一般不超过半个月。

③采样后的采样管应密封避光保存，以避免偏二甲基肼被氧化。

④本法的发色时间和成色稳定时间均与发色时环境温度有关，随环境温度升高，所需发色时间和颜色稳定时间逐渐缩短。为保证测定的准确性，将环境温度与发色时间的关系列于表 6-5-7，以供参考。

表 6-5-7　温度与显色时间

环境温度(℃)	10	15	20	25	30	35	40
显色时间(min)	60	55	50	40	20	10	7.5

（三）气相色谱法（肼和偏二甲基肼）(B)

1. 原理

用装有浸渍硫酸的 101 白色担体的采样管富集空气中的肼、偏二甲基肼，生成稳定的硫酸盐。用水洗脱，加入糠醛衍生试剂，生成相应的肼与偏二甲基肼的衍生物。用乙酸乙酯萃取。将萃取液注入气相色谱仪进行测定，以保留时间定性，峰高定量。

肼、偏二甲基肼与糠醛的反应：

$$NH_2-NH_2+2\ \underset{O}{\bigcirc}-CHO \longrightarrow \underset{O}{\bigcirc}-CH=N-N=CH-\underset{O}{\bigcirc}\ +2H_2O$$

$$\begin{matrix}CH_3\\CH_3\end{matrix}\!\!>N-NH_2+\underset{O}{\bigcirc}-CHO \longrightarrow \begin{matrix}CH_3\\CH_3\end{matrix}\!\!>N-N=CH-\underset{O}{\bigcirc}\ +H_2O$$

本方法对于偏二甲基肼的测定范围为 0.026～6.7mg/m^3。当采样体积为 60L 时，最低检出浓度为 0.02mg/m^3。对于肼的测定范围为 0.007～1.0mg/m^3。当采样体积为 60L 时，最低检出浓度为 0.007mg/m^3。

2. 仪器

①具塞比色管：5ml。

②微量注射器：10μl、50μl。

③吸附采样管：同本节（一）分光光度法测定肼。

④空气采样器流量：0～2L/min。

⑤气相色谱仪：具火焰离子化检测器。

⑥色谱柱：长4m、内径3mm玻璃柱，柱内填充敷附10%OV-7的Supelcoport担体（80～100目）。

3. 试剂

①6201担体（40～60目）。

②乙酸乙酯。

③硫酸溶液 C（1/2 H_2SO_4）=0.80mol/L：取11.0ml优级纯浓硫酸徐徐倒入盛有100ml水的烧杯内，搅拌，冷却至室温，用水稀释至500ml。

④硫酸溶液 C（1/2 H_2SO_4）=12mol/L：取33.3ml优级纯浓硫酸徐徐倒入盛有50ml水的烧杯内，搅拌，冷却至室温，用水稀释至100ml。

⑤乙酸钠溶液 C（CH_3COONa）=0.50mol/L：称取34.0g乙酸钠（$CH_3COONa \cdot 3H_2O$），溶解于水，移入500ml容量瓶中，用水稀释至标线，摇匀。

⑥硫酸-甲醇溶液：取12mol/L硫酸溶液36ml缓慢加到盛有200ml甲醇的250ml容量瓶中，用甲醇稀释至标线，摇匀。

⑦衍生试剂：取2.00mol/L新蒸馏的糠醛于50ml容量瓶中，用0.50mol/L乙酸钠溶液稀释至标线，摇匀。

⑧偏二甲基肼标准贮备液：盛有少量0.80mol/L硫酸溶液的100ml容量瓶中，用注射器以减重法称取100mg偏二甲基肼（称准至0.1mg）；用0.80mol/L硫酸溶液稀释至标线，摇匀。计算每毫升溶液中所含偏二甲基肼的微克数。

⑨偏二甲基肼标准中间液：用0.80mol/L硫酸溶液将标准贮备液稀释成每毫升含100μg偏二甲基肼的标准中间液。

⑩偏二甲基肼标准使用液：取10.00ml标准中间液于100ml容量瓶中，用0.80mol/L硫酸溶液稀释至标线。此溶液每毫升含10.0μg偏二甲基肼。

⑪肼标准贮备液：称取0.406g硫酸肼（$N_2H_4 \cdot H_2SO_4$），溶解于0.80mol/L硫酸溶液，移入1000ml容量瓶中，用0.80mol/L硫酸溶液稀释至标线。此溶液每毫升含100μg肼。

⑫肼标准使用液：取5.00ml肼标准贮备液于500ml容量瓶中，用0.80mol/L硫酸溶液稀释至标线。此溶液每毫升含1.00μg肼。

4. 采样

采样管垂直放置，离地面约1.3～1.5m上端与空气采样器相连。生活区以2L/min的流量采样120L，污染区以1L/min的流量采样60L。采样结束后，采样管两端用聚乙烯管帽密封，放入黑纸袋中，带回实验室分析。

5. 步骤

（1）固体吸附剂的制备

①称取6201担体40g，放入烧杯内，反复用水漂洗，直至漂洗水澄清透明，再加150ml水，在电炉上加热至沸，保持2～3min。弃去漂洗液，如此重复3～5次，直至漂洗水澄清透明为止。用布氏漏斗将水洗后的6201担体抽吸至干，摊于瓷盘内，于70℃的烘箱内干

燥 2h。取出后过筛，留用 40～60 目担体。

②称取 35.5g 过筛的 6201 担体于烧杯内，加入 97.6ml 硫酸-甲醇溶液。轻轻摇动烧杯，使之浸渍均匀。然后放入瓷盘内摊开，在通风柜内让甲醇自然挥发，再于 60℃烘箱内干燥 30～40min，取出装瓶并保存于干燥器内。

（2）采样管的制作

称取 200mg 固体吸附剂，通过小漏斗注入特制的玻璃采样管（见（一）分光光度法测定肼图 6-5-7），吸附剂两端用洁净的 60 目不锈钢丝网帽固定，采样管两端用聚乙烯管帽密封，外面包以黑纸，保存于干燥器内。

（3）色谱条件

柱温：205℃；检测器温度：315℃；气化室温度：315℃。载气：氮气流量 50ml/min；燃气：氢气流量 70ml/min；助燃气：空气流量 500ml/min。

（4）标准曲线的绘制

①取七支 5ml 具塞比色管，分别加入 200mg 固体吸附剂和 2ml 水，按表 6-5-8 配制标准系列。

②各管中加入 2.00ml 衍生试剂，室温下反应 1h，用 1.00ml 乙酸乙酯萃取，放置 20min 后，取萃取液 10.0μl 注入气相色谱仪进行测定。以峰高对 1.00ml 乙酸乙酯萃取液中样品的含量（μg），绘制标准曲线。

表 6-5-8　肼和偏二甲肼标准系列

管　号	0	1	2	3	4	5	6
肼标准使用液(ml)	0	1.20	2.40	3.60	4.80	6.00	7.20
肼含量(μg)	0	1.20	2.40	3.60	4.80	6.00	7.20
偏二甲基肼标准使用液(ml)	0	0.60	1.20	1.80	2.40	3.00	3.60
偏二甲肼含量(μg)	0	6.0	12.0	18.0	24.0	30.0	36.0

（5）样品测定

将采样后的采样管两端的聚乙烯管帽去掉，把采样管内的不锈钢丝网帽及固体吸附剂倒入 5ml 具塞比色管内，用 2ml 蒸馏水洗涤采样管内壁并将洗涤液直接洗入上述 5ml 具塞比色管内，加入 2.00ml 衍生试剂，室温下反应 1h。用 1.00ml 乙酸乙酯萃取，放置 20min 后，取 10.0μl 萃取液注入气相色谱仪进行测定。

6. 计算

$$C_1 = \frac{W_1}{V_n} \qquad C_2 = \frac{W_2}{V_n}$$

式中：C_1——肼的含量，mg/m^3；

W_1——吸附剂上肼的总含量，μg；

C_2——偏二甲肼的含量，mg/m^3；

W_2——吸附剂上偏二甲基肼的总含量，μg；

V_n——标准状态下的采样体积，L。

7. 说明

①衍生反应中应严格控制溶液的酸度，为此，固体吸附剂的称量要准确至 0.01g。

②采完样品后，应当日进行样品处理和色谱分析。

七、有机硫化合物

气相色谱法（A）

1. 原理

本方法以经真空处理的 1L 采气瓶采集无组织排放源恶臭气体或环境空气样品，以聚酯塑料袋采集排气筒内恶臭气体样品。硫化物含量较高的气体样品（硫化氢、甲硫醇、甲硫醚和二甲二硫四种成分浓度高于 1.0mg/m^3 时），可直接用注射器取样 1～2ml，注入安装火焰光度检测器（FPD）的气相色谱仪进行分析。当直接进样体积中硫化物绝对量低于仪器检出限时，则需以浓缩管在以液氧为制冷剂的低温条件下对 1L 气体样品中的硫化物进行浓缩，浓缩后将浓缩管连入色谱仪分析系统并加热至 100℃，使全部浓缩成分流经色谱柱分离，由 FPD 对各种硫化物进行定量分析。在一定浓度范围内，各种硫化物含量的对数与色谱峰高的对数成正比。

FPD 对四种成分的检出限为 0.2×10^{-9}～1.0×10^{-9}g。对 1L 气体样品进行浓缩，四种成分的检出限为 0.2×10^{-3}～1.0×10^{-3}mg/m^3。大气中存在的 SO_2、CS_2 等对测定无干扰。

2. 仪器

（1）气相色谱仪

配备有火焰光度检测器和与仪器相匹配的色谱处理机或记录仪。

（2）色谱柱

①色谱柱固定相：以静态法在 60～80 目的高效 Chromsorb G 担体上涂渍 25% β, β-氧二丙腈。

②色谱柱：将经（1+3.5）磷酸溶液浸泡过夜，用水洗净、烘干后，长度 3m、内径 3mm 硬质玻璃色谱柱的尾端（接检测器的一端）用石英棉塞紧，接真空泵。柱的另一端通过软管接一漏斗，开动真空泵后，使固定相慢慢通过漏斗装入色谱柱内，边装边用电动按摩器轻轻振动色谱柱，使固定相在色谱柱内填充均匀、紧密。装填完毕后，用石英棉塞住色谱柱另一端。为防止真空泵吸入异物，在色谱柱和泵之间连接缓冲瓶。将填充好的色谱柱在 90℃以 5～10ml/min 通入低流速氮气老化 24h（老化时，色谱柱应和检测器断开，以免污染检测器）。

③在给定条件下，色谱峰总分离度大于 1.0，色谱柱最高使用温度为 100℃。

（3）采样装置

①采气瓶：1L 采气瓶（见图 6-5-8）。采气瓶内表面以 0.02mol/L 磷酸-丙酮溶液涂渍后，烘干。采样前，按图 6-5-9 的方式将瓶内气体排出，使真空度接近–100kPa（剩余压力约为 1.33kPa）。

②气袋采样装置：气袋采样装置见图 6-5-10。图 6-5-10 中的真空箱由有机玻璃粘合，可打开的上盖与箱体接触部位加有密封垫，采样时打开上盖装入采样袋（10L 聚酯袋）并

（A）本方法与 GB/T 14678—93 等效。

按图 6-5-10 方式连接，采样时用手按住上盖，保持箱内负压至采样结束。通过控制阀控制采样袋的充气速度。图 6-5-10 中的样品导气管由玻璃管和聚四氟乙烯管二部分构成，根据采样现场操作条件尽可能缩短导管长度。

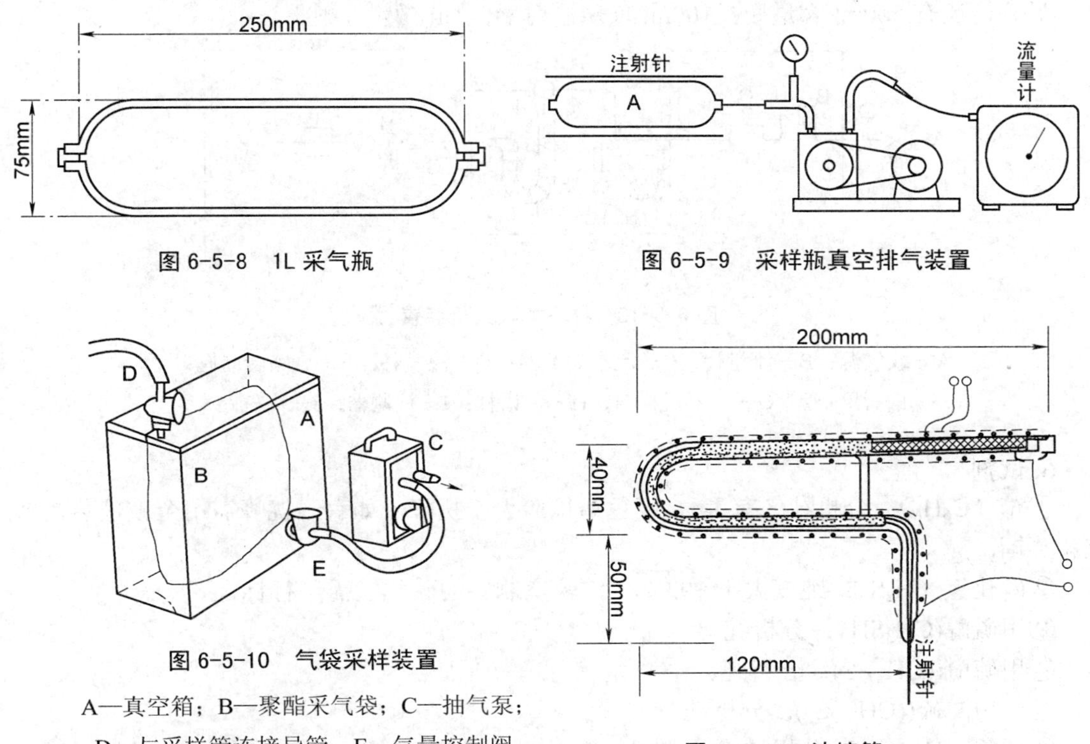

图 6-5-8 1L 采气瓶

图 6-5-9 采样瓶真空排气装置

图 6-5-10 气袋采样装置

A—真空箱；B—聚酯采气袋；C—抽气泵；D—与采样管连接导管；E—气量控制阀

图 6-5-11 浓缩管

（4）样品浓缩装置

样品浓缩装置见图 6-5-12。其中浓缩管见图 6-5-11，浓缩管内径 4mm、充填 60～80 目 Chromsorb G-HP，管的一端以粘结剂固定一支孔针头，另一端以硅橡胶塞密封，管的外侧依次缠有铝箔、玻璃丝带、加热丝、热电偶，最外侧再缠玻璃丝带固定。

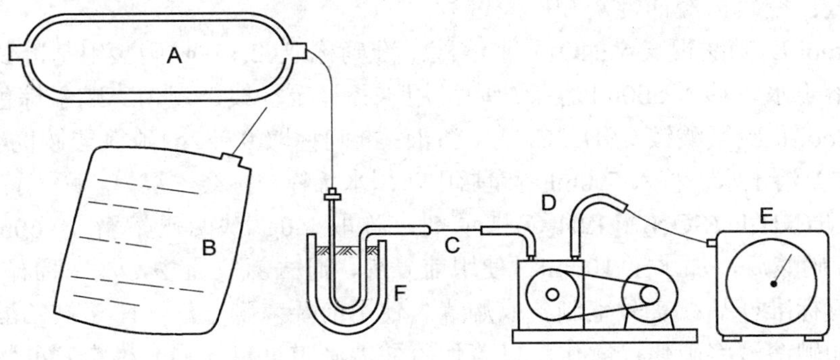

图 6-5-12 分析组分低温浓缩装置

A—采样瓶；B—采样袋；C—注射器；D—真空泵；E—气量计；F—液氧杯

（5）样品解吸解装置

样品解吸装置见图 6-5-13。图中浓缩加热所需温控器的可控温度范围为 0～300℃，输出电流不小于 5A，输出功率大于 300W。

另外，还有 500ml 容量瓶；100ml 玻璃注射器；1μl 微量注射器。

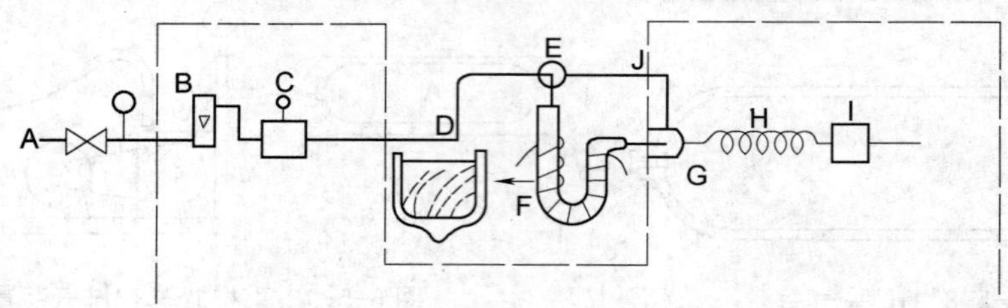

图 6-5-13 样品解吸分析装置

A—载气源；B—流量计；C—流量调节器；D—液氧杯；E—气路转向阀；F—浓缩管；G—仪器进样口；H—色谱柱；I—检测器；J—内气路

3. 试剂

①苯（C_6H_6）：分析纯（**有毒**），经色谱检验无干扰峰。如有干扰峰需用全玻璃蒸馏器重新蒸馏。

②硫化氢（H_2S）：纯度大于 99.9%，实验室制备的硫化氢需进行标定。

③甲硫醇(CH_3SH)：分析纯。

④甲硫醚($(CH_3)_2S$)：分析纯。

⑤二甲二硫($(CH_3)_2S_2$)：分析纯。

⑥磷酸（H_3PO_4）：分析纯。

⑦丙酮（CH_3COCH_3）：分析纯。

⑧95%乙醇（CH_3CH_2OH）：分析纯。

⑨液态氧。

⑩载气：氮气，纯度 99.99%，用装 5A 分子筛净化管净化。

⑪燃气：氢气，纯度 99.9%。

⑫助燃气：空气，经活性炭和硅胶过滤。

⑬0.025mol/L 硝酸银（$AgNO_3$）水溶液：准确称取 2.138g 硝酸银基准试剂（保存于干燥器中）溶于水，移入 500ml 容量瓶中，用水稀释至标线，混匀。贮于棕色瓶中保存。

⑭0.025mol/L 硫氰酸铵（NH_4SCN）水溶液：准确称取 0.952g 硫氰酸铵优级纯试剂（保存于干燥器中）溶于水，移入 500ml 容量瓶中，用水稀释至标线，混匀。贮于棕色瓶中保存。

⑮铁明矾($NH_4Fe(SO_4)_2 \cdot 12H_2O$)指示剂：称取 40g 铁明矾溶解于 60ml 水中，加 20ml16mol/L 硝酸后，加水至 100ml。使用前煮沸，赶去氮氧化物，加水稀释四倍。

⑯硫化氢标准样品：实验室制备或购置。使用前要以碘量法（H_2S 被乙酸锌冰乙酸水溶液吸收，加碘溶液将硫化锌氧化，以硫代硫酸钠滴定过量的碘）标定基准物浓度，标定结果一个月内有效。

使用时，将 1L 采气瓶真空处理并充入氮气至常压后，加入一定体积标定后硫化氢气体，配制成 30mg/m^3 标准气体样品。

⑰甲硫醇贮备液：用 100ml 玻璃注射器在试剂瓶内抽取 50ml 甲硫醇蒸气后，再抽取 50ml 重蒸苯，使其充分溶解，按下述方法标定溶液中甲硫醇的准确浓度并作为贮备液。标定后的溶液在 4℃条件下放置一个月后应重新标定。

标定方法：吸取贮备液 5ml 置于 250ml 具盖三角烧瓶中，加 15ml 乙醇和 15ml 0.025 mol/L 硝酸银水溶液，振摇 5min 后，加 3～5ml 铁明矾[$NH_4Fe(SO_4)_2 \cdot 12H_2O$]指示剂，以 0.025mol/L 硫氰酸铵滴定至淡桃红色（a ml），再滴入 0.025mol/L 的硝酸银溶液至淡桃红色消失（b ml），最后滴定硫氰酸铵溶液至微淡桃红色终点（c ml），根据下式计算甲硫醇贮备液浓度。

$$C(\text{mg/ml}) = \frac{48 \times 0.025 \times (15 - a + b - c)}{5}$$

式中：C（CH_3SH）——甲硫醇浓度，mg/ml；

48——1mol 甲硫醇分子的质量，g；

a——消耗 0.025mol/L 硫氰酸铵溶液体积，ml；

b——消耗 0.025mol/L 硝酸银溶液体积，ml；

c——消耗 0.025mol/L 硫氰酸铵溶液体积，ml。

⑱甲硫醚和二甲二硫贮备液：分别吸取一定量原试剂，以苯作溶剂配制成浓度为 0.1mg/ml 的贮备液，保存期为一个月。

⑲甲硫醇、甲硫醚和二甲二硫混合标准溶液：吸取一定量甲硫醇、甲硫醚和二甲二硫贮备液，以苯配制含量为 20μg/ml 和 2μg/ml 两种浓度混合标准溶液。该溶液在 4℃可保存 2d。

4. 采样

①采样瓶采样：采样时拔出真空瓶一侧的硅橡胶塞，使瓶内充入样品气体至常压，随即以硅橡胶塞塞住入气孔，将瓶避光运回实验室，样品需在 24h 内分析。记录采样地点、时间、温度、气压。

采样袋采样：按图 6-5-10 的方式在排气筒取样口侧安装采样装置。启动抽气泵，用排气筒内气体将采样袋清洗三次后，在 1～3min 内使样品气体充满采样袋。采样袋避光运回实验室，尽快分析。记录采样地点、时间、排气温度、排气压力（静压）、气压。

5. 步骤

（1）标准曲线的绘制

分别取 0.5，1.0，2.0，4.0，8.0μl 五种浓度甲硫醇、甲硫醚和二甲二硫混合标准样品依次注入色谱仪分析；取 0.1，0.2，0.4，0.6，0.8ml 浓度为 30mg/m^3 硫化氢标准气体依次注入色谱仪分析。用双对数坐标纸以成分进样量对色谱峰高值绘制工作曲线，作为实际样品直接分析用工作曲线。

按取样量分别取标准样品注入浓缩管内，按浓缩样品解吸分析程序操作，绘制工作曲线，以此作为浓缩样品分析的工作曲线。

标准工作曲线见图 6-5-14。

（2）色谱条件及记录仪调整

气化室温度：150℃；柱温：70℃；检测器温度：200℃。

氮气流量：70ml/min；氢气流量：60ml/min；空气流量：50ml/min。

使用程序升温色谱可按下述条件设定柱箱升温程序：初始温度 70℃；保持至甲硫醇出

峰，以 20℃/min 升温速度升至 90℃，保持至二甲二硫出峰结束并返回初始温度。

（3）样品测定

取采气瓶或采样袋中气体 1～2ml，注入色谱仪，与绘制标准曲线相同的条件下进行测定。

浓缩样品分析时按图 6-5-13 的方式连接浓缩管分析系统，转动气路转换阀使载气流经浓缩管至仪器进样口，待色谱基线稳定后，移去液氧杯，加热浓缩管使其在 1min 内温度升至 100℃，以开始升温时刻作为成分峰保留时间起始值，并以此作为程序升温和色谱处理机起始时间。

根据出峰顺序和保留时间对被测成分进行定性，用峰高定量。

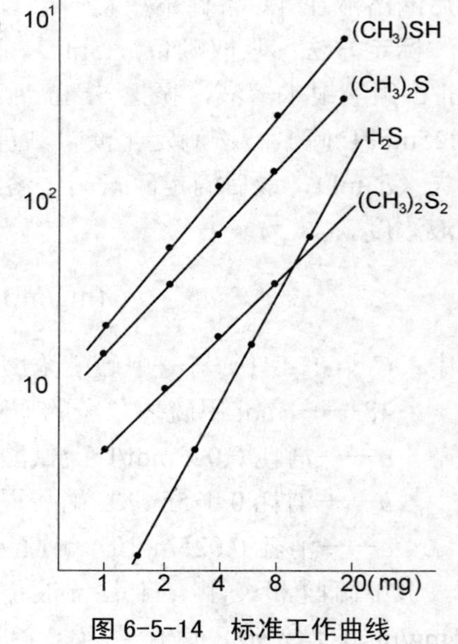

图 6-5-14　标准工作曲线

6. 计算

气体样品中成分浓度的计算：

$$C=\frac{g\times 10^{-3}}{V_{nd}}$$

式中：C——气样中被测硫化物成分浓度，mg/Nm^3；

g——从工作曲线中根据被测成分峰高值查出相应成分的绝对量，ng；

V_{nd}——换算成标准状态下进样或浓缩体积，L。

7. 说明

①苯、二硫化碳和硫化氢属有毒物质，易损伤神经系统，它主要经呼吸道或皮肤吸入使人中毒；其他所用试剂亦均属易燃、臭味较大的物质。对试剂、标准样品的使用和保管要绝对注意安全。硫化氢、甲硫醇原试剂的存放温度要低于零下 20℃。

②液态氧必须用专用容器存放，操作中要严格避免液氧溅出，确保操作人员安全。

③采样瓶使用前要认真检查有无破损，以免炸裂，采样时最好在采样瓶上套上保护罩。要保证真空处理后和采样后采样瓶携带中的安全，防止采样瓶上密封塞密封不严或脱落。

④浓缩管连入系统后，必须不漏气，后部硅橡胶塞与管必须紧密接合，防止因管内压力上升导致塞脱出。

⑤浓缩管加热解吸时要防止升温速度过快（升温电流过大），导致局部过热，从而影响浓缩管的使用寿命。

⑥向管内加液体标准样品时，要防止注射器针头扎入吸附剂内。要使加在石英棉后部空间的液体标准样品挥散后，以蒸气状态流入吸附剂内。

⑦环境样品和无组织排放源臭气样品用真空处理的采气瓶采集。采样时应注意风向和臭气强度的变化，应选择下风向指定位置恶臭气味最有代表性时采样，同一样品应平行采集 2～3 个。

⑧当直接将 1～2ml 气体样品注入色谱仪分析时，没有峰出现，则须对气体样品中的被测成分进行浓缩处理。浓缩方法按图 6-5-12 的方式将采样瓶内压力抽至接近负 100kPa，使被测成分浓缩至浓缩管中。当对采样袋中的气体样品进行浓缩时，可用带流量、真空度

计量的采样器代替真空泵，计量浓缩一定体积的气体样品。

八、苯可溶物

重量法（A）

1. 原理

使一定体积的空气，通过已恒重的玻璃纤维滤膜、空气中颗粒物被阻留在滤膜上，将滤膜置于索氏抽提器中，用苯作溶剂进行提取，根据提取前、后滤膜重量之差及采样体积，可计算出苯可溶物的浓度。

2. 试剂

苯：分析纯。

3. 仪器和材料

①中流量采样器：流量 50～150L/min，滤膜直径 80～100mm。

②分析天平：感量 0.01mg。

③超细玻璃纤维滤膜。

④索氏抽提器：容积 100ml。

⑤高温炉。

⑥恒温水浴。

⑦干燥器：内装干燥剂。

⑧表面皿。

⑨滤膜贮存袋及贮存盒。

⑩布氏漏斗：ϕ100mm。

⑪抽滤瓶。

⑫抽气瓶。

4. 试验条件

①平衡室放置在天平室内，平衡室温度在 20～25℃之间，温度变化小于±3℃，相对湿度小于 50%，变化小于 5%。天平室温度应维持在 15～35℃之间；相对湿度应小于 50%。

②将玻璃纤维滤膜放入高温炉中，在 300℃温度下灼烧 2h，取出滤膜，冷至室温后放入干燥器中。

③滤膜在称重前需在平衡室内平衡 24h，然后在规定的条件下迅速称重，滤膜从平衡室内取出 30s 内称完，读数准确至 0.01mg。记下滤膜的编号和重量 W。将滤膜平展地放在光滑洁净的纸袋内，然后贮于盒内备用。采样前不能弯曲和折叠滤膜。

5. 步骤

（1）采样

①采样前，将滤膜从盒中取出，装在采样头上，备好采样器。

②启动采样器，将流量调节在 100～120L/min。

（A）本方法与 GB/T 16171—1996 等效。

③采样 5min 后和采样结束前 5min，各记一次大气压力、温度和流量。

④一般采样 4h 以上，关闭采样器，记录采样时间。

⑤采样后，用镊子小心取下滤膜，使采样面向内，将其对折好，放回原纸袋并贮于盒内。

注：取采过样的滤膜时，应注意滤膜是否有物理性损坏及采样过程中是否有漏气现象，若发现类似现象，则此样品滤膜作废。

（2）样品的测定

①把采样后的滤膜放在平衡室内，平稳 24h，然后迅速称重 W_1，称量不得超过 30s。

②把滤膜折叠好（避免在提取时颗粒物漏进萃取剂中），放入洁净干燥的索氏抽提器的抽出筒中，标好相应的编号。

③向索氏抽提器的蒸馏瓶中倒入 60ml 苯，装上抽出筒和冷凝器，将索氏抽提器置于 90℃恒温水浴上，加热回流，接通冷却水，第一次满流开始记时，抽提 6h。

④停止加热，稍冷、取出滤膜，放入干净的表面皿上，标好相应的编号，放入通风柜中，使苯挥发后放入平衡室内。

⑤如发现有残渣漏进苯溶剂中，需用布氏漏斗将溶剂中的残渣滤在滤膜上，并入残渣中。

⑥滤膜在平衡室平衡 24h，然后迅速称量 W_2，30s 内完成。

6. 计算

$$C=\frac{W_1-W_2}{V_0}$$

式中：C——苯可溶物浓度，mg/m^3；

W_1——采样后滤膜重量，mg；

W_2——提取后滤膜重量，mg；

V_0——标准状态下采样体积，m^3；

$$V_0=V\times\frac{P\times273}{101.325\times(273+t)}$$

式中：V——采样体积，m^3；

P——采样时的压力，kPa；

t——采样时的平均温度，℃。

九、臭气

三点比较式臭袋法（A）

1. 原理

臭气浓度是根据臭觉器官实验法对臭气气味的大小予以数量化的指标，用无臭的清洁空气对臭气样品连续稀释至嗅辨员阈值时的稀释倍数叫作臭气浓度。

嗅觉阈值包括可以嗅觉气味存在的感觉阈值和能够定出气味特性的识别阈值，本方法中规定使用的是指感觉阈值。

（A）本方法与 GB/T 14675—93 等效。

嗅辨员是经专门考试挑选和培训，其嗅觉合格者作为本方法测定需要的嗅辨员。

三点比较式臭袋法测定恶臭气体浓度，是先将三个无臭袋中的二个充入无臭空气，另一个则按一定稀释比例充入无臭空气和被测恶臭气体样品供嗅辨员嗅辨。当嗅辨员正确识别有臭气袋后，再逐级进行稀释、嗅辨，直至稀释样品的臭气浓度低于嗅辨员的嗅觉阈值时停止实验。每个样品由若干名嗅辨员同时测定，最后根据嗅辨员的个人阈值和嗅辨小组成员的平均阈值，求得臭气浓度。

2. 方法的适用范围

本方法规定了恶臭污染源排气及环境空气样品臭气浓度的人的嗅觉器官测定法。适用于各类恶臭源以不同形式排放的气体样品和环境空气样品臭气浓度的测定。样品包括仅含一种恶臭物质的样品和含二种以上恶臭物质的复合臭气样品。

本测定方法不受恶臭物质种类、种类数目、浓度范围及所含成分浓度比例的限制。

3. 仪器

①无臭纸：层析滤纸纸条宽10mm，长120mm，密封保存。

②无臭空气净化装置：见图6-5-15。

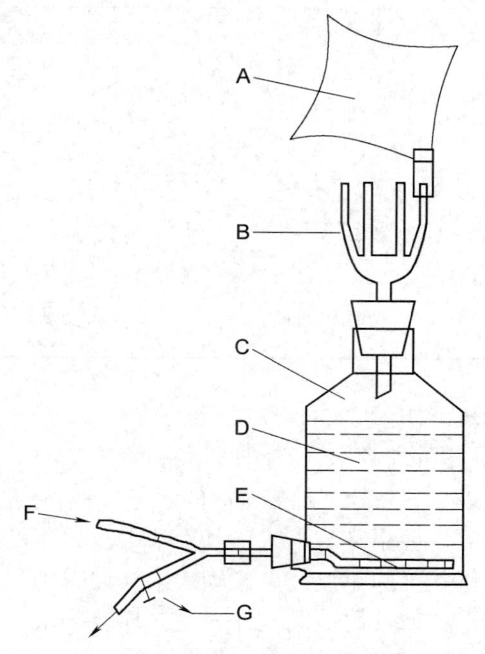

图 6-5-15 空气净化装置

A—3L 无臭袋；B—供气分配器；C—玻璃瓶；D—活性炭；E—气体分散管；F—进气口；G—供气量控制调节

③聚酯无臭袋：3L、10L。

④采样瓶与真空处理装置：见图 6-5-16。

⑤排气筒内臭气采样装置：见图 6-5-10。

⑥嗅辨室：嗅辨室要远离散发恶臭气味的场所，室内能通风换气并保持温度在 17～25℃，至少可供 6～7 名嗅辨员同时工作。要设置单独的配气室。

⑦注射器：100ml、50ml、10ml、5ml、1ml 和 1000μl。

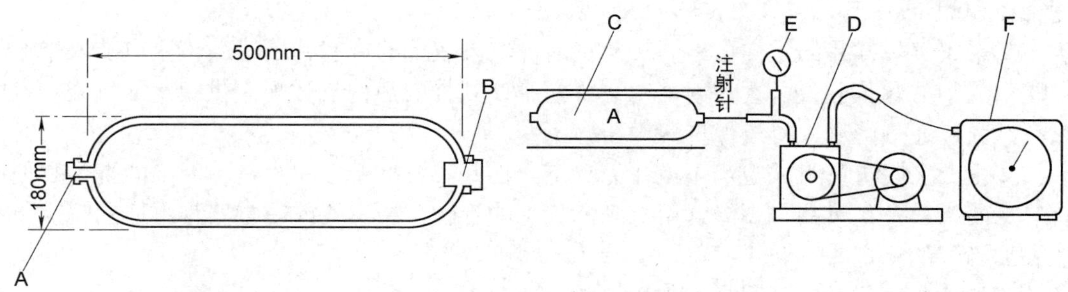

图 6-5-16 采样瓶（左）与真空处理装置（右）

A—进气口硅橡胶塞；C—采样瓶；D—真空泵；E—真空表或真空计；F—气量计；B—充填衬袋口硅橡胶塞

4. 试剂

标准臭液和无臭液：

①五种标准臭液浓度及性质见表 6-5-9。

②液体石蜡作为无臭液和标准臭液溶剂。

表 6-5-9 标准臭液的组成与性质

	标准臭液	结构式	浓度(*W/W*)	气味性质
A	β-苯乙醇	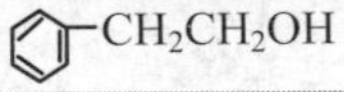 $-CH_2CH_2OH$	$10^{-4.0}$	花香
B	异戊酸	$(CH_3)_2CHCH_2COOH$	$10^{-5.0}$	汗臭气味
C	甲基环戊酮	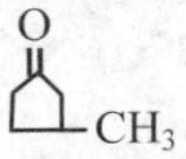 O $-CH_3$	$10^{-4.5}$	甜锅巴气味
D	r-十一碳(烷)酸内脂	 $O{=}CH(CH)CH_2$ O	$10^{-4.5}$	成熟水果香
E	β-甲基吲哚	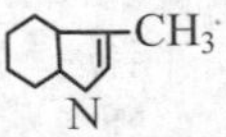 CH_3 N	$10^{-5.0}$	粪臭气味

5. 采样

（1）排气筒内恶臭气体样品的采集

对于以排气管道（筒）排放的恶臭气体，按图 6-5-10 的采样方式采集臭气样品。排气温度较高时，应用冷却水或空气冷却采样导管，使进入采样袋气体温度接近常温。采样时应根据排气状况的调查结果，确定采样的时机和充气速度，保证采集的气体样品具有代表性。正式采样前，用被测气体充洗采样袋三次。

（2）环境臭气采样

①采样瓶真空处理：在实验室内，用真空排气处理系统将采样瓶排气至瓶内压力接近负 100kPa。

②采样及样品保存：采样时打开采样瓶塞，使样品气体充入采样瓶内至常压后盖好瓶塞，避光运回实验室，24h 内测定。

6. 步骤

（1）排放源臭气样品的稀释及测定

对于以采样袋和采样瓶采集的有组织和无组织排放的高浓度臭气样品，按以下方法进行稀释和测定。

①采集气体样品的采样瓶运回实验室后，取下瓶上的大塞并迅速从该瓶口装入带通气管瓶塞的 10L 聚脂衬袋。用注射器由采样瓶小塞处抽取瓶内气体配制供嗅辨的气袋，室内空气经大塞通气管进入衬袋保持瓶内压力不变。

②由六名嗅辨员组成嗅辨小组在无臭室内作好嗅辨准备，嗅辨员当天不能携带和使用有气味的香料及化妆品，不能食用有刺激气味的食物，患感冒或嗅觉器官不适的嗅辨员不能参加当天的测定。

高浓度臭气样品的稀释梯度如表 6-5-10。

表 6-5-10　高浓度样品稀释梯度

在 3L 无臭袋中注入样品的量(ml)	100	30	10	3	1	0.3	0.03	0.01	…
稀释倍数	30	100	300	1000	3000	1 万	10 万	30 万	…

③样品初始稀释倍数的确定：由配气员（必须是嗅觉检测合格者）首先对采集样品在 3L 无臭袋内按上述稀释梯度配制几个不同稀释倍数的样品，进行嗅辨尝试，从中选择一个既能明显嗅出气味又不强烈刺激的样品，以样品的稀释倍数作为配制小组嗅辨样品的初始稀释倍数。

④配气员将 18 个 3L 无臭袋分成六组，每一组中的三个袋分别标上 1、2、3 号，将其中一个按正确的初始稀释倍数定量注入取自采样瓶或采样袋中样品后充满清洁空气，其余两只仅充满清洁空气。然后将六组气袋分发给六名嗅辨员嗅辨。

⑤六名嗅辨员对于分发的三个气袋分别取下通气管上的塞子，对三个气袋中气体进行嗅辨比较，并挑出有味气袋。全员嗅辨结束后，进行下一级稀释倍数实验。若有人回答错误时，即终止该人嗅辨。当有五名嗅辨员回答错误时实验全部终止。

（2）环境臭气样品的稀释及测定

对于以采样瓶采集的环境臭气样品按如下方法进行稀释和测定。

①～②同上述（1）①～②。

③环境臭气样品浓度较低，其逐级稀释倍数选择 10 倍，其他配气操作同 6（1）④。当嗅辨员认定某一气体袋有气味，则记录该袋编号。

④将上述③项实验重复三次。

⑤实验主持人将六人 18 个嗅辨结果代入下式计算。

$$M=\frac{1.00\times a+0.33\times b+0\times c}{n}$$

式中：M——小组平均正解率；

a——答案正确的人次数；

b——答案为不明的人次数；

c——答案为错误的人次数；

n——解答总数（18 人次）；

1.00、0.33、0——统计权重系数。

⑥正解率分析与 M 值比较实验：当 M 值大于 0.58 时，则继续按 10 倍梯度扩大对臭气样品的稀释倍数并重复上述③～⑤项的实验和计算，直至得出 M_1 和 M_2。

M_1 为某一稀释倍数的平均正解率小于 1 且大于 0.58 的数值。M_2 为某一稀释倍数平均正解率小于 0.58 的数值。

当第一级 10 倍稀释样品平均正解率小于（或等于）0.58 时，不继续对样品稀释嗅辨，其样品臭气浓度以“＜10”或“=10”表示。

7. 计算

（1）污染源臭气测定结果计算

①将嗅辨员每次嗅辨结果汇总至答案登记表，每人每次所得的正确答案以“0”表示，不正确答案以“×”表示，答案登记表见 6-5-11。

②计算个人嗅阈值 X_i：

$$X_i=\frac{\lg a_1+\lg a_2}{2}$$

式中：a_1——个人正解最大稀释倍数；

a_2——个人误解稀释倍数。

③舍去小组个人嗅阈值中最大和最小值后，计算小组算术平均阈值（X）。

④样品臭气浓度计算（Y）：

$$Y=10^X$$

式中：Y——样品臭气浓度；

X——小组算术平均阈值。

（2）环境臭气测定结果计算

根据6（2）⑥项测试求得的 M_1 和 M_2 值计算环境臭气样品的臭气浓度。

$$Y=t_1\times 10^{\alpha\cdot\beta}$$

$$\alpha=\frac{M_1-0.58}{M_1-M_2}\qquad \beta=\lg\frac{t_2}{t_1}$$

式中：Y——臭气浓度；

t_1——小组平均正解率为 M_1 时的稀释倍数；

t_2——小组平均正解率为 M_2 时的稀释倍数。

（3）计算举例

①污染源臭气测定结果登记表与计算举例如表6-5-11。

表6-5-11 污染源臭气测定结果登记表

稀释倍数(a) 对数值($\lg a$)		30 1.48	100 2.00	300 2.48	1000 3.03	3000 3.48	1万 4.00	3万 4.48	个人嗅阈值 $\overline{X}=\frac{\lg a_1+\lg a_2}{2}$	个人嗅阈值 最大最小值
嗅辨员	A	0	0	0	×				2.74	舍去
	B	0	0	0	0	0	×		3.74	
	C	0	0	0	0	×			3.24	
	D	0	0	0	0	0	0	×	4.24	舍去
	E	0	0	0	×				2.74	
	F	0	0	0	0	×			3.24	

$\overline{X}=\frac{3.74+3.24+2.74+3.24}{4}=3.24$(平均阈值)　　$Y=10^{3.24}=1739$

②环境臭气测定结果登记表与计算举例如表6-5-12。

8. 精密度和准确度

经五个实验室测定臭气指数为43.0的 H_2S 统一样品（臭气指数为臭气浓度对数的10倍），重复性标准偏差为2.4；重复性相对标准偏差为5.6%；再现性标准偏差为2.7；再现性相对标准偏差为6.3%。本方法回收率置信范围为105%±9.3%；平均嗅阈值为 $3.4\times10^{-4}mg/m^3$。

9. 注意事项

①方法实验中使用的标准恶臭气体样品应妥善保管，严防泄漏造成恶臭污染。经嗅辨

后的样品袋不得在嗅辨室内排气。

②要通过技术培训，使嗅辨员了解典型恶臭物质的气味特性，提高对各种臭气的嗅辨能力。

③稀释臭气样品所需的无臭清洁气体由3.仪器②的空气净化器提供。与空气净化效果有关的通气速度、活性炭充填量、活性炭使用更换周期等均根据嗅辨员对净化气体有无气味的嗅辨检验结果来决定。与供气口连接的气袋充气管内径要稍大于气体净化器供气管外径，即保证气袋定量充满清洁空气，又可防止充气过量、过压导致气袋破裂。可采用无油空气泵向空气净化器供气，严禁使用含油或其他散发气味的供气设备。

④嗅辨员：嗅辨员应为18～45岁，不吸烟、嗅觉器官无疾病的男性或女性，经嗅觉检测合格者，如无特殊情况，可连续三年承担嗅辨员工作。

⑤嗅觉检测及嗅辨员挑选：嗅觉检测必须在嗅辨室内进行。主考人将五条无臭纸的三条一端浸入无臭液1cm，另外二条浸入一种标准臭液1cm，然后将五条浸液纸间隔一定距离平行放置，同时交被测者嗅辨，当被测者能正确嗅辨出沾有臭液的纸条，再按上述方法嗅辨其他四种标准臭液。能够嗅辨出五种臭液纸者可作为嗅辨员。

表6-5-12　厂界环境臭气测定结果登记表

稀释倍数		10			100		
实验次序		1	2	3	1	2	3
嗅辨员判定结果	A	0	0	0	0	×	0
	B	0	△	×	×	0	×
	C	0	0	△	×	△	×
	D	×	△	0	0	×	×
	E	△	0	0	×	×	△
	F	×	0	△	0	△	0
小组平均正解率（M）		a=10;　b=5;　c=3 $M=\dfrac{1.00\times10+0.33\times5+0.00\times3}{18}=0.65$			a=6;　b=3;　c=9 $M=\dfrac{1.00\times6+0.33\times3+0.00\times9}{18}=0.39$		

$$Y=10\times10^{\frac{0.65-0.58}{0.58-0.39}\lg\frac{100}{10}}=18$$

主要参考文献

1. Annual Book of ASTM Standards，D3268-78(1980) .
2. 日本化学会. 碳氢化合物污染及其对策. 1980（9）：55-56.
3. H.B.Singh, J.R.Martiney, D.G.Hendry et al.. Environmental Science and Technology，1981，15(1)：113-118.
4. 姚认宇，等. 中国环境监测 1988，4（3）：47-49.
5. 傅军，胡望钧. 中国环境监测，1988，4（3）：50-52.
6. 中华人民共和国石油工业部部标准　环境大气与排放废气中非甲烷烃含量测定法，1982.
7. 郭家珍，孙新熙. 中国环境监测，1988，4（3）：55-57.
8. 美国公共卫生学会联合委员会. 中国医学科学院卫生研究所线引林等译. 空气采样与分析方法. 北京：人民卫生出版社，1982：265-268.
9. Kim, S.W. et al., lon Chromatographic Analysis of Environmental Pollutants, Vo1.2, P171, Malik, J.D.and Sawicki, Ann. Arobor Science，1979.
10. 国家环保局，水和废水监测分析方法编委会. 水和废水监测分析方法（第三版），中国环境科学出版社，1989.

11. J.M.F.Douse, J.Chromat, 1981 (208)：83-88.
12. 刘承轩，等. 中国环境监测，1988，4（3）：95-97.
13. 陈景贤. 中国环境监测，1988，4（3）：91-93.
14. 曹堃. 中国环境监测，1988，4（3）：93-95.
15. 潘光伟，等. 中国环境监测，1988，4（3）：80-82.
16. 陶大钧，丁建清，沈忠谊. 中国环境监测，1988，4（3）：85-88.
17. 王连生. 环境科学丛刊，1986，7（1）：21.
18. 史宝成，龚淑贤，罗启章. 中国环境监测，1988，4（3）：116-119.
19. James E. Woodrow. And James N. Selber, Anal. Chem., 1978, 50(8)：1229.
20. ［日］小林义隆著. 黄致远译. 作业环境中有害物质测定. 北京：冶金工业出版社，1983.
21. 王建英，姬小川，等. 中国环境监测，1988，4（3）：113-115.
22. National Institute for Occupational Safety and Health: NIOSH Manual of Analytical Method, Vo1.3 USDHEW(NIOSH Publication No.77～157c, Cincinati Ohio, April 1977.
23. Dee L.A., Anal, Chem., 1971, 43(11)：1416-1419.
24. Cook L.R., Amer. Ind. Hyg. Assoc. J., 1979, 40(1)：69-74.
25. 崔九思，王饮源，王汉平. 大气污染监测方法（第二版）. 北京：化学工业出版社，2001.
26. 中国标准出版社第二编辑室. 大气质量分析方法. 北京：中国标准出版社，2000.
27. 赵淑莉. 博士论文，环境样品中苯胺类化事物的分析方法研究，1998.
28. Williarn T. Winberry, Jr. Norma T. Murphy R.M. Riggan. Methods for petermination of Toxic Organic Compomds in Air. EPA Methods, 1990.
29. 日本工业 JIS ko311，1999.

第七篇　化学质量平衡（CMB）受体模型及其在环境空气颗粒物源解析中的应用

颗粒物排放源控制与环境空气质量控制目标间建立定量的输入响应关系，主要有扩散模型法和受体模型法。扩散模型法是对控制区内有组织排放源（如：煤烟尘、工业粉尘等）实施污染源调查以获得源强分布，再利用扩散模型估算该类源对控制区内任一控制点的浓度贡献值。针对无组织开放源（如：土壤尘、风沙尘、海盐粒子等），利用扩散模型难以建立该类源强和环境空气质量浓度之间的输入响应关系，而受体模型的应用解决了这一难题。受体模型法指应用在源和受体上所测量的大气颗粒物的物理化学特性来确定对受体有贡献的源类和其贡献值及分担率。20 世纪 70 年代初至今，提出了多种受体模型并得到了广泛的发展，如化学质量平衡（CMB）、主因子分析（PFA）、多元线性回归分析（MLR）、目标转换因子分析（TTFA）、正矩阵因子分析（PMF）等。其中，CMB 受体模型算法日趋成熟，已成为最有效最实用的量化分析方法。

现在"有效方差加权最小二乘法求解化学质量平衡受体模型"已经被美国环保局（USEPA）推荐纳入其源解析技术系列，并广泛用于求解 CMB 受体模型。基于 CMB 受体模型在源解析工作中的广泛应用和实际需求，本篇主要介绍 CMB 受体模型的基本原理及其在源解析工作中的应用方法。

第一章 化学质量平衡（CMB）受体模型基本理论

一、CMB 受体模型原理

（一）CMB 受体模型及其算法

假设存在着对受体中的大气颗粒物有贡献的若干源类（j），并且：❶受体和源采样期间，源排放的成分谱组成保持不变；❷化学成分之间不互相反应，即它们只有线性加和性；❸所有的对受体具有显著贡献的源都能够识别出来，并且有其自己的排放特征；❹各源类成分谱组成之间线性独立；❺源的数量和种类要小于或者等于化学组分的数量；❻测量不确定性是随机的，不相关的并且正态分布。

那么在受体上测量的总质量浓度 C 就是每一源类贡献浓度值 S_j 的线性加和。

$$C=\sum_{j=1}^{J}S_j \qquad (7\text{-}1\text{-}1)$$

式中：C——受体大气颗粒物的总质量浓度，μg/m^3；

S_j——每种源类贡献的质量浓度，μg/m³；

j——源类的数目，j=1,2⋯, J。

如果受体颗粒物上的化学组分 i 的浓度为 C_i，则公式（7-1-1）还可以写成：

$$C_i = \sum_{j=1}^{J} F_{ij} \times S_j \tag{7-1-2}$$

式中：C_i——受体大气颗粒物中化学组分 i 的浓度测量值，μg/m³；

F_{ij}——第 j 类源的颗粒物中化学组分 i 的含量测量值，g/g；

S_j——第 j 类源贡献的浓度计算值，μg/m³；

j——源类的数目，j=1,2,⋯, J；

i——化学组分的数目，i=1,2, ⋯, I。

只有当 $i \geqslant j$ 时，方程组（7-1-2）有解。源类 j 的分担率为：

$$\eta_j = \frac{S_j}{C} \times 100\% \tag{7-1-3}$$

CMB 受体模型是多元线性回归模型，在实际运算中采用迭代法求解，即方程组的解是作为逐次近似值的极限而得到的。

表 7-1-1　CMB 受体模型叠代公式

指标	叠代公式
源贡献值	$S_j^{k+1} = \left(F^T\left(V_e^k\right)^{-1} F\right)^{-1} F^T\left(V_e^k\right)^{-1} C$
源贡献值方差	$V_{eii}^k = \sigma_{c_i}^2 + \sum (S_j^k)^2 \cdot \sigma_{F_{ij}}^2$
源贡献值有效偏差	$\sigma_{S_j} = \left[\left(F^T\left(V_e^{k+1}\right)^{-1} F\right)_{jj}^{-1}\right]^{\frac{1}{2}}$

叠代法提供了求解源贡献计算值 S_j 和 S_j 误差 σ_{S_j} 的实用方法，模型的输入参数为：受体化学组分浓度的测量值 C_i 和 C_i 的标准偏差 σ_{c_i}，源化学组分含量的测量值 F_{ij} 和 F_{ij} 的标准偏差 $\sigma_{F_{ij}}$；模型的输出参数为：源贡献计算值 S_j 和 S_j 的标准偏差 σ_{S_j}，源的化学组分贡献计算值 S_{ij} 和 S_{ij} 的标准偏差 $\sigma_{S_{ij}}$。

（二）CMB 受体模型模拟优度的诊断技术

1. 模型模拟优度诊断技术

为了验证源贡献值的有效性和 CMB 受体模型拟合的优良程度，选择了 4 类回归诊断技术对回归结果进行检验，见表 7-1-2。

2. 不定性/相似性组的诊断技术

不定性/相似性组的诊断技术如表 7-1-3 所示。

表 7-1-2 源贡献值拟合优度的诊断技术

序号	诊断类别	诊断统计量	诊断判据
1	T-统计（$TSTAT$）	$TSTAT=\dfrac{S_j}{\sigma_{S_j}}$	$TSTAT<2.0$，拟合优度差；$TSTAT\geqslant 2$ 拟合优度好
2	χ^2 检验	$chi=\chi^2=\dfrac{1}{I-J}\sum_{i=1}^{I}\left[\dfrac{\left(C_i-\sum_{j=1}^{J}F_{ij}S_j\right)^2}{V_{eii}}\right]$	$\chi^2<1$ 拟合优度好；$1<\chi^2<2$，可以接受；$\chi^2>4$ 拟合优度差
3	R^2 回归检验	$R^2=1-\dfrac{\left[(I-J)\chi^2\right]}{\left[\sum_{i=1}^{I}C_i^2/V_{eii}\right]}$	R^2=1 拟合优度好；$R^2<0.8$ 拟合优度差
4	百分质量 PM	$PM=100\sum_{j=1}^{J}\dfrac{S_j}{C_t}$	PM=100 拟合好；PM=80～120 可以接受

表 7-1-3 不定性/相似性组的诊断技术

序号	诊断类别	诊断统计量	诊断判据
1	T-统计（$TSTAT$）	$TSTAT=\dfrac{S_j}{\sigma_{S_j}}$	$TSTAT<2.0$，归入不定性组/相似性组中
2	奇异值分解法（Svd）	$V_e^{\frac{1}{2}}F=UDV^T$	通过奇异值分解得到超过 0.25 的那个特征向量里的两个或两个以上的源成分谱为相似性源，归入到不定性/相似性组中去

3. 化学组分浓度计算值拟合优度的诊断技术

化学组分浓度计算值拟合优度诊断技术如表 7-1-4 所示。

表 7-1-4 化学组分浓度计算值拟合优度诊断技术

序号	诊断类别	诊断统计量	诊断判据
1	$RATIO_1$	$RATIO_1=\dfrac{C}{M}=\dfrac{C_i}{M_i}$	$RATIO_1$ 越接近于 1，说明该组分拟合得越好
2	$RATIO_2$	$RATIO_2=\dfrac{R}{U}=\dfrac{C_i-M_i}{\left(\sigma_{C_i}^2+\sigma_{M_i}^2\right)^{\frac{1}{2}}}$	$\dfrac{R}{U}>2.0$ 时，该组分贡献值估计过大；$\dfrac{R}{U}<0$，该组分贡献值估计过小

4. 其余的诊断技术

其余诊断技术如表 7-1-5 所示。

表 7-1-5 其余诊断技术

序号	诊断类别	诊断统计量	诊断判据
1	$RATIO_3$	$RATIO_3=\dfrac{C_{ij}}{\sum_{j=1}^{J}M_{ij}}$	用某类源的某种化学组分的计算值占所有源类的某化学组分测量值之和的比值大小来诊断
2	$MPIN$ 灵敏度矩阵	$MPIN=\left(F^T(V_e)^{-1}F\right)^{-1}F^T(V_e)^{-\frac{1}{2}}$	$\lvert MPIN\rvert=1$，标识元素；$\lvert MPIN\rvert>0.5$，灵敏组分；$\lvert MPIN\rvert=0.3\sim0.5$，灵敏程度模糊的组分

二、二重源解析技术基本原理

城市扬尘具有二重性特征，城市扬尘源类既是各单一源类的接受体，又是环境空气中颗粒物的供体。根据化学质量平衡原理，可以采用 CMB 受体模型来计算单一源类对城市扬尘源类的贡献值和分担率；同时，也可以用 CMB 受体模型计算其对受体的贡献值和分担率。多次利用 CMB 受体模型来计算城市扬尘源类和各单一源类同时对受体的贡献值和分担率的技术总汇，称之为“二重源解析”技术。

CMB 受体模型的 6 个假设条件同样适用于“二重源解析”技术。另外还需假设：①各单一源类排放出来的初始态颗粒物只是部分的“变成”了扬尘，其在城市扬尘中所占的份额是不一样的；②已经“变成”扬尘态的单一源类的那些初始态颗粒物在化学组成上不会发生变化或是这种变化可以被忽略；③各单一源类排放的初始态颗粒物没有“变成”扬尘态的部分，仍以原来的形态和化学组成存在。那么“二重源解析”的技术表达式可以写成如下的形式：

$$S=(CMB_{B,A_{j-1}})_B+\sum_{j=1}^{J}S_{E_j}=S_B+\sum_{j=1}^{J}\left(CMB_{A_j}-S_{D_j}\right)=S_B+\sum_{j=1}^{J}(S_{A_j}-S_B\times CMB_{C_j}^{\eta})$$

式中：S——城市扬尘和各单一源类排放的颗粒物对受体的贡献值之和，μg/m^3；

$(CMB_{B,A_{j-1}})_B=S_B$——城市扬尘源类对受体的扬尘态颗粒物贡献值，μg/m^3；

$CMB_{A_j}=S_{A_j}$——各单一源类对受体的初始态颗粒物贡献值，μg/m^3；

$\sum_{j=1}^{J}S_{E_j}=\sum_{j=1}^{J}\left(CMB_{A_j}-S_{D_j}\right)$——各单一源类对受体的净初始态（不含扬尘态）颗粒物的贡献值，μg/m^3；

$S_{D_j}=S_B\times CMB_{C_j}^{\eta}$——各单一源类对受体的扬尘态颗粒物的贡献值，μg/m^3；

$CMB_{C_j}^{\eta}$——各单一源类扬尘态的颗粒物的分担率，%。

“二重源解析”模型还可以简写成如下的表达式，各参数的含义同上。

$$S=(CMB_{B,A_{j-1}})_B+\sum_{i=1}^{I}(CMB_{A_j}-S_B\times CMB_{C_j}^{\eta})$$

第二章 大气颗粒物排放源样品采集

一、颗粒物污染源的分类

一般说来，CMB 受体模型求解的是某一种源类对受体颗粒物的贡献值，而不是某一单个源对受体颗粒物的贡献值。城市大气颗粒物排放源种类很复杂，目前国际上还没有统一的分类方法。本书参考国内外的文献，根据空气颗粒物的生成机理，可以将空气颗粒物的排放源分成两大类，即一次颗粒物（简称一次粒子）排放源类和二次颗粒物（简称二次粒子）排放源类。一次颗粒物排放源类又可以分为单一源类和混合源类，二次颗粒物排放源类特指能将环境空气中的气态污染物转化生成颗粒物质的源类。详细分类如图 7-2-1 所示。

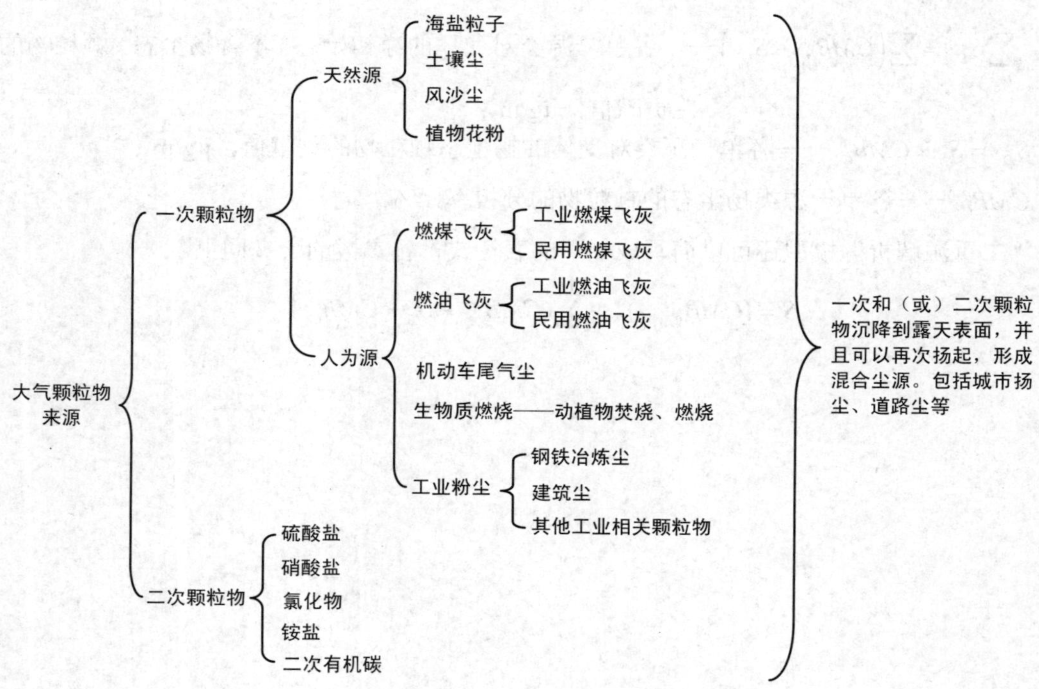

图 7-2-1 大气颗粒物排放源分类

（一）天然源

1. 海盐粒子

来源于海水的海盐颗粒物统称为海盐粒子。其生成途径主要为：海水蒸发后的海盐粒子停留在海洋上空，或是形成海水飞沫，在海风的作用下被吹向大陆并扩散到空气中。

2. 土壤尘

来源于土壤的颗粒物，如：裸土农田、裸土地面、裸露的山体、干涸的河道和湖底等受外力作用而扬起的尘。

3. 风沙尘

来源于沙地或沙漠地带的尘，如：城市周边沙地，以及远处的沙漠地带等受外力作用而扬起的尘。

（二）人为源

1. 燃煤飞灰

（1）工业燃煤飞灰

工业锅炉、工业窑炉、电厂锅炉及其他工业燃煤源从烟囱中排放的飞灰。

（2）民用燃煤飞灰

茶炉、经营性的大灶、居民炊事炉灶、居民取暖炉等民用燃煤源从烟道中排放的飞灰。

2. 燃油飞灰

（1）工业燃油飞灰

工业锅炉、工业窑炉、电厂锅炉及其他工业燃油源从烟囱中排放的油灰。

（2）民用燃油飞灰

茶炉、经营性的大灶、居民炊事炉灶、居民取暖炉等民用燃油源排放的油灰。

3. 机动车尾气尘

燃汽油和柴油的机动车排放的尾气中含有的油烟飞灰。

4. 生物质燃烧飞灰

生物质燃烧主要包括动物体的焚烧和植物燃烧，其中以植物燃烧飞灰为主，如秸秆、树叶、杂草等植物的燃烧，以及森林火灾所产生的飞灰。

5. 工业粉尘

（1）钢铁冶炼尘

①炼钢平炉飞灰：炼钢厂平炉有组织和无组织排放的钢铁飞灰。

②炼钢转炉飞灰：炼钢厂转炉有组织和无组织排放的钢铁飞灰。

③炼钢电炉飞灰：炼钢厂电炉有组织和无组织排放的钢铁飞灰。

④化铁炉飞灰：炼铁厂化铁炉有组织和无组织排放的钢铁飞灰。

⑤烧结炉飞灰：烧结厂烧结炉有组织和无组织排放的飞灰。

（2）建筑尘

①水泥尘：水泥生产厂有组织和无组织排放的水泥飞灰。

②白灰尘：白灰窑有组织和无组织排放的建筑用白灰飞灰。

③建筑施工尘：建筑施工工地（包括拆房施工）所排放的以水泥成分为主的建筑施工材料飞灰。

④建筑材料堆放场的扬尘：堆放沙子、水泥、白灰等建筑材料场扬尘。

（3）其他工业相关颗粒物

①铅尘：蓄电池厂等有组织或无组织排放源所排放的铅尘。

②炭黑：焦化厂、碳素厂、炭黑厂有组织或无组织排放源所排放的炭黑微粒。

③镉盐微粒：以镉盐为原料或成品的化工厂的料堆等。

④碱渣微粒：制碱工厂的碱渣堆等。

（三）二次颗粒物

环境空气中的气态污染物在一定条件下能够转化生成颗粒物质，这种颗粒物质称为二次颗粒物。能够转化为颗粒物质的不同类的气态污染物称为二次颗粒物排放源类，主要分为以下几类：SO_4^{2-}前体物的排放源类，NO_3^-前体物的排放源类，Cl^-前体物的排放源类，二次有机碳前体物的排放源类和NH_4^+前体物的排放源类。不同二次颗粒物前体物的排放源类见表 7-2-1。

表 7-2-1　二次颗粒物前体物排放源类的识别

二次污染物	前体物	一次排放物	排放源
硫酸、硫酸盐	SO_3	SO_2	化工、电厂、炼油、炼焦、家用燃煤、集中供热锅炉、硫酸厂等
硝酸、硝酸盐	HNO_3、HNO_2、N_2O_5	H_2O、NO_x	化工、电厂、集中供热锅炉、机动车尾气、硝酸厂等
氯化物	Cl^-	Cl^-	海洋、化工、北方冬季融雪剂
铵盐	NH_3	H_2O、NH_3	化工、农田
二次有机碳	SOC	VOCs	电厂、植被、加油站、溶剂、涂料、车体挥发
光化学产物（PAN 等）	NO_x、碳氢化合物、O_3	NO_x、碳氢化合物	交通、化工

（四）混合尘源——扬尘和道路尘

扬尘：由于风力或人群活动作用，把落到城区地面的各源类所排放的尘再次或多次扬起，扩散到空气中。

道路尘：由于机动车轮胎对道路的碾压作用而扬起扩散到空气中的尘。

二、其他分类方法

为了管理上的便利，把某些属性相近的源类综合归类，分类原则如下：

（1）按照颗粒物的溯源，将污染源分为单一尘源类和混合尘源类。

单一尘源类：由同类源排放或产生的颗粒物，如煤烟尘、土壤尘、风沙尘等。

混合尘源类：混合了多种源类排放或产生的颗粒物，如各类扬尘。

（2）按照排放颗粒物的污染源与研究区域的位置关系，可以分为城市外来尘和城市内产尘。

城市外来尘：指从城市以外的区域输送到城区的尘。城市外来尘的源样品都是在城区以外的采样站位采集的。如土壤风沙尘、海盐粒子、山体滑坡及火山爆发灰、植物秸秆焚烧灰，以及城区以外的燃煤源飞灰等。

城市内产尘：指在城市以内的区域排放源类产生的尘。城区内产尘的源样品都是在城区以内的采样站位采集的。如工业燃煤飞灰、燃油飞灰、机动车尾气等。扬尘也可以视为城区内产尘。

（3）按照污染源排放颗粒物是否经过固定的排气筒或者建筑构造，分为有组织排放源和无组织排放源。

有组织排放源类：指经过排气筒规则排放颗粒物的源类，如设置于露天环境中有组织排放的设施（如烟囱等），或指有组织排放的建筑构造（如车间、工棚等）。

无组织排放源类：指不经过排气筒无规则排放颗粒物的源类，如置于露天环境中的煤堆、堆灰场、建材场、垃圾场等，或指无组织排放的建筑构造（如车间、工棚等）。

（4）在本书第一篇“空气污染及监测概论”第四章“空气污染监测”中“四、污染源监测”的基础上，可以分为固定源类、流动源类和开放源类。

①固定源类：指固定于某一位置而不能够移动的排放源。固定源又分为有组织排放源和无组织排放源两种。有组织排放的固定源还可以根据排气筒的高度分为高架源、中架源（高架源和中架源又称为点源）和低架源。

②流动源类：指沿着一定路线移动的排放源，也称线源类。流动源类又可以分为以下几类：

地面流动源类：包括机动车排放源和火车排放源。机动车排放源类包括大、中、小型客车，大、中、小型货车，特种车和摩托车。火车排放源类包括蒸汽机车、内燃机车、电气火车。

空中流动源类：包括大、中、小型民用及军用飞机等。

水上流动源类：包括大、中、小型民用及军用船只等。

③开放源类：指露天环境中具有无组织排放的源，开放源类又可以分为：

裸土风蚀型，包括裸露的荒地、农田、山体、道路等。

堆场型，包括工业料堆、煤堆、灰场、建材场、垃圾场等。

道路铺装型，包括已经铺装的道路和建筑物的各种平台等。

建筑施工型，包括正在施工的道、桥及各种工、民建筑物等。

上述是按颗粒物的诸多排放途径而进行大致分类的方法，分类具有一定的交叉。应该根据本地环境管理工作的实际需要灵活掌握，根据城市的特点来识别大气颗粒物排放源类，在源解析工作中应该尽可能不要丢失对受体有显著贡献的源类。

三、源样品采集方法

源样品采集方法主要按照固定源、流动源、开放源的分类方法逐一说明。详见表 7-2-2。

表 7-2-2 大气颗粒物源解析研究源样品采集方法

<table>
<tr><th>源类</th><th colspan="2">名称</th><th>点位设置</th><th>采样步骤</th></tr>
<tr><td rowspan="5">开放源</td><td rowspan="2">土壤风蚀型开放源</td><td>土壤尘
风沙尘</td><td>城市建成区四郊的不同距离上，或者在城市建成区主导风向的不同距离上，按梅花型布采样点</td><td rowspan="2">在每个采样点上，用干净的扫帚或大的毛刷扫地表土并用木铲将其收集到纸袋中；用铁铲挖开地表土，用同样的方法收集 20cm 以下的土，根据研究需要确定采样量</td></tr>
<tr><td>河滩沙土</td><td>城市的干枯的河（湖）滩和河（湖）床，按不同距离布采样点</td></tr>
<tr><td>道路铺装型开放源</td><td>道路尘</td><td>城市主要道路（高速公路、主要干道、支路）的十字路口布采样点</td><td>在每个采样点上，采集路边的道路尘土，隔离带的台、交通警察岗楼、交通指挥台等较长期积累的尘土，用毛刷刷入袋内，根据研究需要确定采样量</td></tr>
<tr><td>建筑施工型开放源</td><td>水泥尘</td><td>选择当地较大的水泥生产厂家</td><td>根据研究需要采集一定量的成品水泥</td></tr>
<tr><td>堆场型开放源</td><td>堆场尘</td><td>选择城市内部及周边地区大型或者典型的堆场，包括垃圾堆、料堆、原煤堆等</td><td>在每个采样点上，用干净的扫帚或大的毛刷扫表层粉末物质并用木铲将其收集到纸袋中；用铁铲挖开表层，用同样的方法收集 20cm 下的粉末物质，根据研究需要确定采样量</td></tr>
<tr><td rowspan="2">固定源</td><td colspan="2">工业燃煤（油）飞灰</td><td>选择典型的燃烧正常的不同吨位、不同燃烧方式、不同除尘方式的烧煤或烧油的工业炉窑若干台</td><td>用烟道稀释混合湍流分级采样器将已经选择好的工业炉窑烟道内的飞灰采集到符合要求的滤膜上</td></tr>
<tr><td colspan="2">钢铁冶炼尘
及其他工业尘</td><td>采集除尘器中的灰，有焦炉煤烟尘（按照煤烟尘样品采集方法进行采集），烧结炉、炼铁炉、炼钢转炉、炼钢电炉。各种类型的尘源采样方法都一致</td><td>用烟道稀释混合湍流分级采样器将已经选择好的工业炉窑烟道内的飞灰采集到符合要求的滤膜上</td></tr>
<tr><td>流动源</td><td colspan="2">机动车
尾气尘①</td><td>台架采样
随车采样
隧道采样</td><td>采集机动车尾气排放的颗粒物，采样前后称重</td></tr>
<tr><td></td><td colspan="2">城市扬尘</td><td>在城市建成区内布设采样点，尽量均匀布点，照顾到不同功能区；也可以在受体采样点周围的不同距离上布设采样点</td><td>在每个采样点上，采集 2 层以上楼房、仓库、商店等建筑物的窗台、橱窗、台架等处较长期积累的灰，用毛刷刷入袋内，根据研究需要确定采样量</td></tr>
</table>

①国家环境保护城市空气颗粒物污染防治重点实验室正在建立中国机动车尾气成分谱库（表 7-2-3），可以作为今后开展源解析研究的参考，也可以参考现在 USEPA 的成分谱（USEPA SPECIATE 3.2）。

表 7-2-3 机动车尾气成分谱①

元素	平均值	偏差	元素	平均值	偏差
Na	0.495	0.183	Co	0.015	0.005
Mg	0.285	0.153	Ni	0.026	0.024
Al	0.237	0.129	Cu	0.014	0.009
Si	0.67	0.581	Zn	0.226	0.127
S	1.302	0.234	As	未检出	0.01
K	0.243	0.206	Cd	未检出	0.01

元素	平均值	偏差	元素	平均值	偏差
Ca	2.269	0.814	Hg	未检出	0.01
Ti	未检出	0.01	Pb	0.012	0.024
V	0.001	0.001	TC	82.139	8.861
Cr	0.053	0.005	OC	66.863	5.241
Mn	0.006	0.002	NO_3^-	—②	—
Fe	0.482	0.165	SO_4^{2-}	2.019	1.214

①国家环境保护城市空气颗粒物污染防治重点实验室建立的机动车尾气成分谱是采用玉柴四缸 180-200 发动机台架实验采集的机动车尾气成分谱。
②“—”表示未作分析。

源样品采集注意事项：

❖ 所有采样点都要作 GPS 记录，并在地图上标记；
❖ 布点周围避免烟尘、工业粉尘、汽车、建筑工地等人为污染源的干扰；
❖ 采集粉末状样品注意不要采集大的土块；
❖ 滤膜样品采集应注意采样时间，使采集的样品既要保证检出限的要求，又要保证样品不要丢失。

四、源样品处理方法

（一）粉末状源样品的处理方法

粉末状源样品的处理程序见图 7-2-2。

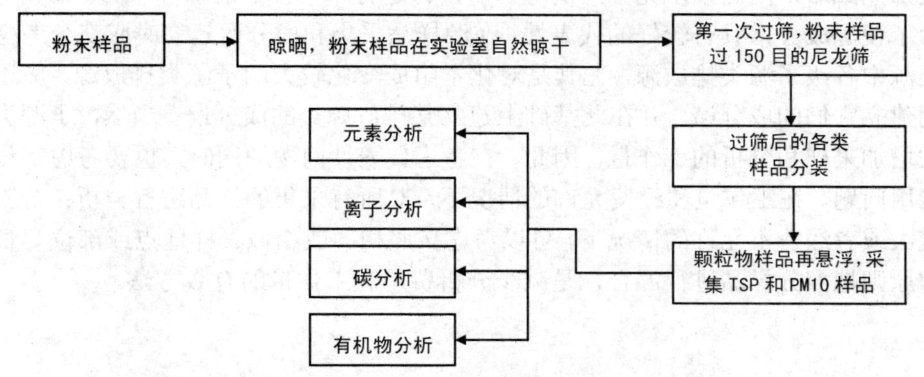

图 7-2-2 粉末源样品的处理程序

（二）滤膜源样品的处理程序

滤膜源样品的处理程序见图 7-2-3。

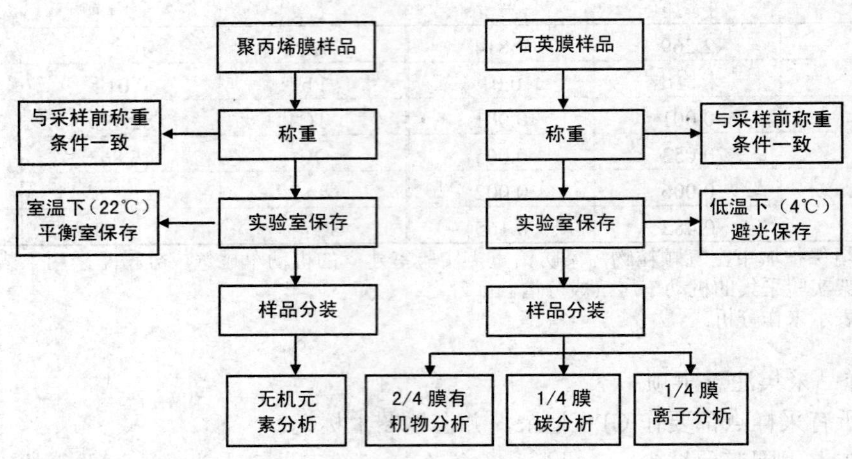

图 7-2-3 滤膜源样品的处理程序

（三）源样品采集和处理注意事项

- ❖ 扬尘、风沙尘的采样中应充分考虑其代表性，尽量多布点，采样点周围没有局部污染源（烟筒、建筑工地等）。烟尘的采样应同时采集除尘器前、后及灰斗下的灰。机动车尾气尘的采样对主要类型的机动车安装采样器后，在市区道路上充分运行，以代表研究区域内各类机动车的实际运行工况。
- ❖ 粉末源样品过筛过程，应用尼龙筛或者不锈钢筛，减少对样品的影响。每一类样品过筛完成后，用蒸馏水充分冲洗晾干后，再进行下一样品的筛分。
- ❖ 为了使源成分谱具有较好的代表性，在源样品采集和成分谱建立时应充分考虑同一类源中各级子源类排放源，尤其是对化学组成变化较大的子源类排放源，应逐级分别建立它们的成分谱，并在此基础上建立某排放源类的成分谱。当然，子源类会大大增加采样和分析的工作量，因此，在考虑代表性问题的同时，也要考虑工作量和费用问题。在工作量和经费允许的情况下，对所有采集的样品进行分析；若工作量较大或者经费不允许的情况下，可以考虑按照相同或相似采样地点或部位等量混合的原则把部分样品进行混合，是减少分析费用和工作量的有效方法。

第三章 环境受体样品采集

一、点位布设原则

❖ 受体样品采集站位原则上设置在城市建成区内，优先考虑国控监测点或市控监测点，在此基础上考虑增设点位并兼顾点位相对均匀分布并覆盖全部建成区。还应结合城市规划考虑监测点的布设，使确定的监测点能兼顾未来城市发展的需要。

❖ 点位设置必须兼顾城市内功能区分布，保证每类功能区内必须有一个或多个采样点，各监测点使用相同仪器和滤膜进行同步采样。

❖ 清洁对照点应在远离污染源，不受局部地区环境影响的地方设置，也可在符合上述要求的环境空气质量监测点中选取，原则上应离开主要污染源及城市建成区 20km 以上，并设置在城市主导风向的上风向。

❖ 各城市区域内采样点位的设置数量应符合表 7-3-1 中的要求。

❖ 采样高度：以人群活动区间考虑，近地面 3～15m。

表 7-3-1 大气颗粒物源解析采样点位设置数量要求①

建成区城市人口（万人）	建成区面积（km^2）	采样点位数
<10②	<20	3③
10～50	20～50	3
50～100	50～100	4
100～200	100～150	6
200～300	150～200	8
>300	>200	按每 25～30km^2 建成区面积设 1 个监测点，并且不少于 8 个点

①引自国家环境保护总局《环境空气质量监测规范（试行）》，2007。

②根据此表确定研究区域内的采样点位数时，建成区城市人口和建成区面积只需满足其中一个方面，即可按照其对应的采样点位数布设点位。

③《环境空气质量监测规范（试行）》中要求为一个点位，考虑到源解析的实际要求，增加为 3 个采样点。

二、采样仪器选择

TSP采样仪器选择参考HBC 3-2001《环境保护产品认定技术要求——总悬浮颗粒物》；PM_{10}采样仪器选择参考《PM_{10}采样器技术要求及检测方法》（HJ/T 93—2003）；$PM_{2.5}$采样仪器参考美国联邦规范第40篇第50章“国家一次和二次环境空气质量标准”附录L“大气中细颗粒物$PM_{2.5}$样品采集参考方法”（U.S. CFR. 1997. “National Primary and Secondary Ambient Air Quality Standard” Appendix L “Reference Method for the Determination of Fine Particulate Matter as $PM_{2.5}$ in the Atmosphere”）。

三、滤膜选择

目前，市场上大气颗粒物采样滤膜种类较多，价格、物理和化学特性等各不相同。一般采用有机滤膜分析金属元素，可根据不同分析方法和分析仪器的技术要求选择不同材质的有机滤膜，如Teflon、聚丙烯、醋酸纤维酯等。石英滤膜分析离子、碳组分和有机物（多环芳烃）。滤膜选择性能指标详见表7-3-2

表7-3-2 滤膜选择性能指标

指标	性能要求
采集效率①	在采样器的正常流速下，所用滤膜对0.3μm标准粒子的截留效率不低于99%。要求在气流速度为0.45m/s时，单张滤膜的阻力不大于3.5kPa。在此气流速度下，抽取经高效过滤器净化的空气5h，每平方厘米滤膜的失重不大于0.012mg
机械性能	机械稳定性好，平放在支架上保持片状，与采样系统密闭性良好，防止泄漏
化学性能	化学稳定性好，滤膜不与沉积物发生化学反应，被测气体吸收效率接近100%
恒温恒湿性能	在特定的采样气流和分析方法所确定的温度条件下，滤膜能保持孔隙度和结构，去湿性能好
空气阻力	滤膜空气阻力小，能保证有足够空气量穿过，滤膜孔隙0.25～0.45μm
空白浓度	滤膜所含待测物浓度低于检出限

①引自《环境空气总悬浮颗粒物的测定：重量法》（GB/T 15432—1995）。

四、采样时间、采样周期以及采样要求

（一）采样时间和采样周期

采样时间原则设置为24h，采样时间在（24±1）h所采集的样品为有效样品。根据国际惯例，24h 样品采集应从午夜零点开始，一直到次日零点结束。采样频率设置推荐按季节安排采样周期，特别是颗粒物污染相对严重的季节，如春、夏、秋、冬四季采样或采暖季、非采暖季和风沙季三季采样。每季一般连续采样7天，并且避开特殊天气，如雨、雪或5级以上大风（风速高于8m/s）的天气。

（二）采样期间的环境气象参数的测定

在采样过程中，应观测采样点位环境大气的温度、压力、相对湿度、风向、风速等气象参数。从气象局获得的全市平均值可以代表采样期间的城市总体气象参数。各气象参数观测仪器要求如表 7-3-3 所示。

表 7-3-3 采样期间环境气象参数测定要求

观测项目	所用仪器	测量范围	精度
气温	温度计	–40～45℃	±0.5℃
气压	气压计	50～107kPa	±0.1kPa
相对湿度	湿度计	10%～100%	±5%
风向	风向仪	0°～360°	±5°
风速	风速仪	0～30m/s	0.1m/s

（三）样品采集步骤和要求

TSP 样品采集参照《环境空气总悬浮颗粒物的测定：重量法》（GB/T 15432—1995），或参见本书第三篇第二章“颗粒物及其元素”。

PM_{10} 样品采集参照《大气飘尘浓度测定方法》（GB 6921—86），或参见本书第三篇第二章“颗粒物及其元素”。

$PM_{2.5}$ 样品采集参照美国联邦规范第 40 篇第 50 章“国家一次和二次环境空气质量标准”附录 L“大气中细颗粒物 $PM_{2.5}$ 样品采集参考方法”（U.S. CFR. 1997. “National Primary and Secondary Ambient Air Quality Standards” Appendix L “Reference Method for the Determination of Fine Particulate Matter as $PM_{2.5}$ in the Atmosphere”）。

五、样品保存和运输

（一）样品的编号规则

1. 源样品编号规则

源样品编号要表现出以下几点的内容：

①该样品是源样品，用 Y 表示。

②开展研究的城市（可用城市电话区号表示，限制为 3 个字符，不够的前面补零）。

③采集样品的类型（该样品属于哪种尘源类，可用该尘源类的拼音缩写代替，限制为 3 个字符）。

④采集样品的存在形式（粉末样品用 F 表示；滤膜样品中，石英膜用 Q 表示，有机膜用 P 表示）。

⑤该样品的采集时间（用“年/月/日”依次顺序表示出来，限制为 8 个字符）。

⑥该样品的在此种类型样品中的序号（序号范围从 01 到 99，限制为 2 个字符）。

⑦所有编号必须同时使用条形码作为样品的标识。

举例：Y 022 MYC F 20070405 01，即表示2007年4月5日在天津采集到的煤烟尘源样品，序号为01。

2. 受体样品编号规则

①该样品为环境受体样品，用H表示。

②开展研究的城市（可用城市电话区号表示，限制为3个字符，不够的前面补零）。

③采集样品的点位（该样品采于哪个点位，可用该点位的拼音缩写代替，限制为3个字符）。

④采样滤膜的种类（是石英膜还是有机膜，石英膜用Q表示，有机膜用P表示）。

⑤该样品的采集时间（用“年/月/日”依次顺序表示出来，限制为8个字符）。

⑥该样品的在此种类型样品中的序号（序号范围从01到99，限制为2个字符）。

⑦所有编号必须同时使用条形码作为样品的标识。

举例：H 022 JCZ Q 20070504 01，即表示2007年5月4日在天津监测站（即JCZ代表的点位）所采集到的环境受体样品，滤膜为石英膜，序号为01。

（二）样品的保存和运输

所有滤膜样品在从采样设备取出后立即放入滤膜盒中避光冷藏保存。保存和运输参照相关的规范和标准。

第四章　源与受体样品的分析方法

一、滤膜的称量

（一）滤膜预处理

各种滤膜在采样前均要放入烘箱或马弗炉内进行烘烤或灼烧，将膜内的挥发分或其他组分除掉，以不影响分析的精度，同时不破坏滤膜结构和机械强度。

实验证明，石英滤膜烘烤温度定在800℃，烘烤2h，其他滤膜参照相应的规范、标准或者文献方法。

（二）滤膜的平衡及称重

滤膜平衡要求采样滤膜在称重前需要在平衡室内平衡至少72h（USEPA规定），平衡室温度为20～23℃，温度变化幅度小于±2℃，相对湿度为30%～40%，变化幅度小于±5%，天平室设置原则上与平衡室一致。

称量采样滤膜所需要的天平灵敏度必须能够满足所采集滤膜上尘重的2‰。当滤膜平衡72h后，称量滤膜重量，放回平衡室内24h后再次称重，两次称量之差不大于0.4 mg即为恒重。

二、源与受体样品的分析技术

目前，源与受体样品一般进行无机元素分析、离子分析和碳分析。其中无机元素分析包括绝大多数的金属单质及某些非金属单质（如磷、硫、硅等元素），主要为Na、Mg、Al、Si、P、S、Cl、K、Ca、Ti、V、Cr、Mn、Fe、Co、Ni、Cu、Zn、Ga、As、Se、Br、Rb、Sr、Yt、Zr、Mo、Pd、Ag、Cd、In、Sn、Sb、Ba、La、Au、Hg、Tl、Pb、U等。源解析工作中下列元素一般为必测元素：Na、Mg、Al、Si、P、S、Cl、K、Ca、Ti、V、Cr、Mn、Fe、Co、Ni、Cu、Zn、Cd、Ba、Hg、Pb。离子分析主要包括阳离子和阴离子两类主要的成分，其中阳离子包括Na^+、Mg^{2+}、K^+、Ca^{2+}、NH_4^+等成分，阴离子包括F^-、Cl^-、NO_3^-、SO_4^{2-}。碳分析主要分析碳元素在颗粒物中的不同存在形态，源解析研究中碳成分谱的组成一般包括总碳（TC）和有机碳（OC）。

由于源与受体样品化学组成的含量范围很宽，从ppb级到70%以上，因此需要选择灵敏度高，准确度好，前处理操作简便且分析范围广的方法或几种方法的联用。

（一）元素分析

多元素分析技术有破坏性方法和非破坏性方法两种。其中，XRF、PIXE 及 INAA 三种方法属于非破坏性方法，而 ICP 与 AES 或 MS 联用等方法则需要对样品进行破坏性处理。

1. X 射线荧光分析

XRF 是一种常用的分析方法，用于测定收集在滤膜上的大气颗粒物中的少量及痕量元素。用 XRF 法分析元素非常方便，因为滤膜无须预处理，并且该方法可以分析从 Na 到 U 的约 45 种元素。XRF 定量分析的方法是将样品的 X 射线光谱与已知元素光谱对比，或计算谱峰面积并将其与带有 X 射线的衰减修正量的校准标准相联系，随后用每张滤膜上计算出的元素质量除以滤膜采集的空气样品的体积，即得到大气中的元素浓度。

一般地讲，XRF 分析应要用 X 射线照射样品。样品中的元素通过 X 射线激发后，在返回到基态时，放射出特征 X 射线，随后用 X 射线检测器进行测定。广义地讲，XRF 分析方法可以分为两类：一类是波长色散法（WDXRF），它使用一个晶体分光计对元素进行连续测定；另一类是能量色散法（EDXRF），它使用一个固态二极管同时测定多种元素。WDXRF 法的特点是光谱分辨率高，但是对重金属（如 Pb）的灵敏度相对较低，需要用高能量激发重金属加以克服。WDXRF 法一般不分析空气样品，因为高强度的 X 射线会破坏滤膜，而且分析过程中会有一些元素（如 S 和 Cl）挥发损失掉。EDXRF 法的特点是灵敏度高，但是需要一个很复杂的多线性光谱去卷积（multilinear spectral deconvolution）过程来消除元素间的相互干扰。但是，人们已经建立了较好的方法来修正这些干扰。

根据样品中元素的激发方法，也可以把 XRF 分析法划分为直接激发和间接激发。在直接激发中，X 射线经滤光后直接照射到样品上。在间接激发中，先将初始的 X 射线照射到一个辅助目标物上，然后利用辅助目标物释放的单能、低强度 X 射线激发样品。利用钛、钼、钐构成的辅助目标物并改变 X 射线管的电压，可以高灵敏度地测定多种元素。使用辅助目标物可以减小光谱的背景值，使元素间的相互干扰降到最低，并因此降低了样品的加热温度。收集在聚四氟乙烯滤膜上的气溶胶样品的 49 种元素中，有 44 种的检出限范围可以达到 2～200ng/m^3。但是，以目前美国大部分城市的污染水平来看，在“24h 低流量（16.7L/min）样品”的检出限之上，仅检测到了包括 S、Pb 及若干种地壳元素（如 Fe、Ca、Mg、Si、Ti）在内的 12～15 种元素。

通常认为 XRF 是非破坏性的，但是，一些轻元素（如 S 和卤化物）在直接辐射产生的热量或真空条件下，存在挥发的潜在可能性，采用真空是为了防止气体削弱 X 射线。其他物质，如硝酸盐，在分析过程中也会从滤膜上挥发。美国环保局 X 射线实验室在分析中，常常采用在氦气环境中直接照射的方法以减少挥发损失。

2. 质子激发的 X 射线发射分析法

质子激发的 X 射线发射（PIXE）分析法与 XRF 法的不同之处仅在于产生荧光的方法不同（即高能量质子与 X 射线）。PIXE 可用于原子序数范围从 Si 到 Pb 之间的元素的常规分析。PIXE 方法具有分析小直径样品（2～3mm）的特殊功能，因此可以分析时间分辨率较高的单孔型冲击式采样器和旋转滚筒采样器采集的样品。

在PIXE中，利用来自回旋加速器或van de Graff加速器的高能质子束激发样品中的元素。

与 XRF 法类似，被激发的元素发射出 X 射线，并用 X 射线高能量色散检测器检测。PIXE 的激发能较高，可以使轻元素（light elements）挥发并破坏滤膜，对需要长时间照射的样品来说，这是一个需要解决的问题。PIXE 方法的精密度与准确度与 EDXRF 方法类似。但是，PIXE 分析法通常是把样品收集在直径为 2～3mm 的地方。这样，每个单位面积上的样品浓度一般高于 EDXRF 分析法中的样品浓度。例如，在 USEPA 国家细粒子监测网中，所有的样品收集均采用直径为 47mm 的聚四氟乙烯滤膜，而 IMPROVE 监测网采集用于 PIXE 分析的样品时，样品集中在直径为 3mm 的区域上。EDXRF 中的干扰因素也同样存在于 PIXE 中。

3. 仪器中子活化分析

仪器中子活化分析（INAA）是一种测定大气气溶胶中的多种微量元素的极好方法，因为它是目前已有的最灵敏、选择性最强、最可靠的方法之一。由于成本较高，并且缺少具有原子能反应器和检测设备操作经验的人员，因此限制了 INAA 的广泛应用。除了碳、硅、镍、锡及铅以外，INAA 还可以定量测量多种微量元素，特别是环境空气中气溶胶中存在的微量元素。一些研究者将 XRF 和 INAA 结合起来，为粒子源解析创立了一套微量元素的综合数据系统。

总之，INAA 在核反应器中，用热的或超热的中子照射滤膜样品，将一些待测物质的原子核转化为放射性同位素。当这些放射性同位素衰变时，放射出特征能量的 γ 射线，其强度与样品中元素的量成正比。用带有锂漂移的检测器或内置锗检测器的高分辨率分光计对 γ 射线进行检测。通过对比样品与标准已知浓度物质所发射出的 γ 射线强度（峰面积）来确定样品中的元素含量。

典型的 INAA 法包括两个放射步骤，首先照射几分钟，以确定短期（<12h）放射性核的量，然后将滤膜冷却几天直到其放射性消失。最后，将滤膜重新包上并照射几小时以确定中期及长期放射性核的量（>12h）。

虽然人们认为 INAA 是非破坏性技术，但仍需要用某些方法对滤膜进行物理处理，因此就不能用 XRF、PIXE 或电子扫描显微镜等方法再次分析样品了。对 INAA 的滤膜作前处理时，需要把滤膜紧紧地折叠起来或做成小球，使其成为形状对称的几何体，然后密封进聚丙烯袋或小瓶中。对于聚四氟乙烯滤膜，典型做法是把膜从聚丙烯托环上剪下，搓成一个小球。

与 XRF 和 PIXE 分析方法不同，INAA 法利用整个滤膜和样品，而且实际上不存在滤膜基体（filter matrix）或粒子的自身吸附（self-absorption）问题。因此，研究人员选择采样器及滤膜材质时，具有更多的余地。常规分析中也可以用沉积物分布不均匀的滤膜（如串级冲击式采样器）或超负载滤膜。在选择滤膜时唯一需要考虑的就是粒子的收集效率、空白浓度及可变性。

影响 INAA 的精密度和准确度的因素包括：中子通量的变化、照射时间、检测器前样品的错误放置、死时间损失的不准确校正及脉冲累积、光谱中相互重叠波峰的较差去卷积、样品空白值、小瓶污染及照射过程中元素的挥发。利用严格的质控程序可以将上述因素的影响降到最低，质控方法包括：分析已知的标准物质，重新照射并重新计算，评估光谱，用不同的同位素或 γ 射线分析，以及实验室间及方法间的对比研究。

4. 电感耦合等离子体原子发射光谱

本部分内容参考本书第三篇第二章“颗粒物及元素”第十三部分“电感耦合等离子体

原子发射光谱（ICP-AES）（C）”。

（二）碳分析

1. 热解电化学测碳法

热学法利用温度和惰性气体与氧化剂相结合的方法区别 EC（元素碳）和 OC（有机碳）。在载带 MnO_2 的惰性气体中加热样品，可以实现 OC 和 EC 的分离。在 623K 温度下测定 OC，然后在温度高于 1123K 以上时测定 EC，MnO_2 可以产生将 EC 氧化成 CO_2 所需要的 O_2，然后用非分散红外检测仪（NDIR）或电化学管测定 CO_2。另一种方法是在氦气中加热样品测定 OC，在 He/O_2 中测定 EC。可将碳转化为 CO_2 或还原成 CH_4 进行测定。甲烷的量用火焰离子化器测定。R&P 生产一种连续碳分析仪，该分析仪在 613K 和 1023K 下加热样品来测定 OC 和 EC 含量，没有量化高温分解的光学测量值，以 $2.78\times10^4m^3/s$ 的流量收集样品 1h，其大气检出限约为 $0.2\mu g/m^3$。

2. 热光反射测碳法

两种使用最广泛的热光法（Thermal Optical）是热光透射法（TOT）和热光反射法（TOR）。TOT 和 TOR 在原理上都是分 4 个温度段转化碳，先是在氦气环境中确定石英纤维滤膜上的 OC，然后在氦/氧混合气体环境中经过 3 个温度段生成 EC。生成的碳首先在催化作用下氧化为 CO_2，还原成 CH_4，然后用火焰离子化监测器进行定量测定（在 TOT 和 TOR 中，OC 和 EC 间的分离才能确定高温分解的修正量，其基础是光透射或光反射）。通过酸化样品可以测定 CC（碳酸盐）的量。酸化过程中，需要分别在酸化前、后对两份相同的样品做热量分析。两次分析得到的 TC（总碳）值之差即为 CC 估计值。或者在 820℃的温度下对碳酸盐峰进行积分，而得出 CC 估计值。当在氦气第四个温度阶段中，碳酸盐作为单峰被移除时（如碳酸钙），才能用这种方法。TOR 和 TOT 对碳的检出限约为 $0.2\mu g/cm^2$。使用透光度对热解碳进行校准的热光法是目前化学组分检测网用以确定大气中 OC、EC、碳酸盐碳和 TC 的方法。

（三）离子分析

二次大气粒子质量中的大部分是离子组分。根据气溶胶的离子成分可以确定源对受体的贡献率。离子色谱是一种广泛使用的多组分分析技术，可以用来分析阴阳离子。水中简单离子的浓度，如 Cl^-、K^+ 和 Na^+，以及多原子离子，如硫酸根、硝酸根和有机酸根，都可以通过离子色谱获得。

样品前处理方法：样品经石英滤膜采集后，将滤膜剪碎后放入 50ml 磨口瓶中，加入 30ml 去离子水，超声溶解半小时，静置后过 0.4μm 微孔滤膜，待用。

离子分析方法参考本书第四篇第二章“降水监测分析方法”中三～十一。

第五章　颗粒物成分谱的建立

一、源成分谱的建立

源成分谱包括各组分（元素、离子、碳）的含量及标准偏差。每个城市的源类一般可以分为土壤风沙尘、煤烟尘、机动车尾气尘、建筑水泥尘、钢铁冶炼尘、城市扬尘、道路尘、二次颗粒物等源类。大气颗粒物源解析研究工作中所强调的是颗粒物排放源类，而不是某个源。一个地区的某一源类，如煤烟尘，其中又包含了多种子源类，如工业燃煤尘、民用燃煤尘、电厂燃煤尘等，而每一个子源类中又会包括多种不同的二级子源类，如不同的除尘方式、不同的燃烧方式等。因此，为了使源成分谱具有较好的代表性，在源样品采集和成分谱建立时应充分考虑同一类源中各级子源类排放源，尤其是对化学组成变化较大子源类排放源，应逐级分别建立它们的成分谱，并在此基础上建立某排放源类的成分谱。每类源可能包含了多个样品的分析结果，如何把这些分析结果转化成为该源类的成分谱，需要开展以下工作。

（一）一次颗粒物源成分谱的建立

鉴于各源类的排放方式和化学组分的变化情况差别很大，因此在建立各类一次颗粒物源成分谱时，应分别按照不同的原则。以下说明几个主要源类成分谱的建立方法，详见表7-5-1。

表 7-5-1　主要源类成分谱建立方法

源类	加权方法
土壤风沙尘	由于土壤风沙尘在化学组成上的变化不显著，因此可以用不同采样点上土壤风沙尘化学组成的等权平均值代表一个地区土壤风沙尘的源成分谱
燃煤尘	根据煤烟尘排放量或燃煤量对各种煤烟尘成分谱进行加权平均，得到能够代表所研究区域煤烟尘的成分谱。在无法确定排放量和燃煤量的情况下，可以采用等权平均的方法
建筑尘	在建立不同标号的水泥尘成分谱的基础上，根据各自不同的生产和使用量进行加权平均，从而得到具有代表性的建筑水泥尘成分谱，在使用量难以统计时，也可以采用等权平均的办法
道路尘	按照等权进行平均
城市扬尘	按照等权进行平均
钢铁尘	按照不同的工艺单独建立成分谱
机动车尾气尘	按照城市机动车保有量进行加权计算

（二）二次颗粒物源成分谱的建立

环境空气中的气态污染物在一定条件下能够转化生成的颗粒物质称为二次颗粒物。能够转化为颗粒物质的不同类的气态污染物称为二次颗粒物排放源类，主要分为以下几类。

1. SO_4^{2-}的排放源类

环境空气中的气态物质硫氧化物（SO_x）和硫化物（H_xS）等，包括 SO_2、H_2S、CH_3SCH_3 等，在一定的条件下可以转化为硫酸盐粒子（SO_4^{2-}）。燃烧矿物燃料（煤或油）的工业或民用设施排放二氧化硫（SO_2），机动车尾气排放二氧化硫（SO_2），蛋白质等有机物的分解、火山喷发的气体或温泉产生的气体中含有硫化氢（H_2S），海藻类植物等多种生物活动产生二甲基硫化物（CH_3SCH_3）等气态物质。

硫酸盐排放源类的成分谱用纯硫酸铵的组成代替，见表 7-5-2。

2. NO_3^-的排放源类

环境空气中的气态物质氮氧化物（NO_x），包括 NO、NO_2、N_2O、NO_3、N_2O_3、N_2O_4、N_2O_5 等，在一定的条件下可以转化为硝酸盐粒子（NO_3^-）。氮氧化物可以由燃烧矿物燃料（煤或油）的工业或民用设施排放、机动车尾气排放、生物活动如土壤中细菌的厌氧还原产生。

硝酸盐排放源类的成分谱用纯硝酸铵的组成代替，见表 7-5-2。

3. OC 的排放源类

环境空气中气态的碳氢化合物在一定的条件下转化为有机碳粒子，其主要是由燃烧或产业活动排放，以及自然界中动植物等有机物腐烂等产生。

二次有机碳排放源类的成分谱采用纯有机碳的成分谱，见表 7-5-2。

表 7-5-2 硫酸盐、硝酸盐和二次有机碳排放源类成分谱

源类	硫酸盐		硝酸盐		二次有机碳	
成分	含量值（g/g）	标准偏差（g/g）	含量值（g/g）	标准偏差（g/g）	含量值（g/g）	标准偏差（g/g）
Na	0	0.0001	0	0.0001	0	0.0001
Mg	0	0.0001	0	0.0001	0	0.0001
……	……	……	……	……	……	……
TC	0	0.0001	0	0.0001	1	0.1
OC	0	0.0001	0	0.0001	1	0.1
EC	0	0.0001	0	0.0001	0	0.0001
Cl^-	0	0.0001	0	0.0001	0	0.0001
NO_3^-	0	0.0001	0.775	0.0775	0	0.0001
SO_4^{2-}	0.727	0.0727	0	0.0001	0	0.0001
NH_4^+	0.273	0.0273	0.225	0.0225	0	0.0001

（三）源成分谱举例

表 7-5-3 是已建立好的石家庄市源成分谱。

表 7-5-3　石家庄市 PM_{10} 源成分谱①

组分	土壤风沙尘		扬尘		道路尘		建筑水泥尘		燃煤尘		钢铁尘	
	%	偏差	%	偏差	%	偏差	%	偏差	%	偏差	%	偏差
Na	0.7541	0.0419	0.5848	0.0498	1.1055	0.1024	0.1697	0.0701	0.3908	0.1363	0.4711	0.1446
Mg	1.7324	0.0961	0.9573	0.1677	0.9993	0.0639	0.9904	0.1645	0.2487	0.1088	3.0090	0.7784
Al	7.8449	0.2601	7.1812	0.5869	5.4365	0.1565	8.0047	0.5520	12.7229	0.7367	2.4706	0.9891
Si	24.9141	1.1650	16.9697	1.4007	24.2765	1.3819	5.1707	1.6118	16.8109	1.6553	6.0274	2.7824
P	0.0966	0.0243	0.1797	0.0215	0.1046	0.0110	0.0806	0.0154	0.2840	0.1117	0.0647	0.0178
K	2.0979	0.0809	1.3420	0.1774	1.4530	0.0710	0.6996	0.1251	0.5707	0.1620	0.9785	0.3168
Ca	4.9058	1.9497	6.3708	2.1230	5.7413	0.3430	27.5507	15.081	1.7595	1.0420	12.8905	3.9067
Ti	0.4394	0.0355	0.4566	0.0569	0.3467	0.0152	0.3118	0.0396	0.7432	0.0855	0.1475	0.0696
V	0.0106	0.0032	0.0051	0.0031	0.0037	0.0009	0.0056	0.0018	0.0145	0.0021	0.0032	0.0017
Cr	0.0098	0.0014	0.0051	0.0031	0.0037	0.0009	0.0060	0.0021	0.0089	0.0021	0.0531	0.0268
Mn	0.0826	0.0086	0.0547	0.0099	0.0474	0.0026	0.0175	0.0107	0.0293	0.0122	0.1665	0.1321
Fe	4.2980	0.3469	4.1408	1.0333	3.2464	0.5459	1.5724	0.6250	3.3017	0.7888	24.8383	7.2591
Co	0.0021	0.0003	0.0018	0.0003	0.0013	0.0002	0.0013	0.0001	0.0011	0.0009	0.0010	0.0007
Ni	0.0050	0.0016	0.0045	0.0012	0.0037	0.0015	0.0023	0.0010	0.0032	0.0012	0.0714	0.2139
Cu	0.0045	0.0007	0.0078	0.0023	0.0045	0.0008	0.0032	0.0008	0.0113	0.0036	0.0322	0.0339
Zn	0.0133	0.0020	0.0810	0.0871	0.1081	0.2310	0.0099	0.0079	0.0531	0.0488	0.3928	0.5331
Br	0.0005	0.0002	0.0018	0.0008	0.0001	0.0002	0.0007	0.0004	0.0031	0.0013	0.0103	0.0100
Ba	0.0644	0.0045	0.1053	0.0205	0.0699	0.0042	0.0211	0.0071	0.0681	0.0160	0.0071	0.0041
Pb	0.0049	0.0017	0.0245	0.0042	0.0104	0.0047	0.0122	0.0033	0.0366	0.0197	0.2192	0.2708
TC	2.4845	1.0471	10.6456	2.9641	8.4063	0.7751	3.2906	0.7011	13.9250	5.0736	6.6093	3.2765
OC	1.8536	1.0796	9.7522	2.9718	7.1613	0.5889	0.9397	0.3294	12.7988	4.8051	4.8214	3.9212
Cl^-	0.0619	0.0312	0.1343	0.0398	0.6584	0.1809	0.0594	0.0039	0.1690	0.0653	0.4058	0.2159
NO_3^-	0.1248	0.0871	0.1340	0.0322	0.1047	0.0362	0.0220	0.0058	0.0180	0.0087	0.0618	0.1191
SO_4^{2-}	0.7307	0.4805	2.4909	0.8701	3.6221	2.4522	6.6989	0.3557	2.1279	0.8113	0.9226	0.5951

① 该数据引自《石家庄市大气颗粒物源解析及污染防治对策》（2001 年）。

二、受体成分谱的建立

受体成分谱首先建立的是某一季节不同监测点位的成分谱，包括各组分（元素、离子、碳）的质量浓度（$\mu g/m^3$）及标准偏差。然后，通过计算平均值得到该季节各点位的平均值，代表该季节全市成分谱。全年各点位成分谱和全市平均值则是通过将各个季节的成分谱按照该季节的天数进行加权计算得到。表 7-5-4 为济南市受体成分谱。

三、源和受体化学组成范围

（一）源成分谱化学组成范围

不同源类的化学组成差异比较大，表 7-5-5～表 7-5-7 分别列出了国内外城市不同源类不同粒径下各组分的质量分数。

表 7-5-4 济南市全年受体 TSP 成分谱（μg/m³）①

	机床二厂		监测站		种子站		化工厂		科工委		全市	
	浓度	偏差	浓度	偏差	浓度	偏差	浓度	偏差	浓度	偏差	浓度	偏差
TOT	243.57	78.04	242.20	91.60	297.54	96.56	276.34	99.12	203.87	65.69	262.18	100.56
Na	4.3781	0.7990	2.9883	1.3631	4.4623	1.3071	5.6364	1.7522	3.4495	0.9139	3.8839	2.2515
Mg	2.6858	0.5323	3.5755	0.9918	4.2679	2.7263	3.7558	0.9290	4.7997	2.5161	4.1109	2.3769
Al	11.8010	2.9274	13.3149	4.2778	14.3367	6.6845	15.2033	4.8980	9.2262	3.0318	13.0158	5.6996
Si	41.8150	9.6348	42.6934	21.7918	65.9701	28.2692	57.0846	14.7832	48.3569	15.5819	49.2791	24.3228
K	8.3923	2.1268	4.1996	2.2337	6.8378	2.9439	6.9384	1.8307	5.3475	2.5326	5.8100	3.1792
Ca	22.9074	5.8199	33.9985	20.9333	29.3714	13.4324	27.4010	8.3959	25.2937	6.4995	31.6553	19.6907
Sc	0.0051	0.0005	0.0054	0.0025	0.0046	0.0029	0.0050	0.0005	0.0081	0.0028	0.0067	0.0029
Ti	0.9879	0.1748	1.6498	0.6275	1.6353	1.5003	1.6218	0.4342	0.5510	0.6515	1.3791	0.8991
V	0.0873	0.0088	0.0217	0.0263	0.0332	0.0345	0.0858	0.0086	0.0305	0.0245	0.0409	0.0417
Cr	0.2980	0.0135	0.7727	0.6724	0.8360	0.7529	0.4368	0.0457	0.2994	0.1966	0.5898	0.5535
Mn	0.1419	0.0342	0.1997	0.0694	0.1915	0.1182	0.1974	0.0652	0.1838	0.0843	0.2027	0.1051
Fe	2.8702	0.8752	5.0515	2.7831	4.3555	2.5821	3.7598	1.4314	2.1568	0.5459	4.2165	2.8556
Ni	0.0100	0.0004	0.0098	0.0050	0.0106	0.0150	0.0114	0.0012	0.0170	0.0021	0.0126	0.0069
Cu	0.0247	0.0025	0.0329	0.0129	0.0220	0.0082	0.0308	0.0031	0.0284	0.0154	0.0340	0.0126
Zn	0.2126	0.0220	0.2419	0.1624	0.2447	0.0435	0.1973	0.0208	0.1949	0.0119	0.2442	0.1162
As	0.0026	0.0003	0.0041	0.0021	0.0029	0.0026	0.0025	0.0003	0.0036	0.0024	0.0040	0.0020
Pb	0.0504	0.0052	0.0596	0.0417	0.0328	0.0116	0.0411	0.0042	0.0528	0.0056	0.0602	0.0301
TC	30.8460	9.0756	27.5892	7.5221	33.7974	9.8821	26.7397	5.6886	24.6823	6.2225	28.6978	7.5453
OC	21.9570	6.9564	18.4634	4.9085	24.0593	8.2059	20.1622	5.1913	17.3049	3.7356	20.3828	5.8197
Cl^-	0.6640	0.2797	0.5677	0.2518	0.6039	0.1553	0.3450	0.1731	0.2724	0.0681	0.5009	0.2552
NO_3^-	1.0986	0.6355	0.9999	0.5187	1.2102	0.6884	0.9071	0.5182	0.6144	0.2566	1.0413	0.5940
SO_4^{2-}	3.8705	0.7814	3.1301	0.9206	3.9889	1.0936	3.0800	1.0751	1.9219	0.4043	3.2763	1.0205

①该数据引自《济南市大气颗粒物源解析及污染防治对策》（2000 年）。

表 7-5-5 费城（Philadelphia，PA）不同源的成分谱（质量分数）

污染源	颗粒物种类	化学组成			
		＜0.1%	0.1%～1%	1%～10%	＞10%
公路扬尘	$PM_{2.5\sim10}$	Cr,Sr,Pb,Zr	SO_4^{2-}, Na^+, K^+, P, S, Cl, Mn, Zn, Ba, Ti	EC, Al, K, Ca, Fe	OC,Si
乡村路扬尘	$PM_{2.5}$	NO_3^-, NH_4^+, P, Zn, Sr, Ba	SO_4^{2-}, Na^+, K^+, P, S, Cl, Mn, Ba, Ti	OC, Al, K, Ca, Fe	Si
建筑尘	$PM_{2.5}$	Cr, Mn, Zn, Sr, Ba	SO_4^{2-}, K^+, S, Ti	OC, Al, K, Ca, Fe	Si
农业土壤	$PM_{2.5}$	NO_3^-, NH_4^+, Cr, Zn, Sr	SO_4^{2-}, Na^+, K^+, S, Cl, Mn, Ba, Ti	OC, Al, K, Ca, Fe	Si
自然界土壤	$PM_{2.5}$	Cr, Mn, Sr, Zn, Ba	Cl^-, Na, EC, P, S, Cl, Ti	OC, Al, Mg, K, Ca, Fe	Si
湖泥	$PM_{2.5\sim10}$	Mn, Sr, Ba	K^+, Ti	SO_4^{2-}, Na^+, OC, Al, S, Cl, K, Ca, Fe	Si

污染源	颗粒物种类	化学组成			
		<0.1%	0.1%～1%	1%～10%	>10%
机动车尾气	$PM_{2.5}$	Cr, Ni, Y, Sr, Ba	Si, Cl, Al, P, Ca, Mn, Fe, Zn, Br, Pb	Cl^-, NO_3^-, SO_4^{2-}, NH_4^+, S	OC, EC
植物燃烧	$PM_{2.5}$	Ca, Mn, Fe, Zn, Br, Rb, Pb	NO_3^-, SO_4^{2-}, NH_4^+, Na^+, S	Cl^-, K^+, Cl, K	OC, EC
燃油	$PM_{2.5}$	K^+, OC, Cl, Ti, Cr, Co, Ga, Se	NH_4^+, Na^+, Zn, Fe, Si	V, OC, EC, Ni	S, SO_4^{2-}
焚烧炉	$PM_{2.5}$	V, Mn, Cu, Ag, Sn	K^+, Al, Ti, Zn, Hg	NO_3^-, Na^+, EC, Si, S, Ca, Fe, Br, La, Pb	SO_4^{2-}, NH_4^+, OC, Cl
燃煤锅炉	$PM_{2.5}$	Cl, Cr, Mn, Ga, As, Se, Br, Rb, Zr	NH_4^+, P, K, Ti, V, Ni, Zn, Sr, Ba, Pb	SO_4^{2-}, OC, EC, Al, S, Ca, Fe	Si
燃油发电厂	$PM_{2.5}$	V, Ni, Se, As, Br, Ba	Al, Si, P, K, Zn	NH_4^+, OC, EC, Na, Ca, Pb	S, SO_4^{2-}
冶炼厂	$PM_{2.5}$	V, Mn, Sb, Cr, Ti	Cd, Zn, Mg, Na, Ca, K, Se	Fe, Cu, As, Pb	S
海洋	$PM_{2.5\sim10}$和$PM_{2.5}$	Ti, V, Ni, Sr, Zr, Pd, Ag, Sn, Sb, Pb	Al, Si, K, Ca, Fe, Cu, Zn, Ba, La	NO_3^-, SO_4^{2-}, OC, EC	Cl^-, Na^+, Cl, Na

表 7-5-6　济南市不同源的成分谱（质量分数）（2000 年数据）

源类型	颗粒物种类	<0.1%	0.1%～1%	1%～10%	>10%
土壤风沙尘	PM_{10}	Sc, V, Cr, Ni, Cu, Zn, As, Pb, NO_3^-	Ti, Mn, Cl^-, SO_4^{2-}	Na, Mg, Al, K, Ca, Fe, TC, OC	Si
扬尘	PM_{10}	Sc, V, Mn, Ni, Cu, As, Pb	Ti, Cr, Zn, Cl^-, NO_3^-	Na, Mg, Al, K, Fe, TC, OC, SO_4^{2-}	Si, Ca
燃煤尘	PM_{10}	Sc, V, Cr, Mn, Ni, Cu, Zn, As, Pb, NO_3^-	Na, Mg, Ti, Cl^-	K, Ca, Fe, OC, SO_4^{2-}	Al, Si, TC
建筑水泥尘	PM_{10}	Sc, V, Cr, Mn, Ni, Cu, Zn, As, Pb, Cl^-, NO_3^-	Ti, OC, SO_4^{2-}	Na, Mg, Al, Si, K, Fe, TC	Ca
钢铁尘	PM_{10}	Sc, V, Cr, Ni, Cu, Zn, As, Pb, NO_3^-	Ti, Mn, Cl^-, SO_4^{2-}	Na, Mg, Al, Si, K, TC, OC	Ca, Fe
土壤风沙尘	TSP	Sc, V, Cr, Ni, Cu, Zn, As, Pb, Cl^-, NO_3^-, SO_4^{2-}	Ti, Mn, OC	Na, Mg, Al, K, Ca, Fe, TC	Si
扬尘	TSP	Sc, V, Cr, Ni, Cu, As, Pb	Ti, Mn, Zn, Cl^-, NO_3^-	Na, K, Mg, SO_4^{2-}, Fe, OC, Al, TC	Si,Ca
燃煤尘	TSP	Sc, V, Cr, Mn, Ni, Cu, As, Pb, NO_3^-	Na, K, Zn, Cl^-	Mg, Ca, Ti, Fe, SO_4^{2-}, OC	Al, Si, TC
建筑水泥尘	TSP	Sc, V, Cr, Ni, Cu, Zn, As, Pb, Cl^-, NO_3^-	Na, Ti, Mn, TC, OC, SO_4^{2-}	Mg, Al, Si, K, Fe,	Ca
钢铁尘	TSP	Sc, V, Cr, Ni, Cu, Zn, As, Pb, NO_3^-	Na, K, Ti, Mn, Cl^-, SO_4^{2-}	Mg, Al, Si, Ca, TC, OC	Fe

表 7-5-7 石家庄不同颗粒物排放源中的化学成分（质量分数）（2001 年数据）

源类型	颗粒物种类	<0.1%	0.1%～1%	1%～10%	>10%
土壤风沙尘	PM_{10}	P,V,Cr,Mn,Co,Ni,Cu,Zn,Pb,Br,Ba,Cl^-,	Na,Ti,NO_3^-,SO_4^{2-}	Mg,Al,K,Ca,Fe,TC,OC	Si
扬尘	PM_{10}	V, Cr, Mn, Co, Ni, Cu, Zn, Br, Pb	Na, Mg,P, Ti, Ba,Cl^-, NO_3^-	Al,K,Ca,Fe,OC,SO_4^{2-}	Si,TC
钢铁尘	PM_{10}	P,V,Cr,Co,Ni ,Cu, Br, Ba, NO_3^-	Na,K,Ti,Mn, Zn,Pb,Cl^-, SO_4^{2-}	Mg,Al, Si,TC,OC	Ca, Fe
建筑水泥尘	PM_{10}	P,V,Cr,Mn,Co,Ni,Cu, Zn,Br,Ba, Pb,Cl^-,NO_3^-	Na, K,Ti,OC	Mg, Al,Si,Fe,TC,SO_4^{2-}	Ca
燃煤尘	PM_{10}	V,Cr,Mn,Co,Ni,Cu,Zn, Br,Ba,Pb,NO_3	Na,Mg,P,K,Ti,Cl^-	Ca,Fe,SO_4^{2-}	Al,Si, TC,OC
土壤风沙尘	TSP	P,V,Cr,Mn,Co,Ni,Cu, Zn,Pb,Br,Ba,Cl^-,NO_3^-	Ti,SO_4^{2-}	Na, Mg, Al, K,Ca, Fe, TC, OC	Si
扬尘	TSP	V,Cr,Mn,Co,Ni,Cu,Zn, Br, Ba, Pb	Na,P,Ti, Cl^-,NO_3^-	Mg,Al,K,Ca,Fe,SO_4^{2-},TC, OC	Si
钢铁尘	TSP	P,V,Cr,Co,Ni,Cu,Br,Ba, NO_3^-	Na,K,Ti,Mn, Zn,Pb, Cl^-,SO_4^{2-}	Mg,Al,Si,Ca,TC,OC	Fe
建筑水泥尘	TSP	P,V,Cr,Mn,Co,Ni,Cu,Zn, Br,Ba,Pb,NO_3^-	Na,Mg,K,Ti,OC,Cl^-	Al,Si,Fe,TC,SO_4^{2-}	Ca
燃煤尘	TSP	V,Cr,Mn,Co,Ni,Cu,Zn, Br,Ba,Pb,Cl^-	Na,Mg,P,K,Ti,NO_3^-	Ca, Fe, SO_4^{2-}	Al,Si, TC,OC

（二）受体成分谱化学组成范围

不同的城市受体或者同一城市不同受体点位，其化学组成差异较大，表 7-5-8 分别列出了鞍山市不同点位、不同粒径下各组分的质量分数。

表 7-5-8 鞍山市不同点位、不同粒径各化学组分质量分数

站位	粒径	化学成分质量分数			
		<0.1%	0.1%～1%	1%～10%	>10%
市监测站	TSP	V, Cr, Mn, Co, Ni, Cu, As, Cd, Hg, Pb	Na, K, Ti, Zn, F^-, NO_3^-	Mg, Al, Si, Ca, Fe, Cl^-, SO_4^{2-}, NH_4^+, OC	TC
开发区	TSP	V, Cr, Mn, Co, Ni, Cu, As, Cd, Hg, Pb	Na, K, Ti, Zn, F^-, Cl^-, NO_3^-	Mg, Al, Si, Ca, Fe, SO_4^{2-}, NH_4^+, OC	TC
铁西	TSP	V, Cr, Mn, Co, Ni, Cu, As, Cd, Hg, Pb	Na, Ti, Zn, F^-, NO_3^-	Mg, Al, Si, K, Fe, Cl^-, SO_4^{2-}, NH_4^+, TC, OC	Ca
千山	TSP	V, Cr, Mn, Co, Ni, Cu, As, Cd, Hg, Pb	Na, Mg, Ti, Zn, F^-, Cl^-, NO_3^-	Al, Si, K, Ca, Fe, NH_4^+	SO_4^{2-}, TC, OC
深沟寺	TSP	V, Cr, Mn, Co, Ni, Cu, As, Cd, Hg, Pb	Na, Ti, Zn, F^-, NO_3^-	Mg, Al, Si, K, Ca, Fe, Cl^-, NH_4^+, OC	SO_4^{2-}, TC

站位	粒径	化学成分质量分数			
		<0.1%	0.1%～1%	1%～10%	>10%
太平	TSP	V, Cr, Mn, Co, Ni, Cu, As, Cd, Hg, Pb	Na, Ti, Zn, F^-, NO_3^-	Mg, Al, Si, K, Fe, Cl^-, SO_4^{2-}, NH_4^+, OC	Ca, TC
鞍钢烧结子站	TSP	V, Cr, Co, Ni, Cu, As, Cd, Hg, Pb	Na, Ti, Mn, Zn, Pb, F^-, NO_3^-, NH_4^+	Mg, Al, Si, K, Fe, Cl^-, SO_4^{2-}, OC	Ca, TC
鞍钢二炼钢子站	TSP	V, Cr, Co, Ni, Cu, As, Cd, Hg, Pb	Na, Ti, Mn, Zn, F^-, NO_3^-, NH_4^+	Mg, Al, Si, K, Fe, Cl^-, SO_4^{2-}, OC, TC	Ca
市监测站	PM_{10}	V, Cr, Mn, Co, Ni, Cu, As, Cd, Hg, Pb	Na, Ti, Zn, F^-, Cl^-, NO_3^-	Mg, Al, Si, K, Ca, Fe, SO_4^{2-}, NH_4^+	OC, TC
开发区	PM_{10}	Ti, V, Cr, Mn, Co, Ni, Cu, As, Cd, Hg, Pb	Na, Mg, Zn, F^-，NO_3^-	Al, Si, K, Ca, Fe, Cl^-, NH_4^+, OC	TC, SO_4^{2-}
铁西	PM_{10}	V, Cr, Mn, Co, Ni, Cu, As, Cd, Hg, Pb, F^-	Na, Ti, Zn, NO_3^-	Mg, Al, Si, K, Fe, TC, OC, Cl^-, NH_4^+	Ca, SO_4^{2-}
千山	PM_{10}	V, Cr, Mn, Co, Ni, Cu, As, Cd, Hg, Pb	Na, Mg, Ti, Zn, F^-, NO_3^-	Al, Si, K, Ca, Fe, Cl^-, NH_4^+	SO_4^{2-}, TC, OC
深沟寺	PM_{10}	V, Cr, Mn, Co, Ni, Cu, As, Cd, Hg, Pb	Na, Ti, Zn, F^-, NO_3^-	Mg, Al, Si, K, Ca, Fe, OC, Cl^-, NH_4^+	TC, Ca, SO_4^{2-}
太平	PM_{10}	V, Cr, Mn, Co, Ni, Cu, As, Cd, Hg	Na, Ti, Zn, Pb, F^-, NO_3^-	Mg, Al, Si, K, Fe, OC, Cl^-, NH_4^+	Ca, TC, SO_4^{2-}
鞍钢烧结子站	PM_{10}	V, Cr, Co, Ni, Cu, As, Cd, Hg	Na, Ti, Mn, Zn, Pb, F^-, NO_3^-	Mg, Al, Si, K, Fe, OC, Cl^-, SO_4^{2-}, NH_4^+	Ca, TC
鞍钢二炼钢子站	PM_{10}	V, Cr, Co, Ni, Cu, As, Cd, Hg	Na, Ti, Zn, Pb, F^-, NO_3^-	Mg, Al, Si, K, Fe, OC, Cl^-, SO_4^{2-}, NH_4^+	Ca, TC

四、源和受体成分谱数据评估

数据评估主要包括以下三个方面的内容：

❖ 检查数据完整性，包括样品采集、样品分析，以及分析数据的完整性。

❖ 检查数据有效性，评估目的是对采样和分析的过程进行评价，确定数据的质量，并与测量效果准则相比对以评价数据。

❖ 可用性评估，评估数据是否符合项目要求。

对源成分谱的数据评估：以质量百分比为单位，源样品所有化学组分的含量之和必须小于 100%。通常来说，元素含量之和小于 40%；总离子含量之和小于 10%；总碳含量差别巨大，机动车尾气尘、原煤、焦炭尘碳含量可以高达 70%以上，其余源类总碳含量一般小于 30%。所有的分析结果应该与已有数据库中的成分谱进行初步对比。

对受体成分谱数据评估：以质量百分比为单位，受体样品所有化学组分的含量之和必须小于 100%。通常来说，元素含量之和小于 40%；总离子含量之和小于 30%；总碳含量之和小于 30%。所有的分析结果应该与已有数据库中的成分谱进行初步对比。

第六章 NKCMB 软件使用方法

一、NKCMB2.0 软件简介

20 世纪 90 年代中期，南开大学开发了 NKCMB1.0 软件，该软件是以美国 1989 年版本的 CMB7.0 为基础的汉字版本受体模型软件，软件增加了数据生成系统，并建立了数据生成系统的数据统计模型集，同时将源程序全部用 C 语言改写，在中文 DOS 操作系统下运行。

在 NKCMB1.0 的基础上，NKCMB2.0 由南开大学环境科学与工程学院用 VC（Visual C）语言重新编写源代码后开发出来的，该软件在中文视窗（Windows）操作系统下运行，算法仍然采用有效方差最小二乘法，同时，增加了利用穷举法对 CMB 模型拟合结果进行选择的方法。目前使用的 NKCMB2.1 是在 2.0 基础上开发的，增加了帮助功能，并进行了部分功能的完善工作。目前，正在开发 NKCMB3.0 版本，该版本将增加更多的综合诊断指标，“综合筛选法”将得到进一步完善。

因篇幅所限，本章节只给出了 NKCMB2.1 软件使用的简单操作说明，实际应用中请参照最新版本软件操作手册。

二、NKCMB2.1 使用方法简介

（一）模型输入数据文件处理

NKCMB2.1 模型需要输入两组数据，一组为受体数据，一组为污染源数据，分别放在两个文件里面。

（二）模型输入文件的建立

将环境样品数据和污染源样品数据应用通用的数据处理软件（EXCEL 等），按照下面两个处理完毕的两个文件示例进行转换（图 7-6-1）。

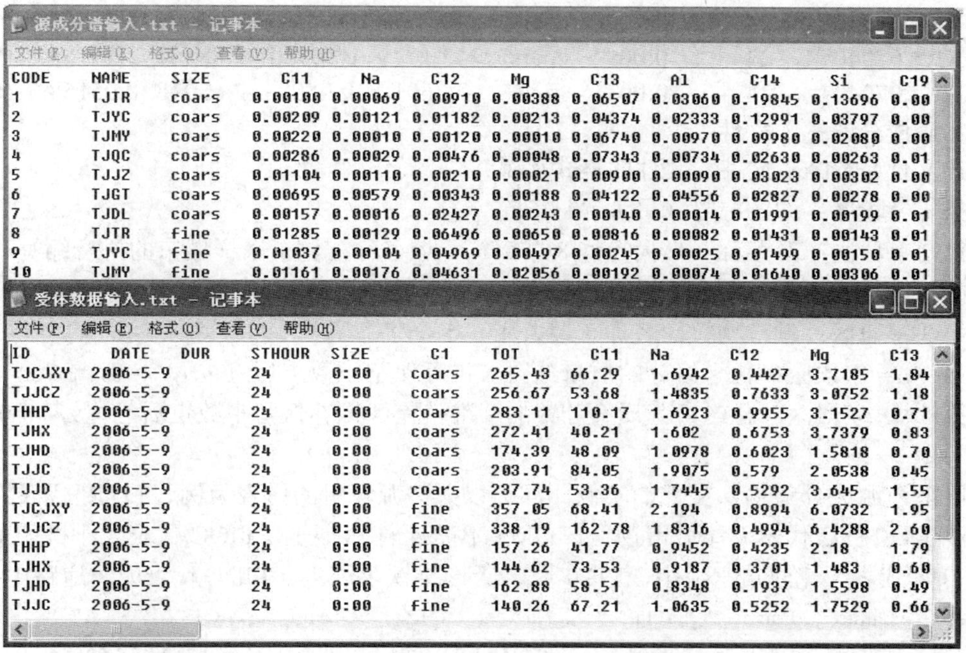

源成分谱输入.txt - 记事本

文件(F) 编辑(E) 格式(O) 查看(V) 帮助(H)

CODE	NAME	SIZE	C11	Na	C12	Mg	C13	Al	C14	Si	C19
1	TJTR	coars	0.00100	0.00069	0.00910	0.00388	0.06507	0.03060	0.19845	0.13696	0.00
2	TJYC	coars	0.00209	0.00121	0.01182	0.00213	0.04374	0.02333	0.12991	0.03797	0.00
3	TJMY	coars	0.00220	0.00010	0.00120	0.00010	0.06740	0.00970	0.09980	0.02080	0.00
4	TJQC	coars	0.00286	0.00029	0.00476	0.00048	0.07343	0.00734	0.02630	0.00263	0.01
5	TJJZ	coars	0.01104	0.00110	0.00210	0.00021	0.00900	0.00090	0.03023	0.00302	0.00
6	TJGT	coars	0.00695	0.00579	0.00343	0.00188	0.04122	0.04556	0.02827	0.00278	0.00
7	TJDL	coars	0.00157	0.00016	0.02427	0.00243	0.00140	0.00014	0.01991	0.00199	0.01
8	TJTR	fine	0.01285	0.00129	0.06496	0.00650	0.00816	0.00082	0.01431	0.00143	0.01
9	TJYC	fine	0.01037	0.00104	0.04969	0.00497	0.00245	0.00025	0.01499	0.00150	0.01
10	TJMY	fine	0.01161	0.00176	0.04631	0.02056	0.00192	0.00074	0.01640	0.00306	0.01

受体数据输入.txt - 记事本

文件(F) 编辑(E) 格式(O) 查看(V) 帮助(H)

ID	DATE	DUR	STHOUR	SIZE	C1	TOT	C11	Na	C12	Mg	C13
TJCJXY	2006-5-9		24	0:00	coars	265.43	66.29	1.6942	0.4427	3.7185	1.84
TJJCZ	2006-5-9		24	0:00	coars	256.67	53.68	1.4835	0.7633	3.0752	1.18
THHP	2006-5-9		24	0:00	coars	283.11	110.17	1.6923	0.9955	3.1527	0.71
TJHX	2006-5-9		24	0:00	coars	272.41	40.21	1.602	0.6753	3.7379	0.83
TJHD	2006-5-9		24	0:00	coars	174.39	48.09	1.0978	0.6023	1.5818	0.70
TJJC	2006-5-9		24	0:00	coars	203.91	84.05	1.9075	0.579	2.0538	0.45
TJJD	2006-5-9		24	0:00	coars	237.74	53.36	1.7445	0.5292	3.645	1.55
TJCJXY	2006-5-9		24	0:00	fine	357.05	68.41	2.194	0.8994	6.0732	1.95
TJJCZ	2006-5-9		24	0:00	fine	338.19	162.78	1.8316	0.4994	6.4288	2.60
THHP	2006-5-9		24	0:00	fine	157.26	41.77	0.9452	0.4235	2.18	1.79
TJHX	2006-5-9		24	0:00	fine	144.62	73.53	0.9187	0.3701	1.483	0.60
TJHD	2006-5-9		24	0:00	fine	162.88	58.51	0.8348	0.1937	1.5598	0.49
TJJC	2006-5-9		24	0:00	fine	140.26	67.21	1.0635	0.5252	1.7529	0.66

图 7-6-1 模型输入数据文件格式

1. 受体样品输入文件

这类文件是*.TXT 文件，文件的格式如下：

第 1 字段区：采样站位名称（最大允许 12 个字符，该名称需包括采样城市和采样站位的信息）。

第 2 字段区：采样日期（按照年-月-日，最大允许 8 个字符）。

第 3 字段区：采样持续时间（一般为 24h，最大允许 2 个字符）。

第 4 字段区：采样开始时间（推荐为 0:00，最大允许 5 个字符）。

第 5 字段区：颗粒物粒径（最大允许 5 个字符，coars 代表 TSP，fine 代表 PM_{10}）。

第 6 字段区：颗粒物的质量浓度 $\mu g/m^3$（推荐保留小数点后三位）。

第 7 字段区：颗粒物浓度的标准偏差（数据格式同第 6 字段区）。

第 $8+2n$ 字段区：化学组分的浓度 $\mu g/m^3$（推荐保留小数点后五位），n=0，1，2，…。

第 $9+2n$ 字段区：化学组分浓度的标准偏差（推荐保留小数点后五位），n=0，1，2，…。

该文件的每一字段区用一个空格分开，第一行为各字段区的名称，并且必须与选择文件中的命名一致。

以下为受体样品数据输入的文件实例，以天津源解析的内容为例（TJCJXY 代表城建学院点位，TJJCZ 代表天津监测站，TJHP 代表和平区监测站，TJHX 代表河西监测站，TJHD 代表河东监测站，TJJC 代表河北机车车辆厂，TJJD 代表红桥及电器厂）。

ID	DATE	DUR	STHOUR	SIZE	C1	TOT	C11	Na	……
TJCJXY	070405	24	0:00	coars	243.567	78.042	4.37814	0.79895	……
TJJCZ	070405	24	0:00	fine	242.205	91.600	2.98831	1.36312	……
THHP	070405	24	0:00	coars	297.538	96.559	4.46229	1.30710	……
TJHX	070405	24	0:00	coars	276.343	99.118	5.63642	1.75215	……

TJHD	070405	24	0:00	coars	203.867	65.693	3.44946	0.91392	……
TJJC	070405	24	0:00	coars	262.177	100.560	3.88387	2.25155	……
TJJD	070405	24	0:00	fine	176.601	92.508	2.65018	0.95158	……

2. 源成分谱输入文件

该文件是*.TXT 文件，文件的格式如下：

第 1 字段区：源的标号（最大允许 6 个字符）。

第 2 字段区：源名称（最大允许 8 个字符，该名称需包括采样城市的拼音缩写和尘源类型的拼音缩写，具体命名方法可自行掌握）。

第 3 字段区：颗粒物粒径名称（最大允许 5 个字符）。

第 4+2*n* 字段区：化学组分的质量分数（推荐保留小数点后五位），*n*=0，1，2，…。

第 5+2*n* 字段区：化学组分质量分数的标准偏差（推荐保留小数点后五位），*n*=0，1，2，…。

以下为源成分谱输入文件的实例。同样以天津源解析的内容为例（TJTR 代表天津土壤风沙尘，TJYC 代表天津城市扬尘，TJMY 代表天津煤烟尘，TJQC 代表天津机动车尾气尘，TJJZ 代表天津建筑水泥尘，TJGT 代表天津钢铁冶炼尘，TJDL 代表天津道路尘）。

code	name	size	C11	Na	C12	Mg	C13	Al	......
1	TJTR	fine	0.01963	0.00694	0.01881	0.00241	0.06712	0.02066	......
2	TJYC	fine	0.01260	0.00393	0.01751	0.00559	0.02574	0.00435	......
3	TJMY	fine	0.01007	0.00294	0.00674	0.00248	0.15335	0.03487	......
4	TJQC	fine	0.01128	0.00136	0.01946	0.00243	0.01982	0.00110	......
5	TJJZC	fine	0.00957	0.00096	0.01254	0.00125	0.08103	0.00810	......
6	TJGT	fine	0.01248	0.00428	0.02312	0.00403	0.06969	0.02494	......
7	TJDL	fine	0.00075	0.00249	0.01056	0.00097	0.04742	0.01152	......

以上几类文件均可用文本文件编辑器或 EXCEL 来创建或修改，另存为*.TXT 文件即可。

（三）文件读取

双击 NKCMB2.0 图标，进入模型，界面如图 7-6-2 所示。选择菜单“文件”中的“打开工作文档”或着点击工具栏中的 ，出现对话框（图 7-6-3），在对话框中键入输入文件的路径和文件名。如果所有输入文件都在同一个子目录里面，或者对输入文件 INPOTR.IN7 进行编辑之后，可以选择“从文件打开”，而不用在对话框中逐一选择输入。

（四）模型计算

模型计算需要选定需要拟合的受体记录，选择参加拟合的污染源种类以及参加拟合的化学组分。选择“拟合计算”中的“选择拟合样品”，出现对话框（图 7-6-4），选中需要进行拟合的样品编号。

针对受体样品，通过点击样品前的方框，可以对该样品进行拟合，一次只能选择一个样品。

图 7-6-2 模型进入界面

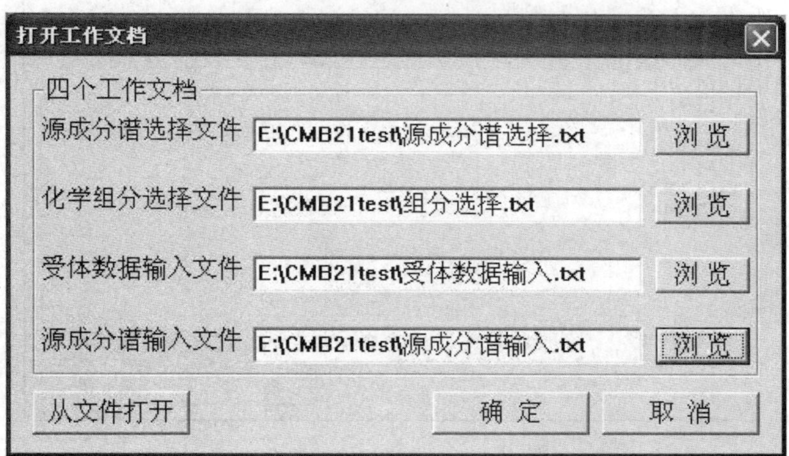

图 7-6-3 文件读取界面

样品名	日期	时间	开始时间	体积
☐ TJCJXY	2006-5-9	24	0	coars
☐ TJCJXY	2006-5-9	24	0	fine
☑ TJHD	2006-5-9	24	0	coars
☐ TJHD	2006-5-9	24	0	fine
☐ TJHP	2006-5-9	24	0	coars
☐ TJHP	2006-5-9	24	0	fine
☐ TJHX	2006-5-9	24	0	coars
☐ TJHX	2006-5-9	24	0	fine
☐ TJJC	2006-5-9	24	0	coars
☐ TJJC	2006-5-9	24	0	fine
☐ TJJCZ	2006-5-9	24	0	coars

图 7-6-4 选择受体样品

拟合样品选好之后，点击“下一步”，选定参与拟合的污染源成分谱。

通过点击源类前面的方框，可以选择参与拟合的源类。拟合源类选好之后点击“下一步”，选定参与拟合的化学组分。

通过点击各组分前面的方框，可以选择参与拟合的化学组分。

（注意：在选定参与拟合的源类和化学组分的过程中，应注意源类的数目要少于或等于化学组分的数目，否则模型无法计算出结果。）

选定了需要拟合的受体样品，参与拟合的污染源和化学组分，点击“拟合”，便可得出拟合结果。

在使用模型进行计算的过程中，如果需要手动调整参与拟合的源类，选择菜单“拟合计算”中的“选择拟合源”，便会出现图 7-6-5 对话框，可以对参与拟合污染源进行调整；如果需要手动调整参与拟合的化学组分，选择菜单“拟合计算”中的“选择拟合组分”，便会弹出图 7-6-6 对话框，可以调整参与拟合的化学组分。选择菜单“拟合计算”中的“计算源贡献值”，开始拟合计算。

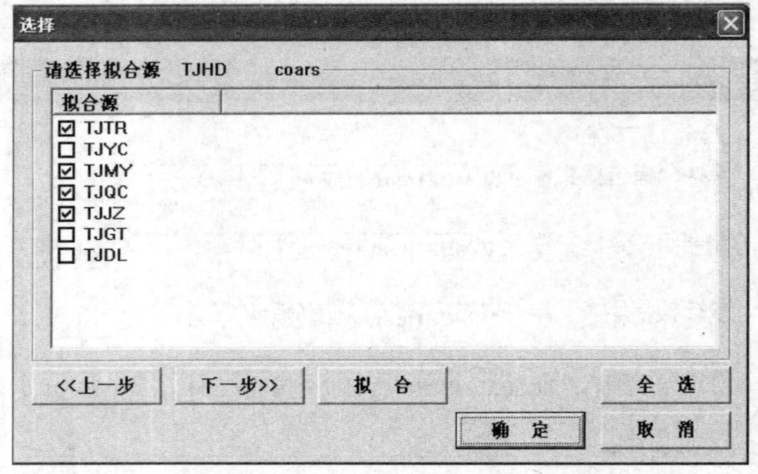

图 7-6-5 选择污染源成分谱

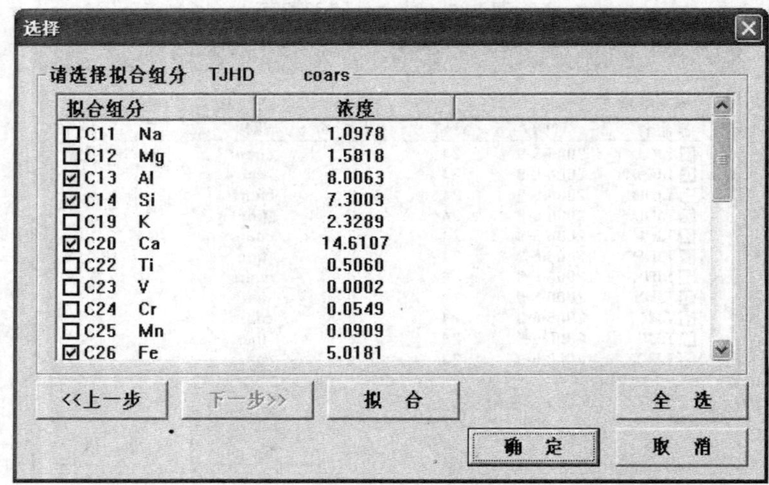

图 7-6-6 参与拟合的化学组分的选择

（五）结果显示

1. 源解析结果信息

（1）显示源类贡献值

选择菜单“结果显示”中的“显示源贡献值”，或者点击工具栏中的SC按钮，可以显示源解析结果信息，包括各源类的贡献值、标准偏差，以及回归系数、质量分数、残差平方和、自由度和 T 统计等诊断指标，如图 7-6-7 所示。

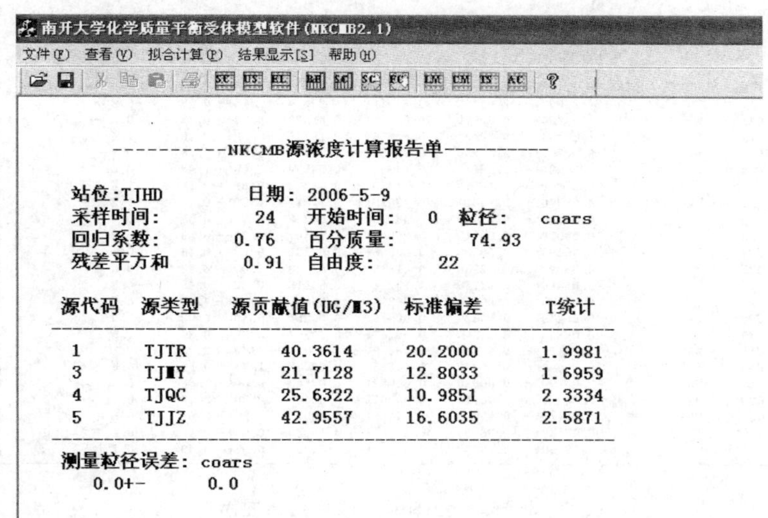

图 7-6-7　各源类贡献值结果显示

（2）显示不定性/相似性组

选择菜单“结果显示”中的“显示不定性/相似性组”，或者点击工具栏中的US按钮，可以显示不定性/相似性组信息，即源类共线性的信息，包括每组源类的编号、该组源贡献值之和，以及标准偏差，如图 7-6-8 所示。

南开大学化学质量平衡受体模型软件（NKCMB2.1）

文件(F)　查看(V)　拟合计算(P)　结果显示[S]　帮助(H)

不确定性/相似性组				不确定性/相似性源组浓度总和	
1	5			83.317+-	22.4
1	4	5		108.949+-	18.9
3	4			47.345+-	15.6
1	3	4	5	130.662+-	19.2

图 7-6-8　不定性/相似性组显示

（3）显示元素贡献值

选择菜单“结果显示”中的“显示元素贡献值”，或者点击工具栏中的EL按钮，可以显示受体中各化学组分拟合计算的结果信息，包括受体中各化学组分的监测浓度和标准偏差，模型计算出来相应组分的浓度和标准偏差，以及计算值和测量值的比率，如图 7-6-9 所示。

2. 源与受体信息

（1）参与拟合源类对受体组分的单独贡献率

选择菜单“结果显示”中的“显示源贡献值”，可以显示参与拟合的各污染源类的贡献率，该表详细列出了各污染源对受体中各化学组分的分担率，并给出了各源类对受体分担率的计算公式，如图 7-6-10 所示。

南开大学化学质量平衡受体模型软件（NKCMB2.1）

文件(F) 查看(V) 拟合计算(P) 结果显示[S] 帮助(H)

----------NKCMB源浓度计算报告单----------

站位:TJHD 日期: 2006-5-9
采样时间: 24 开始时间: 0 粒径: coars
回归系数: 0.76 百分质量: 74.93
残差平方和 0.91 自由度: 22

代码	组分名称	选择	测量值	计算值	RATIO C/M	RATIO R/U
C1	TOT	T	174.39000+- 48.09900	130.66211+- 19.22604	0.75+- 0.23	-0.8
C11	Na		1.09780+- 0.60230	0.63567+- 0.05539	0.58+- 0.32	-0.8
C12	Mg		1.58180+- 0.70420	0.60556+- 0.15736	0.38+- 0.20	-1.4
C13	Al	*	8.00630+- 3.45290	6.35854+- 1.26752	0.79+- 0.38	-0.4
C14	Si	*	7.30030+- 5.28830	12.14933+- 5.54824	1.66+- 1.43	0.6
C19	K		2.32890+- 1.16710	0.71750+- 0.08729	0.31+- 0.16	-1.4
C20	Ca	*	14.61070+- 7.19417	5.73072+- 0.57071	0.39+- 0.20	-1.2
C22	Ti		0.50600+- 0.30490	0.28978+- 0.02238	0.57+- 0.35	-0.7
C23	V		0.00020+- 0.00010	0.00540+- 0.00547	27.00+-30.49	1.0
C24	Cr		0.05490+- 0.04690	0.02885+- 0.00339	0.53+- 0.45	-0.6
C25	Mn		0.09090+- 0.02280	0.11815+- 0.02439	1.30+- 0.42	0.8
C26	Fe	*	5.01810+- 2.67780	4.13296+- 0.51015	0.82+- 0.45	-0.3
C27	Co		0.00140+- 0.00130	0.00202+- 0.00559	1.44+- 4.21	0.1
C28	Ni		0.01470+- 0.00830	0.00576+- 0.00254	0.39+- 0.28	-1.0
C29	Cu		0.02880+- 0.01240	0.00767+- 0.00757	0.27+- 0.29	-1.5
C30	Zn		0.20120+- 0.11330	0.08078+- 0.00841	0.40+- 0.23	-1.1
C33	As		0.00600+- 0.00240	0.00795+- 0.00068	1.33+- 0.54	0.8
C48	Cd		0.00190+- 0.00090	0.00000+- 0.00643	0.00+- 3.38	-0.3
C80	Hg		0.00020+- 0.00010	0.00000+- 0.00643	0.00+-32.14	-0.0
C82	Pb		0.03770+- 0.01910	0.04818+- 0.00512	1.28+- 0.66	0.5
C200	TC	*	38.47780+- 19.30000	36.13611+- 3.10930	0.94+- 0.48	-0.1
C201	OC		21.49350+- 10.79290	20.49214+- 1.87254	0.95+- 0.49	-0.1

图 7-6-9 受体组分拟合结果显示

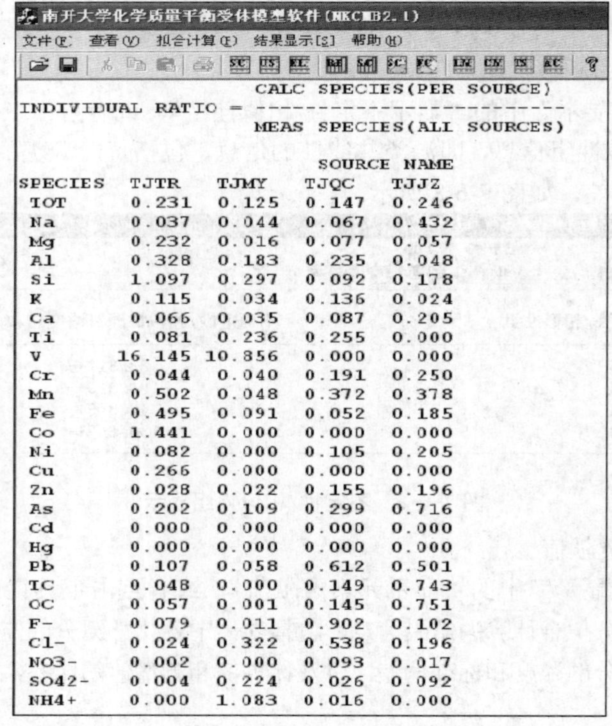
南开大学化学质量平衡受体模型软件（NKCMB2.1）

文件(F) 查看(V) 拟合计算(P) 结果显示[S] 帮助(H)

INDIVIDUAL RATIO = CALC SPECIES(PER SOURCE) / MEAS SPECIES(ALL SOURCES)

SOURCE NAME

SPECIES	TJTR	TJMY	TJQC	TJJZ
TOT	0.231	0.125	0.147	0.246
Na	0.037	0.044	0.067	0.432
Mg	0.232	0.016	0.077	0.057
Al	0.328	0.183	0.235	0.048
Si	1.097	0.297	0.092	0.178
K	0.115	0.034	0.136	0.024
Ca	0.066	0.035	0.087	0.205
Ti	0.081	0.236	0.255	0.000
V	16.145	10.856	0.000	0.000
Cr	0.044	0.040	0.191	0.250
Mn	0.502	0.048	0.372	0.378
Fe	0.495	0.091	0.052	0.185
Co	1.441	0.000	0.000	0.000
Ni	0.082	0.000	0.105	0.205
Cu	0.266	0.000	0.000	0.000
Zn	0.028	0.022	0.155	0.196
As	0.202	0.109	0.299	0.716
Cd	0.000	0.000	0.000	0.000
Hg	0.000	0.000	0.000	0.000
Pb	0.107	0.058	0.612	0.501
TC	0.048	0.000	0.149	0.743
OC	0.057	0.001	0.145	0.751
F-	0.079	0.011	0.902	0.102
Cl-	0.024	0.322	0.538	0.196
NO3-	0.002	0.000	0.093	0.017
SO42-	0.004	0.224	0.026	0.092
NH4+	0.000	1.083	0.016	0.000

图 7-6-10 参与拟合源类对受体组分的单独贡献率

（2）显示源成分谱

选择菜单“结果显示”中的“显示源成分谱”，可以显示各污染源类的成分谱。

（3）显示受体成分谱

选择菜单“结果显示”中的“显示受体成分谱”，可以显示拟合的受体的成分谱。

（4）显示灵敏度矩阵

选择菜单“结果显示”中的“显示灵敏度矩阵”，可以显示参与拟合的各源类中各化学组分的灵敏度。

3. 源解析结果的图形表示

（1）受体元素浓度直方图

选择菜单“结果显示”中的“受体元素浓度直方图”，或者点击工具栏中的按钮，可以将受体中各化学组分的浓度和偏差的信息，以直方图的形式直观地表现出来。

（2）源成分谱直方图

选择菜单“结果显示”中的“源成分谱直方图”，或者点击工具栏中的按钮，弹出对话框选择画图的源，点击源类之前的编号，选定要画图的源类便可直观看到该源类成分谱的直方图，如图 7-6-11 所示。

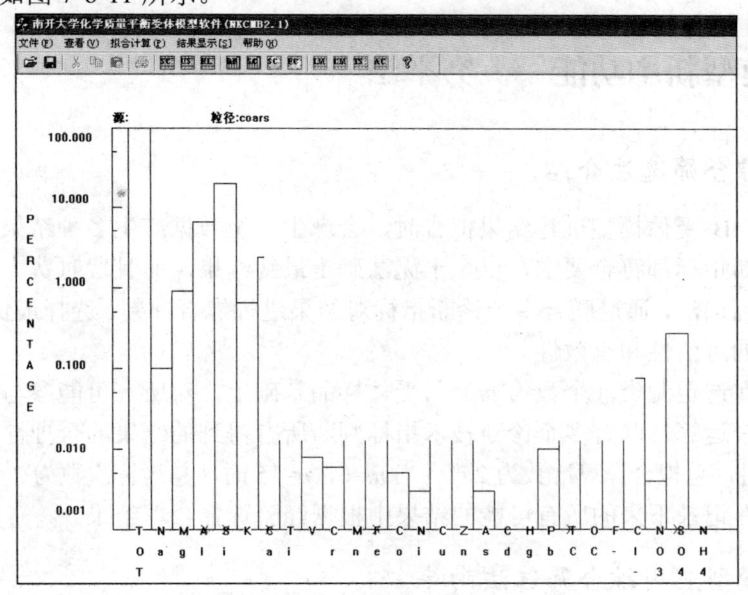

图 7-6-11 源成分谱直方图

（3）源贡献值扇形图

选择菜单“结果显示”中的“源贡献值扇形图”，或者点击工具栏中的按钮，模型拟合的结果可以以扇形图的方式直观表现出来，从这张图上我们可以直接得到各源类对受体的分担率，如图 7-6-12 所示。

在“结果显示”菜单选项里面，还有一项“细颗粒物源贡献值扇形图”（对应工具栏中按钮），所指细颗粒物为 PM_{10}，单独一种粒径解析结果无法使用此选项。

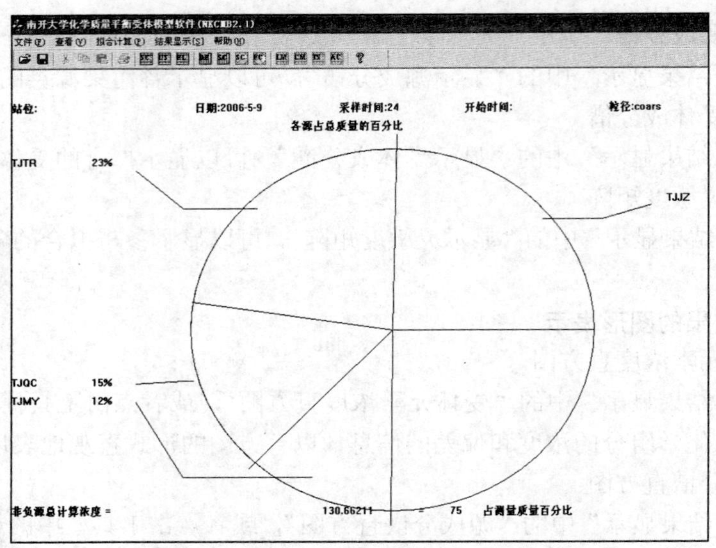

图 7-6-12 源贡献值扇形图

三、模型新增功能——穷举法

（一）综合筛选法介绍

在利用 CMB 受体模型进行结果拟合时，会产生一组数据产生多种结果的情况，并且这些结果的诊断指标都符合要求，以至于无法确定最终结果，而且费时费力。所以我们提出了利用综合筛选法，通过联合多个诊断指标对结果进行综合评判，选择最优的拟合结果，提高拟合结果的可信性和有效性。

第一步：在选定源类（个数为 m）与受体样品基础上，对所有可能参与拟合化学组分的组合进行拟合运算，联合多个诊断技术指标判断所有得到的结果的合理性。当总拟合组分的数量为 n 时，总拟合计算次数为 2^{n-m}，当 m=6，n=15 时，总运算次数为 2^{15-6}=32704 次。

第二步：在记录下来的所有可能的结果中根据经验选择合理结果。

（二）模型应用综合筛选法向导

1. 综合筛选法计算

选择菜单“拟合计算”中的“最优拟合诊断指标设置”，或者点击工具栏中的 按钮，弹出对话框设置最优拟合诊断设置（图 7-6-13），在各个设置条件栏分别输入设置要求，点击“开始优化计算”，模型自综合筛选参与拟合的化学组分组合，并将符合条件的结果一一记录。

模型优化计算过程的快慢，与未选元素的数目有关，未选元素越多，所需时间越长，在这时，模型显示如图 7-6-14 所示。

2. 结果选择

计算完成以后，选择菜单“拟合计算”→“最优拟合结果”→“所有可能源贡献值排序”，或者点击工具栏中的 AC 按钮，弹出对话框“选择不同的化学组分组合下源贡献值排序”，如图 7-6-15 所示。

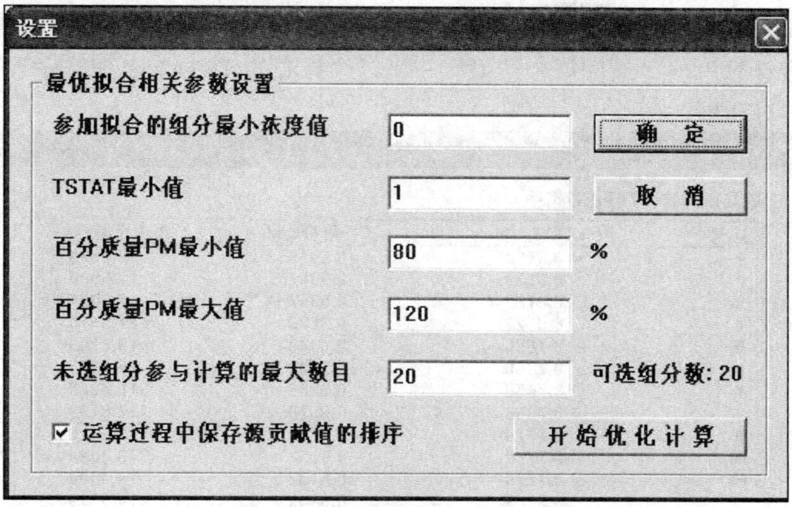

设置
最优拟合相关参数设置
参加拟合的组分最小浓度值 0 确 定
TSTAT最小值 1 取 消
百分质量PM最小值 80 %
百分质量PM最大值 120 %
未选组分参与计算的最大数目 20 可选组分数: 20
☑ 运算过程中保存源贡献值的排序 开始优化计算

图 7-6-13 设置最优拟合限制对话框

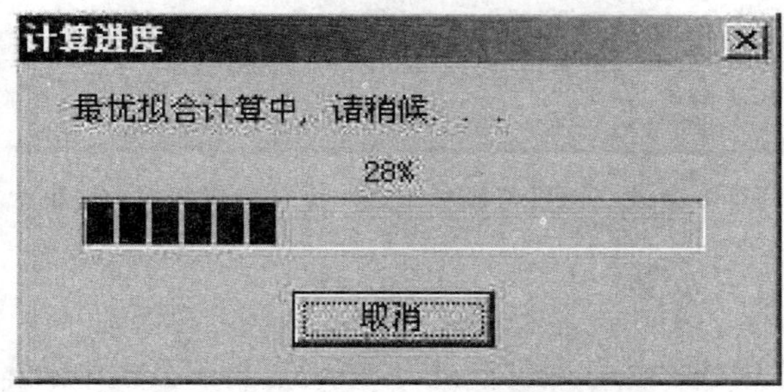

图 7-6-14 模型计算进度显示

图 7-6-15 不同选择元素组合下源贡献值排序

选定污染源分担率的排列顺序，单击该顺序前面的编号，以选定所有此顺序的组合。如果直接从三个选择条件来选择结果，可以分别选择菜单“拟合计算”→“最优拟合结果”→“以选择元素的 C/M 排序”，“拟合计算”→“最优拟合结果”→“以非选择元素的 C/M 排序”，“拟合计算”→“最优拟合结果”→“以选择源的 TSTAT 之和排序”，也会出现图 7-6-16 所示的对话框。

综合筛选法拟合结果分析

以选择源的TSTAT之和排序

序号	TSTAT之和	选择组分C/M	非选择组分C
1	8.8123	0.5046	15.2529
2	8.8123	0.5357	17.6030
3	8.8123	0.5357	17.6030
4	8.8123	0.5628	21.5476
5	8.7856	0.4949	13.8103
6	8.7856	0.5285	15.4323
7	8.7856	0.5285	15.4323
8	8.7856	0.5573	17.8103
9	8.7779	0.4760	12.2479
10	8.7779	0.5132	13.4094
11	8.7779	0.5132	13.4094
12	8.7779	0.5449	14.9839
13	8.7580	0.5102	13.7392
14	8.7580	0.5421	15.3527

源分担率的顺序　　分　析　　取　消

图 7-6-16　以选择源的 TSTAT 之和排序的拟合结果

（三）结果输出与保存

选择菜单“文件”中的“保存项目信息”，或者点击工具栏中的按钮，选定需要存储或输出的信息（图 7-6-17），选择存储文件的路径和文件名，保存源解析结果。

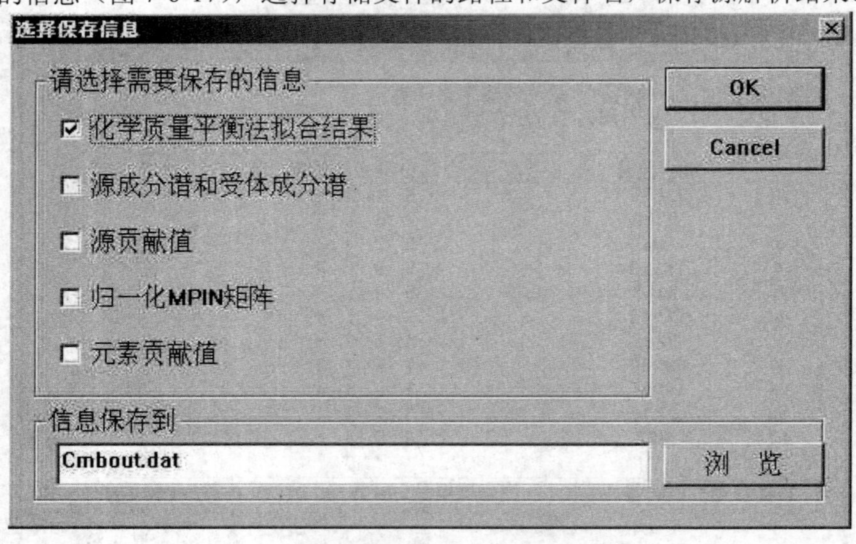

图 7-6-17　信息保存对话框

选择菜单“文件”中的“退出”，退出程序。

结 语

大气颗粒物源解析技术报告建议按照以下章节编写：

第一章 总论

第二章 研究区域环境概况

第三章 CMB 受体模型的基本理论

第四章 源与受体样品的采集及处理

第五章 受体与源成分谱的特征分析

第六章 源贡献值和分担率特征的研究

第七章 大气颗粒物污染防治

第八章 结论、创新点

参考文献

1. U.S. CFR. National Primary and Secondary Ambient Air Quality Stanards, Final Rules. Code of Federal Regualtions, Title 40, Part50-53 and 58. July 18. 1997.
2. U.S. EPA. Air Quality Criteria for Particulate Matter. National Center for Environmental Assessment, Office of Research and Development, Research Triangle Park, NC, April 12. 1996.
3. U.S. EPA. Receptor model technical series, volume III： CMB7 user's manual. Office of Air and Radiation, Office of Air Quality Planning and Standards, Research Triangle Park, NC, Jan, 1990.
4. U.S. EPA. Quality Assurance Handbook for Air Pollution Measurement Systems Volume II： Part 1 Ambient Air Quality Monitoring Program Quality System Development. Office of Air Quality Planning and Standards, Research Triangle Park, NC, Aug, 1998.
5. 白志鹏，张灿，等. 气溶胶测量原理、技术及应用. 北京：化学工业出版社，2007.
6. 戴树桂，白志鹏，等. 环境化学进展. 北京：化学工业出版社，2005：18-56.
7. 济南市环境监测站，南开大学. 济南市大气颗粒物来源解析及污染防治对策. 2001.
8. 石家庄市环境监测中心，南开大学. 石家庄市大气颗粒物来源解析及污染防治对策. 2002.
9. 鞍山市环境监测中心站，南开大学. 鞍山市大气颗粒物来源解析及污染防治对策. 2006.
10. USEPA. USEPA Software： SPECIATE Version 3.2, Released on November 3, 2002. available at： http：//www.epa.gov/ttn/chief/software/speciate/.
11. 国家环境保护总局. 中华人民共和国国家标准 环境空气 总悬浮颗粒物的测定——重量法（GB/T 15432-1995）.
12. 国家环境保护总局. 中华人民共和国国家标准 大气飘尘浓度测定方法（GB/6921—86）.
13. 国家环境保护总局. 中华人民共和国环境保护行业标准 环境空气质量手工监测技术规范（HJ/T194—2005）.

14. 国家环境保护总局. 中华人民共和国环境保护行业标准 PM_{10}采样器技术要求及检测方法（HJ/T 93—2003）.
15. 国家环境保护总局. 环境空气质量监测规范（试行）. 2007.
16. 冯银厂. 关于化学质量平衡（CMB）受体模型应用中若干技术问题的研究，博士论文，南开大学环境科学与工程学院，2002，4.
17. 白志鹏. 空气污染化学中两个重要方面问题的研究，博士论文，南开大学环境科学与工程学院，1995，6.
18. 戴树桂，朱坦，白志鹏. 受体模型在大气颗粒物源解析中的应用和进展. 中国环境科学，1995, 15(4): 252-257.
19. Ge S, Z Bai, W Liu,et al. Boiler briquette coal versus raw coal：Part I——stack gas emissions, Journal of Air & Waste Management Association, 2001, 51(4): 524-533.
20. 冯银厂，白志鹏，朱坦. 大气颗粒物二重源解析技术原理与应用. 环境科学，2002，(S1)：106-108.
21. 朱坦，白志鹏，朱先磊. 源解析技术在环境评价中的应用——区域大气污染物总量控制，中国环境科学，2000，20（增刊）：2-6.
22. 郭光焕，朱坦，白志鹏，等. 天津市区大气 TSP 源贡献值和源分担率特征分析. 第八届全国大气环境学术会议论文集. 2000，10：123-128.
23. Tan Zhu, Jiangping Zhou, Zhipeng Bai. Source Apportionment for Air Particulate Matters in Dagang Oil Field. Pure and Applied Chemistry, 1995, 67(8/9): 1477-1481.
24. 朱坦，白志鹏，陈威. 秦皇岛市大气颗粒物来源解析研究. 环境科学研究，1995，8(5)：49-55.
25. Dai Shugui, Zhu Tan, Li Cunlan. Study on the composite model method -source apportionment of air particulate in the non-heating season of Tianjin local place. Proceedings of the International Conference on Global and Regional Environmental Atmospheric Chemistry. Beijing, China, May 3-10, 1989: 209.
26. 戴树桂，朱坦，廖奕谋. 我国城市大气颗粒物污染控制对策初探. 中国环境科学会首界学术年会文集. 北京：中国环境科学出版社，1987:251-261.
27. 戴树桂，傅学起，廖亦谋，等. 天津市燃油飞灰成分特征及其标识元素的研究. 环境科学情报，1987，2：19-24.
28. 戴树桂，朱坦，曾幼生，等. 从元素组成看渤海、黄海海域大气气溶胶的特征和来源. 海洋环境科学，1987, 6(3)：9-13.
29. 朱坦，傅学起，曾幼生，等. 以上海黄浦江遂道为典型研究我国交通运输尘的成分特征. 中国环境科学，1987, 7(2)：27-31.
30. 戴树桂，朱坦，曾幼生，等. 天津市工业与民用燃煤烟尘成分特征的研究. 环境科学，1987，8(4)：18-23.
31. 戴树桂，朱坦，曾幼生，等. 天津市区采暖期飘尘来源的解析. 中国环境科学，1986，6(4)：24-30.
32. 戴树桂，曾幼生. 目标识别因子分析及其在空气污染研究中的应用. 环境科学学报，1986，6(2)：123-130.
33. Hopke P K. Receptor Modeling in Environmental Chemistry. John Wiley & Sons： New York, 1985:1-5, 7-90.
34. Gordon G E. Receptor Models. Environ. Sci. Technol., 1988, 22(10)：1132-1142.
35. Gordon G E. Development and Future of Receptor Models for Airborne Particles. Symposium on receptor models for airborne particles in honor of G. E. Gordon recipient of the 1992 ACS award for creative advances in environmental chemistry. 203rd ACS National Meeting, San Francisco California, 1992, Vol.32, No.1: 587-591.
36. Gordon G E. Receptor Models. Environ. Sci. Technol., 1980, 14(7)：792-800.
37. Watson J G. Overview of Receptor Model Principles. JAPCA, 1984, 34(6)： 619-623.
38. 王介民. 美国国家环保局现行大气质量模式的特点与应用. 大气环境，1987，2(1)：33-36, 2(2)：29-32.
39. Zeng Y, Hopke P K. A study of the sources of acid precipitation in ntario, Canada. Atmos. Environ., 1989, 23(7)：1499-1509.

40. Chow J C, John G Watson, Dale Crow.Comparison of IMPROVE and NIOSH Carbon Measurements.

41. Chow J C, Watson J G, Pritchett L C. The DRI Thermal/Optical Reflectance Carbon Analysis System: Description, Evaluation and Applications in U.S. air quality studies. Atmos. Environ., 1993, 27A: 1185-1201.

42. Chow J C, Fujita E M, Watson J G. Evaluation of filter-based aerosol measurements during the 1987 Southern California Air Quality Study. Environmental Monitoring and Assessment, 1994, 30: 49-80.

43. Chow J C. Critical review: Measurement methods to determine compliance with ambient air quality standards for suspended particles. JAWMA, 1995, 45: 320-382.

44. Chow J C, Watson J G., Lu Z. Descriptive analysis of $PM_{2.5}$ and PM_{10} at regionally representative locations during SJVAQS/AUSPEX. Atmos. Environ, 1996, 30: 2079-2112.

45. Huntzicker J J, Johnson R L, Shah J J. Analysis of organic and elemental carbon in ambient aerosol by a thermal-optical method. In Particulate Carbon: Atmospheric Life Cycle, Wolff, G.T. and Klimisch, R.L., Eds. Plenum Press, New York, NY, 1982: 79-88.

46. Turpin B J, Huntzicker J J, Adams K M. Intercomparison of photoacoustic and thermal-optical methods for the measurement of atmospheric elemental carbon. Atmos. Environ, 1990, 24A: 1831-1835.

47. Turpin B J, Cary R A, Huntzicker J J. An in-situ, time-resolved analyzer for aerosol organic and elemental carbon, Aerosol Sci. Technol., 1990, 12: 161-171.

48. Watson J G. Chemical element balance receptor model methodology for assessing the sources of fine and total particulate matter in Portland, Oregon. Ph.D.Dissertation, Oregon Graduate Center, Beaverton, OR, 1979.

49. Watson J G, Chow J C, Lowenthal D H. Differences in the carbon composition of source profiles for diesel- and gasoline-powered vehicles. Atmos. Environ, 1994, 28: 2493-2505.

50. Watson J G., Fujita E M, Chow J C. Northern Front Range Air Quality Study. Final report. Prepared for Colorado State University, Fort Collins, CO, by Desert Research Institute, Reno, NV. 1998.

51. Judith C Chow, John G Watson, James E. Houck. A laboratory Re-suspension Chamber to measure fugitive dust size distributions and chemical compositions. Atmospheric Environment, 1994, 28 (21): 3463-3481.

52. 美国环保局文件 454/R-98-016,National air quality and emissions trends reports,1998. Regulation Aspects of Air pollution control in the United States,Air pollution engineering manual, 2000,John Wiley — Sons, Pp.8-9.

选用仪器设备名录表

仪器名称及型号	主要性能指标	经销单位及联系电话
XHAMS2000 城市空气质量连续监测系统	采用国际通行的物理光学为基础的光谱测量技术，能连续监测大气中的 SO_2、NO_x、O_3、PM_{10} 等；具有较高的可靠性和准确性，性价比高；仪器及数据软件为全中文界面，操作简单；中心站软件可以和环保部门通用的数据库系统相连接	河北先河科技发展有限公司 地址：石家庄市友谊南大街 175 号 邮编：050051 电话：0311-3056442　3017654 传真：0311-3992168 http://www.sailhero.com.cn 北京绿环先河环保科技有限公司
XHARM30C 型降雨在线自动监测仪	完善的电极保护功能；最大数据储存容量为 1600 条记录；数据间隔为 2min；可靠性极高的感雨器和开关盖机构，可同时采集混合样	地址：北京市西城区西直门内南小街 115 号（国家环保总局北楼 206 室） 邮编：100035 电话：010-66137237　传真：010-66137237 上海绿源环保科技发展有限公司 地址：上海市中山北路 2918#1419 室 邮编：200063 电话：021-62543994　021-62543993
YDZX-01 型烟气排放连续检测系统	二氧化硫 SO_2 10～15000mg/m^3、氮氧化物 NO_x 10～15000mg/m^3、烟尘 5000mg/m^3、氧气 O_2 0.1%～25%、流速 1～30m/s，以及温度、压力、排放量等	铜陵蓝盾光电子有限公司 地址：安徽省铜陵市石城路电子工业区 邮编：244000 电话：0562-2627706　0562-2627707 传真：0562-2627706
LGH-01 型空气质量连续自动监测系统	可吸入颗粒物 0～10mg/m^3，二氧化硫 SO_2 0～500ppb，二氧化氮 NO_2 0～500ppb 气象五参数：气压、风向、风速、温度、湿度 （注：增加测量项目如臭氧 O_3、苯 C_5H_6、甲苯 C_7H_8、甲醛 HCHO、氨气 NH_3、一氧化氮 NO，无须改变硬件，软件升级即可）	http://www.sanjia.net E-mail: Landun@sanjia.net 联系人：周荣生　曾汉良

仪器名称及型号	主要性能指标	经销单位及联系电话
TGH-YX 系统烟气排放连续监测系统（TGH-Y Ⅰ、TGH-Y Ⅱ、TGH-Y Ⅲ型）	SO_2、NO_x、CO 等气态污染物浓度：测量范围：0～2000、0～14000mg/Nm^3 零漂：≤±2.5%F.S(24h)；量程：≤+2.5% F.S（24h）；线性误差：≤±5%；相对准确度：≤15% 烟尘浓度：0～50、测量范围：0～50、0～300、0～1000、0～3000、0～20000mg/Nm^3；零漂：≤±2%F.S(24h)；量程：≤±5%F.S(24h)；相关系数≥0.90 烟气流速：0～30m/s，精密度：≤5%； 同时提供烟气含氧量、温度、压力等参数。可在此平台的基础上建立污染源监控网络系统，实现对污染源排放的远程实时监控 全套价格 20 万～40 万元人民币（根据型号确定）	太原中绿环保技术有限公司 地址：山西省太原市学府街高新技术产业开发区创业大楼 B 座 邮编：030006 电话：0351-7021801 0351-7023863 传真：0351-7021644 E-mail：TYZLHBGS@public.ty.sx.cn 联系人：白惠峰
烟气排放连续监测装置及系统 HORIBA，ENDA-600 系列	完全抽取法，最多可监测 5 种气体成分；量程：SO_2 200～5000ppm；NO_x 200～5000ppm；CO 200～5000ppm；CO_2 5%～50VoL%，最大 10 倍量程比；O_2,10%～25VoL%(最大 2.5 倍量程比)；重复性：±0.5%满量程；零点漂移：0.1%满量程/周；量程漂移：±2.0%满量程/周	株式会社堀场制作所北京事务所 地址：北京市建国门内大街 8 号，中粮广场 B 座 1409 号 电话：010-65227573 传真：010-65227582 http://www.horiba.com.cn http://www.horiba.com
TR-2 型烟气在线监测系统	监测项目：SO_2、NO/NO_2/NO_x、CO、CO_2、O_2、烟尘、流量、压力、温度、湿度、排放总量 特点：1.连续监测现场数据 2.自动校准功能 3.具备远程诊断功能 4.自动打印报表 5.适合国内工业现场	北京天融环境科技发展有限公司 地址：北京市海淀区上地信息路 12 号中关村发展大厦 C201 邮编：100085 电话：010-62078878 010-62078838 010-82786391 传真：010-62366366 http://www.talroad.com.cn 联系人：王新红
智能烟尘平行采样仪 TH-880 系列	采样流量 5～50L/min，准确度±2.5%；静压：-30～30kPa，准确度±3%；动压：0～1500Pa，准确度±1.5%；烟温：0～400℃，准确度±4℃；含湿量：0%～40%，准确度±5%	武汉市天虹智能仪表厂 地址：武汉市洪山区雄楚大街 939 号 邮编：430073 电话：027-87782607 027-87537433 027-87537390

仪器名称及型号	主要性能指标	经销单位及联系电话
智能烟气分析仪 TH-990	动压：0～6kPa，±1.5%；静压：-6～6kPa，±2%；O_2，0%～25% VoL；±0.3%；SO_2 0～5000ppm，±0.3%；CO/NO/H_2S 0～2000ppm，±0.3%	北京天虹智能仪表有限责任公司 地址：北京市朝阳区育慧南路 1 号 邮编：100029 电话：010-84643419 010-84637722-4410 联系人：李虹杰　马建辉
环境空气自动监测系统 TH-2000 系列	NO_x（化学发光法）SO_2(紫外荧光法)：自动量程转换 0～20ppm；分辨率：0.001ppm 。PM_{10} 测量范围：0～100mg/m^3；采样流量：16.7L/min。气象仪：可测温度、相对湿度、大气压力、风速、风向 O_3（紫外吸收法）0～0.5ppm；CO（红外吸收法）0～50ppm（不扩展）	
烟气连续排放监测系统 TH-890 系列	SO_2、NO_x：0～2000ppm；O_2：0%～25%；响应时间≤200s；线性误差：+5%；零点漂移：±2.5%F.S(24h)；烟气流速：5～40m/s	
大气采样器系列	可进行 24h 连续恒温恒流采样，小时均值采样，大、中流量 TSP/ PM_{10} 采样	青岛崂山电子仪器总厂有限公司 地址：青岛市李沧区九水东路 238 号（李沧工业园） 邮编：266100　传真：0532-7896091 电话：0532-7893698　0532-7609888-8018 技术服务热线：0532-7609666 http://www.ls-electric.com.cn 电子邮箱：lsdzmade@public.qd.sd.cn 联系人：郭耒春
WJ-60 皮托管平行全自动烟尘（油烟）采样器	可测烟尘、油烟浓度及其他各项参数，可加装 O_2、SO_2、NO 传感器，并直接显示数据	
1C-6 型离子色谱仪	可测各种阴、阳离子，带微机反控、配色谱数据工作站	
CY2000 型多功能红外测油仪	红外三波数扫描测量废水、地表水、地下水中的动植物油、矿物油的含量	
应用 3012H 自动烟尘(气)测试仪	采样流量：0～80L/min；自动跟踪精度：≤±3%；采样泵负载能力：≥40L/min (阻力为-20kPa 时)；O_2、SO_2、NO 传感器寿命：大于 2 年；适应管道流速：3～35m/s	青岛崂山应用技术研究所（青岛崂山应用环保科技有限公司） 地址：青岛市李村福岛路 195 号 邮编：266100 电话：0532-7623008　0532-7896316 传真：0532-7620146 http://www.laoying.com E-mail:sales@laoying.com guozhenduo@laoying.com 联系人：梁永　郭振铎

仪器名称及型号	主要性能指标	经销单位及联系电话
德图 350M/XL 便携式精密烟气分析系统	直接检测参数：O_2、CO、NO、NO_2、SO_2、H_2S、HC、温度、压力、流速、湿度 自动计算参数：CO_2、空气过剩系数、总/净效率、温差、热损失、氧参比、CO/CO_2比例等	德图产品环保行业总代理：北京市沃特尔环境发展中心 地址：海淀区中关村东路 123 号都市网景 B 座 1408 室 邮编：100086 电话：010-62112712 . 010-82671890 手机：13801296385　　13301152064 传真：010-62190793 http://www.waterep.com E-mail:waterep@waterep.com 联系人：姜晓晴
德国 300MI/325/360(高精度)	另有系列单组分、三组分不同及不同配置的高、中、低档次的烟道气分析仪(便携式)	
CCD-304 动压平衡型等速烟尘采样器	等速误差±5%；S 型皮托管系数 0.84±0.01；采样流量 6～50L/min；微压测量范围 0～1000Pa	武汉分析仪器厂 地址：武汉市汉口惠济二路 8 号 邮编：430010 电话：027-82624689 传真：027-82605406 手机：13607132682 E-mail：whfx@whfx.com.cn 联系人：黄红斌
CCD-309 动压平衡型自动跟踪采样器	烟气动压：0～1250Pa；烟气静压：-30～+30kPa；烟气温度 0～500℃；O_2：0%～25%；含湿量：0%～60%	
YC-2A 烟尘测试仪(倾斜压力计)	流量测量范围：5～40L/min；采样管温度范围：中温管＜400℃，高温管＜800℃；S 型皮托管系数：0.84±0.01；标准皮批托管系数：1±0.01	
DDL-103 便携式 SO_2 自动测定仪	测量范围：20～2000ppm、2000～5000ppm；线性、重复性误差：20～2000ppm±2%，2000～5000ppm ±5%；响应时间：＜4min	
QC-3B 气体采样器	采样流量范围：0.1～1L/min、0.1～1.5L/min、0.1～2L/min、0.1～3L/min；采样方式：定时采样和手动采样	
国家气体标准样品	主要提供氮气中 SO_2、NO、CO、CO_2、O_2、CH_4、C_3H_8、苯系物及 VOCs 等标准气体	国家环境保护总局标准样品研究所 地址：北京市朝阳区北四环东路育慧南路 1 号 邮编：100029 电话：010-84634279　84634277 传真：010-84628431 联系人：吴忠祥

仪器名称及型号	主要性能指标	经销单位及联系电话
烟气排放连续监测系统 BKS-3000	颗粒物测量范围：0～1000mg/m^3；测量误差：≤±2%F.S SO_2 测量范围：0～3000mg/m^3；测量误差：≤±2%F.S O_2 测量范围：0%～21%；测量误差：≤±2%F.S 烟气流速：1～40m/s；测量误差：≤±2%F.S	北京凯尔科技发展有限公司 北京市朝阳区大屯路 2 号科华商务大厦三层 邮编：100101 电话：010-64865601 010-64865597 010-64862838 传真：010-64865603 http://www.bjkaier.com E-mail：jingzc-tian@263.net 联系人：张振华 李 然
SLEP-2000 烟尘、烟气在线连续监测系统	系统灵敏度＜1%；零点漂移＜1.5% F.S；跨度漂移≤±2.5%F.S；系统误差≤±5%；系统数据采集率＞95%	北京世纪蓝天环保设备有限公司 地址：北京市丰台区角门东里小区 37 号楼 邮编：100077 电话：010-67541497 67541481 67541537 传真：010-67561999 联系人：林培陆 http://www.slep.com.cn E-mail：slep@slep.com.cn
BDY-Ⅰβ传感器式快速烟尘测试仪	烟尘浓度 0～2000mg/m^3，0.1～2g/m^3；烟气温度 0～300℃；风速 2～30m/s；计算并打印出各种测试值及总平均值，可存储 50 点值	北京地海天环境科技有限公司 地址：北京市海淀区阜成路 42 号中裕商务花园 12 栋 A 座 1 层 邮编：100036 电话：010-88136831 010-88149382 传真：010-88149382 E-mail：DHT@chinalifere.com 联系人：张文国
BDY-Ⅲ烟道监测系统	各项指标均按 HJ/T76—2001 标准。烟尘浓度采用β传感器原理，SO_2、NO_x 采用红外吸收原理，并可分立组配仪器；适用于各种锅炉、工业窑炉的在线连续监测	
泰山牌滤筒、滤膜、滤纸、化学试剂、玻仪等	超细玻璃纤维无胶滤筒；玻璃纤维滤膜、PM_{10} 空气自动监测滤带；测 SO_2 成套试剂；SO_2、NO_x 自动监测滤膜；皮托管等	天津市东方绿色技术发展公司 地址：天津市南开区复康路 31 号 邮编：300191 电话：022-27832244 传真：022-27816870 联系人：陈长波
ZE-CEM2000 固定污染源烟气排放连续监测系统	SO_2：0～5000mg/Nm^3 精度±0.1 读数 NO_x：0～4000mg/Nm^3 精度±0.1 读数 烟尘：0～20000mg/m^3 精度 5%RSF	深圳市中兴新通讯有限公司环保仪器事业部 地址：深圳市莲塘鹏基工业区 710 栋 6 楼 邮编：518004 电话：0755-25735230 0755-25738720 传真：0755-25739081 E-mail：zhu.weimin@zte.com.cn 联系人：诸为民

仪器名称及型号	主要性能指标	经销单位及联系电话
烟气排放连续监测系统	气态污染物测量系统：可监测 SO_2、NO、CO、CO_2、O_2 等气体；固态污染物测量系统：FW-561、OMD-41 烟尘浓度测定仪等；辅助参数测量系统；数据处理及通讯装置	西克麦哈克(北京)仪器有限公司 地址：北京海淀温泉北分 邮编：100095 电话：010-62464089　010-62454243 传真：010-62406090 E-mail：lichangyun@sickmaihak-bj.com qizhikun@sickmaihak-bj.com 联系人：李长云(13601099956) 齐志坤(13601086441)
TC/TOC/DOC	测量范围：0～50/100/200/500/1000mg/I.c；零点漂移：≤3%FS/周；满度漂移：测量值的 3%FS/周；线性偏差：≤±1%FS	
ML-9800 系列环境大气监测仪器	监测项目：SO_2、NO/NO_2/NO_x、CO、O_3；H_2S、NH_3 测量范围：0～20ppm；最小可检量：1ppb；线性：±1%；精度：1%	北京莫尼特尔环境技术开发有限公司 地址：北京市海淀区大慧寺 8 号 516 室 邮编：100081 电话：010-62482301　010-62185992 传真：010-62137971　010-62482301 联系人：董　玲
AQMS-9000 型大气环境质量监测系统	监测项目：SO_2、NO、NO_2、NO_x、CO、O_3、TSP、PM_{10}、H_2S、非甲烷烃、总烃、温度、湿度、风向风速、大气压、雨量、太阳辐射	
CEMS-8000 连续自动烟气监测系统	监测项目：SO_2、NO、NO_2、CO、CO_2、H_2S、烟尘、流量、O_2、湿度、TCH、HCL、烟温、烟气压力、总排放量、燃烧效率、剩余空气系数	
KANE 烟气分析仪	测量：O_2、SO_2、CO、NO、NO_2、HC、CO_2、烟气温度、环境温度 自动计算：燃烧效率、λ、PI、手持式、便携式	中国总代理暨技术服务中心北京承天科技公司 地址：北京市海淀区上地西里风芳园 1 号楼 3-101 邮编：100085 电话：010-62961300　010-62961303 传真：010-62961301 Email:inf@chengtian.com 联系人：楼竞晖
AUTO 系列汽车尾气检测仪	手持式、内置电池驱动；测量：CO、CO_2、HC、NO、O_2、转速、油温；自动计算：LAMBDA、空燃比	
GasmetFT-IR 气体分析仪	便携式傅立叶红外：快速定性、定量；多组分分析；现场出数；可分析未知气体	
在线式烟气连续排放监测系统 HP5000 系列	检测方式：紫外双波长直接检测；量程：SO_2 0～9000mg/m^3，±10%；NO_x 0～4500mg/m^3，±10%；烟尘 0～3000mg/m^3，±15%；流速 0～30m/s，±5%；烟温 0～300℃；±3℃；静压 -1000～-5000kPa，±5%；含氧量 0%～	北京牡丹联友电子工程有限公司(中外合资) 地址：北京市海淀区花园路 2 号 邮编：100083 电话：010-62382738　传真：010-62382739 联系人：黄青海

仪器名称及型号	主要性能指标	经销单位及联系电话
	21%，±15%；环境温度：-30～50℃；最高烟气温度：＜260℃	
ZH-2521 污染源烟尘、烟气排放连续监测系统	连续监测烟气、烟尘排放浓度及排放总量；具有远程监控、远程数据传输、远程故障诊断功能；自动统计日报、月报、年报及实时数据数表和统计图形；多级过滤除尘、半导体电子制冷除水、预处理稳定可靠	大连中环环保系统工程有限公司 地址：大连市沙河口区鹏程街 31 号 邮编：116021 电话：0411-4226678　0411-4208855 　　　0411-4204011　0411-4204011-806 传真：0411-4207983 联系人：王　玉
Agilent ICP-MS 电感耦合等离子体质谱	具有所有元素的定性、半定量、定量分析能力、测定元素同位素比的能力，与 HPLC、GC、CE 等色谱技术进行联机测定元素的存在价态与形态的能力(如有机 Hg、有机 As、有机锡和有机铅的分离分析)以及与激光进样技术联机进行微量固体样品直接分析的能力等；检测限低至 ppb～ppt 级，满足半导体、核工业等分析要求。同时符合美国 EPA method 200.8、EPA method 6020 等法规标准，具有最大的线性动态范围(9 个数量级)和最强的分析高基体样品能力(可直接分析海水)等	安捷伦科技有限公司 地址：北京市建国路乙 118 号京汇大厦 16 层 邮编：100022 电话：010-65647888 传真：010-65669223 E-mail：yan-ping liu@agilent.com 联系人：刘燕萍
Agilent 1100 系列液相色谱系统	泵流量范围：四（单）元泵：0.001～10.0ml/min，二元泵：0.001～5ml/min 自动进样器进样量：0.1～100μl，0.1～1800μl，可选件：温控模块，控温范围：4～40℃。 智能化柱温箱：控温范围：低于室温 10～80℃，温度稳定性：＜±0.15℃。 二极管阵列检测器：波长范围：190～950nm(双灯)，灯源：钨灯和氘灯；荧光检测器：最小检测限：10fg/μl 蒽，可进行多波长检测，在线激发或发射光谱扫描。工作站：具有 GLP 功能，可进行早期维护反馈(EMF)	

仪器名称及型号	主要性能指标	经销单位及联系电话
Agilent 5973N 气质联用系统	质量范围：1.6～800amu；质量计：四极杆；灵敏度：EI 全扫描 Ipg 八氟萘信噪比大于 20∶1，选择离子检测：20fg 八氟萘 m/z，272 信噪比大于 10∶1，质量稳定性：优于±0.15amu(12h)；可配正负化学源，直接进样杆；专利保留时间锁定软件（RTL），可选配 RTL 农药库（567 种），最新的 NIST02，Willey 通用谱库和多种专用谱库	
美国戴安公司离子色谱仪 DX600/DX120/DX80	组合型或单柱/双柱主机系统，戴安公司专利技术自再生微膜抑制器和高容量分析柱，全流路（包括泵）PEEK 材料，耐腐蚀。选用不同型号，一次进样可分离阴离子 F^-、Cl^-，NO_2^-，Br^-，NO_3^-，HPO_4^{2-}，SO_4^{2-}；或阳离子 Li^+，Na^+，NH_4^+，K^+，Mg^{2+}，Ca^{2+}；过渡金属离子；有机酸离子等。分析范围：ppt～ppm	戴安公司北京代表处 地址：北京市朝阳区安定路 33 号化信大厦 A 座 606 房间 邮编：100029 电话：010-64436740 010-64436741 传真：010-64432350 E-mail：beijing@dionex.com.cn 联系人：刘 静
美国戴安公司快速溶剂萃取仪 ASE100/200/300	用于固体/半固体样品的溶剂萃取，用于环境样品中固/废物中残留的萃取，还可萃取空气过滤滤材截留的固体颗粒中的有毒物质，每个样品萃取 15min 完成，电脑程序控制连续完成 24 个或 12 个样品萃取。15ml 溶剂可萃取 10g 样品，最大样品量 100g，配置溶剂控制器，可进行相同溶剂不同样品的萃取、不同溶剂相同样品的萃取（同时可选 4 种不同溶剂），为美国环保署确定的 EPA3545 标准方法	戴安公司上海代表处 地址：上海市淮海中路 1 号柳林大厦 2311 室 邮编：200021 电话：021-63735348 021-63735493 传真：021-63848294 E-mail：shanghai@dionex.com.cn 联系人：梁晓峰
便携式挥发性有机物（VOC）分析质谱仪 HORIBA，MS-200 系列	利用飞行时间型质谱原理；携带便利，可对空气、水及土壤中的多种挥发性有机物进行定性及定量(ppb 级)测定，特别适用于应急及现场快速测定；测定时间：10s；对象物质质量范围：1～500μ	北京世纪寰发科贸有限公司 地址：北京市朝阳区农展南里 12 号，通广大厦 6016 室 邮编：100026 电话：010-65389618 010-65389623 传真：010-65389608 联系人：崔 强

仪器名称及型号	主要性能指标	经销单位及联系电话
YSB 烟气连续监测系统	烟尘、SO_2、NO_x、温度、压力、流速、O_2	青岛佳明测控仪器有限公司 地址：青岛市李沧区京口路 84 号 邮编：266100 电话：0532-7613952　0532-7613973 传真：0532-7613973 E-mail：market@cn-cems.com http://www.cn-cems.com 联系人：高新岗
红外分光测油仪 OIL420 OIL460 OIL420R OIL460R	波数范围：3400～2400cm^{-1}；检出限：0.2mg/L（萃取溶剂中） 重复性：*RSD*＜2%（10mg/L 油）；线性相关系数：*r*＞0.999 分析时间：30s/样品	北京华夏科创仪器技术有限公司 地址：北京市海淀区上地信息路 2 号 2 座 10E 邮编：100085 电话：010-82896747/6748　82896092 传真：010-82896747-110 http: //www.chinalnvent.com 联系人：张新民
美国便携式气相色谱仪 Scentograph “plus Ⅱ” Scent-oscreen	有五种检测器供选：微氩电离检测器、氩电离检测器、电子捕获检测器、光离子电离检测器、热导检测器，仪器可同时安装两个检测器；有预富集器，能程序升温；扩展功能强；可测室内空气、烟道气、各种水、土壤中的 VOC。检出限苯可达到 ppb 级，卤代烃可达到 ppt 级；该仪器还可做在线连续监测	中国总经销：北京绿茵园环保技术开发有限公司 地址：北京北四环东路育慧南路 1 号 C 栋 400 室 邮编：100029 电话：010-84630868　传真：010-84636368 联系人：王　欣　联系人手机：13910099182